U0223141

普通高等学校土木工程专业实用型教材

土木工程施工

张文江　编著

地　震　出　版　社

图书在版编目（CIP）数据

土木工程施工/张文江编著. —北京：地震出版社，2019. 2

ISBN 978-7-5028-5015-9

Ⅰ. ①土… Ⅱ. ①张… Ⅲ. ①土木工程—工程施工—高等学校—教材 Ⅳ. ①TU7

中国版本图书馆 CIP 数据核字（2018）第 285120 号

地震版 XM4314

土木工程施工

张文江 编著

责任编辑：张 平

责任校对：凌 樱

出版发行：地 震 出 版 社

北京市海淀区民族大学南路 9 号 邮编：100081

发行部：68423031 68467993 传真：88421706

门市部：68467991 传真：68467991

总编室：68462709 68423029 传真：68455221

市场图书事业部：68721982

E-mail：seis@ mailbox. rol. cn. net

http://seismologicalpress. com

经销：全国各地新书书店

印刷：北京鑫丰华彩印有限公司

版（印）次：2019 年 2 月第一版 2019 年 2 月第一次印刷

开本：787 ×1092 1/16

字数：830 千字

印张：33. 25

书号：ISBN 978-7-5028-5015-9/TU7(5730)

定价：80. 00 元

前　　言

“土木工程施工”是土木工程专业的一门主要的专业课程，特别是在强调“工匠精神”的当代，更加体现出其在工程实践与工程技术理论紧密结合方面所发挥的重要作用。此外，时代的发展也要求“工科”教育不断推陈出新。一方面，“四新”技术方面的成果层出不穷，新规范和新标准也在不断更新，教材内容的适时调整成为必然。另一方面，随着信息时代的发展，BIM 技术在工程领域推广应用并逐步深入，也是推动施工技术改革创新的一个重要因素。在这个大的背景下，高等学校土木工程施工课程的教学需要在内容、方法及要求方面逐步调整以适应新时代的发展。

本教材是教学改革探索过程中做出的一步尝试，着眼于“跟得上、用得上”的中心思想。一方面，跟得上行业发展的步伐；另一方面，重点解决实用性强的基本技术问题。教材内容编排的思路主要侧重于以下几个方面：

1．强调基础实用知识和技能，不盲目追求深度和难度，淡化与其他课程重叠的内容，重点放在与实践应用关系密切的知识内容上。比如，将“混凝土工程”作为重点内容进行了编排和组织；基础工程增加了浅基础的施工内容；土方工程删除了“土方调配”和“深基坑支护设计”方面的内容，增加了深基坑开挖和施工机械组织计算的内容；装饰部分充实了“幕墙”“吊顶”“隔断”等常用构造方面的内容；防水部分充实了防水节点构造方面的内容。

2．适应行业发展需求。一方面，增加了新规范的相关内容，强化读者对规范的认识，提高从业技能；另一方面，充实了“结构安装工程”章节中的“装配式施工”部分和“组合结构施工”方面的内容。

3．在教材内容组织和编排上尝试施工技术的工艺流程、施工方法、质量控制措施和质量检验标准四个模块的知识架构，使思路更清晰、条理更分明，从而方便读者对学习内容的梳理和掌握。尤其强调工艺流程知识的巩固，为施工组织学习打好基础。

4．在内容的表达方式上更多地采用了图形和“三维可视化”技术。不仅方便读者对教材内容准确、迅速的理解和掌握，也使读者对“三维可视化”技术在施工领域的应用有所了解。

由于作者水平所限，书中的不足和不妥之处在所难免，敬请读者批评指正。

编者

2018 年

目　　录

第 1 章　土方工程……(1)
1.1　概述……(1)
1.2　土的工程分类及性质……(1)
1.3　施工场地平整及其土方量计算……(3)
1.4　土方边坡与支护……(11)
1.5　施工排水与降水……(28)
1.6　基槽、基坑开挖施工……(36)
1.7　土方的填筑与压实……(43)
第 2 章　基础工程……(50)
2.1　概述……(50)
2.2　预制桩施工……(53)
2.3　灌注桩施工……(63)
2.4　桩基检测与验收……(74)
第 3 章　砌筑工程……(81)
3.1　砌筑材料及使用……(81)
3.2　砖砌体施工……(83)
3.3　砌块砌体施工……(90)
3.4　冬雨季施工……(93)
第 4 章　混凝土工程……(97)
4.1　概述……(97)
4.2　模板工程……(97)
4.3　钢筋工程……(118)
4.4　混凝土工程……(148)
第 5 章　预应力混凝土工程……(192)
5.1　预应力筋……(192)
5.2　张拉设备……(196)
5.3　锚固系统……(200)
5.4　预应力混凝土施工——先张法……(206)
5.5　预应力混凝土施工——后张法……(211)
5.6　施工方案编制……(224)

第 6 章　脚手架工程 …… (226)
6.1　概述 …… (226)
6.2　扣件式钢管脚手架 …… (227)
6.3　碗扣式钢管脚手架 …… (233)
6.4　悬挑式脚手架 …… (239)
6.5　满堂脚手架 …… (241)
6.6　脚手架施工的质量与安全 …… (243)
6.7　脚手架拆除 …… (246)
6.8　脚手架设计 …… (247)
第 7 章　高层结构模板工程 …… (261)
7.1　大模板 …… (261)
7.2　爬升模板 …… (269)
7.3　台模 …… (270)
7.4　隧道模 …… (271)
7.5　滑升模板 …… (272)
第 8 章　结构安装工程 …… (283)
8.1　钢筋混凝土单层厂房结构吊装施工 …… (283)
8.2　多层装配式混凝土框架结构吊装施工 …… (300)
8.3　钢结构吊装 …… (306)
8.4　组合结构 …… (328)
8.5　装配式预制隔墙板 …… (337)
第 9 章　防水工程 …… (343)
9.1　防水材料 …… (343)
9.2　防水层施工 …… (346)
9.3　地下防水工程 …… (353)
第 10 章　装 饰 工 程 …… (362)
10.1　抹灰工程 …… (362)
10.2　饰面工程 …… (371)
10.3　幕墙工程 …… (376)
10.4　涂饰工程 …… (383)
10.5　裱糊工程 …… (388)
10.6　吊顶工程 …… (390)
10.7　装饰隔断工程 …… (393)
第 11 章　流水施工基本原理 …… (399)
11.1　流水施工概述 …… (399)

11.2　流水施工参数……………………………………………………………………（402）
11.3　流水施工的组织方法……………………………………………………………（409）
第12章　网络计划技术 ……………………………………………………………（419）
12.1　概述…………………………………………………………………………（419）
12.2　双代号网络图…………………………………………………………………（420）
12.3　双代号时标网络计划……………………………………………………………（432）
12.4　网络计划的优化…………………………………………………………………（435）
12.5　单代号网络计划…………………………………………………………………（443）
第13章　施工组织总设计 …………………………………………………………（452）
13.1　概述…………………………………………………………………………（452）
13.2　施工组织总设计概述……………………………………………………………（454）
13.3　工程概况及特点分析……………………………………………………………（456）
13.4　施工部署和施工方案……………………………………………………………（458）
13.5　各项资源需要量与施工准备工作计划………………………………………………（462）
13.6　临时设施设计…………………………………………………………………（464）
13.7　施工总平面图…………………………………………………………………（477）
第14章　单位工程施工组织设计 ……………………………………………………（482）
14.1　概述…………………………………………………………………………（482）
14.2　工程概况分析…………………………………………………………………（483）
14.3　施工方案设计…………………………………………………………………（490）
14.4　单位工程施工进度计划和资源需要量计划编制……………………………………（506）
14.5　单位工程施工现场平面布置图设计………………………………………………（509）
14.6　主要技术经济指标………………………………………………………………（517）

参考文献……………………………………………………………………………（521）

第1章　土方工程

知识点提示：

- 了解与施工相关的土的性质，了解影响土方边坡稳定的因素，了解边坡支护的形式和适用范围。
- 了解基坑降排水方法及技术要求，熟悉轻型井点平面布置和高程布置的技术要求。了解轻型井点涌水量计算方法。
- 了解土方施工的机械种类、施工特点和适用范围；掌握土方工程量计算方法，了解土方施工机械的组织与调配设计；了解深基坑开挖的方式及原则。
- 熟悉土方回填的方法和适用范围；熟悉回填质量的影响因素及其与施工方法的关系；熟悉回填质量验收的技术指标及要求。

1.1　概述

在土木工程施工中，无论是建筑物还是构筑物都需要建立在坚实的地基之上，因而地基施工是土木工程施工中非常重要的环节，其施工质量对后期的整体工程质量影响显著。

【土方工程包含的内容】

土石方工程主要的施工内容有：场地平整、基坑降排水、基坑支护、基坑（槽）开挖、土方回填几个部分。

【土方工程的特点】

土方工程施工一般具有以下特点：

（1）工程量大，施工过程繁重。

土方工程的占地面积要大大超出建筑的占地面积。此外，土方的开挖和运输的工程量也很大，往往需要大量开挖和运输的机械设备，工期也较长。

（2）施工条件复杂。

土方工程施工受气候、水文、地质、场地限制、地下障碍等因素的影响，施工的难度和安全风险都很大。在土方工程施工前，应详细分析与核对各项技术资料（如地形图、工程地质和水文地质勘察资料、地下管道、电缆和地下地上构筑物情况及土方工程施工图等），进行现场调查并根据现有施工条件，制定出技术可行、经济合理的施工方案。

1.2　土的工程分类及性质

1.2.1　土的工程分类

根据不同的技术要求、评价角度和应用目的，土壤的种类繁多，分类方法各异。由于土的开挖难易程度直接影响土方工程的过程和结果，比如土方开挖施工方法、开挖机械的选择、劳动力和机械台班的消耗量及最后的施工成本。在土木工程施工中，按土的开挖难易程度将其分为八类，建筑工程中常见的有4类，见表1.2.1。

表1.2.1　土壤的工程分类

土壤分类	土壤名称	开挖方法	可松性系数	
			K_s	K'_s
第一类（松软土）	砂、粉土、冲积砂土层、种植土、淤泥	用锹、锄头挖掘	1.08～1.17	1.01～1.04
第二类（普通土）	粉质粘土、潮湿的黄土，加有碎石、卵石的砂，种植土，填筑土和粉土	用锹、锄头挖掘、少许用镐翻松	1.14～1.28	1.02～1.05
第三类（坚土）	软及中等密实粘土，重粉质粘土、砾石土；干黄土、含有碎石卵石的黄土、粉质粘土、压实的填土	主要用镐，少许用锹、锄头挖掘、部分用撬棍	1.24～1.30	1.04～1.07
第四类（砂砾坚土）	坚硬密实的粘性土或黄土；含碎石卵石的中等密实的粘性土或黄土；粗卵石；天然级配砂石；软泥炭岩	先用镐、撬棍，然后用锹挖掘，部分用楔子及大锤	1.26～1.37	1.06～1.09

1.2.2　工程性质

土的性质有很多，与施工过程密切相关的土的性质通常称为工程性质，主要有：土的可松性和渗透性。这些性质对土方开挖和回填、基坑降排水施工过程的施工方法、挖填工程量估算、降排水设计及施工都有影响。

1. 可松性

自然状态下的土经开挖后，其体积因松散而增加，称为土的最初可松性，以后虽经回填压实，仍不能恢复到原来的体积，称为土的最终可松性。土的这两方面性质用两个系数来描述：最初可松性系数，用K_s表示；最终可松性系数，用K'_s表示，即

$$K_s = \frac{V_2}{V_1} \tag{1-2-1}$$

$$K'_s = \frac{V_3}{V_1} \tag{1-2-2}$$

式中：K_s——土的最初可松性系数；

K'_s——土的最终可松性系数；

V_1——原土的体积（m^3）；

V_2——原土开挖后的松散体积（m^3）；

V_3——松散后经压实后的体积（m^3）。

与建筑工程相关的各类土的可松性系数见表1.2.1。

由于土方工程量是以自然状态的体积来计算的，所以在土方调配、计算土方机械生产率及运输工具数量等的时候，必须要考虑土的可松性，才能制订出比较准确的方案。

2. 渗透性

土的渗透性是指土被水透过的性质。土体空隙中的自由水在重力作用下会发生流动，当基坑（槽）开挖至地下水位以下，地下水会不断流入基坑（槽），当由水力梯度产生的动水压力超过土粒之间的粘结力时，则会产生管涌或流砂。同样，地下水在渗透流动中会受到土颗粒的阻力，其大小与土的渗透性及地下水渗流的路程长短有关。土的渗透性用单位时间内水穿透土层距离来表示，单位为 m/d。法国学者达西根据砂土渗透实验，发现如下关系（达西定律），即用来描述土的渗透性的达西公式：

$$V = K \cdot i \tag{1-2-3}$$

$$i = h/l \tag{1-2-4}$$

式中：V——渗透水流的速度（m/d）；

K——渗透系数（m/d）；

i——水力坡度；

l——渗流路程水平投影长度（m）；

h——渗流路程垂直高差（m）。

土方施工中，经常需要采取降低地下水位的措施，渗透系数是降低地下水方案设计中计算涌水量的重要参数。常见的土渗透系数见表 1.2.2。

表 1.2.2　土的渗透系数表

土的种类	K/（m/d）	土的种类	K/（m/d）
亚粘土、粘土	<0.1	含粘土的中砂及纯细砂	20~25
亚粘土	0.1~0.5	含粘土的细砂及纯中砂	30~50
含亚粘土的粉砂	0.5~1.0	纯粗砂	50~75
纯粉砂	1.5~5.0	粗砂夹砾石	50~100
含粘土的细砂	10~15	砾石	100~200

1.3　施工场地平整及其土方量计算

场地平整就是为了便于后续施工，根据建筑设计及施工作业要求，对天然场地地面进行清理和改造的准备工作。由设计地面标高和天然地面标高之差，可以得到场地各点的施工高度，由此可计算场地平整的土方量。场地设计标高确定和土方工程量计算是场地平整工作的两个重要环节。场地平整土方量的计算方法通常有方格网法和断面法。方格网法适用于地形较为平坦的地区，断面法则多用于地形起伏变化较大的地区。

在土方工程施工之前，应先计算场地的设计标高和土方工程量。一方面，后续土方施工在进行计划和准备时需要这方面的数据支撑；另一方面，在对土方施工方案进行评价时，是影响工程进度和造价的重要指标。一般情况下，需要将土方划分成一定的几何形状，采用一定精度的方法进行近似计算。场地平整施工的基本流程如图 1.3.1 所示。

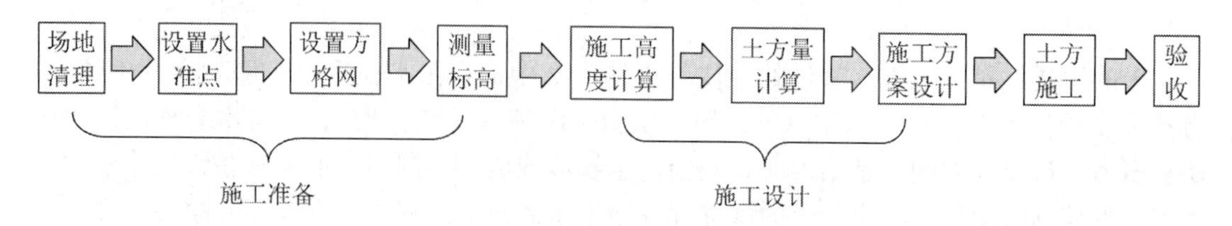

图 1.3.1　场地平整施工流程

1.3.1　施工准备

（1）场地清理。在施工区域内，对已有房屋、道路、河渠、通信和电力设备、上下水道以及其他建筑物，均需事先进行拆迁或改建。留用的原有建筑应进行检查和性能评估，必要时采取加固等安全措施。

（2）铺设临时道路。修筑好临时道路以供机械进场和土方运输用。

（3）还需作好供电供水、机具进场、临时停机棚与修理间搭设等准备工作。

（4）根据建筑总平面图，场区平面控制点测设，确定场区的范围；完成高程控制点测设，查清场区内地形分布情况，必要时绘制地形图。根据场区地形特征确定方格网的布置，并在场区内测设控制桩。

（5）地面水排除。场地内的原有积水必须排除，同时需注意雨水的排除，使场地保持干燥，以利土方施工。应尽量利用自然地形来设置排水沟，以便将水直接排至场外，或流至低洼处再用水泵抽走。主排水沟最好设置在施工区域的边缘或道路的两旁，其横断面和纵向坡度应根据最大流量确定。一般排水沟的横断面不小于 0.5m×0.5m，纵向坡度不小于 2‰。山区的场地平整施工中，应在较高一面的山坡上开挖截水沟。截水沟至挖方边坡上缘的距离为 5~6m。如在较低一面的山坡处设弃土堆时，应在弃土堆的靠挖方一面的边坡下设置小截水沟。低洼地区施工时，除开挖排水沟外，有时还应在场地四周或需要的地段修筑挡水土堤，以阻挡雨水的流入。

1.3.2　场地设计标高的确定

在场地平整施工中，场地设计标高的正确选定是重要的一个环节。对平整场地施工的工程量、工期和造价具有直接影响，也决定着后期施工过程能否顺利进行，比如施工现场在雨季是否按预期解决地表水排泄问题，而不影响施工的正常进程。

1. 场地设计标高确定的原则

（1）满足生产工艺和运输的要求；

（2）尽量利用地形，以减少挖方数量；

（3）场地以内的挖方与填方能达到相互平衡以降低土方运输费用；

（4）要有一定的泄水坡度（≥2‰），使其满足排水要求；

（5）考虑最高洪水位的要求，防止地表水内灌。

2. 计算场地设计标高

当设计文件上对场地标高无特定要求时，场地的设计标高可按照下述步骤和方法确定。

场地设计标高的确定要通过“方格网”法。具体方法根据有无地形图资料分为“图上作业”和“现场作业”两种方式。

【方法一】有地形图

在地形图上将场区范围划分方格网。根据地形起伏的复杂程度，方格一般采用20m×20m～40m×40m，如图1.3.2（a）所示。一般情况下，方格的角点不在等高线上，因而其标高需要根据相邻两等高线的标高，用“插值法”计算得到。

【方法二】无地形图

在场区范围内利用全站仪或经纬仪按照一定的测量方法测设方格网，在方格网交叉点的地面位置钉木桩，然后用水准仪测出每个桩位的标高。

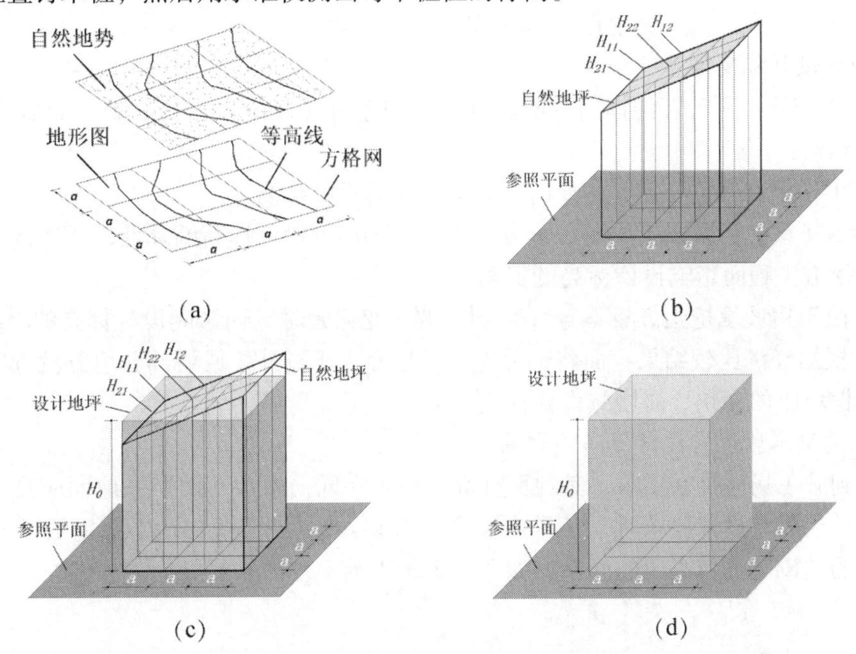

图1.3.2　场地平整设计标高计算示意图

（a）地形图与方格网；（b）标高计算示意图；（c）平整前土体；（d）平整后土体

按照“场地内的土方达到挖方和填方平衡”的原则，场地内平整前和平整后的土方体积（图1.3.2（c）和（d））的相互关系可以表达为如图1.3.2（b）所示，即

$$H_0Na^2 = \sum a^2\left(\frac{H_{11} + H_{12} + H_{21} + H_{22}}{4}\right) \tag{1-3-1}$$

$$H_0 = \sum \left(\frac{H_{11} + H_{12} + H_{21} + H_{22}}{4N}\right) \tag{1-3-2}$$

式中：H_0——计算的场地设计标高（m）

a——方格边长（m）；

N——方格个数；

H_{11}，……，H_{22}——任意一个方格的4个角点的标高（m）。

注意：图1.3.2中土方底部参照平面的选取位置对挖填平衡没有影响。

从图1.3.2中不难发现，方格网中的一些角点被4个方格（如角点标高H_{22}）、3个方格（本网格没有三个方格共享的角点）、2个方格（如角点标高H_{12}和H_{21}）和1个方格（如角点标高H_{11}）所共享。也就是说：

角点 H_{22} 的标高值在公式中累加 4 次；

角点 H_{12} 和 H_{21} 的标高值在公式中累加 2 次；

角点 H_{11} 的标高值在公式中累加 1 次。

因此，式(1-3-2) 可改写成下列的形式：

$$H_0 = \sum \left(\frac{H_1 + 2H_2 + 3H_3 + 4H_4}{4N} \right) \tag{1-3-3}$$

式中：H_1、H_2、H_3、H_4——分别为一个方格、两个方格、三个方格、四个方格所共有的角点标高（m）。

3. 场地设计标高调整

由式（1-3-3）所计算的标高并不能直接应用于施工场地的最终标高，还需考虑以下因素进行调整：

（1）由于土具有可松性，必要时应相应地提高设计标高。

（2）由于设计标高以上的各种填方工程用土量影响设计标高的降低，或者设计标高以下的各种挖方工程而影响设计标高的提高。

（3）由于边坡填挖土方量不等（特别是坡度变化大时）而影响设计标高的增减。

（4）根据经济比较结果，而将部分挖方就近弃土于场外，或将部分填方就近取土于场外而引起挖填土的变化，需增减设计标高。

4. 考虑泄水坡度对设计标高的影响

考虑到施工场地排水要求，其地面标高一般不在同一个水平面上，地面应具有一定的排水坡度。当没有设计要求时，其排水坡度一般宜≥2‰。因此，在上面完成的施工平面设计标高的基础上进行必要的调整，如图 1.3.3 所示。

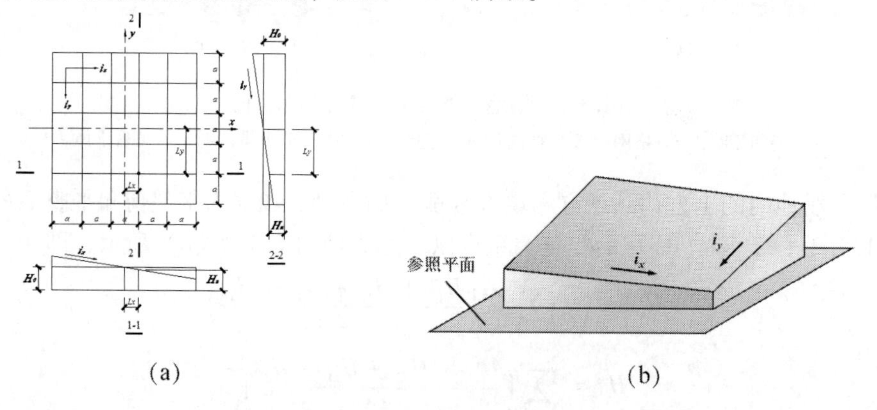

图 1.3.3　场地泄水坡度

（a）标高调整计算示意图；（b）三维示意图

当考虑场地内挖填平衡的情况下，将已经算出的场地设计标高 H_0 作为场地中心的设计标高，场地内任意一点调整后的设计标高则为：

$$H_n = H_0 \pm L_x \cdot i_x \pm L_y \cdot i_y \tag{1-3-4}$$

式中：H_n——场内任意一点的设计标高（m）；

L_x、L_y——该点至场地中心点沿 x 方向、y 方向的距离（m）；

i_x、i_y——场地在 x 方向上、y 方向上的泄水坡度（一般不小于 2‰）；当 i_x、i_y 中有一个为零时，则为单向坡度；

±——该点比 H_0 高则取“+”号，反之取“-”号。

想一想：

1. 将一个处于水平面的场地沿 x、y 两个方向进行排水坡度调整。如果两个方向的排水坡度相同的话，调整后的场地仍然是一个平面。请找出以下网格点的位置：①标高最高点；②标高最低点；③标高不变的点。

2. 实际工程中很难将整个场地按一个平面进行标高调整，那么调整后的场地表面会是什么样子？

1.3.3　土方量计算

土方量计算的步骤如图1.3.4所示。

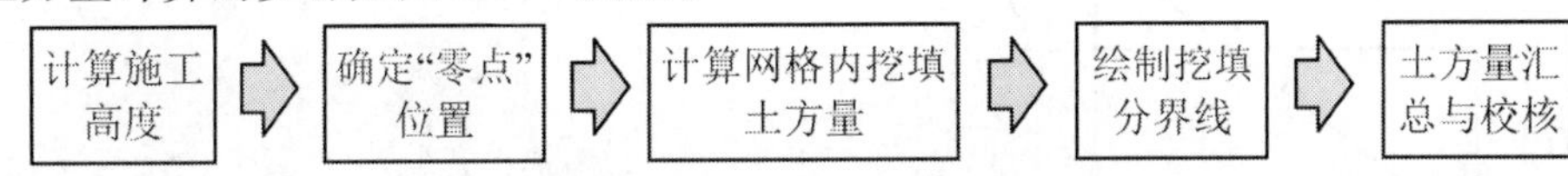

图1.3.4　土方量计算工作流程

采用“方格网”法计算平整场地的土方量，就是将整块土方分隔成一定数量的四棱柱体进行计算。四棱柱体自然顶面为起伏的表面，利用每个网格内参照平面以上的四棱柱体积代表实际的土体体积是近似计算；用众多四棱柱体顶面来近似自然地面的起伏变化，可以使计算结果更接近实际值。因此，此种土方量计算方法是一个近似计算方法，当网格划分越密集，计算结果越接近实际值，但是计算工作量会随之增加。根据地面起伏变化的复杂程度，网格边长可以取20m、40m甚至更长，以产生的计算误差对施工没有关键性影响为准则。具体的计算步骤包括以下几个工作：

1. 计算施工高度

各网格点的【施工高度】（挖或填）就是设计地面标高与自然地面标高的差值，挖方为“-”，填方为“+”。图上作业时，可以将施工高度数值填写在方格网点的右上角，将设计坐标和自然地面标高分别标注在方格网点的右下角和左下角。如图1.3.5所示。

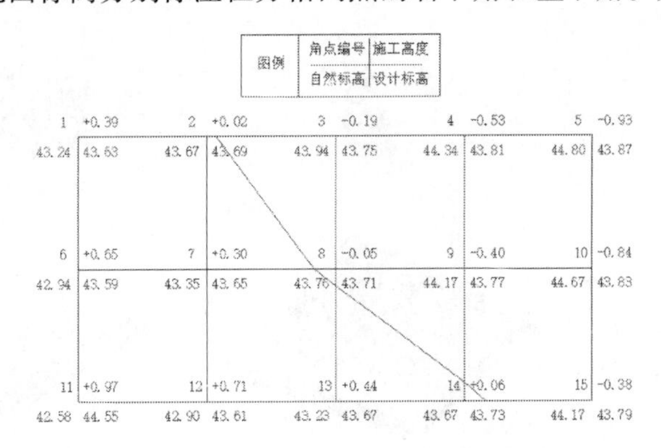

图1.3.5　方格网法图例与标注方法

各方格网点的挖填高度 h_n 计算公式：

$$h_n = H_n - H \tag{1-3-5}$$

式中：h_n——各角点的挖填高度，即施工高度（m），以“+”为填，以“-”为挖；

H_n——角点的设计标高（m），若无泄水坡时，即为场地的设计标高 H_0；

H——角点的自然地面标高（m）。

2. 确定零点位置

计算一个方格内的土方工程量，一般包括填方和挖方两个部分，挖方、填方应分别计算。首先，要确定这两个部分的分界线。实际的挖填分界线为曲线，一般简化为直线，由其与方格的两个交点确定。分界线与方格边的交点就是零点，要先确定出方格边的零点位置，连接零点就得零线，即挖方区域与填方区域的分界线。零点位置可采用图解法按比例绘制在地形图上，或用计算公式确定，如图 1.3.6 和图 1.3.7 所示。

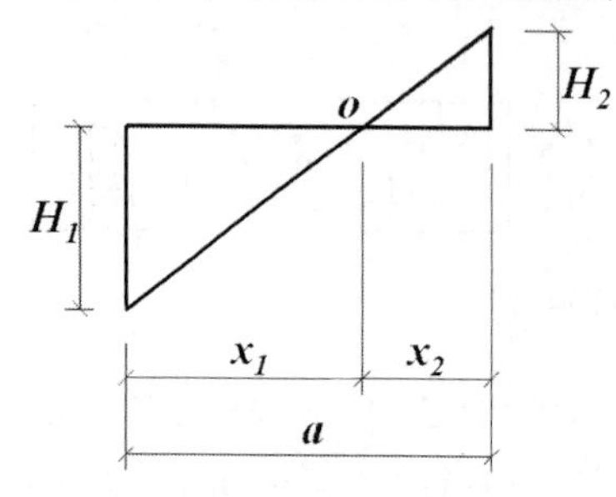

图 1.3.6　零点位置图解法示意图

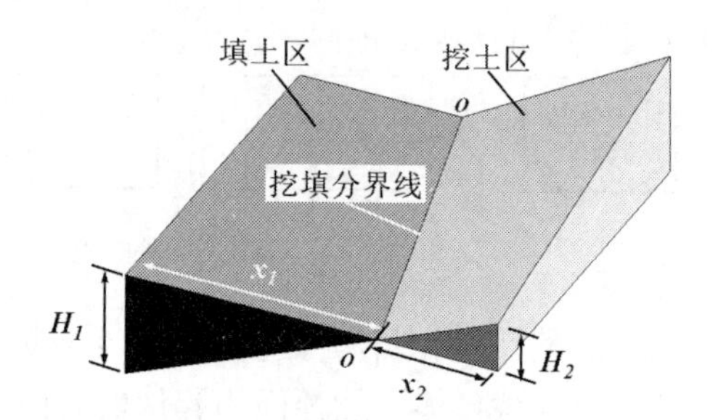

图 1.3.7　方格网挖填分界线位置示意图

3. 计算网格内土方工程量

无论方格内挖填区域如何分布，计算方格内土方量之前，先将方格网分为两个三角形，随即方格网内的四棱柱土体变为两个三棱柱土体。根据设计标高（H_0）平面的位置，再依据网格四角点的施工高度的分布特征，方格内土体分割状态可以概括为三种状态：①全挖或者全填，如图 1.3.8（a）所示，适用于方格完全位于挖方区域或填方区域内的情况；②一个角点挖（或填）其余角点填（或挖），如图 1.3.8（b）所示；③两个角度挖（或填）其余角点填（或挖），如图 1.3.8（c）所示。后两种状态适用于挖填分界线贯穿网格的情况。

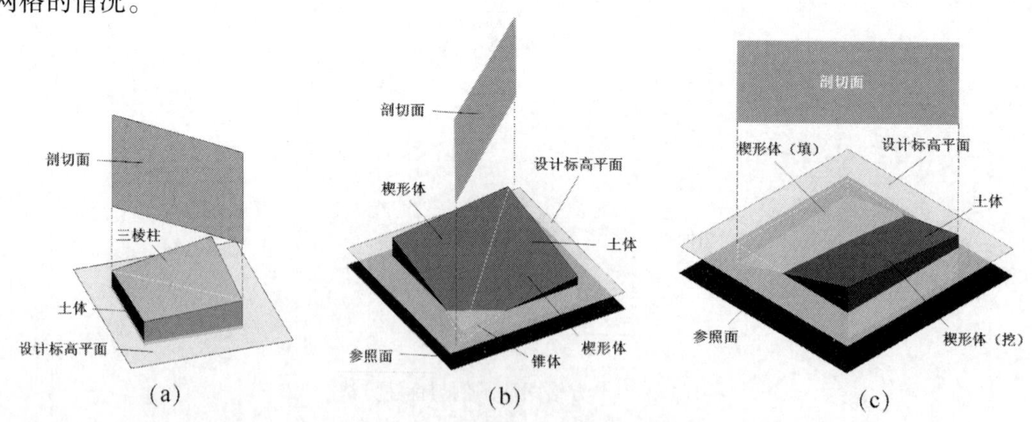

图 1.3.8　方格内土体分割形态

（a）全挖（全填）网格土体；（b）一角点填（挖）、三角点挖（填）网格土体；

（c）两角点填（挖）、两角点挖（填）网格土体

按照方格对角分割的方式，方格内土方几何体（挖或填）的体积计算完全可以用公式（1-3-6）、（1-3-7）和（1-3-8）三个公式概括，即用两种几何体形式（图1.3.9）或者3个体积计算公式表达。

（1）全为填方或挖方，如图1.3. 9（a）所示，方格内土方量的计算公式：

$$V_{挖}(或V_{填}) = \frac{a^2}{6}(h_1 + h_2 + h_3) \tag{1-3-6}$$

（2）一个角点填（挖）两个角点挖（填）方，如图1.3.9（b）所示。

$$V_{锥} = \frac{a^2}{6}\frac{h_3^3}{(h_1 + h_3)(h_2 + h_3)} \tag{1-3-7}$$

$$V_{楔} = \frac{a^2}{6}[-h_3 + h_2 + h_1] + V_{锥}(1 - 12) \tag{1-3-8}$$

式中：a——方格的边长（m）；

h_1、h_2、h_3——方格网四角点的施工高度（m），用绝对值代入；

$V_{挖}$、$V_{填}$——挖方或填方体积（m^3）；

$V_{锥}$、$V_{楔}$——锥体、楔形体体积（m^3）。

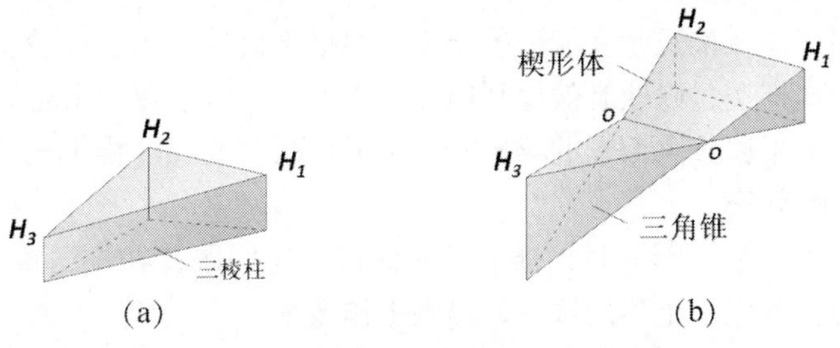

图1.3.9　三角棱柱体的体积计算几何体种类

（a）全挖（全填）分割几何体；（b）部分挖填分割几何体

4. 土方量汇总与校核

将挖方区或填方区所有方格计算的土方量和边坡土方量汇总，即得该场地挖方和填方的总土方量。根据挖填平衡的原则，挖方和填方的土方量应该非常接近，以此方法可以对土方工程量的计算结果进行初步校核。

想一想：

1. 实际上，每个方格内土体顶面是平面、折面还是任意曲面？公式计算时是将其假定为哪种？

2. 三个公式、两个几何体如何能够涵盖所有的土体分割形态？

1.3.4　场地平整施工

大面积场地平整施工采用的施工机械一般有推土机、铲运机等大型机械。有时也采用少量挖掘机配合施工（图1.3.10，图1.3.11）。

1. 推土机施工

【特点】

操纵灵活，运转方便，所需工作面较小，行驶速度较快，易于转移，能爬30°左右的缓坡。

图 1.3.10　推土机

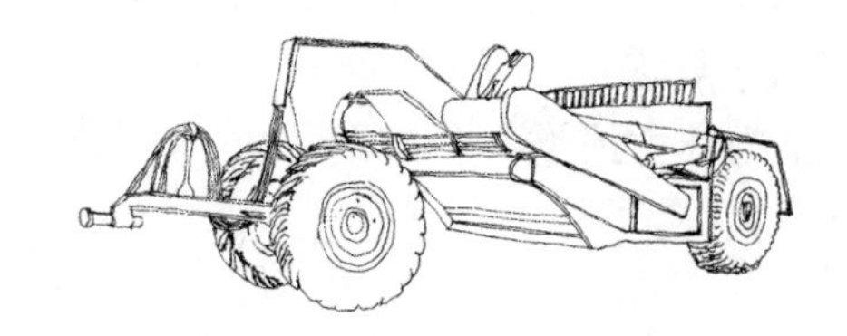

图 1.3.11　拖式铲运机

【适用性】

（1）可以铲除一类至三类土，也可以清除石块或树木等障碍物，或者作为牵引机械使用。

（2）适用于100m距离以内的土方平整或推运，尤其在30～60m之间效率较高。

【施工方法】

（1）下坡铲土。即借助于机械本身的重力作用以增加推土能力和缩短推土时间。下坡铲土的最大坡度，以控制在15°以内为宜。

（2）分批集中，一次推送。在较硬的土中，因推土机的切土深度较小，应采取多次铲土，分批集中，一次推送，以便有效地利用推土机的功率，缩短运土时间。

（3）并列推土。平整较大面积的场地时，可采用两台或三台推土机并列推土，以减少土的散失，提高生产效率。

（4）跨铲法推土。推送土体时，推土机间保留一定间距，在推送线路两侧形成土埂，从而减少了推送土方过程中土体的散失，提供工作效率。

2. 铲运机施工

【分类】

按行走机构可分为拖式（由拖拉机牵引和操纵）和自行式两种。

【特点】

铲运机是一种能综合完成挖土、装土、运土、卸土、平整一系列工作的土方施工机械，其斗容量一般为3～12m^3，其铲土厚度一般不大于150mm。

【适应性】

（1）适于地形起伏不大、坡度在20°以内、大面积的场地平整；

（2）运距在200m－300m时，效率较高。

（3）宜开挖含水量≤27%的普通土和松土。硬土则需要辅助机械松土后施工。

【开行线路】

由于挖填区的分布不同，合理分配施工机械的作业区和开行路线，对于施工效率影响很大，也是施工方案的重要技术环节。铲运机的开行路线主要包括以下几种：

（1）环形路线。是一种常用的开行路线，技术要求比较简单。路线布置简单，每一循环只完成一次铲土与卸土，如图1.3.12（a）、（b）所示。当挖填交替而挖填之间的距离又较短时，则可采用大环形路线，如图1.3.12（c）所示。其优点是一个循环能完成多次铲土和卸土，从而减少铲运机的转弯次数，提高工作效率。

（2）“8”字形路线。这种开行路线的铲土与卸土，轮流在两个工作面上进行，如图

1.3.12（d）所示，机械上坡是斜向开行，受地形坡度限制小。每一循环能完成两次作业，即每次铲土只需转弯一次，比环形路线缩短运行时间，提高了生产效率。同时，一个循环中两次转弯方向不同，机械磨损也较均匀。这种开行路线主要适用于取土坑较长的路基填筑，以及坡度较大的场地平整。

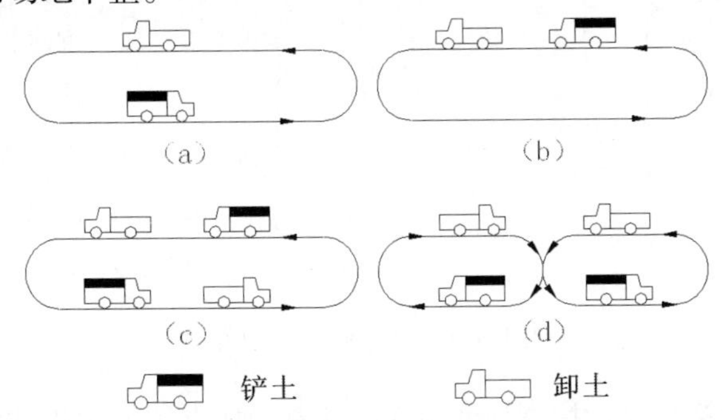

图1.3.12　铲运机开行路线

（a）环形路线1；（b）环形路线2；（c）大环形路线；（d）8字形路线

【施工方法】

与推土机类似，为了提高铲运机的生产效率，可采用下坡铲土、跨铲法、推土机牵引等施工方法。

1.3.5　质量标准和检验方法

场地平整应先做好地面排水。平整场地的表面坡度应符合设计要求。一般应向排水沟方向做成不小于0.2%的坡度。平整后的场地表面应进行检查。检查点应每100m～400m取一个点，但不少于10个点；长度、宽度和坡度均为每20m取一个点，每边不少于1个点。场地平整应经常测量和校核其平面、水平标高和边坡坡度是否符合设计要求。平面控制桩和水准控制点应采取可靠措施加以保护，定期复测和检查。

1.4　土方边坡与支护

随着城市建设的发展，建筑高度和复杂程度不断增加，地下工程日益增多，并且经常要面临规模和深度较大的基坑。为了防止塌方，保证施工安全，在基坑（槽）开挖深度超过一定限度时，土壁应做成有坡度的边坡，或者对土壁进行支护，以保持边坡土壁的稳定。基坑支护形式根据其结构受力特点可分为土体加固和板墙支护两种形式。如图1.4.1所示。

1.4.1　一般土壁稳定措施

1. 放坡

当无地下水时，在天然湿度的土中开挖基坑，可做成直壁而不放坡，但开挖深度不宜超过下列数值：

（1）密实、中密的砂土和碎石类土（充填物为砂土）：1.0 m。

（2）硬塑、可塑的轻亚黏土及亚黏土：1.25m。

（3）硬塑、可塑的黏土和碎石类土（充填物为黏性土）：1.5m。

（4）坚硬的黏土：2.0m。

当挖方深度大于以上数值，则应放坡。在地质条件良好、土质均匀且地下水位低于基

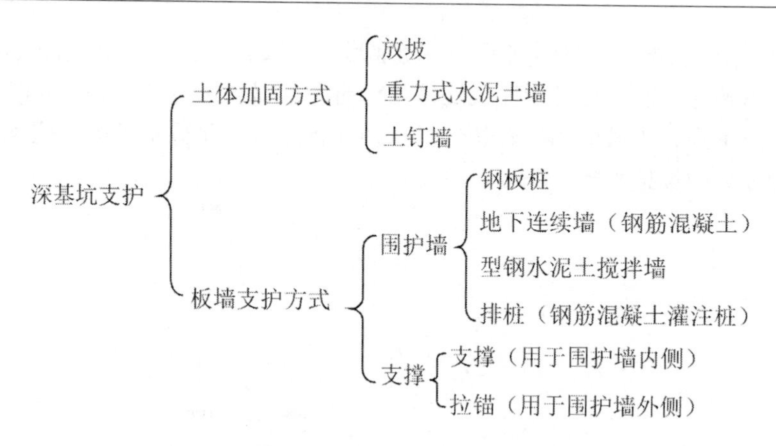

图 1. 4. 1　深基坑支护的种类

坑（槽）或管沟底面标高时，挖方深度在 5m 以内不加支撑的边坡的坡度应符合表 1. 4. 1 的规定。边坡坡度以坡度系数 m 来表示。坡度系数 m 按式（1-4-1）计算

$$土地边坡坡度 = \frac{H}{B} = \frac{1}{B/H} = \frac{1}{m} \tag{1-4-1}$$

式中：H——边坡高度，

B——边坡放坡宽度。

边坡坡度的留设应考虑土质、施工工期、基坑深度、地下水水位、坡顶荷载以及气候条件等因素。边坡形式可以采用直线形、折线形、台阶形，如图 1. 4. 2 所示。

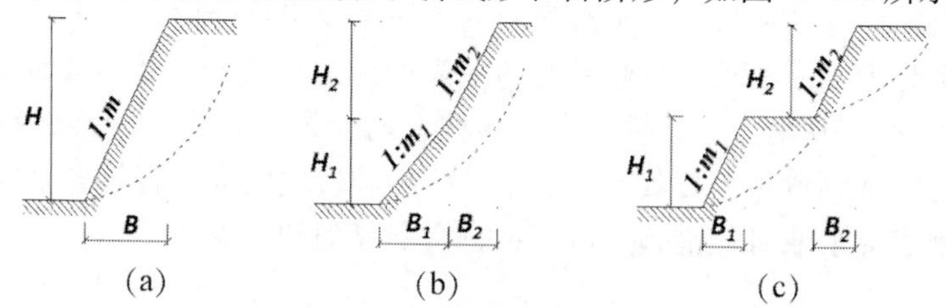

图 1. 4. 2　边坡形式

（a）直线形；（b）折线形；（c）台阶形

表 1. 4. 1　深度在 5m 内的基坑（槽）、管沟边坡的最陡坡度

土的类别	边坡坡度		
	坡顶无荷载	坡顶有静载	坡顶有动载
中密的砂土	1：1. 00	1：1. 25	1：1. 50
中密的碎石类土（充填物为砂土）	1：0. 75	1：1. 00	1：1. 25
硬塑的轻亚粘土	1：0. 67	1：0. 75	1：1. 00
中密的碎石类土（充填物为粘性土）	1：0. 5	1：0. 67	1：0. 75
硬塑的亚粘土、粘土	1：0. 33	1：0. 5	1：0. 67
老黄土	1：0. 10	1：0. 25	1：0. 33
软土（经井点降水后）	1：1. 00	–	–

2. 常用的支护措施

尽管基坑放坡是比较经济的开挖方式，但常因场地周边条件的限制而不能放坡，或放坡所增加的土方量很大，就可采用土壁支护（支撑）。支护结构的种类甚多，其构造形式、适用条件如表1.4.2和表1.4.3所示。

1）沟槽的土壁支护

沟槽的长度相对于深度和宽度大很多，深度一般大于宽度。由于沟槽深度较大时，其避险空间有限，因此坍塌时对施工人员的伤害风险相对大一些，在施工中反而应当更加引起重视。其支护形式如表1.4.2所示。

2）浅基坑的土壁支护

浅基坑的深度相对于其面积来说较小，基坑作业区域的避险空间相对较大，坑壁坍塌对周边环境的危害大于对坑内的影响。土壁支护措施可以采用比较简便和经济的方法，见表1.4.3所示。

表1.4.2　工具式钢管顶撑挡土板

形式	简图		支撑结构	适用条件
水平挡土板	间断式		①挡土板紧贴土壁水平放置； ②挡土板间隔布置； ③木楞紧贴挡土板竖向放置； ④工具式水平对撑将两侧槽壁的木楞顶紧。	①干燥、天然湿度的粘土； ②沟槽深度≤3m； ③地下水水位位于沟槽底以下。
	连续式		①挡土板紧贴土壁水平放置； ②挡土板连续布置； ③木楞紧贴挡土板竖向放置； ④工具式水平对撑将两侧槽壁的木楞顶紧。	①干燥、天然湿度的粘土； ②沟槽深度3m－5m； ③地下水水位位于沟槽底以下。
垂直挡土板	间断式		①挡土板紧贴土壁垂直放置，底部可插入土中锚固； ②挡土板间断布置； ③木楞紧贴挡土板水平放置； ④工具式水平对撑将两侧槽壁的木楞顶紧。	①较松散的、湿度较大的土； ②地下水位低或水量较少； ③沟槽深度不限。
	连续式		①挡土板紧贴土壁垂直放置，底部可插入土中锚固； ②挡土板连续布置； ③木楞紧贴挡土板水平放置； ④工具式水平对撑将两侧槽壁的木楞顶紧。	①松散的、湿度很大的土； ②地下水位低或水量较少； ③沟槽深度不限。

表 1.4.3　浅基坑的土壁支护方式

形式	简图	构造特征	适用条件
斜柱支撑	回填土 挡土板 木楞 斜撑 短桩	① 挡土板水平放置，支撑于内侧柱桩；挡土板与坑壁间空隙用回填土填充压实； ②挡土板由内侧柱桩支撑，柱桩底端插入坑底土中固定； ③柱桩在坑内一侧采用斜撑支撑，斜撑下端固定于楔入坑底的短桩；	面积较大、深度不大、基坑边缘无荷载要求、开阔或者无障碍物
锚拉支撑	锚桩 挡土板 锚筋 回填土 木桩	① 挡土板水平放置，支撑于内侧柱桩；挡土板与坑壁间空隙用回填土填充压实； ②挡土板由内侧柱桩支撑，柱桩底端插入坑底土中固定，柱桩上端在坑外一侧采用拉杆固定； ③拉杆外侧一端与楔入基坑边缘土体的短桩固定	面积较大、深度不大、基坑边缘无荷载要求、开阔或者无障碍物
短柱横隔板支撑	挡土板 回填土 短桩	① 挡土板水平放置，支撑于内侧柱桩；挡土板与坑壁间空隙用回填土填充压实； ②挡土板由内侧柱桩支撑，柱桩底端插入坑底土中固定； ③坑壁下段采用支撑，上端采取放坡方式	①面积较大、深度不大、基坑边缘没有荷载要求； ②坑壁可以采取放坡方式，但因周边空间不够不能达到放坡要求； ③安全储备措施
临时挡土墙支撑	坡脚挡墙	采用砂袋堆放和砖石砌筑方式在坑壁下段一定高度设置挡墙	①面积较大、深度不大、基坑边缘没有荷载要求； ②坑壁可以采取放坡方式，但因周边空间不够不能达到放坡要求； ③安全储备措施
覆盖保护	混凝土覆盖层	为防止雨水冲刷并增强土体稳定性： ①采用水泥土、水泥砂浆、混凝土喷射覆盖，有时增加钢筋网来提高支撑作用； ②采用塑料薄膜、防水布覆盖，有时采用增加密目网来提供支撑效果。	①面积较大、深度不大、基坑边缘没有荷载要求； ②坑壁可以采取放坡方式，但有雨季施工要求； ③安全储备措施

1.4.2　深基坑支护——土体加固方式

1. 土钉墙

土钉墙加固技术是在土体内放置一定长度和分布密度的土钉群，对土体起主动嵌固作用，用以弥补土体抗拉和抗剪强度低的弱点，显著提高了整体稳定性，是一种原位加固土的技术。

【特点】

材料用量和工程量小，施工设备和操作方法简单，施工速度快；对施工场地要求低，对环境干扰小，对周边建筑物影响小。

【构造】

由密集的土钉群、被加固土体、喷射混凝土面层和防水系统组成（图1.4.3）。先在土壁上钻孔，然后将钢筋插入孔内，并在孔内注浆形成土钉。土钉与水平面的夹角一般为5°~20°；长度在非饱和土壤中宜为基坑深度的0.6~1.2倍，软塑粘性土中宜为1.0倍；水平、垂直间距宜相等（非饱和土中宜为1.2~1.5m，软土中宜为1.0m，坚硬粘土或风化岩中可为2m），且两者乘积应≤6m²。

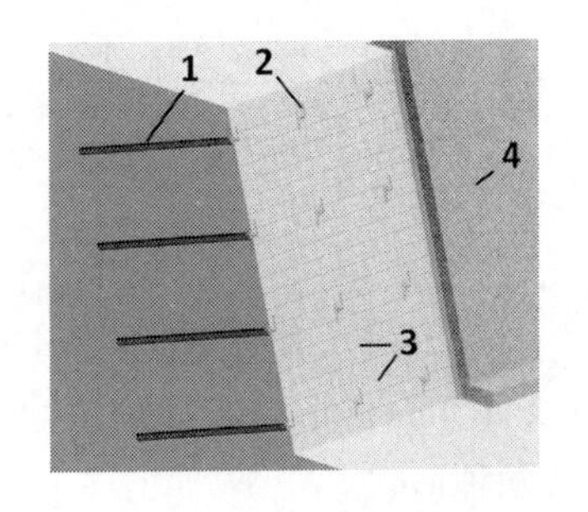

图1.4.3　土钉墙构造示意图

1. 土钉孔注浆；2. 土钉插筋；3. 分布钢筋；4. 混凝土覆盖层

【适用条件】

土钉墙适用于地下水低于土坡开挖段或经过降水措施后使地下水位低于开挖层的情况。为了保证土钉墙的施工，土层在分阶段开挖时，应能保持自立稳定。为此，土钉适用于有一定黏结性的杂填土、黏性土、粉性土、黄土类土及含有30%以上黏土颗粒的砂土边坡。

【施工流程】

土钉墙施工工艺流程见图1.4.4所示。

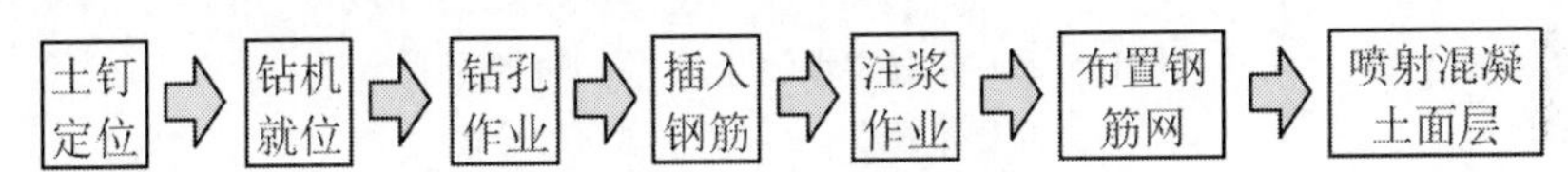

图1.4.4　土钉墙施工流程

【技术控制要点】

①土钉。一般采用Φ16~32mm的螺纹钢筋，与水平面夹角为5°~20°；

② 钻孔与注浆。钻孔直径为70~120mm，注浆强度等级不低于10MPa。

③土钉墙混凝土面层。强度等级不低于C20，厚度80~200mm；钢筋网直径6~10mm，间距150~300mm。底部边缘与基坑底面距离不大于200mm。喷射混凝土分两次进行，第一次喷射后铺钢筋网。

【质量检验要求】

①土钉抗拔力检验。在同一条件下，试验抽样数量应为土钉总数的1%，且不少于3根。土钉检验的合格标准为：土钉抗拔力平均值应大于设计极限抗拔力；抗拔力最小值应大于设计极限抗拔力的0.9倍。

②土钉墙面喷射混凝土厚度检验。可采用钻孔检测，钻孔数宜每100m²墙面积一组，每组不应少于3点。

2. 重力式挡土墙

重力式水泥土墙是利用加固后的水泥土体形成块体，利用块体结构的自重来平衡土压力，使坑壁土体保持稳定。

【特点】

施工简单、效果好。在加固土体的同时，兼有止水作用。不需要额外做基坑内部顶撑和外部拉锚，因而基坑内机械化施工方便，对周围环境影响小。基坑施工应考虑水泥土墙的养护时间，合理安排施工段布局及进度，保证开挖时挡土墙具有足够的强度。

【适用条件】

适用于淤泥质土、淤泥，也可以用于粘性土、粉土、砂土等，不适于厚度较大的可塑及硬塑以上的软土、中密以上的砂土。土体中有大量石块、碎砖、混凝土块、木桩等障碍时，一般也不适用。由于重力式挡土墙厚度较大，基坑周边需要有足够的施工场地，基坑深度一般不大于7m。

【构造】

重力式水泥土墙是由土体中连续排布的深层水泥土搅拌桩构成。桩身连续搭接（≥200mm）形成连续结构可以兼有止水作用。根据桩的排列方式分为格栅布置和满堂布置两种形式。

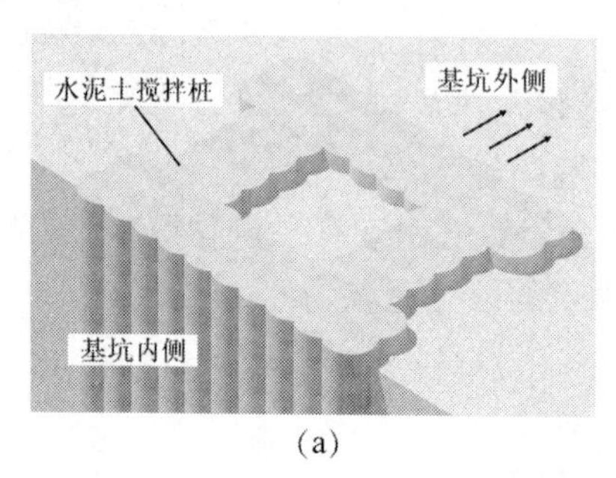

(a)

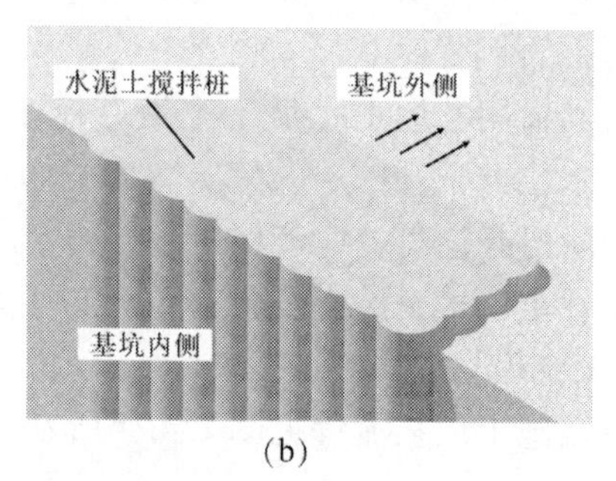

(b)

图1.4.5　重力式水泥土墙平面布置形式

（a）格栅布置形式；（b）满堂布置形式

水泥土墙的宽度一般取开挖深度的0.6～0.8倍，墙体在基坑底面以下的嵌固深度宜取开挖深度的0.8～1.0倍；墙顶应设置钢筋混凝土压顶（地圈梁），厚度200mm，配筋为Φ12@200的构造钢筋网（双层双向）；也可以插入H型钢，形成劲性水泥土桩。

【施工流程】

水泥土墙施工工艺流程见图1.4.6所示。

图1.4.6　水泥土墙施工流程

【施工技术控制要点】

桩位放线误差≤20mm，桩机就位与桩位的误差≤50mm；成桩位置误差<50mm；桩机就位后导向架的垂直度偏差≤0.5%；水泥浆水灰比一般为0.4～0.6；

【质量控制及检验标准】

水泥土搅拌桩的质量要求及检验方法见表1.4.4。

表1.4.4　水泥土搅拌桩成桩允许偏差

序号	检验项目	允许偏差或允许值	检查频率	检查方法
1	桩底标高/mm	±200	每根	测钻杆长度
2	桩顶标高/mm	+100～-50	每根	水准仪
3	桩位偏差/mm	<50	每根	钢尺量
4	桩径/mm	±10	每根	钢尺量
5	桩体垂直度	1/200	每根	经纬仪测量

1.4.3　深基坑支护——板桩（墙）支护方式

板桩（墙）支护结构一般由围护墙和支撑系统两部分组成，支撑系统分为内部顶撑和外部拉锚两种形式。板桩（墙）根据有无锚桩结构，分为无锚板桩（也称悬臂式板桩）和有锚板桩两类。如图 1.4.7 所示。无锚板桩（也称悬臂式板桩），用于较浅的基坑，依靠入土部分的土压力来维持板桩的稳定。如果采用悬臂式板墙支护则不设置支撑系统。围护墙的形式包括钢板桩、排桩（钢筋混凝土灌注桩、素混凝土桩）、型钢水泥土搅拌墙、钢筋混凝土地下连续墙等。

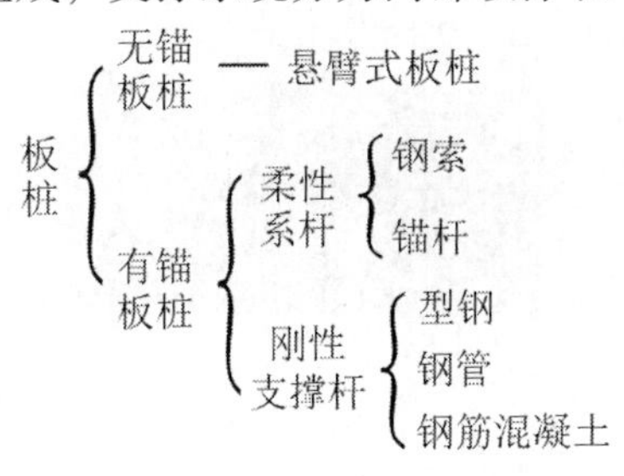

图 1.4.7　板桩分类

有锚板桩，是在板桩墙后设柔性系杆（如钢索、土锚杆等）或在板桩墙前设刚性支撑杆（如大型钢、钢管）加以固定，可用于开挖较深的基坑，该种板桩用得较多。板式支护结构如图 1.4.8 所示。悬臂板桩、拉锚板桩适用于基坑内采用机械设备开挖，而有内部支撑的基坑则不便于机械设备施工，需要根据支撑分布的特点，选择其空间大的部位，局部或阶段性采用机械开挖方式。

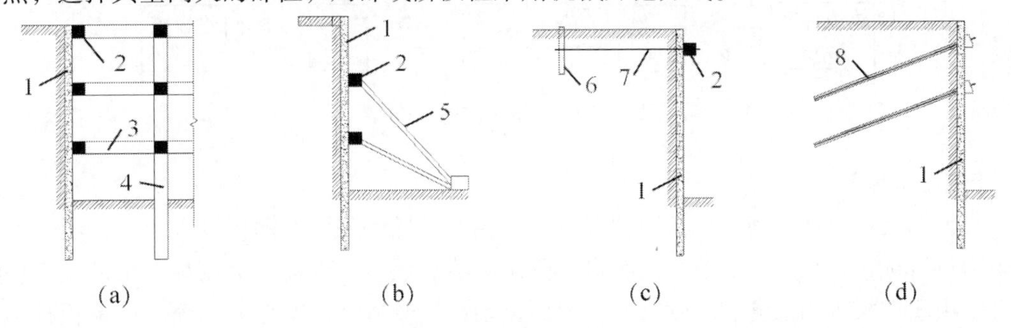

图 1.4.8　板式支护结构

(a) 水平支撑式；(b) 斜撑式；(c) 拉锚式；(d) 土锚式

1. 板桩墙；2. 围檩；3. 内支撑；4. 竖撑；5. 斜撑；6. 锚桩；7. 锚索；8. 土锚杆

1. 围护墙

1）钢板桩

钢板桩是一种自带锁扣的热轧型钢制成。将其通过边缘锁扣连接起来打入地下，形成连续钢板桩墙，既能挡土又能挡水。

【特点】

钢板桩材料性能稳定，软弱土层中直接打入，施工简单、速度快；一次性用钢量较大，但是可以重复使用，采用租赁方式可以降低费用；在砂砾土层、密实砂土中不适用。刚度不够大，深基坑容易产生大变形，应增设支撑。透水性较大的土中不能完全挡水；回收时钢板桩拔出容易扰动土层，影响周围环境。

【适用条件】

适于软弱土层、地下水位较高并且水量较大的深基坑支护结构。在砂砾土层、密实砂土中施工困难。悬臂钢板桩支护结构适用基坑深度≤5m。

【钢板桩种类】

为了提高钢板桩的侧向承载能力，其外形多做采用折板形式。钢板桩的种类很多，常见的有 U 形板桩与 Z 形板桩、H 形板桩。其中，拉森式（U 形）钢板桩的幅宽 400 ~ 750mm，外形厚度 85 ~ 225.5mm，钢板厚度 8 ~ 15mm。如图 1.4.9 所示。

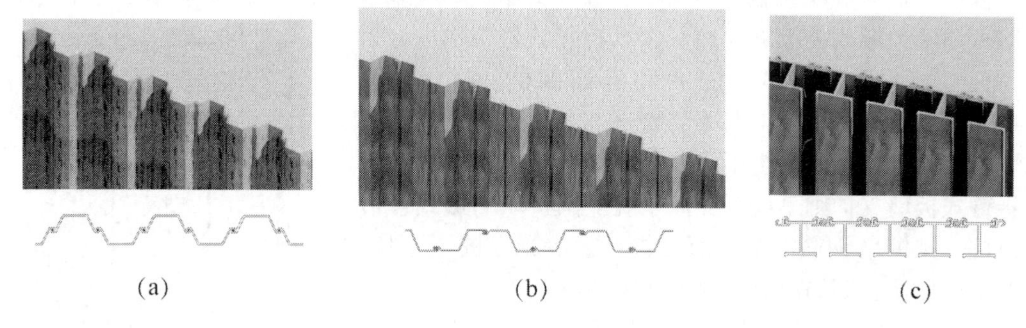

图 1.4.9　常见板桩

（a）U 形钢板桩；（b）Z 形钢板桩；（c）H 形钢板桩

【施工流程】

钢板桩的施工工艺流程见图 1.4.10。

图 1.4.10　钢板桩施工流程

【施工机械】

打设钢板桩所用的施工机械与预制桩施工相似。桩锤要根据钢板桩入土的摩阻力和端部阻力进行选择。采用的桩锤类型有自由落锤、蒸汽锤、空气锤、液压锤、柴油锤、振动锤等。由于钢板桩的强度和刚度略弱，因而振动锤比较适宜，但是振动锤会使钢板桩锁扣咬合松动，并使周边土体受到扰动。如果采用柴油锤，为了保护桩顶不受损伤和控制打入方向，应在桩锤和钢板桩之间设置桩帽。

【钢板桩沉桩方式】

①单独打入法。如图 1.4.11 所示，此法是从一角开始逐块插打，每块钢板桩自起打到结束中途不停顿。这种打法施工简便，速度快，但由于单块打入，易向一边倾斜，造成累计误差不易纠正，壁面平直度也难以控制。一般在桩长小于 10m，且工程要求不高时采用。

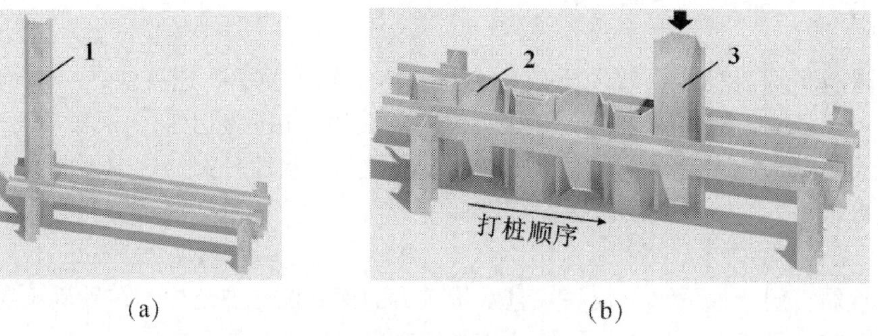

图 1.4.11　钢板桩单独打入法

（a）第 1 块桩打入；（b）按顺序打入

1. 第 1 块钢板桩；2. 打入的钢板桩；3. 正在打入的钢板桩

②分段打入法（屏风式打入法）。如图 1.4.12 所示，此法是将 10 ~ 20 块钢板桩组成的施工段沿围檩插入土中一定深度形成较短的屏风墙，先将其两端的两块打入，严格控制其垂直度，打好后用电焊固定在围檩上，然后将其他的板桩按顺序以 1/2 或 1/3 板桩高度打入。此法可以防止板桩过大的倾斜和扭转，防止误差累积，有利于实现封闭合拢，且分段打设，不会影响邻近板桩施工。

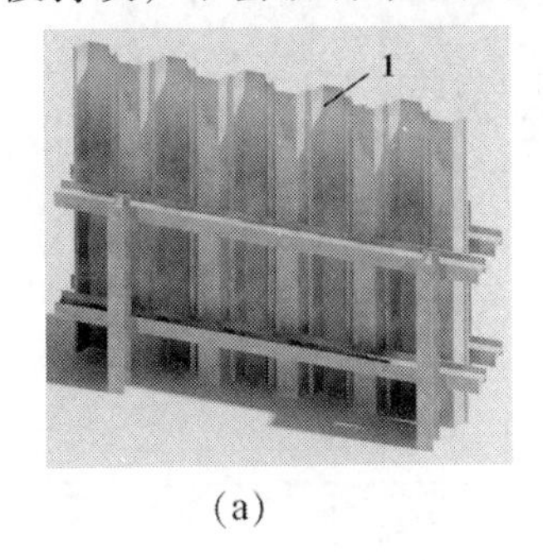

(a)

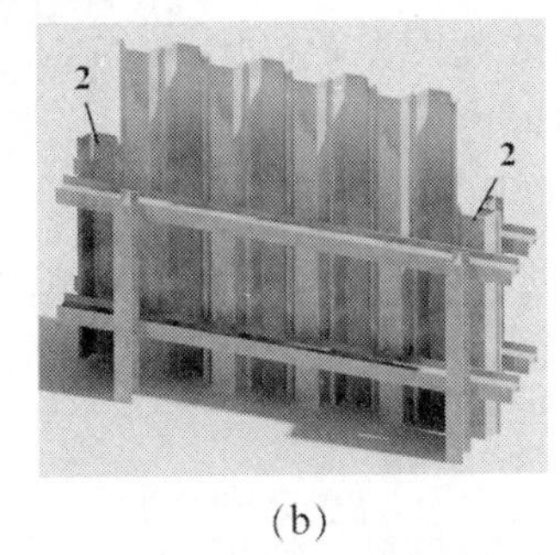

(b)

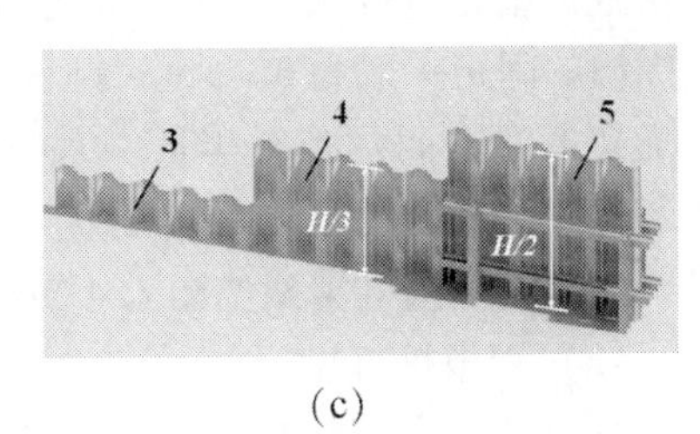

(c)

图 1.4.12　钢板桩分段打入法

（a）钢板桩吊装就位；（b）两端控制桩先打入；（c）分段打入

1. 钢板桩准备打入；2. 先打入钢板桩；3. 第 1 段钢板桩；4. 第 2 段钢板桩；5. 第 3 段钢板桩

③封闭打入法：如图 1.4.13 所示，此法是在地面上，离板桩墙轴线一定距离先筑起双层围檩支架，然后将钢板桩依次在双层围檩中全部插好，成为一个高大的钢板桩墙。待四角实现封闭合拢后，再按阶梯形逐渐将板桩一块块打入设计标高。这种打法可保证平面尺寸准确和钢板桩垂直度，但施工速度慢。

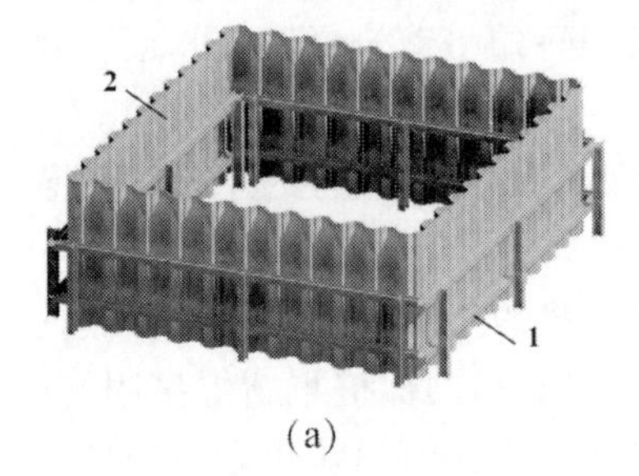

(a)

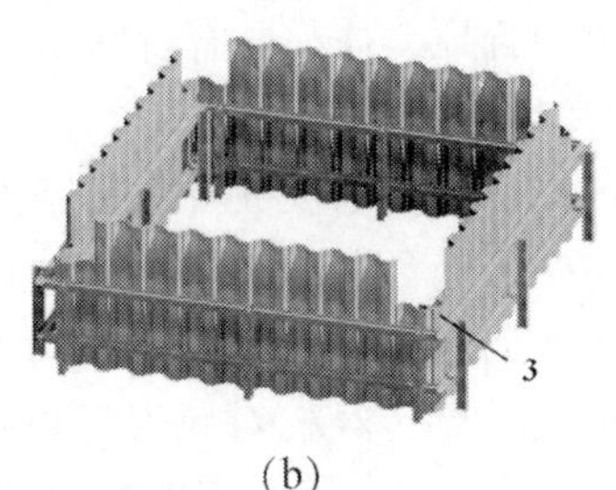

(b)

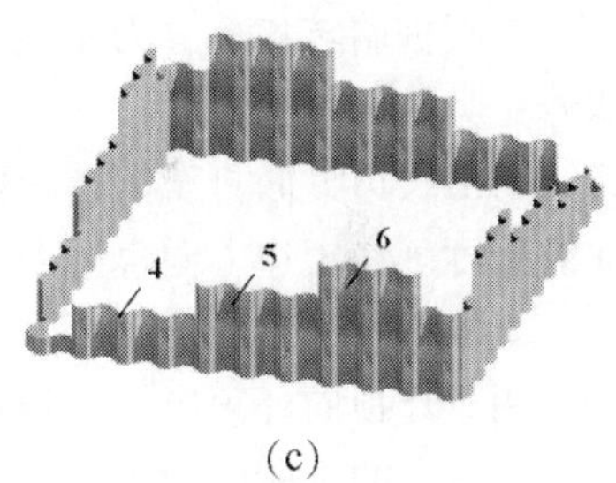

(c)

图 1.4.13　钢板桩封闭打入法

（a）钢板桩就位；（b）导向柱打入；（c）分段打入

1. 导向围檩；2. 钢板桩；3. 定位导向桩；4. 第一段桩打入；5. 第二段桩打入；6. 第三段桩打入

【施工方法及技术要点】

（1）钢板桩矫正。

钢板桩的桩与桩之间由各种形式的锁口相互咬合，重复作用时，应对锁口和桩尖进行修整。对年久失修、变形和锈蚀严重的钢板桩，在打设之前需进行整修矫正。矫正要在平台上进行，对弯曲变形的钢板桩可用油压千斤顶顶压或用火烘校正等方法进行矫正。

（2）安装围檩支架。

为了保证钢板桩轴线位置、平整度和垂直度符合施工质量要求的精度，防止沉桩过程中板桩屈曲变形。一般需要设置一定刚度的导架，又称“施工围檩”。

①围檩支架的作用：控制钢板桩的位置，保证钢板桩垂直打入和打入后的钢板桩墙面

平直。

②围檩支架组成：由围檩桩和围檩组成。

③围檩支架分类：其形式在平面上有单面围檩和双面围檩之分，高度上有单层、双层和多层之分。

④安装围檩支架要求：第一层围檩的安装高度约在地面以上 500mm 处，双面围檩之间的净距以比两块板桩组合宽度大 8 ~ 15mm 为宜。围檩桩沿钢板桩纵向的间距一般为 3 ~ 5m，打入土中 5m 左右。围檩支架多为钢制，必须牢固，尺寸要准确，围檩支架每次安装长度视具体情况而定，最好能周转使用，以节约钢材。围檩支架如图 1. 4. 14 所示。

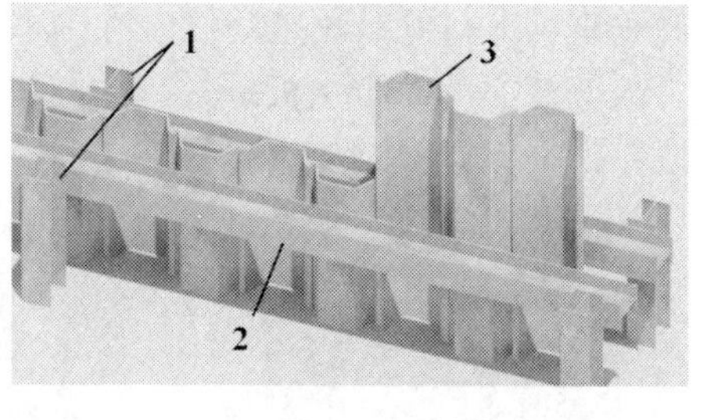

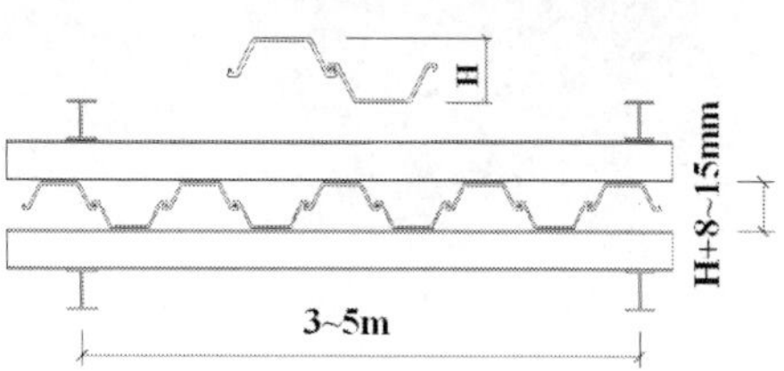

图 1. 4. 14　钢板桩围檩支架

1. 围檩桩；2. 围檩；3. 钢板桩

（3）钢板桩打设。

先用吊车将钢板桩吊至插桩处进行插桩，插桩时锁口要对准，每插入一块即套上桩帽轻轻加以锤击。在打桩过程中，为保证钢板桩的垂直度，要用两台经纬仪在两个方向加以控制。为防止锁口中心线平面位移，可在打桩进行方向的钢板桩锁口处设卡板，阻止板桩位移，同时在围檩上预先标出每块板桩的位置，以便随时检查校正。

打桩时，开始打设的第一、二块钢板桩的打入位置和方向要确保精度，它可以起样板导向作用，一般每打 1m 应测量一次。

在板桩墙转角处，为实现封闭合拢，往往要有特殊型式的转角桩或进行轴线修正。轴线修正具体做法如下。

①沿长边方向打至离转角桩约有 8 块钢板桩时暂时停止，量出至转角桩的总长度和增加的长度。在短边方向也照上述办法进行。

②根据长、短两边水平方向增加的长度和转角桩的尺寸，将短边方向的围檩与围檩桩分开用千斤顶向外顶出，进行轴线外移，经核对无误后再将围檩和围檩桩重新焊接固定。在长边方向的围檩内插桩，继续打设，插打到转角桩后，再转过来接着沿短边方向插打两块钢板桩。

③根据修正后的轴线沿短边方向继续向前插打，最后一块封闭合拢的钢板桩，设在短边方向从端部算起的第三块板桩的位置处。

（4）钢板桩拔除。

基坑回填后，要拔除钢板桩，以便重复使用。拔除钢板桩前，要仔细研究拔桩方法、顺序和拔桩时间及土孔处理。否则，由于拔桩的振动影响，以及拔桩带土过多引起地面沉降和位移，会给施工的地下结构带来危害，并影响邻近建筑或地下管线的安全。常见的拔桩方法有两种：一是用振动锤拔桩；二是用重型起重机与振动锤共同拔桩。钢板桩拔出后遗留土孔的处理：对拔桩后留下的桩孔，必须及时回填。回填的处理方法有：挤密法和填入法。所用材料一般为砂子。

【质量检验要求】

①桩顶标高允许偏差为 ±100mm；轴线允许偏差为 ±100mm；垂直度允许偏差为 1%；

桩身弯曲度≤2%l，l为桩长。

②两个拼接钢板桩端头间缝隙≤3mm，断面上错位≤2mm；

③相邻桩的接头上下错开≥2m；

④组拼的钢板桩两端应平齐，误差≤3mm。

2）钢筋混凝土排桩

钢筋混凝土排桩挡土结构由成排连续布置的钢筋混凝土钻孔灌注桩组成，能够承受水平的水土压力。当桩身间隔布置时，间隙≥100mm，因而其不具有挡水功能，需要另外做水泥土搅拌桩作为止水帷幕。

【特点】

抗弯能力强，刚度大，变形小。布置灵活、成本低、施工简单、施工噪音小、无振动、无挤土效应。适用于大多数地质条件的地区。

【构造】

排桩布置形式与土质情况、土压力大小、地下水位高低有关。分为一字间隔排列、一字相接排列、交错相接排列，当与水泥土搅拌桩组合应用时还可以采用前后双排布置、间隔交错相接布置的排列形式，如图1.4.15所示。

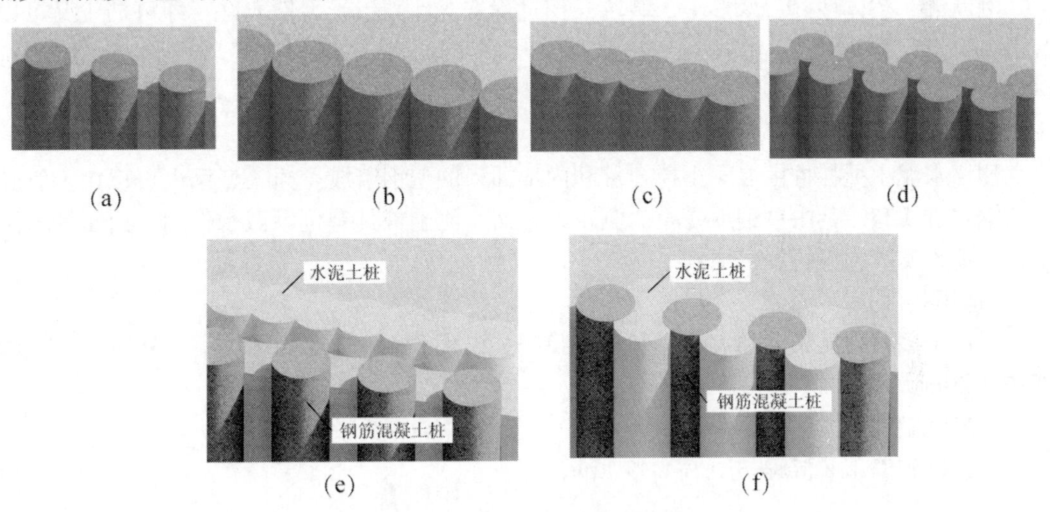

图1.4.15　排桩平面布置形式

（a）间隔排列；（b）相接排列；（c）搭接排列；（d）交错排列；
（e）组合桩前后排列；（f）组合桩交错排列

【适用条件】

适用于5～15m基坑，软土地区采用悬臂式排桩的基坑深度不宜>5m，采用顶撑或拉锚措施后可以>10m。

【施工流程】和【施工方法】

排桩施工可以采用干作业成孔灌注桩、湿作业成孔灌注桩、沉管灌注桩、人工挖孔桩等施工方式，具体施工流程、施工方法和技术要求见“基础工程施工”一章有关“桩基础施工”的内容。

3）型钢水泥土搅拌桩

型钢水泥土搅拌桩（墙）又称SMW（soil mixing wall）工法。它是在水泥土桩中插入大型 H 型钢形成围护墙。H 型钢提高了围护墙的抵抗侧向压力的能力。设置横向支撑后，支护深度还可加深。根据型钢水泥土搅拌桩的承载能力，型钢可以采取连续插入、插一跳一、插二跳一的组合形式，见图 1.4.16 所示。待地下主体结构和回填施工完毕后，可拔出型钢重复使用。拔出型钢后遗留的空隙应及时填充密实。

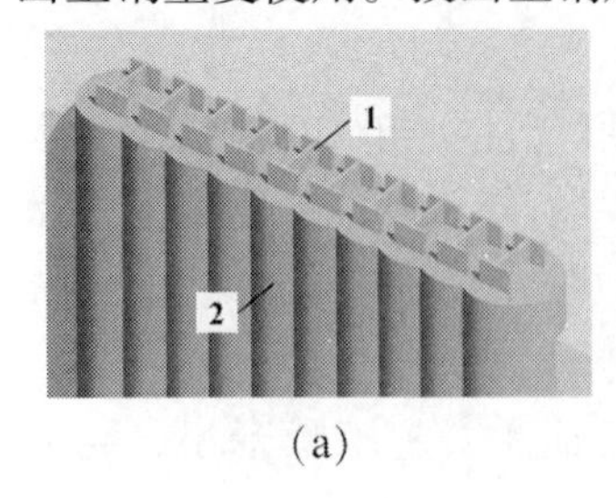

(a)

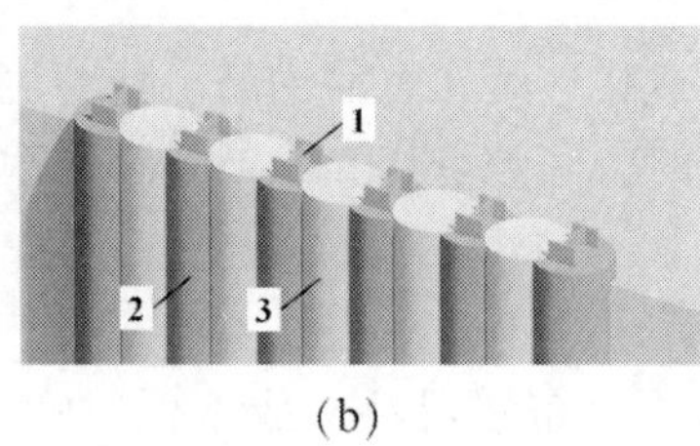

(b)

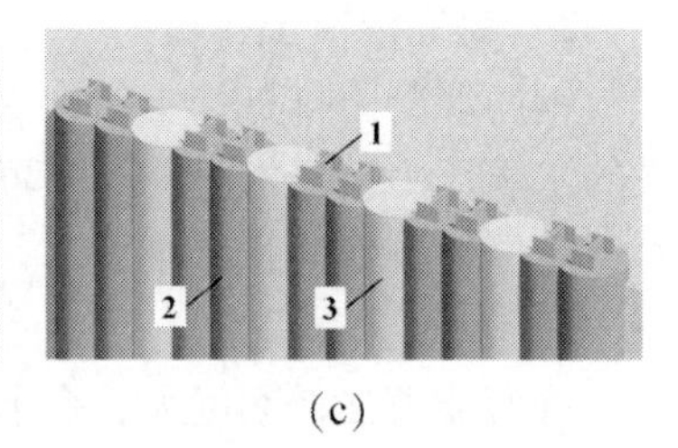

(c)

图 1.4.16　型钢水泥土搅拌桩布置方式

(a) 密插；(b) 插一跳一；(c) 插二跳一

1. 型钢；2. 型钢水泥土桩；3. 素水泥土桩

【特点】

刚度大、整体性好、变形小，基坑开挖过程安全性高，受力性能好，即可挡土又可以截水，也可以作为建筑结构的一部分。施工振动小、噪声低、对环境影响小，但造价略高。

【构造】

型钢水泥土搅拌桩由混凝土搅拌桩和内部插入的型钢组成。插入型钢也可以由钢管和拉森钢板桩代替。其中型钢承受土的侧压力，而水泥土桩具有抗渗截水作用。由于插入了型钢，还为支撑的设置提供便利。

【适用条件】

适用于多种地质条件和大型深基坑。我国一般用于 8 ~ 12m 的基坑，国外应用基坑深度达到 20m。

【施工流程】

钢板桩施工工艺流程如图 1.4.17 所示。

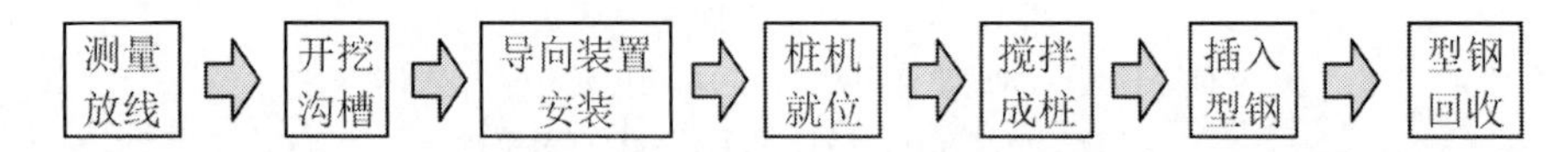

图 1.4.17　钢板桩施工流程

【施工过程技术控制要点】

桩机就位后，其导向架的垂直度偏差应≤1/250；水灰比控制：粘性土 1.5 ~ 2.0；透水性好的砂土层：1.2 ~ 1.5。型钢插入的时机应能够使其靠自重下沉至水泥土桩中。喷浆下沉速度控制在 0.5 ~ 1.0m/min；提升速度应控制在 1.0 ~ 2.0m/min；

【质量控制及检验方法】

型钢水泥土搅拌桩的桩身质量控制及检验方法参见本章水泥土搅拌桩一节中的表 1.4.4；插入型钢质量控制及检验方法如表 1.4.5。

表 1.4.5　型钢插入允许偏差

序号	检查项目	允许偏差或允许值	检查频率	检查方法
1	型钢长度/mm	±10	每根	钢尺量
2	型钢底标高/mm	-30	每根	水准仪测量
3	型钢垂直度/%	≤1/200	每根	经纬仪测量
4	型钢插入平面位置/mm	≤50（平行于基坑方向）	每根	钢尺量
		≤10（垂直于基坑方向）	每根	
5	形心转角 Ø/（°）	≤3	每根	量角器测量

4）钢筋混凝土地下连续墙

地下连续墙技术在 20 世纪 50 年代首先在意大利采用，并很快传遍世界各地。我国在 50 年代末将地下连续墙技术应用于水利工程，后广泛应用于其他领域。

在地面上采用专用挖槽设备，在泥浆护壁的条件下分段开挖深槽，并向槽段内吊放钢筋笼，用导管法在水下浇筑混凝土，在地下形成一段墙段；逐段施工而形成连续的钢筋混凝土墙体，作为基坑支护结构。厚度有 600mm、800mm、1000mm，多用于较深基坑。

【特点】

钢筋混凝土地下连续墙的刚度大、整体性好、变形较小；墙身有很好的挡水功能。但是施工需要专用的机械设备，成本较为昂贵；施工作业专业性较强，质量控制技术要求较高，容易出现漏水、坍塌、混凝土浇筑方面的质量问题。在特殊工程背景和条件下能显现其优势。

【适用条件】

适用于多种地质条件。施工振动小、噪声低，对环境影响小。除了挡土作用以外，还可兼做地下结构的外墙承受竖向荷载。

【施工流程】

钢筋混凝土地下连续墙施工工艺流程如图 1.4.18 所示。

图 1.4.18　钢筋混凝土地下连续墙施工流程

【构造组成】

如图 1.4.19 和图 1.4.20 所示，钢筋混凝土地下连续墙在施工时将墙体沿长度方向分成许多等长的单元槽段，每个单元槽段为独立施工作业区段，依次进行槽段开挖、吊放钢筋笼和接头管、浇筑混凝土、拔管的施工作业。各个墙段施工完成后，便形成整体的地下连续墙。

【施工方法及技术要点】

地下连续墙的施工内容主要包括槽段开挖、导墙施工、钢筋笼和接头管制作及吊放、混凝土浇筑几个部分。其中导墙和接头管施工环节是保证质量的技术措施，而不是地下连续墙的组成部分。

（1）导墙。

导墙是地下连续墙槽段开挖前沿墙面两侧构筑的临时性结构。其作用有以下几个方面：

①成槽导向、测量基准；

②提供施工作业支撑平台；

③稳定槽口土体，防止塌方；

④保持泥浆面位置。

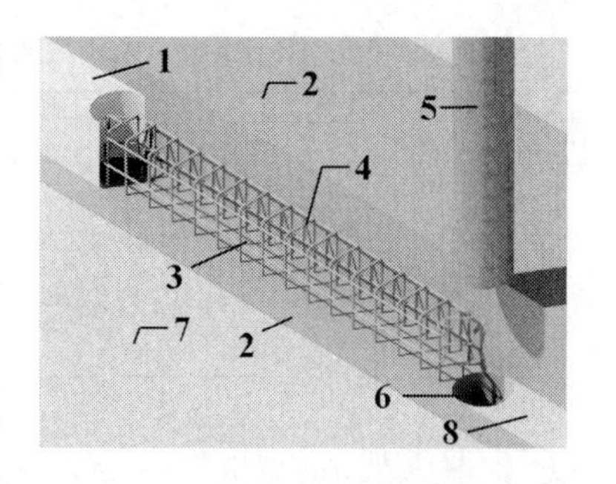

图 1.4.19　地下连续墙构造示意图

1. 已浇筑槽段；2. 导墙；3. 施工槽段混凝土；4. 施工槽段钢筋笼；5. 吊装的接头管；6. 拔管后的接头孔；7. 地表土层；8. 未开挖槽段

槽段开挖前，应沿地下连续墙设计轴线位置开挖一定宽度和深度的导沟，然后在导沟的两侧修筑导墙。采用较多的是现浇钢筋混凝土导墙，也可以采用预制钢筋混凝土或型钢制成的工具式导墙，实现多次重复利用。导墙厚度一般为 150 ~ 200mm，混凝土等级为 C20 ~ C30，配筋 Φ8 ~ Φ16@ 150 ~ 200；垂直度偏差≤1/500；导墙间净距比设计的地下连续墙厚度大 40 ~ 60mm；导墙间设置内支撑：上下间距 0.8 ~ 1.0m；水平间距 1.5 ~ 2.0m。

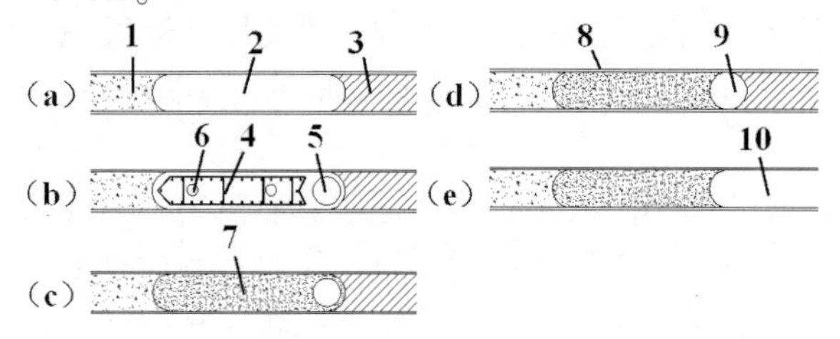

图 1.4.20　地下连续墙施工流程示意图—采用圆形接口管

(a) 槽段开挖；(b) 吊放钢筋笼和接头管；(c) 浇筑混凝土；(d) 拔出接头管；(e) 下一槽段开挖

1. 已完成槽段；2. 开挖完成槽段；3. 未开挖槽段；4. 钢筋笼；5. 接头管；6. 混凝土导管；7. 浇筑混凝土；8. 导墙；9. 拔管后的接头孔；10. 新开挖槽段

(2) 槽段开挖。

槽段划分的最小长度不能小于开挖机械一次开挖的长度，一般为机械一次开挖长度的 2 ~4 倍，约 4 ~8m。槽段分段接缝位置应尽量避开转角部分与内隔墙连接位置，以保证地下连续墙有良好的整体性和足够的强度。槽段开挖是采用钻挖机械经过钻、抓、挖的作业完成，为了保证槽壁的稳定性通常采用泥浆护壁方式进行施工。

(3) 钢筋笼。

在吊放钢筋笼和浇筑混凝土前，应先吊装接头管。接头管为直径比槽段宽度小 50mm 的钢管。为了适应不同的槽深，一般由 2 ~6m 长的多段钢管组装而成。安装在浇筑混凝土槽段与未浇筑混凝土槽段的交接端。

地下连续墙的钢筋笼也是分槽段逐段制作，并利用起重机吊放到沟槽内。除了满足设计要求外，钢筋笼制作时应注意以下几点：

①在插入浇筑混凝土的导管位置，其净空尺寸应比导管外径大 100mm 以上，周围还应用箍筋和局部钢筋进行加固。

②为了便于导管插入，钢筋笼的纵筋应放在箍筋的外侧；纵筋下部端头应略向里弯曲，以免吊放钢筋笼时划伤槽壁；

③钢筋笼横向端部距接头管或者混凝土交接面应有 150 ~200mm 的间隙。

④为了防止钢筋笼在吊装过程中产生过度变形，应设置2~4道纵向加劲肋，通常采用钢筋桁架。

（4）浇筑方式。

连续墙的混凝土浇筑采用水下导管浇筑方式。“泥浆配置”见“湿作业成孔灌注桩”章节、“钢筋笼加工与吊装”和“混凝土水下浇筑”见“钢筋混凝土工程”章节。

【质量控制】

地下连续墙主要质量控制指标包括墙体“材料强度”和墙身的“垂直度”，其次还要控制墙体的尺寸偏差（表1.4.6，表1.4.7）。

表1.4.6　地下连续墙钢筋笼质量控制标准（mm）

项目	序号	检查项目	允许偏差或允许值	检查方法
主控项目	1	主筋间距	±10	钢尺量
	2	长度	±100	钢尺量
一般项目	1	钢筋材质检查	设计要求	抽样送检
	2	箍筋间距	±20	钢尺量
	3	直径	±10	钢尺量

表1.4.7　地下连续墙质量控制标准

项目	序号	检查项目		允许偏差或允许值		检查方法
				单位	数值	
主控项目	1	墙体强度		设计要求		查试块记录或取芯试压
	2	垂直度	永久结构		1/300	声波测槽仪或成槽机上的检测系统
			临时结构		1/150	
一般项目	1	导墙尺寸	宽度	mm	$W+40$	钢尺量，W为设计墙厚
			墙面平整度	mm	<5	钢尺量
			导墙平面位置	mm	±10	钢尺量
	2	沉淀厚度	永久结构	mm	≤100	重锤测或沉淀物测定仪测
			临时结构	mm	≤200	
	3	槽深		mm	100	重锤测
	4	混凝土坍落度		mm	180－220	坍落度测定器
	5	钢筋笼尺寸		mm	见表1.4.6	见表1.4.6
	6	地下连续墙表面平整度	永久结构	mm	<100	此为均匀黏土层，松散及易坍土层由设计决定
			临时结构	mm	<150	
			插入式结构	mm	<20	
	7	永久结构的预埋件位置	水平向	mm	≤10	钢尺量
			垂直向	mm	≤20	水准仪

2. 支撑体系

对于板墙支护结构，当基坑深度较大时，无支撑的悬臂结构形式的内力和变形会较大，因此需要在其悬臂端增加支撑。支撑分为内支撑和外支撑（或称为拉锚）两种形式。

内支撑受力合理、安全可靠、易于控制维护结构的变形，但是内支撑的设置给基坑内挖土和地下结构施工带来一些不便，需要通过换撑来解决；拉锚形式的支护结构，基坑内施工空间开阔，但是拉锚设置需要考虑基坑周边环境是否许可，设置锚桩是否有足够的空间位置，此外，拉锚形式不适于在软土地区应用。

内支撑体系包括腰梁（也称围檩，当位于支护结构顶部时称冠梁）、水平支撑和立柱三种构件，见图1.4.21。腰梁沿深度方向按一定间距要求固定在支护排桩（墙）上。基坑内，在位于腰梁同一水平面内设置水平支撑；不同标高的水平支撑间在支撑交叉处应设置立柱。立柱和支撑杆件都是受压构件，其长度应符合稳定性要求。

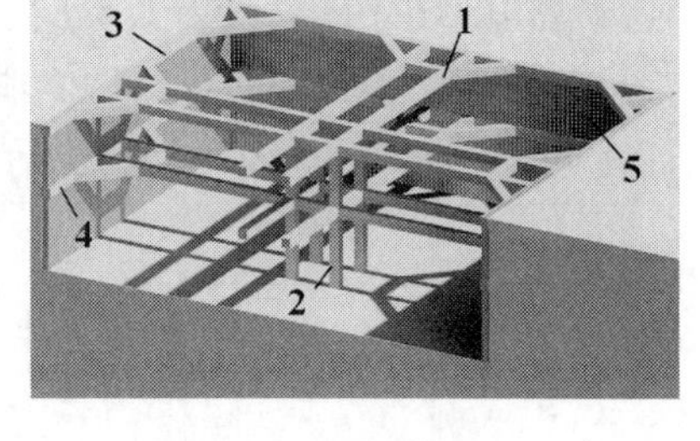

图1.4.21　基坑内支撑

1. 水平支撑；2. 立柱；3. 冠梁；4. 腰梁；5. 排桩

1）内支撑的类型

（1）钢支撑：

【特点】

优点：安装和拆除方便，施工速度快，减小时间效应；可以重复利用，便于专业化施工；

缺点：由于整体刚度较小，支撑间距较小，土方开挖施工的空间紧张，不利于大型土方机械使用。

【材料与构造】

①材料多采用钢管和型钢。钢管截面多采用Φ609mm×10～14mm；型钢多采用H型钢，截面高度200～900mm，宽度200～300mm。

②纵横向支撑可采用“上下叠交固定”也可以采用“十字交叉固定”，见图1.4.22。后者的刚度大，受力性能较好。支撑点间距一般不宜大于4m。

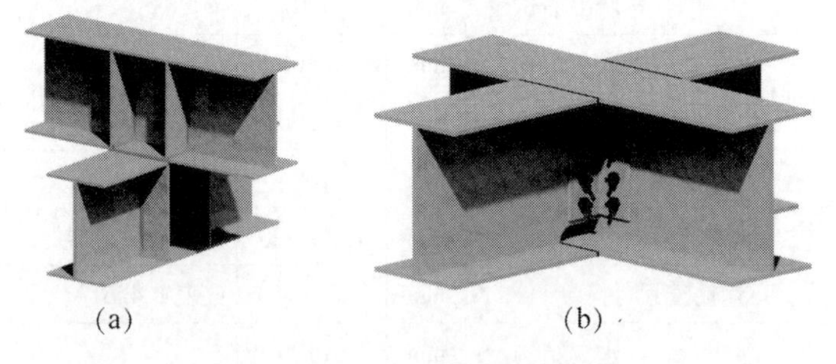

图1.4.22　支撑的交叉节点形式

（a）上下叠交固定；（b）十字交叉固定

（2）混凝土支撑：

【特点】

优点：可以根据基坑平面不规则形状浇筑成最优布置形式，对基坑的形状适应性较好；整体刚度大，变形控制能力较好，安全可靠；不同部位的支撑构件可以根据其受力特点，灵活设置截面和配筋；

缺点：支撑达到强度需要时间，时间效应大。不能重复利用，拆除比较困难，且需要花费时间和成本。

【材料与构造】

混凝土强度等级多为C30，常用截面尺寸：腰梁（600～1000mm）×（800～1200mm），支撑（600～1000mm）×（800～1200mm），一般截面宽度大于高度。

可以采用钢支撑和混凝土支撑组合使用。组合方式分为层间组合和同层组合两种方式，见图1.4.23。

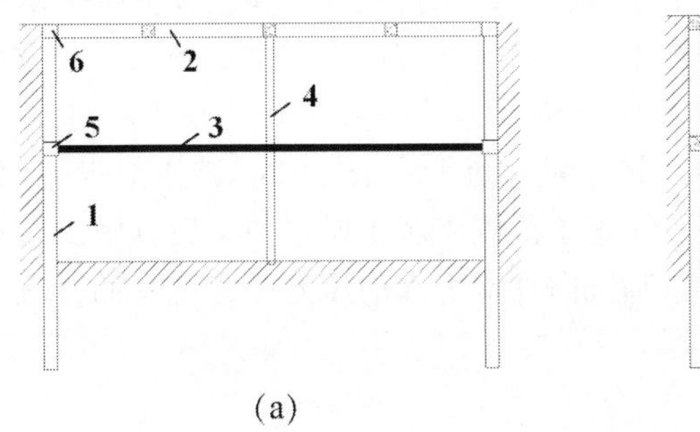

(a)

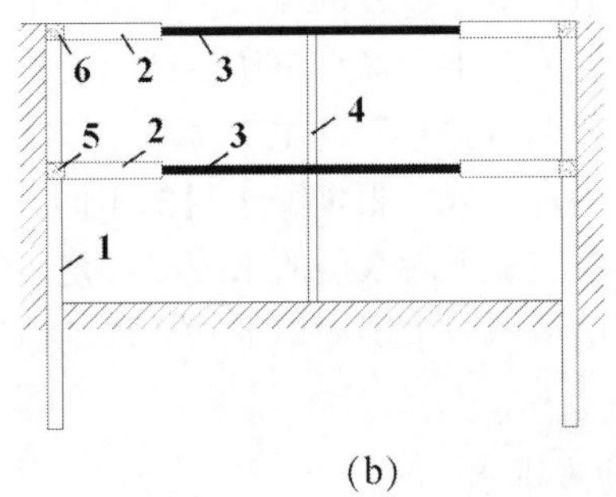

(b)

图1.4.23 支撑的组合方式

（a）层间组合；（b）同层组合

1. 支护桩墙；2. 混凝土支撑；3. 钢结构支撑；4. 立柱；5. 腰梁；6. 冠梁

2）内支撑布置形式

内支撑的布置应考虑基坑平面形状、尺寸、开挖深度、基坑周围环境保护要求、地下工程的施工情况、地下工程的结构形式、土方开挖等因素。支撑点水平方向间距一般不大于9m。

支撑体系在平面上的布置形式，如图1.4.24所示，有正交支撑、角撑、对撑、桁架式、框架式、圆环形等。方形和接近方形的基坑，当平面尺寸不大时可采用角撑，尺寸较大时可以采用边桁架、边框架、圆环形支撑，条形基坑宜采用对撑形式。

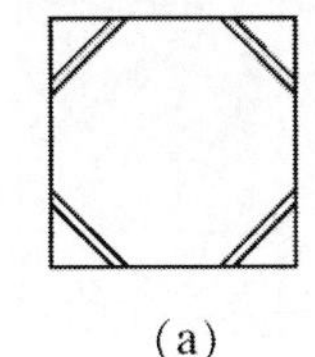

(a)

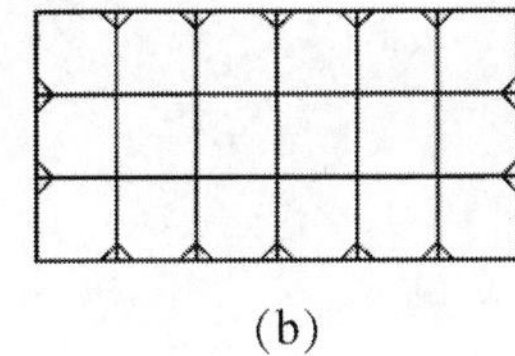

(b)

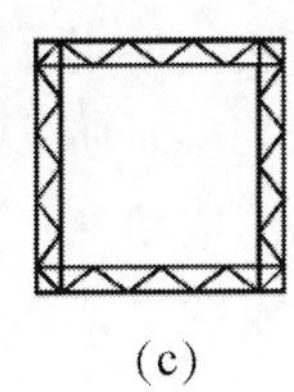

(c)

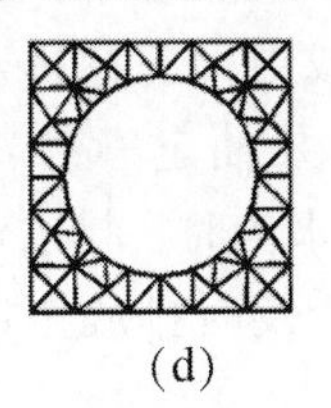

(d)

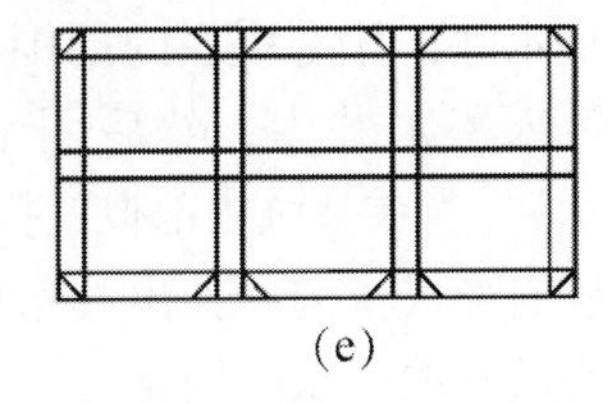

(e)

图1.4.24 内支撑的平面布置形式

（a）角撑；（b）对撑；（c）周边桁架支撑；（d）圆环形桁架支撑；（e）框架支撑

支撑标高位置应当避开地下结构楼盖位置，一般净距离≥600mm；支撑竖向间距应≥3m（人工挖土）和≥6m（机械挖土）。立柱应布置在纵横向水平支撑的交叉点或桁架式支撑的节点位置，并应避开主体结构梁、柱及承重墙的位置，间距不宜大于15m。立柱应支撑于较好的持力层上或与桩基础上下衔接，一般要插入桩头深度3m以上，以满足承载力和变形的要求。立柱的平面定位偏差应≤20mm，垂直度偏差应≤1/200。

1.5 施工排水与降水

在整个工程的施工过程中，经常受到地表水和地下水的侵扰。

地表积水会影响施工的正常进行。因而应采取措施将地表水及时排走。地表水的排水系统包括排水沟、截水沟和截水埂等设施。

在基坑、沟槽开挖过程中，当其开挖底面低于地下水位时，地下水会不断渗入坑内。雨季施工时，地面水也会流入坑内。如果流入坑内的水不及时排走，会造成边坡塌方和地基承载力降低，进而使底部和边坡恶化。因此，在基坑开挖前和开挖过程中，应采取排水或降水措施，防止地表水侵入，并使地下水位降低，保持地基土和边坡土体干燥。

因此，施工排水降水工作包括地表排水和截水、基坑排水和基坑降水三个方面。地表水多采用“明沟排水”方式；基坑、沟槽降低地下水位的方法有“集水坑降水”和“井点降水”两种方式。根据降水目的不同，又分为“疏干降水”和“减压降水”。疏干降水是将地表水、地下潜水层的水疏导排走，使施工范围土层干燥以便于后续施工；减压降水是通过排出承压滞水层的地下水，以消除基坑内外地下水的压差，避免管涌、流砂等灾害的发生。

1.5.1 地表排水

场区地表排水一般由排水沟和截水沟汇集，排水沟应尽量利用地势将地表水直接排出场区外或者到低洼处的集水井，然后由水泵抽走，截水沟通常设置于场区、重要设施和基坑的周边地势较高一侧。有时排水沟和截水沟结合应用。排水沟与基坑坡顶边缘距离应不小于0.5m。

【构造要求】排水沟应根据水量确定其截面尺寸，一般不小于500×500mm。排水坡度不小于2‰。为了保证排水通畅同时不影响施工，排水沟应覆盖篦子，必要时设置涵洞。基坑周边和场区周边根据地势情况设置截水埂，既可防止场外地表水汇入场区，也防止场区内地表水影响周边环境。

1.5.2 集水坑降水（明排水法）

集水坑降水是在基坑开挖过程中，在坑底设置集水井，并沿坑底的周围或中央开挖排水沟，使水流入集水井中，然后用水泵抽走（如图1.5.1所示）。当在基坑中部设置排水沟时，排水沟内应填充碎石形成盲沟。抽出的水应及时排放至泄流沟渠或市政外网，以防倒流。

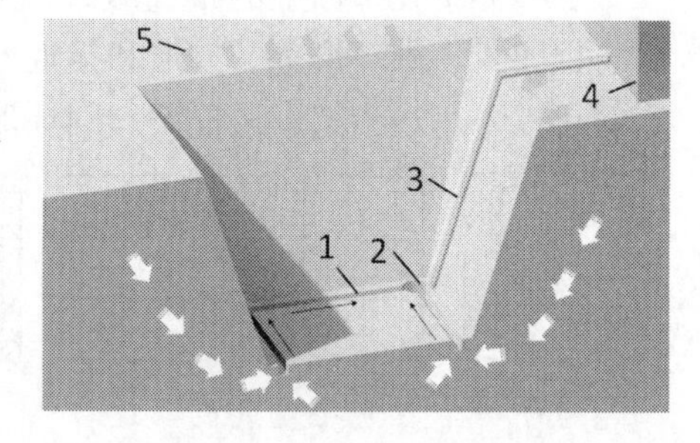

图1.5.1 集水井降水示意图
1. 排水沟；2. 集水井；3. 管道；4. 泵房；5. 渗流方向

【特点】

设备简单、施工方便、成本低廉，采用较为普遍。

【适用条件】

①适用于颗粒粗的土质和渗水量小的黏性土，因为土颗粒不会被水流冲走。

②不适于细砂和粉砂。因为地下水渗出会带走土壤颗粒，发生流砂现象，造成边坡坍塌、附近建筑物沉降、坑底凸起等工程灾害。

【构造要求】

①集水井应设置在基础范围以外、地下水走向的上游。

②根据地下水量大小、基坑平面形状及水泵能力，集水井每隔20～40m设置一个。

③集水井的直径或宽度，一般为0.6～0.8m。集水井和排水沟距基坑边坡坡脚不宜小于0.5m。

④集水井井底深度随着挖土的加深而加深，要经常低于挖土面0.7～1.0m。井壁可用竹、木等简易加固。当基坑挖至设计标高后，井底铺设碎石滤水层，以免在抽水时间较长时将泥砂抽出，并防止井底的土被扰动。

⑤在基坑四周或水的上游，开挖截水沟和截水埂，以防地面水流入坑内。

1.5.3　井点降水

井点降水就是在基抗开挖前，预先在基坑四周和基坑内设置一定数量的滤水管（井），在基坑开挖前和开挖中，利用抽水设备不断抽出地下水，使地下水位降到坑底以下。井点的种类及其特点见表1.5.1。

【作用】

①防止地下水涌入基坑；避免了边坡由于地下水渗流而引起塌方；

②消除了地下水位差，防止基坑底出现管涌和流砂。

③减少了支护结构的横向荷载，使底部土壤固结，增加地基承载力。

表1.5.1　各种井点的适用范围

项次	井点类别	土的渗透系数/（m/d）	降低水位深度/m
1	单级轻型井点	0.1～50	3～6
2	多级轻型井点	0.1～50	视井点级数定
3	电渗井点	<0.1	根据选用的井点确定
4	管井井点	20～200	3～5
5	喷射井点	0.1～2	8～20
6	深井井点	10～250	>15

轻型井点法就是沿基坑的四周将许多直径较细的井点管埋入地下蓄水层内，井点管的上端通过弯联管与总管相连接，利用抽水设备将地下水从井点管内不断抽出，这样便可将原有地下水位降至坑底以下，其全貌如图1.5.2所示。

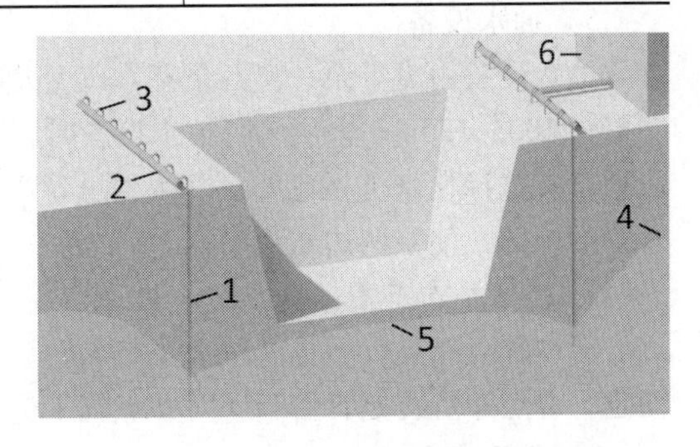

图1.5.2　轻型井点降水系统示意图

1. 井点管；2. 总管；3. 弯联管；4. 原有地下水位线；5. 降低后地下水位线；6. 泵房

1. 轻型井点设备

轻型井点设备由管路系统和抽水设备组成。管路系统包括：滤管、井点管、弯联管及总管等。见图1.5.3所示。

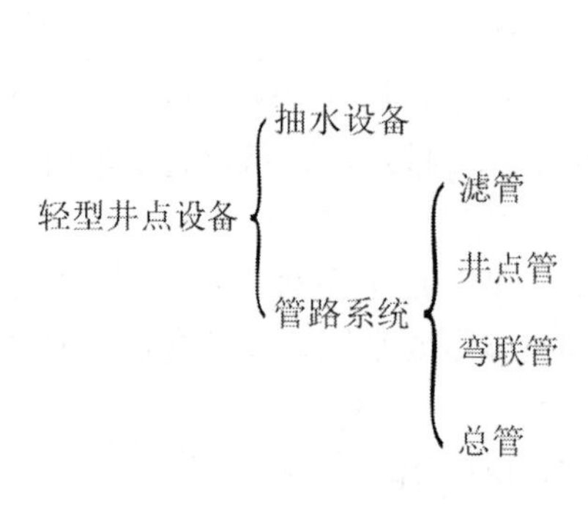

图 1.5.3 轻型井点设备系统构成

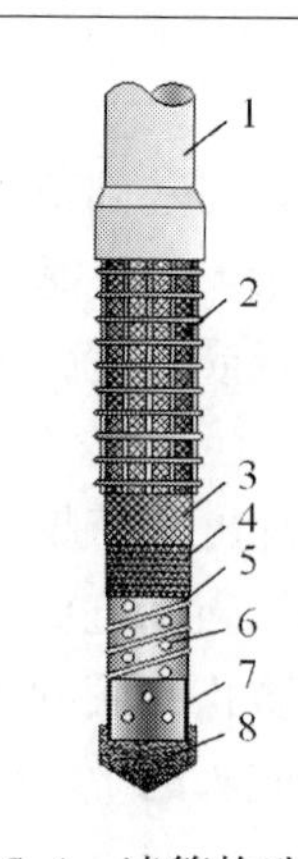

图 1.5.4 滤管构造示意图

1. 井点管；2. 粗钢丝保护网；3. 粗滤网；4. 细滤网；5. 缠绕的塑料管；6. 开孔；7. 钢管；8. 铸铁头

1）滤管

如图 1.5.4 所示，滤管的直径宜为 38mm 或 51mm，长度为 1.0～1.5m，管壁上钻有直径为 13～19mm 的小圆孔，外包以两层滤网（如图 1.26 所示）。内层细滤网宜采用 30～40 眼/cm^2的铜丝布或尼龙丝布，外层粗滤网宜采用 5～10 眼/cm^2的塑料纱布。为使水流畅通，避免滤孔淤塞时影响水流进入滤管，在管壁与滤网间用小塑料管（或铁丝）绕成螺旋形隔开。滤网的外面用带孔的薄铁管，或粗铁丝网保护。滤管的上端与井点管连接。

2）井点管

井点管宜采用直径为 38mm 或 51mm 的钢管，其长度为 5～7m，可整根或分节组成。

3）弯联管

井点管的上端用弯联管与总管相连。弯联管宜装有阀门，以便检修井点。近来，弯联管也有采用透明塑料管的，能随时看到井点管的工作情况。

4）总管

总管宜采用直径为 100～127mm 的钢管，总管每节长度为 4m，其上每隔 0.8m 或 1.2m 设有一个与井点管连接的短接头。

5）抽水设备

抽水设备由真空泵、离心泵和水气分离器等组成。一套抽水设备能带动的总管长度，一般为 100～120m。采用多套抽水设备时，井点系统要分段，各段长度应大致相等，其分段地点宜选择在基坑拐弯处，以减少总管弯头数量，提高水泵抽吸能力。泵宜设置在各段总管的中部，使泵两边水流平衡。

2. 轻型井点布置

轻型井点布置，根据基坑大小与深度、土质、地下水位高低与流向、降水深度要求等而定。井点布置得是否恰当，对井点施工进度、使用效果影响较大。

1）平面布置

①单侧布置。当基坑或沟槽宽度小于 6m，且降水深度不超过 5m 时，一般可采用单侧井点布置方式，布置在地下水流的上游一侧，其两端的延伸长度一般以不小于坑（槽）宽为宜（图 1.5.5（a））。

② 两侧布置。如基坑宽度大于6m或土质不良时，则宜采用两侧井点布置（图1.5.5（b））。

③环形布置和U形布置。当基坑面积较大时，宜采用环形井点布置（如图1.5.5（c）和（d）所示）；有时为了施工需要，也可留出一段（地下水流下游方向）不封闭形成U形布置。井点管距离基坑壁一般不宜小于0.7～1.0m，以防局部发生漏气。井点管间距应根据土质、降水深度、工程性质等确定，可采用0.8m或1.6m。

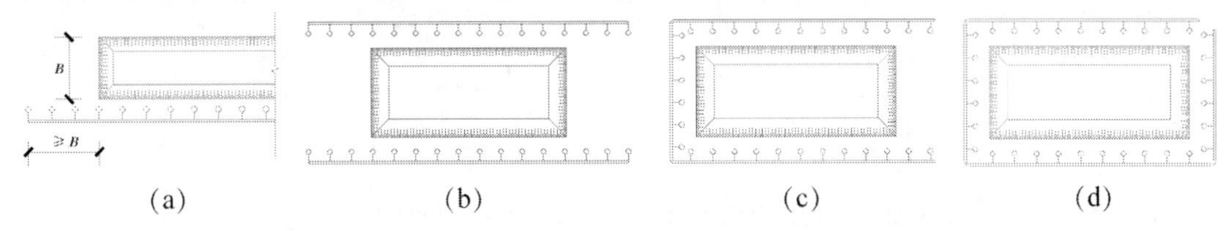

图1.5.5　轻型井点的平面布置形式

（a）单排布置；（b）双排布置；（c）环形布置；（d）U形布置

2）高程布置

轻型井点的降水深度，理论上可达10.3m，但考虑了产品制造和使用过程产生的水头损失，实际降水深度以不超过6m为宜（图1.5.6）。

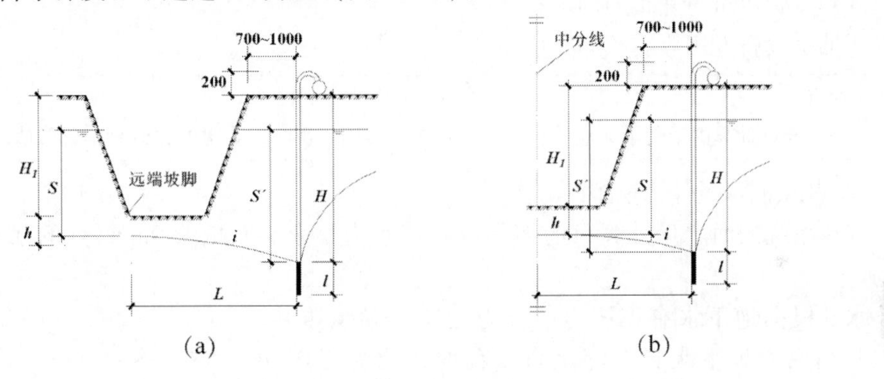

图1.5.6　轻型井点高程布置示意图

（a）单排井点布置；（b）双排、U形井点布置

井点管的埋置深度H（不包括滤管），可按下式计算：

$$H \geqslant H_1 + h + i \cdot L \tag{1-5-1}$$

式中：H_1——井点管埋置面至基坑底面的距离（m）；

h——基坑底面至降低后的地下水位线的距离，一般取0.5～1.0m；

i——水力坡度，环形井点布置取1/10，两侧井点布置取1/7，单侧井点布置取1/4；

L——井点管至基坑中心（环状井点布置和双侧井点布置）或基坑对边（单侧井点布置）的水平距离（m）。

3）井点布置调整

根据式（1-5-1）算出的H值，如大于降水深度6m，则应降低井点管的埋置面，见图1.5.7，以适应降水深度要求。此外在确定井点管埋置深度时，还要考虑井点管一般是标准长度，井点管露出地面为0.2～0.3m。在任何情况下，滤管必须埋在透水层内。

当一级轻型井点达不到降水深度要求时，可视土质情况，先用其他方法排水（如明排水），然后将总管安装在原有地下水位线以下，以增加降水深度，或采用二级轻型井点（图 1.5.8），即先挖去第一级井点所疏干的土，然后再在其底部装设第二级井点。

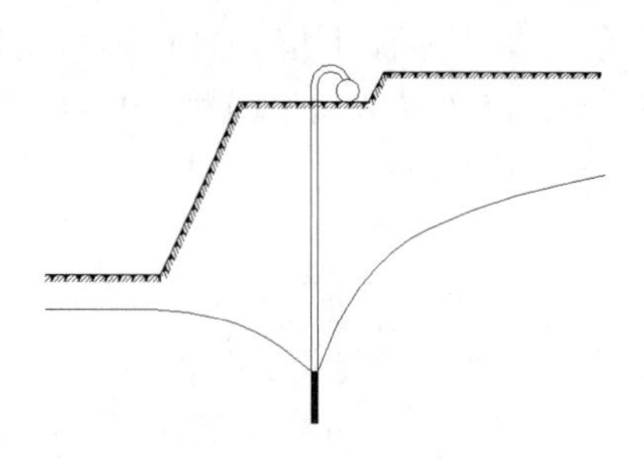

图 1.5.7　轻型井点降低总管埋设高度示意图

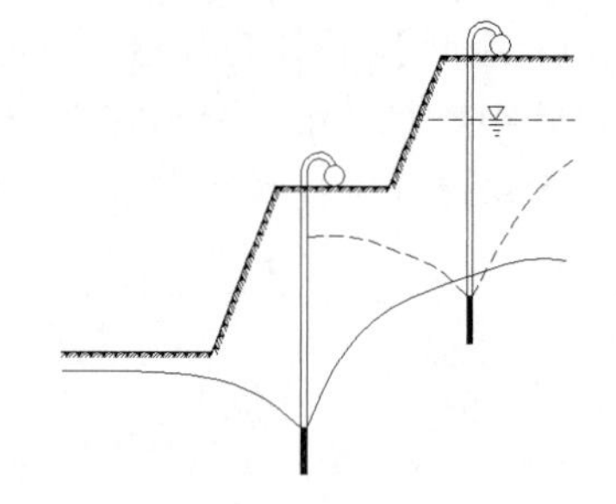

图 1.5.8　轻型井点二级降水示意图

3. 轻型井点计算

1）轻型井点的计算内容

①井点类型判别；

②涌水量计算；

③井点管数量与井距的确定；

④抽水设备选用等。

注意：

井点计算由于受水文地质和井点设备等许多因素影响，算出的数值只是近似值。

2）井点涌水量计算模型的分类

井点系统的涌水量计算目前多是以法国水力学家裘布依（Dupuit）的水井理论来计算的。

水井根据地下水有无压力，分为无压井和承压井。凡水井抽取的地下水具有潜水自由面时，称为无压井（图 1.5.9）；凡抽取的地下水是位于两个不透水层之间的含水层中，为承压井。水井根据井底是否达到不透水层，又分为完整井与不完整井。凡井底达到不透水层时，称为完整井，否则称为不完整井。各类井的涌水量计算方法都不同，其中以完整井的理论较为完善。

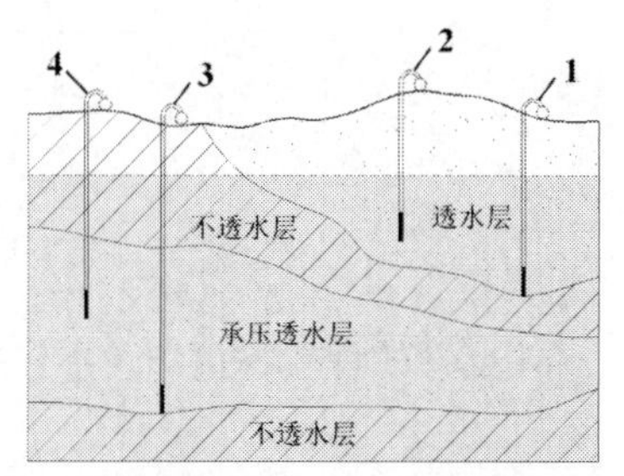

图 1.5.9　水井的分类

1. 无压完整井；2. 无压非完整井；3. 有压完整井；4. 有压非完整井

（1）无压完整井涌水量计算：

无压完整井抽水时水位的变化如图 1.5.10 所示。水井开始抽水后，井中水位逐步下降，周围含水层中的水即流向该水位降低处。经过一定时间的抽水结果，井周围原有水位就由水平面变成向井倾斜的弯曲面。最后弯曲面渐趋稳定，形成水位降落漏斗。自井轴线至漏斗外缘（该处原有水位不变）的水平距称为抽水影响半径 R。

设不透水层基底为 x 轴，取井中心轴位 y 轴，将距离井中心轴 x 处过水断面面积近似看作一个垂直的圆柱面的面积，其计算公式为：

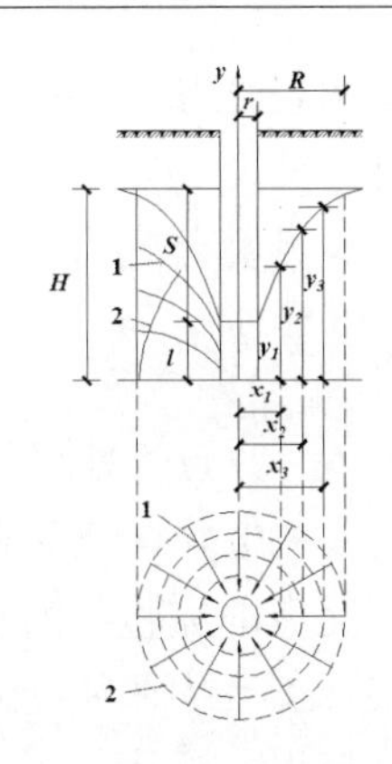

图1.5.10　水井涌水量计算示意图

1. 流线；2. 过水断面

$$\omega = 2\pi xy \tag{1-5-2}$$

式中：ω——距离井中心轴 x 处的过水面积；

x——井中心轴至过水面计算位置的距离；

y——距离井中心轴 x 处水位降落曲线的高度（即过水面高度）。

根据水井理论的基本假定，同一过水面处的水力坡度为恒定值，并等于该水面的斜率，即水力坡度 i 计算如下：

$$i = \frac{\mathrm{d}y}{\mathrm{d}x} \tag{1-5-3}$$

根据达西定律可知水在土中的渗流速度 v 为：

$$v = Ki \tag{1-5-4}$$

式中：K——渗透系数。

由公式（1-5-3）和公式（1-5-4）可以得到单井的涌水量 Q（$\mathrm{m^3/d}$）：

$$Q = \omega v = \omega Ki = \omega K\frac{\mathrm{d}y}{\mathrm{d}x} = 2\pi xyK\frac{\mathrm{d}y}{\mathrm{d}x} \tag{1-5-5}$$

将上式分离变量后得到：

$$\frac{Q}{\pi K}\frac{\mathrm{d}x}{x} = 2y\mathrm{d}y \tag{1-5-6}$$

水位降落曲线上 $x=r$ 处，$y=l$；$x=R$ 处，$y=H$；l 和 H 分别表示水井中的水深和含水层的深度。

对式（1-5-6）两边积分

$$\int_l^H 2y\mathrm{d}y = \frac{Q}{\pi K}\int_r^R \frac{\mathrm{d}x}{x} \tag{1-5-7}$$

$$H^2 - l^2 = \frac{Q}{\pi K}\ln\frac{R}{r} \tag{1-5-8}$$

因此得到

$$Q = \pi K\frac{H^2 - l^2}{\ln R - \ln r} \tag{1-5-9}$$

假设水井中水位降落值为 S，则 $l=H-S$，可得到

$$Q = \pi K\frac{(2H-S)S}{\ln R - \ln r} \quad \text{或} \quad Q = 1.366K\frac{(2H-S)S}{\lg R - \lg r} \tag{1-5-10}$$

式中：H——含水层厚度（m）；

l——井内水深（m）；

R——抽水影响半径（m）；

r——水井的半径（m）；

S——水井中水位降落值（m）；

Q——水井的涌水量（$\mathrm{m^3/d}$）。

式（1-5-10）即为无压完整井单井涌水量计算公式。但井点系统是由许多井点同时抽水，各个单井水位降落漏斗彼此干扰，其涌水量比单独抽水时要小，所以总涌水量不等于

各单井涌水量之和。井点系统总涌水量，可把由各井点管组成的群井系统，视为一口大的圆形单井，

涌水量计算公式为：

$$Q = 1.366K \frac{(2H - S')S'}{\lg(R + x_0) - \lg x_0} \tag{1-5-11}$$

式中：S'——井点管处水位降落高度；

x_0——由井点管围成的假想水井的半径（m）。

（2）无压非完整井涌水量计算：

在实际工程中往往会遇到无压非完整井的井点系统，如图 1.5.9 所示，这时地下水不仅从井面流入，还从井底渗入。因此涌水量要比完整井大。为了简化计算，仍可采用公式（1-5-11）。此时式中 H 换成有效含水深度 H_0，即

$$Q = 1.366K \frac{(2H_0 - S')S'}{\lg(R + x_0) - \lg x_0} \tag{1-5-12}$$

有效深度 H_0 值可见表 1.5.2，当算得的 H_0 大于实际含水层的厚度 H 时，取 $H_0 = H$。

表 1.5.2　有效深度 H_0 值

$S'/(S'+l)$	0.2	0.3	0.5	0.8
H_0	$1.3(S'+l)$	$1.5(S'+l)$	$1.7(S'+l)$	$1.84(S'+l)$

注：$S'/(S'+l)$ 的中间值可采用插值法求 H_0。

表 1.5.2 中，S' 为井点管内水位降落值（m）；l 为滤管长度（m）。有效含水深度 H_0 的意义是：抽水时在 H_0 范围内受到抽水影响，而假定在 H_0 以下的水不受抽水影响，因而也可将 H_0 视为抽水影响深度。

承压完整井和承压非完整井的涌水量计算这里不做介绍，请参照相关资料。

3）计算参数确定

应用上述公式时，先要确定 x_0、R、K。

由于基坑大多不是圆形，因而不能直接得到 x_0。当矩形基坑长宽比不大于 5 时，环形布置的井点可近似作为圆形井来处理，并用面积相等原则确定，此时将近似圆的半径作为矩形水井的假想半径：

$$x_0 = \sqrt{\frac{F}{\pi}} \tag{1-5-13}$$

式中：x_0——环形井点系统的假想半径（m）；

F——环形井点所包围的面积（m^2）。

抽水影响半径，与土的渗透系数、含水层厚度、水位降低值及抽水时间等因素有关。在抽水 2～5d 后，水位降落漏斗基本稳定，此时抽水影响半径可近似地按下式计算：

$$R = 2S\sqrt{HK}(\mathrm{m}) \tag{1-5-14}$$

式中：S，H 的单位为 m；K 的单位为 m/d。

渗透系数 K 值对计算结果影响较大。K 值的确定可用现场抽水试验或实验室测定。对重大工程，宜采用现场抽水试验以获得较准确的值。

4）井点管数量计算

井点管最少数量由下式确定：

$$n = \frac{Q}{q} \tag{1-5-15}$$

式中：q——单根井管的最大出水量，由下式确定：

$$q = 65\pi dl\sqrt[3]{K}(\mathrm{m^3/d}) \tag{1-5-16}$$

式中：d——滤管直径（m）。

井点管最大间距便可求得：

$$D = \frac{L}{n} \tag{1-5-17}$$

式中：L——总管长度（m）；

n——井点管最少根数。

实际采用的井点管间距 D 应当与总管上接头尺寸相适应。即尽可能采用0.8，1.2，1.6或2.0m且应当小于计算值，这样实际采用的井点数应当大于计算值，一般应当超过1.1n，以防井点管堵塞等影响抽水效果。

4. 轻型井点施工及使用

【施工流程】

轻型井点系统施工流程见图1.5.11所示。

图1.5.11　轻型井点降水系统施工流程图

准备工作包括井点设备、动力、水源及必要材料的准备，开挖排水沟，观测附近建筑物标高以及实施防止附近建筑物沉降的措施等。

【井点管埋设施工内容】

井点管埋设：一般用水冲法，分为冲孔与埋管两个过程。

①冲孔。先用起重设备将冲管吊起并插在井点的位置上，然后，开动高压水泵，利用冲管下端的高压水流将土冲松，边冲边沉。

②埋管。井孔冲成后，立即拔出冲管，插入井点管，并在井点管与孔壁之间迅速填灌砂滤层，以防孔壁塌土。

【井点管埋设施工技术要求】

①冲管直径为50～70mm。冲孔直径一般为300mm，冲孔深度宜比滤管底深0.5m左右，以保证井管四周和底部有足够厚度的砂滤层。

②砂滤层一般宜选用干净粗砂，填灌均匀，并至少填至滤管顶上1～1.5m。

③井点填砂后，在地面以下0.5～1.0m范围内须用黏土封口，以防漏气。

④井点管埋设完毕，应接通总管与抽水设备进行试抽水，检查地下水位变化和井点系统出水是否正常，否则应及时维修。正式抽水一般应在试抽水15天后进行。

【井点降水使用方法】

①应保证连续不断地抽水，细水长流，避免时抽时停，忽大忽小。造成土粒流失。

②使用期间应坚持观测，做好记录。正常出水规律是“先大后小，先混后清”，否则

应立即检查纠正。

③井点降水工作结束后所留的井孔，必须用砂砾或黏土填实。

【对环境损害的预防措施】

回灌井点是防止井点降水损害周围建筑物的一种经济、简便、有效的办法，它能将井点降水对周围建筑物的影响减少到最小程度。为确保基坑施工的安全和回灌的效果，回灌井点与降水井点之间保持一定的距离，一般不宜小于6m。为了观测降水及回灌后四周建筑物、管线的沉降情况及地下水位的变化情况，必须设置沉降观测点及水位观测井，并定时测量记录，以便及时调节灌、抽量，使灌、抽基本达到平衡，确保周围建筑物或管线等的安全，见图1.5.12。

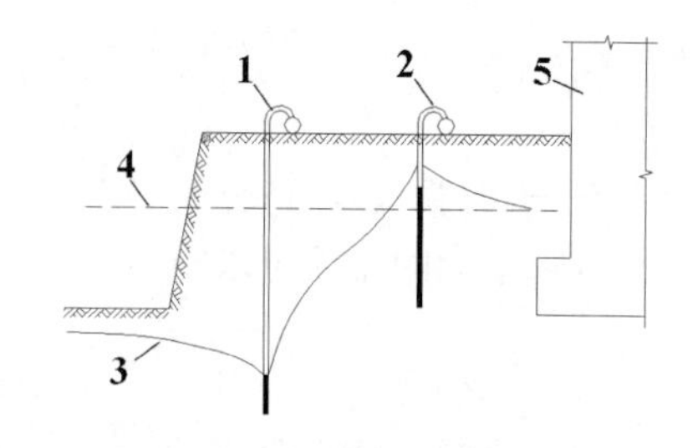

图1.5.12　回灌井点布置示意图

1. 井点管；2. 回灌井点管；3. 降低后的地下水位线；4. 原来的地下水位线；5. 基坑周围建筑

1.6　基槽、基坑开挖施工

1.6.1　基槽、基坑放线及基底抄平

通过对基础图纸的审查得到建筑轴线与基坑（槽）开挖边线的关系，并根据建筑平面控制网建立的轴线控制桩，将基坑（槽）开挖边线位置通过放线工作在开挖区域的地面确定出来，并撒白灰进行标记。基坑（槽）开挖边线分为上口边线和下口边线。下口边线的控制直接影响基坑（槽）的边坡坡度，应严格控制避免超挖。基坑（槽）开挖通常是逐步加深的，应对每次加深的下口边线进行控制，直至达到基坑设计预留标高，使开挖完成的基坑（槽）边坡坡脚位置符合放坡要求。基坑（槽）底标高控制可以采用水准仪 + 悬挂钢尺的测量方法进行控制，具体方法可参照工程测量教材的相关内容。

基槽开挖应根据基础的形式分别开展测量工作。

1. 带形基础基槽的开挖测量

多层砖混结构的建筑基础通常采用带形基础（也称条形基础），属于浅基础。测量工作包括基槽开挖上口、下口线、基槽坡度放样、以及基底高程测量。

首先根据设计图纸和开挖方案确定计算出开挖上口线和下口线的位置数据，然后利用轴线控制桩对其进行放样，并撒白灰线作为开挖标记。由于带形基础基槽一般深度不大，一次可以开挖到位。开挖深度可在测量观测的不断校核中逐步加深。

2. 独立基础基坑的开挖测量

独立基础基坑开挖的第一步同样需要根据图纸和开挖方案计算出基坑开挖上口线和下口线的位置。利用轴线控制桩对其进行放样，并撒白灰线进行标记。独立基础基坑属于浅基坑，施工方式与条形基础类似。

3. 整体开挖

当建筑采用筏板基础和箱形基础形式时，通常采用整体开挖方式。通常情况下，采用整体开挖的基坑多为深基坑。应处理好与周边相邻建筑物的相互关系。

首先，根据建筑平面图获得建筑物的外轮廓和轴线尺寸；通过剖面图获得轴线、标高尺寸。根据轴线尺寸数据计算基坑上口线、下口线的位置。其位置关系如图1.6.1所示。

在开挖过程中应注意下口线和基坑边坡坡度的控制。每挖进3~4m时，采用“经纬仪挑线法”等方法，在开挖标高作业面上投测处轴线位置和下口线位置，据此确定下一步开挖的部位和范围；开挖过程中的标高控制可以通过“水准仪悬挂钢尺法”来控制基坑开挖面底部标高，并通过分层逐步开挖至基坑底预留标高位置，见图1.6.2所示。

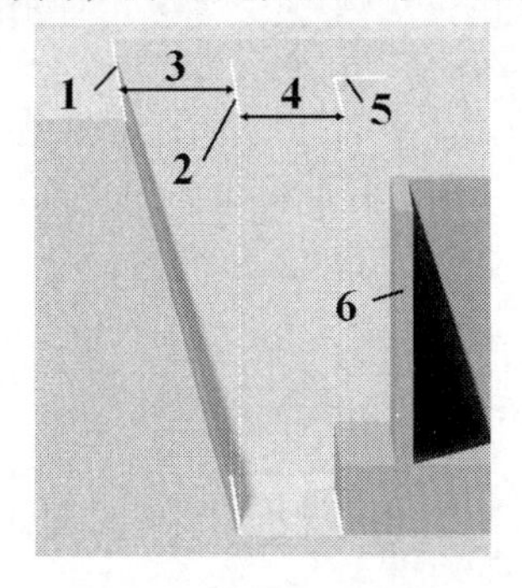

图1.6.1　基坑（槽）开挖边线控制示意图

1. 基坑上口线；2. 基坑下口线；3. 放坡宽度；
4. 工作面宽度；5. 基础外轮廓；6. 建筑物

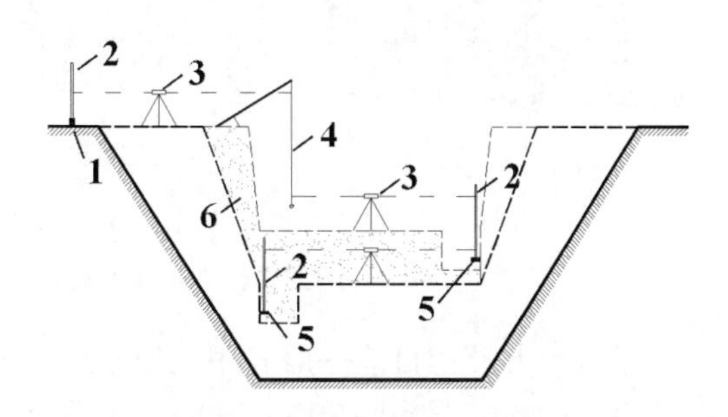

图1.6.2　基坑开挖高程传递示意图

1. 高程基准点；2. 水准尺；3. 水准仪；
4. 钢尺；5. 水平控制桩；6. 分层开挖控制范围

带形基础的基槽开挖经过技术和经济评估也可以采用整体开挖方式。例如砖混结构的带形基础，在基槽开挖过程中为了控制槽底标高，通常在槽壁上高于设计槽底标高500mm的位置钉水平控制桩，水平距离不超过3m。当采用整体开挖方式时，房心土方不再预留，基槽变为大面积基坑。基底抄平需要在坑底测设标高控制桩，桩距不大于3m。人工清底时，在控制桩之间拉线控制清底厚度。

4. 基槽、基坑放线控制的技术要求

（1）带形基础放线，以轴线控制桩测设基槽边线并撒灰线，两灰线外侧为槽宽，共允许误差 -10 ~ +20mm。

（2）杯型基础放线，以轴线控制桩测设柱中心线，再以柱中心桩及其轴线方向定出柱基开挖边线，中心线的允许误差为±3mm。

（3）整体开挖基础放线，地下连续墙施工时，应以轴线控制桩测设连续墙中心线，中线横向允许误差为±10mm；混凝土灌注桩施工时，应以轴线控制桩测设灌注桩中心线，中线线横向允许误差±20mm；大开挖施工时应根据轴线控制桩分别测设出基槽上、下口径位置桩，并标定开挖边界线，上口桩允许误差为 -20 ~ 50mm，下口桩允许误差为 -10 ~ +20mm。

（4）带形基础与杯型基础开挖中，应在槽壁上每隔3m距离测设距槽底设计标高500mm或1000mm的水平桩，允许误差为±5mm。

（5）整体开挖基础，当挖土接近槽底时，应及时测设坡脚与槽底上口标高，并拉通线控制槽底标高。

1.6.2　基坑开挖机械

基坑（槽）土方开挖采用的施工机械主要是单斗挖掘机。按行走方式分为履带式和轮胎式两种，其中履带式应用较多。根据其铲斗装置分为正铲、反铲、抓铲和拉铲。挖掘机的选型与土质状况、斗容量大小与土方工程量、工作面条件、运输机械的匹配等因素有关（图 1.6.3）。

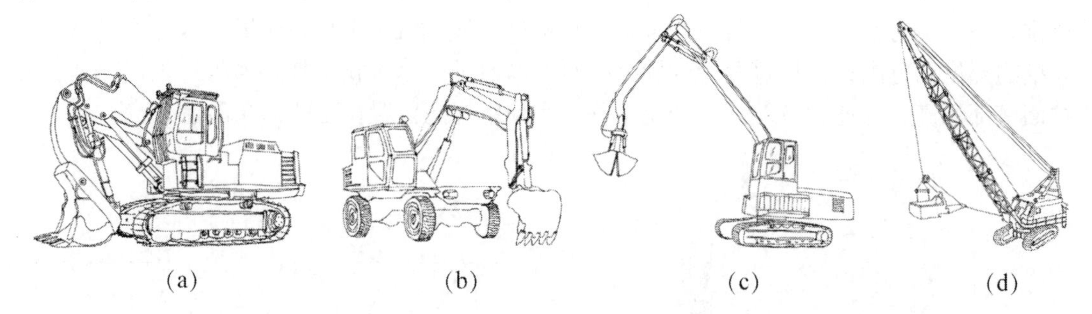

(a) (b) (c) (d)

图 1.6.3 单斗挖掘机类型

(a) 正铲挖掘机；(b) 反铲挖掘机；(c) 拉铲挖掘机；(d) 抓铲挖掘机

基坑土方开挖目前一般采用机械施工，由于不能准确地挖至设计标高，往往会造成地基扰动，因此，要预留 200 ~ 300mm 土层由人工铲除。

由于建筑结构的基础形式包括带形基础、独立基础、筏板基础和箱形基础等。基坑（槽）的平面形状和深度都形式多样。筏板基础和箱形基础采用整体大开挖方式；一般带形基础和独立基础采用点式基坑和线式基槽开挖方式，特殊情况下通过技术经济论证也可以采用整体大开挖方式。

带形基础和独立基础的基坑（槽）深度通常比较浅，采用反铲挖掘机进行坑上开挖施工。筏板基础和箱形基础的基坑通常面积和深度较大，属于大型基坑开挖，挖掘机械需要下到坑底进行施工作业。

1. 正铲挖掘机施工

【挖土特点】

“前进向上，强制切土”。能开挖停机面以上的一至四类土，其挖掘力大，生产率高。

【适用条件】

宜用于开挖基坑壁高度大于 2m 的干燥基坑，但需设置上下坡道。

【挖土方式】

(1) 正向挖土侧向卸土，如图 1.6.4 (a) 所示。

此法挖掘机卸土时，动臂回转角度小，运输工具行驶方便，生产率高，采用较广。

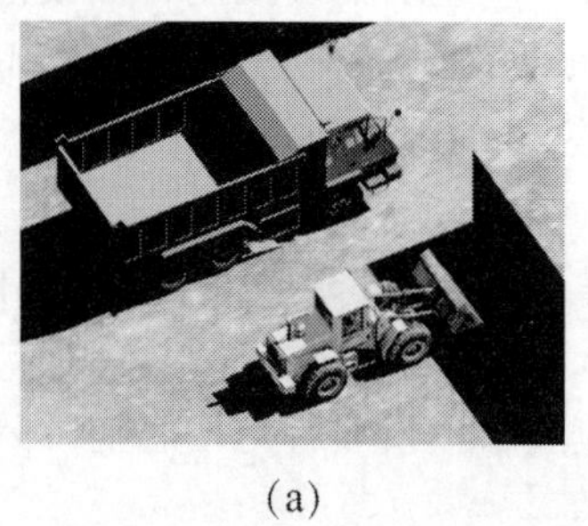

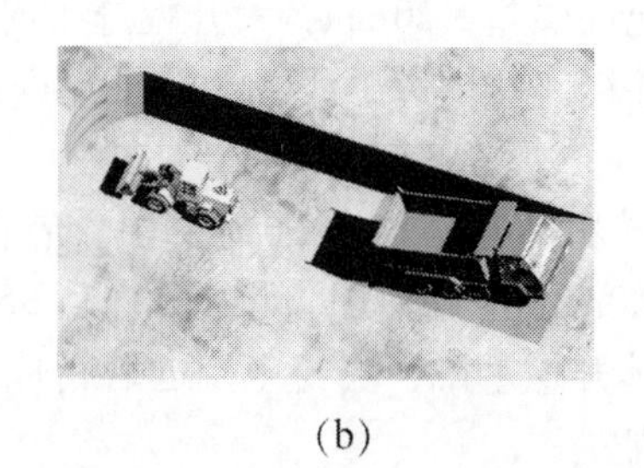

(a) (b)

图 1.6.4 正铲挖掘机开挖方式

(a) 正向挖土，侧向装土；(b) 正向挖土，后方装土

（2）正向挖土后方卸土，如图1.6.4（b）所示。

此法所挖的工作面较大，但回转角度大，生产率低，运输工具倒车开入，一般只用来开挖施工区域的进口处，以及工作面狭小且较深的基坑。

2. 反铲挖掘机施工

【挖土特点】

“后退向下，强制切土”。其挖掘力比正铲小，能开挖停机面以下的一至二类土。

【适用条件】

宜用于开挖深度不大于4m的基坑，对地下水位较高处也适用。

【挖土方式】

反铲挖掘机主要用于开挖停机面以下深度不大的基坑（槽）或管沟及含水量大的土，普通反铲挖掘机的最大挖土深度为4~6m，经济合理的挖土深度为1.5~3.0m。挖出的土方卸在基坑（槽）、管沟的两边堆放或用推土机推到远处堆放，或配备自卸汽车运走。

（1）沟端开挖法。如图1.6.5（a）所示。

反铲停于沟端，后退挖土，往沟一侧弃土或用汽车运走。当沟的宽度较大时，运土车辆位于挖掘机后方，挖掘机回转角度大。挖掘机的机位可以沿沟端宽度移动，挖掘宽度不受机械最大挖掘半径限制，同时可挖到最大深度。

（2）沟侧开挖法。如图1.6.5（b）所示。

反铲停于沟侧，沿沟边开挖，汽车停在机旁装土，或往沟一侧卸土。挖掘机铲臂回转角度小，能将土弃于距沟边较远的地方，但边坡不好控制，一般用于横挖土层和需将土方卸到离沟边较远的距离时使用。

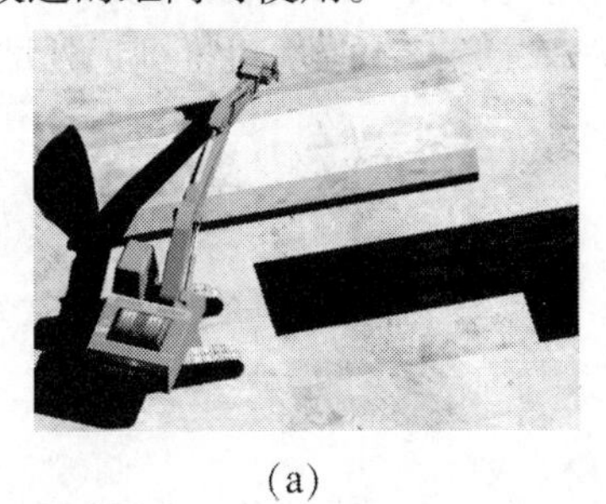

(a)

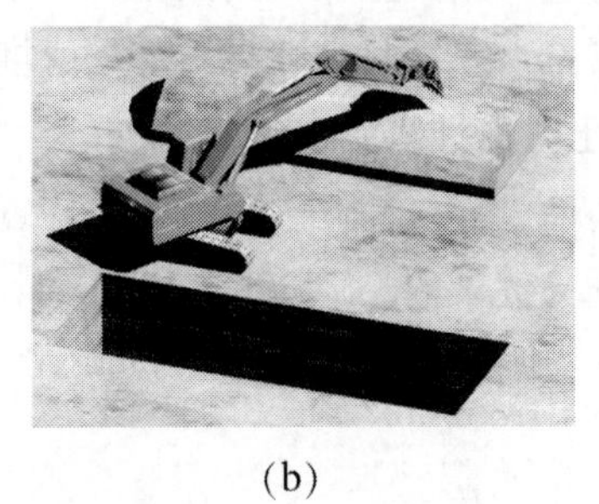

(b)

图1.6.5　反铲挖掘机开挖方式

（a）沟端开挖；（b）沟侧开挖

3. 拉铲挖掘机施工

【挖土特点】

“后退向下，自重切土”，挖掘半径和深度都很大，挖掘能力略低。不如反铲和正铲挖掘机灵活，工效略低。如图1.6.6所示。

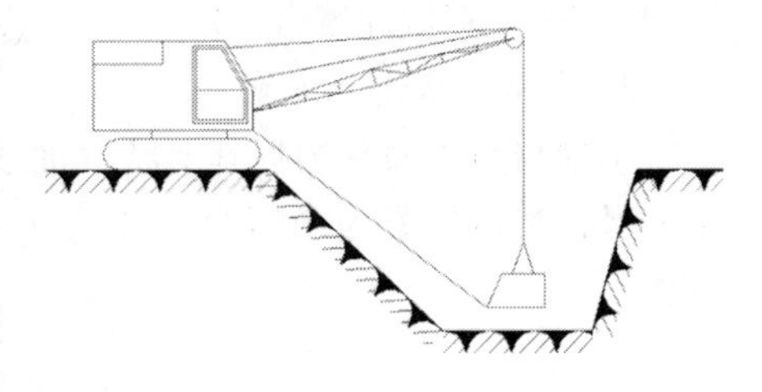

图1.6.6　拉铲挖掘机挖土示意图

【适用条件】

拉铲挖掘机适用于挖掘一至三类的土，开挖较深较大的基坑（槽）、沟渠，挖取水中泥土以及填筑路基、修筑堤坝等。

【挖土方式】

（1）沟端开挖。

拉铲停在沟端，倒退着沿沟纵向开挖，一次开挖宽度可以达到机械挖土半径的两倍，能两面出土，汽车停放在一侧或两侧，装车角度小，坡度较易控制，并能开挖较陡的坡，适用于就地取土填筑路基及修筑堤坝等。

（2）沟侧开挖。

拉铲停在沟侧沿沟横向开挖，沿沟边与沟平行移动，开挖宽度和深度均较小，一次开挖宽度约等于挖土半径。如沟槽较宽，可在沟槽的两侧开挖。本法开挖边坡不易控制，适于挖就地堆放以及填筑路堤等工程。

4. 抓铲挖掘机施工

【挖土特点】

“垂直上下，自重切土”，挖掘力较小。只能在回转半径范围内挖土、卸土，但是卸土高度可以比较高。挖土时，一般均需加配重，以防翻车。如图 1.6.7 所示。

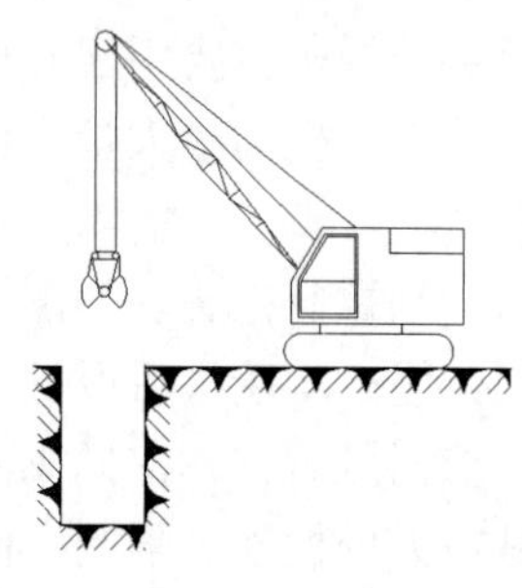

图 1.6.7　抓铲挖掘机挖土示意图

【适用条件】

抓铲挖掘机适用于开挖土质比较松软，施工面狭窄而深的基坑、深槽、沉井挖土，清理河泥等工程。或用于装卸碎石、矿渣等松散材料。

【挖土方式】

对小型基坑，抓铲立于一侧抓土，对较宽的基坑，则在两侧或四侧抓土，抓铲应离基坑边一定距离。土方可装自卸汽车运走或堆弃在基坑旁或用推土机推到远处堆放。

1.6.3　基坑土方量计算

基坑、基槽土方量计算可按断面法计算。

1. 基坑土方量

如图 1.6.8 所示，基坑土方量按照式（1-6-1）计算。

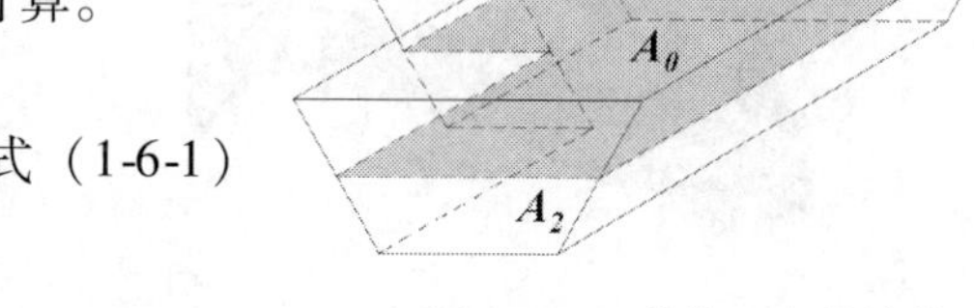

图 1.6.8　基坑土方量计算

$$V = \frac{H}{6}(A_1 + 4A_0 + A_2) \qquad (1\text{-}6\text{-}1)$$

式中：V——基坑土方量（m^3）；

A_1、A_2——基坑的上、下底面积（m^2）；

A_0——基坑中截面的面积（m^2）；

H——基坑深度（m）。

2. 基槽、路堤土方量

基槽与路堤通常根据其形状（曲线、折线、变截面等）划分成若干计算段，分段计算土方量，然后再累加求得总的土方工程量。基槽第 i 段如图 1.6.9 所示。其土方量计算公式：

$$V_i = \frac{L_i}{6}(A_{i1} + 4A_{i0} + A_{i2}) \qquad (1\text{-}6\text{-}2)$$

$$V = \sum_{i=1}^{n} V_i \qquad (1\text{-}6\text{-}3)$$

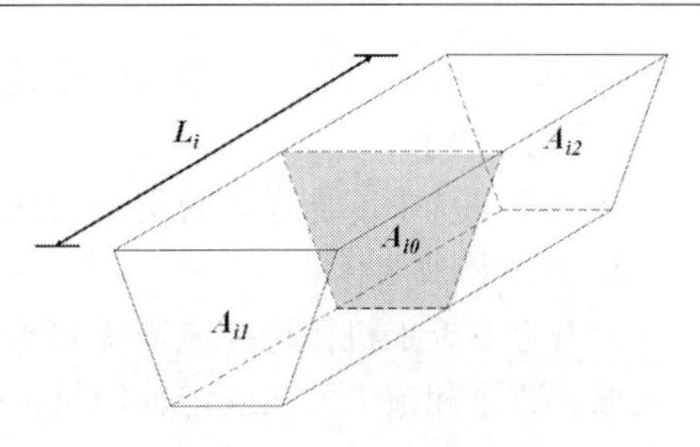

图 1.6.9 基槽土方量计算

式中：V——总土方量（m^3）；

V_i——第 i 段基槽土方量（m^3）；

A_{i1}、A_{i2}——第 i 段基槽的上、下底面积（m^2）；

A_{i0}——第 i 段基槽中截面的面积（m^2）；

L_i——第 i 段基槽长度（m）；

N——基槽划分的段数。

将各段土方量相加即得总土方量。

1.6.4 土方开挖施工方案与机械选择

大型土方工程（包括基坑、基槽、管沟和场地平整）的施工应当制定相应的施工方案。施工方案的核心内容包括施工方法和施工机械的选择。目前的大型土方工程施工中承担重要角色的是施工机械，因此合理选择和使用施工机械，使其在施工中协调配合，充分发挥其效率，对缩短施工工期、保证施工质量和降低施工成本很关键。

1. 基坑开挖方法

大型基坑开挖遵循“先撑后挖、限时支撑、分层开挖、严禁超挖”的原则 。分为“岛式开挖”和“盆式开挖”两种方式。

①“岛式开挖”——先开挖基坑周边土方，再开挖基坑中部的土方，在基坑中部形成类似岛状的土体，这种土方开挖方式成为岛式开挖，见图 1.6.10（a）。

【特点】

可以在短时间内完成基坑周边土方开挖及支撑系统施工，有利于对基坑变形控制。岛式开挖的基坑支撑沿周边布置，中部一般没有支撑，宽阔的空间为机械施工提供了便利。

【适用条件】

适用于支撑系统沿周边布置且中部留有较大空间的基坑。土钉、土层锚杆、边桁架 + 角撑、圆环形桁架、圆形围檩等基坑支护形式适于采用岛式开挖。

②“盆式开挖”——先开挖基坑中部土方，再开挖基坑周边土方，在基坑中部土体形成类似“盆”的形状，这种开挖方式成为盆式开挖，见图 1.6.10（b）。

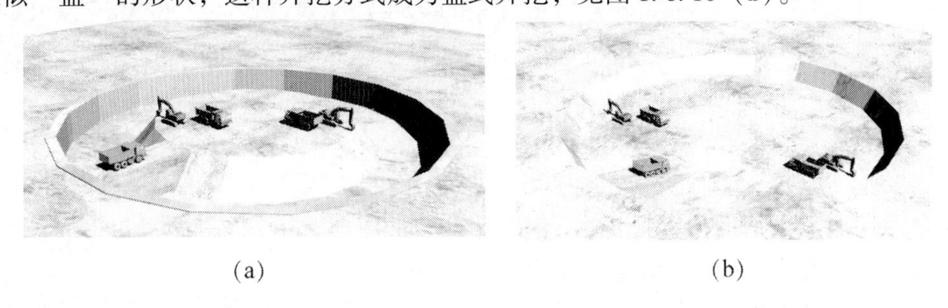

（a）　　（b）

图 1.6.10 基坑土方开挖方式

（a）岛式开挖；（b）盆式开挖

【特点】

由于前期土方开挖保留基坑周边土方，减少了基坑支护结构暴露时间，对控制基坑支护结构变形和减小对周边环境影响比较有利，并为混凝土支护结构养护留出时间。

【适用条件】

适用于基坑中部支撑较密集的大面积基坑。

2. 施工机械选择

大型土方施工机械选择应当优先确定主导施工机械——挖土机械（各类挖掘机），然后根据其数量和施工方法确定辅助机械——运输机械（自卸卡车、推土机、装载机、翻斗车等）。

1）挖掘机选择

首先，应当根据施工计划和方案计算确定出总工程量和每天的工作量，然后根据生产效率和工作面的要求确定每天所需要的挖掘机的型号和总数量。机械选择应当科学合理，不能一味追求大型机械和数量多，还应考察施工现场工作面的实际情况及安全生产的要求。

挖掘机数量确定可参考下面公式

$$N = \frac{Q}{Q_{d}TC\,K_{n}} \tag{1-6-4}$$

式中：Q——土方量（m^3）

Q_d——土方量（m^3）

T——工期（工作日）；

C——每天工作班数量；

K_n——效率系数。

根据挖掘机数量反算工期

$$T = \frac{1}{Q_{d}NC\,K_{n}} \tag{1-6-5}$$

2）运输机械选择

运输机械以自卸卡车为例，自御车的数量 N_1 应保证挖掘机连续工作。

$$N_1 = \frac{T_1}{t_1} \tag{1-6-6}$$

$$T_1 = t_1 + \frac{2L}{V_c} + t_2 + t_3 \tag{1-6-7}$$

$$t_1 = nt \tag{1-6-8}$$

$$n = \frac{Q_1}{q\frac{K_c}{K_s}} \tag{1-6-9}$$

式中：T_1——自卸汽车每一个工作循环延续时间（min）；

t_1——自卸汽车每一次装车需要的时间（min）；

n——自卸汽车每车装土次数；

L——运距（m）；

V_c——自卸汽车负载与空车状态下的平均速度（m/min），一般为 20 ~ 30km/h；

t_2——卸车时间（min），一般为 1min；

t_3——等候、让车等耽搁时间（min），一般取 2 ~ 3min；

t——挖掘机每次作业循环延续时间（min）；

Q_1——自卸汽车装载容量（m^3），一般按挖掘机容量的3～5倍计算；

q——挖掘机斗容量（m^3）；

K_c——挖掘机土斗充盈系数，取0.8～1.1；

K_s——土的可松性系数；

3. 土方机械化施工及提高生产率措施

①分段开挖。按照挖掘机械的作业范围和运输车辆的运输能力，将开挖作业面划分为若干施工段。每个施工段单台挖掘机配备相应的运输车辆作业。为了施工安全，施工段结合部可以采取错开时间段施工或者保留一定间隔最后施工，图1.6.11（a）。每个施工段有独立的工作区域和运输通道，可以同时施工，减少交叉冲突。此方法可用于路面和沟渠的土方开挖施工。

②分层开挖。根据开挖的总深度和开挖机械的有效作业深度，将基坑划分为若干层，土方开挖分层逐次进行。可采用反铲挖掘机先在高位作业面挖掘下行通道和开辟下一层作业面，然后由正铲挖掘机开行到下一层作业面进行大面积开挖。这样逐层递进直至开挖至基坑底部各层作业面可以共享1～2条运输通道。此方法适用于大型基坑和沟渠的土方开挖施工。

③多层多段开挖。将开挖面按机械的开挖深度和作业范围，分为多层多段同时开挖（图1.6.11（b）），以加快开挖速度，土方运输可以采用分层汇集输送或者由挖掘机分层接力递送，到地面后再用运输车辆运出。这种方法适用于开挖边坡或大型基坑，运输通道可以少留设或者不留设。

土方运输通道，既用于土方运输车辆的通行，也是挖掘机械进入和退出作业面的通道。可以采用集中留置坡道或者架设栈桥方式。坡道土方通常最后采用长臂挖掘机械或者其他运输方式清除。

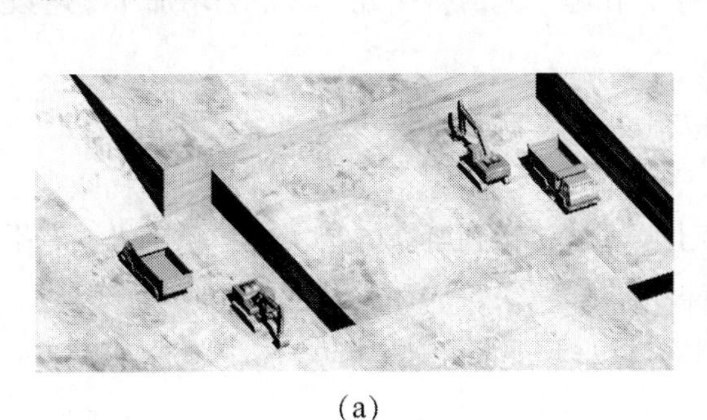

(a)

(b)

图1.6.11　基坑土方开挖机械组织方式

（a）分段开挖；（b）分层开挖

1.7　土方的填筑与压实

1.7.1　填土选择与填筑方法

为保证填土工程的质量，必须正确选择土料和填筑方法。

【不可用土料】

①淤泥、冻土、膨胀性土；

②有机物含量大于5%的土；

③硫酸盐含量大于5%的土；

④含水量大的黏土。

【可选土料】

①级配良好的砂土或碎石土；

②爆破石渣；

③性能稳定的工业废料；

④含水量符合压实要求的黏性土。为了保证填土工程的质量，必须正确选择土料和填筑方法。

【填筑方法】

①基坑（槽）土方填筑尽量采用基础结构物两侧同步施工。如果采用单侧回填，必须在基础结构物强度满足设计要求后进行。回填时应对已完工程的防水、保温采取可靠的保护措施。

②填方应尽量采用同类土填筑。

③如果填方中采用两种透水性不同的填料时，应分层填筑，上层宜填筑透水性较小的填料，下层宜填筑透水性较大的填料。

④各种土料不得混杂使用，以免填方内形成水囊。

⑤填方施工应接近水平地分层填土、分层压实，每层的厚度根据土的种类及选用的压实机械而定。应分层检查填土压实质量，符合设计要求后，才能填筑土层。

⑥当填方位于倾斜的地面时，应先将斜坡挖成阶梯状，然后分层填筑，以防填土横向滑移。

⑦压实填土的施工缝各层应错开搭接，在施工缝的搭接处，应适当增加压实遍数。

1.7.2 填土压实方法

填土压实方法有：碾压法、夯实法及振动压实法。

1. 碾压法

碾压法是利用机械滚轮的压力压实土壤，使之达到所需的密实度。碾压机械有平碾及羊足碾等。松土碾压宜先用轻碾压实，再用重碾压实。

①平碾（光碾压路机）是一种以内燃机为动力的自行式压路机，重量为6~15t。开行速度≤2km/h；见图1.7.1。

②羊足碾单位面积的压力比较大，土壤压实的效果好。行驶速度≤3km/h。羊足碾一般用于碾压黏性土，不适于砂性土，因在砂土中碾压时，土的颗粒受到羊足较大的单位压力后会向四面移动而使土的结构破坏。见图1.7.2。

2. 夯实法

夯实法是利用夯锤自由下落的冲击力来夯实土壤，土体孔隙被压缩，土粒排列得更加紧密。

人工夯实所用的工具有木夯、石夯等。

机械夯实常用的有蛙式打夯机（图1.7.3）、内燃夯土机（图1.7.4）、夯锤等。

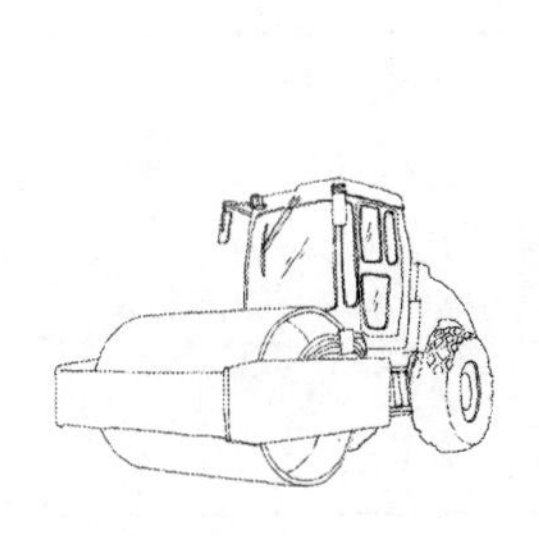

图1.7.1　平碾

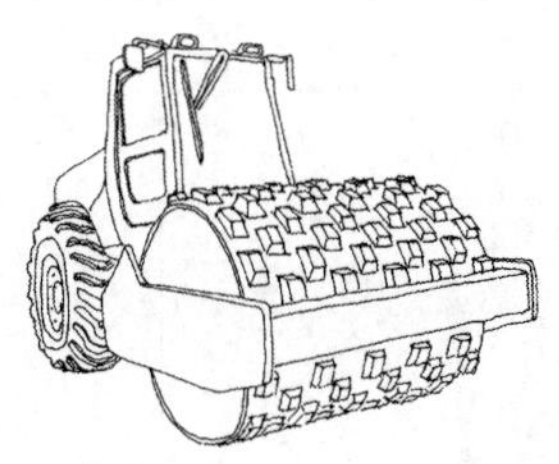

图1.7.2　羊足碾

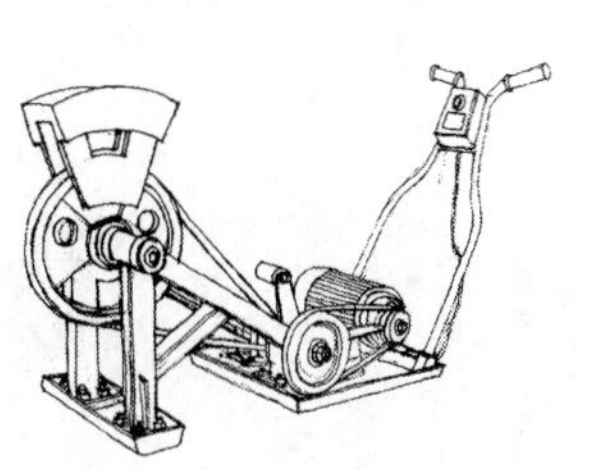

图1.7.3　蛙式打夯机

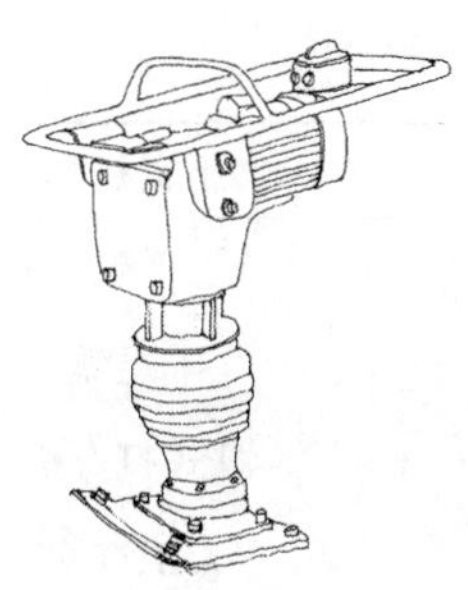

图1.7.4　内燃打夯机

夯锤是借助起重机悬挂一重锤，提升到一定高度，自由下落，重复夯击基土表面。夯锤锤重1.5～3t，落距2.5～4m。还有一种强夯法是在重锤夯实法的基础上发展起来的，其锤重8～30t，落距6～25m，其强大的冲击能可使地基深层得到加固。强夯法适用于黏性土、湿陷性黄土、碎石类填土地基的深层加固。

3. 振动压实法

振动压实法是将振动压实机放在土层表面，在压实机振动作用下，土颗粒发生相对位移而达到紧密状态。

振动碾是一种震动和碾压同时作用的高效能压实机械，比一般平碾提高功效1～2倍，可节省动力30%。

【适用填料】

非黏性土：爆破石渣、碎石类土、杂填土、轻亚黏土。

1.7.3　影响填土压实的因素

填土压实质量与许多因素有关，其中主要影响因素为：压实功、土的含水量以及每层铺土厚度。

1. 压实功的影响

填土压实后的干密度与压实机械在其上施加的功有一定的关系。在开始压实时，土的干密度急剧增加，待到接近土的最大干密度时，压实功虽然增加许多，而土的干密度几乎没有变化。如图1.7.5（a）所示。因此，在实际施工中，不要盲目过多地增加压实遍数。压实遍数参考数据见表1.7.1。

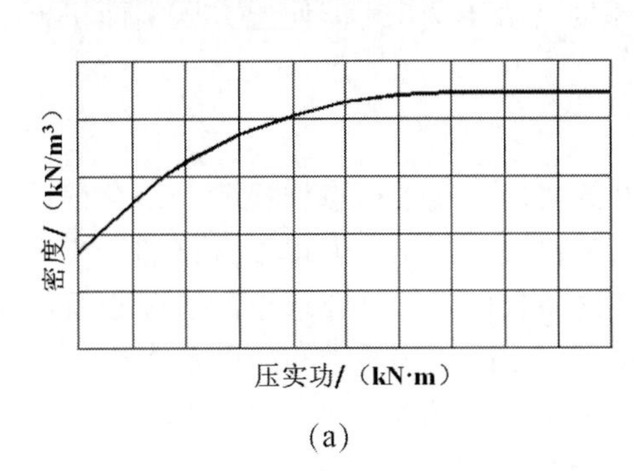

(a)

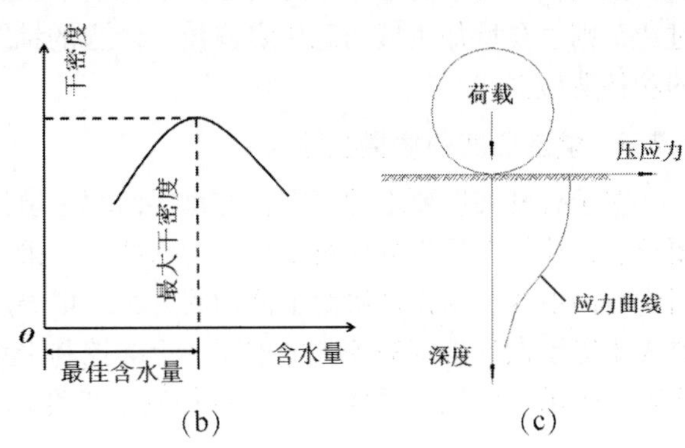

(b)　(c)

图1.7.5　填土压实质量相关因素

（a）土的重度与压实功的关系；（b）土的干密度和含水量的关系；（c）压实作用沿深度的变化

1.7.1　填方每层的铺土厚度和压实遍数

压实机具	每层铺土厚度/mm	压实遍数
平碾	250～300	6～8
羊足碾	250～300	3～4
蛙式打夯机	200～250	3～4
人工夯实	≤200	3～4

2. 含水量的影响

在同一压实功条件下，填土的含水量对压实质量有直接影响。较为干燥的土，由于土颗粒之间的摩阻力较大，因而不易压实。当土具有适当含水量时，水起了润滑作用，土颗粒之间的摩阻力减小，从而易压实。见图 1.7.5（b）。土在其最佳含水量的条件下，使用同样的压实功进行压实，可得到最大干密度。各种土的最佳含水量和所能获得的最大干密度，可由击实试验取得。检验标准见表 1.7.2。

表 1.7.2　填土工程质量检验标准

项目	序号	检验项目	允许偏差或允许值					检查方法
			桩基基坑基槽	场地平整		管沟	地（路）面基础层	
				人工	机械			
主控项目	1	标高	-50	±30	±50	-50	-50	水准仪
	2	分层压实系数	设计要求					按规定方法
一般项目	1	回填土料	设计要求					取样检查或直观鉴别
	2	分层厚度及含水量	设计要求					水准仪及抽样检查
	3	表面平整度	20	20	30	20	20	用靠尺或水准仪

3. 每层铺土厚度的影响

土在压实功的作用下，压应力随深度增加而逐渐减小，其影响深度与压实机械、土的性质和含水量等有关，如图 1.7.5（c）所示。铺土厚度应小于压实机械压土时的作用深度，但其中还有最优土层厚度问题，铺得过厚，要压很多遍才能达到规定的密实度。铺得过薄，则也要增加机械的总压实遍数。恰当的铺土厚度（表 1.7.1）能使土方压实而机械的功耗费最少。

1.7.4　填土压实的质量检验

对于有密实度要求的填方，在每层回填土填筑并压实后，应进行取样检验，符合设计要求后，才能上层土方填筑施工。特殊情况下采用事后检验下层土方回填不合格的，应重新进行回填或者与设计协商土体加固方案。填土压实的质量检查标准要求土的实际干重度要大于等于设计规定的控制干重度。土的控制干重度可用土的压实系数与土的最大干重度之积来表示。即压实系数 λ_c 为土的控制干重度 ρ_d 与土的最大干重度 ρ_{dmax} 之比，即

$$\lambda_c = \frac{\rho_d}{\rho_{dmax}}；压实系数 = \frac{控制干重度}{最大干重度} \tag{1-7-1}$$

压实系数一般由设计根据工程结构性质、使用要求以及土的性质确定。例如砌块承重

结构和框架结构，在地基主要持力层范围内压实系数 λ_c 应大于0.97；一般场地平整压实系数 λ_c 应不小于0.9。

土壤的控制干密度可以在现场采用“环刀法”或灌砂（或灌水）法测定。最大干重度 ρ_{dmax} 用击实试验确定。标准击实试验分轻型标准和重型标准。两者的落锤重量、击实次数不同，即试件承受的单位压实功不同。压实度相同时，采用重型标准的压实要求比轻型标准高，道路工程一般要求土基压实采用重型标准，确实有困难时可采用轻型标准。

基坑和室内土方回填，每层按 $100m^2$ ~ $500m^2$ 取样1组，且不应少于1组；柱基回填，每层抽样柱基总数的10%，且不应少于5组；基槽和管沟回填，每层按20m～50m取1组，且不应少于1组；场地平整填方，每层按 $400m^2$ ~ $900m^2$ 取样1组，且不应少于1组。

【思考题】

1. 施工中土分成几种类型？划分的依据是什么？建筑工程常见的分类包括哪些？
2. 什么是土的可松性？对土方施工的哪些方面工作有影响？
3. 场地平整施工流程包括哪些工作？
4. 工程中场地设计标高一般要满足哪些要求？
5. 施工高度如何确定？
6. 平整场地的施工机械有哪些？各有什么特点、适用性？
7. 土壁支护结构有哪些形式？各自的施工流程、施工方法和质量要求包括哪些内容？
8. 钢筋混凝土地下连续墙施工中，导墙的作用包括哪些方面？
9. 轻型井点降水设计中平面布置和高程布置的要求包括哪些？
10. 轻型井点降水施工流程包括哪些工作？
11. 土方挖掘机械按铲斗的装置分几种形式？其作业特点、适用性及施工方法是怎样的？
12. 大型深基坑开挖的方式有哪几种？遵循的原则是什么？简述技术要求。
13. 填方土料应符合哪些要求？填筑的压实方式有哪些？影响填土压实的因素有哪些？

【习题】

1. 某基坑深5m，基坑底尺寸为50m×60m，四面放坡，边坡坡度系数为0.5，求基坑挖土土方量。若自然地坪以下基础体积为 $5200m^3$，求回填土体积。多余土方外运，如果用车斗容量 $6m^3$ 的汽车运土，计算需运多少车。已知土的最初可松性系数为1.20，最终可松性系数为1.05。

2. 某建筑场地地形图和方格网布置如下图所示。方格网边长为20m。场地设计泄水坡度 $i_x=0.2\%$；$i_y=0.3\%$，无其他功能要求。试确定场地设计标高，计算各个角点的施工高度，绘制零线位置，计算挖、填土方工程量（不考虑土的可松性）。

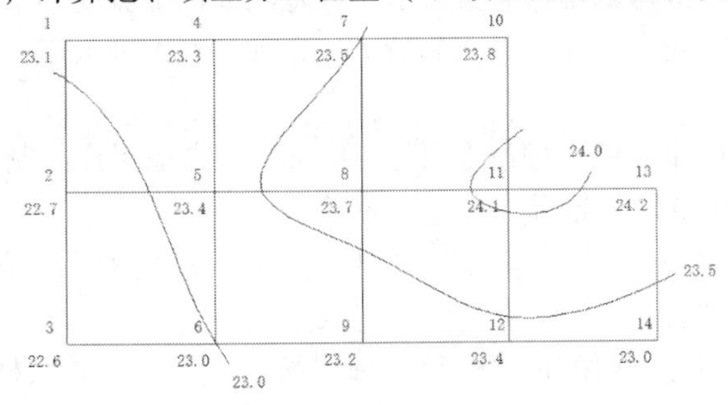

3. 某基坑底面尺寸为24m×32m，基坑深度为4.5m，地下水位为地面下1m，不透水层在地面下10m，为无压水层，渗透系数K=1.5m/d，基坑边坡坡度系数为0.5。如果采用轻型井点降水，请计算该井点降水系统的涌水量，并完成井点平面布置和高程布置的方案设计。

【知识点掌握训练】

1. 判断题

（1）一般情况下，土方工程所包含的工作内容按以下顺序进行：场地平整→基坑（槽）开挖→基坑支护→基坑降排水→土方回填。

（2）土的最初可松性系数大于最终可松性系数。

（3）方格网法适用于地形较为平坦的地区，故场地平整的土方工程量计算采用此方法。

（4）场地平整施工中，“挖填平衡”是场地设计标高设计应遵循的一个原则。

（5）土钉墙混凝土面层喷射混凝土应分两次进行，第一次喷射后铺钢筋网。

（6）有内部支撑的基坑适用于基坑内采用机械设备开挖，而悬臂板桩、拉锚板桩则不便于机械设备施工，需要根据支撑分布的特点，选择其空间大的部位，局部或阶段性采用机械开挖方式。

（7）钢板桩的缺点是刚度不够大，深基坑容易产生大变形，需要增设支撑。透水性较大的土中不能完全挡水；回收时钢板桩拔出容易扰动土层，影响周围环境。

（8）正铲挖掘机宜用于开挖基坑壁高度大于2m的干燥基坑，但需设置上下坡道，在基坑底部进行挖土作业。

（9）羊足碾一般用于碾压砂性土，不适于黏性土。

（10）如果填方中采用两种透水性不同的填料时，应分层填筑，上层宜填筑透水性较小的填料，下层宜填筑透水性较大的填料。

2. 填空题

（1）在土木工程施工中，按土的__________将其分为八类。

（2）_________是一种能综合完成挖土、装土、运土、卸土、平整一系列工作的土方施工机械。

（3）在同一条件下，基坑土钉墙中土钉的抗拔力检验试验抽样数量应为土钉总数的______%，且不少于______根。

（4）基坑内水平支撑的竖向间距，人工挖土是应≥_________m，机械挖土时应≥_________m。水平支撑的立柱间距应≤_________m。

（5）根据轻型井点降水的平面布置要求，当基坑或沟槽宽度小于____m，且降水深度不超过____m时，一般可采用单侧井点布置方式，如基坑宽度大于____m或土质不良时，则宜采用两侧井点布置。

（6）轻型井点的降水深度，理论上可达10.3m，但考虑了产品制造和使用过程产生的水头损失，实际降水深度以不超过_________m为宜。

（7）大型基坑土方施工分为____式开挖和____式开挖两种开挖方式。

（8）填土压实方法有_________、_________及_________。

（9）基坑和室内土方回填质量检验，每层按_________m^2取样1组，且不应少于

________组。

3. 单项选择题

(1) 随着土的开挖难度增加，以下说法正确的是（　　）。

A. 土的最终可松性系数和最初可松性系数都变大；

B. 土的最终可松性系数和最初可松性系数都变小；

C. 只有土的最终可松性系数变大；

D. 只有土的最初可松性系数变小

(2) 随着土的开挖难度增加，以下说法正确的是（　　）。

A. 施工高度 = 设计地面标高 - 自然地面标高；

B. 施工高度 = 自然地面标高 - 设计地面标高；

C. 施工高度 = 设计地面标高 + 自然地面标高；

D. 施工高度 = 设计地面标高

(3) 下面说法哪个正确。

A. 集水井应设置在基础范围以内、地下水走向的上游；

B. 集水井应设置在基础范围以外、地下水走向的上游；

C. 集水井应设置在基础范围以内、地下水走向的下游；

D. 集水井应设置在基础范围以外、地下水走向的下游

(4) 不是填土压实质量主要影响因素的是（　　）。

A. 压实功；B. 土的含水量；C. 每层填土厚度；D. 填土的总厚度

(5) 下列对填土质量检验标准描述不正确的是（　　）。

A. 土的实际干重度要大于等于设计规定的控制干重度；

B. 土的控制干重度可用土的压实系数与土的最大干重度之积来表示；

C. 土的控制干重度要大于等于设计规定的实际干重度；

D. 压实系数为土的控制干重度与土的最大干重度之比

第2章　基础工程

知识点提示：

- 了解基础的种类，了解浅基础施工的基本工艺流程，了解桩基础的种类和特点；
- 了解预制桩制作、存放和运输的要求；掌握预制桩的沉桩方式及适用性；
- 掌握锤击沉桩、静力压桩、振动沉桩的施工工艺流程，施工方法和技术要求，质量验收标准和方法；
- 了解灌注桩的种类和适用性；掌握钻孔灌注桩、湿作业成孔灌注桩和沉管灌注桩的施工工艺流程、施工方法和技术要求、质量验收标准和方法、质量控制措施；了解施工过程常见的质量问题和解决方法；

2.1　概述

基础是将结构所承受的各种作用传递到地基上的结构组成部分。在建筑工程中经常采用的基础，根据其受力特征和施工方式分为浅基础和桩基础两种类型，如图 2.1.1 所示。区分两种基础类型的关键因素是其受力特性而不是几何尺寸。

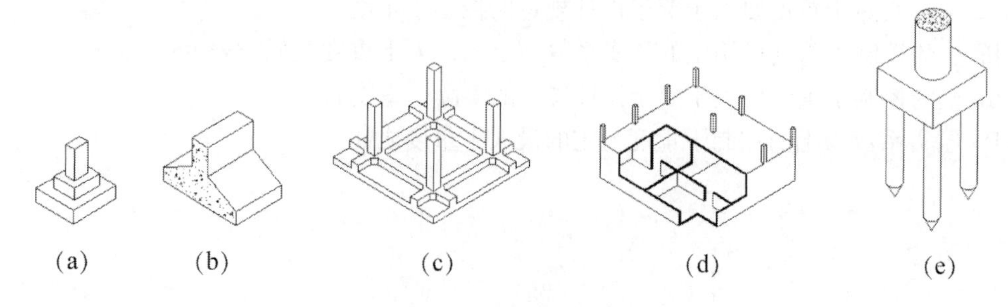

图 2.1.1　基础的形式

(a) 独立基础；(b) 条形基础；(c) 筏板基础；(d) 箱形基础；(e) 桩基础

浅基础指将承载力较小的浅表土层作为地基来承受上部结构的各种作用的基础形式。承载力主要由基础底面下卧土层受压承载力提供。由于浅表土层的承载力较小，因而此类基础与地基的接触面积（即基础底面积）往往比结构构件的底面积要大很多，基础埋深比基础平面尺寸要小很多。此类基础包括独立基础、条形基础、交叉梁基础、筏形基础及箱形基础。

桩基础指将承载力较大的深层土层（或岩层）作为持力层来承受上部结构的各种作用的基础形式。承载力除了由基础底部土层的受压承载力提供外，基础侧表面与土层间的摩擦力也对承载力有贡献。这样就使基础的底面积比上部建筑结构构件平面面积增加不多，但是基础埋深要远大于基础平面尺寸。

从施工角度看，“浅基础”施工时需要先进行土方开挖，开挖的土体体积和范围要大于基础体积和范围，后期需要在基础与周围保留土体的空隙中回填土方；“桩基础”施工通常采用基础构件直接入土或者在土层内直接成形的方式，因而基础构件与周围土体之间没有需要回填的空隙，这种施工方式可以使基础侧面与土层产生挤压效果，从而提高基础的竖向承载力。

2.1.1　浅基础施工

浅基础施工按施工方式不同，分为砌筑基础、夯实基础（灰土基础、三合土基础）和混凝土浇筑基础；按照材料不同，分为灰土基础、三合土基础、砖基础、石基础、钢筋混凝土基础。对于浅基础来说，基坑（槽）的基底验收（通常称验槽）是一个非常关键的环节，也是浅基础施工准备的重要工作。

验收合格的坑槽应尽快进行垫层施工，从而及时形成对地基的保护，防止因雨水和地表水浸泡基底土层造成额外的地基加固成本和工期延误。垫层施工完成后，经过养护达到可以上人的强度，即可进行基础施工。根据使用的材料不同，基础的施工方式也有很大差别，其中，砌筑基础和钢筋混凝土基础部分内容将在“第 3 章 砌筑工程”和“第 4 章 钢筋混凝土工程”中进行介绍。本节主要介绍基础施工前的验收和测量环节的工作内容和要求。

1. 工作流程

浅基础施工前准备的工作流程见图 2.1.2 所示。

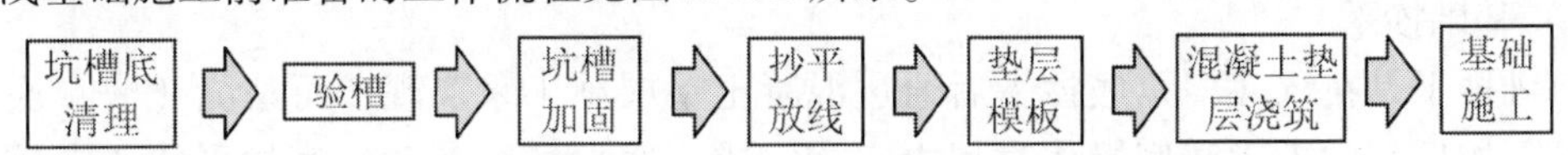

图 2.1.2　浅基础施工前准备的工作流程

2. 基坑（槽）验收

基坑（槽）验收包括直接观察和轻型动力触探检验两个方面。验收工作完成应对验收结果填写验收报告和处理意见。其验收内容包括以下几个方面：

①检查基坑平面形状和尺寸、位置、深度和坑槽底标高是否与设计相符；

②根据地质勘查报告，通过直接观察检查坑槽底部（特别是基底范围）是否存在土层异常情况。对包括填土、坑穴、古墓、古井等分布进行初步判断。

③通过直接观察可以检查基坑基底范围土层分布情况；是否受到外界因素的扰动（如超挖情况）；或者因排水不畅造成土质软化；或者因保护不及时造成土体冻害等现象；

④采用轻型动力触探方式（又称钎探）对坑槽底部进行全面检查。包括人工和机械两种方式。检测在坑底形成的孔洞应用细砂灌实。以下情况可不进行动力触探检测：下卧层为厚度满足设计要求的卵石和砾石；底部有承压水层，且容易引起冒水涌砂的情况。

⑤填写验收报告及处理意见。采用动力触探方式检验，应绘制检测点位分布图，并标明编号，附上相关数据信息表格，作为坑槽检验的参考资料。

根据规范“圆锥动力触探试验规程（ys5219－2000）”的规定，钎探的主要工作内容和技术要求包括检测工具和检测方式两个方面：

①工具。探杆用直径 φ25 钢筋制成，长度 1.8～2.0m，以满足探测深度；探杆的下端是圆锥形探头，探头尖端呈 60°锥形，以利于穿透土层，直径 40mm；穿心锤为带中心孔的圆柱体，质量为 10kg。探杆从其中心孔穿过，使穿心锤可以沿探杆上下自由滑动。探杆上端设置下位卡环，以限制穿心锤的抬起高度。高于探头的位置设置一个锤垫，用于承受穿心锤的下落冲击力，利用反作用力使探杆沉入土层。如图 2.1.3 所示。

②检测方式。采用人工提升或者机械提升的穿心锤落距为500mm；记录探杆贯入300mm深度的累计锤击次数；当该累计次数超过100次时，可停止检测试验。钎探点位布置参照表2.1.1的要求。

表2.1.1　轻型动力触探孔布置要求（m）

排列方式	基槽宽度	检验深度	检验间距
中心一排	<0.8	1.2	1.5
两排错开	0.8～2.0	1.5	1.5
梅花形	>2.0	2.0	2.0
梅花形	柱基	1.5～2.0	1.5，且不小于基础宽度

穿心锤 限位 托柄 探杆 落距 锤垫 锥头

图2.1.3　人工轻型动力触探装置

3. 基础的抄平放线

当基坑（槽）验收通过后，应进行基础的抄平和放线工作。通常分两个步骤进行，首先要进行的是基础抄平。

1）基础抄平

基础抄平是在坑（槽）底抄平后通过混凝土垫层施工来实现，而基坑（槽）底抄平在基坑开挖后期的人工清底操作过程中实施完成。通常基坑（槽）底抄平的要求较为粗略，而基底抄平（垫层顶标高）则要求精确。为了保证混凝土垫层的平整度和标高准确，通常依据坑底标高控制桩先用垫层同等级混凝土打灰饼，灰饼顶标高同垫层设计标高，然后依据灰饼再进行大面积垫层施工，见图2.1.4。当垫层施工完成后，在基础施工之前还需要对其顶标高进行复测和校核。当基础施工达到±0.000以上后，在建筑物四角外墙上引测±0.000标高，画上符号并注明，作为上部楼层抄平时标高的引测点，见第3章砌体工程的图3.2.2至图3.2.4。

2）基础放线

如图2.1.5所示，根据基坑周边的控制桩，将基础主轴线引测到基坑底的垫层上，每个方向应至少投测两条控制线，经闭合校核后，再以轴线为基准用墨线弹出基础轮廓线或边线，并定出门窗洞口的平面定位线。轴线放测完成并经复查无误后，才能进行基础施工。当基础墙身或者柱身施工完成后，将轴线引测到柱外侧或外墙面上，画上特定的符号，作为楼层轴线向上部传递的引测点。

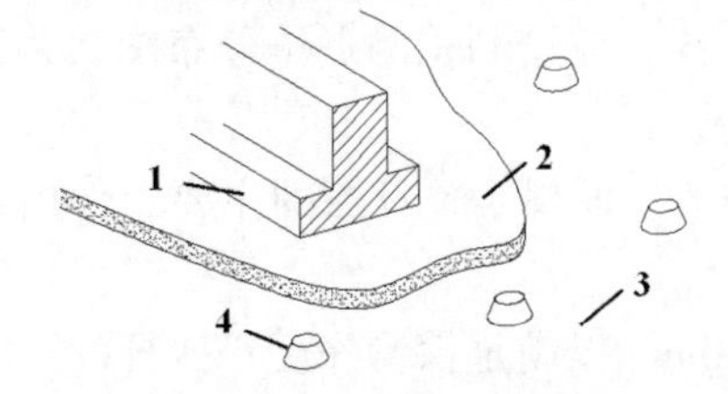

图2.1.4　基础抄平示意图

1. 基础；2. 垫层；3. 地基；4. 灰饼

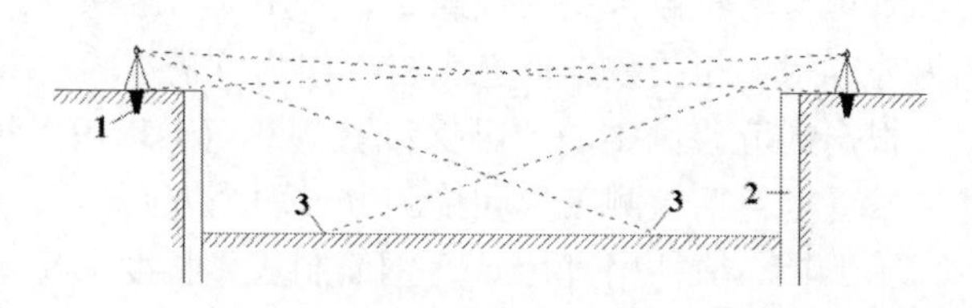

图2.1.5　基坑内基础轴线投测示意图

1. 水准点；2. 基坑支护；3. 基础轴线投测位置

基础砌筑前应校核放线尺寸，允许偏差应符合表2.1.2的规定。

表2.1.2　放线尺寸的允许偏差

长度L、宽度B/m	允许偏差/mm	长度L、宽度B/m	允许偏差/mm
L（或B）≤30	±5	60 < L（或B）≤90	±15
30 < L（或B）≤60	±10	L（或B）>90	±20

当基底抄平放线工作完成后就要进行基础施工。浅基础的结构形式和材料种类有多种，各种浅基础的施工方法可参照后面“砌筑工程”、“混凝土工程”、“装配结构施工”相关章节的内容。

2.1.2　桩基础施工

1. 概念与特点

桩基础是由桩顶承台（梁）将若干根沉入土层中的桩联成一体的基础形式，见图2.1.6所示。

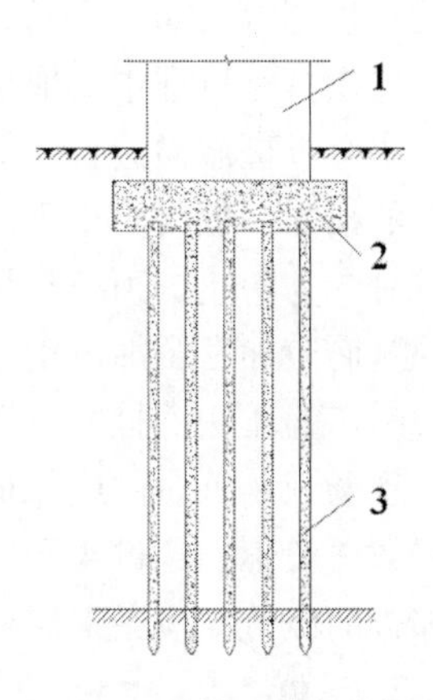

图2.1.6　桩基础示意图

1. 上部结构；2. 承台；3. 桩

桩身是长度远远大于截面尺寸的柱状体（圆柱或者棱柱）。桩基础具有较高的承载力与稳定性，沉降量小而均匀，抗震性能良好，能适应多种复杂地质条件。与浅基础相比，桩基础施工过程较复杂，成本也较高。

2. 分类

桩基础的分类见图2.1.7所示。按桩的施工方法不同，桩可分为预制桩和灌注桩两类。根据桩的承载状态分为摩擦桩和端承桩；按制作材料不同，分为素混凝土桩、钢筋混凝土桩、钢桩和木桩；按预制桩的成桩方式的不同，分为锤击沉桩、振动成桩、静力压桩和水冲沉桩；灌注桩按照成孔方式分为钻孔、挖孔、冲孔、沉管、爆破等；按灌注桩的施工工艺不同，分为干作业成孔和湿作业成孔两种方式；按桩的截面形状分为混凝土圆形实心桩、混凝土方形实心桩、混凝土管桩、钢管桩、H型钢桩和异形钢桩等；按成桩时挤土状况可分为非挤土桩、部分挤土桩和挤土桩。

按施工方式分

- 预制桩
  - 按制作材料分：混凝土桩、钢桩、木桩
  - 按沉桩方式分：锤击沉桩、振动沉桩、静力压桩、水冲沉桩
- 灌注桩
  - 按制作材料分：素混凝土桩、钢筋混凝土桩、型钢混凝土桩
  - 按成孔方式分：钻孔、挖孔、冲孔、沉管、爆破

图2.1.7　桩基础施工方式分类

2.2　预制桩施工

预制桩一般在预制构件厂或者工地的加工场地预制，然后运输到打桩位置，用沉桩设

备按设计要求的位置和深度将其深入土层中。预制桩具有承载力大、坚固耐久、施工速度快、不受地下水影响、机械化程度高等特点。目前我国广泛采用的预制桩主要有钢筋混凝土方桩、钢筋混凝土管桩、钢管或型钢钢桩等。预制桩施工包括两个重要环节：其一，是预制桩在生产厂家或者施工现场的制作、堆放和运输过程；其二，就是在工地的沉桩施工。两个环节工作的实施、管理和质量控制可能由同一施工单位来完成，也有可能分属于不同的企业和部门，但是两个环节的工作对工程的最终质量都是至关重要的。

2.2.1 桩的制作、运输、堆放

1. 制作

最大桩长由打桩架的高度决定，一般不超过 30m。预制厂制作的构件为了运输方便，长度不宜超过 12m。现场制作的桩长一般不超过 30m，当桩长超过 30m 时，需要分节制作，并在打桩过程中采取接桩措施。预应力桩的技术要求较高，通常需要在预制厂生产。

实心方桩截面边长一般为 200～500mm，空心管桩外径为 300mm～1000mm。桩的受力钢筋的根数一般为不小于 8 根的双数，且对称布置，便于绑扎和保持钢筋笼的形状。锤击沉桩时，为防止桩顶被打坏，浇筑预制桩的混凝土强度等级不宜低于 C30，桩顶一定范围内的箍筋应加密及加设钢筋网片，混凝土浇筑宜从桩顶向桩尖浇筑，浇筑过程应连续，避免中断。静压法沉桩时，混凝土等级不宜低于 C20。

现场预制桩时，应保证场地平整坚实，不应产生浸水湿陷和不均匀沉降。叠浇预制桩的层数一般不宜超过 4 层，上下层之间、邻桩之间、桩与模板之间应做好隔离层。上层桩或邻桩的浇筑，应在下层桩或邻桩混凝土达到设计强度等级的 **30%** 以后方可进行。

2. 运输

桩的运输应根据打桩的施工进度，随打随运，尽可能避免二次搬运。长桩运输可采用平板拖车等，短桩运输可采用载重汽车，现场运输可采用起重机吊运。

钢筋混凝土预制桩应在混凝土达到设计强度标准值的 75% 方可起吊，达到 100% 方能运输和打桩。如需提前起吊，必须作强度和抗裂度验算，并采取必要的防护措施。起吊时，吊点位置应符合设计规定，如设计未作规定时，应符合起吊弯矩最小的原则，其绑扎点位置如图 2.2.1 所示。

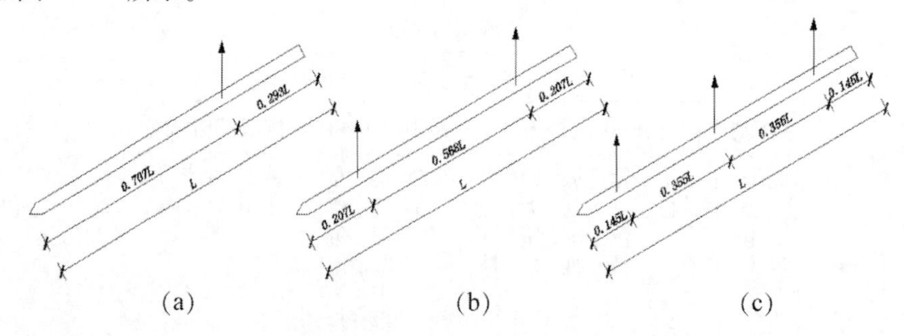

图 2.2.1 桩的合理吊点位置

(a) 一点起吊；(b) 两点起吊；(c) 三点起吊

3. 堆放

桩堆放时场地应平整，坚实，排水良好，桩应按规格、、材质、桩号分别堆放，桩尖应朝向一端，支撑点应设在吊点或其附近，上下垫木应在同一垂直线上；堆放层数不宜超

过4层。底层最外侧的桩应该用楔块塞紧固定。

2.2.2　锤击沉桩

锤击沉桩也称打入桩，是靠打桩机的桩锤下落到桩顶产生的冲击能而将桩沉入土中的一种沉桩方法。

【特点】

施工速度快，机械化程度高，适用范围广，是预制钢筋混凝土桩最常用的沉桩方法。

【适用性】

施工时有噪音和振动，施工产生的挤土效应强烈，因此施工时的场所、时间段受到限制。

1. 打桩机具

打桩用的机具主要包括桩锤、桩架及动力装置三部分。

1）桩锤

桩锤是打桩的主要机具，其作用是对桩施加冲击力，将桩打入土中。主要有落锤、单动汽锤和双动汽锤、柴油锤、液压锤。各种桩锤的特点、适用性见表2.2.1。

表2.2.1　桩锤对照表

桩锤种类	构造特征	适用范围	特点
落锤	落锤是指桩锤用人力或机械拉升，然后自由落下，利用自重夯击桩顶。	在粘土、含砂和砾石的土及一般土层中打各种桩。	构造简单、使用方便、冲击力大，能随意调整落距，但锤打速度慢，效率较低。
单动汽锤	利用蒸汽或压缩空气的压力将锤头上举，然后由锤的自重向下冲击沉桩。	适于打各种桩	构造简单、落距短，对设备和桩头不易损坏，打桩速度及冲击力较落锤大，效率较高。
双动汽锤	利用蒸汽或压缩空气的压力将锤头上举及下冲，增加夯击能量。	适宜打各种桩，还可以打斜桩、水下打桩和拔桩。	冲击次数多、冲击力大、工作效率高，可不用桩架打桩，但需锅炉或空压机，设备笨重，移动较困难。
柴油锤	利用燃油爆炸的推力推动活塞提升，然后自由下落，往复循环形成锤击过程。	不适于在过硬或过软的土中打桩。在钢板桩施工中应用较多。在城市施工中受到限制。	附有桩架、动力等设备，机架轻、移动便利、打桩快、燃料消耗少，有重量轻和不需要外部能源等优点。噪音大。
液压锤	利用液压装置推动活塞提升预定高度后释放，桩锤以自由下落方式打击桩顶。	适于城市区域进行各种预制桩施工。软土中效果由于柴油锤。	新型设备。低噪声、无油烟、能耗小；设备复杂、维修保养费用和购置价格高，效率比柴油锤低。
电磁锤	通过电源启闭使磁性活塞在缸体内形成提升后自由下落的运动过程，循环往复完成锤击过程。	适于城市施工和寒冷地区施工。	新型设备。无噪声，无油烟，电能驱动。

2）桩架

桩架的作用是悬挂固定桩锤，引导桩锤地运动方向；吊桩就位。

桩架如图 2. 2. 2 所示多以履带式起重机车体为底盘，增加立柱、斜撑、导杆等用于打桩的装置。可回转 360°，行走机动性好，起升效率高。可用于预制桩和灌注桩施工。

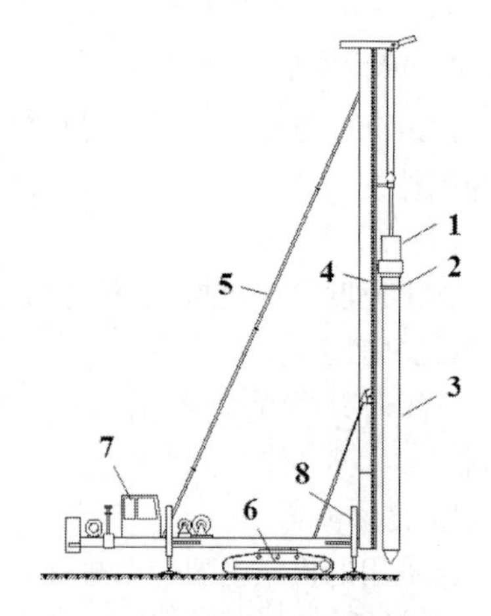

图 2. 2. 2　履带式桩机构造示意图

1. 桩锤；2. 桩帽；3. 桩；4. 桩架；5. 斜撑；6. 行走装置；7. 驾驶室；8. 支腿

3）动力装置

用于启动桩锤的动力设施。包括电力驱动的卷扬机、蒸汽锅炉、柴油发动机等。根据桩锤种类确定。

2. 打桩施工

1）施工准备

①清除障碍物；一方面为平整场地施工提供前提条件；另一方面为后期打桩作业的顺利进行清除障碍或者进行前期处理。包括打桩范围内空中（如供电线路）、地面（如房屋、石块等）、地下的障碍物（如墓穴、地窖、防空洞等）。

②平整场地；为了便于桩机行走，特别是步履式桩机对地面平整度要求较高，必要时要修筑桩机行走道路，设置坡道，做好排水设施。

③动力线路接入，设置配电箱。

④设置测量控制桩；便于观测桩点定位和桩机定位。

⑤预制桩的质量检查。预制桩不能有制作缺陷，同时在吊装过程中不能造成损伤和开裂。

2）打桩顺序

（1）挤土效应：

由于锤击沉桩是挤土法成孔，桩入土后对周围土体产生挤压作用。尤其在群桩施工中的挤土效应明显。它的不利影响包括两个方面：

①造成周边先打入桩身挤出地面甚至损坏；

②引起周围地面隆起而造成建筑和地下设施的损害。

（2）影响因素：

①通常应根据场地的土质、桩的密集程度、桩的规格、长短和桩架的移动路线等因素来确定打桩顺序，以提高施工效率，减低施工难度。确定打桩顺序应遵循的原则如下：“先长后短；先深后浅；先粗后细；先密后疏；先难后易；先远后近”。

② 从桩的平面位置看，打桩顺序主要包括逐排打、自中央向边缘打、自边缘向中央打和分段打等 4 种。逐排打，如图 2. 2. 3（a）所示，桩机沿单一线路单向移动，就位速度快，打桩效率较高，但是挤土效应会沿着桩机的前进方向逐渐增强，使后面打桩更加困难，甚至打不下去。自周边向中央打，如图 2. 2. 3（b）所示，在中央部分会形成更加强烈的挤土效应。以至于打中央的桩时，周边先打的桩会被挤出地面。因此，按照此顺序打桩必须考虑挤土效应的影响，应该采用从中央向周边打和分段打的方式。如图 2. 2. 3（c） （d）所示。

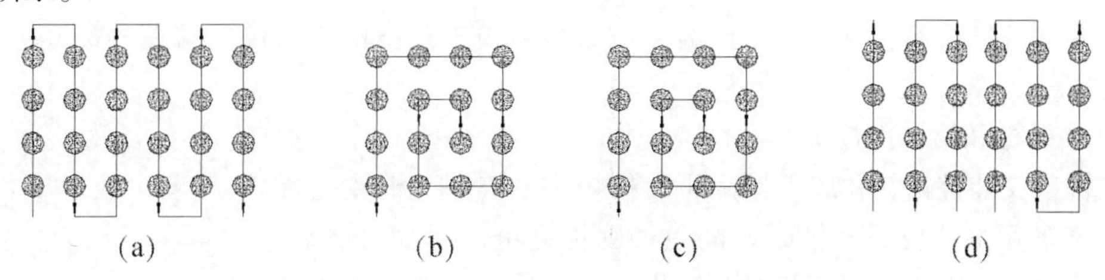

图 2. 2. 3　预制桩打桩顺序及桩机行走路线

（a）逐排打；（b）自四周向中间打；（c）自中间向四周打；（d）分段打

必须考虑挤土效应（打桩顺序不能采用逐排打、从周边向中央打）的条件：桩中心距小于或等于 4 倍桩的边长或桩径。否则，确定打桩顺序可以不考虑挤土效应的影响，而应侧重于考虑打桩便利和效率的提高。

想一想：
当遇到土壤密度较低或者含水率较高的情况，要提高桩的承载力，又如何考虑挤土效应的问题呢？

3）主导工序的施工工艺流程

预制桩锤击沉桩的施工工艺流程如图 2. 2. 4 所示。

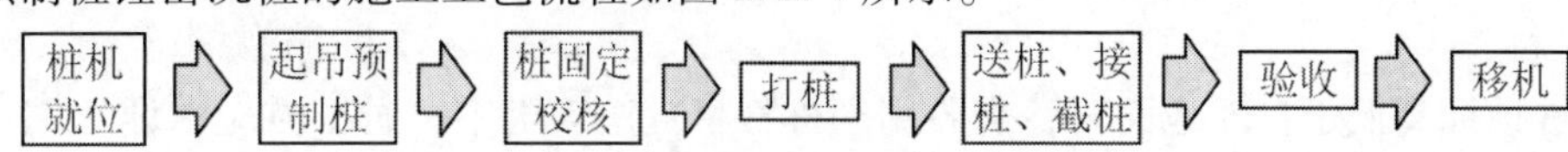

图 2. 2. 4　锤击沉桩施工工艺流程

4）主要施工工序及技术要求

（1）施工准备：

①清除障碍物：一方面为平整场地施工提供前提条件；另一方面为后期打桩作业的顺利进行清除障碍或者进行前期处理。包括打桩范围内空中（如供电线路）、地面（如房屋、石块等）、地下的障碍物（如墓穴、地窖、防空洞等）。

② 平整场地：为了便于桩机行走，特别是步履式桩机对地面平整度要求较高，必要时要修筑桩机行走道路，设置坡道，做好排水设施。

③动力线路接入，在基坑附加设置配电箱，以满足桩机动力需求。

④ 设置测量控制桩；便于观测桩点定位和桩机定位；预制桩桩位控制测量的允许偏差如下：群桩的定位偏差≤20mm；单排桩的定位偏差≤10mm。

⑤ 预制桩的质量检查。预制桩不能有制作缺陷，同时在吊装过程中不能造成损伤和开裂。

（2）桩机就位：

根据施工方案的打桩线路设计，将桩机开行至线路的起始桩位，并调整桩机满足以下条件：

①保持桩架垂直，导杆中心线与打桩方向一致，校核无误后固定。

②将桩锤和桩帽吊升起来，高度应高于桩长。

（3）吊桩就位和校核：

利用桩架上的卷扬机将桩吊起成直立状态后送入桩架的导杆内，对准桩位徐徐放下，使桩尖在桩身自重下插入土中。此时，应校核桩位、桩身的垂直度，偏差≤0.5%。此步骤称为定桩。

（4）插桩和第二次校核：

在桩顶安装桩帽，并放下桩锤压在桩帽上。桩帽与桩侧应有5～10mm的间隙，桩锤和桩帽之间应加弹性衬垫，一般用硬木、麻绳、草垫等，以防止损伤桩顶，见图2.2.5所示。此时，在自重作用下，桩身又会插入土中一定深度。此时，应对桩位和桩身垂直度进行第二次校核，并保证桩锤、桩帽和桩身在一条垂直线上。否则，应将桩拔出重新定位。

图2.2.5　桩锤、桩帽和桩顶位置

1. 桩锤；2. 弹线衬垫；3. 桩；4. 桩帽；5. 中轴线

（5）打桩施工：

锤击原则：“重锤低击”或者“重锤轻击”。

采用此原则进行锤击沉桩可以使桩身获得更多的动量转换，更易下沉。否则，不但桩身不下沉，而且锤击的能量大部分被桩身吸收，造成桩顶损坏。一般情况下，单动汽锤落距≤0.6m；落锤落距≤1.0m；柴油锤的落距≤1.5m。桩锤应连续施打，使桩均匀下沉。

（6）送桩、接桩、截桩：

【送桩】

当桩顶标高低于自然地面时，需要用送桩管将桩送入土中。送桩时应保证送桩管和桩的轴线在一条直线上。送桩到位并拔出送桩管后，留下的桩孔应及时回填或覆盖。送桩深度一般不宜大于2.0m。如图2.2.6（d）（e）所示。

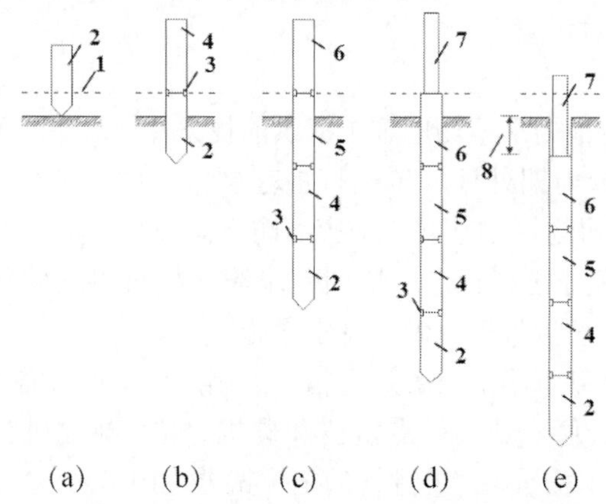

图2.2.6　沉桩程序、接桩及送桩示意图

（a）第1节桩就位；（b）接第2节桩；（c）接第4节桩；（d）安装送桩器；（e）送桩完毕

1. 操作平台高度；2. 第1节桩；3. 接桩处；4. 第2节桩；5. 第3节桩；6. 第4节桩；7. 送桩器；8. 送桩深度

【接桩】

当设计的桩长很长，受到打桩机高度、预制条件、运输条件等因素的限制，应采用分段预制、分段沉桩的方法。在沉桩过程中需要进行接桩操作，接桩方法有焊接连接、法兰

连接和机械连接（管桩螺纹连接、管桩啮合连接）等多种方式，其中焊接连接应用最普遍，当桩的受力钢筋直径不小于20mm时，可以采用机械连接。法兰连接的钢板或螺栓宜采用低碳钢。如图2.2.7所示。

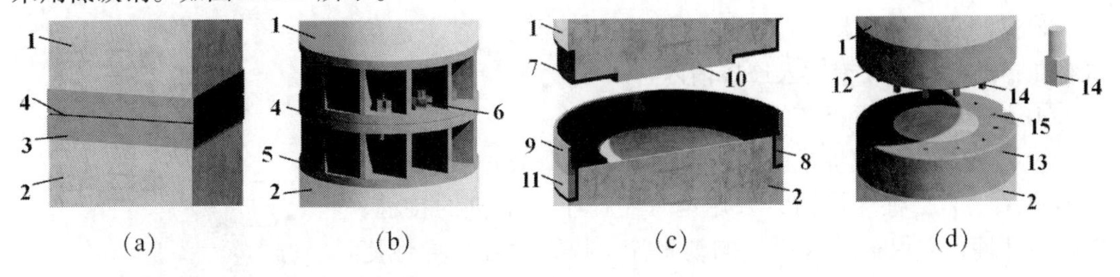

图2.2.7　预制桩连接方式

（a）焊接连接；（b）法兰连接；（c）管桩螺纹机械快速连接；（d）管桩啮合机械快速连接

1. 上节桩；2. 下节桩；3. 预埋钢板；4. 焊缝；5. 法兰；6. 螺栓；7. 螺纹端盘；8. 连接端盘；9. 螺母；10. 对中芯柱；11. 嵌块；12. 上节桩端板；13. 下节桩端板；14. 连接销；15. 销孔

焊接接桩时，必须在上下节桩对准并垂直无误后，用点焊将拼接角钢连接固定，再次检查位置正确后，才进行焊接。预埋铁件表面应保持清洁，上下节桩之间的间隙应用铁片填实焊牢；采用对角对称施焊，以防止节点不均匀焊接变形引起桩身歪斜，焊缝要连续饱满。接桩时，一般在距离地面0.5～1.0m高度进行，上、下节桩的中心线偏差不得大于10mm，节点弯曲矢高不得大于两节桩长的0.1%。在焊接后应使焊缝在自然条件下冷却10min后方可继续沉桩。

管桩螺纹机械快速接头技术是一项应用于管桩的新型连接技术。基本方法是分别在管桩两端预埋连接端盘和螺纹端盘，将两节桩的这两端对接后再用螺母快速连接，通过连接件的螺纹机械咬合作用连接两根管桩，并利用管桩端面的承压作用，将上一节管桩的力传递到下一节管桩上。螺纹机械快速接头由螺纹端盘、螺母、连接端盘和防松嵌块组成（如图2.2.7（c）所示）。在管桩浇注前，先将螺纹端盘和带螺母的连接端盘分别安装在管桩两端，两端盘平面应和柱身轴线保持垂直，端面倾斜不大于0.2%D（D为管桩直径）。同时为方便现场施工，在浇注时管桩两端各应加装一块挡泥板和垫板工装。在第一节桩立桩时，应控制好其垂直度，且垂直度应控制在0.3%以内，即可满足接桩要求。在管桩连接中，应先卸下螺纹保护装置，送掉螺母中的固定螺钉，两端面及螺纹部分用钢丝刷清理干净，桩上下两端面涂上一层约1mm厚润滑脂，利用构件中的对中机构进行对接，提上螺母按顺时针方向旋紧，再用专用扳手卡住螺母敲紧，若为锤击桩，则应在螺母下方垫上防松嵌块，用螺丝拧紧，以防松掉。

采用管桩啮合机械接头技术接桩时，接头处下节管桩的上端应用方槽端板，上节管桩的下端必须用圆孔端板，管桩顶端采用常规桩端端头板。机械接头接桩时，下节管桩露出地面的高度宜为0.5～1m左右，方便接桩操作。操作顺序如下：

①连接前（未吊管桩前），清理干净连接处的端头板，把连接销圆端（作防腐蚀桩时该圆端需满涂沥青涂料）用扳手把连接销逐根旋入圆孔端板上的螺栓孔，用校正器测量并校正连接销的高度：靠件的齿牙与连接销的全部齿牙完全咬合、靠件底部贴合到端头板面，即连接销高度正确。再用钢模型板检测调整连接销的方位、向心度：各连接销套入钢模板各方孔，即连接销向心度正确，校正后，把钢模板取开。

② 下节管桩施打到离地面0.5～1m左右，剔除下节管桩方槽端板方槽内填塞的泡塑保护块。作防腐桩使用时，需在方槽内注入不少于一半槽深的沥青涂料并在端板面上抹上厚度3mm的沥青涂料。

③将上节管桩吊起，使连接销与方槽端板上的各个连接口对准，随即将连接销插入连接槽内。

④ 加压使上、下桩节的桩端端头板接触。

⑤ 若管桩作抗拔桩或防腐桩使用的或者需要进行小应变检测的，上下二桩连接后，采用电焊封闭上下节桩的接缝，作封闭处理，以保护端板面上的沥青涂料以及增加传导性能以免误判为断桩。

连接销时上下节管桩连接的关键部件。由圆形齿销、方形齿销、螺母、带齿销板、归位弹簧、预埋盒组成，如图2.2.8所示。上下桩节端板内均设置预埋盒，上节柱盒内埋设螺母，下节柱盒内埋设方形齿销块和归位弹簧，带齿销板与方形齿销的齿牙相互咬合形成连接。

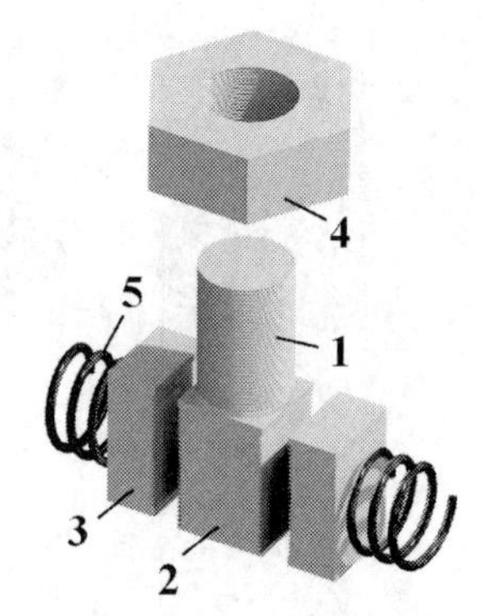

图2.2.8　连接销构造

1. 圆形齿销；2. 方形齿销；3. 带齿销板；4. 螺母；5. 顶推弹簧

【截桩】

如桩底到达了设计深度，而预制桩桩顶仍然高于桩顶设计标高时需要截去桩头。截桩头宜用锯桩器截割，并应注意受力钢筋预留，必要时人工凿除混凝土。严禁用大锤横向敲击或强行扳拉截桩。

3. *质量控制措施*

预制桩锤击沉桩施工过程中主要注意3个方面的质量控制要求：

（1）做好施工记录：

在打桩过程中，必须做好打桩记录，以作为工程验收的重要依据；记录内容包括：

①每打入1m的锤击数和时间；

②桩位置的偏斜；

③贯入度（每10击的平均入土深度）；

④最后贯入度（最后三阵，每阵十击的平均入土深度）；

⑤总锤击数等。

（2）停锤的原则：

端承桩：以贯入度控制为主要控制条件，桩尖标高作为参考；

摩擦桩：以桩尖标高是否达到设计标高为主要控制条件，贯入度作为参考。

沉桩施工过程中，如果控制指标已达到要求，而参考指标与要求差距较大，应协同监理单位与设计单位进行协商，研究处理方案。

钢筋混凝土预制桩在打桩施工中常常会遇到一些质量问题，这些问题产生的原因、控制措施和处理方法见表2.2.2所示。

表2.2.2 钢筋混凝土桩在打桩中常遇见的问题、原因及处理方法

常见质量问题	产生原因	防止措施及处理方法
桩顶打碎	混凝土强度低、桩顶没有配置加强钢筋网	提高混凝土强度、配置钢筋网片
	桩顶面偏斜	调整垂直度、纠偏
	桩顶面不平整	加缓冲垫，修整桩顶面
	落锤过高、桩锤打偏	重锤低击
桩身损坏	桩身弯曲	根据桩外观质量进行选择
	挤土效应	优化打桩顺序或预钻孔
打桩不下	遇坚硬土层	与设计研究协商
	打桩间隙过长	连续打桩，减短间歇时间
	桩锤过小	合理选择桩锤
接桩不牢	焊接不牢	加强焊接质量检查
	锚浆强度不足	控制配比
	上下桩不共线	控制垂直度和固定方式

4. 预制桩沉桩施工的一些防范措施

由于预制桩沉桩施工过程中的振动、噪音等，会给周围原有建筑物、地下设施及居民生活带来不利影响。在施工前应当做好防范措施的预案。常规的防范措施包括以下各个方面：

①预钻孔：在桩位出预先钻至极比桩径小50～100mm的孔，深度视桩距和土的密实度、渗透性确定，一般为1/3～1/2桩长，施工时随钻随打。

②设置砂井和排水板：通过在土层中设置砂井和排水板，使受压土层的孔隙水提供排解的通道，消除孔隙水压力，缓解挤土效应。砂井直径应变为70～80mm，间距1.0～1.5m，深度10～12m。塑料排水板设置方式类似。

③挖防震沟：地面开挖防振沟，可以消除部分地面的振动和挤土效应。防振沟一般宽度0.5～0.8m，深度根据土质以边坡能自立为宜，并可以与其他预防措施结合施工。

④优化打桩顺序；控制打桩速度。

2.2.3 静力压桩施工

静力压桩是利用无震动、无噪音的静压力将预制桩压入土中的沉桩方法。

静力压桩适用于软土、淤泥质土层，及截面小于400mm×400mm，桩长30～35m左右的钢筋混凝土实心桩或空心桩。与普通打桩相比，可以减少挤土、振动对地基和邻近建筑物的影响，避免锤击对桩顶造成损坏，不易产生偏心沉桩；由于不需要考虑施工荷载，因而桩身配筋和混凝土强度都可以降低设计要求，节约制桩材料和工程成本，并且能在沉桩施工中测定沉桩阻力，为设计、施工提供参数，并预估和验证桩的承载能力。

【压桩机】

静力压桩机主要由夹持机构、底盘平台、行走回转机构、液压系统和电气系统等部分

组成。压桩能力从 80～1000t 多个等级。夹持结构通过液压推力依靠夹持盘与桩侧表面的摩擦夹住桩身。底盘平台是桩机的主要承重结构、作业平台和操作结构的支座。行走系统分步履式和履带式，步履式可以使桩机在纵横两个垂直方向移动和回转，稳定性较好，但要求场地要平整；履带式桩机的机动性要好一些，对场地条件的适应性较好。步履式静力压桩机如图 2.2.9 所示。

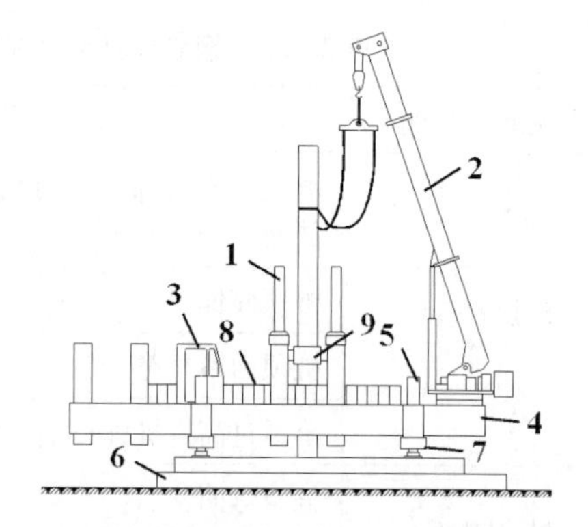

图 2.2.9　液压静力压桩机

1. 压桩架；2. 吊车；3. 驾驶室；4. 压桩平台；5. 升降装置；6. 纵向行走装置；7. 横向移动装置；8. 配重；9. 夹持装置

【施工流程】

静力压桩施工的工艺流程如图 2.2.10 所示。其中，桩机就位、桩机调整、桩对位等环节的技术要求可参照锤击沉桩施工。压桩过程应做好施工记录，根据压力表读数和桩入土深度判断压桩质量。

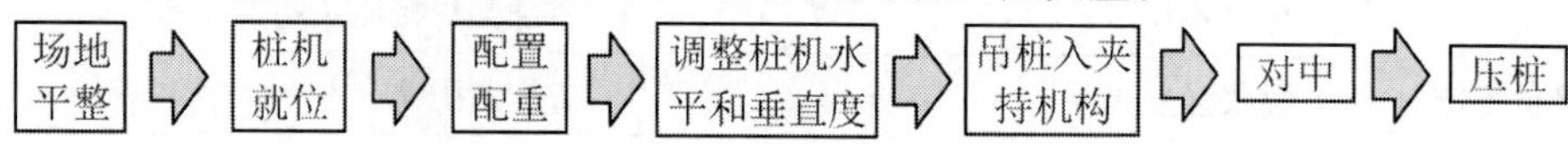

图 2.2.10　静压桩施工工艺流程

静力压桩施工中，一般是采用分段预制、分段压入、逐段接长的方法。

【质量控制措施】

（1）先进行场地平整，满足桩机进驻要求。由于压桩要求桩机配置足够的配重，因而静力压装机的荷载重量比较大，对场地承载力要求较高；特别是地表土层承载力不均匀容易造成桩机不稳和桩身不垂直。

（2）压桩时，桩帽、桩身、送桩器以及接桩后的上下节桩身应在同一垂直线上。

（3）为了防止桩身与土体固结而增加沉桩阻力，压桩过程应连续不能中断，工艺间歇时间（如接桩）尽量缩短。

（4）遇到下列突发情况，应暂停压桩，及时与有关单位研究处理方案：

①压桩初期，桩身大幅度位移或倾斜；

②压桩过程中突然下沉或者倾斜；

③桩顶压坏或压桩阻力徒增。

2.2.4　振动沉桩施工

振动沉桩是将桩与振动锤连接在一起，利用振动锤的高频振动器激振桩身，使桩身周围的土体产生液化而减小沉桩阻力，并靠桩锤和桩身的自重将桩沉入土中。目前采用较多的振动沉拔桩机可以完成沉桩和拔桩两种施工作业。通过对挖掘机进行铲斗换装振动桩锤的方式，实现一机多用。振动锤按作用方式分为振动式和振动冲击式；按动力源分为电动式和液压式。履带式振动沉拔桩机如图 2.2.11 所示。

【特点】

施工速度快、使用方便、费用低、设备结构简单、维修方便，但是耗电量偏大，对周围小范围环境会有一定的噪音和振动影响。

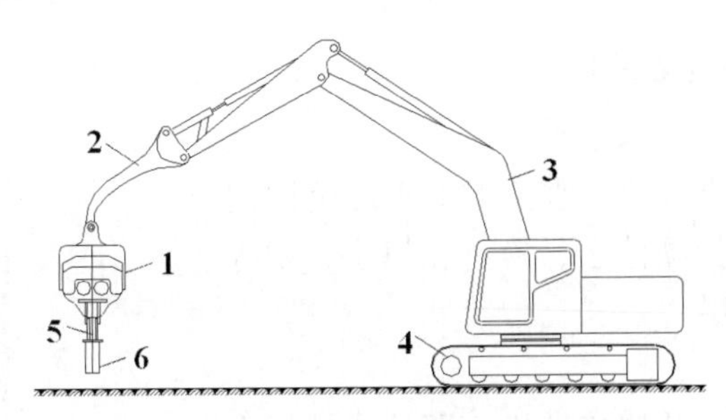

图2.2.11　履带式振动沉拔桩机构造示意图

1. 振动锤；2. 副起重臂；3. 主起重臂；4. 行走装置；5. 夹具；6. 桩帽

【适用范围】

适用于软土、粉土、松砂等土层，不适宜密实的粘土、砾石和岩层。既可以用于长度不大的钢管桩、H型钢桩及混凝土预制桩；也可以用于沉管灌注桩施工中的沉管施工。

【施工流程】

振动沉桩施工工艺流程如图2.2.12所示。

图2.2.12　振动沉桩施工工艺流程

【技术控制】

振动沉桩的桩机就位、桩机校正、定桩、桩身校核的技术要求参照“锤击沉桩”部分内容。

2.3　灌注桩施工

灌注桩是直接在桩位上就地成孔，然后在孔内安放钢筋笼，并灌注混凝土而形成的一种桩。灌注桩与预制桩相比较，有以下优缺点：

优点：灌注桩能根据各种土层，选择适宜的成孔机械，对各种土层的适应性较好，并且无需接桩作业，可以进行大直径桩、长桩施工，节省了吊装和运输的费用。

缺点：成孔工艺复杂，受施工环境影响大，桩的养护期对工期有所制约。

根据施工方法的不同，灌注桩分为多种形式，如图2.3.1所示。按施工过程中是否使用泥浆，或者施工土层是否存在地下水，分为干作业和湿作业两种；按照成孔方式分为钻孔、冲孔、挖孔、爆破成孔等多种形式。

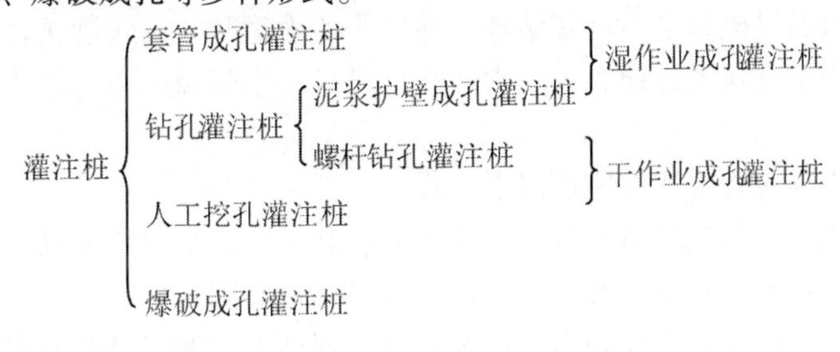

图2.3.1　灌注桩施工的种类

2.3.1 长螺旋干作业钻孔灌注桩

【适用范围】

可用于没有地下水或者地下水位以上土层范围内成孔施工，适用的土层包括黏性土、粉土、填土、中等密实以上的砂土、风化岩层。

【施工机械】

包括长螺旋钻机（全叶螺旋钻机，即整个钻杆上布满叶片，见图 2.3.2）和短螺旋钻机（只在靠近钻头 2 ~3m 范围内有螺旋叶片）两类。全叶片螺旋钻机成孔直径一般为 300 ~800mm，钻孔深度为 8 ~20m。钻杆可以根据钻孔深度逐节接长。全叶片钻机钻孔时，随着钻杆叶片的旋转，土渣会自行沿螺旋叶片上升涌出孔口；而短螺旋钻机由于叶片位于钻杆前段局部，排除土渣需要提钻和甩土操作。一般每钻进 0.5 ~1.0m 即需要提钻一次。

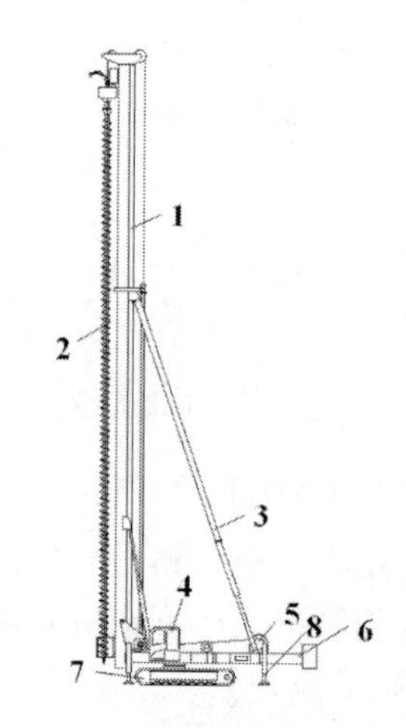

图 2.3.2 长螺旋钻机构造示意图

1. 立柱；2. 钻杆；3. 斜撑；4. 驾驶室；5. 卷扬机；6. 上底盘；7. 行走装置；8. 支腿

【成孔工艺】

利用长螺旋钻机的钻头在桩位上切削土层，钻头切入土层带动钻杆下落。被切削土块沿钻杆上的螺旋叶片爬升直至孔口。然后用运输工具（翻斗车或者手推车）将溢出孔口的土块运走。钻孔和土块清运同时完成，可实现机械化施工。

【施工流程】

见图 2.3.3。

图 2.3.3 钻孔灌注桩施工流程

【施工作业及技术要求】

（1）钻机就位：

在现场放线、抄平等施工准备工作完成后，按照施工方案确定的成孔顺序移动钻机到开钻桩位。钻机应保持平稳，避免施工过程中发生倾斜和移动。通过双面吊锤球或者采用经纬仪校正调整钻杆的垂直度和定位。

（2）钻孔作业：

开动螺旋钻机通过电机动力旋转钻杆，使钻头的螺旋叶片旋转削土，土块沿螺旋叶片提升排出孔外。为了土块装运便利，通常在孔口设置一个带溢出口的泄土筒，溢出口高度根据运输工具确定。

在钻进过程中，应随时注意完成以下工作：

①清理孔口积土，避免其对孔口产生压力而引起塌孔，及影响桩机的正常移位作业；

②及时检查钻杆的垂直度；必要时可以采取经纬仪监测。

③随时注意钻杆的钻进速度和出土情况；当发现钻进速度明显改变和钻杆跳动或摆动剧烈时，应停机检查，及时发现问题，并与勘察设计单位协商解决。

（3）清孔：

为了避免桩在加载后产生过大的沉降量，当钻孔达到设计标高后，在提起钻杆之前，必须先将孔底虚土清理干净，即清孔。方法就是：钻机在原标高进行空转清土，不得向深处钻进，然后停止转动，提起钻杆卸土。清孔后可用重锤或沉渣仪测定孔底虚土厚度，检查清孔质量。孔底沉渣厚度控制：端承桩≤50mm，摩擦桩≤150mm。

（4）停钻验孔：

钻进过程中，应随时观察钻进深度标尺或钻杆长度以控制钻孔深度。当达到设计深度后，应及时清孔。然后停机提钻，进行验孔。验孔内容和方法如下：

方法和工具：用测深绳（坠）、照明灯和钢尺测量。

检验内容：①孔深和虚土厚度；②孔的垂直度；③孔径；④孔壁有无塌陷、缩颈等现象；⑤桩位。

验孔完成后，移动钻机到下一个孔位。

（5）吊放钢筋笼：

清孔后应随即吊放钢筋笼，吊放时要缓慢并保持竖直，应避免钢筋笼放偏，或碰撞孔壁引起土渣下落而造成孔底沉渣过多。放到预定深度时将钢筋笼上端妥善固定。当钢筋笼长度超过12m时，宜分段制作和吊放；分段制作的钢筋笼，其纵向受力钢筋的接头宜采用对接焊接和机械连接（直径大于20mm）。先行吊放的钢筋笼上端应在露出地面1m左右时进行临时固定，起吊上段钢筋笼与下段钢筋笼保持在一条垂直线上，焊接完成后继续吊放，见第4章钢筋混凝土工程的图4.3.33。在钢筋笼安放好后，应再次清孔。

（6）浇筑混凝土：

桩孔内吊放钢筋笼后，应尽快浇筑混凝土，一般不超过24h，以防止桩孔扰动造成塌孔。浇筑混凝土宜用混凝土泵车，避免在成孔区域施加地面荷载，并禁止人员和车辆通行，以防止压坏桩孔。混凝土浇筑宜采用串筒或导管，避免损伤孔壁。混凝土坍落度一般为80～100mm，强度等级不小于C15，浇筑混凝土时应随浇随振，每次浇筑高度应小于1.5m，采用接长的插入式振捣器捣实。

【改进工艺】——长螺旋钻孔压灌桩

此工艺称为长螺旋钻孔压灌桩。此工艺与普通长螺旋钻孔灌注桩的差别在两个方面：混凝土灌注方式和钢筋笼的放置次序。采用的长螺旋钻机钻杆为空心杆，作为混凝土通道。当钻孔达到设计深度后，在提钻的同时通过钻杆的空心通道将混凝土压送至孔底。当钻杆提出地面后，桩孔混凝土也灌注完成。钢筋笼的放置是在混凝土灌注完成后进行，借助钢筋笼自重或专用振动设备将其插入混凝土中直至设计标高。

压灌桩应注意以下几个技术要点：

①开始钻进前，应将钻杆和钻头内的土块、混凝土残渣清理干净。

②由于钻头处有混凝土压灌出口，因此在钻进过程中不能提升钻杆和反转，否则应提钻出地面对出口门进行清理和检查。

③应当在压灌的混凝土达到孔底后10～20s后再缓慢提升钻杆，并保证钻头始终埋在混凝土面以下不少于1m。混凝土泵送宜连续进行，边泵送边提钻，保持料斗内混凝土拌

合料的高度不低于400mm。

④ 钢筋笼底部应采取加强构造，以便于振动过程中沉入混凝土。钢筋笼下放应连续进行，不能停顿，禁止采取直接脱钩的方式。

⑤ 混凝土压灌施工完成，应及时清洗钻杆、泵管和混凝土泵。

2.3.2 泥浆护壁成孔灌注桩

“泥浆护壁成孔灌注桩”也称“湿作业成孔灌注桩”。即在钻孔过程，先使“泥浆”充满桩孔，并随时循环置换，通过“泥浆”循环方式，起到保护孔壁、排渣的作用。

1. 施工机械及适用性

常用的成孔机械有回旋钻机、冲击钻机、潜水钻机、旋挖钻机等。按照其行走装置分为履带式、步履式和汽车车载式三种。钻机主要由主机、钻杆、钻头构成。

1）回转钻机

回旋钻机是由动力装置带动钻机的回转装置转动，回转装置驱动位于作业平台上带方孔的转盘转动，从而带动插入到孔中的方形钻杆转动，钻杆下端带有钻头，由钻头在转动过程中切削土壤，见图2.3.4所示。回转钻机主要由塔架、回转转盘、钻杆、钻头、底盘和行走装置组成。适用于地下水位以下的黏性土、粉土、砂土、填土、碎（砾）石土及风化岩层；以及地质情况复杂，夹层多、风化不均、软硬变化较大的岩层。设备性能可靠，成孔效率高、质量好。施工噪音、振动较小。

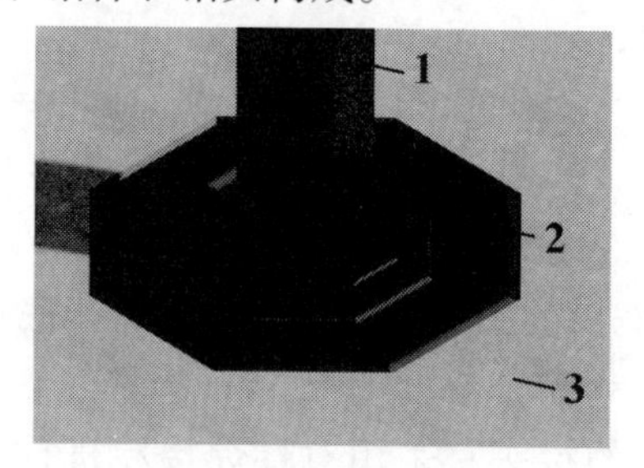

图2.3.4　回转装置

1. 钻杆；2. 固定嵌块；3. 回转转盘

2）潜水钻机

潜水钻机是一种旋转式钻孔机械，其动力、变速机构和钻头连在一起，加以密封，因而可以下放至孔中地下水位以下运行，切削土壤成孔。潜水钻机主要由钻机、钻头、钻杆、塔架、底盘、卷扬机等部分组成，见图2.3.5和图2.3.6。

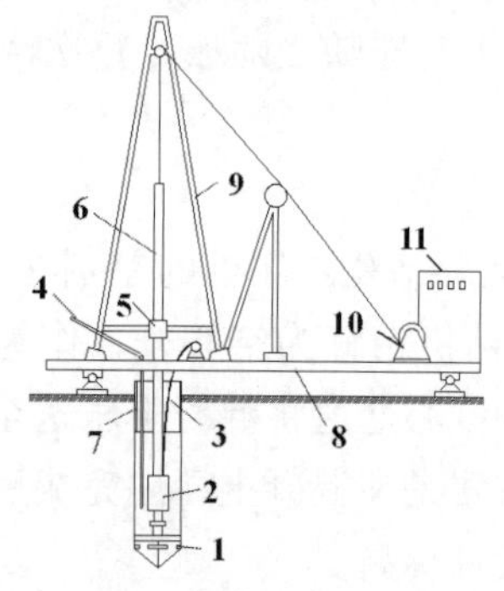

图2.3.5　潜水钻机

1. 钻头；2. 潜水钻机；3. 电缆；4. 泥浆管；5. 支座；6. 钻杆；7. 护筒；8. 底盘；9. 支架；10. 卷扬机；11. 控制柜

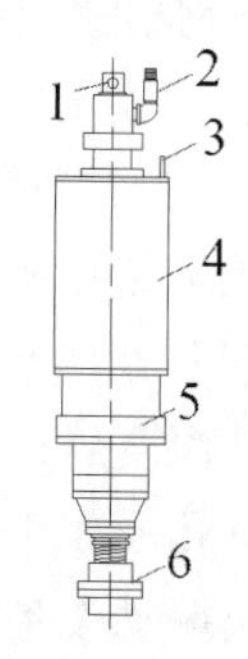

图2.3.6　潜水钻机

1. 提升盖；2. 进水管；3. 电缆；4. 潜水钻机；5. 行星减速箱；6. 钻头接箍

3）冲击钻机

如图2.3.7所示，冲击钻机是将冲锤式钻头用动力提升，然后让其靠自重自由下落，利用其冲击力来切削岩层，并通过掏渣筒清理渣土。通过这样的循环作业过程形成桩孔。冲击钻机主要由桩架、钻头、掏渣筒、转向装置和打捞装置组成。适用于粉质黏土、砂土、砾石、卵漂石及岩层。施工过程中的噪音和振动较大。

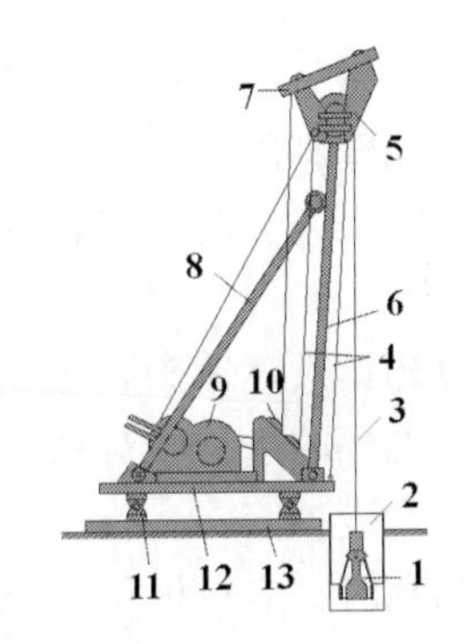

图 2.3.7　冲击钻机

1. 钻头；2. 护筒；3. 吊索；4. 拉索；5. 滑轮组；6. 桅杆；7. 拨杆；8. 撑杆；9. 卷扬机；10. 导轮；11. 移动轮；12. 底座；13. 轨道

4）旋挖钻机

旋挖钻机是利用钻杆和钻头的旋转及重力使土屑进入钻斗。当土屑装满钻斗后，提升钻斗将土屑运出孔外。这样通过钻头的旋转、削土、提升和出土，反复作业形成桩孔。旋挖钻头呈筒状，如图 2.3.8 所示。旋挖钻机主要由塔架、钻杆、钻头、底盘、行走装置、动力装置等部分组成。旋挖钻成孔灌注桩应根据不同的地层情况及地下水埋深，分为干作业成孔工艺和泥浆护壁成孔工艺。适用于黏性土、粉土、砂土、填土、碎石及风化岩层等。

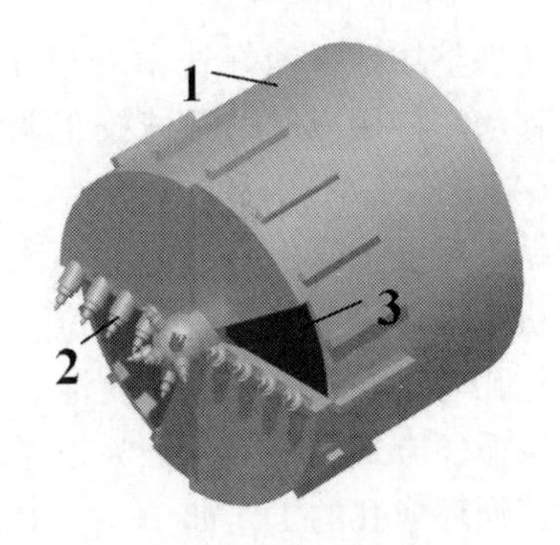

图 2.3.8　旋挖钻头

1. 旋挖筒；2. 钻头；3. 进渣口

2. 施工主要工序及技术要求

1）施工流程

采用不同施工机械和钻机进行泥浆护壁成孔灌注桩施工的工艺流程基本相同（主导工序），其中冲击钻机成孔过程中击碎的大块岩石颗粒不能通过泥浆循环清运，需要另外采用淘渣筒清除。旋挖钻机采用的钻头具有很强的淘渣功能，但也会遇到大块石块或孤石时需要专用抓斗清除。泥浆护壁成孔灌注桩的施工工艺流程见图 2.3.9 所示。

桩位放测 → 埋设护筒 → 钻机就位 → 泥浆制备 → 钻孔 → 循环清孔 → 吊放钢筋笼 → 二次清孔 → 浇筑混凝土 → 拔除护筒

图 2.3.9　泥浆护壁成孔灌注桩施工流程

2）施工作业及技术要求

（1）泥浆制备：

在黏土中钻孔时，可利用钻削下来的土与注入的清水混合成适合护壁的泥浆，称为原土自造泥浆；在砂土中钻孔时，应注入高黏性土（膨润土）和水拌和成的泥浆，称为制备泥浆。泥浆护壁效果的好坏直接影响成孔质量，在钻孔中，应经常测定泥浆性能。为保证泥浆达到一定的性能，还可加入加重剂、分散剂、增黏剂及堵漏剂等掺合剂。制备泥浆的密度一般控制在 1.1 左右，携带泥渣排除孔外的泥浆密度通常为 1.2 ~ 1.4。

泥浆主要有以下功能：

①防止孔壁坍塌。钻孔施工破坏了自然状态下土层保持的平衡状态，存在塌孔的危险。泥浆防止塌孔的作用表现为两个方面。其一，孔内的泥浆比重略大，且保持一定超水位，因而孔内泥浆压力可以抵抗孔壁土层向孔内的土压力和水压力；其二，拌有一定掺合

剂的泥浆具有一定的粘附作用，可以在孔壁上形成一层不透水的泥皮，在孔内压力作用下，防止孔壁剥落和透水。

②排除土渣。制备泥浆达到一个适当的密度则能够使土渣颗粒悬浮，并通过泥浆循环排除孔外。

③冷却钻头。钻头在钻进过程中，与土体摩擦会产生大量的热量，对钻头有不利影响。泥浆循环的过程中对钻头也起到了冷却的作用，可以延长钻头的使用寿命。

（2）埋设护筒：

在钻孔时，应在桩位处设护筒，以起到定位、保护孔口、保持孔内泥浆水位的作用。护筒可用钢板制作，内径应比钻头直径大100mm，埋入土中的深度：黏性土不宜小于1.0m，砂土不宜小于1.5m。护筒埋设应准确、稳定，护筒中心与桩位中心的偏差不得大于50mm。在护筒顶部应开设1~2个溢浆口。在钻孔期间，应保持护筒内的泥浆面高出地下水位1.0m以上，形成与地下水的压力平衡而保护孔壁稳定。

（3）钻机就位：

先平整场地，铺好枕木并校正水平，保证钻机平稳牢固。确保施工过程中不发生倾斜、移动。使用双向吊锤球校正调整钻杆垂直度，或者用经纬仪校正。

（4）钻孔和排渣：

钻头对准护筒中心，偏差不大于50mm。开动泥浆泵使泥浆循环2-3min，然后再开动钻机，慢慢将钻头放置于桩位。慢速钻进至护筒下1m后，再以正常速度钻进。

钻孔时，在桩外设置沉淀池，通过循环泥浆携带土渣流入沉淀池而起到排渣作用。根据泥浆循环方式的不同，分为正循环和反循环两种工艺。

正循环成孔的工艺如图2.3.10（a）所示。泥浆或高压水由钻杆内部注入，并从钻杆底部喷出，携带钻下的土渣沿孔壁向上流动，携带土渣的泥浆溢出孔口并流入沉淀池，经沉淀的泥浆再注入钻杆，由此进行循环。正循环工艺施工费用较低，但泥浆上升速度慢，大粒径土渣易沉底，一般用于浅孔、孔径不大的桩。

反循环成孔的工艺如图2.3.10（b）所示。泥浆由钻杆与孔壁间的环状间隙流入钻孔，然后，由砂石泵或真空泵在钻杆内形成真空，使泥浆携带土渣由钻杆内腔吸出至地面而流

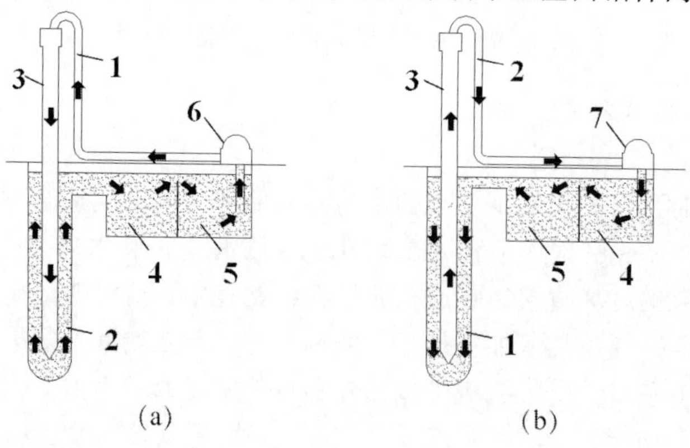

图2.3.10 泥浆循环成孔工艺

（a）正循环；（b）反循环

1. 注入泥浆；2. 返回泥浆；3. 钻杆；4. 沉淀池；5. 泥浆池；6. 泥浆泵；7. 砂石泵

入沉淀池，经沉淀的泥浆再流入钻孔，由此进行循环。反循环工艺的泥浆上升的速度快，排除土渣的能力大，可用于深孔、孔径大的桩。

(5) 清孔：

钻孔达到设计深度后，应进行清孔。清孔作业通常分两次，第一次是在终孔后停止钻进时进行；第二次是在孔内放置钢筋笼和下料导管后，浇筑混凝土前进行。“正循环”工艺清孔做法分抽浆法和换浆法。“反循环”工艺中第一次清孔方法与正循环工艺的第一次清孔做法相同，第二次清孔则采用“空气升液排渣法”。

①换浆法。第一次清孔时，将钻头提高至距离孔底100～200mm，继续向孔内注入相对密度1.05～1.15的新泥浆或清水，维持泥浆循环，再令钻头原位空转10～30min左右，直至达到清孔要求。第二次清孔则是利用导管向孔内注入相对密度1.15左右的新泥浆，通过泥浆循环清除在下放钢筋笼和导管过程中坠落孔底的泥渣。

②抽浆法。当孔壁条件较好时可以用空气吸泥机进行清孔。利用水下灌注混凝土的导管作为吸管，通过高压气泵形成高压气流用导管送至孔底，将孔底沉渣搅动浮起。由吸泥机导管排除孔外。吸泥机管底部与送气管底部高差不少于2m。在这个过程中必须不断向孔内补充清水，直至达到清孔要求。也可以利用砂石泵或射流泵直接抽取孔底的泥浆进行清孔。

③空气升液排渣法。即利用灌注水下混凝土的导管作为吸泥管，用高压风将孔内泥浆搅动使孔底泥渣随泥浆浮起并排出孔外。

(6) 钢筋笼制作与吊放：

施工要求同干作业成孔灌注桩一致。钢筋笼长度较大时可分段制作，两段之间用焊接连接。钢筋笼吊放要对准孔位，平稳、缓慢下放，避免碰撞孔壁，到位后立即固定。钢筋笼接长时，先将第一节钢筋笼放入孔中，利用其上部架立钢筋临时固定在护筒上部，然后吊起第二节钢筋笼对准位置后用绑扎或焊接的方法接长后继续放入孔中。如此方法逐节接长后放入孔中设计位置。钢筋放置完成后要再次检查钢筋顶端的高度是否符合要求。

(7) 浇筑混凝土：

泥浆护壁成孔灌注桩采用导管法水下浇筑混凝土。导管法是将密封连接的钢管作为水下混凝土的灌注通道，以保证混凝土下落过程中与泥浆隔离，不相互混合。开始灌注混凝土时，导管要插入到距孔底300～500mm的位置。在浇筑过程中，管底埋在灌入混凝土表面以下的初始深度应≥0.8m的深度，随后应始终保持埋深在2～6m。导管内的混凝土在一定的落差压力作用下，挤压下部管口的混凝土在已浇的混凝土层内部流动、扩散，以完成混凝土的浇筑工作，形成连续密实的混凝土桩身。浇筑完的桩身混凝土应超过桩顶设计标高0.3～0.5m，保证在凿除表面浮浆层后，桩顶标高和桩顶的混凝土质量能满足设计要求。导管法施工可参照本教材第4章有关“水下浇筑混凝土”的内容。

2.3.3　人工挖孔灌注桩

人工挖孔灌注桩是指在桩位采用人工挖掘方法成孔，然后安放钢筋笼，灌注混凝土而成为桩基。

1. 特点及适用范围

人工挖孔灌注桩属于干作业成孔，成孔方法简便，设备要求低，成孔直径大，单桩承载力高，施工时无振动、无噪音，对周围环境设施影响较小；当施工人员充足的情况下可同时开挖多个桩孔，从而加快总体进度；可直接观察土层变化情况，便于观察桩孔范围的土层变化情况和清孔作业，桩孔施工质量可靠性有保证。但其劳动条件差，人工用量大，安全风险较高，单孔开挖效率低。

人工挖孔灌注桩的桩身直径除了能满足设计承载力的要求外，还应考虑人工施工操作的要求，故桩径不宜小于800mm，一般为800~2000mm，桩端可采用扩底或不扩底两种方法。当采用现浇混凝土护壁时，人工挖孔灌注桩的构造如图2.3.11所示。同时作好井下通风、照明、排水、防流砂等安全措施。

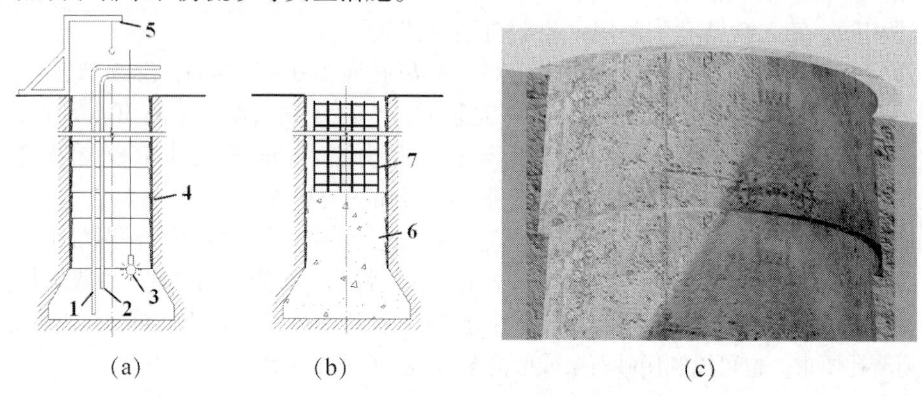

图2.3.11　人工挖孔桩构造示意图

(a) 开挖；(b) 浇筑；(c) 混凝土护圈剖切图

1. 抽水管；2. 空气输送管；3. 照明；4. 护壁；5. 提升架；6. 灌注混凝土；7. 钢筋笼

2. *护壁*

为确保人工挖孔桩施工过程的安全，必须采取孔壁支护措施。常用护壁形式包括现浇混凝土护壁、喷射混凝土护壁、钢筋混凝土沉井护壁、钢套管护壁、砖砌护壁等，现浇混凝土护壁如图2.3.11 (c) 所示。

当采用现浇钢筋混凝土护壁时，厚度一般为$D/10+50$mm（D为桩径），高度800~1200mm，内部均匀布置竖向钢筋，直径不小于φ6；护壁分节制作，竖向钢筋应贯穿上下节护壁的接缝，形成拉结。护壁模板一般为4块或者8块组拼的圆弧钢模板，并有一定锥度，因而组拼完成后上口小、下口大；组拼好的模板应检验其上下口形状、尺寸和中心位置；浇筑完成的护壁上下节之间有50~75mm的错位搭接，也叫“咬口连接”。护壁模板拆除时，混凝土强度应不小于1N/mm^2。

3. *施工工艺流程*

人工挖孔桩的施工工艺流程见图2.3.12所示。

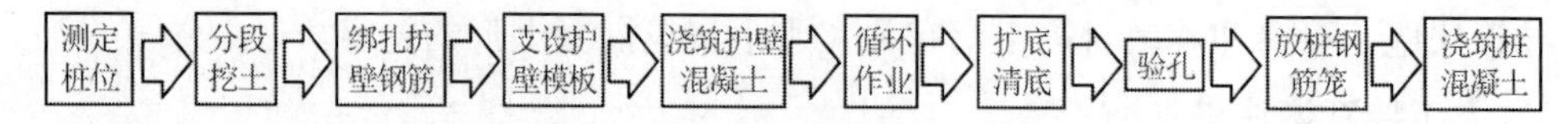

图2.3.12　人工挖孔桩施工工艺流程

【质量控制措施】

挖孔过程中，每挖深1m，应校核桩孔直径、垂直度和中心偏差；

挖孔深度由设计人员根据土层实际情况确定，一般还要在桩孔底部钻孔取样来分析研究下卧层的情况，并决定是否终止挖掘。取样孔深一般不小于3倍桩径。

2.3.4　沉管灌注桩（套管成孔灌注桩）

沉管灌注桩是利用锤击或振动的沉管方式，将带有活瓣式桩尖、圆锥形钢桩尖或钢筋混凝土桩靴的钢管沉入土中，然后边拔管边灌注混凝土而成。沉管灌注桩的桩孔通常采用挤土方式形成，即钢管沉入土中后，应将土挤向周围，钢管中不应有土，用于混凝土灌注。因此，钢管下端应安装起封闭作用的桩靴，桩尖（桩靴）的形式如图2.3.13所示。桩靴形状应利于在土中下沉和封闭钢管下端。其中活瓣式桩尖可重复使用，成本较低；圆锥形钢桩尖和预制钢筋混凝土桩尖为一次性，尤其是钢桩尖成本较高。

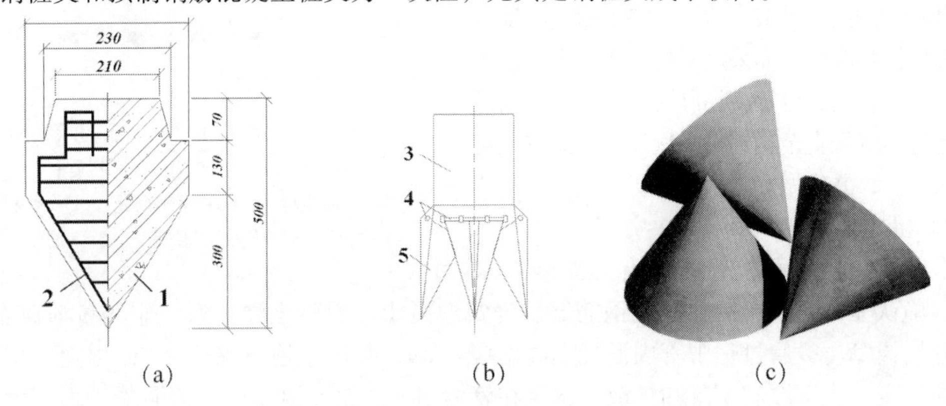

图2.3.13　桩尖的形式

（a）预制桩尖；（b）活瓣桩尖；（c）圆锥形钢桩尖

1. 混凝土；2. 钢筋；3. 桩管；4. 锁轴；5. 活瓣

1. 分类及适用范围

沉管灌注桩按沉管的施工方式可分为锤击沉管灌注桩、振动沉管灌注桩。

适用于黏性土、粉土、淤泥质土、砂土及填土；在厚度较大、灵敏度较高的淤泥和流塑状态的黏性土等软弱土层中采用时，应制定可靠的质量保证措施。振动沉管又有振动和振动－冲击两种方式。振动沉管更适合于饱和软弱土层还有中密、稍密的砂层和碎石层。在施工中要考虑挤土、噪音、振动等影响。

2. 施工流程

无论是锤击沉管还是振动沉管，其施工流程基本相同，包括以下工序，如图2.3.14和图2.3.15所示。

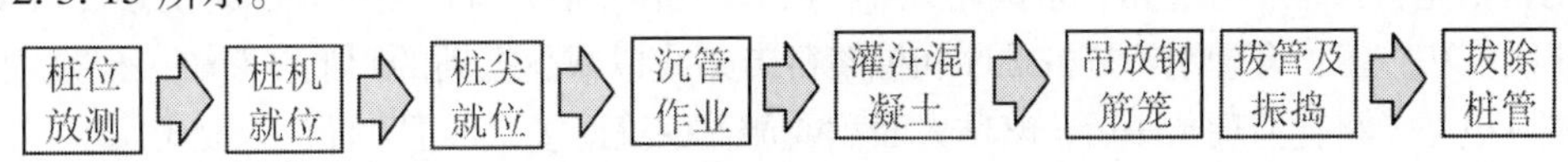

图2.3.14　沉管灌注桩施工流程

3. 施工作业及技术要求

1）沉管对位

根据桩位布点，将桩机开行就位。将桩管起吊后，将活瓣桩靴闭合，或者在桩位安放混凝土桩靴。缓慢下落桩管使其与混凝土桩靴紧密结合，或者将活瓣桩尖对准桩位，利用桩锤和桩管自重将桩尖压入土中。沉管前应检查预制混凝土桩尖是否完好，用麻绳、草绳将连接缝隙塞实；活瓣桩靴是否可以正常操作，并且闭合严密。当桩管入土一定深度后，复核桩位是否偏移，以及桩管的垂直度。锤击沉管要检查套管与桩锤是否在同一垂直线上，套管偏斜不大于0.5%，锤击套管时先用低锤轻击，校核无误后才可以继续沉管。

2）沉管

在打入套管时，和打入预制桩的要求是一致的。当桩距小于4倍桩径时，应采取保证相邻桩桩身质量的技术措施，防止因挤土而使已浇筑的桩发生桩身断裂。如采用跳打方法，中间空出的桩须待邻桩混凝土达到设计强度的50%以后方可施打。沉管直至达到符合设计要求的贯入度或沉入标高，并应做好沉管记录。

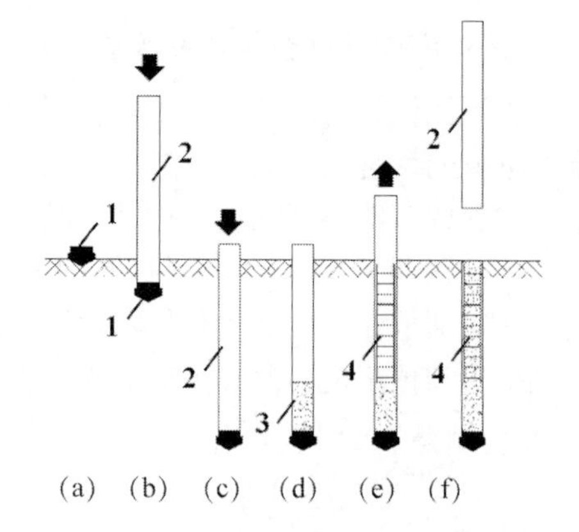

图2.3.15　沉管灌注桩施工流程示意图

（a）定位；（b）就位；（c）沉管；（d）灌注混凝土；（e）下钢筋笼；（f）成桩

1. 桩靴；2. 桩管；3. 混凝土；4. 钢筋笼

3）灌注混凝土

沉管结束后，要检查管内有无泥砂或水进入。确认无异常情况后，吊放钢筋笼、浇筑混凝土。混凝土灌注时，应尽量灌满套管，然后开始拔管。拔管过程中管内混凝土高度应≥2m，并高于地下水位1.5m以上，保证混凝土在一定压力下顺利下落和扩散，避免在管内阻塞。钢筋混凝土桩的混凝土坍落度宜为80～100mm；素混凝土桩宜为60～80mm。

4）拔管及振捣

拔管速度要均匀，对一般土层以1m/min为宜，在软弱土层和软硬土层交界处，宜控制在0.8m/min以内。一次拔管不宜过高，第一次拔管高度应控制在能容纳第二次所需要灌入的混凝土量为限，拔管时应保持连续密锤低击不停，使混凝土得到振实。

4. 常见质量问题及防范措施

1）断桩

指桩身裂缝呈水平状或略有倾斜且贯通全截面，常见于地面以下1～3m不同软硬土层交接处，见图2.3.16（a）。

产生原因：是桩距过小，桩身混凝土凝固不久，强度低，此时邻桩沉管使土体隆起和挤压，产生横向水平力和竖向拉力使混凝土桩身断裂。

防范措施：布桩不宜过密，桩间距以不小于3.5倍桩距为宜；当桩身混凝土强度较低时，可采用跳打法施工；合理制定打桩顺序和桩架行走路线以减少振动的影响。断桩一经发现，应将断桩段拔去，将孔清理干净后，略增大面积或加上钢箍连接，再重新灌注混凝土。

2）缩颈

指桩身局部直径小于设计直径，缩颈常出现在饱和淤泥质土中，见图2.3.16（b）。

产生原因：在含水量高的黏性土中沉管时，土体受到强烈扰动挤压，产生很高的孔隙水压力，桩管拔出后，这种超孔隙水压力便作用在所浇筑的混凝土桩身上，使桩身局部直径缩小；当桩间距过小，邻近桩沉管施工时挤压土体也会使所浇混凝土桩身缩颈；或施工时拔管速度过快，管内形成真空吸力，且管内混凝土量少、和易性差，使混凝土扩散性差，导致缩颈。

防范措施：在施工过程中应经常观测管内混凝土的下落情况，严格控制拔管速度，采

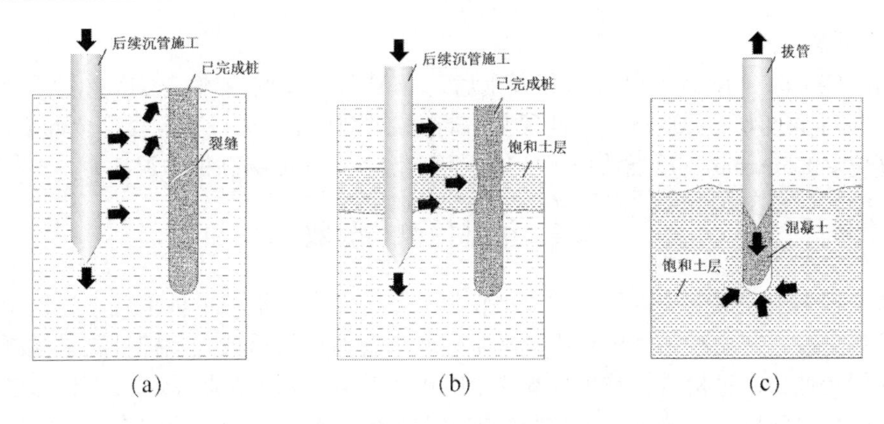

图2.3.16 沉管灌注桩常见质量问题示意图

(a) 断桩；(b) 颈缩；(c) 吊脚桩

取“慢拔密振”或“慢拔密击”的方法；在可能产生缩颈的土层施工时，采用反插法可避免缩颈。当出现缩颈时可用复打法进行处理。

3）吊脚桩

指桩底部的混凝土隔空，或混入泥砂在桩底部形成松软层，见图2.3.16（c）。

产生原因：预制桩靴强度不足，在沉管时破损，或与桩管接缝不严密；活瓣桩尖合拢不严顶进泥砂或者拔管时没有及时张开；预制桩靴被挤入桩管内，拔管时未能及时压出而形成吊脚桩。

防范措施：严格检查预制桩靴的强度和规格，对活瓣桩尖应及时检修或更换；沉管时，在桩尖与桩管接触处缠绕麻绳或垫衬，使二者接触处封严。可用吊砣检查桩靴是否进入桩管或活瓣是否张开，当发现桩尖进水或泥砂时，可将桩管拔出，修复桩尖缝隙，用砂回填桩孔后再重新沉管。当地下水量大时，桩管沉至接近地下水位时，可灌注0.5m高水泥砂浆封底，将桩管底部的缝隙封住，再灌1m高的混凝土后，继续沉管。

5. 常规成桩方法、改进成桩方法及技术要点

沉管灌注桩的成桩方法包括常规的“单打法”和改进后的“复打法”和“反插法”。由于灌注桩施工受地质环境影响较大，在含水量较小的土层中可采用常规的“单打法”施工，而遇到饱和土层，为了保证成桩质量，宜采用“复打法”和“反插法”。

1）单打法

前面所述的沉管灌注桩的成桩方法为“单打法”。单打法施工时，桩管内灌满混凝土后，先连续锤击或振动5~10s，再开始拔管，应边振边拔，每拔0.5~1m后，停拔锤击或振动5~10s，如此反复，直至桩管全部拔出。在一般土层内，拔管速度宜为1.2~1.5m/min，在软弱土层中，宜控制在0.8m/min以内。

2）复打法

复打灌注桩是在第一次灌注桩施工完毕，拔出套管后，清除管外壁上的污泥和桩孔周围地面的浮土，立即在原桩位再埋设预制桩靴第二次复打套管，使未凝固的混凝土向四周挤压扩大桩径，然后第二次灌注混凝土。拔管方法与初打时相同。复打前后两次沉管的轴线应重合，复打施工必须在第一次灌注的混凝土初凝之前进行。复打法第一次灌注混凝土前不能放置钢筋笼，如配有钢筋，应在第二次灌注混凝土前放置。

3）反插法

反插法施工时，在套管内灌满混凝土后，先振动再开始拔管，每次拔管高度0.5～1m，向下反插深度0.3～0.5m。如此反复进行并始终保持振动，直至套管全部拔出地面。拔管速度应≤0.5m/min。反插法施工的桩截面会增大，从而提高桩的承载力。

2.4 桩基检测与验收

桩基工程施工完成后应进行桩位、桩长、桩径、桩身质量和单桩承载力的检验。桩身质量与桩基承载力密切相关，桩身质量有时会严重影响桩基承载力，桩身质量检测抽样率较高，费用较低，通过检测可减少桩基安全隐患，并可为判定基桩承载力提供参考。桩基工程的检验按时间顺序可分为三个阶段：施工前检验、施工过程检验和施工后检验。

2.4.1 施工前检验

1. 预制桩——包括混凝土预制桩、钢桩

（1）成品桩应按选定的标准图或设计图制作，现场应对其外观质量及桩身混凝土强度进行检验；其误差应符合表2.4.1的要求。

表2.4.1 混凝土预制桩制作允许偏差

桩型	项目	允许误差/mm
钢筋混凝土实心桩	横截面边长	±5
	桩顶对角线之差	≤5
	保护层厚度	±5
	桩身弯曲矢高	不大于1‰桩长且不大于20
	桩尖偏心	≤10
	桩端面倾斜	≤0.005
	桩节长度	±20
钢筋混凝土管桩	直径	±5
	长度	±0.5%*L*
	管壁厚度	-5
	保护层厚度	+10，-5
	桩身弯曲（度）矢高	*L*/1000
	桩尖偏心	≤10
	桩头板平整度	≤2
	桩头板偏心	≤2

（2）应对接桩用焊条、压桩用压力表等材料和设备进行检验。

2. 灌注桩

（1）混凝土拌制应对原材料质量与计量、混凝土配合比、坍落度、混凝土强度等级等进行检查。

（2）钢筋笼制作应对钢筋规格、焊条规格、品种、焊口规格、焊缝长度、焊缝外观和质量、主筋和箍筋的制作偏差等进行检查，钢筋笼制作允许偏差应符合表2.4.2的要求。

表2.4.2　钢筋笼制作允许偏差

项　　目	允许偏差/mm
主筋间距	±10
箍筋间距	±20
钢筋笼直径	±10
钢筋笼长度	±100

2.4.2　施工过程检验

1. 预制桩——包括混凝土预制桩、钢桩

（1）打入（静压）深度、停锤标准、静压终止压力值及桩身（架）垂直度检查。

（2）接桩质量、接桩间歇时间及桩顶完整状况。

（3）每米进尺锤击数、最后1.0m锤击数、总锤击数、最后三阵贯入度及桩尖标高等。

2. 灌注桩

（1）灌注混凝土前，应对已成孔的中心位置、孔深、孔径、垂直度、孔底沉渣厚度进行检验；检验的质量要求见表2.4.3。

表2.4.3　灌注桩成孔施工允许偏差

<table>
<tr><th colspan="2" rowspan="2">成孔方法</th><th rowspan="2">桩径偏差/mm</th><th rowspan="2">垂直度允许偏差/（%）</th><th colspan="2">桩位允许偏差/mm</th></tr>
<tr><th>1～3根桩、条形桩基沿垂直轴线方向和群桩基础中的桩</th><th>条形桩基沿轴线方向和群桩基础的中间桩</th></tr>
<tr><td rowspan="2">泥浆护壁钻、挖、冲孔桩</td><td>$d \leq 1000mm$</td><td>≤－50</td><td rowspan="2">1</td><td>$d/6$且不大于100</td><td>$d/4$且不大于150</td></tr>
<tr><td>$d > 1000mm$</td><td>－50</td><td>$100+0.01H$</td><td>$150+0.01H$</td></tr>
<tr><td rowspan="2">锤击（振动）沉管振动冲击沉管成孔</td><td>$d \leq 500mm$</td><td rowspan="2">－20</td><td rowspan="2">1</td><td>70</td><td>150</td></tr>
<tr><td>$d \leq 500mm$</td><td>100</td><td>150</td></tr>
<tr><td colspan="2">螺旋钻、机动洛阳铲干作业成孔灌注桩</td><td>－20</td><td>1</td><td>70</td><td>150</td></tr>
<tr><td rowspan="2">人工挖孔桩</td><td>现浇混凝土护壁</td><td>±50</td><td>0.5</td><td>50</td><td>150</td></tr>
<tr><td>长钢套管护壁</td><td>±20</td><td>1</td><td>100</td><td>200</td></tr>
</table>

注：①桩径允许偏差的负值是指个别断面；② H 为施工现场地面标高与桩顶设计标高的距离，d 为设计桩径。

（2）对钢筋笼安放的实际位置等进行检查，并填写相应质量检测、检查记录；

（3）干作业条件下成孔后应对大直径桩桩端持力层进行检验；

（4）对于沉管灌注桩施工工序的质量检查宜按前述的有关项目进行。

（5）对于挤土预制桩和挤土灌注桩，施工过程均应对桩顶和地面土体的竖向和水平位移进行系统观测；若发现异常，应采取复打、复压、引孔、设置排水措施及调整沉桩速率等措施。

2.4.3 施工后检验

（1）桩基础施工完成后，应对其承载力、桩身质量进行检验，并且应根据不同桩型应按表2.4.3及表2.4.4规定检查成桩桩位偏差。

表2.4.4 打入桩桩位的允许偏差（mm）

序号	项目内容	允许偏差
1	带有基础梁的桩： （1）垂直基础梁的中心线 （2）沿基础梁的中心线	 $100+0.01H$ $150+0.01H$
2	桩数为1~3根桩基中的桩	100
3	桩数为4~16根桩基中的桩	1/2桩径或边长
4	桩数大于16根桩基中的桩 （1）最外边的桩 （2）中间桩	 1/3桩径或边长 1/2桩径或边长

注：H为施工现场地面标高与桩顶设计标高的距离。

（2）有下列情况之一的桩基工程，应采用静荷载试验对工程桩单桩竖向承载力进行检测：

①工程施工前已进行单桩静载试验，但施工过程变更了工艺参数或施工质量出现异常时；

②施工前工程未按规定进行单桩静载试验的工程；

③地质条件复杂、桩的施工质量可靠性低；

④采用新桩型或新工艺。

（3）有下列情况之一的桩基工程，可采用高应变动测法对工程桩单桩竖向承载力进行检测：

①除采用静荷载试验对工程桩单桩竖向承载力进行检测的桩基；

②设计等级为甲、乙级的建筑桩基静载试验检测的辅助检测。

（4）桩身质量除对预留混凝土试件进行强度等级检验外，尚应进行现场检测。检测方法可采用可靠的动测法，对于大直径桩还可采取钻芯法、声波透射法。

（5）对专用抗拔桩和对水平承载力有特殊要求的桩基工程，应进行单桩抗拔静载试验和水平静载试验检测。

1. 预制桩

1）抽检样本比例要求

根据《建筑基桩检测技术规范》JGJ106－2003的要求，在施工后要对桩的承载力及桩体质量进行检验。

①预制桩的静载荷试验根数应不少于总桩数的1%，且不少于3根；当总桩数少于50根时，试验数应不少于2根。

② 预制桩的桩体质量检验数量不应少于总桩数的10%，且不得少于10根。每个柱子

承台下不得少于 1 根。

2）材料与构件验收

钢筋混凝土预制桩在现场预制时，应对原材料、钢筋骨架、混凝土强度进行验收。工厂生产的成品桩进场要有产品合格证书，并应对构件的外观进行检查。

3）桩位验收

打入桩（预制混凝土方桩、预应力混凝土空心桩、钢桩）的桩位偏差应符合表 2.4.4 的规定。斜桩倾斜度的偏差不得大于倾斜角正切值的 15%（倾斜角系桩的纵向中心线与铅垂线间夹角）。

2. 灌注桩

1）抽检样本比例要求

（1）对于地基基础设计等级为甲级或地质条件复杂，成桩质量可靠性低的灌注桩，应采用静载荷试验的方法进行检验，检验桩数不应少于总数的 1%，且不应少于 3 根，当总桩数不少于 50 根时，检验桩数不应少于 2 根。

（2）对于地基基础设计等级为甲级或地质条件复杂，成桩质量可靠性低的灌注桩，桩身质量检验抽检数量不应少于总数的 30%，且不应少于 20 根；其他桩基工程的抽检数量不应少于总数的 20%，且不应少于 10 根；对地下水位以上且终孔后经过核验的灌注桩，检验数量不应少于总桩数的 10%，且不得少于 10 根，每个柱子承台下不得少于 1 根。

2）材料验收

（1）灌注桩每灌注 $50m^3$ 应有一组试块，小于 $50m^3$ 的桩应每根桩有一组试块。

（2）在灌注桩施工中，应对成孔、清孔、放置钢筋笼、灌注混凝土等进行全过程检查，人工挖孔桩尚应复验孔底持力层土（岩）性。嵌岩桩必须有桩端持力层的岩性报告。

（3）灌注桩应对原材料、钢筋骨架、混凝土强度进行验收。

3）成桩验收

灌注桩桩顶标高至少要比设计标高高出 0.5m。

灌注桩的沉渣厚度：当以摩擦桩为主时，不得大于 150mm；当以端承力为主时，不得大于 50mm；套管成孔的灌注桩不得有沉渣。

2.4.4　桩基竖向承载力检测——静载法

静载试验法检测的目的，是采用接近于桩的实际工作条件，通过静载加压，确定单桩的极限承载力，作为设计依据（试验桩），或对工程桩的承载力进行抽样检验和评价。

桩的静载试验有多种，如单桩竖向抗压静载试验、单桩竖向抗拔静载试验和单桩水平静载试验。单桩竖向抗压静载试验通过在桩顶加压静载，得出（竖向荷载 - 沉降）$Q-S$ 曲线、（沉降 - 时间对数）$S-\lg t$ 等一系列关系曲线，综合评定其容许承载力。

单桩竖向抗压静载试验一般采用油压千斤顶加载，千斤顶的加载反力装置可根据现场实际条件采取锚桩反力法、压重平台反力法。

1. 压重平台反力法

压重平台反力装置由钢立柱（支墩或垫木）、钢横梁、钢锭（砂袋）、油压千斤顶等组成，如图 2.4.1（a）所示。压重量不得少于预估试桩破坏荷载的 1.2 倍，压重应在试验开始前一次加上，并均匀稳固地放置于平台上。

2. 锚桩反力法

锚桩反力装置由4根锚桩、主梁、次梁、油压千斤顶等组成，如图2.4.1（b）所示。锚桩反力装置能提供的反力应不小于预估最大试验荷载的1.2～1.5倍。

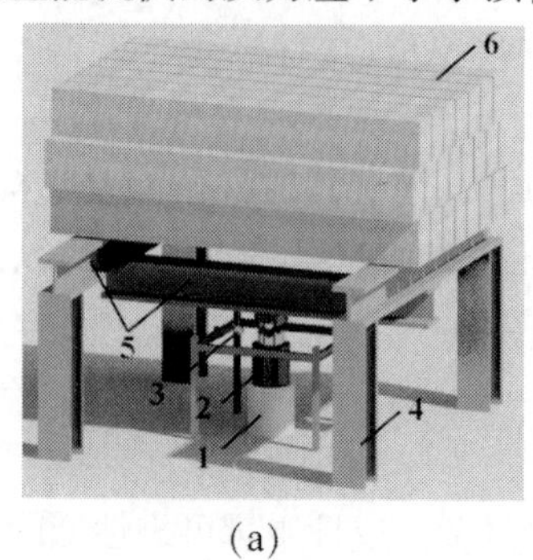

（a）

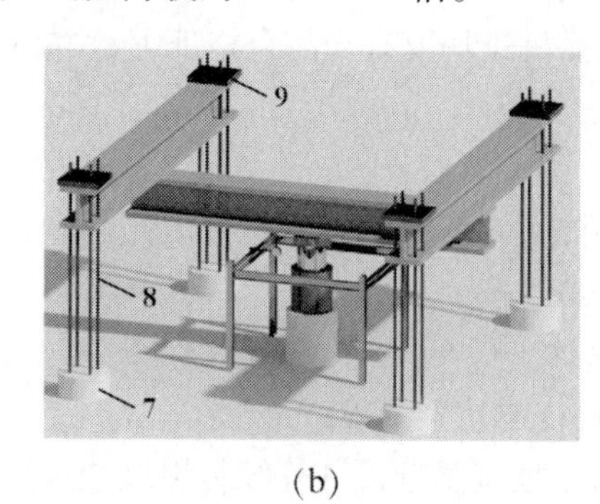

（b）

图2.4.1 单桩竖向抗压静载试验加载反力装置

（a）压重平台反力装置；（b）锚桩横梁反力装置

1. 试验桩；2. 千斤顶；3. 百分表；4. 钢立柱；5. 钢横梁；6. 配重；

7. 锚桩；8. 锚拉螺杆；9. 锚固钢板

2.4.5 桩基动载法检测

静载试验可直观地反映桩的承载力和混凝土的浇筑质量，数据可靠。但试验装置复杂笨重，装、卸、操作费工费时，成本高，测试数量有限，并且易破坏桩基。

动测法试验仪器轻便灵活，检测快速，不破坏桩基，相对也较准确，费用低，可节省静载试验锚桩、堆载、设备运输、吊装焊接等大量人力、物力。在桩基础检测时，可进行低应变动测法普查，再根据低应变动测法检测结果，采用高应变动测法或静载试验，对有缺陷的桩重点抽测。

1. 低应变动测法——桩基质量检测

低应变动测法是采用手锤瞬时冲击桩头，激起振动，产生弹性应力波沿桩长向下传播，如果桩身某截面出现缩颈、断裂或夹层时，会产生回波反射，应力波到达桩尖后，又向上反射回桩顶，通过接收锤击初始信号及桩身、桩底反射信号，并经微机对波形进行分析，可以判定桩身混凝土强度及浇筑质量，包括缺陷性质、程度与位置，对桩身结构完整性进行检验。

根据低应变动测法测试，可将桩身完整性分为4个类别。

（1）I类桩：桩身完整。

（2）II类桩：桩身有轻微缺陷，不会影响桩身结构承载力的正常发挥。

（3）III类桩：桩身有明显缺陷，对桩身结构承载力有影响。

（4）IV类桩：桩身存在严重缺陷。

一般情况下，I、II类桩可以满足要求；IV类桩无法使用，必须进行工程处理；III类桩能否满足要求，由设计单位根据工程具体情况作出决定。

2. 高应变动测法——桩基承载力检测

高应变动测法是用重锤，通过不同的落距对桩顶施加瞬时锤击力，用动态应变仪测出桩顶锤击力，用百分表测出相应的桩顶贯入度，根据实测的锤击力和相应贯入度的关系曲线与同一桩的静荷载试验曲线之间的相似性，通过相关分析，求出桩的极限承载力。

进行高应变承载力检测时，锤的重量应大于预估单桩极限承载力的1.0%～1.5%，混凝土桩的桩径大于600mm或桩长大于30m时取高值。高应变检测用重锤应材质均匀、形状对称、锤底平整。高径（宽）比不得小于1，并采用铸铁或铸钢制作。

【思考题】

1. 简述浅基础基坑（槽）验收的工作内容，以及钎探的工具、方法。
2. 预制桩的起吊点如何设置？
3. 桩锤有哪几种类型？桩锤的工作原理和适用范围是什么？
4. 如何确定桩架的高度？
5. 为什么要确定打桩顺序？打桩顺序和哪些因素有关？
6. 接桩的方法有哪些？各适用于什么情况？
7. 沉桩的方法有几种？各有什么特点？分别适用于何种情况？
8. 如何控制打桩的质量？预制桩施工记录包括哪些内容？
9. 预制桩沉桩的质量问题包括哪些？如何预防？
10. 预制桩和灌注桩的特点和各自的适用范围是什么？
11. 灌注桩的成孔方法有哪几种？各种方法的特点及适用范围如何？
12. 湿作业成孔灌注桩中，泥浆有何作用？如何制备？
13. 简述人工挖孔灌注桩的施工工艺及主要注意事项。
14. 试述沉管灌注桩的施工工艺。其常见的质量问题有哪些？如何预防？
15. 什么叫单打法？什么叫复打法？什么叫反插法？
16. 如何进行单桩竖向抗压静载试验？
17. 什么是低应变、高应变测试？

【知识点掌握训练】

1. 判断题

（1）基坑（槽）验收包括直接观察和轻型动力触探检验两个方面的检验工作。

（2）基坑验收时，直接观察方式主要是检查基坑基底范围土层分布情况；是否受到外界因素的扰动（如超挖情况）；或者因排水不畅造成土质软化；或者因保护不及时造成土体冻害等现象。

（3）当基槽宽度小于0.8m时，钎探点按照双排错开布置。

（4）预制桩施工包括制作和沉桩两个步骤。

（5）打桩顺序应遵循的原则是“先长后短；先深后浅；先粗后细；先密后疏；先难后易；先远后近”。

（6）送桩深度一般不宜大于2.0m。

（7）端承桩沉桩停锤的原则是：以桩尖标高是否达到设计标高为主要控制条件，贯入度作为参考。

（8）长螺旋钻孔灌注桩可用于没有地下水或者地下水位以上土层范围内成孔施工。

（9）灌注桩混凝土浇筑时应在孔内插入导管。干作业成孔灌注桩采用插入式振捣器振捣，混凝土分层浇筑振捣密实；湿作业成孔灌注桩是将振动器附着于导管上，利用其振动使导管内混凝土下落到孔底并达到密实。

（10）人工挖孔桩施工在做好护壁防护的同时，还应做好井下通风、照明、排水、防流砂等安全措施。

（11）沉管灌注桩施工，当桩距小于4倍桩径时也应考虑挤土效应的不利影响。

2. 填空题

（1）浇筑预制桩的混凝土强度等级不宜低于__________。

（2）钢筋混凝土预制桩应在混凝土达到设计强度标准值的________方可起吊，达到____方能运输和打桩。

（3）打桩机主要包括________、________及________三部分。

（4）预制桩中心距小于或等于____倍桩的边长或桩径，应考虑挤土效应的不利影响。

（5）从预制桩打桩的平面位置顺序看，主要包括________、________、________和________等4种。

（6）预制桩的定位偏差，群桩时不大于____ mm；单桩时不大于____ mm。

（7）灌注桩按施工过程中是否使用泥浆，或者施工土层是否存在地下水，分为____和____两种成孔方式。

（8）干作业成孔孔底沉渣厚度控制：端承桩≤________ mm，摩擦桩≤________mm。

（9）湿作业成孔灌注桩施工工艺中泥浆的作用包括__________、__________和__________。

（10）湿作业成孔灌注桩根据泥浆循环方式的不同，分为____和____两种工艺，其中________适用于深孔、大直径桩，排渣能力强。

（11）沉管灌注桩施工的成桩方法包括__________、________和________ 三种。其中________在第一次浇筑混凝土前不能放钢筋笼。

（12）桩基工程的检验按时间顺序可分为三个阶段：________、________和________。

（13）预制桩的静载荷试验根数应不少于总桩数的____，且不少于____根；当总桩数少于____根时，试验数应不少于____根。

3. 选择题

（1）低噪声、无油烟、能耗小；设备复杂、维修保养费用和购置价格高，效率略低，适于在市区施工的桩锤类型的是（　　）。

A. 柴油桩锤；　B. 汽锤；　C. 液压锤；　D. 落锤

（2）预制桩定桩时垂直偏差应不超过（　　）。

A. 1%；　B. 0.1%；　C. 0.5%；　D. 5%

（3）有关预制桩桩锤锤击的原则，说法正确的是（　　）。

A. 重锤轻击；　B. 重锤重击；　C. 轻锤轻击；　D. 轻锤重击

（4）下列施工中通常不需要淘渣作业是（　　）。

A. 冲击钻机成孔；　B. 旋挖钻机成孔；

C. 长螺旋钻机成孔；　D. 短螺旋钻机成孔

第 3 章　砌筑工程

知识点提示：
- 了解砌筑工程常用材料的性能和使用要求；
- 熟悉砖和混凝土空心砌块砌筑工程的施工流程；
- 熟悉砖砌体和混凝土空心砌块砌体的施工质量标准和质量控制措施；
- 了解砌体工程的季节性施工要求。

砌筑工程是指以砖、石材和各种砌块等块体与砂浆经砌筑而形成结构的过程。其中，砖、石砌体砌筑是我国的传统建筑施工方法，有着悠久的历史。

砌筑工程的特点是取材方便、施工简单、造价较低。但是由于其作业主要靠手工操作、劳动量大，生产效率低，不符合工业化生产的要求。此外，粘士砖的使用势必要不断攫取土地资源，毁坏大面积的农业用地，带来大量的能耗和污染。因此，砌筑工程施工技术主要的发展方向在于对传统施工工艺和材料的改进。

3.1　砌筑材料及使用

3.1.1　块材

砌体结构所使用的材料分为块材和粘接材料（砂浆）两大类。

1. 块材的种类

砌体工程的块材主要包括砖、砌块和石三种类型。由于黏土块材已经被禁止使用，常用的块材按主要原料分为页岩砖、煤矸石砖和粉煤灰砖。生产工艺分烧结和非烧结两种。烧结工艺生产有以页岩、煤矸石为主要原料的普通砖和多孔砖。非烧结工艺生产的有蒸压粉煤灰砖和灰砂砖。

烧结普通砖的外形为直角六面体，其公称尺寸为：长 240 mm、宽 115 mm、高 53 mm。见图 3.1.1（a）。

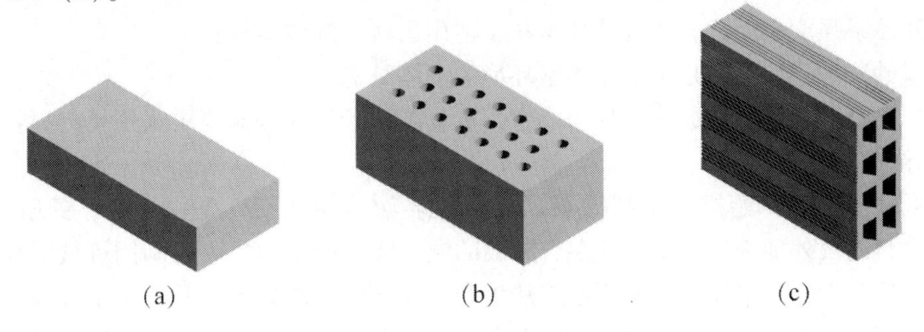

图 3.1.1　砌体块材的形式

（a）普通砖；（b）多孔砖和砌块；（c）空心砖和砌块

混凝土小型空心砌块主要包括以规格 190mm × 190mm × 390mm 为主的单排孔和多排孔的普通混凝土砌块。见图 3.1.1（b）。

轻骨料混凝土小型空心砌块材料主要有水泥煤渣混凝土、煤矸石混凝土、陶粒混凝土、火山灰混凝土和浮石混凝土。见图 3.1.1（c）。

多孔砖、砌块以及空心砖及空心砌块常用的规格尺寸有以下：

长度（mm）：390、290、240、190、180、140；

宽度（mm）：190、180、140、115；

高度（mm）：180、140、115、90。

石材根据形状和加工程度分为毛石和料石两大类，料石又分为细料石、半细料石、粗料石和毛料石。

2. 使用要求

用于清水墙、柱表面的砖，应边角整齐、色泽均匀。砖或小砌块在运输装卸过程中．不得倾倒和抛掷。进场后应按强度等级分类堆放整齐，堆置高度不宜超过 2m。

砌体结构工程用砖不得采用非蒸压粉煤灰砖及未掺加水泥的各类非蒸压砖。

3. 质量验收标准

烧结普通砖根据尺寸偏差、外观质量、泛霜和石灰爆裂分为优等品、一等品、合格品三个质量等级。优等品适用于清水墙，一等品、合格品可用于混水墙。

粉煤灰砖、烧结多孔砖根据尺寸偏差、外观质量、强度等级分为优等品、一等品、合格品。

烧结多孔砖根据尺寸偏差、外观质量、强度等级和物理性能分为优等品、一等品、合格品。

3.1.2 砂浆

1. 种类

砌体结构常用的砂浆种类包括：水泥砂浆、混合砂浆、石灰砂浆、石膏砂浆等。按生产方式分为预拌砂浆和现场拌制砂浆；预拌砂浆又分为湿拌砂浆和干混砂浆（干拌砂浆）。湿拌砂浆是搅拌站生产的加水的砂浆拌合料，干拌砂浆则不加水。各种砂浆的适用性如下：

水泥砂浆硬化速度快，一般用于含水量较大的地下砌体中；

混合砂浆强度高并且和易性好，通常用于地上砌体结构部分；

石灰砂浆强度小而且属于气硬性材料，适用于地上砌体结构；

石膏砂浆硬化快，但是不适于潮湿环境的砌体结构。

为了防止湿拌砂浆在运输过程中产生离析，湿拌砂浆的运输要求采用具有搅拌功能的专用运输车。

目前我国已经开始推广干拌砂浆。干混砂浆（干拌砂浆）是由水泥、钙质消石灰、砂、掺合料以及外加剂按一定比例混合制成的混合物。使用时加水并利用机械搅拌即可成为砌筑砂浆。干拌砂浆及其他专用砂浆从生产日期起保质期为 3 个月。由于普通干拌砂浆大多是以水泥为胶凝材料，其强度随储存期的延长会有所下降，因此，干混砂浆的储存期如果超过 3 个月，在使用前应重新检验，检验满足设计强度要求方可使用。

2. 拌制和临时储存要求

1）拌制

为了保证砌筑砂浆拌制的均匀性，降低劳动强度和利于环境保护，砌筑砂浆应采用机械搅拌，不同砂浆的搅拌时间要求如下：

水泥砂浆和水泥混合砂浆不应少于120s；

水泥粉煤灰砂浆和掺了外加剂的砂浆不应少于180s。

干混砂浆和加气混凝土砌块专用砂浆，按照掺外加剂的砂浆确定搅拌时间或按照产品说明书。

2）临时储存

由于砌筑时砂浆的水分容易被基层吸收，不仅使砂浆变得干涩，难以摊铺均匀，而且会影响砂浆的正常硬化，最终降低砌体的质量，这种现象被称为“失水现象”。此外，砂浆还会出现“泌水现象”，即砂浆在静置一段时间后会在砂浆表面析出一些自由水。砂浆的保水性差将影响其和易性，最终也会降低砌体的整体强度。因此，砂浆的临时储存应注意泌水和失水两方面问题。一方面，砂浆在储存、使用过程中如有泌水现象，使用前应搅拌均匀。另一方面，应采用不吸水的专用容器存放，并应根据不同季节采取遮阳、保温和防雨雪措施。

3. 主要材料的使用要求

1）水泥

砂浆所使用水泥的强度等级不应小于32.5级，宜采用42.5级。

水泥出厂超过3个月（快硬硅酸盐水泥超过1个月）时，应复验，并按复验结果使用。不同品种的水泥，不得混合使用。

2）砂

宜采用中砂。其含泥量要求：水泥砂浆和M5等级以上的混合砂浆不应超过5%；小于M5的混合砂浆，不应超过10%。

3）石灰膏

石灰膏应由建筑生石灰、建筑生石灰粉熟化而成，熟化时间分别不应少于7天和2天。储存在沉淀池中的石灰膏应防止干燥、污染和受冻。

3.2　砖砌体施工

3.2.1　砖砌体施工

1. 施工工艺流程

砖砌体的施工工艺流程如图3.2.1所示。

图3.2.1　砌砖工艺流程

2. 施工方法

1）施工准备

砌筑工程的材料准备工作分为砖和砌筑砂浆的准备。砌筑砂浆准备包括按要求进行制备、运输和临时储存工作。砖的准备包括选砖、临时储存和使用前适度湿润。

首先，砖的湿润程度对砌体的施工质量影响较大。主要表现在干砖砌筑时将吸收砂浆的水分，不利于砂浆强度的正常增长，大大降低砌体的抗压和抗剪强度，影响砌体的整体性。其次，失水的砂浆也会造成砌筑困难，强度降低；同样，用吸水饱和的砖砌筑时，水分会被砂浆吸收而使砂浆稀释，不仅使刚砌的砌体尺寸稳定性差，易出现墙体平面外变形，还容易出现砂浆流淌，灰缝薄厚不均。此外，临时浇水过多会使砌体表面形成一层水膜，在砌筑时会使砌体走样或滑动，影响砌体的垂直度等砌筑质量。

当砌体采用烧结普通砖、烧结多孔砖、蒸压灰砂砖和蒸压粉煤灰砖砌筑时，应提前1d~2d 适度湿润，不得采用干砖或吸水饱和状态的砖砌筑。也就是说，砖要适度湿润，不能过度湿润；要提前湿润，不能临时浇水湿润。

砖湿润程度宜符合下列规定：

①烧结类砖的相对含水率宜为60%～70%；

② 混凝土多孔砖及混凝土实心砖不宜浇水湿润，但在气候干燥炎热的情况下，宜在砌筑前对其洒水湿润；

③其他非烧结类砖的相对含水率宜为40%～50%。

2）抄平放线

抄平就是对施工基准面标高的控制和校核。放线就是对施工平面轴线、定位线的控制和校核。根据砌筑工程施工的基准作业面不同，分为基础抄平放线和楼面抄平放线。

（1）基础抄平放线：

基础抄平在坑（槽）底抄平后通过混凝土垫层施工来实现的。为了保证混凝土垫层的平整度和标高准确，通常依据坑底标高控制桩先用垫层同等级混凝土打灰饼，灰饼顶标高同垫层设计标高。然后依据灰饼再进行大面积垫层施工。当垫层施工完成后，在基础施工之前还需要对垫层顶标高进行复测和校核。然后将墙轴线引测到垫层表面，再以轴线为基准弹出基础边线以及洞口的平面定位线，见图3.2.2。当基础施工达到±0.000以上后，在建筑物四角外墙上引测±0.000标高，画上符号并注明，作为楼层抄平时标高的引测点，见图3.2.3。

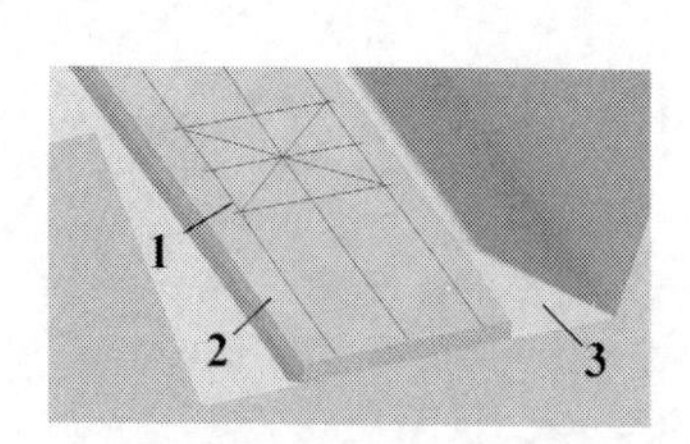

图3.2.2　基础放线

1. 基础墨线；2. 垫层；3. 基槽

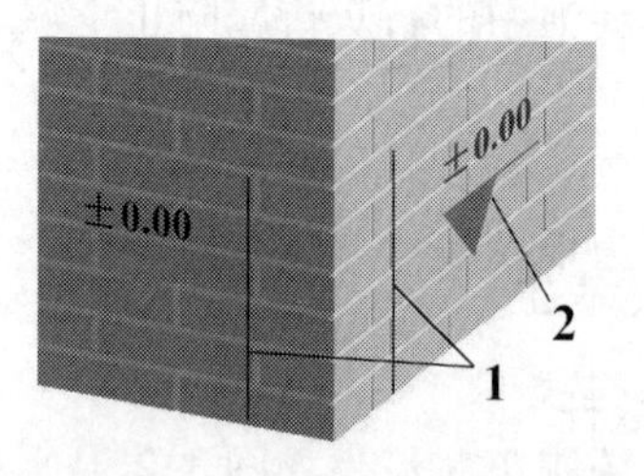

图3.2.3　外墙轴线和标高参照

1. 轴线参照；2. 标高参照

基础砌筑前应校核放线尺寸，允许偏差应符合表3.2.1的规定。

表3.2.1　放线尺寸的允许偏差

长度L、宽度B/m	允许偏差/mm	长度L、宽度B/m	允许偏差/mm
L（或B）≤30	±5	60 < L（或B）≤90	±15
30 < L（或B）≤60	±10	L（或B）>90	±20

（2）楼面抄平放线：

当墙体砌筑到各楼层标高时，可根据设在底层的轴线引测点，利用经纬仪或垂球，把控制轴线引测到施工完的楼层外墙上；同时，可根据设在底层的标高引测点，利用钢尺逐层向上直接丈量，把控制标高引测到各施工楼层外墙上，见图3.2.4。

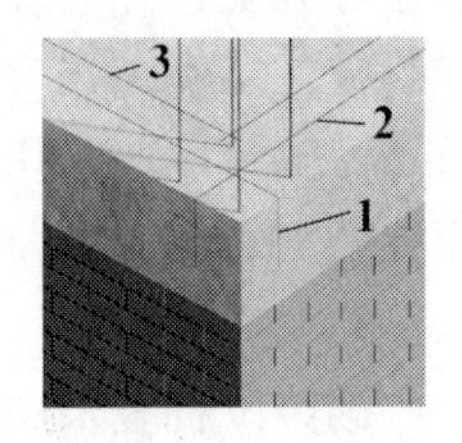

图3.2.4　楼面放线
1. 外墙引测轴线；
2. 轴线；3. 轮廓线

轴线和标高引测到施工楼层后，就可进行楼层的抄平、放线。为了保证各楼层墙身轴线的重合，并与基础定位轴线一致，引测后，一定要用钢尺丈量各主轴线间距，经校核无误后，再弹出各开间分隔墙的轴线和墙边线，并按设计要求定出门窗洞口的平面位置。

3）摆砖样

摆砖样是指在墙的砌筑基面上，按墙身长度和组砌方式先用砖块试摆，核对所弹的门洞位置线及窗口、附墙垛的放线尺寸是否符合所选用砖型的模数，并通过对灰缝厚度的调整，使每层砖的砖块排列和灰缝均匀，尽可能减少砍砖，清水墙砌筑施工尤其要重视“摆砖样”环节。

为了保证砌筑墙体的整体性，砌体组砌应上下错缝，内外搭砌；宜采用一顺一丁、三顺一丁、梅花丁等组砌形式，如图3.2.5所示。

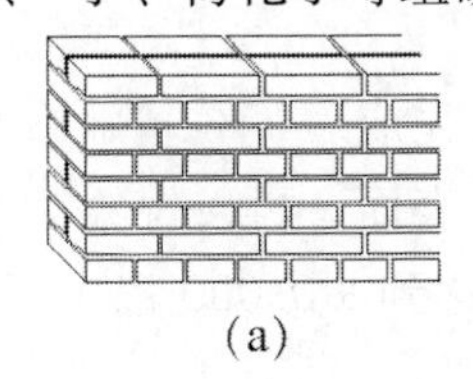
(a)

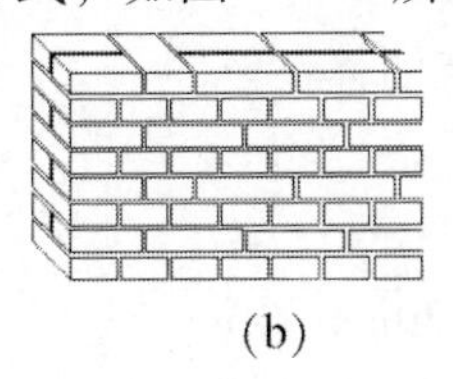
(b)

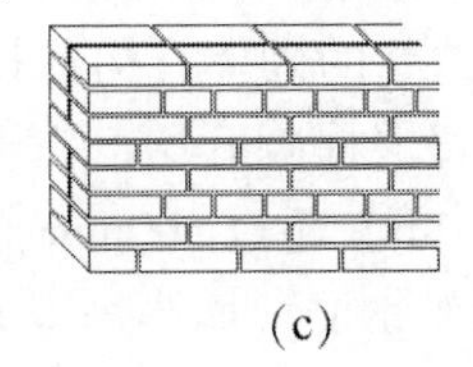
(c)

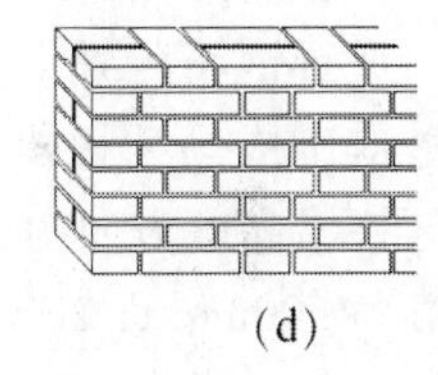
(d)

图3.2.5　砖砌体组砌方式
（a）一顺一丁的十字缝砌法；（b）一顺一丁的骑马缝砌法；（c）三顺一丁砌法；（d）梅花丁砌法

240mm厚承重墙的最上一皮砖，梁及梁垫的下面，砖砌体的阶台水平面上以及砖砌体的挑檐，腰线的下面，应用丁砌层砌筑。

4）立皮数杆

皮数杆是一种方木标志杆。立皮数杆的目的是用于控制每皮砖的竖向砌筑标高，并使铺灰、砌砖的厚度均匀，保证砖缝水平。皮数杆上除标记了每皮砖和灰缝的厚度外，还画出了门窗洞、过梁、楼板等的位置和标高，用于控制墙体各部位构件的竖向标高位置，见图3.2.6。

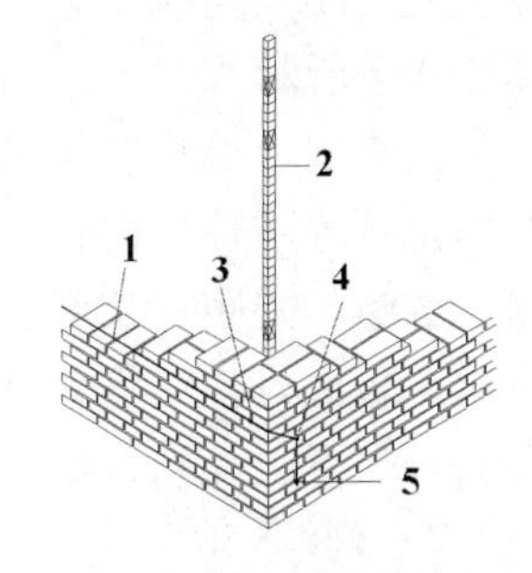

图3.2.6　盘角砌筑示意图
1. 控制线；2. 皮数杆；
3. 控制线定位钩；
4. 定位钩；5. 挂坠

皮数杆是保证砌体砌筑质量的重要措施，除了上述作用外，还有助于避免发生错缝、错皮现象，因此施工中广泛使用。

皮数杆长度应有一层楼高（不小于 2m），一般立于墙的转角处，内外墙交接处，间距也不宜大于 15m。立皮数杆时，应使皮数杆上的 ±0.000 线与房屋的标高起点线相吻合。

5）盘角、挂线

砌墙前应先盘角，即对照皮数杆的砖层和标高，先砌墙角。每次盘角砌筑的砖墙高度不超过五皮，并应及时进行吊线找准，如发现偏差及时修整。根据砌筑完成的盘角部分将准线挂在墙侧，作为中间段墙身砌筑的依据。每砌一皮，准线向上移动一次，见图 3.2.6 所示。砌筑墙厚 240mm 及以下者，可采用单面挂线；砌筑墙厚 370mm 及以上者，必须双面挂线。每皮砖都要拉线找平，使水平缝均匀一致，平直通顺。

6）砌砖

砌砖工程宜采用“三一”砌筑法。即一铲灰、一块砖、一揉压的砌筑方法。这种方法适于采用大铲（也称桃形铲）砌筑，不论对水平灰缝还是竖向灰缝的砂浆饱满度都是有利的，因此规范提倡采用此砌筑方法。当采用铺浆法砌筑（采用瓦刀）时，铺浆长度不得超过 750mm ；当施工期间气温超过 30℃时，铺浆长度不得超过 500mm 。砌筑多孔砖砌体时，其孔洞应垂直于受压面砌筑，即有孔洞的面是受压面。

砌体灰缝的砂浆应密实饱满，不得出现透明缝、瞎缝和假缝。透明缝指砌体中相邻块体间的竖缝砂浆不饱满，且彼此未紧密接触而造成沿墙体厚度通透的竖向缝。瞎缝指砌体中相邻块体间无砌筑砂浆，又彼此接触的水平缝或竖向缝。假缝指为掩盖砌体灰缝内在质量缺陷，砌筑砌体时仅在靠近砌体表面处抹有砂浆，而内部无砂浆的竖向灰缝。由于竖向灰缝的饱满程度，影响砌体抗透风、抗渗和砌体的抗剪强度，因而在重视水平灰缝饱满度的同时，竖向灰缝的饱满度同样不能被忽视。

设置钢筋混凝土构造柱的砌体，构造柱与墙体的连接处应砌成马牙搓，从每层柱脚开始，先退后进，每一马牙搓沿高度方向的尺寸不宜超过 300mm（5 皮砖）。沿墙高每 500mm 设 2φ6 拉结钢筋（墙厚每增加 120mm，拉结筋增加一根）。每边伸入墙内不宜小于 lm。预留伸出的拉结钢筋，不得在施工中任意弯折，如有歪斜、弯曲，在浇灌混凝土之前，应校正到正确位置并绑扎牢固。如图 3.2.7 所示。

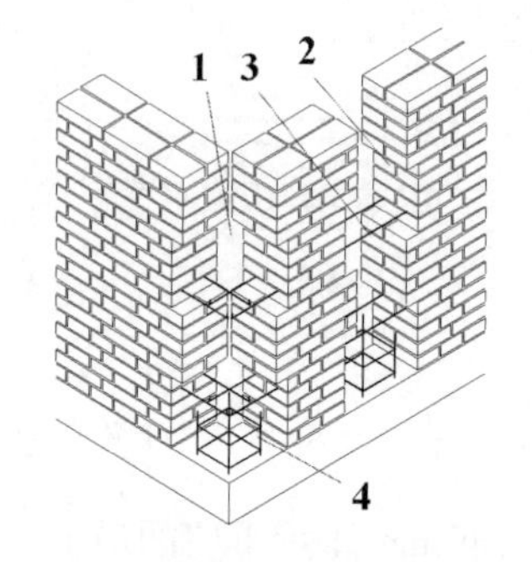

图 3.2.7　马牙槎砌筑示意图

1. 转角构造柱；2. 直墙构造柱；3. 墙体拉结钢筋；4. 构造柱钢筋

填充墙、隔墙应分别采取措施与周边构件可靠连接。必须把预埋在柱中的拉结钢筋砌入墙内，拉结钢筋的规格、数量、间距、长度应符合设计要求。填充墙砌至接近梁、板底时，应留一定空隙，待填充墙砌筑完并应至少间隔 7d 后，再采用侧砖、或立砖斜砌挤紧，其倾斜度宜为 60°左右。

7）勾缝

清水墙砌筑应随砌随勾缝，一般深度以 6 ~ 8mm 为宜，缝深浅应一致，清扫干净。砌混水墙应在砌筑的同时将溢出砖墙面的灰浆刮除。

3.2.2　砌筑质量要求与检验方法

砌体的质量分合格和不合格两个等级。质量合格必须达到以下要求，否则为不合格。

主控项目应全部符合规定；

一般项目应有 80% 及以上的抽检处符合规定，允许偏差项目的偏差值不超过最大允许偏差的 1.5 倍。

1. 主控项目

包括三个方面：材料强度符合设计要求、灰缝饱满、接槎牢固。每个检验批检查不得少于 5 处，采用观察和尺量的方法进行检查。

（1）检查砖和砂浆的试验报告，其强度等级必须符合设计要求。

（2）砌体灰缝砂浆应密实饱满，砖墙水平灰缝的砂浆饱满度不得低于 80%；竖向灰缝不得出现透明缝、瞎缝和假缝。砖柱水平灰缝和竖向灰缝饱满度不得低于 90%。灰缝饱满度质量检查使用“百格网”，随机揭起的砖底面粘结砂浆痕迹面积的大小应不小于砖底面积的 80%。每个检验批不少于 5 处，每处检查 3 块砖，取其平均值。

（3）砖砌体的转角处和交接处交汇的墙体应同时砌筑，严禁无可靠措施的内外墙分砌施工。在抗震设防烈度为 8 度及以上地区，不能同时砌筑而又必须留置的临时间断处应砌成斜槎，见图 3.2.8。普通砖砌体斜槎水平投影长度不小于高度的 2/3，多孔砖砌体的斜槎长度不应小于 1/2。斜槎高度不得超过一步脚手架的高度。

（4）非抗震设防及抗震设防烈度为 6 度、7 度地区的临时间断处，当不能留斜槎时，除转角处外，可留直槎，但直槎必须做出凸槎，见图 3.2.9，且应加设拉结钢筋，拉结钢筋应符合下列规定：

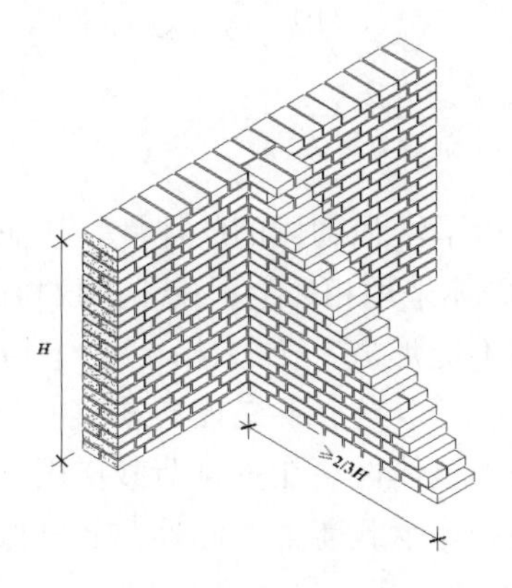

图 3.2.8　斜槎槎砌筑示意图

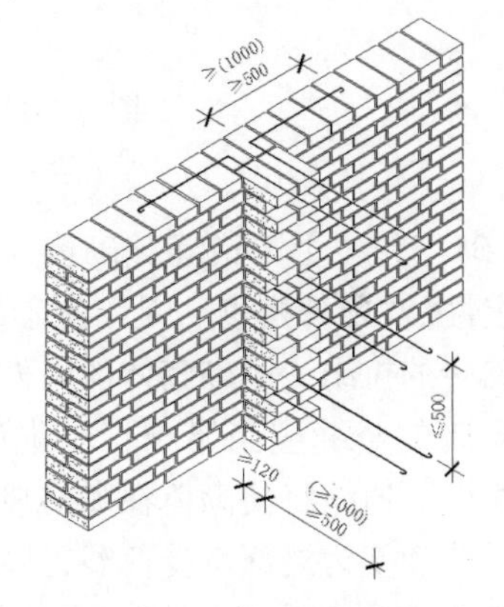

图 3.2.9　直槎砌筑示意图

①每 120mm 墙厚放置 1 ø 6 拉结钢筋（120 厚墙应放置 2 ø 6 拉结钢筋）；

② 间距沿墙高不应超过 500mm，且竖向间距偏差不应超过 100mm；

③埋入长度从留槎处算起每边均不应小于 500mm，对抗震设防烈度 6 度、7 度的地区，不应小于 1000mm；

④ 末端应有 90°弯钩。

砌体接搓时，应将接槎处的表面清理干净，洒水湿润，并应填实砂浆，保持灰缝平直。

2. 一般项目

（1）砖砌体组砌方法应正确，内外搭砌，上下错缝。否则，砌体会出现纵向通缝和垂直通缝，见图 3.2.10。清水墙、窗间墙无通缝；混水墙中不得有长度大于 300mm 的通缝，长度 200 ~ 300mm 的通缝每间不超过 3 处，且不得位于同一面墙体上。砖柱不得采用包心砌法。每处检查 3 ~ 5m。砖柱砌法见图 3. 2. 11。

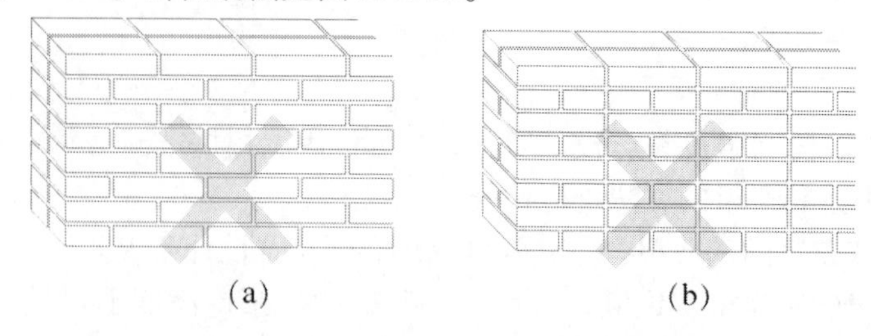

图 3. 2. 10　造成通缝的错误组砌方法

（a）非内外搭砌；（b）非上下错缝

1. 纵向通缝；2. 垂直通缝

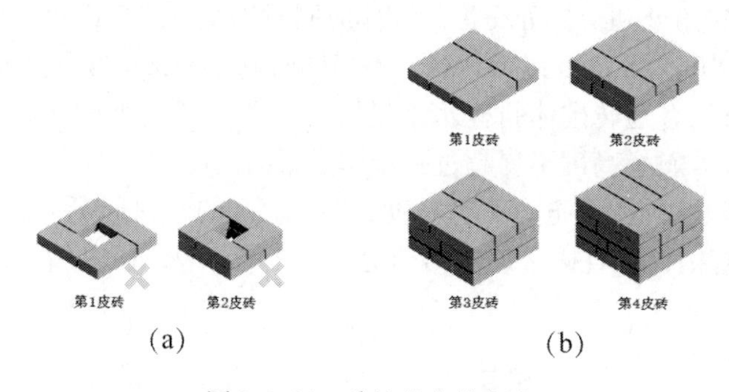

图 3. 2. 11　砖柱的砌筑方法

（a）“包心”砌法；（b）正确方法

“内外搭砌”和“上下错缝”砌筑方法都是为了增强砌体的整体性，从而保证砌体的承载力和稳定性。“内外搭砌”是指顺砌的里外砌体采用相邻上下皮丁砌块材的组砌方法。如果没有丁砌砖的拉结，顺砌砌体的内外两层就不能形成一个整体；“上下错缝”是指砖砌体上下两皮砖的竖缝应当错开，以避免上下通缝。当上下二皮砖搭接长度小于 25mm 时，也视为通缝。通缝将使砌体在纵向断开而丧失整体性。在垂直荷载作用下，砌体将由整体均匀承受荷载变为局部承受荷载，同样影响砌体承载能力。此外，还应保证砌体灰缝上下对齐，避免出现“游丁走缝”影响外观质量。

（2）砖砌体的灰缝应横平竖直，厚薄均匀，水平灰缝厚度及竖向灰缝宽度宜为 8 ~ 12mm。每个检验批抽查不少于 5 处。水平灰缝厚度用钢尺量 10 皮砖砌体高度折算；竖向灰缝宽度用尺量 2m 砌体长度折算。例如，10 皮砖砌筑高度总尺寸应控制在 600 ~ 640mm。灰缝横平竖直，厚薄均匀，既是对砌体表面美观的要求，尤其是清水墙，又有利于砌体的稳定性和荷载的传递。水平灰缝过薄，有时难起到上下块材的垫平作用，也不满足配置钢筋的要求；灰缝过厚，也会影响砌体的抗压强度。

（3）砖砌体尺寸、位置的允许偏差及检验方法应符合表 3. 2. 2 的规定。

总之，砖砌体砌筑质量的基本要求分三个方面：

材料——砖、砂浆强度符合设计要求；

砌体灰缝——横平竖直、厚薄均匀，砂浆饱满；

组砌方法——上下错缝、内外搭砌，接槎牢固。

表 3.2.2　砖砌体尺寸、位置的允许偏差及检验方法

序号	项目			允许偏差/mm	检查方法	抽查数量
1	轴线位移			10	用经纬仪和尺或用其他测量仪器检	承重墙、柱全数检查
2	基础、墙、柱顶面标高			±15	用水准仪和尺检查	不应少于5处
3	墙面垂直度	每层		5	用2m托线板检查	不应少于5处
		全高	≤10m	10	用经纬仪、吊线和尺或用其他测量仪器检查	外墙全部阳角
			>10m	20		
4	表面平整度		清水墙、柱	5	用2m靠尺和楔形塞尺检查	不应少于5处
			混水墙、柱	8		
5	水平灰缝平直度		清水墙	7	拉5m线和尺检查	不应少于5处
			混水墙	10		
6	门窗洞口高、宽（后塞口）			±10	用尺检查	不应少于5处
7	外墙上下窗口偏移			20	以底层窗口为准，用经纬仪或吊线检查	不应少于5处
8	清水墙游丁走缝			20	以每层第一皮砖为准，用吊线和尺检查	不应少于5处

3.2.3　砌筑质量控制措施

1. *砌筑顺序*

（1）砖基础大放脚形式应符合设计要求。当设计无规定时，宜采用二皮砖一收或二皮与一皮砖间隔一收的砌筑形式，退台宽度均应为60mm，退台处面层砖应丁砖砌筑。

（2）基底标高不同时，应从低处砌起，并应由高处向低处搭砌。当设计无要求时，搭接长度 L 不应小于基础底的高差 H，搭接长度范围内下层基础应扩大砌筑，如图3.2.12所示。

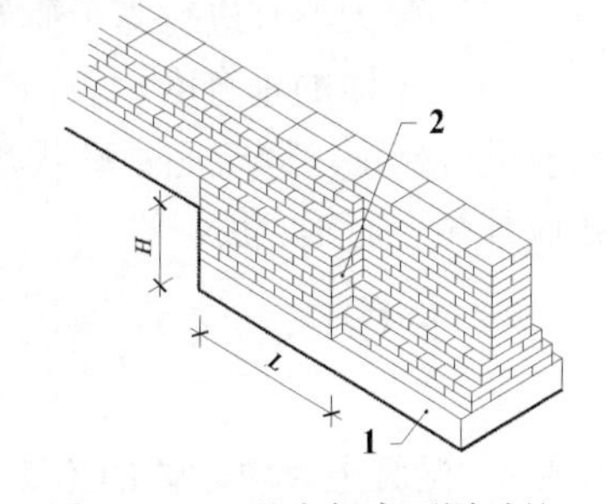

图 3.2.12　基底标高不同时的搭砌示意图

1. 混凝土垫层；2. 基础扩大部分

（3）砌体的转角处和交接处应同时砌筑，当不能同时砌筑时，应按规定留槎、接槎。

2. *脚手架孔留置*

不得在下列墙体或部位设置脚手架穿墙孔：

①120mm厚墙、清水墙、料石墙、独立柱和附墙柱；

②过梁上与过梁成60°角的三角形范围及过梁净跨度1/2的高度范围内；

③宽度小于1m的窗间墙；

④门窗洞口两侧石砌体300mm，其他砌体200mm范围内，转角处石砌体600mm，其他砌体450范围内；

⑤梁或梁垫下及其左右500mm范围内；

⑥轻质墙体和夹心复合墙的外叶墙；

⑦设计不允许设置脚手架穿墙孔的部位。

3. 砌体构造

（1）施工洞口留置不当，会削弱墙体的整体性，或造成洞口砌体变形，影响砌体受力和抗震性能。因此，其留设应满足下列要求：施工洞口的侧边离交接处墙面不应小于500mm，洞口净宽不应超过1m。临时施工洞口顶部宜设置过梁，亦可在洞口上部采取逐层挑砖的方法封口，并应预埋水平拉结筋。

（2）砌体结构工程施工段的分段位置宜设在结构缝、构造柱或门窗洞口处。相邻施工段的砌筑高度差不得超过一个楼层的高度，也不宜大于4m。砌体临时间断处的高度差，不得超过一步脚手架的高度。

（3）砖柱、带壁柱墙一般是承受荷载的重要构件，必须采用正确的组砌方式来保证其整体性。实际的案例证明，砖柱倒塌事故多与采用包心砌法有关。壁柱采用不正确的组砌方式也会造成带壁柱墙身与壁柱之间出现通缝，致使两者不能共同受力，直至砌体倒塌。因此，砖柱砌筑不应采用“包心砌法”，带壁柱墙的壁柱应与墙身同时咬槎砌筑。

（4）烧结空心砖墙应侧立砌筑，孔洞应呈水平方向。空心砖墙底部宜砌筑3皮普通砖，以提高墙体底部的抗渗能力和承载能力，见图3.2.13。此外，在门窗洞口两侧一砖范围内应采用烧结普通砖砌筑。外墙采用空心砖砌筑时，应采取防雨水渗漏的措施，特别是挑檐、雨蓬、装饰线脚等部位，防水构造应当加强。

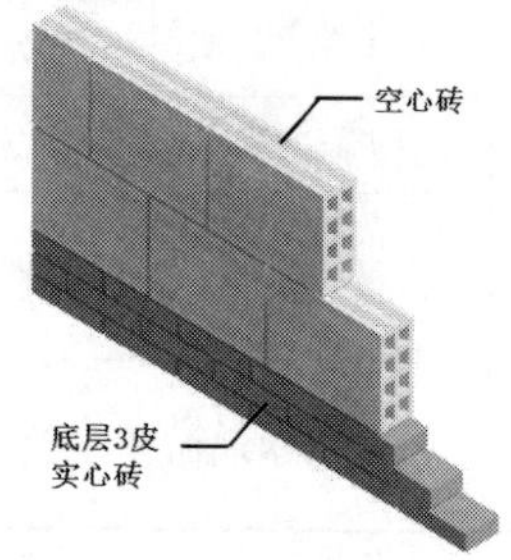

图3.2.13　空心砖砌筑

4. 保障措施

（1）砌筑墙体应设置皮数杆。砌体结构施工中，在墙的转角处及交接处应设置皮数杆，皮数杆的间距不宜大于15m。

（2）雨天不宜进行露天砌筑施工。当天砌筑的墙体应采取遮盖措施避免遭受雨淋。

（3）砌体的垂直度、表面平整度、灰缝厚度及砂浆饱满度，均应随时检查并在砂浆终凝前进行校正。砌筑完基础或每一楼层后，应校核砌体的轴线和标高。第二天继续砌筑前还应校核一遍垂直度。

3.3　砌块砌体施工

3.3.1　混凝土砌块砌体的施工工艺

1. 施工流程

常用的混凝土砌块包括普通混凝土小型砌块、轻骨料混凝土小型空心砌块和加气混凝土砌块等。如图3.3.1所示，混凝土砌块的施工工艺流程主要包括以下步骤：

图3.3.1　混凝土砌块施工流程

2. 施工方法

1）施工准备

①承重墙体使用的小砌块应完整、无破损、无裂缝。因为混凝土小砌块薄壁、孔大，如果出现破损和裂缝，将降低砌体强度，而且砌块原有的裂缝在特定使用环境和荷载下也容易发展并形成新的墙体裂缝。由于龄期小于28d的混凝土小型砌块自身收缩速度较快，之后的收缩速度减慢，且强度趋于稳定。因此，砌筑墙体时，砌块产品龄期不应小于28d，这样可以有效控制砌体的收缩裂缝。

② 为了提高砂浆的粘结效果和芯柱混凝土的灌注质量，小砌块表面的污物应在砌筑时清理干净，并清除掉底部孔洞周围的混凝土毛边。

③小砌块砌筑时的含水率，对普通混凝土小砌块，宜为自然含水率，当天气干燥炎热时，可提前浇水湿润；对轻骨料混凝土小砌块，宜提前1d～2d浇水湿润。小砌块不得雨天施工，表面有浮水时，不得使用。蒸压加气混凝土砌块的含水率宜小于30%。

④小砌块砌筑前的质量检查包括品种、规格、尺寸、外观质量及强度等级等几个方面。

⑤砌块砌体应按设计及标准要求绘制排块图、节点组砌图；如图3.3.2所示为一个开间的墙体混凝土小型空心砌块排块图。两侧轴线位置为T形墙交接处。混凝土小型砌块T形墙节点组砌方法见图3.3.3。

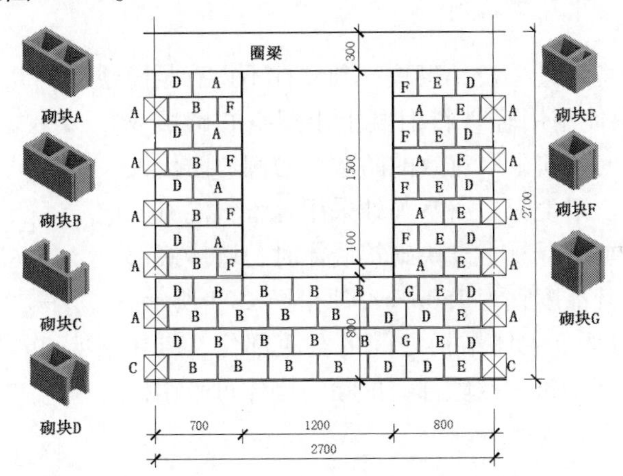

图3.3.2　混凝土小型砌块排块图示意图

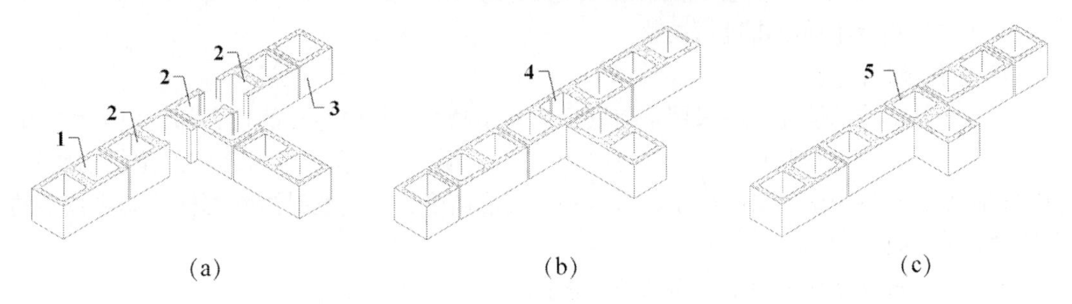

图3.3.3　混凝土小型砌块T形墙节点组砌方法

（a）第1皮；（b）第2皮；（c）第3皮

1. 通用砌块；2. 开口砌块；3. 配块；4. 拼接砌块；5. 端面砌块

2）铺灰

砌筑小砌块时，宜使用专用铺灰器铺放砂浆，且应随铺随砌。当未采用专用铺灰器时，砌筑时的一次铺灰长度不宜大于2块主规格块体的长度。小砌块砌体的水平灰缝厚度和竖向灰缝宽度宜控制在8mm～12mm之间，且灰缝应横平竖直。水平灰缝应满铺下皮小砌块的全部壁肋或单排、多排孔小砌块的封底面；为了使竖向灰缝砂浆饱满，砌筑时宜将小砌块一个端面朝上满铺砂浆，上墙应挤紧，并应加浆插捣密实。

3）砌块就位

①由于砌块尺寸比标准砖要大很多，而且有孔洞，因而不能实现标准砖采用的“三一砌筑法”砌筑。砌块安装时，通常需要采用专用夹具搬运。

② 当砌筑厚度大于190mm 的小砌块墙体时，宜在墙体内外侧双面挂线。

③小砌块应将生产时的底面朝上反砌于墙上。因为砌块成型过程造成块体底面的肋较宽，且多数有毛边，底面朝上有利于铺放砂浆和保证水平灰缝砂浆的饱满度。

④ 小砌块砌体应对孔错缝搭砌。搭砌应符合下列规定：

单排孔小砌块的搭接长度应为块体长度的1/2 ，多排孔小砌块的搭接长度不宜小于砌块长度的1/3。这样既可以避免墙体出现垂直通缝，有可以使芯柱孔洞上下贯通，提高砌体的整体性。当个别部位不能满足搭砌要求时，一种方式是在此部位的水平灰缝中设置钢筋网片，并且网片两端与该位置的竖缝距离不得小于400mm；另一种方式是采用非标准尺寸的配块砌筑；

墙体竖向通缝不得超过2 皮小砌块，独立柱不得有竖向通缝。

⑤ 在潮湿环境中使用用轻骨料泪凝土小型空心砌块或蒸压加气混凝土砌块时，应采取有效的防水、防潮、防侵蚀措施。因此，在厨房、卫生间、浴室等处采用轻骨料混凝土小型空心砌块、蒸压加气混凝土砌块砌筑墙体时，墙体底部宜现浇混凝土坎台，其高度宜为150mm ，见图3.3.4 所示。

⑥ 填充墙顶部与承重主体结构之间的空隙部位，应在填充墙砌筑14d 后进行砌筑。空隙部位的填充砌体可采用标准砖立砖斜砌，见图3.3.4 所示。

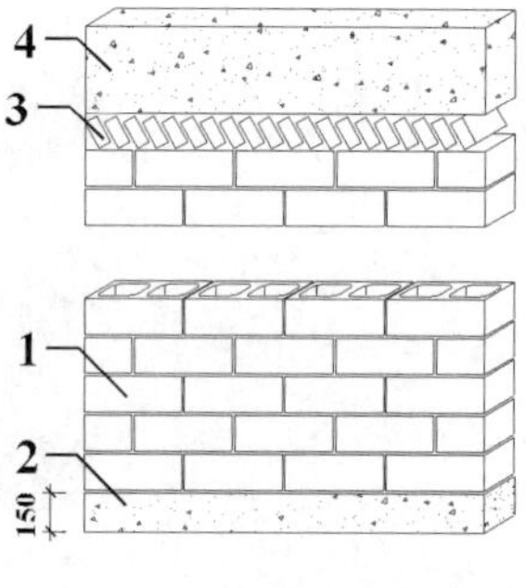

图3.3.4　顶部和底部构造

1. 砌块；2. 坎台；3. 斜砌砖；4. 梁

4）校正

先用托线板检查砌体的垂直度和拉准线检查其水平度。然后，用撬棍结合木槌敲击进行调整。

5）芯柱浇捣混凝土

砌筑芯柱部位的墙体，应采用不封底的通孔小砌块。每根芯柱的柱脚部位应采用带清扫口的U 型、E 型、C 型或其他异型小砌块砌筑，预留操作孔。砌筑芯柱部位的砌块时，应随砌随刮去孔洞内壁凸出的砂浆，直至一个楼层高度，并应及时清除芯柱孔洞内掉落的砂浆及其他杂物。

浇筑芯柱混凝土应按照下列做法和要求：

①先清除孔洞内的杂物，并用水冲洗，湿润孔壁；

②用模板封闭操作孔时，应保证模板与砌块接缝严密，防止混凝土漏浆；

③芯柱混凝土浇筑应在砌筑砂浆强度大于1.0MPa 后才能进行，每层应连续浇筑完成；

④浇筑芯柱混凝土前，应先浇 50mm 厚与芯柱混凝土配比相同的去石水泥砂浆；每浇筑 500mm 左右高度，应捣实一次，或边浇筑边用插入式振捣器捣实；

⑤芯柱与圈梁交接处，可在圈梁下 50mm 处留置施工缝。芯柱混凝土在预制楼盖处应贯通，不得削弱芯柱截面尺寸。

6）勾缝

一般砌块墙体砌筑时，应及时用原浆勾缝，勾缝宜为凹缝，凹缝深度宜为 2mm；对装饰夹心复合墙体的墙面，应采用勾缝砂浆进行加浆勾缝，勾缝宜为凹圆或 V 形缝，凹缝深度宜为 4mm ~ 5mm 。

3. 质量控制措施

（1）由于小砌块墙内与黏土砖或其他墙体材料的膨胀系数相差较大，容易产生开裂，因此不得混砌。当需局部嵌砌时，应采用强度等级不低于 C20 的适宜尺寸的配套预制混凝土砌块。

（2）如图 3. 3. 5 所示，墙体转角处和纵横交接处应同时砌筑。临时间断处应砌成斜搓，斜槎水平投影长度不应小于斜槎高度。临时施工洞口可预留直槎，但在补砌洞口时，应在直槎上下搭砌的小砌块孔洞内用强度等级不低于 Cb20 或 C20 的混凝土灌实。

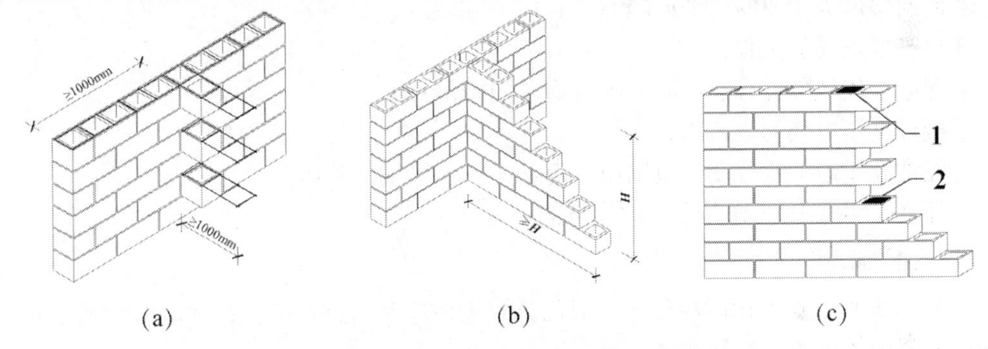

图 3. 3. 5　混凝土小型砌块砌体留槎构造

（a）直槎；（b）斜槎；（c）洞口直槎

1. 先砌灌孔；2. 后砌灌孔

（3）厚度为 190mm 的自承重小砌块墙体宜与承重墙同时砌筑。厚度小于 190mm 的自承重小砌块墙宜后砌，且应按设计要求预留拉结筋或钢筋网片。

（4）固定现浇圈梁、挑梁等构件侧模的水平拉杆、扁铁或螺栓所需的穿墙孔洞，宜在砌体灰缝中预留，或采用设有穿墙孔洞的异型小砌块，不得在小砌块上打洞。利用侧砌的小砌块孔洞进行支模时，模板拆除后应采用强度等级不低于 Cb20 或 C20 混凝土填实孔洞。

（5）正常施工条件下，小砌块砌体每日砌筑高度宜控制在 1. 4m 或一步脚手架高度内。

3. 4　冬雨季施工

3. 4. 1　冬季施工

1. 材料选择

①砌筑前，应清除块材表面污物和冰霜，遇水浸冻后的砖或砌块不得使用；

②石灰膏应防止受冻，冻结的石灰膏应经融化后方可使用；

③拌制砂浆所用砂，不得含有冰块和直径大于10mm的冻结块；

④砂浆宜采用普通硅酸盐水泥拌制，冬期砌筑不得使用无水泥拌制的砂浆；

⑤不得使用已冻结的砂浆，且不宜在砌筑时的砂浆内掺水。

2. 材料使用

①在气温不高于0℃时，砌筑用的砖和砌块不应浇水湿润；

②冬期施工中，每日砌筑高度不宜超过1.2m，砌筑后应在砌体表面覆盖保温材料，砌体表面不得留有砂浆；

③砌筑砂浆试块的留置，除应按常温规定要求外，尚应增设一组与砌体同条件养护的试块。

3. 温度控制

①拌合砂浆宜采用两步投料法，水的温度不得超过80℃，砂的温度不得超过40℃，砂浆稠度宜较常温适当增大；

②砌筑时砂浆温度不应低于5℃。

4. 氯盐防冻剂的使用

①对可能影响装饰效果的建筑物；

②使用湿度大于80%的建筑物；

③热工要求高的工程；

④配筋、铁埋件无可靠的防腐处理措施的砌体；

⑤接近高压电线的建筑物；

⑥经常处于地下水位变化范围内，而又无防水措施的砌体；

⑦经常受40℃以上高温影响的建筑物。

3.4.2 雨季施工

（1）露天作业遇大雨时应停工，对已砌筑砌体应及时进行覆盖；雨后继续施工时，应检查已完工砌体的垂直度和标高。

（2）应加强原材料的存放和保护，不得久存受潮。

（3）雨期施工时应防止基槽灌水和雨水冲刷砂浆，每天砌筑高度不宜超过1.2m。

（4）当块材表面存在水渍或明水时，不得用于砌筑。

【思考题】

1. 砌体材料包括哪些种类？
2. 砌筑砂浆包括哪些种类？有什么使用要求？
3. 砖砌体的施工流程包括哪些步骤？每一个步骤的施工方法？
4. 砖砌体的组砌形式有哪些？
5. 砖砌体施工的质量要求包括哪些方面？每一个方面的具体要求包括哪些？
6. 砖砌体的留槎构造要求包括哪些？
7. 砖砌体质量验收中主控项目和一般项目分别包括哪些项目？具体的验收标准和方法是什么？

【实训练习】

某多层住宅工程的轴线间外墙如下图所示，楼层层高2700mm，顶部圈梁高度300mm，图中斜线部分为砌筑墙体。请分别完成此部分砌体的排块图（混凝土小型砌块）和排砖图（标准砖）。提示：轴线部位为纵横墙交接。

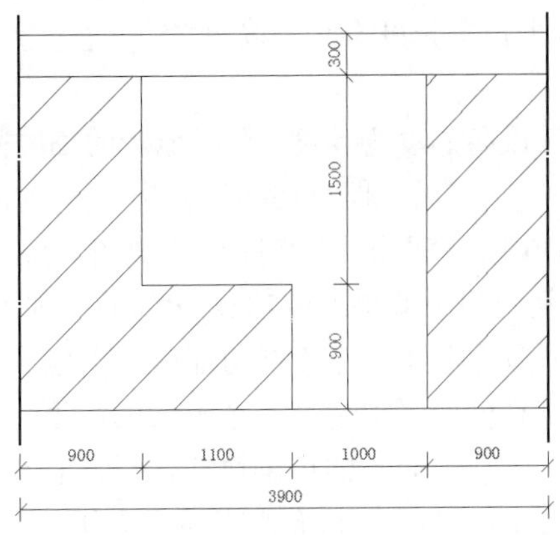

【知识点掌握训练】

1. 判断题

（1）烧结普通砖根据尺寸偏差、外观质量、泛霜和石灰爆裂分为优等品、一等品、合格品三个质量等级。优等品、一等品适用于清水墙，合格品可用于混水墙。

（2）干混砂浆的储存期如果超过 3 个月，则不得使用。

（3）砂浆所使用水泥的强度等级不应小于 32.5 级，且宜采用中砂。

（4）当砌体采用烧结普通砖、烧结多孔砖、蒸压灰砂砖和蒸压粉煤灰砖砌筑时，应提前 1d～2d 适度湿润。

（5）240mm 厚承重墙的最上一皮砖，梁及梁垫的下面，砖砌体的阶台水平面上以及砖砌体的挑檐，腰线的下面，应用丁砌层砌筑。

（6）皮数杆一般立于墙的转角处，内外墙交接处。

（7）假缝指为掩盖砌体灰缝内在质量缺陷，砌筑砌体时仅在靠近砌体表面处抹有砂浆，而内部无砂浆的竖向灰缝。

（8）宽度小于 1m 的窗间墙不得留设脚手架穿墙孔。

（9）一般立于墙的转角处，内外墙交接处，间距不宜大于 15m。

（10）小型空心砌块砌筑时的一次铺灰长度不宜大于 2 块主规格块体的长度。

（11）在气温不高于 0℃时，砌筑用的砖和砌块不应浇水湿润。

2. 填空题

（1）砌体结构所使用的材料分为________和________两大类。

（2）砖和小型砌块进场后应按强度等级分类堆放整齐，堆置高度不宜超过________m。

（3）干拌砂浆从生产日期起保质期为________个月。

（4）水泥砂浆和水泥混合砂浆的搅拌时间不应少于____秒。

（5）砖砌体可采用________、________、________等组砌形式。

（6）“三一”砌筑法。即________、________、________的砌筑方法。

（7）构造柱与墙体的连接处应砌成________，从每层柱脚开始，先____后____，其每一进出尺寸沿高度方向不宜超过________，即____皮砖。沿墙高每________设 2Φ6 拉结钢筋（墙厚每增加120mm，拉结筋增加一根）。每边伸入墙内不宜小于____ m。

（8）砖墙水平灰缝的砂浆饱满度不得低于____%；使用________检查。

（9）普通砖砌体斜槎水平投影长度不小于高度的________，多孔砖砌体的斜槎长度不应小于____。

（10）非抗震设防及抗震设防烈度为6度、7度地区的临时间断处，当不能留________槎时，除转角处外，可留________槎，但直槎必须做出____槎，且应加设拉结钢筋，拉结钢筋每____ mm墙厚放置1ϕ6拉结钢筋（120厚墙应放置2ϕ6拉结钢筋）；沿墙高方向的间距不应超过____ mm，且竖向间距偏差不应超过100mm；埋入长度从留槎处算起每边均不应小于____ mm，对抗震设防烈度6度、7度的地区，不应小于____ mm；

（11）相邻施工段的砌筑高度差不得超过一个楼层的高度，也不宜大于____ m。

（12）当砌筑厚度大于________ mm的小砌块墙体时，宜在墙体内外侧双面挂线。

（13）空心砌块芯柱混凝土浇筑应在砌筑砂浆强度大于____ MPa后才能进行，每层应连续浇筑完成。

3. 选择题

（1）采用烧结工艺生产的块材是（　　）。

A. 多孔砖；　　B. 灰砂砖；

C. 陶粒混凝土砌块；　　D. 煤矸石混凝土砌块

（2）一般用于含水量较大的地下砌体中的砂浆是（　　）。

A. 混合砂浆；　B. 石灰砂浆；　C. 水泥砂浆；　D. 石膏砂浆

（3）墙体拉结钢筋末端弯钩角度说法正确的是（　　）。

A. 90°；　B. 45°；　C. 60°；　D. 180°

（4）单排孔小砌块的搭接长度应为（　　）。

A. 块体长度的1/2；　　B. 块体长度的1/3；

C. 块体长度的1/4；　　D. 块体长度的1/5

第 4 章　混凝土工程

知识点提示：

- 了解模板的种类及其适用性；熟悉连接件和支撑件的使用要求；
- 掌握模板、钢筋和混凝土的施工计算方法和施工工艺；
- 掌握混凝土工程施工质量控制方法，包括模板、混凝土、钢筋质量验收标准；
- 了解模板设计和混凝土工程施工机械选用方法，
- 了解新型混凝土工程施工技术。

4.1　概述

混凝土结构工程是土木建筑工程施工中占主导地位的施工内容，无论在人力、物力消耗，还是对工期的影响上都至关重要。混凝土结构是由钢筋和混凝土两种材料构成的组合结构。混凝土结构工程施工包括钢筋、模板和混凝土三个主要分项工程。从施工方式上划分，混凝土结构工程包括现浇混凝土结构施工和预制混凝土构件（装配式）施工两种方式。

【现浇混凝土结构】

具有整体性好，抗震能力强，钢材消耗少等优点，但同时也有自重大、施工作业受季节性影响大、修复困难等缺点。近些年来施工新工艺、新技术、新材料的出现，使现浇混凝土结构工程施工水平得到迅速发展。

【预制混凝土结构（装配式）施工】

构件采用工厂化生产，有利于质量保证；现场施工可采用机械化作业。大大提高劳动生产率，为加快施工速度、缩短施工工期、降低工程成本，改善施工现场的施工组织与管理工作，实现文明施工，提供了有利保证。

比较而言，现浇混凝土结构的优势主要体现在结构性能上，而预制混凝土结构的优势则是在施工方面。根据现有技术条件，现浇施工和预制装配式施工这两个方面各有所长，未来结构形式应综合这两方面的优势作为其发展方向。

4.2　模板工程

模板是混凝土浇筑成型的模型板。直接与混凝上接触的是模板面板，由于模板面板面外刚度较小，需要一些支撑件来提高其抗变形能力。因而，通常将模板面板、主次龙骨(加劲肋、背楞)、卡具、撑拉锁固连接件等统称为模板；当模板位于空间某一位置而非落地构件时，又往往需要由支撑立柱或者脚手架组成的支架系统为其提供空间定位。因此，模板工程通常由模板系统和支架（支撑）系统两个部分构成。模板系统部分又包括模板面板和模板连接件。模板支撑系统包括模板面板定位和定形所必需的固定件和支撑架。

模板工程是独立于结构工程之外的一个重要分部工程。或者说，设计院提供的图纸内容中不包括模板工程的内容，而需要施工单位根据设计图纸的施工内容另外进行有关模板的施工方案设计，并对其安全性和质量负责。模板工程不仅与结构的施工质量及施工安全密切相关，同时，在现浇混凝土工程施工中的投入份额也很大。其中，每 $1m^3$ 混凝土构件，平均需要模板 $4\sim5m^2$。模板费用占其总造价的30%左右，劳动力耗用占40%左右，复杂的结构其所占比例会大大提高。因此，安全性高、使用方便、经济性好的模架技术是施工技术发展的一个重要方向。

4.2.1 模板的基本技术要求

模板工程应编制专项施工方案。滑模、爬模等工具式模板工程及高大模板支架工程的专项施工方案还应进行技术论证，论证通过后才可实施。施工方案中，模板及支架应根据施工过程中的各种工况进行设计，应具有足够的承载力和刚度，并应保证其整体稳固性。概括起来，模板及支撑系统应满足的技术要求包括以下几个方面：

（1）要能保证结构和构件的形状、尺寸以及相互位置的准确；

（2）具有足够的承载能力、刚度和稳定性；

（3）构造力求简单，装拆方便，能多次周转使用；

（4）接缝要严密不漏浆。

4.2.2 模板类型

模板按照使用部位不同，可以分为基础模板、柱子模板、梁模板、楼板模板、楼梯模板、桥墩模板、桥梁模板等。

按模板构造不同，可以分为普通模板、定型模板、大模板、台模、隧道模、爬模、液压滑升模等。

模板所用材料不同，可以分为木模板、钢模板、胶合板模板、塑料模板、预应力混凝土薄板模板等。

其中，在施工中常用的模板类型有木模板、组合钢模板、胶合板模板等。

1. 组合钢模板

组合钢模板属于轻型模数化工具式模板，从20世纪70~80年代在我国大量推广使用，具有组装灵活、通用性强、安装效率高等优点。由于其强度较好，可以多次重复使用，当使用和维护良好的状态下，一般周转使用可达100次；但是其一次性购置费用较大，通常周转使用50次以上方能收回成本。但是，组合钢模板接缝较多，会在混凝土表面留下痕迹，观感要求高的需要进行装饰施工；模板上如果有开洞要求，组合钢模板不便于修补和使用。

组合钢模板由两部分组成，即模板和支承件。模板主要有平面模板、阴角模板、阳角模板、连接角模及用于模板连接固定的各类型卡具；支承件包括用于模板固定、支撑模板的支架、斜撑、柱箍、桁架等。其中，平面模板用于结构构件表面平展的部位；阴角模板和阳角模板则分别用于结构或构件的凹角部位和凸角部位，连接角模用于成角度对接的两块模板接缝的填补，见图4.2.1所示。

钢模板又由边框、面板和纵横肋组成。边框和面板常用2.5~2.8mm厚的钢板轧制而成，纵横肋则采用3mm 厚扁钢与面板及边框焊接而成。钢模板的厚度（边框高、肋高）为55mm。为了便于模板之间拼装连接，边框上都开有连接孔，且无论长短边上的孔距都为150mm，如图4.2.2所示。

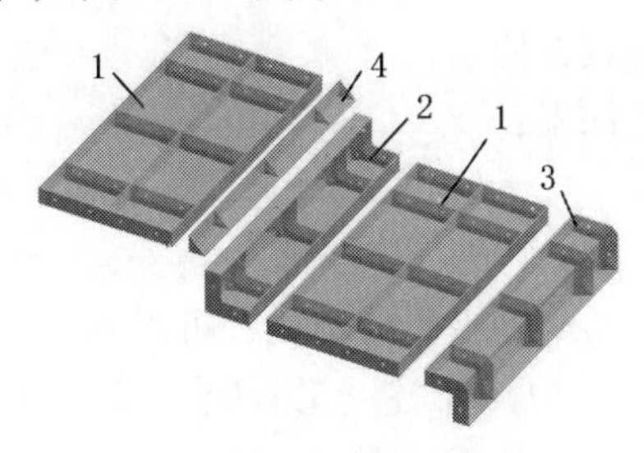

图4.2.1　组合钢模板的类型

1. 平面模板；2. 阴角模板；
3. 阳角模板；4. 连接角模

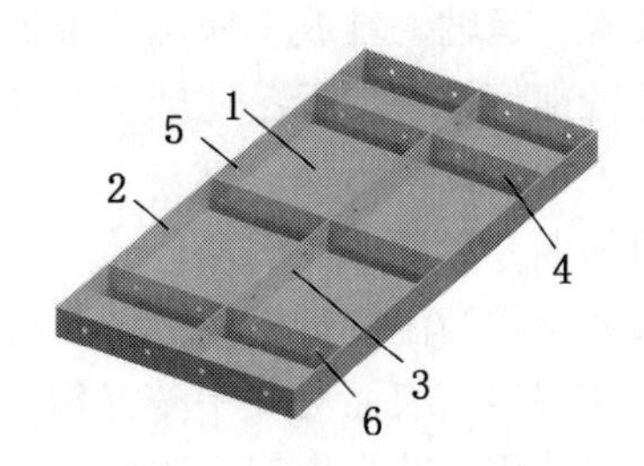

图4.2.2　组合钢模板的构造

1. 平面模板；2. 边框；3. 纵肋；
4. 横肋；5. 连接孔；6. 插销孔

模板的模数尺寸与模板的适应性有关，是设计制作模板的基本要素之一。我国钢模板的尺寸：长度以150mm为模数；宽度以50mm为模数。平模板的长度尺寸有450～1800mm共7个；宽度尺寸有100～600mm共11个。平模板尺寸系列化共有70余种规格。进行配模设计时，如出现不足整块模板处，则用木板镶拼，用铁钉或螺栓将木板与钢模板间进行连接。

平面钢模、阴角模、阳角模及连接角模分别用字母P、E、Y、J表示，在代号后面用4位数表示模板规格，前两位是宽度的厘米数，后两位是长度的整分米数。如P3015就表示宽300mm、长1500mm的平模板。又如Y0507就表示肢宽均为50mm、长度为750mm的阳角模。钢模板规格见表4.2.1。

表4.2.1　组合钢模板规格尺寸（mm）

<table>
<tr><th>名称</th><th>宽度</th><th>长度</th><th>肋高</th></tr>
<tr><td>平面模板</td><td>1200，1050，900，750，600，550，500，450，400，350，300，250，200，150，100</td><td>2100，1800，1500，1200，900，750，600，450</td><td rowspan="4">55</td></tr>
<tr><td>阴角模板</td><td>150×150，100×150</td><td rowspan="2">1800，1500，1200，900，750，600，450</td></tr>
<tr><td>阳角模板</td><td>100×100，50×50</td></tr>
<tr><td>连接角模</td><td>50×50</td><td>1500，1200，900，750，600，450</td></tr>
</table>

2. 木模板

木模板制作拼装灵活，适用于外形复杂、数量不多的混凝土结构构件。但是由于木材消耗量大，重复利用率低。本着绿色施工的原则，我国从20世纪70年代初开始”以钢代木”，减少资源浪费。目前，木模板在现浇钢筋混凝土结构施工中的使用率已经大大降低，采用人工散装散拆的模板逐渐被由胶合板、木方和钢管组成的复合模板体系所取代。此类模板体系构造灵活性大，能适用于各种不同截面形式的构件，但是模板和支架需要根据具体施工条件和工况进行设计。

3. 胶合板模板

胶合板模板有木胶合板和竹胶合板两种。具有以下优点：

①板幅大，自重轻，板面平整。既可以减少安装工程量，节省现场人工费用，又可以减少混凝土外露表面的装饰及磨去接缝的费用；

③承载能力大，特别是经表面处理后耐磨性好，能多次重复使用；

④材质轻，运输、堆放、使用和维护等都比较方便；

⑤保温性能好，有助于冬期施工时混凝土的保温；

⑥加工方便，锯割容易；

⑦可以弯曲，适用于曲面模板。

胶合板通常作为混凝土模板中的面板使用，与组合钢模板相比，可以减少混凝土表面接缝痕迹，使混凝土表面更加平整光滑。胶合板可以用于柱、梁、板、墙等构件的模板，一般尽量整张使用，减少切割，避免浪费。为了增强其面外刚度，通常紧贴胶合板外侧设置次楞（立楞或者横楞），采用50mm × 100mm 的木方或小截面型钢，次楞的外侧再设置主楞（与次楞正交布置），一般采用脚手架钢管、100mm × 100mm 截面的木方和大截面型钢。当用于楼板模板时，还需要设计排板图，以充分利用现有胶合板材料，减少浪费。

1）木胶合板

木胶合板包括：表面未做处理的素板，表面经过树脂饰面处理的涂胶板，以及经浸渍胶膜纸贴面的覆膜板三种。木胶合板的尺寸规格见表 4. 2. 2。

表 4. 2. 2　木胶合板规格尺寸（mm）

幅面尺寸				厚度（h）
模数制		非模数制		
宽度	长度	宽度	长度	
–	–	915	1830	$12 \leqslant h < 15$
900	1800	1220	1830	$15 \leqslant h < 18$
1000	2000	915	2135	$18 \leqslant h < 21$
1200	2400	1220	2440	$21 \leqslant h < 24$
–	–	1250	2500	

2）竹胶合板模板

竹胶合板是由竹席、竹帘、竹片等多种组坯结构，与木单板等其他材料复合而成，目前多用于混凝土模板中的面板材料。规格和尺寸见表 4. 2. 3。

表 4. 2. 3　竹胶合板规格尺寸（mm）

长度	宽度	厚度
1830	915	9、12、15、18
1830	1220	
2000	1000	
2135	915	
2440	1220	
3000	1500	

我国竹材资源丰富，且竹材具有生长快、生产周期短（一般2～3年成材）的特点。另外，一般竹材顺纹抗拉强度、横纹抗压强度以及静弯曲性能均优于常用木材。在木材资源短缺的情况下，竹胶合板具有收缩率小、膨胀率和吸水率低，以及承载能力大的特点，作为新型模板材料具有很好的发展前途。

4.2.3　模板连接件

模板连接件是模板有单片小面积模板组拼成大面积模板所必需的配件。连接件应保证模板连接紧密并有足够的强度和抗变形能力。钢模板的连接件有U形卡、L形插销等。

1. U形卡

组合钢模板在组拼时，相邻模板间的连接采用U形卡。U形卡操作简单，易于掌握，工作效率高，连接效果可靠。U形卡安装间距一般不大于300mm，即每隔一个连接孔安装一个U形卡。固定时，U形卡应倒向不同的方向，见图4.2.3和图4.2.4所示。

图4.2.3　U形卡

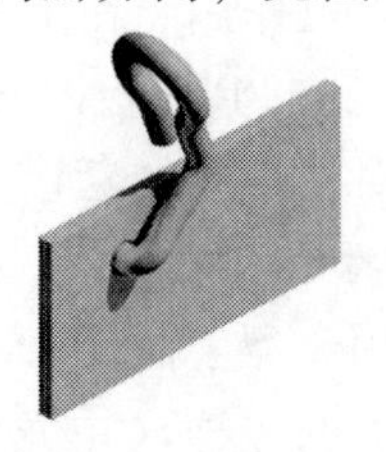

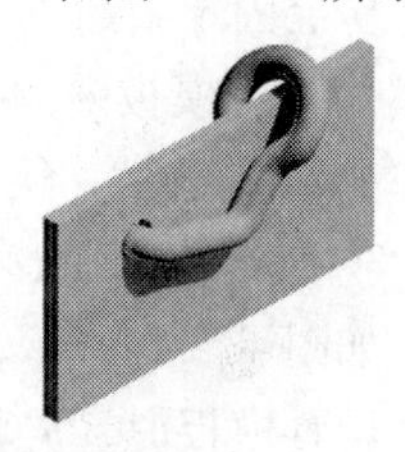

图4.2.4　模板U形卡安装步骤示意图

2. L形插销

采用L形插销通常是为了增强模板组装后的纵向刚度和接缝的平整度。如图4.2.5所示。

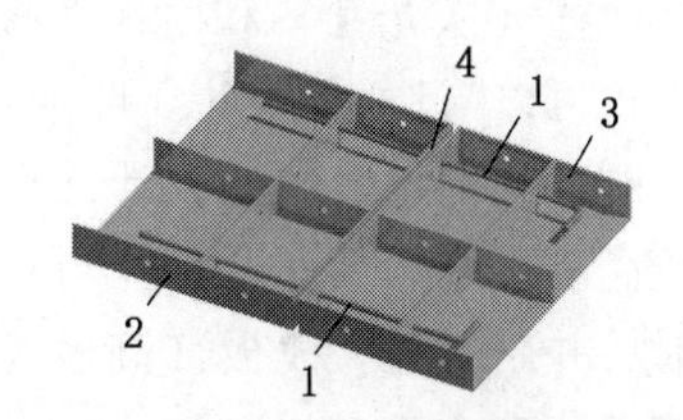

图4.2.5　L形插销固定示意图

1. L形插销；2. 模板A；3. 模板B；4. 模板接缝

4.2.4　模板支撑部件

模板支撑部件的作用是保证模板保持固定的形状和确定的位置不发生变化。

支撑部件包括钩头螺栓、对拉螺栓、M形扣件（3形扣件）、钢管脚手架支架、门式支架、桁架支架、型钢钢楞、钢支柱等。

1. 勾头螺栓和M形扣件

当组合钢模板采用大片预拼装方式使用时，为了提高模板的面外刚度和模板的整体性，需要采用钢管或木方作为模板面板的背楞（模板背面的加劲肋），这时就必须用到钩头螺栓配合M形扣件（3形扣件）将模板整体与背楞固定到一起，形成整片模板。勾头螺栓一端与钢模板肋板上的连接孔勾连，另一端与双钢管背楞（M形扣件需要与双钢管配合使用）固定。固定方式如图4.2.6所示。

2. 对拉螺栓

如图4.2.7所示，对于采用胶合板作为面板的大尺寸成对模板，如柱、梁和墙体的模板。当模板幅面较宽时，为了限制其面外变形和位移，一般需要在两片模板之间加设对拉螺栓。在两侧的背楞（钢管、型钢或者木方）对模板形成向内的支撑固定作用下，不仅能

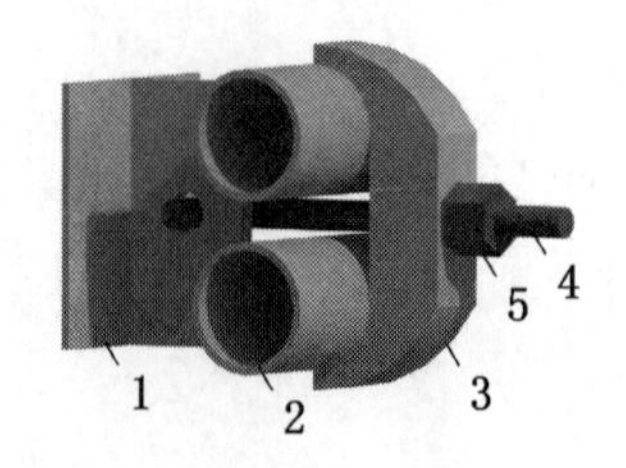

图 4.2.6　M 形扣件与勾头螺栓固定示意图

1. 组合钢模板；2. 钢管；
3. M 形扣件；4. 勾头螺栓；5. 螺母

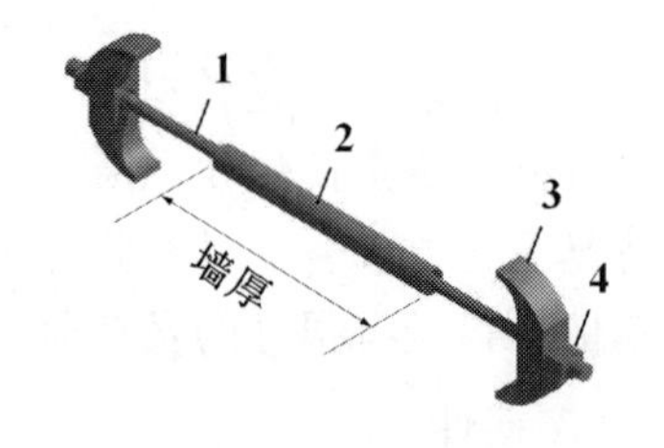

图 4.2.7　对拉螺栓构造示意图

1. 栓杆；2. 套管；3. M 形扣件；4. 螺母

够保证两片模板之间的间距（即混凝土构件的厚度），还可以使模板在混凝土的侧向压力作用下具有抵抗向外变形的足够刚度。对拉螺栓两端的蝶形卡在固定墙、柱、梁对边模板的背楞上固定，起到外向限位作用。在中间螺杆上套上塑料管或者钢管，套管的长度等于墙厚（对边模板内侧间距），起到模板内向限位作用。这样，模板向内和向外的变形和位移都受到的约束。合模前对拉螺栓的套管应先安装就位，不能遗漏。

3. 钢管立柱支撑（顶撑）

如图 4.2.8 所示，多用于梁、板模板垂直方向的支撑。设置模板时，先将模板的主楞（主龙骨）搁置于顶撑的托座上，调整至适宜的高度；然后根据需要在其上搁置次楞（次龙骨）和模板面板。钢管立柱可以单独使用，也可以与脚手架组合形成空间支撑体系。当承载力、刚度和稳定性经过设计计算和试验验证后，可以达到较高的高度。当钢管立柱与扣件式钢管脚手架结合使用时，并用于高大模板（高度超过 8m，跨度超过 18m，施工总荷载大于 15kN/m^2，或集中线荷载大于 20kN/m）时，底部钢管应符合脚手架的相关规定，同时，可调托座螺杆外径不应小于 36mm，螺杆插入钢管的长度不应小于 150mm，螺杆伸出钢管的长度不应大于 300mm。可调托座伸出顶层水平杆的悬臂长度不应大于 500mm。

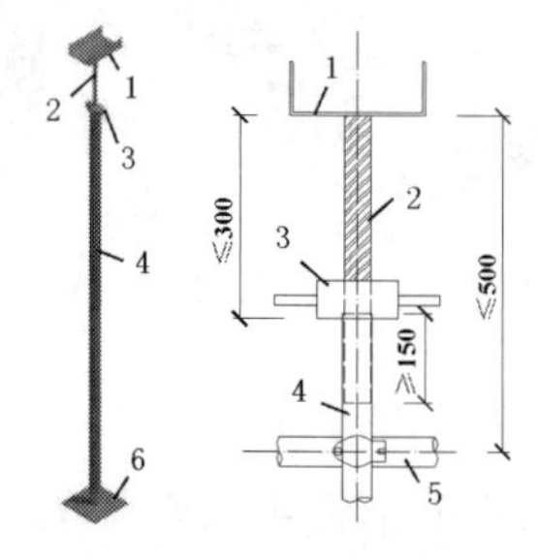

图 4.2.8　钢管立柱支撑（顶撑）

1. 托座；2. 螺杆；3. 调节螺母；
4. 钢管立柱；5. 脚手架水平杆；6. 底座

4. 梁卡具

又称“梁托架”，是一种将梁构件模板夹紧固定的支撑装置，既可以承受侧模传递的混凝土侧压力，同时将梁钢筋、混凝土拌合料、模板自重等荷载传递给支撑架。目前梁卡具的形式多样，主要分为型钢制作的工具式梁卡具和钢管、木方散拼的梁卡具两种形式。木制梁卡具形式单一，适应性较差；工具式卡具可以调节，适应性较好，如图 4.2.9 所示。显然，以新型发明专利为代表的工具式梁卡具更具有发展前景。

5. 柱箍

柱箍是一种将柱模板夹紧固定的支撑装置。柱箍可以由木方、钢管、角钢、扁钢配合对拉螺栓或者紧固螺栓组合而成。其中的两种形式如图 4.2.10 所示，同样，以专利技术为代表的工具式柱箍必将成为应用的主流。

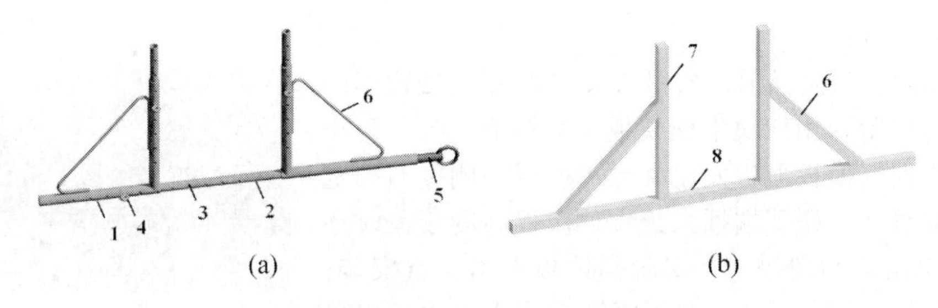

图4.2.9　梁卡具构造示意图

（a）钢管卡具；（b）木制卡具

1. 外钢管；2. 内钢管；3. 销孔；4. 插销；5. 螺杆；6. 斜撑；7. 立楞；8. 横楞

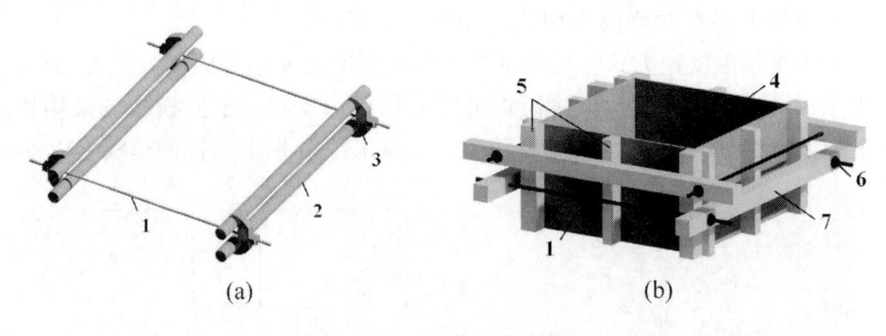

图4.2.10　柱箍构造示意图

（a）钢管柱箍；（b）木制柱箍

1. 栓杆；2. 钢管；3. M形扣件；4. 模板；5. 竖楞（方木）；6. 螺母；7. 横楞（方木）

6. 工具式支撑桁架

工具式支撑桁架多用于桥梁工程，结构形式多样，目前建筑工程中也较多采用。其优点是支撑的下方是自由和开敞的空间，为施工提供交通和贮藏的便利。采用工具式支撑桁架，下部结构应具备较好的支座条件，承载力和稳定性都达到要求；一般用钢管、角钢、扁铁等型材焊接而成，可以制作成整榀使用，或者制作成两个拼装的半榀桁架，能够根据跨度需要进行调节，应用更加方便，见图4.2.11。

图4.2.11　支撑桁架构造示意图

1. 右半榀桁架；2. 左半榀桁架；3. 插销孔

4.2.5　模板的构造

1. 基础模板

建筑物的基础，一般可分为独立基础、条形基础 、筏板基础和箱形基础等多种形式。不同的基础形式其施工方法不尽相同，其中独立基础、条形基础是具有代表性的常用基础形式。

基础模板主要由周边的模板围合形成。模板材料可选择木模板、组合钢模板或者胶合板拼接组成，底部和顶部都不需要设置模板。通常情况下，基础高度不大时，模板可以用竖楞固定即可，竖楞可采用木方、钢管、角钢或者钢筋等材料；当高度较大时，还需要增加斜撑和轿杠木（横担梁），材料选取与竖楞相同。

1）独立基础

模板形式多为阶梯形，如图 4.2.12 所示。四边形的独立基础每层阶梯用四块平面模板组装构成。为了防止浇筑混凝土时，模板上口发生外倾，模板外侧按照一定间距设置立楞，立楞下端插入土中，模板高度较大时还需要增加固定桩和斜撑。上层阶梯模板采用架空安装，通过设置轿杠木控制标高，并用钢筋 U 形卡（也可以采用钉木条的方式）限制模板上口宽度。

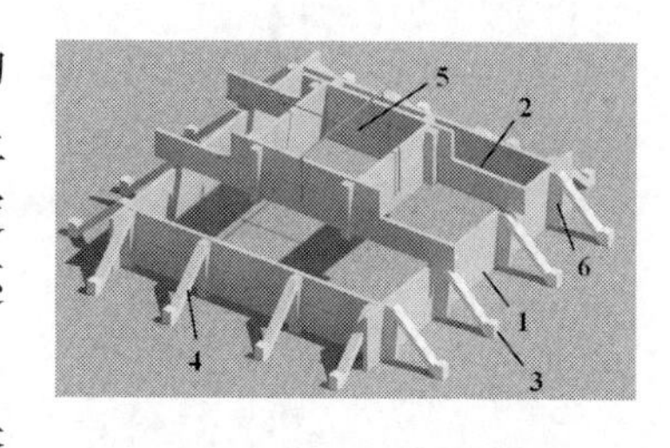

图 4.2.12　独立基础模板

1. 侧模拼板；2. 轿杠木；3. 木桩；4. 斜撑；5. 卡口钢筋；6. 立楞

2）条形基础

条形基础模板主要有两侧模板构成，如图 4.2.13 所示，有时也采用阶梯型支模方式。根据基槽工作面宽度的大小采用槽内支撑和槽外支撑两种方式。当条形基础为二阶时，下阶模板可以采用槽内支撑，上阶模板则采用槽外支撑，见图 4.2.14。由于条形基础的截面宽度较小，可以采用 U 形卡来控制模板上口外倾。

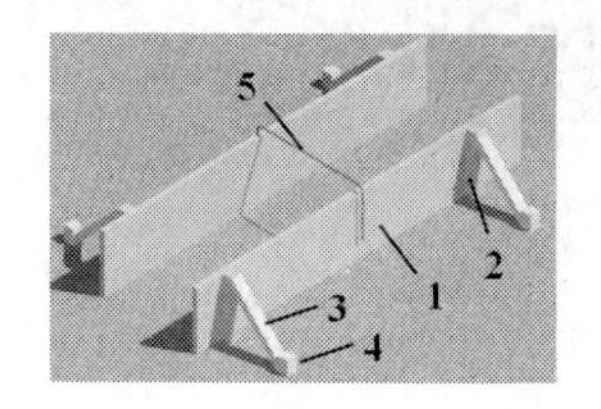

图 4.2.13　条形基础模板

1. 侧模拼板；2. 立楞；3. 斜撑；4. 木桩；5. 卡口钢筋（U 形卡）

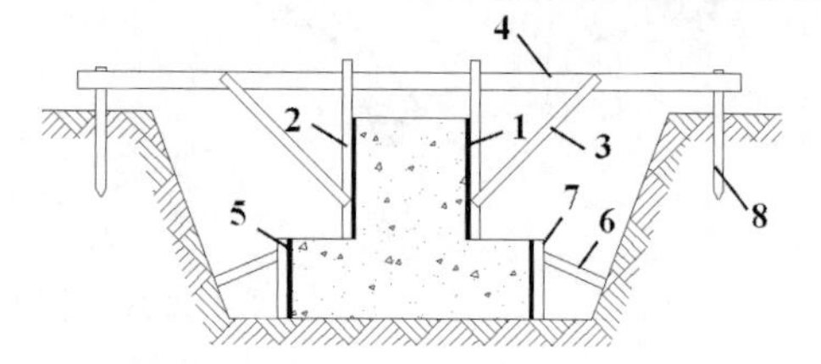

图 4.2.14　条形基础支撑方式

1. 上阶模板；2. 上阶吊木；3. 上阶斜撑；4. 轿杠木；5. 模板；6. 斜撑；7. 立楞；8. 木桩

2. 柱模板

如图 4.2.15 所示，矩形柱模板由四块单片模板或者 L 形拼板（当截面尺寸较大时）组成。当模板面板采用胶合板时，为了增加模板的承载力和抗变形能力，在其外侧需要设置两层支撑来起到约束作用。通常紧贴模板设置竖楞，采用截面 50mm × 100mm 的木方，横向等间距布置，间距依据胶合板厚度和混凝土侧压力计算确定，一般不超过 500mm。外围采用柱箍进行约束，竖向可以等间距布置，也可以不等间距布置。由于上部荷载较小，因此间距可以变大，间距应计算确定。由于柱模板底部受到混凝土的侧压力最大，因此，底部第一道柱箍至模板底端距离不宜大于 200mm，并且对拉螺栓数量宜增加一倍。当柱模面板采用组合钢模板组拼时，由于其有加劲肋，可以省去竖楞，直接采用柱箍固定，设置要求相同。但是，柱与梁交接的部位形状比较复杂多变，组合钢模板不适用，因此，柱模板上部需要改为木模板，也就降低了组合钢模板应用的适应性。

图 4.2.15　柱模板

1. 面板；2. 立楞；3. 柱箍

此外，柱模还有一些特殊构造。其一，柱模板底部开有清理孔，用于在合模后清扫柱模底部散落的垃圾和污染物。其二，柱模板距离底面一定高度应设置浇筑孔，浇筑孔设置高度应满足混凝土浇筑高度的要求（见混凝土浇筑部分）。其三，由于混凝土浇筑时，混凝土拌合料的侧向压力较大，容易造成胀模。因此，一般需要在柱底基层上钉一个木框，用以控制柱模板的下口的截面尺寸。其四，框架柱模板顶部应开设与梁模板连接的缺口。当梁、柱模板分两次支设时，在柱子混凝土达到拆模强度时，最上一段柱模应保留不拆，以便于与梁模板连接固定。

3. 梁模板和楼板模板

通常，钢筋混凝土框架结构梁模板和楼板模板同时搭设，并形成相互支撑和约束的整体，见图4.2.16。

1）梁模板

梁模板由底模板和侧模板组成。底模板承受垂直荷载，一般较厚，底模和侧模由梁模板托架（梁模板夹具）支撑固定。托架下部有钢管立柱支撑，立柱可调整高度，底部应支承在坚实地面或楼面上，立柱底板下设钢制或者木制垫板。

梁侧模板承受混凝土侧压力。与柱模板类似，梁侧模底部的混凝土拌合料的侧压力较大，容易胀模，因此，在侧模底部要设置一道夹条，顶部可由支承楼板模板的搁栅顶住，或用梁模夹具的斜撑顶住。梁模下的支撑立柱多采用双立柱形式，沿梁轴线方向间距不大于1m；立柱间的纵向和横向应设置剪刀撑。

2）楼板模板

楼板模板多用定型模板或胶合板，支承在搁栅（又称龙骨）上，搁栅支承在梁侧模板外的横挡上（图4.2.16）或与之拼接。搁栅有主次之分，并通常呈正交布置。当板跨度较大时，主搁栅下还应加支撑立柱。采用组合钢模板时，楼板模板由平面模板拼装而成，其周边用阴角模板与梁模、墙模相连接。楼板模板的空中定位用钢楞及立柱支撑。有时为了利用板下的空间，可以采用桁架支撑。

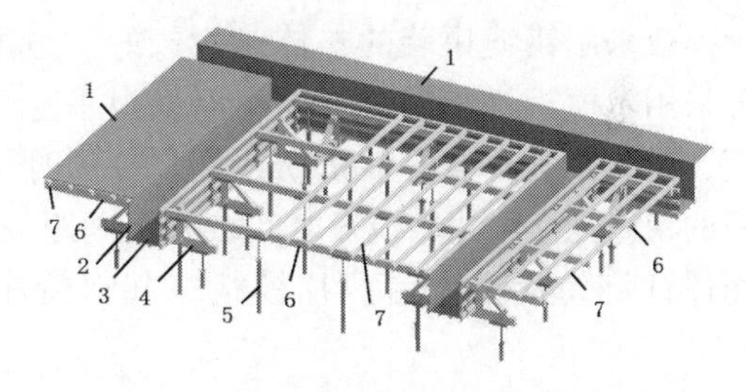

图4.2.16　梁和楼板模板系统构造示意图

1. 楼板模板；2. 梁侧模板；3. 梁底模板；4. 梁模支撑架；5. 立柱；6. 主格栅；7. 次格栅

楼板下的支撑立柱设置与模板下的格栅结构有关，通常采用阵列式布局（满堂脚手架），纵横向间距不宜大于2m；立柱间在纵横两个方向应设置水平拉杆，最低的一道水平拉杆（扫地杆）与支撑基面距离不大于200mm；两道水平拉杆垂直距离不超过1.5m；纵横两个方向均应设置剪刀撑，至少外立面应设置连续剪刀撑，见图4.2.17；支架长度和高度超过6m时，支撑体系中部纵横两个方向应设置竖向剪刀撑，剪刀撑的间距和宽度不应超过8m；高度超过6m的模板支撑体系，其顶部宜设置一定水平剪刀撑，见图4.2.18。

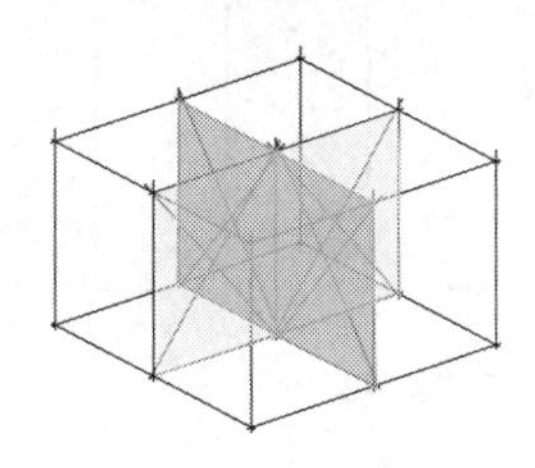

图4.2.17　支架中部竖向剪刀撑

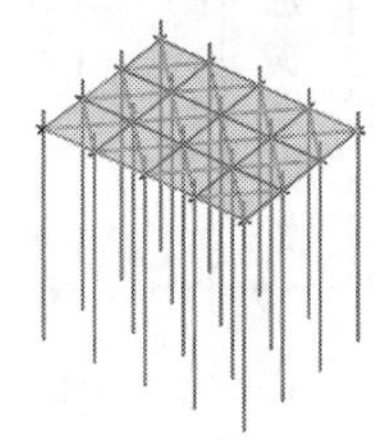

图4.2.18　支架顶部水平剪刀撑

4. 楼梯模板

楼梯模板由梯段和休息平台两个部分组成。休息平台模板施工与楼板大致相同。梯段模板安装与楼面存在一定的倾角，支设较复杂。梯段模板主要有底模、外帮模板、踏步踢面模板和其他细部构造模板和支撑构成。为了提高楼梯模板的施工效率，减少模板消耗，目前楼梯模板也采用钢制工具式模板，如图 4.2.19 所示，可以整体安装和拆除。模板施工主要包括模板支架形式确定、梯段和平台模板定位，荷载计算和受力分析，细部处理，安装拆除施工等。

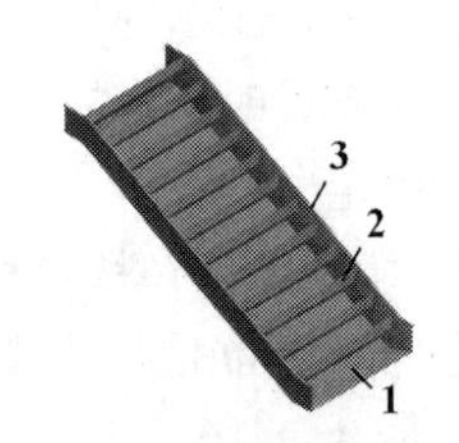

图 4.2.19　楼梯模板构造示意图

1. 底模；2. 踏步挡板；3. 外梆模板

5. 墙板模板

如图 4.2.20 所示，墙模板由两片侧面模板组成。按照常规做法，侧面模板多采用木胶合板、竹胶合板、组合钢模板拼装。根据模板长度方向的布置分为竖拼和横拼两种形式；根据接缝的位置分为对缝拼装和错缝拼装两种形式，其中模板采用错缝拼装的整体刚度较好。边角不好拼装的部分采用木模板拼装。为了提高墙模板垂直于板面方向的刚度，需要在其外侧安装木楞或钢楞；同时用斜撑来保证模板的稳定性。两片墙模板之间按一定间距设置对拉螺栓，从而保证浇筑混凝土后两片模板之间保持相对位置（墙厚）。

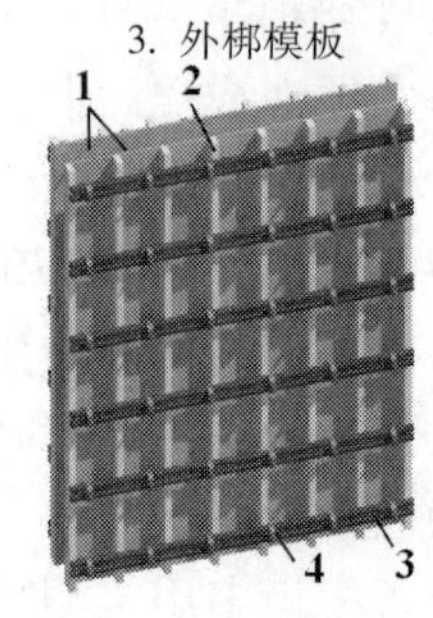

图 4.2.20　墙模板构造示意图

1. 模板面板；2. 竖楞（次楞）；3. 横楞（主楞）；4. 对拉螺栓

一些特殊形式的工具式模板可参照本书“高层结构模板工程”一章的内容。

4.2.6　模板安装施工

1. 基础模板

基础模板的特点是面积比较大，厚度相对较小。模板施工是在地面上作业，一般不需要安装支架，比较方便。基础模板没有底模，只是在构件的周边设置侧模，高度通常不高，因而不需要验算，一般通过加强构造措施即可满足强度和变形的要求。基础模板施工应当注意以下几个方面：

【施工流程】

基础模板的施工工艺流程如图 4.2.21 所示。

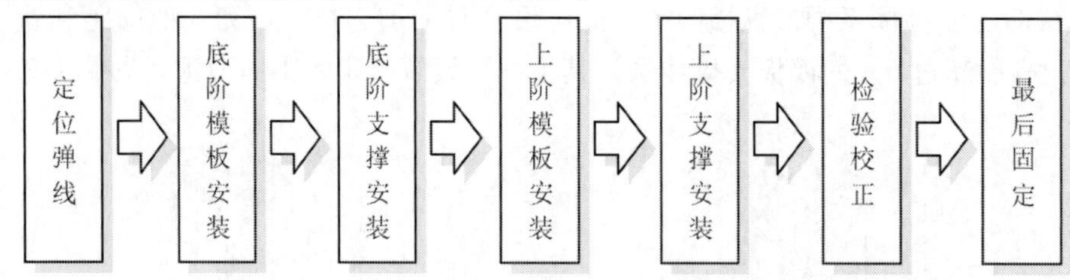

图 4.2.21　基础模板施工工艺流程

【技术要点及控制措施】

（1）主要包括模板中心定位、模板标高和上口尺寸控制；条形基础模板上口尺寸控制可采用马钉（U形卡）。

（2）保证上阶模板固定措施确保稳定。一般采用轿杠木固定，也可以采用焊接钢筋马凳支架固定，但是会增加钢筋用量。

（3）为了不妨碍施工，应在底阶钢筋施工完成后再安装上阶模板。

（4）当土质良好、没有地下水情况下，可以采用原槽浇筑。

（5）为了保证上阶模板定位准确，通常将这部分模板先组装完成后再安装到底阶模板上。

2. 柱模板

矩形柱模板有四个侧面模板组成。安装可以采用四片侧模拼装、两个折角模板对拼或者采用组拼成筒形整体模板然后吊装等多种形式。圆形柱通常采用两个半圆筒形侧模拼装。

【施工流程】

柱模板施工工艺流程见图4.2.22所示。

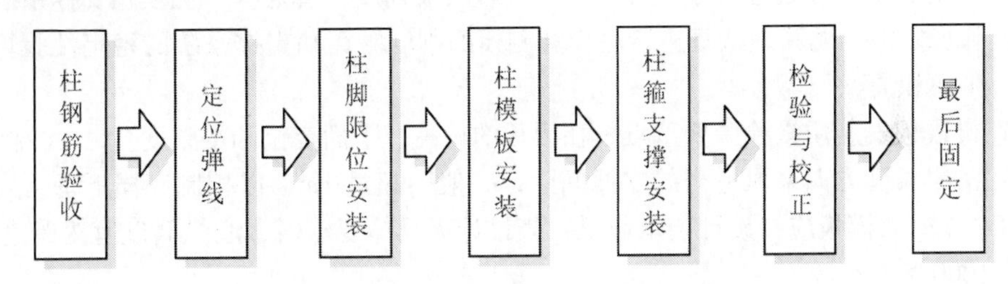

图4.2.22　柱模板施工工艺流程示意图

【技术要点】

（1）柱的放线定位应严格控制和校核，保证柱构件在上下层保持同一垂直轴线；

（2）柱模板底部基准面应找平，模板底端与基准面应顶紧垫平，防止跑浆；合模前对柱根部进行清理，保证混凝土界面洁净、没有杂物，并采取必要的保洁措施；

（3）柱子的高度尺寸远远大于截面尺寸，模板安装需要验算侧模强度、刚度和稳定性，沿柱子高度方向柱箍和支撑的设置应满足刚度和稳定性的要求；

（4）安装质量检验需要校核模板的定位、垂直度和平整度。

【控制措施】

（1）柱子底部模板的侧向压力较大，固定方式应牢靠，接缝严密，最下面一道柱箍离地面的距离不应过大。同时为了防止模板根部内收而减小截面尺寸，应采取限位措施；当采用在柱钢筋上绑扎或焊接钢筋顶住模板防止其内收的方法时，必须在钢筋和模板之间设置混凝土垫块。

（2）为了保证柱模板的稳定性，当高度不小于4m时，应在四面设置斜撑或用缆风绳拉紧，并校核其平面位置和垂直度是否符合要求。当高度超过6m时，不宜单根柱支撑，宜多根柱连排支撑形成整体构架。先安装两端柱子的模板，校核找准后再依据其安装中间柱的模板。

3. 梁模板

梁模板由底模和两块侧模组成。由于其位于一定的空间高度上，底部需要配合空间支撑体系。梁模板的长度尺寸远远大于截面尺寸，有时梁侧模的高度也会较大，因此，梁模板应注意控制底模和侧模的位移和变形。

【施工流程】

梁模板施工工艺流程如图 4.2.23 所示。

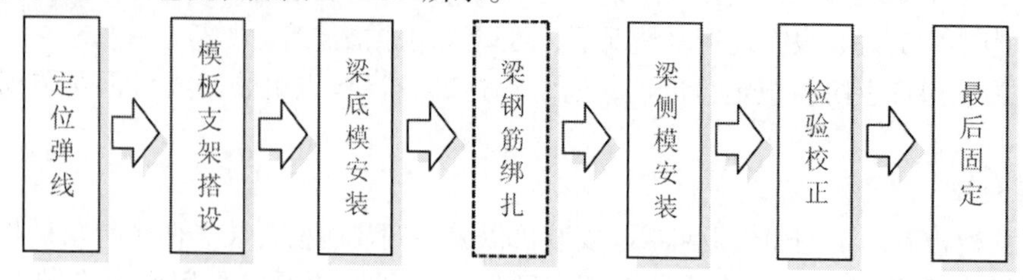

图 4.2.23　梁模板施工工艺流程示意图

【技术要点】

（1）梁的长度尺寸远远大于截面尺寸，模板安装需要验算底模、侧模及支撑系统的强度、刚度和稳定性。尤其是认真进行底模和侧模的刚度验算和支撑系统的稳定性验算，防止变形、胀模和失稳。

（2）梁模板安装质量检验要重点校核模板的标高、平面定位和平整度。

（3）沿梁长度方向采取适当的支撑间距，一般不超过 1m，以控制底模下垂。当梁跨度不小于 4m 时，模板应按设计要求起拱；当设计无具体要求时，起拱高度宜为跨度的 1/3000 ~ 1/1000。

【控制措施】

（1）当梁截面高度较大时，可采取沿梁高度方向增设对拉螺栓和加强横楞的措施控制侧模变形；特别是底模和侧模底端的构造应加强；

（2）当梁模板支撑体系达到高危施工项目的限定要求时，应编制专项施工方案，并经过专家论证通过后才能实施。

4. 楼板模板

楼板的厚度远远小于其平面尺寸，因此，楼板的侧模高度不大，因而侧向压力也很小，一般不需要验算。模板重点应验算和控制垂直荷载下底模的强度和变形。同时，与梁模板类似，楼板模板也处于一定的空间高度上，需要在下面设置空间支撑体系。支撑体系对模板有显著影响，因此应重视对其强度、刚度和稳定性验算和控制。最终的模板质量控制应重点校核模板的标高和平整度。

楼板模板铺设方式包括直接就位拼装和先预拼装再整体吊装两种方式。即楼板模板的安装可以在楼板标高处散拼，也可以地面拼装完成后整体吊装就位到楼面标高。前一种施工方式宜从楼板的四角开始，先完成与墙、梁模板的连接，然后再按照从四边向中央的顺序铺设。采用预拼装的组合钢模板应保证其整体刚度，模板的连接孔宜全部采用 U 形卡连接固定，并设置一定数量的 L 形插销。

【施工流程】

楼板施工工艺流程如图 4.2.24 所示。

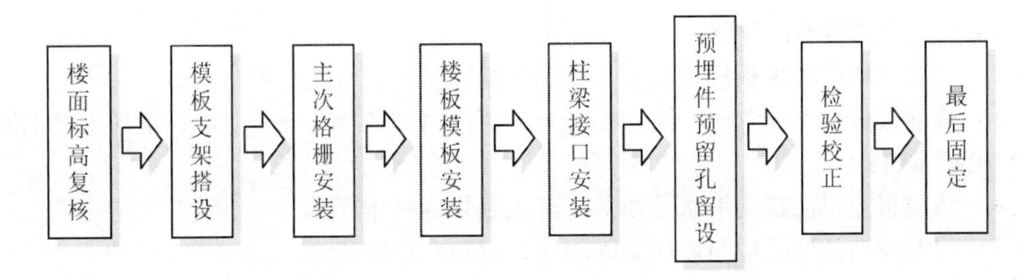

图4.2.24　楼板模板施工工艺流程示意图

【技术要点】

（1）当板跨度不小于4m时，模板应按设计要求起拱；当设计无具体要求时，起拱高度宜为跨度的1/3000～1/1000。

（2）支撑的弹性挠度或压缩变形不得超过结构跨度的1/1000。

（3）支撑间应用水平和斜向拉杆拉牢，以增强整体稳定性。当层间高度大于5m时，宜用桁架支模或多层支架支模。

【控制措施】

（1）为了避免混凝土楼板早期承受荷载而产生裂缝，在多层建筑施工中，应使上、下层的支撑在同一条竖向直线上，否则，要采取设置垫木或者托梁的措施保证上层支撑的荷载能传到下层支撑上。

（2）施工完成的模板应校核其标高和平整度，检查管线预埋、孔洞预留是否正确。检验方式见4.2.8一节的内容。高度和跨度较大的模板支撑体系，即搭设高度8m及以上；搭设跨度18m及以上；施工总荷载15kN/m^{2}及以上；集中线荷载20kN/m及以上，属于高危施工项目，必须编制专项施工方案；并经过专家论证同意后才能实施。

5. 墙板模板

首先完成施工墙体的钢筋绑扎施工，然后在墙体钢筋的两侧的混凝土楼面弹线，确定出模板的定位线（墙厚）。安装墙体模板；墙体模板可以用组合钢模板预先拼装，也可以采用整片大模板。最后进行斜撑和对拉螺栓安装。由于墙板的厚度相对于其高度和长度较小，因此模板设计应注意控制在水平荷载作用下模板及支撑的强度、刚度和稳定性。安装施工应校核其平面定位、垂直度和平整度。

【施工流程】

墙面模板施工工艺流程如图4.2.25所示。

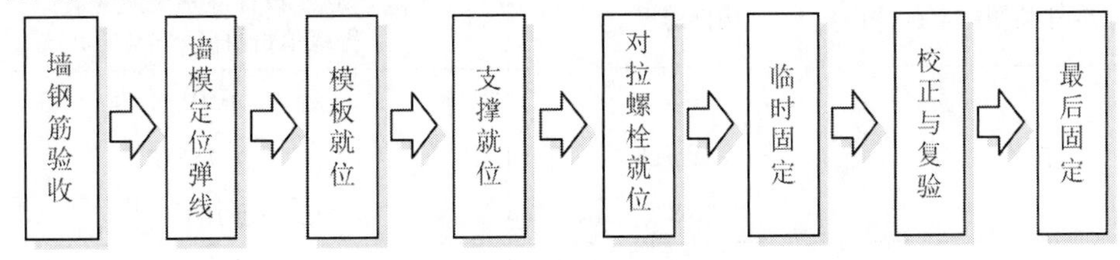

图4.2.25　墙板模板施工工艺流程示意图

【技术要点】

（1）墙面模板通常成对安装，模板底端定位应准确，特别注意控制两片模板间的间距，与基准面应顶紧不留缝隙；

（2）安装完成的墙模板应检验垂直度和平整度是否符合质量要求；

（3）墙面模板对称放置时，两侧模板上预留的对拉螺栓孔洞应对准，确保安装的对拉螺栓与模板垂直；

（4）墙模板上口应在同一水平面上，防止墙顶标高不齐；

（5）门窗洞口的模板应与墙面牢固固定，避免变形和移位。

【控制措施】

（1）采用组合钢模板预拼装墙模板时，模板的每个连接孔均装上 U 形卡；

（2）组拼的大片墙模板，其拼缝应错开设置，以增强模板的刚度；

（3）模板高度不大时，可在上口钉木拉条或者采用专用卡口装置来控制两片模板的间距，防止浇筑混凝土时胀模；当模板高度较大时，可沿水平方向和垂直方向等间距布置对拉螺栓，间距不超过 1m；

（4）为了合理使用模板和提高模板利用率和周转率，组拼墙模板应预先绘制排板图。

4.2.7 模板拆除施工

1. 一般技术要求

【模板拆除的原则】

“先支后拆；先非承重部位，后承重部位；自上而下”。必要时要进行结构验算，采用临时支撑。

为了加快模板周转的速度，减少模板的总用量，降低工程造价，模板应尽早拆除，提高模板的使用效率。但模板拆除时不得损伤混凝土结构构件，确保结构安全要求的强度。在进行模板设计时，要考虑模板的拆除顺序和拆除时间。

现浇结构的模板及其支架拆除时的混凝土强度，应符合设计要求。当设计无具体要求时，侧模拆除可依据“混凝土强度能保证其表面及棱角不因拆除模板而受损坏”为前提，即混凝土强度大于 $1N/mm^2$；底模拆除时所需的混凝土强度应满足表 4.2.4 的要求，并依据同条件养护的混凝土立方体试件抗压强度来评定。

拆模时，尽量禁止撬砸等野蛮操作和模板高空坠落，拆下的模板、钢筋及连接件也不得抛扔。应及时将拆下的模板清理并运输到储存场地。储存的模板应加强维护和维修工作；模板拆除过程中应注意施工人员的安全，做好防护措施。

表 4.2.4 拆模时混凝土强度要求

构件类型	构件跨度	达到设计混凝土强度等级值得百分率/（%）
板	≤2	≥50
	>2，≤8	≥75
	>8	≥100
梁、拱、壳	≤8	≥75
	>8	≥100
悬臂构件		≥100

2. 拆模顺序及控制措施

1）支撑立柱拆除

（1）阳台模板应保留三层原模板支撑立柱，不宜拆除后再支撑；

（2）跨度4~8m的梁下支撑立柱，宜先从跨中开始拆除，逐步对称地向两端依次拆除；严禁将梁下所有支撑立柱同时撤除；

（3）立柱水平杆超过2层时，保留最下面2层水平杆最后拆除；

（4）拆除立柱上部大型水平支撑件时，宜在下面搭设临时防护架和防护网。

2）模板拆除

（1）柱模板：首先拆除外部斜撑，然后卸掉柱箍，如果是组合钢模板则摘除扣件并卸掉模板，而胶合板模板直接拆卸4片单片模板即可。

（2）墙模板：先拆除外部斜撑，然后自上而下拆除外楞及对拉螺栓，如果是组拼的钢模板则摘除扣件并卸掉模板；而一般情况下，为了提高效率，无论是整块模板还是组拼模板，都是整体安装和整体拆卸。这时，应防止模板的倾覆，模板上部应采取悬吊和临时支撑措施，对拉螺栓不能一次性全部拆除，端部起到拉结作用的少量对拉螺栓最后拆除。

（3）梁板模板：先拆梁侧模，再拆板底模，最后拆梁底模；并按照“先中段后边缘”的顺序分段分片依次拆除。

4.2.8　模板质量检验与验收标准

1. 进场检验及周转使用前的检验

进场时和周转使用前的检验主要包括对模板、支架杆件和连接件的外观质量和力学性能进行检查。

（1）模板极表面应平整；胶合板模板的胶合层不因脱胶翘角；支架杆件、连接件应平直，且无严重变形和锈蚀，并不应有裂纹；

（2）模板的规格和尺寸，支架杆件的直径和壁厚，及连接件的质量，应符合设计要求；

（3）施工现场组装的模板，其组成部分的外观和尺寸，应符合设计要求；

（4）必要时，应对摸板、支架杆件和连接件的力学性能进行抽样检查。

2. 安装完成后检验

1）验收内容

现浇混凝土结构的模板及支架安装完成后，应进行全数检查，检查内容按照专项施工方案，包括以下几个方面：

（1）模板的定位；

（2）支架杆件的规格、尺寸、数量；

（3）支架杆件之间的连接；

（4）支架的剪刀撑和其他支撑设置；

（5）支架与结构之间的连接设置；

（6）支架杆件底部的支承情况。

2）现浇结构模板安装质量的验收方法及标准

检查数量：在同一检验批内，对梁、柱和独立基础，应抽查构件数量的10%，且不少于3件；对墙和板，应按有代表性的自然间抽查10%，且不少于3间；对大空间结构，墙可按相邻轴线间高度5m左右划分检查面积，板可按纵横轴线划分检查面，抽查10%，且均不少于3面。检查方法及标准见表4.2.5。

表4.2.5　现浇结构模板安装的允许偏差及检验方法

项　目		允许误差/mm	检验方法
轴线位置		5	尺量检查
底模上表面标高		±5	水准仪或拉线、尺量检查
截面内部尺寸	基础	±10	尺量检查
	柱、墙、梁	+4，-5	尺量检查
层高垂直度	不大于5m	6	经纬仪或吊线、尺量检查
	大于5m	8	经纬仪或吊线、尺量检查
相邻两板表面高低差		2	尺量检查
表面平整度		5	2m靠尺和塞尺检查

注：检查轴线位置时，应沿纵、横两个方向量测，并取其中偏差的较大值。

混凝土结构预埋件、预留孔洞允许偏差应符合表4.2.6的要求。

表4.2.6　混凝土结构预埋件、预留孔洞允许偏差

项　　目		允许偏差/mm
预埋钢板中心线位置		3
预埋管、预留孔中心线位置		3
插筋	中心线位置	5
	外露长度	±10，0
预埋螺栓	中心线位置	2
	外露长度	±10，0
预留孔	中心线位置	10
	尺寸	±10，0

注：检查中心线位置时，应沿纵、横两个方向量测，并取其中偏差的较大值。

4.2.9　模板设计

1. 模板专项设计方案内容

（1）模板及支架的选型及构造设计；

（2）模板及支架的材料选择；

（3）模板及支架上的荷载及其效应计算；

（4）模板及支架的承载力、刚度验算；

（5）模板及支架的抗倾覆验算；

（6）绘制模板及支架施工图；

（7）模板及支架安装、拆除的技术措施；

（8）施工安全和应急措施

（9）文明施工、环境保护等技术要求。

2. 设计方法

（1）模板及支架的结构设计宜采用以分项系数表达的极限状态设计方法；

（2）模板及支架的结构分析中所采用的计算假定和分析模型应有理论或试验依据，或经工程验证可行；

（3）模板及支架应根据施工过程中各种受力工况进行结构分析，并确定其最不利的作用效应组合；

（4）承载力计算应采用荷载基本组合；变形验算可仅采用永久荷载标准值。

3. 荷载计算

（1）模板及其支架自重标准值 G_{1k}。应根据模板设计图纸计算确定。肋形或无梁楼板模板自重标准值应按表4.2.7中数值采用。

表4.2.7　楼板模板自重标准值（kN/m²）

项目名称	木模板	定型组合钢模板
无梁楼板的模板及小楞	0.30	0.50
有梁楼板模板（包含梁的模板）	0.50	0.75
楼板模板及支架（楼层高度为4m以下）	0.75	1.10

（2）新浇混凝土自重标准值 G_{2k}。普通混凝土可采用24kN/m³，其他混凝土可根据实际重力密度或按规范确定。

（3）钢筋自重标准值 G_{3k}。根据工程图纸确定。一般梁板结构每立方米钢筋混凝土的钢筋自重标准值取用：楼板；1.1kN；梁；1.5kN。

（4）新浇筑混凝土对模板的侧压力标准值 G_{4k}：

采用插入式振动器且浇筑速度不大于10m/h、混凝土坍落度不大于180mm时，新浇筑混凝土对模板的侧压力的标准值，可按公式（4-2-1）和（4-2-2）分别计算，并应取其中的较小值：

当浇筑速度大于10m/h或混凝土坍落度大于180mm时，可按式（4-2-2）计算。

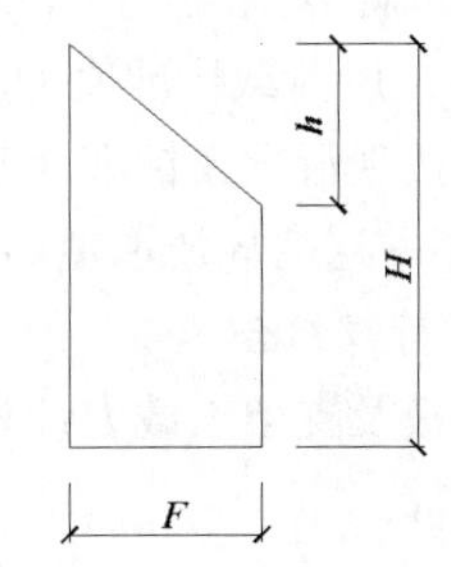

图4.2.26　混凝土侧压力分布
h-有效压头高度；H-模板内混凝土总高度；F-最大侧压；

$$F = 0.28\gamma_c t_0 \beta V^{\frac{1}{2}} \tag{4-2-1}$$

$$F = \gamma_c H \tag{4-2-2}$$

式中：F——新浇筑混凝土作用于模板的最大侧压力标准值（kN/m²），见图4.2.26；

γ_c——混凝土的重力密度（kN/m³）；

t_o——新浇混凝土的初凝时间（h）可按实测确定。当缺乏试验资料时，可采用 t_o = 200/（T+15）计算，T 为混凝土的温度（℃）；

V——浇筑速度，取混凝土浇筑高度（厚度）与浇筑时间的比值（m/h）；

H——混凝土侧压力计算位置处至新浇混凝土顶面的总高度（m）；

β——混凝土坍落度影响修正系数，当坍落度为50～90mm时，取0.85；90～130mm时，取0.9；130～180mm时，取1.0。

（5）施工人员及施工设备产生的荷载标准值 Q_{1k}：

可按实际情况计算，且均布荷载不应小于 2.5kN/m^2。

当计算模板和直接支承模板的小梁时，均布活荷载可取 2.5kN/m^2，再用集中荷载 2.5kN 进行验算，比较两者所得的弯矩值取最大值；当计算直接支承小梁的主梁时，均布活荷载标准值可取 1.5kN/m^2；当计算支架立柱及其他支承结构构件时，均布活荷载标准值可取 1.0kN/m^2。

对大型浇筑设备，如上料平台、混凝土输送泵等按实际情况计算；采用布料机上料进行浇筑混凝土时，活荷载标准值取 4kN/m^2。混凝土堆积高度超过 100mm 以上者按实际高度计算。模板单块宽度小于 150mm 时，集中荷载可分布于相邻的 2 块板面上。

（6）混凝土下料产生的水平荷载标准值 Q_{2k}：

如表 4.2.8 中的混凝土下料产生的水平荷载标准值，其作用范围可取为新浇筑混凝土侧压力的有效压头高度 h 之内。

表 4.2.8　混凝土下料产生的水平荷载标准值（kN/m^2）

下料方式	水平荷载
溜槽、串筒、导管或泵管下料	2
吊车配备斗容器下料或小车直接倾倒	4

（7）泵送混凝土或不均匀堆载等因素产生的附加水平荷载标准值 Q_{3k}：

可取计算工况竖向永久荷载标准值的 2%，并应作用在模板支架上端水平方向。

（8）风荷载标准值 Q_{4k}：

可按现行国家标准《建筑结构荷载规范》GB5009 的有关规定确定，此时基本风压可按 10 年一遇的风压取值，但基本风压不应小于 0.20kN/m^2。

4. 荷载组合

模板及支架承载力计算的各项荷载按表 4.2.9 确定，并应采用最不利的荷载基本组合进行设计。

表 4.2.9　参与模板及支架承载力计算的各项荷载

计算内容		参与荷载项
模板	底面模板的承载力	$G_1+G_2+G_3+Q_1$
	侧面模板的承载力	G_4+Q_2
支架	支架水平杆及节点的承载力	$G_1+G_2+G_3+Q_1$
	立杆的承载力	$G_1+G_2+G_3+Q_1+Q_4$
	支架结构的整体稳定	$G_1+G_2+G_3+Q_1+Q_3$；$G_1+G_2+G_3+Q_1+Q_4$

注：表示的“+”仅表示各项荷载参与组合，而不表示代数相加。

荷载组合的效应设计值计算公式

$$S = 1.35\alpha\sum_{i\geqslant1}S_{G_{ik}} + 1.4\psi_{cj}\sum_{j\geqslant1}S_{Q_{jk}} \tag{4-2-3}$$

式中：S_{Gik}——第 i 个永久荷载标准值产生的效应值；

S_{Qjk}——第 j 个可变荷载标准值产生的效应值；

α——模板及支架的类型系数：对侧面模板，取0.9；对底面模板及支架，取1.0；

ψ_{cj}——对j个可变荷载的组合值系数，宜取$\psi_{cj} \geqslant 0.9$。

5. 模板及支架结构构件承载力计算公式

按短暂设计状况进行承载力计算。

$$\gamma_0 \leqslant \frac{R}{\gamma_R} \tag{4-2-4}$$

式中：γ_0——结构重要性系数，对重要的模板及支架宜取$\gamma_0 \geqslant 1.0$；对于一般的模板及支架取$\gamma_0 \geqslant 0.9$；

S——模板及支架按荷载基本组合计算的效应设计值，可按规范规定进行计算；

R——模板及支架结构构件的承载力设计值，应按国家现行有关标准计算；对底面模板及支架，取1.0；

γ_R——承载力设计值调整系数，应根据模板及支架重复使用情况取用，不应小于1.0。

6. 模板及支架变形验算计算公式

$$\alpha_{fG} \leqslant \alpha_{f,lim} \tag{4-2-5}$$

式中：α_{fG}——按永久荷载标准值计算的构件变形值；

$A_{f,lim}$——构件变形限值，按规范规定确定。

1）模板及支架变形限值

应根据工程要求确定，并符合下列规定：

（1）对结构表面外露的模板，其挠度限值宜取为模板构件计算跨度的1/400；

（2）对结构表面隐蔽的模板，其挠度限值宜取为模板构件计算跨度的1/250；

（3）支架的轴向压缩变形限值或侧向挠度限值，宜取为计算高度或计算跨度的1/1000。

2）支架的稳定性计算

（1）支架的高宽比不宜大于3；高宽比大于3时，应加强整体稳固性措施。

（2）支架应按混凝土浇筑前和浇筑时两种工况进行抗倾覆验算。支架的抗倾覆验算应满足下式要求：

$$\gamma_0 M_o \leqslant M_r \tag{4-2-6}$$

式中：M_0——支架的倾覆力矩设计值，按荷载基本组合计算，其中永久荷载的分项荷载的分项系数取1.35，可变荷载的分项系数取1.4；

M_r——支架的抗倾覆力矩设计值，按荷载基本组合计算，其中永久荷载的分项系数取0.9，可变荷载的分项系数取0。

3）支架结构中钢构件长细比要求

此要求见表4.2.10。

表 4.2.10 支架结构钢构件容许长细比

构件类别	容许长细比
受压构件的支架立柱及桁架	180
受压构件的斜撑、剪刀撑	200
受拉构件的钢杆件	350

7. 模板及支架结构基础设计要求

支架立柱或竖向模板支承在土层上时，应按现行国家标准《建筑地基基础设计规范》GB50007 的有关规定对土层进行验算；支架立柱或竖向模板支承在混凝土结构构件上时，应按现行国家标准《混凝土结构设计规范》GB50010 的有关规定对混凝土结构构件进行验算。

8. 模板及支架结构设计其他要求

（1）钢管和扣件搭设的支架宜采用中心传力方式；

（2）单根立杆的轴力标准值不宜大于 12kN，高大模板支架单根立杆的轴力标准值不宜大于 10kN；

（3）立杆顶部承受水平杆扣件传递的竖向荷载时，立杆按不小于 50mm 的偏心距进行承载力验算，高大模板支架的立杆应按不小于 100mm 的偏心距进行承载力验算；

（4）支承模板的顶部水平杆可按受弯构件进行承载力验算；

（5）扣件抗滑移承载力验算可按现行行业标准《建筑施工扣件式钢管脚手架安全技术规范》JGJ130 的有关规定执行。

9. 模板设计案例

某工程墙体高 3m，厚 180mm，宽 3.3m，采用组合钢模板组拼，验算条件如下。

钢模板采用 P3015（1500mm × 300mm）分两行竖排拼成。内楞采用 2 根Φ48 × 3.5 钢管，间距为 750mm，外楞采用同一规格钢管，间距为 900mm。对拉螺栓采用 M20，间距为 750mm（图 4.2.27）。

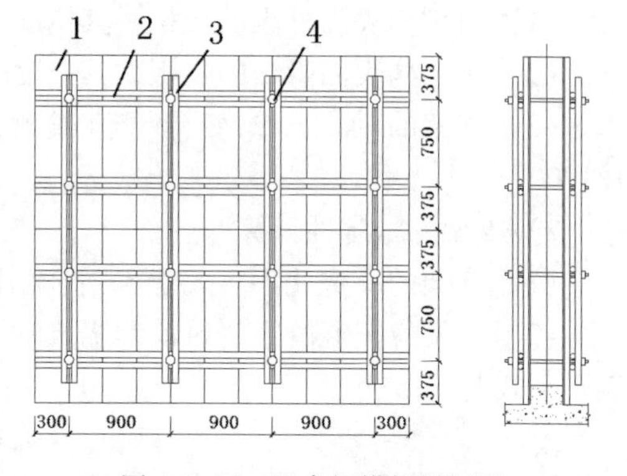

图 4.2.27 组合钢模板拼板图

1. 钢模板；2. 内楞；3. 外楞；4. 对拉螺栓

混凝土自重（γ_c）为 $24kN/m^3$，强度等级 C20，坍落度为 70mm，采用泵管下料，浇筑速度为 1.8m/h，混凝土温度为 200℃，用插入式振动器振捣。

钢材抗拉强度设计值：Q235 钢为 $215N/mm^2$，普通螺栓为 $170N/mm^2$。面板钢模的允许挠度为 1.5mm，纵横肋钢板厚度为 3mm。

试验算：钢模板、钢楞和对拉螺栓是否满足设计要求。

【解】

1）荷载计算

（1）混凝土侧压力标准值，其中：$t_0 = \dfrac{200}{20 + 15} = 5.71h$

$$F_1 = 0.28\gamma_c t_0\beta\sqrt{V} = 43.76\text{kN/m}^2$$

$$F_2 = \gamma_C \times H = 24 \times 3 = 72\text{kN/m}^2$$

取两者中小值，即 $F_1 = 43.76\ \text{kN/m}^2$

考虑荷载折减系数

$$F_1 \times 折减系数 = 43.76 \times 0.9 = 39.38\text{kN/m}^2$$

（2）倾倒混凝土时产生的水平荷载，查表 4.2.8 为 2kN/m^2。

$$荷载标准值为F_2 = 2 \times 折减系数 = 2 \times 0.9 = 1.8\text{kN/m}^2$$

（3）混凝土侧压力设计值，按式（4-2-3）进行荷载组合：

$$F' = 1.35 \times 0.9 \times 39.38 + 1.4 \times 0.9 \times 1.8 = 50.11\text{kN/m}^2$$

2）模板系统验算：

（1）钢模板验算

P3015 钢模板（$\delta = 2.5\text{mm}$）截面特征，$I_{xj} = 26.97 \times 104\ \text{mm}^4$，$W_{xj} = 5.94 \times 103\ \text{mm}^3$

计算简图如图 4.2.28 所示。

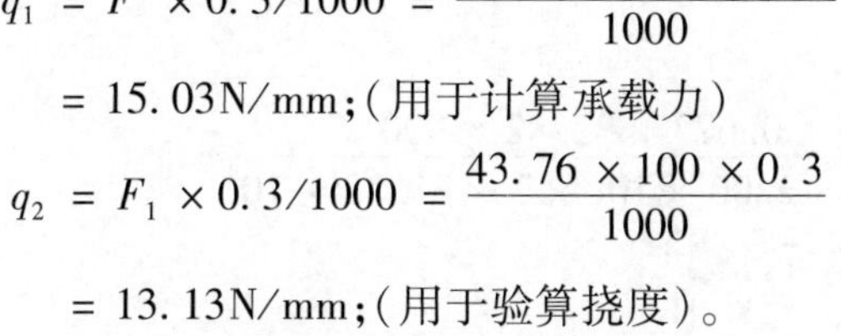

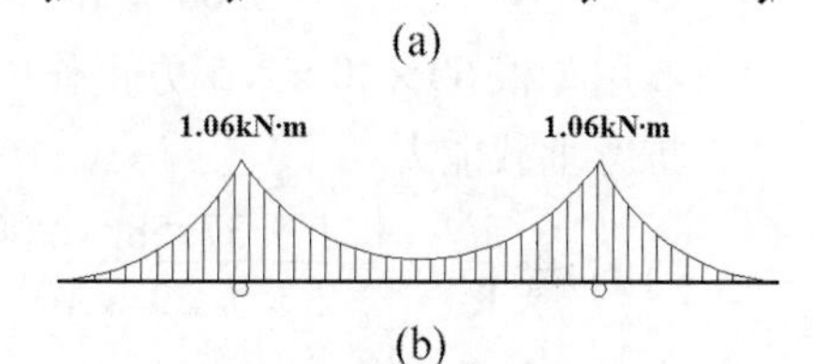

图 4.2.28　计算简图及内力分布

（a）计算简图；（b）弯矩图

化为线均布荷载：

$$q_1 = F' \times 0.3/1000 = \frac{50.11 \times 1000 \times 0.3}{1000}$$

$$= 15.03\text{N/mm};(用于计算承载力)$$

$$q_2 = F_1 \times 0.3/1000 = \frac{43.76 \times 100 \times 0.3}{1000}$$

$$= 13.13\text{N/mm};(用于验算挠度)。$$

（2）抗弯强度验算：

$$M = \frac{q_1 m^2}{2} = \frac{15.03 \times 375^2}{2} = 1.06 \times 10^6\text{N} \cdot \text{mm}$$

小刚模受弯状态下的模板应力为：

$$\sigma = \frac{M}{W} = \frac{1.06 \times 10^6}{5.94 \times 10^3} = \frac{178.45N}{\text{mm}^2} < f_m = \frac{215N}{\text{mm}^2}(可行)$$

（3）挠度验算：

$$\omega = \frac{q_2 m}{24E I_{xj}}(-l^3 + 6m^2 l + 3m^3)$$

$$= \frac{13.13 \times 375(-750^3 + 6 \times 375^2 \times 750 + 3 \times 375^3)}{24 \times 2.06 \times 10^5 \times 26.97 \times 10^4}$$

$$= 1.36\text{mm} < [\omega] = 1.5\text{mm}(可行)$$

3）内楞（双根 $\phi48 \times 3.5\text{mm}$ 钢管）验算

2 根 $\phi48 \times 3.5\text{mm}$ 的截面特征为：$I = 2 \times 12.19 \times 10^4\ \text{mm}^4 = 2 \times 5.08 \times 10^3\ \text{mm}^3$

（1）计算简图如图 4.2.29 所示：

化为线均布荷载：$q_1 = F' \times 0.75/1000 = \dfrac{51.11 \times 1000 \times 0.75}{1000} = 37.58\ \text{N/mm}$（用于计算承载力）。

$q_2 = F_1 \times 0.75/1000 = \frac{43.76 \times 1000 \times 0.75}{1000}$

$= 32.82\text{N/mm}$（用于验算挠度）

（2）抗弯强度验算：

由于内楞两端的伸臂长度（300mm）与基本跨度（900mm）之比，

$300/900 = 0.33 < 0.4$，

则伸臂端头挠度比基本跨度挠度小，故可按近似三跨连续梁计算。

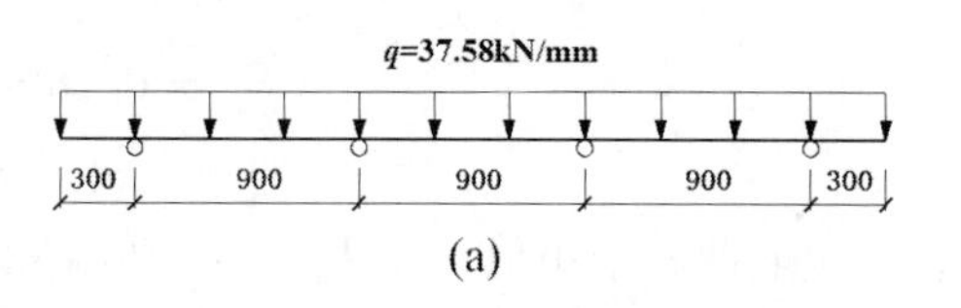

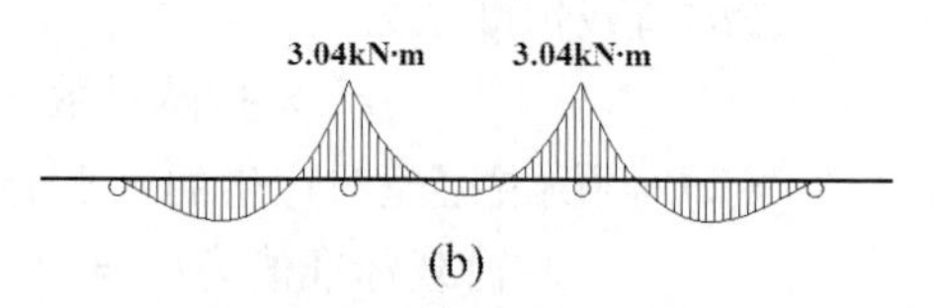

图 4.2.29　计算简图及内力分布

（a）计算简图；（b）弯矩图

$M = 0.1\, q_1\, l^2 = 0.1 \times 37.58 \times 900^2$

抗弯承载能力：

$$\sigma = \frac{M}{W} = \frac{0.1 \times 37.58 \times 900^2}{2 \times 5.08 \times 10^3} = 299.60\text{N/mm}^2 > f_m = 215\text{N/mm}^2\text{（不可行）}$$

改用 2 根 60×40×2.5 方钢作内楞后，$I = 2 \times 21.88 \times 10^4\text{mm}^4$，$W = 2 \times 7.29 \times 10^3\text{mm}^3$

抗弯承载能力：

$$\sigma = \frac{M}{W} = \frac{0.1 \times 37.58 \times 900^2}{2 \times 7.29 \times 10^3} = 208.78\text{N/mm}^2 < f_m = 215\text{N/mm}^2\text{（可行）}$$

（3）挠度验算：

$$\omega = \frac{0.677 \times q_2\, l^4}{100EI} = \frac{0.677 \times 32.82 \times 900^4}{100 \times 2.06 \times 10^5 \times 2 \times 21.88 \times 10^4}$$

$$= 1.62\text{mm}^2 < 3.0\text{mm（可行）}$$

4）对拉螺栓验算

T20 螺栓净截面面积 $A = 241\text{mm}^2$

（1）螺栓的拉力：

$$N = F' \times \text{内楞间距} \times \text{外楞间距} = 50.11 \times 0.75 \times 0.9 = 33.82\text{kN}$$

（2）拉螺栓的应力：

$$\sigma = \frac{N}{A} = \frac{33.82 \times 10^3}{241} = 140.35\text{N/mm}^2 < 170\text{N/mm}^2\text{（可行）}$$

4.3　钢筋工程

钢筋工程的重要地位体现在两个方面：一方面，钢筋是钢筋混凝土结构不可缺少的组成部分，也是构件受拉性能的主要承担者；另一方面，钢筋施工属于隐蔽施工。在混凝土浇筑后其质量检验的难度、改造成本都会大大增加，因此控制好钢筋工程的质量对结构性能的可靠性至关重要。

4.3.1　钢筋分类

混凝土结构所用钢筋的种类较多。施工过程中需要进行辨识并掌握其性能特征。

根据用途不同，混凝土结构用钢筋分为普通钢筋和预应力钢筋。

根据钢筋的直径大小分有钢筋、钢丝和钢绞线三类。细钢筋可以盘卷形式交货，每盘

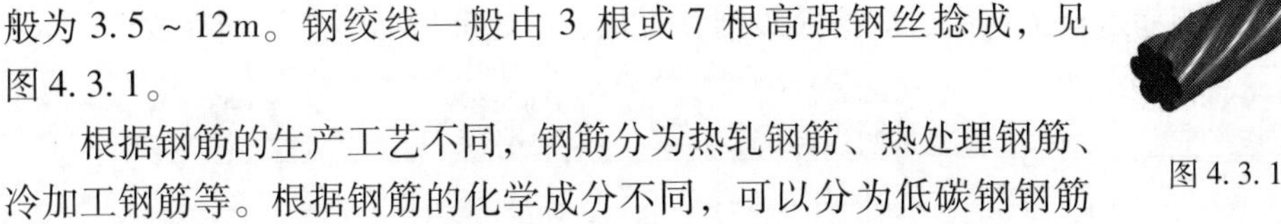

应是一根钢筋，直径为6~10mm，俗称“盘条”；粗钢筋通常是以直条形式交货，直径大于12mm的钢筋较多采用，定尺长度一般为3.5~12m。钢绞线一般由3根或7根高强钢丝捻成，见图4.3.1。

图4.3.1　钢绞线

根据钢筋的生产工艺不同，钢筋分为热轧钢筋、热处理钢筋、冷加工钢筋等。根据钢筋的化学成分不同，可以分为低碳钢钢筋和普通低合金钢钢筋（在碳素钢成分中加入锰、钛、钒等合金元素以改善其性能）。热轧钢筋按屈服强度（MPa）可分为HPB300级（I级钢筋）、HRB335级（II级钢筋）、HRB400级（III级钢筋）和HRB500级（IV级钢筋）等；钢筋级别越高，强度及硬度越高，而塑性逐级降低。对有抗震设防要求的结构，其纵向受力钢筋的性能应满足设计要求；当设计无具体要求时，对按一、二、三级抗震等级设计的框架和斜撑构件（含梯段）中的纵向受力普通钢筋应采用牌号带“E”的钢筋，俗称“抗震钢筋”。如HRB335E、HRB400E、HRB500E、HRBF335E、HRBF400E或HRBF500E。

按轧制钢筋外形分为光圆钢筋和变形钢筋，见图4.3.2和图4.3.3。

图4.3.2　变形钢筋

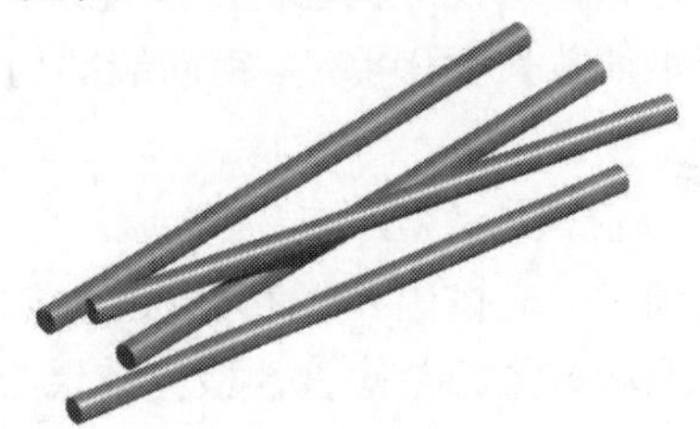

图4.3.3　光圆钢筋

按钢筋加工方式分为普通钢筋和成型钢筋。成型钢筋是采用专用设备，按规定尺寸、形状预先加工成型的普通钢筋制品。

我国新编《混凝土结构设计规范》GB 50010-2010中提供普通钢筋种类见表4.3.1。

表4.3.1　普通钢筋强度标准值（kN/mm²）

牌号	符号	公称直径	屈服强度标准值f_{yk}	极限强度标准值f_{uk}
HPB300	Φ	6~22	300	420
HRB335 HRBF335	Φ	6~50	335	455
HRB400 HRBF400 RRB400	Φ	6~50	400	540
HRB500 HRBF500	Φ	6~50	500	630

4.3.2　钢筋进场验收

钢筋进场后必须经过检验合格以后才能使用。

1. 质量文件及标识检查。

钢筋出厂时，应在每捆（盘）钢筋上挂有两个标牌，注明生产厂家、生产日期、钢号、炉罐号、钢筋级别、直径等信息，见图 4. 3. 4。特别是光圆钢筋没有轧制标志，应注意通过标牌进行区分。此外，进场钢筋还附带质量证明文件，包括质量证明书或试验报告单，如图 4. 3. 5。钢筋运至工地后，应按照级别、直径、产地等指标信息分别存放。

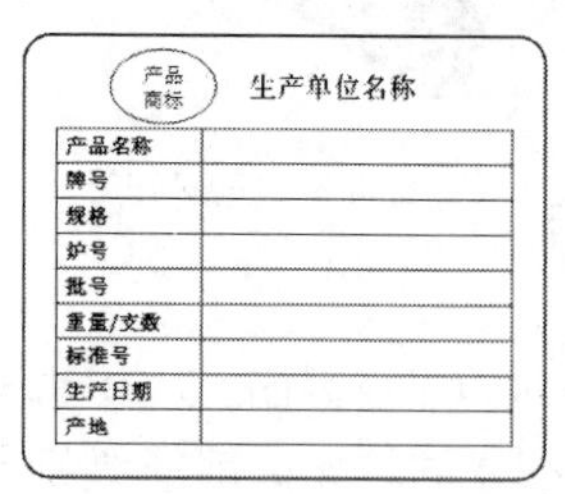

产品商标　生产单位名称

产品名称	
牌号	
规格	
炉号	
批号	
重量/支数	
标准号	
生产日期	
产地	

图 4. 3. 4　标牌

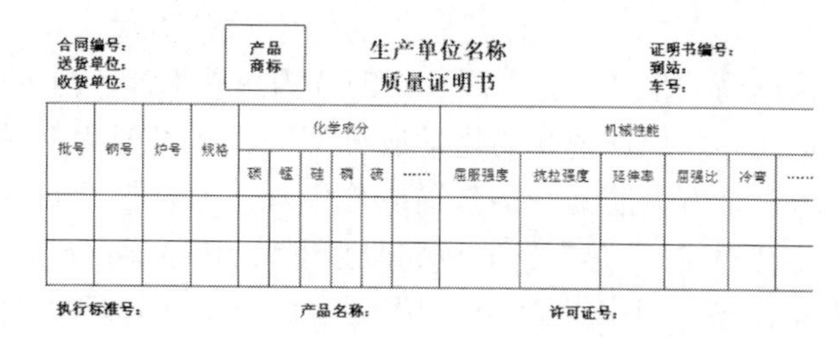

合同编号：
送货单位：
收货单位：

产品商标

生产单位名称
质量证明书

证明书编号：
到站：
车号：

批号	钢号	炉号	规格	化学成分						机械性能					
				碳	锰	硅	磷	硫	……	屈服强度	抗拉强度	延伸率	屈强比	冷弯	……

执行标准号：　产品名称：　许可证号：

图 4. 3. 5　产品质量证明书

2. 外观检查

钢筋的外观应通过观察对其进行全数检查。检查内容主要包括钢筋外观不得有损伤、裂缝、油污、颗粒状或片状老锈。按直条交货的钢筋每米的弯曲度不应大于 4mm，总弯曲度不应大于钢筋总长度 0. 4% 。钢筋端部切口应平整并与钢筋轴线垂直，局部变形不影响使用。

3. 力学性能试验检查

钢筋进场时，应按国家现行相关标准的规定抽取试件作屈服强度、抗拉强度、伸长率、弯曲性能和重量偏差检验，检验结果必须符合相关标准的规定。

1） 检验批要求

检验批是工程质量验收的基本单元。普通钢筋和成型钢筋进场时，应按批进行检验。普通钢筋按照同一牌号、同一炉罐号、同一规格的钢筋组成一批，重量不超过 60t；成型钢筋按照同一工程、同一类型、同一原材料来源、同一组生产设备生产的钢筋组成一批，重量不大于 30t。

2） 试件选取和检验项目

进场钢筋应该按照国家标准抽样检验其屈服强度、抗拉强度、伸长率、弯曲性能及单位长度重量偏差。

热轧钢筋和余热处理钢筋要求每批抽取 5 个试件，先进行重量偏差检验，再取其中 2 个试件进行拉伸试验和弯曲性能试验；冷轧带肋钢筋和冷轧扭钢筋要求每批抽取 3 个试件，先进行重量偏差检验，再取其中 2 个试件进行拉伸试验和弯曲性能试验。对于无法准确判断钢筋品种、牌号情况，应增加化学成分、晶粒度等检验项目。一般钢筋检验断后伸长率即可，牌号带 E 的钢筋应检验最大力下总伸长率。“抗震钢筋” 的强度和最大力下总伸长率的实测值应符合下列规定：

钢筋的抗拉强度实测值与屈服强度实测值的比值不应小于 1. 25；

钢筋的屈服强度实测值与屈服强度标准值的比值不应大于 1. 30；

钢筋的最大力下总伸长率不应小于 9% 。

同样，成型钢筋应抽样检验其屈服强度、抗拉强度、伸长率、弯曲性能及单位长度重量偏差。

3） 力学性能试验评判标准

每批钢筋中任选的2个试件，从两个试件上取2个试样分别进行拉伸试验（包括屈服强度、抗拉强度和伸长率）和弯曲性能试验。如果有一项试验结果不符合要求，则从同一批钢筋中另外抽取双倍数量的试样重新进行试验。如果仍然有一个试样不合格，则该批钢筋为不合格。

4.3.3　钢筋加工

钢筋加工有场内加工和场外专业化成型钢筋加工两种方式。钢筋加工包括调直、除锈、截断下料、弯曲成型等工作。钢筋加工前应将表面清理干净。表面有颗粒状、片状老锈或有损伤的钢筋不得使用。钢筋加工宜在常温状态下进行，加工过程中不应对钢筋进行加热。钢筋弯曲成型应一次弯折到位。

1. 钢筋调直

钢筋宜采用机械设备进行调直，也可采用冷拉方法调直。当采用机械设备调直时，调直设备不应具有延伸功能，其调直原理见图4.3.6。无延伸功能指调整机械设备的牵引力不大于钢筋的屈服力。钢筋调直过程中不应损伤带肋钢筋的横肋，以避免横肋损伤造成钢筋锚固性能降低。调直后的钢筋应平直，不应有局部弯折。钢筋无局部弯折，一般指钢筋中心线同直线的偏差不应超过全长的1%。当采用冷拉方法调直时，采用冷拉应力控制比较困难时，可以采用冷拉率控制，则冷拉率应满足表4.3.2中的限值，以免影响钢筋的力学性能。由于机械调直有利于保证钢筋质量，控制钢筋强度，因而实际应用中推荐采用这种钢筋调直方式。

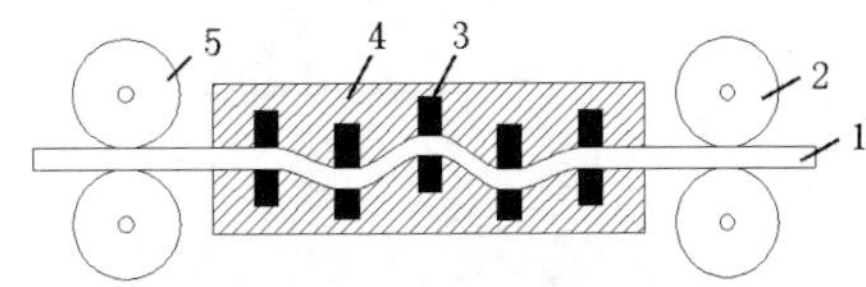

图4.3.6　钢筋调直原理示意图
1. 钢筋；2. 牵引辊；3. 调直模块；
4. 调直箱；5. 送料辊

表4.3.2　钢筋冷拉率

项次	钢筋级别	最大冷拉率/（%）
1	HPB300	4
2	HRB335、HRB400、HRB500 HRBF335、HRBF400、HRBF500 RRB400带肋钢筋	1

2. 钢筋除锈

钢筋加工前应清理表面的油污、漆污和铁锈。钢筋除锈分为机械除锈和人工除锈两种方式。清除钢筋表面油漆、油污、铁锈可采用调直机、除锈机、风砂枪等机械除锈方法；当钢筋数量较少时，也可使用钢丝刷、砂盘等工具进行人工除锈。除锈后的钢筋要尽快使用，长时间未使用的钢筋在使用前同样应进行除锈作业。有颗粒状、片状老锈或有损伤的钢筋，性能无法保证，不应在工程中使用。

3. 钢筋截断和下料

钢筋切断机具有断线钳、手压切断器、手动液压切断器、钢筋切断机等。钢筋截断应将同规格钢筋根据不同长度长短搭配，统一排料。一般应先断长料，后断短料，以减少钢筋损耗。并应注意以下质量控制措施：

（1）采用气压焊的钢筋应采用砂轮切割。

（2）断料应避免用短尺量长料，防止在量料中产生累计误差。

（3）钢筋的断口不得有马蹄形或起弯等现象，在切断过程中，如发现钢筋有劈裂、缩头或严重的弯头等状况，必须将此部分切除。

4. 钢筋弯曲

结构构件中的钢筋端部都有锚固的设计要求，当构件沿钢筋方向尺寸不足时，钢筋需要向其他方向弯折，以满足钢筋锚固的需要。钢筋弯折宜采用钢筋弯曲机等专用设备一次弯折到位。专用设备的工作效率高，加工质量好，其工作原理如图 4. 3. 7 所示。当设备条件不能满足时，也可以采用手工工具进行弯折。弯折钢筋的弯弧内直径应符合表 4. 3. 3 中规定的数值。

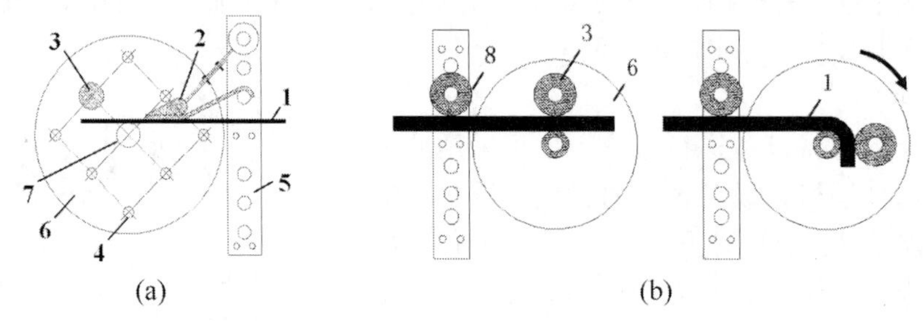

图 4. 3. 7　钢筋弯曲机工作原理示意图

（a）钢筋弯曲机工作平面图；（b）钢筋 90°弯曲工作原理

1. 钢筋；2. 可调挡架；3. 成形辊轴；4. 成形辊轴孔；5. 插座；6. 工作盘；7. 中心轴辊；8. 固定挡铁

表 4. 3. 3　不同牌号钢筋的弯弧内直径

钢筋强度等级	300MPa 级光圆钢筋	335MPa 级、400MPa 级带肋钢筋	500MPa 级	
			$d<28$mm	$d>28$mm
弯弧内直径 D	≥2. 5d	≥4d	≥6d	≥7d

注：d 为钢筋直径。

【技术要求】

（1）位于框架结构顶层端节点处的梁上部纵向钢筋和柱外侧纵向钢筋，在节点角部弯折处，当钢筋直径为 28mm 以下时，弯弧内直径不宜小于钢筋直径的 12 倍，当钢筋直径为 28mm 及以上时不宜小于钢筋直径的 16 倍。

（2）箍筋弯折处尚不应小于纵向受力钢筋直径（指箍筋角部围绕的纵向受力钢筋直径）；箍筋弯折处纵向受力钢筋为搭接钢筋或并筋时，应按钢筋实际排布情况确定钢筋弯弧内直径。

（3）纵向受力钢筋的弯折后平直段长度应符合设计要求及现行国家标准《混凝土结构设计规范》GB 50010 的有关规定。光圆钢筋末端作 180°弯钩时，弯钩的平直段长度不应小于钢筋直径的 3 倍。

（4）对一般结构构件，钢筋弯钩的弯折角度不应小于 90°，弯折后平直段长度不应小于钢筋直径的 5 倍；对有抗震设防要求或设计有专门要求的结构构件，锚筋弯钩的弯折角度不应小于 135°，弯折后平直段长度不应小于箍筋直径的 10 倍和 75mm 两者之中的较大值；

（5）圆形箍筋的搭接长度不应小于其受拉锚固长度，且两末端均应作不小于 135°的弯钩，弯折后平直段长度对于一般结构构件不小于箍筋直径的5倍，对于有抗震设防要求的结构构件不应小于箍筋直径的10倍和75mm的较大者，见图4.3.8所示。

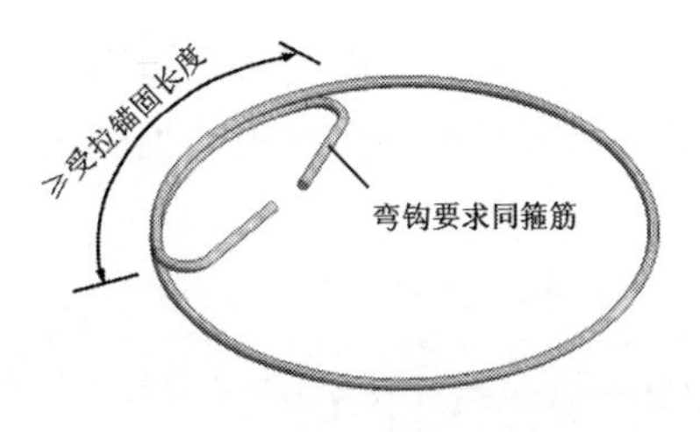

图4.3.8　圆形箍筋弯钩示意图

（6）拉筋用作梁、柱复合箍筋中单支箍筋或梁腰筋间拉结筋时，两端弯钩的弯折角度均不应小于135°，弯折后平直段长度应符合对箍筋的有关规定；拉筋用作剪力墙、楼板等构件中拉结筋时，当墙板或者楼板一侧模板已经安装到位，为了便于拉筋安装，两端弯钩可采用一端135°，另一端90°，安装就位后再将弯钩弯折到规定角度，弯折后平直段长度不应小于拉筋直径的5倍。

（7）对于弯折过度的钢筋，不得回弯。

4.3.4　钢筋的配料

1. 下料计算的一般公式

钢筋配料是施工现场钢筋工程施工方案设计的重要内容，就是根据结构设计图纸编制出各个构件的钢筋配料表。在配料表中将所有钢筋按照其使用的楼层、构件、部位进行编号归类，绘制钢筋形状简图，列出钢筋下料长度、根数、规格、重量等信息数据，以提高钢筋加工的效率，减少钢筋损耗。

简单的钢筋配料表可以采用人工计算和整理的方式，而复杂工程一般通过工程量计量软件自动生成，工作效率大大提高。

钢筋下料长度是指钢筋在下料加工时需要截取的实际直线长度。通常情况下，由于钢筋下料长度并不等于图纸标注的钢筋各个尺寸简单累加，而是需要通过图纸上标注的钢筋尺寸换算后得到，因而与图纸上标注的尺寸并不完全一致（图上标注尺寸多以直线长度为主），或者可以说设计图中并不能直接给出钢筋的下料尺寸。

钢筋的下料尺寸需要根据设计图纸的构件定形尺寸，再考虑保护层、弯曲弧度及锚固长度等要求最后计算确定。通常采用的钢筋下料长度（用L表示）推算公式包括以下几个情况：

直线钢筋：

L = 构件长度 − 保护层厚度 + 弯钩增加长度

弯起钢筋：

L = 钢筋直段长度 + 斜段长度 − 弯起调整值 + 弯钩增加长度

箍筋：

L = 箍筋周长 + 箍筋长度调整值

2. 下料长度的调整

1）图纸标注尺寸与钢筋下料尺寸的差别

结构设计图纸上对钢筋的尺寸标注一般都采用直线标注。按照图纸标注尺寸计算的钢筋长度与推算得到的钢筋实际下料长度存在差异，钢筋的实际下料长度是按照钢筋的轴线计算得到，而设计图纸的标注长度是钢筋图例线条平直段长度的累加，而且通常意义上的标注长度应该是以钢筋外皮为基准。因此，这个差异是由尺寸标注位置、钢筋弯曲调整值和弯钩增加长度造成的，如图4.3.9所示。钢筋弯折处通常沿一定的圆弧形成，而不是沿直角弯折，因而折线长度与弧线长度之间存在一个差值，这个值就是钢筋弯曲调整值。这个值适用于钢筋中间段弯曲产生的长度差异。弯曲调整值与钢筋的种类、规格以及钢筋的构造要求有关，而钢筋弯钩增加长度与加工要求（如夹持长度）和构造要求（如构件尺寸、锚固长度等）有关，见图4.3.10。

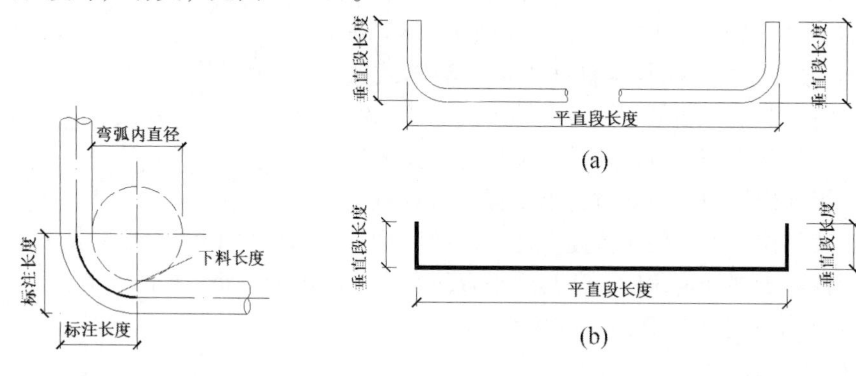

图4.3.9　钢筋弯曲调整值

图4.3.10　钢筋尺寸差异对比

（a）实际下料；（b）图纸标注

2）弯曲调整值

以带肋钢筋为例，假设弯曲内直径为5d，不同弯曲角度的弯曲调整值近似计算公式如下：

$$
\begin{aligned}
\text{弯曲调整值} &= \text{标注长度} \times 2 - \text{弯曲弧长} \\
&= 2 \cdot \left(\frac{D}{2} + d\right) \cdot \tan\frac{\alpha}{2} - \frac{D+d}{2} \cdot \frac{\alpha}{180} \cdot \pi \\
&= \left(7\tan\frac{\alpha}{2} - \frac{\alpha \cdot \pi}{60}\right) \cdot d
\end{aligned}
$$

几个特殊角度的弯曲调整值如下：

30°弯钩：0.3d；45°弯钩：0.5d；60°弯钩：0.9d；90°弯钩：2d；135°弯钩：3.5d。

3）弯钩增加长度

钢筋端部弯折时，除了存在弯曲调整值以外，还要再加上额外加工要求的长度或者锚固长度，所得到的长度值就是弯钩增加长度。这个值适用于钢筋端部有弯钩时的长度差值的计算。

此外，要获得构件中钢筋的下料长度，还需要考虑很多因素，如混凝土保护层厚度，钢筋弯弧内直径、钢筋形状、端部加工长度或者锚固长度要求等。不同规格钢筋的弯弧内直径应符合表4.3.4的要求。

表4.3.4　不同规格钢筋的弯弧内直径

钢筋种类	直径/mm	弯弧内直径
HPB300（光圆钢筋）	-	≥2.5d
HRB335、HRB400（带肋钢筋）	-	≥4.0d
HRB500（带肋钢筋）	< 28	≥6.0d
	≥ 28	≥7.0d
框架结构顶层端节点：梁上部纵筋；柱外侧纵筋；	< 28	≥12.0d
	≥ 28	≥16.0d
箍筋	-	≥纵筋直径，或者根据排筋确定

注：d为钢筋直径。

常见的钢筋弯钩形式有三种：半圆弯钩、直角弯钩和斜弯钩。半圆弯钩在光圆钢筋中应用最多。直角弯钩在结构构件的受力钢筋中都有应用。斜弯钩多见于箍筋。

光圆钢筋的弯曲内直径为2.5d，平直段长度取3d，见图4.3.11所示，不同弯钩增加长度经验值如下：

180°弯钩：6.25d；90°弯钩：3.5d；135°弯钩：4.9d。

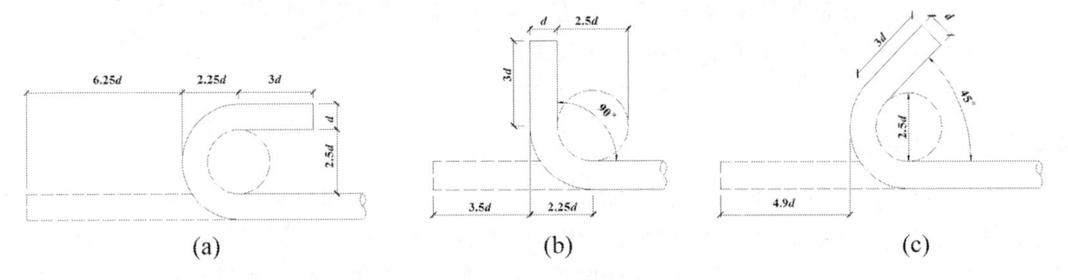

图4.3.11　光圆钢筋不同弯钩的弯曲增加长度

（a）180°弯钩；（b）90°弯钩；（c）135°弯钩

带肋钢筋的弯曲内直径为4d，平直段长度取3d,，见图4.3.12所示，不同弯钩增加长度经验值如下：

90°弯钩：4d；135°弯钩：5.9d。

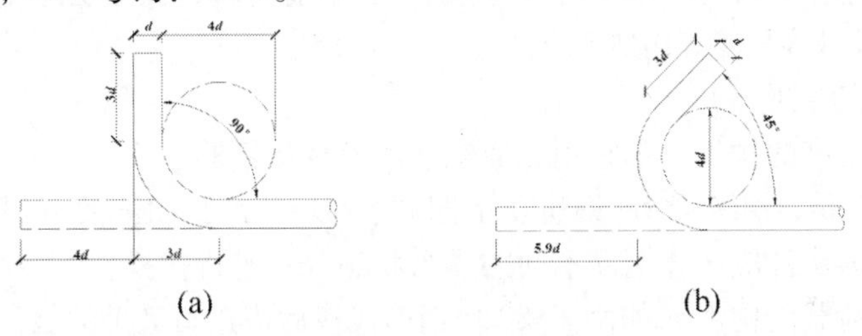

图4.3.12　带肋钢筋不同弯钩的弯曲增加长度

（a）90°弯钩；（b）135°弯钩

3. 箍筋下料长度

箍筋下料长度需要先计算箍筋的闭合环中心线的长度，再考虑弯曲调整值和弯钩增加长度后得到钢筋下料长度。而箍筋闭合环中心线长度通常通过两个尺寸推算得到，即“箍筋环外包尺寸”和“箍筋环内包尺寸”。首先，根据构件截面周长、保护层厚度、箍筋直径可以推算得到“箍筋环外包尺寸（截面尺寸－保护层×2）”或“箍筋环内包尺寸（截面尺寸－保护层×2－箍筋直径）”。然后在加上箍筋弯钩的增加长度即可得到箍筋的下料长度，而增加长度需要通过轴线长度经过推算得到。

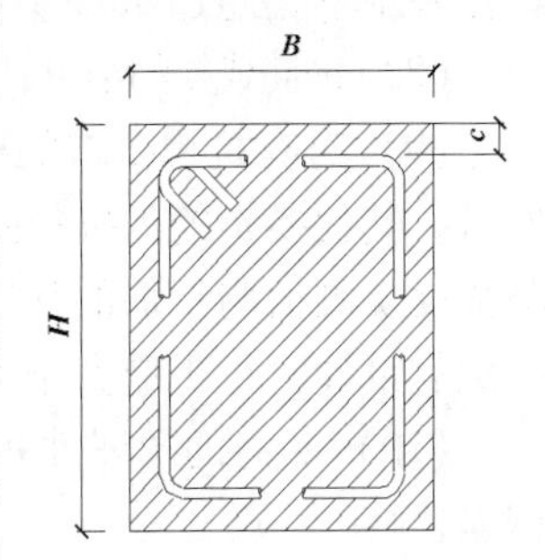

图4.3.13　箍筋下料长度计算示意图

以梁箍筋为例，如图4.3.13，梁截面尺寸为$B\times H$，保护层厚度为c（按照箍筋外皮至构件外表面的距离考虑），钢筋采用HRB335级带肋钢筋，直径为d；则钢筋弯弧内直径取5d，箍筋采用无抗震要求的构造，即弯钩平直段长度为5d。则箍筋下料长度按如下步骤计算：

不考虑弯曲调整值和弯钩增加长度的情况下：

$$箍筋环轴线矩形周长 = [(B-2\times c-d)+(H-2\times c-d)]\times 2 = (2B+2H)-8c-4d$$

3 个角部为90°弯曲，每个调整值为$2d$；2 个 135°弯钩，每个增加长度为$7.9d$；

$$箍筋下料长度 = (2B+2H)-8c-4d-3\times 2d+2\times 7.9d$$

令$(2B+2H)-8c$为箍筋外包矩形周长C，则

$$箍筋下料长度 = C+6.8d$$

4.3.5 钢筋的代换

施工过程中，结构构件中的钢筋应按照设计和相关规范的要求采用。但是，如果遇到供应困难的情况，而不能满足设计对钢筋级别和规格的要求，并影响到工程的正常进展，施工单位可对钢筋进行代换，但必须与设计单位协调办理设计变更文件。钢筋代换主要包括钢筋品种、级别、规格、数量等的改变。钢筋代换应按照国家现行相关标准的有关规定，考虑构件承载力、正常使用（裂缝宽度、挠度控制）及配筋构造等方面的要求，需要时可以采用“并筋”的代换形式。由于锚固效果差别较大，不宜用光圆钢筋代换带肋钢筋。

当进行钢筋代换时，除了应符合设计要求的构件承载力、最大力下的总伸长率、裂缝宽度验算以及抗震规定以外，尚应满足最小配筋率、钢筋间距、保护层厚度、钢筋锚固长度、接头面积百分率及搭接长度等构造要求。

1. 代换的一般原则

（1）抗拉要求高的构件，不宜用光面钢筋代换变形钢筋。

（2）梁的纵向受力钢筋和弯起钢筋应分别进行代换，分别对正截面和斜截面进行验算。

（3）偏心受力构件应区分钢筋不同的受力状态分别进行代换。

（4）承受动荷载的构件（如吊车梁），钢筋代换后应进行疲劳验算。

（5）当构件对裂缝宽度有要求时，钢筋在等强度代换后，还应进行裂缝宽度验算；当裂缝宽度满足要求，但略有增大时，宜对构件挠度进行验算。

（6）以小直径钢筋代换大直径钢筋，或以低强度等级钢筋代换高强度等级钢筋时，可以不进行裂缝宽度验算。

（7）同一截面代换不同直径和等级的钢筋时，每根钢筋受力差距不宜过大，一般钢筋直径差距不宜超过5mm。

（8）钢筋代换的结果，除了要考虑力学性能外，还应兼顾用料的经济性和加工的可操作性。

（9）对有抗震要求的框架，不宜以强度等级较高的钢筋代替原设计的钢筋；当必须代换时，其代换钢筋的抗拉强度实测值与屈服强度实测值的比值不应小于1.25，且钢筋的屈服强度实测值与钢筋的强度标准值的比值，当按一级抗震设计时，不应大于1.25，当按二级抗震设计时，不应大于1.4。

（10）受力的预埋件和预制构件的吊环，采用未经冷拉的热轧钢筋制作，严禁以其他钢筋代换。

2. 代换方式

钢筋代换方法有等承载力代换、等面积代换和截面性能等效代换 3 种方式。

（1）等承载力代换：

当构件受钢筋承载力控制时，代换后钢筋的承载力≥代换前钢筋的承载力，即

$$A_{s2}f_{y2}n_2 \geqslant A_{s1}f_{y1}n_1 \tag{4-3-1}$$

式中：f_{y1}——原设计钢筋抗拉强度设计值；

f_{y2}——代换钢筋抗拉强度设计值；

A_{s1}——原设计钢筋总截面面积；

A_{s2}——代换钢筋总截面面积；

n_2——代换钢筋根数；

n_1——原设计钢筋根数。

（2）等面积代换：

当构件按最小配筋率配筋或者按照构造配置钢筋时，钢筋可按面积相等原则进行代换，即

$$A_{s2} \geqslant A_{s1} \tag{4-3-2}$$

（3）截面性能等效代换：

当构件受裂缝宽度或挠度控制时，代换后应进行裂缝宽度和挠度验算。

当钢筋代换后，由于受力钢筋直径加大或者根数增多，而需要增加排数时，构件的有效刚度 h_0减小，使截面承载力降低。针对这种情况，通常适当增加钢筋的面积，然后再进行截面承载力校核，经过试算最后确定符合要求的钢筋直径、数量和位置。

4.3.6　钢筋连接

1. 钢筋连接的种类及基本要求

钢筋连接主要有3种方式：焊接连接、机械连接和绑扎连接。混凝土结构施工的钢筋连接方式应由设计单位确定，并应考虑施工现场的气温、作业条件、环保要求等条件。如设计没有规定，可由施工单位根据国家规范的有关规定和施工现场条件提出建议，并与设计单位协商确定。

钢筋连接应当遵循以下基本要求：

（1）连接接头设置在受力较小处；梁上部钢筋的连接范围为跨中1/3净跨范围内；梁下部钢筋的连接范围为两端距支座1/4净跨范围内，连续梁的端支座不宜设置接头；

（2）同一结构跨、结构层及原材料供货长度范围内的一个纵向受力钢筋不宜多次连接，以保证钢筋的承载、传力性能。但对于跨度较大的梁，接头数量可以适当放宽；

（3）有抗震设防要求的结构中，柱端、梁端箍筋加密区内不宜设置钢筋接头，且不应进行钢筋搭接；如需在箍筋加密区内设置接头，应采用性能较好的机械连接和焊接接头；

（4）接头末端至钢筋弯起点的距离，不应小于钢筋直径的10倍；

（5）同一构件内的接头宜根据接头面积百分率要求分批错开；

（6）为了便于施工操作，机械连接、焊接连接在柱和墙中不宜设置在每层构件底部500mm范围内。

2. 机械连接

1）种类和特点

钢筋机械连接是通过钢筋与连接件或其他介人材料的机械咬合作用或钢筋端面的承压作用，将一根钢筋中的力传递至另一根钢筋的连接方法。机械连接具有接头强度高、性能可靠、施工操作简单、施工速度快、施工质量受人为因素和环境因素影响小等优点，目前

得到越来越广泛的应用。

机械连接常用的方式主要有直螺纹接头、套筒挤压接头、锥螺纹接头三种形式。其中直螺纹接头又包括镦粗直螺纹接头、滚轧直螺纹接头等形式。此外，还有两种新型的机械连接接头形式，即套筒灌浆接头和熔融金属充填接头。其中，套筒灌浆接头是在金属套筒中插入单根带肋钢筋并注入灌浆料拌合物，通过拌合物硬化而实现传力的钢筋对接接头。熔融金属充填接头则是由高热剂反应产生熔融金属充填在钢筋与连接件套筒间形成的接头。钢筋机械连接的常用种类及适用范围见表 4. 3. 5。

表 4. 3. 5　钢筋连接的常用种类及适用范围

连接方法		适用范围	
		钢筋级别	钢筋直径/mm
钢筋套筒挤压连接		HRB335、HRB400 HRB335E、HRB400E HRBF335、HRBF400 HRBF335E、HRBF400ERRB400	16 ~ 40
钢筋镦粗直螺纹套筒连接		HRB335、HRB400 HRB335E、HRB400E HRBF335、HRBF400 HRBF335E、HRBF400E	16 ~ 40
钢筋滚轧直螺纹连接	直接滚轧	HRB335、HRB400 HRB335E、HRB400E HRBF335、HRBF400 HRBF335E、HRBF400E	16 ~ 40
	挤肋滚轧		16 ~ 40
	剥肋滚轧		16 ~ 40

2）机械连接接头通用工艺技术要求

（1）套筒原材料采用 45 号钢冷拔或冷轧精密无缝钢管时，钢管应进行退火处理，并应满足现行行业标 准《钢筋机械连接用套筒》JG/T163 对钢管强度限值和断后伸长率的要求。不锈钢钢筋连接套筒原材料宜采用与钢筋母材同材质的棒材或无缝钢管。

（2）机械连接接头的性能分为强度和变形两个方面的要求，包括单向拉伸、高应力反复拉压、大变形反复拉压和疲劳四种受力状态的性能。接头应根据极限抗拉强度、残余变形、最大力下总伸长率以及高应力和大变形条件下反复拉压性能，分为Ⅰ级、Ⅱ级、Ⅲ级三个等级，其性能应根据设计要求分别符合表 4. 3. 6 和表 4. 3. 7 的规定。需要注意一点，机械连接接头长度是影响试验结果的一个关键数据，其值主要与接头试件性能试验中变形测量标距的确定有关。其数值计算如下：

机械连接接头长度 = 连接件长度 + 连接件两端钢筋横截面变化区段的长度　(4-3-3)

钢筋截面变化区段长度 = 螺纹接头的外露丝头长度 + 墩粗过渡段长度　(4-3-4)

表 4. 3. 6　接头极限抗拉强度

接头等级	Ⅰ级	Ⅱ级	Ⅲ级
极限抗拉强度	$f^{0}_{mst} \geqslant f_{stk}$ 钢筋拉断 $f^{0}_{mst} \geqslant 1.10 f_{stk}$ 连接件破坏	$f^{0}_{mst} \geqslant f_{stk}$	$f^{0}_{mst} \geqslant 1.25 f_{stk}$

注：①钢筋拉断指断于钢筋母材、套筒外钢筋丝头和钢筋镦粗过渡段；②连接件破坏指断于套筒、套筒纵向开裂或钢筋从套筒中拔出以及其他连接组件破坏。

表 4.3.7　接头变形能力

接头等级		Ⅰ级	Ⅱ级	Ⅲ级
单向拉伸	残余变形/mm	$u_0 \leqslant 0.10$（$d \leqslant 32$） $u_0 \leqslant 0.14$（$d > 32$）	$u_0 \leqslant 0.14$（$d \leqslant 32$） $u_0 \leqslant 0.16$（$d > 32$）	$u_0 \leqslant 0.14$（$d \leqslant 32$） $u_0 \leqslant 0.16$（$d > 32$）
	最大力下总伸长率/%	$A_{sgt} \geqslant 6.0$	$A_{sgt} \geqslant 6.0$	$A_{sgt} \geqslant 3.0$
高应力反复拉压	残余变形/mm	$u_{20} \leqslant 0.3$	$u_{20} \leqslant 0.3$	$u_{20} \leqslant 0.3$
大变形反复拉压	残余变形/mm	$u_4 \leqslant 0.3$ 且 $u_8 \leqslant 0.6$	$u_4 \leqslant 0.3$ 且 $u_8 \leqslant 0.6$	$u_4 \leqslant 0.6$

注：u_0——接头试件加载至 $0.6f_{yk}$ 并卸载后在规定标距内的残余变形；u_{20}——接头经高应力反复拉压20次后的残余变形；u_4——接头经大变形反复拉压4次后的残余变形；u_8——接头经大变形反复拉压8次后的残余变形；A_{sgt}——接头在最大力下总伸长率。

（3）机械连接接头面积百分率为同一连接区段内有机械接头的纵向受力钢筋与全部纵向钢筋截面面积的比值，应符合下列规定：

①接头宜设置在结构构件受拉钢筋应力较小部位，高应力部位设置接头时，同一连接区段内Ⅲ级接头的接头面积百分率不应大于25%，Ⅱ级接头的接头面积百分率不应大于50%。

②接头宜避开有抗震设防要求的框架的梁端、柱端箍筋加密区；当无法避开时，应采用Ⅱ级接头或Ⅰ级接头，且接头面积百分率不应大于50%。

③受拉钢筋应力较小部位或纵向受压钢筋，接头面积百分率可不受限制。

④对直接承受重复荷载的结构构件，接头面积百分率不应大于50%。

⑤当在同一连接区段内必须实施100%钢筋接头的连接时，应采用Ⅰ级接头。混凝土结构中要求充分发挥钢筋强度或对延性要求高的部位应优先选用Ⅱ级接头。混凝土结构中钢筋应力较高但对延性要求不高的部位可采用Ⅲ级接头。

（4）螺纹接头安装后应使用专用扭力扳手校核拧紧扭力矩。

3）套筒挤压接头

【工艺原理及特点】

套筒挤压接头是通过挤压力使连接件钢套筒塑性变形与带肋钢筋紧密咬合形成的接头，见图4.3.14。其工艺简单、可靠程度高、受人为操作因素影响小等特点，但是人工操作强度大，液压设备有时会使钢筋沾染油污，综合成本较高。

【工艺技术要求】

① 钢筋连接施工必须是专业工人持证上岗作业；

② 挤压作业应当从套筒中央开始，依次向两端挤压；挤压后的压痕直径或套筒长度的波动范围应用专用量规检验；压痕处套筒外径应为原套筒外径的0.80~0.90倍，挤压后套筒长度应为原套筒长度的1.10~1.15倍；

③ 挤压接头压痕直径的波动范围应控制在允许波动范围内，并使用专用量规进行检验；

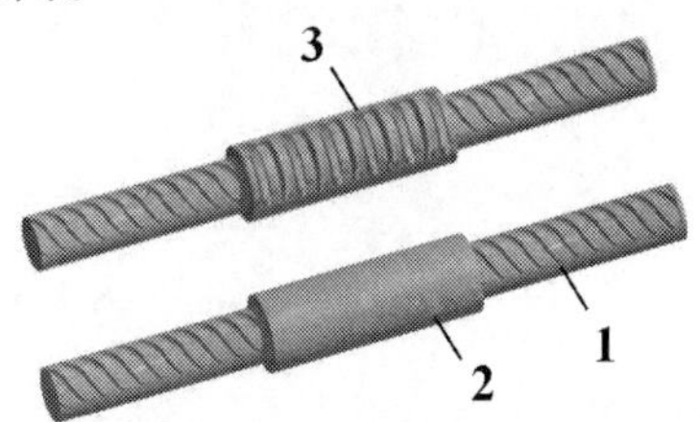

图4.3.14　套筒挤径向压连接外观效果对比

1. 连接钢筋；2. 挤压前套筒；3. 挤压后套筒

④ 钢筋端部不得有局部弯曲，不得有严重锈蚀和附着物；

⑤ 钢筋端部应有检查插入套筒深度的明显标记，钢筋端头离套筒长度中点不宜超过 10mm；

⑥ 挤压后的套筒不得有肉眼可见裂纹。

4）直螺纹接头

【工艺原理及特点】

直螺纹接头是将钢筋端头先进行镦粗或者剥削处理后，再对其采用套丝机切削或者滚丝机滚轧的方法生成螺纹，然后用带直螺纹的套筒将钢筋两端拧紧的接头形式，见图 4.3.15（a）。根据对钢筋端部的处理方式和螺纹的形成方式分为钢筋镦粗直螺纹接头和钢筋滚轧直螺纹接头。其中，【墩粗直螺纹接头】是通过钢筋端头墩粗后制作的直螺纹和连接件螺纹咬合形成的接头。【滚轧直螺纹接头】是通过钢筋端头直接滚轧或剥肋后滚轧制作的直螺纹和连接件螺纹咬合形成的接头。即滚轧直螺纹形成工艺又分为直接滚轧螺纹、剥肋滚轧螺纹两种。为了便于套筒的安装作业，直螺纹接头分为标准型、正反丝扣型、异径型、加长丝头型等多种形式。其接头质量稳定性好，操作简便，连接速度快，造价适中。

【工艺技术要求】

① 镦粗头不得有与钢筋轴线相垂直的横向表面裂纹；不合格的镦粗头应切去后重新镦粗；不得对镦粗头进行二次镦粗。如选用热镦工艺镦粗钢筋，则应在室内进行钢筋镦头加工。

② 滚轧直螺纹连接钢筋时，钢筋规格与套筒规格必须一致。钢筋和套筒的丝扣应干净完好。直螺纹接头安装时可用管钳扳手拧紧，接头安装后应用扭力扳手校核拧紧扭矩，最小拧紧扭矩值应符合规定。校核用扭力扳手的准确度级别可选用 10 级。钢筋丝头应在套筒中央位置相互顶紧，标准型、正反丝型、异径型接头安装后的单侧外露螺纹不宜超过 2P；对无法对顶的其他直螺纹接头，应附加锁紧螺母、顶紧凸台等措施紧固。

③ 连接水平钢筋时，必须将钢筋托平。钢筋的弯折点与接头套筒端部距离不宜小于 200mm。且带长套丝接头应设置在弯起钢筋平直段上。

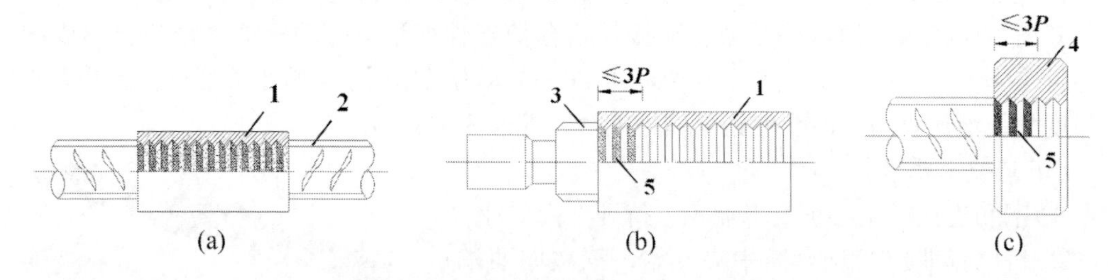

图 4.3.15　直螺纹连接构造及检验示意图

（a）连接构造；（b）套筒的止塞规检验；（c）钢筋丝头的环止规检验

1. 套筒；2. 钢筋；3. 止塞规；4. 环止规；5. 旋入部分

④为了避免因丝头端面不平造成接触端面间相互卡位而消耗大部分拧紧扭矩和减少螺纹有效扣数，直螺纹钢筋接头应切平或锻平后再加工螺纹，使安装扭矩能有效形成丝头的相互对顶力，消除或减少钢筋受拉时因螺纹间隙造成的变形。

⑤丝头加工工人经专业技术培训后上岗以及人员的相对稳定是钢筋接头质量控制的重

要环节。接头的工艺检验是检验施工现场的进场钢筋与接头加工工艺适应性的重要步骤，应在工艺检验合格后再开始加工，防止盲目大量加工造成损失。

⑥螺纹量规检验是施工现场控制丝头加工尺寸和螺纹质量的重要工序，产品供应商应提供合格螺纹量规，对加工丝头进行质量控制是负责丝头加工单位的责任。

⑦如图4.3.15（b）和（c）所示，连接套筒内螺纹尺寸的检验用专用的螺纹塞规检验，塞通规应能顺利旋入，塞止规旋入长度不得超过3P。丝头尺寸的检验，用专用的螺纹环规检验，其环通规应当能顺利地旋入，环止规旋入长度不得超过3P。

5）锥螺纹接头

（1）【工艺原理及特点】

锥螺纹接头是通过钢筋端头特制的锥形螺纹和连接件锥螺纹咬合形成的接头，如图4.3.16所示，通过连接套筒与连接钢筋螺纹的啮合来承受外荷载。其连接质量稳定性一般，施工速度快，综合成本低。

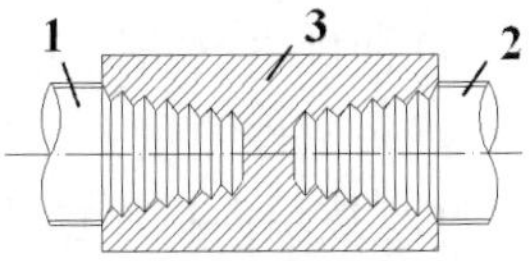

图4.3.16　连接套检验
1. 左端钢筋；2. 右端钢筋；3. 锥螺纹套筒

（2）【工艺技术要求】

①锥螺纹钢筋接头在套筒中央不允许钢筋丝头相互接触而应保持一定间隙，因此对钢筋端面的平整度要求并不高，仅对个别端部严重不平的钢筋需要切平后制作螺纹，并钢筋端头不得弯曲。

②连接钢筋时，钢筋规格和连接套的规格应一致，并确保钢筋和连接套的丝扣干净完好无损。

③采用预埋接头时，连接套的位置规格和数量应符合设计。要求带连接套的钢筋应固定牢，连接套的外露端应有密封盖。

④必须用力矩扳手拧紧接头。连接钢筋时应对正轴线将钢筋拧入连接套，然后用力矩扳手拧紧。接头拧紧值应满足规定的力矩值，不得超拧。拧紧后的接头应作上标记。校核用扭力扳手与安装用扭力扳手应区分使用，校核用扭力扳手应每年校核1次，准确度级别不应低于5级。

（3）【锥螺纹连接质量检验】

①质量检验和施工用的力矩扳手应分开使用，不得混用。

②通过专用锥螺纹量规检验控制锥螺纹锥度和螺纹长度。

③锥螺纹丝头牙形检验包括：牙形是否饱满、有无断牙、秃牙的缺陷，并且应该与牙形规的牙形吻合，牙齿表面光洁。锥螺纹丝头锥度与小端直径检验包括：丝头锥度与卡规或环规吻合程度，小端直径误差是否在卡规或环规的允许范围之内，见图4.3.17。连接套质量检验：锥螺纹塞规拧入连接套后，连接套的大端边缘在锥螺纹塞规大端的缺口范围内为合格，见图4.3.18。

6）机械连接接头现场质量检验和验收

钢筋机械连接接头现场质量检验和验收包括技术资料审查和工艺检验两个部分。技术资料审查内容包括接头的有效型式检验报告、连接件设计和加工安装的技术文件、连接件的产品合格证和质量证明书。工艺检验应符合下列规定：

① 各种类型和型式接头都应进行工艺检验，检验项目包括单向拉伸极限抗拉强度和残余变形；

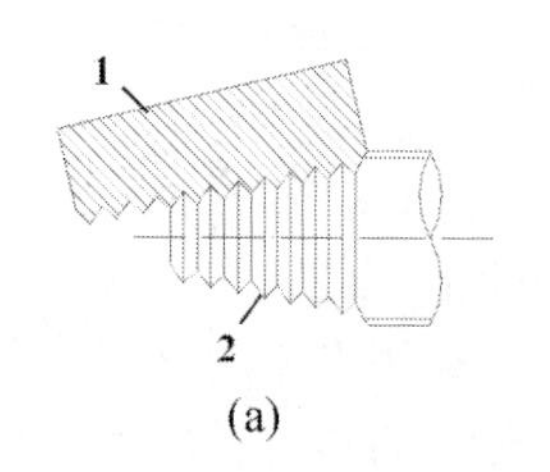

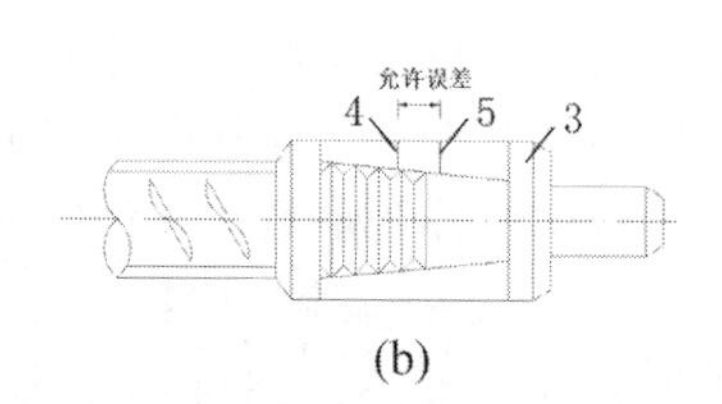

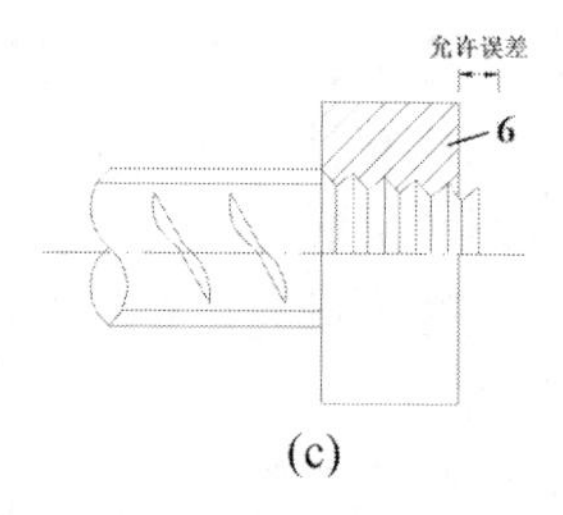

图 4.3.17　锥螺纹钢筋丝头检验示意图

(a) 牙形规检验；(b) 卡规检验；(c) 环规检验

1. 牙规；2. 锥螺纹；3. 卡规；4. 误差上限；5. 误差下限；6. 环规

② 每种规格钢筋接头试件不应少于 3 根；

③ 接头试件测量残余变形后可继续进行极限抗拉强度试验，并宜按单向拉伸加载制度进行试验；

④ 每根试件极限抗拉强度和 3 根接头试件残余变形的平均值均应符合本规程表 4.3.6 和表 4.3.7 的规定。

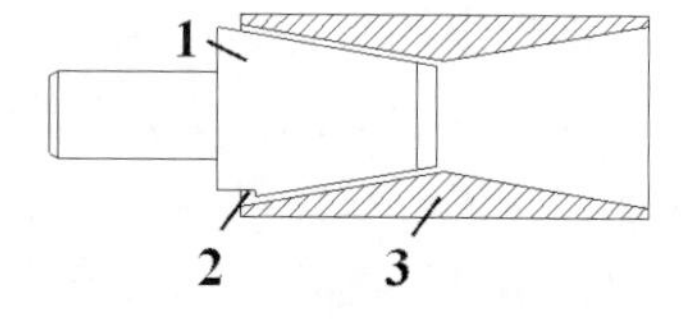

图 4.3.18　连接套检验

1. 塞规；2. 缺口（允许误差）；3. 连接套

接头现场抽检项目应包括极限抗拉强度试验、加工和安装质量检验。抽检应按验收批进行，同钢筋生产厂、同强度等级、同规格、同类型和同型式接头应以 500 个为一个验收批进行检验与验收，不足 500 个也应作为一个验收批。抽取检验批数量的 10% 进行检验校核。

螺纹接头：当不合格接头数量超过校核接头数量的 5% 时，全部接头重新拧紧并重新校核。

套筒挤压接头：先进行外观检验，当外观检验不合格接头数量超过校核接头数量的 10% 时，可在检验不合格的接头中抽取 3 个试件做极限抗拉强度试验；当验收批数量少于 200 个时，可抽取 2 个试件。全部试件均满足表 4.3.6 要求时，该验收批应评定为合格；当仅有 1 个试件的极限抗拉强度不符合要求，应再取双倍数量试件进行复检。复检中仍有 1 个试件的极限抗拉强度不符合要求，则该验收批应评定为不合格。

当需要进行接头的疲劳性能验证性检验时，应选取工程中大、中、小三种直径钢筋各组装 3 根接头试件进行疲劳试验。全部试件均通过 200 万次重复加载未破坏，应评定该批接头试件疲劳性能合格。每组中仅一根试件不合格，应再取相同类型和规格的 3 根接头试件进行复检，当 3 根复检试件均通过 200 万次重复加载未破坏，应评定该批接头试件疲劳性能合格，复检中仍有 1 根试件不合格时，该验收批应评定为不合格。

3. 焊接连接

1）种类和特点

钢筋的焊接质量受到钢材的可焊性和焊接工艺水平两个方面的因素影响。可焊性与钢筋所含碳、合金元素等的数量有关，含碳、硫、硅、锰数量增加，则可焊性差；而含适量的钛可改善可焊性。焊接工艺（焊接设备的技术参数和焊接工艺水平）对焊接质量的影响表现为，即使可焊性差的钢材，若焊接工艺选择恰当，亦可获得良好的焊接质量。因此，在注重设备选择的同时，还要求专业工人应持证上岗，并进行过必要的岗前技术培训。钢筋焊接的种类、特点及适用范围见表 4.3.8。

表4.3.8 钢筋焊接的种类、特点及适用范围

<table>
<tr><th colspan="3" rowspan="2">种类</th><th colspan="2">适用范围</th><th rowspan="2">接头图示</th><th rowspan="2">特点</th></tr>
<tr><th>牌号</th><th>直径</th></tr>
<tr><td rowspan="5">压焊</td><td rowspan="3">闪光对焊</td><td>连续闪光焊</td><td rowspan="3">HPB300,
HRB335 - HRB500
RRB400W</td><td rowspan="3">8 ~ 22mm
8 ~ 32mm
10 ~ 32mm</td><td rowspan="3"></td><td rowspan="3">不需要焊药、施工工艺简单、工作效率高、造价较低，应用广泛。</td></tr>
<tr><td>预热 - 闪光焊</td></tr>
<tr><td>闪光 - 预热 - 闪光焊</td></tr>
<tr><td colspan="2">电阻点焊</td><td>HPB300,
HRB335 - HRB400</td><td>6 ~ 16mm</td><td></td><td>工效高、省工、成品整体性好、节约材料、降低成本</td></tr>
<tr><td colspan="2">电渣压力焊</td><td>HPB300,
HRB335 - HRB500</td><td>12 ~ 32mm</td><td></td><td>操作简单、易掌握、工作效率高、成本较低、施工条件也较好</td></tr>
<tr><td rowspan="3">熔焊</td><td rowspan="3">电弧焊</td><td>绑条焊</td><td>HPB300,
HRB335 - HRB500</td><td>6 ~ 22mm
6 ~ 40mm</td><td></td><td rowspan="3">设备简单、价格低廉、维护方便、操作技术要求不高，应用广泛</td></tr>
<tr><td>搭接焊</td><td>HPB300,
HRB335 - HRB500</td><td>6 ~ 22mm
6 ~ 40mm</td><td></td></tr>
<tr><td>坡口焊</td><td>HPB300,
HRB335 - HRB500</td><td>18 ~ 40mm</td><td></td></tr>
</table>

2）基本工艺技术要求

（1）细晶粒热轧钢筋及直径大于28mm的普通热轧钢筋，其焊接参数应经试验确定；余热处理钢筋不宜焊接，需要焊接时，应选用RRB400W可焊接余热处理钢筋。

（2）当环境温度低于 -5℃，应采取相应的钢筋低温焊接工艺。低于 -20℃时不得进行焊接。

（3）风速超过规范规定值时，相应的焊接施工应有挡风措施。

（4）钢筋焊接施工之前，应清除钢筋、钢筋焊接部位的锈斑、油渍、杂物等；钢筋端部当有弯折、扭曲时，应予以矫正或切除。

（5）带肋钢筋宜将纵肋与纵肋对正后进行焊接。

（6）两根同直径、不同牌号的钢筋可进行闪光对焊、电弧焊、电渣压力焊或气压焊，焊条、焊丝和焊接工艺参数应按较高牌号钢筋选用，对接头强度的要求应按较低牌号钢筋强度计算。

（7）两根同牌号、不同直径的钢筋可进行闪光对焊、电渣压力焊或气压焊。闪光对焊时钢筋径差不得超过4mm，电渣压力焊或气压焊时，钢筋径差不得超过7mm。两根钢筋的轴线应在同一直线上，轴线偏移的允许值应按较小直径钢筋计算。对接头强度的要求，应按较小直径钢筋计算。

3）质量检验

钢筋焊接接头或焊接制品（焊接骨架、焊接网）应按检验批进行质量检验与验收。质量检验与验收应包括外观质量检查和力学性能检验，并划分为主控项目和一般项目两类。焊接接头力学性能检验为主控项目，焊接接头的外观质量检查为一般项目。检验批的划分应区分不同焊接接头和焊接制品来确定。钢筋焊接接头力学性能检验，应在接头外观质量检查合格后随机切取试件进行试验。

4）闪光对焊

【工艺原理及特点】

闪光对焊是利用电热效应产生的高温熔化对接钢筋的端头，使两根钢筋端部融合为一体的连接方法。钢筋闪光对焊的原理是利用对焊机使两段钢筋接触，如图 4.3.19 所示，通过低电压的强电流，待钢筋被加热到熔化后，进行轴向加压顶锻，形成对焊接头。

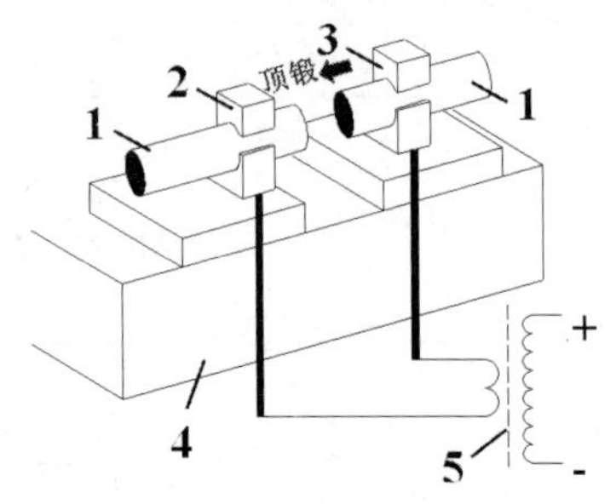

图 4.3.19　闪光对焊原理示意图

1. 钢筋；2. 固定电极；3. 移动电极；4. 台座；5. 变压器

钢筋闪光对焊常用的工艺有连续闪光焊、预热闪光焊和闪光－预热－闪光焊。

【作业技术要求】

三种焊接工艺的工艺流程、工艺特征及适用范围见表4.3.9。

表 4.3.9　闪光对焊的工艺流程、工艺特征及适用范围对比

焊接工艺方法	工艺流程对比	工艺特征	适用范围
连续闪光焊	连续闪光→顶锻过程	①闭合电路，两个钢筋端面轻微接触；②顶锻过程（轴向顶压）	当钢筋直径较小、牌号较低时采用
预热闪光焊	预热过程→连续闪光→顶锻过程	在连续闪光焊过程之前增加预热过程	当钢筋直径较粗时采用
闪光－预热闪光焊	闪光→预热过程→连续闪光→顶锻过程	在预热闪光焊过程之前增加一次闪光过程	当钢筋直径较粗，且端面不平整时采用

［观感质量要求］

①对焊接头表面应呈圆滑、带毛刺状，不得有肉眼可见的裂纹；

②与电极接触处的钢筋表面不得有明显烧伤；

③接头处的弯折角度不得大于 2°；

④接头处的轴线偏移不得大于钢筋直径的 1/10，且不得大于 1mm。

5）电阻点焊

【工艺原理及特点】

电阻点焊是将两钢筋（丝）交叉叠放，压紧于两个电极之间，利用电阻热溶化接触点处母材金属，加压融和，冷却后形成焊点的一种压焊方法（图 4.3.20）。特别是在焊接钢筋骨架、网片方面具有工效高、节约劳动力、成品整体性好、节省焊料、成本较低等特点。

电阻点焊的工艺过程包括预压、通电、锻压三个阶段。

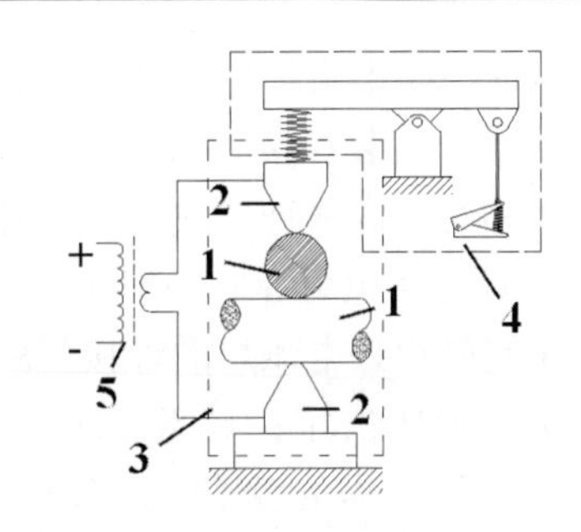

图4.3.20　电阻点焊原理示意图

1. 钢筋；2. 电极压头；3. 焊接装置；4. 顶压装置；5. 变压器

常用的点焊机有单点点焊机、多头点焊机（一次可焊数点，用于焊接宽大的钢筋网）、悬挂式点焊机（可焊钢筋骨架或钢筋网）、手提式点焊机（用于施工现场）。

【工艺技术要求】

①混凝土结构中的钢筋焊接骨架和钢筋焊接网，宜采用电阻点焊制作；

②焊接骨架较小钢筋直径≤10mm时，大、小钢筋直径之比不宜大于3倍；

③焊接骨架较小钢筋直径为12～16mm时，大、小钢筋直径之比不宜大于2倍；

④焊接网较小钢筋直径不得小于较大钢筋直径的60%。

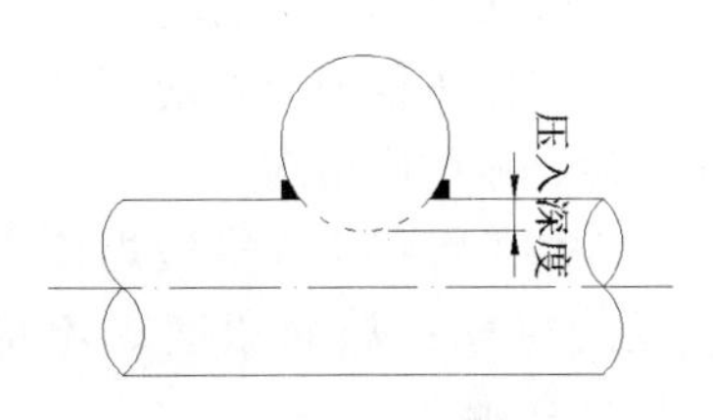

图4.3.21　压入深度示意图

⑤焊点的压入深度应为较小钢筋直径的18%～25%，如图4.3.21所示。

【观感质量要求】

（1）焊接骨架：

①焊点压入深度应符合规定；

②每件制品的焊点脱落、漏焊数量不得超过焊点总数的4%，且相邻两焊点不得有漏焊及脱落；

③量测焊接骨架的长度、宽度和高度时，应抽查纵、横方向3个～5个网格的尺寸，其允许偏差应符合规定；

④当外观质量检查结果不符合规定时，应逐件检查，并剔出不合格品。对不合格品经整修后，可提交二次验收。

（2）焊接网：

①焊点压人深度应符合规定。

②钢筋焊接网间距的允许偏差应取±10mm和规定间距的±5%的较大值；网片长度和宽度的允许偏差应取±25mm和规定长度的±0.5%的较大值；网格数量应符合设计规定。

③钢筋焊接网焊点开焊数量不应超过整张网片交叉点总数的1%，并且任一根钢筋上开焊点不得超过该支钢筋上交叉点总数的一半；焊接网最外边钢筋上的交叉点不得开焊。

④钢筋焊接网表面不应有影响使用的缺陷；当性能符合要求时；允许钢筋表面存在浮锈和因矫直造成的钢筋表面轻微损伤。

6）焊条电弧焊

钢筋焊条电弧焊是以焊条作为一极，钢筋为另一极，利用焊接电流通过产生的电弧热使焊条和钢筋熔化并形成焊接的一种方法。焊条电弧焊广泛用于钢筋连接、钢筋骨架焊接、装配式结构接头的焊接、钢筋与钢板的焊接及各种钢结构焊接制作。

钢筋焊条电弧焊包括帮条焊接头、搭接焊接头、坡口焊接头、窄间隙焊和熔槽帮条焊接头（用于安装焊接 d≥25mm 的钢筋）5 种接头形式。其中搭接焊和绑条焊的接头都有单面焊和双面焊两种形式，坡口焊包括平焊和立焊两种形式。

（1）焊条电弧焊的一般工艺技术要求：

①钢筋焊条电弧焊的焊接材料、焊接工艺和参数由焊接钢筋的牌号、直径、接头形式和焊接位置所决定；焊条型号和焊丝型号应根据设计确定，若设计无规定时，可按表 4.3.10 选用。焊条型号由 5 部分组成：字母“E”表示焊条；字母“E”后面的紧邻两位数字，表示熔敷金属的最小抗拉强度代号；字母“E”后的的第三和第四两位数字，表示药皮类型、焊接位置和电流类型。

②为了不烧伤主筋，在焊接时，引弧应在垫板、帮条或形成焊缝的部位进行；

③焊接地线与钢筋应接触良好；

④焊接过程中应及时清渣，焊缝表面应光滑，焊缝余高应平缓过渡，弧坑应填满。

⑤绑条焊接头或搭接焊接头的焊缝有效厚度 S 不应小于主筋直径的 30%；焊缝宽度 b 不应小于主筋直径 d 的 80%，如图 4.3.22 所示。

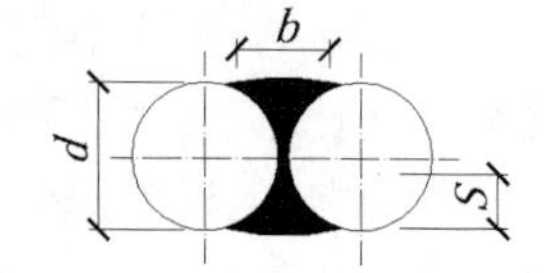

图 4.3.22　焊缝尺寸示意图

表 4.3.10　钢筋电弧焊所采用焊条、焊丝推荐表

钢筋牌号	电弧焊接头形式	
	绑条焊 搭接焊	坡口焊
HPB300	E3403 ER50 - X	E3403 ER50 - X
HRB335 HRBF335	E4303 E5003 E5016 E5015 ER50 - X	E5003 E5016 E5015 ER50 - X
HRB400 HRBF400	E5003 E5516 E5515 ER50 - X	E5503 E5516 E5515 ER50 - X
HRB500 HRBF500	E5503 E6003 E6016 E6015 ER55 - X	E6003 E6016 E6015
RRB400W	E5003 E5516 E5515 ER50 - X	E5503 E5516 E5515 ER50 - X

（2）绑条焊的工艺技术要求：

①绑条焊时，宜采用双面焊，如图 4.3.23（a）所示。当不能进行双面焊时，方可采用单面焊，见图 4.3.23（b）。当帮条牌号与主筋相同时，帮条直径可与主筋相同或小一个规格。当绑条直径与主筋相同时，绑条牌号可与主筋相同或低一个牌号。

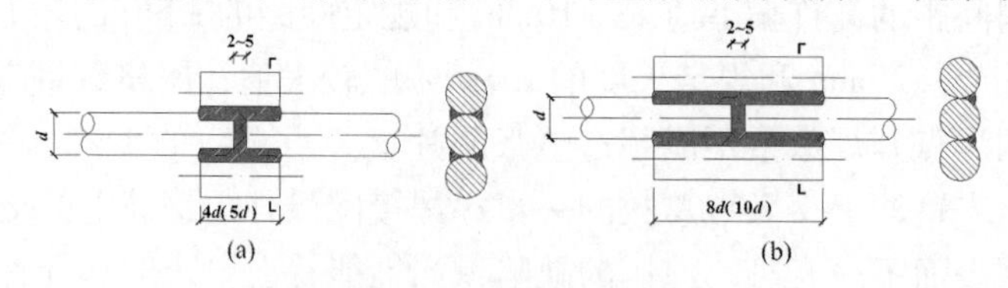

图 4.3.23　绑条焊的接头形式

（a）双面焊；（b）单面焊

d 为钢筋直径，括号外数值适用于钢筋牌号 HPB300

②绑条焊时，两主筋端面的间隙应为 2～5mm；

③绑条与主筋之间应用四点定位焊固定，定位焊缝与绑条端部的距离宜不小于 20mm；

④用两点固定，定位焊缝与搭接端部的距离应大于或等于20mm；焊接时，应在绑条焊或搭接焊形成焊缝中引弧，在端头收弧前应填满弧坑，并应使主焊缝与定位焊缝的始端和终端熔合。

（3）搭接焊的工艺技术要求：

①搭接焊宜采用双面焊，不能采用双面焊时，可采用单面焊，搭接长度要求见图4.3.24所示。

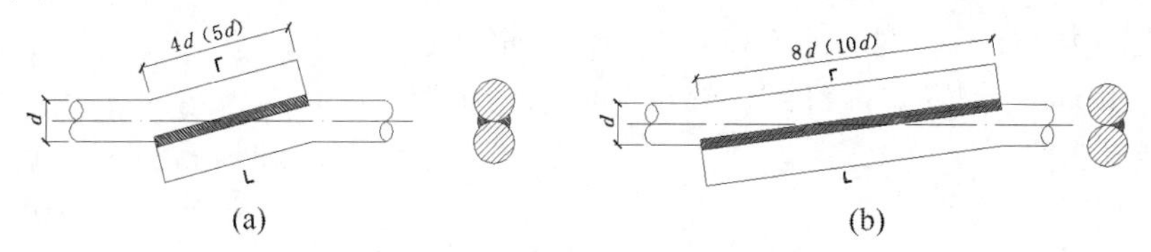

图4.3.24　搭接焊的接头形式

（a）双面焊；（b）单面焊

*d*为钢筋直径，括号外数值适用于钢筋牌号HPB300

②搭接主筋之间应用两点定位焊固定，定位焊缝与搭接端部的距离宜不小于20mm；

③搭接焊时，焊接端钢筋宜预弯，并应使两钢筋的轴线在同一直线上。

（4）坡口焊的工艺技术要求：

①坡口面应平顺．切口边缘不得有裂纹、钝边和缺棱；

②坡口角度应在规定范围内选用；

③钢垫板厚度宜为4～6mm. 长度宜为40～60mm，见图4.3.25；

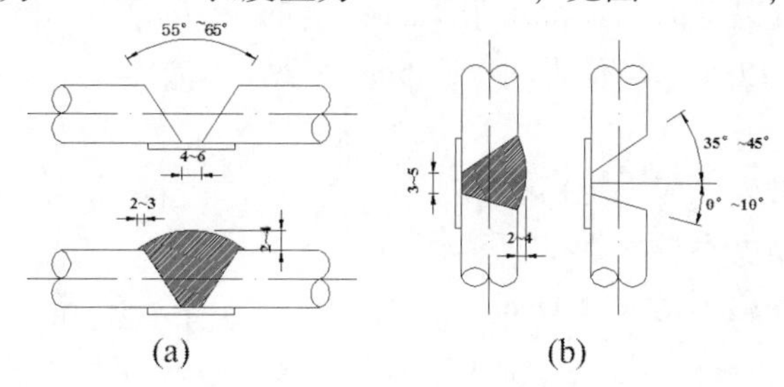

图4.3.25　坡口焊的接头形式

（a）平焊；（b）立焊

④平焊时，垫板宽度应为钢筋直径加10mm；立焊时，垫板宽度宜等于钢筋直径；

⑤焊缝的宽度应大于V形坡口的边缘2～3mm，焊缝余高应为2～4mm，并平缓过渡至钢筋表面；

⑥当发现接头中有弧坑、气孔且咬边等缺陷时，应立即补焊。

（5）观感质量要求：

①焊缝表面应平整，不得有凹陷或焊瘤；

②焊接接头区域不得有肉眼可见的裂纹；

③焊缝余高应为2mm～4mm；

④咬边深度、气孔、夹渣等缺陷允许值及接头尺寸的允许偏差应符合规范规定值。

7）电渣压力焊

电渣压力焊是将两根钢筋安放成竖向对接形式，通过直接引弧法就间接引弧法，利用焊接电流通过两钢筋端面间隙，在焊剂层下形成电弧过程和电渣过程．产生电弧热和电阻热，熔化钢筋，加压完成的一种压焊方法。电渣压力焊焊接参数包括焊接电流、焊接电压和焊接通电时间，应根据焊剂或焊机使用说明书中推荐数据，通过试验确定，见图 4. 3. 26。

图 4. 3. 26　电渣压力焊原理示意图
1. 焊接钢筋；2. 固定夹头；3. 焊料盒；4. 电源钳；5. 变压器；6. 升降摇柄；7. 升降螺杆

电渣压力焊应用于现浇钢筋混凝土结构中竖向或斜向（倾斜度不大于 10°）钢筋的连接。由于适用钢筋直径的下限为 12mm，钢筋略显纤细，焊接时应采用小型夹具，避免其弯曲。

【工艺过程】

①焊接夹具的上下钳口应夹紧于上、下钢筋上；钢筋一经夹紧，不得晃动，且两钢筋应同心；

②引弧可采用直接引弧法或铁丝圈（焊条芯）间接引弧法法；

③引燃电弧后，应先进行电弧过程，然后，加快上钢筋下送速度，使上钢筋端面插入液体渣池约 2mm，转变为电渣过程，最后在断电的同时，迅速下压上钢筋，挤出熔化金属和熔渣；

④接头焊毕，应稍作停歇，方可回收焊剂和卸下焊接夹具。

【外观质量检查要求】

①敲击渣壳后，四周焊包凸出钢筋表面的高度，当钢筋直径为 25mm 及以下时，不得小于 4mm；当钢筋直径为 28mm 且以上时不得小于 6mm，见图 4. 3. 27；

②钢筋与电极接触处，应无烧伤缺陷；

③接头处的弯折角度不得大于 2°；

④接头处的轴线偏移不得大于 1mm。

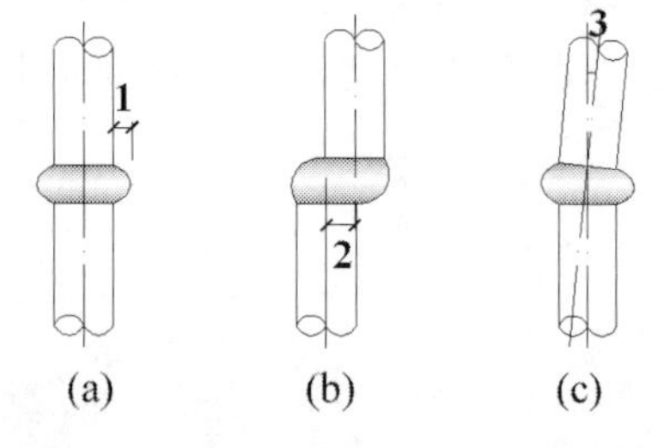

图 4. 3. 27　电渣压力焊焊接质量示意图
（a）焊包；（b）偏移；（c）折角
1. 焊包凸出高度；2. 轴线偏移；3. 弯折角

8）气压焊

采用氧乙炔火焰或氧液化气火焰（或其他火焰），对两个钢筋对接处加热，使其达到热塑性状态（固态）或熔化状态（熔态）后，加压完成的一种压焊方法。气压焊可用于钢筋在垂直位置、水平位置或倾斜位置的对接焊接。由于其设备轻巧、使用灵活、效率高、节省电能、焊接成本低，所以在工程中应用比较广泛。

气压焊按加热温度和工艺方法的不同，可分为固态气压焊和熔态气压焊两种；气压焊按加热火焰所用燃料气体的不同，可分为氧 - 乙炔气压焊和氧 - 液化石油气气压焊两种；当采用固态气压焊时，钢筋端面间隙应控制在 1 ~ 2mm；采用熔态气压焊时，间隙应控制在 3 ~ 5mm；

焊接设备主要包括氧气瓶、乙炔气瓶或石油液化气瓶、减压器、胶管、钢筋夹具等。

【工艺过程】

①气压焊通常采用三次加压工艺，即预压、密合和成型三个阶段；顶压压力控制在 30 ~ 40MPa。

②焊前钢筋端面应切平、打磨，使其露出金属光泽，钢筋安装夹牢，预压顶紧后，两钢筋端面局部间隙符合要求。

③固态气压焊加热开始至钢筋端面密合前，应采用碳化焰集中加热，钢筋端面密合后可采用中性焰宽幅加热；钢筋端面合适加热温度应为1150°~1250°；钢筋镦粗区表面的加热温度应稍高于该温度，并随钢筋直径增大而适当提高；熔态气压焊开始时，应首先使用中性焰加热，待钢筋端头至熔化状态，附着物随熔滴流走，端部呈凸状时，应加压，挤出熔化金属，并密合牢固。

【观感质量要求】

①接头处的轴线偏移不得大于钢筋直径的1/10，且不得大于1mm；当不同直径钢筋焊接时，应按较小钢筋直径计算；当大于上述规定值，但在钢筋直径的3/10以下时，可加热矫正；当大于3/1 0时，应切除重焊。

②接头处表面不得有肉眼可见的裂纹。

③接头处的弯折角度不得大于2°，当大于规定值时．应重新加热矫正。

④固态气压焊接头镦粗直径不得小于钢筋直径的1.4倍，熔态气压焊接头镦粗直径不得小于钢筋直径的1.2倍；当小于上述规定值时，应重新加热镦粗。

⑤镦粗长度不得小于钢筋直径的1.0倍，且凸起部分平缓圆滑；当小于上述规定值时，应重新加热镦粗。

9）钢筋焊接接头观感质量检查抽样方法

纵向受力钢筋焊接接头，每一检验批中应随机抽取10 %的焊接接头。箍筋闪光对焊接头、预埋件钢筋T形接头应随机抽取5%的焊接接头，检查结果应符合各类接头观感质量的要求。

外观质量抽查结果，当各小项不合格数均小于或等于抽检数的15%，则该检验批焊接接头外观质量评为合格，当某一小项不合格数超过抽捡数的15%时，应对该批焊接接头该小项进行复检，并剔除不合格接头。对外观质量检查不合格接头采取修整或补焊措施后，可提交二次验收。

10）检验批和取样

（1）闪光对焊接头：

①在同一台班内，由同一个焊工完成的300个同牌号、同直径钢筋焊接接头应作为一批。当同一台班内焊接的接头数量较少，可在一周之内累计计算，累计仍不足300个接头时，应按一批计算；

②力学性能检验时，应从每批接头中随机切取6个接头，其中3个做拉伸试验，3个做弯曲试验；

③异径钢筋接头可只做拉伸试验。

（2）电渣压力焊：

①在现浇钢筋混凝土结构中，应以300个同牌号钢筋接头作为一批；

②在房屋结构中，应在不超过连续二楼层中300个同牌号钢筋接头作为一批；当不足300个接头时，仍应作为一批；

③每批随机切取3个接头试件做拉伸试验。

（3）电弧焊：

①在现浇混凝土结构中，应以300个同牌号钢筋、同形式接头作为一批，在房屋结构中，应在不超过连续二楼层中300个同牌号钢筋、同形式接头作为一批，每批随机切取3个接头，做拉伸试验；

②在装配式结构中，可按生产条件制作模拟试件，每批3个，做拉伸试验；

③钢筋与钢板搭接焊接头可只进行外观质量检查。

（4）气压焊：

①在现浇钢筋混凝土结构中，应以300个同牌号钢筋接头作为一批。在房屋结构中，应在不超过连续二楼层中300个同牌号钢筋接头作为一批，当不足300个接头时，仍应作为一批；

②在柱、墙的竖向钢筋连接中应从每批接头中随机切取3个接头做拉伸试验，在梁、板的水平钢筋连接中，应另切取3个接头做弯曲试验；

③在同一批中，异径钢筋气压焊接头可只做拉伸试验。

11）钢筋焊接接头力学性能试验结果评定

（1）拉伸试验：

钢筋闪光对焊接头、电弧焊接头、电渣压力焊接头、气压焊接头、箍筋闪光对焊接头、预埋件钢筋T形接头的拉伸试验，应从每一检验批接头中随机切取三个接头进行试验

【合格】

应满足下列条件之一：

①3个试件均断于钢筋母材，呈延性断裂，其抗拉强度大于或等于钢筋母材抗拉强度标准值。

②2个试件断于钢筋母材，呈延性断裂，其抗拉强度大于或等于钢筋母材抗拉强度标准值；另一试件断于焊缝，里脆性断裂，其抗拉强度大于或等于钢筋母材抗拉强度标准值的1.0倍。

【复验】

应满足下列条件之一：

① 2个试件断于钢筋母材，呈延性断裂，其抗拉强度大于或等于钢筋母材抗拉强度标准值，另一试件断于焊缝，或热影响区，呈脆性断裂，其抗拉强度小于钢筋母材抗拉强度标准值的1.0倍。

② 1个试件断于钢筋母材，呈延性断裂，其抗拉强度大于或等于钢筋母材抗拉强度标准值；另2个试件断于焊缝或热影响区，呈脆性断裂。

③ 3个试件均断于焊缝，呈脆性断裂，其抗拉强度均大于或等于钢筋母材抗拉强度标准值的1.0倍

【不合格】

条件：

当3个试件中有1个试件抗拉强度小于钢筋母材抗拉强度标准值的1.0倍，应评定该检验批接头拉伸试验不合格。

【复验】

方法和结果判定：

复验时，应切取6个试件进行试验。试验结果，若有4个或4个以上试件断于钢筋母

材，呈延性断裂，其抗拉强度大于或等于钢筋母材抗拉强度标准值，另2个或2个以下试件断于焊缝，呈脆性断裂，其抗拉强度大于就等于钢筋母材抗拉强度标准值的1.0倍，应评定该检验批接头拉伸试验复验合格。

（2）弯曲试验：

①钢筋闪光对焊接头、气压焊接头进行弯曲试验时，应该每一个检验批接头中随机切取3个接头，焊缝应处于弯曲中心点，弯心直径和弯曲角度应符合规定；

②当试验结果，弯曲至90°，有2个或3个试件外侧（含焊缝和热影响区）未发生宽度达到0.5mm的裂纹，应评定该检验批接头弯曲试验合格；

③当有2个试件发生宽度达到0.5mm的裂纹，应进行复验；

④当有3个试件发生宽度0.5的裂纹，应评定该检验批接头弯曲试验不合格；

⑤复验时，应切取6个试件进行试验。复验结果，当不超过2个试件发生宽度达到0.5mm的裂纹时，应评定该检验批接头弯曲试验复验合格。

4. 绑扎连接

钢筋的绑扎连接，就是将两根钢筋在端部重叠搭接，并用细铁丝绑扎在一起形成连接。绑扎连接仍为目前钢筋连接的主要手段之一。板、墙钢筋网交叉点，梁和柱的箍筋与受力钢筋的交叉点，仍然采用绑扎方式固定。

5. 钢筋连接接头的构造要求

1）一般原则

①钢筋接头宜设置在受力较小处；如需在钢筋加密区内设置接头，应采用性能较好的机械连接和焊接接头。同一纵向受力钢筋在同一受力区段内不宜多次连接，以保证钢筋的承载、传力性能。

② 有抗震设防要求的结构中，梁端、柱端箍筋加密区范围内不宜设置钢筋接头，且不应进行钢筋搭接。同一纵向受力钢筋不宜设置两个或两个以上接头。接头末端至钢筋弯起点的距离，不应小于钢筋直径的10倍。

③电渣压力焊只应使用于柱、墙等构件中竖向受力钢筋的连接。

④ 钢筋的绑扎搭接接头应在接头中心和两端用铁丝扎牢。

2）构件中机械连接和焊接连接接头设置

（1）纵向受力钢筋：

①同一构件内的接头宜分批错开。

② 接头连接区段的长度为35d，且不应小于500mm，凡接头中点位于该连接区段长度内的接头均应属于同一连接区段；如图4.3.28所示，其中d为相互连接两根钢筋中较小直径。

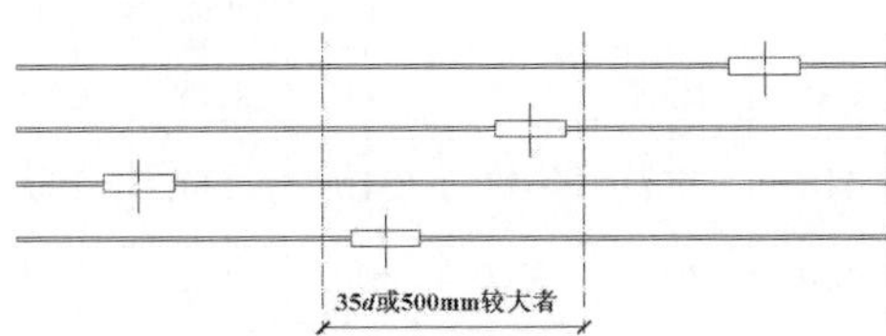

图4.3.28　钢筋焊接和机械连接接头的连接区段

③ 机械连接接头的混凝土保护层厚度宜符合现行国家标准《混凝土结构设计规范》

GB 50010 中受力钢筋的混凝土保护层最小厚度规定，且不应小于 0.75 倍钢筋最小保护层厚度和 15mm 的较大值。必要时可对连接件采取防锈措施。

④ 同一连接区段内，纵向受力钢筋接头面积百分率为该区段内有接头的纵向受力钢筋截面面积与全部纵向受力钢筋截面面积的比值；纵向受力钢筋的接头面积百分率应符合下列规定：

受拉接头，不宜大于 50%；受压接头，可不受限制；

板、墙、柱中受拉机械连接接头，可根据实际情况放宽；装配式混凝土结构构件连接处受拉接头，可根据实际情况放宽；

直接承受动力荷载的结构构件中，不宜采用焊接；当采用机械连接时，不应超过 50%。

（2）箍筋：

①焊接封闭箍筋宜采用闪光对焊，也可采用气压焊或单面搭接焊，并宜采用专用设备进行焊接。焊接封闭箍筋下料长度和端头加工应按焊接工艺确定。

② 如图 4.3.29 所示，焊接封闭箍筋的焊点设置，应符合于列规定：

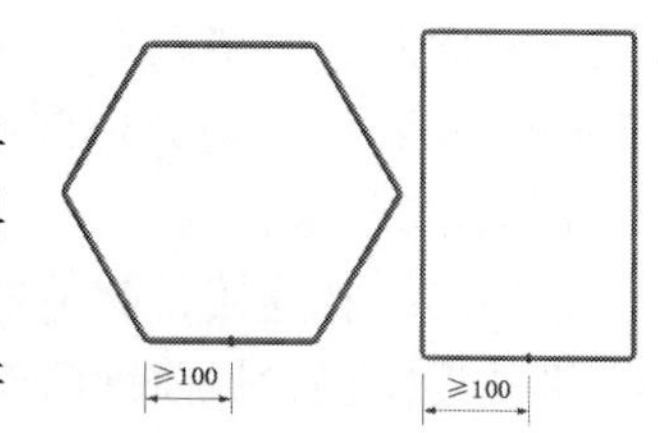

图 4.3.29　箍筋焊点位置

每个箍筋的焊点数量应为 1 个，焊点宜位于多边形箍筋中的某边中部，且距箍筋弯折处的位置不宜小于 100mm；

矩形柱箍筋焊点宜设在柱短边，等边多边形柱箍筋焊点可设在任一边，不等边多边形柱箍筋焊点应位于不同边上。

梁箍筋焊点应设置在顶边或底边。

3）绑扎连接

当纵向受力钢筋采用绑扎搭接接头时，接头的设置应符合下列规定：

①同一构件内的接头宜分批错开。各接头的横向净间距不应小于钢筋直径，且不应小于 25mm。

② 如图 4.3.30 所示：接头连接区段的长度为 1.3 倍搭接长度，凡接头中点位于该连接区段长度内的接头均应属于同一连接区段；搭接长度可取相互连接两根钢筋中较小直径计算。纵向受力钢筋的最小搭接长度应符合表 4.3.11 的规定。

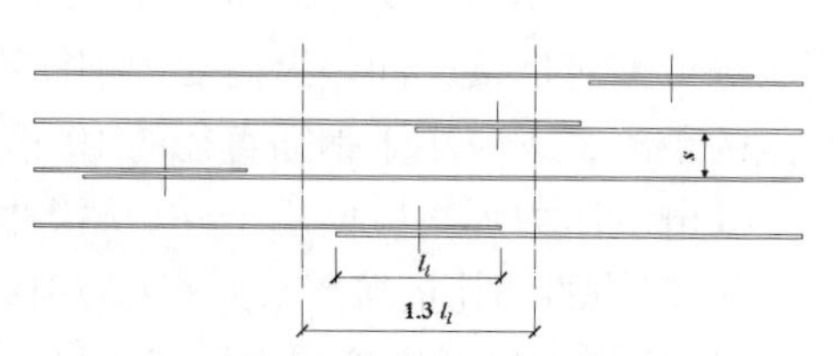

图 4.3.30　钢筋绑扎搭接接头连接区段

l_l—钢品最小搭接长度；s—钢筋水平间距

表 4.3.11　纵向受拉钢筋的最小搭接长度

钢筋类型		混凝土强度等级								
		C20	C25	C30	C35	C40	C45	C50	C55	≥C60
光圆钢筋	300 级	48d	41d	37d	34d	31d	29d	28d	–	–
带肋钢筋	335 级	46d	40d	36d	33d	30d	29d	27d	26d	25d
	400 级	–	48d	43d	39d	36d	34d	33d	31d	30d
	500 级	–	58d	52d	47d	43d	41d	39d	38d	36d

③纵向受压钢筋的接头面积百分率可不受限制；纵向受拉钢筋的接头面积百分率应符合下列规定：

梁类、板类及墙类构件，不宜超过25%；基础筏板，不宜超过50%；

柱类构件，不宜超过50%；

当工程中确有必要增大接头面积百分率时，对梁类构件，不应大于50%；对其他构件，可根据实际情况适当放宽。

4.3.7　钢筋安装

1. 柱钢筋

【工艺流程】

如图4.3.31所示，包括以下内容：

①根据柱边线调整钢筋的位置，使其满足绑扎要求；

②计算好本层柱所需的箍筋数量，将所有箍筋套在柱的主筋上；

③将柱子的主筋接长，并把主筋顶部与脚手架做临时固定，保持柱主筋垂直；

④然后将箍筋从上至下依次绑扎。

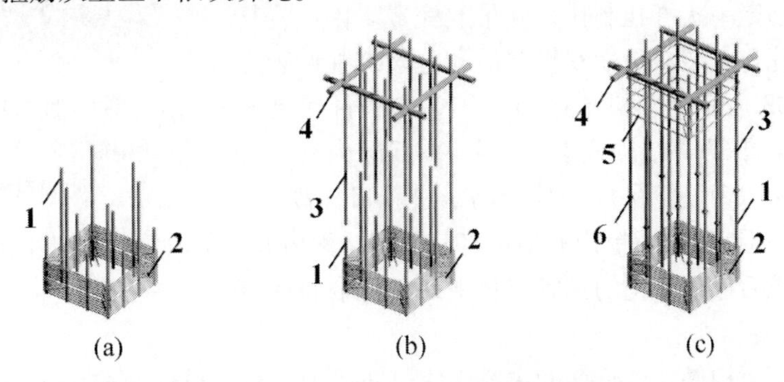

图4.3.31　柱钢筋绑扎工艺流程示意图

（a）柱箍筋准备就位；（b）柱受力钢筋接长和固定；（c）柱箍筋上移绑扎固定；

1. 柱下部插筋；2. 准备绑扎的箍筋；3. 柱上部接长钢筋；4. 固定脚手架；

5. 绑扎完成的箍筋；6. 焊接接头

【技术要求】

（1）如图4.3.32所示，框架节点处，应优先保证柱纵向钢筋位置。梁柱宽度相同或梁柱侧面平齐时，梁纵向受力钢筋宜放在柱纵向受力钢筋内侧。此时应尽量保证柱纵向钢筋的位置和平直，而对梁钢筋进行少量的弯曲变位，倾斜度不大于1∶6。

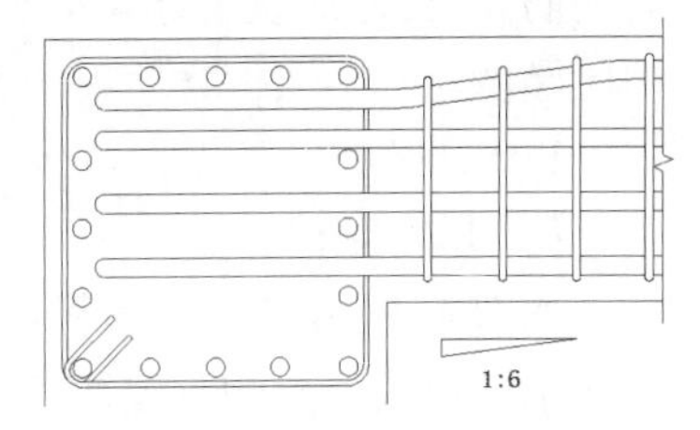

图4.3.32　梁柱节点钢筋布置

（2）柱箍筋要与主筋相互垂直，矩形箍筋的端头应与模板面成135°角。柱角部主筋的弯曲平面与模板面的夹角：

①矩形柱时应为45°，多边形柱时应为模板内角的平分角；

②圆形柱箍筋的弯钩平面与模板的切平面垂直；

③中间箍筋的弯钩平面应与模板面垂直；

④当来用插入式振捣器浇筑小型截面柱时，弯曲平面与模板面的夹角不得小于15°。

（3）柱箍筋的弯曲叠合处，应沿受力钢筋方向错开布置，不得在同一位置。

（4）当柱中纵向受力钢筋直径大于25mm 时，应在搭接接头两个端面外100mm 范围内各设置两个箍筋，其间距宜为50mm 。

（5）为了保证构造柱与主结构可靠连接，避免后插筋的现象，其纵向钢筋宜与承重结构同步绑扎。

【质量控制措施】

①钢筋弯折处应设置构造钢筋，间距100～150mm，采用ø6或ø8钢筋；

②保护层垫块或塑料支架应固定在柱主筋上，间距500～1000mm。

2. 桩钢筋

【工艺流程】

桩钢筋绑扎的工艺流程与柱绑扎基本相同。区别在于桩钢筋绑扎是在加工厂完成，然后运送到施工现场，吊放至桩孔内。当钢筋笼较长时，可采用分段绑扎、分段吊放的施工工艺，在吊放过程中将钢筋笼接长，也可以在施工现场将长桩钢筋笼一次绑扎制作，并吊放完成。因此，长桩钢筋笼的绑扎与安装，包括双机抬吊和分段绑扎两种方式。见图4.3.33所示，双机抬吊施工工艺与长柱吊装施工工艺相同，可参照“结构安装工程”一章的内容；分段吊放钢筋笼时，钢筋笼吊放到顶端高于桩孔口标高500～1000mm 时，用钢管或者粗钢筋横担将其固定，然后起吊上段钢筋笼与下端钢筋笼对准，焊接或绑扎完成后撤除横担的钢管或粗钢筋，将钢筋笼继续下方至孔中。

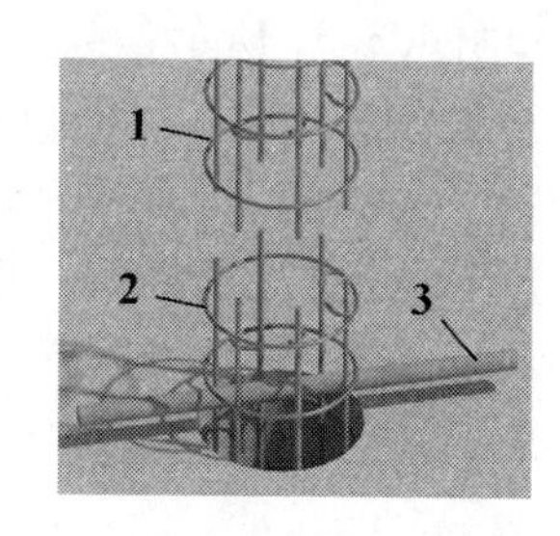

图4.3.33　桩钢筋接长示意图

1. 上节钢筋笼；2. 下节钢筋笼；3. 横担钢管

【技术要求】

由于桩是受压构件，桩箍筋的主要作用是对受力纵筋形成横向约束，因此，钢筋笼的加劲箍筋宜设在主筋外侧，可采用绑扎方式固定；当因施工工艺有特殊要求时也可设置与内侧，固定方式宜采用焊接连接。

【质量控制措施】

桩深埋与土层中，经常受到地下水的侵蚀，钢筋保护层构造决定其耐久性。因此，下放钢筋笼时，，应设置好保护层垫块，并控制好钢筋笼的定位，保证桩钢筋具有足够的保护层厚度。

3. 墙板钢筋

【工艺流程】

如图4.3.34所示，墙板钢筋绑扎施工工艺流程包括如下步骤：

①根据墙边线调整墙插筋的位置，使其满足绑扎要求；

②每隔2～3m 绑扎一根竖向钢筋，在高度1.5m 左右的位置绑扎一根水平钢筋；

③然后把其余竖向钢筋与插筋连接，将竖向钢筋的上端与脚手架作临时固定并校正垂直；

④在竖向钢筋上画出水平钢筋的间距，从下往上绑扎水平钢筋。

【技术要求】

①墙的钢筋网，除靠近外围两行钢筋的交叉点全部绑扎外，中间部分交叉点可间隔交

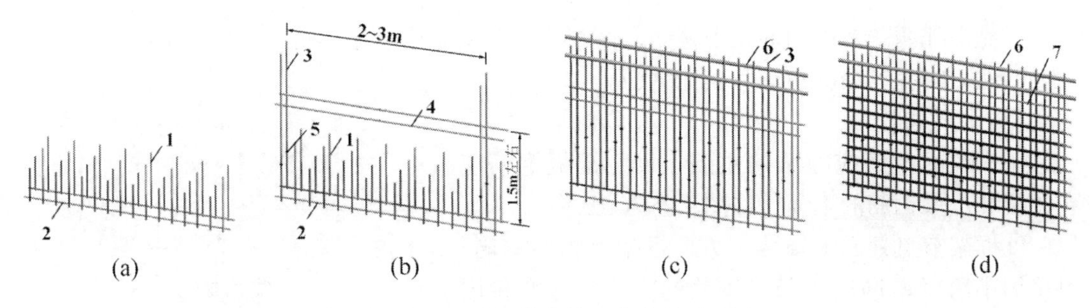

图 4.3.34　墙钢筋绑扎工艺流程示意图

(a）墙插筋调整固定；(b）墙竖向筋接长和固定；(c）竖向钢筋接长；(d）水平钢筋绑扎

1. 墙插筋；2. 下部水平钢筋；3. 接长钢筋；4. 水平固定钢筋；5. 焊接接头；6. 脚手架钢管；7. 水平钢筋

错扎牢，但应保证受力钢筋不产生位置偏移。双向受力的钢筋，必须全部扎牢。

②应根据设计要求确定水平钢筋是在竖向钢筋的内侧还是外侧。当水平分布钢筋为主要受力钢筋或者设计无要求时，竖向钢筋一般布置在水平钢筋在外侧。地下结构的外围剪力墙兼做挡土墙时，承受较大的平面外弯矩，此时水平分布钢筋可放在内侧。

③水平钢筋应在墙端部弯折锚固，与端部边缘构件的箍筋紧贴布置。

【质量控制措施】

①墙钢筋的拉结筋应勾在竖向钢筋和水平钢筋的交叉点上，并绑扎牢固；为方便拉筋固定，拉结筋通常做成一端135°弯曲，另一端90°弯钩。在绑扎完后再用钢筋扳手将90°的弯钩弯成135°。

②墙分布钢筋绑扎应采用八字扣，绑扎丝的多余部分应弯入墙内，防止其形成钢筋与外部环境的连接通道，造成受力钢筋的锈蚀，特别是有防水要求的构件。

③在钢筋外侧挂上保护层垫块或塑料卡环，保证足够的保护层厚度。

4. 梁钢筋

【绑扎工艺流程】

如图4.3.35所示，梁钢筋绑扎施工工艺流程包括如下步骤：

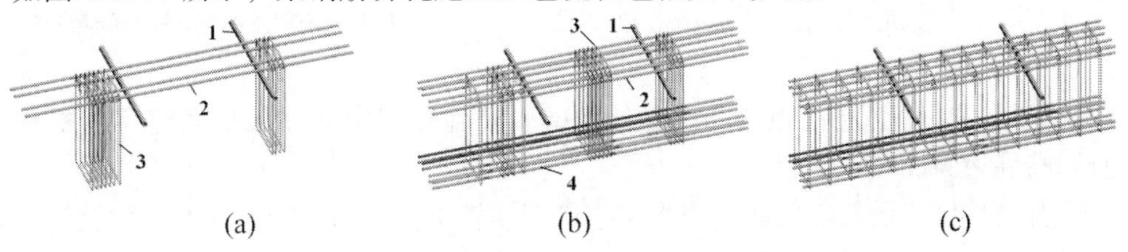

图 4.3.35　梁钢筋安装流程示意图

(a）穿上部纵筋；(b）穿下部钢筋；(c）箍筋绑扎就位

1. 横担钢管；2. 上部纵筋；3. 箍筋；4. 下部纵筋

①在钢筋绑扎前，先正确判断主梁和次梁钢筋的位置关系；

②先临时固定梁上部钢筋，作为箍筋的架立筋；根据设计图纸将全部的箍筋套在受力筋外侧；

③穿入下部钢筋，然后穿入弯起钢筋、抗扭钢筋和构造钢筋等；

④根据设计的箍筋间距，用石笔或粉笔在主筋上标记，并将箍筋按照标记分开并定位；

⑤先绑扎两端及中间的几个箍筋，使钢筋笼形状能够固定不变；

⑥然后绑扎剩余的箍筋和其他钢筋。

【技术要求】

①次梁的主筋应在梁的主筋上面，楼板钢筋应在主梁和次梁钢筋的上面，如图 4. 3. 36 所示。

②框架节点处，纵横两个方向框架梁纵向钢筋，可采用小跨梁钢筋压大跨梁钢筋的方式，跨度相同时任选。

③主次梁连接处，当主次梁底标高相同时，次梁下部钢筋在主梁下部钢筋之上；主次梁顶部标高相同时，次梁上部钢筋放在主梁上部钢筋之上或者之下，视具体情况而定。地基梁承受的荷载方向相反，也按照实际受力情况确定，见图 4. 3. 37。

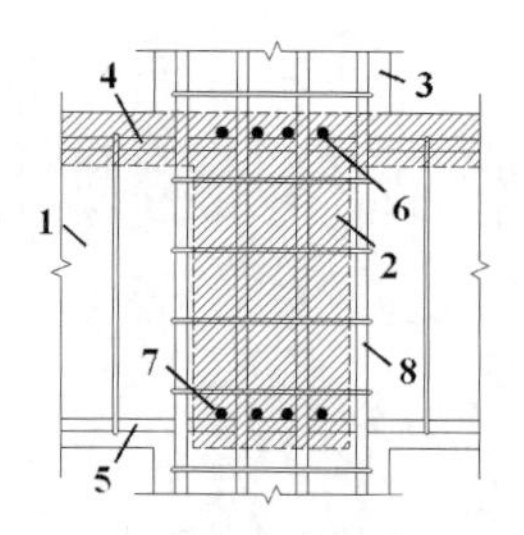

图 4. 3. 36　框架梁交叉节点钢筋

1. 梁 1；2. 梁 2；3. 柱；4. 梁 1 上部钢筋；5. 梁 1 下部钢筋；6. 梁 2 上部钢筋；7. 梁 2 下部钢筋；8. 柱纵向钢筋

④梁箍筋的接头部位应在梁的上部，除设计有特殊要求外，箍筋应与受力纵筋垂直设置。箍筋弯钩叠合处，应沿受力钢筋方向错开设置。如图 4. 3. 38 所示。

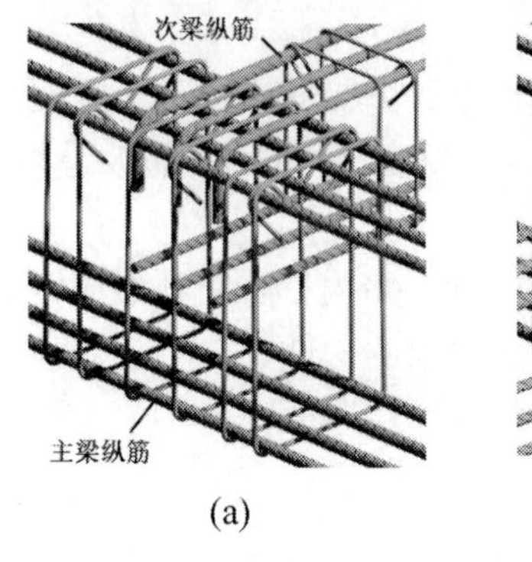

图 4. 3. 37　主次梁节点钢筋

（a）顶标高相同；（b）底标高相同

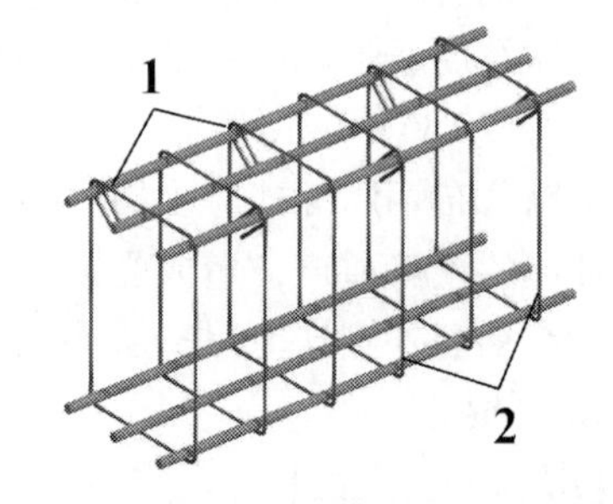

图 4. 3. 38　梁钢筋箍筋示意图

1. 箍筋左侧搭接；2. 箍筋右侧搭接

⑤梁端第一个箍筋应在距离支座边缘 50mm 处绑扎固定。过梁箍筋应有一根在暗柱内，且距暗柱边 50mm。

⑥受拉搭接区段的箍筋间距不应大于搭接钢筋较小直径的 5 倍，且不应大于 100mm。

⑦受压搭接区段的箍筋间距不应大于搭接钢筋较小直径的 10 倍，且不应大于 200mm。

【质量控制措施】

①当梁主筋为双排或多排时，各排主筋间的净距不应小于 25mm，且不小于主筋的直径。现场可用短钢筋垫在两排主筋之间来控制其间距，短钢筋方向与主筋垂直。

②如图 4. 3. 39 所示，当梁的尺寸较大或者钢筋用量和重量较多时，梁钢筋可在梁侧模安装前在梁底模上搁置和绑扎，即模板内绑扎；其他小截面梁也可在梁侧模安装完后在模板上方绑扎，梁钢筋笼绑扎完成后再整体放入梁模板内，即模板外绑扎。

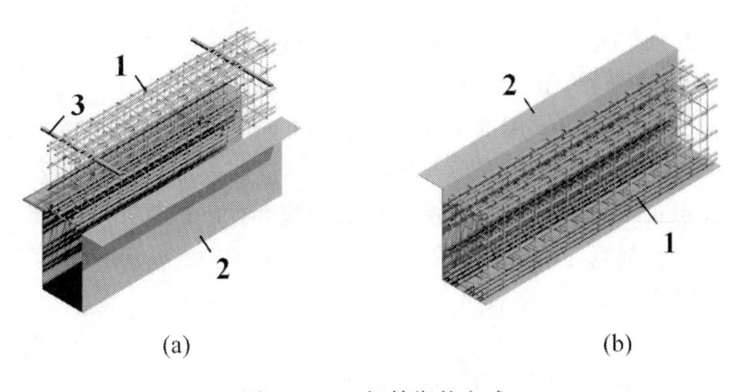

图4.3.39　钢筋绑扎方式

（a）模板外绑扎；（b）模板内绑扎（一侧开敞）

1. 梁钢筋笼；2. 梁模板；3. 横担钢管

5. 楼板钢筋

【绑扎工艺流程】

①板钢筋绑扎前先在模板上画出钢筋的位置，然后将主筋和分布筋摆在模板上，主筋在下分布筋在上；

②调整好间距后依次绑扎，单向板钢筋，除靠近外围两行钢筋的相交处全部扎牢外，中间部分交叉点可间隔交错绑扎，应保证受力钢筋不产生位置偏移；

③板底层钢筋绑扎完，穿插预留预埋管线，然后绑扎上层钢筋；

④对楼梯钢筋，应先绑扎楼梯梁钢筋，再绑扎休息平台和梯段斜板钢筋，休息平台和梯段底部钢筋应主筋在下分布筋在上，梯段端部上部钢筋应主筋在上分布筋在下。

【技术要求】

双向板的受力钢筋，钢筋交叉处必须全部绑扎，相邻绑扎点的铁丝应成八字形方向，防止钢筋变形。楼板的纵横钢筋距墙边（或梁边）50mm。

【质量控制措施】

在上下两层钢筋间应设置马凳，以控制钢筋在板厚方向的位置。马凳的形式如图4.3.40所示，间距一般为1m。如上层钢筋的直径较小容易弯曲变形时，间距应缩小，或采用图4.3.41中的马凳样式。

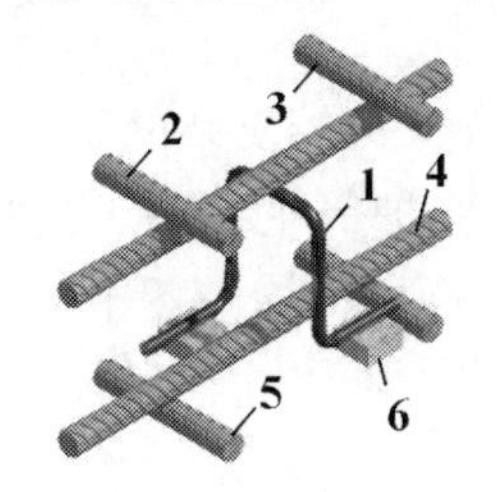

图4.3.40　板钢筋马凳示意图

1. 马凳；2. 上层上部钢筋；3. 上层下部钢筋；4. 下层上部钢筋；5. 下层下部钢筋；6. 垫块

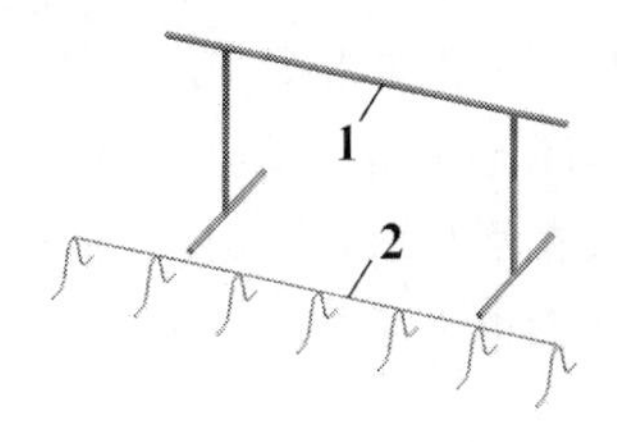

图4.3.41　板钢筋马凳

1. 筏板钢筋马凳；2. 楼板钢筋马凳

6. 基础底板钢筋

（1）当有基础底板和基础梁时，基础底板的下部钢筋应放在梁筋的下部。基础底板的下部钢筋，主筋在下分布钢筋在上；基础底板的上部钢筋，主筋在上分布钢筋在下。下部钢筋绑扎完成后，穿插进行预留、预埋的管道安装。

（2）基础底板的钢筋可以采用八字扣或顺扣绑扎连接，基础梁的钢筋应采用八字扣，防止其倾斜变形；绑扎铁丝的端部应弯入基础内，不得伸入保护层。

（3）根据设计保护层厚度垫好保护层垫块。垫块间距一般为 1 ~ 1. 5m。

（4）钢马凳可用钢筋弯制、焊接，当上部钢筋规格较大、较密时，可采用型钢制作，其规格和间距应通过计算确定，见图 4. 3. 41。

7. 复合箍筋

（1）复合箍筋的外围应选用封闭箍筋，梁类构件组合箍筋宜尽量选用封闭箍筋，单数肢也可采用拉筋，柱类构件的复合箍筋可全部采用拉筋。

（2）复合箍筋的局部重叠不宜多于 2 层。当构件两个方向均采用复合箍筋时，外围封闭箍筋应位于两个方向的内部箍筋〈或拉筋）中间，见图 4. 3. 42。

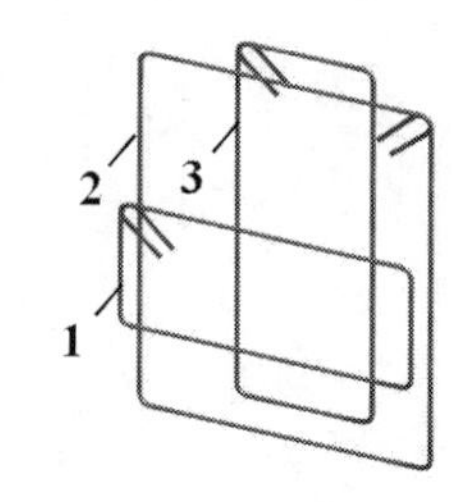

图 4. 3. 42　双向复合钢筋构造示意图

1. 前部钢筋；2. 中间钢筋；3. 后部钢筋

（3）拉筋宜同时勾住外部闭合箍筋和纵筋；也可紧靠封闭箍筋，并勾住纵向钢筋，见图 4. 3. 43。

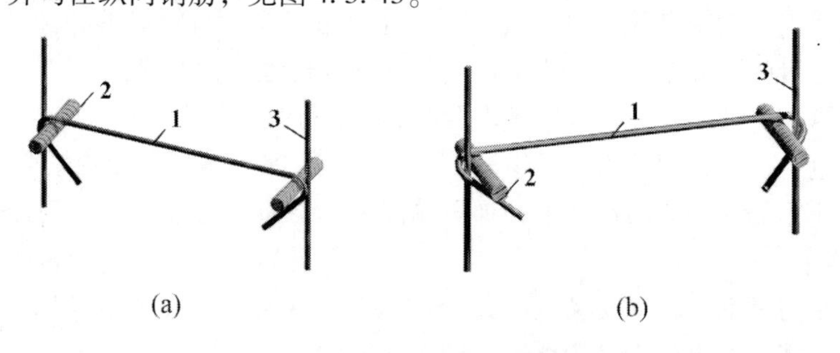

图 4. 3. 43　拉筋构造示意图

（a）只勾纵筋；（b）同时勾纵筋和箍筋

1. 拉筋；2. 纵筋；3. 箍筋

4. 4　混凝土工程

混凝土分项工程是混凝土结构工程中一个相对独立又比较复杂的施工阶段。混凝土工程施工包括混凝土制备、搅拌、运输、浇筑、振捣、养护等主要施工过程（主导工序）。各个施工过程相互联系和影响，每一个施工过程都关系到混凝土工程的最终质量。混凝土工程的施工水准也决定着混凝土结构构件的强度、刚度、整体性、耐久性以及观感是否到达设计要求。

4. 4. 1　混凝土的制备

1. 混凝土制备方式的选用

目前我国混凝土制备主要有三种方式：搅拌站专业化生产、现场较大规模集中搅拌和施工单位在工地进行的零星少量混凝土搅拌。由于搅拌站是专业化生产单位，具有批准的生产资质，不仅生产工艺比较成熟，而且生产条件符合环保、节能等要求。其制备的混凝土质量比较稳定。因此，建筑结构混凝土应优先选用预拌混凝土，即由搅拌站制备混凝土的方式。如果条件受到限制或者其他原因，比如混凝土运输距离的问题，不能选择预拌混凝土时，可以在施工现场搅拌混凝土，但是应尽量采用现场集中搅拌方式。

【集中搅拌】

是指采用具有自动计量装置的搅拌设备在施工现场搅拌。由于采用的设备与搅拌站相同，因此施工现场大规模集中搅拌的混凝土拌合物质量基本等同于预拌混凝土。只有当采用上述两种制备方式的条件都不具备时，才允许在施工现场采用人工计量、机械搅拌的方式制备混凝土。显然这种方式所制备的混凝土质量稳定性和保值率不如前两种方式，但是考虑到我国幅员辽阔，区域差异大，从施工条件的客观情况出发，目前仍允许采用这种施工现场的混凝土制备方式，但强调应采用经过检定和校准的地磅、地中衡等计量设备，以及采用强制式搅拌机搅拌。

2. 混凝土原材料的选用

混凝土是以水泥为胶凝材料，外加粗细骨料、水以及外加剂、掺合料（粉煤灰、矿渣粉末、硅粉等），按照一定配合比拌和而成的混合材料。混凝土原材料的选用应注意以下两点：一是应结合每个工程的具体特点，选用适用的材料。不能将规范给出的方法和原则当成教条；二是应注意各种原材料的选用和搭配方案并非只有唯一选择方案，应该通过试验进行多种可行方案的合理选择和必要调整。

1）水泥的选用

水泥是混凝土的主要胶凝材料，对水泥的选择主要针对其品种和强度等级两个方面。水泥强度的选择应满足混凝土强度的配置要求。

一般情况下，水泥品种的选择主要由施工方和混凝土制备方（搅拌站）确定，应该根据设计要求、施工需要和结构工程所处的环境条件（指潮湿、冻融、高温等）来选择。

由于通用硅酸盐水泥（包括硅酸盐水泥、普通硅酸盐水泥、矿渣硅酸盐水泥、火山灰硅酸盐水泥、粉煤灰硅酸盐水泥和复合硅酸盐水泥）具有良好的通用性和广泛的适用性，对于普通混凝土结构宜选用通用硅酸盐水泥。有抗渗、抗冻融要求的混凝土，宜选用硅酸盐水泥或普通硅酸盐水泥；处于潮湿环境的混凝土结构，当使用碱活性骨料时，宜采用低碱水泥。

当在使用中对水泥质量有怀疑或水泥出厂超过3个月（快硬硅酸盐水泥超过1个月）时，应进行复验，并按复验结果使用。

2）骨料的选用

石子和砂子分别是混凝土的粗、细骨料。粗骨料宜选用粒形良好、质地坚硬的洁净碎石或卵石，并应符合粒径、级配和含泥量的规定。砂子宜选取II区中砂。

（1）粗骨料选用的要求：

粗骨料有碎石、卵石两种。碎石是用天然岩石经破碎过筛而得的粒径大于5mm的颗粒。由自然条件作用在河流、海滩、山谷而形成的粒径大于5mm的颗粒，称为卵石。

粗骨料最大粒径不应超过构件截面最小尺寸的1/4，且不应超过钢筋最小净间距的3/4；对实心混凝土板，粗骨料的最大粒径不宜超过板厚的1/3，且不应超过40mm；泵送混凝土用碎石的最大粒径不应大于输送管内径的1/3，卵石的最大粒径不应大于输送管内径的2/5。粗骨料宜采用连续粒级，也可用单粒级组合成满足要求的连续粒级；含泥量、泥块含量指标应符合表4.4.1的规定。

表4.4.1　粗骨料的含泥量和泥块含量（%）

混凝土强度等级	≥C60	C55～C30	≤C25
含泥量（按质量计）	≤0.5	≤1.0	≤2.0
泥块含量（按质量计）	≤0.2	≤0.5	≤0.7

（2）细骨料：

细骨料（砂）按加工方式不同，分为天然砂、人工砂和混合砂。由自然条件作用形成的，公称粒径小于5.00mm的岩石颗粒，称为天然砂。天然砂根据来源不同，又分为河砂、海砂、山砂。由岩石经除土开采、机械破碎、筛分而成的，公称粒径小于5.00mm的岩石颗粒，称为人工砂。由天然砂与人工砂按一定比例组合而成的砂，称为混合砂。按细度模数不同，分为粗砂、中砂、细砂和特细砂，其细度模数范围见表4.4.2。

表4.4.2　砂的细度模数

粗细程度	细度模数	粗细程度	细度模数
粗砂	3.7～3.1	细砂	2.2～1.6
中砂	3.0～2.3	特细砂	1.5～0.7

海砂中氯离子对钢筋有腐蚀作用，预应力钢筋由于处于高应力状态对这种腐蚀更加敏感，因此，规范对混凝土骨料中的氯离子含量做出如下规定：混凝土细骨料中氯离子含量，对钢筋混凝土，按干砂的质量百分率计算不得大于0.06%；对预应力混凝土，按干砂的质量百分率计算不得大于0.02%。使用海砂时，应执行行业标准《海砂混凝土应用技术规范》JGJ206的有关规定。细骨料含泥量、泥块含量应满足表4.4.3中规定。

表4.4.3　细骨料的含泥量和泥块含量（%）

混凝土强度等级	≥C60	C55～C30	≤C25
含泥量（按质量计）	≤2.0	≤3.0	≤5.0
泥块含量（按质量计）	≤0.5	≤1.0	≤2.0

此外，强度等级为C60及以上的混凝土所用粗骨料最大粒径不宜超过25mm，细骨料细度模数宜控制为2.6～3.0；有抗渗、抗冻融或其他特殊要求的混凝土，宜选用连续级配的粗骨料，最大粒径不宜大于40mm，含泥量不应大于1.0%，泥块含量不应大于0.5%；所用细骨料含泥量不应大于3.0%，泥块含量不应大于1.0%。

3）拌合及养护用水的选用

混凝土拌合及养护用水包括饮用水、地表水、地下水、再生水、混凝土设备洗刷水和海水。根据现行行业标准《混凝土用水标准》JGJ63的规定，混凝土拌合用水水质应满足对PH值、不溶物、可溶物、氯离子、硫酸盐、碱等成分含量指标的检测要求。混凝土拌和及养护用水一般可以直接使用饮用水，但不应有漂浮明显的油脂和泡沫，且不应有明显的颜色和气味。地表水、地下水和再生水的来源和环境比较复杂，应经过检测后符合要求才可使用。未经处理的海水严禁用于钢筋混凝土结构和预应力混凝土结构中混凝土的拌制和养护。混凝土设备洗刷用水不宜用于预应力混凝土、装饰混凝土、加气混凝土和暴露于腐蚀环境的混凝土，不得用于使用碱活性或者潜在碱活性骨料的混凝土。养护用水可不用检验不溶物和可溶物成分。

4）外加剂

在混凝土拌合过程中掺入，并能按要求改善混凝土性能，一般不超过水泥质量的 5%（特殊情况除外）的材料称为混凝土外加剂。按其功能分为以下几类：

改善混凝土拌合料的流动性：减水剂、引气剂、泵送剂等；

调节混凝土凝结时间、硬化性能：缓凝剂、早强剂、速凝剂等；

改善混凝土耐久性：引气剂、防水剂、阻锈剂等；

改善混凝土其他性能：加气剂、膨胀剂、防冻剂等。

配置混凝土使用的外加剂应根据混凝土性能、施工工艺、结构所处环境等因素选择，并经过试验检验来确定。

5）矿物掺合料

矿物掺合料的使用，不仅可以改善混凝土的诸多特性，同时对节能减排具有重要意义。常用的矿物掺合料主要有粉煤灰、磨细矿渣微粉和硅粉等。不同的矿物掺合料对混凝土工作性、物理力学性能、耐久性的影响是不同的，因此，矿物掺合料的品种、等级和掺量的确定应根据设计、施工要求以及工程所处环境确定，并应符合现行国家相关标准的规定，其掺量应通过试验确定。

6）原材料的贮存要求

混凝土原材料进场后，应按种类、批次分开贮存与堆放，并做出明显清晰的标识。

（1）散装水泥应采用专用的散装罐分开储存；不同强度、品种的水泥不得混仓，并应定期清仓。袋装水泥应按品种、强度等级、出厂批次、使用顺序分开码垛堆放，并应采取防雨、防潮措施，高温季节应有防晒措施；存放袋装水泥时，底部要垫高、离墙 30cm 以上，且堆放高度不超过 10 包。水泥存放时间不宜过长，水泥存放期自出厂之日算起不得超过 3 个月（快凝水泥为 1 个月），否则，水泥使用前必须重新取样试验检查其实际性能。

（2）骨料应按品种、规格分别堆放，不得混入杂物，并应保持洁净与颗粒级配均匀。骨料堆放场地的地面应做硬化处理，并应采取排水、防尘和防雨等措施；碎石或卵石的堆料高度不宜超过 5m，对单粒级或最大粒径不超过 20mm 的连续粒级，其堆料高度可增加到 10m。

（3）液体外加剂应放置阴凉干燥处，应防止日晒、污染、浸水、受冻、蒸发，使用前应搅拌均匀；有沉淀、离析、变色等现象时，应经检验合格后再使用。粉状外加剂应防止受潮结块，如发现结块等现象，需经性能检验合格后方能使用。

（4）矿物掺合料应区分种类、厂家和等级贮存和运输，在此过程中不得受潮、混入杂物，并防止其污染环境和定期清仓。

7）原材料的抽样检验

（1）水泥：同一生产厂家、同一等级、同一品种、同一批号且连续进场的水泥，袋装水泥不超过 200t 为一检验批，散装水泥不超过 500t 应为一批，每批抽样不少于 1 次。对水泥的强度、安定性及凝结时间进行检验。

（2）骨料和细骨料：按同产地、同规格分批检验，骨料不超过 $400m^3$ 或 600t 为一个检验批。对颗粒级配、含泥量、片状颗粒含量进行检验。

（3）外加剂：同一厂家、同一等级、同一种类的外加剂连续供应10t的应为一个检验批。不足10t的按一个检验批进行检验。按外加剂产品标准规定对其主要匀质性指标和掺外加剂混凝土性能指标进行检验。

（4）掺合料：同一厂家、同一等级、同一种类的掺合料应为一个检验批的连续供应量如下：粉煤灰200t；矿渣粉200t；浮石粉200t；硅灰50t。

对矿物掺合料细度（比表面积）、需水量比（流动度比）、活性指数（抗压强度比）、烧失量指标进行检验。

3. 混凝土施工配制强度确定

混凝土的制备不仅要满足设计强度，还要满足对混凝土其他功能性的要求。混凝土施工配合比是控制混凝土质量的重要指标。混凝土配合比的设计应当符合以下基本原则：

①在满足混凝土强度、耐久性和工作性要求的前提下，减少水泥和水的用量；

②对于有抗冻、抗渗、抗氯离子侵蚀和化学腐蚀等耐久性要求的混凝土，还应符合符合国家现行标准《混凝土结构耐久性设计规范》（GB/T 500476）的规定；

③应考虑环境温度对施工及工程结构的影响；

④试配所用的原材料应与施工采用的原材料一致。

施工配合比是通过配合比设计计算和实验室试配试验确定的。混凝土的强度受混凝土组成材料的质量、施工技术水平影响，具有较大的离散性。为了保证结构使用的混凝土实际强度等级满足设计强度的保值率不低于95%，需要在其强度标准值的基础上提高一个数值。依据混凝土设计强度等级大小，混凝土配置强度的计算方法有两种。

（1）混凝土设计强度等级 < C60：

混凝土的施工配制强度按式（4-4-1）计算：

$$f_{cu,0} \geqslant f_{cu,k} + 1.645\sigma \tag{4-4-1}$$

式中：$f_{cu,0}$——混凝土的施工配制强度（MPa）；

$f_{cu,k}$——设计的混凝土强度标准值（MPa）；

σ——混凝土强度标准差（MPa）。

（2）混凝土设计强度等级≥C60：

$$f_{cu,0} \geqslant 1.15 f_{cu,k} \tag{4-4-2}$$

标准差的σ计算：

当具有近期（前1个月或者3个月）的同一品种混凝土强度的统计资料时，混凝土强度标准差σ可按下式计算：

$$\sigma = \sqrt{\frac{\sum_{i=1}^{n} f_{cu,i}^{2} - n \cdot m_{f_{cu}}^{2}}{n-1}} \tag{4-4-3}$$

式中：$f_{cu,i}$——第i组的试件强度（MPa）；

$m_{f_{cu}}^{2}$——n组试件的强度平均值（MPa）；

n——试件组数，$n \geqslant 30$。

按式（4-4-3）得到的σ值还需要根据混凝土强度区间不同，按表4.4.4的要求确定。

表4.4.4　标准差σ计算值的取值（MPa）

序号	σ取值	公式的计算值	混凝土强度等级
1	计算值	≥3.0	混凝土强度等级≤C30
2	3.0	<3.0	
3	计算值	≥4.0	C30<混凝土强度等级<C60
4	4.0	<4.0	

当没有近期同品种混凝土强度资料时，混凝土强度标准差σ可按表4.4.5取值。

表4.4.5　标准差σ的取值（MPa）

混凝土强度标准差	≤C20	C25～C45	C50～C55
σ	4.0	5.0	6.0

4. 混凝土施工配合比

混凝土配合比设计应考虑混凝土的工作性。所谓混凝土的工作性，也称和易性，主要指混凝土拌合物的流动性、黏聚性和保水性，是混凝土拌合物的一种性能，即混凝土在施工条件下，便于施工操作，满足各项工艺要求（例如泵送、振捣等），进而保证浇筑时能够获得均匀、密实的混凝土。混凝土拌合物的工作性可以通过坍落度或者维勃时间的测定来描述。由于混凝土配合比是在实验室条件下测定的，因而又称为实验室配合比。实验室配合比是以砂、石等材料处于干燥状态下确定的用量比例，而在施工现场，砂石材料露天存放，不可避免地含有一定的水，且其含水量随着场地条件和气候而变化，因此，在实际配制混凝土时，就必须考虑砂石的含水量对混凝土的影响，将实验室配合比换算成考虑了砂石含水量的施工配合比，作为混凝土配料的依据，从而使混凝土拌合料保持良好的工作性。

假设实验室配合比为：水泥：砂：石子=1：s：g，水灰比为W/C，实测得砂、石的含水量分别为W_s、W_g，则施工配合比为：

$$\text{水泥}:\text{砂}:\text{石子}:\text{水} = 1 : s(1+W_s) : g(1+W_g) : W/C - s\times W_s - g\times W_g \tag{4-4-5}$$

按实验室配合比1m³混凝土的水泥用量为c（kg），计算施工配合比时应保持混凝土的水灰比不变。则1m³混凝土的各种材料的用量为：

$$\begin{aligned} &\text{水泥：} c\ (\text{kg})；\\ &\text{砂子：} c\times s\times(1+W_s)；\\ &\text{石子：} c\times g\times(1+W_g)；\\ &\text{水：} c\times\left(\frac{W}{C}-s\times W_s-g\times W_g\right) \end{aligned} \tag{4-4-6}$$

5. 混凝土搅拌

1）搅拌机

混凝土搅拌机按其搅拌原理主要分为强制式搅拌机和自落式搅拌机两类。混凝土搅拌宜采用强制式搅拌机。《混凝土搅拌机》（GB/T 9142）规定混凝土搅拌机以其出料容量升数（L）为标定规格，故我国混凝土搅拌机的系列型号为：50L、150L、250L、350L、

500L、750L、1000L、1500L 和 3000L。在建筑工程中 250L、350L、500L、750L 这 4 种型号比较常用。

（1）自落式搅拌机：

如图 4.4.1（a）所示，自落式搅拌机的搅拌鼓筒是垂直放置的（旋转轴位于水平位置）。随着鼓筒的转动，混凝土拌合料被固定于筒壁上的搅拌叶片托起，然后又散落下来，反复在鼓筒内做自由落体式翻转搅拌，从而达到搅拌的目的。自落式搅拌机搅拌时外筒由驱动轴带动进行转动。这种搅拌机适用于搅拌塑性混凝土和低流动性混凝土，搅拌质量、搅拌速度等与强制式搅拌机相比要差一些。

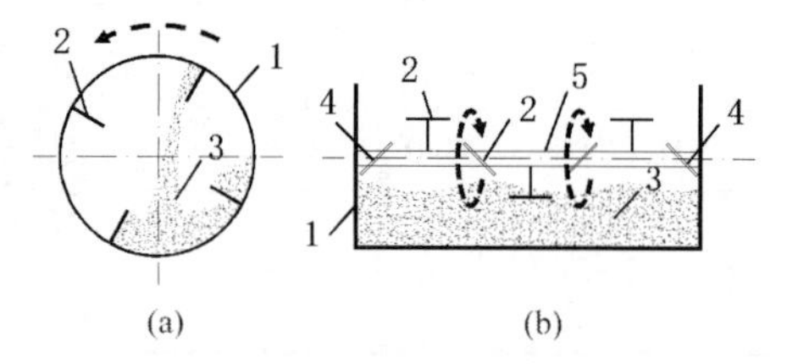

图 4.4.1　搅拌机工作原理

（a）自落式搅拌；（b）强制式搅拌（卧式）

1. 搅拌筒；2. 搅拌叶片；3. 混凝土拌合料；4. 侧叶片；5. 转动轴

（2）强制式搅拌机：

如图 4.4.1（b）所示，强制式搅拌机的搅拌鼓筒筒内有若干组叶片固定于旋转轴上，搅拌时叶片绕竖轴（立式搅拌机）或卧轴旋转（卧式搅拌机），将各种材料强行搅拌，搅拌时外筒静止不动。这种搅拌机适用于搅拌干硬性混凝土、流动性混凝土和轻骨料混凝土等，具有搅拌质量好搅拌速度快、生产效率高、操作简便且安全可靠等优点。

搅拌机有双锥反转出料式搅拌机、双锥倾翻出料式搅拌机、立轴涡浆式搅拌机等类型。

公称容量是代表搅拌机型号和生产效率的一个重要技术参数。公称容量，也称出料容量，指一罐次混凝土出料后经捣实的体积，单位为 L。公称容量包括两个级差系列：50L、100L、150L、200L、250L、350L、500L、750L、1000L、1250L；以及 1500L、2000L、2500L、3000L、3500L、4000L、4500L、6000L。

此外，搅拌机鼓筒内部空间体积为搅拌机的几何容量。每次搅拌装入的松散材料的体积称为进料容量（或装料容积）。为了使混凝土拌合料能够得到充分搅拌，搅拌筒内完成装料后应该仍然有富余空间。进料容量与几何容量的比值称为搅拌筒利用系数，通常为 0.22～0.4。出料容量与进料容量的比值称为出料系数，通常为 0.60～0.70。

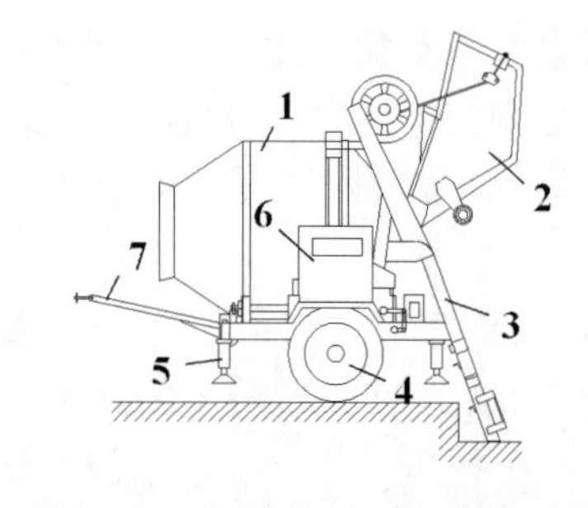

图 4.4.2　双锥反转出料式搅拌机

1. 搅拌筒；2. 上料斗；3. 上料滑道；4. 行走轮；5. 支腿；6. 电控箱；7. 拖杆

双锥反转出料式搅拌机，如图 4.4.2 所示，是自落式搅拌机中搅拌效果较好的一种，宜于搅拌塑性混凝土。它在生产率、能耗、噪音和搅拌质量等方面都比鼓筒式搅拌机好。双锥反转出料式搅拌机的搅拌筒由两个截头圆锥组成，搅拌筒每转一周，物料在筒中的循环次数比鼓筒式搅拌机多，效率较高而且叶片布置较好，物料一方面被提升后靠自落进行拌和，另一方面又迫使物料沿轴向左右窜动，搅拌作用强烈。此搅拌机正转搅拌，反转出料，构造简单，制造容易。双锥倾翻出料式搅拌机结构简单，适合于大容量、大骨料、大坍落度混凝土搅拌。

2）混凝土搅拌的技术要求

混凝土搅拌的技术要求包括用料计量、投料顺序和搅拌时间三个方面。采用分次投料搅拌方法时，应通过试验确定投料顺序、数量及搅拌时间。

（1）用料计量：

混凝土搅拌时应对原材料用料准确计量，计量设备应定期校准。使用前设备应归零。骨料的实际含水量发生变化时，应及时调整骨料及水的用量。拌合料允许的计量误差见表4.4.6所示。

表4.4.6　混凝土原材料计量允许误差（%）

原材料品种	水泥	细骨料	粗骨料	水	矿物掺合料	外加剂
每盘计量允许误差	±2	±3	±3	±1	±2	±1
累计计量允许误差	±1	±2	±2	±1	±1	±1

注：1. 现场搅拌时原材料计量允许偏差应满足每盘计量允许偏差要求；2. 累计计量允许偏差指每一运输车中各盘混凝土的每种材料累计称重的偏差，该项指标仅适用于采用计算机控制计量的搅拌站。

（2）投料顺序：

投料顺序应从提高混凝土搅拌质量，减少搅拌机的磨损，减少拌合料与搅拌筒壁的粘接损失，减少水泥飞扬，改善工作环境，提高混凝土强度，节约水泥等多方面因素综合考虑后确定。特别应当注意：矿物掺合料宜与水泥同步投料；液体外加剂宜滞后于水和水泥投料；粉状外加剂宜溶解后再投料。经过不断的科学研究和实践探索，投料顺序方面的技术有了很大改进，在借鉴日本的混凝土搅拌技术“SEC法”的基础上由原来的一次投料方式改为二次投料方式。目前，根据投料顺序的不同，常用的投料方法有：先拌水泥净浆法、先拌砂浆法、水泥裹砂法和水泥裹砂石法等。

先拌水泥净浆法是指先将水泥和水充分搅拌成均匀的水泥净浆后，再加入砂和石搅拌成混凝土。

先拌砂浆法是指先将水泥、砂和水投入搅拌筒内进行搅拌，成为均匀的水泥砂浆后，再加入石子搅拌成均匀的混凝土。

水泥裹砂法（SEC法）是指先将全部砂子投入搅拌机中，并加入总拌合水量70%左右的水（包括砂子的含水量），搅拌10～15s，再投入水泥搅拌30～50s，最后投入全部石子、剩余水及外加剂，再搅拌50～70s后出罐。

水泥裹砂石法是指先将全部的石子、砂和70%拌合水投入搅拌机，拌合15s，使骨料湿润，再投入全部水泥搅拌30s左右，然后加入30%拌合水再搅拌60s左右即可。

（3）搅拌时间：

搅拌时间是影响混凝土质量及搅拌机生产效率的重要因素之一。不同搅拌机类型及不同稠度的混凝土拌合物有不同搅拌时间。混凝土搅拌时间可按表4.4.7采用，时间控制要准确。一方面，搅拌时间不足会影响搅拌效果，另一方面，搅拌时间过长会导致混凝土产生离析现象，同样不能得到良好的搅拌效果，同时又增加电能消耗和机械磨损，降低了生产效率。

表 4.4.7 混凝土搅拌的最短时间（s）

混凝土坍落度/mm	搅拌机机型	搅拌机出料量（L）		
		<250	250~500	>500
≤40	强制式	60	90	120
>40 且 <100	强制式	60	60	90
≥100	强制式	60		

注：①混凝土搅拌的最短时间是指全部材料装入搅拌筒中起，到开始卸料止的时间；②当掺有外加剂与矿物掺合料时，搅拌时间应适当延长；③当采用其他形式的搅拌设备时，搅拌的最短时间应按设备说明书的规定或经过试验确定；④当用自落式搅拌机时，搅拌时间宜延长 30s。

另外，搅拌机的转速（包括搅拌筒转速、叶片转速和搅拌轴转速等技术参数）也是和搅拌时间有关的主要参数。不允许用超过规定的转速进行搅拌来缩短搅拌时间。自落式搅拌转速过高产生的离心效果会阻碍拌合料靠自重下落；强制式搅拌会造成拌合料离析，都将影响混凝土的搅拌质量。

6. 混凝土制备过程的质量检查

混凝土制备是混凝土工程的第一个施工过程，对后面的施工环节和混凝土的最终质量将产生关键的影响。因而应重视质量检查工作，其检查内容包括：

（1）对原材料一致性的检查。主要检查混凝土所用的原材料的品种、规格是否和施工配合比一致。

（2）对投料计量偏差的检查。对预拌混凝土和现场集中搅拌混凝土，主要检查自动计量系统的生产记录和监控系统数据。对施工现场采用非自动计量设备搅拌混凝土，应检查原材料称量误差、计量设备误差、投料记录、计量设备使用情况等。每个工作班至少检查 2 次。

（3）对骨料含水率的检查。每个工作班至少检查 1 次。当雨雪天气、外界环境影响导致骨料含水率变化，应及时检查。

（4）对生产设备的检查。每次开盘前检查。检查生产设备、控制系统、计量设备是否运转正常。

（5）对混凝土拌合物工作性的检查。主要在施工现场检查拌合物的坍落度。每 $100m^3$ 检查不少于 1 次，每个工作班不少 2 次。当混凝土拌合物工作性存在变化的可能性或不确定性时（如配合比调整、工艺变化、运输状况改变、停放时间较长和其他存在疑虑的情况），应及时增加检查次数。

（6）对混凝土凝结时间的检查。同一工程、同一配合比的混凝土，至少在开盘前检查 1 次，必要时可以增加检查次数。

4.4.2 混凝土的运输

1. 运输方式

混凝土运输包括混凝土水平运输和混凝土输送两个相互衔接的部分。

混凝土水平运输：一般指混凝土从搅拌机中卸出来后，运至浇筑地点的地面运输。当采用预拌混凝土时，也称混凝土的场外运输。由于搅拌站距离工地有时比较远，混凝土地面运输通常采用混凝土搅拌运输车（俗称罐车）；如果是从工地自建的搅拌站运出，通常采用机动翻斗车、轨道翻斗车、手推车或者传送带等运输工具。

混凝土输送：指对运输至现场的混凝土，采用输送泵、溜槽、吊车配备斗容器、升降设备配备小车等方式送至混凝土浇筑作业面的过程。通常垂直运输占主要部分，因此也称“混凝土垂直输送”。为提高机械化施工水平、提高生产效率、保证施工质量，宜优先选用预拌混凝土泵送方式。

2. 混凝土运输工具及运输要求

混凝土搅拌运输车是一种用于长距离运输混凝土的高效能机械。

见图 4.4.3，有一搅拌筒斜放在汽车底盘上，在商品混凝土搅拌站装入混凝土拌合料后，由于搅拌筒内有两条螺旋状叶片，在运输过程中搅拌筒可进行慢速转动进行拌和，以防止混凝土离析，运至浇筑地点，搅拌筒反转即可迅速卸出混凝土。搅拌筒的容量有 3 ~ 16m^3，搅拌筒的结构形状和其轴线与水平的夹角、螺旋叶片的形状和它与铅垂线的夹角，都直接影响混凝土搅拌运输质量和卸料速度。搅拌筒可用单独发动机驱动，亦可用汽车的发动机驱动，采用液压传动的效果比较好。

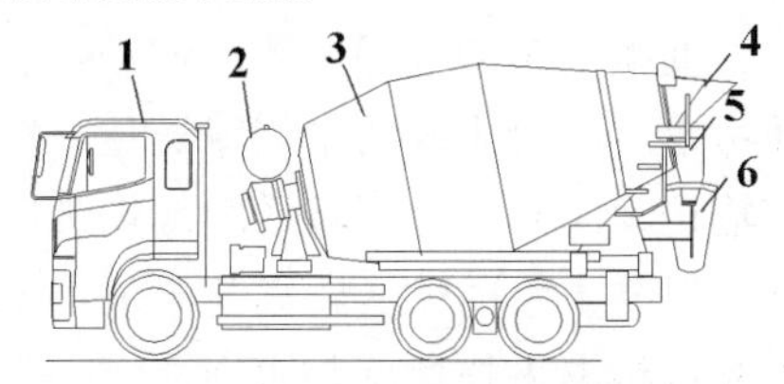

图 4.4.3　混凝土搅拌运输车

1. 汽车底盘；2. 水箱；3. 搅拌筒；4. 进料口；5. 溜槽；6. 卸料口

预拌混凝土应采用符合规定的搅拌运输车运送。运输车在运送时应能保持混凝土拌合物的均匀性和工作性，不应产生分层离析现象。运输车在装料前应将筒内积水排尽。当需要在卸料前掺入外加剂时，外加剂掺入后搅拌运输车应快速进行搅拌，搅拌的时间应由试验确定。

混凝土的运送时间是指从混凝土由搅拌机卸入运输车开始至该运输车开始卸料为止。当对运送时间没有特殊规定时，采用搅拌运输车运送的混凝土，宜在 1.5h 内卸料；采用翻斗车运送的混凝土，宜在 1.0h 内卸料。当最高气温低于 25℃时，运送时间可延长 0.5h。如需延长运送时间，则应采取相应的技术措施，并应通过试验验证。混凝土的运送频率，应能保证混凝土施工的连续性。运输车在运送过程中应采取措施，避免遗撒。

混凝土拌合料运输、输送、浇筑过程中严禁加水；在运输、输送、浇筑过程中散落的混凝土拌合料严禁用于混凝土结构构件的浇筑。

3. 混凝土输送工具及输送要求

混凝土泵是一种有效的混凝土输送工具。它以泵为动力，沿管道输送混凝土，可以一次完成水平及垂直运输，将混凝土直接输送到浇筑地点，是发展较快的一种混凝土运输方法。大体积混凝土、高层建筑中应用较多，目前已经推广到一般民用建筑工程的混凝土浇筑施工。根据驱动方式，混凝土泵目前主要有两类，即挤压泵和活塞泵，但在我国主要利用活塞泵。活塞泵目前多用液压驱动，它主要由料斗、液压缸和活塞、混凝土缸、分配阀、Y 形输送管、冲洗设备、液压系统和动力系统等组成。不同型号的混凝土泵，其排量不同，水平运距和垂直运距亦不同，常用混凝土排量 30 ~ 90m^3/h，水平运距 200 ~ 900m，垂直运距 50 ~ 300m。目前我国已能一次垂直泵送超过 400m，更高的高度可用接力泵送。

在混凝土施工过程中，混凝土的现场输送和浇筑是一项关键的工作。在保证质量的同时尽可能做到迅速、及时，以降低劳动消耗，从而在保证工程要求的条件下降低工程造价。混凝土输送方式应按施工现场条件，根据合理、经济的原则确定。

1）输送泵的选择和布置

混凝土输送泵，按移动方式分为汽车泵（图4.4.4）和拖泵（固定泵）。目前我国多采用活塞式泵，易于和汽车底盘组装成泵车。此外，汽车式泵车通常还装有布料杆。

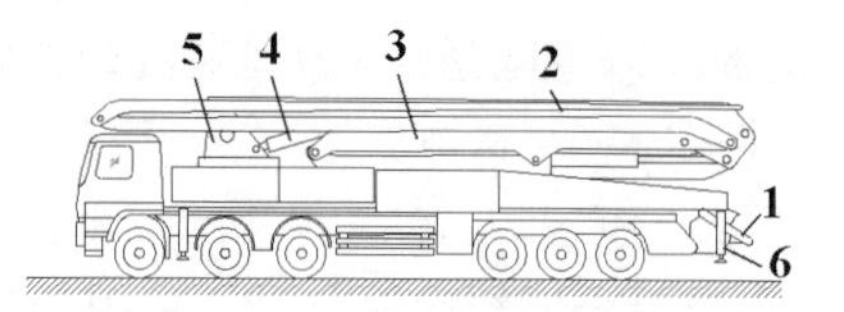

图4.4.4 混凝土泵车

1. 混凝土泵；2. 输送管；3. 折叠臂；4. 油缸；5. 旋转装置；6. 支腿

混凝土泵的选择主要从输送量、输送距离两个方面考虑。混凝土泵的平均输送量一般是$80m^3/h$左右，与输送距离有关，当输送距离增加时，输送量就会降低。混凝土泵的输送距离与泵的类型、泵送压力、泵送管径和混凝土性质有关，通常用水平泵送距离来描述。与水 平直管相比，向上垂直管、弯管、锥形管、软管的流动阻力都大，引起的压力损失也大，计算时可以将这些类型的管长转为水平直管长度。这样换算得到的混凝土输送管道水平长度，应不大于计算得出的最大水平泵送距离，同时，换算得出的管道总压力损失应小于混凝土泵正常工作时最大出口压力值。

混凝土泵的数量应根据混凝土一次浇筑量和每台泵的输送能力及施工现场的条件经过计算确定。为了避免意外故障影响混凝土浇筑，应设置备用泵。混凝土泵的数量可按式（4-4-7）计算。

$$N = \frac{Q}{Tq} \tag{4-4-7}$$

式中：N——混凝土泵台数（台）；

Q——混凝土浇筑量（m^3）；

q——每台泵的平均输出量（m^3/h）；

T——泵送作业时间（h）。

输送泵的布置应考虑以下几个方面：

①输送泵的选型应根据工程特点、混凝土输送高度和距离、混凝土工作性确定；

②输送泵的数量应根据混凝土浇筑量和施工条件确定，必要时应设置备用泵；

③输送泵设置的位置应场地应平整、坚实，道路应畅通；而且在满足混凝土浇筑施工要求的同时，尽可能减少水平输送距离和弯管数量，从而使其达到最佳工作状态。此外，还应接近给水和排水设施、供电设施，以方便冲洗水排泄和动力接入。

④输送泵的作业范围不得有障碍物，输送泵设置位置应离开建筑物一定距离，并做好防范高空坠物的设施。

⑤输送混凝土的管道、容器、溜槽不应吸水、漏浆，并应保证输送通畅。输送混凝土时应根据工程所处环境条件采取保温、隔热、防雨等措施。常见的混凝土垂直输送有借助起重机械的混凝土垂直输送和泵管混凝土垂直输送，垂直输送尽可能采用“一泵到顶”，避免采用接力泵。

2）泵管布置

混凝土输送管（泵管）有直管、弯管、锥形管和软管。目前应用较多的为壁厚2mm的电焊钢管，其使用寿命约为1500～2000m^3（输送混凝土量），以及壁厚4.5mm、5.0mm

的高压无缝钢管。

直管常用的规格为 Φ100、Φ125 和 Φ150。长度有 0.5m、1.0m、2.0m、3.0m、4.0m 等。弯管多为拉拔钢管，管径规格同直管，弯曲角度有 90°、45°、30°及 15°，常用曲率半径为 1.0m 和 0.5m。在管径转换处需要采用锥形管，用拉拔管制成。常用管径有 Φ175 ~ Φ150、Φ150 ~ Φ125、Φ125 ~ Φ100，长度多为 1.0m。在输送管的末端设置橡胶软管，可以小范围变动浇筑位置。管径为 125mm 和 150mm，长度 3 ~ 5m 左右。混凝土输送管的设置要求包括以下方面：

（1）混凝土输送泵管应根据输送泵的型号、拌合物性能、总输出量、单位输出量、输送距离以及粗骨料粒径等进行选择；混凝土粗骨料最大粒径不大于 25mm 时，可采用内径不小于 125mm 的输送泵管；混凝土粗骨料最大粒径不大于 40mm 时，可采用内径不小于 150mm 的输送泵管。

（2）设计输送管布置线路时，应尽量缩短输送路程长度，减少转弯数量；浇筑作业面输送管布置应该按照“后退浇筑”或者“拆管浇筑”的浇筑方式布置，使浇筑过程不会因为接管而影响新浇筑的混凝土区域，如图 4.4.5 所示。输送泵管安装接头应严密，输送泵管道转向宜平缓；新旧管搭配使用时，尽量在输送泵的出口附加新管。

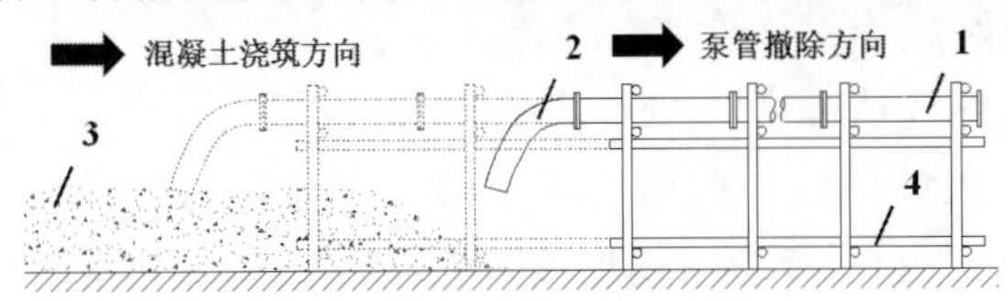

图 4.4.5　输送管布置示意图

1. 输送管；2. 软管；3. 新浇筑混凝土；4. 输送管支架

（3）输送泵管应采用支架固定在建筑结构上，支架应与结构牢固连接，输送泵管转向处支架应加密，不能由输送管承受冲击力。每节管不少于 1 个固定点，每个管件至少有 2 个固定点，固定点应采用木料等材料作为管件和和管道间的垫层。支架应通过计算确定，设置位置、数量和结构应进行验算，必要时应采取加固措施。

（4）混凝土下坡输送容易在管道上部产生空腔，造成“气阻”现象，因而，水平输送管在输送泵一端的标高略微降低一些将有利于输送效果。向上输送混凝土时，垂直输送管中混凝土拌合料的自重会对混凝土泵产生一个逆流压力，容易引起混凝土泵工作异常，并造成堵塞。为了减小这个不利影响，地面水平输送泵管的直管和弯管总的折算长度不宜小于竖向输送高度的 20%，且不宜小于 15m，以利用其反向阻力平衡逆流压力；此外，混凝土在向上泵送的过程中，一旦意外中断，也会因拌合料倒流而产生逆流压力。因而，输送高度大于 100m 时，混凝土输送泵出料口处的输送泵管位置应设置截止阀。

（5）如图 4.4.6 所示，输送泵管倾斜或垂直向下输送混凝土，且高差大于 20m 时，应在倾斜或竖向管下端设置直管或弯管，直管或弯管总的折算长度不宜小于高差的 1.5 倍。

（6）混凝土输送泵管及其支架应经常进行检查和维护。夏季需用草袋、毛毡等淋水覆盖降温；冬季需包裹保温材料；防止混凝土因高温或受冻而造成堵管。

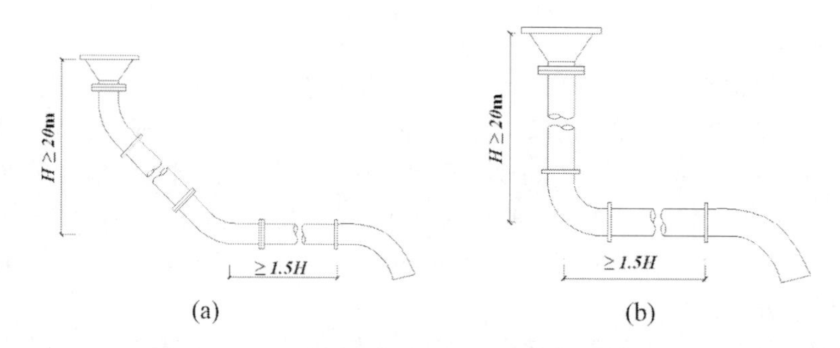

图 4.4.6　倾斜和垂直输送管构造要求

（a）垂直设置；（b）倾斜设置

3）布料设备选择

混凝土布料设备包括车载式布料杆、移置式布料杆、固定式布料杆、塔式起重布料机 4 种形式。

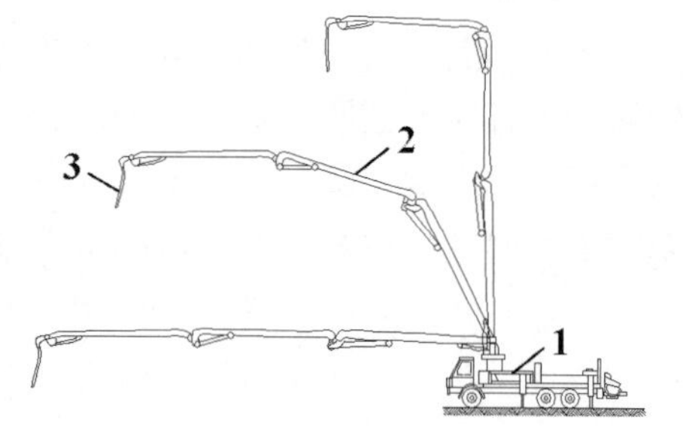

图 4.4.7　车载布料杆

1. 汽车底盘；2. 臂架；3. 软管

车载式布料杆是将布料杆固定在混凝土汽车泵底盘上，其折叠收拢状态见图 4.4.4，展开状态见图 4.4.7。目前常用的混凝土汽车泵的布料臂长在 28～36m。移置式布料杆构造简单，可以人力推动回转，整机重量较轻，可借助塔吊搬运，在楼层上移动位置以改变布料点。移置式布料杆由布料系统、支座及底架等部分组成。固定式布料杆是装在管柱或格构式塔架上，而塔架可安装在建筑物的里面或旁边，当建筑物升高时，接高塔身，布料杆也就随之升高。起重布料两用塔吊，布料系统固定在塔帽下的转台上，塔式起重机的起重臂作为布料臂。几种布料设备的的性能对比见表 4.4.8 所示。

表 4.4.8　混凝土布料设备性能对比

	车载式布料杆	移置式布料杆	固定式布料杆	塔式起重布料两用机
优点	1. 机动性好，布料点转换效率较高； 2. 应用普遍，造价低	1. 可独立在楼面自由移动，不依赖起重设备； 2. 制作简单，造价低	1. 适用于高层建筑的混凝土施工； 2. 与塔式起重机使用不冲突；	1. 充分利用塔式起重机，适用高度提高； 2. 借助塔吊，节省塔架造价
缺点	1. 受汽车动力、底盘稳定性的限制，泵送能力有限； 2. 车载布料臂长度有限，布料范围和高度受到限制	1. 上楼层需要起重设备； 2. 占据楼面空间，影响作业面； 3. 增加模板的荷载	1. 成本较高； 2. 工作范围固定	1. 塔身固定，工作范围受限； 2. 布料作业和吊装作业冲突

采用布料设备进行混凝土有组织浇筑作业方式，布料点宜接近浇筑位置，布料设备的设置应满足以下要求：

①宜先浇筑竖向结构构件，后浇筑水平结构构件；浇筑区域结构平面有高差时，宜先浇筑低区部分，再浇筑高区部分；

②布料设备的选择应与输送泵相匹配，布料设备的混凝土输送管内径宜与混凝土输送泵管内径相同；

③布料设备的数量及位置应根据布料设备工作半径、施工作业面大小以及施工要求确定；

④布料设备应安装牢固，且应采取抗倾覆措施，布料设备安装位置处的结构或专用装置应进行验算，必要时应采取加固措施。尽可能安排在电梯井等位置，以减少附加成本；

⑤应经常对布料设备的弯管壁厚进行检查，磨损较大的弯管应及时更换；

⑥布料设备的回转作业范围不得有阻碍物，并应有防范高空坠物的设施。

4）混凝土输送方式选择

选择混凝土运输方案时，技术上可行的方案可能不止一个，要根据客观实际情况通过对每个方案进行技术和经济综合比较来选择最优方案。常用方案有泵送方式、吊斗输送方式和升降机配合小车输送方式。其中泵送方案在目前应用最为普遍。

（1）泵送方式：

泵送混凝土方式应该将混凝土泵、混凝土搅拌运输车和混凝土布料架配套使用，且应使混凝土搅拌站的供应能力和混凝土搅拌运输车的运输能力大于混凝土泵的泵送能力，以保证混凝土泵能连续工作，防止停机堵管。

①泵送前检查。应先进行泵水检查，并应湿润输送泵的料斗、活塞等直接与混凝土接触的部位；泵水检查后，应清除输送泵内积水；采用多台输送泵浇筑混凝土时，每台输送泵的浇筑速度应基本保持一致，防止产生混凝土冷缝，即由于时间间隔过长，使前后浇筑的混凝土之间产生明显的交接面。

②管道润滑。输送混凝土前，应先输送水泥砂浆对输送泵和输送管进行润滑，以减小泵送阻力，然后开始输送混凝土。其中，少数浆液可用于湿润开始浇筑区域的结构施工缝，多余浆液用集料斗等容器收集后运出，不得用于结构浇筑。水泥砂浆与混凝土拌合料同成分是指以该强度等级混凝土配合比为基准，去掉石子后拌制的水泥砂浆。由于泵送混凝土粗骨料粒径通常采用不大于25mm的石子，所以接浆厚度不应大于30mm。

③正常泵送。输送混凝土速度应先慢后快、逐步加速，应在系统运转顺利后再按正常速度输送；输送混凝土过程中，应设置输送泵集料斗网罩，并应保证集料斗有足够的混凝土余量，防止吸入空气形成阻塞。

④管道清洗。混凝土泵送结束后，应对输送泵管进行清洗。清洗方法通常分为正泵和反泵两种方式。反泵清洗，也称干洗，可采用在上端管内加入清洗棉球，开启反泵模式，将输送管内的剩余混凝土拌合料从上往下吸入料斗，洗掉的混凝土收集后另行处理。为了减少混凝土的浪费，也可以采用正泵方式（从下至上）。首先，在最后泵送的混凝土后面加入粘性浆液以及料斗内注入足够的清水，通过泵送清水方式将输送泵管内剩余的混凝土输送至作业面，然后再通过泵送清水对输送泵管进行清洗。

（2）吊斗输送方式：

首先，根据不同结构类型以及混凝土浇筑方法选择不同的斗容器，斗容器的容量应根据起重机的吊运能力确定。混凝土拌合料运送至施工现场后宜直接装入斗容器进行吊运输送。达到浇筑点后，开启料斗底部闸阀，直接将混凝土拌合料布料于浇筑位置。有时，浇筑点超出了起重机的工作范围，可以采用翻斗车、手推车等工具进行转运，但是此类浇筑点的工作范围和工作量不宜过大。

（3）升降机+小车输送：

当工程规模较小而没有配置塔式起重机或者塔式起重机的工作范围有限又不便于采用多塔方案时，可以将升降机作为辅助垂直运输设备。由于升降机只能进行垂直运输，因而还需要配备一定数量的楼面和地面的水平运输工具，如手推车或者机动翻斗车。升降设备和小车的配备数量、小车行走路线及卸料点位置应能满足混凝土浇筑需要。运输至施工现场的混凝土宜直接装入小车进行输送，并且尽量在靠近升降设备的位置进行装料。

4.4.3 混凝土的浇筑

混凝土浇筑和振捣的目的就是要使在模板中凝结成形的混凝土既均匀又密实，以达到结构要求的强度、刚度和整体性；拆模后混凝土表面要平整，以满足实用功能的需要。

1. 普通混凝土结构的浇筑施工

1）浇筑前的准备工作

①技术复核和隐蔽验收。应对模板、支架（支撑系统）、钢筋和预埋件布置的正确性进行复核，验收合格后才能浇筑混凝土。由于混凝土工程属于隐蔽工程，因此对工程量大的混凝土工程、重要构件或关键部位的浇筑，均应做好施工记录和隐蔽验收工作。

②施工条件和环境的检查。应保证模板和垫层洁净，其表面干燥的部位应洒水充分湿润并将积水清除干净；高温天气（气温高于35℃时）施工应对模板采取降温措施（特别是金属模板，一般采用洒水降温）。注意天气预报，把握施工时机，尽量避开雨雪天气。

③其他技术保障措施。检查材料、机具准备情况；对施工班组做好施工组织、技术交底、安全教育等工作。

2）混凝土浇筑的技术要点和控制措施

（1）浇筑时间：

混凝土浇筑应保证混凝土的均匀性和密实性。混凝土浇筑的密实性与浇筑完成后混凝土所具有的强度等级密切相关；均匀性可以理解为混凝土各个部分应该达到相同的强度等级。要满足这个要求，混凝土宜一次性连续浇筑完成，并应采用分层浇筑方式。此外，混凝土浇筑过程中，应对混凝土拌合物的入模时间进行控制。影响混凝土连续浇筑的因素较多，例如混凝土拌合物在运输过程中发生交通拥堵，施工现场狭窄或者浇筑作业转场造成等待，泵送混凝土过程中发生故障，停电和停水等意外事件等，都有可能造成混凝土浇筑过程出现间歇状态。但是，施工间歇不等于造成混凝土浇筑的不连续施工。只有当这些间歇时间连续累计达到一定数量，使上层混凝土在下层混凝土初凝前不能完成覆盖浇筑时，才能认定为混凝土浇筑是不连续的。尽管如此，混凝土浇筑过程中应当主动采取措施对混凝土浇筑的各个环节工作进行时间上的控制。

影响混凝土浇筑质量的关键是混凝土拌合料运输时间、输送入模时间及不可避免的间歇时间相加得到的总时长不超出混凝土的初凝时间。因此，《混凝土结构工程施工规范》GB50666－2011 对混凝土运输、输送、间歇时间的总和做出了规定，见表4.4.9和表4.4.10。

表4.4.9　运输到输送入模的延续时间（min）

条　件	气　温	
	≤25℃	>25℃
不掺外加剂	90	60
掺外加剂	150	120

表4.4.10　运输、输送入模及其间歇总的时间限值（min）

条 件	气　温	
	≤25℃	>25℃
不掺外加剂	180	150
掺外加剂	240	210

目前，混凝土不掺外加剂（起缓凝作用）的情况已经不多见了。通常按照掺外加剂情况来考虑，各个环节极限时间的控制按以下数值：

每车混凝土泵送时间一般不会超过15min，极限输送时间按30min；

表4.4.9中的时间减去输送极限时间即是运输的极限时间；

表4.4.9和表4.4.10对应项目时间差额就是间歇时间的极限时间，一般将间歇时间总和控制在90min以内；

极限时间只是一个参考值，实际操作过程中应当尽可能减少间歇时间，从而给运输和输送作业留出更多的储备时间。因此，表4.4.10中运输、输送入模及间歇三个环节总时间限值要严格控制。

（2）混凝土拌合料倾倒高度控制：

混凝土在下料过程中，会碰撞模板中的钢筋、钢构件、预埋件等，为了保证混凝土浇筑工作中不产生离析现象，采取措施减少混凝土下料过程中的冲击是关键。特别是竖向构件柱、墙模板内的混凝土浇筑容易发生离析，倾落高度应符合表4.4.11的规定；倾倒高度是指所浇筑结构的高度加上混凝土布料点与该结构顶面之间的垂直距离。当不能满足要求时，应采取有效的控制措施，如溜槽、溜管、串筒等辅助装置，见图4.4.8，进行有组织的下料。

表4.4.11　柱、墙模板内混凝土浇筑倾落高度限值（m）

条　　件	浇筑倾落高度限值
粗骨料粒径大于25mm	≤3
粗骨料粒径小于等于25mm	≤6

注：当有可靠措施能保证混凝土不产生离析时，混凝土倾落高度可不受本表限制。

（3）混凝土表面塑性收缩缝的控制：

为了避免浇筑完成的混凝土裸露表面在凝固过程中产生塑性收缩裂缝，需要在混凝土初凝前和终凝前，分别对混凝土裸露表面进行抹面处理。每次抹面可采用“铁板压光磨平两遍”或“用木抹子抹平搓毛两面”的工艺方法。对于梁板结构以及易产生裂缝的结构部位应适当增加抹面次数。

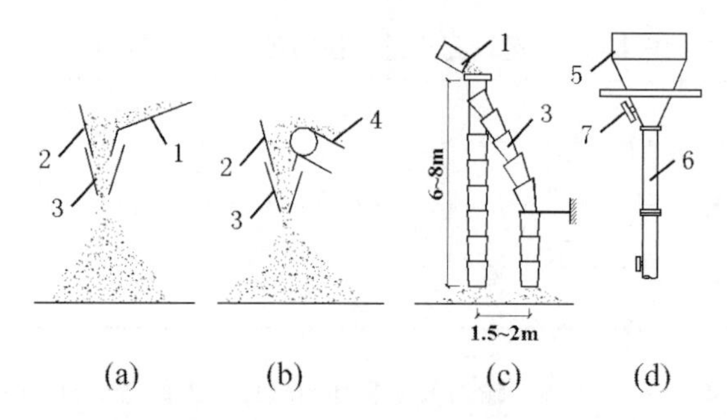

图4.4.8　降低混凝土倾倒高度的措施

(a) 溜槽；(b) 传送带；(c) 串筒；(d) 振动串筒

1. 溜槽；2. 挡板；3. 串筒；4. 传送带；5. 漏斗；6. 节管；7. 振动器

(4) 结构节点不同强度等级混凝土分界位置：

随着建筑高度的增加，建筑结构底部竖向构件和水平构件的混凝土等级差别越来越大。混凝土浇筑时，高、低强度等级的混凝土分界面位置确定是一个重要的技术环节。由于竖向构件（如墙、柱）在与梁和板重合位置的混凝土受到其侧向约束，强度会有所提高，因而规范认可的提高幅度为1个等级，即强度等级差值为C5，一个等级以上即为C5的整倍数。因此，当柱、墙混凝土设计强度比梁、板混凝土设计强度高一个等级时，柱、墙位置梁、板高度范围内的混凝土经设计单位确认，可采用与梁、板混凝土设计强度等级相同的混凝土进行浇筑；当柱、墙混凝土设计强度比梁、板混凝土设计强度高两个等级及以上时，应在交界区域采取分隔措施。分隔位置应在低强度等级的构件中，且距高强度等级构件边缘不应小于500mm；如图4.4.9和图4.4.10所示。为了使混凝土交界面工整清晰，分隔可采用钢丝网板等措施。混凝土的浇筑宜先浇筑高强度等级的混凝土，后浇筑低强度等级的混凝土；应保证一侧混凝土浇筑后，在其初凝前完成另一侧混凝土的覆盖。因此，分隔位置不是施工缝，而是临时隔断。

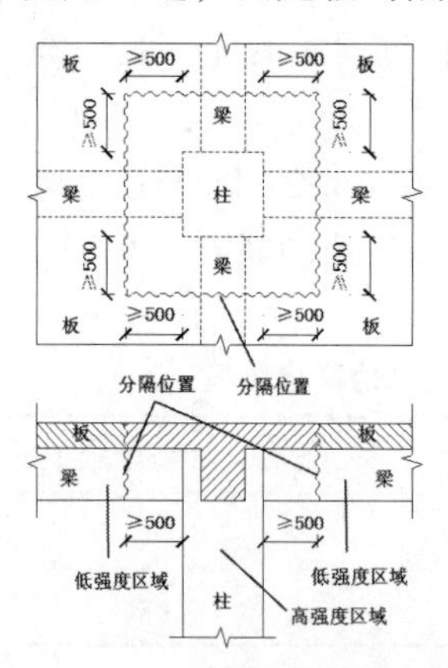

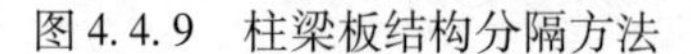

图4.4.9　柱梁板结构分隔方法

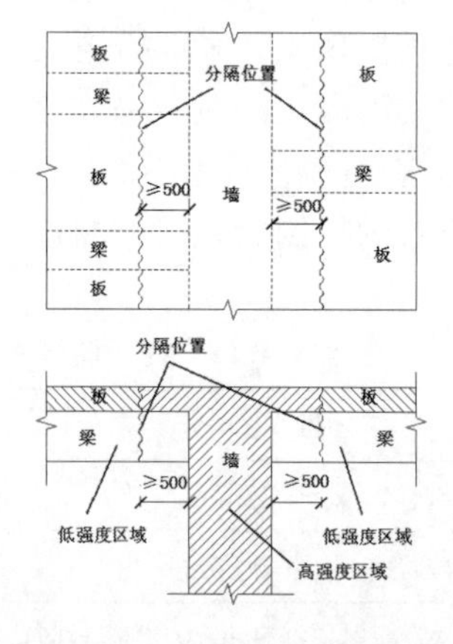

图4.4.10　墙梁板结构分隔方法

(5) 浇筑顺序：

浇筑施工作业首先要在竖向上划分施工层，平面尺寸较大时还要在横向上划分施工段。施工层一般按结构层划分（即一个结构层为一个施工层），也可将每层的竖向结构和横向结构分别浇筑（即每个结构层又分为竖向构件和横向构件两个施工段）。而每一施工层如何划分施工段，则要考虑工序数量、技术要求、结构特点等，尽可能满足组织分层分段流水施工的需要。

施工层与施工段确定后，就可求出每班（或每小时）应完成的工程量，据此选择施工机具和设备并计算其数量，从而保证混凝土拌合料供应的连续性。每小时混凝土的浇筑数量Q按照式（4-4-7）计算。

$$Q = \frac{V}{t_1 - t_2} \tag{4-4-7}$$

式中：V——每个浇筑层中混凝土的体积（m^3）；

t_1——混凝土初凝时间（h）；

t_2——运输时间（h）。

梁和板一般同时浇筑，从一端开始向前推进；先分层、按阶梯形浇筑梁，当达到板底标高时再梁板一起浇筑。只有当梁≥1m时才允许将梁单独浇筑，施工缝留置在板底以下50mm范围。

剪力墙应划分施工段按顺序分层连续浇筑。相邻施工段应浇筑速度接近，依次均匀增加墙体浇筑高度。

浇筑柱子时，一个施工段内的每排柱子应由外向内对称地逐根浇筑，不要从一端向另一端推进，以防柱子模板受到混凝土拌合料的推压作用而逐渐倾斜，造成难以纠正的误差积累。

梁柱节点处，由于钢筋比较密集，混凝土粗骨料下落困难，可以考虑局部改用细石混凝土，并采用片式振捣棒和人工辅助振捣方式。

2. 新型组合结构的浇筑施工

1）型钢混凝土结构

型钢混凝土结构即在钢筋混凝土结构中加入型钢部件。混凝土浇筑质量对型钢混凝土结构质量影响较大。由于型钢的存在，使构件空间变得紧密和狭小，给混凝土下料带来难度，特别是梁柱节点、主次梁交接处、梁内部型钢的凹角处等，混凝土的密实度和均匀性不宜保证。型钢混凝土浇筑应符合下列要求：

①在型钢周边绑扎钢筋后，为了保证型钢和钢筋密集处混凝土拌合料填充密实，要求粗骨料最大粒径不应大于型钢外侧混凝土保护层厚度的1/3，且不宜大于25mm。

② 浇筑过程中应对施工图纸进行分析，并实地考察现场，认真确定混凝土拌合料的下料位置。选择有足够的下料空间的最佳位置，以保证混凝土拌合料充盈到构件模板的各个部位。

③为了避免模板内混凝土拌合料的堆积高差过大而产生的侧向力造成型钢整体偏移，使位置偏差超过规定要求，型钢周边混凝土浇筑宜同步上升，混凝土浇筑高差不应大于500mm。型钢柱宜在型钢四角空隙同时浇筑混凝土，并同时进行振捣；梁混凝土浇筑应先完成型钢下部混凝土浇筑，可以从型钢一侧浇筑后通过振捣使混凝土均匀分布于型钢底部模板空间；型钢两侧混凝土需分别浇筑、同时振捣，从梁的中段向两端分层、分段依次完成，最后振捣应尽量使型钢翼缘下集聚的气泡从型钢端部留设的钢筋孔或排气孔排出，保证型钢内部较封闭空间的混凝土密实。型钢上部剩余部分的浇筑施工与普通钢筋混凝土施

工相同。见图4.4.11所示。

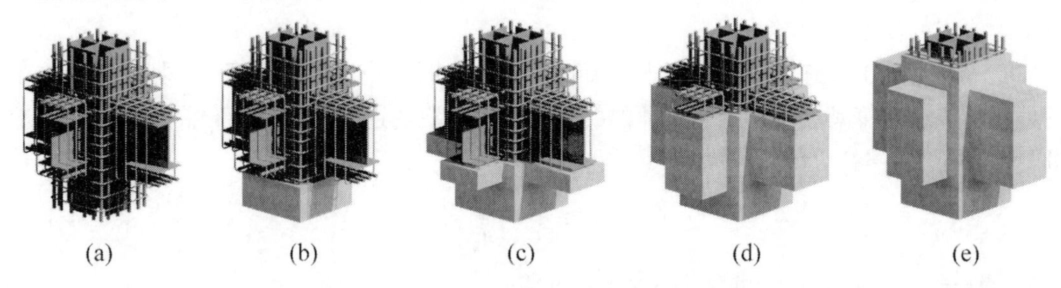

图4.4.11 型钢混凝土梁柱节点

(a) 节点钢筋;(b) 柱混凝土浇筑;(c) 梁下部混凝土浇筑;(d) 梁混凝土浇筑;(e) 节点浇筑完成

2) 钢管混凝土结构

钢管混凝土构件安装一般采用2层或3层一节的方式。由于高度较高,混凝土振捣受到限制,所以多采用高抛混凝土的浇筑方式,通过其自身的冲击力来达到密实的效果。目前则普遍采用免振的自密实混凝土浇筑。自密实混凝土浇筑应符合下列规定:

①应根据结构部位、结构形状、结构配筋等确定合适的浇筑方案;特别是自密实混凝土流动性大,对模板板缝的严密性要求更加严格,模板的验算应充分考虑自密实混凝土的特点。

② 自密实混凝土粗骨料最大粒径不宜大于20mm。

③浇筑应能使混凝土充填到钢筋、预埋件、预埋钢构周边及模板内各部位;必要时可以采用小规格振捣棒进行辅助振捣,但是因为自密实混凝土振捣极易产生离析现象,因而不宜多振。

④ 自密实混凝土浇筑布料点应结合拌合物特性选择适宜的间距,必要时可通过试验确定混凝土布料点下料间距。

由于混凝土收缩不可避免造成钢管与混凝土之间的间隙,施工中可考虑采用减少混凝土收缩的外加剂(如聚羧酸)。

当钢管截面较小时,由于前期浇筑的混凝土拌合料下料过快而出现"活塞式"下落,往往会出现钢管底部空气无法排除的现象,并最终造成钢管底部混凝土不密实,甚至出现较大空隙,如图4.4.12(a)所示。因此,应在钢管壁适当位置留有足够的排气孔,排气孔孔径不应小于20mm;通常要求至少在钢管底部设置排气管。浇筑混凝土的过程中应加强排气孔观察,并应在确认浆体流出和浇筑密实后再封堵排气孔;如图4.4.12(b)所示。

当采用粗骨料粒径不大于25mm的高流态混凝土或粗骨料粒径不大于20mm的自密实混凝土时,混凝土最大倾落高度不宜大于9m;倾落高度大于9m时,应采用串筒、溜槽、溜管等辅助装置进行浇筑。

钢管混凝土浇筑有两种方式:其一是从钢管上口倾倒拌合料;其二是从管底加压顶升混凝土拌合料。

当采用第一种方式时,应符合下列规定:

①浇筑应有足够的下料空间,并应使混凝土充盈整个钢管;

② 输送管端内径或斗容器下料口内径应小于钢管内径,且周边应留有不小于100mm

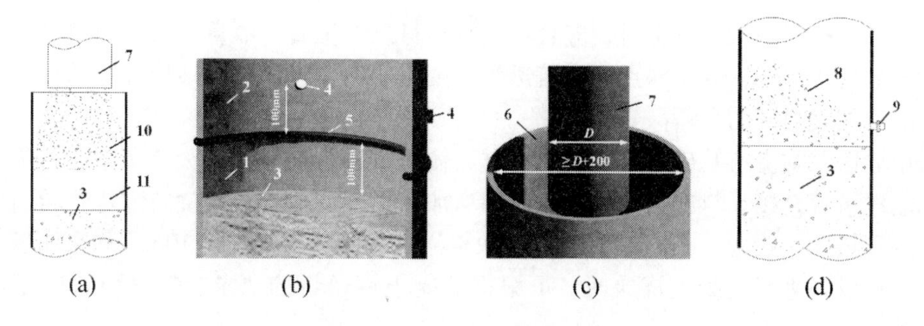

图4.4.12　钢管混凝土浇筑

（a）混凝土"活塞式"下落；（b）施工缝和排气孔；（c）上口浇筑导管；（d）下口顶升

1. 下节钢管；2. 上节钢管；3. 已浇筑混凝土；4. 排气孔；5. 焊缝；6. 钢管；

7. 浇筑导管；8. 顶升混凝土；9. 灌注口；10. 新浇筑混凝土；11. 滞留空气

的间隙，见图4.4.12（c）；

③应控制浇筑速度和单次下料量，并应分层浇筑至设计标高；

④ 混凝土浇筑完毕后应对管口进行临时封闭。

当采用第二种方式时应符合下列规定：

①应在钢管底部设置进料输送管，进料输送管应设止流阀门，止流阀门可在顶升浇筑的混凝土达到终凝后拆除，见图4.4.12（d）；

② 应合理选择混凝土顶升浇筑设备；

③应配备上、下方通信联络工具，并应采取可有效控制混凝土顶升或停止的措施；

④应控制混凝土顶升速度，并均衡浇筑至设计标高。

3. 基础大体积混凝土浇筑

大体积混凝土指混凝土结构物实体最小几何尺寸不小于1m的大体量混凝土，或预计会因混凝土中胶凝材料水化引起的温度变化和收缩而导致有害裂缝产生的混凝土。由于柱、墙和梁板大体积混凝土浇筑与一般柱、墙和梁板混凝土浇筑并无本质区别，因此大体积混凝土通常是指基础大体积混凝土。

1）大体积混凝土的特征

（1）承受较特殊的荷载。大体积混凝土多出现在工业建筑中的设备基础、高层建筑中的桩基承台或筏板基础等结构部位。由于其承受非常大的荷载或者振动荷载，整体性要求较高，往往不允许留施工缝，混凝土浇筑需要一次连续浇筑完毕。

（2）存在温度应力作用。一方面，由于体积大，水化热聚集在内部不易散发，混凝土内部温度显著升高；而表面散热较快，形成较大的内外温差，内部产生压应力，而表面产生拉应力。当混凝土强度不足或者变形性能不足时，如温差过大则易在混凝土表面产生裂纹。另一方面，在混凝土内部逐渐散热冷却（混凝土内部降温）产生收缩时，由于受到基底或已浇筑的混凝土（较早达到强度部分）的约束，混凝土内部将产生很大的拉应力，当拉应力超过混凝土的极限抗拉强度时，混凝土会产生裂缝，这些裂缝往往会导致贯穿缝，给结构带来更严重的危害。

2）大体积混凝土拌合物的布料顺序

为了保证高差交接部位的混凝土浇筑密实，应先浇筑深坑部分再浇筑大面积基础部分，同时也便于进行平面上的均衡浇筑。

用汽车布料杆浇筑混凝土时，应合理确定布料点的位置和数量，汽车布料杆的工作半径应能覆盖这些部位。各布料点的浇筑量和速度应均衡，以保证各结构部位的混凝土均衡上升，减少相互之间的高差。

采用输送泵管浇筑基础大体积混凝土时，输送泵管前端通常不会接布料设备浇筑，而是采用输送泵管直接下料或在输送泵管前端增加弯管进行左右转向浇筑。弯管转向后的水平输送泵管长度一般为3～4m比较合适，故输送泵管间距不宜大于10m。如果输送泵管前端采用布料设备进行混凝土浇筑时，可根据混凝土输送量的要求将输送泵管间距适当增大，浇筑宜由远及近。

3）大体积混凝土的浇筑方式

基础大体积混凝土浇筑包括斜面分层、全面分层、分块分层三种方式，最常采用是斜面分层，见图4.4.13。如果对混凝土流淌距离有特殊要求的工程，混凝土可采用全面分层或分块分层的浇筑方法。在各层混凝土连续浇筑的条件下，层与层之间的间歇时间应尽可能缩短，以保证整个混凝土浇筑过程的连续。当浇筑面积不大时，适于采用全面分层方式，浇筑时从短边开始，沿长边推进；当浇筑厚度较大而长度远大于宽度时，可采用分块分层方式；当浇筑厚度不大而浇筑面积较大时，可以采用斜面分层方式。

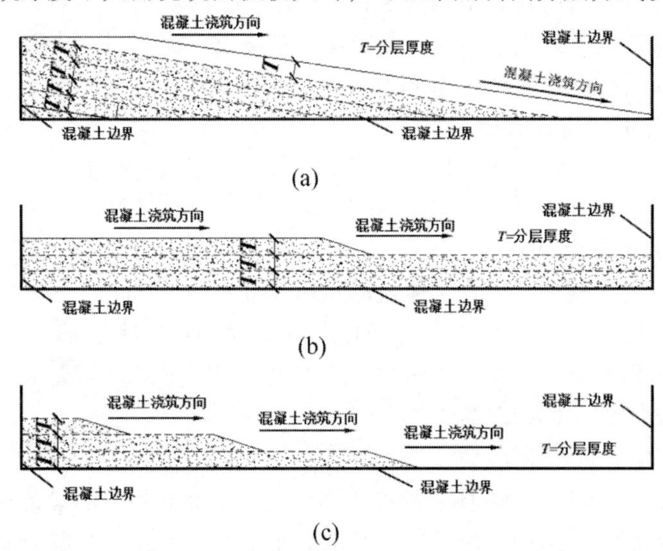

图4.4.13 大体积混凝土浇筑方法示意图

（a）斜面分层；（b）全面分层；（c）分块分层

分层浇筑的每层混凝土通常采用自然流淌形成斜坡，根据分层厚度要求逐步沿高度均衡上升。不大于500mm分层厚度要求，可用于斜面分层、全面分层、分块分层浇筑方法。大体积混凝土易产生表面收缩裂缝，抹面次数要求适当增加。

混凝土浇筑前，基坑可能因雨水或洒水产生积水，混凝土浇筑过程中也可能产生泌水，为了保证混凝土浇筑质量，可在垫层上设置集水井和排水沟。

4）裂缝控制措施

大体积混凝土质量控制的关键是裂缝控制，而裂缝控制的关键在于控制混凝土的收缩变形或者变形差。大体积混凝土不仅包括厚大的基础底板，还涉及厚墙、大柱、宽梁、厚板等。其裂缝控制与边界条件、环境条件、原材料、配合比、混凝土过程控制和养护等因素关系密切。

（1）配合比控制。大体积混凝土宜采用后期强度作为配合比、强度评定及验收的依据。基础混凝土，确定混凝土强度时的龄期可取为60d（56d）、90d；柱、墙混凝土强度等级不低于C80时，确定混凝土强度时的龄期可取为60d（56d），56d龄期的混凝土强度是28d龄期的2倍。这样可以通过提高矿物掺合料用量并降低水泥用量，从而降低混凝土水化温升、控制裂缝的目的；确定混凝土强度时采用大于28d的龄期时，龄期应经设计单位确认。

（2）从降低水化热角度选用材料。包括三个方面：用低水化热水泥、减少水泥用量和减少拌合水用量。施工配合比设计在保证混凝土强度及工作性能要求的前提下，应控制水泥用量，宜选用中、低水化热水泥（如矿渣水泥、火山灰质水泥或粉煤灰水泥）；在混凝土中掺入适量的矿物掺和料（如粉煤灰矿渣粉）；采用高性能减水剂，不仅可减少拌合水及水泥的用量，也大幅度减少了混凝土的收缩；温度控制要求较高的大体积混凝土，其胶凝材料用量、品种等宜通过水化热和绝热温升试验确定。

（3）温度控制。温度控制的关键是控制混凝土的温差，最终目的是控制混凝土的差异变形。

①为了降低混凝土内部最高温度，混凝土入模温度不宜大于30℃；必要时可以采取措施（骨料遮阴贮存、采用低温拌合水等）降低原材料的温度；同时，混凝土浇筑体最大温升值不宜大于50℃。

②大体积混凝土应加强混凝土养护，在覆盖养护或带模养护阶段，混凝土浇筑体表面以内40～100mm位置处的温度与混凝土浇筑体表面温度差值不应大于25℃；结束覆盖养护或拆模后，混凝土浇筑体表面以内40～100mm位置处的温度与环境温度差值不应大于25℃。当温差有大于25℃趋势时，应恢复或者增加保温覆盖层。

③混凝土浇筑体内部相邻两测温点的温度差值不应大于25℃。

④混凝土降温速率不宜大于2.0℃/d；当有可靠经验时，降温速率要求可适当放宽。

（4）尽量减小混凝土所受的外部约束力，如模板、地基面要平整，或在地基面设置可以滑动的附加层。

5）大体积混凝土测温措施：

（1）测点的设置要求：

如图4.4.14所示，测定布置应符合下列要求：

①宜选择具有代表性的两个交叉竖向剖面进行测温，竖向剖面交叉位置宜通过基础中部区域。

②每个竖向剖面的周边及以内部位应设置测温点，两个竖向剖面交叉点处应设置测温点；混凝土浇筑体表面测温点应设置在保温覆盖层底部或模板内侧表面，并应与两个剖面上的周边测温点位置及数量对应；环境测温点不应少于2处。

③每个剖面的周边测温点应设置在混凝土浇筑体表面以内40～100mm位置处；每个剖面的测温点宜竖向、横向对齐；每个剖面竖向设置的测温点不应少于3处，间距不应小于0.4m且不宜大于1.0m；每个剖面横向设置的测温点不应少于4处，间距不应小于0.4m且不应大于10m。

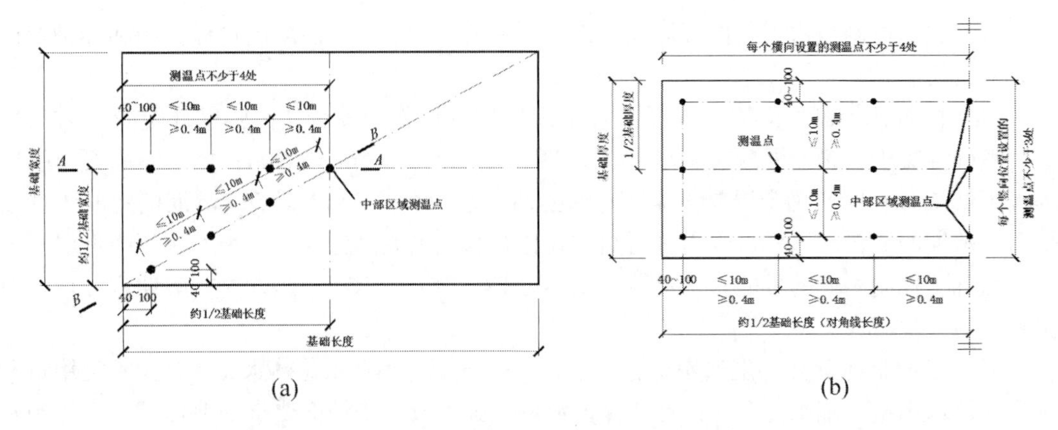

图 4.4.14　基础大体积混凝土测温点布置示意图

(a) 平面布置图；(b) $A-A$ 剖面（$B-B$ 剖面）

④对基础厚度不大于 1.6m，裂缝控制技术措施完善的工程，可不进行测温。

(2) 测点制度：

宜根据每个测温点被混凝土初次覆盖时的温度确定各测点部位混凝土的入模温度；浇筑体周边表面以内测温点、浇筑体表面测温点、环境测温点的测温，应与混凝土浇筑、养护过程同步进行；应按测温频率要求及时提供测温报告，测温报告应包含各测温点的温度数据、温差数据、代表点位的温度变化曲线、温度变化趋势分析等内容；混凝土浇筑体表面以内 40～100mm 位置的温度与环境温度的差值小于 20℃时，可停止测温。

(3) 测点频率：

①第一天至第四天，每 4h 不应少于一次；

②第五天至第七天，每 8h 不应少于一次；

③第七天至测温结束，每 12h 不应少于一次。

4. 混凝土水下浇筑

1) 方法

混凝土水下浇筑方法有开底容器法、倾注法、装袋叠置法、柔性管法、导管法和泵压法。倾注法类似于斜面分层浇筑法，施工技术比较简单，但只用于水深不超过 2m 的浅水区使用。装袋叠置法虽然施工比较简单，但袋与袋之间有接缝，整体性较差，一般只用于对整体性要求不高的水下抢险、堵漏和防冲工程，或在水下立模困难的地方用作水下模板。柔性管法是较新的一种施工方法，能保证水下混凝土的整体性和强度，可以在水下浇筑较薄的板，并能得到规则的表面。

水下浇筑混凝土常见于灌注桩、地下连续墙、沉井、沉箱等的施工中，目前应用较多的是导管法和泵压法（图 4.4.15），可用于规模较大的水下混凝土工程，能保证混凝土的整体性和强度，可在深水中施工（泵压法水深不宜超过 15m）。导管直径约 250～300mm（至少为最大骨料粒径的 8 倍），每节长 3m，用法兰盘连接，顶部有漏斗。导管必须用起重设备吊起，保证导管能够升降。与导管法相比，泵压法需要专门的混凝土输送设备，混凝土浇筑强度和搅拌能力都要求较高。本节重点介绍导管法。

2) 导管法的技术要求

导管法能否顺利进行水下混凝土浇筑的关键在于进入导管的第一批混凝土能否顺利达

到仓底，并使导管下端能够完全埋入混凝土，从而使导管内部处于与外部水环境完全隔绝的状态。为此，可以采用在导管上口内部和下口悬挂球塞来隔绝环境水。球塞可以用各种材料制成圆球形。上口悬挂球塞方式是在浇筑前，用吊丝把滑动球塞悬挂在料斗下面的导管内，随着浇筑的混凝土一起下滑，至接近管底时将吊丝剪断，在混凝土自重推动下滑落，混凝土冲出管口并向四周扩散，随即将导管底部埋入混凝土内。此外，也可以采用底塞达到相同效果。导管下口先用球塞（混凝土预制）堵塞，球塞用吊丝挂住。在导管内灌注一定数量的混凝土，将导管插入水下使其下口距基层的距离 H_1 约 300mm，再切断吊住球塞的铁丝或钢丝，混凝土推出球塞沿导管连续向下流出并向外扩散。管内的混凝土量要使混凝土冲出后足以埋住导管下口，并保证有一定埋深，一般不得小于0.8m。浇筑过程应连续进行，直到一次浇筑所需高度或高出水面为止。

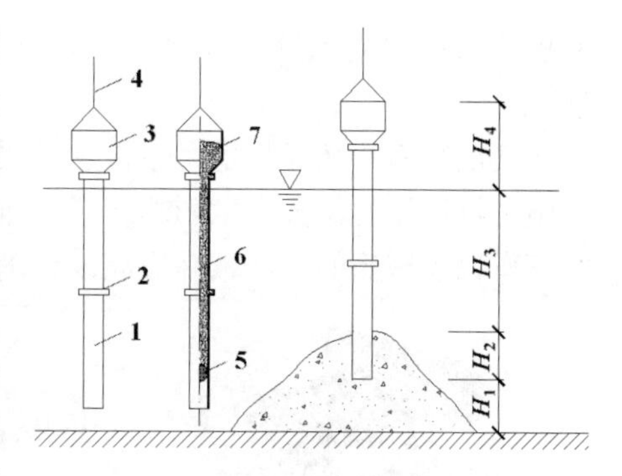

图4.4.15　导管法水下浇筑混凝土

1. 导管；2. 法兰；3. 料斗；4. 吊绳；5. 隔水塞；6. 吊丝；7. 混凝土

导管埋入已经浇筑混凝土内越深，混凝土向四周均匀扩散的效果越好，混凝土更密实，表面也更平坦。但是如果埋入过深，混凝土在导管内流动不畅，不仅对浇筑速度有影响，而且容易造成堵管事故。因此导管法的最大埋入深度一般不宜超过5m。

在整个浇筑过程中，一般应避免在水平方向移动导管，直到混凝土顶面达到或高于设计标高时，才可将导管提起，换插到另一浇筑点。一旦发生堵管，如半小时内不能排除，应立即换插备用导管。浇筑完毕，在混凝土凝固后，再清除顶面与水接触的厚约200mm的一层松软部分。

5. *施工缝和后浇带*

混凝土施工缝与后浇带留设位置要求在混凝土浇筑之前确定，是为了强调留设位置应事先计划，而不得在混凝土浇筑过程中随意留设。

施工缝和后浇带宜留设在结构受剪力较小且便于施工的位置。受力复杂的结构构件（双向板、拱、穹拱、薄壳、斗仓、筒仓、蓄水池等）或有防水抗渗要求的结构构件，施工缝留设位置应经设计单位确认。

1）水平施工缝留设位置

对于高度较大的柱、墙、梁（墙梁）及厚度较大的基础底板等不便于一次浇筑或一次浇筑质量难以保证时，可根据施工需要在其中部留设水平施工缝。施工时应根据分次混凝土浇筑的工况进行施工荷载验算，如需调整构件配筋，其结果应征得设计单位确认。

（1）结构层以上：

柱、墙施工缝可留设在基础、楼层结构顶面，柱施工缝与结构上表面的距离宜为0～100mm，墙施工缝与结构上表面的距离宜为0～300mm，见图4.4.16。

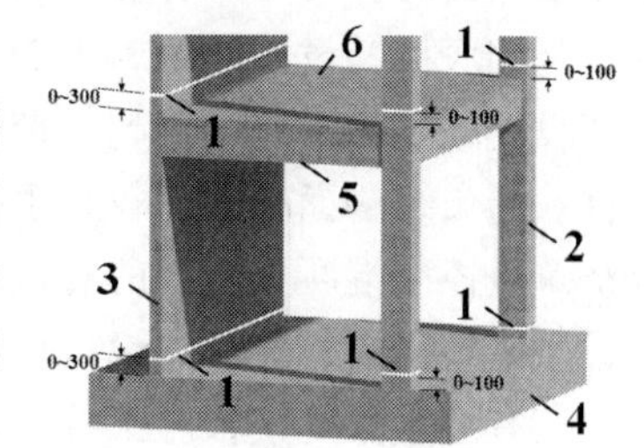

图4.4.16　基础、楼层顶面水平施工缝留设位置

1. 施工缝；2. 柱；3. 墙；4. 基础；5. 梁；6. 板

楼层结构的类型包括有梁有板的结构、有梁无板的结构、无梁有板的结构。对于有梁

无板的结构，施工缝位置是指在梁顶面；对于无梁有板的结构，施工缝位置是指在板顶面。

楼层结构的底面是指梁、板、无梁楼盖柱帽的底面。楼层结构的下弯锚固钢筋长度会对施工缝留设的位置产生影响，有时难以满足 0 ~ 50mm 的要求，施工缝留设的位置通常在下弯锚固钢筋的底部，并应经设计确认，见图 4.4.17。

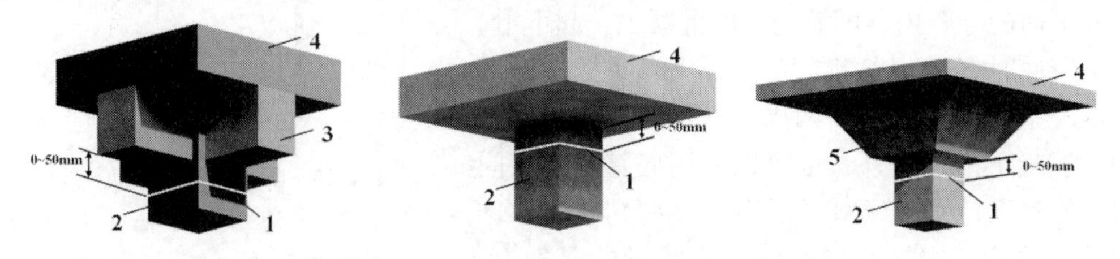

图 4.4.17　柱在楼层结构底面留设水平施工缝

1. 柱施工缝；2. 柱；3. 梁；4. 板；5. 柱帽

（2）结构层以下：

柱、墙施工缝也可留设在楼层结构底面，施工缝与结构下表面的距离宜为0 ~ 50mm；当板下有梁托时，可留设在梁托下 0 ~ 20mm；见图 4.4.18。

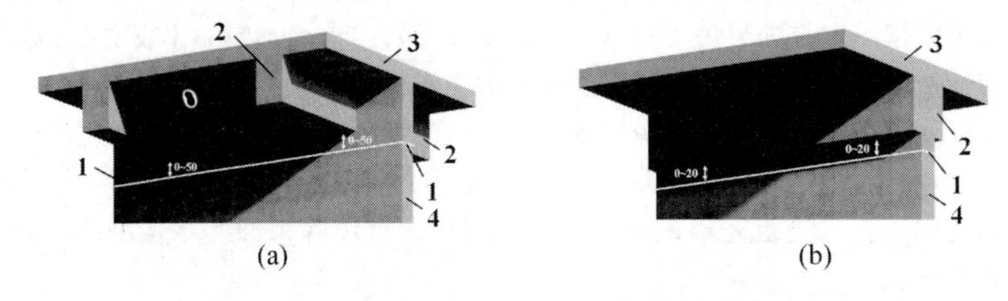

图 4.4.18　墙在楼层结构底面留设水平施工缝的位置

（a）梁与墙垂直；（b）梁与墙平行

1. 施工缝；2. 梁；3. 板；4. 墙

2）竖向施工缝和后浇带的留设位置

对于结构构件面积较大或者混凝土方量较大的工程，当不便于一次浇筑或一次浇筑质量难以保证时，可考虑在相应位置设置竖向施工缝，其中包括超长结构设置分仓的施工缝、基础底板留设分区的施工缝、核心筒与楼板结构间留设的施工缝、巨型柱与楼板结构间留设的施工缝等情况。超长结构是指按规范要求需要设缝或因种种原因无法设缝的结构构件。超长结构面临的比较棘手的问题就是混凝土的裂缝。工程实践证明，留设施工缝分仓浇筑是控制混凝土裂缝的有效技术措施。但是，由于在技术上有特殊要求，在这些位置留设竖向施工缝，应征得设计单位确认。竖向施工缝留设位置应符合下列要求：

①有主次梁的楼板施工缝应留设在次梁跨度中间的 1/3 范围内，见图 4.4.19；

②单向板施工缝应留设在与跨度方向平行的任何位置；

③楼梯梯段施工缝宜设置在梯段板跨度端部的 1/3 范围内，见图 4.4.20；

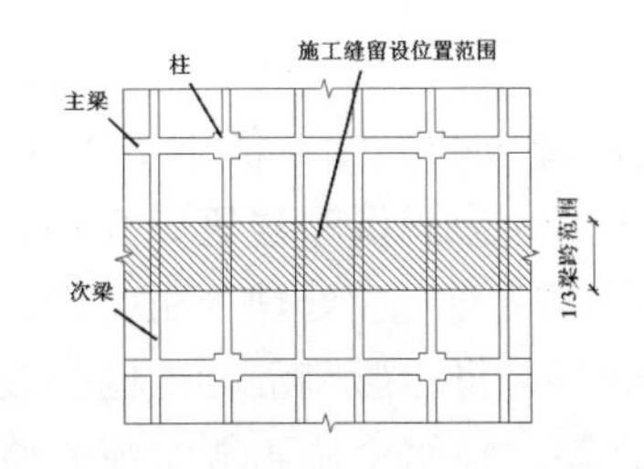

图 4.4.19　主次梁结构垂直施工缝留设位置

施工缝留设范围
施工缝留设范围
1/3跨度　1/3跨度　1/3跨度
楼梯段跨度

图 4.4.20　楼梯垂直施工缝留设位置

④墙的施工缝宜设置在门洞口过梁跨中 1/3 范围内，也可留设在纵横墙交接处；

⑤后浇带留设位置和封闭时间应符合设计要求，其构造形式见图 4.4.21；

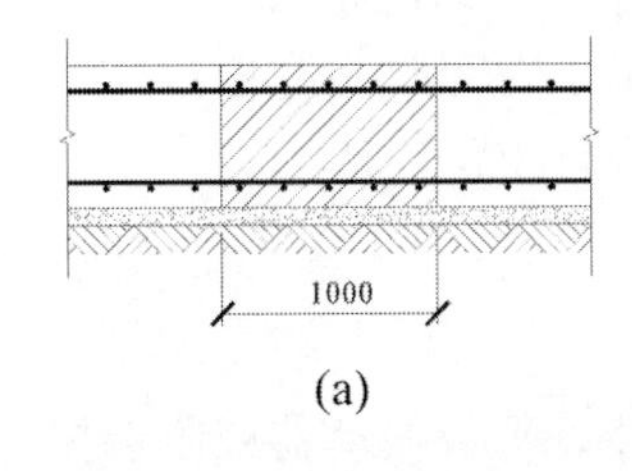

(a)

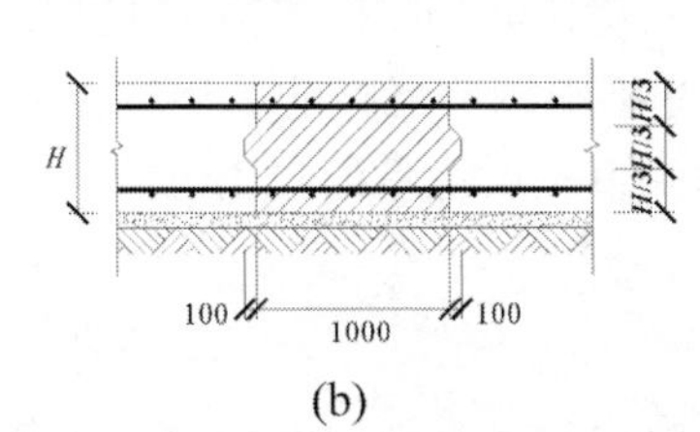

(b)

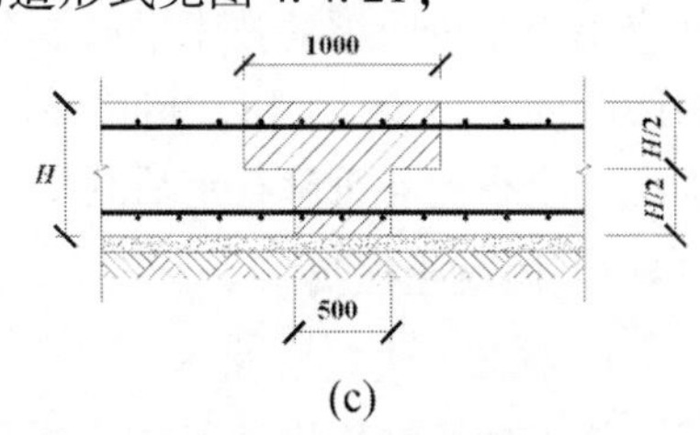

(c)

图 4.4.21　后浇带设置示意图

（a）垂直缝；（b）企口缝 1；（c）企口缝 2

⑥特殊结构部位留设竖向施工缝应经设计单位确认。

3）设备基础施工缝留设位置

水平施工缝应低于地脚螺栓底端，与地脚螺栓底端的距离应大于 150mm，见图 4.4.22 中的“距离 1”；当地脚螺栓直径小于 30mm 时，水平施工缝可留设在深度不小于地脚螺栓埋入混凝土部分总长度的 3/4 处，见图 4.4.22 中的“距离 2”。竖向施工缝与地脚螺栓中心线的距离不应小于 250mm，且不应小于螺栓直径的 5 倍，见图 4.4.22 中的“距离 3”。承受动力作用的设备基础施工缝留设位置，应符合下列规定：

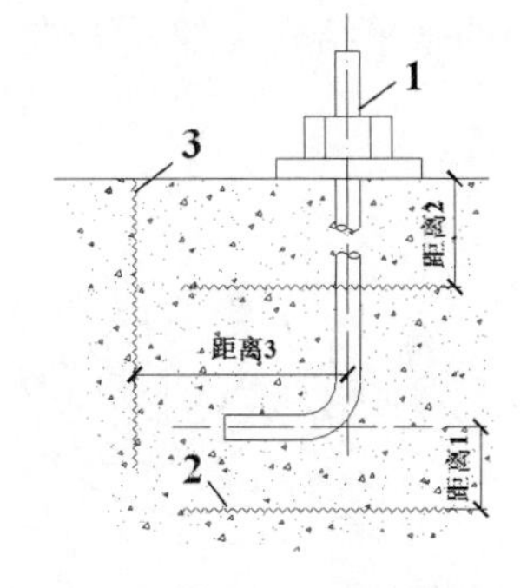

图 4.4.22　设备基础施工缝示意图

1. 地脚螺栓；2. 水平施工缝；
3. 垂直施工缝

标高不同的两个水平施工缝，其高低接合处应留设成台阶形，台阶的高宽比不应大于 1.0；竖向施工缝或台阶形施工缝的断面处应加插钢筋，插筋数量和规格应由设计确定；施工缝的留设应经设计单位确认。

4）施工缝构造处理

混凝土浇筑过程中，因暴雨、停电等特殊原因无法继续浇筑混凝土，或运输、输送及间隙时间的原因而不得不临时留设施工缝时，施工缝应尽可能规整，留设位置和留设界面应垂直于结构构件表面，当有必要时可在施工缝处留设加强钢筋及采取事后修补的技术措施。结构构件厚度或高度较大时，施工缝或后浇带界面宜采用专用材料封挡。

此外，施工缝和后浇带往往由于留置时间较长，容易受建筑废弃物污染，因而应注意保证模板、钢筋、埋件位置，对钢筋采取防锈或阻锈措施。

5）施工缝后续施工措施

在施工缝处继续浇筑混凝土前应保证先浇筑的混凝土的强度不低于1.2MPa；由于搁置时间较长，施工缝或后浇带处受到建筑废弃物污染时，应先清理建筑废弃物，并对结构构件进行修整；清除浮浆、松动石子、软弱混凝土层；结合面应处理为粗糙面，并洒水湿润，但应清除积水；由于过厚的接浆层中若没有粗骨料，将会影响混凝土的强度等级，而混凝土的粗骨料最大粒级一般为25mm石子，因此，墙、柱水平施工缝水泥砂浆接浆层厚度不应大于30mm，接浆层水泥砂浆应与混凝土浆液成份相同。由于后浇带部位特殊，环境较差，浇筑过程可能产生泌水集中现象，为了确保质量，混凝土强度等级及性能应按设计要求采取保证措施；当设计无具体要求时，后浇带强度等级宜比两侧混凝土提高一级，并宜采用减少收缩的技术措施。分仓浇筑间隔时间不应少于7d；当留设后浇带时，后浇带封闭时间不得少于14d；超长整体基础中调节沉降的后浇带，混凝土封闭时间应通过监测确定，应在差异沉降稳定后封闭后浇带；后浇带的封闭时间应经设计单位确认。

4.4.4 混凝土振捣

1. 振捣工具及适用性

施工现场结构构件混凝土拌合料振捣工具主要有插入式振动棒、平板振动器或附着振动器三种，见图4.4.23，必要时可采用人工辅助振捣。插入式振动棒适用于高度较大的竖向构件和厚度较大的水平构件的混凝土振捣。混凝土振捣应分层进行，每层混凝土都应进行充分振捣，如图4.4.24。平板振动器通常适用于配合振动棒辅助振捣结构表面，对于厚度较小的水平结构（如板构件、垫层等）或薄壁板式结构可单独采用平板振动器。

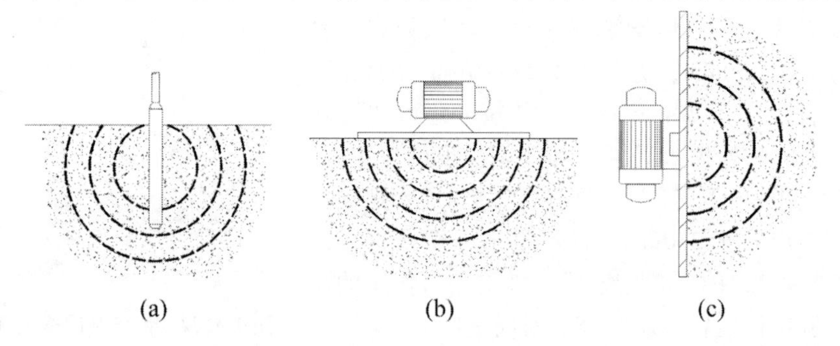

图4.4.23 不同振动器振动传递方式示意图

（a）插入式振动器；（b）平板振动器；（c）附着式振动器

2. 振捣要求

1）工作原理

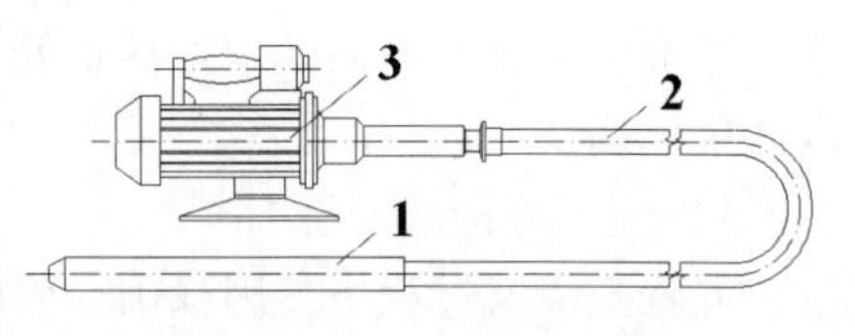

图4.4.24 插入式振动棒

1. 振动棒；2. 软轴；3. 电动机

混凝土振动密实的过程是通过振动设备将一定频率、振幅和激振力的振动能量通过某种方式传递给混凝土拌和物，使其骨料颗粒在强迫振动作用下，原来的黏聚力和内摩擦力被削弱，相互的平衡状态被打破，使混凝土拌和物呈现出流动状态，混凝土拌和物中的骨料、水泥浆及空气在其自重作用发生流淌和位置变化，空气上升并排出，骨料下沉并稳定于新的平衡状态，以达到混凝土构件设计的要求。

2）一般要求

混凝土振捣应能使模板内各个部位混凝土密实、均匀，不应漏振、欠振、过振。混凝土漏振、欠振都会造成混凝土不密实，从而影响混凝土结构强度等级。混凝土过振容易造成混凝土泌水以及粗骨料下沉，产生不均匀的混凝土结构。对于自密实混凝土应该采用免振的浇筑方法。对于模板的边角以及钢筋、埋件密集区域应采取适当延长振捣时间、加密振捣点等技术措施，必要时可采用微型振捣棒或人工辅助振捣。接触振动会产生很大的作用力，应避免碰撞模板、钢构、预埋件等，防止产生超出允许范围的位移。

3）插入式振动棒使用要求

【深度要求】

为了保证相邻两层混凝土之间能进行充分的结合，使其成为一个连续的整体，振捣棒的前端插入前一层混凝土，插入深度不应小于 50mm。

【插入姿态】

振捣棒应垂直于混凝土表面并快插慢拔均匀振捣，通过观察混凝土振捣过程中拌合料发生的变化，判断混凝土每一处振捣的延续时间。

【停振时机】

通常情况下，当混凝土表面无明显塌陷、有水泥浆出现、不再冒出气泡时，可结束该部位振捣。

【插入点布置】

振捣棒移动的距离根据振动棒作用半径确定。振动棒插入点布置形式有方格型排列和三角形排列两种，如图 4.4.25 所示。采用方格型排列方式振捣，其间距不应大于 1.4 倍的振动棒作用半径；采用三角形排列方式振捣，其间距不应大于 1.7 倍振动棒的作用半径；综合考虑，振捣插入点间距不应大于振动棒的作用半径的 1.4 倍。为了保证混凝土拌合料靠近模板面部分振捣密实，振动棒与模板的距离不应大于振动棒作用半径的 50%。

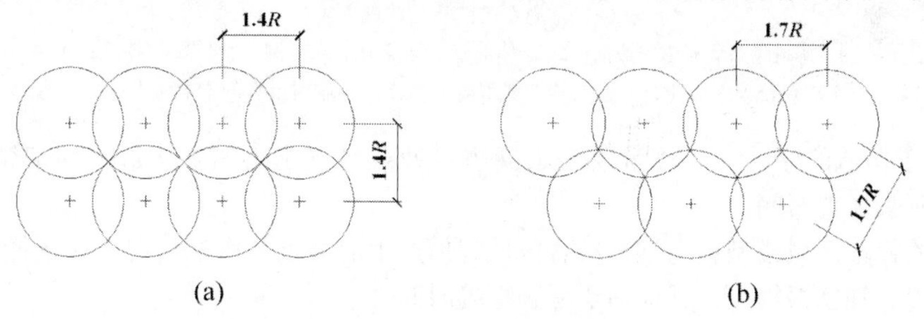

图 4.4.25　振动棒插入点布置图

（a）方格形排列；（b）三角形排列

R－振动棒的作用半径

4）平板振捣器使用要求

由于平板振动器作用范围相对较小，为了避免出现漏振区域，平板振动器移动应覆盖振捣平面各个边角。振动倾斜表面时，混凝土会沿坡面流动，为了保证后浇筑部分的密实，应由低处向高处进行振捣。

5）附着振动器振捣混凝土应符合下列规定

①附着振动器应与模板紧密连接，设置间距应通过试验确定；

②附着振动器应根据混凝土浇筑高度和浇筑速度，依次从下往上振捣；

③模板上同时使用多台附着振动器时，应使各振动器的频率一致，并应交错设置在相对面的模板上。

6）振捣的最大厚度

混凝土拌合料应分层浇筑，分层振捣。混凝土分层振捣的最大厚度应当与振捣设备相匹配，避免发生漏振和欠振现象。混凝土分层振捣的最大厚度应符合表4.4.12的规定。

表4.4.12　混凝土分层振捣的最大厚度

振捣方法	混凝土分层振捣最大厚度
振动棒	振动棒作用部分长度的1.25倍
平板振动器	200mm
附着振动器	根据设置方式，通过试验确定

7）特殊部位加强振捣的措施

①宽度大于0.3m的预留洞底部区域，应在洞口两侧进行振捣，并应适当延长振捣时间；宽度大于0.8m的洞口底部，应采取特殊的技术措施，如图4.4.26所示。

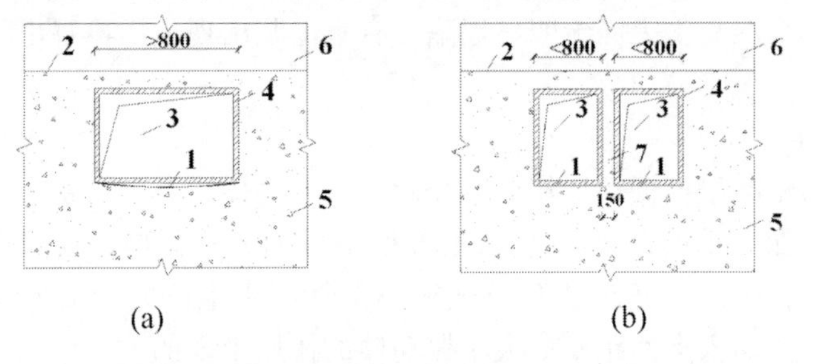

(a)　　　　(b)

图4.4.26　混凝土墙开洞部位特殊技术措施

（a）常规方式；（b）改进方式

1. 孔洞底部混凝土完成面；2. 墙体混凝土浇筑顶面；3. 洞口；4. 洞口模框；
5. 已浇筑混凝土；6. 墙体未浇筑混凝土部分；7. 临时设置的素混凝土柱

② 由于构造的原因，后浇带及施工缝边角处容易产生不密实情况，应加密振捣点，并应适当延长振捣时间。

③钢筋密集区域或型钢与钢筋结合区域容易产生混凝土不密实情况，应选择小型振动棒辅助振捣、加密振捣点，并应适当延长振捣时间。

④ 基础大体积混凝土浇筑，由于流淌距离相对较远，坡顶与坡脚距离往往较大，较远位置的坡脚往往容易漏振，因此应注意流淌形成的坡脚振捣，不得漏振。

4.4.5　混凝土养护

混凝土养护的目的就是控制由于早期塑性收缩和干燥收缩造成的开裂，根本措施就是及时补充水分和降低失水速率。因此，混凝土养护，又称保湿养护或者自然养护，多指施工现场混凝土浇筑实体的养护，可采用洒水、覆盖、喷涂养护剂等方式。此外，还有两种养护方式，多用于混凝土试件养护，即同条件养护和标准条件养护。同条件养护试件的养护条件应与实体结构部位养护条件相同，并应妥善保管。标准试件养护多在施工现场配备的标准试件养护室或养护箱内进行。

1. 养护时间要求

混凝土养护时间包括混凝土未拆模时的带模养护时间和混凝土拆模后的养护时间。

（1）混凝土养护时间应根据水泥种类、外加剂类型、混凝土强度等级及结构部位进行确定；采用硅酸盐水泥、普通硅酸盐水泥或矿渣硅酸盐水泥配制的混凝土，不应少于 7d；采用其他品种水泥时，养护时间根据水泥性能确定。

（2）采用缓凝型外加剂、大掺量矿物掺合料配制的混凝土，不应少于 14d。粉煤灰或矿渣粉的数量占胶凝材料总量不小于 30%、粉煤灰 + 矿渣粉的总量占胶凝材料总量不小于 40% 的混凝土都可认为是大掺量矿物掺合料混凝土。

（3）抗渗混凝土、强度等级 C60 及以上的混凝土，不应少于 14d。

（4）后浇带混凝土的养护时间不应少于 14d。

（5）地下室底层墙、柱和上部结构首层墙、柱，宜适当增加养护时间。由于地下室基础底板与地下室底层墙柱以及地下室结构与上部结构首层墙柱施工间隔时间通常都会较长，在这个较长的时间内基础底板或地下室结构的收缩基本完成，对于刚度很大的基础底板或地下室结构会对与之相连的墙柱产生很大的约束，从而极易造成结构的竖向裂缝产生，因此，对这部分结构应增加养护时间。

（6）大体积混凝土养护时间应根据施工方案确定。

2. 洒水养护

（1）洒水养护宜在混凝土裸露表面覆盖麻袋或草帘后进行，也可采用直接洒水、蓄水等养护方式；洒水养护应保证混凝土处于湿润状态。

（2）洒水养护用水应符合拌合用水的规定。

（3）当日最低温度低于 5℃时，不应采用洒水养护。

3. 覆盖养护

（1）覆盖养护宜在混凝土裸露表面覆盖塑料薄膜、塑料薄膜加麻袋、塑料薄膜加草帘进行。

（2）塑料薄膜应紧贴混凝土裸露表面，塑料薄膜内应保持有凝结水。

（3）覆盖物应严密，覆盖物的层数应按施工方案确定。

4. 喷涂养护剂养护

（1）应在混凝土裸露表面喷涂覆盖致密的养护剂进行养护。

（2）养护剂应均匀喷涂在结构构件表面，不得漏喷；养护剂应具有可靠的保湿效果，保湿效果可通过试验检验。

（3）养护剂使用方法应符合产品说明书的有关要求。

5. 构件养护方式的选择

（1）基础大体积混凝土裸露表面应采用覆盖养护方式；当混凝土表面以内 40 ~ 100mm 位置的温度与环境温度的差值小于 25℃时，可结束覆盖养护。覆盖养护结束但尚未到达养护时间要求时，可采用洒水养护方式直至养护结束。

（2）地下室底层和上部结构首层柱、墙混凝土带模养护时间，不应少于 3d；带模养护结束后，可采用洒水养护方式继续养护，也可采用覆盖养护或喷涂养护剂养护方式继续养护。

（3）其他部位柱、墙混凝土可采用洒水养护，也可采用覆盖养护或喷涂养护剂养护。

4.4.6 混凝土质量的检查

施工单位为了控制混凝土施工质量而进行的混凝土结构施工质量检查可分为过程控制检查和拆模后的实体质量检查。过程控制检查应在混凝土施工全过程中，按施工段划分和工序安排及时进行；过程控制检查包括技术复核（预检）和混凝土施工过程中为控制施工质量而进行的各项检查；拆模后的实体质量检查应在拆除模板后及时进行，为了保证检查的真实性，混凝土表面不应进行处理和装饰。结构实体检验的内容应包括混凝土强度、钢筋保护层厚度以及工程合同约定的项目；必要时可检验其他项目。

过程控制检查和拆模后的实体质量检查的项目见表4.4.13。

表4.4.13　过程控制检查的项目及内容

项目	检查内容	项目	检查内容
模板	(1) 模板及支架位置、尺寸； (2) 模板的变形和密封性； (3) 模板涂刷隔离剂及必要的表面湿润； (4) 模板内杂物清理	钢筋与预埋件	(1) 钢筋的规格、数量； (2) 钢筋的位置； (3) 钢筋的混凝土保护层厚度； (4) 预埋件规格、数量、位置及固定
混凝土拌合料	(1) 坍落度、入模温度等； (2) 大体积混凝土的温度测控	混凝土浇筑	(1) 混凝土输送、浇筑、振捣等； (2) 混凝土浇筑时模板的变形、漏浆等； (3) 混凝土浇筑时钢筋和预埋件位置； (4) 混凝土试件制作； (5) 混凝土养护

混凝土结构拆除模板后应进行下列检查：

①构件的轴线位置、标高、截面尺寸、表面平整度、垂直度；

② 预埋件的数量、位置；

③构件的外观缺陷；

④ 构件的连接及构造做法；

⑤ 结构的轴线位置、标高、全高垂直度。

1. 结构构件混凝土强度试件的取样与留置

根据《混凝土结构工程施工质量验收规范》GB50204－2015的要求，结构混凝土的强度等级必须满足设计要求。用于检查结构构件混凝土强度的标准养护试件，应在混凝土的浇筑地点随机抽取。试件取样和留置应符合下列规定：

（1）每拌制100盘且不超过100m^{3}的同一配合比混凝土，取样不得少于一次；

（2）每工作班拌制的同一配合比的混凝土不足100盘时，取样不得少于一次；

（3）每次连续浇筑超过1000m^{3}时，同一配合比的混凝土每200m^{3}取样不得少于一次；

（4）每一楼层、同一配合比混凝土，取样不得少于一次；

（5）每次取样应至少留置一组试件。

检验方法：检查施工记录及混凝土标准养护试件试验报告。

检验评定混凝土强度用的试件，其标准成型方法、标准养护条件及强度试验方法均应符合现行国家标准《普通混凝土力学性能试验方法》（GB/T 50081）的规定。此方法侧重于针对不同混凝土材料、混凝土配合比设计、混凝土生产条件的检验。

装配式结构混凝土强度检验应采用同条件养护试块。同条件养护试件的留置方式和取样数量，应由监理（建设）、施工等各方共同选定，并应符合下列规定：

（1）对混凝土结构工程中的各混凝土强度等级，均应留置同条件养护试件；

（2）同一强度等级的同条件养护试件，其留置的数量应根据混凝土工程量和重要性确定，不宜少于10组，且不应少于3组，其中每层楼不应小于1组；

（3）同条件养护试件的留置宜均匀分布于工程施工周期内，两组试件留置之间浇筑的混凝土量不宜大于1000m^3；

（4）同条件养护试件拆模后，应放置在靠近相应结构构件或结构部位的适当位置，并应采取相同的养护方法。

每批混凝土试件应制作的总组数，除了应考虑混凝土强度评定（即最终评定）所必需的数量外，还应考虑为检验结构或构件施工阶段混凝土强度所必需的试件组数（即过程评定），如需要检验结构或构件拆模、出池、出厂、吊装、预应力筋张拉或放张，以及其他施工期间需要短暂负荷的混凝土强度的情况。用于施工阶段混凝土强度检验的试件，其成型方法和养护条件应与施工中结构和构件采用的成型方法和养护条件相同（同条件制作和同条件养护），此方法更侧重于对结构实体施工质量的检验。

同条件养护试件应在达到等效养护龄期（与在标准养护条件下28d龄期试件强度相等时的龄期）时进行强度试验。一般情况下，由于同条件养护试件的养护环境较差，因而等效养护龄期都要超过28d。

2. 每组试件强度代表值的评定

根据《混凝土强度评定检验标准》GB/T50107－2010的要求，每组3个混凝土试件强度代表值的确定应符合下列规定：

（1）取3个试件强度的算术平均值，作为该组试件强度代表值；

（2）当3个试件中强度的最大值或最小值，与中间值之差超过中间值15%时，取中间值代表该组的混凝土试件强度；

（3）当3个试件中强度的最大值或最小值，与中间值之差均超过中间值15%时，则该组试件的强度不应作为评定的依据。

混凝土强度检查主要检查抗压强度，如设计上有特殊要求时，还需对其抗冻性、抗渗性等进行检查。混凝土强度检查方法，是通过留取试件经过一定时间养护后作抗压试验来判定的。根据检查的目的不同，强度检查分混凝土标准强度检查和施工强度检查。施工强度检查，是为了检查结构或构件的拆模、出池、出厂、吊装、张拉、放张及施工期间临时负荷的需要等所需强度，试件要与结构或构件同条件养护，试件组数按实际需要确定。

3. 检验批混凝土强度的检验评定

混凝土强度应分批进行检验评定。一个检验批的混凝土应有强度等级相同、试验龄期相同、生产工艺条件和配合比基本相同的混凝土组成。对大批量、连续生产混凝土的强度应按统计方法评定，对小批量或零星生产混凝土的强度应按非统计方法评定。

1）统计方法

① 当连续生产的混凝土，生产条件在较长时间内保持一致，且同一品种、同一强度等级混凝土的强度变异性保持稳定时，由连续三组试件代表一个检验批，其强度应同时满足下列要求：

$$m_{f_{cu}} \geqslant f_{cu,k} + 0.7\sigma_0 \tag{4-4-8}$$

$$f_{cu,min} \geqslant f_{cu,k} \quad (4\text{-}4\text{-}9)$$

检验批混凝土立方体抗压强度的标准差应按下式计算：

$$\sigma_0 = \sqrt{\frac{\sum_{i=1}^{n} f_{cu,i}^2 - n\, m_{f_{cu}}^2}{n-1}} \quad (4\text{-}4\text{-}10)$$

当混凝土强度等级不高于 C20 时，其强度的最小值尚应满足下式要求：

$$f_{cu,min} \geqslant 0.85 f_{cu,k} \quad (4\text{-}4\text{-}11)$$

当混凝土强度等级高于 C20 时，其强度的最小值尚应满足下式要求：

$$f_{cu,min} \geqslant 0.90 f_{cu,k} \quad (4\text{-}4\text{-}12)$$

式中：$m_{f_{cu}}$——同一检验批混凝土立方体抗压强度的平均值（N/mm^2），精确到 0.1（N/mm^2）；

$f_{cu,k}$——混凝土立方体抗压强度标准值（N/mm^2），精确到 0.1（N/mm^2）；

σ_0——验收批混凝土立方体抗压强度的标准差（N/mm^2），精确到 0.01（N/mm^2）；当检验批混凝土强度标准差计算值小于 2.5 N/mm^2 时，应取 2.5 N/mm^2；

$f_{cu,min}$——同一检验批混凝土立方体抗压强度的最小值（N/mm^2），精确到 0.1（N/mm^2）。

$f_{cu,i}$——前一个检验期内同一品种、同一强度等级的第 i 组混凝土试件的立方体抗压强度代表值（N/mm^2），精确到 0.1（N/mm^2）；该检验期不应少于 60d，也不得大于 90d；

n——前一检验期内的样本容量，在该期间内样本容不应少于 45；

② 当样本容量不少于 10 组时，其强度应同时满足下列要求：

$$m_{f_{cu}} \geqslant f_{cu,k} + \lambda_1 \cdot S_{f_{cu}} \quad (4\text{-}4\text{-}13)$$

$$f_{cu,min} \geqslant \lambda_2 \cdot f_{cu,k} \quad (4\text{-}4\text{-}14)$$

同一检验批混凝土立方体抗压强度的标准差应按下式计算：

$$S_{f_{cu}} = \sqrt{\frac{\sum_{i=1}^{n} f_{cu,i}^2 - n m_{f_{cu}}^2}{n-1}} \quad (4\text{-}4\text{-}15)$$

式中：$S_{f_{cu}}$——同一检验批混凝土立方体抗压强度的标准差（N/mm^2），精确到 0.01（N/mm^2）；当检验批混凝土强度标准差计算值小于 2.5N/mm^2 时，应取 2.5N/mm^2；

λ_1，λ_2——合格评定系数，按表 4.4.14 取用；

n——本检验期内的样本容量。

表 4.4.14　混凝土强度的合格评定系数

试件组数	10 ~ 14	15 ~ 19	≥20
λ_1	1.15	1.05	0.95
λ_2	0.90	0.85	

2）非统计法评定

当用于评定的样本容量小于10组时，应采用非统计方法评定混凝土强度。按非统计方法评定混凝土强度时，其强度应同时符合下列规定：

$$m_{f_{cu}} \geqslant \lambda_3 \cdot f_{cu,k} \tag{4-4-16}$$

$$f_{cu,min} \geqslant \lambda_4 \cdot f_{cu,k} \tag{4-4-17}$$

式中：λ_3，λ_4——合格评定系数，按表4.4.15取用。

表4.4.15　混凝土强度的合格评定系数

试件组数	<C60	≥C60
λ_3	1.15	1.10
λ_4	0.95	

4. 混凝土构件外观检查

混凝土结构外观检查中发现的缺陷可分为尺寸偏差缺陷和外观缺陷。尺寸偏差缺陷和外观缺陷可分为一般缺陷和严重缺陷。混凝土结构尺寸偏差超出规范规定，但尺寸偏差对结构性能和使用功能未构成影响时，应属于一般缺陷；而尺寸偏差对结构性能和使用功能构成影响时，应属于严重缺陷。外观缺陷分类应符合表4.4.16的规定。

施工过程中发现混凝土结构缺陷时，应认真分析缺陷产生的原因。对严重缺陷施工单位应制定专项修整方案，方案应经论证审批后再实施，不得擅自处理。混凝土结构尺寸偏差一般缺陷，可结合装饰工程进行修整。

表4.4.16　混凝土结构外观缺陷分类

名称	现　象	严重缺陷	一般缺陷
露筋	构件内钢筋未被混凝土包裹而外露	纵向受力钢筋有露筋	其他钢筋有少量露筋
蜂窝	混凝土表面缺少水泥砂浆而形成石子外露	构件主要受力部位有蜂窝	其他部位有少量蜂窝
孔洞	混凝土中孔穴深度和长度均超过保护层厚度	构件主要受力部位有孔洞	其他部位有少量孔洞
夹渣	混凝土中夹有杂物且深度超过保护层厚度	构件主要受力部位有夹渣	其他部位有少量夹渣
疏松	混凝土中局部不密实	构件主要受力部位有疏松	其他部位有少量疏松
裂缝	缝隙从混凝土表面延伸至混凝土内部	构件主要受力部位有影响结构性能或使用功能的裂缝	其他部位有少量不影响结构性能或使用功能的裂缝
连接部位缺陷	构件连接处混凝土有缺陷及连接钢筋、连接件松动	连接部位有影响结构传力性能的缺陷	连接部位有基本不影响结构传力性能的缺陷
外形缺陷	缺棱掉角、棱角不直、翘曲不平、飞边凸肋等	清水混凝土构件有影响使用功能或装饰效果的外形缺陷	其他混凝土构件有不影响使用功能的外形缺陷
外表缺陷	构件表面麻面、掉皮、起砂、沾污等	具有重要装饰效果的清水混凝土构件有外表缺陷	其他混凝土构件有不影响使用功能的外表缺陷

（1）混凝土结构外观一般缺陷修整应符合下列规定：

①对于露筋、蜂窝、孔洞、夹渣、疏松、外表缺陷，应凿除胶结不牢固部分的混凝土，应清理表面，洒水湿润后应用1：2～1：2.5水泥砂浆抹平；

②应封闭裂缝；

③连接部位缺陷、外形缺陷可与面层装饰施工一并处理。

（2）混凝土结构外观严重缺陷修整应符合下列规定：

①露筋、蜂窝、孔洞、夹渣、疏松、外表缺陷，应凿除胶结不牢固部分的混凝土至密实部位，清理表面，支设模板，洒水湿润，涂抹混凝土界面剂，应采用比原混凝土强度等级高一级的细石混凝土浇筑密实，养护时间不应少于7d。

② 开裂缺陷修整应符合下列规定：

民用建筑的地下室、卫生间、屋面等接触水介质的构件，均应注浆封闭处理。民用建筑不接触水介质的构件，可采用注浆封闭、聚合物砂浆粉刷或其他表面封闭材料进行封闭。

无腐蚀介质工业建筑的地下室、屋面、卫生间等接触水介质的构件，以及有腐蚀介质的所有构件，均应注浆封闭处理。无腐蚀介质工业建筑不接触水介质的构件，可采用注浆封闭、聚合物砂浆粉刷或其他表面封闭材料进行封闭。

清水混凝土的外形和外表严重缺陷，宜在水泥砂浆或细石混凝土修补后用磨光机械磨平。

4.4.7 季节性施工

施工技术中所涉及的冬期、高温、雨期均不是严格意义上的气候学定义，而是在工程施工过程中，可能会对工程质量带来不利影响，必须采取措施的一个气候条件。也就是说，不能按照时间来简单界定，例如在冬季进行施工并不是必然采取冬期施工措施，也并不排除雨期施工的可能性。

1. 冬期施工

根据当地多年气象资料统计，当室外日平均气温连续5日稳定低于5℃时，应采取冬季施工措施；当室外日平均气温连续5日稳定高于5℃时，应解除冬期施工措施。当混凝土未达到受冻临界强度而气温骤降至0℃以下时，应按冬期施工的要求采取应急防护措施。工程越冬期间，应采取维护保温措施。

1）冻害的机理

新浇筑混凝土的水可分为三部分。一部分是游离水，它充满在混凝土各种材料的颗粒空隙之间；第二部分是物理结合水，是吸附在各种颗粒的表面和毛细管中的薄膜水；第三部分是与水泥颗粒起水化作用的水化水。在混凝土冬期施工中，冬季低温条件下混凝土的冻害来之四个方面的原因：①混凝土的硬化和强度增长速度减慢，需要的设计强度难以达到；②水化作用所需要的水因冻结过程而减少甚至丧失，水化作用减缓或停止，混凝土生成强度较低；③混凝土中的游离水结冰后体积会膨胀，混凝土因冻胀应力会产生内部微裂缝；④冻结水会在混凝土内部产生空隙，使混凝土内部结构松散。防止混凝土发生冻害需要从两个方面入手：一是防止混凝土内部的水冻结，减弱冻胀应力，保证水化作用正常进行；二是在发生冻结之前使混凝土尽早达到较高的强度。

2）临界强度的概念

试验证明，混凝土是否受冻害影响与受冻的龄期、水灰比有关。冻害发生的龄期越早，水灰比越大，后期混凝土强度损失越多。当混凝土的强度达到其受冻临界强度后，在受冻条件下，混凝土的后期强度不再受到影响。混凝土的受冻临界强度是指为了避免冻害发生，冬期浇筑的混凝土在受冻以前必须达到的最低强度。这是因为，如果混凝土早期受冻，内部水的冻结，不仅阻碍强度增长，而且此时混凝土的强度不足以抵抗冻胀应力，从而使混凝土内部结构受到损伤，造成后期强度降低甚至丧失；而混凝土达到受冻临界强度后，具备了抵御能力而不受损伤。

3）材料使用措施

①冬期施工混凝土宜采用硅酸盐水泥或普通硅酸盐水泥；采用蒸汽养护时，宜选用矿渣硅酸盐水泥。

② 用于冬期施工混凝土的粗、细骨料中，不得含有冰、雪冻块及其他易冻裂物质。

③冬期施工混凝土用外加剂，应符合现行国家标准《混凝土外加剂应用技术规范》GB50119的有关规定。采用非加热养护方法时，混凝土中宜掺入引气剂、引气型减水剂或含有引气组份的外加剂，混凝土含气量宜控制在3.0%～5.0%。

4）混凝土制备措施

①冬期施工混凝土配合比，应根据施工期间环境气温、原材料、养护方法、混凝土性能要求等经试验确定，并宜选择较小的水胶比和坍落度。

② 冬期施工混凝土搅拌前，原材料的预热应符合下列规定：

宜加热拌合水，当仅加热拌合水不能满足热工计算要求时，可加热骨料；拌合水与骨料的加热温度可通过热工计算确定，加热温度不应超过表4.4.17的规定；

水泥、外加剂、矿物掺合料不得直接加热，应置于暖棚内预热。

表4.4.17 拌合水及骨料最高加热温度（℃）

水泥强度等级	拌合水	骨料
42.5以下	80	60
42.5、42.5R及以上	60	40

5）混凝土搅拌措施

①液体防冻剂使用前应搅拌均匀，由防冻剂溶液带入的水分应从混凝土拌合水中扣除；

② 蒸汽法加热骨料时，应加大对骨料含水率测试频率，并应将由骨料带入的水分从混凝土拌合水中扣除；

③混凝土搅拌前应对搅拌机械进行保温或采用蒸汽进行加温，搅拌时间应比常温搅拌时间延长30s～60s；

④ 混凝土搅拌时应先投入骨料与拌合水，预拌后再投入胶凝材料与外加剂。胶凝材料、引气剂或含引气组分外加剂不得与60℃以上热水直接接触。

6）混凝土运输措施

①混凝土拌合物的出机温度不宜低于10℃，入模温度不应低于5℃；对预拌混凝土或需远距离输送的混凝土，混凝土拌合物的出机温度可根据距离经热工计算确定，但不宜低于15℃。大体积混凝土的入模温度可根据实际情况适当降低。

② 混凝土运输、输送机具及泵管应采取保温措施。当采用泵送工艺浇筑时，应采用水泥浆或水泥砂浆对泵和泵管进行润滑、预热。混凝土运输、输送与浇筑过程中应进行测温，其温度应满足热工计算的要求。

7）混凝土浇筑措施

①混凝土浇筑前，应清除地基、模板和钢筋上的冰雪和污垢，并应进行覆盖保温。

② 混凝土分层浇筑时，分层厚度不应小于400mm。在被上一层混凝土覆盖前，已浇筑层的温度应满足热工计算要求，且不得低于2℃。

8）临界强度控制要求

①当采用蓄热法、暖棚法、加热法施工时，采用硅酸盐水泥、普通硅酸盐水泥配制的混凝土，不应低于设计混凝土强度等级值的30%；采用矿渣硅酸盐水泥、粉煤灰硅酸盐水泥、火山灰质硅酸盐水泥、复合硅酸盐水泥配制的混凝土时，不应低于设计混凝土强度等级值的40%。

②当室外最低气温不低于－15℃时，采用综合蓄热法、负温养护法施工的混凝土受冻临界强度不应低于4.0 MPa；当室外最低气温不低于－30℃时，采用负温养护法施工的混凝土受冻临界强度不应低于5.0MPa。

③强度等级等于或高于C50的混凝土，不宜低于设计混凝土强度等级值的30%。

④有抗渗要求的混凝土，不宜小于设计混凝土强度等级值的50%。

⑤有抗冻耐久性要求的混凝土，不宜低于设计混凝土强度等级值的70%。

⑥当采用暖棚发施工的混凝土中掺入早强剂时，可按综合蓄热法受冻临界强度取值。

⑦当施工需要提高混凝土强度等级时，应按提高后的强度等级确定受冻临界强度。

9）混凝土养护措施

①采用加热方法养护现浇混凝土时，应根据加热产生的温度应力对结构的影响采取措施，并应合理安排混凝土浇筑顺序与施工缝留置位置。

② 当室外最低气温不低于－15℃时，对地面以下的工程或表面系数不大于$5m^{-1}$的结构，宜采用蓄热法养护，并应对结构易受冻部位加强保温措施；对表面系数为$5m^{-1}$～$15m^{-1}$的结构，宜采用综合蓄热法养护。采用综合蓄热法养护时，混凝土中应掺加具有减水、引气性能的早强剂或早强型外加剂。

③对不易保温养护且对强度增长无具体要求的一般混凝土结构，可采用掺防冻剂的负温养护法进行养护。

④ 当第②、③条不能满足施工要求时，可采用暖棚法、蒸汽加热法、电加热法等方法等方法进行养护，但应采取降低能耗的措施。

⑤ 混凝土浇筑后，对裸露表面应采取防风、保湿、保温措施，对边、棱角及易受冻部位应加强保温。在混凝土养护和越冬期间，不得直接对负温混凝土表面浇水养护。

⑥ 模板和保温层的拆除应符合规范及设计要求，尚应符合下列规定：a）混凝土达到受冻临界强度，且混凝土表面温度不应高于5℃后；b）对墙、板等薄壁结构构件，宜推迟拆模。

10）混凝土质量检验措施

①混凝土强度未达到受冻临界强度和设计要求时，应继续进行养护。工程越冬期间，应编制越冬维护方案并进行保温维护。

② 混凝土工程冬期施工应加强对骨料含水率、防冻剂掺量的检查，以及原材料、入模温度、实体温度和强度的监测；应依据气温的变化，检查防冻剂掺量是否符合配合比与防冻剂说明书的规定，并应根据需要调整配合比。

③混凝土冬期施工期间，应按国家现行有关标准的规定对混凝土拌合水温度、外加剂溶液温度、骨料温度、混凝土出机温度、浇筑温度、入模温度，以及养护期间混凝土内部和大气温度进行测量。

④ 冬期施工混凝土强度试件的留置，除应符合现行国家标准《混凝土结构工程施工质量验收规范》GB 50204 的有关规定外，尚应增设不少于 2 组的同条件养护试件。同条件养护试件应在解冻后进行试验。

2. 高温施工

高温施工指日平均气温达到30℃时应采取的相应施工措施。高温条件下拌合、浇筑和养护的混凝土早期强度高，但后期强度低。因而高温施工条件下应采取以下措施：

1）材料使用措施

高温施工时，对露天堆放的粗、细骨料应采取遮阳防晒等措施。必要时，可对粗骨料进行喷雾降温。

2）配合比措施

高温施工的配合比应符合下列规定：

①应分析原材料温度、环境温度、混凝土运输方式与时间对混凝土初凝时间、坍落度损失等性能指标的影响，根据环境温度、湿度、风力和采取温控措施的实际情况，对混凝土配合比进行调整；

② 宜在近似现场运输条件、时间和预计混凝土浇筑作业最高气温的天气条件下，通过混凝土试拌、试运输的工况试验，确定适合高温天气条件下施工的混凝土配合比；

③宜采降低水泥用量，并可采用矿物掺合料替代部分水泥，宜选用水化热较低的水泥；

④ 混凝土坍落度不宜小于 70mm。

3）混凝土制备措施

①应对搅拌站料斗、储水器、皮带运输机、搅拌楼采取遮阳防晒措施。

② 对原材料进行直接降温时，宜采用对水、粗骨料进行降温的方法。当对水直接降温时，可采用冷却装置冷却拌合用水，并应对水管及水箱加设遮阳和隔热设施，也可在水中加碎冰作为拌合用水的一部分。混凝土拌合时掺加的固体冰应确保在搅拌结束前融化，且在拌合用水中应扣除其重量。

③原材料最高入机温度不宜超过表 4. 4. 18 的规定；

表 4. 4. 18　原材料最高入机温度（℃）

原 材 料	最高入机温度
水泥	60
骨料	30
水	25
粉煤灰等矿物掺合料	60

④ 混凝土拌合物出机温度不宜大于30℃。出机温度可按下式计算：

$$T_O = \frac{0.22(T_g W_g + T_S W_S + T_C W_C + T_m W_m) + T_W W_W + T_g W_{wg} + T_S W_{WS} + 0.5T_{ice} W_{ice} - 79.6W_{ice}}{0.22(W_g + W_S + W_C + W_m) - W_W - W_{Wg} - W_{WS} - W_{ice}} \tag{4-4-18}$$

式中：T_0——混凝土的出机温度（℃）；

T_g、T_S——粗骨料、细骨料的入机温度（℃）；

T_C、T_m——水泥、矿物掺合料的入机温度（℃）；

T_w、T_S——粗骨料、细骨料的入机温度（℃）；

T_g、T_{ice}——搅拌水、冰的入机温度（℃）；冰的入机温度低于0℃时，T_{ice}应取负值；

W_g、W_S——粗骨料、细骨料干重量（kg）；

W_C、W_m——水泥、矿物掺合料重量（kg）；

W_W、W_{ice}——搅拌水、冰重量（kg），当混凝土不加冰拌合时，$W_{ice}=0$；

W_{wg}、W_{wS}——粗骨料、细骨料中所含水重量（kg）；

⑤ 当需要时，可采取掺加干冰等附加控温措施。

4）混凝土运输措施

①混凝土宜采用白色涂装的混凝土搅拌运输车运输；混凝土输送管应进行遮阳覆盖，并应洒水降温。

② 混凝土拌合物入模温度不应低于5℃，且不应高于35℃。

5）混凝土浇筑措施

①混凝土浇筑宜在早间或晚间进行，且应连续浇筑。当混凝土水分蒸发较快时，应在施工作业面采取挡风、遮阳、喷雾等措施。

② 混凝土浇筑前，施工作业面宜采取遮阳措施，并应对模板、钢筋和施工机具采用洒水等降温措施，但浇筑时模板内不得积水。

③混凝土浇筑完成后，应及时进行保湿养护。侧模拆除前宜采用带模湿润养护。

3. 雨期施工

雨期并不完全是指气候概念上的雨季，而是指必须采取措施保证混凝土施工质量的下雨时间段，包括雨季和雨天两种情况。雨期施工应采取以下措施：

（1）水泥和掺合料应采取防水和防潮措施，并应对粗、细骨料的含水率进行监测，及时调整混凝土配合比。

（2）应选用具有防雨水冲刷性能的模板脱模剂。

（3）混凝土搅拌、运输设备和浇筑作业面应采取防雨措施，并应加强施工机械检查维修及接地接零检测工作。

（4）除应采用防护措施外，小雨、中雨天气不宜进行混凝土露天浇筑，且不应进行大面积作业的混凝土露天浇筑；大雨、暴雨天气不应进行混凝土露天浇筑。

（5）雨后应检查地基面的沉降，并应对模板及支架进行检查。

（6）应采取防止模板内积水的措施。模板内和混凝土浇筑分层面出现积水时，应在排水后再浇筑混凝土。

（7）混凝土浇筑过程中，因雨水冲刷致使水泥浆流失严重的部位，应采取补救措施后再继续施工。

（8）在雨天进行钢筋焊接时，应采取挡雨等安全措施。

（9）混凝土浇筑完毕后，应及时采取覆盖塑料薄膜等防雨措施。

（10）台风来临前，应对尚未浇筑混凝土的模板及支架采取临时加固措施；台风结束后，应检查模板及支架，已验收合格的模板及支架应重新办理验收手续。

【思考题】

1. 模板系统由哪两个部分组成？

2. 模板系统基本技术要求有哪些？

3. 简述基础、柱、梁、楼板、墙等构件模板的构造组成、技术要点和施工工艺流程。

4. 组合钢模板、连接件和支撑件有哪些？使用要求？

5. 模板进场检验和安装后检验包括哪些内容？如何抽取样本？检验项目、方法和标准包括哪些？

6. 模板设计的荷载值包括哪些？

7. 模板设计包括哪几方面验算？

8. 模板设计包括哪些内容？

9. 模板拆除时对混凝土的强度要求分哪些情况和要求？

10. 为什么钢筋调直不能增加钢筋的长度？

11. 钢筋进场检查的内容包括哪些？力学性能检验对检验批的要求有哪些？如何抽取样本？检验结果如何判定？

12. 钢筋代换的方式包括哪些？简述代换原则。

13. 钢筋的连接方法包括哪些？其适用性如何？

14. 简述钢筋焊接连接的方式及技术要求。

15. 简述钢筋机械连接的方式及技术要求。

16. 简述钢筋连接接头质量检验的对检验批的要求，取样方法和检验结果的判定条件。

17. 简述结构中钢筋布置中对各种连接提出的构造要求。

18. 简述梁、柱、板、墙等构件钢筋安装的工艺流程和技术要点。

19. 混凝土的施工包括哪些工艺过程？

20. 混凝土的配置强度、施工配合比如何确定？

21. 混凝土的制备方式有哪些？

22. 混凝土制备过程的质量检查包括哪些内容？

23. 混凝土搅拌方式和搅拌机的种类有哪些？

24. 混凝土制备式投料顺序有几种？简述其顺序和技术要求。

25. 混凝土搅拌的技术要求包括哪三个技术要求。

26. 混凝土运输的方式分哪两个部分？有哪些运输机具？工程中常用哪几种运输方案？

27. 混凝土泵送方式的技术要求包括哪些？

28. 什么是混凝土的施工缝？对施工缝留置位置有什么要求？对施工缝后期接缝处理有什么要求？

29. 什么是大体积混凝土？大体积混凝土的特征包括哪些？大体积混凝土的浇筑方式

包括哪些？大体积混凝土质量控制的关键是什么？

30. 混凝土振捣方式有哪些？说明其适用性。

31. 大体积混凝土温度控制的关键是什么？其技术要求包括哪些？

32. 简述大体积混凝土测温点的设置要求。

33. 简述大体积混凝土的测温频率。

34. 简述混凝土水下浇筑的工艺过程和主要技术要求。

35. 混凝土养护的目的是控制混凝土的什么质量问题？养护的关键在于做好什么工作？

36. 简述施工工地混凝土养护的方式包括哪些？养护时间要求有哪些？

37. 混凝土施工质量检查包括哪些内容？

38. 混凝土的强度检查有哪些方法？正常检查用哪种方法？

39. 预应力构件模板拆除时，检验其强度所用试块采用什么养护方式？为什么？

40. 混凝土强度检验试块的留置有哪些规定？每组试块的强度代表值如何确定？检验批混凝土强度如何评定？

41. 混凝土结构外观缺陷有哪些？出现缺陷的可能原因各有哪些？各自该如何处理？

42. 混凝土季节性施工包括哪些方面？有哪些要求？

【计算题】

1. 某混凝土实验室配合比为：水泥：砂：石子 =1：2.36：4.12，水灰比为0.65，水泥用量为280/m^3，现场测得砂、石子含水率分别为3%和1%，搅拌机出料容积为250 升，试计算混凝土施工配合比和每盘的投料量。

2. 如图所示，两根框架梁间的连梁 LL1，框架梁的截面尺寸为250mm×700mm，梁顶为相同标高。请编制 LL1 的钢筋下料表。

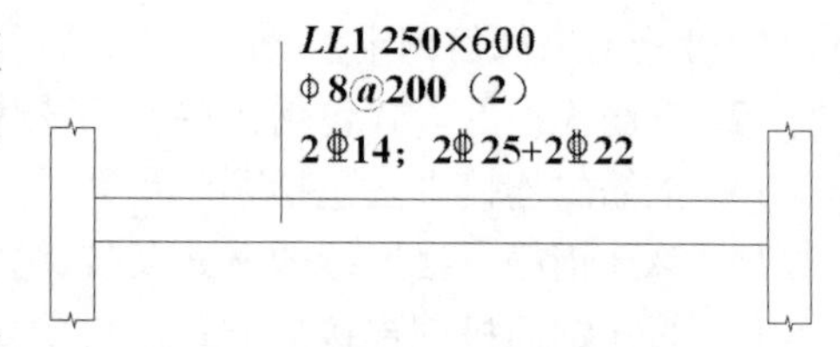

3. 某钢筋混凝土基础，外形尺寸为 18m×6m×3m，用三台搅拌机供料，每台生产效率为 5m^3/h，若运输时间需要 30min，混凝土每层浇筑厚度为300mm，试确定：

（1）混凝土浇筑方案；

（2）每小时混凝土的浇筑量；

（3）完成整个基础混凝土浇筑施工所需要的时间。

【知识点掌握训练】

1. 判断题

（1）根据目前的施工技术水平，如果从施工角度评价，预制装配式混凝土结构优于现浇整体式混凝土结构；而从结构性能角度评价，现浇整体式混凝土结构要优于预制装配式混凝土结构。

（2）由于柱的高度远远大于其截面尺寸，因此柱模板应验算模板在侧压力下的承载力和变形，以及模板的整体稳定性。

（3）高度和跨度较大的模板支撑体系，即搭设高度 8m 及以上；搭设跨度 18m 及以上；施工总荷载 15kN/m^2及以上；集中线荷载 20kN/m 及以上，属于高危施工项目，必须编制专项施工方案；并经过专家论证同意后才能实施。

（4）模板拆除的原则为“先支后拆；先非承重部位，后承重部位；自下而上”。

（5）变形验算应采用荷载基本组合；承载力计算可仅采用永久荷载标准值。

（6）跨度4～8m的梁下支撑立柱，宜先从跨中开始拆除，逐步对称地向两端依次拆除。

（7）当设计无具体要求时，对按一、二、三级抗震等级设计的框架和斜撑构件（含梯段）中的纵向受力普通钢筋应采用牌号带“E”的钢筋，俗称“抗震钢筋”。

（8）钢筋连接接头应设置在受力较小处；梁下部钢筋的连接范围为跨中1/3净跨范围内；梁上部钢筋的连接范围为两端距支座1/4净跨范围内，连续梁的端支座不宜设置接头。

（9）钢筋绑扎接头应在接头中心和两端用铁丝绑扎。

（10）电渣压力焊只应使用于柱、墙等构件中竖向受力钢筋的连接。

（11）同一生产厂家、同一等级、同一品种、同一批号且连续进场的水泥，袋装水泥不超过200t为一检验批。

（12）施工缝和后浇带宜留设在结构受剪力较小且便于施工的位置。

（13）混凝土养护的目的就是控制由于早期塑性收缩和干燥收缩造成的开裂，根本措施就是及时补充水分和降低失水速率。

（14）混凝土的受冻临界强度是指为了避免冻害发生，冬期浇筑的混凝土在受冻以前必须达到的最低强度。

（15）由于同条件养护试件的养护环境较差，因而等效养护龄期都要超过28d。

2. 填空题

（1）混凝土结构工程施工包括____工程、____工程和____工程三个主要分项工程。

（2）从施工方式上划分，混凝土结构工程包括__________施工和__________施工两种方式。

（3）组合钢模板根据使用部位不同，主要分为________、________、__________、________四种类型。

（4）为了保证柱模板的稳定性，当高度不小于____m时，应在四面设置斜撑或用缆风绳拉紧，并校核其平面位置和垂直度是否符合要求。当高度超过____m时，不宜单根柱支撑，宜多根柱连排支撑形成整体构架。

（5）梁模下的支撑立柱多采用________形式，沿梁轴线方向间距不大于____m；立柱间的纵向和横向应设置________。

（6）模板立柱支撑的弹性挠度或压缩变形不得超过结构跨度的________。

（7）侧模拆除当设计无具体要求时，可依据“混凝土强度能保证其表面及棱角不因拆除模板而受损坏”为前提，即混凝土强度大于____N/mm^2。

（8）普通钢筋按照同一________、同一________、同一________的钢筋组成一个检验批，重量不超过____t；

（9）“抗震钢筋”在最大力下总伸长率不应小于________%。

（10）每批钢筋中任选的____个试件，从两个试件上取____个试样分别进行____试验（包括屈服强度、抗拉强度和伸长率）和________试验。如果有一项试验结果不符合要求，则从同一批钢筋中另外抽取____数量的试样重新进行试验。

(11) 钢筋调直可以________和________两种方式，其牵引力不能大于钢筋的屈服力。

(12) 机械连接常用的方式主要有________连接、__________连接、__________连接三种形式。

(13) 钢筋焊接接头的质量检验与验收应包括________和________，并划分为________和________两类。

(14) 当纵向受力钢筋采用绑扎搭接接头时，接头连接区段的长度为________倍搭接长度。

(15) 混凝土工程的施工过程主要包括________、____、________、________、____、____六个步骤。

(16) 混凝土搅拌机按其搅拌原理主要分为________和________两类。

(17) 混凝土搅拌的技术要求包括________、________和________三个方面。

(18) 当柱、墙混凝土设计强度比梁、板混凝土设计强度高两个等级及以上时，应在交界区域采取分隔措施。分隔位置应在________构件中，且距高强度等级构件边缘不应小于________ mm。

(19) 型钢混凝土构件浇筑混凝土时，型钢周边混凝土浇筑宜同步上升，浇筑高差不应大于____ mm。

(20) 基础大体积混凝土浇筑包括____分层、____分层、____分层三种方式，最常采用是____分层。

(21) 在施工缝处继续浇筑混凝土前应保证先浇筑的混凝土的强度不低于________ Mpa。

(22) 施工现场结构构件混凝土拌合料振捣工具主要有________、________或________三种。

(23) 抗渗混凝土、强度等级 C60 及以上的混凝土，不应少于____天。

(24) 混凝土结构外观检查中发现的缺陷可分为________缺陷和________缺陷。

(25) 地下室底层和上部结构首层柱、墙混凝土带模养护时间，不应少于____ d。

(26) 尺寸偏差对结构性能和使用功能构成影响时，应属于________。

(27) 冬期施工混凝土拌合物的出机温度不宜低于____℃，入模温度不应低于____℃。

3. 选择题

(1) 为了防止胀模，用于成对设置的模板间相对位置固定的支撑组件是(　　)。

A. 对拉螺栓 + 蝶形扣件；　　B. 勾头螺栓 + 蝶形扣件；

C. U 形卡 + 勾头螺栓；　　D. L 形插销 + U 形卡

(2) 下面的（　　）不是木模板的特点。

A. 保温性能好，有利于混凝土冬期养护；

B. 自重轻，板面平整；

C. 制作拼装灵活，适用于外形复杂、数量不多的混凝土结构构件；

D. 由于木材消耗量大，重复利用率高

(3) 模板设计荷载中属于永久荷载的是（　　）。

A. 施工人员及施工设备产生的荷载标准值；

B. 混凝土下料产生的水平荷载标准值；

C. 模板及其支架自重标准值；

D. 风荷载标准值

(4) 跨度 8m 的楼板，混凝土强度达到设计强度的（　　）% 才能拆模。

A. 50；　　B. 70；　　C. 75；　　D. 100

(5) 下列关于电渣压力焊的说法不够准确的是（　　）。

A. 四周焊包凸出钢筋表面的高度不得小于 4mm；

B. 钢筋与电极接触处，应无烧伤缺陷；

C. 接头处的弯折角度不得大于 2°；

D. 接头处的轴线偏移不得大于 1mm

(6) 可以直接用作混凝土拌和及养护用水的是（　　）。

A. 河水；　　B. 海水；　　C. 地下水；　　D. 饮用水

(7) 关于施工缝留设说法错误的是（　　）。

A. 单向板施工缝应留设在与跨度方向平行的任何位置；

B. 楼梯梯段施工缝宜设置在梯段板跨度中间的 1/3 范围内；

C. 有主次梁的楼板施工缝应留设在次梁跨度中间的 1/3 范围内；

D. 墙的施工缝宜设置在门洞口过梁跨中 1/3 范围内，也可留设在纵横墙交接处

(8)（　　）是代表搅拌机型号和生产效率的一个重要技术参数。

A. 几何容量；　　B. 出料容量；　　C. 进料容量；　　D. 都是

(9) 用于检查结构构件混凝土强度的标准养护试件，应在混凝土的浇筑地点随机抽取。下列说法不符合试件取样和留置规定的是（　　）。

A. 每拌制 100 盘且不超过 100m^3 的同一配合比混凝土，取样不得少于一次；

B. 每工作班拌制的同一配合比的混凝土超过 100 盘时，取样不得少于一次；

C. 每次连续浇筑超过 1000m^3 时，同一配合比的混凝土每 200m^3 取样不得少于一次；

D. 每一楼层、同一配合比混凝土，取样不得少于一次

第 5 章　预应力混凝土工程

知识点提示：
- 了解预应力筋的种类、特征、适用性和质量检验方法；
- 了解千斤顶的种类、构造、适用性、工作原理；
- 掌握预应力混凝土先张法和后张法施工工艺、质量标准和控制措施；
- 熟悉预应力施工所用的锚（夹）具、张拉设备以及台座的构造特征、适用性和工作原理，质量验收标准；
- 了解先张法施工工艺特点、内容、各个工序的技术要求和质量控制措施；
- 了解后张法施工工艺特点、内容、各个工序的技术要求和质量控制措施；
- 了解预应力混凝土专项施工方案的内容。

预应力混凝土技术是 20 世纪 20 年代由法国工程师研制出来，并在 50 年代开始在我国推广应用。近几十年发展迅速，已经发展成为一门被广泛应用于土建、桥梁、管道、水塔、电杆和轨枕等领域工程技术。

预应力混凝土与普通混凝土相比，具有抗裂性好、刚度大、材料省、自重轻、结构耐久性好、适合装配化施工等优点，为建造大跨度结构创造了条件。

预应力施工的专业性较强，必须由具有预应力专项施工资质的专业施工单位承担施工任务，并在施工前根据设计文件编制专项施工方案。

预应力施工系统包括预应力筋、张拉系统、锚固系统三部分，当预应力施工采用先张法工艺时，还应增加台座系统。

5.1　预应力筋

预应力筋按材料类型可分为金属预应力筋和非金属预应力筋。非金属预应力筋主要有碳纤维复合材料（CERP）、玻璃纤维复合材料（GERP）等，目前国内外的部分工程有少量应用。在建结构中使用的主要是金属预应力筋（预应力高强钢筋）。

预应力高强钢筋是一种特殊的钢筋品种，使用高强钢材，主要有钢丝、钢绞线、钢筋（钢棒）等形式。其中，高强度低松弛预应力筋为主导产品。

预应力筋制作与普通钢筋类似，主要包括下料、调直、连接、编束、镦头、安装锚具等环节。其中编束和安装锚具是预应力筋所特有的施工工序。具体环节因预应力筋不同而异。

常用的预应力钢材品种分类见图 5.1.1。

5.1.1　钢丝

预应力钢丝，常用直径∅5、∅7、∅9，极限强度 1470、1570、1860MPa，一般用于

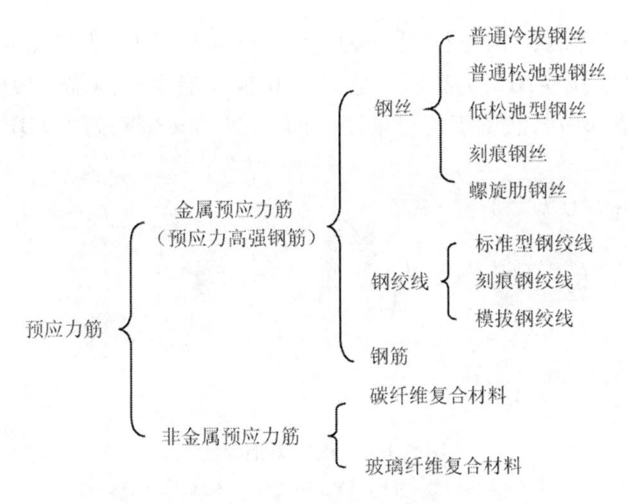

图5.1.1　预应力筋的分类

后张预应力结构或者先张预应力构件。

①普通冷拔钢丝。普通冷拉钢丝是用盘条通过拔丝模、拔轧辊经冷加工而成，可用于制造建筑板梁、铁路轨枕、电杆等采用先张法生产的普通预应力构件。

② 普通松弛型钢丝。普通松弛型钢丝是冷拔后经高速旋转的矫直辊矫直后，又经回火处理的钢丝。采用此生产工艺可以消除钢丝冷拔过程中产生的残余应力，提高其比例极限、屈强比和弹性模量，从而具有较好的塑性，施工方便。

③低松弛型钢丝。低松弛型钢丝是冷拔后在塑性变形状态下经回火处理而成。这种钢丝不仅弹性极限和屈服强度提高，而且应力松弛率大大降低。因而采用此钢丝生产的预应力构件后期变形很小。特别适用于抗裂要求高的工程。在建筑、桥梁、市政、水利等大型工程中应用较多。

④ 刻痕钢丝。刻痕钢丝是用冷轧或冷拔方法使钢丝表面产生规则间隔的凹痕或凸纹的钢丝。如图5.1.2所示，这种钢丝的性能与矫直回火钢丝基本相同，而且表面凹痕或凸纹可增加其与混凝土的握裹力，适用于先张法生产的预应力构件。

⑤ 螺旋肋钢丝。螺旋肋钢丝是通过专用拔丝模冷拔方法使钢丝表面沿长度方向上产生规则间隔的肋纹，见图5.1.3。可增加与混凝土的握裹力，因而可用于先张法预应力混凝土构件。

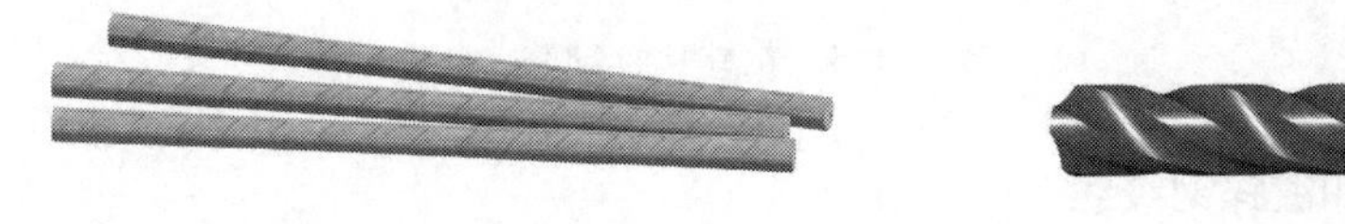

图5.1.2　刻痕钢筋　　图5.1.3　螺旋肋钢筋

5.1.2　钢绞线

预应力钢绞线是由多根冷拉钢丝在绞线机上成螺旋形绞合，并经连续的稳定化处理而成。钢绞线的整根破断力大，柔性好，施工方便。

预应力钢绞线，常用直径∅12.7、∅15.2，极限强度1860MPa，作为主导预应力筋品种用于各类预应力结构。

预应力钢绞线按捻制结构不同可分为 1×2、1×3 和 1×7 等规格。外形示意见图 5.1.4。其中 1×7 钢绞线应用最为广泛，它是由 6 根外层钢丝围绕一根中心钢丝顺一个方向扭结而成，先张法和后张法施工均可采用。而 1×2、1×3 钢绞线仅用于先张法施工的预应力混凝土构件。

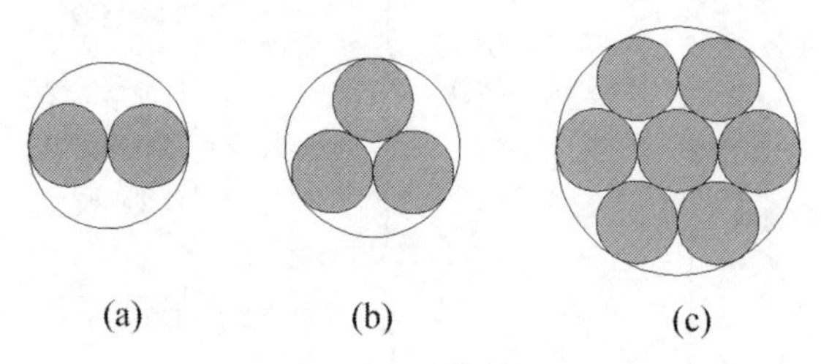

图 5.1.4　预应力钢绞线

(a) 1×2 钢绞线；(b) 1×3 钢绞线 ；(c) 1×7 钢绞线

钢绞线根据加工要求不同可分为标准型钢绞线、刻痕钢绞线和模拔钢绞线。

①标准型钢绞线。标准型钢缆线即消除应力钢绞线．是由冷拉光圆钢丝捻制而成。力学性能优异、质量稳定、价幅适中，是我国土木建筑工程中使用最广、用量最大的一种预应力筋。

② 刻痕钢绞线。刻痕钢绞线是由刻痕钢丝捻制成的钢绞线，可增加与混凝土的握裹力。其力学性能与标准型钢绞线相同。

③模拔钢绞线。模拔钢绞线是在捻制成形后，在经过模拔处理而成。这种钢绞线内的每根钢丝接触面积增加，密度提高，外径较小。相同孔径，穿过的钢绞线数量增加。它与锚具的接触面积增大，易于锚固。

5.1.3　精轧螺纹钢筋

精轧螺纹钢筋是用热轧方法在钢筋表面轧出带有不连续的外螺纹，但是不带纵肋的钢筋。如图 5.1.5。此类钢筋可以用钢筋连接器接长，并可以直接用螺母在端部锚固。具有连接可靠，锚固施工便捷，不需要焊接的优点。

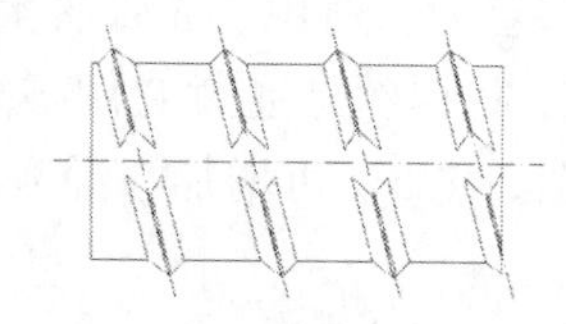
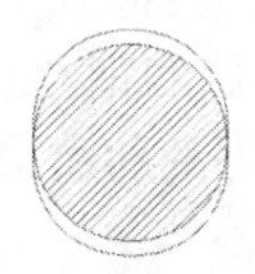

图 5.1.5　精轧螺纹钢筋

5.1.4　镀锌钢丝和镀锌钢绞线

镀锌钢丝是采用热镀方法在钢丝表面镀锌制成，将镀锌钢丝捻制成钢绞线即成为镀锌钢绞线。镀锌处理可以提供钢丝和钢绞线的抗腐蚀能力。适用于环境较差的预应力结构。镀锌表面应连续、光滑、均匀，不得出现局部脱落、裸露等缺陷，但允许有不影响镀锌表层质量的局部轻微刻痕。

5.1.5　预应力筋质量检验方法

与普通钢筋相同，预应力筋进场时，每一合同批应附带质量证明书（图 5.1.6），在每捆（盘）上都挂有标牌（图5.1.7）。在质量证明书上应注明供应方、预应力筋品种、强度级别、规格、重量和件数、执行标准号、盘号和检验结果、检验日期、技术监督部门印章等。在标牌上应注明供应方、预应力筋品种、强度级别、规格、盘号、净重、执行标准号等。

预应力筋的质量检验包括外观检查和力学性能试验两个方面。外观检查应对照预应力筋附带的质量证明书和标牌进行。

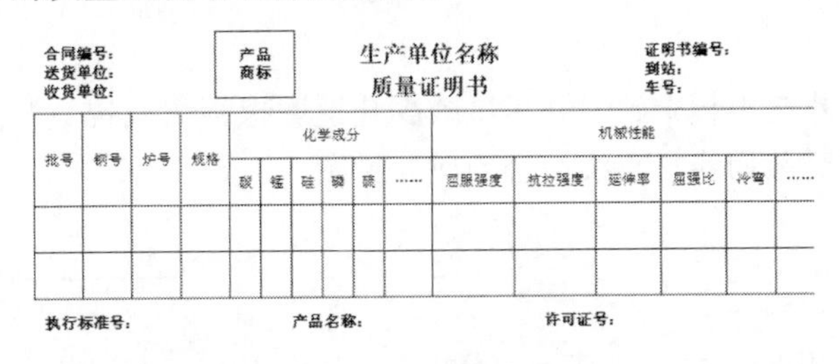
合同编号：
送货单位：
收货单位：

产品商标

生产单位名称
质量证明书

证明书编号：
到站：
车号：

批号	钢号	炉号	规格	化学成分						机械性能					
				碳	锰	硅	磷	硫	……	屈服强度	抗拉强度	延伸率	屈强比	冷弯	……

执行标准号：　产品名称：　许可证号：

图5.1.6　产品质量证明书

产品商标

生产单位名称

产品名称	
牌号	
规格	
炉号	
批号	
重量/支数	
标准号	
生产日期	
产地	

图5.1.7　标牌

1. 钢丝

【外观检查】

检查方式：全部检查。

检查内容及要求：表面不得有油污、氧化铁皮、裂纹或机械损伤，但表面上不允许有回火色和轻微浮锈。

【力学性能试验】

钢丝的力学性能应按批抽样试验，每一检验批应由同一牌号、同一规格、同一生产工艺制度的钢丝组成，重量不应大于60t；从同一批中任意选取10％盘（不少于6盘），在每盘中任意一端截取2根试件分别做拉伸试验和弯曲试验，拉伸或弯曲试件每6根为一组，当有一项试验结果不符合国家标准《预应力混凝土用钢丝》（GB5223）的规定时，则该盘钢丝为不合格品；再从同一批未经试验的钢丝盘中取双倍数量的试件重做试验，如仍有一项试验结果不合格，则该批钢丝为不合格品。

2. 钢绞线

【外观检查】

检查方式：全部检查。

检查内容及要求：表面不得有油污、锈斑或机械损伤，但表面上允许有回火色和轻微浮锈。钢绞线的捻距应均匀，切断后不松散。

【力学性能试验】

抽样方式：每一检验批重量不应大于60t；同一批中任意选取3盘；每盘任意截取1根试件进行拉伸试验；当有一项试验结果不符合国家标准《预应力混凝土用钢绞线》（GB/T 5224）的规定是，则该盘报废；再从未检验的钢绞线中取双倍数量的试件进行复验，如果仍有一项不合格，则该批钢绞线判为不合格。

3. 精轧螺纹钢筋

【外观检查】

外观质量应逐根检查，钢筋表面不得有锈蚀、污渍、裂纹、起皮或局部缩颈，其螺纹制作面不得有凹凸、擦伤或裂痕，端部应切割平整。

允许不影响钢筋力学性能、工艺性能以及连接的其他缺陷。

【力学性能试验】

应按批抽样试验，每一检验批重量不应大于60t，从同一批中任取2根，每根取2个试件分别进行拉伸和冷弯试验。当有一项试验结果不合格时，应再取双倍数量试件重新做试验。如果仍然有一项复验结果不合格，则此批钢筋判定为不合格品。

5.1.6 预应力筋布置线形

预应力筋的布置应尽可能与外弯矩相一致，并尽量减少孔道摩擦损失及锚具数量。常用的预应力筋布置线形一般由正反抛物线、直线组合而成，见图5.1.8。

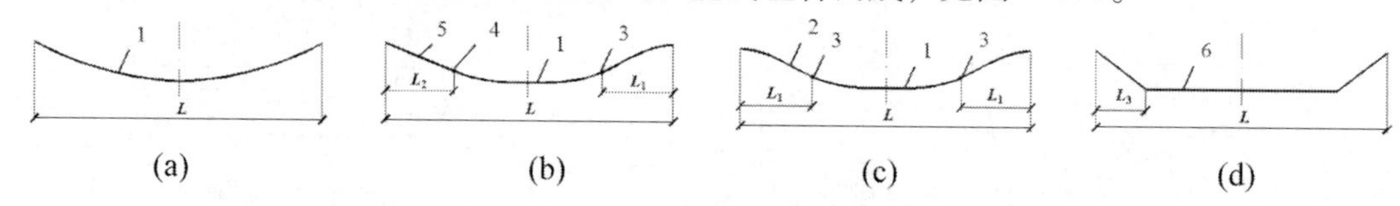

图5.1.8 预应力筋布置线形

（a）抛物线形；（b）正反抛物线形；（c）直线－抛物线相切线形；（d）双折线

1. 正向抛物线；2. 反向抛物线；3. 反弯点；4. 切点；5. 直线；6. 折线

1. 抛物线形

抛物线形是预应力筋最基本的布置线形，简单方便，仅适用于简支梁。

2. 正反抛物线

正反抛物线与构件弯矩图的形状接近。通常适用于支座弯矩与跨中弯矩基本相等的单跨框架梁或连续梁的中间跨布置预应力筋。

3. 直线－抛物线相切线形

预应力筋按照直线－抛物线相切线形布置可以减少框架梁跨中及内支座处的摩擦损失，一般适用于双跨框架梁或多跨连续梁的边跨梁外端。

4. 双折线形

预应力筋按照双折线形布置可以使预应力引起的等效荷载直接抵消部分垂直荷载和方便在梁腹开洞，适用于集中荷载作用下的框架梁或开洞梁。由于较多的折线施工较困难，且中间跨跨中处的预应力筋摩擦损失也较大，因此不宜用于三跨以上的框架梁。一般$L_1=(1/10\sim1/5)L$，$L_2=(1/5\sim1/3)L$，$L_3=(1/4\sim1/3)L$，L为梁跨。

5.2 张拉设备

张拉设备包括液压千斤顶和配套油泵。常用千斤顶主要有穿心式千斤顶、锥锚式千斤顶、拉杆式千斤顶等。液压张拉千斤顶按结构形式不同分为穿心式和实心式。穿心式千斤顶又分为前卡式、后卡式和穿心拉杆式；实心千斤顶分为顶推式、机械自锁式和实心拉杆式。

5.2.1 千斤顶的选择和使用

千斤顶应该按照标定的张拉力和行程进行选择和使用。预应力筋的张拉力不宜大于千斤顶额定张拉力的90%，预应力筋的一次张拉伸长值不应超过设备的最大张拉行程。当一次张拉不足时，可采取分级重复张拉的方法，但是使用的锚具（夹具）应符合重复张拉的要求。使用完毕后油缸应回程到底，覆盖保护。使用过程应保证活塞外露部分清洁。千斤顶顶压时应确保其无漏油，位置不倾斜。进油和回油均应缓慢、均匀。双作用千斤顶张拉过程中，顶压油缸应全部回油。顶压过程中，张拉油缸应持荷，待顶压锚固完成后，张拉油缸再回油。

5.2.2　穿心式千斤顶

穿心式千斤顶是一种具有穿心孔和两个液压缸体的双作用千斤顶。其中张拉液压缸用于张拉预应力钢筋，顶压液压缸用于顶压锚具锚固预应力钢筋。这种千斤顶适应性强，既适用于张拉配有顶塞锚具的预应力筋，当配上撑脚和拉杆后也可以用于张拉使用螺杆锚具和镦头锚具的预应力筋。系列产品包括 YC20D 型、YC60 型、YC120 型千斤顶等。

以 YC60 型千斤顶为例，见图 5.2.1。其主要构造有张拉油缸、顶压油缸、张拉活塞、顶压活塞、回程弹簧、张拉锚具（工具锚具）、工作锚具等部分组成。工作锚具是固定于构件端部为预应力筋提供张拉预应力的永久性锚具。工具锚具是张拉设备用来张拉预应力筋的可循环使用的临时性锚具，张拉过程完成后预应力筋由工作锚具永久锚固，工具锚具即可拆除。其中张拉油缸、张拉活塞和工具锚具组成的外缸体负责预应力筋的张拉；顶压油缸、顶压活塞、工作锚具组成的内缸体负责预应力筋锚具的顶塞锚固。其主要工艺流程包括 4 个步骤。

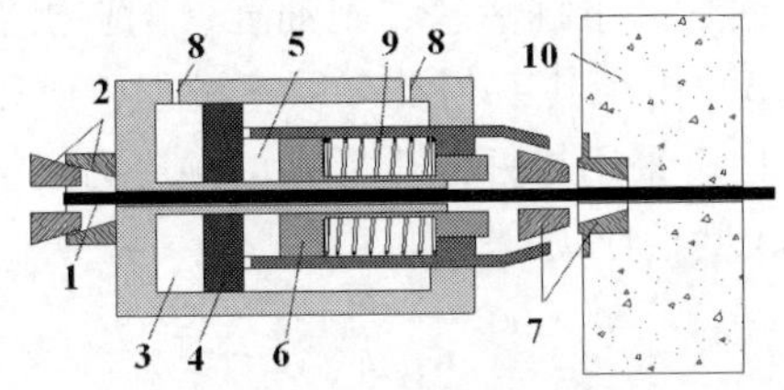

图 5.2.1　YC60 型穿心式千斤顶构造示意图

1. 预应力钢筋；2. 工具锚具；3. 张拉油缸；4. 张拉活塞；5. 顶压油缸；6. 顶压活塞；7. 工作锚具；8. 进油嘴；9. 归位弹簧；10. 混凝土构件

①检查工作锚具是否完备，并将千斤顶安装于预应力张拉位置临时固定，利用位于千斤顶外缸体外端的工具锚具将预应力钢筋锚固，使其不能回缩，并将千斤顶安装于混凝土构件张拉端表面。如图 5.2.2（a）所示。

②张拉油缸进油，外缸体在油压作用下向外移动，顶推工具锚具向外侧移动，完成对预应力筋的张拉。5.2.2（b）所示。

③顶压油缸进油，依靠油压将顶压活塞向内顶进，归位弹簧压缩，工作锚具在顶压作用下顶紧。如图如图 5.2.2（c）所示。

④张拉油缸回油，油压减小，外缸体向内侧返回移动，其外端的工具锚具松开，预应力筋回缩，使内侧工作锚具进一步锚固牢固，此时，预应力钢筋完全锚固。顶压油缸回油，油压减小，归位弹簧伸张恢复原来形状，千斤顶恢复原位，可以将其卸下与预应力筋脱离。预应力筋保留规定预留长度，剩余部分截除。如图 5.2.2（d）所示。

穿心式千斤顶还有一种前置内卡式千斤顶。其工作锚具和工具锚具均位于千斤顶的前端，因而预应力筋的工作长度比较短，可以减少预应力筋的损耗。适用于张拉单根钢绞

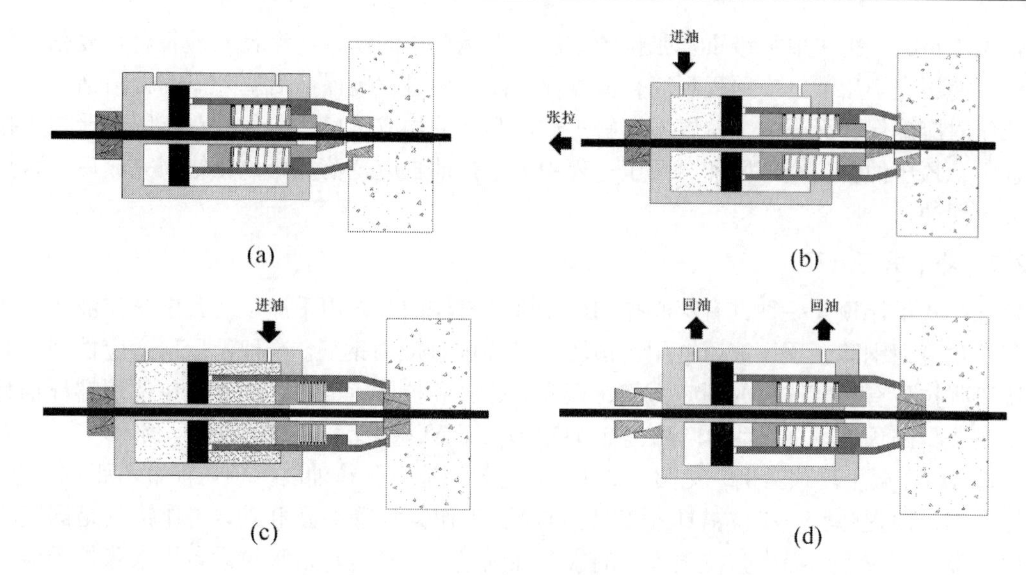

图 5.2.2　穿心式千斤顶工艺流程示意图

线。其构造主要由外缸、内缸、活塞、前后端盖、顶压器、工具锚等部件组成。

5.2.3　拉杆式千斤顶

拉杆式千斤顶主要有主油缸、主缸活塞、副油缸、副缸活塞、连接器、传力架、活塞拉杆等部分组成，见图 5.2.3。由于其工艺没有顶塞过程，所以多适用于采用螺栓锚具锚固、镦头锚具的预应力筋张拉。采用拉杆式千斤顶的预应力筋需要预先焊接螺丝端杆或镦头处理。目前常用的有 YL60 型千斤顶。

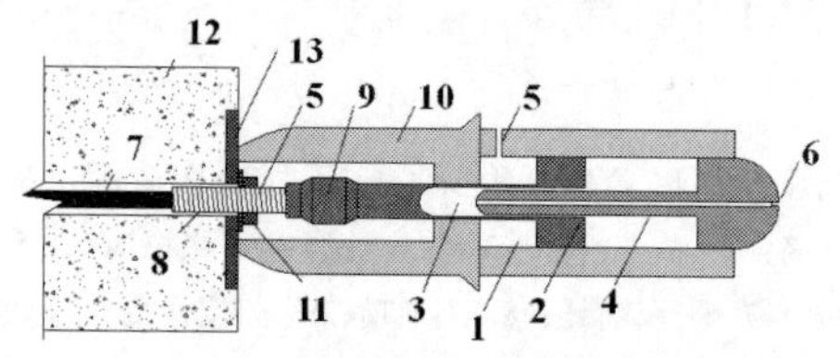

图 5.2.3　拉杆式千斤顶构造示意图

1. 主油缸；2. 主缸活塞；3. 副油缸；4. 副缸活塞；5. 主缸进油孔；
6. 副缸进油孔；7. 预应力钢筋；8. 螺杆；9. 连接器；10. 传力架；
11. 螺母；12. 混凝土构件；13. 承压板；

其主要工艺流程包括 4 个步骤：

①将千斤顶临时固定，使千斤顶的传力架支撑在构件表面的承压板上，千斤顶的张拉轴线与承压板垂直。将千斤顶的拉杆用连接器与预应力筋的螺丝端杆拧紧（图 5.2.4（a））。

②主油缸进油，在油压作用下推动活塞向外侧移动，带动拉杆张拉预应力筋（图 5.2.4（b））。

③当预应力筋张拉到规定数值时，将预应力筋螺丝端杆上的螺母拧紧，使预应力筋端部通过螺栓锚具锚固于混凝土构件表面，完成预应力筋的锚固（图 5.2.4（c））。

④副油缸进油，主油缸回油，推动活塞向内侧移动，预应力筋锚固螺母外侧拉杆连接

器的拉力解除，千斤顶与混凝土构件表面脱离，将预应力筋螺丝端杆上的连接器卸掉，将千斤顶移走（图5.2.4（d））。

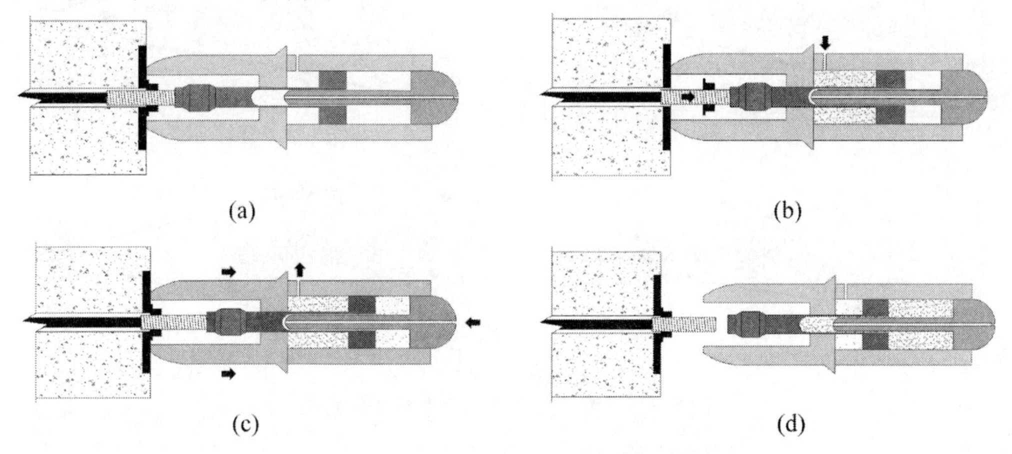

图5.2.4　拉杆式千斤顶工艺流程示意图

5.2.4　锥锚式千斤顶

锥锚式千斤顶式是一种具有张拉、顶锚和退楔功能的三作用千斤顶。适用于张拉锚固带锥形锚具的钢丝束。常用的型号有YZ38型、YZ60型和YZ65型等。其构造主要包括张拉油缸、顶推油缸、顶杆、退楔装置等部件。如图5.2.5所示。其工艺流程主要包括4个步骤：

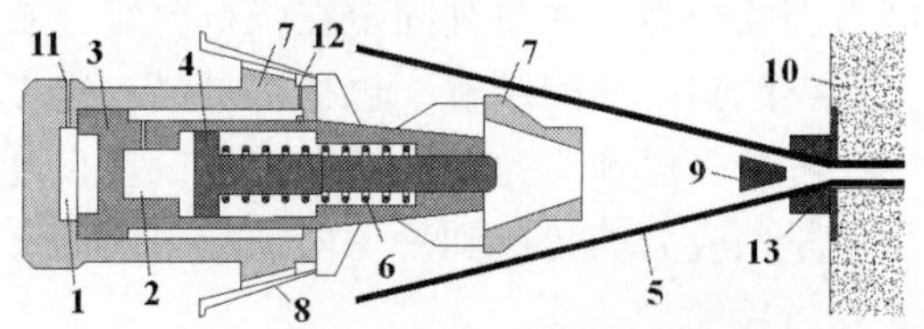

图5.2.5　锥锚式千斤顶构造示意图

1. 张拉油缸；2. 顶推油缸；3. 张拉活塞；4. 顶推活塞；5. 预应力钢筋；6. 复位弹簧；7. 对中套；8. 楔块；9. 锚塞；10. 混凝土构件；11. 张拉油缸进油孔；12. 顶推油缸进油孔；13. 锚环；

①工作锚具安装就位。将千斤顶支撑与构件表面并临时固定，同时将钢丝束穿入千斤顶内，用楔块将其夹住。使千斤顶和锚具保持同一轴线，钢丝束的每根钢丝沿锚环圆周均匀布置并受力均衡。见图5.2.6（a）。

②张拉油缸进油，外缸体相对于活塞向外侧移动，楔块夹紧钢丝束，并形成对其张拉。见图5.2.6（b）。

③张拉油缸保持油压。顶推油缸进油，顶推顶推活塞向内侧移动，顶压工作锚具的锚塞，使其锚紧钢丝束。同时使归位弹簧压缩。见图5.2.6（c）。

④张拉油缸回油，钢丝束的张拉力解除，利用退楔翼片使夹持钢丝束的楔块松开。钢丝束略有回缩，使工作锚具锚固牢靠，完成对钢丝束的最终锚固。顶推油缸回油，油压解除，归位弹簧恢复原形，并推动顶推活塞恢复原位。千斤顶与构件表面脱离。根据钢丝束锚固外露长度的要求，截除不需要的部分。见图5.2.6（d）。

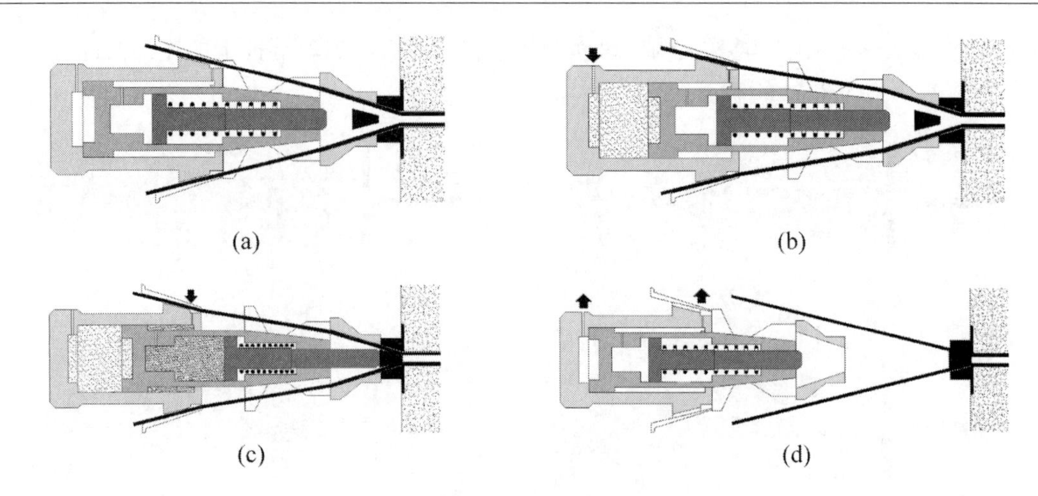

图 5.2.6　锥锚式千斤顶工艺流程示意图

5.3　锚固系统

5.3.1　锚固系统的分类

预应力锚固体系是保证预应力混凝土结构的预应力持续有效建立的关键装置。锚固系统的组成包括锚具、夹具、连接器及锚下支撑系统等。锚具（也称工作锚具）用以永久性保持预应力筋的拉力并将其传递给混凝土，主要用于后张法结构和构件中；夹具是先张法构件施工时为了保持预应力筋的拉力，并将其固定在张拉台座（或模板）上用的临时性锚固装置，因此夹具属于工具类的临时锚固装置，也称工具锚；连接器是预应力筋的连接装置，用于连续结构构件中，可将多段预应力筋连接以满足设计长度的需要。也是先张法或后张法施工中将预应力从一段预应力筋传递到另一段预应力筋的装置；锚下支撑系统包括锚垫板、喇叭管、螺旋筋或网片等。

预应力筋用锚具、夹具和连接器按锚固方式不同，可分为夹片式（单孔与多孔夹片锚具）、支承式（镦头锚具、螺母锚具）、铸锚式（冷铸锚具、热铸锚具）和握裹式（挤压锚具、压接锚具、压花锚具）等，见图 5.3.1。支承式锚具锚固过程中预应力筋的内缩量小，即锚具变形与预应力筋回缩引起的损失小，适用于短束筋，但对预应力筋下料长度的准确性要求严格；夹片式锚具对预应力筋的下料长度精度要求较低，成束方便，但锚固过程中内缩量大，预应力筋在锚固端损失较大，适用于长束筋，当用于锚固短束时应采取专门的措施。锚固体系的选择与结构特征、产品技术性能、适用性和张拉施工方法有关。

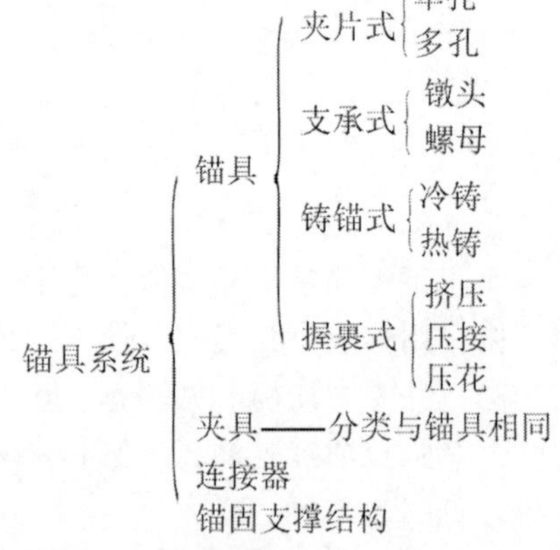

图 5.3.1　锚固系统的组成

5.3.2　夹片式锚具

1. 单孔夹片锚固体系

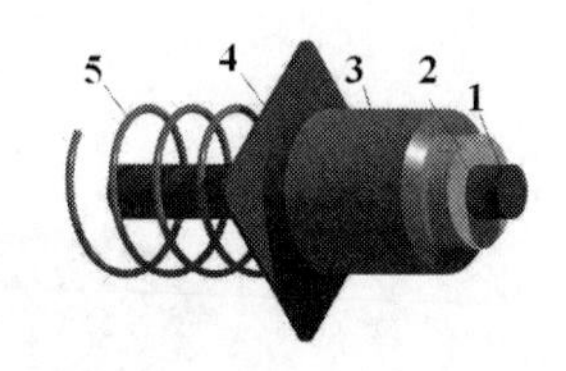

图 5.3.2　单孔夹片锚固体系

1. 预应力筋；2. 夹片；3. 锚环；4. 承压板；5. 螺旋钢筋

单孔夹片锚固体系见图 5.3.2。单孔夹片锚具主要用于锚固 $Ø^s$12.7、$Ø^s$15.2 钢绞线，既可作为后张法预应力施工的锚具，也可以用于先张法施工的夹具。

单孔夹片锚具是有锚环与夹片组成，见图 5.3.3。单孔夹片锚具的锚环也可以和承压钢板合一。采用铸钢制成，如图 5.3.4 所示。锚环的内孔具有 7°的锥角，采用 45 号钢或 20Cr 钢制作，表面采用调质热处理。夹片内表面带有锯齿形细齿纹，以增加与预应力筋之间的摩擦力。夹片按分片的数量分为二片式和三片式。二片式夹片的背面上部锯有一条弹性槽，以提高锚固性能，但是夹片容易沿纵向开裂；也可通过优化夹片尺寸和改进热处理工艺，取消弹性槽。按开缝形式分为直缝和斜缝。其中，直缝夹片应用较多；斜缝夹片主要用于锚固 7ø5 钢丝束。见图 5.3.5 所示。

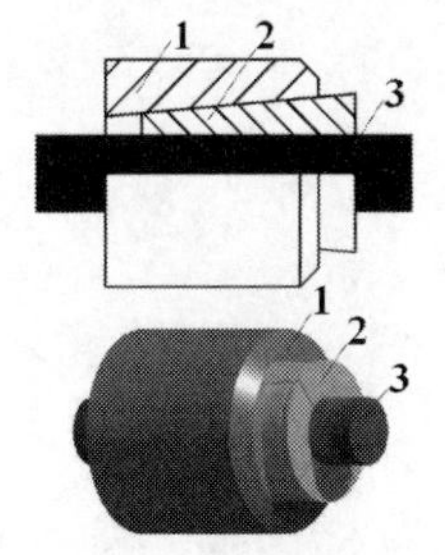

图 5.3.3　单孔夹片锚具组装示意图

1. 锚环；2. 夹片；3. 钢绞线

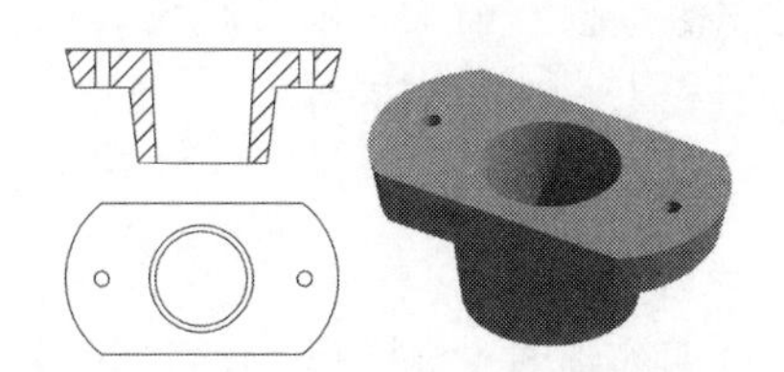

图 5.3.4　带承压板的锚环示意图

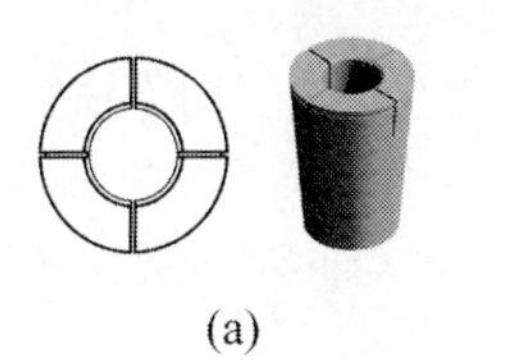
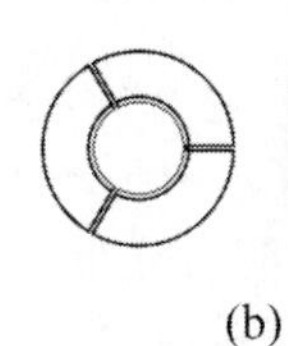

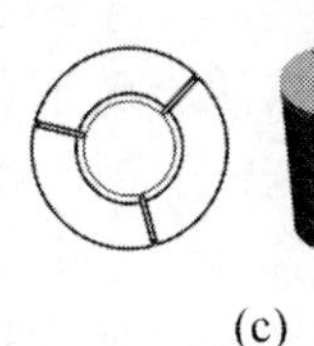
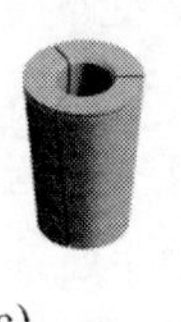

(a)　(b)　(c)

图 5.3.5　单孔夹片锚具

（a）二片直缝式；（b）三片直缝式；（c）三片斜缝式

2. 多孔夹片锚固体系

多孔夹片锚固体系，又称群锚。由多孔夹片锚具、锚垫板（也称喇叭管）、螺旋筋等组成，见图 5.3.6。这种锚具是在一块多孔的锚板上，利用每个锥形孔装一副夹片，夹持一根钢绞线，形成一个独立的锚固单元，见图 5.3.7 所示。锚固单元的数量根据需要锚固的预应力筋数量来确定。其优点是任何一根钢绞线锚固失效，都不会引起整体锚固失效。钢绞线的根数不受限制。多孔夹片锚固体系在后张法有粘结预应力混凝土结构中用途最广。

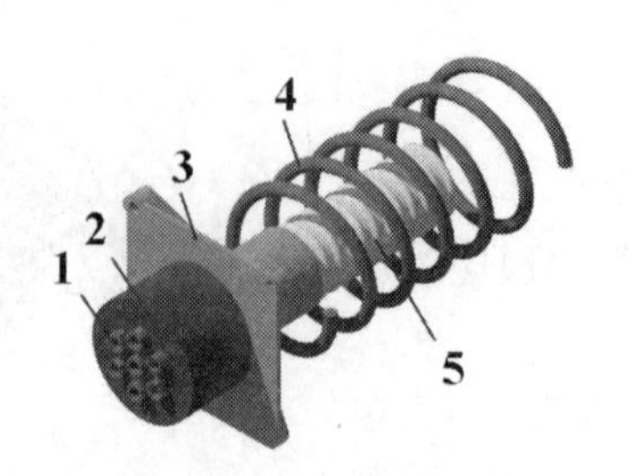

图 5. 3. 6　锚垫板锚固体系

1. 夹片；2. 锚环；3. 喇叭管；
4. 螺旋筋；5. 波纹管

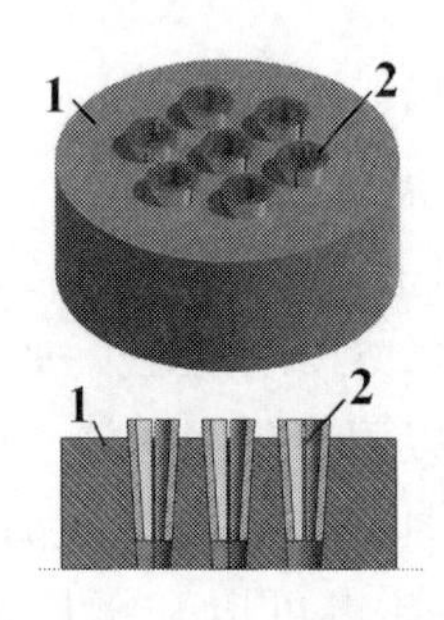

图 5. 3. 7　多孔夹片锚具

1. 锚板；2. 夹片

当结构构件高度或者厚度较小的情况下，如扁梁和楼板等，可以考虑采用扁形锚具。扁形夹片锚固体系由扁形夹片锚具、扁形锚垫板等组成。见图 5. 3. 8。其扁形锚具具有张拉槽口扁小，可以减少混凝土构件的厚度，钢绞线单根张拉，施工方便。主要适用于楼板、扁梁、扁形箱梁，以及桥面横向预应力筋集束张拉和锚固等。

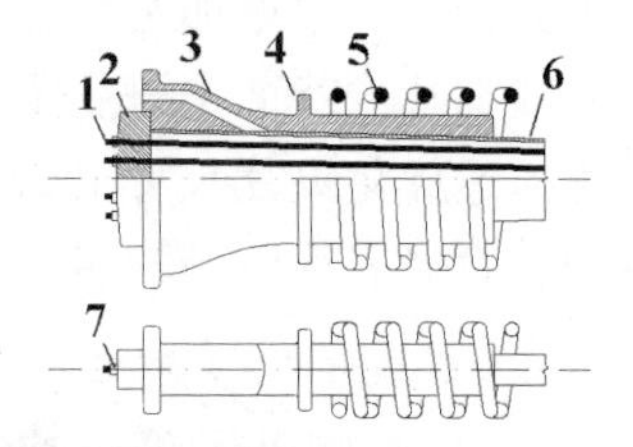

图 5. 3. 8　扁形夹片锚具

1. 预应力筋；2. 扁形锚板；3. 扁形喇叭管；4. 承压板；5. 螺旋筋；6. 波纹管

5. 3. 3　支承锚具

1. 螺母锚具

螺纹钢筋锚具是利用与钢筋螺纹相匹配的特质螺母锚固的一种支承式锚具，见图 5. 3. 9，包括螺母和垫板。螺纹钢筋锚具螺母分为平面螺母和锥面螺母两种，垫板相应分为平面垫板和锥面垫板两种。螺母可以将压力通过垫板沿 45°方向向四周传递，垫板的边长等于螺母最大外径加 2 倍垫板厚度。

螺纹钢筋连接器的形状见图 5. 3. 10，当预应力筋长度不足时，用于精轧螺纹钢筋的接长。连接器内壁有与螺纹钢筋相同的螺纹，两根钢筋相对拧入连接器规定深度即形成连接。由于连接器连接两个钢筋时，最大拉应力分布于两个钢筋的对接部位，即连接器的中段，因此连接器采用变截面形式。

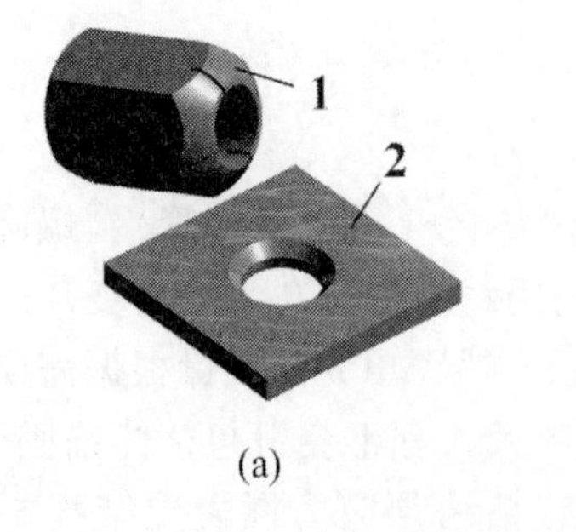

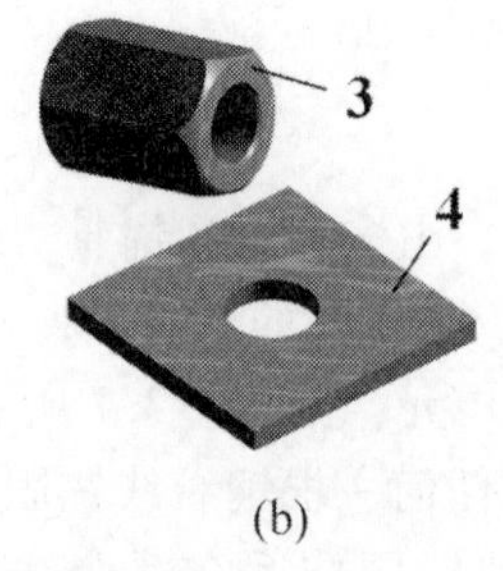

图 5. 3. 9　螺纹钢筋锚具

（a）锥头螺纹锚具及垫板；（b）平头螺纹锚具及垫板

1. 锥头螺母；2. 锥面垫板；3. 平头螺母；4. 平头垫板

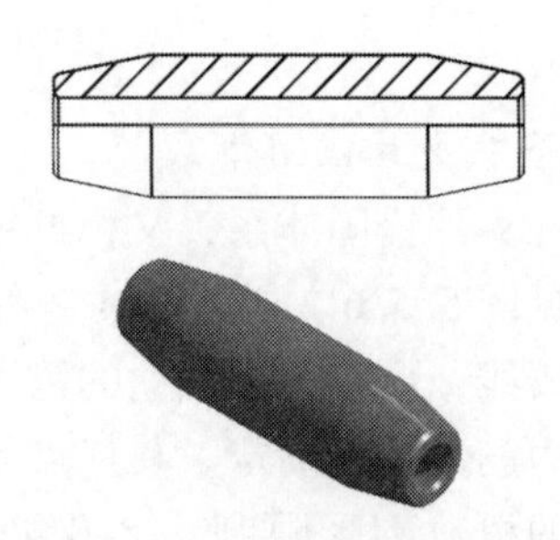

图 5. 3. 10　螺纹钢筋连接器

2. 镦头锚具

镦头锚固体系适用于任意根数的 $\phi 5$ 或 $\phi 7$ 钢丝束。镦头锚具的形式与规格可根据相关产品选用。常用的镦头锚具分为A型与B型。A型由锚杯与螺母组成，用于张拉端。B型为锚板，用于固定端，其构造见图5.3.11。镦头锚具的锚杯与锚板一般采用45号钢制作，螺母采用30号钢或45号钢。

预应力钢丝束张拉时，在锚环内口拧上工具式拉杆，通过拉杆式千斤顶进行张拉，然后拧紧螺母将锚环锚固。钢丝束镦头锚具构造简单、加工容易、锚夹可靠、施工方便，但对下料长度要求较严，尤其当锚固的钢丝较多时，长度的准确性和一致性更须重视，这将直接影响预应力筋的受力状况。

钢丝镦头要在穿入锚环或锚板后进行，镦头采用钢丝镦头机冷镦成型。镦头的头型分为球型和蘑菇型两种，如图5.3.12所示。球型受锚环或板的硬度影响较大，如硬度较软，镦头易陷入锚孔而断于镦头处。蘑菇型因有平台，受力性能较好。对镦头的技术要求为：镦粗头的直径为7.0～7.5mm，高度为4.8～5.3mm，头型应圆整，不偏歪，颈部母材不受损伤，钢丝的镦头强度不得低于钢丝标准抗拉强度的98%。

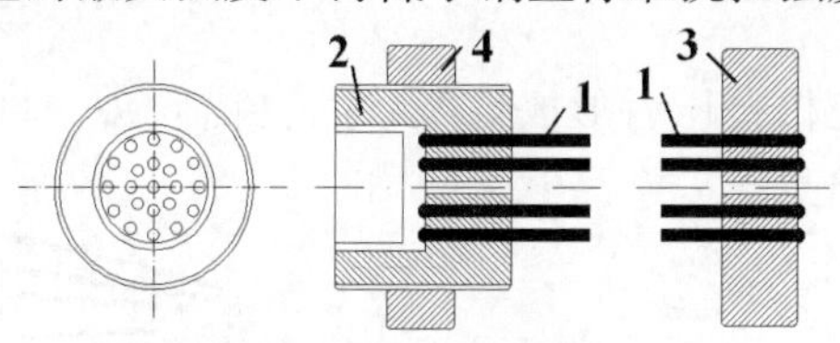

图5.3.11　镦头锚具

1. 钢绞线；2. A型锚杯；3. B型锚板；4. 螺母

图5.3.12　镦头形式

(a) 球形；(b) 蘑菇形

5.3.4　握裹式锚具

握裹式锚具多用于固定端锚固体系，包括挤压锚具、压花锚具、环形锚具等类型。其中，挤压锚具既可埋在混凝土结构内，也可安装在结构外表，对于有粘结预应力钢绞线、无粘结预应力钢绞线都适用，是应用范围最广的固定端锚固体系。压花锚具适用于固定端空间较大且有足够的粘结长度的固定端。环形锚具可用于墙板结构、大型构筑物墙、墩等环形结构。

在一些特殊情况下，固定端锚具也可以选用夹片锚具，但必须安装在构件外，并需要有可靠的防松脱处理，以免浇筑混凝土时或有外界干扰时夹片松开。

1. 挤压锚具

挤压锚具是在钢绞线一端安装异形钢丝衬圈（或开口直夹片）和挤压套，利用专用挤压设备将挤压套挤过模孔后，使其产生塑性变形而握紧钢绞线，异形钢丝衬圈（或开口直夹片）的嵌入，增加钢套筒与钢绞线之间的摩阻力，挤压套与钢绞线之间没有任何空隙，紧紧握住，形成可靠的锚固。挤压锚具后设钢垫板与螺旋钢筋，用于单根预应力钢绞线时见图5.3.13；用于多个粘结预应力钢绞线时见图5.3.14。当一束钢绞线根数较多，设置整块钢垫板有困难时，可采用分块或单根挤压锚具形式，但应散开布置，各个单根钢垫板不能重叠。

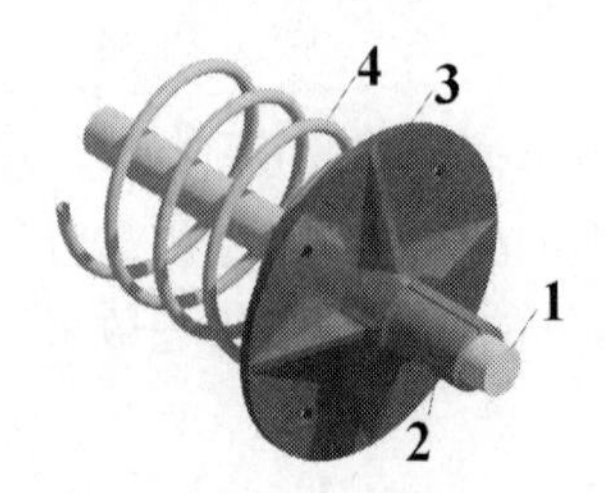

图 5.3.13　挤压锚具

1. 钢绞线；2. 夹片/挤压套筒；
3. 锚垫板；4. 螺旋筋

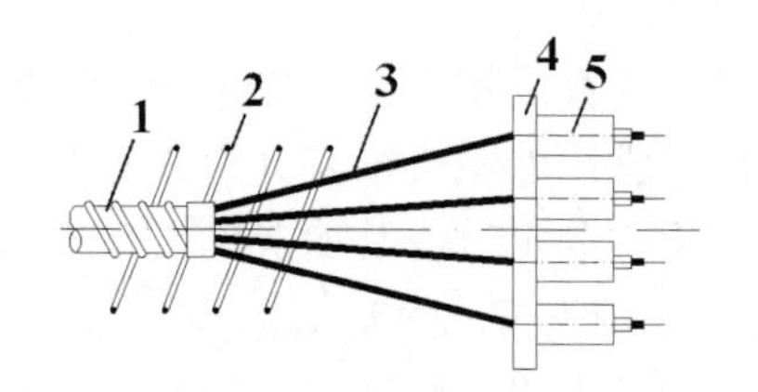

图 5.3.14　挤压锚具

1. 波纹管；2. 螺旋钢筋；3. 钢绞线；
4. 承压板；5. 挤压套筒

挤压锚具组装时，挤压机的活塞杆推动套筒通过喇叭形挤压模，使套筒受挤压变细，异形钢丝衬圈碎断，咬入钢绞线表面夹紧钢绞线，形成挤压头。异形钢丝衬圈碎断后，一半嵌入钢套筒，一半压入钢绞线，从而增加钢套筒与钢绞线之间的机械咬合力和摩阻力；钢套筒与钢绞线之间没有任何空隙，紧紧夹住。挤压锚具的锚固性能可靠，宜用于内埋式固定端。

2. 压花锚具

压花锚固是将钢绞线的端头经过压花机挤压后形成灯笼状的自锚固头，将此钢绞线端头浇筑在混凝土构件内部，依靠混凝土对钢绞线（特别是灯笼状端头）的握裹作用形成锚固。多根钢绞线的灯笼状压花头应分批分段留设。为了提高压花头与混凝土之间的握裹力和提高端部混凝土局部承压能力，在压花头还需要配置构造钢筋并在压花头根部配置螺旋钢筋。见图 5.3.15。

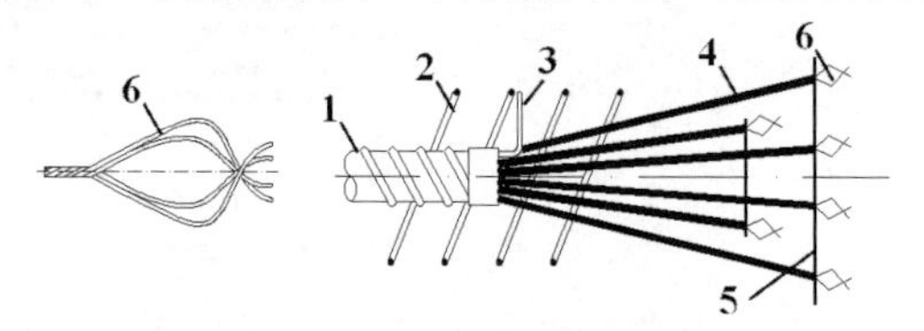

图 5.3.15　压花锚具

1. 波纹管；2. 螺旋钢筋；3. 排气管；
4. 钢绞线；5. 构造钢筋；6. 压花锚具

5.3.5　其他类型锚具

1. 钢质锥形锚具

锥形锚具由锚环与锚塞组成，适用于锚固 6～30ø5 和 12～24ø7 钢丝束，见图 5.3.16。锚环和锚塞采用 45 号钢制作，锥度为 5°，锚塞表面刻有齿纹，以增加与钢丝间的摩阻力。锚具构造简单，造价相对较低。锚环的体形较小，有利于布置。但是预应力筋的回缩量较大，预应力损失较大。锥形锚具适于锥锚式千斤顶配套使用。

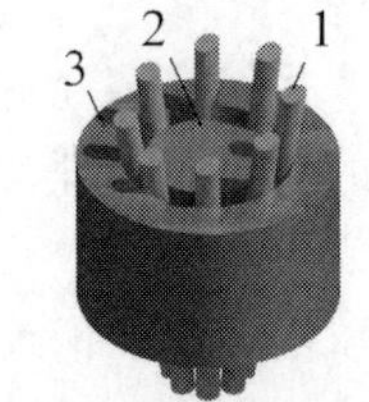

图 5.3.16　钢质锥形锚具

1. 钢丝束；2. 锚塞；3. 锚环

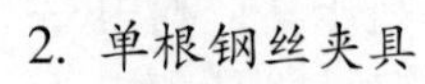

2. 单根钢丝夹具

1）推销式夹具

推销式夹具有套筒与锥塞组成，见图 5.3.17，适用于夹持单根直径 4～7mm 的冷拉钢丝和消除应力钢丝等。

2）单根钢丝夹片式夹具

夹片式夹具有套筒和夹片组成，见图 5.3.18，适用于夹持单根直径 5～7mm 的消除应力钢丝等。套筒内装有弹簧圈，随时将夹片顶紧，以确保成组张拉时夹片不滑脱。

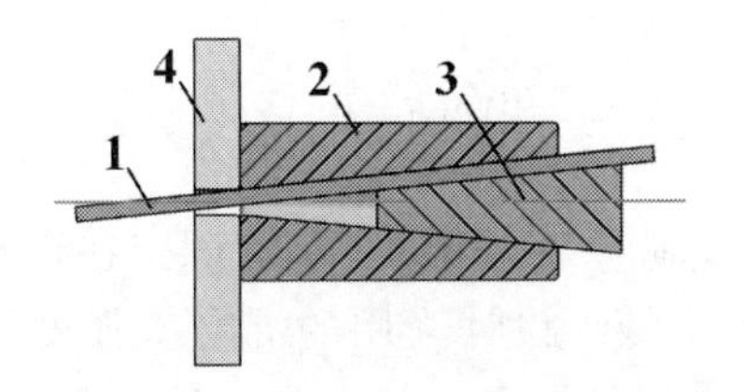

图 5. 3. 17　钢丝推销夹具

1. 钢丝；2. 套筒；3. 楔块；4. 承压板

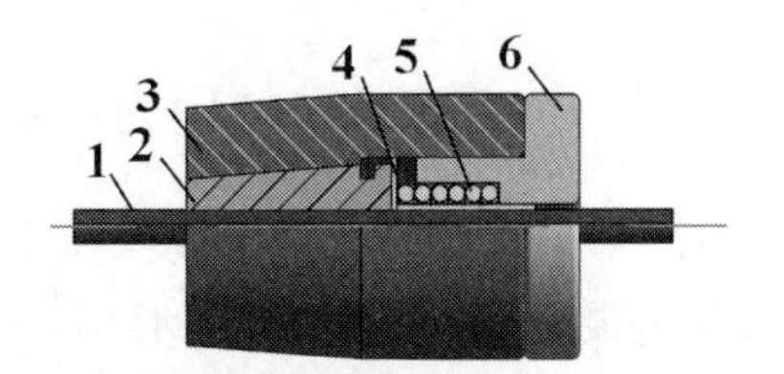

图 5. 3. 18　钢丝夹片夹具

1. 预应力筋；2. 锚塞；3. 锚环；4. 垫圈；5. 弹簧；6. 顶盖

5. 3. 6　锚具（夹具）和连接器的质量检验方法

锚具进场时应进行检验，检验项目包括外观检验、硬度检验、静载锚固性能试验三个方面。抽样要求：

①同一种材料和同一生产工艺条件下生产的产品，同批进场可视为同一检验批。

②锚具的每个检验批不宜超过 2000 套；连接器不宜超过 500 套；夹具不宜超过 500 套。

③获得第三方独立认证的产品，其检验批的批量可扩大 1 倍。

④验收合格的产品，存放期超过 1 年，重新使用时应进行外观检查。

1. 外观检查

从每批产品中抽取 2% 且不少于 10 套锚具，检验外形尺寸、表面裂纹及锈蚀情况。其外形尺寸应符合产品质量保证书的规定，且表面不得有机械损伤、裂纹及锈蚀；当有下列情况之一时，该批产品应逐套检查，合格者可进入后续检验。

①当有 1 个零件不符合产品质量保证书的规定，则另取双倍数量的零件重新进行检查，仍有 1 件不合格；

②当有 1 个零件表面有裂纹或夹片、锚孔锥面有锈蚀。

此外，对配套使用的锚垫板和螺旋筋也可按上述方法进行外观检查，但允许表面有轻度锈蚀。螺旋筋不应采用焊接连接。

2. 硬度检验

对硬度有严格要求的锚具零件应进行硬度检验。从每批产品中抽取 3% 且不少于 5 套样品（多孔夹片式锚具的夹片，每套抽取 6 片）进行检验，硬度值应符合产品质量保证书的要求。如果有 1 个零件硬度不合格时，应另取双倍数量的零件重新检验，如仍有 1 件不合格，则应对该批产品逐个进行检验，合格者才能进入后续检验。

3. 静载锚固性能试验

从外观检查和硬度检验都合格的锚具中抽取样品，相应规格和强度等级的预应力筋组成 3 个预应力筋 - 锚具组装件，进行静载锚固性能试验。每束组装件试验结果都必须符合国家标准《预应力筋用锚具、夹具和连接器》（GB/T 14370）和《预应力筋用锚具、夹具和连接器应用技术规程》（JGJ85）的规定。当有 1 个试件不符合要求时，应取双倍数量的锚具重做试验，如仍有 1 个试件不符合要求，则该批锚具判为不合格品。

另外，根据设计要求还需要进行疲劳性能、周期荷载性能、低温锚固性能试验等。

5.4 预应力混凝土施工——先张法

先张法施工工艺是先将预应力筋张拉到设计控制应力，用夹具临时固定在台座或钢模上，然后浇筑混凝土；待混凝土达到设计要求且不低于设计采用的混凝土强度等级值的75%后，放张预应力筋，借助预应力筋与混凝土之间的握裹力使混凝土构件获得预应力。先张法施工工艺流程示意图见图5.4.1所示。

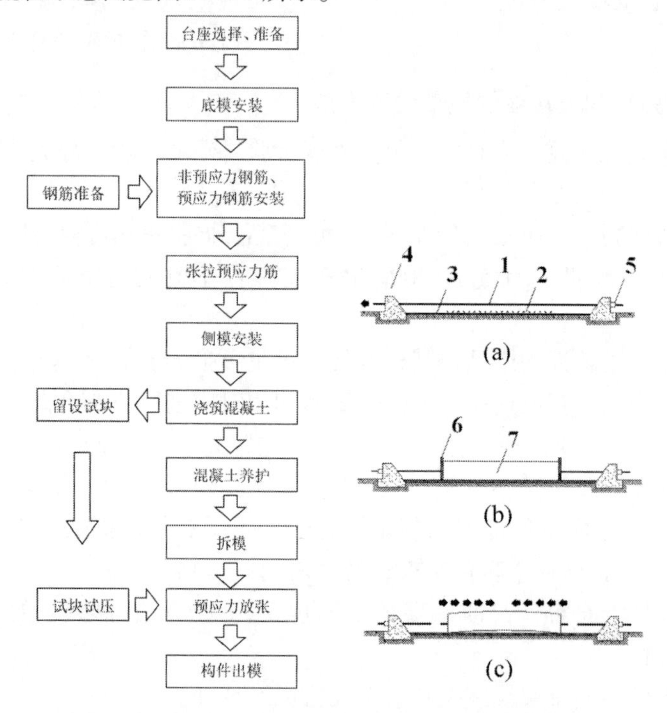

图5.4.1　先张法施工工艺流程示意图

（a）张拉预应力筋阶段；（b）构件混凝土浇筑与养护阶段；（c）预应力筋放张阶段
1. 预应力筋；2. 非预应力筋；3. 台面；4. 台座；5. 锚具；6. 侧模；7. 构件混凝土浇筑

先张法适用于预制预应力混凝土构件的工厂化生产，包括预制预应力混凝土板、梁、桩等。先张法施工分为台座法和机组流水法两种。

台座法，又称长线生产法，预应力筋的张拉、锚固、混凝土构件的浇筑、养护和预应力筋的放张等工序均在台座上进行，预应力筋的张拉力由台座承受。台座法不需要复杂的机械设备，能适宜多种产品生产，可露天生产，自然养护，也可采用湿热养护，应用较广泛。采用台座法生产时，预应力筋的张拉锚固、混凝土构件的浇筑养护和预应力筋的放张等均在台座上进行，所以台座也是承担预张拉力的设备之一。

机组流水法，又称模板法，是利用钢模板作为固定预应力筋的承力架，构件连同钢模通过固定的机组流水线进行生产，按流水方式完成施工流程，生产效率高，机械化程度较高。一般用于生产各种中小型构件。但是此方法模板用钢量较高，一个构件配置一套模板，并需要蒸汽养护，建厂一次性投资较大，且不适于大、中型构件的生产。

5.4.1　张拉设备与夹具

1. 台座

台座是先张法生产的主要设备之一，它承受预应力筋的全部张拉力，因此，台座应有足够的强度、刚度和稳定性，以免台座变形、倾覆、滑移而引起预应力值的损失。台座按构造形式不同分为墩式台座和槽式台座两类，选用时应根据构件的种类、张拉吨位和施工条件而定。

1）墩式台座

墩式台座由台墩、台面和横梁等组成。一般用于平卧生产的中小型构件，如屋架、空心板、平板等。台座的尺寸由场地条件、构件类型和产量等因素确定。台墩与台面共同受力的墩式台座较常用，一般台面以下部分埋入地表以下。如图5.4.2所示。

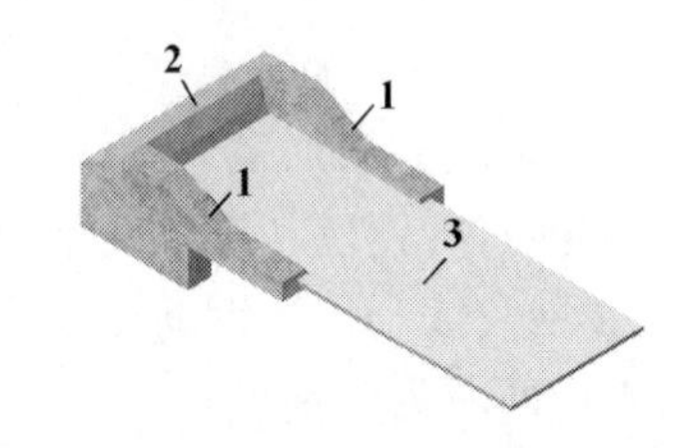

图5.4.2　墩式台座构造示意图

1. 台座；2. 横梁；3. 台面

墩式台座一般用于平卧生产的中小型构件，如屋架、空心板、平板等。台座尺寸由场地大小、构件类型和产量等因素确定。台座一般长度为100~150m，这样可利用预应力钢丝长的特点，张拉一次可生产多个构件，减少张拉及临时固定工作，又可减少因钢丝滑动或台座横梁变形引起的应力损失，故又称长线台座。台座宽度约2m，主要取决于构件的布筋宽度及张拉和浇筑是否方便。

在台座的端部应留出张拉操作用地和通道，两侧要有构件运输和堆放的场地。

（1）台墩：台墩一般由现浇钢筋混凝土做成。台墩应有合适的外伸部分，以增大力臂而减少台墩自重；台墩依靠自重和土压力平衡张拉力产生的倾覆力矩，依靠土的反力和摩阻力平衡张拉力产生的滑移；采用台墩与台面共同工作的做法，可以减小台墩的自重和埋深，减少投资、缩短台墩建造工期。台墩稳定性验算一般包括抗倾覆验算与抗滑移验算。

（2）台面：台面一般是在夯实的碎石垫层上浇筑一层厚度为6~10cm的混凝土而成，是预应力混凝土构件成型的胎模。台面伸缩缝可根据当地温差和经验设置，一般约为10m设置一条，也可采用预应力混凝土滑动台面，不留施工缝。

2）槽式台座

槽式台座由端柱、传力柱、横梁和台面等组成，既可承受张拉力，又可作蒸汽养护槽，适用于张拉吨位较大的大型构件，如吊车梁、屋架等。

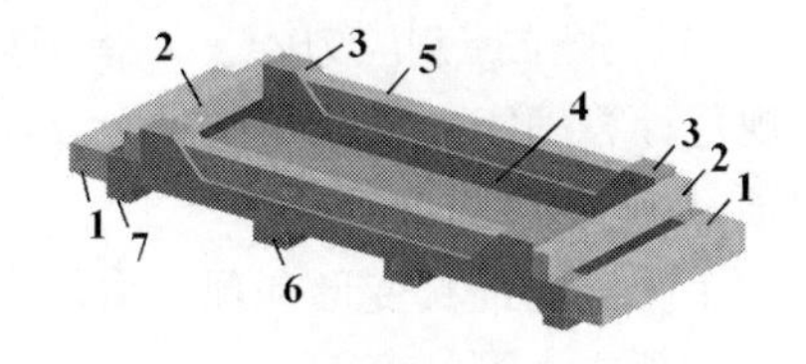

图5.4.3　槽式台座构造示意图

1. 下横梁；2. 上横梁；3. 端柱；4. 传力柱；5. 砖墙；6. 基础板；7. 支座底板

（1）槽式台座的构造：台座的长度一般为45~76m，宽度随构件外形及制作方式而定，一般不小于1m（图5.4.3）。槽式台座一般与地面相平，以便运送混凝土和蒸汽养护，砖墙用于挡水和防水。端柱、传力柱的端面必须平整，对接接头必须紧密。

（2）槽式台座计算要点：槽式台座亦需进行强度和稳定性计算。端柱和传力柱的强度按钢筋混凝土结构偏心受压构件计算；端柱的牛腿按钢筋混凝土的牛腿计算；槽式台座端柱抗倾覆力矩由端柱、横梁自重力及部分张拉力组成。

2. 夹具

在先张法施工中，采用夹具对预应力筋进行锚固。夹具是将预应力筋锚固在台座上并承受预张力的临时锚固装置。夹具不仅要有良好的锚固性能，还要便于重复使用。夹具分张拉端锚具、锚固端锚（夹）具，根据夹持预应力筋种类的不同又分为钢丝夹具和钢绞线夹具。常用的钢丝夹具和钢绞线夹具有二片式和三片式夹片锚具（图 5. 3. 5、图 5. 3. 18）、镦头夹具（图 5. 3. 11、图 5. 3. 12）、锥形夹具（图 5. 3. 16）和推销式夹具（图 5. 3. 17）。

5. 4. 2 先张法主导工序的施工工艺

1. 预应力筋加工与铺设

1）预应力筋加工

①预应力钢丝和钢绞线下料，应采用砂轮切割机，不得采用电弧切割。

②钢绞线和螺纹钢筋接长采用专用连接器。

2）预应力筋铺设

①台座的台面应先刷隔离剂以便于脱模。隔离剂不应玷污预应力筋，以免影响其与混凝土的握裹力。如果预应力筋受到污染，应使用适当的溶剂清洗干净。同时应防止隔离剂被雨水冲刷掉。

②预应力筋铺设宜用牵引车铺设。

③预应力筋之间的净间距不宜小于 2. 5D（D 为预应力筋的公称直径或等效直径）和混凝土粗骨料最大粒径的 1. 25 倍，且对于预应力钢丝、三股钢绞线和七股钢绞线分别不应小于 15mm、20mm 和 25mm。当混凝土振捣密实性有可靠保证时，净距可以放宽至粗骨料最大粒径的 1. 0 倍。

2. 预应力筋的张拉

1）张拉控制

（1）检查混凝土质量，确保张拉阶段不出现局部受压破坏。

（2）根据张拉控制应力和预应力筋面积确定张拉力，推算出油泵压力表读数，同时根据预应力筋的形状及摩擦系数计算张拉伸长值。采用应力控制方法张拉时，应校核最大张拉力下预应力筋的伸长值。实测伸长值与计算伸长值的偏差应控制在 ±6% 之内。

（3）采用消除应力钢丝或钢绞线的先张法构件，其立方抗压强度应不低于 30MPa。

（4）张拉控制应力 σ_{con}，指张拉预应力筋时应达到的规定应力，按照设计部门根据设计规范计算确定。张拉控制应力 σ_{con} 的确定应满足预应力结构的要求，同时还考虑了对下列预应力损失的补偿：

①张拉端锚具变形和预应力筋内缩（后张法）；

②预应力筋的摩擦；

③预应力筋的松弛；

④混凝土的收缩和徐变；

⑤预应力筋分批张拉时，后批张拉使混凝土产生的弹性压缩。

其中预应力筋的松弛带来的预应力损失是随着时间延续而增加的。预应力筋张拉 1min 即可达到总松弛损失值的 50%，24h 可以完成 80% 的松弛损失。因此，采用超张拉 5%，并持荷 2min，再恢复到设计控制应力，可以减少 50% 以上的预应力筋松弛造成的应力损失。《混凝土结构工程施工规范》 GB50666 – 2011 中规定预应力筋的张拉控制应力应符合设计及专项施工方案的要求，并规定了其超张拉时的最大控制应力应符合表5.4.1中的规定。

表5.4.1　预应力筋张拉控制应力σ_{con}取值（N/mm^2）

预应力筋种类	张拉控制应力 σ_{con}	
	一般情况	超张拉情况
消除应力钢丝、钢绞线	$\leqslant 0.75 f_{pk}$	$\leqslant 0.80 f_{pk}$
中强度预应力钢丝	$\leqslant 0.70 f_{pk}$	$\leqslant 0.75 f_{pk}$
预应力螺纹钢筋	$\leqslant 0.85 f_{pyk}$	$\leqslant 0.90 f_{pyk}$

注：f_{pk} 为预应力钢丝和钢绞线的抗拉强度标准值；f_{pyk} 为预应力螺纹钢筋的屈服强度标准值。

2）张拉程序

目前所用的钢丝和钢绞线都是低松弛类型，因此张拉程序可以采用$0\rightarrow\sigma_{con}$；对于预应力损失取大值的普通松弛预应力筋，其张拉程序也可以采用$0\rightarrow\sigma_{con}$或者按照设计要求采用。

（1）钢丝张拉：

预应力钢丝的张拉工作量较大。为了减少施工过程带来的预应力损失，其中包括应力测量误差、温度影响、台座的变形、台座误差、施工误差等。宜采用一次超张拉程序：

$$0\rightarrow(1.03\sim1.05)\sigma_{con}\text{（持荷2min）}\rightarrow\sigma_{con}$$

预应力钢丝张拉有单根张拉和成组张拉两种方式。单根张拉的张拉力较小，可以采用小型千斤顶。成组张拉需要在张拉端设置镦头梳筋板夹具。钢丝两端加工成镦头，钢丝一端锚固于固定端的梳筋板上，另一端卡在张拉端的可移动梳筋板上。用特制的张拉钩钩住移动梳筋板，张拉钩通过连接套筒与千斤顶连接。

（2）钢绞线张拉：

采用低松弛钢绞线时，可采用一次张拉程序。单根张拉：$0\rightarrow\sigma_{con}$；整体张拉：0→初应力调整→σ_{con}。

①单根张拉。如果在台座上对钢绞线逐根进行张拉，需要的张拉力较小，可以采用小型前卡式千斤顶张拉，并用单孔夹片锚具锚固。为了降低钢绞线的损耗，可采用工具式拉杆和套筒式连接器，如图5.4.4所示。

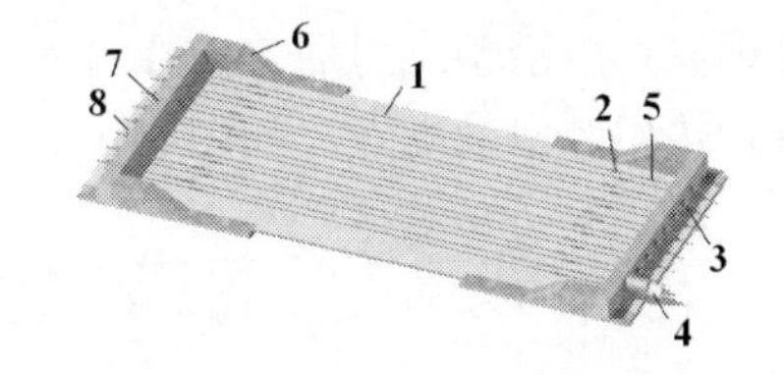

图5.4.4　单根张拉装置示意图

1. 预应力筋；2. 连接器；3. 张拉端锚具；4. 千斤顶；5. 连接拉杆；6. 台座；7. 横梁；8. 锚固端锚具

②整体张拉。钢绞线的整体张拉采用三横梁式台座，利用大吨位台座式千斤顶整体张拉。见图5.4.5。台座式千斤顶与活动横梁组装在一起，利用工具式螺杆与连接器将钢绞线挂在活动横梁上。张拉前，先用小型千斤顶在固定端逐根调整钢绞线初应力。然后，台座式千斤顶推动活动横梁带动钢绞线整体张拉，并用夹片式锚具或螺母锚具将钢绞线锚固在横梁上。如果考虑减少钢绞线的损耗，可以在两个锚固端配置工具式螺杆锚具，利用专用连接器与钢绞线连接。

3）张拉顺序

预应力筋的张拉顺序应符合设计要求，根据台座结构受力特点、施工方便及操作安全等因素确定张拉顺序，并应符合下列规定：

（1）预应力施加应当尽量采用逐步渐进的过程；

（2）为了使设备结构混凝土不产生超应力、构件不出现扭转与侧弯等现象，宜按照“均匀、对称”的原则张拉；

（3）预应力空心板梁的张拉顺序可以先从中间向两侧逐步对称张拉。预制梁梁顶和梁底均配有预应力筋时，也要上下对称张拉。如图 5.4.6 所示。

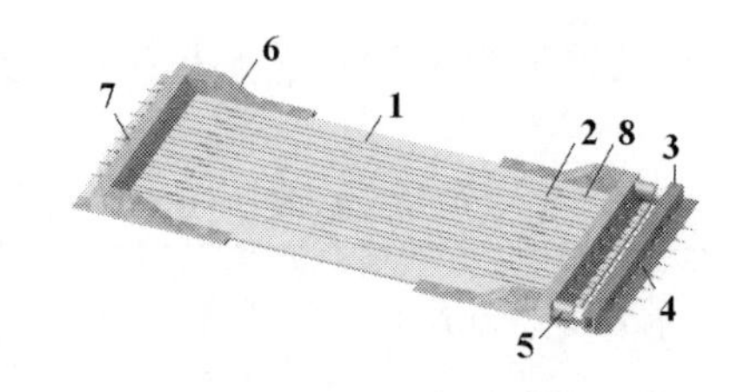

图 5.4.5　三横梁台座成组张拉装置示意图

1. 预应力筋；2. 连接器；3. 活动横梁；4. 锚具；5. 千斤顶；6. 台座；7. 固定横梁；8. 连接拉杆

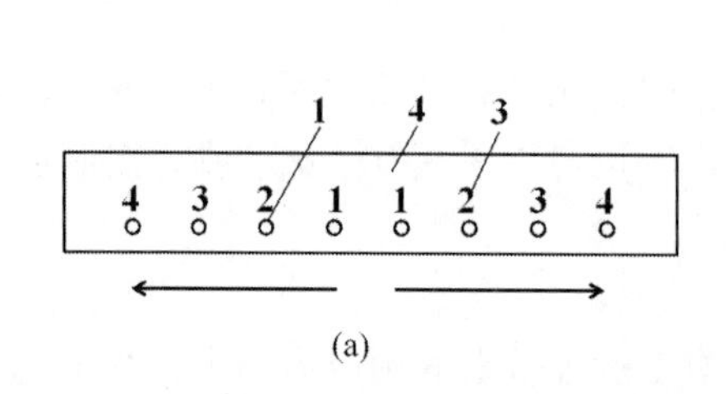

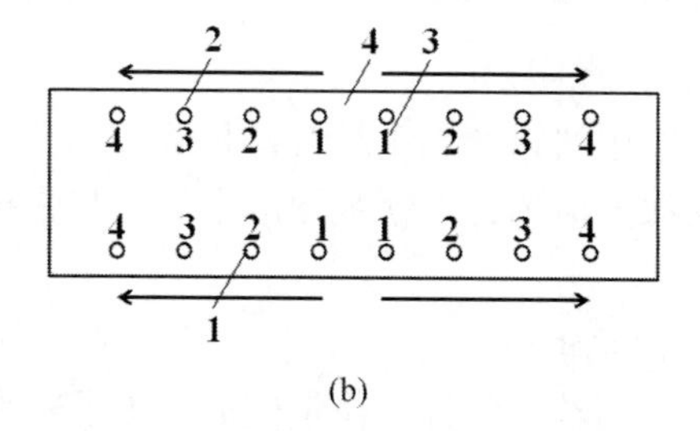

图 5.4.6　先张法预应力筋张拉顺序示意图

（a）板截面（单排预应力筋）；（b）梁截面（双排预应力筋）

1. 下部预应力筋；2. 上部预应力筋；3. 张拉批次；4. 构件

4）张拉质量、安全控制措施

（1）均匀张拉措施。先张法预应力筋可采用单根张拉或成组张拉。当采用成组张拉时，应预先调整初预应力，使每根预应力筋的应力分布均衡。

（2）先张法预应力构件，在浇筑混凝土前发生断裂或滑脱的预应力筋必须更换。

（3）张拉时，张拉机具与预应力筋应在一条直线上。由于预应力筋的自重作用其中段会出现下垂，并与台面的隔离剂接触，不仅破坏隔离剂涂层，而且污染预应力筋。为了防止这种现象，应沿预应力筋方向在台面上每间隔一定距离放置一个钢筋支撑件作为预应力筋的保护垫层和滑动支点，如图 5.4.7 所示。

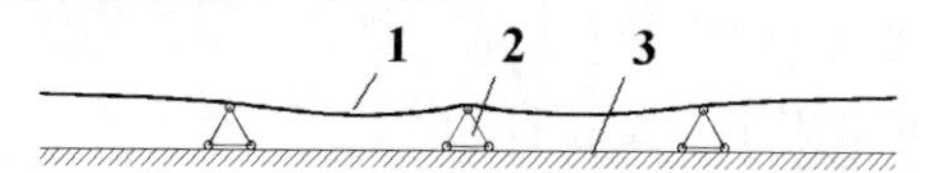

图 5.4.7　预应力张拉支点设置示意图

1. 预应力筋；2. 支撑件；台面

（4）预应力筋张拉完毕后，相对于设计位置的偏差不得大于 5mm，也不得大于构件截面最短边长的 4%。

（5）台座两端应有防护设施。张拉时沿台座长度方向每隔 4 ~ 5m 放一个防护架，两端严禁站人或者经过，也不准许进入台座。

3. 预应力筋放张

预应力筋放张时，混凝土的强度应符合设计要求；如设计无规定，不应低于强度等级值的 75%。

1）放张顺序

预应力筋的放张顺序，如设计无规定时，可按下列要求进行。

（1）轴心受预压的构件（如拉杆、桩等），所有预应力筋宜同时放张。

（2）受弯或偏心受预压的构件（如梁等），应先同时放张预压力较小区域的预应力筋，再同时放张预压力较大区域的预应力筋。

（3）如不能满足第1～2项的要求时，应分阶段、对称、交错地放张，以防止在放张过程中构件产生弯曲、裂纹和预应力筋断裂。

（4）预应力构件采用先张法生产，通常是将若干构件在台座内串接在一起同期制作。放张后，预应力筋的切断顺序宜从张拉端开始依次向锚固端逐段进行。

（5）对于采用先张法生产的每一块板，如果采用切断预应力筋放张，应从外向内对称放张，以免构件扭转而端部开裂。

2）放张方法

（1）放张前，应拆除侧模，使放张时构件能自由压缩，否则将损坏模板或使构件开裂。

（2）预应力筋放张宜采取缓慢放张工艺进行逐根或整体放张。

（3）对预应力筋为钢丝或细钢筋的板类构件，放张时可直接用钢丝钳或氧炔焰切割。

（4）当预应力筋的应力较大或者预应力筋配置较多时，不允许采用剪断或割断等方式突然放张，以避免最后放张的几根预应力筋产生过大的冲击而断裂，致使构件开裂。放张方法可采用楔块法、砂箱法和千斤顶法。

①用千斤顶逐根放张。采用此方法放张预应力筋时，应拟定合理的放张顺序并控制每一循环的放张力，以免构件在放张过程中受力不均。防止先放张的预应力筋引起后放张的预应力筋内力增大，而造成最后几根拉不动或拉断。在配置移动张拉横梁的台座上，可用千斤顶顶推移动横梁，使其拉动拉杆和与之连接的预应力筋，然后可以逐步放松锚固螺母。由于此时构件内部的预应力筋已经与混凝土形成粘结，预应力筋的回缩量主要取决于外露部分的长度。当螺母放松量达到这个值时，即可达到整体放张预应力筋的目的。

②采用砂箱放张。在预应力筋张拉时，箱内砂被压实，承受横梁的反力，预应力筋放张时，将出砂口打开，砂慢慢流出，从而使整批预应力筋徐徐放张。此放张方法能控制放张速度，工作可靠、施工方便，可用于张拉力大于1000kN的情况。

③采用楔块放张。旋转螺母使螺杆向上运动，带动楔块向上移动，钢块间距变小，横梁向台座方向移动，从而同时放张预应力筋。楔块放张一般用于张拉力不大于300kN的情况。

5.5　预应力混凝土施工——后张法

后张法是先完成构件或结构的混凝土施工，待到其混凝土达到一定强度后，在构件或结构上直接张拉预应力筋，并用锚具永久固定，使混凝土产生预压应力的施工方法。由于后张法是将张拉设备直接安装于构件或结构表面进行预应力筋张拉，而不需要台座，受场地限制小。既可用于预制构件生产，更适用于现场大型预应力构件或结构的施工。后张法预应力施工根据预应力筋的粘结方式分为有粘结预应力、无粘结预应力和缓粘结预应力三种形式。其中有粘结预应力是应用最为普遍的施工形式。后张法的施工工艺流程见图5.5.1所示，其中虚线框表示的抽管阶段是抽芯法的施工环节，其他施工方法没有。

【有粘结预应力】

在混凝土结构或构件施工时，在预应力筋布置的部位预先留设孔道，再进行混凝土浇筑和养护。然后将预应力筋穿入孔道，待混凝土达到强度要求后进行预应力筋张拉。在预应力筋张拉后要进行孔道灌浆，使预应力筋包裹在水泥浆中，灌注的水泥浆既具有保护预应力筋的作用，又起到传递预应力的作用。此方法既可以用于预制构件生产，也可以用于现浇预应力结构施工。

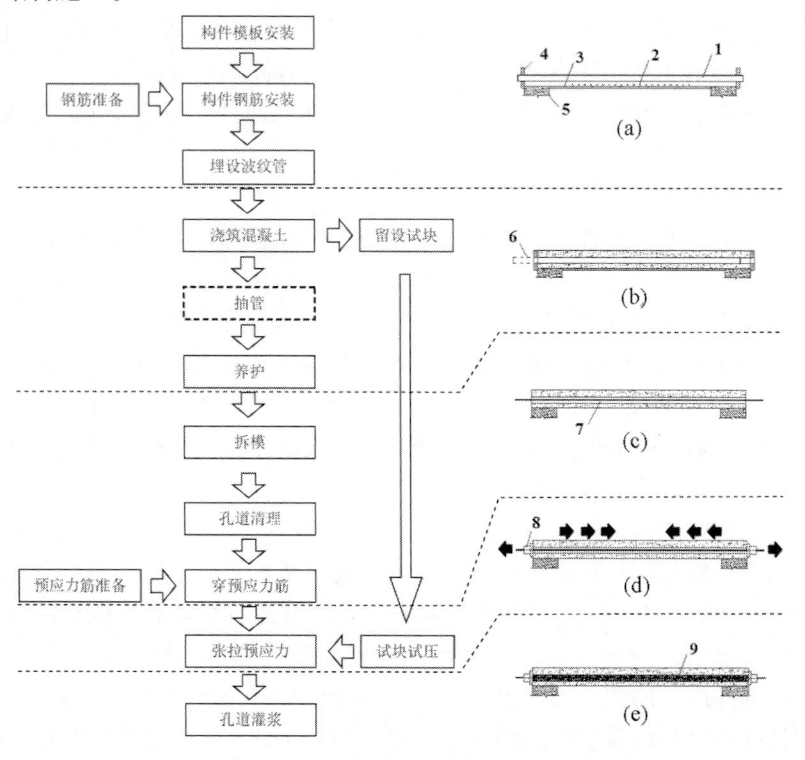

图 5.5.1　后张法预应力施工工艺流程示意图

(a) 埋管阶段；(b) 抽管阶段（抽芯法）；(c) 穿筋阶段；(d) 张拉预应力筋阶段；(e) 孔道灌浆阶段

1. 预埋管；2. 结构钢筋；3. 底模；4. 侧模；5. 结构构件；6. 抽管；7. 预应力筋；8. 锚具；9. 灌浆

【无粘结预应力】

是将预应力筋与普通钢筋一样预先布置在设计位置，然后浇筑混凝土并养护。待混凝土达到设计强度时，进行预应力筋张拉。此方法与有粘结预应力的区别在于：第一，不需要留设孔道和穿筋；第二，预应力筋张拉完成后不需要灌浆。因此，其施工过程比有粘结预应力施工简单。由于预应力筋直接埋设在混凝土中，使其与混凝土直接不产生粘结，就需要在预应力筋表面涂抹具有润滑和防腐作用的油脂并包裹塑料护套。

与有粘结预应力相比，无粘结预应力有以下特点：

(1) 无粘结预应力筋可以直接铺放在混凝土构件中，不需要铺设波纹管和灌浆施工，施工工艺比有粘结预应力施工要简单；

(2) 无粘结预应力筋都是单根筋锚固，它的张拉端做法比有粘结预应力张拉端（带喇叭管）的做法所占用的空间要小很多，便于钢筋密集的结构节点部位通过；

(3) 单根张拉的方式可以选择更轻便的张拉设备；

（4）无粘结预应力筋自身就具备保护层，耐腐蚀性能较好；

（5）适合复杂的曲线形状布置。

【缓粘结预应力】

在施工阶段具有无粘结预应力的特征，施工简单方便；在预应力形成和使用阶段又体现出有粘结预应力的优势，预应力传递和耐腐蚀性能好。缓粘结预应力与无粘结预应力直接的区别只是预应力筋表面涂料层不同，施工工艺基本相同。粘结材料由树脂粘结剂和其他材料混合而成，具有延迟凝固的性能；塑料护套带有纵横外肋，增强了预应力筋与混凝土的粘结力。随着时间和温度的变化，粘结剂的粘结性能和摩阻力会急剧增加，因此应掌握好预应力筋张拉的时机。

5.5.1　预应力筋制作

1. 有粘结预应力

按照预应力筋的不同分为钢绞线和钢丝两种。钢绞线制作包括下料和锚具组装两道工序。钢丝制作包括下料、编束和锚具组装三道工序。钢绞线的下料是指在预应力筋铺设施工前，将整盘的钢绞线，根据实际铺设长度并考虑曲线影响和张拉端长度，切成不同的长度。如果是一端张拉的钢绞线，还要在固定端处预先挤压固定端锚具和安装锚座。钢绞线下料宜用砂轮切割机切割。不得采用电弧切。由于钢绞线弹力大，成卷的钢绞线盘放盘下料时应做防护罩，防止钢绞线弹出伤人或钢绞线散乱现象。

消除应力钢丝可以在放盘后直接下料。为了保证钢丝束两端钢丝的排列顺序一致，穿束与张拉时不致于造成混淆，以致张拉端工作锚与千斤顶工具锚之间的钢丝出现交叉，每束钢丝都须进行编束。为了简化钢丝编束，采用镦头锚具时，钢丝的一端可直接穿入锚杯，另一端距端部约20cm处进行编束，便于穿锚板时条理清晰。

2. 无粘结预应力

无粘结预应力筋是以专用防腐润滑油脂涂覆在钢绞线表面上作为涂层，并外套塑料护套作为保护制作的一种预应力筋。这种方法制作的钢绞线与周围混凝土不产生粘结，因而也称作无粘结钢绞线，见图5.5.2。主要用于后张法预应力混凝土结构中的无粘结预应力筋，也可以用于桥梁中暴露使用的可更换预应力拉索等。

3. 缓粘结预应力筋

缓粘结预应力筋采用的是环氧涂层钢绞线，是通过特殊工艺加工使钢绞线的每根钢丝周围形成一层环氧树脂保护膜，具有在恶劣环境下优良的抗腐蚀能力，适用于先张法和后张法施工，同时一体性和柔软性较好，见图5.5.3。涂层厚度为0.12～0.18mm。

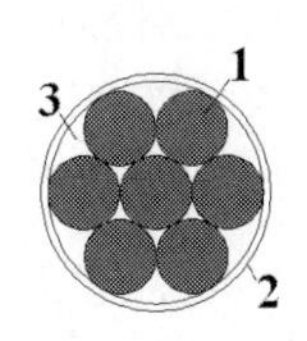

图5.5.2　无粘结钢绞线

1. 钢绞线；2. 塑料护套；3. 润滑油脂

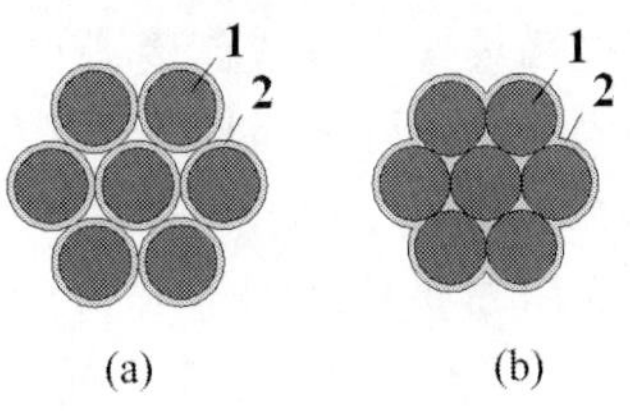

图5.5.3　环氧涂层钢绞线

（a）包裹型涂层；（b）填充型涂层

1. 钢绞线；2. 环氧树脂涂层

按照涂层制作工艺分为包裹型涂层和填充型涂层两种。填充型涂层是近些年发展起来的新工艺，它使钢丝的间隙中也填充环氧树脂，避免钢绞线内部缝隙引起的钢丝锈蚀。同时，由于钢丝间没有相对滑移，从而提高了其抗疲劳性能。填充环氧涂层钢绞线具有良好的耐腐蚀性和粘结性，适用于腐蚀环境下的先张法或后张法的构件。

5.5.2 张拉设备和锚具选用

1. 锚具

1）锚具选用

后张法结构或构件中，锚具是保持预应力并将其传递给混凝土的永久性锚固装置。锚具的选用和准备工作非常关键。锚具应有产品质量检测合格报告，并经过进场检验合格后才能使用。后张法施工可选用的锚具分为单根钢筋锚具、钢丝束锚具和钢绞线锚具。钢丝束锚具包括锥形螺杆锚具、钢丝束镦头锚具、钢质锥型锚具。

2）锚具质量检验

预应力筋锚具、夹具和连接器，应有出厂合格证，进场时应按下列规定进行验收。

（1）验收批：在同种材料和同一生产条件下，锚具、夹具应以不超过1000套组为一个验收批；连接器应以不超过500套组为一个验收批。

（2）外观检查：从每批中抽取10%但不少于10套的锚具，检查其外观和尺寸。当有一套表面有裂纹或超过产品标准及设计图纸规定尺寸的允许偏差时，应另取双倍数量的锚具重做检查，如仍有一套不符合要求，则不得使用或逐套检查，合格者方可使用。

（3）硬度检查：从每批中抽取5%但不少于5套的锚具，对其中有硬度要求的零件做试验（多孔夹片式锚具的夹片，每套至少抽5片）。每个零件测试3点，其硬度应在设计要求范围内。如有一个零件不合格时，应另取双倍数量的零件重做试验，如仍有一个零件不合格，则不得使用或逐个检查，合格者方可使用。

（4）静载锚固性试验：在外观与硬度检查合格后，应从同批中抽6套锚具（夹具或连接器）与预应力筋组成三个预应力筋锚具（夹具、连接器）组装件，进行静载锚固性能试验。组装件应符合设计要求，当设计无具体要求时，不得在锚固零件上添加影响锚固性能的物质，如金刚砂、石墨等。预应力筋应等长平行，使之受力均匀，其受力长度不得小于3m（单根预应力筋的锚具组装件，预应力筋的受力长度不得小于0.6m）。试验时，先用张拉设备分四级张拉至预应力筋标准抗压强度的80%并进行锚固（对支承式锚具，也可直接用试验设备加荷），然后持荷1h再用试验设备逐步加荷至破坏。当有一套试件不符合要求，应另取双倍数量的锚具（夹具或连接器）重做试验，如仍有一套不合格，则该批锚具（夹具或连接器）为不合格品。

对常用的定型锚具（夹具或连接器）进场验收时，如由质量可靠信誉好的专业锚具厂生产，其静载锚固性能，可由锚具生产厂提供试验报告。对单位自制锚具，应加倍抽样。

2. 张拉设备

张拉设备应选用与张拉力对应吨位的千斤顶。张拉力不应大于千斤顶额定张拉力的90%。安装张拉设备时，对直线预应力筋，应使张拉力的作用线与预应力筋的中心线重合；对曲线预应力筋，应使张拉力的作用线与预应力筋中心线末端的切线重合。并确保千斤顶上的工具锚孔位与构件端部工具锚的孔位排列一致，防止预应力筋在千斤顶穿心孔内错位或交叉。有粘结预应力可选用的千斤顶包括拉杆式千斤顶、YC－60型穿心式千斤顶、锥锚式千斤顶，见图5.2.1至图5.2.6。

5.5.3　有粘结预应力主导工序的施工工艺

1. 预留孔道

孔道留设是预应力后张法施工中的关键工序之一。有粘结预应力筋预留孔道的留设应考虑形状、位置、直径、数量、长度、穿筋难易程度等因素。例如孔道长而且形状曲率大时，应适当加大孔道截面面积。预应力筋的孔道的方法有预埋管法和抽芯法两种。

预埋管法是在结构或构件绑扎钢筋时预先放置金属波纹管、塑料波纹管或钢管，形成预应力筋的孔道。孔道材料埋入混凝土中即一次性永久地留置于结构或构件中。

抽芯法是在绑扎钢筋时先放入橡胶管或钢管，混凝土浇筑后，当混凝土强度达到一定要求时抽出橡胶管或钢管，形成预应力筋的孔道，橡胶管或钢管可以重复使用。

1）孔道留设的构造要求

（1）对于后张法预制构件，孔道的水平净间距不宜小于50mm，且不应小于粗骨料最大粒径的1.25倍；孔道至构件边缘的净间距不应小于30mm，且不应小于孔道半径（图5.5.4）。

（2）对现浇构件，预留孔道在竖直方向的净间距不应小于孔道外径，水平方向净间距不宜小于孔道外径的1.5倍，且不应小于粗骨料最大粒径的1.25倍。从孔壁算起的混凝土最小保护层厚度：梁底不宜小于50mm，梁侧不宜小于40mm，板底不应小于30mm。

（3）预应力筋孔道的内径宜比预应力筋和连接器外径大6～15mm，孔道截面面积宜取预应力筋净面积的3.0～4.0倍。

（4）对预制构件，孔道之间的水平净间距不宜小于50mm；孔道至构件边缘的净间距不宜小于30mm，且不宜小于孔道直径的一半；

（5）在框架梁中，预留孔道在竖直方向的净间距不应小于孔道外径，水平方向的净间距不应小于1.5倍孔道外径；从孔壁算起的混凝土保护厚度，梁底不宜小于50mm，梁侧不宜小于40mm；板底不应小于30mm，见图5.5.4。

孔道，外径D

$\geq D$

≥ 50

≥ 40　$\geq 1.5D$　≥ 40

图5.5.4　孔道留设构造要求

2）波纹管的铺设绑扎质量要求

（1）预留孔道及端部埋件的规格、数量、位置和形状应符合设计要求；

（2）预留孔道的定位应准确，绑扎牢固，浇筑混凝土时不应出现位移和变形；

（3）孔道应平顺，不能有死弯，弯曲处不能开裂，端部的预埋喇叭管或锚垫板应垂直于孔道的中心线；

（4）接口处，波纹管口要相接，接头管长度应满足要求，绑扎要密封牢固；

（5）波纹管控制点的设计偏差应符合表5.5.1的要求。

表5.5.1　预应力筋或成孔管道控制点竖向位置允许偏差

构件截面高（厚）度h/mm	$h\leqslant300$	$300<h\leqslant1000$	$1000<h$
允许误差/mm	±5	±10	±15

3）孔道留设施工工艺

（1）钢管抽芯法：

钢管抽芯用于直线孔道。钢管表面必须圆滑，预埋前应除锈、刷油。钢管在构件中用钢筋支撑件固定位置。井字架每隔1.0～1.5m一个，与钢筋骨架扎牢。钢管两端应伸出构件外约500mm。钢管接长可采用套管方式。混凝土浇筑过程中和初凝后每隔10～15min应转管一次，转动钢管应缓慢，防止钢管与混凝土粘接。

抽管时间与水泥的品种、气温和养护条件有关。抽管宜在混凝土初凝之后，终凝以前进行，以用手指按压混凝土表面不显指纹时为宜。抽管过早，会造成坍孔事故；太晚，混凝土与钢管黏结牢固，抽管困难，甚至抽不出来。常温下抽管时间约在混凝土浇筑后3～5h。抽管顺序宜先上后下地进行。抽管方法可用人工或卷扬机。抽管时必须速度均匀、边抽边转，抽管方向与孔道保持在同一直线上。抽管后，应及时检查孔道情况，并做好孔道清理工作，防止以后穿筋困难。

（2）胶管抽芯法：

此方法采用的夹布胶管或钢丝网橡皮管弹性好，易于弯曲，既可以用于直线孔道，也可留设曲线孔道。胶管或橡皮管在拉力作用下断面缩小，便于在混凝土初凝后抽管。夹布胶管软，必须向管内冲入0.6～0.8MPa的压缩空气或压力水。胶管直接可以增加3mm左右。浇筑混凝土，待到初凝时，放掉胶管内的压缩空气和水，胶管收缩并与混凝土脱离，即可将其抽出形成孔道。在施工中应防止胶管被划伤或刺破而漏气漏水。固定胶管位置用的钢筋井字架，直线段一般每隔500mm放置一个，曲线段300～400mm放置一个，并与钢筋骨架扎牢。

（3）预埋管法：

预埋管法常用的预埋管材料有金属波纹管、塑料波纹管和普通薄壁钢管（通常壁厚2mm）等。金属波纹管具有重量轻、刚度好、弯折方便、连接容易、与混凝土黏结良好等优点，可做成各种形状的预应力筋孔道，目前应用比较普遍。

①铺设。

波纹管铺设前，应按照设计要求在箍筋上标出预应力筋的曲线控制点位置，设置钢筋马凳，马凳可以采用一字形或井字形，并与箍筋绑扎或焊接。马凳钢筋用料根据架设的波纹管的重量来确定，一般应选用直径不小于10mm的钢筋。马凳间距要求：对圆形金属波纹管宜为1.0～1.5m，对扁波纹管和塑料波纹管宜为0.8～1.0m。波纹管安装后，应与钢筋马凳用铁丝绑扎牢固。

波纹管安装过程中，应避免大曲率弯曲和反复弯曲，以防止管壁破裂。同时还应防止电焊、钢筋绑扎和混凝土振捣等施工过程可能对波纹管的损伤。如果发现波纹管破裂要使用防水胶带缠绕密封好。检查没有问题后再进行合模作业。

② 连接。

金属波纹管连接采用对接的方式。用大一号同型波纹管做接头管，接头管的长度宜为管径的3～4倍，通常为300～400mm。波纹管从接头管两端旋入相同长度，接头管两端用密封胶带缠绕密封，见图5.5.5。塑料波纹管可采用接头管连接或者采用热熔焊接。

③灌浆孔留设。

金属波纹管留灌浆孔（排气孔、泌水孔）的构造做法是在波纹管上开孔，直径20～

30mm，用带嘴的塑料弧形盖板与海绵垫覆盖，并用铁丝扎牢，塑料盖板的嘴口与塑料管用专用卡子卡紧。如图5.5.6所示。

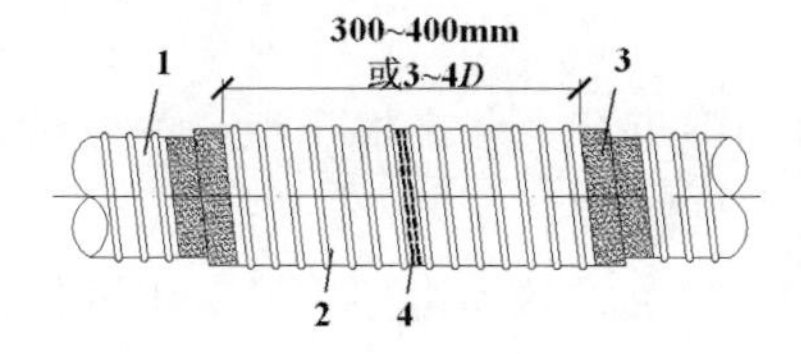

图5.5.5　波纹管连接构造图

1. 波纹管；2. 接头管；3. 封口胶带；4. 接缝

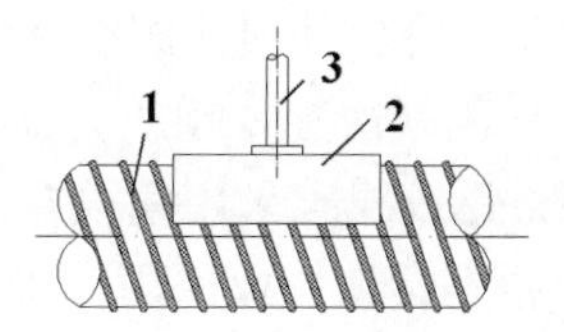

图5.5.6　波纹管顶部灌浆孔安装图

1. 波纹管；2. 塑料盖板；3. 塑料管

灌浆孔和出浆孔一般留设在预应力筋孔道的两端。灌浆孔位于张拉端的喇叭管处或锚垫板上。灌浆孔的间距不宜大于30m。竖向构件，灌浆孔应设置在孔道下端；对超高的竖向孔道，宜分段设置灌浆孔。灌浆时在灌浆口处外接一根金属灌浆管；如果在没有喇叭管处（如锚固端），可设置在波纹管端部附近利用灌浆管引至构件外。为保证浆液畅通，灌浆孔的内孔径一般不宜小于20mm。

预应力筋孔道的两端应设置排气孔，曲线孔道波峰和波谷的高差大于0.3m时，在孔道缝顶处应设置排气管，泌水管可兼做灌浆孔，此时伸出构件顶面高度不宜小于300mm。

④排气孔（泌水孔）留设。

曲线预应力筋孔道的波峰和波谷处，可间隔设置排气管，排气管实际上起到排气、出浆和泌水的作用，在特殊情况下还可作为灌浆孔用。波峰处的排气管伸长梁面的高度不宜小于500mm，波底处的排气管应从波纹管侧面开口接出伸至梁上或直接伸出到模板外面，不能朝上放置，否则张拉预应力筋后可能造成预应力筋上挤堵住排气孔的现象出现，如图5.5.7所示。钢绞线在波峰和波谷位置及排气管的安装构造见图5.5.8。对于多跨连续梁，由于波纹管较长，如果从最初的灌浆孔到最后的出浆孔距离很长，则排气管也可兼作灌浆孔用于连续接力式灌浆。其间距对于预埋波纹管孔道不宜大于30m。为防止排气管被混凝土挤扁，排气管通常由增强硬塑料管制成，管壁厚度应大于2mm。

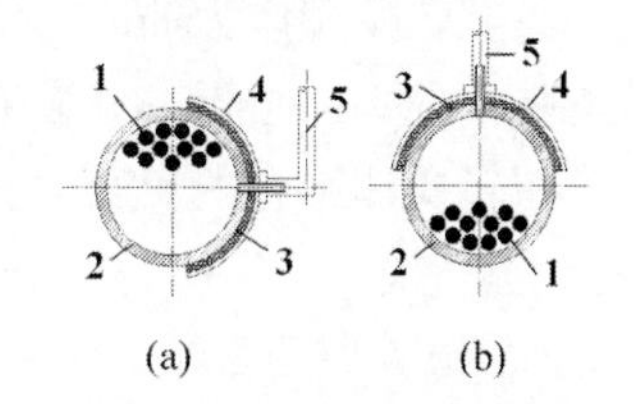

图5.5.7　排气管安装位置图

（a）波谷位置；（b）波峰位置

1. 预应力筋；2. 波纹管；3. 海绵垫；4. 塑料盖板；5. 塑料管

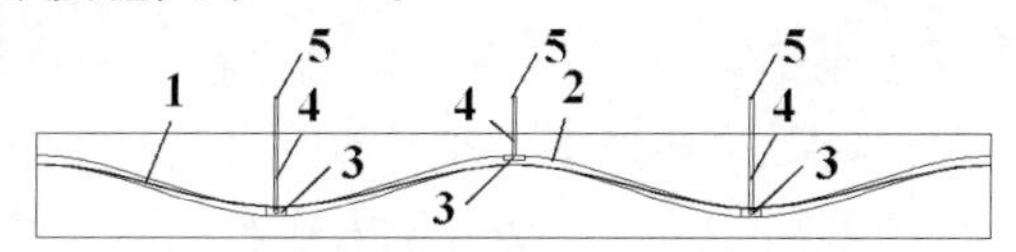

图5.5.8　多跨连续梁预应力筋孔道布置示意图

1. 预应力筋；2. 波纹管孔道；3. 塑料盖板；4. 塑料管；5. 排气口

2. 预应力筋穿束

（1）根据穿束时间分为先穿束法和后穿束法。

先穿束法。在浇筑混凝土之前穿束。先传筋法省时省力，能够保证预应力筋顺利放入孔道内；如果波纹管绑扎不牢固，预应力筋的自重会引起波纹管变位，影响到预应力筋的矢高的准确控制，如果穿入的钢绞线不能及时张拉和灌浆，会造成钢绞线生锈的现象。

后穿束法。在浇筑混凝土之后穿束。可以在混凝土养护阶段进行，穿束不占用工期。穿束后即可张拉，易于保护预应力筋，防止其生锈。金属波纹管穿束，预应力筋的端部应套上保护套，防止其损坏波纹管。

（2）根据一次穿入预应力筋的数量，可分为整束穿束、多根穿束和单根穿束。钢丝束应整束穿；钢绞线宜采用整束穿，也可用多根或单根穿。

（3）根据穿束作业采用的工具可以分为人工穿束、卷扬机穿束或专用设备穿束。人工穿束适用于曲率不大，且长度不大于 30m 的曲线束。卷扬机适用于多波曲率较大，孔道直径偏小且长度大于 80m 的预应力筋。每次牵引一组，由 2～3 根钢绞线编束而成。对于大型桥梁与构筑物单根钢绞线穿束应采用专用穿束设备。

3. 预应力筋张拉

1）锚固端清理

锚具安装前应清理锚垫板端面的混凝土残渣和喇叭管口内的封堵与杂物。应检查喇叭管或锚垫板后面的混凝土是否密实，如发现有空洞，应剔凿补强后才能进行张拉。

仔细清理喇叭口外露的钢绞线上的混凝土残渣和水泥浆，如果锚具安装处的钢绞线上有混凝土残渣或水泥浆，将严重影响夹片锚具的锚固性能，张拉后可能发生钢绞线回缩的现象。

2）搭设张拉操作平台

高空张拉预应力筋时，应搭设安全可靠的操作平台。张拉操作平台应能够承受操作人员与张拉设备的重量，并装有防护栏杆。一般考虑 3－5 个施工人员，操作面积为 3～5m^2，为了减轻操作平台的负荷，张拉设备应尽量移至靠近的楼板上，无关人员不得停留在操作平台上。

3）预应力筋张拉

（1）张拉顺序：

①张拉顺序根据结构受力特点、施工便利条件、操作安全等因素确定。

②对现浇预应力混凝土框架结构，宜先张拉楼板、次梁，最后张拉主梁。

③现场预制屋架等构件，一般是平卧叠浇，应从上而下逐榀张拉。预应力构件中预应力筋的张拉在遵循对称张拉原则的同时还应考虑到尽量减少张拉设备的移动次数。为了减少上下层之间因摩擦引起的预应力损失，可以逐层加大张拉力。

（2）张拉方式：

预应力筋的张拉方式可以采取一端张拉或者两端张拉。两端张拉宜采取两端同时张拉，也可以一端先张拉锚固，另一端补张拉。根据预应力混凝土结构设计特点、预应力筋形状与长度，以及施工方法的不同，预应力筋张拉方式有以下几种：

①一端张拉。适用于长度较短或者直线布置的预应力筋张拉。当所有预应力筋均采用同一端张拉时，由于摩擦损失的影响，使预应力筋张拉端和锚固端产生的预压应力值存在差异。当预应力筋的长度超过一定长度（曲线长度 30m）时这种差异将明显加大。因此，采用一端张拉时，曲线预应力筋长度不宜超过 20m，直线预应力筋长度不应超过 35m。经设计方确认后可以放宽限制条件。

② 两端张拉。对预应力筋的两端分别进行张拉和锚固。通常时先进行一端张拉，再对另一端进行补张拉。即先在一端张拉至设计值后，再将张拉设备移至另一端补足张拉力后锚固。

③分批张拉。对配有多束预应力筋的同一构件或结构，可以采用分批张拉。由于后批张拉所造成的混凝土压缩变形会对先批张拉的预应力筋造成预应力损失，因此确定先批张拉的预应力筋张拉力时应预先考虑混凝土压缩变形的损失值。一般情况下，这种损失并不大，通常采用施工措施来解决这个问题，即在张拉时将张拉力提高至 1.03 倍。

④ 分段张拉。在多跨连续梁板分段施工时，通长的预应力筋需要逐段进行张拉的方式。大跨度多跨连续梁，在第一段混凝土浇筑与预应力筋张拉锚固后，第二段预应力筋利用锚头连接器接长，以形成通长的预应力筋。

⑤ 分阶段张拉。在后张转换梁等结构中，因为荷载是分阶段施加到构件上的，预应力不允许一次张拉完成。为了平衡各阶段的荷载，采取分阶段逐步施加预应力的方式。所加荷载不仅是外载（如楼层重量），也包括由内部体积变化（如弹性压缩、收缩与徐变）产生的荷载。梁在跨中处下部与上部的应力应控制在容许范围内。这种张拉方式具有应力、挠度与反拱容易控制、材料省等优点。

⑥ 补偿张拉。在早期预应力损失基本完成后，再进行张拉的方式。采用这种补偿张拉，可克服弹性压缩损失，减少钢材应力松弛损失，混凝土收缩徐变损失等，以达到预期的预应力效果。此法在水利工程与岩土锚杆中应用较多。

（3）张拉程序：

预应力筋的张拉程序，主要根据构件类型、张拉锚固体系、松弛损失等因素确定。

①采用低松弛钢丝和钢绞线时，张拉操作程序为：$0 \to \sigma_{con}$（锚固）；

②普通松弛预应力筋时，按下列超张拉程序进行：

镦头锚具等可卸载锚具：$0 \to 1.05\sigma_{con}$（持荷 2min）$\to \sigma_{con}$（锚固）；

夹片锚具等不可卸载夹片式锚具：$0 \to 1.03\sigma_{con}$（锚固）。

（4）质量控制措施：

①预应力筋张拉时的环境温度不宜低于 -15℃。

②预应力筋张拉伸长实测值与计算值的偏差应不大于 ±6%。

③预应力筋张拉中应避免预应力筋断裂或滑脱。预应力筋张拉时，发生断裂或滑脱的数量严禁超过同一截面预应力筋总根数的 3%，且每束钢丝不得超过一根；对多跨双向连续板和密肋板，其同一截面应按每跨计算。

④预应力锚固时夹片缝隙均匀，外露长度一致（一般为 2～3mm），且不应大于 4mm。

⑤后张法用同条件养护的试块来评判构件混凝土强度等级，其立方抗压强度不应低于设计抗压强度等级值的 75%。

⑥后张法预应力梁和板，混凝土的龄期分别不宜小于 7d 和 5d。

4. 孔道灌浆

预应力筋张拉完成并经检验合格应尽早进行孔道灌浆。孔道灌浆就是利用灌浆泵将水泥浆压灌到预应力孔道中去。其作用包括以下两个方面：第一，包括预应力筋，防止其锈蚀；第二，使预应力筋与构件混凝土形成有效粘结，利用预压应力均匀传递给构件混凝土，减轻锚固端锚具的负荷。

灌浆前应全面检查预应力筋孔道、灌浆孔、排气孔、泌水管等是否通畅。抽芯成孔的孔道可以采用清洗后灌浆，预埋管的孔道采用空气压缩机清理。灌浆必须确保连续进行，不应中断。水泥浆由普通硅酸盐水泥和水拌制。灌浆宜先灌下层孔道，后浇上层孔道。灌浆工作应缓慢均匀地进行。不得中断、并应排气通顺。在灌满孔道封闭排气孔 0.5 ~ 0.7MPa，稳压 1 ~2min 后封闭灌浆孔。发生孔道阻塞、串孔或中断灌浆时应及时冲洗孔道或采取其他措施重新灌浆。

5. 预应力筋端部锚固

曲线预应力筋的端头，应有与曲线段相切的直线段，直线段长度不宜小于 300mm。

预应力筋张拉端可采用凸出式和凹入式做法。采用凸出式做法时，锚具位于两端面或柱表面，张拉后用细石混凝土封裹。采用凹入式做法时，锚具位于梁（柱）凹槽内，张拉后用细石混凝土填平。

凸出式锚固端锚具的保护层厚度不应小于 50mm，外露预应力筋的混凝土保护层厚度：处于一类环境时，不应小于 20mm；处于二、三类宜受腐蚀环境时，不应小于 50mm。

当梁端面较窄或钢筋稠密时，可将跨中处同排布置的多束预应力筋转变为张拉端竖向多排布置或采取加腋处理。

多跨超长预应力筋的连接，可以采用对接法和搭接法，采用对接法时，混凝土逐段浇筑和张拉后，用连接器接长。采用搭接法时，预应力筋可在中间支座处搭接，分别从柱两侧梁的顶面或加宽梁的梁侧面处伸出张拉，也可以加厚的楼板延伸至次梁处张拉。

5.5.4 无粘结预应力主导工序的施工工艺

1. 预应力筋铺设

为了保证预应力筋位置准确、曲线平顺，通常采用 ø12 的螺纹钢筋制作支撑件，设置间距不超过 2m。梁的预应力筋通常成束布置，支撑件间距需适当减小。支架与结构钢筋绑扎或者焊接牢固，防止浇筑和振捣混凝土时产生矢高和平面位置偏移。曲线预应力钢丝束、钢绞线束的曲率半径不宜小于 4m。

预应力筋铺放的矢高控制是质量控制的关键。一般连续构件（梁或板）每跨的矢高控制点最少设置 5 处：最高点（2 处）、最低点（1 处）、反弯点（2 处），见图 5.5.9。预应力筋的最高点和最低点可分别于上层和下层结构钢筋绑扎固定，其他位置设置支撑件。双向板需要在两个方向方向设置预应力筋，根据设计曲线的矢高位置确定交叉点出预应力筋的上下关系，然后确定铺设顺序。

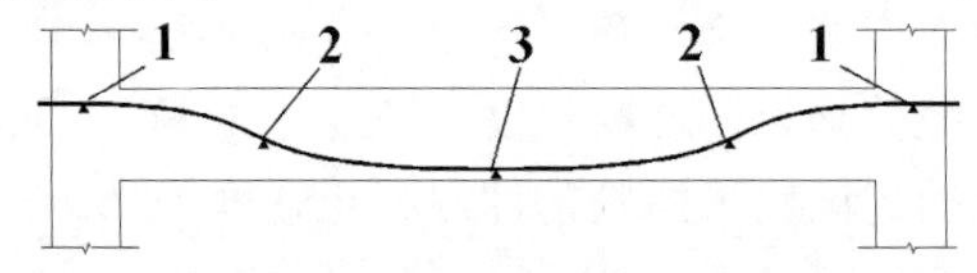

图 5.5.9 连续构件矢高控制点分布

1. 最高点；2. 反弯点；3. 最低点

均布荷载作用下的现浇平板结构，无粘结预应力筋可区分柱上板带和跨中板带布置。其中，柱上板带的预应力筋数量占 60% ~75%，其余均匀布置在跨中板带。也可一个方向预应力筋采用集中布置（布置在柱上板带，柱轴线两侧 1.5h 范围内，h 为柱截面高度），另一个方向均匀布置（不分板带）。每个方向穿过柱截面的预应力筋不应少于 2 根。均匀布置的预应力筋，单根最大间距不得超过板厚的 6 倍，且不宜大于 1.0m。单根无粘结预应力筋的曲率半径不宜小于 2.0m。

采用集束布置的预应力筋，每束的水平净间距不宜小于 50mm，至构件边缘的间距不宜小于40mm。采用多根预应力筋带状布置时，每束不宜超过5根，束间距不宜大于板厚的12倍，且不宜大于2.4m。

当板上开洞时，被洞口阻断的无粘结预应力筋可分别从洞口两侧绕过铺设。预应力筋距洞口的距离不宜小于150mm，水平偏移的曲率半径不宜小于6.5m，洞口四周应配置构造钢筋加强。

2. 预应力筋张拉

单根无粘结预应力筋张拉通常采用200～250kN前卡式液压千斤顶。

在张拉端要准备操作平台。无粘结曲线预应力筋的长度超过40m时，宜采取两端张拉。当超过60m时宜采取分段张拉。如果摩擦损失较大则需要补张拉。

无粘结预应力筋的外露长度应根据张拉设备所需要的长度确定。一般伸出承压板长度不小于300mm。考虑到预应力筋张拉端曲率过大时，张拉时产生的摩擦对张拉的有效性和伸长值有不利影响，因此，应保证曲线预应力筋或者折线预应力筋张拉端的切线与承压板垂直。张拉端预应力筋起始点至锚固点应有至少300mm的直线段。

3. 锚固处理

无粘结预应力筋的锚固区必须有严格的密封防护措施。预应力筋锚固后的外露长度不小于30mm，多余部分用砂轮锯或液压剪切割，不得采用电弧切割。锚垫板边缘至构件边缘的距离 不宜小于50mm。无粘结预应力筋端部节点构造分张拉端和固定端两种类型。固定端宜采用 埋入式做法，而张拉端根据构造不同，分为凹入式和凸出式，其中凸出式根据密封材料不同 又分为油脂涂封方式和混凝土浇筑方式。

1）固定端

预应力筋的固定端通常设置在构件端部的墙内、梁柱节点内或梁、板跨内。当固定端设置在 梁、板跨内时，预应力筋应跨过支座处的距离不宜小于1m，且应错开布置，间距不宜小于300mm。固定端锚具埋设于混凝土内部，锚具和承压板之间应贴紧不留间隙，如图5.5.10。锚具的位置应位于不需要预压力的截面外，且不宜小于100mm。对于多束预应力筋的埋入式 固定端，宜采取错开布置方式，其间距不宜小于300mm，且距构件边缘不宜小于40mm。

2）张拉端

当采用凹入式张拉端时，锚具固定于模板内侧，与模板和承压板等部件间应衔接紧密，防止 混凝土浇筑时侵入穴模内需要预留的空隙。锚具表面经过上述处理后，再用微膨胀混凝土或 低收缩防水砂浆密封，见图5.5.11。

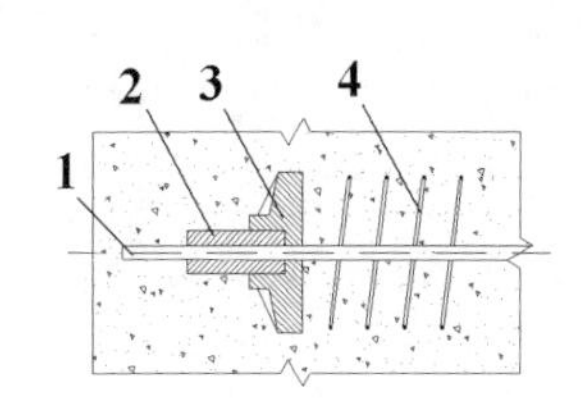

图5.5.10　无粘结锚固端锚具组装图

1. 预应力筋；2. 挤压套筒；

3. 挤压锚座；4 螺旋筋

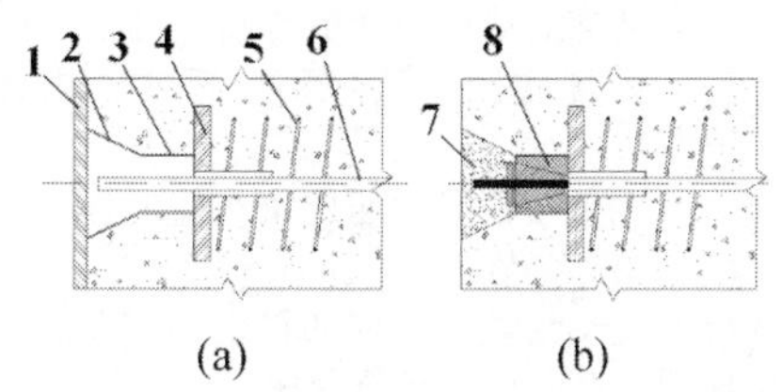

图5.5.11　凹入式后张法锚具组装图

（a）张拉前组装图；（b）张拉锚固后构造

1. 模板；2. 穴模；3. 护套杯；4. 承压板；5. 螺旋筋；

6. 预应力筋；7. 填充细石混凝土；8. 锚具

对于凸出式张拉端，为了把预应力筋端头全封闭起来，一种方法是采用油脂涂封方式密封，可在其外露锚具与锚垫板表面涂抹防锈漆或环氧涂料，并且在锚具端头涂防腐润滑油脂后，罩上封端塑料盖帽。另一种方式，可采用外包钢筋混凝土圈梁封闭。对留有后浇带的锚固区，可采取二次浇注混凝土的方法封锚，见图 5. 5. 12。

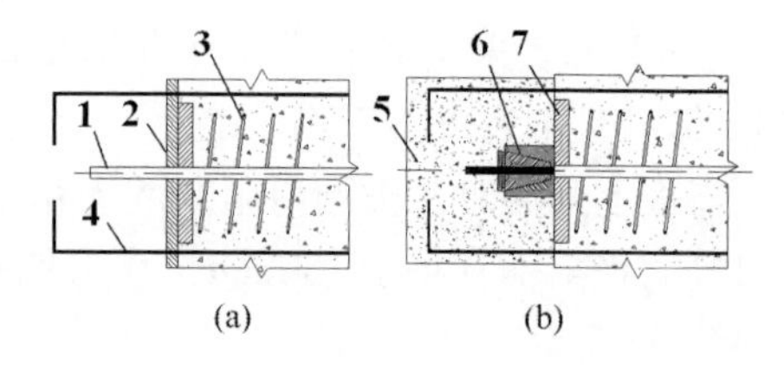

图 5. 5. 12　外露式后张法锚具组装图

（a）张拉前组装图；（b）张拉锚固后构造

1. 预应力筋；2. 模板；3. 螺旋筋；4. 插筋；5. 外包混凝土；6. 锚具；7. 承压板

5. 5. 5　质量验收标准

1. 预应力筋加工与铺设

预应力筋加工与铺设的质量验收的相关内容见表 5. 5. 1。

表 5. 5. 1　预应力筋加工与铺设质量验收的相关内容

项目类别	序号	检查内容	检查数量	检查方法
主控项目	1	预应力筋的品种、级别、规格、数量必须符合设计要求	全数检查	观察
	2	施工过程应避免电火花损伤预应力筋；受损伤的预应力筋应予以更换	全数检查	观察
一般项目	1	预应力筋下料应采用砂轮锯或切断机切断，不得采用电弧切割	全数检查	观察
	2	挤压锚具制作时按规定压力挤压后预应力筋外端应露出挤压套筒 1 ~ 5mm	每班抽查 5%，且不少于 5 件	观察，钢尺检查
	3	预应力筋束控制点的竖向位置偏差应符合规定，合格率应达到 90% 以上，且偏差不得超出规定值的 1. 5 倍	抽查预应力筋总数的 5%，且每个构件不少于 5 处；每束不少于 5 处	钢尺检查
	4	预应力筋铺设： (1) 定位应牢固，浇筑混凝土时不应出现移位和变形； (2) 端部的锚垫板应垂直预应力筋； (3) 内埋式固定垫板不应重叠，锚具与垫板应贴紧； (4) 无粘结预应力筋成束布置时应保证混凝土密实和可靠的握裹力； (5) 无粘结预应力筋的护筒应完整，局部破损处应采用防水胶带缠绕紧密	全数检查	观察

2. 预应力筋张拉和放张

预应力筋张拉与放张质量验收的相关内容见表 5. 5. 2。

表5.5.2　预应力筋张拉与放张质量验收的相关内容

项目类别	序号	检查内容	检查数量	检查方法
主控项目	1	预应力筋张拉和放张时，混凝土强度应符合设计要求；当设计无具体要求时，不应低于设计的混凝土立方体抗压强度标准值的75%	全数检查	检查同条件养护试件的试验报告
	2	张拉力、张拉或放张顺序及张拉工艺符合设计及施工方案： (1) 超张拉时的最大张拉应力不应大于规范规定； (2) 张拉工艺应保证同一束中各根预应力筋的应力均匀一致； (3) 逐根或逐束张拉时，应保证各个阶段不出现对结构不利的应力状态；同时宜考虑后批张拉预应力筋所产生的结构构件的弹性压缩对先张拉预应力筋的影响，确定张拉力； (4) 采用应力控制张拉时，应校核预应力筋的伸长值；实际伸长值与计算理论伸长值相对允许偏差为±6%	全数检查	检查张拉记录
	3	预应力筋张拉锚固后的预应力值与设计值的偏差不超过±5%	同一检验批内，抽查预应力筋总数的3%，且不少于5束	检查张拉记录
	4	张拉过程中应避免预应力筋断裂或滑脱；当发生断裂或滑脱时，后张法预应力结构构件，断裂或滑脱的数量严禁超过同一截面预应力筋总根数的3%，且每束钢丝不得超过一根；对多跨双向连续板，其同一截面应按每跨计算	全数检查	观察，检查张拉记录
一般项目	1	锚固阶段张拉端预应力筋的内缩量应符合设计要求；当无设计要求时，应符合张拉端预应力筋的内缩限制规定	每工作班抽查预应力筋总数的3%，且不少于3束	钢尺检查

3. 预应力筋锚固端封闭保护

预应力筋锚固端封闭保护质量检验的相关内容见表5.5.3。

表5.5.3　预应力筋锚固端封闭保护质量检验的相关内容

项目类别	序号	检查内容	检查数量	检查方法
主控项目	1	锚具的封闭保护应符合设计要求；无设计要求时，应采取防止锚具腐蚀和遭受机械损伤的有效措施；凸出式锚固端锚具的保护层厚度不应小于50mm；外露预应力筋的保护层厚度：正常环境下不应小于20mm；易腐蚀环境下不应小于50mm	同一检验批，抽查预应力筋总数的5%，且不少于5处	观察，钢尺检查
一般项目	1	无粘结预应力筋锚固后的外露部分宜采用机械方法切割，外露长度不宜小于预应力筋直径的1.5倍，且不宜小于30mm	同一检验批，抽查预应力筋总数的3%，且不少于5束	观察，钢尺检查

5.6 施工方案编制

与钢筋混凝土相比，预应力混凝土的材料种类多，质量要求高，而且其施工难度、施工顺序与所采用张拉锚固体系以及预应力体系设计关系密切。因此，预应力混凝土施工必须在质量和安全方面争取有力保障。施工技术人员在施工前应根据设计意图制定详细的施工方案，并依据它制定与施工相关的材料、设备的技术要求和施工流程。通过对施工环节中质量要求、关键问题、客观条件等方面因素的考量和分析并依据规范规定来制定相应的控制措施，以达到质量标准。国家规范《混凝土结构工程施工规范》（GB50666）指出，预应力工程应编制专项施工方案。必要时，施工单位应按据设计文件进行深化设计。

预应力专项工程施工方案应包括下列内容：

（1）工程概况。工程结构概况和特点、采用预应力体系的部位、特点专项技术的重点和难点等。

（2）施工部署与准备。预应力材料采购、试验和进场报验、材料加工、组装和标识，机械设备和张拉设备标定；施工劳动力招募计划、施工材料采购供应计划、设备租赁和购置计划的编制和实施；施工方案制定与交底。

（3）施工方案及质量控制措施。各个工序的施工技术流程、技术控制和质量验收，包括预应力筋铺设、张拉、灌浆等工序。施工方案的调整与优化。

（4）施工进度及施工组织。施工总进度计划和各个工序进度计划的编制；施工进度的实施和监督；施工进度的调整和优化。

（5）施工质量控制计划和保证措施。

（6）施工安全控制计划和保证措施。

（7）施工现场管理机构。

（8）其他项目。

【思考题】

1. 预应力施工工艺方法分哪两种？其工艺差别是什么？各自的优缺点有哪些？请说明各自的适用性。
2. 预应力筋有哪些类型？
3. 什么是锚具、夹具和连接器？
4. 千斤顶有哪些类型？千斤顶、锚具和预应力筋如何配合使用？
5. 先张法台座有哪几种？设计台座是主要验算什么？
6. 先张法施工工艺流程包括哪些主导工序步骤？
7. 先张法预应力铺设、张拉和放张的技术要求包括哪些？
8. 后张法施工工艺流程包括哪些主导工序步骤？
9. 后张法预应力筋孔道留设方式有哪些？说明各自的适用性。
10. 什么叫超张拉？为什么要超张拉并持荷2min？采用超张拉为什么要规定最大限制？
11. 后张法有粘结预应力孔道灌浆的作用是什么？灌浆孔、排气孔和泌水孔设置要求是什么？
12. 无粘结预应力筋张拉端和锚固端的构造有什么要求？

13. 无粘结预应力筋的铺设、张拉、放张的技术要求主要由哪些？

【知识点掌握训练】

1. 判断题

(1) 预应力混凝土工程在施工前应根据设计文件编制专项施工方案。

(2) 锚具质量检验应按照同批进场、同一种材料和同一生产工艺条件下生产的产品视为同一检验批。

(3) 先张法和后张法预应力筋张拉时，混凝土强度值应不低于设计采用的混凝土强度等级值的75%。

(4) 先张法张拉预应力筋宜按照“均匀、对称”的原则。

(5) 先张法施工的受弯或偏心受预压的构件（如梁等），应先同时放张预压力较大区域的预应力筋，再同时放张预压力较小区域的预应力筋。

2. 填空题

(1) 预应力钢丝的力学性能应按批抽样试验，每一检验批应由同一牌号、同一规格、同一生产工艺制度的钢丝组成，重量不应大于____ t。

(2) 从施工方式上划分，混凝土结构工程包括________施工和________施工两种方式。

(3) 锚具的每个检验批不宜超过____套；连接器不宜超过____套；夹具不宜超过____套。

(4) 锚具检验项目包括____检验、____检验、________试验三个方面。

(5) 先张法台墩稳定性验算一般包括________验算与________验算。

(6) 先张法预应力筋的应力较大或者预应力筋配置较多时，不允许采用剪断或割断等方式突然放张，放张方法可采用____法、____法和________法。

(7) 后张法孔道留设的施工工艺主要包括________法、________法和________法三种。

(8) 后张法采用一端张拉，设计无要求时，曲线预应力筋长度不宜超过____ m，直线预应力筋长度不应超过____ m。

(9) 预应力筋锚固后的外露长度不小于____ mm。一类环境下，外露预应力筋的混凝土保护层厚度不应小于____ mm。

3. 选择题

(1) 后张法预应力施工系统不包括（　　）。

A. 预应力筋；　B. 张拉系统；　C. 锚固系统；　D. 台座系统

(2) 下面的（　　）不是木模板的特点。

A. 保温性能好，有利于混凝土冬期养护；

B. 自重轻，板面平整；

C. 制作拼装灵活，适用于外形复杂、数量不多的混凝土结构构件；

D. 由于木材消耗量大，重复利用率高

(3) 先张法预应力施工中采用预应力筋超张拉的目的是（　　）。

A. 减少摩擦造成的预应力损失；

B. 减少预应力筋松弛造成的预应力损失；

C. 减少锚具变形造成的预应力损失；

D. 减少混凝土收缩造成的预应力损失

第6章　脚手架工程

知识点提示：

- 了解脚手架类型和适用性；
- 熟悉扣件式钢管脚手架的构造组成和搭设要求；
- 熟悉碗扣式钢管脚手架的构造组成和搭设要求；
- 熟悉悬挑脚手架的构造组成和搭设要求；
- 熟悉满堂脚手架的构造组成和搭设要求；
- 掌握双排扣件式钢管脚手架的设计内容；
- 掌握悬挑脚手架的设计内容。

6.1　概述

脚手架是施工现场为了给施工人员提供高空作业面、安全防护、通道和少量材料临时堆放而搭设的临时结构构架。在20世纪50年代以前，我国建筑施工所采用的传统脚手架多是木杆或毛竹搭设。20世纪60~70年代，逐步引入金属脚手架，如扣件式钢管脚手架和各种钢制工具式里脚手架。20世纪80年代门式脚手架和碗扣式脚手架引入国内，21世纪初，盘扣式脚手架在我国也逐渐被推广采用。

脚手架是施工过程的一种临时设施，其搭设应满足以下几个方面的要求：

（1）适用性。有适当的宽度、步架高度，能满足工人操作、材料堆放和运输需要；

（2）简易性；搭拆和搬运方便，搭设方法简便，易于操作；

（3）安全性；有足够的强度、刚度和稳定性，保证施工期间在各种荷载作用下的安全性；

（4）经济性；因地制宜，就地取材，节约用料，能多次周转使用，费用低。

脚手架按照不同的分类方式，包括以下种类：

（1）按用途分类：有结构用脚手架、装修用脚手架、防护用脚手架、支撑用脚手架。

（2）按组合方式分类：有多立杆式脚手架、框架组合式脚手架、格构件组合式脚手架、台架。

（3）按设置形式分类：有单排脚手架、双排脚手架、多排脚手架、满堂脚手架、满高脚手架、交圈脚手架。

（4）按支固方式分类：有落地式脚手架、悬挑式脚手架、悬吊式脚手架、附着式升降脚手架。

（5）按材料分类：木脚手架、竹脚手架、钢管脚手架。

目前，钢管脚手架是工程中常用的脚手架形式，而其中扣件式钢管脚手架、碗扣式钢管脚手架使用较为普遍，搭设形式主要由双排脚手架和满堂脚手架较为常见，其中，多层建筑多采用落地式脚手架，而高层建筑多采用悬挑式脚手架和附着式升降脚手架。

6.2　扣件式钢管脚手架

6.2.1　配件及用途

扣件式钢管脚手架由钢管杆件用扣件连接而成，具有工作可靠、装拆方便和适应性强等特点，是目前我国使用最为普遍的一种多立杆式脚手架。

扣件式钢管脚手架主要搭设配件包括钢管、扣件、底座和脚手板。

1. 钢管

脚手架所用钢管一般为直缝焊接钢管，材质为 Q235 级钢，截面为 ø48.3mm×3.6mm。每根钢管的最大质量不应大于25.8kg。

2. 扣件

扣件为钢管之间的扣接连接件，采用锻铸铁或铸钢制作。扣件在螺栓拧紧扭力达到65N·m时，不得破坏。如图6.2.1所示，扣件按结构形式分为三种：

（1）直角扣件：用于连接扣紧两根互相垂直交叉的钢管；

（2）回转扣件：用于连接扣紧两根平行或呈任意角度相交的钢管；

（3）对接扣件：用于竖向钢管的对接接长。

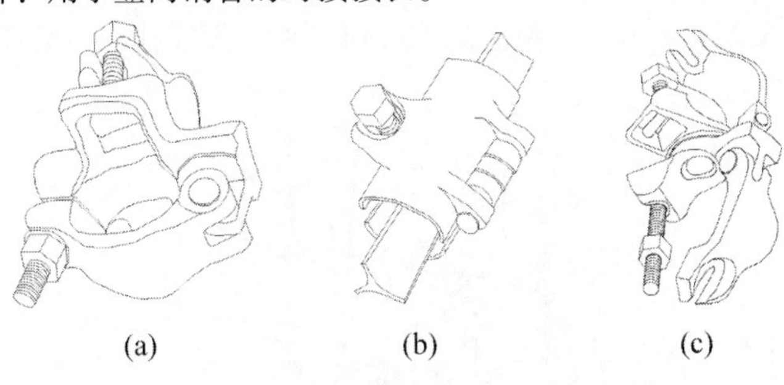

图6.2.1　扣件

（a）直角扣件；（b）对接扣件；（c）旋转扣件

3. 底座

底座是设于立杆底部的垫座，用于承受脚手架立杆传递下来的荷载，包括可调底座和固定底座。固定底座可采用锻铸铁或铸钢制作，也可用厚8mm、边长150mm的钢板作底板，与外径60 mm、壁厚3.5mm、长度150mm的钢管钢管焊接而成。如图6.2.2所示。

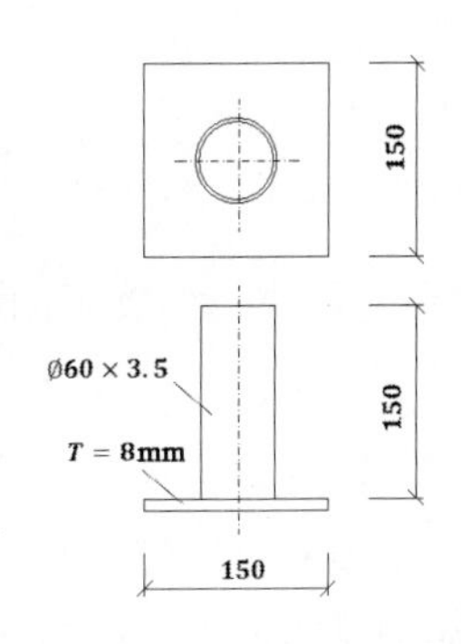

图6.2.2　底座

4. 脚手板

脚手板按照所用材料的不同分为钢制脚手板、木制脚手板和竹制脚手板，见图6.2.3。一般单块脚手板的质量不宜大于30kg。冲压钢脚手板用碳素钢板压制，材质为 Q235 钢。为了减轻其重量和防滑，通常要在钢板上打孔，孔径为25mm。板宽250mm，定尺长度为2m、3m、4m等。为了便于脚手板相互连接，板边设置卡槽。木脚手板的厚度不应小于50mm，板宽一般为200~300mm，长度一般不超过6m，两端应用直径不小于4mm的镀锌钢丝绑扎固定在脚手架钢管上。竹制的脚手板采用毛竹或楠竹制作，分竹串片脚手板和竹笆脚手板两种形式。竹串片脚手板的宽度为250mm，长度2~3m。比较而言，竹串片脚手板比较挺直，搭设跨度可以较大；而竹笆脚手板相对较柔软，铺设面积较大；两者在搭设方式上有较大差别。

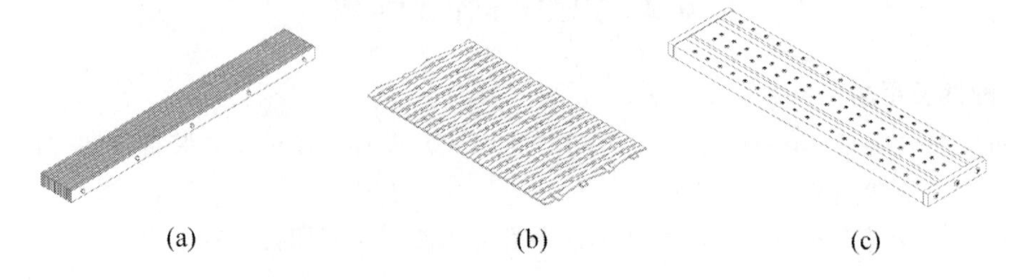

图 6.2.3 脚手板

（a）竹串片脚手板；（b）竹笆脚手板；（c）冲压钢脚手板

6.2.2 脚手架搭设要求

扣件式钢管外脚手架有单排脚手架、双排脚手架两种。

单排脚手架仅在脚手架外侧设一排立杆，其小横杆一端与大横杆连接，另一端搁置在墙上。单排脚手架用料少，但稳定性较差，且需要在墙上留设脚手孔，搭设高度不宜超过24m，不宜用于厚度小于 180 mm 的墙体、空斗砖墙、加气块墙等轻质墙体。

双排脚手架在脚手架的里外侧均设有立杆，稳定性好，搭设高度一般不超过 50m。搭设的有关构造如图 6.2.4 所示。其构造部件包括立杆、大横杆、小横杆、栏杆、扫地杆、剪刀撑、斜撑和抛撑等。

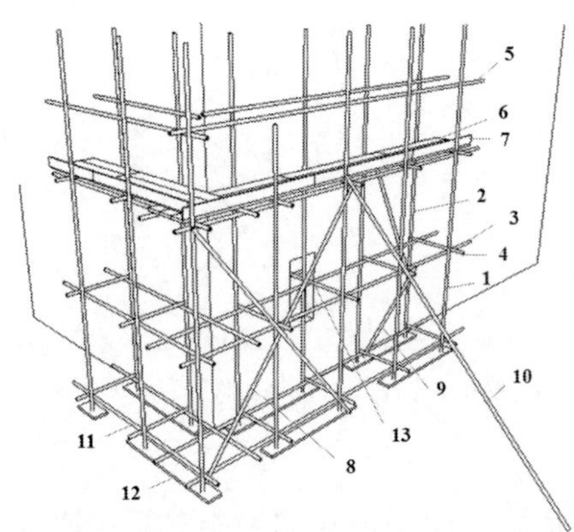

图 6.2.4 双排扣件式钢管脚手架构造示意图

1 外立杆；2. 内立杆；3. 纵向水平杆；4. 横向水平杆；5. 栏杆；6. 脚手板；

7 挡脚板；8 剪刀撑；10－抛撑；11－扫地杆；12. 垫板；13. 连墙件

1. 地基

地基应平整坚实，每个立杆底部设置底座或垫板。地基应高出自然地坪 50mm，有可靠的排水措施。如图 6.2.5 所示。

2. 立杆

立杆横向间距为 1.05～1.5m，最小宽度应满足作业操作的要求；纵向间距为1.4～2.0m。

脚手架必须设置纵、横向扫地杆。横向扫地杆应采用直角扣件固定在紧靠纵向扫地杆下方的立杆上。纵向扫地杆应采用直角扣件固定在距钢管底端不大于 200mm 处的立杆上，见图 6.2.6。

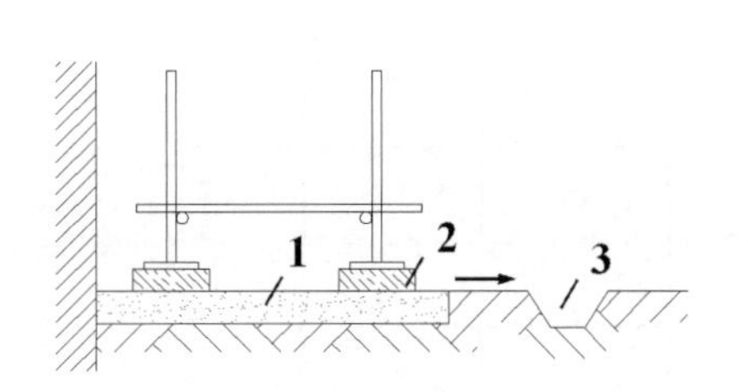

图6.2.5　脚手架地基处理示意图

1. 垫层；2. 垫板；3. 排水沟

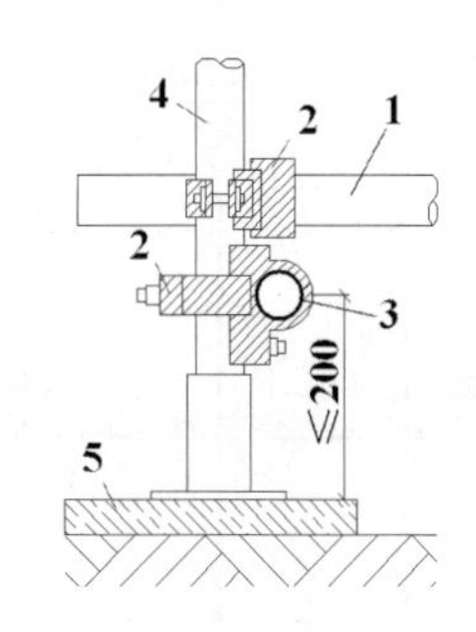

图6.2.6　扫地杆设置构造示意图

1. 扫地杆；2. 直角扣件；3. 横向水平杆；4. 立杆；5. 垫板

脚手架立杆基础不在同一高度上时，必须将高处的纵向扫地杆向低处延长两跨与立杆固定，高低差不应大于1m。见图6.2.7，靠边坡上方的立杆轴线到边坡的距离不应小于500mm。

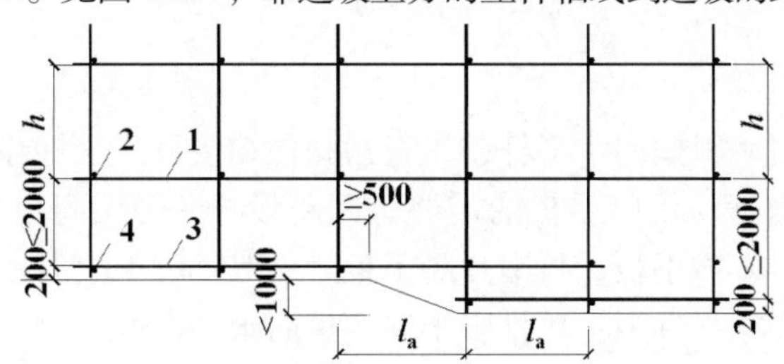

图6.2.7　脚手架扫地杆设置构造示意图

1. 纵向水平杆；2. 横向水平杆；3. 纵向扫地杆；4. 横向扫地杆

单排、双排与满堂脚手架立杆接长除顶层顶步外，其余各层各步接头必须采用对接扣件连接。当立杆采用对接接长时，立杆的对接扣件应交错布置，两根相邻立杆的接头不应设置在同步内，同步内隔一根立杆的两个相隔接头在高度方向错开的距离不宜小于500mm；各接头中心至主节点的距离不宜大于步距的1/3。

3. 纵向水平杆

纵向水平杆宜设置在立杆内侧，其长度不宜小于3跨；纵向水平杆接长宜采用对接扣件连接，也可采用搭接。杆件搭接时，搭接长度不应小于1米，应等间距设置3个旋转扣件固定，端部扣件盖板边缘至搭接纵向水平杆杆端的距离不应小于100mm，如图6.2.8所示。

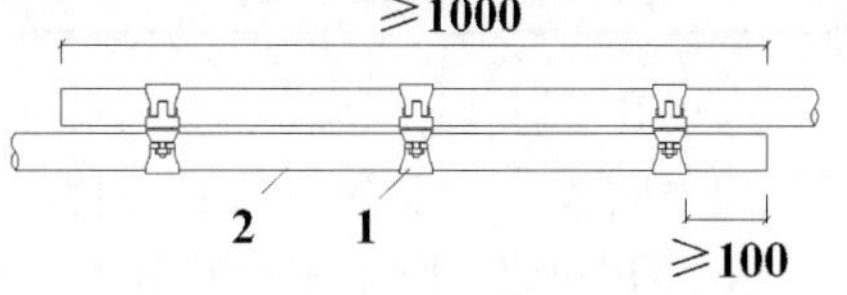

图6.2.8　杆件搭接构造示意图

1. 旋转扣件；2. 脚手架钢管

纵向水平杆的对接扣件应交错布置，见图6.2.9所示：两根相邻纵向水平杆的接头不宜设置在同步或同跨内；不同步或不同跨两个相邻接头在水平方向错开的距离不应小于500mm；各接头中心至最近主节点的距离不宜大于纵距的1/3；使用竹笆脚手板时，双排脚手架的横向水平杆两端，应用直角扣件固定在立杆上；单排脚手架的横向水平杆的一端，应用直角扣件固定在立杆上、另一端应插入墙内，插入长度亦不应小于180mm。单、双排脚手架底层步距均不应大于2m。

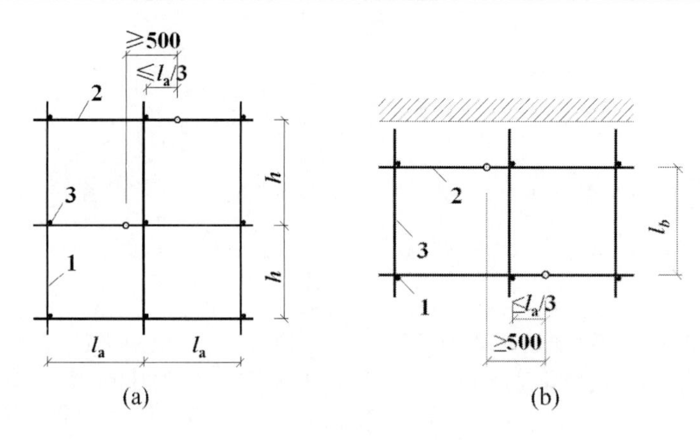

图 6.2.9　脚手架扫地杆设置构造示意图

（a）立面图；（b）平面图

1. 立杆；2. 纵向水平杆；3. 横向水平杆

4. 横向水平杆

主节点处必须设置一根横向水平杆，用直角扣件扣接且严禁拆除；作业层上非主节点处的横向水平杆，宜根据支承脚手板的需要等间距设置，最大间距不应大于纵距的 1/2；当使用冲压钢脚手板、木脚手板、竹串片脚手板时，双排脚手架的横向水平杆两端均应采用直角扣件固定在纵向水平杆上；单排脚手架的横向水平杆的一端，应用直角扣件固定在纵向水平杆上，另一端应插入墙内，插入长度不应小于 180mm。

5. 剪刀撑

双排脚手架应设剪刀撑和横向斜撑，单排脚手架应设剪刀撑。每道剪刀撑跨越立杆的根数宜按规定确定，见表 6.2.1。每道剪刀撑宽度不应小于 4 跨，且不应小于 6m，斜杆与地面的倾角宜 45°～60°之间；剪刀撑斜杆的接长应采用搭接或对接，搭接应符合规范规定；剪刀撑斜杆应用旋转扣件固定在与之相交的横向水平杆的伸出端或立杆上，旋转扣件中心线至主节点的距离不宜大于 150mm。

表 6.2.1　剪刀撑跨越立杆的最多根数

剪刀撑斜杆与地面的倾角 α	45°	50°	60°
剪刀撑跨越立杆的最多根数 n	7	6	5

高度在 24m 以下的单、双排脚手架，均必须在外侧立面两端、转角及中间间隔不超过 15m 的立面上，各设置一道剪刀撑，并应由底至顶连续设置，如图 6.2.10 所示；高度在 24m 及以上的双排脚手架应在外侧立面连续设置剪刀撑，如图 6.2.11 所示。

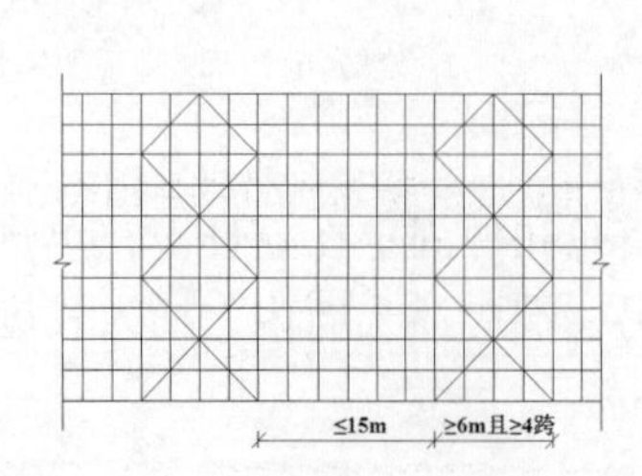

图 6.2.10　24m 以下剪刀撑布置示意图

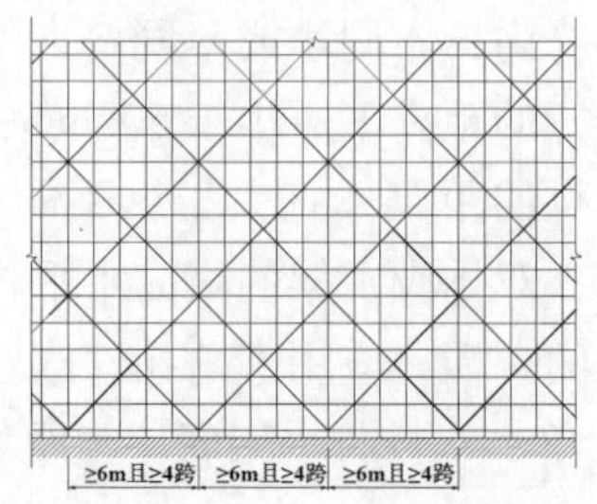

图 6.2.11　24m 以上剪刀撑布置示意图

6. 横向斜撑

高度在24m以下的封闭型双排脚手架可以不设横向斜撑；高度在24m以上的封闭型脚手架，除了拐角应设置横向斜撑外，中间应每隔6跨设置一道；横向斜撑应在同一节间，由底至顶层呈之字形连续布置，见图6.2.12所示；宜采用旋转扣件固定在与之相交的横向水平杆的伸出端上，旋转扣件中心线至主节点的距离不宜大于150mm，见图6.2.13所示。开口型双排脚手架的两端均应必须设置横向斜撑。

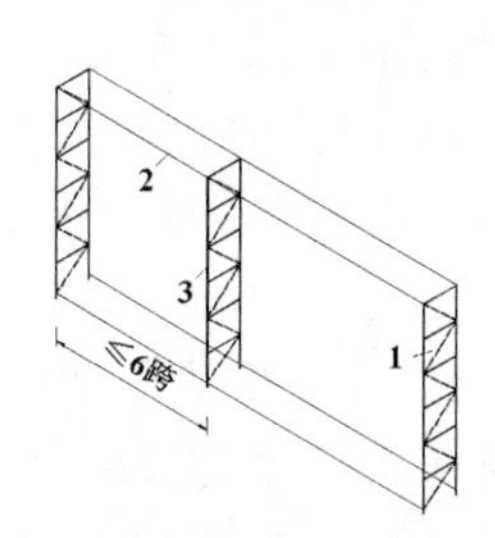

图6.2.12　24m以上斜撑布置示意图

1. 斜撑；2. 纵向水平杆；3. 立杆

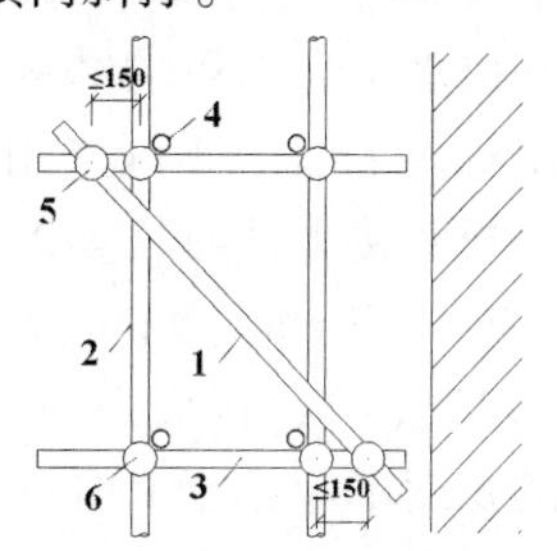

图6.2.13　横向斜撑连接构造示意图

1. 斜撑；2. 立杆；3. 横向水平杆；4. 纵向水平杆；5. 旋转扣件；6. 直角扣件

7. 连墙件

连墙件设置的一般规定：

（1）宜靠近主节点设置，偏离主节点的距离不应大于300mm；

（2）应从底层第一步纵向水平杆处开始设置，当该处设置有困难时，应采用其他可靠措施固定；

（3）宜优先采用菱形布置，也可采用方形、矩形布置；

（4）开口型脚手架的两端必须设置连墙件，连墙件的垂直间距不应大于建筑物的层高，并不应大于4m；

（5）连墙件中的连墙杆应呈水平设置，当不能水平设置时，应向脚手架一端下斜连接，如图6.2.14所示。

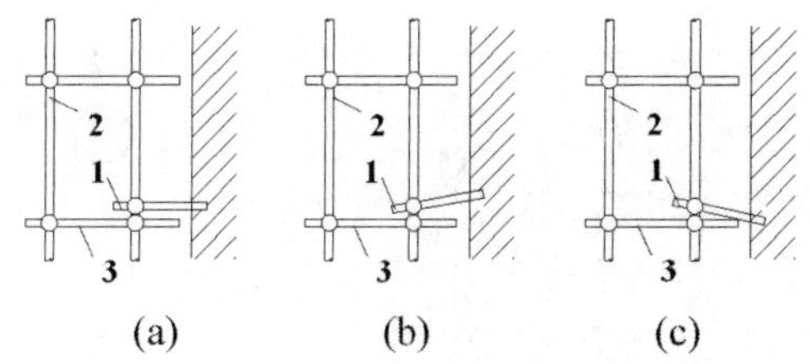

图6.2.14　连墙件构造要求

（a）水平（可行）；（b）下斜（可行）；（c）上翘（不可以）

1. 连墙杆件；2. 立杆；3. 横向水平杆

连墙件必须采用可承受拉力和压力的构造。对高度24m以上的双排脚手架，应采用刚性连墙件与建筑物连接。当脚手架下部暂不能设连墙件时应采取防倾覆措施。当搭设抛撑时，抛撑应采用通长杆件，并用旋转扣件固定在脚手架上，与地面的倾角应在45°~60°之间；连接点中心至主节点的距离不应大于300mm。抛撑应在连墙件搭设后方可拆除。架高超过40m且有风涡流作用时，应采取抗上升翻流作用的连墙措施。

8. 脚手板

当使用竹笆脚手板时，纵向水平杆应采用直角扣件固定在横向水平杆上，并应等间距设置，间距不应大于400mm，见图6.2.15。当使用冲压钢脚手板、木脚手板、竹串片脚手板时，纵 向水平杆应作为横向水平杆的支座，用直角扣件固定在立杆上；脚手板应设置在三根横向水 平杆上。在铺脚手板的操作层上设2道护栏，上栏杆高度应为1.2m，下栏杆距脚手板面0.2～0.3m，见图6.2.16；连墙杆应设置在框架梁或楼板附近等具有较好抗水平力作用的结构部 位，其垂直、水平间距不大于6m。此三种脚手板的铺设可采用对接平铺，亦可采用搭接铺 设。对接平铺的作业面比较平整，但横杆用量较多。脚手板对接平铺时，如图6.2.17（a），接头处必须设两根横向水平杆，脚手板外伸长应取130～150mm，两块脚手板外伸长度的和 不应大于300mm；脚手板搭接铺设时，如图6.2.17（b），接头必须支在横向水平杆上，搭接 长度应大于200mm，其伸出横向水平杆的长度不应小于100mm。作业层端部脚手板探头长度 应取150mm，其板的两端均应固定于支承杆件上。作业层脚板应铺满、铺稳，离开墙面 120～150mm。当脚手板长度小于2m时，可采用两根横向水平杆支承，但应将脚手板两端与其 可靠固定，严防倾翻，见图6.2.17（c）。

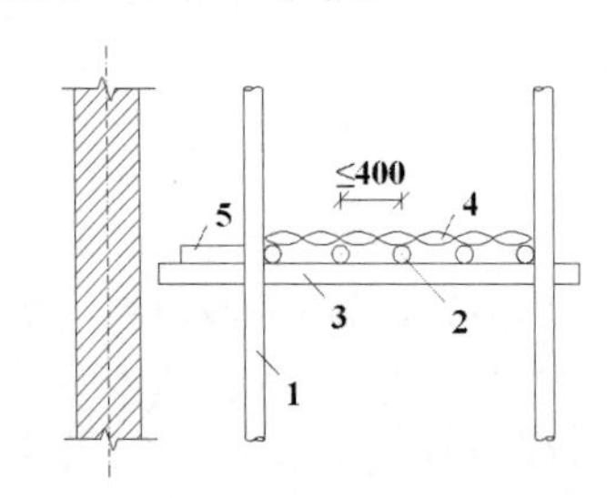

图6.2.15 竹笆脚手板铺设构造示意图

1. 立杆；2. 纵向水平杆；3. 横向水平杆；4. 竹笆脚手板；5. 其他脚手板

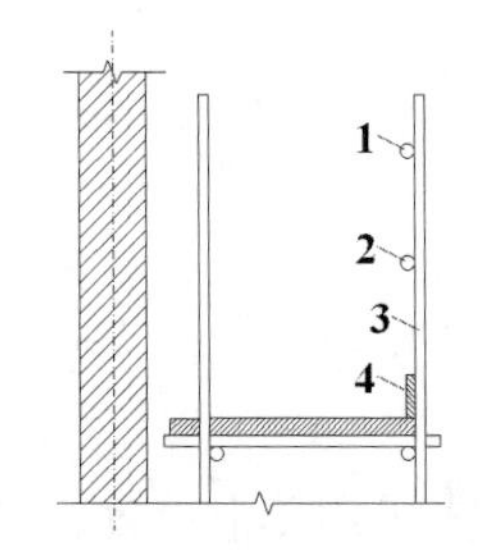

图6.2.16 栏杆与挡脚板构造

1. 上栏杆；2. 下栏杆；3. 立杆；4. 挡脚板

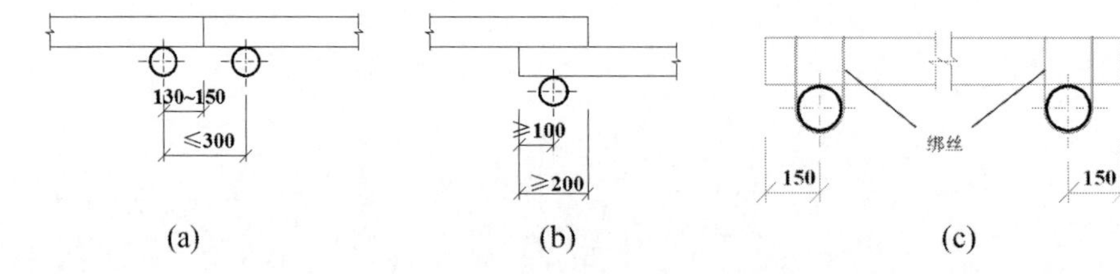

图6.2.17 脚手板搭接、对接、探头构造

（a）对接；（b）搭接；（c）探头

6.2.3 扣件式钢管脚手架设计尺寸

1. 双排脚手架

常用密目式安全立网全封闭双排脚手架结构的设计尺寸宜符合表6.2.2的规定。

表 6.2.2　常用密目安全立网全封闭式双排脚手架的设计尺寸（m）

<table>
<tr><th rowspan="2">连墙件设置</th><th rowspan="2">立杆横距 l_b</th><th rowspan="2">步距 h</th><th colspan="4">下列荷载时的立杆纵距 l_a</th><th rowspan="2">脚手架允许搭设高度 H</th></tr>
<tr><th>2 +0.35（kN/m²）</th><th>2 +2 +2 ×0.35（kN/m²）</th><th>3 +0.35（kN/m²）</th><th>3 +2 +2 ×0.35（kN/m²）</th></tr>
<tr><td rowspan="6">二步三跨</td><td rowspan="2">1.05</td><td>1.50</td><td>2.0</td><td>1.5</td><td>1.5</td><td>1.5</td><td>50</td></tr>
<tr><td>1.80</td><td>1.8</td><td>1.5</td><td>1.5</td><td>1.5</td><td>32</td></tr>
<tr><td rowspan="2">1.30</td><td>1.50</td><td>1.8</td><td>1.5</td><td>1.5</td><td>1.5</td><td>50</td></tr>
<tr><td>1.80</td><td>1.8</td><td>1.2</td><td>1.5</td><td>1.2</td><td>30</td></tr>
<tr><td rowspan="2">1.55</td><td>1.50</td><td>1.8</td><td>1.5</td><td>1.5</td><td>1.5</td><td>38</td></tr>
<tr><td>1.80</td><td>1.8</td><td>1.2</td><td>1.5</td><td>1.2</td><td>22</td></tr>
<tr><td rowspan="4">三步三跨</td><td rowspan="2">1.05</td><td>1.50</td><td>2.0</td><td>1.5</td><td>1.5</td><td>1.5</td><td>43</td></tr>
<tr><td>1.80</td><td>1.8</td><td>1.2</td><td>1.5</td><td>1.2</td><td>24</td></tr>
<tr><td rowspan="2">1.30</td><td>1.50</td><td>1.8</td><td>1.5</td><td>1.5</td><td>1.2</td><td>30</td></tr>
<tr><td>1.80</td><td>1.8</td><td>1.2</td><td>1.5</td><td>1.2</td><td>17</td></tr>
</table>

注：①表中所示 2 +2 +2 ×0.35（kN/m²），包括下列荷载：2 +2（kN/m²）为二层装修作业层施工荷载标准值；2 ×0.35（kN/m²）为二层作业层脚手板自重荷载标准值；②作业层横向水平杆间距，应按不大于 $l_a/2$ 设置；③地面粗糙度为 B 类，基本风压 $\omega = 0.4kN/m^2$。

2. 单排脚手架

常用密目式安全立网全封闭单排脚手架结构的设计尺寸宜符合表 6.2.3 的规定。

表 6.2.3　常用密目安全立网全封闭式单排脚手架的设计尺寸（m）

<table>
<tr><th rowspan="2">连墙件设置</th><th rowspan="2">立杆横距 l_b</th><th rowspan="2">步距 h</th><th colspan="2">下列荷载时的立杆纵距 l_a</th><th rowspan="2">脚手架允许搭设高度 H</th></tr>
<tr><th>2 +0.35（kN/m²）</th><th>3 +0.35（kN/m²）</th></tr>
<tr><td rowspan="4">二步三跨</td><td rowspan="2">1.2</td><td>1.50</td><td>2.0</td><td>1.8</td><td>24</td></tr>
<tr><td>1.80</td><td>1.5</td><td>1.2</td><td>24</td></tr>
<tr><td rowspan="2">1.4</td><td>1.50</td><td>1.8</td><td>1.5</td><td>24</td></tr>
<tr><td>1.80</td><td>1.5</td><td>1.2</td><td>24</td></tr>
<tr><td rowspan="4">三步三跨</td><td rowspan="2">1.2</td><td>1.50</td><td>2.0</td><td>1.8</td><td>24</td></tr>
<tr><td>1.80</td><td>1.2</td><td>1.2</td><td>24</td></tr>
<tr><td rowspan="2">1.4</td><td>1.50</td><td>1.8</td><td>1.5</td><td>24</td></tr>
<tr><td>1.80</td><td>1.2</td><td>1.2</td><td>24</td></tr>
</table>

注：同表 6.2.2。

6.3　碗扣式钢管脚手架

碗扣式钢管脚手架是一种杆件轴心相交（接）的承插锁固式钢管脚手架，采用带连接件的定型杆件，组装简便，具有比扣件式钢管脚手架更强的稳定性和承载能力。用途主要可分为双排脚手架和模板支撑架（满堂脚手架）两类。碗扣式钢管脚手架与扣件式钢管脚手架的重要差别在于其立杆与水平杆件连接方式采用碗扣式连接，因此，碗扣节点构造是是其重要特征。

6.3.1 杆件、配件

1. 杆件、配件的种类及其规格与材质

碗扣式脚手架的杆件类型包括立杆、横杆、间横杆、专用斜杆、十字撑等。碗扣节点由上碗扣、下碗扣、立杆、横杆接头和上碗扣限位销等配件组成，见图 6.3.1 所示。一个碗扣接头可同时连接 4 根横杆，横杆可以相互垂直或偏转一定角度。杆件及配件的规格与材质见表 6.3.1。

表 6.3.1　碗扣式脚手架杆件及配件规格与材质

杆　　件		材　　质
立杆 ø48.3mm×3.5mm	节点模数 0.5m	Q345
	节点模数 0.6m	Q235
水平杆、斜杆	节点模数 0.3m	Q235
上碗扣	碳素结构钢	Q235
	可锻铸铁	ZG270 - 500/KTH350 - 10
下碗扣	碳素铸钢	ZG270 - 500
接头（水平杆、斜杆）	碳素铸钢	ZG270 - 500
	碳素结构钢	Q235
实心螺杆	碳素结构钢	Q235
可调托撑/调节螺母	可锻铸铁	KTH330 - 08
	碳素铸钢	ZG230 - 450

碗扣式钢管脚手架采用的钢管规格为 Φ48×3.5mm，材质为 Q235 钢。立杆上碗扣节点间距有 0.5m 和 0.6m 两个模数。如图 6.3.2 所示，立杆接长可以采用内插套管和外插套管两种方式。当采用外插套时，外插套管壁厚不应小于 3.5mm；当采用内插套时，内插套管壁厚不应小于 3.0mm。插套长度不应小于 160mm，焊接端插入长度不应小于 60mm，外伸长度不应小于 110mm，插套与立杆钢管间的间隙不应大于 2mm。立杆与立杆连接的连接孔处应能插入 Φ12mm 连接销。

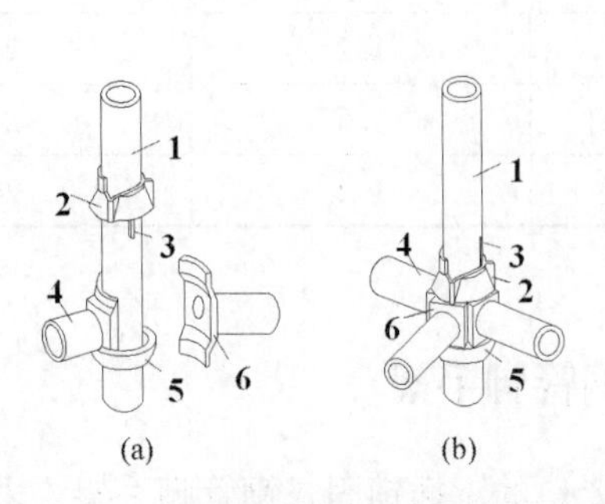

图 6.3.1　碗扣式脚手架连接节点示意图

（a）安装前；（b）安装后

1. 立杆；2. 上碗扣；3. 限位销；4. 横杆；5. 下碗扣；6. 横杆接头

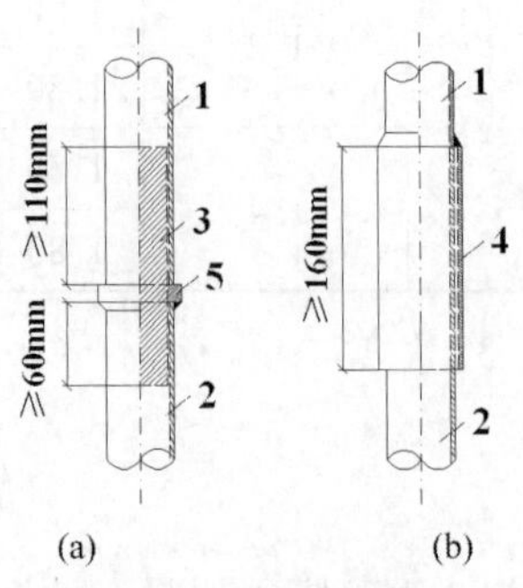

图 6.3.2　立杆接长构造示意图

（a）内插管；（b）外套管

1. 上立杆；2. 下立杆；3. 内插管；4. 外套管；5. 承托

上碗扣和水平杆接头不得采用钢板冲压成型。当下碗扣采用钢板冲压成型时，其材质不得低于现行国家标准《碳素结构钢））GB/T 700 中 Q235 级钢的规定，板材厚度不得小于4mm，并应经600℃～650℃的时效处理；严禁利用废旧锈蚀钢板改制。

2. 杆件、配件的构造与与用途

1）立杆

立杆是带有活动上碗扣，且焊有固定下碗扣和竖向连接套管的竖向钢管构件。节点的下碗扣沿高度分别按0.5m和0.6m两个模数固定设置，上碗扣可以沿立杆上下移动。此外，立杆上还设有接长用套管及连接销孔。

2）水平杆

两端焊接有连接板接头，与立杆通过上下碗扣连接的水平钢管构件，包括纵向水平杆和横向水平杆。横向水平杆是两端焊有插卡装置，与纵向水平杆通过插卡装置相连，用于双排脚手架的横向水平钢管构件。

安装横杆时，先将上碗扣的缺口对准限位销，即可将上碗扣沿立杆向上移动，再把横杆接头插入下碗扣圆槽内，随后将上碗扣沿限位销滑下并顺时针旋转以扣紧横杆接头（可使用锤子敲击几下即可达到扣紧要求）。碗扣式接头的拼接完全避免了螺栓作业，大大提高了施工工效。

(3）斜杆

两端带有接头，用作脚手架斜撑杆的钢管构件。按接头形式可分为专用外斜杆和内斜杆；按设置方向可分为水平斜杆和竖向斜杆。专用外斜杆是用于脚手架端部或外立面，两端焊有旋转式连接板接头的斜向钢管构件。内斜杆是用于脚手架内部，两端带有扣接头的斜向钢管构件。

4）连墙件

连墙件是使脚手架与建筑物的墙体结构等牢固连接，加强脚手架抵御风荷载及其他水平荷载的能力，防止脚手架倒塌且增强稳定承载力的构件。有碗扣式连墙件和扣件式连墙件两种形式。碗扣式连墙件可直接用碗扣接头同脚手架连在一起，受力性能好，如图6.3.1所示；当脚手架形状不规则或者碗扣式杆件应用不便时，可采用扣件式钢管连墙件。

5）脚手板

脚手板可采用钢、木或竹材料制作，单块脚手板的质量不宜大于30kg；钢脚手板材质应符合现行国家标准的规定；冲压钢脚手板的钢板厚度不宜小于1.5mm，板面冲孔内切圆直径应小于25mm；木脚手板材质应符合现行国家标准中Ⅱa级材质的规定；脚手板厚度不应小于50mm，两端宜各设直径不小于4mm的镀锌铁丝箍两道；竹串片脚于板和竹笆脚手板宜采用毛竹或楠竹制作。

6.3.2　双排脚手架搭设构造要求

1. 立杆

碗扣式钢管双排外脚手架搭设高度一般不超过50m，模板支撑架高度一般不超过30m。立杆横向间距不超过1.2m，纵向间距不超过1.5m，上下立杆通过内插管或外套管连接。在立杆上按照0.6m模数或0.5m模数设置碗扣接头，步架高1.8m或2.0m。

为了避免立杆接头都位于同一步高范围内，脚手架起步立杆应采用不同型号（长度）的杆件并交错布置，如图6.3.3所示，一般长立杆取3m，短立杆取1.8m；随后的杆件可取相同型号（如3m杆件），至顶层步高范围时，再采用3m和1.8m杆件进行调整。

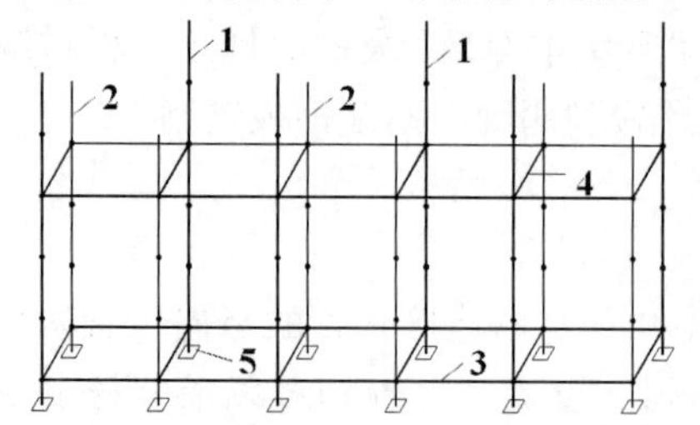

图6.3.3　双排脚手架起步立杆布置示意图

1. 型号I立杆；2. 型号II立杆；

3. 扫地杆；4. 横向水平杆；5. 底座

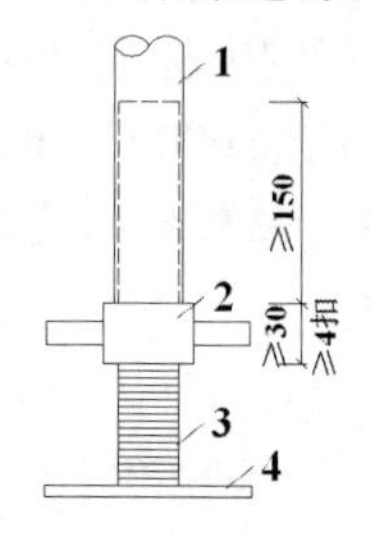

图6.3.4　底座构造示意图

1. 立杆；2. 螺母；3. 螺杆；4. 底板

立杆应配置可调底座，如图6.3.4所示。可调底座及可调托撑丝杆与螺母捏合长度不得少于4～5扣，插入立杆内的长度不得小于150mm。立杆底部应设置扫地杆（包括纵向和横向水平杆），并且严禁拆除，由于立杆底部设置了可调底座，一般扫地杆距离地面高度不应超过400mm；当此高度超过400mm时，应当采取必要的拉结措施，也可采取如图6.3.5所示的构造处理。

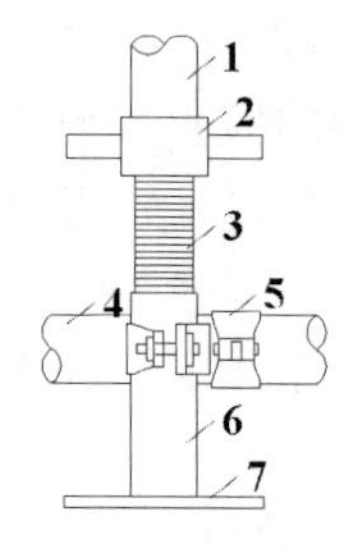

图6.3.5　底座构造示意图

1. 立杆；2. 螺母；3. 螺杆；4. 扫地杆；

5. 直角扣件；6. 底座套管；7. 底板

双排脚手架立杆顶端防护栏杆宜高出作业层1.5m。

2. 水平杆

脚手架的水平杆按照步距要求连续设置，不得间断。在立杆的底部碗扣处应设置一道纵向水平杆、横向水平杆作为扫地杆，扫地杆距离地面高度不应超过400mm，水平杆和扫地杆应与相邻立杆连接牢固。

3. 斜撑杆

斜撑杆分竖向斜撑杆（图6.3.6）和水平斜撑杆（图6.3.7）两种，并采用专用斜杆设置。其中，水平斜撑杆仅在双排脚手架高度在24m以上时，顶部24m以下所有的连墙件设置层应连续设置“之”字形水平斜撑杆，水平斜撑杆应设置在纵向水平杆之下。

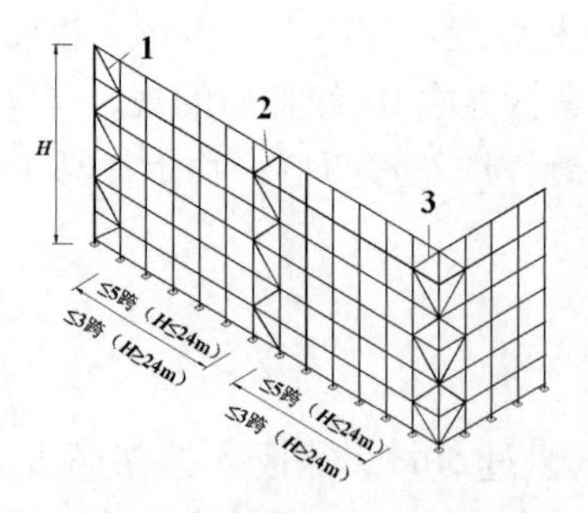

图6.3.6　双排脚手架竖向斜撑杆布置示意图

1. 端部斜撑杆；2. 中间斜撑杆；3. 拐角斜撑杆

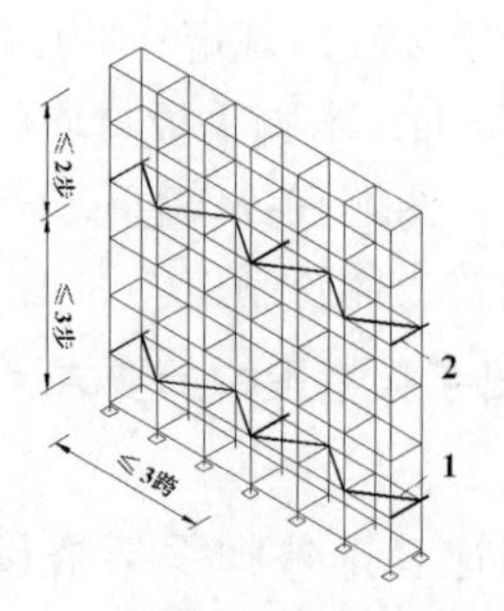

图6.3.7　双排脚手架水平斜撑杆布置示意图

1. 水平斜撑杆；2. 连墙件

双排脚手架的竖向斜撑杆设置应符合下列规定：

（1）竖向斜撑杆应采用专用外斜杆，并应设置在有纵向及横向水平杆的碗扣节点上；

（2）在双排脚手架的转角处、开口型双排脚手架的端部应各设置一道竖向斜撑杆；

（3）当架体搭设高度在24m以下时，每隔不大于5跨应设置一道竖向斜撑杆；当架体搭设高度在24m及以上时，每隔不大于3跨应设置一道竖向斜撑杆；相邻斜撑杆宜对称八字形设置；

（4）每道竖向斜撑杆应在双排脚手架外侧相邻立杆间由底至顶按步连续设置；

（5）当斜撑杆临时拆除时，拆除前应在相邻立杆间设置相同数量的斜撑杆。

当采用钢管扣件剪刀撑代替竖向斜撑杆时，应符合扣件式钢管脚手架有关剪刀撑的构造规定。

4. 连墙件

双排脚手架连墙件的设置应符合下列规定：

（1）连墙件应采用能承受压力和拉力的构造，并应与建筑结构和架体连接牢固，如图6.3.8所示；

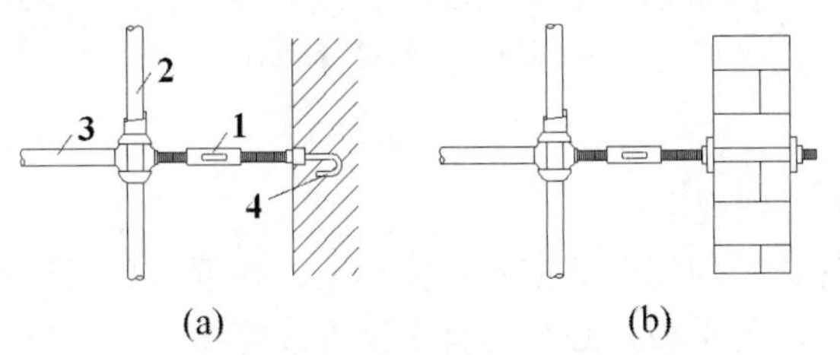

图6.3.8　扣件式连墙撑构造示意图

（a）混凝土墙连墙件；（b）砖墙连墙件

1. 连墙件；2. 立杆；3. 横向水平杆/水平斜撑杆；4. 预埋件

（2）同一层连墙件应设置在同一水平面，连墙点的水平投影间距不得超过三跨，竖向垂直间距不得超过三步，连墙点之上架体的悬臂高度不得超过两步；

（3）在架体的转角处、开口型双排脚手架的端部应增设连墙件，连墙件的竖向垂直间距不应大于建筑物的层高，且不应大于4m；

（4）连墙件宜从底层第一道水平杆处开始设置；

（5）连墙件宜采用菱形布置，也可采用矩形布置；

（6）连墙件中的连墙杆宜呈水平设置，也可采用连墙端高于架体端的倾斜设置方式；

（7）连墙件应设置在靠近有横向水平杆的碗扣节点处，当采用钢管扣件做连墙件时，连墙件应与立杆连接，连接点距架体碗扣主节点距离不应大于300mm；

（8）当双排脚手架下部暂不能设置连墙件时，应采取可靠的防倾覆措施，但无连墙件的最大高度不得超过6 m。

5. 剪刀撑

当采用钢管扣件剪刀撑代替竖向斜撑杆时（图6.3.9），应符合下列规定：

（1）当架体搭设高度在24m以下时，应在架体两端、转角及中间间隔不超过15m，各设置一道竖向剪刀撑（图6.3.9（a））；当架体搭设高度在24m及以上时，应在架体外侧全立面连续设置竖向剪刀撑（图6.3.9（b））；

（2）每道剪刀撑的宽度应为4跨~6跨，且不应小于6m，也不应大于9m；

（3）每道竖向剪刀撑应由底至顶连续设置。

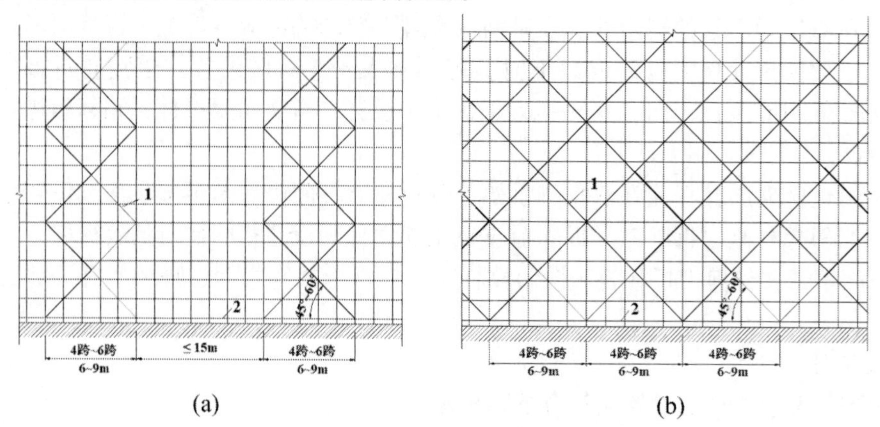

图6.3.9　双排脚手架剪刀撑设置示意图

（a）不连续剪刀撑（高度≤24m）；（b）连续剪刀撑（高度≥24m）

1. 竖向剪刀撑；2. 扫地杆

6. 脚手板

脚手板设置应符合下列规定：

（1）钢脚手板的挂钩必须完全落在廊道横杆上，并带有自锁装置，严禁浮放；

（2）平放在横杆上的脚手板，必须与脚手架连接牢靠，可适当加设间横杆，脚手板探头长度应小于150mm；

（3）作业层的脚手板框架外侧应设挡脚板及防护栏，护栏应采用二道横杆。

6.3.3　碗扣式钢管双排脚手架设计尺寸

常用碗扣式钢管双排脚手架结构的设计尺寸和架体允许搭设高度宜符合表6.3.2的规定。

表6.3.2　碗扣式钢管双排脚手架设计尺寸（m）

连墙件设置	步距 h	横距 l_b	纵距 l_a	脚手架允许搭设高度 H		
				基本风压值 w_0（kN/m²）		
				0.4	0.5	0.6
二步三跨	1.8	0.9	1.5	48	40	34
		1.2	1.2	50	44	40
	2.0	0.9	1.5	50	45	42
		1.2	1.2	50	45	42
三步三跨	1.8	0.9	1.2	30	23	18
		1.2	1.2	26	21	17

注：表中架体允许搭设高度的取值基于下列条件：①计算风压高度变化系数时，按地面粗糙度为C类采用；②装修作业层施工荷载标准值按2.0kN/m²采用，脚手板自重标准值按0.35kN/m²采用；③作业层横向水平杆间距按不大于立杆纵距的1/2设置；④当基本风压值、地面粗糙度、架体设计尺寸和脚手架用途及作业层数与上述条件不相符时，架体允许搭设高度应另行计算确定。

6.4　悬挑式脚手架

悬挑式脚手架是利用建筑外侧周边挑出的型钢构架将其上部的脚手架架体荷载传递给已经完工的下部结构的外脚手架形式。它主要由型钢外挑支架、扣件式钢管脚手架及连墙件三部分组成。适用于在高度不大于100m 的高层建筑施工的外脚手架。悬挑式脚手架工程属危险性较大的分部分项工程，施工单位应当在施工前编制专项方案。

根据国内几十年的实践经验及对国内脚手架的调查，立杆采用单管的落地脚手架一般在50m 以下。当需要的搭设高度大于50m 时，一般都比较慎重地采用了加强措施，如采用双管立杆、分段卸荷、分段搭设等方法。国内在脚手架的分段搭设、分段卸荷方面已经积累了许多可靠、行之有效的方法和经验。

从经济方面考虑。落地脚手架搭设高度超过50m 时，钢管、扣件的周转使用率降低，脚手架的地基基础处理费用也会增加。

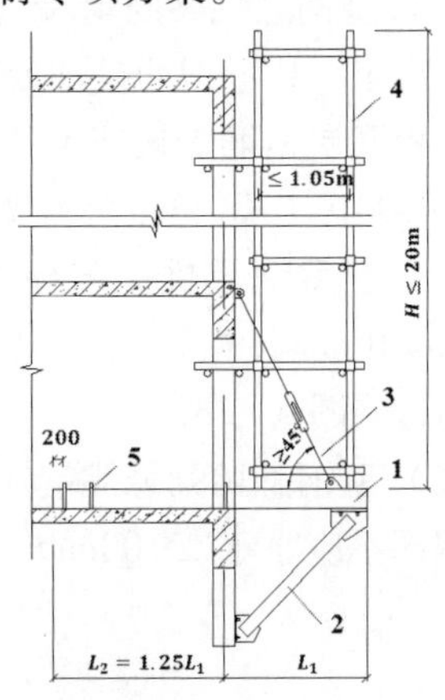

图6.4.1　悬挑式脚手架构造示意图

1. 型钢；2. 斜撑；3. 钢丝绳；
4. 上部脚手架；5. 锚固件

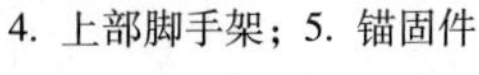

6.4.1　悬挑式脚手架构造形式

悬挑式脚手架的底部悬挑构件通常采用型钢悬臂梁的形式（图6.4.1）。为了增加悬挑钢梁可靠性和承载能力应在其前端采取拉结卸载和支撑卸载的方式。拉结卸载的吊拉构件可以采用刚性的型钢杆件或者柔性的钢丝绳。如果使用钢丝绳，其直径不应小于 Ø14mm，预埋吊环的直径不宜小于 Ø20mm（或计算确定），预埋吊环应使用 HPB235 级钢筋制作。钢丝绳卡不得少于 3 个。受力绳应位于卡扣座处，绳扣间距为 150 ~ 200mm，末端钢丝绳长度不得少于 200mm，见图6.4.2。钢丝绳与型钢梁夹角大于 45°。下部斜撑构件分单杆件斜撑和桁架支撑两种形式。构件截面尺寸需要计算确定。当采用单杆件支撑时，由于是受压杆件，截面需要配置较大，防止杆件失稳。

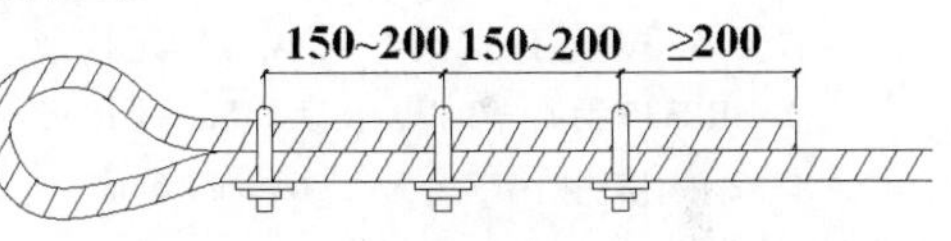

图6.4.2　钢丝绳卡设置

6.4.2　悬挑式脚手架搭设要求

1. 悬臂梁

（1）一次悬挑脚手架高度不宜超过20m，即悬臂梁能够承受的架体总高度不宜超过这个数值。

（2）型钢悬挑梁宜采用双轴对称截面的型钢。悬挑钢梁型号及锚固件应按设计确定，钢梁截面高度不应小于 160mm。悬挑梁尾端应在两处及以上固定于钢筋混凝土梁板结构上。

（3）锚固型钢悬挑梁的 U 形钢筋拉环或锚固螺栓直径不宜小于 16mm。

（4）每个型钢悬挑梁外端宜设置钢丝绳或钢拉杆与上一层建筑结构斜拉结。钢丝绳、钢拉杆不参与悬挑钢梁受力计算；钢丝绳与建筑结构拉结的吊环应使用 HPB235 级钢筋，其直径不宜小于20mm，吊环预埋锚固长度应符合现行国家标准《混凝土结构设计规范》GB50010 中钢筋锚固的规定。

2. 锚固件

（1）U 形钢筋拉环、锚固螺栓与型钢间隙应用钢楔或硬木楔楔紧。

（2）用于锚固的 U 形钢筋拉环或螺栓应采用冷弯成型。

（3）悬挑梁悬挑长度按设计确定。固定段长度不应小于悬挑段长度的 1.25 倍。

（4）型钢悬挑梁固定端应采用2 个（对）及以上 U 形钢筋拉环或锚固螺栓与建筑结构梁板固定，U 形钢筋拉环或锚固螺栓应预埋至混凝土梁、板底层钢筋位置，并应与混凝土梁、板底层钢筋焊接或绑扎牢固，其锚固长度应符合现行国家标准《混凝土结构设计规范》GB50010 中钢筋锚固的规定。如图 6.4.2 所示。

（5）当型钢悬挑梁与建筑结构采用螺栓钢压板连接固定时，钢压板尺寸不应小于100mm ×10mm（宽 ×厚）；当采用螺栓角钢压板连接时，角钢规格不应小于 63mm ×63mm ×6mm，见图 6.4.3。

（6）型钢悬挑梁悬挑端应设置能使脚手架立杆与钢梁可靠固定的定位点，定位点离悬挑梁端部不应小于∟ 100mm，见图 6.4.4。

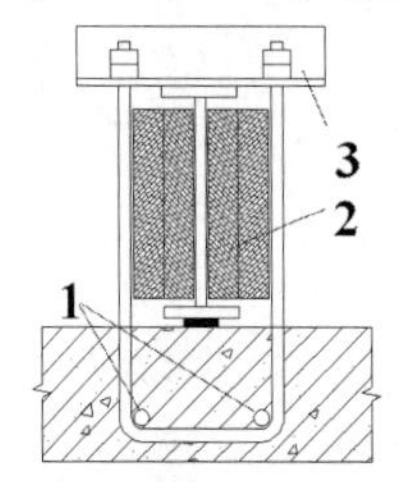

图 6.4.3　悬挑钢梁 U 形螺栓固定构造

1. HRB335 钢筋（2 根，长度 1.5m，Ø18）；2. 木楔侧向楔紧；3. ∟ 63mm ×6mm

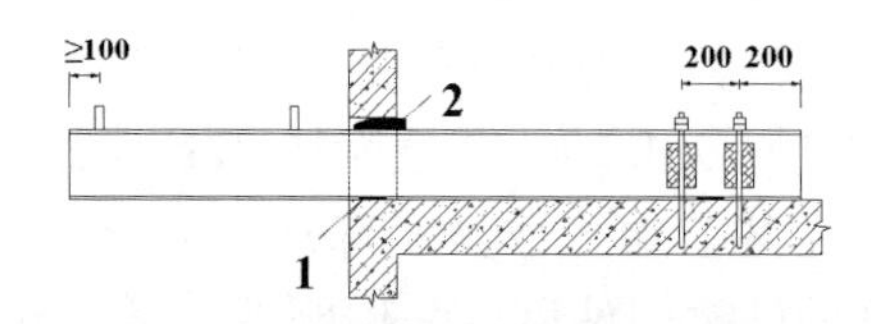

图 6.4.4　悬挑钢梁 U 形螺栓固定构造

1. 钢板 100mm ×150mm ×10mm；2. 楔块楔紧

（7）锚固位置设置在楼板上时，楼板的厚度不宜小于 120mm，否则应采取加固措施。

（8）锚固型钢的主体结构混凝土强度等级不得低于 C20。

（9）悬挑梁间距应按悬挑架架体立杆纵距设置，每一纵距设置一根。

3. 与上部脚手架架体有关构造要求

（1）连墙件设置应符合脚手架构造的规定。

（2）悬挑架的外立面剪刀撑应自下而上连续设置。剪刀撑和横向斜撑设置应符合规范的规定。

（3）悬挑钢梁悬挑长度一般情况下不超过 2m 能满足施工需要，但在工程结构局部有可能满足不了使用要求，但局部悬挑长度不宜超过 3m。当采用大悬挑方案时，应另行专门设计及并进行论证。

（4）在建筑结构角部，钢梁宜扇形布置或采用连梁构造；如果结构角部钢筋较多不能留洞，也可采用设置预埋件焊接型钢三角架等措施。

（5）悬挑钢梁支承点应设置在结构梁上，不得设置在外伸阳台上或悬挑板上，否则应采取加固措施。

（6）脚手架立杆定位点可采用焊接竖直钢筋或短管等方式，钢筋或钢管的长度为

0.2m，直径为25～30mm。

6.5　满堂脚手架

通常意义上的满堂脚手架可分两种类型，当脚手架的纵向、横向的立杆不少于3排，并与水平杆、水平剪刀撑、竖向剪刀撑、扣件等构成脚手架的情况下，如果架体顶部作业层搭设于水平杆上时，施工荷载通过水平杆传递给立杆，立杆呈现偏心受压状态时，简称满堂脚手架；如果施工荷载通过可调立柱支撑的托座直接传递给立杆，立杆呈现轴线受压状态时，简称满堂支撑架。

6.5.1　满堂脚手架搭设要求

满堂脚手架的搭设尺寸应符合表6.5.1要求。

表6.5.1　常用敞开式满堂脚手架结构的设计尺寸

序号	步距	立杆间距/m	支架高宽比	下列施工荷载时最大允许高度/m	
				2（kN/m^2）	3（kN/m^2）
1	1.7～1.8	1.2×1.2	≤2	17	9
2		1.0×1.0		30	24
3		0.9×0.9		36	36
4	1.5	1.3×1.3		18	9
5		1.2×1.2		23	16
6		1.0×1.0		36	31
7		0.9×0.9		36	36
8	1.2	1.3×1.3		20	13
9		1.2×1.2		24	19
10		1.0×1.0		36	32
11		0.9×0.9		36	36
12	0.9	1.0×1.0		36	33
13		0.9×0.9		36	36

注：①最少跨数应不少于4跨；②脚手板自重标准值取0.35 kN/m^2；③场面粗糙度为B类，基本风压ω = 0.35kN/m^2；④立杆间距不小于1.2m×1.2m，施工荷载标准值不小于3kN/m^2，立杆上应增设防滑扣件，防滑扣件应安装牢固，且顶紧立杆与水平杆连接的扣件。

满堂脚手架搭设高度不宜超过36m；施工层不得超过1层。

满堂脚手架立杆的搭设构造要求应符合扣件式钢管脚手架的规定；接长接头必须采用对接扣件连接，扣件布置要求与扣件式钢管脚手架相同。水平杆的长度不宜小于3跨。

满堂脚手架应在架体外侧四周及内部纵、横向，每隔6m至8m，从底到顶设置连续竖向剪刀撑。当架体搭设高度在8m以下时，应在架顶部设置连续水平剪刀撑；当架体搭设高度≥8m时，应在架体底部、顶部及竖向间隔≤8m分别设置连续水平剪刀撑。水平剪刀撑宜在竖向剪刀撑斜杆相交平面设置。剪刀撑宽度应为6～8m。

剪刀撑应用旋转扣件固定在与之相交的水平杆或立杆上，旋转扣件中心线至主节点的距离不宜大于150mm。

满堂脚手架的高宽比不宜大于3，当高宽比大于2时，应在架体的外侧四周和内部水平间隔6～9m、竖向间隔4～6m设置连墙件与建筑结构拉结，当无法设置连墙件时，应采取设置钢丝绳张拉固定等措施。

最少跨数为2、3跨的满堂脚手架，应按照扣件式钢管脚手架的规定设置连墙件。

当满堂脚手架局部受集中荷载时，应按实际荷载计算并应局部加固。满堂脚手架应设爬梯，爬梯踏步间距不得大于300mm；满堂脚手架操作层支撑脚手板的水平杆间距不应大于1/2跨距；脚手板铺设应符合扣件式钢管脚手架的相关规定。

6.5.2 满堂支撑架搭设要求

满堂支撑架步距与立杆间距不宜超过规范规定的上限值，立杆伸出顶层水平杆中心线至支撑点的长度 a 不应超过0.5m。满堂支撑架搭设高度不宜超过30m。

满堂支撑架立杆、水平杆的构造要求与满堂脚手架相同；剪刀撑的固定要求与满堂脚手架相同。满堂支撑架的可调底座、可调托撑螺杆伸出长度不宜超过300mm，插入立杆内的长度不得小于150mm。当满堂支撑架高宽比不满足要求时，满堂支撑架应在支架四周和中部与结构柱进行刚性连接，连墙件水平间距应为6～9m，竖向间距应为2～3m。在无结构柱部位应采取预埋钢管等措施与建筑结构进行刚性连接，在有空间部位，满堂支撑架宜超出顶部加载区投影范围向外延伸布置（2～3）跨。支撑架高宽比不应大于3。

剪刀撑设置分为普通型和加强型两种。竖向剪刀撑斜杆与地面的倾角应为45°～60°，水平剪刀撑与支架纵（或横）向夹角应为45°～60°，剪刀撑斜杆的接长要求与扣件式钢管脚手架相同。

1）普通型

（1）在架体外侧周边及内部纵、横向每5～8m，应由底至顶设置连续竖向剪刀撑，剪刀撑宽度应为5～8m，见图6.5.1。

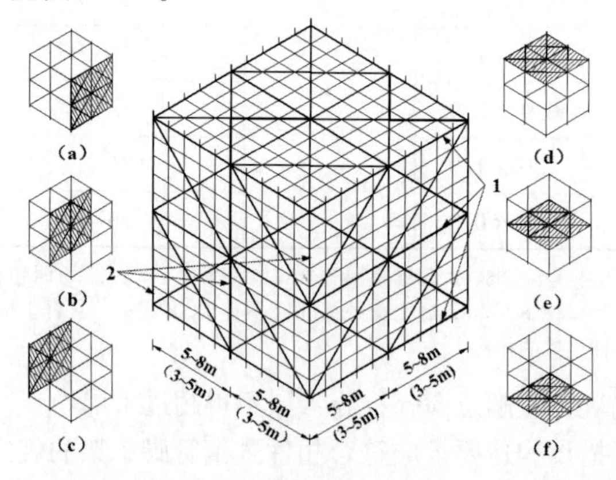

图6.5.1 满堂支撑架剪刀撑设置示意图（括号内数据用于加强型）

(a) 前垂直剪刀撑；(b) 中间垂直剪刀撑；(c) 后垂直剪刀撑；

(d) 顶部水平剪刀撑；(e) 中间水平剪刀撑；(f) 底部水平剪刀撑

1. 水平剪刀撑；2. 垂直剪刀撑

（2）在竖向剪刀撑顶部交点平面应设置连续水平剪刀撑。当支撑高度超过8m，或施工总荷载大于 15kN/m^2，或集中线荷载大于 20kN/m 的支撑架，扫地杆的设置层应设置水平剪刀撑。水平剪刀撑至架体底平面距离与水平剪刀撑间距不宜超过 8m，见图 6.5.1。

2）加强型

（1）当立杆纵、横间距为（0.9m×0.9m）~（1.2m×1.2m）时，在架体外侧周边及内部纵、横向每 4 跨（且不大于 5m），应从底到顶设置连续竖向剪刀撑，剪刀撑宽度应为 4 跨。

（2）当立杆纵、横间距为（0.6m×0.6m）~（0.9 m×0.9m）（含 0.6m×0.6m，0.9m×0.9m）时，在架体外侧周边及内部纵、横向每 5 跨（且不小于 3m），应由底至顶设置连续竖向剪刀撑，剪刀撑宽度应为 5 跨。

（3）当立杆纵、横间距为（0.4m×0.4m）~（0.6 m×0.6m）（含 0.4m×0.4m）时，在架体外侧周边及内部纵、横向每 3~3.2m 应由底至顶设置连续竖向剪刀撑，剪刀撑宽度应为 3~3.2m。

（4）在竖向剪刀撑顶部交点平面应设置水平剪刀撑。扫地杆的设置层水平剪刀撑的设置与普通型相同，水平剪刀撑至架体底平面距离与水平剪刀撑间距不宜超过 6m，剪刀撑宽度应为 3~5m（图 6.5.1）。

6.6 脚手架施工的质量与安全

6.6.1 质量检验的时间

（1）基础完工后及脚手架搭设前；

（2）作业层上施加荷载前；

（3）每搭设完 6~8m 高度后；

（4）达到设计高度后；

（5）遇有六级强风及以上风或大雨后，冻结地区解冻后；

（6）停用超过一个月。

6.6.2 脚手架使用中定期检查内容

（1）杆件的设置和连接，连墙件、支撑、门洞桁架等的构造应符合规范和专项施工方案要求；

（2）地基应无积水，底座应无松动，立杆应无悬空；

（3）扣件螺栓应无松动；

（4）高度在 24m 以上的双排、满堂脚手架，其立杆的沉降与垂直度的偏差；

（5）高度在 20m 以上的满堂支撑架，其立杆的沉降与垂直度的偏差；

（6）安全防护措施；

（7）有无超载使用情况。

6.6.3 脚手架质量检验与要求

1. 构配件观感质量要求

（1）钢管表面应平整光滑，不应有裂缝、结疤、分层、错位、硬弯、毛刺、压痕和深的划道，并应涂有防锈漆；

（2）扣件不应有裂缝、变形，并应进行防锈处理，螺栓严禁出现滑丝现象；

（3）金属脚手板不应有裂纹、开焊和硬弯，并应做防锈处理，木、竹脚手板不应有扭曲变形、劈裂、腐朽现象；

（4）支托板和螺母不得有裂缝。

2. 构配件质量要求

脚手架构配件质量检验方法及要求见表6.6.1。

表6.6.1　构配件的允许偏差

<table>
<tr><th>序号</th><th colspan="2">项目</th><th>允许偏差Δ/mm</th><th>示意图</th><th>检查工具</th></tr>
<tr><td rowspan="2">1</td><td rowspan="2">焊接钢管</td><td>外径48.3mm</td><td>±0.5</td><td rowspan="2"></td><td rowspan="2">游标卡尺</td></tr>
<tr><td>壁厚3.6mm</td><td>±0.36</td></tr>
<tr><td>2</td><td colspan="2">钢管两端面切斜偏差</td><td>1.7</td><td></td><td>塞尺、拐角尺</td></tr>
<tr><td>3</td><td colspan="2">钢管外表面锈蚀深度</td><td>≤0.18</td><td></td><td>游标卡尺</td></tr>
<tr><td rowspan="3">4</td><td rowspan="3">钢管弯曲</td><td>①各种杆件钢管的端部弯曲 $l \leqslant 1.5$m</td><td>≤5</td><td></td><td rowspan="3">钢板尺</td></tr>
<tr><td>②立杆 3m $< l \leqslant$ 4m
立杆 4m $< l \leqslant$ 6.5m</td><td>≤12
≤20</td><td></td></tr>
<tr><td>③水平杆、斜杆 $l \leqslant 6.5$m</td><td>≤30</td><td></td></tr>
<tr><td rowspan="2">5</td><td rowspan="2">冲压钢脚手板</td><td>板面挠曲 $l \leqslant 4$m
板面挠曲 $l > 4$m</td><td>≤12
≤16</td><td></td><td rowspan="2">钢板尺</td></tr>
<tr><td>板面扭曲（任一角翘起）</td><td>≤5</td><td></td></tr>
<tr><td>6</td><td colspan="2">可调托撑支托变形</td><td>1.0</td><td></td><td>钢板尺
塞尺</td></tr>
</table>

3. 脚手架搭设要求

脚手架搭设的技术要求和检验方法见表6.6.2。

表 6.6.2　脚手架搭设的技术要求、允许偏差与检验方法

<table>
<tr><th>项次</th><th colspan="2">项目</th><th>技术要求</th><th>允许偏差 Δ/mm</th><th>示意图</th><th>检查方法与工具</th></tr>
<tr><td rowspan="5">1</td><td rowspan="5">地基基础</td><td>表面</td><td>坚实平整</td><td rowspan="4"></td><td rowspan="5"></td><td rowspan="5">观察</td></tr>
<tr><td>排水</td><td>不积水</td></tr>
<tr><td>垫板</td><td>不晃动</td></tr>
<tr><td rowspan="2">底座</td><td>不滑动</td></tr>
<tr><td>不沉降</td><td>-10</td></tr>
<tr><td rowspan="6">2</td><td rowspan="6">单、双排与满堂脚手架立杆垂直度</td><td>最后验收立杆垂直度 20~50m</td><td>–</td><td>±100</td><td>Δ　Δ
H</td><td rowspan="6">用经纬仪或吊线和卷尺</td></tr>
<tr><td colspan="4">下列脚手架允许水平偏差/mm</td></tr>
<tr><td rowspan="2">搭设中检查偏差的高度/m</td><td colspan="3">总高度</td></tr>
<tr><td>50m</td><td>40m</td><td>20m</td></tr>
<tr><td>H=2
H=10
H=20
H=30
H=40
H=50</td><td>±7
±20
±40
±60
±80
±100</td><td>±7
±25
±50
±75
±100</td><td>±7
±50
±100</td></tr>
<tr><td colspan="4">中间档次用插入法</td></tr>
<tr><td rowspan="6">3</td><td rowspan="6">满堂支撑架立杆垂直度</td><td>最后验收垂直度 30m</td><td>–</td><td>±90</td><td></td><td rowspan="6">用经纬仪或吊线和卷尺</td></tr>
<tr><td colspan="4">下列满堂支撑架允许水平偏差（mm）</td></tr>
<tr><td colspan="2" rowspan="2">搭设中检查偏差的高度/m</td><td colspan="2">总高度</td></tr>
<tr><td colspan="2">30m</td></tr>
<tr><td colspan="2">H=2
H=10
H=20
H=30</td><td colspan="2">±7
±30
±60
±90</td></tr>
<tr><td colspan="4">中间档次用插入法</td></tr>
<tr><td>4</td><td>单双排、满堂脚手架间距</td><td>步距
纵距
横距</td><td>–
–
–</td><td>±20
±50
±20</td><td></td><td>钢板尺</td></tr>
<tr><td>5</td><td>满堂支撑架间距</td><td>步距
立杆
间距</td><td>–
–
–</td><td>±20
±30</td><td></td><td>钢板尺</td></tr>
</table>

6.6.4 脚手架的施工安全

1. 施工人员

（1）施工人员必须是经考核合格和持证上岗的专业工人。作业过程中必须戴安全帽、系安全带、穿防滑鞋。搭设范围的地面应设围栏和警戒标志，并应派专人看守，严禁非操作人员入内。

（2）以下施工过程中，必须有专业监护，发现异常情况，及时采取应急措施：①满堂支撑架在使用过程中；②在脚手架上进行电、气焊作业，并采取了防火措施。

（3）当有六级强风及以上风、浓雾、雨或雪天气时应停止脚手架搭设与拆除作业；夜间不宜进行脚手架搭设与拆除作业。

（4）雨、雪后上架作业应有防滑措施，并应扫除积雪。

2. 施工作业

（1）钢管上严禁打孔。

（2）在脚手架使用期间，严禁拆除连墙件和主节点处的纵、横向水平杆，纵、横向扫地杆。

（3）脚手板应铺设牢靠、严实，并应用安全网双层兜底。施工层以下每隔 10m 应用安全网封闭。单、双排脚手架、悬挑式脚手架沿墙体外围应用密目式安全网全封闭，密目式安全网宜设置在脚手架外立杆的内侧，并应与架体结扎牢固。临街搭设脚手架时，外侧应有防止坠物伤人的防护措施。严禁拆除或移动架体上安全防护设施。

（4）不得出现超载现象。如将模板支架、缆风绳、泵送混凝土和砂浆的输送管等固定在架体上，严禁悬挂起重设备。

（5）下列情况应对架体采取加固措施：①使用过程中开挖脚手架基础下的设备或管沟；②满堂脚手架与满堂支撑架处在安装过程。

（6）常规施工脚手架和用于架设临时用电线路的脚手架应有接地、避雷措施。

6.7 脚手架拆除

脚手架拆除应制定专项施工方案，并按照施工方案实施。架体拆除应分段、分立面进行，分界处的做好临时固定措施，以保证剩余架体的稳定性。脚手架拆除作业应由专人指挥，当有多人同时操作时，应明确分工、统一行动，且应具有足够的操作面。脚手架拆除前，应清理作业层上的施工机具及多余的材料和杂物。拆除的脚手架构配件应采用起重设备吊运或人工传递到地面，严禁抛掷。拆除的脚手架构配件应分类堆放，并应便于运输、维护和保管。

6.7.1 双排脚手架拆除

双排脚手架的拆除作业，必须符合下列规定：

（1）架体拆除应自上而下逐层进行，严禁上下层同时拆除；

（2）连墙件应随脚手架逐层拆除，严禁先将连墙件整层或数层拆除后再拆除架体；

（3）拆除作业过程中，当架体的自由端高度大于两步时，必须增设临时拉结件。

（4）双排脚手架的斜撑杆、剪刀撑等加固件应在架体拆除至该部位时，才能拆除。

6.7.2　模板支撑架拆除

模板支撑架的拆除应符合下列规定：

（1）架体拆除时的混凝土强度应符合设计和规范的要求。

（2）预应力混凝土构件的架体拆除应在预应力施工完成后进行。

（3）架体的拆除顺序、工艺应符合专项施工方案的要求。当专项施工方案无明确规定时，应符合下列规定：

①应先拆除后搭设的部分，后拆除先搭设的部分；

② 架体拆除必须自上而下逐层进行，严禁上下层同时拆除作业，分段拆除的高度不应大于两层；

③梁下架体的拆除，宜从跨中开始，对称地向两端拆除；悬臂构件下架体的拆除，宜从悬臂端向固定端拆除。

6.8　脚手架设计

6.8.1　概述

脚手架在施工前必须制定专项施工方案，并对其结构构件和立杆地基承载力进行分析和计算。

1. 脚手架设计方案的技术要求

（1）脚手架的高度、作业面大小、防（围）护措施等满足施工要求；

（2）脚手架具有稳定的构架结构形式；

（3）脚手架的承载力和稳定性符合施工安全要求；

（4）针对施工过程中脚手架的局部调整（如变更杆件位置或临拆除个别杆件等）具有补求和补强措施；

（5）包含脚手架安装、使用和拆除全过程的安全保障措施（如技术方案、管理措施等）。

2. 脚手架设计内容

（1）脚手架设置方案的选择。

①脚手架类别；

②脚手架构架的形式和尺寸；

③相应的设置措施（基础、支撑、整体拉结和附附墙连接、进出（或上下）措施等）。

（2）承载可靠性的验算，包括：

①构架结构验算；

②地基、基础和其他支撑结构的验算；

③专用加工件验算。

（3）安全使用措施，包括：

①作业面的防（围）护措施；

②整架和作业区域（涉及的空间环境）的防（围）护措施；

③进行安全搭设、移动（升降）和拆除的措施；

④安全使用措施。

（4）脚手架施工图。

（5）必要的设计计算资料。

6.8.2　荷载分析与计算

1. 荷载分类

作用于脚手架的荷载可分为永久荷载（恒荷载）与可变荷载（活荷载），见图6.8.1所示。此外，用于混凝土结构施工的支撑架上的永久荷载与可变荷载，应符合现行行业标准《建筑施工模板安全技术规范》JGJ162的规定。

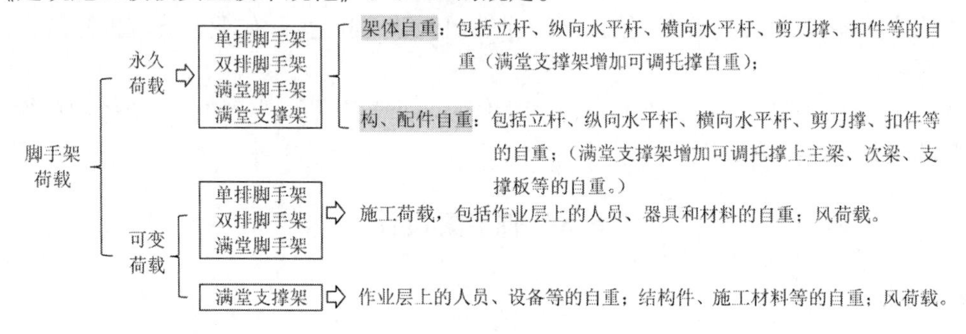

图6.8.1　脚手架荷载分类

2. 荷载取值

1）永久荷载标准值

永久荷载标准值的取值应符合下列规定：

（1）脚手架结构自重标准值。

《建筑施工扣件式钢管脚手架安全技术规范》JGJ130分别给出了单、双排脚手架、满堂脚手架、满堂支撑架立杆承受的每米结构自重标准值，可以查表取用。

（2）冲压钢脚手板、木脚手板、竹串片脚手板与竹笆脚手板自重标准值，宜按表6.8.1取用。

表6.8.1　脚手板自重标准值

类　　别	标准值/（kN/m^2）
冲压钢脚手板	0.30
竹串片脚手板	0.35
木脚手板	0.35
竹笆脚手板	0.10

（3）栏杆与挡脚板自重标准值，宜按表6.8.2采用。

（4）脚手架上吊挂的安全设施（安全网）的自重标准值应按实际情况采用。密目式安全立网自重的标准值不应低于0.01kN/m^2。

（5）支撑架上可调托撑上主梁、次梁、支撑板等自重应按实际计算。对于下列情况可按表6.8.3采用：

表6.8.2　栏杆、挡脚板自重标准值

类　别	标准值/（kN/m²）
栏杆、冲压钢脚手板	0.15
栏杆、竹串片脚手板	0.17
栏杆、木脚手板	0.17

① 普通木质主梁（含 ϕ48.3×3.6 双钢管）、次梁，木支撑板；

② 型钢次梁自重不超过10号工字钢自重，型钢主梁自重不超过 H100mm×100mm×6mm×8mm 型号钢自重，支撑板自重不超过木脚手板自重。

表6.8.3　主梁、次梁及支撑板自重标准值（kN/m²）

类　别	立杆间距（m）	
	>0.75×0.75	≦0.75×0.75
木质主梁（含 Ø48.3×3.6 双钢管）、次梁，木支撑板	0.6	0.85
型钢主梁、次梁，木支撑板	1.0	1.2

2）可变荷载标准值

可变荷载标准值的取值应符合下列规定：

（1）单、双排与满堂脚手架：

①作业层上的施工荷载标准值应根据实际情况确定，且不应低于表6.8.4的规定。

② 当在双排脚手架上同时有2个及以上操作层作业时，在同一个跨距内各操作层的施工均布荷载标准值总和不得超过5.0 kN/m²。

表6.8.4　施工均布荷载标准值

类　别	标准值（kN/m²）
装修脚手架	2.0
混凝土、砌筑结构脚手架	3.0
轻型钢结构及空间网格结构脚手架	2.0
普通钢结构脚手架	3.0

注：斜道上的施工均布荷载标准值不应低于2.0kN/m²。

（2）满堂支撑架：

①永久荷载与可变荷载（不含风荷载）标准总和不大于4.2kN/m²时，施工均布荷载标准值应按表6.8.4采用。

②永久荷载与可变荷载（不含风荷载）标准总和大于4.2kN/m²时，应符合下列要求：

作业层上的人员及设备荷载标准值取1.0 kN/m²；大型设备、结构构件等可变荷载按实际计算；

用于混凝土结构施工时，作业层上荷载标准值的取值应符合《建筑施工模板安全技术规范》JGJ162的规定。

3. 水平风荷载计算

作用于脚手架上的水平风荷载标准值，应按下式计算：

$$w_k = \mu_z \cdot \mu_s \cdot w_0 \tag{6-8-1}$$

式中：w_k ——风荷载标准值（kN/m^2）；

μ_z ——风压高度变化系数，按现行国家标准《建筑结构荷载规范》（GB50009）规定采用；

μ_s ——脚手架风荷载体型系数，按表 6.8.5 的规定采用；密目网全封闭脚手架挡风系数 φ 不宜小于 0.8；

w_0 ——基本风压（kN/m^2），应按现行国家标准《建筑结构荷载规范》（GB50009）的规定采用，取重现期 $n=10$ 对应的风压值。

表 6.8.5　脚手架的风荷载体型系数 μ_s

背靠建筑物的状况	全封闭墙	敞开、框架和开洞墙	
脚手架状况	全封闭、半封闭	1.0φ	1.3φ
	敞开	μ_{stw}	

注：① μ_{stw} 值可将脚手架视为桁架，按国家标准《建筑结构荷载规范》（GB50009－2001）规定计算；② φ 为挡风系数，$\varphi=1.2A_n/A_W$，其中 A_n 为挡风面积；A_W 为迎风面积。

4. 荷载效应组合

设计脚手架时所采用的荷载效应组合，应根据使用过程中可能出现的荷载取其最不利组合进行计算，荷载效应组合参照表 6.8.6 采用。满堂支撑架用于混凝土结构施工时，荷载组合与荷载设计值应符合现行行业标准《建筑施工模板安全技术规范》JGJ162 的规定。

表 6.8.6　荷载效应组合

计算项目	荷载效应组合
纵向、横向水平杆承载力与变形	永久荷载＋施工荷载
脚手架立杆地基承载力 型钢悬挑梁的承载力、稳定与变形	①永久荷载＋施工荷载
	②永久荷载＋0.9（施工荷载＋风荷载）
立杆稳定	①永久荷载＋可变荷载（不含风荷载）
	②永久荷载＋0.9（可变荷载＋风荷载）
连墙件承载力与稳定	单排架，风荷载＋2.0kN 双排架，风荷载＋3.0kN

6.8.3　设计计算

1. 设计计算的基本工作内容

脚手架的承载能力计算是按照概率极限状态设计法，采用分项系数设计表达式进行设计。设计计算应包括以下方面：

（1）纵向、横向水平杆等受弯构件的强度和连接扣件抗滑承载力计算：

计算构件的强度、稳定性与连接强度时，应采用荷载效应基本组合的设计值。永久荷载分项系数应取 1.2，可变荷载分项系数应取 1.4。脚手架中的受弯构件，尚应根据正常使用极限状态的要求验算变形。验算构件变形时，应采用荷载效应标准组合的设计值，各类荷载分项系数均应取1.0。当采用规范规定的构造尺寸，其相应杆件可不再进行设计计算。但连墙件、立杆地基承载力等仍应根据实际荷载进行设计计算。钢材的强度设计值与弹性模量应按表6.8.7采用。扣件、底座、可调托撑的承载力设计值应按表6.8.8采用。受弯构件的挠度不应超过表6.8.9中规定的容许值。

表6.8.7　钢材的强度设计值与弹性模量（N/mm^2）

Q235钢抗拉、抗压和抗弯强度设计值f	205
弹性模量E	2.06×10^5

表6.8.8　扣件、底座、可调托撑的承载力设计值（kN）

项　　目	承载力设计值
对接扣件（抗滑）	3.20
直角扣件、旋转扣件（抗滑）	8.00
底座（受压）、可调托撑（受压）	40.00

表6.8.9　受弯构件的容许挠度

构件类别	容许挠度［v］
脚手板、脚手架纵向、横向水平杆	$l/150$与10mm
脚手架悬挑受弯杆件	$l/400$
型负悬挑脚手架悬挑梁	$l/250$

注：l为受弯构件的跨度。对悬挑杆件为其悬伸长度的2倍。

（2）立杆的稳定性计算：

当纵向或横向水平杆的轴线对立杆轴线的偏心距不大于55mm时，立杆稳定性计算中可不考虑此偏心距的影响。受压、受拉构件的长细比不应超过表6.8.10中规定的容许值。

表6.8.10　受压、受拉构件的容许长细比

<table>
<tr><th colspan="2">构件类别</th><th>容许长细比［λ］</th></tr>
<tr><td rowspan="3">立杆</td><td>双排架
满堂支撑架</td><td>210</td></tr>
<tr><td>单排架</td><td>230</td></tr>
<tr><td>满堂脚手架</td><td>250</td></tr>
<tr><td colspan="2">横向斜撑、剪刀撑中的压杆</td><td>250</td></tr>
<tr><td colspan="2">拉杆</td><td>350</td></tr>
</table>

（3）连墙件的强度、稳定性和连接强度的计算。

（4）立杆地基承载力计算。

脚手架设计计算的基本流程如图6.8.2所示。

图 6.8.2　脚手架设计计算流程图

2. 单、双排脚手架计算

（1）纵向、横向水平杆的抗弯强度，应按下式计算：

$$\sigma = \frac{M}{W} \leqslant f \tag{6-8-2}$$

式中：σ——弯曲正应力；

M——弯矩设计值（N · mm）；

W——截面模量（mm^3）；

f——钢材的抗弯强度设计值（N/mm^2）。

（2）纵向、横向水平杆弯矩设计值，应按下式计算：

$$M = 1.2 M_{GK} + 1.4 \sum M_{Qk} \tag{6-8-3}$$

式中：M_{GK} ——脚手板自重产生的弯矩标准值（kN · m）；

M_{Qk} ——施工荷载产生的弯矩标准值（kN · m）。

（3）纵向、横向水平杆的挠度：

计算纵向、横向水平杆的内力与挠度时，纵向水平杆宜按三跨连续梁计算，计算跨度取纵距 l_a；横向水平杆宜按简支梁计算，计算跨度 l_0可按图 6.8.3 采用。

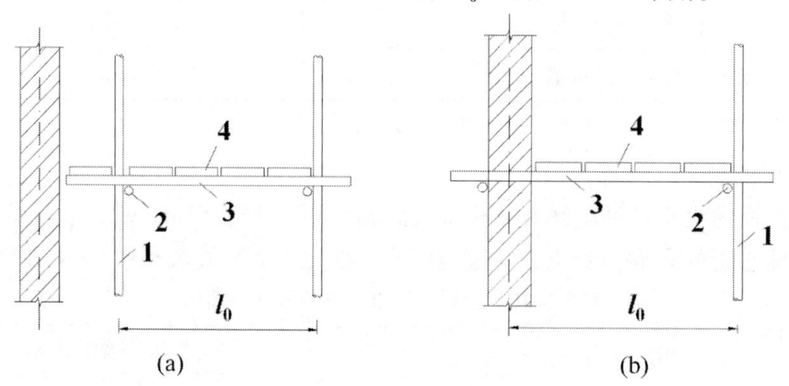

图 6.8.3　横向水平杆计算跨度

（a）双排脚手架；（b）单排脚手架

1. 立杆；2. 纵向水平杆；3. 横向水平杆；4. 脚手板

计算公式如下：

$$v \leqslant [v] \tag{6-8-4}$$

式中：v——挠度（mm）；

$[v]$ ——容许挠度，应按表 6.8.9 采用。

（4）扣件的抗滑承载力：

纵向或横向水平与立杆连接时，其扣件的抗滑承载力应符合下式规定：

$$R \leqslant R_c \tag{6-8-5}$$

式中：R——纵向或横向水平杆传给立杆的竖向作用力设计值；

R_c——扣件抗滑承载力设计值，应按表6.8.8采用。

（5）立杆稳定性：

单、双排脚手架立杆稳定性计算部位的确定应符合下列规定：

①当脚手架搭设尺寸采用相同的步距、立杆纵距、立杆横距和连墙件间距时，应计算底层立杆段；

② 当脚手架的步距、立杆纵距、立杆横距和连墙件间距有变化时，除计算底层立杆段外，还必须对出现最大步距或最大立杆纵距、立杆横距、连墙件间距等部位的立杆段进行验算；

立杆的稳定性应按下列公式计算：

不组合风荷载时：
$$\frac{N}{\varphi A} \leqslant f \tag{6-8-6}$$

组合风荷载时：
$$\frac{N}{\varphi A} + \frac{M_w}{W} \leq f \tag{6-8-7}$$

式中：N——计算立杆的轴向力设计值（N），应按式（6-8-8）、式（6-8-9）计算；

φ——轴心受压构件的稳定系数；

λ——长细比，$\lambda = l_0/i$；

l_0——计算长度（mm），应按式（6-8-10）计算；

i——截面回转半径；

A——立杆截面面积（mm^2）；

M_w——计算立杆段由风荷载设计值产生的弯矩（N·mm），可按公式（6-8-11）计算；

f——钢材的抗压强度设计值（N/mm^2）。

（6）立杆轴向力：

计算立杆段的轴向力设计值N，应按下列公式计算：

不组合风荷载时
$$N = 1.2(N_{G1k} + N_{G2k}) + 1.4\Sigma N_{Qk} \tag{6-8-8}$$

组合风荷载时
$$N = 1.2(N_{G1k} + N_{G2k}) + 0.9 \times 1.4\Sigma N_{Qk} \tag{6-8-9}$$

式中：N_{G1k}——脚手架结构自重产生的轴向力标准值；

N_{G2k}——构配件自重产生的轴向力标准值；

ΣN_{Qk}——施工荷载产生的轴向力标准值总和，内、外立杆各按一纵距内施工荷载总和的1/2取值。

立杆计算长度l_0应按下式计算：
$$l_0 = k\mu h \tag{6-8-10}$$

式中：k——计算长度附加系数，其值取1.155，当验算立杆允许长细比时，取$k=1$；

μ——考虑单、双脚手架整体稳定因素的单杆计算长度系数，应按表6.8.11采用；

h——步距。

表 6.8.11　单、双排脚手架立杆的计算长度系数 μ

类别	立杆横距/m	连墙件布置	
		二步三跨	三步三跨
双排架	1.05	1.50	1.70
	1.30	1.55	1.75
	1.55	1.60	1.80
单排架	≤1.50	1.80	2.00

（7）立杆弯矩设计值 M_w：

由风荷载产生的立杆段弯矩设计值 M_w，可按下式计算：

$$M_w = 0.9 \times 1.4 M_{wk} = 0.09 \times 1.4 w_k l_a h^2 \tag{6-8-11}$$

式中：M_{wk}——风荷载产生的弯矩标准值（N·mm）；

w_k——风荷载标准值（kN/m^2），应按式（6-8-1）式计算；

l_a——立杆纵距（m）。

（8）单、双排脚手架的可搭设高度［H］：

应按下列公式计算，并应取较小值：

不组合风荷载时

$$[H] = \frac{\varphi A f - (1.2 N_{G2k} + 1.4 \sum N_{Qk})}{1.2 g_k} \tag{6-8-12}$$

组合风荷载时：

$$[H] = \frac{\varphi A f - \left[1.2 N_{G2k} + 0.9 \times 1.4\left(\sum N_{Qk} + \frac{M_{wk}}{W}\varphi A\right)\right]}{1.2 g_k} \tag{6-8-13}$$

式中：［H］——脚手架允许搭设高度（m）；

g_k——立杆承受的每米结构自重标准值（kN/m）。

（9）连墙件杆件：

连墙件杆件的强度及稳定应满足下列公式的要求：

强度：

$$\sigma = \frac{N_l}{A_c} \leqslant 0.85 f \tag{6-8-14}$$

稳定：

$$\frac{N_l}{\varphi A} \leqslant 0.85 f \tag{6-8-15}$$

$$N_l = N_{lw} + N_0 \tag{6-8-16}$$

式中：σ——连墙件应力值（N/mm^2）；

A_c——连墙件的净截面面积（mm^2）

A——连墙件的毛截面面积（mm^2）

N_l——连墙件轴向力设计值（N）；

N_{lw}——风荷载产生的连墙件轴向力设计值，应按式（6-8-17）计算；

N_0——连墙件约束脚手架平面外变形所产生的轴向力。单排架取2kN，双排架取3kN；

φ——连墙件的稳定系数；

f——连墙件钢材的强度设计值（N/mm^2）。

由风荷载产生的连墙件的轴向力设计值，应按下式计算：

$$N_{1w} = 1.4 \cdot w_k \cdot A_w \tag{6-8-17}$$

式中：A_w——单个连墙件所覆盖的脚手架外侧的迎风面积。

连墙件与脚手架、连墙件与建筑结构连接的承载力应按下式计算：

$$N_1 \leqslant N_V \tag{6-8-18}$$

式中：N_V——连墙件与脚手架、连墙件与建筑结构连接的受拉（压）承载力设计值，应根据相应规范规定计算。

当采用钢管扣件做连墙件时，扣件抗滑承载力的验算，应满足下式要求：

$$N_l \leqslant R_c \tag{6-8-19}$$

式中：R_c——扣件抗滑承载力设计值，一个直角扣件应取8.0kN。

3. 满堂脚手架计算

满堂脚手架纵、横向水平杆可采用公式（6-8-2）~（6-8-5）进行计算。

当满堂脚手架立杆间距不大于1.5m×1.5m，架体四周及中间与建筑的结构进行刚性连接，并且刚性连接点的水平间距不大于4.5m，竖向间距不大于3.6m时，满堂脚手架的其他计算可采用双排脚手架的计算公式。

（1）立杆的稳定性：

立杆的稳定性应按式（6-8-6）、式（6-8-7）计算。由风荷载产生的立杆段弯矩设计值M_w，可按式（6-8-11）计算。

（2）立杆的轴向力：

计算立杆段的轴向力设计值N，应按式（6-8-8）、式（6-8-9）计算。施工荷载产生的轴向力标准值$\sum N_{Qk}$，可按所选取计算部位立杆负荷面积计算。

（3）立杆的稳定性：

根据下列要求确定立杆应进行稳定性计算的部位：

①当满堂脚手架采用相同的步距、立杆纵距、立杆横距时，应计算底层立杆段；

② 当架体的步距、立杆纵距、立杆横距有变化时，除计算底层立杆段外，还必须对出现最大步距、最大立杆纵距、立杆横距等部位的立杆段进行验算；

③ 当架体上有集中荷载作用时，尚应计算集中荷载作用范围内受力最大的立杆段。

满堂脚手架立杆的计算长度l_0应按下式计算：

$$l_0 = k\mu h \tag{6-8-20}$$

式中：k——满堂脚手架立杆计算长度附加系数，应按表6.8.12采用；

h——步距；

μ——考虑满堂脚手架整体稳定因素的单杆计算长度系数。

表 6.8.12　满堂脚手架立杆计算长度附加系数

高度 H/m	$H\leqslant 20$	$20<H\leqslant 30$	$30<H\leqslant 36$
k	1.155	1.191	1.204

注：当验算立杆允许长细比时，取 $k=1$。

4. 满堂支撑架计算

满堂支撑架顶部施工层荷载应通过可调托撑传递给立杆。满堂支撑架根据剪刀撑的设置不同分为普通型构造与加强型构造，其构造设置应符合本章第5节有关支撑架的构造要求，两种类型满堂支撑架立杆的计算长度应按式（6-8-23）和式（6-8-24）计算。立杆的稳定性应按公式（6-8-6）、(6-8-7）计算。由风荷载产生的立杆段弯矩 M_w，可按公式（6-8-11）计算。

立杆稳定性计算部位的确定应符合下列规定：

①当满堂支撑架采用相同的步距、立杆纵距、立杆横距时，应计算底层与顶层立杆段；

②当架体的步距、立杆纵距、立杆横距有变化时，除计算底层立杆段外，还必须对出现最大步距、最大立杆纵距、立杆横距等部位的立杆段进行验算；

③当架体上有集中荷载作用时，尚应计算集中荷载作用范围内受力最大的立杆段。

（1）立杆的轴向力：

计算立杆段的轴向力设计值 N，应按下列公式计算：

不组合风荷载时

$$N=1.2\sum N_{Gk}+1.4\Sigma N_{Qk} \tag{6-8-21}$$

组合风荷载时

$$N=1.2\sum N_{Gk}+0.9\times 1.4\Sigma N_{Qk} \tag{6-8-22}$$

式中：ΣN_{Gk}——永久荷载对立杆产生的轴向力标准值总和（kN）；

ΣN_{Qk}——可变荷载对立杆产生的轴向力标准值总和（kN）。

满堂支撑架立杆的计算长度应按下式计算，取整体稳定计算结果最不利值：

顶部立杆段：

$$l_0=k\mu_1(h+2a) \tag{6-8-23}$$

非顶部立杆段：

$$l_0=k\mu_2 h \tag{6-8-24}$$

式中：k——满堂支撑架立杆计算长度附加系数，应按表6.8.13采用；

h——步距；

a——立杆伸出顶层水平杆中心线至支撑点的长度，应不大于0.5m，当 $0.2\text{m}<a<0.5\text{m}$ 时，承载力可按线性插入值；

μ_1、μ_2——考虑满堂支撑架整体稳定因素的单杆计算长度系数。

表 6.8.13　满堂支撑架立杆计算长度附加系数

高度 H/m	$H\leqslant 8$	$8<H\leqslant 10$	$10<H\leqslant 20$	$20<H\leqslant 30$
k	1.155	1.185	1.217	1.291

注：当验算立杆允许长细比时，取 $k=1$。

当满堂支撑架小于4跨时，宜设置连墙件将架体与建筑结构刚性连接。当架体未设置连墙件与建筑结构刚性连接，立杆计算长度系数μ按规范规定采用的同时，应符合下列规定：

①支撑架高度不应超过一个建筑楼层高度，且不应超过5.2m；

② 架体上永久与可变荷载（不含风荷载）总和标准值不应大于7.5kN/m^2；

③架体上永久荷载与可变荷载（不含风荷载）总和的均布线荷载标准值不应大于7kN/m。

5. 脚手架地基承载力计算

立杆基础底面的平均压力应满足下式的要求：

$$p_k = N_k/A \leqslant f_g \tag{6-8-25}$$

式中：p_k——立杆基础底面处的平均压力标准值（kPa）；

N_k——上部结构传至立杆基础顶面的轴向力标准值（kN）；

A——基础底面面积（m^2）；

f_g——地基承载力特征值（kPa）。

地基承载力特征值的取值应符合下列规定：

（1）当为天然地基时，应按地质勘探报告选用；当为回填土地基时，应对地质勘探报告提供的回填土地基承载力特征值乘以折减系数0.4；

（2）由载荷试验或工程经验确定；

（3）对搭设在楼面等建筑结构上的脚手架，应对支撑架体的建筑结构进行承载力验算，当不能满足承载力要求时应采取可靠的加固措施。

6. 型钢悬挑脚手架计算

悬挑式脚手架与落地式脚手架的区别主要是在于其底部支撑结构的差别。落地式脚手架的整个架体荷载由立杆传递给地基，悬挑式脚手架则由立杆传递给架体下部的悬挑结构。鉴于悬挑结构有多种形式，而其中采用型钢悬挑梁是比较普遍的做法。悬挑式脚手架的上部架体的设计计算与落地式脚手架相同，其主要和重点设计环节是对下部型钢悬挑梁的设计计算。因此，这里仅介绍型钢悬挑梁的设计和计算。

型钢悬挑梁主要设计验算的内容包括以下几个方面：

①型钢悬挑梁的抗弯强度、整体稳定性和挠度；

②型钢悬挑梁锚固件及其锚固连接的强度；

③型钢悬挑梁下建筑结构的承载能力验算。

当有支撑架代替型钢悬臂梁时，还应进行一下验算：

①型钢支撑架采用焊接或螺栓连接时，应计算焊接或螺栓的连接强度；

②预埋件的抗拉、抗压、抗剪强度；

③型钢支撑架对主体结构相关位置的承载力验算。

（1）型钢悬挑梁的计算简图与荷载：

型钢悬挑梁的计算简图如图6.8.4所示。

悬挑脚手架作用于型钢悬挑梁上的立杆的轴向力设计值N，应根据悬挑脚手架分段搭设高度按式（6-8-8）、式（6-8-9）分别计算，并应取较大者。

（2）型钢悬挑梁的抗弯强度验算：

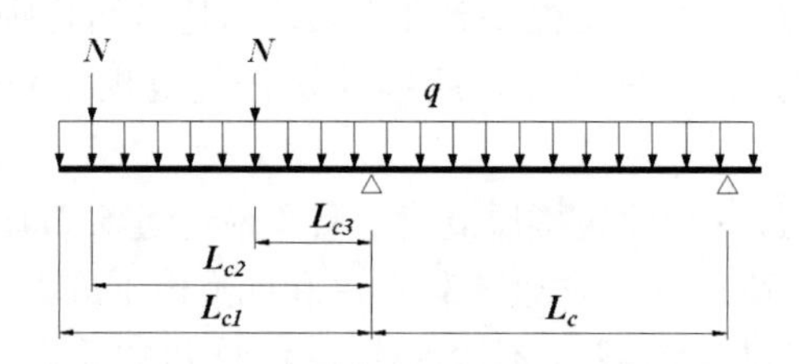

图 6.8.4　悬挑脚手架型钢悬挑梁计算示意图

N-悬挑脚手架立杆的轴向力设计值；L_c-型钢悬挑梁锚固点中心至建筑楼层板边支承点的距离；L_{c1}-型钢悬挑梁悬挑端面至建筑结构楼层板边支承点的距离；L_{c2}-脚手架外立杆至建筑结构楼层板边支承点的距离；L_{c3}-脚手架内立杆至建筑结构楼层板边支承点的距离；q-型钢梁自重线荷载标准值

型钢悬挑梁的抗弯强度应按式（6-8-26）计算：

$$\sigma = \frac{M_{\max}}{W_n} \leqslant f \tag{6-8-26}$$

式中：σ——型钢悬挑梁应力值；

$M_{\max}$——型钢悬挑梁计算截面最大弯矩设计值；

W_n——型钢悬挑梁净截面模量；

f——钢材的抗压强度设计值。

（3）型钢悬挑梁的稳定性验算：

型钢悬挑梁的整体稳定应按式（6-8-27）计算：

$$\frac{M_{\max}}{\varphi_b W} \leqslant f \tag{6-8-27}$$

式中：φ_b——型钢悬挑梁的整体稳定性系数，应按现行国家标准《钢结构设计规范》GB50017 的规定采用；

W——型钢悬挑梁毛截面模量。

（4）型钢悬挑梁的变形验算：

型号钢悬挑梁的挠度应符合式（6-8-28）规定：

$$\upsilon \leqslant [\upsilon] \tag{6-8-28}$$

式中：$[\upsilon]$——型钢悬挑梁挠度允许值；

υ——型钢悬挑梁最大挠度。

（5）型钢悬挑梁的锚固验算：

将型钢悬挑梁锚固在主体结构上的 U 形钢筋拉环或螺栓的强度应按式（6-8-29）计算：

$$\sigma = \frac{N_m}{A_l} \leqslant f_l \tag{6-8-29}$$

式中：σ——U 形钢筋拉环或螺栓应力值；

N_m——型钢悬挑梁锚固段压点 U 形钢筋拉环或螺栓拉力设计值（N）；

A_l——U 形钢筋拉环净截面面积或螺栓的有效截面面积（mm^2），一个钢筋拉环或一对螺栓按两个截面计算；

f_1——U形钢筋拉环或螺栓抗拉强度设计值，应按现行国家标准《混凝土结构设计规范》GB50010的规定取$f_1 = 50N/mm^2$。

此外，当型钢悬挑梁锚固段压点处采用2个（对）及以上U形钢筋拉环或螺栓锚固连接时，其钢筋拉环或螺栓的承载能力应乘以0.85的折减系数。当型钢悬挑梁与建筑结构锚固的压点处楼板未设置上层受力钢筋时，应经计算在楼板内配置用于承受型钢梁锚固作用引起负弯矩的受力钢筋。对型钢悬挑梁下建筑结构的混凝土梁（板）应按现行国家标准《混凝土结构设计规范》GB50010的规定进行混凝土局部受压承载力、结构承载力验算，当不满足要求时，应采取可靠的加固措施。

【思考题】

1. 脚手架的种类和适用性。
2. 双排扣件式钢管脚手架的构造和搭设要求包括哪些内容?
3. 悬挑脚手架型钢悬挑梁的构造要求有哪些?
4. 满堂脚手架和满堂支撑架有什么区别?
5. 满堂脚手架的构造要求有哪些?
6. 脚手架设计的内容包括哪些方面?

【知识点掌握训练】

1. 判断题

（1）单排、双排与满堂脚手架立杆接长除顶层顶步外，其余各层各步接头必须采用对接扣件连接。

（2）剪刀撑斜杆应用旋转扣件固定在与之相交的横向水平杆的伸出端或立杆上。

（3）冲压钢脚手板、木脚手板、竹串片脚手板连续铺设时，可以采用对接平铺和搭接铺设。

（4）悬挑式脚手架工程属危险性较大的分部分项工程，施工单位应当在施工前编制专项方案。

（5）满堂脚手架和满堂支撑架的区别在于，满堂脚手架的施工荷载通过水平杆传递给立杆，立杆呈现偏心受压状态；满堂支撑架的施工荷载通过可调立柱支撑的托座直接传递给立杆，立杆呈现轴线受压状态。

2. 填空题

（1）扣件式钢管脚手架的扣件分________扣件、________扣件和________扣件三种。

（2）双排脚手架立杆横向最大间距为____m，最小宽度应满足作业操作的要求；纵向最大间距为____m。

（3）单、双排脚手架底层步距均不应大于________m。

（4）每道剪刀撑宽度不应小于________跨，且不应小于____m，斜杆与地面的倾角宜________之间。

（5）碗扣式钢管脚手架的一个碗扣接头可同时连接____根横杆，横杆可以相互垂直或偏转一定角度。

（6）碗扣式钢管双排外脚手架搭设高度一般不超过____m，模板支撑架高度一般不超过____ m。

（7）悬挑式脚手架主要由________、________及________三部分组成。

（8）悬挑脚手架一次悬挑架体总高度不宜超过____ m。

（9）悬臂型钢锚固位置设置在楼板上时，楼板的厚度不宜小于____ mm，否则应采取加固措施。

3. 选择题

（1）后张法预应力施工系统不包括（　　）。

A. 预应力筋；　　B. 张拉系统；　　C. 锚固系统；　　D. 台座系统

（2）下列说法不正确的是（　　）。

A. 横向斜撑宜采用旋转扣件固定在与之相交的横向水平杆的伸出端上；

B. 横向斜撑宜采用旋转扣件固定在与之相交的纵向水平杆的伸出端上；

C. 横向斜撑宜采用直角扣件固定在与之相交的纵向水平杆的伸出端上；

D. 横向斜撑宜采用旋转扣件固定在与之相交的立杆上

（3）下列有关碗扣式钢管脚手架连墙件的说法错误的是（　　）。

A. 连墙点的水平投影间距不得超过三跨，竖向垂直间距不得超过三步；

B. 连墙点之上架体的悬臂高度不得超过两步；

C. 墙件宜从底层第一道水平杆处开始设置；

D. 连墙件中的连墙杆宜呈水平设置，也可采用连墙端低于架体端的倾斜设置方式

第 7 章　高层结构模板工程

知识点提示：

- 了解大模板的构造和组拼形式，掌握大模板安装、拆除的施工流程及技术要求；
- 了解爬升模板的构造，掌握爬升模板的施工流程和技术要求；
- 了解滑升模板的构造，掌握滑升模板安装、拆除及滑升作业的流程及技术要求；
- 了解台模、隧道模的构造和施工工艺流程。

7.1　大模板

7.1.1　概述

大模板首先出现于法国，第二次世界大战后在欧洲得到广泛应用，以解决严重的房屋短缺。从 20 世纪 70 年代开始在我国应用，并得到迅速发展。

大模板是一种大尺寸的工具式模板，通常其高度以建筑层高为依据，长度根据房间开间和进深尺寸和组拼方式确定。由于通常房间的一面墙用一块大模板，因而大大减少了人工组拼作业的工作量；但是其质量较大，装拆作业需要起重机械配合完成。大模板施工工艺简单，施工速度快，劳动强度低，装修的湿作业减少，而且房屋的整体性好，抗震能力强。

大模板适用于剪力墙和筒体结构的高层建筑施工。目前采用大模板施工的结构体系有内外墙全现浇、内墙现浇外墙采用装配施工（内浇外挂）、内墙现浇外墙砌筑（内浇外砌）三种。其中内浇外砌仅适用于有抗震要求的多层建筑。

大模板施工应编制模板专项施工方案，并应当遵照批准的施工方案执行。

1. 大模板分类

按面板材料分：木质模板、金属模板、合成材料模板；

按组拼方式分：整体式模板、组合式模板、组拼式模板；

按外形分：平模、大角模、小角模、筒子模。

2. 面板材料

1）整体钢板面板

一般用 4 ~6mm 厚钢板拼焊而成。具有良好的强度和刚度，钢板平整光洁，耐磨性好，易于清理，重复利用率高，一般周转次数在 200 次以上。缺点是一次用钢量大，容易生锈，不保温。

2）组合钢模板组拼面板

面板钢板一般比整块钢板要薄，模板的刚度和强度均较好，自重较轻，能够适用不同的尺寸，但拼缝较多，整体性略差，周转次数不如整块钢板。

3）木胶合板

木胶合板是有圆木旋切成单板，再用胶粘剂胶合而成的三层或多层的板状材料，通常用奇数层单板，相邻层的纤维方向垂直。胶合板面板通常用7层和9层胶合板，板面用树脂处理后，周转次数一般在50次以上。

4）竹胶合板面板

以毛竹材料作为主要骨架和填充材料，经过高压成坯，组织紧密，质地坚硬而又韧性，板面平整光滑，可锯、可钻、耐水、耐磨、耐撞击、耐低温；收缩率小、吸水率低、导热系数小、不生锈。厚度一般有9、12、15、18mm。

5）合成面板

采用玻璃钢或硬质塑料板等化学合成材料作为面板。优点是自重轻、板面平整光滑、易脱模、不生锈、遇水不膨胀；缺点是刚度小、易变形、质地脆、怕撞击。

7.1.2 大模板构造与部件

大模板主要由面板系统、支撑系统、操作平台和附件组成。根据面板系统的构成形式，分为整体面板大模板、拼装面板大模板两大类。整体面板大模板是目前最常用的一种模板形式。

1. 整体面板大模板

整体面板大模板是通过固定于大模板板面的角模把纵墙、横墙的模板组装在一起，具有稳定性好，拆装方便的特点。房间的纵横墙的混凝土可以同时浇筑，因而结构整体性好，墙体的阴角方正规矩，施工质量好。当墙面尺寸不同或有洞口时，可以利用不同模数尺寸的模板组拼，以适应不同的开间、进深和洞口尺寸。整体面板大模板的组成如图7.1.1所示。

1）板面系统

板面系统由面板、竖肋、横肋以及龙骨组成。面板要求平整、刚度好，使混凝土具有平整的外观。

面板通常采用4～6mm的钢板，面板骨架有竖肋和横肋组成，直接承受由面板传来的倾倒混凝土拌合料的侧压力。竖肋，一般采用60mm×6mm扁钢，间距400～500mm。横肋，一般采用8号槽钢，间距为300～500mm。竖向龙骨采用12号槽钢成对放置，间距一般为1000～1400mm。

横肋与面板之间用断续焊缝焊接在一起，焊点间距不得大于200mm。竖肋与横肋满焊，形成一个结构整体。竖肋可兼作支撑架的一侧弦杆。

为了加强整体性，横、纵墙大模板的两端均焊接边框（横墙边框采用扁钢，纵墙边框采用角钢）以使整个板面系统形成一个封闭结构，并通过连接件将横墙模板与纵墙模板有机的结合在一起。

2）支撑系统

由支撑架和螺杆千斤顶组成，其功能是保持大模板在承受风荷载和水平力时的竖向稳定性，同时用以调节板面的面内的垂直度和面外的垂直度。

支撑架一般用槽钢和角钢焊接制成。每块大模板至少应设置2个支撑架。支撑架通过上、下两个螺栓与大模板竖向龙骨相连接。

螺杆千斤顶设置在支撑架下部横杆槽钢端部，用来调整模板的垂直度和保证模板的竖向稳定。螺杆千斤顶的可调高度和支撑架下部横杆的长度直接影响到模板自稳角的大小。

3）操作平台系统

操作平台是施工人员操作的场所和行走的通道，宽度不宜大于900mm。操作平台系统由操作平台、护栏、爬梯等组成。操作平台设置在模板上部，用三角支撑架插入竖肋的套管内，三脚架上满铺脚手板形成作业面。三脚架外端焊有37.5mm的钢管，用以插放护栏的立杆。爬梯为施工人员提供了上下平台的通道，设置在大模板上，用ø20钢筋焊接而成，随大模板一起吊运。

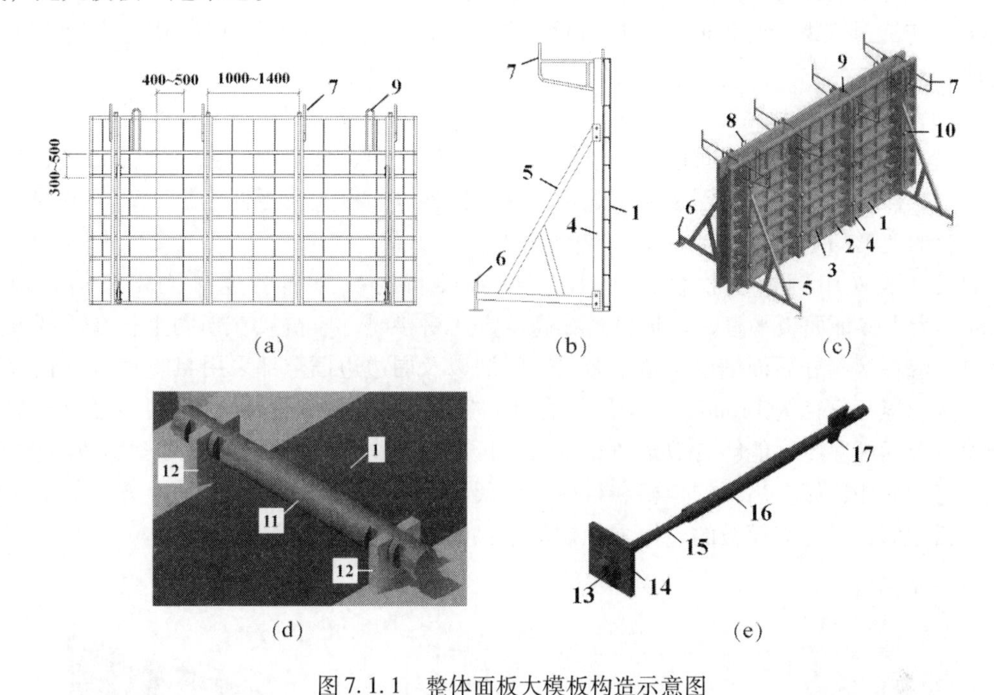

图7.1.1　整体面板大模板构造示意图

（a）立面图；（b）剖面图；（c）三维图；（d）模板上口卡具；（e）穿墙螺栓

1. 模板面板；2. 扁钢；3. 横肋；4. 竖向龙骨；5. 支撑架；6. 撑脚螺栓；7. 作业平台托架；8. 吊环；9. 模板上口卡具；10. 对拉螺栓；11. 卡轴；12卡座；13. 螺母；14. 垫板；15. 栓杆；16. 套管；17卡位楔板

4）附件

（1）穿墙螺栓和塑料套管：

穿墙螺栓的作用是承受板面系统传递的混凝土拌合料的侧压力、加强板面结构的刚度、控制面板间距，把墙体两侧的一对大模板连接成一体。为了避免墙体混凝土与穿墙螺栓粘结在一起，造成穿墙螺栓不能拔出，而影响其重复使用，放置穿墙螺栓时，其外部套一根硬质塑料管，长度与墙体厚度相同。两端顶住墙体大模板的面板以控制其间距。套管内径一般比穿墙螺栓直径大3~4mm，从而保证拆模时，穿墙螺栓能够顺利抽出。穿墙螺栓用45号钢加工制成，一端为梯形螺纹，长约120mm，以适应不同墙体厚度。另一端在螺栓杆上设置销孔，支模时用板销打入销孔内，固定模板位置，防止其外胀。板销厚6mm，做成楔形，见图7.1.1（e）。

（2）上口卡具：

上口卡具用于外墙的外侧模板固定于内侧模板上，并控制两块模板上口的间距在浇筑混凝土后不造成外张，一般设置在竖向加劲肋的顶端。在模板顶端与穿墙螺栓上下对直位置处，利用槽钢或钢板焊制成卡子支座，并在支模完成后将上口卡子卡入支座内。上口卡子直径为 Φ30mm，其上根据不同的墙厚设置多个凹槽，以便与卡子支座相连接，达到控制墙厚的目的。

（3）吊环：

吊环是用于吊运大模板的固定吊钩，一般在模板上边缘对称设置两个吊环。直径 $D \geqslant$ Φ20mm，应通过双螺栓与板面上边框槽钢连接，吊环材质一般不低 JQ235B，不允许冷加工处理。

2. 组装面板大模板

如图 7.1.2 所示，组装面板大模板的面板和骨架之间、骨架中的各个杆件之间的连接全部采用螺栓组拼连接，而不是采用焊接，这样比整体面板大模板便于拆改，也可减少因焊接引起的变形问题。

面板一般采用钢板或胶合板，通过 M6 螺栓将面板与横肋连接固定，其间距为 350mm。为了保证面板平整，面板材料在高度方向拼接时，应拼接在横肋上；在长度方向拼接时，应在接缝处后面铺设一道木龙骨。横肋以及周边边框全部采用 M16 螺栓连接成骨架，连接螺栓孔直径为 18mm。如采用胶合板，宜采用钢框木胶合板，槽钢型号应比中部槽钢大一个面板厚度，能够有效地防止木胶合板四周损伤。采用两根 10 号槽钢成对设置，用螺栓与横肋相连接。吊环的规格和材质、骨架与支撑架及操作平台的连接方法与整体面板大模板相同，吊环与模板的边框采用螺栓连接的方式。

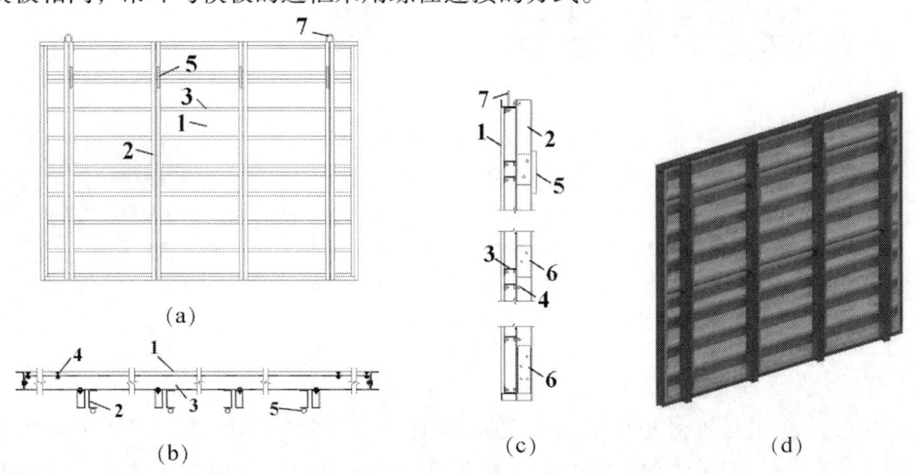

图 7.1.2　组装面板大模板构造示意图

（a）立面图；（b）水平剖面图；（c）垂直剖面图；（d）三维图

1. 模板面板；2. 竖楞；3. 横楞；4. 螺栓；5. 插管；6. 三角撑固定板；7. 吊环

7.1.3　大模板组拼方式

大模板的组拼方式取决于结构体系，有三种组合方案，即平模组合、小角模组合和大角模组合。对于“内浇外挂”和“内浇外砌”的结构形式，内外墙多分开施工，可采用“平模组合”方案，见图 7.1.3（a）。采用此种方案进行墙体混凝土浇筑时，为了减少模板用量，增加周转使用次数，使模板装拆更便利，通常纵横墙分开浇筑，这样会造成纵横墙交接处施工缝较多，影响结构的整体性。对于内墙和外墙整体现浇的结构形式，可采用“小角模组合”方案和“大角模组合”方案。“小角模组合”就是在纵横墙内侧模板交接处增加一角钢，大小为 100mm × 100mm × 8mm，使纵横墙的模板在角部拼接在一起，如图 7.1.3（b）和图 7.1.4 所示。“大角模组合”方案就是把两片平模通过合页装置在角部组拼在一起，沿纵横墙安装到位后，两片模板沿合页旋转张开呈 90°，并用斜撑固定，如图 7.1.3（c）和图 7.1.5 所示。采用这两种方案可以实现纵横墙连续浇筑，结构整体性好，但是在模板衔接处会造成混凝土浇筑表面不平整，形成交界线痕迹，需要后期装饰阶段进行处理。

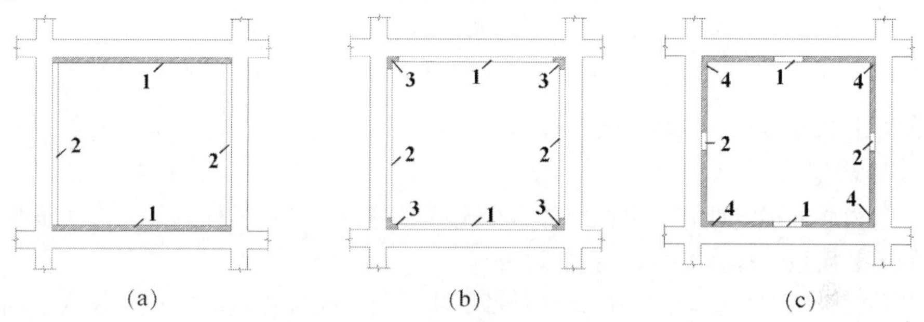

图 7.1.3　大模板组拼方案示意图

（a）平模组拼；（b）小角模组拼；（c）大角模组拼

1. 内纵墙平模；2. 内横墙平模；3. 小角模；4. 大角模

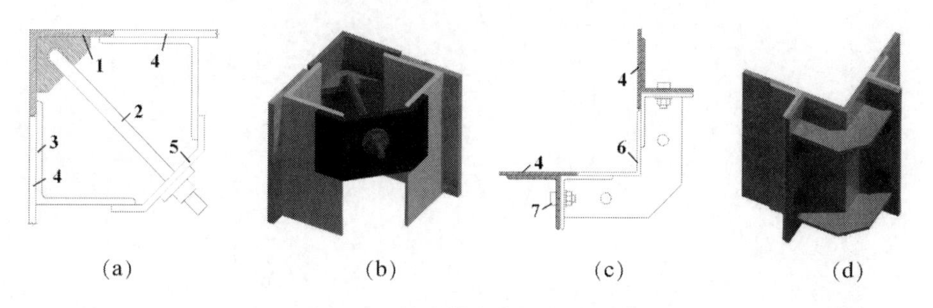

图 7.1.4　小角模角部构造示意图

（a）阴角小角模构造；（b）阴角小角模三维图；（c）阳角小角模构造；（d）阳角小角模三维－图

1. 阴角小角模；2. 勾头螺栓；3. 平模边框；4. 模板面板；5. 盖板；6. 阳角小角模；7. 螺栓

7.1.4　筒形模板

最初采用的筒形模板是将一个房间的三面现浇墙体模板，通过挂轴悬挂在同一钢架上，墙角用小角模封闭而构成的一个筒形单元体。目前更多应用于电梯井筒的施工，采用组合式铰接筒形模板，以铰接式角模做为连接，四面墙面采用平面大模板，如图 7.1.6 所示。

1. 筒模构造

筒模的构成一般包括大模板、铰接式角模、脱模器、横竖龙骨、悬吊架和紧固件等。大模板的横竖龙骨采用 50mm × 100mm 方钢管。角部的铰接式角模配有铰链轴，除了承担角部模板的作用外，还是筒模支设和拆除的主要机构。支设模板时，角模张开，成 90° 角

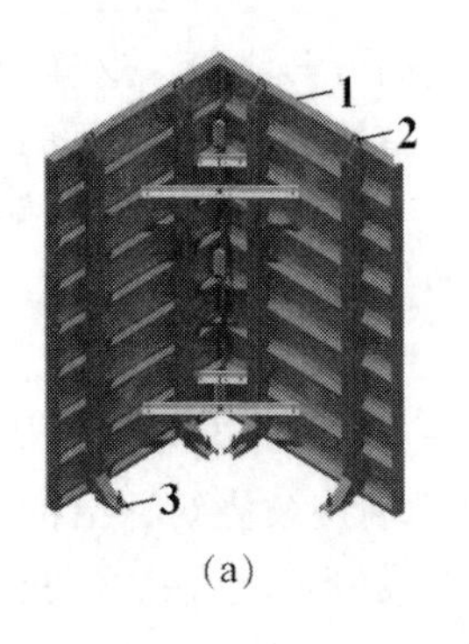

(a)

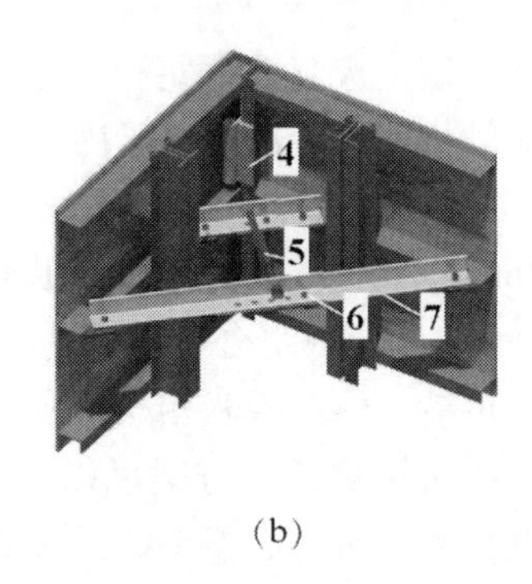

(b)

(c)

图 7. 1. 5　大角模构造示意图

(a) 模板安装就位状态；(b) 合页构造示意图；(b) 模板拆除后收拢状态；

1. 平模；2. 吊环；3. 撑脚螺栓；4. 合页；5. 紧固螺栓；6. 销孔与销子；7. 折叠撑杆

度；拆模时，角模收拢，模板与墙体脱离。

2. 筒模的特点

优点是模板的稳定性好，纵横墙体混凝土同时浇筑，结构整体性好，施工简单，减少了模板的吊装次数，操作安全，劳动条件好。

缺点是模板每次都要通过塔吊运至地面，由于筒形模板重量大，对塔吊要求高；对加工精度要求高、灵活性差，施工过程复杂麻烦，因模板制作尺寸固定，不能变化，通用性差。

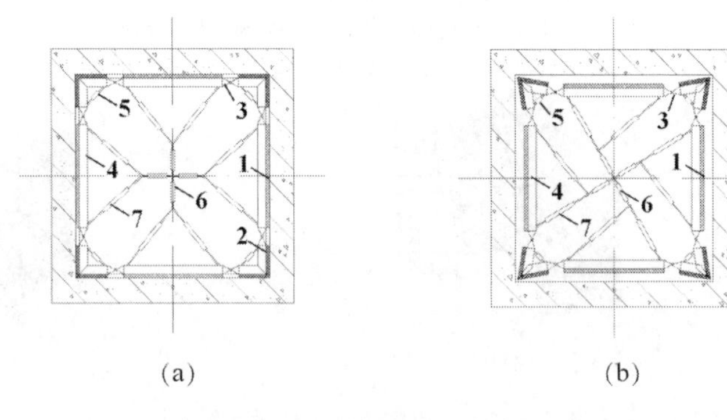

(a)　　　　(b)

图 7. 1. 6　筒形模板构造及拆装示意图

(a) 安装；(b) 拆除

1. 平面模板；2. 角模；3. 竖向龙骨；4. 横向龙骨；

5. 角模调节铰链；6. 中心调节铰链；7. 调节撑杆

3. 筒模的安装和拆除

组装时先从角模开始。先安装下层模板，形成筒体后再依次安装上层模板，并及时在模板背面安装横竖龙骨，并用螺杆千斤顶调整水平度和垂直度。然后安装脱模器，安装前应对脱模器进行调试，检查其是否活动自如。最后，安装筒模上部的悬吊支撑架，铺脚手板作为施工作业面。

7.1.5　模板支设构造

建筑墙体分为内墙和外墙。内墙大模板的支设相对比较简单，采用图 7. 1. 7 所示的大模板成对安装即可，以浇筑完成的混凝土楼面作为支撑面。外墙的模板由外侧模板和内侧模板组成。内侧模板的设置方法与内墙模板相同。与内墙模板相比，外墙外侧模板需要为其支撑面，一般采用外侧安装支撑平台的方法，支撑平台通常与外吊架结合应用的。支撑平台可以放置外侧大模板，外吊架可以作为低一层的作业面，用于检查、维护和维修施工。支撑平台由三角形外挑吊架、平台板、安全护栏和安全网组成。三角形外挑吊架要承受模板荷载和施工荷载，必须保证有足够的强度和刚度。杆件一般采用∟ 50mm×50mm 角钢双拼焊接组成，外挑吊架间距应计算后确定，并用 Φ40 的勾头螺栓固定在外墙上。外墙外侧模板的阳角采用小角模组拼的方式。即外墙外侧对接的两块模板之间采用一个 80mm × 80mm 的小角模，如图 7.1.4（c）和（d）所示。

图 7.1.7　外侧大模板架设示意图

1. 外模支撑；2. 吊架；3. 外作业平台；4. 内作业平台；5. 内模支撑；6. 螺栓；7. 混凝土墙体

7.1.6　大模板施工的主要工序及技术要求

1. 大模板施工工艺流程

工艺流程见图 7.1.8。

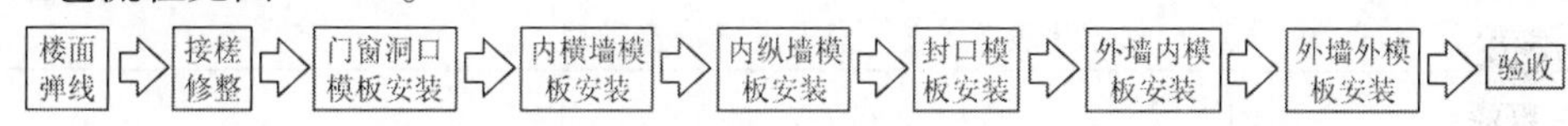

图 7.1.8　大模板施工工艺流程示意图

2. 主要工序和施工方法

1）模板安装

模板安装分内墙模板和外墙模板。单侧模板就位后，应采用专用支架支撑固定牢靠。两侧模板都就位后，及时用对拉螺栓固定。

内纵、横墙模板安装应根据构造要求按照一定的顺序进行。先将一个施工段的一侧模板用塔吊吊运就位，然后用撬杠按照楼面模板弹线将模板调整到准确位置。对称调整模板的对角线或地脚螺栓，将模板的垂直度和水平度、标高调整到规定要求，并用靠尺板等工具进行检查，达到要求后将螺栓拧紧。

安装另一侧模板前，应检查墙体钢筋、预埋件、门窗洞口模板、穿墙螺栓套管是否遗漏，位置是否正确，安装是否牢固，模板内侧的垃圾和杂物是否清理干净。安装就位后，校核垂直度、水平度后，用穿墙螺栓将两块模板锁紧。

外墙模板安装一般先安装外墙内侧模板，初步校核后临时固定；安装外侧模板前，要先在外墙外侧安装支撑平台，将外侧模板吊运至支撑平台上。就位校正后，用穿墙螺栓将内外两侧模板拉紧固定。穿墙螺栓和顶撑可以在一侧模板立好后先装在模板上，亦可以两侧模板都就位后穿孔安装。

模板安装后应注意模板接缝严密，衔接及定位牢固，防止模板出现变形、移位或漏浆现象。

当风速≥15m/s 时，应停止模板吊装作业。当已浇筑的混凝土强度未达到 1.2N/mm^2 时，不得进行大模板安装。当混凝土浇筑完成前风速≥20m/s 时，应对模板进行全面检查，合格后才能进行后续施工作业。

2）模板拆除

模板拆除时，结构混凝土强度应符合设计和规范要求，混凝土强度应以保证表面及棱角不受损伤，强度达到1.2MPa为标准。冬期施工中，混凝土强度达到1.2MPa可松动螺栓，当采用综合蓄热法施工时待混凝土强度达到4MPa方可拆模。

先拆除外墙外侧模板，再拆除内侧模板。首先拆卸穿墙螺栓，使模板向外倾斜与墙体脱离。如果模板难以脱离，应撬动模板下口，但不能使墙体受力，严禁操作人员站在模板上口晃动、撬动或锤击模板，而造成墙体晃动，使墙体混凝土受损。

模板拆卸后，应清理干净上面的杂物，检查连接件是否彻底摘除，检查无误后随即通过塔吊吊运至存放场地进行维护。大模板起吊时，塔吊的吊钩应垂挂于模板的正上方。大模板搁置存放必须一次放稳，最好两块模板面对面成对放置或者利用专用的固定架。严禁倾斜依靠放置，存放于楼面时应与外墙面垂直。调整模板的支撑系统使其自稳角（大模板竖向停放，利用模板自重平衡风荷载保持稳定时，面板与铅垂线的夹角）符合稳定要求，模板之间留出不小于600mm的工作面。

3. *大模板施工质量检验要求*

模板进场后应按照表7.1.1中的项目对其进行质量检查。

表7.1.1　模板进场检查项目

项目	内容
面板系统	数量、型号、编号、外形尺寸、焊缝、表面处理、吊环连接
支撑系统	数量、质量和连接
操作平台系统	平台、栏杆、爬梯质量与连接
对拉螺栓	质量、数量、规格

大模板安装完成后，应进行专项质量检查，经验收合格才能进行混凝土浇筑。大模板安装验收还应对下列项目进行复查确认：

①模板支撑系统的固定；②操作平台系统的固定；③拼装模板的接缝；④模板竖向支撑的固定。

根据《建筑工程大模板技术规程》JGJ/T74-2017中的规定，整体式大模板制作和拼装式大模板组拼允许偏差和检验方法见表7.1.2，大模板安装允许偏差和检验方法见表7.1.3。

表7.1.2　大模板制作和组拼允许偏差和检验方法

项次	项目	允许偏差/mm		检验方法
		整体式	拼装式	
1	模板高度	+3 0		卷尺量测检查
2	模板长度	0 −2		卷尺量测检查
3	模板板面对角线差	≤3		卷尺量测检查
4	模板板面平整度	+2 0		2m靠尺及塞尺检查

续表

项次	项目	允许偏差/mm		检验方法
		整体式	拼装式	
5	相邻模板面板拼缝阶差	≤0. 5	≤1. 0	平尺及塞尺量测检查
6	相邻模板面板拼缝间歇	≤0. 8	≤1. 0	塞尺量测检查

表 7. 1. 3　大模板安装允许偏差和检验方法

项次	项目		允许偏差/mm	检验方法
1	轴线位置		4	量测检查
2	截面内部尺寸		±2	卷尺量测检查
3	层高垂直度	全高≤5m	3	线坠及尺量检查
4		全高 >5m	5	线坠及尺量检查
5	相邻模板板面阶差		2	平尺及塞尺量测检查
6	平直度		<4（20m 内）	上口尺量检查，下口以模板定位线为基准检查

7. 2　爬升模板

7. 2. 1　概述

爬升模板（简称爬模）是可以随着结构施工进展，以已完成结构为依托，以层高为爬升步幅，利用提升装置自行爬升的一种大型工具式模板。与大模板相比，爬升模板的安拆过程不需要在存放场地和作业楼面之间反复吊运，减少了起重机械吊运的工作量，减少了吊运操作的安全风险，便于施工组织，提高了工作效率。爬升模板在 20 世纪 70 年代初，在欧、美、日多个国家开始使用。并在 20 世纪 70 年代末开始在我国推广应用。

根据爬模的爬升原理，整个系统由模板系统、爬架（提升架）系统和爬升（提升）动力系统三个部分组成。模板系统由大模板与其支撑架体系统构成；爬升架（或提升架）有水平支撑桁架、垂直支撑桁架和主框架构成的钢结构架体，用于提供作业平台和模板的外部支撑。动力系统可以采用爬模自带的电葫芦、液压千斤顶等，也可以借助外部起重机械（如塔吊）进行提升作业。与电葫芦和塔吊提升作业相比，液压千斤顶具有可以提供较大的顶升力、操作稳定性好等特点，目前采用较多。根据模板和提升架的爬升关系分为互爬方式和整体爬升方式，目前应用较多的是整体爬升方式。

【特点】

①模板的通用性和适用性好，可应用的结构类型较多；

②以施工完成的结构为附着支撑，施工便利并且安全；

③模板提升作业比常规的模板组拼和安装作业用工量少；

④混凝土施工质量好，精度高。

【施工工艺流程】

爬升模板施工工艺流程见图 7. 2. 1，爬升模板的基本构造及爬升过程如图 7. 2. 2 所示。

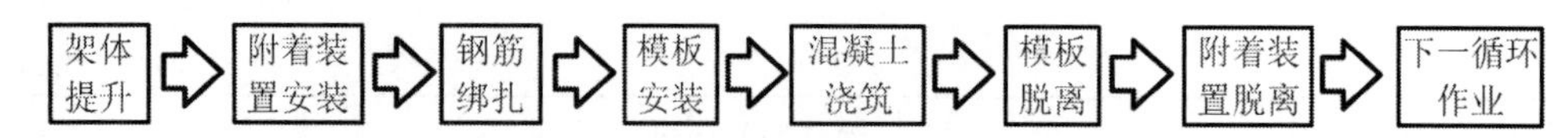

图 7.2.1　爬升模板施工工艺流程

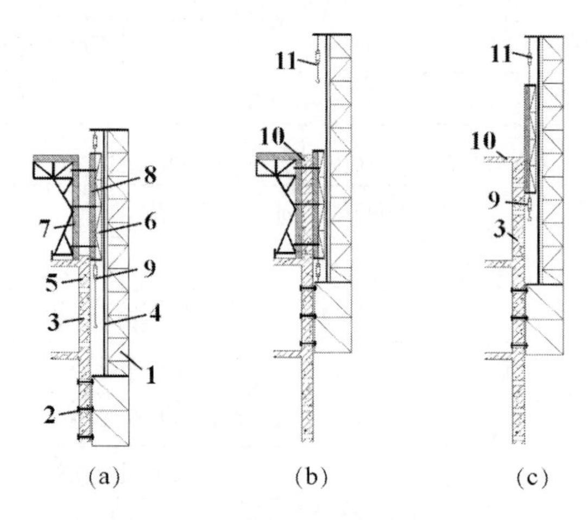

图 7.2.2　爬模构造及爬升过程示意图

（a）模板安装；（b）爬架提升；（b）模板提升；

1. 模架；2. 附墙螺栓；3. 预留栓孔；4. 滑道；5. 结构混凝土墙；6. 模架；

7. 内侧模板；8. 爬模；9. 模架提升装置；10. 刚浇筑混凝土；11. 模板提升装置

【施工安全技术要求】

①爬模施工必须编制专项施工方案；

②架体提升并附着于新的结构构件时，结构混凝土的强度应经检验符合设计要求；

③施工过程中，操作平台上的人员、设备和材料等荷载不能超过允许荷载值，并应均匀布置，在操作平台上醒目位置设置允许荷载值提示标牌，爬升过程应尽量撤除操作平台上的不必要的人员和物品；

④操作平台应配备灭火器和消防供水系统；

⑤作业平台应满铺脚手板，并设置栏杆、水平和垂直防护网；

⑥六级以上强风、雨雪、浓雾、雷电等恶劣天气，禁止提升作业，并采用必要的加固措施；

⑦部件的拆除顺序：先装的后拆，后装的先拆。

7.3　台模

台模又称飞模，是一种用于水平构件的大型工具式模板体系。适用于大开间、大柱距、大进深结构楼板的混凝土浇筑施工，高层建筑采用台模比较有优势，尤其适用于无梁、无柱帽的板柱结构施工。飞模的尺寸根据房间的开间和进深尺寸以及起重机械的吊运能力确定。主要由台面、支撑系统（包括纵横梁、各种支架支腿）、行走系统（如升降和滑轮）和其他配套附件（如安全防护装置）等组成。

其优点是只需要一次组装成型，不再拆开，每次整体运输吊装就位，简化了支撑模板及其支撑架的作业过程，加快了施工进度，节约了劳动力，并且整体性好，混凝土表面质量好。缺点是：对结构类型要求高，楼板构造复杂的结构不便于台模的安拆和吊运。

台模的支撑结构多采用钢、铝等金属材料制作。按结构形式分为下撑式和悬架式两种，如图7.3.1所示。

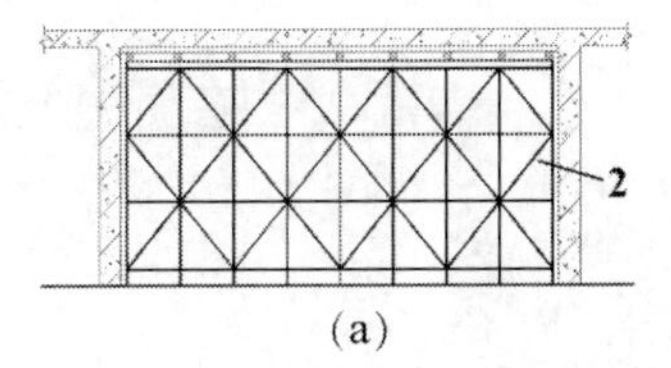

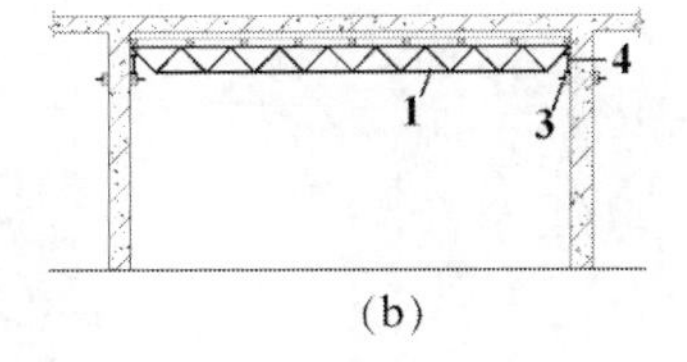

(a)　　(b)

图7.3.1　台模结构形式分类示意图

(a) 下撑式；(b) 悬架式

1. 桁架；2. 钢管组合脚手架；3. 附墙螺栓；4. 钢横梁

【施工安全技术要求】

与其他模板一样，台模安装好后应满足强度、刚度和稳定性的技术要求；拼接严密，不变形、不漏浆。

台模施工主要分为吊装就位和拆除转移两个环节。其技术操作要点包括以下几个方面：

①台模应按照楼面上事先弹线就位，就位后应调平、对正、撑牢；

②台面的较大接缝采用盖板封严，较小缝隙采用填塞方式堵严；

③台模外边缘应设置护栏和安全网。

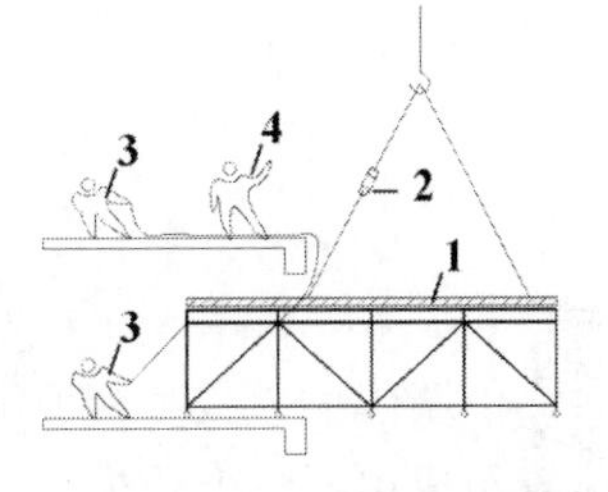

图7.3.2　台模吊运示意图

1. 台模；2. 电动葫芦；

3. 拉绳控制；4. 信号员

脱模后，台模拆除采用可升降和移动的辅助设备，将台模移送至结构外部露出前部吊点，由起重机械起吊固定，继续外移动台模直至露出后部吊点由起重机械吊住固定，过程中通过电动环链不断调整台模平衡，见图7.3.2。台模吊运时，下层应设置安全网，防止高空坠物。大雨和五级大风天气应停止台模吊运工作。

【施工流程】

台模施工工艺流程见图7.3.3所示。

图7.3.3　台模施工工艺流程

7.4　隧道模

隧道模是一种组合式定型模板，用来同时施工浇筑房屋的纵横墙体、楼板及上一层的导墙混凝土结构的模板体系。若把许多隧道模排列起来，可一次浇筑完成一个流程的楼板和全部墙体。对于开间大小都统一的建筑，较为适用。外形类似于隧道，故称之为隧道模。结构构件表面光滑，穿墙螺栓孔少，后期装饰的湿作业少。施工效率高，工期短，用工量少。

隧道模适用于标准开间，房间的开间、进深、层高等尺寸统一。分为整体式和双拼式两种形式，其中双拼式隧道模的构造及组拼方式见图 7.4.1。整体式自重大，移动困难，目前已经很少应用。双拼式模板应用较多，特别是采用“内浇外挂”、“内浇外砌”施工的多高层建筑结构施工中采用较多。

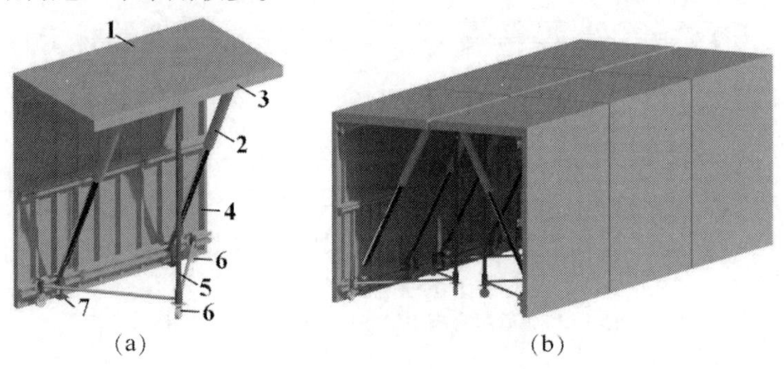

图 7.4.1　隧道模构造示意图

（a）隧道模单元；（b）隧道模组拼

1. 水平模板；2. 斜撑；3. 螺栓孔；4. 垂直模板；5. 垂直支撑；

6. 滚轮；7. 螺杆千斤顶

由墙体大模板和台模组合构成。由顶部模板系统、墙体模板系统、横梁、支撑和移动滚轮组成单元隧道角模，再由若干角模组成半隧道模，由两个半隧道模拼装成门形整体隧道模。混凝土浇筑完成后，脱模时通过调节支撑杆，使墙、楼板模板回缩脱离混凝土构件表面，然后从外墙开口利用塔吊将其整体移出。

单元角模由以下基本部件组合而成：水平模板、垂直模板、调节插板、堵头模板、螺杆（液压）千斤顶、移动滚轮、斜撑、垂直支撑、穿墙螺栓、定位块等组成，见图 7.4.1（a）。

导墙是保证隧道模施工质量的关键措施。导墙是指隧道模安装所必需先浇筑的墙体下部距楼板地面 100～150mm 高度范围内的一段混凝土墙体。保证模板定位和墙体构件尺寸的措施。

【施工流程】

隧道模施工工艺流程见图 7.4.2 所示。

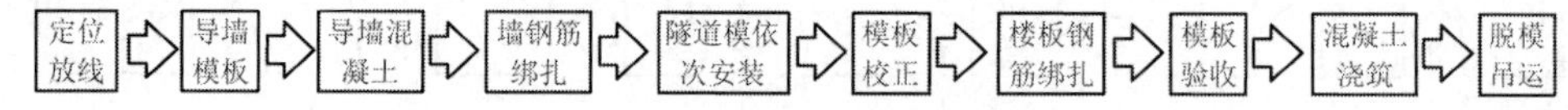

图 7.4.2　隧道模施工工艺流程

7.5　滑升模板

滑升模板施工技术于 20 世纪 50 年代在我国开始应用，70 年代末发展迅速，目前已有相当数量的构筑物及高层建筑是采用滑升模板施工的。

滑升模板是一种工具式模板，用于现场浇筑高耸构筑物和高层建筑物等，如烟囱、筒仓、电视塔、竖井和剪力墙体系及筒体体系的高层建筑等，也可用于多层框架结构。根据其滑模的方向分为竖向滑模和横向滑模，横向滑模主要应用于框架结构的梁构件；竖向滑模主要用于柱、墙、筒体等构件。梁柱构件的截面尺寸为 200～400mm，墙厚一般在 140

~180mm。

7.5.1 工艺原理与特点

1. 工艺原理

在构筑物或建筑物底部沿其墙、柱等构件的周边组装高1.2m左右的滑升模板，随着向模板内不断地分层浇筑混凝土，用液压提升设备使模板不断地沿埋在混凝土中的支承杆向上滑升，直到需要浇筑的高度为止。

2. 优点和缺点

【优点】

用滑升模板施工，可以节约模板和支撑材料、加快施工速度和保证结构的整体性。

【缺点】

①提升系统的一次性投资多、提升架耗钢量大；

②建筑立面出现平面形状的突变和较大挑出，以及构件截面尺寸和建筑平面尺寸过大，都造成使滑升模板滑升作业困难；

③高层建筑中楼面施工较困难；施工时宜连续作业，施工组织要求较严。

7.5.2 滑升模板的构造与系统组成

滑升模板是由模板系统、操作平台系统和液压系统三部分组成，见图7.5.1和图7.5.2所示。

1. 模板系统

滑模系统
- 模板系统：模板、围圈、提升架等
- 操作平台系统：操作平台、内脚手架、外脚手架等
- 液压提升系统：支承杆、千斤顶、操纵装置等

图7.5.1 滑模系统组成示意图

模板系统包括模板、围圈和提升架等，主要用于混凝土成型和承受新浇筑混凝土的侧向荷载。为了防止滑升时模板和混凝土之间的摩擦和粘结造成提升困难，两片模板并非垂直而是倾斜形成上口小、下口大的锥形开口，倾斜度一般控制在0.2%~0.5%。距离模板上口接近一半高度处的两块模板间距控制为构件截面尺寸。

1）模板

如图7.5.2（b）所示，模板是用于保证构件的截面形状和尺寸，同时还需要承受模板提升过程中与新浇筑混凝土间的摩阻力和侧压力。墙体模板一般主要由内、外两片主要模板构成。用钢材、木材或钢木组合制成。可以采用组合钢模板拼装，也可以采用胶合板制作的大模板。钢板一般为4~5mm。

2）围檩

又称围圈、围梁，是模板的支撑构件，用以保证模板的几何形状。将模板自重荷载、提升摩阻力、新浇筑混凝土侧压力以及作业平台荷载传递给提升架的立柱。围檩一般设置上、下两道，间距450~750mm。上围檩距离模板上口不超过250mm。提升架间距大于2.5m时，围檩的承受的荷载较大，应采用提高承载力和刚度的构造形式，比如加大型钢截面或采用桁架形式，其变形值应不大于跨度的1/500。

3）提升架

又称千斤顶架，与围檩挂接，承受模板、围檩、操作平台和自身重量和模板传递的水平荷载，并把垂直荷载传递给液压千斤顶。主要由横梁和立柱构成。有单横梁、双横梁等

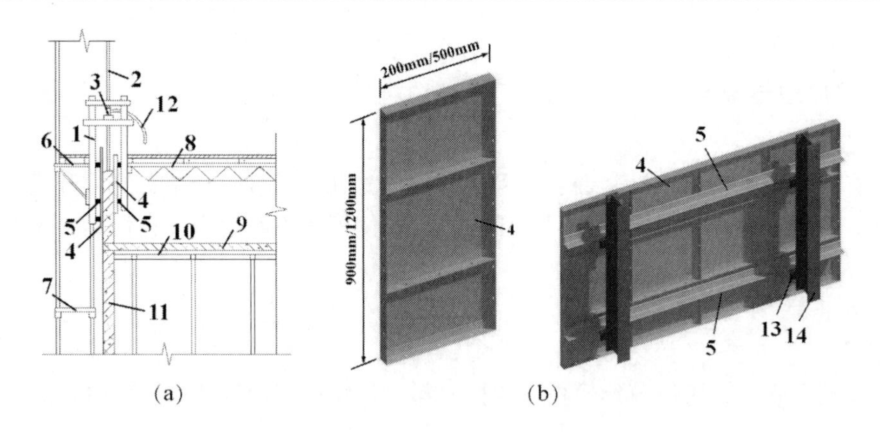

图 7.5.2　滑升模板构造示意图

（a）滑升模板构造；（b）模板规格；（c）滑升模板组拼构造

1. 提升架；2. 支承杆；3. 千斤顶；4. 模板；5. 围檩；6. 外挑架；7. 外吊架；8. 操作平台；9. 楼板混凝土；10. 楼板模板；11. 混凝土墙；12. 油管；13. 托件；14. 提升架立柱

多种形式。模板上口至提升架横梁的间距宜控制在 500～900mm。提升架立柱的变形应不大于 2mm。提升架沿墙体的间距一般不超过 2.5m，当采用较大间距时，围圈宜加大截面或采用桁架结构。

2. 操作平台系统

操作平台系统包括操作平台、上辅助平台和内外吊脚手等，它是施工操作的场所。为滑模施工提供作业面。包括内、外操作平台、吊脚手架等。内操作平台也称主操作平台，为施工人员进行钢筋绑扎、模板提升和混凝土浇筑提供作业面，同时也是材料、施工机具堆放的场地。外操作平台一般采用三角形外挑架作为支撑，外挑宽度 0.8～1.0m，铺设脚手板后成为辅助操作平台，便于施工作业。吊脚手架分内外吊脚手架，外脚手架可以悬吊一层至多层作业面，作业面宽度 0.6～0.8m，每层高度 2m 左右，用于检查和修补混凝土表面质量，以及调整、维护和拆除模板。外吊脚手架的吊杆可采用 Φ16～Φ18 的圆钢制作，也可采用柔性链条悬挂，为了保证安全，每个吊杆必须用双螺母进行紧固，吊架外侧应设防护栏和安全网。

3. 液压提升系统

液压系统包括支承杆、液压千斤顶和提升操纵装置等，它是模板滑升的动力。这三部分通过提升架、围圈及桁架连成整体，构成整套滑升模板装置。

1）支承杆

支撑杆又称爬杆，是千斤顶爬升的轨道，承受了千斤顶传递的全部荷载，一般采用 Φ25 圆钢和 Φ48mm×3.5mm 钢管制作，材质为 HPB300 级或 HRB335 钢材，最大滑空高度一般不超过 2.5m。支承杆接长应该保证千斤顶能顺利通过，上、下杆中心线应在一条铅垂线上，同时支承杆的接头应方便装拆，便于周转使用。

2）液压千斤顶

采用穿心式千斤顶，额定起重量 30～100t，固定于提升架上，支承杆从其中心孔穿过。根据其锁固的方式分为滚珠式、楔块式及混合式等类型，其中楔块式锁固较适于大吨位的荷载。

3）提升操纵装置

由液压控制台及油路系统组成。控制台的操作方式分为手动和全自动两种。鉴于此部分偏于设备控制，故在本章节不做详细介绍。

7.5.3　滑升模板的施工工艺

1. 施工流程

模板组装施工工艺流程见图 7.5.3。

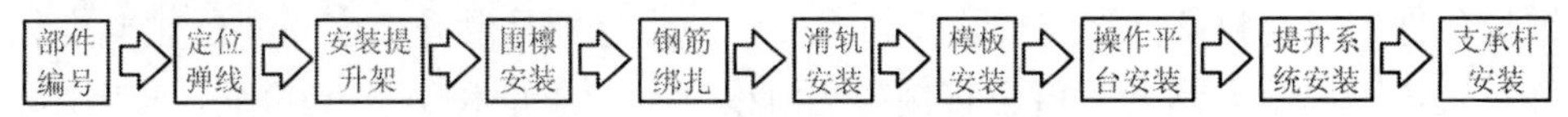

图 7.5.3　滑升模板安装工艺流程

模板拆除施工工艺流程见图 7.5.4。

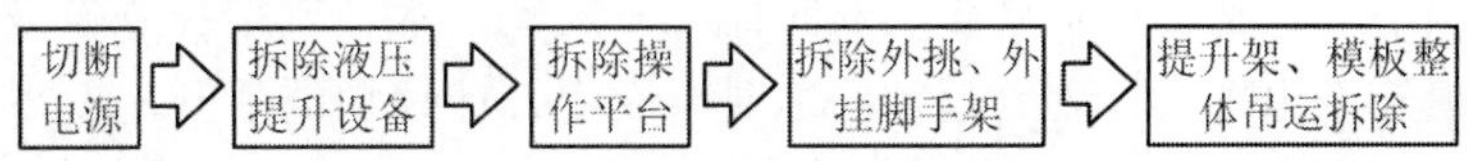

图 7.5.4　滑升模板拆除工艺流程

2. 主要施工工序及技术方法

1）滑模安装

滑模施工的特点之一，就是将模板一次性安装就位，直到施工过程结束，中途一般不再做调整。因此，滑模的安装工作一定要认真、仔细，严格按照设计、施工规范和操作规定进行。否则，施工过程将遇到很多问题，甚至影响施工质量。

（1）准备工作：

滑模组装前，应对其进行编号；对安装位置要弹线、做出标记；并且结构预埋件应预先安装到位。平面面积较大的结构物，宜设计成分区段或部分分区段进行滑模施工，一般滑模分区的水平投影面积不宜大于 700m^2。施工前，技术方案应落实，人员、材料、设备应到位。在施工建筑物的周围应设立危险警戒区。警戒线至建筑物边缘的距离不应小于高度的 1/10，且不应小于 10m。

（2）模板组装：

安装提升架时，应注意提升架的水平度应符合规定要求；内外围圈按应保证模板的倾斜度满足规定要求，并且位置对称；绑扎结构钢筋时应安装支承杆套管和预埋件；安装模板时，应从角模开始，然后安装墙面模板；应保证安装好的模板应上口小、下口大，单面倾斜度应为模板高度的 0.1% ~0.3%。模板上口以下 2/3 模板高度处的净间距应与结构设计界面宽度相同，见图 7.5.5。

图 7.5.5　模板与围圈连接示意图
1. 围圈；2. 模板

液压提升系统应在插入支承杆前进行加压试验。对千斤顶逐个进行排气；液压系统保持压力 5min，检查有无渗油和漏油现象；试验合格后才能安装支承杆，支承杆应与液压千斤顶轴线保持一致，允许偏差为 2/1000；支承杆的直径、规格应与所使用的千斤顶相适应，第一批插入千斤顶的支承杆其长度不得少于 4 种，两相邻接头高差不应小于 1m，同一高度上支承杆接头数不应大于总量的1/4。当支承杆设置在结构体内时，一般采用埋入方式，不回收。当需要回收时，支承杆应增设套管，套管的长度应从提升架横梁下至模板下缘；设置在混凝土体内的支承杆不得有油污。等到滑模滑升到一定高度时，安装外吊脚手架和安全网。

2）滑升作业

滑升作业应是滑模施工的主导工序。滑模施工过程中应采取“薄层浇灌、微量提升、减少停歇“的滑升制度。合理的“滑升制度”是综合了许多施工因素制定的，如气温条件、结构条件、原材料条件、施工装备和人员条件，特别是滑升速度和砼硬化速度相匹配条件等。破坏了“滑升制度”就会直接影响滑模工程的质量和安全，在滑模施工中必须保证计划“滑升制度”的实现，其他作业都必须在限定时间内完成，不得用“停滑”或减缓滑升速度来迁就其他作业。以往滑模施工中，对滑模作业的时间限制重视不够，常常因施工材料运输跟不上，施工设备维修不及时而无法运转，水、电系统故障，施工组织不合理等原因使滑模施工出现无计划的超常停歇时有发生，使计划的滑升制度得不到保证。目前滑模工艺被应用到众多的建筑和构筑物结构施工中，施工工艺经过改进形成了多种形式。除了常规的模板施工工艺外，滑框倒模工艺应用较多。

（1）普通滑模工艺：

普通滑模施工工艺包括初滑阶段、正常滑升阶段和结束滑升阶段。

【初滑阶段】

初滑阶段是指工程开始时进行的初次提升阶段（也包括在模板空滑后的首次提升）。初滑一般是模板结构在组装后初次经受提升荷载的考验，因此要经过一个试探性提升过程，同时检查模板装置工作是否正常，发现问题立即处理。

初滑时，宜将混凝土分层交圈浇筑至500～700mm（或模板高度的1/2～2/3）高度，待第一层混凝土强度达到0.2～0.4MPa或混凝土贯入阻力值为0.30～1.05kN/cm^{2}时，应进行1～2个千斤顶行程的提升，并对滑模装置和混凝土凝结状态进行全面检查，确定正常后，方可转为正常滑升。

【正常滑升阶段】

正常滑升过程中，应采取微量提升的方式，两次提升的时间间隔不宜超过0.5h。

在正常滑升过程中，每滑升200～400mm，应对各千斤顶进行一次调平，特殊结构或特殊部位应采取专门措施保持操作平台基本水平。各千斤顶的相对标高差不得大于40mm，相邻两个提升架上千斤顶升差不得大于20mm。

在滑升过程中，应检查操作平台结构、支承杆的工作状态及混凝土的凝结状态，发现异常，应及时分析原因并采取有效的处理措施。砼出模强度，通常要求以保证刚出模的砼不坍塌、不流淌、也不被拉裂，并可在其表面进行简单修饰和后期强度不降低。混凝土出模强度应控制在0.2～0.4MPa或混凝土贯入阻力值为0.30～1.05kN/cm^2。

必须均匀对称交圈浇灌；每一浇灌层的混凝土表面应在一个水平面上，并应有计划、均匀地变换浇灌方向；每次混凝土浇灌的厚度不宜大于200mm；滑模砼采取交圈均匀浇灌制度，是为了保证出模砼的强度大致相同，使提升时支承杆受力比较均衡。可以防止平台的空间飘移、造成的结构倾斜和扭转。框架结构柱子模板的停歇位置，宜设在梁底以下100～200mm处。

在滑升过程中，应及时清理粘结在模板上的砂浆和转角模板、收分模板与活动模板之间的灰浆，不得将已硬结的灰浆混进新浇的混凝土中。

模板滑空时，应事先验算支承杆在操作平台自重、施工荷载、风荷载等共同作用下的稳定性，稳定性不满足要求时，应对支承杆采取可靠的加固措施。

对施工过程中落在操作平台上、吊架上以及围圈支架上的砼和灰浆等杂物，每个作业班应进行及时清扫，以防止施工中杂物坠落，造成安全事故。对粘结在模板上的砂浆应及时清理，否则模板粗糙，提升摩阻力增大，出模砼表面会被拉坏，有损结构质量。尤其是转角模板处粘结的灰浆常常是造成出模砼缺棱少角的原因，变截面结构的收分模板和活动模板靠接处，浇灌砼时砂浆极易挤入收分模板和活动模板之间，使成型的结构砼表面拉出深沟，有损结构的外观质量。

滑升过程中不得出现漏油，凡被油污染的钢筋和混凝土，应及时处理干净。液压油污染了钢筋或砼会降低砼质量和砼对钢筋的握裹力，施工中如果发生这种情况的处理方法：对支承杆和钢筋一般用喷灯烘烤除油，对砼用棉纱吸除浮油，并清除掉被污染表面的砼。

正常施工中浇灌的砼被模板所夹持，对操作平台的总体稳定能够起到一定的保障作用。“空滑”是滑模施工中一个相对潜在危险的工作状态，模板与浇灌的砼已脱离，且支承杆的脱空长度有时会达到2m以上，抵抗垂直荷载和水平荷载的能力都很低，应验算该工况下的稳定性。当稳定性不足时，应对空滑的支承杆采取可靠的加固措施，并检查滑模施工方案设计中模板空滑工况、现场支承杆和操作平台的加固是否符合专项设计要求。对于支承杆和操作平台加固的方法很多，如可以适当增加支承杆的数量，减少操作平台荷载等方法来解决支承杆稳定性问题。

【结束滑升阶段】

当模板滑升至距离建筑物顶部标高1m左右时，滑模即进入结束滑升阶段，此时应放慢滑升速度，并进行准确地抄平和找正工作，使最后一层混凝土能够均匀地浇筑，保证标高正确。

（2）滑框倒模施工工艺：

【基本工艺过程】

在模板与围圈之间增设滑道，可采用钢管、角钢或槽钢。滑道固定在围圈内侧，随围圈、作业平台和提升架滑升，模板留在原位不滑升，与滑道间相对滑动，待滑道滑升至上一层模板位置后，拆除最下一层模板（一般配置3～4层，每层模板高500mm左右，在便于插放的前提下，尽量加大模板宽度，以减少竖向拼缝），清理后倒换至上层使用，此时的混凝土出模强度不得小于0.2MPa。如此往复，逐层替换上升。模板宜采用较为轻便的复合胶合板等，以利于滑道内插入。

【优点】

①滑升阻力减小，提升系统的自重可以降低，节约用钢量；

②滑框时模板不动，消除了普通滑模常见的粘模和混凝土拉裂现象，滑升时对混凝土强度要求不高，一般只要大于0.05MPa，不引起混凝土坍落、支承杆失稳等问题即可；

③便于清理模板和涂刷隔离剂；

④便于梁板等水平构件穿插施工。

【缺点】

施工过程包括滑升和倒模两个过程，施工速速比普通滑模工艺略有降低。

3）滑模拆除

滑模拆除方式分为整体分段拆除和高空解体散拆两种。其中，整体分段拆除方式可以利用现有的起重机械，大部分解体作业在地面进行，速度快并且安全性高；高空散拆方式不需要大型起重机械，但是工期长、劳动力需要量大，并且作业安全性较差，因而仅在不能采用整体分段拆除方式时采用。拆除作业前应做好以下准备工作：

① 切断所有电源，撤掉一切机具；

② 拆除液压设施，但要保留千斤顶和支承杆；

③ 拆除作业平台的脚手板、支撑梁和桁架；

④ 采用高空解体散拆时，还必须先将外挑脚手架和外吊脚手架拆除。

（1）整体分段拆除：

以每个房间的整段墙（或梁）两侧模板作为一个单元进行拆除并吊运；外墙模板可以与外挑梁和外吊架一起吊运；拆除时，外围模板与内墙模板间围圈连接、提升架上的千斤顶不能过早拆除，应等到起重机械升钩使吊绳绷紧受力后，才可以松开；模板吊运时，应设置溜绳，防止模板部件在吊运过程中发生碰撞而受损。模板拆解过程，应采取稳妥的临时支撑措施，防止模板系统出现倒塌事故。

（2）高空解体散拆：

主要通过施工人员的高空作业完成，一般应在作业层下方设置水平安全防护网，施工人员应系好安全带。拆除作业应从外墙开始，然后是内墙。外墙与内墙的拆除流程基本相同，外墙模板拆除流程见图 7.5.6。

图 7.5.6　滑模拆除流程示意图

与整体分段拆除相同，高空解体散拆方式也应注重在拆解过程中，模板系统的稳定性，制订控制措施防范模板系统发生整体或局部坍塌或倾倒。

3. 停滑措施

当施工作业完成或其他原因造成不能连续滑升时，应主动采取下列停滑措施：

（1）混凝土应浇灌至同一标高；

（2）模板应每隔一定时间提升 1～2 个千斤顶行程，直至模板与混凝土不再粘结为止。采用工具式支承杆时，在模板滑升前应先转动并适当托起套管，使之与混凝土脱离，以免将混凝土拉裂；

（3）对滑空部位的支承杆，应采取适当的加固措施；

（4）继续施工时，应对模板与液压系统进行检查。

4. 滑升过程的偏差控制

在滑升过程中，应检查和记录结构垂直度、水平度、扭转及结构截面尺寸等偏差数值。检查及纠偏、纠扭应符合下列规定：

（1）每滑升一个浇灌层高度应自检一次，每次交接班时应全面检查、记录一次；

（2）在纠正结构垂直度偏差时，应徐缓进行，避免出现硬弯；

（3）当采用倾斜操作平台的方法纠正垂直偏差时，操作平台的倾斜度应控制在1%之内；

（4）对筒体结构，任意3m高度上的相对扭转值不应大于30mm，且任意一点的全高最大扭转值不应大于200mm。

滑升中保持操作平台基本水平，对防止结构中心线飘移和砼外观质量有重要意义，因此每滑升200～400mm都应对各千斤顶进行一次自检调平。目前操作平台水平控制方法主要有：限位卡调平、联通管自动调平系统，激光平面法自动调平及手动调平等方法。

7.5.4　楼板施工方法

楼板施工方法包括墙柱滑模－楼板并进工艺、墙柱滑模－楼板跟进工艺、墙柱滑模－楼板降模工艺等。

1. 墙柱滑模－楼板并行施工工艺

墙柱滑模每滑升一层，达到楼板位置时，随即进行楼板混凝土浇筑施工。此时，将滑模空滑（即模板内没有浇筑混凝土）至楼板标高以上，并拆除内部的作业平台，然后安装常规方法进行楼板施工（包括支设楼板模板、楼板钢筋绑扎、浇筑楼板混凝土）。楼板浇筑混凝土时，滑模下端悬空部分应增加挡板构造措施。

要保证模板滑空时操作平台支承系统的稳定与安全。主要措施是对支承杆进行可靠加固，并加长建筑物外侧模板，使滑空时仍有不少于200mm高度的模板与外墙砼接触。

逐层现浇的楼板，楼板的底模一般是通过支柱支承在下层已浇筑的楼面上，由于一层墙体滑升所需的时间比较短，下层楼面砼浇筑完毕，一般停顿1～2d，即需要在其上面作业，而此时砼强度较低，应有技术措施来保证不因此而损害楼板质量。

支撑楼板的墙体模板空滑时，为防止操作平台的支承系统失稳发生安全事故，要求在非承重墙处模板不要空滑（要继续浇筑砼），如稳定性尚不足时，还需要对滑空处支承杆加固；安装楼板时，支承楼板的墙体的砼强度不得低于4.0MPa，是为了保证墙体承压的砼在楼板荷载作用下不致破坏，也不造成后期强度损失；施工中禁止在砼强度低的墙体上撬动楼板。

2. 墙柱滑模－楼板跟进施工工艺

跟进工艺是墙柱滑模先行滑升，达到若干层高度后，随即从下至上逐层进行楼板施工。楼板与墙体的连接构造可采用预留孔、预留钢筋的连接等方式施工。

墙体滑模施工过程中，位于楼板高度处的墙体上，在水平方向等间隔预留一定数量的孔洞，孔宽度200～400mm，高度同板厚或略大，孔洞间距应大于500mm。楼板的受力钢筋穿过孔洞，浇筑混凝土后，在孔洞处使墙体两侧的楼板贯通形成一体。此外，还可以采用在墙体中预留楼板钢筋的方式。滑升楼板处墙体时，将楼板的边缘水平钢筋弯起预留在墙体内，钢筋直径一般不宜大于Φ8，墙体厚度局部减薄。楼板施工时，将预留钢筋调整为水平方向，浇筑混凝土时将墙体局部减薄部分进行填补。预留孔洞方式的墙板连接刚度有所削弱，预留钢筋方式的后期施工应注意对墙体混凝土的不利影响。

3. 墙柱滑模－楼板降模施工工艺

降模工艺，是当墙柱滑模连续滑升到建筑顶层或8～10层时，将底层组装好的楼板模板整体提升至顶层楼板位置，用悬挂吊杆固定，然后在此模板层上进行钢筋绑扎和楼板混凝土浇筑。当该层楼板混凝土强度达到拆模强度（一般应≥15MPa）后，将模板降至下一层楼板标高处再进行下一层楼板施工。以此方式循环作业，直至降至底层楼板，最终将模板拆除。当楼层较多时，可以在中间层增加一套或多套楼板模板层，多层楼板分别降模，从而提高施工进度。此工艺滑模施工与楼板施工为两条各自施工的工艺线路，当滑模施工速度较快时，可以考虑增加倒模的套数。

二次施工的构件与滑模施工的构件（已施工完毕的构件）之间的连接，为保证结构形成整体，通常在节点处都作了必要的结构处理，如留设梁窝、槽口、增加插筋、预埋件、设置齿槽等等。这些部位比较隐蔽，因此二次施工之前必须彻底清理这些部位，按要求做好施工缝处理，加强二次浇筑砼的振捣和养护，确保二次施工的构件节点和构件本身的质量可靠。

7.5.5 滑模质量要求

1. 滑模制作质量

滑升模板装置各种构件的制作应符合现行《钢结构工程施工质量验收规范》和《组合钢拱板技术规范》的有关规定，其制作允许偏差见表7.5.1。

表7.5.1 构件制作的允许偏差

名称	内容	允许偏差/mm
钢模板	高度	±1
	宽度	-0.7~0
	表面平整度	±1
	侧面平直度	±1
	连接孔位置	±0.5
围圈	长度	-5
	弯曲长度≤3m	±2
	弯曲长度>3m	±4
	连接孔位置	±0.5
提升架	高度	±3
	宽度	±3
	围圈支托位置	±2
	连接孔位置	±0.5
支承杆	弯曲	小于（1/1000）L
	Φ48×3.5钢管直径	-0.2~+0.5
	Φ25圆钢直径	-0.5~+0.5
	椭圆度公差	-0.25~+0.25
	对接焊缝凸出母材	<+0.25

注：L为支承杆加工长度。

2. 滑模装置组装的允许偏差

滑模装置组装完成后，必须进行质量检查，并应符合表7.5.2的要求。

表 7.5.2　滑模装置组装的允许偏差

内容	允许偏差/mm	
模板结构轴线与相应结构轴线位置	3	
围圈位置偏差	水平方向	3
	垂直方向	3
提升架的垂直偏差	平面内	3
	平面外	2
安放千斤顶的提升架横梁相对标高偏差		5
考虑倾斜度后模板尺寸的偏差	上口	-1
	下口	+2
千斤顶位置安装的偏差	提升架平面内	5
	提升架平面外	5
圆模直径、方模边长的偏差		-2 ~ +3
相邻两块模板平面平整度偏差		1.5
组装模板内表面平整度偏差		3.0

【思考题】

1. 高层建筑结构施工常用的模板形式有哪些？
2. 大模板的组成部分和构造要求有哪些？
3. 滑升模板有哪几部分组成？
4. 爬升模板有哪几种形式？
5. 墙柱采用滑模施工时，楼板的施工工艺有哪些？

【知识点掌握训练】

1. 判断题

（1）根据模板和提升架的爬升关系分为互爬方式和整体爬升方式，目前应用较多的是互爬升方式。

（2）大模板吊环材质一般为 Q235A，不允许冷加工处理。

（3）台模，是一种用于水平构件的大型工具式模板体系，又称飞模，因为其安装和拆除的周转吊运过程不需要将模板吊放至地面存放。尤其适用于无梁、无柱帽的板柱结构施工。

（4）隧道模是一种组合式定型模板，用来同时施工浇筑房屋的纵横墙体、楼板及上一层的导墙混凝土结构的模板体系。

（5）滑模施工过程中应采取“薄层浇灌、微量提升、减少停歇“的滑升制度。

（6）滑动模板只能应用于墙、柱这样的竖向构件的施工。

（7）“空滑”是滑模施工中一个相对潜在危险的工作状态。

2. 填空题

（1）大模板的组拼方式有________组合、________组合和________组合三种方式。

（2）爬升模板由____ 系统、________系统和__________系统三个部分组成。

（3）当墙柱采用滑升模板施工时，楼板采用的施工工艺主要有______ 、______ 和______ 三种。

（4）滑升模板的滑升作业主要分为________ 和________ 两种工艺。

（5）普通滑模工艺分为______ 、______ 和______ 三个施工阶段。

（6）滑升模板的拆除分为________ 和________ 两种方式，其中______ 拆除方式对起重机的起重量有较高要求。

3. 选择题

（1）有关大模板施工的说法不正确的是（　　）。

A. 外墙大模板安装是先安装外侧模板，再安装内侧模板；

B. 外墙大模板拆除是先拆除外侧模板，再拆除内侧模板；

C. 大模板存放于楼面时应与外墙面垂直；

D. 冬期施工中，混凝土强度达到 1. 2MPa 即可拆除模板

（2）下列有关爬模施工说法错误的是（　　）。

A. 爬模部件的拆除顺序：先装的先拆，后装的后拆；

B. 六级以上强风、雨雪、浓雾、雷电等恶劣天气，禁止提升作业，并采用必要的加固措施。；

C. 爬模施工必须编制专项施工方案；

D. 爬升过程应尽量撤除操作平台上的不必要的人员和物品

（3）下列对普通滑模工艺描述错误的是（　　）。

A. 各千斤顶的相对标高差不得大于 40mm，相邻两个提升架上千斤顶升差不得大于 20mm；

B. 普通滑升工艺两次提升的时间间隔不宜超过 1. 0h；

C. 每次混凝土浇灌的厚度不宜大于 200mm；

D. 混凝土出模强度应控制在 0. 2 ~ 0. 4MPa 或混凝土贯入阻力值为 0. 30 ~ 1. 05kN/cm^2

第8章　结构安装工程

知识点提示：

- 了解结构安装工程施工机械种类、性能适用范围；
- 掌握单层厂房预制混凝土结构构件吊装方法、施工工艺、技术要点；
- 掌握多层装配式混凝土框架结构构件吊装方法、施工工艺、技术要点；
- 掌握大跨度钢结构构件吊装方法、施工工艺、技术要点；
- 掌握高层钢结构结构构件吊装方法、施工工艺、技术要点；
- 了解预制混凝土墙板施工工艺、技术要点。

结构安装工程是在预制构件厂或现场将所需构件预制生产加工后运输到施工现场，再由起重机械将其吊装到设计位置的结构施工过程。其施工特点主要包括以下几个方面：

（1）受预制构件类型和质量的影响较大。预制构件的外形尺寸、预埋件位置是否准确、构件强度是否达到设计要求、预制构件类型的变化多少等，都直接影响施工进度和质量。

（2）正确选用起重机械是完成结构安装工程施工的关键因素。选择起重机械的依据是：构件的尺寸、重量、安装高度以及位置。而吊装的方法及吊装进度又取决于起重机械的选择。构件在施工现场的布置应当与起重机械的选择和布置相适应。

（3）构件在吊装过程中的受力情况复杂。必要时还要对构件进行吊装强度、稳定性的验算。

（4）高空作业多，应注意采取安全技术措施。

8.1　钢筋混凝土单层厂房结构吊装施工

单层工业厂房除基础是现场浇筑外，其他构件均为预制构件。吊车梁、天窗架、屋面板、连系梁、地基梁、各种支撑等尺寸较小的构件由预制厂生产。尺寸大、重量重的大型构件（柱、屋架等）一般在施工现场就地制作；其他中小型构件则集中在构件厂制作，运到施工现场安装。钢筋混凝土单层厂房构件吊装应编制施工方案，主要内容应包括起重机的选择、结构安装方法、起重机的开行路线及停机位置、构件的平面布置与运输堆放等问题。

其中，不仅起重机的开行路线及停机位置，与起重机的性能、构件的尺寸、重量、构件的平面位置、构件的供应方式以及吊装方法等因素有关，而且还应该根据这些因素确定起重机的选型和吊装方法。

8.1.1　施工准备

1. 场地准备

结构吊装施工的场地应该首先清理障碍物，完成场地平整，并且场地范围要排水顺畅，施工道路铺设到位。构件浇筑和存放场地应坚实平整并面积充足。

2. 构件准备

柱子应在柱身的3个面上弹出安装中心线，并与基础杯口顶面弹的定位线相适应。对矩形截面的柱子，可按几何中线弹出；对工字形截面的柱子为便于观测和避免视差，则应靠柱边弹出控制准线。此外，在柱顶和牛腿面还要弹出屋架及吊车梁的安装中心线，如图8.1.1所示。

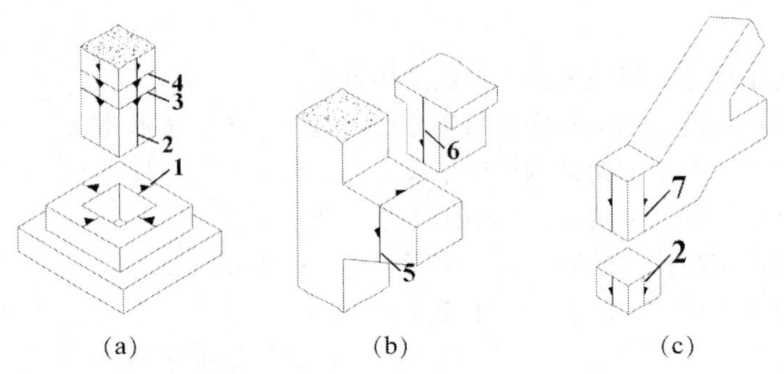

图8.1.1　基础和柱身弹线

(a) 基础和柱的弹线；(b) 牛腿和梁的弹线；(c) 柱与屋架的弹线

1. 杯口中心线；2. 柱中心线；3. 基础顶面线；4. 地坪标高线；

5. 牛腿侧面对位线；6. 梁端对位线；7. 屋架对位线

3. 基础准备

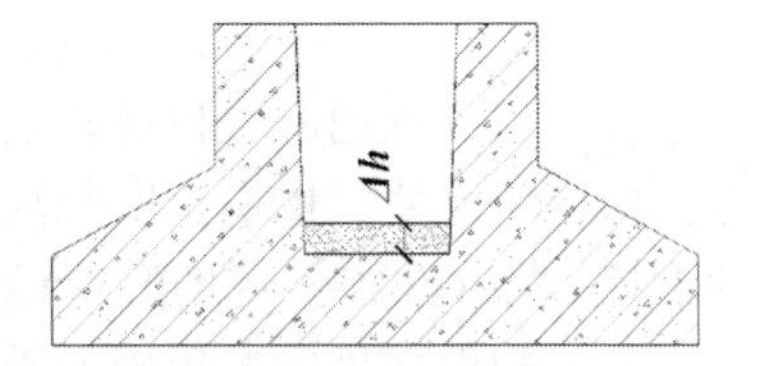

图8.1.2　基础准备

基础准备是指在柱构件吊装前，对基础底的标高进行抄平、在基础杯口顶面弹出定位线。柱基施工时，杯底标高一般比设计标高低，$\Delta h = 50$mm，如图8.1.2所示。通过对各柱基础的测量检查，计算出杯底标高调整值，并标注在杯口内，然后用1：2水泥砂浆或细石砼将杯底偏差找平，其目的是为了确保柱牛腿顶面的设计标高准确。基础杯口顶面定位线与柱身定位线比对，可确认柱子是否到达设计位置。

4. 构件预拼装

为了安装方便，以及参考场地施工条件、构件运输条件和起重机械的吊装能力，大型构件经常采用分解制作和分段安装的方式。当起重机的吊装能力不足时，可以采用高空拼装的方式，这种施工方式需要搭设脚手架以提供拼装作业平台；当采用大型起重机时，可以采用地面预拼装的方式，先将构件在地面上按照设计图纸拼接成完整的构件，然后再整体吊装到位。这种方式不需要额外的作业平台，可以节省一部分费用，但是吊装作业的难度加大。此外，地面预拼装时，为了提高拼装质量，一般需要设置用于拼装的胎架或者台座，通常用脚手架搭设或者由型钢结构构成。

8.1.2　起重机的分类

建筑结构安装施工常用的起重机械有：桅杆式起重机、自行杆式起重机、塔式起重机等几大类。

1. 塔式起重机

塔式起重机是一种塔身直立，起重臂安在塔身顶部且可作360°回转的起重机，一般具有较大的起重高度和工作幅度，工作速度快、生产效率高，广泛用于多层和高层装配式及现浇式结构的施工。

塔式起重机一般可按其功能特点分成轨道式、爬升式和附着式三类。塔式起重机的选择主要根据工程特点（平面尺寸、高度、构件重量和大小等）、现场条件和现场机械设备等来确定，见表8.1.1。

表8.1.1　塔式起重机的选型

塔式起重机	适用工程	适用性能特征
轨道式	大跨度建筑	可行走，作业范围大，常用于大跨度等平面尺寸较大的建筑
附着式	高层建筑	可自升，适用于高度100m左右的高层建筑施工。由于不能行走、作业半径较小
爬升式	超高层建筑	适用于场地不大，高度超过200m的超高层建筑

1）附着式塔式起重机

附着式塔式起重机直接固定在建筑物近旁的混凝土基础上，依靠爬升系统，随着建筑施工进度而自行向上接高。为了提高塔身的稳定性和抗扭转能力，每隔20m左右将塔身与建筑物的结构用锚固装置联结起来，如图8.1.3（a）所示。

2）轨道式塔式起重机

轨道式塔式起重机能负荷行走，能同时完成垂直和水平运输，使用安全，能在直线和曲线的轨道上行走，生产效率高。但是需要铺设轨道，装拆、转移费工费时，因而台班费用较高。

轨道式塔式起重机常用的型号有QT1－2型、QT－16型、QT－40型、QT1－6型、QT－60/80型、QTZ－800型、QTZ－315型、QTZ－125型等，如图8.1.3（b）所示。

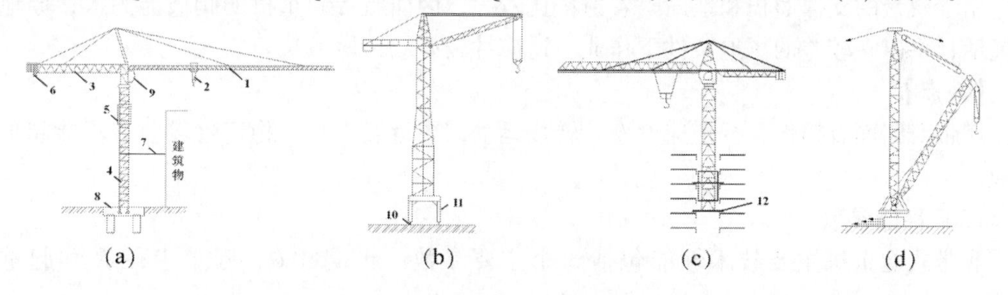

图8.1.3　塔式起重机与桅杆起重机

（a）附着式塔式起重机；（b）轨道式塔式起重机；（c）爬升式塔式起重机；（d）桅杆式起重机

1. 起重臂；2. 小车；3. 平衡臂；4. 塔身；5. 套架；6. 配重；7. 附着臂；

8. 基础；9. 驾驶室；10. 轨道；11. 台车；12. 支撑横梁

3）爬升式塔式起重机

超高层结构施工中普通塔式起重机的起重高度已不能满足施工要求。爬升式塔式起重机，如图8.1.3（c）所示，是自升式塔式起重机的一种，它安装在建筑物内部的框架梁上或电梯井上，随着结构施工进度每完成两层施工即可依靠套架、托架和爬升系统自行爬升一次。爬升式起重机主要构造部件包括底座套架、塔身、塔顶、行车式起重臂、平衡臂等。其特点是机身体积小，重量轻，安装简单、不需要铺设轨道，不占用施工场地；但塔基作用于楼层，建筑结构需进行相对加固，拆卸时需在屋面架设辅助起重设备。该机适用于施工现场狭窄的高层框架结构的施工。

2. 桅杆式起重机（牵缆式拔杆起重机）

牵缆式拔杆起重机是在独脚拔杆的下部增加一根起重臂构成，见图 8.1.3（d）。其起重臂可以上下起伏调整，机身可以回转 360°。在起重半径范围内可以把构件吊到任何位置。由于杆件的受力与其他类型塔吊不同，钢结构的牵缆式拔杆起重机的起重量较大，可以达到 600kN，起重高度也可达 80m 以上。

3. 自行杆式起重机

自行杆式起重机的优点是灵活性大，移动方便，能为整个建筑工地服务。起重机是一个独立的整体，一到现场即可投入使用，无需进行拼接等工作，施工起来更方便，只是稳定性稍差。

目前常用的自行杆式起重机主要包括履带式起重机和汽车式起重机两种。

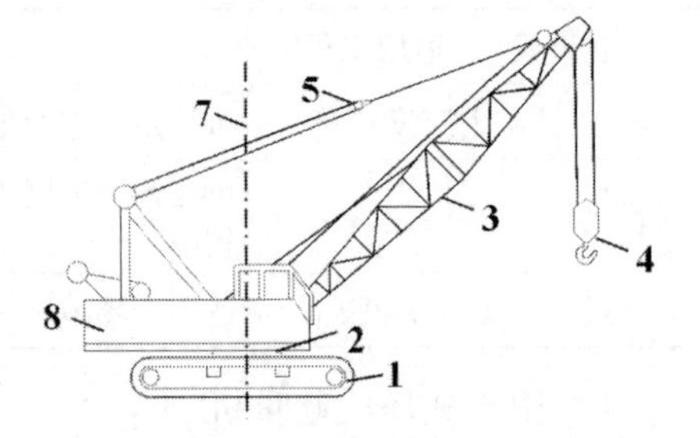

图 8.1.4　履带式起重机构造示意图

1. 行走装置；2. 回转装置；3. 起重臂；4. 吊钩；5. 滑轮组；7. 回转中心；8. 机身

1）履带式起重机

履带式起重机在单层工业厂房安装施工中应用广泛。

（1）组成：

履带式起重机主要由行走机构、回转机构、机身及起重臂等部分组成，如图 8.1.4 所示。

（2）特点：

【优点】

由于履带的支撑面积和地面附着力都比较大，因而履带起重机的爬坡能力大，原地转弯灵活；可以在较差的场地条件下作业，适应性较好。

【缺点】

履带对路面有损伤，行走速度慢，转场运输需要运载工具；稳定性较差，不能超负荷作业。

（3）性能参数：

履带式起重机主要技术性能包括 3 个主要参数：起重量 Q、起重半径 R 和起重高度 H。

起重量一般不包括吊钩、滑轮组的重量，起重半径 R 是指起重机回转中心至吊钩的水平距离，起重高度 H 是指起重吊钩中心至停机面的距离。

（4）施工技术要点：

① 起重机吊钩中心与臂架顶部定滑轮中心之间应有一定的最小安全距离，其值视起重机大小而定，一般为 2.5 ~ 3.5m；

② 起重机进行工作时，现场的道路应采用枕木或钢板将路基垫好，以保证起重机工作的安全；

③ 起重机工作时的地面允许最大坡角不应超过 3°，起重臂最大仰角不得超过 78°；

④ 起吊时的一切动作要以缓慢速度进行；

⑤ 履带式起重机一般不宜同时做起重和旋转的操作，也不宜边起重边改变起重臂的

幅度；

⑥ 起重机负载行驶，则载荷不应超过允许重量的 70%。重物应在起重机正前方，离地面高度不得大于 500mm；

⑦ 起重机吊起满载荷重物时，应先吊离地面 20 ~ 50cm，检查起重机的稳定性、制动器的可靠性和绑扎的牢固性等，确认可靠后才能继续起吊；

⑧ 双机抬吊时，单机起吊荷载不能超过允许荷载的 80%，构件重量不得超过两台起重机所允许起重量总和的 75%。

2）汽车式起重机

汽车式起重机是一种车载、自行式、全回转起重机。

（1）特点：

【优点】

行驶速度高、机动性能好，对路面破坏小。

【缺点】

吊重时需要使用支腿，不能负载行驶，作业地面必须压实；与履带式起重机相比，回转半径较大。

（2）性能参数：

与履带式起重机类似，汽车式起重机的选择主要考虑起重量、提升高度和工作幅度三个参数。

8.1.3　起重机性能参数的选择

起重机的选择不仅直接影响结构安装的方法，而且起重机的开行路线以及构件的平面布置，也是结构安装施工的关键工作。

1. 起重机类型选择

起重机的选择与厂房外形尺寸、构件尺寸和重量、安装位置、施工现场条件等因素有关。对于一般中小型工业厂房，由于外形平面尺寸不大，构件的重量与安装高度都较小，设备多为后期安装，因此履带式起重机应用比较广泛。对于大跨度的重型工业厂房，构件尺寸和重量比较大，设备安装与结构吊装同时进行，则应选用大型的履带式起重机，牵缆式拔杆起重机或重型塔吊等进行吊装。

2. 起重机参数选择

起重机类型确定后，还要进一步选择起重机的起重量、起重高度、起重半径等参数，进而确定起重机的型号。

1）起重量

起重机的起重量必须大于所安装最重构件的重量与索具重量之和。

$$Q \geqslant Q_1 + Q_2 \tag{8-1-1}$$

式中：Q —— 起重机的起重量；

Q_1 —— 所吊最重构件的重量；

Q_2 —— 索具的重量。

2）起重高度

起重机的起重高度必须满足所吊装构件的高度要求，如图 8.1.5 所示。

$$H \geqslant h_1 + h_2 + h_3 + h_4 \tag{8-1-2}$$

式中：H —— 起重机的起重高度(m)；

h_1 —— 安装点的支座表面高度，从停机地面算起(m)；

h_2 —— 安装对位时的空隙高度，不小于0.3m；

h_3 —— 绑扎点至构件吊起时底面的距离(m)；

h_4 —— 绑扎点至吊钩中心的索具高度(m)。

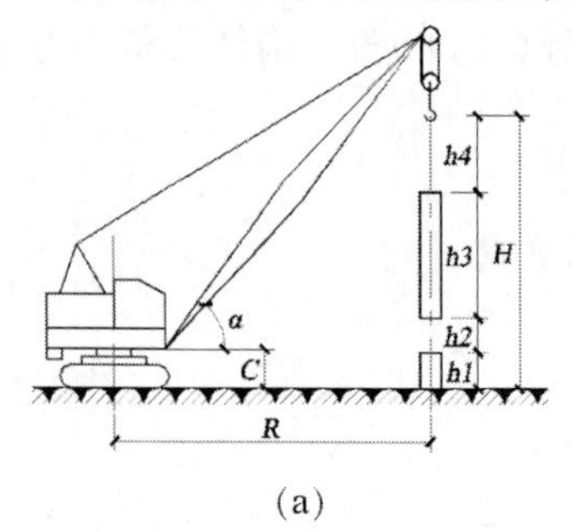

(a)

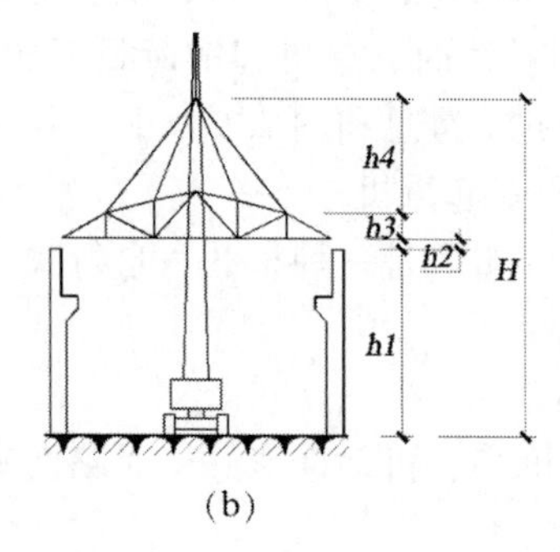

(b)

图8.1.5　起重高度计算简图

(a) 柱吊装；(b) 屋架吊装

3）起重半径

起重半径的确定应按三种情况考虑。

(1) 当起重机可以开到构件附近去吊装时，对起重半径没有什么要求，只要计算出起重量和起重高度后，便可以查阅起重机资料来选择起重机的型号及起重臂长度，并可查得在该起重量 Q 及起重高度 H 下的起重半径 R；从而为确定起重机的开行路线以及停机位置作参考。

(2) 当起重机不能开到构件附近去吊装时，应根据实际所要求的起重半径 R、起重量 Q 和起重高度 H 这三个参数，查阅起重机起重性能表或曲线来选择起重机的型号及起重臂的长度。

(3) 当起重臂需跨过已安装好的构件(屋架或天窗架) 进行吊装时，应计算起重臂与已安装好的构件不相碰的最小伸臂长度。计算方法有数解法和图解法，如图8.1.6所示。

【数解法】

应求满足吊装要求的最小起重臂长，可按下式计算：

$$L \geqslant L_1 + L_2 = h/\sin\alpha + (c + g)/\cos\alpha \tag{8-1-3}$$

式中：L —— 起重臂最小长度(m)；

h —— 起重臂底铰至屋面板吊装支座的垂直高度(m)，$h = h_1 - E$，E 为起重臂底铰至停机面的距离(m)；

h_1 —— 停机地面至屋面板吊装支座的高度(m)；

c —— 起重吊钩需跨过已安装好结构的水平距离(m)；

g —— 起重臂轴线与已安装好结构之间在已安构件顶面标高的水平距离，至少取1m。

为了使起重臂长度最小，可把上式进行微分，并令 $\mathrm{d}L/\mathrm{d}\alpha = 0$。在 α 的可能区间 $(0,\pi/2)$ 仅有

$$\alpha = \arctan\sqrt[3]{\frac{h}{c + g}} \tag{8-1-4}$$

代入公式可以得起重臂的最小长度。据此,可选出适当的起重臂长,然后由实际采用的 L 及 α 值,计算出起重半径 R:

$$R = F + L\cos\alpha \tag{8-1-5}$$

根据 R 和 L 查起重机性能表或性能曲线,复核起重量及起重高度,即可由 R 值确定起重机安装屋面板时的停机位。

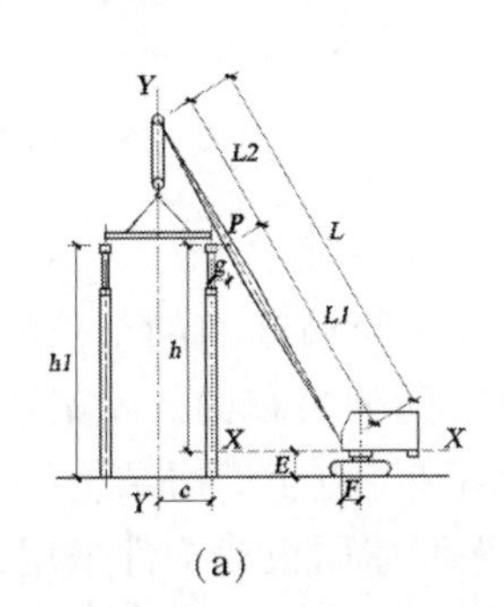

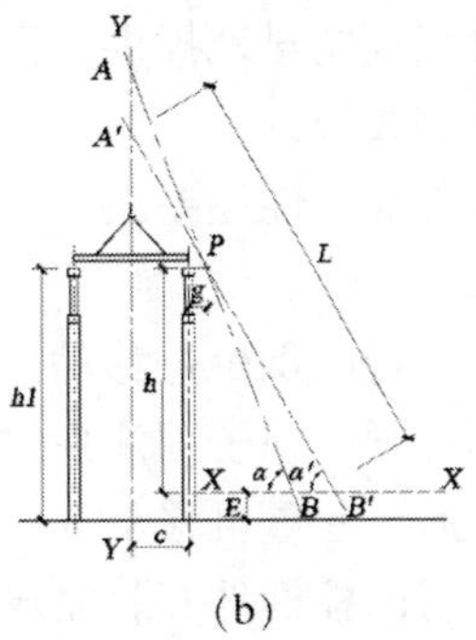

图 8.1.6 最小起重臂长度求解简图

(*a*) 数解法;(*b*) 图解法

【图解法】

作图的方法步骤如下:

(1) 按比例绘出一个节间的构件安装剖面图,注明安装标高,柱距中心线和停机地面线。

(2) 在柱距中心线上先选定一点 A 作为起吊臂杆顶端位置。

(3) 在构件安装支座标高位置,根据 $g = 1\text{m}$ 要求向外侧定出 P 点位置。

(4) 根据起重起机的 E 值,绘出平行于停机面的直线 $X - X$。

(5) 连接 A、P 并延长使之与 $X - X$ 相交于一点 B(此点为起重臂下端的铰点中心),AB 连线即为起重臂长度。

(6) 低于 A 得到 A',连接 A'、P,延长得到交点 B' 点,同样得到另一个起重臂长。

(7) 同样方法可以得到更多直线段,量取这些线段中的长度最小的那条线,即为所求的起重臂最小长度取值。

(8) 起重臂最小长度确定后起重机停机位的确定方法与数解法相同。

8.1.4　构件的吊装方案

单层工业厂房的结构吊装,通常有两种方法:分件吊装法和综合吊装法。

1. 分件吊装法

分件吊装法就是起重机每开行一次只安装一类或一、二种构件。通常分三次开行即可吊完全部构件。这种吊装法的一般顺序是:起重机第一次开行,安装柱子;第二次开行,吊装吊车梁、连系梁及柱向支撑;第三次开行,吊装屋架、天窗架,屋面板及屋面支撑等。装配式钢筋混凝土单层厂房的构件吊装多采用此方法。

【优点】

①构件就位后临时固定、校正到最后固定的时间充裕;

②构件供应比较单一,可以根据需要分批进场,现场构件布置也比较简单;

③起重机一次开行只吊装一种或两种构件，吊具变换次数少，而且操作容易熟练，有利于提高安装效率；

④可以根据不同构件类型，选用不同性能的起重机（大机械可吊大件，小机械可吊小件）有利于发挥机械效率，减少施工费用。

【缺点】

①不能为后续工程及早地提供工作面；

②起重机开行路线长；

③先安装的构件稳定性较差。

2. 综合吊装法

这种方法是：一台起重机每移动一次，就吊装完一个节间内的全部构件。其顺序是：先吊装完这一节间柱子，柱子固定后立即吊装这个节间的吊车梁、屋架和屋面板等构件；完成这一节间吊装后，起重机移至下一个节间进行吊装，直至厂房结构构件吊装完毕。目前，混凝土结构厂房的柱构件安装完成后，梁、屋架和屋面板等构件采用此法安装，也多用于钢结构厂房安装。

【优点】

①起重机开行路线短，停机作业次数少；

②吊装完成的节间可以较早地为后续施工提供作业面，有加快工程施工进度。

【缺点】

①由于同时吊装多种类型构件，起重机械生产效率不高；

②构件供应种类较多，现场布置困难；

③构件就位后，留给校正和最后固定的时间比较紧张。

8.1.5 构件吊装施工流程及技术要点

构件吊装工艺过程一般包括绑扎、起吊、对位及临时固定、校正及最后固定等工序。如图 8.1.7 所示。

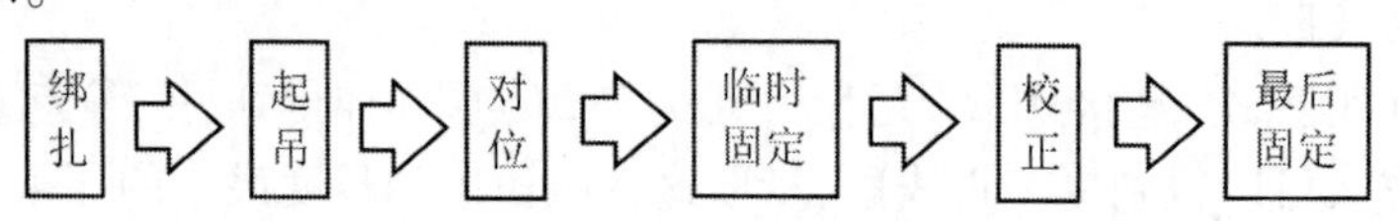

图 8.1.7 预制混凝土构件吊装施工工艺流程

1. 柱的吊装

1）柱的绑扎

柱子的绑扎位置和绑扎点数，应根据柱的形状、断面、长度、配筋部位和起重机性能等情况确定。因柱的吊升过程中所承受的荷载与使用阶段荷载不同，因此绑扎点应高于柱的重心，这样柱吊起后才不致摇晃倾翻。吊装时应对柱的受力进行验算，其最合理的绑扎点应在柱产生的正负弯矩绝对值相等的位置。自重 13t 以下的中、小型柱，大多绑扎一点；重型或配筋小而细长的柱则需要绑扎两点、甚至三点。有牛腿的柱，一点绑扎的位置，常选在牛腿以下，如上部柱较长，也可绑扎在牛腿以上。工字型断面柱的绑扎点应选在矩形断面处，否则应在绑扎位置用方木加固翼缘。双肢柱的绑扎点应选在平腹杆处。在吊索与构件之间还应垫上麻袋、木板等，以免吊索与构件之间摩擦造成损伤。

按柱起吊后柱身是否垂直分为斜吊绑扎法（图8.1.8（a））和直吊绑扎法（图8.1.8（c））。当柱平卧起吊抗弯能力满足要求时，可采用斜吊法。当柱平卧起吊抗弯能力不足时，吊装前需要对柱先翻身然后再绑扎起吊。如果吊索从柱的两侧引出，上端通过卡环或滑轮组挂在横吊梁上，这种方法称为直吊法。

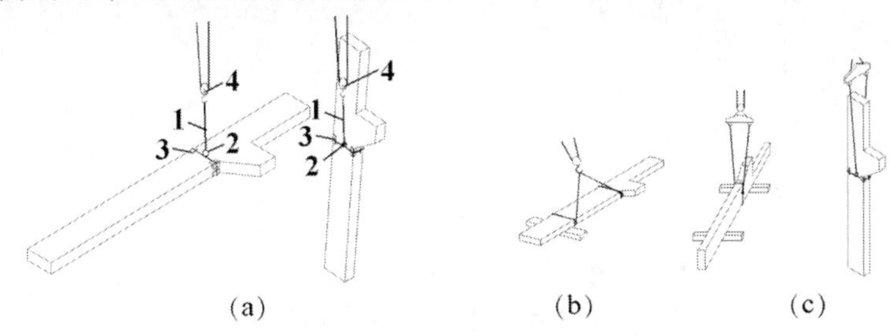

图8.1.8　预制混凝土柱构件绑扎方法

（a）斜吊绑扎；（b）柱翻身绑扎；（c）直吊绑扎

1. 吊索；2. 卡环；3. 垫木；4. 滑车

2）柱的起吊

工业厂房中的预制柱子安装就位时，常用旋转法和滑行法两种形式吊升到位。

（1）旋转法：布置柱子时使柱脚靠近柱基础，柱的绑扎点、柱脚和基础中心位于以起重半径为半径的圆弧上，称为三点共弧旋转法。起重机边升钩边回转，柱子绕柱脚旋转立直，吊离地面后继续转臂，插入基础杯口内，如图8.1.9所示。

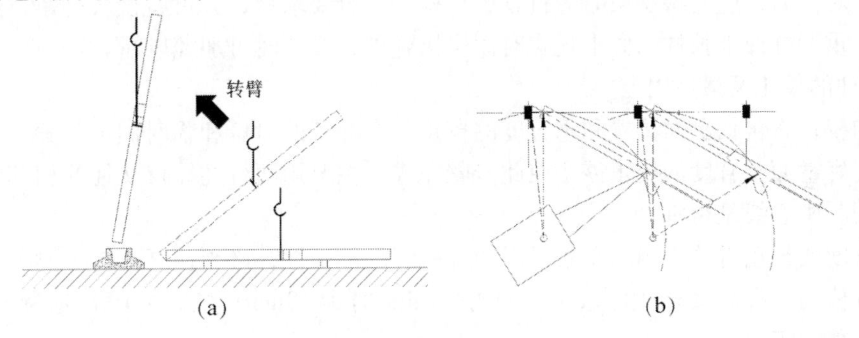

图8.1.9　旋转法起吊柱

（a）起吊过程；（b）平面布置

除了三点共弧旋转法，也可以两点共弧旋转法，即柱的绑扎点与柱脚或柱脚与基础中心位于以起重半径为半径的圆弧上。柱脚与基础中心点两点共弧旋转法吊柱时，起重机边升钩边回转边变臂长，柱子绕柱脚旋转立直，以后过程同三点共弧旋转法。绑扎点与柱脚两点共弧旋转法吊柱时，起重机边升钩边回转，柱子绕柱脚旋转立直，吊离地面以后起重机边回转边变臂长，把柱子吊入杯口。以上两种两点共弧旋转法的特点是：柱在吊装过程中振动较小，柱子布置相对三点共弧旋转法更灵活，但起重机动作相对三点共弧旋转法更复杂。

（2）滑行法：柱子的绑扎点靠近基础杯口布置，且绑扎点与基础杯口中心位于以起重半径为半径的圆弧上；起重机升钩使柱脚沿地面缓缓滑向绑扎点下方、立直；吊离地面后，起重机转臂使柱子对准基础杯口就位，如图8.1.10所示。

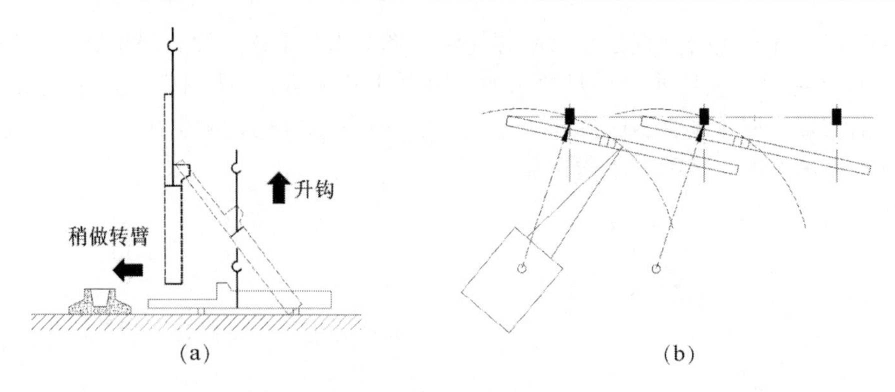

(a)　　(b)

图 8.1.10　滑行法起吊柱

(a) 起吊过程；(b) 平面布置

旋转法相对滑行法的特点是：柱在吊装立直过程中振动较小，效率较高；但对起重机的机动性要求高，现场布置柱的位置要求较高。

两台起重机进行“抬吊”重型柱时，也可采用两点抬吊旋转法和一点抬吊滑行法。

3）柱的对位及临时固定

柱脚插入杯口后，应悬离杯底适当距离进行对位，对位时从柱子四周放入 8 只楔块，并用撬棍拨动柱脚，使柱的吊装准线对准杯口上的吊装准线，并使柱基本保持垂直，即完成柱的对位。

柱子对位后，应先将楔块略为打紧，经检查符合要求后，方可将楔块打紧，这就是临时固定。重型柱或细长柱除做上述临时固定措施外，必要时可加缆风绳。

4）柱的校正及最后固定

柱的校正，包括平面位置和垂直度的校正。在柱子的对位和临时固定步骤，平面位置多已校正好，而垂直度的校正需要在此步骤完成，主要用两台经纬仪从柱的相邻两面来测定柱的安装中心线是否垂直。

垂直度的校正直接影响吊车梁、屋架等吊装的准确性，必须认真对待。要求垂直度偏差的允许值为：柱高≤5m 时为 5mm；柱高 >5m 时为 10mm；柱高≥10m 时为 1/1000 柱高，但不得大于 20mm。

校正方法：有敲打楔块法、千斤顶校正法、钢管撑杆斜顶法及缆风绳校正法等，如图 8.1.11 所示。

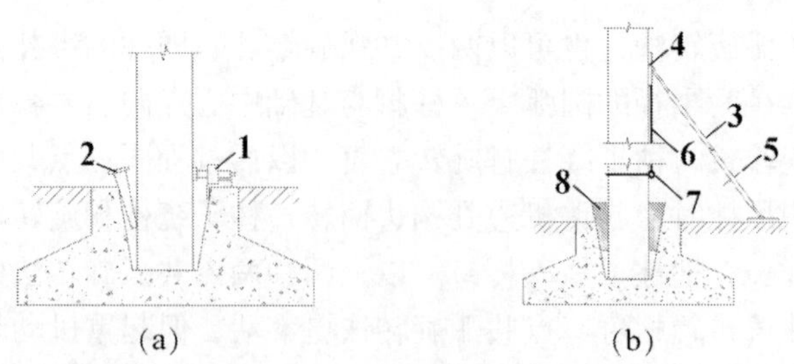

(a)　　(b)

图 8.1.11　预制混凝土柱构件临时固定

(a) 千斤顶校正法；(b) 钢管撑杆校正法

1. 千斤顶；2. 钢楔；3. 钢管；4. 摩擦板；5. 转动手柄；6. 钢丝绳；7. 卡环；8. 楔块

柱子校正后应立即进行最后固定，见图 8.1.12。方法是在柱脚与杯口的空隙中浇筑比柱混凝土强度等级高一级的细石混凝土，浇筑分两次进行：第一次浇筑至原固定柱的楔块底面，待混凝土强度达到 25% 时拔去楔块，再将混凝土灌满杯口。待第二次浇筑的混凝土强度达到 70% 后，方可安装其上部构件。

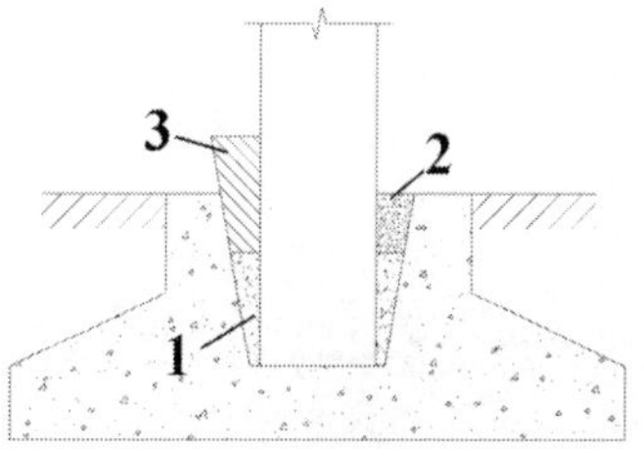

图 8.1.12　预制混凝土柱构件最后固定

1. 第一次浇筑；2. 第二次浇筑；3. 楔块

2. 吊车梁的吊装

吊车梁的类型，通常有 T 型、鱼腹型和组合型等。吊车梁吊装时，应两点绑扎，对称起吊。起吊后应基本保持水平，对位时不宜用橇棍在纵轴方向撬动吊车梁，以防使柱身受挤动产生偏差。

吊车梁吊装后需校正其标高、平面位置和垂直度。吊车梁的标高主要取决于柱牛腿标高，一般只要牛腿标高准确时，其误差就不大。如仍有微差，可待安装轨道时再调整。在检查及校正吊车梁中心线的同时，可用垂球检查吊车梁的垂直度，如有偏差时，可在支座处加垫铁纠正。

一般较轻的吊车梁或跨度较小些的吊车梁，可在屋盖吊装前或吊装后进行校正；而对于较重的吊车梁或跨度较大些的吊车梁，宜在屋盖吊装前进行校正，但注意不可有正偏差（以免屋盖吊装时正偏差迭加超限）。

吊车梁平面位置的校正，常用通线法与平移轴线法。通线法是根据柱子轴线用径纬仪和钢尺，准确地校核厂房两端的四根吊车梁位置，对吊车梁的纵轴线和轨距校正好之后，再依据校正好的端部吊车梁，沿其轴线拉上钢丝通线，逐根拨正。平移轴线法是根据柱子和吊车梁的定位轴线间的距离（一般为 750mm），逐根拨正吊车梁的安装中心线。具体方法和技术要求可查阅工程测量教材。

吊车梁校正后，应立即焊接固定，并在吊车梁与柱的空隙处浇筑细石砼。

3. 屋盖系统的吊装

屋盖系统包括屋架、屋面板、天窗架、支撑、天窗侧板及天沟板等构件。屋盖系统一般采用按节间进行综合安装：即每安装好一榀屋架，就随即将这一节间的全部构件安装上去。这样做可以提高起重机的利用率，加快安装进度，有利于提高质量和保证安全。

在安装起始的两个节间时，要及时安好支撑，以保证屋盖安装中的稳定。

1）屋架的绑扎

屋架的绑扎点应选在上弦节点处左右对称，并高于屋架重心，以免屋架起吊后晃动和倾翻。翻身或直立屋架时，吊索与水平线的夹角不宜小于 60°，吊装时不宜小于 45°，以免屋架承受过大的横向压力。必要时，为了减小绑扎高度及所受横向压力可采用横吊梁。吊点的数目及位置与屋架的形式和跨度有关，一般应经吊装验算确定。

当跨度小于等于 18m 时，采用两点绑扎，如图 8.1.13（a）所示；当跨度为 18 ~ 24m 时，采用四点绑扎，如图 8.1.13（c）所示；当跨度为 30 ~ 36m 时，采用 9m 长的横吊梁，四点绑扎，以降低吊装高度和减小吊索对屋架上弦的轴向压力，如图 8.1.13（b）所示；侧向刚度较差的屋架吊装时应采取临时加固措施，如图 8.1.13（d）所示。

2）屋架的扶直与就位

钢筋砼屋架一般在施工现场平卧浇筑，吊装前应将屋架扶直就位。屋架扶直就位是将

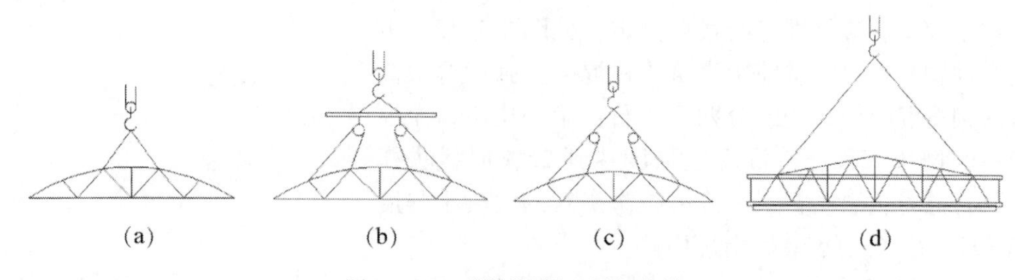

图 8.1.13　预制混凝土屋架绑扎
(a) 两点绑扎；(b) 横吊梁，四点绑扎；(c) 四点绑扎；(d) 临时加固

叠浇的屋架翻身扶直后放置到便于吊装的位置暂时存放。就位的位置尽量靠近安装此屋架时的起重机停机位。

① 按照起重机与屋架相对位置的不同，屋架扶直分为正向扶直和反向扶直两种方法(图 8.1.14)；

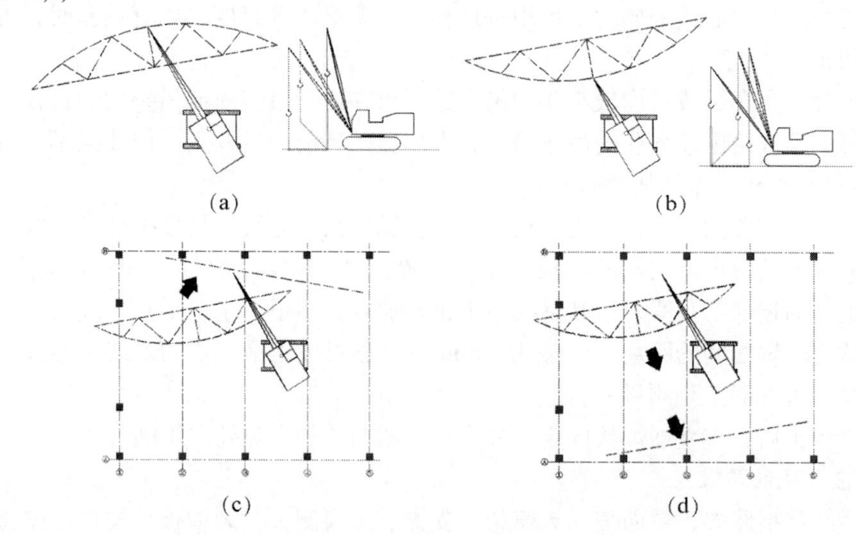

图 8.1.14　屋架扶直就位
(a) 正向扶直；(b) 反向扶直；(c) 同侧就位；(d) 异侧就位

② 屋架就位按照其放置方向分为斜向就位和成组纵向就位两种方式；

③ 按照屋架预制位置与就位位置的关系分，有同侧就位和异侧就位两种。见图 8.1.4 (c) (d)。

屋架是平面受力构件，侧向刚度差。扶直时由于自重会改变杆件的受力性质，容易造成屋架损伤，所以必须采取有效补强措施或合理的扶直方法。

【屋架扶直】

(1) 正向扶直：起重机位于屋架下弦一侧，吊钩对准屋架中心。屋架绑扎起吊过程中，应使屋架以下弦为轴心，缓慢旋转为直立状态。

(2) 反向扶直：起重机位于屋架上弦一侧，吊钩对准屋架中心。屋架绑扎起吊过程中，使屋架以下弦为轴心，缓慢旋转为直立状态。

正向扶直和反向扶直的最大不同点是：起重机在起吊过程中，对于正向扶直时要升钩并升臂；而在反向扶直时要升钩并降臂。一般将构件在操作中升臂比降臂较安全，故应尽量采用正向扶直。

【屋架就位】

屋架扶直后，应立即进行就位。就位指将屋架移放在吊装前最近的便于操作的位置。屋架就位位置应在事先加以考虑，它与屋架的安装方法，起重机械的性能有关，还应考虑到屋架的安装顺序，两端朝向，尽量少占场地，便利吊装。就位位置一般靠柱边斜放或以 3 ~5 榀为一组平行于柱边。屋架就位后，应用 8 号铁丝、支撑等与已安装的柱或其他固定体相互拉结，以保持稳定。

（1）屋架斜向就位

屋架斜向就位的流程及要求如图 8. 1. 15 所示。

①屋架靠柱边就位应离开柱边净距不小于 0.2m，并利用柱子作为屋架就位后的临时支撑。首先可以定出屋架就位的外边线 $P-P$

②在距离起重机开行路线 >r +0. 5m（r 为起重机尾部至回转中心距离）处确定平行线 $Q-Q$；$P-P$ 和 $Q-Q$ 两线间即为屋架的就位范围。确定与 $P-P$ 与 $Q-Q$ 等距离的平行线 $H-H$，即为就位后屋架的中心点定位线

③以停机点 O_2 为圆心，起重半径 R 为半径，画弧线与 $H-H$ 线交于 G 点，G 点即为②轴线屋架就位后的中点。以 G 点为圆心，以屋架跨度的 1/2 为半径，画线与 $P-P$、$Q-Q$ 两线交于 E 和 F 点，连接 EF，即为②轴线屋架就位的位置

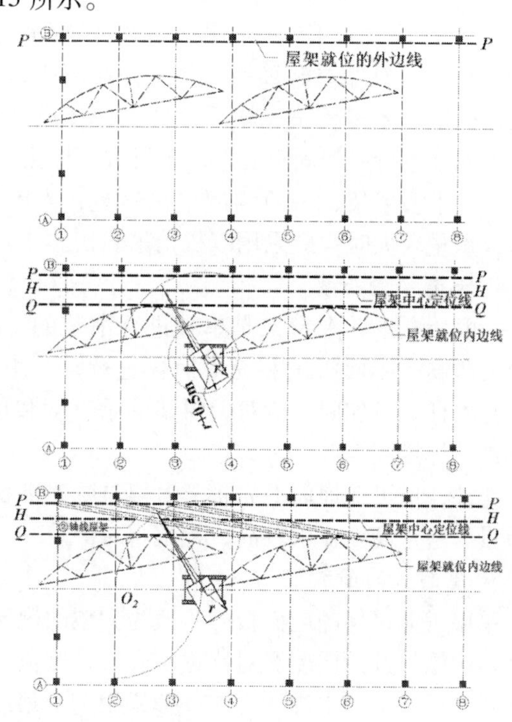

图 8. 1. 15 屋架斜向就位流程图解

（2）屋架成组纵向就位

如图 8. 1. 16，屋架纵向就位一般以 3 ~5 榀为一组靠柱边顺纵轴线排列。屋架与柱之间、屋架之间的净距不小于 200mm，用工具支撑牢靠。每组屋架间的纵向间距不小于 3m，作为临时通道。为了避免在已经安装好的屋架下面进行绑扎起吊作业，与已经安装好的屋架发生碰撞，每组屋架的就位中心应大致放在某一榀屋架安装轴线偏向未进行安装作业一侧 2m 的位置，该榀屋架是此组屋架安装序列中倒数第 2 个。

3）屋架的吊升、对位与临时固定

在屋架吊离地面约 300mm 时，将屋架引至吊装位置下方，然后再将屋架吊升超过柱顶一些，进行屋架与柱顶的对位，参见图 8. 1. 1。屋架对位应以建筑物的定位轴线为准，对位成功后，应立即进行临时固定。第一榀屋架的临时固定，可利用屋架与抗风柱连接，也可用缆风绳固定；以后安装的每一榀屋架可用工具式支撑与前一榀屋架连接。如图 8. 1. 17 所示。

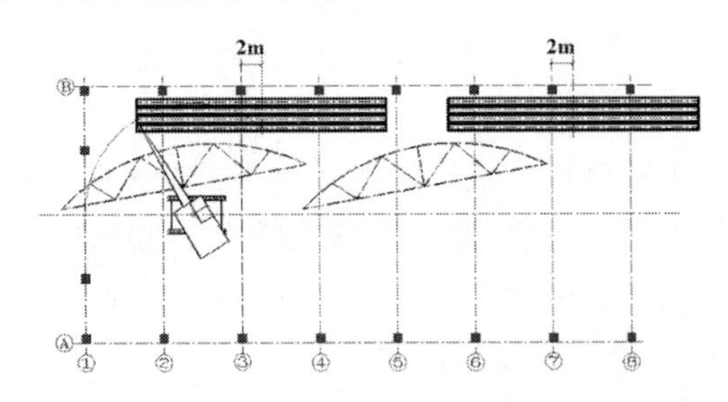

图 8. 1. 16　屋架成组纵向就位流程图解

4）屋架的校正与最后固定

屋架的垂直度应用垂球或经纬仪检查校正，如图8. 1. 17 所示，有偏差时采用工具式支撑纠正，并在柱顶加垫铁片稳定。屋架校正完毕后，应立即按设计规定用螺母或电焊固定，待屋架固定后，起重机方可松钩。

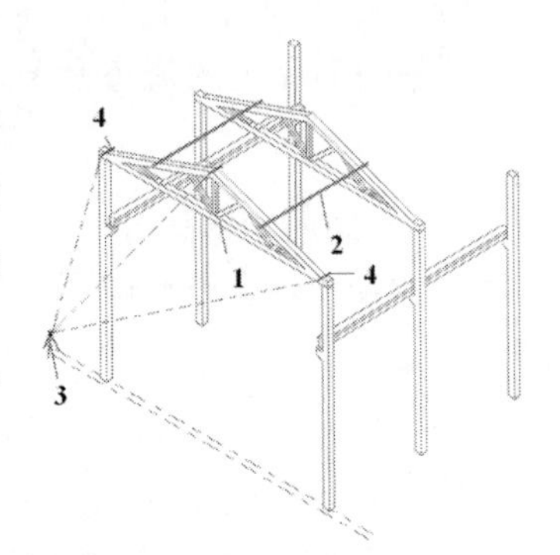

图 8. 1. 17　屋架校正与临时固定

1. 屋架；2. 工具式支撑；3. 测量仪器；4. 标尺

中、小型屋架，一般均用单机吊装，当屋架跨度大于24m 或重量较大时，应采用双机抬吊。

4. 天窗架的吊装

一般情况下，天窗架是单独进行吊装的。吊装时应等天窗架两侧的屋面板吊装完成后再进行，并用工具式夹具或绑扎木杆临时加固。待对天窗架的垂直度和位置校正后，即可进行焊接固定。

此外，也可在地面上先将天窗架与屋架拼装成整体后同时吊装。这种吊装对起重机的起重量和起重高度要求较高，须慎重对待。

5. 屋面板的吊装

单层工业厂房的屋面板，一般为大型的槽形板，在板的四角设置吊环。屋面板吊装时应从两边檐口开始向屋脊对称逐块安装，避免屋架承受不均匀荷载，增强其稳定性。在每块板对位后应立即电焊固定，一般采用三个角点焊接。

8.1.6　构件预制场地布置

构件布置应遵照下列原则：

①尽量布置在本跨内，如跨内场地不足，可以布置在跨外便于吊装的范围；

②构件布置尽可能节约场地，宜成组紧凑布置；

③应为构件预制施工预留足够的作业空间；

④在不能妨碍起重机行走和吊装作业的同时，应尽量为吊装作业提供便利，从而提高施工效率。

1. 柱构件

柱构件现场内预制位置为吊装阶段的就位位置。采用旋转法吊装时，柱多采用斜向布置，如图 8. 1. 18（a）为三点共弧旋转法吊装柱预制位置。采用滑行法吊装时，可纵向布置（如图 8. 1. 18（b））或者斜向布置。以三点共弧旋转法吊装柱为例，其预制位置的布置方法见图 8. 1. 19。

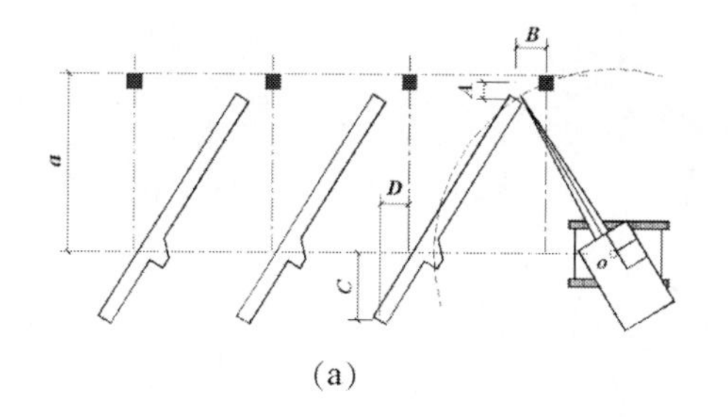

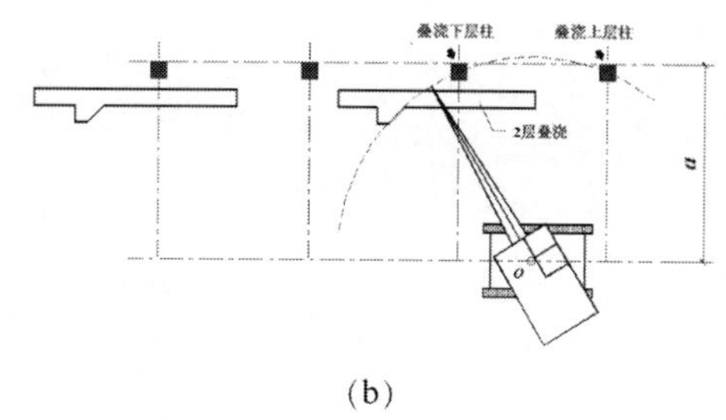

图 8.1.18　柱构件预制位置布置

（a）斜向布置；（b）纵向布置

①场地放线时，先确定出与柱列轴线相距为 a 的平行线（a 必须小于 R 且大于起重机的最小回转半径），此平行线即为起重机的行走路线

②以柱基础杯口中心为圆心，以 R 为半径画弧交于开行路线上一点 O，O 点即为吊装柱时起重机起重臂底铰的投影点，据此可确定停机位

③以 O 点为圆心，以 R 为半径画弧，并在弧上确定两点 B（柱底中心）、C（绑扎点），BC 长度为柱底中心线至绑扎点距离，并使 B 点尽量靠近基础；以 BC 为柱轴线即可得到柱预制位置

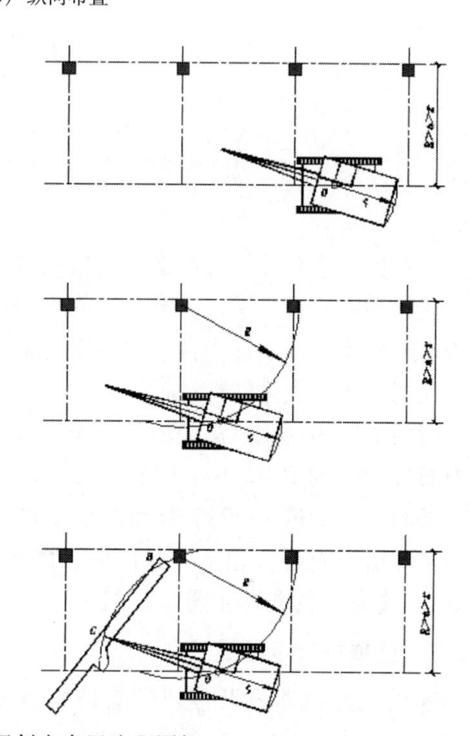

图 8.1.19　柱构件预制位置斜向布置流程图解

如果采用旋转法起吊柱时，尽量将柱按三点共弧斜向布置，柱构件预制位置确定及吊装施工时起重机的行走路线和停机位确定步骤如图 8.1.19 所示。有时，由于场地限制，很难做到三点共弧，也可以采用“绑扎点与柱基中心两点共弧”或者“柱脚与柱基中心两点共弧”。吊装时，可先升臂，当起重半径变为 R 时，再采用旋转法起吊。

2. 屋架

如图 8.1.20 所示，屋架一般在跨内平卧叠浇预制，每叠 3 ~4 榀，其布置方式有正面斜向布置、正反斜向布置和正反纵向布置三种。其中正面斜向布置使屋架扶直就位方便，应优先采用。布置时应注意屋架两端的朝向。图中 $L/2+3$m 表示提供预应力屋架抽管穿筋所需的最小距离。每两垛屋架间应留有 1m 空隙，以便立模和浇筑混凝土。

3. 屋面构件

单层工业厂房的吊车梁、连系梁、天窗架和屋面板等，一般在预制厂集中生产，然后运至工地安装。构件运至现场后，应按施工组织设计规定位置，依据编号及吊装顺序进行

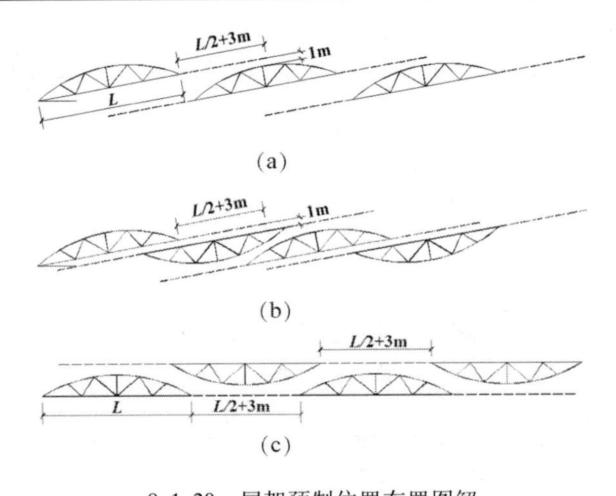

8.1.20 屋架预制位置布置图解

（a）正面斜向布置；（b）正反斜向布置；（c）正反纵向布置

堆放。

吊车梁、连系梁、天窗架的就位位置，一般在吊装位置的柱列附近，平行纵轴布置或者斜向布置，不论跨内跨外均可，条件允许时也可随运输随吊装，也可以在场外附近安排转运场地。

屋面板则由起重机吊装时的起重半径确定。当在跨内布置时，约后退 3 ~ 4 个节间沿柱边堆放；在跨外布置时，应后退 1 ~ 2 个节间靠柱边堆放，以在屋架吊装停机点附近、起重半径内旋转路程短为标准，每 6 ~ 8 块为一叠堆放（图 8.1.21）。

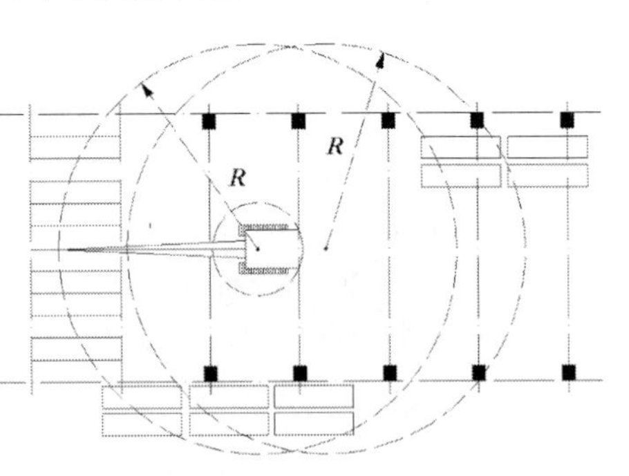

图 8.1.21 屋面构件布置

8.1.7 起重机行走路线规划

起重机开行路线及停机位置应根据厂房的跨度、构件的尺寸和重量、构件的平面布置位置、构件的供应方式、起重机的性能和吊装方法确定。起重机开行路线有跨中开行、跨边开行和跨外开行 3 种。其中，跨外开行时，起重机的停机位与跨内开行相似。

具体的实施方案对比见表 8.1.1。

1. 起重机吊装柱、梁等构件的开行路线

起重机吊装柱、梁等构件时的开行路线需要根据构件尺寸和重量、起重机的性能确定。起重机开行一次，一个停机位完成柱构件从脱模到安装就位的所有作业。根据柱子预制位置的不同，并应考虑后续其他构件吊装作业的要求，起重机开行路线可以采用跨中开行、跨边开行和跨外开行的路线。开行路线的选择应力求一个停机位完成多个构件的吊装作业，减少起重机开行距离和次数，提高施工效率。

表 8.1.1 柱吊装实施方案对照表

工况	作业条件	开行方式	机位图	作业状态
工况 1	$\sqrt{\left(\frac{L}{2}\right)^2+\left(\frac{b}{2}\right)^2} > R \geq \frac{L}{2}$	跨中开行	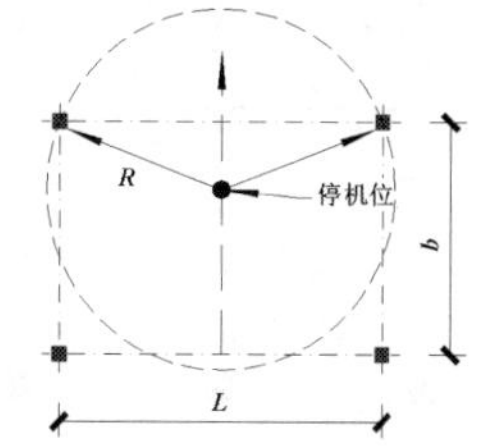 R　停机位　b　L	一个停机位可吊 2 根柱、2 根梁、1 个屋架及适量的屋面构件
工况 2	$R \geq \sqrt{\left(\frac{L}{2}\right)^2+\left(\frac{b}{2}\right)^2}$	跨中开行	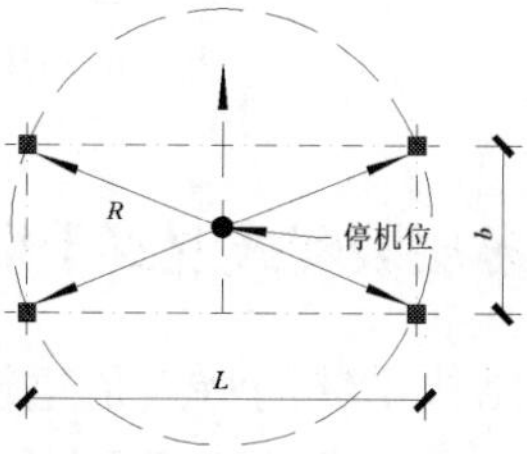 R　停机位　b　L	一个停机位可吊 4 根柱、2 根梁、屋架及适量的屋面构件
工况 3	$R < \frac{L}{2}$ 且 $R < \sqrt{a^2+\left(\frac{b}{2}\right)^2}$	跨边开行	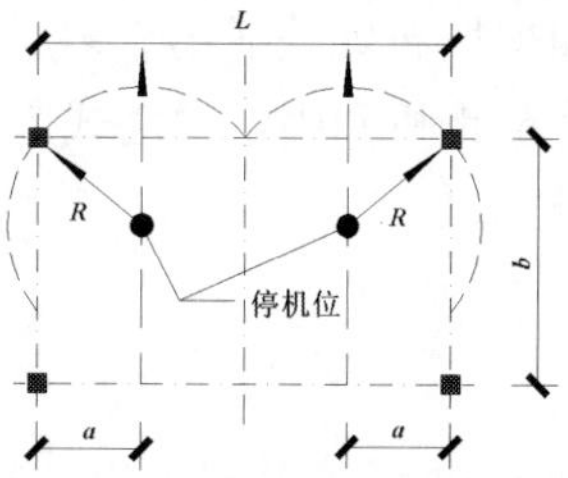 L　R　R　停机位　b　a　a	一个停机位只能吊 1 根柱、1 根梁。可双机抬吊屋架
工况 4	$\frac{L}{2} > R \geq \sqrt{a^2+\left(\frac{b}{2}\right)^2}$	跨边开行	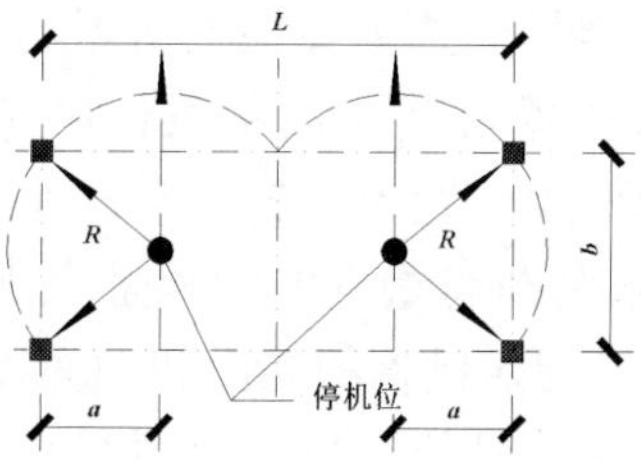 L　R　R　b　停机位　a　a	一个停机位可吊 2 根柱、1 根梁。可双机抬吊屋架。

2. 起重机吊装屋架的开行路线

屋架吊装的起重机通常采用跨中开行。一方面，由于吊装屋架时采用综合吊装法，一个停机点完成一个节间的屋面构件吊装，开行一次就可以完成整个屋架构件的吊装施工；另一方面，屋架的吊装作业包括屋架扶直就位、吊装两个步骤，一般需要开行 2 次。屋架扶直就位应区分同侧就位还是异侧就位确定开行路线，通常情况下两次开行路线和停机位是不同的。

屋架吊装时起重机的开行路线和停机位可采用下面方法来确定：

以欲安装的屋架位置轴线与起重机开行路线的交点为圆心，以起重半径 R 为半径确定圆弧，与开行路线相交于 O_1、O_2、O_3、……等点位，即为起重机回转中心投影点，依据这些点即可确定起重机的停机位。如图 8.1.22 所示。

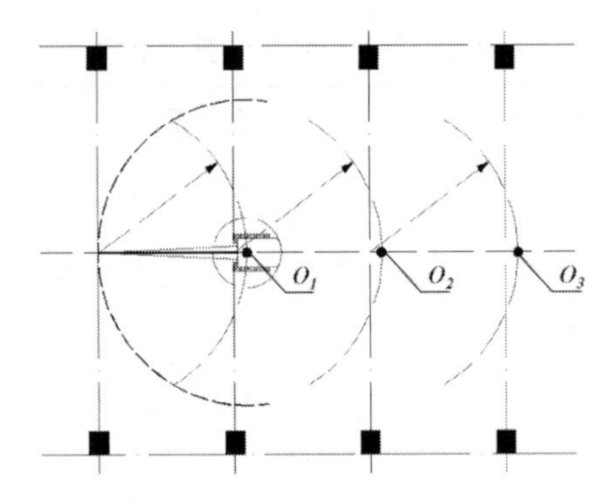

图 8.1.22　屋架吊装起重机开行路线

O_1，O_2，O_3 为起重机回转中心投影点

8.2　多层装配式混凝土框架结构吊装施工

多层装配式混凝土框架结构吊装的特点是建筑高度大而占地面积较小，构件类型多、数量大，构件接头作业环节多、技术复杂且质量要求较高。其中，关键问题是根据吊装施工方案来选择起重机类型和现场布置。适用于多层装配式混凝土框架结构施工的起重机有轨道式塔式起重机、履带式起重机和固定式塔式起重机（附着式塔式起重机和爬升式塔式起重机）三种类型。

8.2.1　起重机的选择

1. 轨道式塔式起重机

轨道式塔式起重机在低层装配式混凝土框架结构吊装施工中使用较广。起重机的型号选择主要根据房屋的高度、平面尺寸、构件重量、吊装位置及现有设备条件决定。首先，根据建筑平面各个吊装构件的位置确定起吊半径 R_i，并由构件重量 Q_i 及其起吊半径来判断起重机的性能是否满足要求；起重机的起吊高度需要结合建筑结构的立面和剖面图来确定，如图 8.2.1 所示。当塔式起重机的起吊能力用起重力矩表示时，应计算主要构件起吊所对应的起重力矩，即起重力矩 = Max $\{Q_i \times R_i\}$，单位为 kN · m。

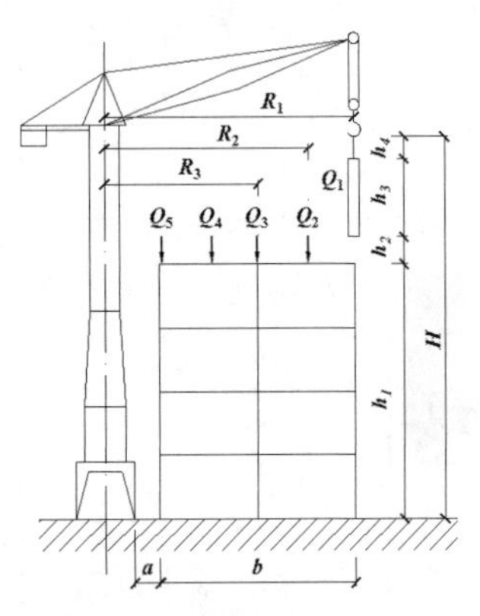

图 8.2.1　塔式起重机参数计算示意图

1）起重机的布置

轨道式塔式起重机有单边布置、对边布置、跨内单线布置和跨内环线布置四种方案，见图 8.2.2。

（1）单边布置：

单边布置的优点是轨道铺设长度较短，在起重机的外侧可以安排较宽阔的构件堆放场地。当房屋进深尺寸较小、构件重量较轻时常采用单边布置。此时，$R \geqslant b + a$，R 为起重半径，b 为建筑进深尺寸，a 为塔式起重机与建筑物的安全距离，通常取 3 ~ 5m。

（2）对边布置（或外环线布置）：

适用于建筑进深尺寸较大、构件较重的情况。此时，$R \geqslant b/2 + a$。当赶工期的情况下，

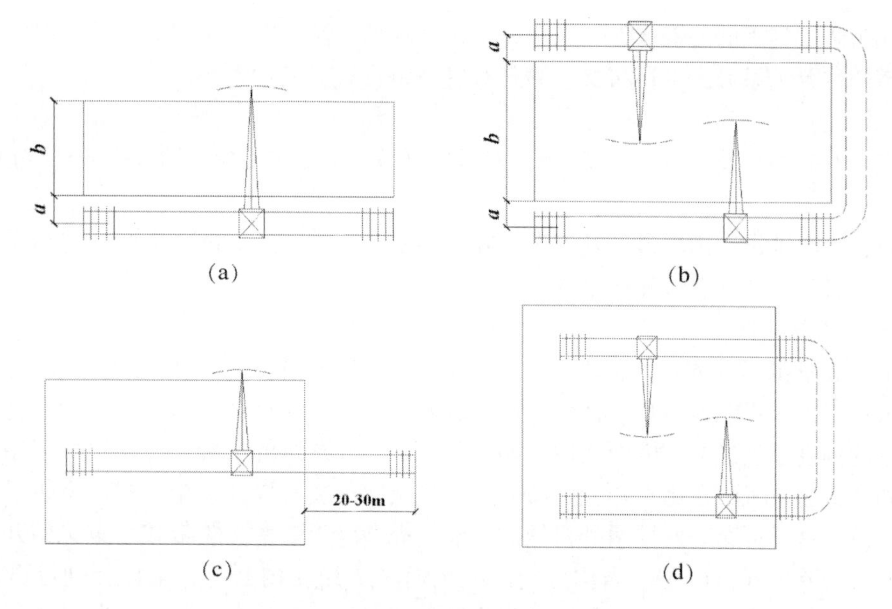

图 8.2.2　塔式起重机布置方案

（a）单边布置；（b）对边布置；（c）跨内单线布置；（d）跨内环线布置

为了提高施工效率，可以分别在两侧安排一台起重机同时进行吊装作业，但应当注意避免两台起重机的互相干扰。一般情况下，也可将两边的轨道连通起来，安排一台起重机依次在两边进行吊装作业，从而形成外环线布置。

（3）跨内单线布置：

这种方案往往是因场地狭窄，在房屋外侧不可能布置起重机，或由于房屋宽度较大、构件较重时才采用。其优点是可减少轨道长度，并节约施工用地。缺点是只能采用竖向综合安装，结构稳定性差，构件多布置在起重半径之外，增加了二次搬运工作量，对建筑外侧围护结构吊装也较困难；同时建筑物的一端需要预留长度 20～30m 的场地作为塔吊装拆之用。

（4）跨内环线布置：

当建筑物进深尺寸较大、构件较重，并且起重机跨内单线布置不能起吊全部构件，或者受场地限制不能跨外环形布置时，则宜采用跨内环形布置。

2）预制构件的现场布置

施工现场构件布置的合理性与吊装效率、吊装质量及吊运工作量都有密切关系。构件布置应遵循的原则包括以下几个方面：

①尽量布置在起重机作业半径的范围内，以免二次搬运；

②重型构件靠近起重机布置，便于直接吊运，中小型则布置在重型构件外围，减小水平运输难度；

③为了提高安装作业效率，构件存放地点、吊装就位位置应当与起重机的作业特点相匹配，尽量减少吊装中起重机的移位和变幅操作；

④构件叠层预制时应满足安装顺序要求，先吊装的构件在叠浇的上层，后吊装的上层构件在下层；

⑤柱为装配施工的关键构件，应优先安排其现场预制位置。布置方式按照其与塔式起重机轨道的位置关系分为平行布置、倾斜布置及垂直布置三种方案。

3）施工特点

优点：有效的吊装工作范围较大，对构件布置的限制较少，适用于分层分段吊装施工。

缺点：需要铺设专用轨道，其安装拆除费用较高。当建筑高度不大时，尽量采用履带式起重机或者汽车式起重机完成吊装作业。

2. 履带式起重机

履带式起重机起重量大、移动灵活，故在装配式框架吊装中亦常采用。尤其是当建筑平面外形不规则时更能显示具有优势。但它的起重高度和起重半径均较小，起重臂容易与已吊装好的构件发生碰撞，因而适用于四层以下的多层建筑的吊装施工。也可采用履带式起重机和塔式起重机配合施工作业，履带起重机负责吊装底层柱，用塔式起重机吊装梁板及上层构件，这样可充分发挥两种机械的性能，提高施工效率。履带式起重机的开行路线有跨内开行和跨外开行两种。当构件重量较大时常采用跨内开行，采用竖向综合吊装方案，将各层构件一次吊装到顶，起重机由房屋一端向另一端开行。如采用跨外开行，则将框架分层吊装，起重机沿建筑物两侧开行。由于框架的柱距较小，一般起重机在一个停点可吊两根柱，柱的布置则可平行纵轴线布置或斜向布置。

3. 固定式塔式起重机

对于高层装配式建筑，由于高度较大，则需要采用固定式塔式起重机来满足起重高度的要求。固定式塔式起重机可采用布置在房屋内的自升式塔式起重机，起重机可以随着房屋的升高往上爬升；亦可采用附着在房屋外侧的附着式塔式起重机。由于固定式塔式起重机位置不能改变，因此布置时应尽量使吊装作业面和构件堆放场地分布于起重机的有效工作范围内。

8.2.2 施工方法

多层装配式混凝土框架结构的施工方法也可分为分件吊装法与综合吊装法。

1. 分件吊装

分件吊装工艺根据其流水方式不同，又可分为层内分段流水施工和分层大流水施工。

1）层内分段流水施工

层内分段施工，见图8.2.3，就是将建筑物的每个施工层都划分为若干段。在每一段内，按柱、梁、板的施工工艺流程顺序依次进行吊装，该层的各个施工段依次完成吊装施工后，构件可靠固定并达到强度要求后即可进入上一层进行构件安装施工。一般适用于建筑平面面积较大的情况。

施工层的划分与预制柱构件的长度有关。当柱的预制长度为一个层高时，则一个楼层按一个施工层进行施工的划分；当柱的长度为两个层高时，柱高范围内的两个楼层按一个施工层进行施工段划分。因此，预制柱的长度跨越楼层越多，施工层的数量越少，则柱的接头数量少，安装速度就会提高。因此，当塔吊起重性能和构件设计允许的情况下，应尽量增加柱子长度，减少施工层数。

施工段的划分应考虑以下几个方面的问题：保证结构安装时的稳定性；减少临时固定支撑的数量；使吊装、校正、焊接等各工序衔接合理，留出足够的操作时间。因此，框架结构的施工段一般以4~8个节间为宜。

2）分层大流水施工

分层大流水安装法与上述方法不同之处，主要是在每一施工层上无须分段，即一个施工层为一个施工段。因此，所需临时固定支撑较多，只适于在楼层面积不大的建筑中采用。

分件安装法是框架结构安装最常采用的方法，其优点是每次均吊装同类型构件，减少了起重机变幅和更换索具的次数，可提高安装施工效率，容易组织吊装、校正、焊接、灌浆等工序的流水作业，易于安排构件的供应和现场布置工作，各工序操作较方便安全。缺点是需要的临时支承杆件较多，如果采用层内分段施工时，起重机的开行路线较长。

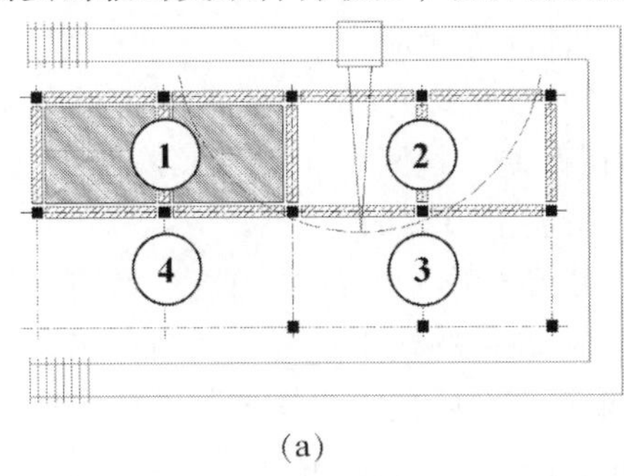

(a)

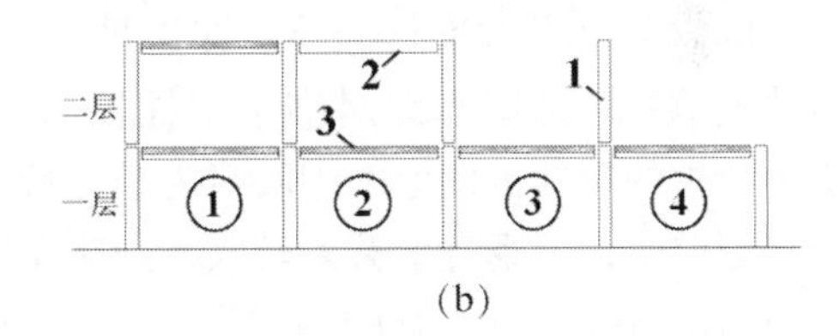

(b)

图8.2.3　分件安装法的构件安装顺序示意图

(a) 平面安装顺序示意图；(b) 竖向安装顺序示意图

①、②、③、④－施工段编号；1. 柱；2. 梁；3. 板

2. 综合安装法

根据所采用吊装机械的性能、流水方式不同，可分为分层综合安装法与竖向综合安装法。

1）分层综合安装

分层综合安装法，就是将多层房屋划分为若干施工层，起重机在每一施工层中只开行一次，首先安装第一个节间的全部构件，然后依次安装第二节间、第三节节间。一层构件全部安装完成并最后固定后，再依次安装上一层构件。

2）竖向综合安装

竖向综合安装法是从底层直到顶层把第一节间的构件全部安装完毕后，再依次安装第二节间、第三节间等各层的构件，如图8.2.4所示。

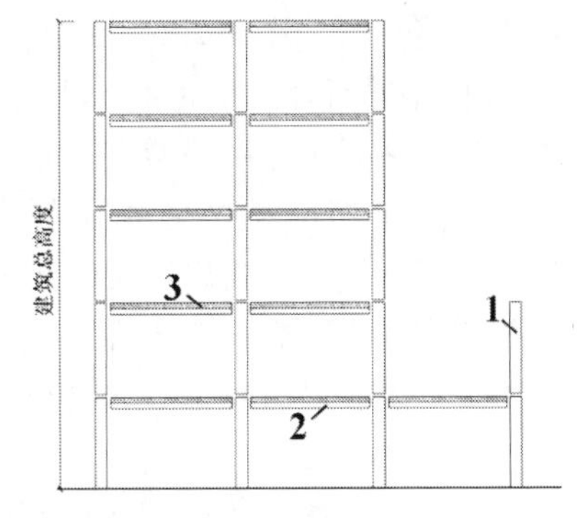

图8.2.4　竖向综合安装法示意图

1. 柱；2. 梁；3. 楼板

8.2.3　构件吊装的关键技术

1. 柱的吊装与校正

为了提高施工效率，预制柱的长度一般以1~2个层高或者3~4个层高为一节。当采用塔式起重机进行吊装时，由于起重机性能的限制，一般柱长以1~2个层高为主。柱与柱的接头宜设在弯矩较小的地方或梁柱节点处。柱子的接头应设在同一标高上，以便统一

构件的规格减少构件型号。

对于4~5层的多层结构，一般采用履带式起重机进行吊装，柱子长度按照建筑总高度预制，一次性吊装到位。当预制柱的长细比过大时，必须合理选择吊点位置和吊装方法，以避免产生吊装断裂现象。一般情况下，当预制柱长度在10m以内时，可采用一点绑扎和旋转法起吊，对于10~20m的长柱则应采用两点绑扎起吊，并应进行吊装验算。

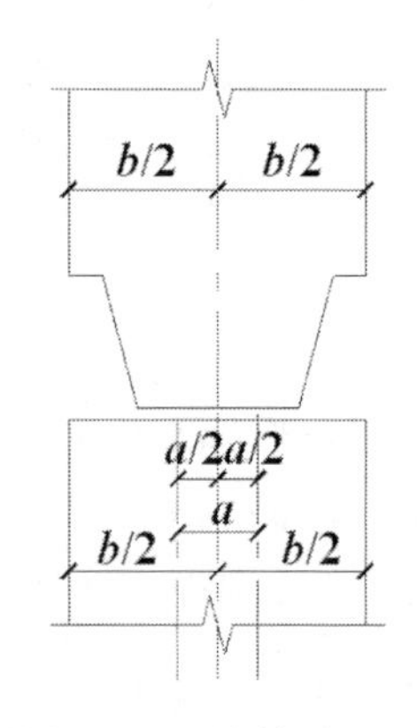

图8.2.5 柱偏差调整

a-中心线偏差；b-柱宽

柱的校正应按2~3次进行。首先在脱钩后电焊前进行初次校正；当焊接完成后再进行第二次校正，观测焊接应力变形所引起的偏差。当梁和楼板安装后进行第三次校正，以消除焊接应力和梁板荷载下产生的偏差。柱的校正应当力求下节柱准确以免导致上层柱的积累偏差，但当下节柱经校正后仍存在偏差，若偏差在允许范围内可以不再进行调整。在这种情况下吊装上节柱时，一般可使上节柱底部中心线对准下节柱顶部中心线和标准中心线的中点，如图8.2.5所示，而上节柱的顶部仍以标准中心线为准进行校正。在柱的校正过程中，当存在垂直度和水平位移偏差时，若垂直度偏差较大，则应先校正垂直度后校正水平位移。柱的垂直度允许偏差值≤$H/1000$（H为柱高）且不大于10mm，水平位移允许偏差≤5mm。

2. 构件接头

在多层装配式混凝土框架结构中，构件接头的质量直接影响整个结构的稳定和刚度，必须加以充分重视。

1）柱接头

柱的接头类型有隼式接头、插入式接头和浆锚接头三种。

（1）榫式接头。

榫式接头（如图8.2.6（a））：上下柱预制时，各向外伸出一定长度一般不小于25d（d为纵向钢筋直径）的钢筋，上柱底部带有突出的榫头，柱安装时使钢筋对准并采用坡口焊焊接，然后用比柱混凝土强度等级高一个等级的细石混凝土或膨胀混凝土浇筑。待接头混凝土达到75%强度后再吊装上层构件。榫式接头预制时最好采用通长钢筋，以免钢筋错位难以对接；钢筋焊接时应注重焊接质量和焊接方法，避免产生过大的焊接应力造成接头偏移和构件裂缝；上下柱接头部分应按构造要求配置钢筋网片；接头灌浆要饱满密实，不致下沉收缩而产生空隙或裂纹。

（2）浆锚接头。

浆锚接头（图8.2.6（b））是在上柱底部外伸四根长300~700mm的锚固钢筋，下柱顶部预留四个深约350~750mm，孔径约2.5~4d（d为锚固钢筋直径）的浆锚孔。接头前，先将浆锚孔清洗干净，并注入快凝砂浆；在下节柱的顶面满铺10mm厚的砂浆；最后把上柱锚固筋插入孔内，使上下柱连成整体。也可采用先插入锚固钢筋，然后进行注浆或压浆工艺。

（3）插入式接头。

插入式接头（图8.2.6（c））是将上节柱做成榫头，下节柱顶部做成杯口，上节柱插入杯口后，用水泥砂浆灌实成整体。此种接头不需要焊接，安装方便，但在大偏心受压时

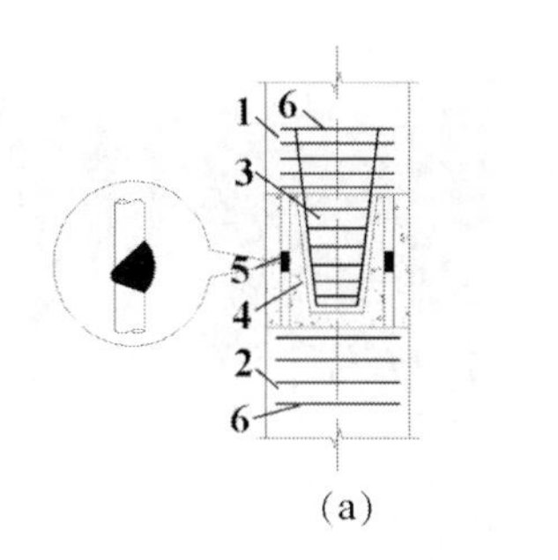

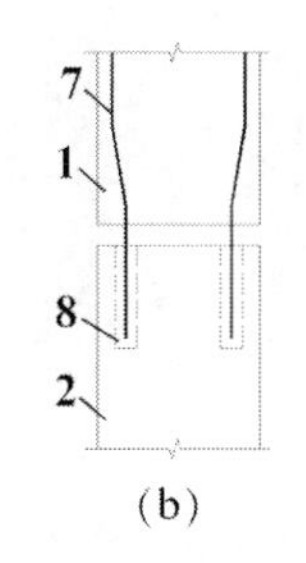

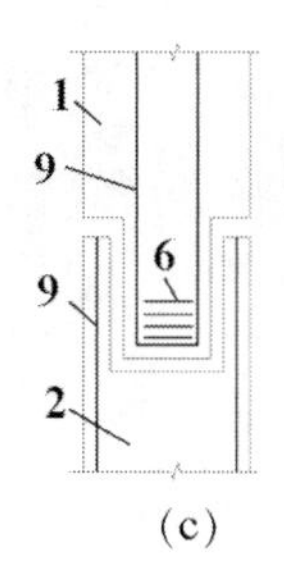

图8.2.6 柱构件接头形式及构造

(a) 榫式接头；(b) 浆锚接头；(c) 插入式接头

1. 上柱；2. 下柱；3. 榫头；4. 后浇混凝土；5. 外伸钢筋；6. 钢筋网片；7. 锚固钢筋；8. 浆锚孔；9. 柱钢筋

必须采取构造措施，以防受拉边产生裂缝。

2）梁柱接头

梁柱节点按照其内力特点分为刚性节点和铰接节点两种；按照构造做法分为明牛腿式节点、暗牛腿式节点、齿槽式叠浇节点和整体浇筑节点等形式。其中明牛腿式的铰接接头和浇筑整体式的刚接接头构造简单，制作方便，施工便利，故应用较广。当梁柱节点不承担弯矩，并承受较大的竖向剪力时，可采用铰接节点；刚性节点能够同时承受剪力和弯矩，目前采用较普遍的是梁柱刚接形式。

(1) 明牛腿梁柱节点。见图8.2.7 (a)、(b) 所示，多用于工业厂房的框架节点，可做成刚性节点，也可采用铰接节点。此节点形式的优点是安装方便，受力可靠，刚性节点的刚度较大。缺点是牛腿外露，占用一部分空间，室内净空减小，使室内使用和管线布置受到限制，且牛腿施工较复杂，混凝土和钢材用料略多。

(2) 暗牛腿梁柱节点。见图8.2.7 (c) 所示，此节点多用于民用建筑和中等荷载的工业厂房。其优点是室内净空增大，室内空间规整，节点整体性好，受力可靠；缺点是牛腿处钢筋较密集，钢筋和混凝土施工较困难，而且为了保证安装准确，对构件加工要求较高。

(3) 齿槽叠浇梁柱节点。见图8.2.7 (d) 所示，齿槽叠浇梁柱节点取消了牛腿，竖向剪力的承载能力略有削弱。具有施工简单、混凝土和钢材用量减少、外观简洁规整的优点。缺点是按照时需要临时支托，接缝混凝土达到一定强度后才能施加上部荷载。施工工序复杂，人工消耗有所增加，且接缝混凝土的技术要求较高。多用于中等荷载的框架结构民用建筑和工业厂房的梁柱节点。

(4) 梁柱整体浇筑节点。见图8.2.7 (e) 所示，这种节点实际上是将柱端和梁端浇筑在一起。此节点优点是梁柱构件制作比较简单，柱子没有牛腿，安装施工方便，焊接工作量大大减少；缺点是钢筋密集，施工困难，混凝土需要分二次浇筑，工序较多。

施工方法：柱子吊装完成后，将梁吊装并搁置在柱顶，梁底部钢筋贯通焊接或者弯起锚固。节点核心区钢筋绑扎完成后，浇筑混凝土至楼板面，待混凝土强度大于10MPa后，再安装上柱。上下柱主筋焊接后，进行第二次混凝土浇筑。

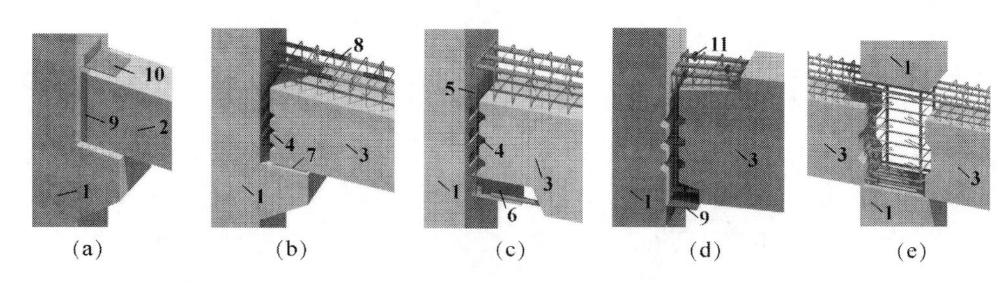

图 8.2.7 柱构件接头形式及构造

(a) 明牛腿节点(铰接);(b) 明牛腿节点(刚接);(c) 暗牛腿节点;
(d) 齿槽浇筑节点;(e) 整体浇筑节点

1. 下柱;2. 上柱;3. 叠合梁;4. 齿槽;5. 附加箍筋;6. 型钢暗牛腿;7. 预埋钢板焊接;
8. 钢筋连接套筒;9. 细石混凝土灌缝;10. 钢板连接件;11. 钢筋焊接

8.3 钢结构吊装

8.3.1 钢材的验收

钢材验收对钢结构工程的质量具有关键的影响,必须严格按照规范规定进行。钢材验收的内容包括进场检验和复验两个方面。

1. 进场检验

(1) 钢材信息检查。检查质量保证书中钢材的名称、规格、型号、材质、标准、数量等与设计和采购要求是否一致。

(2) 钢材标记检查。检查钢材上的标记与质量保证书的内容是否一致,特别是钢材的炉号、钢号、化学成分及机械性能等指标。

(3) 钢材外形和尺寸检查。外形偏差应符合国家标准的相关规定,检查指标包括长度、厚度、宽度、角度和弯曲度等。

(4) 钢材外观检查。检查内容包括:结疤、裂纹、分层、重皮、砂孔、变形、机械损伤等缺陷。其中钢材表面允许有锈蚀,但是锈蚀深度不应大于钢材厚度负偏差的 0.5 倍。有缺陷的钢材应另行堆放和处理。

2. 钢材复验

对于进场的钢材,当属于下列情况的还应进行复验。

①进口钢材;

②钢材混批;

③板厚≥40mm,且厚度方向有性能要求的厚板;

④安全等级为一级的建筑结构和大跨度钢结构中主要受力构件所采用的钢材;

⑤设计有复验要求的钢材;

⑥对质量有疑义的钢材。

钢材复验内容包括力学性能试验和化学成分分析,当设计文件无特殊要求时,其取样和试验方法按以下的规定:

(1) 对 Q235、Q345 且 $t<40$mm(t 为板厚)的钢板,对每个钢厂首批(每种牌号 600t)的钢板或型钢,同一牌号、不同规格的材料组成检验批,按 200t 为一批,当首批复

试合格可以扩大至400t为一批。

（2）对Q235、Q345且$t \geqslant 40$mm（t为板厚）的钢板，对每个钢厂首批（每种牌号600t）的钢板或型钢，同一牌号、不同规格的材料组成检验批，按100t为一批，当首批复试合格可以扩大至400t为一批。

（3）对Q390钢材，对每个钢厂首批（每种牌号600t），同一牌号、不同规格的材料组成检验批，按60t为一批，当首批复试合格可以扩大至300t为一批。

（4）对Q420和Q460，每个检验批由同一牌号、同一炉号、同一厚度、同一交货状态的钢板组成，且每批重量不大于60t；厚度方向断面收缩率复验，Z15级钢板每个检验批由同一牌号、同一炉号、同一厚度、同一交货状的钢板组成，且每批重量不大于25t，Z25、Z35级钢板逐张复验；厚度方向性能钢板逐张探伤复验。

8.3.2　钢材的存放

1. 堆放原则及注意事项

钢材堆放要以减少钢材的变形和锈蚀、节约用地、钢材提取和转运方便为原则，同时为便于查找及管理，钢材堆放时宜按品种、规格分别堆放。一般应保证一端对齐，并在对齐端树立标牌，在标牌上标明钢材应用位置、牌号、规格、长度、数量和材质等信息。标牌应定期检查与堆放钢材的一致性。

堆放时每隔5~6层放置木楞，间距以不引起钢材明显弯曲变形为宜。上下层木楞支点应保持在同一个垂直面内。钢材堆放的高度一般不应高于其堆放宽度，当采取相互勾连措施增强其稳定性的情况下，堆放高度可以达到堆放宽度的2倍。钢材端部应根据不同牌号涂刷不同颜色，以便于区分。

2. 室外堆放

（1）堆放场地应平整、坚固，避免因场地柔软而导致钢材变形；堆放的结构物上时，宜进行结构物的受力验算。

（2）堆放场一般应高于四周地面或具备较好的排水能力，堆顶面宜略有倾斜并尽量使钢材截面的背面向上或向外，以便雨水及时排走，如图8.3.1所示。

（3）构件不得直接放在地上，下面须有垫木或条石，应垫高200mm以上，以免钢材与地面接触而受潮锈蚀。

（4）构件堆场附近不应存放对钢材有腐蚀作用的物品。

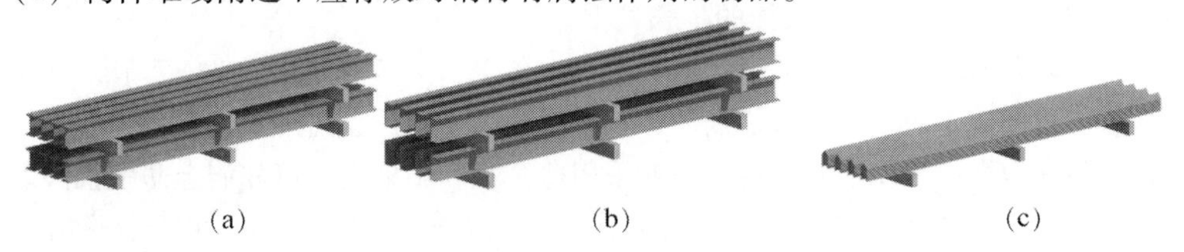

(a)　　(b)　　(c)

图8.3.1 钢材露天堆放

（a）工字钢；（b）槽钢；（c）角钢

3. 室内堆放

（1）在保证室内地面不返潮的情况下，可直接将钢材堆放在地面上，否则需要采取防潮措施或在下方设置垫木和条石，堆与堆之间应留出行走通道。见图8.3.2。

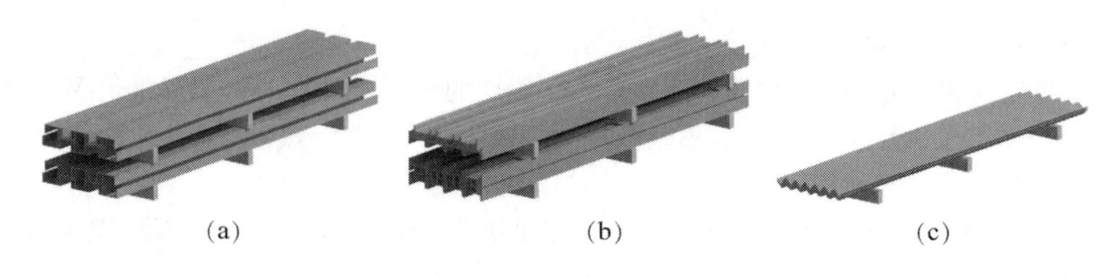

图 8.3.2 钢材室内堆放
（a）工字钢；（b）槽钢；（c）角钢

（2）保证地面坚硬，满足钢材堆放的要求。

（3）应根据钢材的使用情况合理布置各种规格钢材的堆场位置，近期使用的钢材应布置在堆场外侧以便于提取。

8.3.3 钢结构加工

1. 加工工艺流程

钢结构制作的工序较多，主要包括原料进厂、放样、号料、零部件加工、组装、焊接、检验、除锈、涂装、包装直至发运等。由于制造厂设备能力和构件制作要求各有不同，制定的工艺流程也不完全一样，所以对加工顺序要合理安排，尽可能避免工件倒流，减少来回吊运时间。钢结构加工的工艺流程见图 8.3.3。

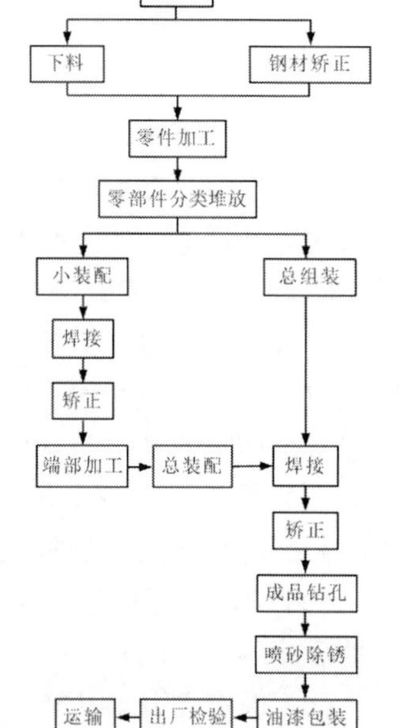

图 8.3.3 钢结构加工流程

2. 钢构件的放样、号料与下料

放样和号料是整个钢结构制作工艺中的第一道工序，其工作的准确与否将直接影响到整个产品的质量，至关重要。为了提高放样和号料的精度和效率，有条件时，应采用计算机辅助设计。

1）放样

放样是根据产品施工详图或零、部件图样要求的形状和尺寸，按照 1∶1 的比例把产品或零、部件的实形画在放样台或平板上，求取实长并制成样板的过程。对比较复杂的壳体零、部件，还需要作图展开。放样的步骤如下：

① 仔细阅读图纸，并对图纸进行核对。

② 准备放样需要的工具，包括钢尺、石笔、粉线、划针、圆规、铁皮剪刀等。

③ 准备好做样板和样杆的材料，一般采用薄铁片和小扁钢。可先刷上防锈油漆。

④ 放样以 1∶1 的比例在样板台上弹出大样。当大样尺寸过大时，可分段弹出。尺寸划法应避免偏差累积。

⑤ 先以构件某一水平线和垂直线为基准，弹出十字线；然后据此逐一划出其他各个点和线，并标注尺寸。

⑥ 放样过程中，应及时与技术部门协调；放样结束，应对照图纸进行自查；最后应根据样板编号编写构件号料明细表。

2）号料

号料就是根据样板在钢材上划出构件的实样，并打上各种加工记号，为钢材的切割下料作准备。号料的步骤如下：

① 根据料单检查清点样板和样杆，点清号料数量。号料应使用经过检查合格的样板与样杆，不得直接使用钢尺。

② 准备号料的工具，包括石笔、样冲、圆规、划针、凿子等。

③ 检查号料的钢材规格和质量。

④ 不同规格、不同钢号的零件应分别号料，并依据先大后小的原则依次号料。对于需要拼接的同一构件，必须同时号料，以便拼接。

⑤ 号料时，同时划出检查线、中心线、弯曲线，并注明接头处的字母、焊缝代号。

⑥ 号孔应使用与孔径相等的圆规规孔，并打上样冲作出标记，便于钻孔后检查孔位是否正确。

⑦ 号料弯曲构件时，应标出检查线，用于检查构件在加工、装焊后的曲率是否正确。

⑧ 在号料过程中，应随时在样板、样杆上记录下已号料的数量；号料完毕，则应在样板、样杆上注明并记下实际数量。

3）切割下料

切割下料就是将放样和号料的零件形状从原材料上进行下料分离。钢材的切割可以通过切削、冲剪、摩擦机械力和热切割来实现。常用的切割方法有气割、机械剪切和等离子切割三种。

气割法是利用氧气与可燃气体混合产生的预热火焰加热金属表面达到燃烧温度并使金属发生剧烈的氧化，放出大量的热，促使下层金属也自行燃烧，同时通过高压氧气射流，将氧化物吹除，从而形成一条狭小而整齐的割缝。随着切割的进行，割缝展现出所需的形状。除手工切割外，常用的机械有火车式半自动气割机、特型气割机等。这种切割方法设备灵活，费用低廉，精度高，是目前使用最广泛的切割方法，能够切割各种厚度的钢材，特别是带曲线的零件或厚钢板。气割前，应将钢材切割区域表面的铁锈、污物等清除干净；气割后，应清除熔渣和飞溅物。

机械切割法可利用上、下两剪刀的相对运动来切断钢材，或利用锯片的切削运动把钢材分离，或利用锯片与工件间的摩擦发热使金属熔化而被切断。常用的切割机械有剪板机、联合冲剪机、弓锯床、砂轮机割机等。其中，剪切法速度快、效率高，但切口略粗糙；锯割可以切割角钢、圆钢和各类型钢，切割速度和精度都较好。机械剪切的零件，其钢板厚度不宜大于12mm，剪切面应平整。

等离子切割法是利用高温高速的等离子焰流将切口处金属及其氧化物熔化并吹掉来完成切割的，所以能切割任何金属，特别是熔点较高的不锈钢及有色金属铝、铜等。

3. 构件加工

1）矫正

钢材使用前，由于材料内部的残余应力及存放、运输、吊运不当等原因，会引起原材料变形；在加工成型过程中，由于操作和工艺等原因，会引起成型件变形；构件连接过程中，会出现焊接变形等。为了保证钢结构的制作及安装质量，必须对不符合技术标准的材料、构件进行矫正。钢结构的矫正，就是通过外力或加热作用，使钢材较短部分的纤维伸长，或使较长的纤维缩短，以迫使钢材反变形，使材料或构件平直及达到一定几何形状的要求，并符合技术标准的工艺方法。矫正的形式主要有矫直、矫平、矫形三种，按外力来源分为火焰矫正、机械矫正和手工矫正等，按矫正时钢材的温度分为热矫正和冷矫正。

（1）火焰矫正：

钢材的火焰矫正是利用火焰对钢材进行局部加热，被加热处理的金属由于膨胀受阻而产生压缩塑性变形，使较长的金属纤维冷却后缩短。

影响火焰矫正效果的因素有三个：火焰加热位置、加热的形式和热量。火焰加热的位置应选择在金属纤维较长的部位。加热的形式有点状加热、线状加热和三角形加热三种。用不同的火焰热量加热，可获得不同的矫正变形的能力。对低碳钢和普通低合金钢构件，常采用600℃～800℃的加热温度。

（2）机械矫正：

钢材的机械矫正是在专用矫正机上进行的。

机械矫正的实质是使弯曲的钢材在外力作用下产生过量的塑性变形，以达到平直的目的。它的优点是作用力大，劳动强度小，效率高。

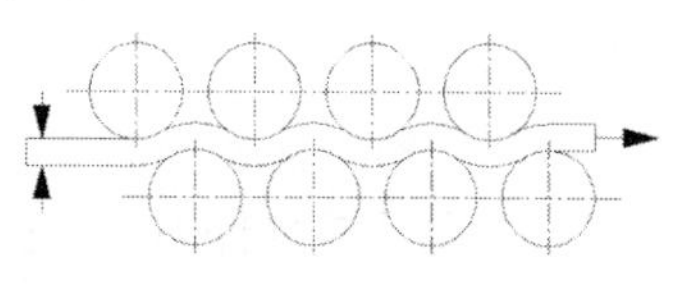

图 8.3.4　多辊矫正机矫正板材

钢材的机械矫正有拉伸机矫正、压力机矫正、多辊矫正机矫正等。拉伸机矫正适用于薄板扭曲、型钢扭曲、钢管、带钢和线材等的矫正。压力机矫正适用于板材、钢管和型钢的局部矫正。多辊矫正机可用于型材、板材等的矫正，如图 8.3.4 所示。

（3）手工矫正：

钢材的手工矫正就是锤击，操作简单灵活。手工矫正由于矫正力小、劳动强度大、效率低而适用于尺寸较小的钢材。在缺乏或不便使用矫正设备时，有时也采用。

在钢材或构件的矫正过程中，应注意以下几点：

① 为了保证钢材在低温情况下受到外力不至于产生冷脆断裂，碳素结构钢在环境温度低于－16℃时，低合金结构钢在环境温度低于－12℃时，不得进行冷矫正。

② 由于钢材的特性、工艺的可行性以及成型后的外观质量的限制，冷矫正和冷弯曲的最小曲率半径和最大弯曲矢高应符合有关的规定。例如，钢板冷矫正的最小弯曲半径为 $50t$，最大弯曲矢高为 $l^2/400t$；冷弯曲的最小弯曲半径为 $25t$，最大弯曲矢高为 $l^2/200t$；其中 l 为弯曲弦长，t 为钢板厚度。

③ 应尽量避免钢材表面受损，其划痕深度不得大于 0.5mm，且不得大于该钢材厚度负偏差的 1/2。

2）弯卷成型

（1）钢板卷曲：

钢板卷曲是通过旋转辊轴对板料进行连续三点弯曲所形成的。当制件曲率半径较大时，可在常温状态下卷曲；如制件曲率半径较小或钢板较厚，则需在钢板加热后进行。钢板卷曲按其卷曲类型可分为单曲率卷制和双曲率卷制。如图 8.3.5 所示，单曲率卷制包括对圆柱面、圆锥面和任意柱面的卷制，操作简便，较为常用。双曲率卷制可实现球面、双曲面的卷制。

钢板卷曲工艺包括预弯、对中和卷曲三个过程。

① 预弯。板料在卷板机上卷曲时，两端边缘总有卷不到的部分，即剩余直边。剩余

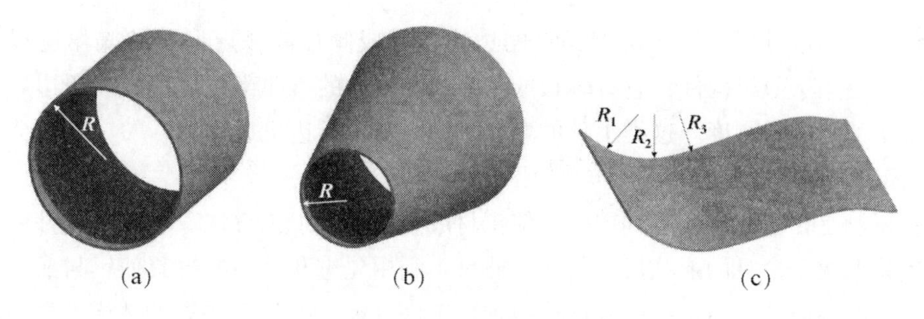

图8.3.5　单曲率卷曲钢板

(a) 圆柱面卷曲；(b) 圆锥面卷曲；(c) 任意柱面卷曲

直边在矫圆时难以完全消除，所以一般应对板料进行预弯，使剩余直边弯曲到所需的曲率半径后再卷曲。预弯可在三辊、四辊或预弯压力机上进行。

② 对中。将预弯的板料置于卷板机上卷曲时，为防止产生歪扭，应将板料对中，使板料的纵向中心线与滚筒轴线保持严格的平行。

③ 卷曲。板料位置对中后，一般采用多次进给法卷曲。利用调节上辊筒（三辊机）或侧辊筒（四辊机）的位置使板料初步弯曲，然后来回滚动而卷曲。当板料移至边缘时，根据板边和准线检查板料位置是否正确。逐步压下上辊并来回滚动，使板料的曲率半径逐渐减小，直至达到规定的要求。

（2）型材弯曲：

型钢弯曲时，由于截面重心线与力的作用线不在同一平面上，使型钢受弯矩外还受扭矩的作用，引起型钢断面产生畸变。畸变程度取决于应力的大小，而应力的大小又取决于弯曲半径。弯曲半径越小，则畸变程度越大。为了控制应力与变形，应控制最小弯曲半径。如果制件的曲率半径较大，一般采用冷弯，反之则采用热弯。

（3）钢管的弯曲：

管材在外力作用下弯曲时，截面会变形，且外侧管壁会减薄，内侧管壁会增厚。在自由状态下弯曲时，截面会变成椭圆形。钢管的弯曲半径一般应不小于管子外径的3.5倍（热弯）至4倍（冷弯）。为了尽可能地减少钢管变形，弯制时通常采取下列措施：在管材中加进填充物（砂或弹簧），用滚轮和滑槽压在管材外面，用芯棒穿入管材内部。

3）边缘加工

在钢结构制造中，经过剪切或气割过的钢板边缘，其内部结构会硬化和变态。为了保证桥梁或重型吊车梁等重型构件的质量，需要对边缘进行加工，其刨切量不应小于2.0mm。

此外，为了保证焊缝质量，考虑到装配的准确性，要将钢板边缘刨或铲成坡口，而且往往还要将边缘刨直或铣平。

一般需要边缘加工的部位包括：吊车梁翼缘板、支座支撑面等具有工艺性要求的加工面，设计图纸中有技术要求的焊接坡口，尺寸精度要求严格的加劲板、隔板、腹板及有孔眼的节点板等。常用的边缘加工方法有铲边、刨边、铣边和碳弧电气刨边四种。

4. 其他加工工艺

1）折边

在钢结构制造过程中，通常把构件的边缘压弯成倾角或一定形状的操作过程称为折边。折边广泛用于薄板构件，它有较长的弯曲线和很小的弯曲半径。薄板经折边后可以大大提高结构的强度和刚度。这类工件的弯曲折边常利用折边机进行。

2）模具压制

模具压制是在压力设备上利用模具使钢材成型的一种工艺方法。钢材及构件成型的质量与精度均取决于模具的形状尺寸与制造质量。利用先进和优质的模具使钢材成型可以促进钢结构工业高质量、高速度地发展。按加工工序分类，模具主要有冲裁模、弯曲模、拉深模、压延模等四种。

3）制孔

钢结构所制之孔包括铆钉孔、普通螺栓连接孔、高强度螺栓孔、地脚螺栓孔等。制孔方法通常有冲孔和钻孔两种。

① 钻孔。钻孔是钢结构制造中普遍采用的方法，能用于几乎任何规格的钢板、型钢的孔加工。钻孔的原理是切削，故孔壁损伤较小，孔的精度较高。钻孔在钻床上进行；当构件受场地狭小限制、加工部位特殊、不便于使用钻床加工时，则可用电钻、风钻等进行加工。

② 冲孔。冲孔是在冲孔机（冲床）上进行，一般只能在较薄的钢板和型钢上冲孔，且孔径一般不小于钢材的厚度，亦可用于不重要的节点板、垫板和角钢拉撑等小件加工。冲孔生产效率较高，但由于孔的周围产生冷作硬化，孔壁质量较差，有孔口下塌、孔的下方增大的倾向，所以，除孔的质量要求不高，或作为预制孔（非成品孔）外，在钢结构中较少直接采用。

当地脚螺栓孔与螺栓的间距较大，即孔径大于50mm时，也可以采用火焰割孔。

8.3.4 钢结构的拼装

钢结构构件预拼装可采用实体预拼装或计算机辅助模拟预拼装。同一类型构件较多时，可选择一定数量的代表性构件进行预拼装。预拼装的目的主要是检验制作的精度及整体性，以便及时调整、消除误差，从而保证构件现场顺利吊装，减少现场特别是高空安装过程中对构件的安装调整时间，有利保证工程的顺利实施。通过预拼装可以及时掌握构件的制作装配精度，对某些超标项目进行调整，并分析产生原因，在以后的加工过程中采取针对性的有效控制措施。钢结构预拼装分为工厂预拼和现场预拼。

1. 工厂拼装

由于受运输、吊装等条件的限制，有时构件要分成两段或若干段出厂。为了保证安装的顺利进行，应根据构件或结构的复杂程序和设计要求，在出厂前预拼装。除管结构为立体预拼装，并可设卡、夹具外，其他结构一般均为平面拼装，且构件应处于自由状态，不得强行固定。预拼装的允许偏差应符合表8.3.1的规定。

表 8.3.1　构件预拼装的允许偏差

<table>
<tr><th>构件类型</th><th colspan="2">项目</th><th>允许偏差</th></tr>
<tr><td rowspan="5">多节柱</td><td colspan="2">预拼装单元总长</td><td>±5.0mm</td></tr>
<tr><td colspan="2">预拼装单元弯曲矢高</td><td>l/1500 且≤10.0mm</td></tr>
<tr><td colspan="2">接口错边</td><td>2.0mm</td></tr>
<tr><td colspan="2">顶面至任一牛腿距离</td><td>±2.0mm</td></tr>
<tr><td colspan="2">预拼装单元柱身扭曲</td><td>h/200 且≤5.0mm</td></tr>
<tr><td rowspan="5">梁、桁架</td><td colspan="2">跨度最外端两安装孔或两端支承面最外侧距离</td><td>+5.0mm；－10.0mm</td></tr>
<tr><td colspan="2">接口截面错位</td><td>2.0mm</td></tr>
<tr><td rowspan="2">拱度</td><td>设计要求起拱</td><td>±l/5000</td></tr>
<tr><td>设计未要求起拱</td><td>l/2000.0</td></tr>
<tr><td colspan="2">节点处杆件连线错位</td><td>3.0mm</td></tr>
<tr><td rowspan="4">构件平面总体预拼装</td><td colspan="2">各楼层柱距</td><td>±4.0mm</td></tr>
<tr><td colspan="2">相邻楼层梁与梁之间距离</td><td>±3.0mm</td></tr>
<tr><td colspan="2">各层间框架两对角线之差</td><td>H/2000 且≤5.0mm</td></tr>
<tr><td colspan="2">任意两对角线之差</td><td>$\sum H$/2000 且≤8.0mm</td></tr>
</table>

注：l-单元长度；h-截面高度；H-柱高度。

预拼装检查合格后，对上、下定位中心线，标高基准线、交线中心点等应标注清楚、准确；对管结构、工地焊接连接处，除应标注上述标记外，还应焊接一定数量的卡具、角钢或钢板定位器等，以便按预拼装结果进行安装。

2. 现场拼装

构件的现场拼装一般用于桁架的分段单元拼装和网架的分块单元拼装。

拼装场地宜选在设计安装位置的下方或附近，以方便吊装；拼装作业应搭设拼装胎架，胎架应能够周转使用，并保证其平稳可靠，使用前必须测量找平；弦杆拼装应注意两端的方向；腹杆安装根据难易程度进行，一般按照先难后易的顺序。

8.3.5　钢结构的连接

钢结构的连接方法，通常有焊接和紧固连接等，其中紧固件连接包括普通紧固件连接、高强度螺栓连接两类。目前，焊接和高强度螺栓连接应用较多。

1. 焊接

焊接是将需要连接的部位加热到熔化状态后使它们连接起来的加工方法，也有在半熔化状态下加压力使它们连接，或在其间加入其他熔化状态的金属，在冷却后使它们连成一体。焊接优点是构件上不需要钻孔，构造简单，加工容易，而且还不削弱构件截面。

1）焊接的方法及特点

按焊接的自动化程度，焊接方法一般分为手工焊接、半自动焊接及自动化焊接，见表 8.3.2 所示。

表 8.3.2　常用焊接方法及特点

焊接方法		特点	适用范围
手工焊	交流焊机	设备简易，操作灵活，可进行各种位置的焊接	普通钢结构
	直流焊机	焊接电流稳定，适用于各种焊条	要求较高的钢结构
埋弧自动焊		生产效率高，焊接质量好，表面成型光滑美观，操作容易，焊接时无弧光，有害气体少	长度较长的对接或贴角焊缝
埋弧半自动焊		与埋弧自动焊基本相同，但操作较灵活	长度较短，弯曲焊缝
CO_2气体保护焊		利用CO_2气体或其他惰性其他保护的焊丝焊接，生产效率高，焊接质量好，成本低，易于自动化，可进行全位置焊接	薄钢板

2）焊接施工

电弧焊是工程中应用最普遍的焊接形式，本节主要讨论其施工方法。

（1）焊接前准备及焊接后处理：

焊前准备包括坡口制备、预焊部位清理、焊条烘干、预热、预变形及高强度钢切割表面探伤等。焊接结束后，应彻底清除焊缝及两侧的飞溅物、焊渣和焊瘤等。无特殊要求时，应根据焊接接头的残余应力、组织状态、熔敷金属含氢量和力学性能，以决定是否需要焊后热处理。

（2）焊接接头：

按焊接方法，建筑钢结构中常用的焊接接头分为熔化接头和电渣焊接头两大类。在手工电弧焊中，熔化接头根据焊件的厚度、使用条件、结构形状的不同，又分为对接接头、角接接头、T 形接头和搭接接头等形式。为了提高焊接质量，较厚构件的接头（无论哪种形式）往往要开坡口。开坡口的目的是保证电弧能深入焊缝的根部，使根部能焊透，以便清除熔渣，获得较好的焊缝形态。焊接接头形式见表 8.3.3 所示。

表 8.3.3　焊接接头形式

序号	名称	图示	接头形式	特点
1	对焊接头		不开坡口；V、X、U 形坡口	集中应力小，有较高的承载力
2	角焊接头		不开坡口	适用厚度在 8mm 以下
			V、K 形坡口	适用厚度在 8mm 以下
			卷边	适用厚度在 2mm 以下
3	T 形接头		不开坡口	适用厚度在 30mm 以下的不受力构件
			V、K 形坡口	适用厚度在 30mm 以上的只承受较小剪应力构件
4	搭接接头		不开坡口	适用厚度在 12mm 以下
			塞焊	适用双层钢板

（3）焊缝形式：

① 按施焊的空间位置，焊缝形式可分为平焊缝、横焊缝、立焊缝及仰焊缝四种（图

8.3.6)。平焊的熔滴靠自重过渡，操作简单，质量稳定（图8.3.6（a））；横焊时，由于重力，熔化金属容易下淌，而使焊缝上侧产生咬边、下侧产生焊瘤或未焊透等缺陷（图8.3.6（b））；立焊焊缝成形更加困难，易产生咬边、焊瘤、夹渣、表面不平等缺陷（图8.3.6（c））；仰焊时，必须保持最短的弧长，因此常出现未焊透、凹陷等质量问题（图8.3.6（d））。

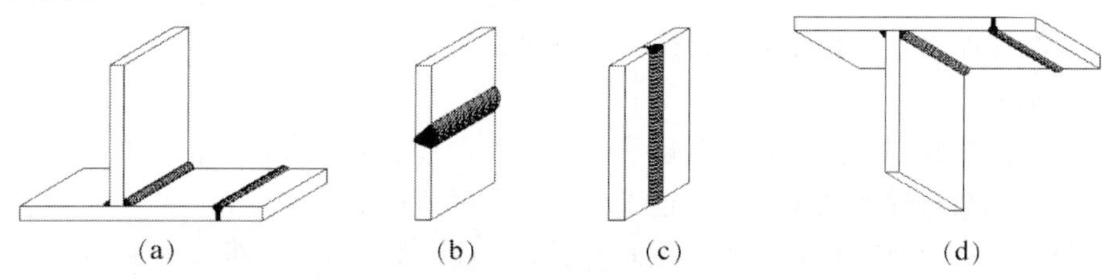

图8.3.6　各种位置焊缝形式

(a) 平焊；(b) 横焊；(c) 立焊；(d) 仰焊

② 按结合形式，焊缝可分为对接焊缝、角焊缝和塞焊缝三种，如图8.3.7所示。对接焊缝主要尺寸有焊缝有效高度 S ，焊缝宽度 c ，余高 h 。角焊缝主要尺寸为高度 K ，塞焊缝常以熔核直径 d 为主要尺寸。

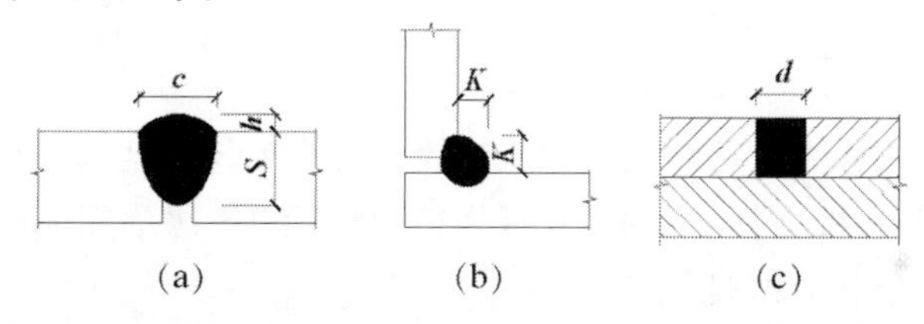

图8.3.7　各种位置焊缝形式

(a) 对接焊缝；(b) 角焊缝；(c) 塞焊缝

（4）焊接工艺参数的选择：

① 焊条直径。焊条直径的选择主要取决于焊件厚度、接头形式、焊缝位置和焊接层次等因素。在一般情况下，可根据焊件厚度选择焊条直径，并倾向于选择较大直径的焊条。在平焊时，焊条直径可大一些；立焊时，直径不超过5mm；横焊和仰焊时，直径不超过4mm；开坡口多层焊接时，为了防止产生未焊透的缺陷，第一层焊缝宜采用直径为3.2mm的焊条。

② 焊接电流。焊接电流的过大或过小都会影响焊接质量，所以应根据焊条的类型、直径、焊件的厚度、接头形式、焊缝空间位置等因素来选择。其中，焊条直径和焊缝空间位置最为关键。另外，立焊时，电流应比平焊时小15%～20%；横焊和仰焊时，电流应比平焊电流小10%～15%。

③ 电弧电压。根据电源特性，由焊接电流决定相应的电弧电压。此外，电弧电压还与电弧长度有关。电弧长则电弧电压高，电弧短则电弧电压低。一般要求电弧长小于或等于焊条直径，即短弧焊。在使用酸性焊条焊接时，为了预热部位或降低熔池温度，有时也将电弧稍微拉长，即所谓的长弧焊。

④ 焊接层数。焊接层数应视焊件的厚度而定。除薄板外，一般都采用多层焊。焊接层数过少，每层焊缝的厚度过大，对焊缝金属的塑性有不利的影响。每层焊缝的厚度不应

大于4~5mm。

⑤ 电源种类及极性。直流电源由于电弧稳定，飞溅小，焊接质量好，一般用在重要的焊接结构或厚板大刚度结构上。其他情况下，应首先考虑交流电焊机。

根据焊条的形式和焊接特点的不同，利用电弧中的阳极温度比阴极高的特点，选用不同的极性来焊接各种不同的构件。用碱性焊条或焊接薄板时，采用直流反接（工件接负极）；而用酸性焊条时，通常采用正接（工件接正极）。

（5）引弧：

引弧有碰击法和划擦法两种。碰击法是将焊条垂直于工作进行碰击，然后迅速保持一定距离；划擦法是将焊条端头轻轻划过工件，然后保持一定距离。施工中，严禁在焊缝区以外的母材上打火引弧。在坡口内引弧的局部面积应熔焊一次，不得留下弧坑。

2. 螺栓连接

螺栓是钢结构的主要连接方式，通常用于钢结构构件之间的连接、固定、定位等。连接螺栓分为普通螺栓和高强度螺栓两种。螺栓按照性能等级分为3.6、4.6、4.8、5.6、5.8、6.8、8.8、9.8、10.9、12.9十个等级，其中8.8级及以上等级的螺栓为高强度螺栓，8.8级以下（不含8.8级）的为普通螺栓。

1）普通螺栓

（1）种类：

普通螺栓按照形式分为六角螺栓、双头螺栓、沉头螺栓、地脚螺栓等；按照制作精度分为A、B、C级三个等级，其中，A、B级为精制螺栓，C级为粗制螺栓，除了特殊注明外，普通螺栓一般指粗制C级螺栓。

（2）螺栓长度计算：

螺栓的长度通常是指螺栓螺头内侧面到螺杆端头的长度，一般都是5mm进制（长度超长的螺栓，采用10mm、20mm进制），影响螺栓长度的因素主要有被连接件的厚度、螺母高度、垫圈的数量及厚度等。一般按式8-3-1计算确定。

$$L = \delta + H + nh + C \tag{8-3-1}$$

式中：δ——被连接件总厚度（mm）；

H——螺母高度（mm）；

n——垫圈个数；

h——垫圈厚度（mm）；

C——螺纹外露部分长度（mm，2~3扣为宜，一般为5mm）。

（3）连接要求：

① 采用普通扳手紧固，使螺栓头、螺母、被连接件接触面和构件表面贴紧。紧固作业应当从中间螺栓开始，对称向两边进行，并且大型接头宜采用复拧。

② 永久螺栓的螺栓头和螺母下面应放置平垫圈，以增大承压面积。螺母下面的垫圈不应多于1片，螺栓头部下面的垫圈不应多于2片。大六角头高强度螺栓连接副，垫圈设置内倒角是为了与螺栓头下的过渡圆弧相配合，因此在安装时垫圈带倒角的一侧必须朝向螺栓头，否则螺栓头就不能很好与垫圈密贴，影响螺栓的受力性能。对于螺母一侧的垫圈，因倒角侧的表面较为平整、光滑，拧紧时扭矩系数较小，且离散率也较小，所以垫圈

有倒角一侧朝向螺母。

③ 对于槽钢和工字钢等有斜面的螺栓连接，宜采用斜垫圈，以使螺母和螺栓的头部支承面垂直于螺杆，避免螺栓紧固时螺杆受到弯曲力。

④ 承受动力荷载或重要部位的螺栓连接，设计有防松动要求时，应采用有防松装置的螺母或弹簧垫圈，弹簧垫圈应放置在螺母一侧。

⑤ 同一个连接接头螺栓数量不应少于2个。

⑥ 螺栓紧固后外露丝扣不应少于2扣，紧固质量检查可采用锤敲检查。

2）高强度螺栓

钢结构用到的高强度螺栓分高强度大六角头螺栓和扭剪型高强度螺栓两种，高强度大六角头螺栓的一个连接副由1个螺栓、1个螺母和2片垫圈组成。扭剪型高强度螺栓连接副由一个螺栓、一个螺母和一个垫圈组成。高强度螺栓连接具有安装简便、迅速、能装能拆、承压高、受力性能好、安全可靠等优点。因此，高强度螺栓普遍应用于大跨度结构、工业厂房、桥梁、高层钢框架等重要结构中。高强度螺栓的连接施工流程见图8.3.8。

（1）螺栓长度计算：

高强度螺栓长度以螺栓连接副终拧后外露2扣~3扣丝为标准计算，计算公式如下：

$$l = l' + l \tag{8-3-2}$$

$$l = m + ns + 3p \tag{8-3-3}$$

式中：l'——连接板层总厚度；

l——附加长度，或按表8.3.4选取；

s——高强度垫圈公称厚度，当采用大圆孔或槽孔时，高强度垫圈公称厚度按实际厚度取值；

n——垫圈个数，扭剪型高强度螺栓为1，高强度大六角头螺栓为2；

p——螺纹的螺距。

表8.3.4　高强度螺栓附加长度 Δl（mm）

高强度螺栓种类	螺栓规格						
	M12	M16	M20	M22	M24	M27	M30
高强度大六角头螺栓	23	30	35.5	39.5	43	46	50.5
扭剪型高强度螺栓	–	26	31.5	34.5	38	41	45.5

注：本表附加长度 Δl 由标准圆孔垫圈公称厚度计算确定。

（2）连接要求：

高强度螺栓安装时应先使用冲钉定位和安装螺栓预紧。为了保证在承受构件自重和连接校正外力作用下，连接后构件位置不发生偏移，规定了每个节点需要安装螺栓的最少个数，同时也限制冲钉的用量。同时，每个节点上穿入的安装螺栓和冲钉数量，应根据安装过程所承受的荷载计算确定，并应符合下列规定：

①不应少于安装孔总数的1/3；

②安装螺栓不应少于2个；

③冲钉穿入数量不宜多于安装螺栓数量的30%；

④不得用高强度螺栓兼做安装螺栓。

为了防止螺纹的损伤和连接副表面状态的改变引起扭矩系数的变化，高强度螺栓不得兼做安装螺栓。

高强度螺栓应在构件安装精度调整后进行拧紧。扭剪型高强度螺栓安装时，螺母带圆台面的一侧应朝向垫圈有倒角的一侧；大六角头高强度螺栓安装时，螺栓头下垫圈有倒角的一侧应朝向螺栓头，螺母带圆台面的一侧应朝向垫圈有倒角的一侧。

高强度螺栓现场安装时应能自由穿入螺栓孔，不得强行穿入。螺栓不能自由穿入时，可采用铰刀或锉刀修整螺栓孔；由于气割扩孔很不规则，既削弱了构件的有效截面，减少了传力面积，还会给扩孔处钢材造成缺陷，因而不得采用气割扩孔；此外，扩孔数量应征得设计单位同意，修整后或扩孔后的孔径不应超过螺栓直径的1.2倍。

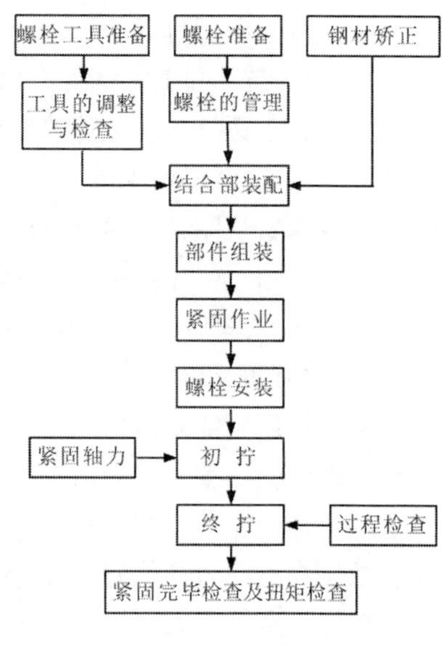

图 8.3.8　高强螺栓连接施工流程

（3）终拧扭矩计算：

高强度大六角头螺栓连接副施拧可采用扭矩法或转角法。

【扭矩法】

施拧时，应用扭矩扳手对螺母施加扭矩。施拧应分为初拧和终拧，大型节点应在初拧和终拧间增加复拧。初拧或复拧后应对螺母涂画颜色标记。施工用的扭矩扳手使用前应进行校正，其扭矩相对误差不得大于±5%；校正用的扭矩扳手，其扭矩相对误差不得大于±3%。高强度螺栓连接副的初拧、复拧、终拧，宜在24h内完成。初拧扭矩可取施工终拧扭矩的50%，复拧扭矩应等于初拧扭矩。终拧扭矩应按下式计算：

$$T_c = kP_c d \tag{8-3-4}$$

式中：T_c——施工终拧扭矩（kN·m）；

k——高强度螺栓连接副的扭矩系数平均值，取0.110～0.150；

P_c——高强度大六角头螺栓施工预拉力，可按表8.3.5选用（kN）；

d——高强度螺栓公称直径（mm）。

表 8.3.5　高强度大六角头螺栓施工预拉力（kN）

螺栓性能等级	螺栓公称直径（mm）						
	M12	M16	M20	M22	M24	M27	M30
8.8S	50	90	140	165	195	255	310
10.9S	60	110	170	210	250	320	390

【转角法】

将螺栓要达到的预拉力换算为螺栓的扭转角度，施工时按照扭转角度拧紧螺栓。初拧（复拧）后螺栓连接副的终拧角度应符合表8.3.6的要求。

表 8.3.6　初拧（复拧）后连接副的终拧

螺栓长度 l	螺母转角	连接状态
$l \leqslant 4d$	1/3 圈（120°）	连接形式为一层芯板加两层盖板
$4d < l \leqslant 8d$ 或 200mm 及以下	1/2 圈（180°）	
$8d < l \leqslant 12d$ 或 200mm 以上	2/3 圈（240°）	

注：① d 为螺栓公称直径；② 螺母的转角为螺母与螺栓杆间的相对转角；③ 当螺栓长度 l 超过螺栓公称直径 d 的 12 倍时，螺母的终拧角度应由试验确定。

高强度螺栓连接节点螺栓群初拧、复拧和终拧，应采用合理的施拧顺序。原则上应以接头刚度较大的部位向约束较小的方向、螺栓群中央向四周的顺序，是为了使高强度螺栓连接处板层能更好密贴。典型节点的施拧顺序见图 8.3.9 所示。高强度螺栓和焊接混用的连接节点，当设计文件无规定时，宜按先螺栓紧固后焊接的施工顺序。

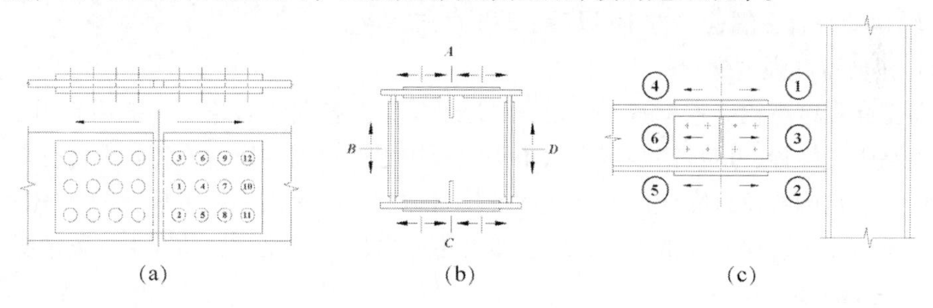

图 8.3.9　螺栓施拧顺序

（a）一般节点；（b）箱形节点；（c）工字梁

3）质量检查

（1）扭矩法紧固的螺栓：

高强度大六角头螺栓连接用扭矩法施工紧固时，应进行下列质量检查：

① 应检查终拧颜色标记，并应用 0.3kg 重小锤敲击螺母对高强度螺栓进行逐个检查，此法称作“锤击法”；

② 终拧扭矩应按节点数 10% 抽查，且不应少于 10 个节点；对每个被抽查节点应按螺栓数 10% 抽查，且不应少于 2 个螺栓；

③ 检查时应先在螺杆端面和螺母上画一直线，然后将螺母拧松约 60°；再用扭矩扳手重新拧紧，使两线重合，测得此时的扭矩应为 $0.9T_{ch} \sim 1.1T_{ch}$。此法也称“松扣－回扣法”。T_{ch}可按下式计算：

$$T_{ch} = kPd \tag{8-3-5}$$

式中：T_{ch}——检查扭矩（N·m）；

　　P——高强度螺栓设计预拉力（kN）；

　　k——扭矩系数。

④ 发现有不符合规定时，应再扩大 1 倍检查；仍有不合格者时，则整个节点的高强度螺栓应重新施拧；

⑤ 扭矩检查宜在螺栓终拧 1h 以后、24h 之前完成，检查用的扭矩扳手，其相对误差不得大于 ±3%。

（2）转角法紧固的螺栓：

高强度大六角头螺栓连接转角法施工紧固，应进行下列质量检查：

① 应检查终拧颜色标记，同时应用约 0.3kg 重小锤敲击螺母对高强度螺栓进行逐个检查；

② 终拧转角应按节点数抽查 10%，且不应少于 10 个节点；对每个被抽查节点应按螺栓数抽查 10%，且不应少于 2 个螺栓；

③ 应在螺杆端面和螺母相对位置画线，然后全部卸松螺母，应在按规定的初拧扭矩和终拧角度重新拧紧螺栓，测量终止线与原终止线画线间的角度，应符合表 8.3.6 的要求，误差在 ±30°者应为合格；

④ 发现有不符合规定时，应再扩大 1 倍检查；仍有不合格者时，则整个节点的高强度螺栓应重新施拧；

⑤ 转角检查宜在螺栓终拧 1h 以后、24h 之前完成。

（3）扭剪型高强度螺栓：

扭剪型高强度螺栓终拧检查，应以目测尾部梅花头拧断为合格。不能用专用扳手拧紧的扭剪型高强度螺栓，应按高强度大六角头螺栓扭矩法紧固的质量检查要求进行。

螺栓球节点网架总拼完成后，高强度螺栓与球节点应紧固连接，螺栓拧入螺栓球内的螺纹长度不应小于螺栓直径的 1.1 倍，连接处不应出现有间隙、松动等未拧紧情况。

8.3.6 单层钢结构安装

单层钢结构的吊装一般按照“先竖向构件，后水平构件”的整体顺序进行。一方面，可以使安装的结构有很好的稳定性，且施工效率高；另一方面，可以将钢结构的纵向累计误差控制在最小。完成竖向构件的安装可以保证已经安装的构件在竖向平面内构成稳定的不变体系，当水平构件安装就位后则构成了稳定的空间结构体系。竖向构件的安装流程见图 8.3.10，水平构件的安装流程见图 8.3.11。

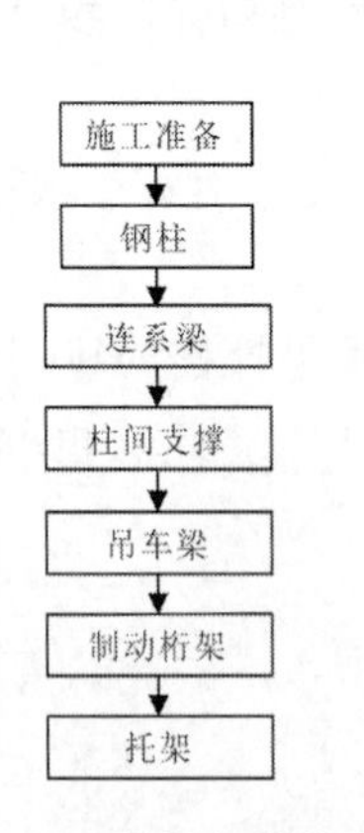

图 8.3.10　单层钢结构竖向构件安装流程

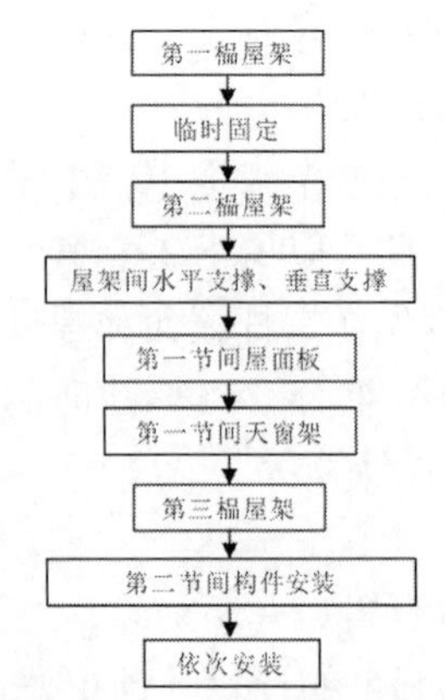

图 8.3.11　单层钢结构水平构件安装流程

此外，当单层钢结构为多跨时，而且并列跨存在差别时，应遵照以下施工顺序：先高跨后低跨；先大跨后小跨；先并列节间多的，后并列节间少的；先吊有屋架跨，后吊无屋架跨。

1. 基础准备

根据测量控制网对基础轴线、标高进行复核。对于土建单位预先完成的地脚螺栓预埋施工，还需要复核每个螺栓的轴线、标高，对超出规范的采取补救措施，如加大柱底板尺寸，以及在底板上按实际螺栓位置重新钻孔。

检查地脚螺栓外露部分是否有弯曲变形、螺纹是否有损伤；在柱子基础表面弹线，确定柱子的位置；并对基础标高进行找平；柱子的混凝土基础标高一般比钢柱底部标高低50～60mm，作为预留间隙，如图8.3.12所示；此间隙通过二次注浆使柱子底板与混凝土基础底面形成紧密接触。

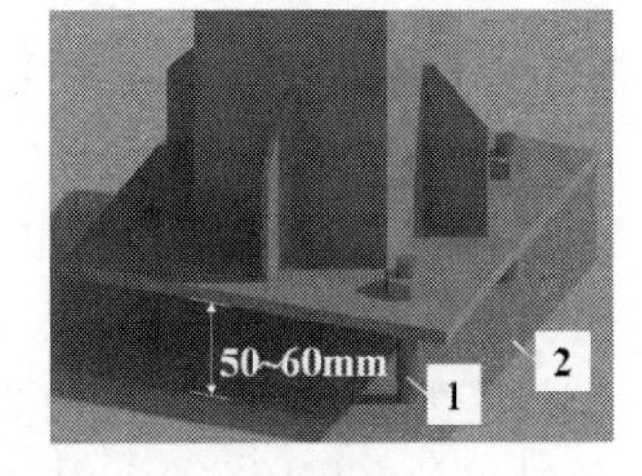

图8.3.12　柱脚构造示意图

1. 地脚螺栓；2. 二次注浆

2. 起重设备准备

一般单层钢结构安装的起重设备宜按“履带式起重机→汽车式起重机→塔式起重机”的次序选用。由于单层钢结构面积大、跨度大的特点，应优先考虑选用起重量大、机动性好的履带式起重机和汽车式起重机；对于跨度大、高度高的重型工业厂房主体结构及高层结构的吊装，宜选用塔式起重机。

3. 钢构件准备

包括堆放场地的准备和构件的检验。钢构件通常在加工厂制作，然后运至现场直接吊装或经过组拼后进行吊装。钢构件在现场堆放时，重型构件的布置场地应靠近起重设备，轻型构件安排在重型构件的外围。堆放场地一般优先考虑沿起重机开行路线两侧布置，屋架、柱等大型构件应根据吊装工艺确定其布置的位置。钢构件验收包括对其变形、标记和制作精度和孔眼位置的检查，当变形和缺陷超出规范允许偏差时应进行处理。

4. 工艺流程

单层钢结构的施工工艺流程图如图8.3.13所示。

5. 主要工序及吊装方法

单层钢结构厂房安装时柱、柱间支撑和吊车梁一般采用分件吊装法。屋盖系统吊装通常采用综合吊装法。单层钢结构厂房安装主要包括钢柱安装、吊车梁安装、钢屋架安装等。

1）钢柱安装

一般钢柱安装常用旋转法和滑行法。对于重型钢柱可采用双机抬吊吊装法。

对于埋入式柱的吊装需要先将杯底清洗干净；然后将钢柱吊至杯口上方，当柱脚悬吊位置稳定并对准杯口后将其落下插入杯口；柱脚落至杯底时，停止落钩，用撬棍调整柱子的位置，然后缓慢将柱子放置与杯底；最后将柱脚螺栓拧紧。

2）钢吊车梁吊装

钢吊车梁一般采用工具式吊耳或捆绑法进行吊装。在进行安装前应将吊车梁的分中标记引至吊车梁的端头，以利于吊装时按柱牛腿的定位轴线临时定位。

3）钢屋架吊装

钢屋架本身应具有一定刚度，吊点布置应合理或采用平面外加固措施，以保证吊装过程中屋架不失稳。一般采用在屋架上、下弦上绑扎临时固定加固杆件的方式。

第一榀屋架吊装就位后，应在上弦两侧对称设置缆风绳固定；等到第二榀屋架就位后，每个坡面用一个屋架调整器进行垂直度校正完毕，则可以将屋架两端支座进行固定，然后安装屋架水平和垂直支撑。

8.3.7 高层钢结构安装

1. 施工段与施工流水

高层钢结构安装的施工段划分与建筑平面形状、结构形式、起重设备数量和布置、工期及现场施工条件等有关。根据施工段划分的结果，多采用综合吊装法进行施工作业。吊装作业的顺序应符合以下要求：

建筑平面，从中间或某一对称节间开始，以一个节间的柱网为一个吊装单元。每一个单元按照“钢柱→钢梁→支撑”的顺序吊装，并从核心区向四周扩展，以减少焊接误差。如图 8.3.14 所示。

垂直方向，由下至上组成稳定结构后，分层安装次要结构，按照节间、楼层依次完成安装。应遵循“对称安装，对称固定”的原则，以利于消除安装误差累积和节点焊接变形，把安装误差控制在最小限度。

垂直方向钢结构施工的进度与土建施工不能相差太大，一般超前 5 ~6 为宜。上面两层进行钢结构安装，中间两层进行楼板铺设，最下面两层进行绑扎钢筋和混凝土浇筑施工。混凝土核心筒施工一般领先外围钢结构框架安装施工 6 层以上，以满足为内外筒间钢梁连接提供适当时机的要求。见图 8.3.15 所示。

施工准备
↓
地脚螺栓预埋
↓
测量放线
↓
钢柱安装
↓
测量校正（有误差→钢柱安装）
↓ 无误差
柱间支撑安装
↓
屋架梁安装
↓
测量校正（有误差→屋架梁安装）
↓ 无误差
屋面支撑安装
↓
高强度螺栓
↓
屋面及墙面檩条
↓
主体结构验收
↓
屋面及墙面彩钢板
↓
屋面采光板
↓
竣工验收

图 8.3.13 单层钢结构施工工艺流程

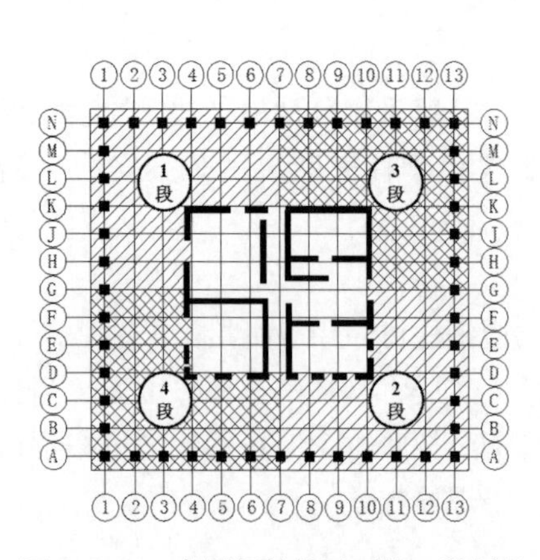

图 8.3.14 高层钢结构平面施工段划分

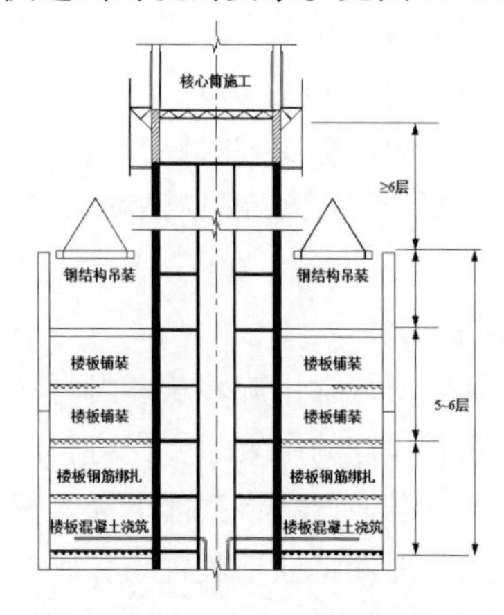

图 8.3.15 高层钢结构竖向施工段划分

2. 构件吊装

1）地脚螺栓预埋

地脚螺栓安装精度直接关系到整个钢结构的安装精度，是钢结构安装的关键起步工序。为了保证埋设精度，应将每根柱下的螺杆用角钢或钢模板连系制作为一个支撑框架，在基础底板钢筋绑扎完、基础梁钢筋绑扎前应将支撑架就位并临时定位，然后绑扎基础梁钢筋，待基础梁钢筋绑扎完后对预埋螺栓进行第二次校正定位，交付验收，合格后浇筑混凝土。

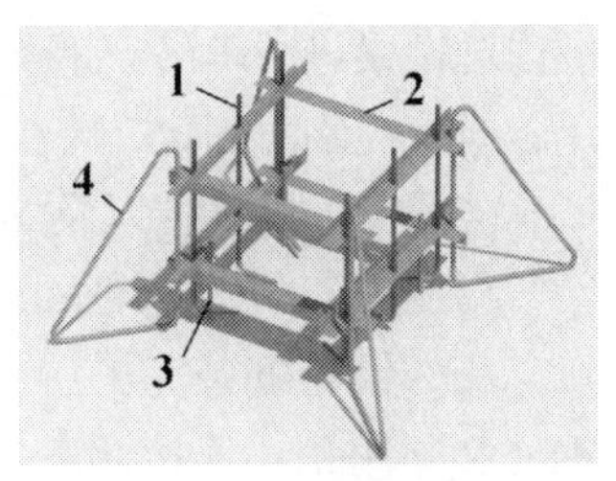

图8.3.16　螺栓支撑架
1. 预埋螺杆；2. 角钢支架；3. 插筋；4. 三角撑

地脚螺栓预埋件的测量放线应先根据轴线控制点及标高控制点对现场轴线控制线和标高控制点进行加密，然后根据控制线确定出轴线，并应提供每个预埋件的中心十字交叉线和至少两个标高控制点。

螺栓支撑架制作，如8.3.16图所示，预埋螺栓中心线的间距偏差≤2mm，预埋螺栓顶端的相对高差偏差≤2mm。在底板钢筋绑扎阶段，预埋件即可就位，校核轴线位置和标高后，做好固定。混凝土浇筑前后还应对预埋件的轴线位置和标高进行复测。混凝土浇筑施工前，应对螺栓连接部分涂抹黄油并包油纸，装上套管进行保护。土建施工完毕后也应注意预埋螺栓的成品保护，严禁构件安装过程中造成碰撞损坏。

2）第一段钢柱的安装

钢柱的安装一般按照“先内筒，后外筒；先下后上；先中间后四周”的顺序。钢柱吊装吊点位于顶部，通常设置四块临时连接板。

第一段钢柱安装前应先对预埋件进行复测，并在基础基准面上弹线，确定钢柱位置。根据测量的标高调整预埋螺杆上的位置，或者在钢柱四角设置垫板抄平，然后安装钢柱。

钢柱通常用塔吊吊运到位，先将地脚螺栓穿入钢柱底板的螺栓孔，放置在调整好的螺母上，调整柱底部的定位，放置压板，拧紧螺栓，钢柱就位完成。当钢柱上部钢梁吊装完成并校正后，对地脚螺栓进行二次灌浆，完成钢柱的最后固定。

3）上部钢柱吊装

上部钢柱的安装与首段钢柱的安装不同点在于柱脚的连接固定方式。钢柱吊点设置在钢柱的上部，利用四根临时连接耳板作为吊点。吊装前，要将下节钢柱顶面和本节钢柱底面的渣土和浮锈清除干净，保证上下节钢柱对接面接触顶紧。

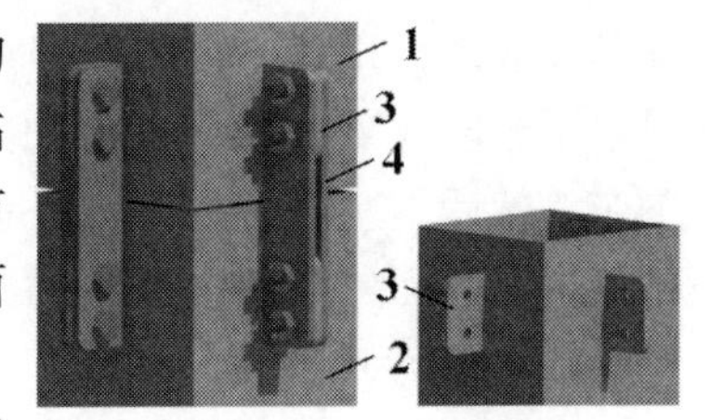

图8.3.17　钢柱拼接
1. 上柱；2. 下柱；3. 耳板；4. 连接夹板

下节钢柱的顶面标高和轴线偏差、钢柱扭曲值一定要控制在规范的要求以内，在上节钢柱吊装时要考虑进行反向偏移回归原位的处理，逐节进行纠偏，避免造成累计误差过大。

钢柱吊装到位后，钢柱中心线应与下面一段钢柱的中心线吻合，并四面兼顾，活动双夹板平稳插入下节柱对应的安装耳板上，穿好连接螺栓，连接紧固临时连接夹板，见图8.3.17，并及时设置缆风绳对钢柱进一步进行固定。钢柱吊装完成后，应进行初步校核，以便钢柱及斜撑的安装。

4）钢梁吊装

通常情况，钢梁的数量比钢柱的数量多几倍，采用安全、高效的吊装方法是关键问题。钢梁吊装就位时必须用普通螺栓进行临时连接固定，并可以在塔式起重机起重性能允许的范围内对钢梁进行串吊。钢梁的连接形式有栓接和焊接两种形式。安装时可先将腹板的连接板用普通螺栓临时固定，待校核调整完毕后，更换为高强度螺栓并按设计和规范要求进行高强度螺栓的初拧及终拧以及焊接连接。

5）钢梁的安装顺序

相邻钢柱安装完毕后，即可安装两柱之间的钢梁并形成稳定的框架。每天安装完成的钢柱必须用钢梁连接起来，不能及时连接的应设置缆风绳进行临时固定。钢梁应按照“先主梁后次梁、先下层后上层”的安装顺序进行安装。

为了保证钢梁吊装的安全和高效，制作钢梁时应预留吊装孔；没有预留吊装孔时，则采用钢丝绳直接绑扎，但应在绑扎处增加衬垫进行防护，防止钢丝绳被钢梁的尖锐边缘割断。为了提高施工效率，可以采用一机多吊的方式，如图 8. 3. 18 所示。

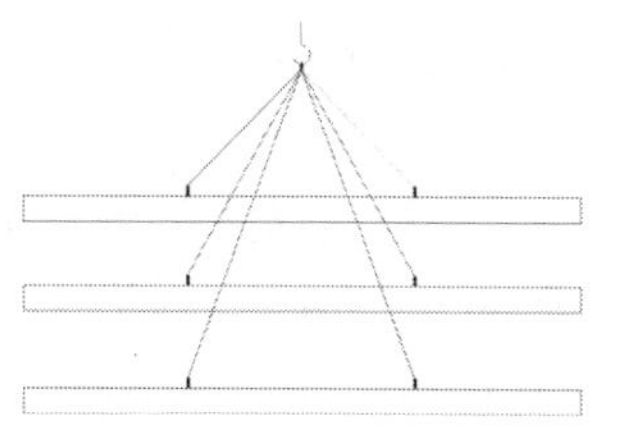

图 8. 3. 18　钢梁串吊示意图

钢梁应该在吊装前进行灰尘和浮锈的清除工作。钢梁在吊装前应先装配好附带的连接板，并附带装好螺栓的专用工具袋。钢梁吊装就位应注意其上下和左右方向是否正确；钢梁安装就位时，应及时夹好连接板，螺栓孔对孔有偏差的，可以用冲钉进行调整，然后用普通螺栓临时连接固定。用于临时固定的普通螺栓数量应不少于节点螺栓总数的 30%，且不得少于 2 个。高强螺栓应自由穿入螺孔，严禁强行将螺栓打入螺孔，并且不得采用气焊扩孔。高强螺栓的紧固顺序为“先初拧，后终拧；先中间，后边缘；先主要部位，后次要部位”。为了保证结构稳定、便于校正和精确安装。钢梁固定应先从顶层开始，然后是底层，最后是中间层。

3. 其他构件安装

高层钢结构中除了梁、柱构件外还有斜撑和桁架等构件。斜撑构件一般与水平构件（梁）、垂直构件（柱）存在一定的倾斜角度，因而吊装时需要增加电葫芦或倒链等设备辅助作业进行角度的调整。为了减少焊接带来的变形和误差，桁架结构通常是整体吊装，尽量不分段或少分段。并且采用楼层组拼或者分段组拼方式，安装顺序一般为“先上弦后下弦，然后是垂直腹杆，最后是斜腹杆”。此外，体型较大的钢桁架在组拼时，应根据其平面内和平面外刚度设置必要的胎架或者预先起拱。

4. 钢构件校正

钢构件校正应该等到结构安装全部完成并形成稳定结构体系后进行。钢构件校正的内容包括标高、轴线位置和垂直度。校正工作的顺序为“先进行局部构件校正，再进行整体校正；应先调整顶标高，再调整轴线位置，最后调整垂直度”。校正工具主要由千斤顶、倒链、钢楔等，结合全站仪、经纬仪和水准仪的测量仪器进行监测。钢柱吊装就位后，先调整柱顶标高，然后是轴线位置，最后校正其垂直度。

钢梁的截面高度较小时，仅仅在吊装前通过检查校正柱牛腿的标高和柱间距离来控制梁的标高和轴线位置。并且，在吊装过程应监测钢柱的垂直度变化，并及时校正，防止梁吊装对柱产生的影响。

相比较而言，钢柱的校正工作难度更大。由于钢柱安装的顶标高受到制作误差、焊接收缩值和荷载压缩值三个方面的影响，而且随着建筑高度的增加，荷载压缩值也不断增长，因此，安装每层钢柱时，应预估这三个方面误差给柱顶标高带来的变化，并及时进行相应的校正。一般通过加高和切割上节柱的衬垫板来进行调整。

钢柱轴线位置的校正是通过旋转、微量移动钢柱，或者在耳板一侧增加垫板的方法进行调整。为了防止出现累计误差，定位轴线应尽量从底层的控制轴线引测。

钢柱垂直度校正可以采用在柱的一侧设置千斤顶进行顶推的方式将柱顶偏移误差调整为零，但是应保证每节钢柱垂直度误差不超规范。

8.3.8　大跨度钢结构吊装

大跨度结构的体系分平面结构和空间结构两大类。平面结构有桁架、刚架与拱等结构，空间结构有网架、薄壳、悬索等结构。空间网架结构在大跨结构中应用较为广泛。

大跨度结构的特点是跨度大、构件重、安装位置高，施工难度大，技术要求高。因此，合理选择安装方案是大跨度结构施工重要环节。下面就介绍几种网架结构的吊装方案。

1. 高空散装

高空散装是在网架设计标高位置搭设拼装支架，提供施工作业平台，并利用起重设备将网架构件分件吊运至设计位置，在作业平台上进行逐件安装。由于是在搭设的高空作业平台上进行施工，因而称作高空散装法。该法适用于螺栓连接节点或高强度螺栓连接的网架结构。为了减少作业支架，降低施工成本，也可以采用悬挑支架的方案。此种作业方式的特点：网架构件的标高和轴线定位不好控制，起重设备的工作量大，但是不需要大型起重设备，需要搭设大规模的高空支架，高空作业多。

2. 分条（块）吊装

如图 8.3.19、图 8.3.20 所示，分条（块）吊装是在吊装前先把网架分割成条状或块状单元，然后分别将这些单元依照位置和顺序依次吊装就位拼成整体的安装方法。适用于网架分割或者分块后，刚度和受力性能改变不大的情况，分块和分条的大小根据起重设备的性能确定。分条（块）吊装作业中网架条（块）单元的拼装是预先在地面完成的，高空作业量比高空散装法大大减少，所需要的拼装作业支架量也减少很多，充分利用起重设备，经济性较好。

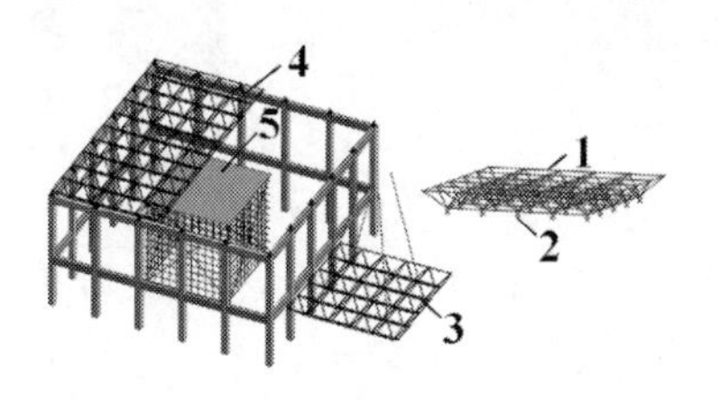

图 8.3.19　网架分块吊装示意图

1. 地面拼装网架；2. 砖墩；3. 起吊网架；4. 就位网架；5. 高空拼装脚手架

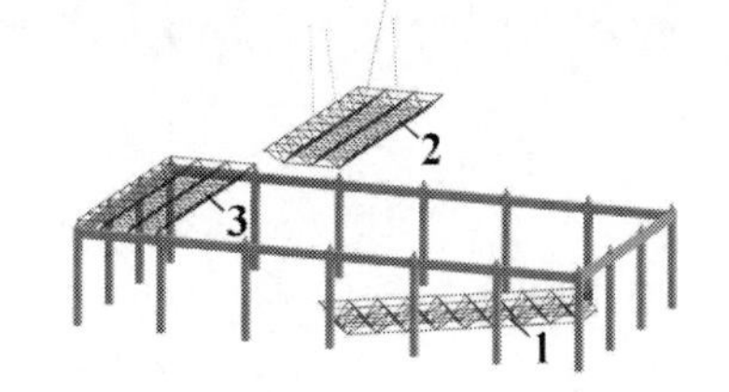

图 8.3.20　网架分条吊装示意图

1. 地面拼装网架；2. 起吊网架；3. 就位网架

3. 整体吊装法

整体吊装法是将网架在在地面上整体拼装完成后，利用起重设备垂直将网架整体移送到设计位置。根据移动网架的方式和设备不同，整体吊装法又主要分为提升法、顶升法和吊升法三种形式。整体吊装法多适用于焊接节点的网架安装。

整体吊装的起重重量较大，因而网架吊点布置和吊装方案应根据吊装网架的受力状态来确定。抬吊过程中，当网架的承载能力和变形满足要求的前提下，应尽量减少吊点和起重设备。

1）提升法

提升法是利用提升设备将网架整体提升到设计标高安装就位。随着我国升板、滑膜施工技术的发展，升板机和液压千斤顶作为网架整体提升设备的做法已经被广泛应用于工程实践，并形成了诸如升梁抬网、升网提模、滑模升网等多种新工艺，开拓了利用小型设备安装大型网架的新途径。

2）顶升法

整体顶升是将网架先在地面拼装完成后，用千斤顶整体顶升到设计标高后安装就位的施工方法。如图 8.3.21 所示，网架在顶升过程中，一般结构柱先安装完成，然后利用其作为临时支撑；也可以另外搭设专用的施工脚手架，在架顶铺设脚手板形成高空作业平台。网架的顶升施工工艺如下：首先，选择网架的顶升支撑点。根据网架的受力特点，一般将网架支座作为顶升的支撑点。将网架支座搁置在十字钢架（四点支撑）或者钢梁（两端支撑）上，利用千斤顶顶升十字架或钢梁到一个新的高度。然后，在十字架或钢梁的支座下面放置支撑横梁或者垫块，使其能够保持这个标高位置。千斤顶卸载后，再提升千斤顶底部的支撑横梁或者支架，使千斤顶在一个新的高度上再次顶升网架支座。顶升过程进入到下一个顶升循环。通过多个顶升循环过程，将网架顶升至设计标高或结构支座位置。由于顶升过程是采用多点同步顶升，即网架的每个支座应同时提升相同的高度，否则会造成网架变形和产生内应力。因而，施工过程的操控技术要求较高，需要配备相应的仪器和设备实现自动化施工操控。

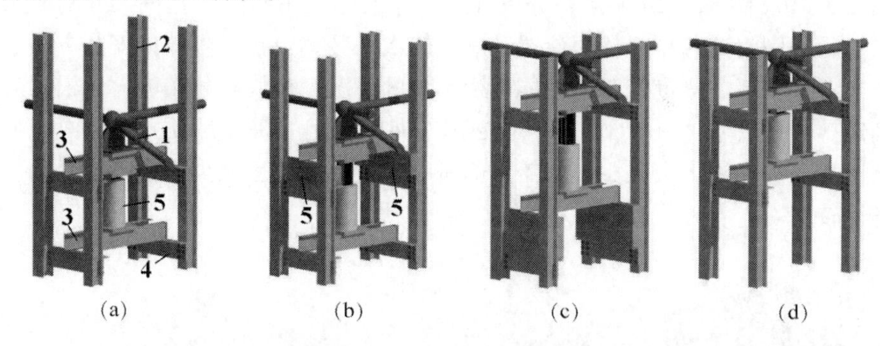

图 8.3.21　顶升法工艺示意图

（a）顶升装置就位；（b）顶升 1（网架节点垫高）；（c）顶升 2（千斤顶垫高）；（d）新顶升循环

1. 网架；2. 顶升支架；3. 横梁；4. 限位角钢；5. 垫块

3）吊升法

吊升法是利用一定数量的大型桅杆起重机或自行式起重机将网架抬吊到设计位置的安装方式。根据起重设备的不同分为多机抬吊和桅杆吊装法。当用桅杆抬吊网架时，由于其机动性差，网架应尽量采用就地组拼并与柱错位放置（即拼装位置通过平移或者旋转与安装位置错开一定距离，即是网架支座避开柱子的位置），待网架整体抬升至高空后，再进行转体和平移，使网架支座与柱顶支座对正。此种吊装作业虽然高空作业的时间较短，但需要大型起重设备，而且还需要配合大量的吊索、大型卷扬机及施工人员，因而成本较高。对于中小型网架还可用单根桅杆起重机进行吊装。多机抬吊法多采用履带式起重机或汽车式起重机，适用于高度和重量都不大的中、小型网架结构。根据施工要求，有时桅杆式起重设备需要在网架跨内进行吊装，当网架安装到位后，再借助网架辅助悬挂桅杆，然后将桅杆逐节拆除。

4. 高空滑行法

高空滑移法是将网架在建筑物顶板标高上进行拼接，这样需要预先搭建一个拼接作业平台，如图8.3.22所示。将网架分割成若干条形拼装单元进行预拼装。当一个预拼装单元拼装完成后，将其下落至滑移轨道上，用牵引设备通过滑轮组将其向前移动至设计位置。然后进行下一个单元拼装、吊放至轨道、滑移至设计位置；依次逐个单元按顺序进行循环作业，直至这个屋面网架拼装完成。滑移方式分为逐条滑移法和逐条积累滑移法，见图8.3.23。逐条滑移的网架单元较小，荷载不大，滑动作业比较容易，但需要另外设置拼接作业面；逐条积累滑移法后期拼接单元连接成一体，荷载变大，滑动需要较大的驱动力，但不需要另设拼接作业面。滑轨分形式分为滚动式和滑动式两种。滑轨的形式如图8.3.24所示，网架滑动支座的构造见图8.3.25。

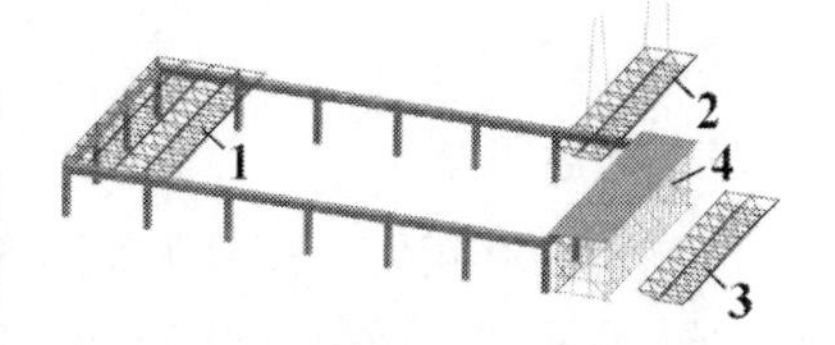

图8.3.22　滑行法吊装示意图

1. 就位网架单元；2. 吊运网架单元；3. 地面拼装单元；4. 脚手架

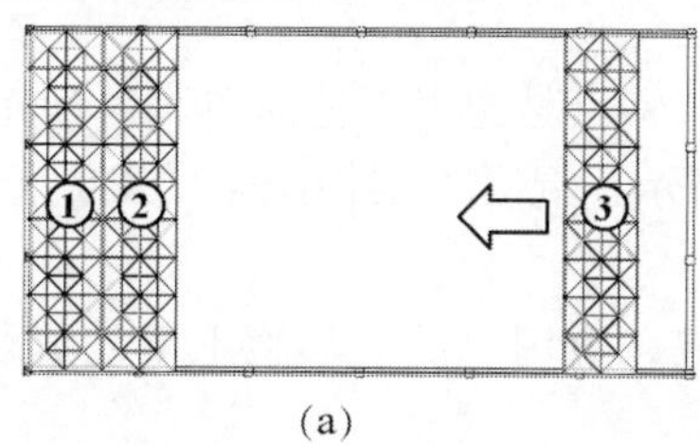

(a)

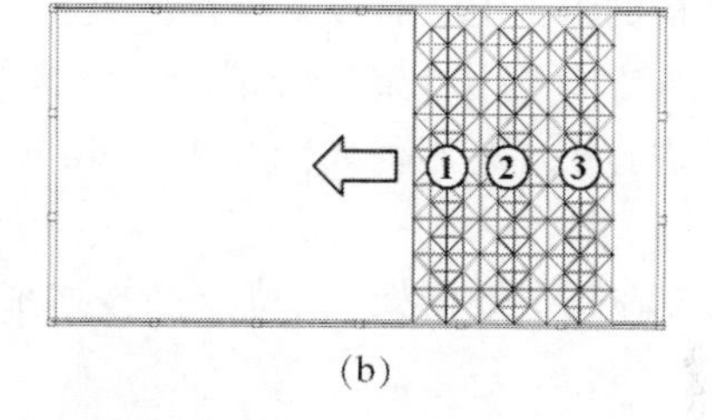

(b)

图8.3.23　滑行法的滑移方式

(a) 逐条滑移；(b) 逐条积累滑移；

①、②、③-网架单元编号

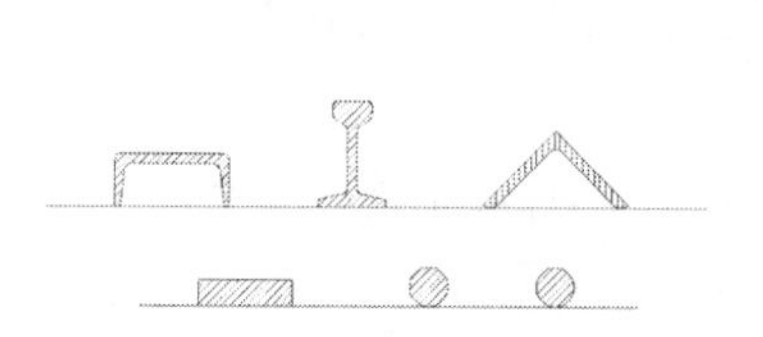

图8.3.24　滑轨的形式

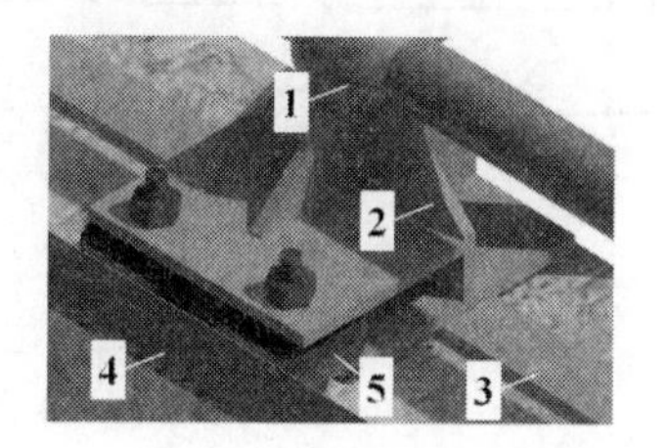

图8.3.25 滑动支座构造示意图

1. 网架；2. 网架支座；3. 滑轨；4. 导轨；5. 滚轮

高空滑移法，网架单元的拼装作业是在地面上完成的，然后吊运至建筑顶板标高上完成拼接，这样高空作业量大大减少，降低了高空作业危险，需要的作业面也比较小，可以节约材料，并能保证拼装质量，施工设备简单，不需要大型起重设备、成本低。分段拼装方式有利于使拼装、吊放、连接作业形成流水施工，实现工期压缩。特别适用于施工场地狭小，起吊作业有障碍或者起重机机动性受到制约的情况。当条件允许时，滑行作业的拼接脚手架可以搭设在建筑外围，不占用建筑内部空间，减少了与土建、装饰和设备安装施工的冲突，有利于流水施工组织和缩短工期。

8.4 组合结构

8.4.1 概述

20世纪50年代，我国从前苏联引进了型钢混凝土结构技术，前期主要用于工业厂房。20世纪80年代，逐渐应用于高层建筑结构，并逐步发展为现在的具有我国特色的钢－混凝土组合结构技术。钢－混凝土组合结构的构件一般包括组合板、组合梁、钢管混凝土柱、型钢混凝土梁、型钢混凝土柱、型钢混凝土剪力墙等。组合结构具有耐久性和耐火性好、造价适中、结构刚度大、受力性能好等优点。

1. 组合结构体系与施工顺序

钢－混凝土组合结构主要包括框架部分为型钢混凝土框架、型钢混凝土外框架＋型钢混凝土核心筒、钢结构外框架＋型钢混凝土核心筒、型钢混凝土筒中筒、型钢混凝土外框架＋钢筋混凝土核心筒、钢结构外框架＋钢筋混凝土核心筒、型钢混凝土外筒＋钢筋混凝土核心筒等结构形式。楼板多为钢－混凝土组合楼板。核心筒部分为型钢混凝土。钢－混凝土组合结构的施工工艺有以下三种方式：

（1）“钢结构（钢骨架）→混凝土结构”，特点是施工工艺简单容易操作，施工速度快。其钢结构施工工艺流程如图8.4.1（a）所示，混凝土结构施工的工艺流程见第4章相关内容。

（2）“核心筒→外框架”，特点是技术成熟，应用广泛。其施工工艺流程如图8.4.1（b）所示。

（3）前两种施工工艺的综合，更适合于钢－混凝土组合结构，但是作业层次复杂、技术要求高、管理任务重。

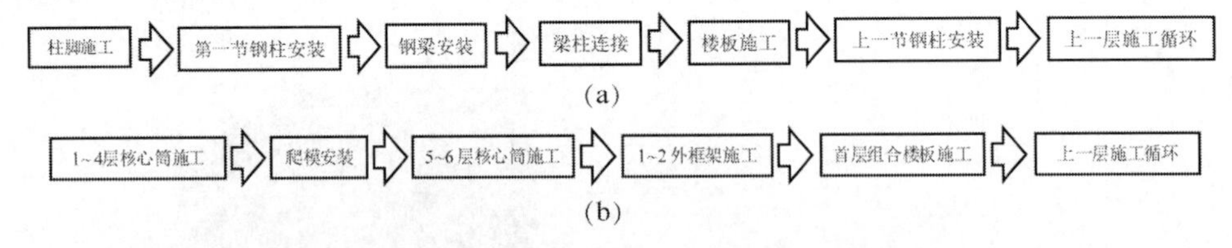

图8.4.1　组合结构主导工序的施工工艺流程示意图

（a）钢结构外框架施工流程；（b）组合结构施工流程

当核心筒混凝土结构采用爬模施工时，一般应在结构施工完4层后安装爬模，核心筒结构施工完成6层后开始外框钢结构安装。当钢结构先行施工时，其施工高度不宜超过混凝土结构施工高度6层或者18m。采用技术保证措施后，也不宜超过9层或27m。

2. 施工段划分

组合结构竖向施工段划分，分钢结构施工和混凝土结构施工两个部分。一个高层组合结构通常包括钢结构框架施工、钢结构外筒、型钢混凝土核心筒、钢筋混凝土核心筒和钢－混凝土组合楼板施工多个施工流水过程。钢结构施工一般依据一个柱节为一个施工段，一个柱节跨越层数从1层~3层不等。混凝土施工通常以一个结构层为一个施工段。组合结构楼板施工应在钢梁焊接完成之后进行，当柱构件跨越多层时，压型钢板铺设应先从最上层开始，然后是下层，最后铺设中间层。组合结构的流水施工组织比较复杂，应从技术、安全、工期等多个方面进行考量。平面流水施工段划分时，钢结构主要考虑结构的整体性、稳定性和施工的便捷，通常采用由中央向四周对称扩展的方式；混凝土施工应尽量减少施工缝，需要留设施工缝时，应按照设计要求留设于结构合理并方便施工的部位。

8.4.2　型钢混凝土梁

1. 施工工艺流程

型钢混凝土梁的施工工艺流程见图8.4.2所示。其中，型钢施工可参照钢结构部分章节的施工内容，钢筋混凝土施工参照相应章节的内容。型钢混凝土梁的基本构造见图8.4.3。

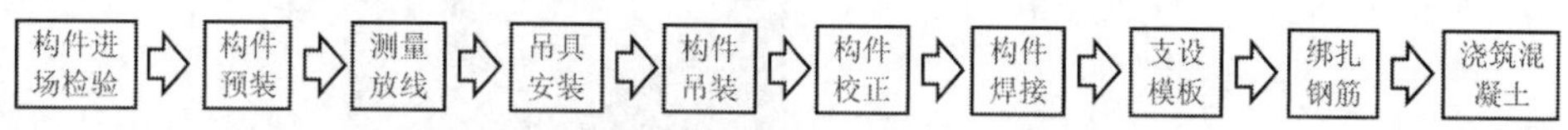

图8.4.2　型钢混凝土梁施工工艺流程

型钢混凝土梁在型钢安装前应对其进行检验，复核构件外形尺寸；钢梁安装次序按照“先主梁，后次梁”的原则；重量轻的梁可以采用两点绑扎方法起吊，重量大的梁宜设置吊耳起吊，避免引起吊索出现磨损。梁吊装到位后，先用高强螺栓临时固定，临时固定螺栓数量应不少于螺栓总数的1/3；然后对钢梁进行对位和校正。对位和校正工作主要包括使用千斤顶对栓孔对位、钢梁接口的高低差和错边进行调整和校正。校正完成后，应立即对梁端进行螺栓连接，然后再进行焊接固定。为了减小温度应力，梁两端焊接固定施工不可同时进行。

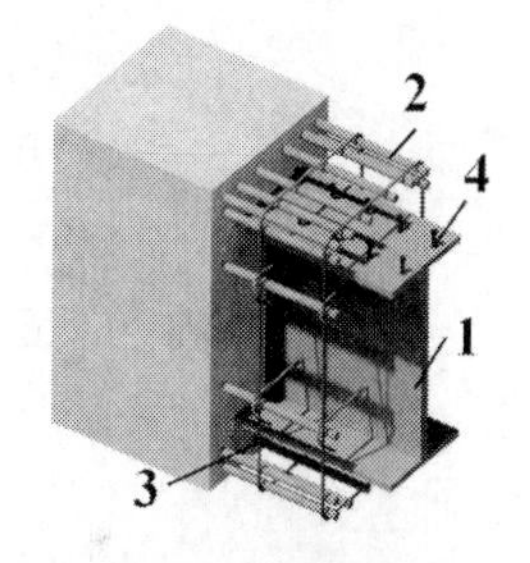

图8.4.3　型钢混凝土梁构造

1. 型钢；2. 纵筋；3. 箍筋；4. 栓钉

高强螺栓安装完成后，应立即对其进行逐个检查，检查方法包括“小锤敲击法”和“松扣－回扣法”。“小锤敲击法”通过敲击的声音、振动和会跳反应来判断螺栓连接处是否松动或者有损伤。高强度大六角螺栓除了用“小锤敲击法”逐个检查外，还应在终拧1h后进行扭矩检查，扭矩检查采用“松扣－回扣法”，并应在终拧24h内完成。“松扣－回扣法”就是：在所检查的螺栓和螺母上划一条直线，标记螺母与螺栓的相对位置。然后将螺母拧松，旋转30°或60°角度，随即再用扭矩扳手将螺母拧回原来标记的位置，并读取扭矩值是否符合规范要求。此外，焊接连接完成后也应对焊缝外观质量和内部缺陷进行检查。检查方法和要求同钢结构施工。

2. 技术保证措施

1）分层浇筑

由于支设模板后，位于型钢混凝土梁中型钢的上下翼缘部分的边缘空隙较小，给混凝土浇筑带来困难，因此，型钢混凝土梁的混凝土浇筑应采用分层浇筑方式。型钢混凝土浇筑按照截面部位应该至少分3个部分：型钢下部、型钢上下翼缘间及型钢上部，如图8.4.4所示。由于型钢下翼缘底部的混凝土容易集聚空气而造成混凝土浇筑不密实，因此宜采用流动性较好的混凝土。浇筑宜从一侧开始灌注，一侧振捣，当另一侧混凝土溢出后再两侧同时浇筑。当混凝土拌合料表面达到型钢上翼缘时，应充分振捣，促使翼缘底部气泡排出。

2）设置排气孔

由于型钢翼缘间混凝土处于半封闭空间内，特别是上翼缘的腋部容易滞留空气而使混凝土浇筑不密实，因而，为了满足施工要求，在型钢的腹板两侧翼缘上和型钢与型钢柱连接的端部应设置排气孔，见图8.4.5。由于开孔造成了翼缘截面削弱，应参照8.4.5节内容采取补强措施。

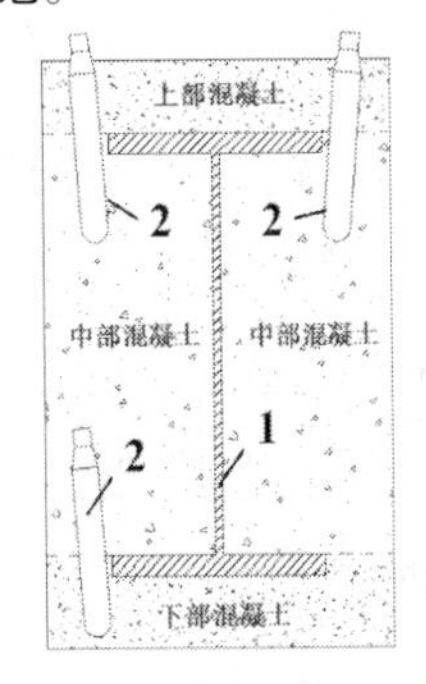

图8.4.4　分层浇筑示意图

1. 型钢；2. 振捣器

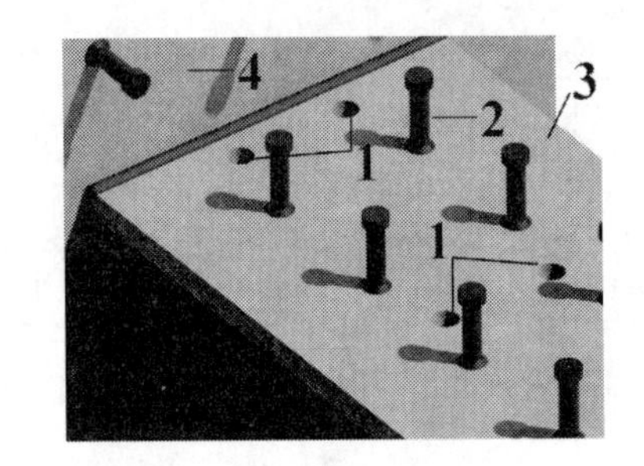

图8.4.5　梁翼缘板排气孔

1. 排气孔；2. 栓钉；3. 钢梁；4. 型钢柱

3）减少钢筋数量

当梁上部和下部钢筋数量较多，特别是多排布置时，会给混凝土浇筑带来麻烦。因此，可以与设计协商尽量采用高强度、大直径钢筋，以减少钢筋根数，增加混凝土的下料空间。

8.4.3　型钢混凝土柱、型钢混凝土边框柱剪力墙施工

1. 施工工艺流程

型钢混凝土柱的施工工艺与型钢混凝土边框柱基本相近，主导工序的施工工艺流程见图8.4.6所示。其中，剪力墙钢筋绑扎、模板支设及混凝土浇筑均包括边柱和墙板两个部分。

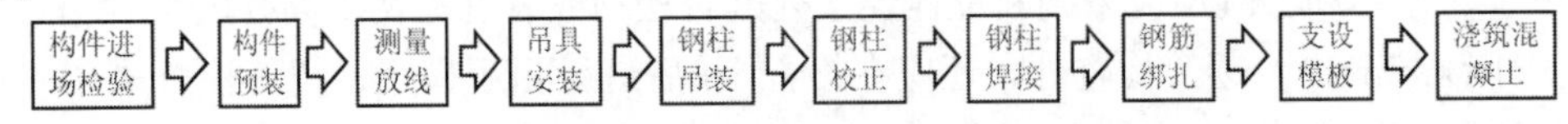

图8.4.6　型钢混凝土柱和剪力墙的施工工艺流程

2. 技术保证措施

型钢混凝土柱与型钢混凝土边框柱剪力墙都属于建筑结构中的竖向构件，构造比较相似，如图8.4.7和图8.4.8所示。当型钢混凝土柱内的型钢截面较大时，固定模板的对拉螺栓无法使用，对于截面较大的柱模板（边长≥1200mm）则改用将螺栓一端焊在型钢上的方式固定模板，见图8.4.9。对于截面较小的柱模板（边长≤1200mm）则采用型钢柱箍固定模板。

型钢混凝土柱和剪力墙的钢筋与钢骨构造复杂，包括纵筋、箍筋、剪力墙水平钢筋和竖向分布钢筋及钢骨，特别是节点位置，存在多个构件交汇的情况。因而，在钢筋绑扎时应事先确定好顺序，避免发生冲突而造成返工。为了保证外肢箍筋是封闭的，当与型钢发生碰撞时，需要在型钢上预先开设穿筋孔。封闭箍筋穿筋困难时，可以分割成两段，穿孔

后再焊接成封闭箍筋。箍筋布置时，焊接和弯钩处应沿柱子的纵轴方向彼此错开位置放置。

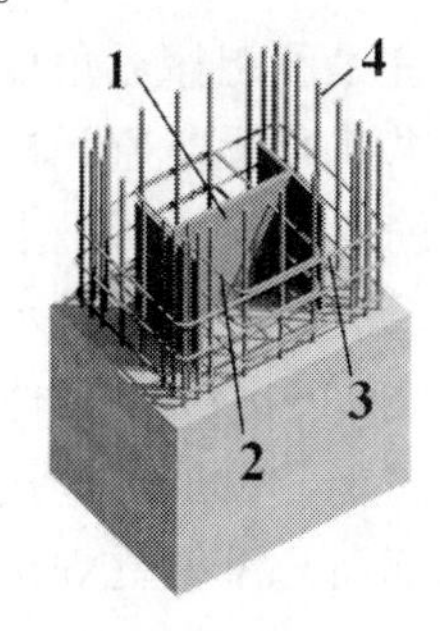

图8.4.7　型钢混凝土柱

1. 型钢；2. 内肢箍筋；

3. 外肢箍筋；4. 纵筋

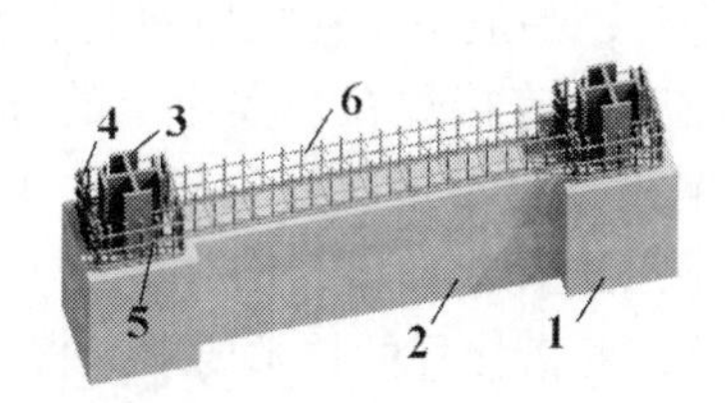

图8.4.8　型钢混凝土剪力墙

1. 边柱；2. 墙肢；3. 型钢；

4. 纵筋；5. 箍筋；6. 分布钢筋

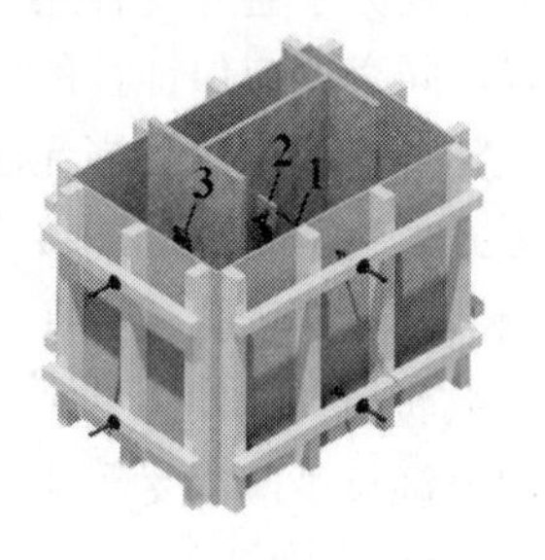

图8.4.9　模板固定方式

1. 勾头螺栓；2. 耳板；3. 焊缝

8.4.4　型钢混凝土梁柱节点

1. 排气孔设置

在组合结构的梁柱节点处，梁的型钢应断开，与柱型钢翼缘焊接连接。由于翼缘面外刚度很弱，因此为了保证节点的传力性能，需要在其内部设置水平加劲板（也称隔板）。而设置水平加劲板后，型钢柱节点内部构造更加复杂，水平加劲板下部混凝土容易产生气体滞留而引起混凝土不密实，对混凝土浇筑施工质量非常不利。因此，水平加劲板上应开设足够的排气孔，尤其对于封闭性很强的钢管混凝土柱。与梁构件类似，钢管混凝土柱梁节点排气孔设置见图8.4.10，型钢混凝土柱梁节点排气孔设置见图8.4.11。

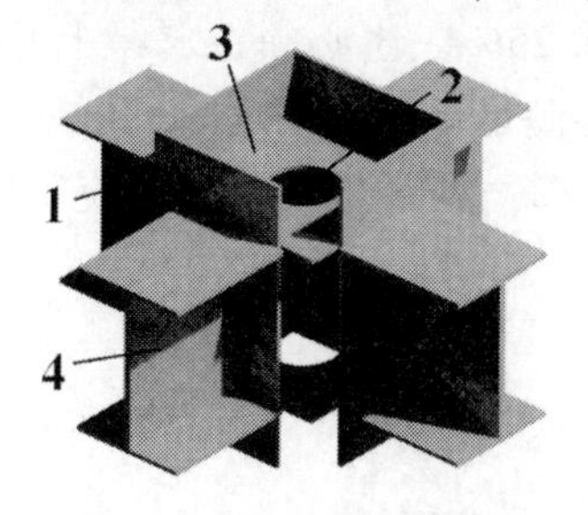

图8.4.10　方钢管柱－梁节点钢骨构造

1. 钢管柱；2. 排气孔；

3. 隔板；4. 钢梁

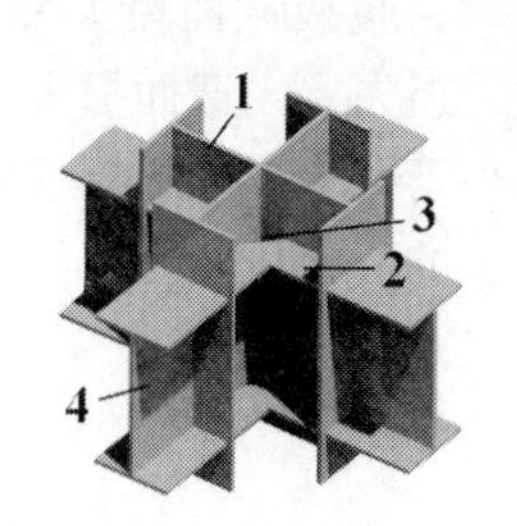

图8.4.11　型钢柱－梁节点钢骨构造

1. 型钢柱；2. 隔板；

3. 排气孔；4. 钢梁

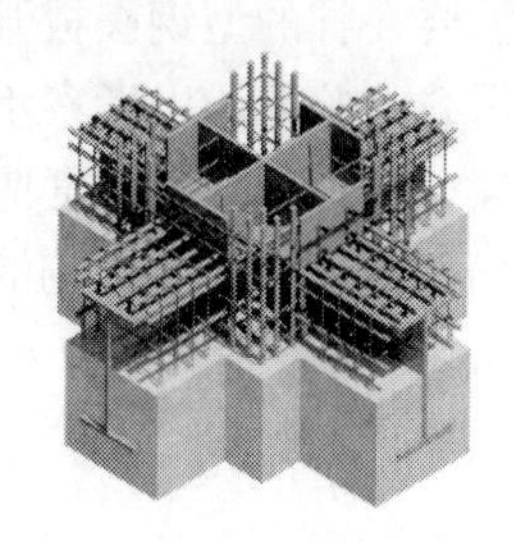

图8.4.12　型钢柱梁节点完整构造

2. 箍筋

如图8.4.12所示，箍筋对于型钢混凝土柱节点受力性能具有重要影响。钢骨通过外部混凝土的包裹可以改善其稳定性，而外部箍筋的约束又可以提高混凝土的承载力，延迟构件的破坏，因而节点处箍筋的构造不可忽视。然而，由于节点处钢骨、钢筋错综复杂，也给箍筋的设置带来难度，但是必须保证外肢闭合箍筋应对钢管形成围合。此外，有时需要设置内肢闭合箍筋或者单肢拉筋，这时，为了保证节点处的箍筋闭合，往往需要在梁端的型钢腹板和柱型钢腹板上预留箍筋的穿筋孔。型钢翼缘应避免开孔，当箍筋与翼缘发生碰撞时，可以截断箍筋，将其焊接在翼缘上。

3. 受力纵筋

节点处为了避开与柱相交的梁内型钢，梁、柱的纵向受力钢筋宜尽可能靠近角部、成束布置。同时，应保证柱的纵向受力钢筋在节点处连续不间断；梁纵筋布置应避开柱内型钢，尤其是翼缘位置。当无法躲避时，一般采用在柱型钢上设置穿筋孔、在柱型钢上焊接连接板或牛腿、将钢筋连接直螺纹套筒直接焊在柱翼缘上的方式，见图 8.4.13 所示。其中型钢上设置穿筋孔适用于纵向钢筋穿过型钢腹板的构造，见图 8.4.13（a），其他形式适用于纵筋与翼缘发生冲突的情况，见图 8.4.13（b）和（c）。纵向受力钢筋与连接板或牛腿的焊接长度应满足第 4 章有关钢筋搭接焊的技术要求。直螺纹套筒与型钢柱焊接宜在钢结构生产厂完成。

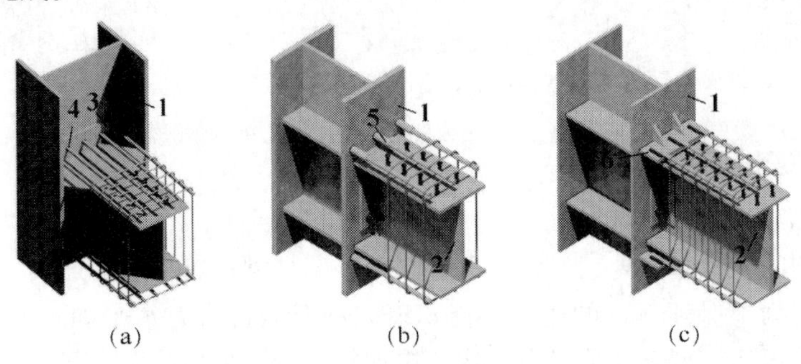

图 8.4.13　梁纵筋锚固方式

（a）钢筋贯通（设穿筋孔）；（b）焊接直螺纹套筒；（c）焊接连接板

1. 型钢柱；2. 型钢梁；3. 补强板件；4. 纵向钢筋；5. 焊接直螺丝套筒；6. 焊接连接板

当需要在柱的型钢腹板开孔时，腹板截面损失率应≤25%。当必须在翼缘上开孔时，应进行承载力验算，以考察承载力损失。当截面损失不能满足承载力要求时，可采取局部补强措施，补强板件的厚度应不小于翼缘或腹板厚度的 1/2，见图 8.4.14，并应避免造成钢板的局部刚度突变和影响混凝土的浇筑质量。

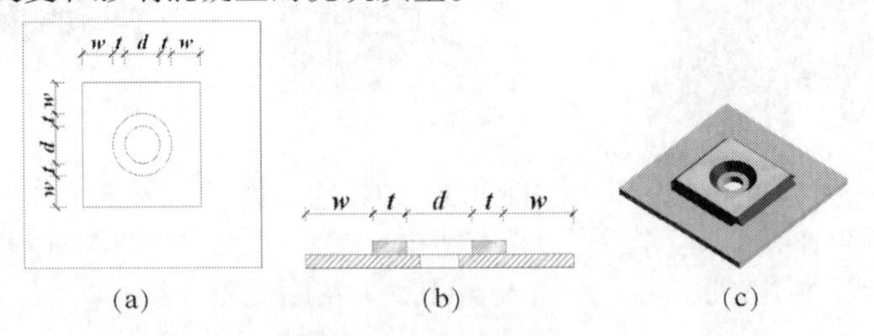

图 8.4.14　穿筋孔补强

（a）平面图；（b）剖面图；（c）三维效果图

4. 钢筋锚固

在梁柱节点处，型钢、交汇的纵筋都会影响梁钢筋的锚固构造。梁钢筋应尽量贯穿梁柱节点，如截面角部钢筋。当与型钢和受力纵筋发生碰撞，又不能贯穿节点时，如果构件截面尺寸能够满足锚固长度，则在节点区域锚固；如果不能满足锚固长度，则与腹板垂直的梁纵向钢筋可以采取在腹板上开孔使其贯通的方式，否则应采用与柱翼缘或腹板焊接的锚固方式，而不宜在翼缘开孔。

8.4.5　钢管混凝土柱

1. 施工工艺流程

钢管混凝土柱包括钢管安装和钢管内混凝土浇筑两个步骤，如图 8.4.15 所示。

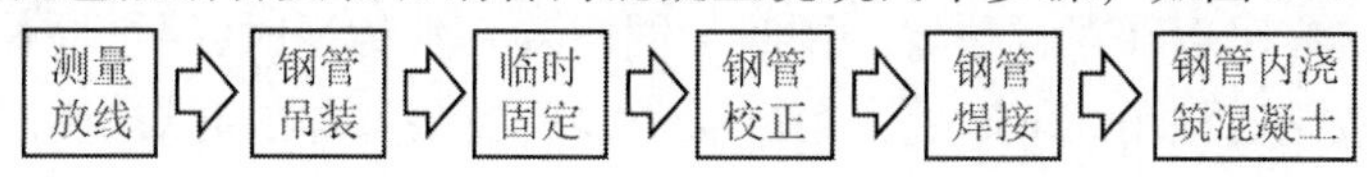

图 8.4.15　钢管混凝土柱施工工艺流程

2. 主要施工工序及施工方法

1）准备工作

① 在吊装前，对钢管构件等进行检验并达到验收要求；

② 对安装基准面的标高和其表面的定位轴线进行检查；

③ 为了在混凝土浇筑前和浇筑后防止油污和异物对钢管内造成污染，钢管柱的上口应采用临时覆盖措施；

④ 还应安装施工用爬梯，以便于钢管顶端的施工操作。

⑤ 为了避免螺栓、螺母和垫圈混用，准备好的高强螺栓连接件应采用一套独立包装，并且不能随意堆放而造成丝口损伤。

2）钢管柱吊装与校正

钢管柱通常采用一点吊装。为了保证柱处于便于安装的直立状态，吊点设在钢管顶端。一般需要设置吊耳，也可利用柱端连接板上的吊装孔。由于钢管属于易于变形的薄壁构件，因而起吊时钢柱的根部要垫实，防止损伤钢管底部。钢管柱吊装就位后，应立即进行对位校正，并采取临时固定措施以保证构件的稳定性。即将上柱的柱底端四面中心线与下柱顶端中心线对位，通过上下柱连接端的临时吊耳和连接板，用螺栓临时固定。钢管柱的校正包括标高校正、轴线校正和垂直度校正。安装误差应满足表 8.4.1 的要求。钢管紧固后起重机才可以摘钩。待到钢管柱焊接完成后，将耳板割除。

表 8.4.1　钢管柱吊装的允许误差

序号	检查项目	允许误差
1	立柱中心线和基础中心线	±5mm
2	立柱顶面标高好设计标高	+0，－20mm
3	立柱顶面不平度	±5mm
4	各立柱不垂直度	不大于长度的 1/1000，且不大于 15mm
5	各柱之间的距离	不大于间距的 1/1000
6	各立柱上下两平面相应对角线差	不大于长度的 1/1000，且不大于 20mm

标高校正。上下柱对正就位后，用连接板及高强螺栓将上下柱连接端固定，但是螺栓不拧紧；从三个方向测量下节柱柱顶至上节柱柱底标高参照线之间的距离，通过吊钩升降和撬棍撬动，使三个方向的标高参照线间距均满足要求（一般取 400mm）。然后将高强螺栓拧紧，同时在上下柱连接耳板间打入铁楔，标高校正完成。

轴线对位校正。通过在上下柱连接耳板的不同侧面设置垫板，然后拧紧螺栓夹紧连接板，以消除上下柱轴线对位误差。

垂直度校正。通过在钢柱倾斜的一侧锤击铁楔、顶升千斤顶和拉动缆风绳等方法来调整上一节柱的垂直度。

钢管柱的焊接应采取在对称位置、同时、同向（一般为逆时针）、同速度的方式进行。矩形柱起焊位置取距离柱角50mm处，第二层及以后各层施焊的起焊点应距离前一层起焊点30～50mm处。

钢管接长的连接方式有对接焊接、法兰连接和缀板焊接。其中对接焊接钢管表面平整，适用于壁厚不小于10mm的钢管，应用较广泛。当壁厚小于10mm时，可采用其他两种连接方式。当上下节钢管壁厚不同时，连接构造见图8.4.16。

3）混凝土浇筑

钢管内部混凝土浇筑的方式有泵送顶升浇筑、分层振捣浇筑和高抛免振浇筑三种方式。

（1）泵送顶升浇筑：

指利用混凝土输送泵将混凝土从钢管柱下部预留的送料孔连续不断地、自下而上顶入钢管柱内，通过泵送压力使得混凝土密实，见图8.4.17。泵送顶升浇筑的技术要求较高，特别是泵送压力的确定和控制很关键，一般为10～16MPa，并且不可再同时进行外部振捣，以免泵压急剧上升，甚至使浇筑被迫中断。没有特殊的要求，此方法宜作为备选施工方式。

插入送料孔内的混凝土输送管壁厚不应小于5mm，管口向上翘起45°，与钢管柱管壁应密封焊接。钢管柱顶面设置溢流口或排气孔，孔径不小于混凝土输送管管径。钢管柱上的溢流口、浇筑口和排气口应在加工厂完成制作，不能在现场开设；浇筑完成的混凝土强度达到设计强度50%后，割除送料管，并焊接钢板封堵。

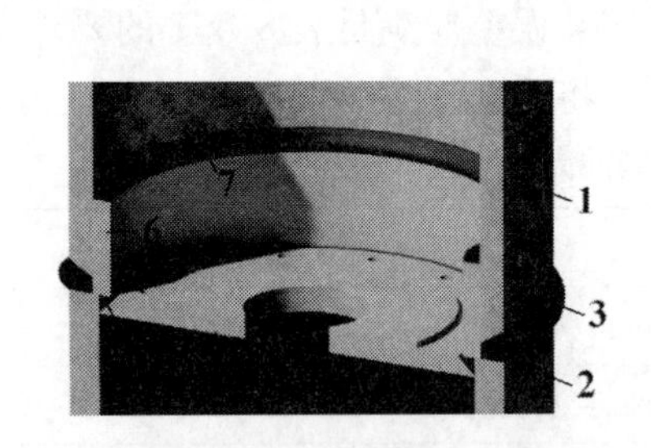

图8.4.16　钢管焊接构造

1. 上节钢管柱；2. 下节钢管柱；3. 熔透焊缝；4. 下料孔；5. 内隔板；6. 内衬管；7. 角焊缝；8. 塞焊缝

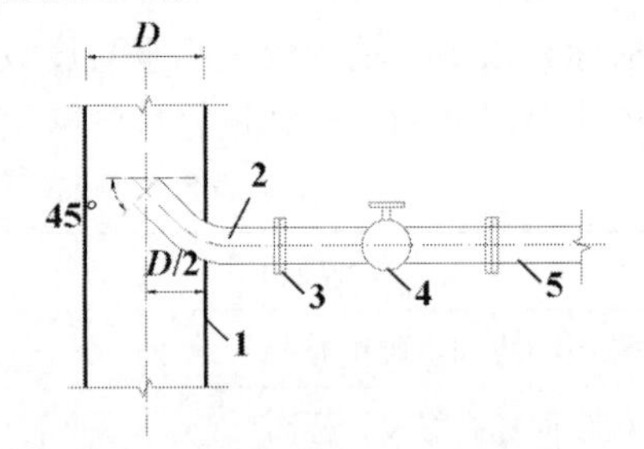

图8.4.17　泵送顶升浇筑示意图

1. 钢管柱；2. 送料管；3. 管卡；4. 截止阀；5. 泵送管

（2）分层振捣浇筑：

将混凝土自钢管上口灌入，用振捣器振捣密实。管径大于350mm时，内部振捣时间不少于30s/次；当管径小于350mm时，可采用外部附着振捣其进行振捣，时间不少于1min/次。每次混凝土的浇筑厚度不宜大于2m。

（3）高抛免振浇筑：

是在钢管柱安装完成一节或多节后，利用混凝土本身的流动性，从钢管上口抛下，高空下落的动能使混凝土在钢管内到达密实均匀。抛落高度应不小于4m，并适合于管径≥350mm的大管径钢管混凝土浇筑；一次抛落混凝土量不宜少于0.5m^3，下料口的直径应比钢管内径小100～200mm，以便于混凝土下落时，管内空气顺利排除。

钢管内的混凝土浇筑施工应连续进行，必须中断时，间歇时间不应超过混凝土的初凝时间；每次浇筑混凝土前应先浇筑一层厚度为50～100mm的与混凝土相同组分的水泥砂浆，避免混凝土下落高度过大而产生离析。

4）钢管混凝土柱施工质量检验

钢管混凝土柱施工完成后，应对其施工质量进行检验。钢管混凝土柱的主要质量缺陷包括混凝土浇筑密实度以及钢管与混凝土的粘接效果两个方面。检验方法包括敲击检查、超声检测和钻芯取样检测。敲击检查一般为初步检验方法，就是用工具敲击钢管的不同部位，通过其声音辨别混凝土的密实度。当出现异常情况时，应再进行超声检测。钻芯取样法属于一种破坏性检测方法，利用钻芯取样及对质量可疑部位进行环切取样。虽然这种方法的检测结果比较直观，但由于其对结构构件有损伤，应慎重采用，并且取样后应对钢管损伤部位采取必要的补强措施。

8.4.6　钢管柱节点施工

与钢结构节点构造相似，钢管柱与型钢混凝土梁内的型钢连接多采用螺栓连接、焊接连接和栓焊连接三种。当采用栓焊连接时，宜先进行螺栓连接，再进行焊接连接。相比较而言，钢管柱与钢筋混凝土梁的节点构造和施工过程更加复杂一些，连接方式有环梁连接和双梁连接两种。为了便于环梁钢筋的绑扎，有时梁侧模需要在钢筋绑扎完成后再合模。钢筋混凝土梁纵筋伸入环梁端锚固长度应符合规范要求，必要时采取锚固加强措施。钢管混凝土柱的钢管不宜开洞。由于钢筋混凝土梁钢筋必须穿过钢管时而开洞，需符合设计要求，并应对钢管开洞部位进行局部增加壁厚的补强处理，相关技术要求见型钢混凝土柱施工部分。以环梁节点为例，其施工过程的三维示意图见图8.4.18，施工工艺流程见图8.4.19。

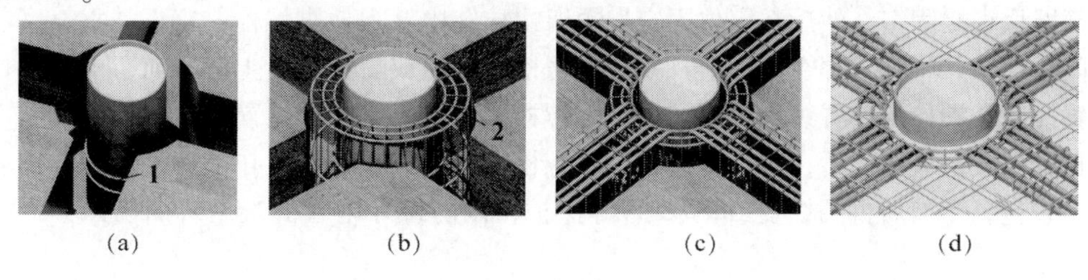

图8.4.18　钢管混凝土柱－钢筋混凝土梁节点施工过程示意图

（a）模板支设；（b）环梁钢筋；（c）梁钢筋；（d）混凝土浇筑

1. 抗剪环（筋）；2. 环梁钢筋

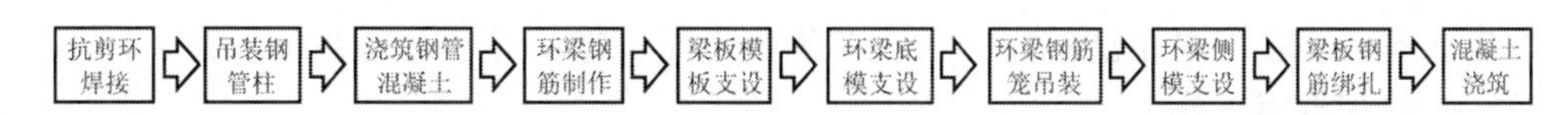

图8.4.19　钢管混凝土柱－钢筋混凝土梁节点施工工艺流程

8.4.7　柱脚施工

型钢混凝土柱脚分埋入式和非埋入式两种。抗震设防的组合结构多采用埋入式柱脚。

埋入式柱脚施工工艺流程见图 8.4.20。钢管混凝土柱埋入式柱脚施工过程三维示意图见图 8.4.21。

图 8.4.20　埋入式柱脚施工工艺流程

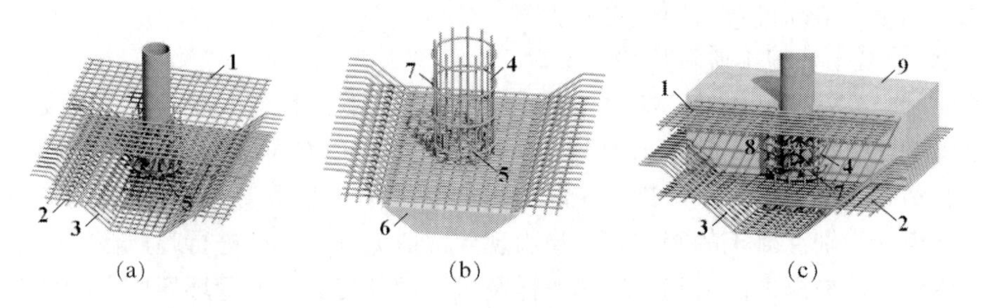

图 8.4.21　钢管混凝土柱埋入式柱脚施工过程三维示意图

(a) 柱脚钢筋构造；(b) 加强层混凝土浇筑；(c) 埋入式柱脚构造

1. 筏板上层钢筋；2. 筏板下层钢筋；3. 加强层钢筋；4. 柱插筋；5. 柱脚螺栓；

6. 加强层混凝土；7. 柱脚箍筋；8. 栓钉；9. 筏板混凝土

1. 施工准备

柱脚施工前应对轴线控制点、测量标高和水准控制点进行复核，并对柱脚螺栓的规格型号、柱脚螺栓定位固定架的定位尺寸和定位孔进行验收；然后，在垫层上弹出固定架的中心定位线和柱脚螺栓的定位。施工时，应先将基础底部加强区浇筑完成后，安装完毕底部钢柱后再浇筑剩余部分的混凝土。

2. 螺栓安装

柱脚螺栓安装时，对于柱脚螺栓规格较大、数量较多、基础底板深度较深的情况，需要对螺栓固定架设置支撑架。对于螺栓数量较少、规格较小的情况，则将柱脚螺栓固定架与钢筋网片直接固定。然后在定位固定架预留螺栓孔中穿入地脚螺栓，校正其垂直度、标高、间距等，并将其点焊在钢筋上。在柱脚螺栓安装完成后，混凝土浇筑前，重新对柱的定位轴线和各螺栓的位置线进行复核，确保螺栓上下垂直、水平位置准确。

柱脚螺栓安装完毕后，应马上进行柱脚螺栓保护，即在螺栓丝扣上涂上黄油并用胶布或塑料袋包裹，然后再用铁皮或 PVC 管等保护，以防螺牙附着混凝土或因锈蚀等损害其强度。

3. 混凝土浇筑

对于埋入式柱脚，在基础底板浇筑前需要先将埋入部分钢柱安装就位，再进行柱脚灌浆料施工和基础混凝土浇筑；对于非埋入式柱脚则需要将首节钢柱就位后才能进行柱脚灌浆料的二次灌浆。在混凝土浇筑完毕后，在其初凝前，重新对柱脚螺栓的位置、标高等进行复核，以纠正混凝土浇筑产生的偏差。

在浇筑钢柱底板下混凝土时，其表面应抹平压实，并在钢柱安装前要对其进行凿毛处理。待首节钢柱吊装结束并校核完成后，在柱脚底部支设模板，按照设计要求进行二次灌浆。灌浆料从一侧灌入，直至另一侧溢出为止，以利于排除柱脚与混凝土基础之间的空气，使灌浆充实，不得从四周同时灌入。灌浆必须连续进行，不能间断。灌浆过程不宜振捣，必要时可以采用竹条、软绳等拉动来促使浆料流动。每次灌浆层厚度不宜超过100mm。脱模时应避免灌浆层受到震动和碰撞。模板与柱脚间的水平空隙应控制在100mm左右，以利于灌浆施工。灌浆结束宜立即采用塑料薄膜覆盖养护或喷涂养护，养护时间不少于7d。

8.5　装配式预制隔墙板

8.5.1　预制隔墙板的分类

装配式预制隔墙板通常采用轻质骨料和细骨料，加胶凝材料，内衬钢筋网片为受力筋，并通过蒸汽养护等工艺加工的墙体材料。近年还有与装饰材料集成一体的新型复合型墙板投入应用。装配式预制隔墙板一般指面密度小于90kg/m^3（90厚）、110kg/m^3（120厚），长宽比不小于2.5的预制非承重内隔墙板。按使用的结构部位分为普通墙板、门框板、窗框板、过梁板等；按材料和生产工艺不同分为蒸压加气混凝土板（ALC板）、玻璃纤维增强水泥轻质多孔板（GRC）、轻集料混凝土隔墙条板、轻质复合墙板（PRC）、钢丝网架轻质夹芯板等。装配式预制隔墙板按断面分为空心条板、实心条板和夹芯条板三种类型，其中空心板有GRC板、轻集料混凝土空心板（工业灰渣空心板）、植物纤维强化空心板、增强石膏空心板等，实心板有硅镁板等，复合板有泡沫钢丝骨架水泥板等。

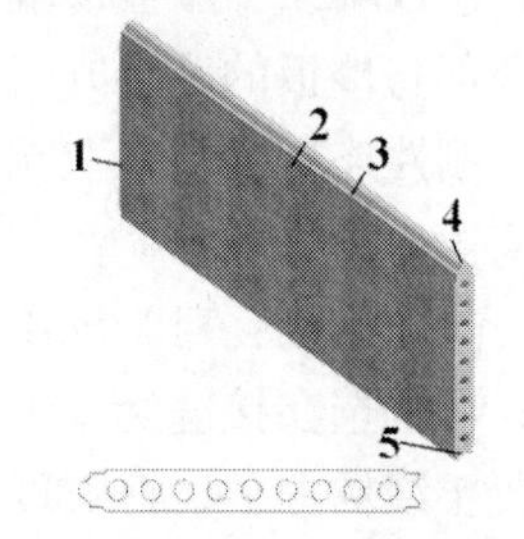

图8.5.1　GRC多孔板

1. 板端；2. 板边；3. 接缝槽；4. 榫头；5. 榫槽

加气混凝土板是用水泥、石灰、砂为原料制作的高性能蒸压轻质加气混凝土板，有轻质、高强、耐火隔音、环保等特点，按功能用途分为外墙板、屋面板、内隔墙板。本节重点介绍内隔墙板。

GRC板具有构件薄，耐伸缩、抗冲击、抗裂性能较好，碱度低，自由膨胀率小，同时具有防潮、保温、隔声、环保等方面的优点，施工简单、速度快，见图8.5.1。

8.5.2　制隔墙板安装施工

1. 施工流程

预制隔墙板施工工艺流程如图8.5.2所示。

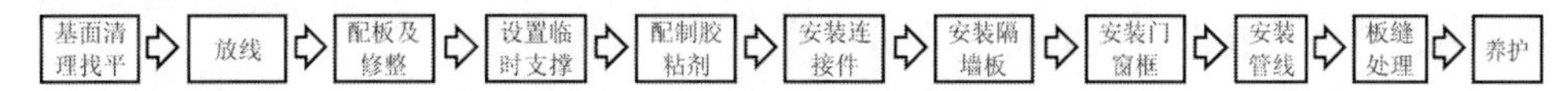

图8.5.2　加气混凝土墙板施工工艺流程

2. 施工工序步骤和施工方法

1）基层清理

对隔墙板位置与结构顶板、墙面、地面的结合部位进行清理，剔除凸出的浮浆、混凝土块等，并进行找平。

2）放线

根据施工图，在地面和墙面及结构楼板底面弹出隔墙轴线和轮廓线、门窗洞口的定位线，并按板材的幅宽弹出分档线，标明门窗尺寸线，板条缝宽一般按5mm计算。

3）隔墙板安装

（1）选材：

首先应根据设计图纸，按照层高、连接方式和连接件的尺寸来决定墙板的配板尺寸，必要时应对板条进行裁切，称作配板与裁板。板条隔墙一般板条沿垂直方向安装。墙板的长度按照楼层净高减端 30 ~ 60mm 截取。当墙板宽度与隔墙的长度不符合模数时，应将部分墙板预先拼接加宽或者裁切变窄，使其适合安装尺寸。裁切后板宽度不应小于 200mm，并且拼接和裁切的墙板应安装在墙角位置。墙板在安装前应进行筛选，缺棱掉角的墙板应采用与板材相同等级的混凝土进行修补。

隔墙板安装需要使用扁钢卡件和专用胶粘剂。扁钢卡件分 L 形和 U 形。厚度不超过 90mm 墙板采用 1.2mm 厚卡件，超过 90mm 厚用 2mm 厚卡件。胶粘剂主要用于板与板、板与主体结构之间的粘接。墙板底部的坐浆一般采用细石混凝土。板与板间板缝灌浆采用 1:3 水泥砂浆。

（2）连接构造：

①板墙顶。墙板顶端与结构连接的方式分为刚性连接和柔性连接。区别在于板墙顶端和底部与楼板的连接方式。

刚性连接：墙板上端与结构底面用砂浆粘接，并且空心条板的上端板孔应局部封堵密实。

柔性连接：对于抗震设防的结构，在墙板上端与主体结构连接处设置 U 形或 L 形卡件，位置选在接缝处。卡件长度取 200mm，间距不大于 600mm，用射钉或膨胀螺栓固定在混凝土结构上，射钉长度应大于 30mm。如果主体结构为钢结构，可以采用焊接固定。

②板墙底。板墙下部一般用木楔顶紧后，再用细石混凝土填塞空隙。条板下端距地面的预留安装间隙宜保持在 30 ~ 60mm，并可根据需要调整。木楔的位置应选择在条板的实心肋处，应利用木楔调整位置，两个木楔为一组，使条板就位，可将板垂直向上挤压，顶紧梁、板底部，调整好板的垂直度后再固定，见图 8.5.3 及图 8.5.4 所示。

③板墙间。GRC 墙板的两侧一般都分别做成榫头和榫槽。安装时，将两块板的榫头和榫槽涂抹胶粘剂，再进行拼接。在接缝处表面同样涂抹胶粘剂，覆盖玻纤网格布。

（3）安装顺序：

①有门洞口的墙体，墙板安装应从门洞口两侧向外依次进行，洞口两侧应使用整块墙板。没有门洞口的墙体，墙板可从墙体一端向另一端依次安装。

②安装时可先靠墙设置临时固定木方（截面尺寸 100mm × 50mm 大小）或支撑架。预先将 U 形和 L 形卡件固定在结构底面，板缝处将相邻两块板卡住固定。在条板下部打入木楔，并应楔紧。

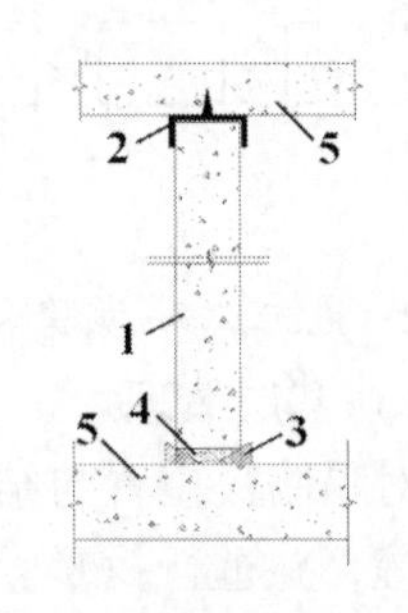

图 8.5.3　隔墙板连接构造

1. 墙板；2. U 型卡；3. 木楔；4. 细石混凝土；5. 楼板

③墙板固定后，在板下填塞 1:2 水泥砂浆或 C20 干硬性细石混凝土，坍落度控制在 0 ~ 20mm 为宜，并应在一侧支模，以利于振捣密实。经过防腐处理的木楔，可不撤除。未经防腐的木楔，待填塞的砂浆或细石混凝土养护 3d 后，将木楔撤除，再用 1:2 水泥砂浆或细石混凝土将楔孔堵严。

④板缝应采用聚合物砂浆或者胶粘剂填充。轻质混凝土墙

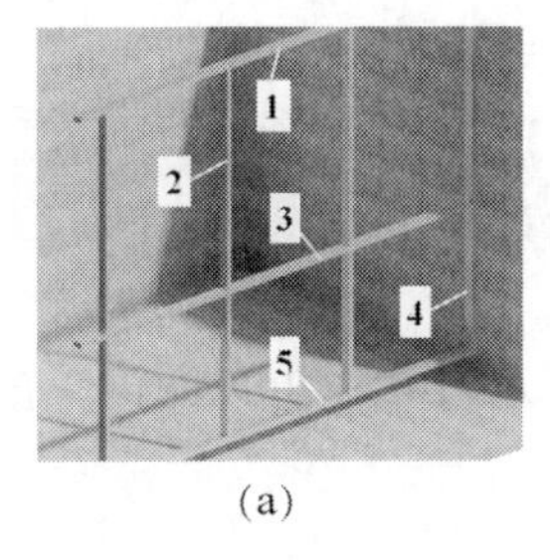

(a)

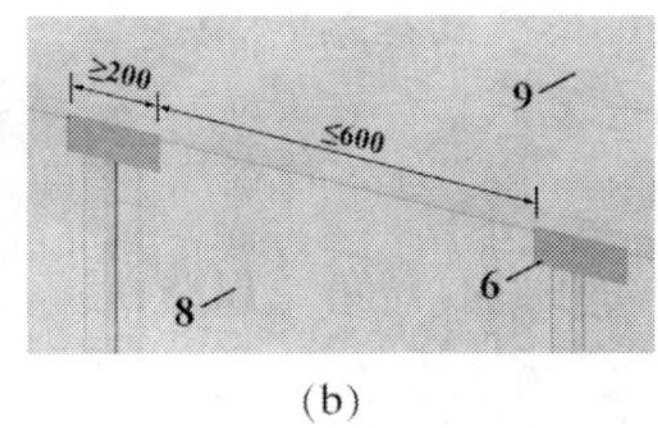

(b)

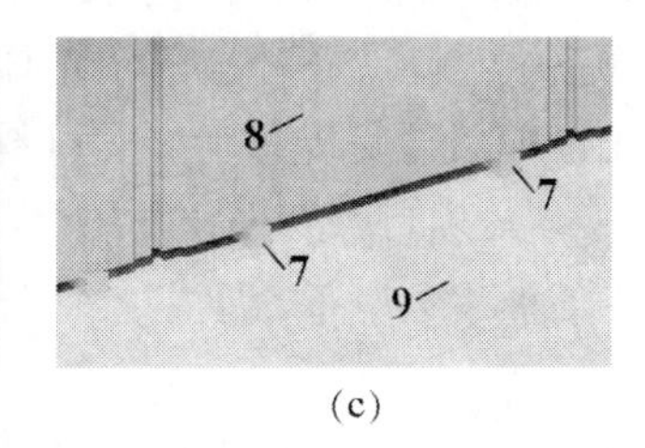

(c)

图 8.5.4　预制墙板安装示意图

(a) 临时固定措施；(b) 板顶固定；(c) 板底固定

1. 上木方；2. 立挺；3. 横撑；4. 边框；5. 下木方；6. U 形卡件；7. 木楔；8. 墙板；9. 楼板

板和复合墙板应沿板缝间隔 1/4 板高钉入钢插板。转角和 T 形接头位置，沿高度每隔 700 ~800mm 钉入销钉或 ø8 插筋，钉入长度不小于 250mm，随装随钉。

⑤每块墙板安装后，应用靠尺检查墙面垂直度和平整度。双层墙板的分户墙，两层墙板的接缝应相互错开半个板宽。

⑥在板缝、阴阳角处、门窗洞边缘用白乳胶粘贴耐碱玻纤网格布、钢卡件或钢销钉加强。门窗洞口一侧的空心板靠近洞口一侧 120 ~ 150mm 范围内的孔洞应用细石混凝土灌实。

⑦隔墙板安装完成后进入养护阶段，24h 内不能受到碰撞，否则应重新校正固定。

4）埋设线管

墙板内道敷设线管应尽量利用板孔，并应在墙板一侧开洞。对于非空心板，可利用加大板缝或开槽的方式，但是宽度不宜超过 25mm。板面开口、开槽应在墙板安装完成 7 天后进行，尽量用切割机开槽或用电钻开孔，避免用力敲打。管线埋设好后应及时用聚合物砂浆固定及抹平，抹灰层应铺贴 200mm 宽压缝玻纤网格布。墙板不应水平方向开槽，不宜出现贯通两侧的对穿洞，墙板贯穿开洞时直径应小于 200mm。

5）养护和成品保护

墙板安装完成后，应养护时间应不少于 7d。在此期间，应对墙板采取遮挡和维护等成品保护措施。一方面，防止墙板受到碰撞和横向受力；另一方面，当进行混凝土地面等其他施工作业时，应防止成品隔墙墙面受到污染、损坏。

8.5.3　预制隔墙板安装施工的质量要求和检验方法

1. 检验批

条板隔墙的检验批应以同一品种的轻质隔墙工程每 50 间（大面积房间和走廊按轻质隔墙的墙面 $30m^2$ 为一间）划分为一个检验批，不足 50 间应划分为一个检验批。对于条板隔墙工程的检查数量，每个检验批应至少抽查 10%，但不得少于 3 间，不足 3 间时应全数检查。

2. 检验项目

检验批质量合格应符合下列规定：主控项目和一般项目的质量应经抽样检验合格；应具有完整的施工操作依据、质量检查记录。

1）主控项目

①隔墙条板的品种、规格、性能、外观应符合设计要求。对于有隔声、保温、防火、防潮等特殊要求的工程，板材应满足相应的性能等级；

②条板隔墙的预埋件、连接件的位置、规格、数量和连接方法应符合设计要求；

③条板之间、条板与建筑主体结构的结合应牢固，稳定，连接方法应符合设计要求；

④条板隔墙安装所用接缝材料的品种及接缝方法应符合设计要求。

2）一般项目

①条板安装应垂直、平整、位置正确，转角应规整，板材不得有缺边、掉角、开裂等缺陷；

②条板隔墙表面应平整、接缝应顺直、均匀，不应有裂缝；

③隔墙上开的孔洞、槽、盒应位置准确、套割方正、边缘整齐。

3. *质量要求和检验方法*

预制隔墙板安装的允许偏差和检验方法见表 8. 5. 1 。

表 8. 5. 1　预制隔墙板安装的允许偏差和检验方法

项次	项目	允许偏差/mm				检验方法
		复合轻质墙板		石膏空心板	钢丝网水泥板	
		金属夹芯板	其他复合板			
1	立面垂直度	2	3	3	3	用2m 垂直检测尺检查
2	表面平整度	2	3	3	3	用2m 靠尺和塞尺检查
3	阴阳角方正	3	3	3	4	用直角检测尺检查
4	接缝高低差	1	2	2	3	用钢直尺和塞尺检查

【思考题】

1. 钢筋混凝土单层工业厂房的准备工作包括哪些?
2. 钢筋混凝土单层工业厂房柱构件的安装工艺流程包括哪些步骤?
3. 柱、屋架吊点选择的原则。
4. 柱绑扎方法? 适用范围。
5. 旋转法、滑行法? 双机抬吊旋转法如何操作?
6. 柱的临时对位和临时固定。
7. 柱的校正和最后固定方法 .
8. 吊车梁的浇筑方法有哪些? 如何进行最后固定?
9. 预制混凝土屋架的安装工艺流程包括哪些步骤? 工作内容和要求有哪些?
10. 装配式混凝土框架结构的起重设备如何选择? 如何布置?
11. 钢结构框架柱、梁的安装、校正和接头方法。
12. 简述装配式墙板的制作、运输、堆放以及吊装工艺的内容。
13. 钢结构构件加工的基本流程包括哪些工序? 其工作内容是什么?
14. 钢结构安装前的准备工作主要包括哪些?
15. 钢结构安装的分层安装和分单元退层安装法。
16. 钢结构工程主要连接方式及连接方法的优缺点及适用范围?
17. 钢柱基础准备包括哪些工作?
18. 空间网架结构的安装方法有哪些? 说明其使用范围。

【知识点掌握训练】

1. 判断题

（1）装配式结构的施工方法分为分件吊装法和综合吊装法。其中分件吊装法采用较多，钢结构厂房施工多采用综合吊装法。

（2）屋架吊装的起重机通常采用跨中开行。

（3）钢管混凝土柱的主要质量缺陷包括混凝土浇筑密实度以及钢管与混凝土的粘接效果两个方面。

（4）钢柱的安装一般按照“先内筒，后外筒；先下后上；先中间后四周”的顺序。钢梁应按照“先主梁后次梁、先下层后上层”的安装顺序进行安装。

（5）钢柱安装的顶标高受到制作误差、焊接收缩值和荷载压缩值三个方面的影响而而产生误差。

2. 填空题

（1）工业厂房中的预制柱子安装就位时，常用吊升方法有____ 法和______ 法两种形式。

（2）履带式起重机主要技术性能包括3个主要参数：______ 、________ 和________。

（3）屋架扶直分为____ 和____ 两种方法；按照其放置方向分为______就位和______就位两种方式；按照屋架预制位置与就位位置的关系分，有____就位和____就位两种。

（4）梁柱节点按照其内力特点分为________和______ 两种；按照构造做法分为________节点、______ 节点、________节点和________节点等形式。

（5）柱的接头类型有____接头、____ 接头和____接头三种。

（6）钢材矫正的形式主要有__ 、____、____三种，按外力来源分为______、______和____ 等，按矫正时钢材的温度分为____ 和______ 。

（7）大跨度钢结构的安装方法分为________ 、________ 、________ 和高空滑移法。

（8）高强螺栓安装质量的检查方法包括________ 和__________ 。

（9）当梁纵向钢筋与柱内型钢无法躲避时，一般采用________ 、________ 、________ 三种钢筋锚固方式，其中______ 适用于钢筋与腹板冲突情况，其他适用于钢筋与翼缘冲突的情况。

（10）钢管内部混凝土浇筑的方式有______浇筑、________浇筑和________浇筑三种方式。

（11）钢管混凝土质量检验方法包括______ 、______和________ 三种方式。

（12）墙板安装完成后，应养护时间不少于__ d，此期间应防止墙体受到碰撞和污染。

3. 选择题

（1）关于钢筋混凝土单层厂房柱构件安装施工描述错误的是(　　)。

A. 平面位置校正在对位和临时固定阶段完成；

B. 标高校正在基础准备阶段通过杯底抄平工作来实现；

C. 垂直度校正是在最后校正和固定阶段完成；

D. 柱子的最后固定是通过杯口内灌注细石混凝土一次性完成的

（2）履带式起重机选择要求错误的是(　　)。

A. 起重机的起重量必须大于所安装最重构件的重量与索具重量之和；

B. 起重高度 = 支座表面高度 + 安全间隙 + 绑扎点与构件底面的距离 + 吊具高度；

C. 根据计算得到的起重量和起重高度，推算起重机最小起重臂长及起重半径；

D. 起重机最小起重臂长必须通过图解法得到

(3) 钢筋混凝土单层厂房梁、柱构件吊装作业起重机开行方式不便于采用的是(　　)。

A. 跨中开行，一个停机位可吊 4 个柱；

B. 跨边开行，一个停机位吊 2 根柱子；

C. 跨中开行，一个停机位可吊 1 个屋架；

D. 跨外开行，一个停机位可吊 4 根柱

(4) 当单层钢结构为多跨时，而且并列跨存在差别时，其施工顺序错误的是(　　)。

A. 在脱钩后电焊前进行初次校正；

B. 当焊接完成后再进行第二次校正；

C. 当梁和楼板安装后进行第二次校正；

D. 当梁和楼板安装后进行第三次校正

(5) 多层钢筋混凝土框架结构柱安装应进行 2 ~ 3 次校正，(　　)的说法是错误的。

A. 先高跨后低跨；

B. 先小跨后大跨；

C. 先并列节间多的，后并列节间少的；

D. 先吊有屋架跨，后吊无屋架跨

(6) 下列说法错误的是(　　)。

A. 钢构件校正的内容包括标高、轴线位置和垂直度；

B. 先进行整体校正，再进行局部构件校正；

C. 应先调整顶标高，再调整轴线位置，最后调整垂直度；

D. 梁吊装时应注意柱的垂直度变化，及时校正

(7) 不是高强螺栓的紧固顺序的是(　　)

A. 先初拧，后终拧；

B. 先中间，后边缘；

C. 先边缘，后中间；

D. 先主要部位，后次要部位

(8) 型钢柱脚螺栓安装完毕后，应马上进行柱脚螺栓保护。下列不属于其保护做法的是(　　)。

A. 在螺栓丝扣上涂上黄油；

B. 用胶布或塑料袋包裹；

C. 用砂浆或者混凝土包裹；

D. 用铁皮或 PVC 管等保护

(9) 关于预制隔墙板安装构造做法，下列说法错误的是(　　)。

A. 墙板上端与结构底面用砂浆粘接，并且空心条板的上端板孔应局部封堵密实，属于刚性连接；

B. 板面开口、开槽在墙板安装完成后马上进行；

C. 有门洞口的墙体，墙板安装应从门洞口两侧向外依次进行；

D. 墙板之间通过胶粘剂粘结，并覆盖网格玻纤布

第 9 章　防水工程

知识点提示：

- 了解防水设计构造要求和防水等级划分；
- 熟悉防水材料的分类及适用性；
- 掌握不同防水材料和构造的施工工艺流程、技术要求。
- 了解防水施工的质量验收标准、控制措施。

防水工程根据所用材料不同，主要包括卷材防水、涂膜防水、砂浆防水、混凝土防水、以及金属材料防水、瓦屋面防水等多种形式，其中卷材防水和涂膜防水属于柔性防水做法，砂浆防水和混凝土防水属于刚性方式做法。防水工程按照防水方式的不同分为构造防水和材料防水两种。其中卷材防水、涂膜防水和混凝土防水等属于材料防水，而瓦屋面、金属屋面以及变形缝等一般以构造防水为主。按防水工程应用的部位，又可分为屋面防水、室内防水和地下防水三大类，本章主要介绍屋面防水工程和地下防水工程。

防水工程关系到建筑物或构筑物的使用功能、耐久性和可靠性，因而其设计的合理性、材料的选择、施工工艺及施工质量、维护管理等方面的工作都应引起重视。

9.1　防水材料

9.1.1　防水卷材

卷材防水屋面中使用的卷材主要有高聚物改性沥青防水卷材和合成高分子防水卷材两大类多个品种。高聚物改性沥青防水卷材包括自粘橡胶沥青防水卷材和自粘聚合物改性沥青聚酯胎防水卷材；合成高分子防水卷材主要有：三元乙丙、改性三元乙丙、氯化聚乙烯、聚氯乙烯、氯磺化聚乙烯防水卷材等。防水卷材的特点是柔韧性较好，能适应一定程度的结构振动和胀缩变形；缺点是易老化、起鼓、耐久性差、施工工序多、工效低、产生渗漏水时找漏修补较困难。

9.1.2　胶粘剂

胶粘剂主要用于卷材与基层粘贴、卷材与卷材之间搭接的一种粘贴材料，其材性与所用卷材应对相容。主要分为高聚物改性沥青卷材胶粘剂和合成高分子卷材胶粘剂两类。高聚物改性沥青卷材的胶粘剂主要有氯丁橡胶改性沥青胶粘剂、CCTP 抗腐耐水冷胶料等。前者由氯丁橡胶加入沥青和助剂以及溶剂等配制而成外观为黑色液体；后者是由煤沥青经氯化聚烯烃改性而制成的一种溶剂型胶粘剂，具有良好的抗腐蚀、耐酸碱、防水和耐低温等性能。合成高分子卷材的胶粘剂主要有氯丁系胶粘剂、丁基胶粘剂、BX－12 胶粘剂等。

9.1.3　基层处理剂

基层处理剂是在防水层施工之前预先涂刷在基层上的涂层材料。基层处理剂的主要作用是增加防水材料与基层之间的粘结力，同时基层处理剂本身具有较强的渗透性和憎水性，可以渗入基层一定深度并起到一定的防水作用。不同种类的卷材应选用与其材性相容的基层处理剂。基层处理剂涂刷一般应在基层干燥后进行，涂刷应薄而均匀，不得有漏刷、麻点和气泡。基层处理剂干燥后再进行卷材铺贴施工。

9.1.4 防水涂料

按照成膜物质的属性，可分为无机防水涂料和有机防水涂料；按成膜物质的主要成分可分为高聚物改性沥青防水涂料和合成高分子防水涂料；防水涂料应具有良好的防水性、耐久性、耐腐蚀性及耐菌性，并且应五毒、难燃、低污染。无机防水涂料应具有良好的湿粘性、干粘性和耐磨性；有机防水涂料应具有良好的延伸性及较强的适应基层变形能力。

无机防水涂料适用于防水层位于结构主体的背水面的防水做法。包括掺外加剂、掺合料的水化反应型水泥基防水涂料、水泥基渗透结晶型防水涂料等。

有机防水涂料适用于防水层位于主体结构的迎水面，具有较好的抗渗性和较好的粘结性，包括反应型、水乳型、聚合物水泥等。

反应型的有单组分聚氨酯防水涂料，主要成膜物为聚氨酯甲酸脂预聚体，通过与空气中的水分进行反应，固化成膜。其特点为涂膜致密，涂层可适应加厚；涂层具有优良的防水抗渗性、弹性及低温柔性。

水乳型有氯丁胶乳沥青防水涂料、硅橡胶防水涂料等。涂料通过水分挥发固化成膜。涂膜防水层长期浸水后强度会有所下降，用于地下工程应进行耐水性试验。

聚合物水泥涂料有丙烯酸酯、醋酸乙烯－丙烯酸酯共聚物、乙烯－醋酸乙烯共聚物等聚合物水泥复合涂料。因复合比例的异同而有所区别。

1. 储存、运输、保管

防水涂料应密封包装条件下储存，容器表面应标明名称、厂名、执行标准号、生产日期和产品有效期、运输和储存条件。水乳型涂料储运和保管环境温度不宜低于5℃。不同规格、品种和等级的防水涂料，应分开储存。溶剂型涂料及胎体增强材料储运环境温度不宜低于0℃，不得日晒、碰撞和渗漏；保管环境应干燥、通风，并远离火源。储存仓库内应按要求设置消防设施。

2. 验收

材料进场后应按规定取样复验，同一规格、品种的防水涂料，每10t为一批，不足10t者按一批进行抽样。胎体增强材料，每3000m^2为一批，不足3000m^2者按一批进行抽样。防水涂料和胎体增强材料的物理性能检验，全部指标达到标准的规定为合格。其中，若有一项指标不达标，允许在受检产品中加倍取样进行该项复检；如果复检结果仍然不合格，则判定该产品为不合格。不合格的防水材料严禁使用。

9.1.5 砂浆防水

防水砂浆属于刚性防水做法。包括聚合物水泥防水砂浆、掺外加剂或掺合料的防水砂浆。防水层做法应采用多层抹压施工。水泥砂浆价格低廉、操作方便，应用较多。可用于迎水面或背水面，不适用于有侵蚀性、受振动或温度高于80℃的地下工程防水。

聚合物防水砂浆是在砂浆中加入了丙烯酸酯乳液、羟基丁苯胶乳、丁苯胶乳、阳离子氯丁胶乳、环氧乳液等聚合物成分，使聚合物和水泥共同担负胶结材料的作用。

还可利用早强水泥、双快水泥及自流平水泥等特种水泥早期强度提高快、凝结时间短，又有微膨胀性的特征，形成砂浆防水层，普遍用于地下工程的内防水做法。

9.1.6　防水混凝土

防水混凝土是以调整混凝土配合比或掺外加剂等方法，来提高混凝土本身的密实性和抗渗性，使其具有一定防水能力的特殊混凝土。防水混凝土具有取材容易、施工简便、工期较短、耐久性好、工程造价低等优点，因此，在地下工程中得到了广泛的应用。目前，地下工程的防水体系是由结构混凝土自防水加上外部附加柔性防水层构成多道设防防水系统，体现出“刚柔相济、优势互补”的设计原则。因此，防水混凝土主要是指达到防水要求的结构混凝土。常用的防水混凝土，主要有普通防水混凝土、外加剂防水混凝土等。

1. 防水混凝土的特点、种类及适用性

防水混凝土既能承重又能防水的双重功能，耐久性好、施工简单、易于修补等特点。但是其抵抗振动、温度裂缝、腐蚀的能力较弱，不适于在这些环境中使用。普通防水混凝土除满足设计强度要求外，还须根据设计抗渗等级来配制。防水混凝土的抗渗等级应不小于P6，其配合比应按照设计抗渗等级提高0.2MPa并由试验室试配确定。防水混凝土按配制方法不同分为普通混凝土和掺外加剂混凝土。在普通防水混凝土中，水泥砂浆除满足填充、黏结作用外，还要求在石子周围形成一定数量和质量良好的砂浆包裹层，减少混凝土内部毛细管、缝隙的形成，切断石子间相互连通的渗水通路，满足结构抗渗防水的要求。普通混凝土可以通过调整配合比来达到抗渗效果，但是水泥用量偏大。此外，还可以通过添加外加剂和掺料来提高混凝土的防水功能，常用的外加剂和掺料有减水剂、膨胀剂、密实剂、引气剂、水泥基渗透结晶型材料、掺合料等，从而形成多种类型的防水混凝土，其特点、适用性见表9.1.1。

混凝土结构自防水不适用于允许裂缝开展宽度大于0.2mm的结构、受剧烈振动或冲击的结构、环境温度高于80℃的结构。

表9.1.1　常用防水混凝土的种类、特点和适用范围

种类	特点	适用范围
普通混凝土	水泥用量大、配制简单	一般混凝土结构
减水混凝土（掺入减水剂）	拌合物流动性好	浇筑振捣困难的结构构件、冬季施工、大体积混凝土
加气混凝土（掺入引气剂）	抗冻性、和易性好	高寒地区、有抗冻和冬季施工要求的混凝土施工
高密实混凝土（掺入密实剂）	密实、抗渗性能好、早期强度高	抢工期的防水混凝土施工
补偿收缩混凝土（掺入膨胀剂）	抗裂、抗渗性好	地下工程、大体积混凝土施工
纤维混凝土（掺入纤维）	抗裂、抗渗、耐磨	承受冲击、振动荷载的防水混凝土施工
自密实混凝土	流动性好、不离析、不泌水	大体积、浇筑和振捣困难的结构构件防水混凝土施工
聚合物水泥混凝土	强度高、密实、裂缝少、抗渗	地下工程防水混凝土施工

2. 材料选用

水泥宜选用硅酸盐水泥和普通硅酸盐水泥，水泥强度等级应不低于42.5号。粗骨料宜选择粒径适合、洁净的石子。细骨料选用级配良好、洁净的中粗砂。为了降低水化热、防止裂缝、降低孔隙率、提高抗渗性和密实度，需要在混凝土中掺入适量的矿物掺合料，并减少水泥用量。常用的掺合料有矿渣粉、硅粉、粉煤灰等。纤维分为钢纤维和聚丙烯类纤维。与钢纤维相比，聚丙烯类纤维不易与水泥浆融合，弹性模量较低。常用减水剂包括木质素磺酸钙、引气减水剂、聚羧酸高效引气减水剂等；引气剂包括松香酸钠、松香热聚物、烷基磺酸钠、烷基苯磺酸钠等；膨胀剂包括硫铝酸钙类、硫铝酸钙－氧化钙类、氧化钙类和氧化镁类四类。

防水混凝土的水泥用量不宜小于260kg/m³，胶凝材料总用量不宜小于320kg/m³。砂率宜为35%～40%，泵送时可增至45%。灰砂比宜为（1∶1.5）～（1∶2.5）。水胶比不应大于0.5，有侵蚀性介质时不宜大于0.45；预拌混凝土的初凝时间宜为6～8小时。

混凝土拌合不得使用碱活性骨料；选用的石子应粒形好、强度高，最大粒径不宜大于40mm，泵送时不应大于输送管径的1/4；宜选用坚硬、洁净的中粗砂，不宜使用海砂。

防水混凝土采用预拌混凝土时，入泵坍落度宜控制在120～160mm，坍落度每小时损失值不应大于20mm，坍落度总损失值不应大于40mm。

9.2 防水层施工

建筑物的屋面根据排水坡度分为平屋面和坡屋面两类。根据屋面防水材料的不同又可分为卷材防水屋面（柔性防水层屋面）、瓦屋面、构件自防水屋面、现浇钢筋混凝土防水屋面（刚性防水屋面）等。

屋面防水应根据建筑物的性质、重要程度、使用功能的要求可分为2个等级进行设防，见表9.2.1。不同防水等级防水材料的厚度要求见表9.2.2至表9.2.4。对于有特殊要求的建筑屋面，应进行专项防水设计。

表9.2.1　屋面防水等级和设防要求

防水等级	建筑类别	设防要求	做法
Ⅰ级	重要建筑和高层建筑	两道防水设防	2道卷材；卷材＋涂膜；复合防水
Ⅱ级	一般建筑	一道防水设防	卷材；涂膜；复合防水

表9.2.2　每道卷材防水层的最小厚度（mm）

防水等级	合成高分子防水卷材	高聚物改性沥青防水卷材		
		聚酯胎、玻纤胎、聚乙烯胎	自粘聚酯胎	自粘无胎
Ⅰ级	1.2	3.0	2.0	1.5
Ⅱ级	1.5	4.0	3.0	2.0

表9.2.3　每道涂膜防水层的最小厚度（mm）

防水等级	合成高分子防水涂膜	聚合物水泥防水涂膜	高聚物改性沥青防水涂膜
Ⅰ级	1.2	1.5	2.0
Ⅱ级	1.5	2.0	3.0

表9.2.4　复合防水层最小厚度（mm）

防水等级	合成高分子防水卷材+合成高分子防水涂膜	自粘聚合物改性沥青防水卷材（无胎）+合成高分子防水涂膜	高聚物改性沥青防水卷材+高聚物改性沥青防水涂膜	聚乙烯丙纶卷材+聚合物水泥防水胶结材料
Ⅰ级	1.2+1.5	1.5+1.5	3.0+2.0	（0.7+1.3）×2
Ⅱ级	1.0+1.0	1.2+1.0	3.0+1.2	0.7+1.3

9.2.1　卷材防水施工

卷材防水做法是目前屋面防水的一种主要方法。卷材防水层是指采用胶结材料将铺贴于基层的卷材粘结成一个整体的防水覆盖层。胶结材料取决于卷材的种类，若采用沥青卷材，则以沥青胶结材料作为粘贴层，一般为热粘；若采用高聚物改性沥青防水卷材或合成高分子防水卷材，以特制的胶粘剂做粘贴层，一般称冷贴。

1. 卷材防水层施工工艺流程

施工工艺流程见图9.2.1。

图9.2.1　卷材防水屋面施工工艺流程

2. 施工步骤及技术要求

1）基层处理

为了降低渗漏的风险，防水层表面应尽量做到排水顺畅，不出现积水区域，即便是平屋面或者楼地面找平层也应具有一定的排水坡度，尽管这个坡度很小，一般为1%～2%，施工时必须保证找平层满足这样的坡度要求。为了保证卷材防水层的施工质量，要求基层必须有足够的强度和刚度，承受荷载时不致产生破坏或者显著的变形，因此找平层的配合比要准确并充分养护。为了使防水层与找平层粘接牢固，找平层表面应平整压光，无起砂、无起皮、无松裂、表面清洁并且干燥。一般采用水泥砂浆（体积配合比为1∶3）或沥青砂浆（质量配合比1∶8）找平层作为基层，厚为15～20mm。为了避免找平层由于收缩变形和温度变形引起的开裂，应留设分隔缝，缝宽20mm。纵横向最大间距：当找平层为水泥砂浆时，不宜大于6m；为沥青砂浆时，则不宜大于4m。并于缝口上加铺200～300mm宽的油毡条，用沥青胶单边点贴，以防结构变形将防水层拉裂。在与突出屋面结构的连接处以及基层转角处，均应做成边长为100mm的钝角或半径为100～150mm的圆弧。找平层应平整坚实，无松动、翻砂和起壳现象，只有当找平层的强度达到5MPa以上，才允许在其上铺贴卷材。在铺贴卷材之前，应先在找平层上涂刷基层处理剂。

基层干燥程度的简易检验方法：将$1m^2$卷材平铺于找平层上，放置3～4h后掀开，如果覆盖部位的找平层表面没有潮湿痕迹，则认为干燥程度符合防水层施工要求。

为了便于卷材与基层粘贴牢固，并且避免出现过大的弯折而造成材料开裂，基层与凸出屋面结构的交接处，以及基层的转角处，找平层均应做成圆弧形，且整齐平顺。卷材的柔韧性越好，则转角圆弧的半径越小。找平层圆弧半径应符合表9.2.5中的规定数值。

表 9.2.5　找平层圆弧半径（mm）

卷材种类	圆弧半径
高聚物改性沥青防水卷材	50
合成高分子防水卷材	20

2）基层处理剂涂刷

基层处理剂应选择与防水卷材相融合的基层处理剂。

基层处理剂施工可以采用人工滚刷方式，也可采用机械喷涂方式。涂刷要薄而均匀，不得有空白、麻点、气泡。如果基层表面过于粗糙，宜先刷一遍慢挥发性冷底子油，待其表面干后，再刷一遍快挥发性冷底子油。涂刷时间宜在铺贴油毡前 1 ~ 2h，使油层干燥而又不沾染灰尘。

施工时应将已配制好或分桶包装的各组分按配合比搅拌均匀。

一次喷、涂的面积，根据基层处理剂干燥时间和施工进度确定。面积过大，来不及铺贴卷材，时间过长易被风砂尘土污染或露水打湿；面积过小，影响下道工序的进行，拖延工期。

需要进行两遍施工的基层处理剂，第二遍施工应在第一遍基层处理剂干燥后进行。并在最后一遍基层处理剂干燥后，才能铺贴卷材。

3）卷材的铺贴

（1）附加层铺贴：

在进行大面积卷材铺贴施工之前，应先对容易出现防水隐患的部位采取防水附加层加强处理措施。需要做附加层的部位包括构造复杂、施工困难、易变形、水流集中的地方，如檐口、天沟、檐沟、变形缝、烟囱根、屋面转角、雨落管口等节点部位。

（2）铺贴方法：

分为满粘法、条粘法、点粘法和空铺法等，其中通常条件下的防水层施工采用应采用满粘法，当防水层可能会产生变形和承受较大荷载时，根据具体情况采用其他的几种铺贴方式。

满粘法，即卷材与基层之间完全粘接；点粘法，即卷材与基层之间并非完全粘接，而是每平方米设置 5 个粘接点，粘接点的面积为 100mm × 100mm，折算的粘贴部分的面积不超过铺贴总面积的 6%；条粘法就是每幅卷材两边分别与基层粘贴 150mm 宽；空铺法是卷材与基层不粘贴的施工方法。为了能够保证卷材从构造上具有更大的承受变形的能力，防止其由于基层变形过大而被拉裂，当预判基层变形可能比较大时，不应采用满粘法，而应根据变形情况选择点粘法、条粘法和空铺法，其粘贴位置、数量、面积大小都应该通过计算确定。

为了保证防水卷材铺贴位置和搭接尺寸的准确，在卷材铺贴之前先在基层上沿卷材的滚铺方向弹出定位基准线。

铺贴卷材严禁在雨天、雪天、五级及以上大风中施工；冷粘法、自粘法施工的环境气温不宜低于 5℃，热熔法、焊接法施工的环境气温不宜低于 －10℃。施工过程中下雨或下雪时，应做好已铺卷材的防护工作。

（3）粘贴方法：

卷材防水的粘贴方法有热熔法、冷粘法、自粘法、焊接法和机械固定等。高聚物改性沥青类防水卷材可采用热熔法、冷粘法和自粘法，其中热熔法比较普遍；合成高分子防水卷材可采用冷粘法、自粘法、焊接法和机械固定方法，其中冷粘法比较常用。

①冷粘法：采用与卷材配套的专用冷胶粘剂将卷材与基层、卷材与卷材相互粘接的方法。

②热熔法：采用加热工具将热熔型卷材底面的热熔胶加热熔化而使卷材与基层、卷材与卷材之间相互粘接的方法。热熔法粘接卷材是依靠其胶结材料熔化后冷却的凝固力来达到粘接效果，受环境气温的影响小，但要求基层表面必须干燥。加热卷材时，温度应控制准确，避免加热不足或者熔透卷材。厚度小于3mm的高聚物改性沥青防水卷材严禁采用热熔法铺贴。

③自粘法：不需要涂刷胶粘剂，因其卷材表面自带胶结材料，铺贴时，将卷材表面的隔离层揭掉即可。

④焊接法：利用温控热熔焊机和专用焊条对卷材接缝进行粘接的方法。

⑤机械固定：用专用螺丝、垫片、压条及其他配件，将合成高分子卷材固定在基层上，接缝部位则采用其他粘接方法连接的施工方式。

（4）铺贴与搭接要求：

铺贴完成的卷材防水层应平整，不能有扭曲和褶皱；卷材与卷材之间的粘接应牢靠，搭接尺寸应准确。防水卷材长边和短边搭接尺寸要求见表9.2.6。两层防水卷材铺贴时，上下层卷材的长边搭接接缝应错开1/3～1/2幅宽，短边搭接接缝应错开距离不小于500mm，并且上下两层卷材不能相互垂直铺贴；搭接接缝应顺水流方向，如图9.2.2。

表9.2.6 卷材搭接宽度（mm）

卷材种类	搭接宽度	
合成高分子防水卷材	胶粘剂	80
	胶粘带	50
	单缝焊	60，有效焊接宽度不小于25
	双缝焊	80，有效焊接宽度10×2+空腔宽
高聚物改性沥青防水卷材	胶粘剂	100
	自粘	80

（5）铺贴顺序：

防水卷材铺贴应从基层标高最低的部位开始，从低处（如檐口）向高处（如屋脊）方向按顺序铺贴；卷材宜平行屋脊铺贴。

4）保护层施工

防水层施工完成后应立即完成其保护层施工。防水层位于上人屋面和楼面时，其保护层可以采用块体材料、细石混凝土等材料；不上人屋面可采用浅色涂料、铝箔、矿物粒料、水泥砂浆等材料。

采用块材、水泥砂浆、细石混凝土做保护层时，应设置分隔缝。块材分隔缝纵横间距不宜大于10m；水泥砂浆、细石混凝土分隔缝纵横间距不宜大于6m。分隔缝宽度

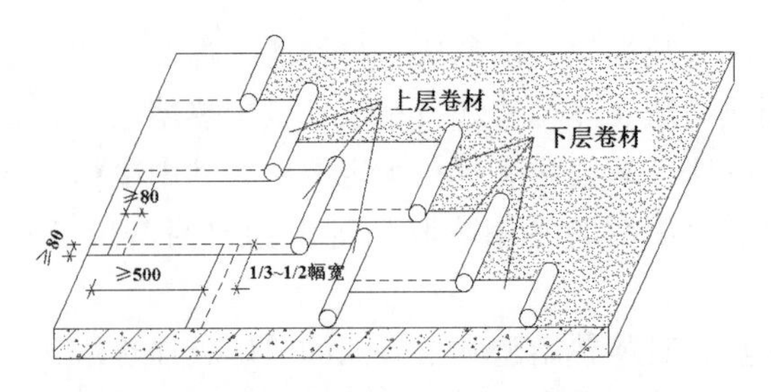

图 9.2.2　油毡搭接尺寸示意图（单位 mm）

10～20mm，块材分隔缝宽度应取较大值，最后用防水密封材料填充。

块体材料、水泥砂浆、细石混凝土保护层与防水层之间应设置隔离层。经常采用的隔离层材料有塑料膜、土工布、防水卷材、低强度等级砂浆等。

（1）涂料保护层：

用于保护层的涂料通常为浅色或反射涂料。包括铝基沥青悬浊液、丙烯酸浅色涂料中掺入铝料的 402 反射涂料。涂料保护层施工应等防水层养护完毕后进行。一般卷材防水层应养护 2d 以上，涂膜防水层应养护 1 周以上。涂刷前，应用柔软、干净的棉布或者扫帚清除防水层表面的浮灰。涂料涂刷应均匀，避免漏涂。两遍涂刷时，第二遍涂刷的方向应与第一遍垂直。由于涂料保护层反射阳光，施工人员在阳光下操作时，应配戴墨镜，以免反射光线损伤眼睛。

（2）绿豆砂保护层：

绿豆砂材料，价格低廉，可以防止卷材防水层受到直接损伤和降低阳光热辐射作用，主要是在采用高聚物改性沥青卷材防水层的不上人屋面中采用。

施工时，应在卷材表面涂刷一道胶粘剂（如沥青玛蹄脂）后，撒铺一层绿豆砂。绿豆砂应铺撒均匀。绿豆砂应事先经过筛选，颗粒均匀，粒径为 3～5mm，并用水冲洗干净。由于绿豆砂颗粒较小，大雨时容易被水冲刷掉，还易堵塞水落口，因此，在降雨量较大的地区宜采用粒径为 6～10mm 的豆石。

（3）云母、蛭石保护层：

云母、蛭石材料呈片状，质地较软，主要用于非上人屋面的涂膜防水层的保护层。当涂刷最后一道防水涂料时，应边涂刷边撒布云母或蛭石，同时用软质的橡皮辊轻轻地进行反复滚压，使保护层牢固地粘结在防水涂膜上。涂膜干燥后，应扫除未粘结材料，并堆集起来再用。避免雨水冲刷后造成雨水口堵塞，造成屋面积水，不利于屋面防水。

（4）块材保护层：

块材保护层的结合层宜采用砂或水泥砂浆。块材铺砌前应根据排水坡度要求挂线，确保铺砌的块材横平竖直，并满足排水要求。

在砂结合层上铺砌块材时，砂结合层应洒水压实，并用刮尺刮平，以满足块材铺设的平整度要求。块材缝隙宽度一般为 10mm 左右。铺砌完成后，应适当洒水并轻轻拍平压实，以免产生翘角现象。板缝先用砂填至一半的高度，然后用 1∶ 2 水泥砂浆填塞密实，并勾缝。为防止砂子流失，在保护层四周 500mm 的范围内，应改用低强度等级水泥砂浆做结合层。

采用水泥砂浆做结合层时，先在防水层上做隔离层，块材应先浸水湿润并阴干。块材摆铺完后应立即挤压密实、平整，使块材与结合层之间不留空隙。铺砌工作应在水泥砂浆凝结前完成，块材间预留10mm的缝隙，铺砌1～2d后用1∶2水泥砂浆勾缝。为了防止因热胀冷缩而造成板块拱起或板缝开裂过大，块体保护层每100m^{2}以内应留设分格缝，缝宽20mm，缝内嵌填密封材料。上人屋面的块材保护层应按照楼地面工程质量要求选用，结合层应选用1∶2的水泥砂浆。

9.2.2　涂膜防水

涂膜防水是在基层上涂刷防水涂料，经固化凝结后形成一层具有一定厚度、弹性的整体防水层。

1. 基层处理

无机防水涂料基层表面应干净、平整，无浮浆和积水。有机防水涂料基层表面应基本干燥，平整、无气孔、无蜂窝麻面等缺陷。基层的阴角、阳角应做成圆弧形，阴角直径宜大于50mm，阳角直径宜大于10mm。阴角、阳角部位应增加胎体增强材料，并增涂防水涂料。

2. 涂层厚度

防水涂料应分层多遍涂刷，根据使用的不同防水涂料，防水层的最小厚度控制在1～3mm。涂膜防水层施工应按照“先远后近，先高后低，先细部后大面，先立面后平面”的顺序。接槎宽度不应小于100mm。

3. 保护层施工

有机防水涂料施工完成后应及时进行保护层施工。养护期内不得上人行走和堆放物品。细石混凝土水平保护层厚度不应小于50mm。墙面保护层宜采用20mm厚1∶2.5水泥砂浆。

9.2.3　砂浆防水

水泥砂浆防水层是用水泥砂浆、素灰（纯水泥浆）交替抹压涂刷四层或五层的多层抹面的水泥砂浆防水层。其防水原理是分层闭合，构成一个多层整体防水层，各层的残留毛细孔道互相堵塞住，使水分不可能透过其毛细孔，从而具有较好的抗渗防水性能。

防水砂浆属于刚性防水做法。包括聚合物水泥防水砂浆、掺外加剂或掺合料的防水砂浆。应采用多层抹压施工。水泥砂浆价格低廉、操作方便，应用较多。可用于迎水面或背水面，不适用于有侵蚀性、受振动或温度高于80℃的地下工程防水。

1. 基层处理

为了使砂浆防水层不空鼓、密实，与基层粘结牢固，基层表面应平整、坚实、洁净。基层表面的孔洞和缝隙应采用与防水层相同的防水砂浆封堵并抹平。混凝土表面可用钢丝刷刷毛后，用水冲刷干净；基层湿润后不能有积水。

2. 砂浆防水层施工

砂浆防水层应分层压实、抹平，最后一层表面应压光。每层应连续施工，必须留施工缝时，应采用阶梯坡形槎，层次要分明，槎的搭接应按照顺序层层搭接。接槎与阴阳角处的距离不得小于200mm，见图9.2.3所示。

3. 水泥砂浆防水层施工

施工前，必须对基层表面进行严格而细致的处理，包括清理、浇水、凿槽和补平等工

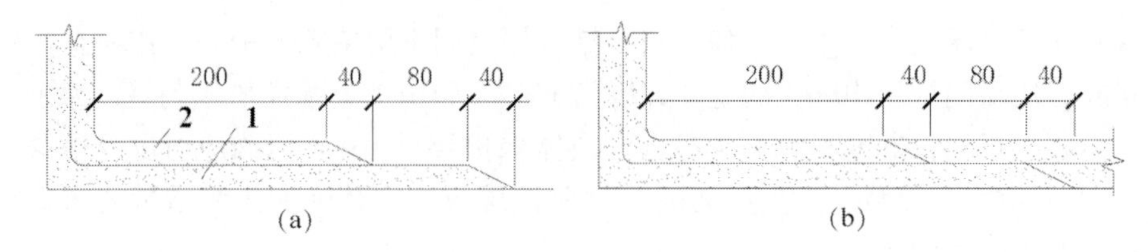

图9.2.3　砂浆防水层接槎处理（单位：mm）

（a）甩槎；（b）接槎

1. 底层砂浆层；2. 上层砂浆层

作，保证基层表面潮湿、清洁、坚实、大面积平整而表面粗糙，可增强防水层与结构层表面的黏结力。施工前应清除表面积水，并先将预埋件、穿墙管等部件预留凹槽内嵌填密封材料后，再进行防水砂浆施工。

防水层的第一层是在基面抹素灰，厚2mm，分两次抹成。第二层抹水泥砂浆，厚4～5mm，在第一层初凝时抹上，以增强两层黏结。第三层抹素灰，厚2mm，在第二层凝固并有一定强度，表面适当洒水湿润后进行。第四层抹水泥砂浆，厚4～5mm，同第二层操作。若采用四层防水时，则此层应表面抹平压光。若用五层防水时，第五层刷水泥浆一遍，随第四层抹平压光。

采用水泥砂浆防水层时，结构物阴阳角、转角均应做成圆角。砂浆防水层应连续施工，需要留设施工缝时，留槎要求见图9.2.3所示。接缝时，先在阶梯形处均匀涂刷水泥浆一层，然后依次层层搭接。

砂浆防水层不得在雨天、五级及以上大风中施工。气温不应低于5℃，且不宜30℃以上或烈日照射下施工。

砂浆防水层在未达到硬化状态时，不得浇水养护或直接受雨水冲刷，硬化后应采用干湿交替的养护方法。潮湿环境中，可在自然条件下养护，养护温度不宜低于5℃，并应保持砂浆表面湿润，养护时间不得少于14d。使用特种水泥、掺合料及外加剂的防水砂浆，按要求进行养护。

9.2.4　防水工程质量检验

1. 防水卷材质量检验的内容

防水卷材的质量检验应包括以下项目：高聚物改性沥青防水卷材的可溶性含量、拉力、最大拉力时延伸率、耐热度、低温柔性、不透水性；合成高分子防水卷材的断裂拉伸强度、扯断伸长率、低温弯折性、不透水性。

2. 涂膜防水材料质量检验的内容

防水涂料和胎体材料的检验应包括以下方面：防水涂料除了检验固体含量、低温柔性、不透水性、断裂伸长率外，高聚物改性沥青防水涂料还应检验耐热性；合成高分子防水涂料和聚合物水泥防水涂料应检验拉伸强度。胎体增强材料应检验其拉力和延伸率。

3. 屋面防水工程的质量检验

屋面卷材防水工程、涂膜防水工程的质量检验项目、要求及方法见表9.2.7和表9.2.8。

表9.2.7　屋面卷材防水工程质量检验项目、要求和方法

检验项目及要求		检验方法
主控项目	卷材防水层所用卷材及其配套材料必须符合设计要求	检查出厂合格证、质量检验报告和现场抽样复验报告
	卷材防水层不得有渗漏或积水现象	雨后或淋水、蓄水试验
	卷材防水层在天沟、檐沟、泛水、变形缝和水落口等处细部做法必须符合设计要求	观察和检查隐蔽工程验收记录
一般项目	卷材防水层的搭接缝应粘结（焊接）牢固、密封严密，并不得有皱折、翘边和鼓泡	观察
	防水层的收头应与基层粘结并固定牢固、缝口封严，不得翘边	观察
	卷材的铺设方向应正确；卷材搭接宽度的允许偏差为－10mm	观察和尺量检查

表9.2.8　屋面涂膜防水工程质量检验项目、要求和方法

检验项目		要求	检验方法
主控项目	防水涂料和胎体增强材料	必须符合设计要求	检查出厂合格证、质量检验报告和现场抽样复验报告
	涂膜防水层	不得有渗漏或积水现象	雨后或淋水、蓄水试验
	涂膜防水层厚度	平均厚度符合设计要求，最小厚度不应小于设计厚度的80%	用涂层测厚仪取样量测
	涂膜防水层在天沟、檐沟、檐口、水落口、泛水、变形缝和伸出屋面管道处的细部处理	必须符合设计要求	观察和检查隐蔽工程验收记录
一般项目	防水层表观质量	与基层粘结牢固，表面平整，涂料均匀，无流淌、皱折、鼓泡、露胎体和翘边等缺陷	观察
	胎体增强材料表观质量	应铺贴平整，同一层短边搭接缝和上下层搭接缝应错开	观察
	胎体增强材料搭接宽度	允许偏差为－10mm	尺量检查

9.3　地下防水工程

由于地下工程受到地下水的持续性侵蚀作用，因而其防水的施工要求比屋面防水工程要求更加严格，技术难度更大，施工作业应当更加谨慎对待。地下工程工程采用全封闭、部分封闭的防排水设计。迎水面的主体结构应采用防水混凝土，并根据防水等级要求附加其他防水措施。

防水工程的设计与施工应当遵循“防、排、截、堵相结合，刚柔相济，因地制宜，综合治理”的原则。地下防水工程的变形缝、施工缝、后浇带、穿墙管、预埋件、预留通道接头、桩头等部位的细部构造应采取重点防范措施。地下工程防水应采取混凝土自防水（刚性防水）外加卷材或者涂膜防水（柔性防水）的两道设防的做法，即所谓“刚柔相济”。

地下工程的防水等级标准按围护结构允许渗漏水量的多少划分为四级，见表9.3.1。

明挖地下工程防水设防要求见表9.3.2。

表9.3.1　地下工程防水等级标准

防水等级	标准
一级	不允许渗水，结构表面无湿渍
二级	不允许渗水，结构表面可有少量湿渍； 房屋建筑地下工程：总湿渍面积不应大于总防水面积（包括顶板、墙面、地面）的1/1000；任意100m^{2}防水面积上的湿渍不超过2处，单个湿渍的最大面积不大于0.1m^2； 其他地下工程：总湿渍面积不应大于总防水面积的2/1000；任意100m^{2}防水面积上的湿渍不超过3处，单个湿渍的最大面积不大于0.2m^2；其中，隧道工程评价渗水量不大于0.05L/(m^2·d)，任意100m^{2}防水面积上的渗水量不大于0.15L/(m^2·d)
三级	有少量漏水点，不得有线流和漏泥沙；任意100m^{2}防水面积上的湿渍不超过7处，单个漏水点的最大漏水量不大于2.5L/(m^2·d)；单个湿渍的最大面积不大于0.3m^2；
四级	有漏水点，不得有线流和漏泥沙；整个工程平均漏水量不大于2L/(m^2·d)；任意100m^{2}防水面积上的平均漏水量不大于4L/(m^2·d)

表9.3.2　明挖地下工程防水设防要求

工程部位	主体结构							施工缝							后浇带					变形缝（诱导缝）					
防水措施	防水混凝土	防水卷材	防水涂料	塑料防水板	膨润土防水材料	防水砂浆	金属防水板	遇水膨胀止水条（胶）	外贴式止水带	中埋式止水带	外抹防水砂浆	外涂防水涂料	水泥基渗透结晶型防水涂料	预埋注浆管	补偿收缩混凝土	外贴式止水带	预埋注浆管	遇水膨胀止水条（胶）	防水密封材料	中埋式止水带	外贴式止水带	可卸式止水带	防水密封材料	外贴防水材料	外涂防水材料
防水等级 一级	应选	应选1~2种						应选2种							应选	应选2种				应选	应选1~2种				
防水等级 二级	应选	应选1种						应选1~2种							应选	应选1~2种				应选	应选1~2种				
防水等级 三级	应选	宜选1种						宜选1~2种							应选	宜选1~2种				应选	宜选1~2种				
防水等级 四级	宜选	–						宜选1种							应选	宜选1种				应选	宜选1种				

9.3.1　卷材防水

1. 外防外贴做法

(1) 优缺点

【优点】

易于防水层的质量控制和维护，受结构沉降变形影响小。

【缺点】

工序多、工期长；作业面要求大，土方工程量大；结构外墙需要模板，防水层有二次接槎，且质量不宜保证。

2）施工工艺流程

外防外贴做法的施工工艺流程见图9.3.1所示。

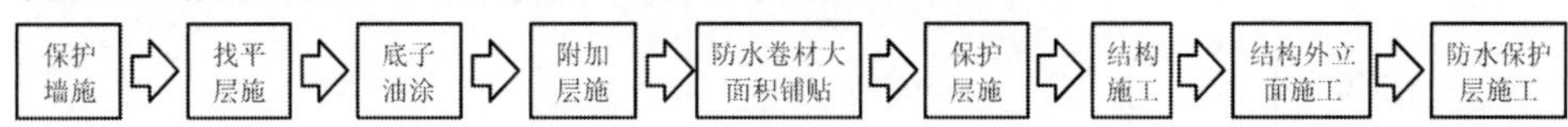

图9.3.1　外防外贴做法施工工艺流程

3）施工步骤及技术要求

外防外贴的构造做法见图9.3.2。当基础混凝土垫层施工完成后，根据放线后的基础位置，在基础外侧砌筑保护墙，高度一般为500mm且高于基础厚度100mm，墙下干铺一层防水卷材；在垫层上和保护墙内侧做1∶3水泥砂浆找平层；找平层干燥后，先涂刷基层处理剂，并在转角部位的进行附加层施工，然后进行大面积防水卷材铺贴。先进行平面铺贴施工，然后铺贴保护墙立面卷材，立面卷材采用空铺做法并在保护层顶部临时固定；在基础平面防水层上浇筑不小于50mm厚的细石混凝土保护层；进行基础结构施工，并在拆除模板后对基础外墙面进行清理和找平施工；将保护墙上的卷材揭开并铺贴于基础外墙表面，经过接槎处理后继续沿外墙面向上铺贴卷材。接槎处卷材的搭接宽度，高聚物改性沥青防水卷材不小于150mm，高分子防水卷材不小于100mm；当防水层采用两层做法时，上下层卷材的接槎位置应当错开。当防水层施工完成并通过验收后，进行防水层保护层施工。保护层一般采用软体材料或20mm后1∶2.5水泥砂浆。

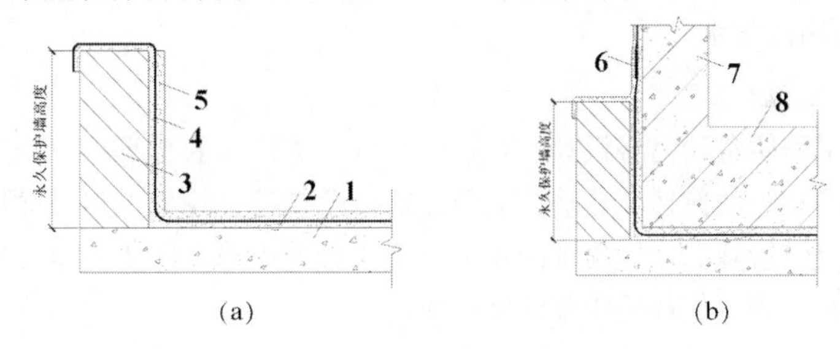

图9.3.2　外防外贴构造做法

（a）防水层甩槎；（b）防水层接槎

1. 垫层；2. 找平层；3. 卷材防水层；4. 防水保护层；

5. 卷材防水层接槎；6. 结构墙；7. 基础底板

2. 外防内贴做法

1）优缺点

【优点】

工序简单、工期短；不需要工作面、土方工作量小；无结构外侧模板；防水层可连续施工，不需要接槎，质量有保证。

【缺点】

防水层质量检查和维护困难；容易受结构沉降变形影响，容易开裂、渗漏，隐患大；节省模板的同时，也容易使结构施工作业对防水层产生损坏。

2）施工工艺流程

外防内贴做法的施工工艺流程见图9.3.3所示。

图 9.3.3　外防内贴做法施工工艺流程

3）施工步骤及技术要求

外防内贴做法的施工步骤与外贴做法相同，同样要在垫层上砌筑保护墙，与外贴做法不同的是保护墙的高度较高，一般要高出室外地坪。立面防水卷材永久粘贴于保护墙内侧，不再揭开铺贴于基础外墙外表面，因而称为内贴做法，见图 9.3.4。

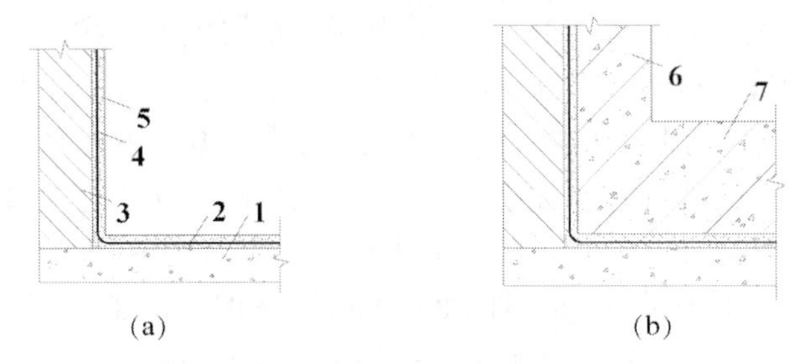

图 9.3.4　外防内贴构造做法

（a）防水层施工阶段；（b）结构施工阶段

1. 垫层；2. 找平层；3. 永久保护墙；4. 卷材防水层；

5. 防水保护层；6. 结构墙；7. 基础底板

9.3.2　混凝土结构自防水

1. 防水混凝土施工

防水混凝土工程质量除精心设计、合理选材外，关键还要保证施工质量。对施工中的各主要环节，如混凝土的搅拌、运输、浇筑振捣、养护等，均应严格遵循施工及验收规范和操作规程的规定进行施工，以保证防水混凝土工程的质量。防水混凝土施工前应做好降排水工作，不得在有积水的环境中浇筑混凝土。

1）钢筋

钢筋应绑扎固定牢固，防止露筋；绑扎钢筋的铁丝和钢筋马凳不得与模板接触，铁丝的绑扎丝头应向内侧弯折；并应制作细石混凝土或水泥砂浆垫块，保证迎水面钢筋保护层厚度不小于 50mm。

2）模板

模板要吸水性强，接缝严密、不漏浆。固定模板的金属件不应贯穿混凝土构件，穿墙螺栓可采用工具式止水螺栓、带止水板螺栓、带止水板套管等做法，见图 9.3.5 所示。止水板尺寸为 100mm × 100mm 的方形钢板。

3）混凝土

防水混凝土应用机械搅拌、机械振捣，搅拌时间不宜小于 2min；应严格做到分层连续浇筑，每层厚度不宜超过 300 ~ 400mm。两层浇筑时间间隔不应超过 2h，夏季适当缩短。混凝土进入终凝（一般浇后 4 ~ 6h）即应覆盖，浇水湿润养护不少于 14d。防水混凝土不宜采用电热养护和蒸汽养护。混凝土在运输过程中如出现离析，必须进行二次搅拌。当坍落度损失后不能满足施工要求时，应加入原水胶比的水泥浆或掺加同品种的减水剂进行搅

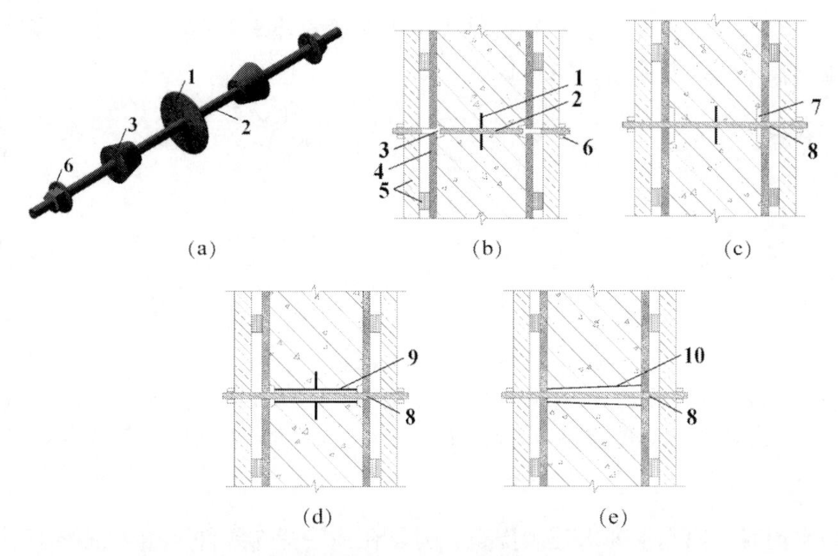

图9.3.5　止水螺栓构造示意图

(a) 对拉螺栓；(b) 工具式对拉螺栓；(c) 贯通螺栓；(d) 金属套管；(e) 塑料套管

1. 止水板；2. 内置栓杆；3. 外置栓杆；4. 模板；5. 加劲楞；6. 螺母；7. 孔端嵌槽；8. 贯通栓杆；9. 金属套管；10. 塑料套管

拌，严禁直接加水。混凝土振捣应避免漏振、欠振或超振。防水混凝土应连续浇筑，宜少留施工缝。当留设施工缝时，应按照防水构造要求施工。

4）垫层

防水混凝土结构底板的混凝土垫层，强度等级不应小于C15，厚度不应小于100mm，在软弱土层中不应小于150mm。

2. 穿墙管

1）构造

穿墙管应在混凝土浇筑前预埋就位。穿墙管与内墙角、凹凸部位的距离应大于250mm。考虑到结构变形和管道的伸缩，穿墙管构造分为直埋式和套管式，见图9.3.6。采用主管加焊止水环或缠绕止水密封圈后直接买入混凝土内，并在迎水面预留凹槽，槽内应采用密封材料填塞密实。止水密封圈距离混凝土结构表面不宜小于100mm。也可以采用止水环和密封圈同时使用的复合做法。密封圈位于止水环迎水面一侧，紧贴布置。在管道迎水面一侧与混凝土表面的接缝部位应设置防水附加层。防水附加层采用无纺布或玻纤胎体的防水涂层，宽度不应小于150mm。

采用套管式穿墙构造做法，套管应加焊止水环和两端的翼环。为了保证混凝土振捣密实，套管间距不应小于300mm。套管与混凝土表面接缝处用无纺布或玻纤胎体的防水涂层做附加层，附加层延展宽度不小于150mm。

2）施工

施工前应将套管内表面清理干净。膨胀密封圈用胶粘剂满粘于管壁上。穿墙管应按照就位准确，不得后改和后凿。

穿墙管防水构造分为固定式穿墙管和套管式穿墙管两种形式。固定式穿墙管的止水环满焊于穿墙管的中段，套管式穿墙管的止水环满焊固定于套管中段。相邻穿墙管的间距应大于300mm。膨胀密封圈采用胶粘剂满粘固定于穿墙管外壁。卷材防水层在穿墙管部位的收头应采用管箍紧固，并用密封材料封严。

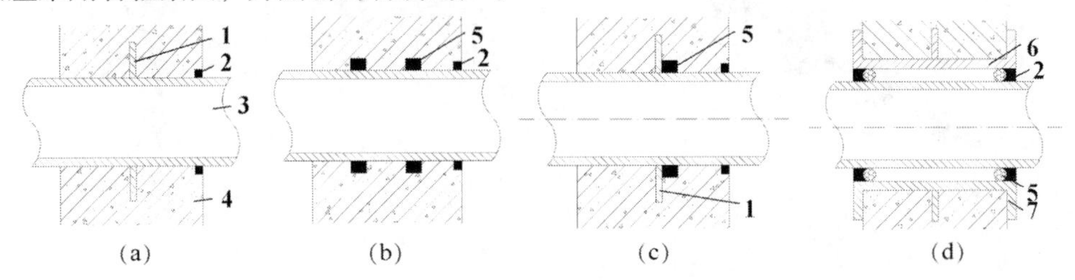

图9.3.6　止水螺栓构造示意图

(a) 直埋式（止水环）；(b) 直埋式（止水密封圈）；(c) 直埋式（复合防水）；(d) 套管式

1. 止水板；2. 密封胶；3. 穿墙管；4. 混凝土结构；5. 止水密封圈；6. 套管；7. 翼环

3. 施工缝

尽管防水混凝土原则上要求连续浇筑，但是在一些特殊条件下由于混凝土不能一次连续浇筑完成，前后两次浇筑的混凝土之间存在接缝，由于后期混凝土的收缩变形非常容易形成渗漏隐患。因此，这些部位必须按照施工缝的要求进行防水加强措施。施工缝防水构造分两类——水平施工缝和垂直施工缝。施工缝是防水薄弱部位之一，施工中应尽量不留或少留。水平施工缝应根据构造要求留设，垂直施工缝应尽量与变形缝结合设置，应避开地下水较大的方位。底板的混凝土应连续浇筑，墙体不得留垂直施工缝。墙体水平施工缝不应留在剪力最大处或底板与墙体交接处，最低水平施工缝距底板面不少于300mm，距穿墙孔洞边缘不少于300mm。拱（板）墙结合处的水平施工缝，宜留设在拱（板）墙接缝线以下150～300mm处。水平施工缝根据断面形式分为中埋止水带、外贴止水带、中埋止水胶条、预埋注浆管等几种做法，如图9.3.7所示。

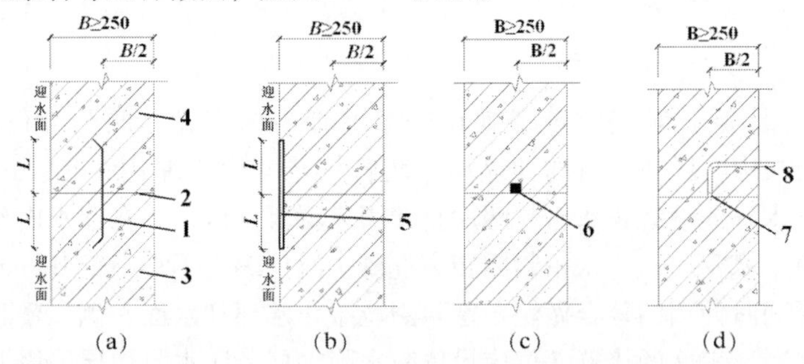

图9.3.7　施工缝接缝防水构造

(a) 中埋金属止水板；(b) 外贴止水板；(c) 中埋止水胶条；(d) 预埋注浆管

1. 金属止水板；2. 施工缝；3. 先施工混凝土；4. 后施工混凝土；

5. 外贴止水板；6. 中埋止水胶条；7. 预埋注浆管；8. 注浆管

在水平施工缝上继续浇筑混凝土前，应将施工缝处的表面浮浆和杂物清除干净，混凝土凿除，清除浮料和杂物，用水清洗干净，保持润湿，然后铺上水泥净浆、界面处理剂或者水泥基渗透结晶型防水涂料等的材料，再铺30～50mm厚的1∶1水泥砂浆，并继续浇筑上层混凝土。

垂直施工缝在浇筑混凝土前，先将表面清理干净，在涂刷界面处理剂或水泥基渗透结晶型防水涂料，并继续浇筑另一侧混凝土。

止水胶条应具有膨胀性，与接缝表面粘贴严密。7天的膨胀率不宜大于最终膨胀率的60%，最终膨胀率宜大于220%。

4. 变形缝

变形缝处混凝土结构的厚度不应小于300mm。变形缝的宽度宜为20～30mm。

中埋式止水带埋设位置应准确，其中心空心圆应与变形缝的中心线重合；为了利于止水带下部混凝土浇筑密实，垂直变形缝的止水带应采用"V"形设置并固定。止水带一侧混凝土浇筑完成后，分隔模板应支撑牢固，严禁漏浆；止水带的接缝宜设置一处，且应设置在较高位置处，不得设置在结构转角处，接头宜采用热压焊接。中埋式止水带在转弯处应做成圆弧形，圆弧半径应与止水带的种类和宽度相适应，钢边橡胶止水带的转角圆弧半径不应小于200mm（图9.3.8）。

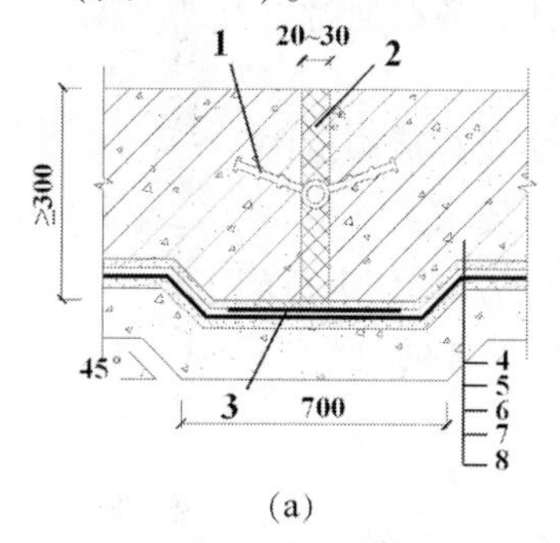

(a)

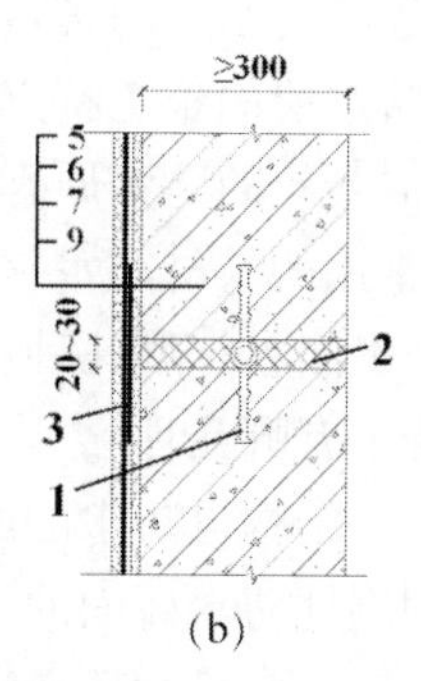

(b)

图9.3.8　变形缝防水构造示意图

(a) 垂直变形缝；(b) 水平变形缝

1. 止水板；2. 填缝材料；3. 防水附加层；4. 结构底板；5. 保护层；6. 防水层；7. 找平层；8. 垫层；9. 结构墙板

缝内密封材料嵌填施工，应先将缝内两侧基层表面处理平整、干净、干燥，并涂刷相容的基层处理剂。嵌缝底部应设置背衬材料；填塞应密实连续、饱满，并应粘结牢固。变形缝表面的防水层施工可参照相关章节。

5. 后浇带

后浇带通常用于不允许留设变形缝的工程部位或者消除结构不均匀沉降影响的需要；后浇带应设置在受力和变形较小的部位，间距和位置应根据结构设计要求确定，宽度一般为700～1000mm。两侧面可设置成平直缝或阶梯缝，其构造见图9.3.9。应在其两侧混凝

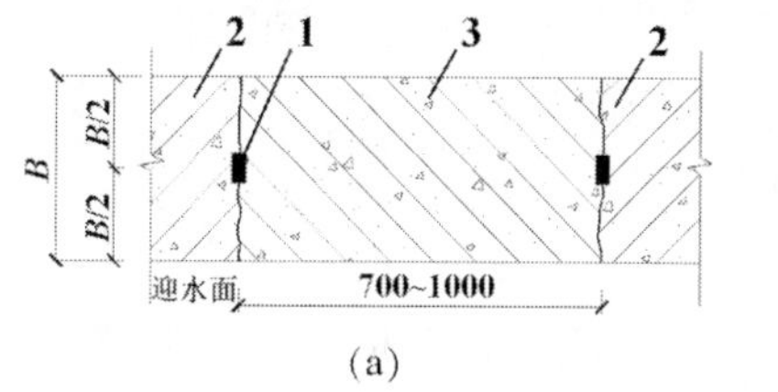

(a)

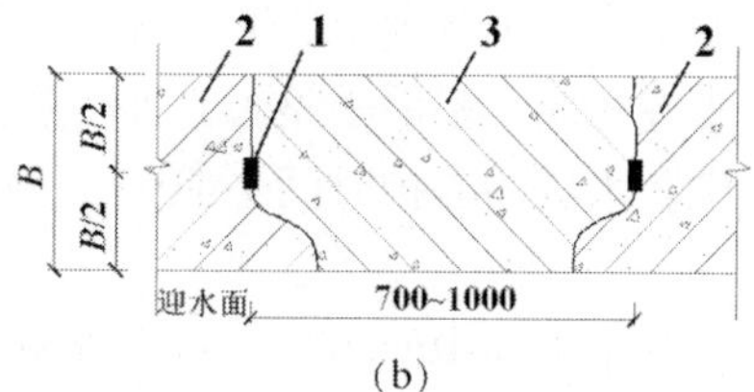

(b)

图9.3.9　后浇带防水构造示意图

(a) 平直缝；(b) 阶梯缝

1. 止水胶条；2. 先浇筑混凝土；3. 后浇筑补偿收缩混凝土

土龄期达到42d后再施工，高层建筑考虑沉降作用的后浇带应在高层结构封后顶进行浇筑。后浇带两侧的结合面应按照施工缝的施工要求进行混凝土浇筑。浇筑的混凝土应选用补偿收缩混凝土，且抗渗和抗压强度等级不应低于两侧混凝土，养护时间不得少于28d。

【思考题】

1. 试述卷材屋面的组成及对材料的要求。
2. 基层处理剂的施工要求有哪些？
3. 卷材防水屋面找平层为何要留分格缝？如何留设？
4. 如何进行屋面卷材铺贴？有哪些铺贴方法？
5. 屋面卷材防水层最容易产生的质量问题有哪些？如何防治？
6. 试述地下卷材防水层的构造及铺贴方法。各有何特点？
7. 水泥砂浆防水层的施工特点是什么？
8. 试述防水混凝土的防水原理、配制方法及其适用范围。
9. 目前我国常用的卷材防水材料有何质量要求？
10. 常用的防水涂料有哪几种？各有何特点？如何进行施工？
11. 防水混凝土有哪几种？其特点及适用性如何？
12. 试述混凝土结构自防水的施工要点。
13. 如何处理刚性防水屋面的分格缝？
14. 卷材防水屋面常见的质量通病有哪些？如何防止和处理？
15. 试述地下防水工程卷材外贴法施工的步骤。
16. 试述地下刚性多层防水的施工步骤。

【知识点掌握训练】

1. 判断题

（1）卷材防水和涂膜防水属于柔性防水做法，砂浆防水和混凝土防水属于刚性方式做法。

（2）基层处理剂的主要用于增加防水材料与基层之间的粘结力，同时也具有一定的防水作用。

（3）无机防水涂料适用于防水层位于结构主体迎水面的防水做法。有机防水涂料适用于防水层位于主体结构背水面时的防水做法。

（4）屋面防水等级分为Ⅰ、Ⅱ两级，Ⅰ级一道设防，Ⅱ级二道设防。

（5）防水卷材应等基层平整压光并干燥后才能铺贴。

（6）刚性防水层的养护时间不应少于14d。

2. 填空题

（1）卷材防水屋面中使用的卷材主要有______防水卷材和______防水卷材两大类多个品种。

（2）地下工程的防水混凝土分项工程检验批应按照混凝土外露面积每____ m^2抽查1处，每处__ m^2，且不得少于____处。

（3）防水混凝土的水泥强度等级应不低于______。

（4）地下工程的卷材防水做法包括__________和________ 两种。

（5）高聚物改性沥青类防水卷材粘贴方法有____法、____法和____ 法，应用比较普遍是____ 法。

（6）合成高分子防水卷材粘贴方法有____法、____ 法、____ 法____ 方法，应用比较普遍是____ 法。

（7）防水卷材的铺贴方法分为____ 法、____法、____ 法和______法等，当基层可能出现较大变形时不能采用____ 法。

（8）两层防水卷材铺贴时，上下层卷材的长边搭接接缝应错开1/3 ~1/2 幅宽，短边搭接接缝应错开距离不小于________mm，并且上下两层卷材不能相互垂直铺贴；搭接接缝应顺水流方向。

3．单项选择题

（1）下面对卷材防水材料的描述不正确的是（　　）。

A．防水卷材的柔韧性较好；

B．防水卷材能适应一定程度的结构振动和胀缩变形；

C．采用防水卷材的防水层不易老化、起鼓、耐久性好；

D．采用防水卷材的防水层产生渗漏时，找漏点、进行修补较困难

（2）下面对防水混凝土结构中钢筋的描述不正确的是（　　）。

A．应绑扎固定牢固，防止露筋；　　B．钢筋马凳不得与模板接触；

C．绑扎钢筋的铁丝丝头应当向内侧弯折；　　D．迎水面钢筋保护层厚度不小于30mm

4．多项选择题

（1）下列项目属于地下工程混凝土防水薄弱环节的是（　　）。

A．露筋；B．模板的对拉螺栓；C．变形缝和施工缝；D．穿墙管；E．后浇带

（2）下列关于防水混凝土质量检验的正确描述包括（　　）。

A．防水混凝土的质量检验包括材料质量检验和防水工程质量检验两个方面；

B．材料质量检验包括强度检验和抗渗性能检验两个方面；

C．连续浇筑混凝土每500m^3 应留置一组6个抗渗试件，且每项工程不得少于两组；

D．防水混凝土分项工程检验批应按照混凝土外露面积每100m^2 抽查1处，每处10m^2，且不得少于3处；

E．预拌混凝土抗渗试件的留置视具体要求而定

第 10 章　装 饰 工 程

知识点提示：
- 了解装饰工程的内容；
- 了解抹灰工程的分类和作法，掌握一般抹灰和装饰抹灰的施工工艺及质量检验方法和要求；
- 了解饰面板工程的分类、特点及适用性，掌握饰面工程的施工工艺及质量检验方法和要求；
- 了解幕墙工程的分类、特点及适用性，掌握幕墙工程的施工工艺及质量检验方法和要求；
- 了解涂饰工程和裱糊工程的分类、特点及适用性；
- 了解吊顶工程、隔断工程的分类、特点和适用性，掌握其施工工艺及质量检验方法和要求。

装饰工程是为保护建筑物的主体结构、完善建筑物的使用功能和美化建筑物，采用装饰装修材料或饰物对建筑物的内外表面及空间进行的各种处理过程。装饰工程通常包括抹灰、门窗、吊顶、隔断、饰面、幕墙、涂饰、裱糊等工程内容，是建筑施工中比较关键的一个施工过程。

【装饰工程的作用】

① 装饰工程可以增加建筑物给人带来的美观感受；

② 对建筑结构构件起到保护作用，减少外界环境的侵蚀影响，从而增强结构的耐久性，延长建筑物的使用寿命；

③ 通过调节温、湿、光、声，完善建筑物的使用功能，而且还起到隔热、隔音、防潮、防腐等方面的作用。

【装饰工程的特点】

① 装饰工程工程量在整个建筑工程施工过程中占有较大比重，而且工期也较长，用工量也比较大，工期一般占整个建筑物施工工期的 30% ~40%，高级装饰达到 50% 以上；

② 装饰工程的项目繁杂、工序交错，施工管理工作量大，任务重。

10.1　抹灰工程

抹灰工程是将抹灰材料在建筑物表面（内外墙面、地面、顶棚）进行涂抹施工的工艺过程。

10.1.1　抹灰工程的分类和抹灰层的组成

按所用材料和装饰效果的不同，抹灰工程可分为一般抹灰和装饰抹灰两大类。一般抹灰是指抹灰材料采用石灰砂浆、水泥砂浆、水泥混合砂浆、聚合物水泥砂浆、麻刀石灰、纸筋石灰、石膏灰等抹灰工程。它们所包含的内容见表10.1.1。

表10.1.1　抹灰工程的分类

种类	分类
一般抹灰	抹灰材料采用石灰砂浆、水泥砂浆、水泥混合砂浆、聚合物水泥砂浆、麻刀石灰、纸筋石灰、石膏灰等
装饰抹灰	水刷石、水磨石、干粘石、斩假石（斧剁石）、拉毛灰、喷涂、滚涂、弹涂等

1. 一般抹灰

一般抹灰是指采用常规材料和做法的砂浆抹灰工程。按质量要求和工艺过程，一般抹灰可分为普通抹灰和高级抹灰两种，其做法及适用工程范围见表10.1.2，其厚度要求见表10.1.3。抹灰层一般分为底层、中层（或几遍中层）和面层，如图10.1.1所示。底层主要起到与基层粘结的作用；中层主要起找平的作用；面层，也称罩面，主要起装饰作用。

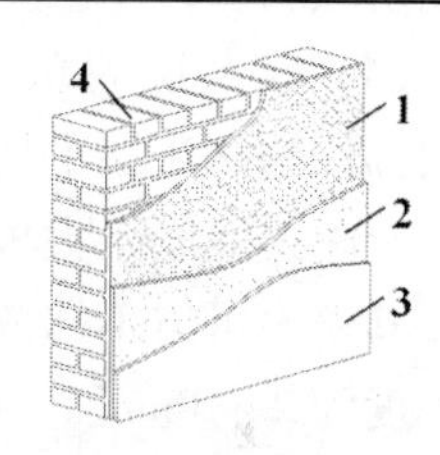

图10.1.1　抹灰层组成

1. 底层；2. 中层；3. 面层；4. 基体

表10.1.2　一般抹灰的分类

种类	做法	适用范围
普通抹灰	一底层、一中层、一面层	装饰要求低的公用建筑、工业建筑和民用建筑，如住宅、宿舍、教学楼、厂房、仓库、车库等
高级抹灰	一底层、数层中层、一面层	装饰要求高的大型公用建筑，如剧院、宾馆、商场、展览馆等

表10.1.3　不同基层的抹灰厚度（mm）

项目	内墙面		外墙		顶棚		蒸压加气混凝土砌块	聚合物砂浆、石膏砂浆
	普通抹灰	高级抹灰	墙面	勒脚	现浇混凝土板	预制混凝土板		
厚度	≤18	≤25	≤20	≤25	≤5	≤10	≤15	≤10

2. 装饰抹灰

装饰抹灰是利用材料和工艺上的改进，使抹灰面层更具有丰富的装饰效果。通常，装饰抹灰与普通抹灰在底层和中层的材料和工艺做法上没有很大区别，只是面层所采用的材料和工艺做法有所不同。常用的装饰抹灰的种类见表10.1.1。

10.1.2　抹灰工程的质量要求及保证措施

1. 质量控制要求

（1）为了黏结牢固，并易于控制平整度，抹灰施工应分层进行，并严格控制每层抹灰厚度。如果一次完成抹灰太厚，由于内外收水快慢不同，会产生裂缝、起鼓或脱落，影响施工质量，并造成材料浪费。

各抹灰层的厚度宜根据基体的材料、抹灰砂浆种类、墙体表面的平整度和抹灰质量要求以及各地气候情况而定。水泥砂浆每遍厚度宜为5～7mm；石灰砂浆和水泥混合砂浆每遍厚度宜为7～9mm；抹麻刀灰、纸筋灰、石膏灰等罩面时，经赶平压实后，其厚度一般不大于3mm。如果罩面层厚度太大，容易收缩产生裂缝，影响质量与美观。

（2）不同材料基体交接处表面抹灰，应增加钢丝网、玻纤网，并涂刷一层增强粘结性的水泥浆或界面剂，网格伸入不同基体的表面覆盖宽度不应小于100mm，见图10.1.2。

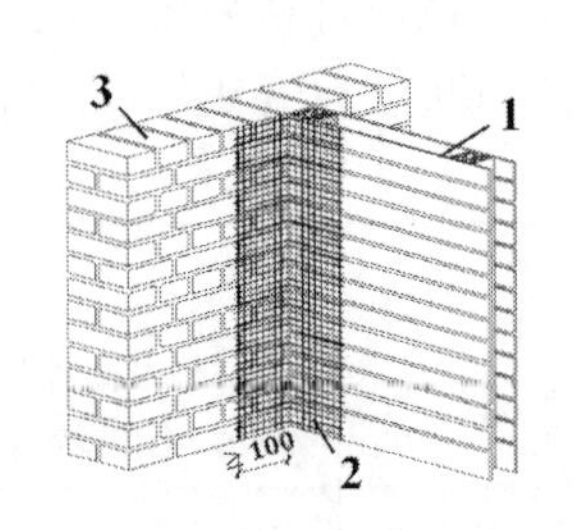

图10.1.2　钢丝网加强做法
1. 板条墙；2. 钢丝网；3. 砖墙

（3）基体表面应清理干净，质量问题应进行剔除、修补处理，过于光滑的表面应处理成粗糙面；抹灰前，基体表面应洒水湿润。

（4）抹灰层的总厚度，应视具体部位及基体材料而定，不同部位的抹灰层平均总厚度要求见表10.1.3。

装配式混凝土大板和大模板建筑的内墙面和大楼板底面，如平整度较好，垂直偏差小，其表面可以不抹灰，用腻子分层刮平，待各遍腻子黏结牢固后，进行表面刮浆即可，总厚度为2~3mm。

（5）材料。水泥宜采用通用硅酸盐水泥，强度等级不宜低于42.5级；砂宜采用中砂；混合砂浆使用的石灰膏熟化时间不应少于15d，用于面层时不应少于30d；纸筋、麻刀、玻璃纤维等纤维物应柔韧干燥，无杂质，长度一般为10~30mm。

（6）抹灰施工不宜在冬期施工条件下进行。冬期施工时，砂浆温度和环境温度均不应低于5℃，砂浆抹灰层硬化初期不得受冻。

2. 保证措施

1）底层

为了增强粘接效果，抹灰底层所用材料随着基层的不同而变化。当基层为砌体结构时，由于砖墙灰缝可以增强砂浆和砌体的粘结力，同时砂浆与砖、砌块又易于粘结，可以直接采用混合砂浆、水泥砂浆打底；对于混凝土基层，通常要先刷一遍水泥素浆，然后再采用水泥砂浆、混合砂浆打底更利于提高粘接效果；木板条、钢丝网基层的粘接效果差，特别是木板条吸水膨胀，干燥后收缩，容易导致抹灰层开裂并脱落，应在抹灰中掺入麻刀、纸筋等纤维材料，并在作业时尽量保证抹灰嵌入板条缝隙中，增强咬合力。

2）中层

与底层抹灰的做法相同，根据装饰质量要求的高低，可采用一次完成，或者分多层多次完成。

3）面层

面层所用材料和做法根据装饰要求和施工条件确定，完成质量应保证表面平整、光滑、无裂纹。室内墙面面层通常采用纸筋灰、麻刀灰以增强其抗裂能力；室外墙面通常采用水泥砂浆面层，或者采用装饰抹灰。

10.1.3　抹灰工程的施工工艺及方法

为了保护好成品，在施工之前应安排好抹灰的施工顺序。一般应遵循的施工顺序是“先室外后室内、先上面后下面、先顶棚、墙面后地面”。先室外后室内，是指先完成室外抹灰，拆除外脚手，堵上脚手眼再进行室内抹灰。先上面后下面，是指在屋面防水工程完成后，室内外抹灰最好从上层往下层进行。高层建筑施工，当采用立体交叉流水作业时，也可以采取从下往上施工的方法，但必须采取相应的成品保护措施。先顶棚后墙地面，是指室内抹灰一般可采取先完成顶棚和墙面抹灰，再开始地面抹灰。外墙由屋檐开始自上而下，先抹阳角线、台口线，后抹窗和墙面，再抹勒脚、散水和明沟等。一般应在屋面防水工程完工后进行室内抹灰，以防止漏水造成抹灰层损坏及污染，并应按先房间、后走廊、再楼梯和门厅等顺序施工。

1. 室内抹灰

室内抹灰包括墙面抹灰、地面抹灰（如果采用水泥砂浆地面）和顶棚抹灰。相比较而言，地面更接近铺灰工艺，墙面抹灰和顶棚抹灰的工艺技术要求较高。通常意义上的抹灰多指工作量较大的墙面抹灰。顶棚抹灰的基层一般为混凝土基层，宜采用聚合物水泥砂浆或石膏砂浆。现浇混凝土顶棚抹灰厚度不宜大于5mm，预制混凝土顶棚抹灰厚度不宜大于10mm。顶棚抹灰前先在四周墙上弹出水平标高控制线，先完成顶棚四周的抹灰，再逐渐向中间找平。室内墙面抹灰施工工艺流程见图10.1.3。

图10.1.3　室内墙面抹灰施工工艺流程

各道工序施工做法及要求包括：

1）基层处理

① 砌体墙基层。剔除墙面残存的砂浆，用清水冲洗，将表面污垢和灰尘清除。为防止砂浆水分被基体吸收，影响附着效果，基层应在抹灰施工前一天进行浇水湿润，浇水应分次进行，保证墙体湿润并且没有泌水。

② 混凝土基层。将表面脱模剂等油污清除干净，然后在基面上喷涂或涂刷一层胶粘型水泥浆或界面剂，使基层表面变得粗糙来增强抹灰层的粘结效果。也可以将混凝土基层表面剔毛，表面湿润或涂刷界面剂后抹灰。

③ 在混凝土小型空心砌块墙基层上抹灰，或者在一般基层上进行聚合物砂浆的抹灰施工，通常不需要基层湿润。

2）冲筋、打灰饼

先以一侧墙为准，校核房间墙面的垂直度、平整度及房间的形状是否方正。当墙面凹凸较大时，先分层抹平。然后，分别通过垂直度校核和平整度校核确定墙面上下和局部的抹灰控制厚度。根据抹灰控制厚度，在控制位置打灰饼。灰饼一般为边长50mm的方形，总厚度不宜超过20mm，间距依据控制要求而定，一般不超过2m，见图10.1.4。

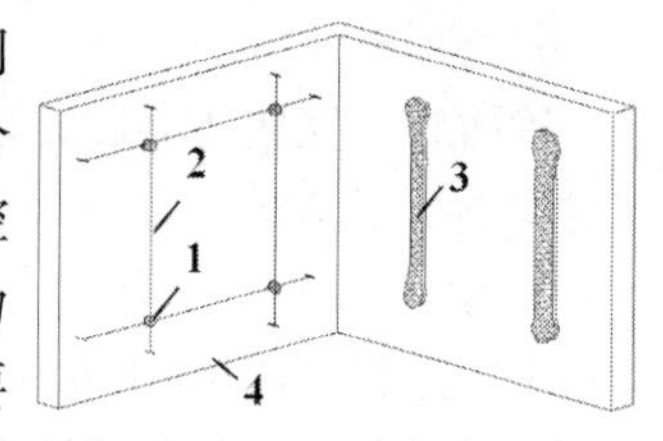

图10.1.4　灰饼和冲筋示意图
1. 灰饼；2. 引线；3. 冲筋（标筋）
4. 基层

在房间的墙角通过吊垂线在墙面距离墙角100mm处弹出铅垂线，利用铅垂线推算出墙角两边墙身抹灰层的厚度，并据此打灰饼和冲筋。

见图10.1.4所示，冲筋应当在灰饼七八成干时进行。根据房间的开间、进深和高度来确定冲筋间距，一般不大于2m。标筋的抹灰宽度一般为50mm。

3）抹踢脚线、做护角

根据已经做好的灰饼冲筋时，在踢脚、墙裙的位置采用M20水泥砂浆分层抹灰，然后用刮杠刮平，木抹子搓毛。第二天用水泥砂浆抹面并压光，无设计要求时应凸出墙面5～

7mm 为宜。踢脚、墙裙上口采用靠尺压顶，用抹子压光收口。踢脚和墙裙上口凸出墙面的棱角宜为钝角，且不能有毛槎。

由于门口、柱边等部位很容易受到摩擦和碰撞而造成局部抹灰破损，影响观瞻，因而在其阳角的 2m 高度以下的部分应做水泥砂浆护角，见图 10. 1. 5。具体做法是：首先将墙、柱的阳角部分浇水湿润，在阳角一面贴八字靠尺，靠尺伸出阳角，伸出尺寸与抹灰厚度相同。以靠尺为边界在阳角一侧抹水泥砂浆并压平；以同样方法在阳角的另一侧抹压水泥砂浆；完成后的水泥砂浆护角截面为锐角，在阳角两个侧面上的宽度不小于 50mm。最后，在完成的护角上刷水泥浆，并用捋角器自上而下沿护角捋一遍，使其形成钝角。

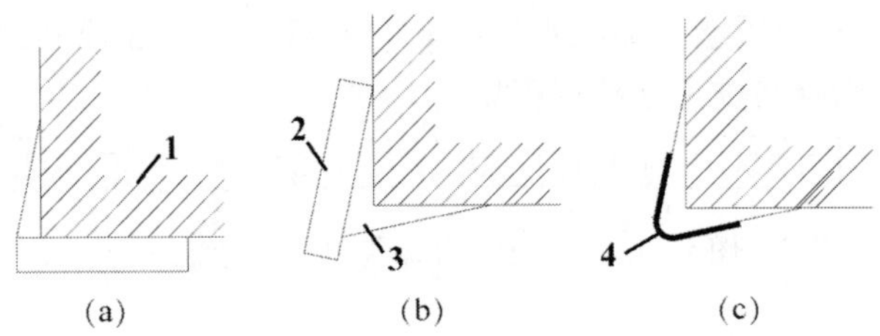

图 10. 1. 5　护角做法示意图

（a）第一步；（b）第二步；（c）第三步

1. 墙；2. 靠尺；3. 水泥砂浆；4. 捋角器

4）抹底灰

在冲筋完成 2h 后即可开始抹底灰施工。应先在基层上抹一层薄灰，并应压实找平，形成与基层的可靠粘结。然后分层抹灰，与冲筋取平后，用刮杠刮平并用木抹子搓毛。最后，检查底灰面的平整度、垂直度，阴阳角是否顺直，接槎是否光滑平整。

5）罩面

底灰六七成干时，可进行罩面抹灰。如果底灰过于干燥应先浇水湿润。罩面分两次完成，每遍厚度约 2mm，随抹随压光。罩面施工应整面墙同时完成，不宜留接槎。

6）养护

罩面施工完成 24h 后，水泥砂浆抹灰可以进行喷水养护，混合砂浆适度洒水养护，养护时间不少于 7d。

2. 室外抹灰

工艺流程见图 10. 1. 6 所示。

图 10. 1. 6　室外抹灰施工工艺流程

室外抹灰工程与室内抹灰工艺相同，多采用水泥砂浆或专用的干混砂浆。几个关键工序施工做法及要求如下：

① 外墙吊垂线和拉水平线。一方面，依据外墙阳角和门窗洞口阳角吊垂线，并在阳角两侧墙面弹性，作为打灰饼和冲筋的基准；另一方面，利用楼层标高或 500mm 基准线拉水平线，水平线应沿楼层外墙面闭合。依此作为分层施工和灰饼、冲筋设置垂直间隔的依据。打灰饼和冲筋应分层进行，并保证横平竖直。

② 嵌分格条。由于外墙抹灰面积比较大，容易产生收缩裂缝；此外，如果不能连续施工而必须接槎，接槎处难以做到表面平整。因此，外墙面抹灰多结合建筑外立面装饰要求，留设分格缝。分格缝留设主要包括弹线、嵌分格条、起分格条三个步骤。分格条的位置需要根据建筑立面的装饰要求弹线定位，在墙面弹线阶段一并完成。分格条多采用红松木或者PVC材料，宽度20mm左右，视装饰要求而定。粘贴前应先将基层和分格木条充分湿润，用水泥浆沿弹线一侧粘贴；水泥浆在分格条两侧抹成45°坡面；待底灰七八成干后，在分格内进行面层抹灰施工。面层抹灰与分格条表面取平，面层施工完成即可将分格条取出；操作应谨慎，防止将抹灰带起，损伤抹灰棱角。

③ 门窗塞口和抹滴水线。外墙面经常受到雨水冲刷，在檐口、窗台、门窗眉、阳台、雨蓬、压顶、外墙腰线和装饰线脚位置容易出现倒坡浸水，因此，应做滴水线（槽）。外墙抹灰层应塞入门窗框裁口内，塞实；窗台抹灰应抹成向外的坡度，以利于排水。滴水线（槽）抹灰应先抹外立面，再抹顶面，最后抹底面。底面抹灰完成后即可将分格条取出。分格条距外表面不小于40mm，深度和宽度不小于10mm。

10.1.4 抹灰基体的表面处理

为了使抹灰砂浆与基体表面黏结牢固，防止抹灰层产生空鼓现象，抹灰前应对基层进行必要的处理。

（1）对凹凸不平的基层表面应剔平，或用1∶3水泥砂浆补平。对楼板洞、穿墙管道及墙面脚手架洞、门窗框与立墙交接缝处均应用1∶3水泥砂浆分层嵌缝密实。

（2）对表面上的灰尘、污垢和油渍等事先均应清除干净，并提前1~2d洒水湿润（渗入8~10mm）。

（3）墙面太光的要凿毛，或用掺加10%108胶的1∶1水泥砂浆薄抹一层。不同材料（如砖墙与木隔墙）交接处，应先铺钉一层金属网或纤维网格布，或用宽纸质胶带黏结，如图10.1.2所示，搭接宽度从缝边起两侧均不小于100mm，以防抹灰层因基体温度变化胀缩不一致产生裂缝。在内墙面的阳角和门洞口侧壁的阳角、柱角等易于碰撞之处，宜用强度较高的1∶2水泥砂浆制作护角，其高度应不低于2m，每侧宽度不小于50mm，对砖砌体基体，应待砌体充分沉实后方可抹底层灰，以防砌体沉陷拉裂抹灰层。

10.1.5 装饰抹灰的施工工艺

装饰抹灰不但有一般抹灰工程同样的功能，而且在材料、工艺、外观上更具有特殊的装饰效果。其特殊之处在于可使建筑物表面光滑、平整、清洁、美观，在满足人们审美需要的同时，还能给予建筑物独特的装饰形式和色彩。它是价格稍贵于一般抹灰的一种装饰工程。

装饰抹灰的种类很多，但底层的做法基本相同（均为1∶3水泥砂浆打底），仅面层的做法有差别。下面介绍几种常用装饰抹灰的工艺做法。

1. 水磨石

水磨石多用于地面或墙裙。如图10.1.7所示，水磨石的工艺做法如下：

（1）12mm厚的1∶3水泥砂浆打底。待砂浆终凝后，洒水湿润，刮水泥素浆一层（厚1.5~2mm）作为黏结层。

（2）按设计的图案镶嵌分格条，材料为黄铜条、铝条、不锈钢条或玻璃条，宽约

8mm。分格条的作用除了可以拼图外，还可防止装饰面层面积过大而开裂。分格条两侧先用素水泥浆黏结固定，然后再刮一层素水泥浆，随即将具有一定色彩的水泥石子浆填入分格内，并抹平压实，厚度要比嵌条稍高 1～2mm。待收水后用滚筒滚压，再浇水养护。

（3）养护 2～5d 后开始打磨装饰层表面，以石子不松动、不脱落，表面不过硬为宜。水磨石要采用磨石机洒水打磨，一般分三遍磨光。

2. 水刷石

水刷石多用于外墙面。其工艺做法如下（图 10.1.8）：

12mm 厚的 1∶3 水泥砂浆打底。待砂浆终凝后进行分格弹线。根据弹线安装分格条（8mm×10mm 的梯形木条），用水泥浆在两侧黏结固定。

底层浇水湿润后刮水泥浆一道，然后抹水泥石子浆面层，分遍拍平压实，使石子密实且分布均匀。

待面层凝结前，用棕刷蘸水自上而下刷掉面层水泥浆，使表面石子完全外露，但不能将面层完全刷掉。为使表面洁净，可用喷雾器自上而下喷水冲洗。水刷石的质量要求是石粒清晰、分布均匀、色泽一致、平整密实，不得有掉粒和接茬痕迹。

图 10.1.7　水磨石做法示意图
（a）打磨前装饰面；（b）打磨施工
1. 石子；2. 水泥砂浆；3. 蓄水层；4. 磨石机

图 10.1.8　水刷石做法示意图
（a）刷洗前装饰面；（b）毛刷刷洗表面
1. 石子；2. 水泥砂浆；3. 水管；4. 毛刷

3. 干粘石

在水泥砂浆上面直接干粘石子的做法，称为干粘石，多用于外墙面。如图 10.1.9 所示，其做法同样是先在已硬化的 12mm 厚的 1∶3 底层水泥砂浆层上按设计要求弹线分格，根据弹线镶嵌分格木条，将底层浇水润湿后，抹上一层 6mm 厚 1∶(2～2.5) 的水泥砂浆层，同时将配有不同颜色或同色的粒径 4～6mm 的石子甩在水泥砂浆层上，并拍平压实。拍时不得把砂浆拍出来，以免影响美观，要使石子嵌入深度不小于石子粒径的一半，待达到一定强度后洒水养护。上述为手工甩石子，也可用喷枪将石子均匀有力地喷射于黏结层上，用铁抹子轻轻压一遍，使表面平整。干粘石的质量要求是石粒黏结牢固、分布均匀、不掉石粒、不露浆、不漏粘、颜色一致、阳角处不得有明显黑边。

4. 斩假石与仿斩假石

斩假石，又称剁假石、剁斧石，是在抹灰层上做出有规律的槽纹，做成像石砌成的墙面，要求面层斩纹或拉纹均匀，深浅一致，边缘留出宽窄一样，棱角不得有损坏，具有较好的装饰效果，但费工较多。它的底层、中层和面层的砂浆操作，都同水刷石一样，只是面层不要将石子刷洗外露出来。

如图 10.1.10 所示，先用 1∶3 水泥砂浆打底（厚约 12mm）并嵌好分格条，洒水湿润后，薄刮素水泥浆一道（水灰比 0.3～0.4），随即抹厚为 10mm，1∶1.25 的水泥石子浆罩面两遍，使与分格条齐平，并用刮尺赶平。待收水后，再用木抹子打磨压实，并从上往下竖向顺势溜直。抹完面层后须采取防晒措施，洒水养护3～5d后开始试剁，试剁后石子不脱落，即可用剁斧将面层剁毛。

图10.1.9 干粘时做法示意图
（a）底层砂浆；（b）压入石子
1. 水泥砂浆；2. 石子；3. 抹子

图10.1.10 斩假石做法示意图
（a）砂浆装饰面；（b）斧凿处理
1. 水泥砂浆；2. 剁毛表面；3. 斧子

在墙角、柱子等边棱处，宜横向剁出边条或留出15～20mm的窄条不剁。待斩剁完毕后，拆除分格条、去边屑，即能显示出较强的琢石感。外观质量要求剁纹均匀顺直，深浅一致，不得有漏剁处，阳角处横剁和留出不剁的边条，应宽窄一致、棱角无损，最后洗刷掉面层上的石屑，不得蘸水刷浇。

10.1.6 抹灰工程的质量验收和检验方法

抹灰工程质量验收包括一般抹灰、装饰抹灰和清水砌体勾缝等分项工程的质量验收。

1. 检验批划分

（1）相同材料工艺和施工条件的室外抹灰工程每500～1000m^2应划分为一个检验批，不足500m^2也应划分为一个检验批；

（2）相同材料工艺和施工条件的室内抹灰工程每个50自然间（大面积房间和走廊按抹灰面积30m^2为一间）应划分为一个检验批，不足50间也应划分为一个检验批。

2. 检查数量

（1）室内每个检验批应至少抽查10%，并不得少于3间，不足3间时应全数检查；

（2）室外每个检验批每100m^2应至少抽查一处，每处不得小10m^2。

3. 质量要求和检验方法

一般抹灰工程包括石灰砂浆、水泥砂浆、水泥混合砂浆、聚合物水泥砂浆和麻刀石灰、纸筋石灰、石膏灰等一般抹灰工程的质量验收。一般抹灰工程分为普通抹灰和高级抹灰，当设计无要求时按普通抹灰验收。验收内容分主控项目和一般项目。

1）主控项目

① 抹灰前，基层表面的尘土、污垢、油渍等应清除干净，并应洒水润湿。通过查看施工记录进行检查。

② 一般抹灰所用材料的品种和性能应符合设计要求，水泥的凝结时间和安定性复验应合格，砂浆的配合比应符合设计要求；通过查验产品合格证书、进场验收记录、复验报告和施工记录进行检查。

③ 抹灰工程应分层进行。当抹灰总厚度大于或等于35mm时，应采取加强措施。不同材料基体交接处表面的抹灰，应采取防止开裂的加强措施；当采用加强网时，加强网与各基体的搭接宽度不应小于100mm。通过查看隐蔽工程验收记录和施工记录进行检查。

④ 抹灰层与基层之间及各抹灰层之间必须粘结牢固，抹灰层应无脱层、空鼓，面层应无爆灰和裂缝。通过观察及用小锤轻击进行检查，并查看施工记录。

2）一般项目

（1）一般抹灰工程的表面质量，通过观察、手摸检查。应符合下列规定：①普通抹灰表面应光滑、洁净、接槎平整，分格缝应清晰；②高级抹灰表面应光滑、洁净、颜色均匀、无抹纹，分格缝和灰线应清晰美观。

（2）抹灰层的总厚度应符合设计要求；水泥砂浆不得抹在石灰砂浆层上；罩面石膏灰不得抹在水泥砂浆层上。通过查看施工记录进行检查。

（3）抹灰分格缝的设置应符合设计要求，宽度和深度应均匀，表面应光滑，棱角应整齐。通过观察、尺量进行检查。

（4）有排水要求的部位应做滴水线槽。滴水线槽应整齐顺直，滴水线应内高外低，滴水槽的宽度和深度均不应小于10mm。通过观察和尺量检查。

一般抹灰工程质量的允许偏差和检验方法见表10.1.4。

表10.1.4　一般抹灰的允许偏差和检验方法

项次	项目	允许偏差/mm		检验方法
		普通抹灰	高级抹灰	
1	立面垂直度	4	3	用2m垂直检验尺检查
2	表面垂直度	4	3	用2m靠尺和塞尺检查
3	阴阳角方正	4	3	用直角检验尺检查
4	分格条（缝）直线度	4	3	拉5m线，不足5m拉通线，用钢直尺检查
5	墙裙、勒脚上口直线度	4	3	拉5m线，不足5m拉通线，用钢直尺检查

注：①普通抹灰，阴角方正可不检查；②顶棚抹灰，表面平整度可不检查，但应平顺；③混凝土基层抹灰只按高级抹灰要求。

装饰抹灰包括水刷石、干粘石、斩假石等，其允许偏差和检查方法，见表10.1.5。

表10.1.5　水刷石、干粘石、斩假石的允许偏差和检验方法

项次	项目	允许偏差/mm				检验方法
		水刷石	干粘石	斩假石	假面石	
1	立面垂直度	5	5	4	5	用2m垂直检验尺检查
2	表面垂直度	3	5	3	4	用2m靠尺和塞尺检查
3	阴阳角方正	3	4	3	4	用直角检验尺检查
4	分格条（缝）直线度	3	3	3	3	拉5m线，不足5m拉通线，用钢直尺检查
5	墙裙、勒脚上口直线度	3	–	3	3	拉5m线，不足5m拉通线，用钢直尺检查

10.2 饰面工程

饰面工程就是将天然的或人造的饰面板（砖）等装饰材料附加在结构基体表面的施工过程。一般认为，饰面板尺寸小于等于400mm时，称为饰面砖。根据饰面板材料和生产方式的不同划分种类繁多，见图10.2.1所示。随着建筑工业化技术的发展，结构构件逐步改变为工厂生产，现场安装的施工方式，且装饰材料和结构构件整合为一体化构件，使施工过程大大简化。饰面板（砖）的种类很多，常用的饰面板有天然石饰面板（大理石、花岗岩）、人造石饰面板（人造大理石、花岗岩、预制水磨石）、金属饰面板（铝合金、不锈钢、镀锌钢板、彩色压型钢板、塑铝板）、塑料饰面板、有色有机玻璃饰面板、饰面混凝土墙板；饰面砖根据加工工艺不同分为釉面瓷砖、陶瓷锦砖（又称马赛克）、全瓷砖、抛光砖等，其制作工艺、质地和适用范围见表10.2.1。

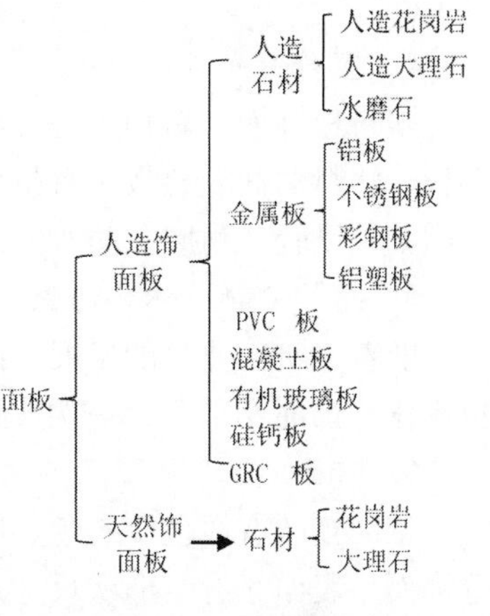

图10.2.1 饰面板种类

表10.2.1 饰面砖的分类、特征及适用范围

分类	制作工艺	特征	适用范围
釉面瓷砖	以黏土、高岭土为主要原料，制坯后高温烧制	烧制前表面涂釉料，具有良好的防水性	室内厨房、卫生间墙面装饰
陶瓷锦砖		按照某种图案拼贴于纸板上。有挂釉和不挂釉两种。具有耐磨、耐酸碱、耐火、防水等特性	室内厨房、卫生间墙面装饰，也可用于居室的局部装饰
抛光砖	以高岭土、硅等为原料，制坯后高温烧制	不涂釉料，烧制后进行抛光，表面光洁、耐磨	多用于居室墙、地面装饰，更适宜于地面装饰
全瓷砖		不涂釉料，表面玻化处理，表面光洁，质地坚硬耐磨	

10.2.1 饰面材料的选用及质量要求

1. 天然石材饰面板

要求表面平整，边缘整齐，不得有隐伤、风化等缺陷，光洁度高，石质细密，无腐蚀斑点，色彩协调，纹理自然；不应有裂纹、砂眼等缺陷。大理石饰面板花纹艳丽多彩，但质地不及花岗岩坚硬。多用于墙、柱面部位的局部高级装饰。花岗岩饰面板则由于其质地坚硬耐磨的特性，更宜用于台阶、地面、勒脚、柱面和外墙等部位的装饰。

2. 人造石饰面板

人造石饰面板用于室内外墙面、柱面的装饰。要求表面平整，几何尺寸准确，棱角不得有破损，面层石粒均匀、洁净，颜色一致，表面无裂纹、气孔、凹痕和露筋等缺陷。

3. 金属饰面板

金属板饰面具有典雅庄重，质感丰富的特点，尤其是铝合金板墙面是一种高档次的建筑装饰，装饰效果别具一格，应用较广。尤其是铝合金饰面板，价格便宜，易于加工成型，具有高强、轻质、经久耐用、便于运输和施工，表面光亮，可反射太阳光及防火、防潮、耐腐蚀的特点。同时，当表面经阳极氧化或喷漆处理后，便可获得更加丰富的装饰效果。

4. 塑料饰面板

塑料板饰面，新颖美观，品种繁多，常用的有聚氯乙烯塑料板（PVC）、三聚氰氨塑料板、塑料贴面复合板、有机玻璃饰面板等。其特点是：板面光滑、色彩鲜艳，有多种花纹图案，质轻、耐磨、防水、耐腐蚀，硬度大，吸水性小，应用范围广。

5. 结构装饰一体化墙板

随着建筑工业化的发展，结构与装饰合一是装饰工程的发展方向。饰面墙板就是将墙板制作与饰面相结合，一次成型，从而进一步扩大了装饰工程的内容，加快了施工进度。

6. 饰面砖

釉面瓷砖有白色、彩色、印花图案等多样品种，多用于厨房、卫生间、游泳池、浴室等饰面。表面光滑，形状尺寸规矩，没有缺棱掉角，颜色一致、均匀，没有色差；图案一致完整。

10.2.2 饰面板的施工工艺

目前饰面板（砖）的施工工艺有粘贴法（镶贴法、胶粘法）、湿法工艺（挂粘法）、干挂法、GPC 工艺四种。粘贴法主要用于小型饰面板（饰面砖）施工，一般饰面板边长不大于400mm，其他方法多用于大型饰面板的施工。

1. 粘贴法（湿粘法、镶贴法、胶粘法）

粘贴法是用水泥砂浆、聚合物砂浆或胶粘剂等粘接材料将饰面板（砖）粘贴于基层的装饰施工做法。采用水泥砂浆粘贴时也称镶贴法或者湿粘法。胶粘法采用胶粘剂作为粘结材料，该方法具有工艺简单、操作方便、黏结力强、耐久性好、施工速度快等优点，是实现装饰工程干法施工、加快施工进度的有效措施。

施工工艺流程见图 10.2.2。

图 10.2.2 饰面板粘贴法施工工艺流程

工序步骤与施工做法（湿粘法为例）如下：

① 基层处理及打底灰。无论在何种基体上粘贴饰面砖都需要先打底灰。具体做法与砂浆底灰做法和要求相同。通常采用 1∶3 水泥砂浆，厚度 10mm 左右，分层抹平并搓毛。待底灰七八成干后，即可进行饰面砖粘贴施工。

② 排砖、弹线。根据设计图及墙面尺寸进行排砖，保证横向和竖向砖缝均匀；并应优先在大墙面、柱面和墙垛外立面排整砖；同一墙面在横向和竖向均不应出现小于 1/4 砖的非整砖，非整砖要放置在窗间墙、阴角等次要部位，并尽量保持对称布置。墙面阴角位置排砖应留出 5mm 的伸缩缝，用密封胶填充。排砖方案确定后应在底灰表面弹出排砖位置线，作为粘贴饰面砖的定位参照，见图 10.2.3。

③贴参照点、加垫尺。根据吊垂线确定饰面砖表面位置，将饰面砖碎块粘贴于底灰上作为参照点，用以控制粘贴瓷砖表面的位置和平整度，间距一般控制在 1.5m 左右。墙面

饰面砖应自下而上依次逐排粘贴，最下排饰面砖的下口标高应根据楼面（地面）标高推算准确，并通过加垫尺进行控制，见图10.2.3。

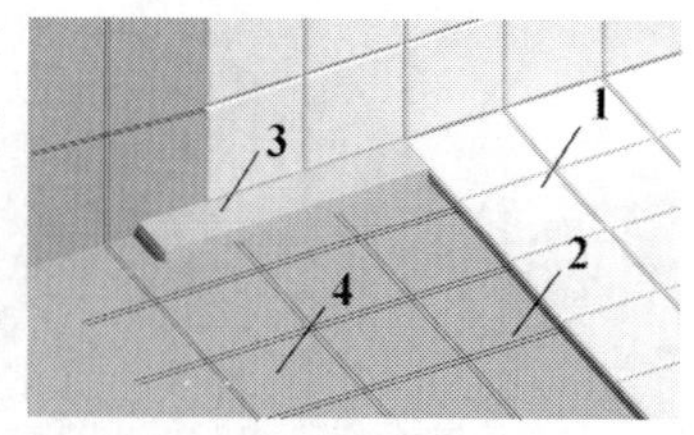

图10.2.3 瓷砖粘贴示意图
1. 瓷砖；2. 墨线；3. 垫尺；4. 垫层

④选砖和浸砖。饰面砖在粘贴前，应优先挑选颜色和规格一致、品相良好的饰面砖使用；将饰面砖清扫干净，放入干净水中浸泡2h以上，取出晾干待用。使用预拌砂浆粘贴饰面砖无需浸砖。

⑤饰面砖粘贴。粘贴饰面砖时，底灰基面应预先浇水湿润。依据参照点用皮数杆或者挂水平线进行控制，保证每层饰面砖的上口平齐，砖缝横平竖直。将胶粘剂均匀涂抹在饰面砖背面和基层上，厚度不超过5mm。粘贴时轻轻按压或用橡皮锤轻轻敲击，使饰面砖粘接牢固。用棉丝或干布随时将砖缝中挤出的灰浆擦净。

⑥清洗和擦缝。饰面砖粘贴完毕后，检查没有空鼓、不平整等质量问题。随即用棉丝或布蘸清水将砖表面清洗擦拭干净。并用适当颜色的水泥浆擦缝。

胶粘法与镶贴法（湿粘法）不同，施工时，基层表面应洁净、平整、坚实，无灰尘；采用胶黏剂将饰面板（砖）直接粘贴于基层上。该方法具有工艺简单、操作方便、黏结力强、耐久性好、施工速度快等优点，是实现装饰工程干法施工、加快施工进度的有效措施。有些胶粘剂要求30min内完成粘贴作业，24小时即可进行嵌缝。

2. 湿法工艺

适用于大规格的饰面板（边长>400mm）或安装高度超过1m时的饰面板装饰施工。湿法（也称挂贴法）安装的缺点是：易产生回潮、返碱、返花等现象，影响美观。

施工工艺流程如图10.2.4。

图10.2.4 饰面板湿法施工工艺流程

工序步骤与施工做法如下：

① 基层处理。板材安装前，应先检查基层平整情况，如凹凸过大应先进行平整处理；墙面、柱面抄平后，分块弹出水平线和垂直线进行预排和编号，确保接缝均匀；

② 固定钢筋网。在基层事先绑扎好钢筋网，与结构预埋件连接牢固；按设计要求在饰面板的四周侧面钻好绑扎挂丝用的圆孔，如图10.2.5。

③ 饰面板安装。用铜丝或不锈钢丝把板块与基层表面的钢筋骨架绑扎固定，见图10.2.6所示。从中间开始往左右两边，或从一边依次拼贴，离墙面留20~50mm的空隙，上下口的四角用木楔和石膏临时固定，确保板面平整。然后用1∶3的水泥砂浆（稠度80~120mm）分层灌缝，每层约为100~200mm，待终凝后再继续灌浆，直到离板材水平接缝以下50~100mm为止；待安装好上一行板材后再继续灌缝处理，依次逐行往上操作。

④ 嵌缝。安装后的饰面板，其接缝处应用与饰面相同颜色的水泥浆或油腻子填抹，并将饰面板清理干净，如饰面层光泽度受到影响，可以重新打蜡出光。

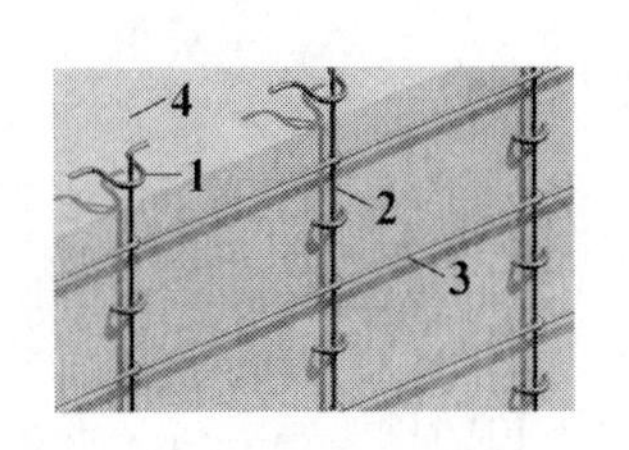

图 10.2.5　绑扎钢筋网

1. 预埋件；2. 立筋；3. 水平筋；4. 结构基体

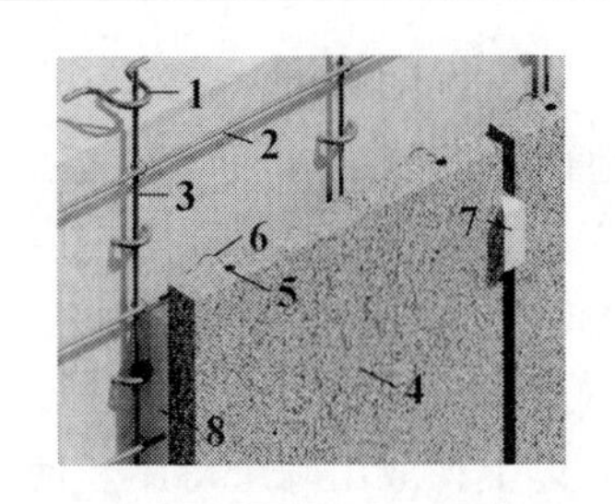

图 10.2.6　饰面板安装示意图

1. 预埋件；2. 水平筋；3. 立筋；4. 饰面板；5. 开孔；6. 绑丝；7. 木楔；8. 水泥砂浆

3. 干法工艺（干挂法）

该工艺一般多用于30m以下的钢筋混凝土结构基层的装饰施工，不适用砖墙或加气混凝土基层。由于这一方法可有效地防止板面回潮、返碱、返花等现象，因此是目前应用较多的方法。干挂法允许饰面板有适量的位移，而不会出现裂缝和脱落；因为没有湿作业，方便冬季施工。施工工艺流程如图 10.2.7。

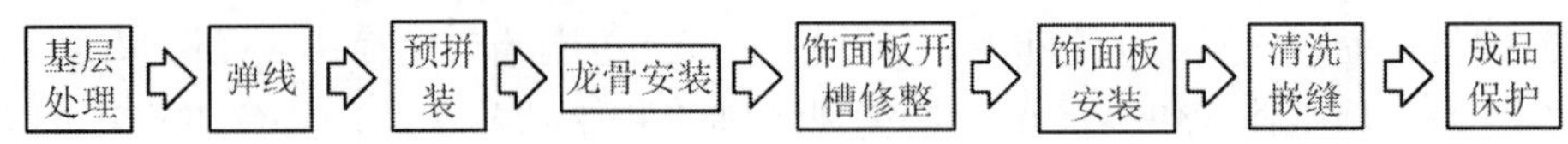

图 10.2.7　饰面板干挂法施工工艺流程

干法工艺直接在板上打孔，然后用不锈钢连接器与埋在混凝土墙体内的膨胀螺栓相连，板与墙体间形成80～90mm宽的空气层，如图 10.2.8 所示。

工序步骤与施工做法如下：

① 基层处理。同湿法工艺。

② 弹线。首先，需要根据设计图纸、结构基层的实际尺寸在基层上弹处铅垂线和水平线。

③ 预排饰面板。根据放线结果，按照饰面板规格进行预排。发现问题，及时调整。

④ 钢龙骨安装与连接件固定。分有龙骨和无龙骨两种形式。先将竖向龙骨通过预埋件固定于基层，然后从下至上依次将水平龙骨固定于竖向龙骨之间。水平龙骨与竖向龙骨间留出伸缩间隙。根据饰面板的大小和位置将连接件固定于水平龙骨上。金属龙骨和连接件均应做好防锈处理。

⑤ 饰面板开槽和修整。与湿法工艺相同。开槽后石材净厚度应不小于6mm。槽口不宜开切过长或过深，能够满足安装不锈钢连接件为宜。开槽作业尽量采用干法作业，将槽内粉末用压缩空气吹干净。石材安装好连接件后，随即进行挂装施工。

⑥ 饰面板安装。石材安装一般按照由下至上的顺序逐层施工。应优先安装主墙面和洞口侧边。石材挂件中心距板边不应大于150mm，龙骨上安装挂件的中心距不宜大于700mm；边长不大于1m的20厚的石材可以设置两个挂件；边长大于1m时，应增加挂件。石材不应紧贴安装，应留设不小于3mm的变形缝。

⑦ 清洗嵌缝。采用耐候、防水密封胶对石材缝隙进行嵌缝密封。用中性清洗剂清洗石材表面。

⑧ 成品保护。石材安装完成后，应进行成品保护。特别是通道、洞口和拐角部位应

重点采取保护措施。

4. GPC 工艺

GPC 工艺是干法工艺的发展，以钢筋混凝土作衬板，用不锈钢连接环与饰面板连接后浇筑成整体形成的复合饰面板。复合饰面板可以按功能要求制作成较大的规格，并通过连接器安装于附着在钢筋混凝土结构基体表面的钢骨架上，如图 10.2.9 所示。复合饰面板接缝处的防水构造采用两道密封防水层，第一层位于饰面板接缝处，第二道位于钢筋混凝土衬板接缝处。这种工艺做法施工方便、效率高、节省饰面材料，但是对安装精度和质量要求较高，复合饰面板的连接件通常采用不锈钢材料。可用于超高层建筑，可以较好地满足抗震要求。

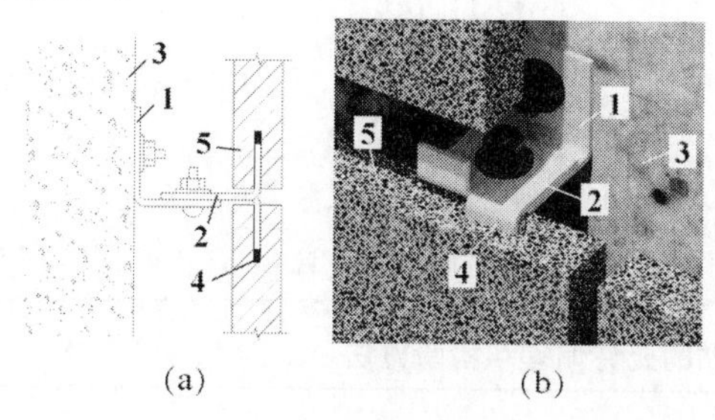

图 10.2.8 饰面板安装干挂法工艺示意图

（a）节点剖面图；（b）三维图

1. 连接件；2. 挂件；3. 基体；4. 饰面板开槽；5. 饰面板

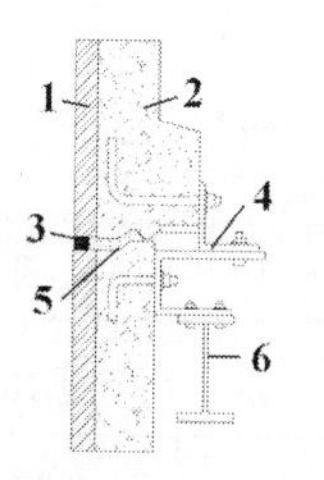

图 10.2.9 饰面板安装 GPC 工艺示意图

1. 饰面板；2. 钢筋混凝土衬板；3. 第一道防水；4. 连接器具；5. 第二道防水；6. 钢框架

10.2.3 饰面工程的质量要求及检验方法

饰面工程包括饰面板安装、饰面砖粘贴等分项工程。其中，饰面板工程是指内墙饰面板安装工程和高度不大于 24m、抗震设防烈度不大于 7 度的外墙饰面板安装工程；饰面砖粘贴工程是指于内墙饰面砖粘贴工程和高度不大于 100m、抗震设防烈度不大于 8 度、采用满粘法施工的外墙饰面砖粘贴工程。

1. 检验批

【饰面板】

相同材料工艺和施工条件的室内饰面板（砖）工程，每 50 间（大面积房间和走廊按施工面积 $30m^2$ 为一间）应划分为一个检验批，不足 50 间也应划分为一个检验批。

【饰面砖】

相同材料工艺和施工条件的室外饰面板（砖）工程，每 500 ~ $1000m^2$ 应划分为一个检验批，不足 $500m^2$ 也应划分为一个检验批。

2. 检查数量

室内每个检验批应至少抽查 10%，并不得少于 3 间，不足 3 间时应全数检查。室外每个检验批每 $100m^2$ 应至少抽查一处，每处不得小于 $100m^2$。

3. 质量要求及检验方法

饰面板安装和饰面砖粘贴的质量要求及检验方法分别见表 10.2.2 和表 10.2.3。

表 10.2.2　饰面板安装的允许偏差和检验方法

项次	项目	允许偏差/mm							检验方法
		石材			瓷板	木材	塑料	金属	
		光面	剁斧石	蘑菇石					
1	立面垂直度	2	3	3	2	1.5	2	2	用2m垂直检测尺检查
2	表面平整度	2	3	–	1.5	1	3	3	用2m靠尺和塞尺检查
3	阴阳角方正	2	4	4	2	1.5	3	3	用直角检测尺检查
4	接缝直线度	2	4	4	2	1	1	1	拉5m线，不足5m拉通线，用钢直尺检查
5	墙裙、勒脚上口直线度	2	3	3	2	2	2	2	拉5m线，不足5m拉通线，用钢直尺检查
6	接缝高低差	0.5	3	–	0.5	0.5	1	1	用钢直尺和塞尺检查
7	接缝宽度	1	2	2	1	1	1	1	用钢直尺检查

表 10.2.3　饰面砖粘贴的允许偏差和检验方法

项次	项目	允许偏差		检查方法
		外墙面砖	内墙面砖	
1	立面垂直度	3	2	用2m垂直检测尺检查
2	表面平整度	4	3	用2m靠尺和塞尺检查
3	阴阳角方正	3	3	用直角检测尺检查
4	接缝直线度	3	2	拉5m线，不足5m拉通线，用钢直尺检查
5	接缝高低差	1	0.5	用钢直尺和塞尺检查
6	接缝宽度	1	1	用钢直尺检查

10.3　幕墙工程

幕墙是由金属构件与玻璃、铝板、石材等面板材料组成的建筑外围护结构，也是一种饰面工程。它不承受主体结构的荷载，装饰效果好、自重小、安装速度快，是建筑外墙轻型化、装配化较为理想的形式，因此在现代建筑中得到广泛的应用。

幕墙结构的面板安装在横梁上，横梁连接在立柱上，立柱固定在主体结构上。为了使立柱在温度变化和主体结构侧移时有变形的余地，立柱上下由活动接头连接，使立柱各段可以上下相对移动。

幕墙按面板材料可分为玻璃幕墙、铝合金板幕墙、石材幕墙、钢板幕墙、预制彩色混凝土板幕墙、塑料幕墙、建筑陶瓷幕墙和铜质面板幕墙等。建筑中用得较多的是玻璃幕墙、铝合金板幕墙和石材幕墙。本章节以玻璃幕墙为主要内容。

10.3.1　玻璃幕墙

现代高层建筑的外墙面装饰，多采用玻璃幕墙、铝合金饰面板幕墙及石材幕墙相结合的手法。其中，石材幕墙多用于底层和低层外立面，高层外立面还是以玻璃幕墙和铝合金饰面板幕墙为主，而玻璃幕墙占绝对比重。玻璃幕墙的金属杆件以铝合金为主，本节重点讨论铝合金玻璃幕墙。

1. 玻璃幕墙分类

玻璃幕墙按构造可分为明框、全隐框、半隐框（横隐竖框和竖隐横框）、全玻幕墙（包括悬挂幕墙和点式支撑幕墙），见图10.3.1。

1）明框玻璃幕墙

将玻璃镶嵌于金属框架内，金属框架的立柱和横梁均凸出于玻璃平面以外，并由金属框架支撑幕墙的所有部件，见图10.3.2。明框玻璃幕墙是最传统的形式，工作性能可靠，相对于隐框玻璃幕墙更容易满足施工技术水平的要求，应用广泛。根据龙骨的材质不同可以分为型钢龙骨和铝合金型材龙骨两种。

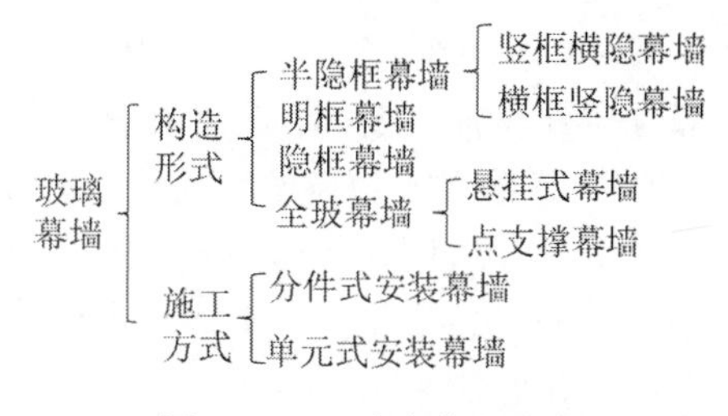

图10.3.1 玻璃幕墙分类

（1）型钢龙骨：型钢做玻璃幕墙的骨架，玻璃镶嵌在铝合金框内，然后再将铝合金框与骨架固定。型钢组合的框架，其网格尺寸可适当加大，但对主要受弯构件，截面不能太小，挠度最大处宜控制在5mm以内。否则将影响铝窗的玻璃安装，也影响幕墙的外观。

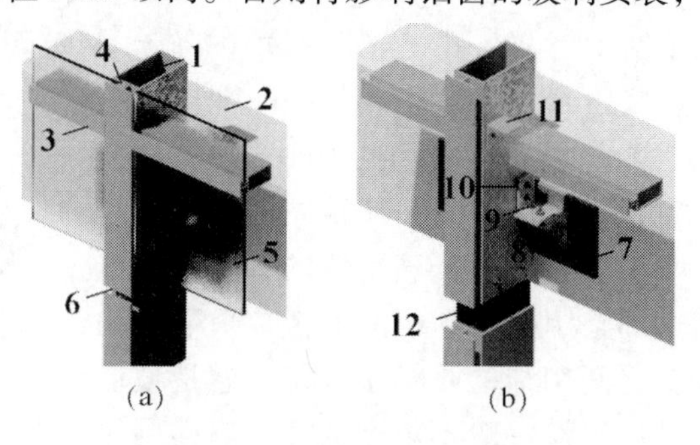

图10.3.2 幕墙构造示意图

（a）明框玻璃幕墙外观；（b）内部构造示意图

1. 立柱；2. 结构构件；3. 横梁；4. 弹性垫条；5. 玻璃；6. 伸缩缝；
7. 预埋件；8. 转接件；9. 钢角码；10. 绝缘垫；11. 铝合金角码；12. 内衬管

（2）铝合金型材龙骨：用特殊断面的铝合金型材作为玻璃幕墙的骨架，玻璃镶嵌在骨架的凹槽内。玻璃幕墙的立柱与主体结构之间，用连接板固定。安装玻璃时，先在立柱的内侧上安铝合金压条，然后将玻璃放入凹槽内，再用密封材料密封。支承玻璃的横梁略有倾斜，目的是排除因密封不严而流入凹槽内的雨水。外侧用一条盖板封住。

2）全隐框玻璃幕墙

全隐框玻璃幕墙构造是在铝合金构件组成的框格上固定玻璃框，玻璃框的上框挂于铝合金框格体系的上横梁，其余三边分别用不同方法固定于立柱及下横梁。玻璃用结构胶预先粘贴在玻璃框上。玻璃框之间用结构密封胶密封。玻璃为各种颜色镀膜镜面反射玻璃，玻璃框及铝合金框格体系均隐在玻璃后面，从外侧看不到铝合金框，形成一个大面积的有颜色的镜面反射幕墙。这种幕墙的全部荷载均由玻璃通过胶传给铝合金框架，因此，结构胶是保证隐框玻璃幕墙安全性的最关键因素。

3）半隐框玻璃幕墙

（1）竖隐横不隐玻璃幕墙。这种玻璃幕墙只有立柱隐在玻璃后面，玻璃安放在横梁的玻璃镶嵌槽内，镶嵌槽外加盖铝合金压板，盖在玻璃外面。一般先在车间将玻璃的两个侧边粘贴在铝合金玻璃框上，玻璃框带有安装沟槽以便于玻璃镶嵌固定。安装时，将玻璃框竖边固定在铝合金框格体系的立柱上；玻璃上、下两横边则固定在铝合金框格体系横梁的镶嵌槽中。由于玻璃与玻璃框的胶缝在车间内加工完成，可以保证材料粘贴表面洁净，玻璃框是在结构胶完全固化后才运往施工现场安装的，因而嵌缝胶的强度也能得到保证。

（2）横隐竖不隐玻璃幕墙。这种玻璃幕墙横向采用结构胶黏接方式固定，在生产车间内制作，结构胶固化后运往施工现场；竖向采用玻璃嵌槽内固定。竖边用铝合金压板固定在立柱的玻璃镶嵌槽内，形成从上到下整片玻璃由立柱压板分隔成长条形的画面。

4）全玻幕墙

前面介绍的几种玻璃幕墙，均属于采用金属骨架支托着玻璃饰面。全玻璃幕墙与前3种的不同点是：玻璃本身既是饰面材料，又是承受自重及风荷载的结构构件。构件支撑形式分为悬挂式、点支撑式、坐地式等。由于大面积玻璃的荷载较大，因而坐地式全玻幕墙适用高度较小。

（1）点式支撑玻璃幕墙。又名点式玻璃幕墙，采用四爪式不锈钢挂件与立柱相焊接，每块玻璃四角在厂家加工钻4个φ20孔，挂件的每个爪与1块玻璃1个孔相连接，即1个挂件同时与4块玻璃相连接，或1块玻璃固定于4个挂件上。

（2）悬挂玻璃幕墙。悬挂玻璃幕墙多见于建筑物底部几层，形成大面积的落地窗，采光面积大，建筑立面的虚实对比强烈，具有鲜明的艺术美感。这种玻璃幕墙的骨架除悬挂结构外，维护结构骨架全部是用玻璃制成的面板及玻璃肋构成，面板之间、面板与肋之间用结构胶粘接固定。悬挂玻璃幕墙的支点在玻璃的上端，下端一般不承受荷载，与楼层保留一定间隙。上部悬挂装置和下部空隙需要在装饰阶段用装饰扣板进行覆盖（图10.3.3）。

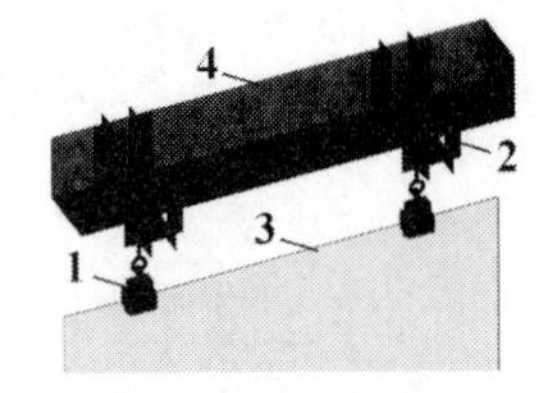

图10.3.3 悬挂幕墙构造示意图

1. 吊夹；2. 型钢吊架；3. 玻璃；4. 结构构件

为了增强玻璃结构的刚度，保证在风荷载下安全稳定，除玻璃应有足够的厚度外，还应设置与面部玻璃呈垂直的玻璃肋，如图10.3.4所示。

面部玻璃与肋玻璃相交部位的处理，其构造形式有三种：肋玻璃布置在面玻璃的两侧（如图10.3.4（a）所示）；肋玻璃布置在面玻璃单侧（如图10.3.4（b）所示）；肋玻璃穿过面玻璃，肋玻璃呈一整块而面玻璃设在两侧（如图10.3.4（c）所示）。

在玻璃幕墙高度和宽度已定的情况下，应通过计算确定玻璃的厚度，单块面积大小，肋玻璃的宽度及厚度，也可按有关计算表格根据经验选择肋玻璃厚度。

2. 玻璃幕墙常用材料

玻璃幕墙所使用的材料，概括起来有骨架材料、面板材料（玻璃）、密封填缝材料、黏结材料和其他小材料这五大类型。幕墙材料应符合国家现行产业标准的规定，并应有出厂合格证。幕墙作为建筑物的外围护结构，经常受自然环境不利因素的影响，要求幕墙材料要有足够的耐候性和耐久性，具备防风雨、防日晒、防盗、防撞击、保温隔热等功能。

玻璃幕墙的这些性能，一方面靠设计来保证，另一方面则由施工来实现。因此，施工

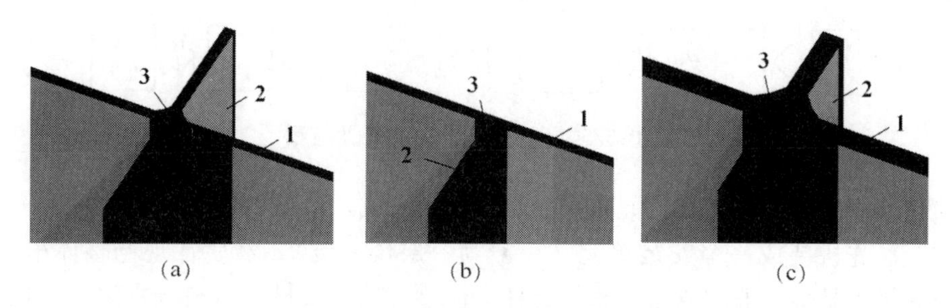

图 10.3.4　悬挂玻璃幕墙侧肋连接方式

（a）双侧玻璃肋；（b）单侧玻璃肋；（c）玻璃肋贯穿

1. 玻璃面板；2. 玻璃肋；3. 密封胶

质量的优劣将直接影响玻璃幕墙的性能及安全。

幕墙无论在加工制作、安装施工中，还是交付使用后，防火都是十分重要的。因此，应尽量采用不燃材料或难燃材料。但目前国内外都有少量材料还是不防火的，如双面胶带、填充棒等。因此，在设计及安装施工中都要加倍注意，并采取防火措施。

玻璃幕墙是用金属构件做骨架、玻璃做面板的建筑幕墙。金属杆件有铝合金、彩色钢板、不锈钢板等。

玻璃是玻璃幕墙的主要材料之一，它直接制约幕墙的各项性能，同时也是幕墙艺术风格的主要体现者。玻璃多采用中空玻璃，它由两片（或两片以上）玻璃和间隔框构成，并带有密闭的干燥空气夹层。结构轻盈美观，并具有良好的隔热、隔音和防结露性能。目前我国已能按不同用途生产不同性能的中空玻璃、夹层玻璃、夹丝（网）玻璃、透明浮砝玻璃、彩色玻璃、防阳光玻璃、钢化玻璃、镜面反射玻璃等。玻璃厚度为 3 ~ 10mm，有无色、茶色、蓝色、灰色、灰绿色等数种。玻璃幕墙的厚度有 6mm、9mm 和 12mm 等多种规格。

隐框和半隐框幕墙所使用的结构硅酮密封胶，必须有性能和与接触材料相容性试验合格报告。接触材料包括铝合金型材、玻璃，双面胶带和耐候硅酮密封胶等。所谓相容性是指结构硅酮密封胶与这些材料接触时，只起黏结作用，而不发生影响黏结性能的任何化学变化。

3. 玻璃幕墙安装施工

1）带框幕墙

玻璃幕墙一般用于高层建筑的整个立面或裙房的四周围护墙体。施工时，先要按设计尺寸排列幕墙的金属间隔框及组合固定件位置，确定中空玻璃的性能要求、外形尺寸和配件等数量。库房备料储存应按编号分堆存放，存放时要垂直放平以防翘曲变形导致玻璃破裂。

安装玻璃幕墙的部位应先进行水平测量和严格找平，安装第一块玻璃幕墙金属隔框时，要严格控制垂直度，以防前后倾斜。安装后先临时固定，经校正后方可正式固定。安装时，用吸盘把中空玻璃两面吸住，稳妥地镶入金属隔框内，随即将嵌条嵌入槽内固定玻璃，然后将胶黏剂挤入槽内，随即将密封带嵌入槽内压平，如胶黏剂外泄，应及时清理干净。安装完毕，当其他工种的工作已不影响玻璃幕墙的保护时，方可清理金属隔框的保护纸。安装时，因其尺寸大且需多人配合安装，故必须搭设适宜的内外脚手架。

施工流程见图 10.3.5。

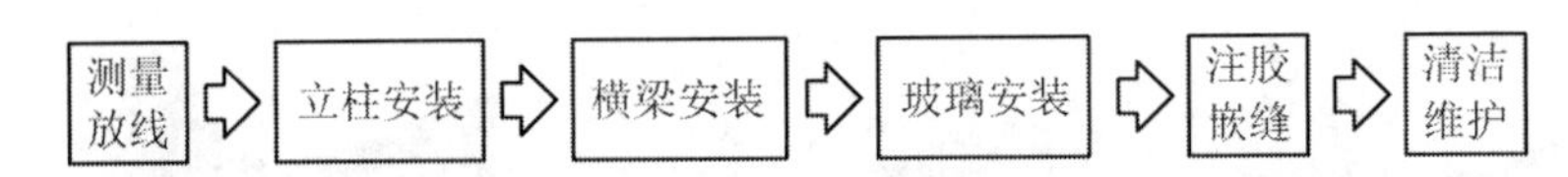

图 10.3.5　全玻璃幕墙施工工艺流程

玻璃幕墙现场安装施工有单元式和分件式两种方式。单元式施工是将立柱、横梁和玻璃板材在工厂先拼装成一个安装单元（一般为一层楼高度），然后在现场整体吊装就位。分件式安装施工是最一般的方法，它将立柱、横梁、玻璃板材等材料分别运到工地，现场逐件进行安装，其主要工序如下：

（1）放线定位：

将骨架的位置弹到主体结构上，目的是确定幕墙安装的准确位置。放线工作应根据土建单位提供的中心线及标高控制点进行。对于由横梁、立柱组成的幕墙骨架，一般先弹出立柱的位置，然后再确定立柱的锚固点。待立柱通长布置完毕，再将横梁弹到立柱上。

根据结构的放线参照点和水准点，按照预埋件布置图，主体结构的轴线和标高进行放线定位。

（2）预埋件检查：

为了保证幕墙与主体结构连接可靠，幕墙与主体结构连接的预埋件应在主体结构施工时按设计要求的数量、位置和方法进行埋设。施工安装前，应检查各连接位置预埋件是否齐全，位置是否符合设计要求。如预埋件遗漏、位置偏差过大、倾斜时，要会同设计单位采取补救措施。

（3）立柱安装：

依据结构基体表面弹出的垂直和水平基准线的位置，进行骨架安装。常采用连接件将骨架与主体结构相连。连接件与主体结构可以通过预埋件或后埋锚栓固定，但当采用后埋锚栓固定时，应通过试验确定其承载力。骨架安装一般先安装立柱（因为立柱与主体结构相连），再安装横梁。将立柱上的连接部件装配就位。依据水平线调整好立柱的标高位置后，用螺栓临时固定；然后调整立柱与楼层标高线及楼面轴线的相对位置，并校核其垂直度，满足要求后将螺栓拧紧并点焊固定。立柱安装按照从下至上的顺序进行。

钢框架立柱定位应尽量考虑与窗间墙和柱的关系。尽可能与墙柱轴线重合。横梁应尽量与楼板和梁平齐。立柱与主体结构之间一般通过镀锌角钢与结构上的预埋件焊接固定，或者采用膨胀螺栓固定。

镀锌角钢对称布置在立柱两侧，角钢的一条肢与主体连接，另一条肢通过不锈钢螺栓与立柱固定。当立柱材质为铝合金时，角钢与立柱之间应加设绝缘垫片，避免发生电化学腐蚀。

立柱接长时，上下立柱间应留不小于15mm的缝隙。闭口型材用长度不小于250mm的芯柱套接，芯柱与立柱间采用机械连接固定。开口型材的上下柱可采用等强度型材机械连接。

（4）横梁安装：

横梁安装前，现将横梁两端的连接件和橡胶垫固定在两侧立柱的设计位置。橡胶垫可以提供横梁的可伸缩变形余地和防止其与立柱间产生摩擦噪音，因而不能遗漏。同一层的横梁应从下而上进行安装，一层安装完成后，应对其进行检查、调整和校正。相邻两根横梁的标高偏差不大于2mm；同一根横梁两端标高偏差，当长度不大于35m时，不应超过5mm；当长度大于35m时，不应大于7mm。横梁与立柱的连接依据其材料不同，可以采用焊接、螺栓连接、穿插件连接或用角码连接等方法。

随后，检查立柱上的角码位置是否正确，横梁与立柱是否垂直；立柱与横梁之间不应采用直接顶接，应保留3mm的间隙或设置柔性垫片，并用耐候密封胶密封。

如果是全玻璃安装，则应首先将玻璃的位置弹到地面上，再根据外缘尺寸确定锚固点。放线是玻璃幕墙施工中技术难度较大的一项工作，应充分了解幕墙设计施工图纸的内容和设计意图后，由具备丰富的实践经验安装人员施工。

（5）玻璃安装：

由于玻璃幕墙的类型不同，其方法也各不相同。钢骨架，因型钢没有镶嵌玻璃的凹槽，多用窗框过渡，将玻璃安装在铝合金窗框上，再将窗框与骨架相连；铝合金型材的幕墙框架，在成型时，已经将固定玻璃的企口随同整个断面一次挤压成型，可以直接安装玻璃。玻璃与硬金属之间，应避免直接接触，要用封缝材料过渡。对隐框玻璃幕墙，在玻璃框安装前应对玻璃及四周的铝框进行清洁，保证嵌缝耐候胶能可靠黏结。镀膜玻璃在安装前应粘贴保护膜加以保护，交工前再全部撕去。

（6）密缝处理：

玻璃或玻璃组件安装完毕后，必须及时用耐候密缝胶嵌缝密封，以保证玻璃幕墙的气密性、水密性等性能。

（7）清洁维护：

玻璃幕墙安装完成后，应从上到下用中性清洁剂对幕墙表面及外露构件进行清洁，清洁剂使用前应进行腐蚀性检验，证明对铝合金和玻璃无腐蚀作用后方可使用。

2）全玻璃幕墙——悬挂玻璃幕墙

施工流程见图10.3.6。

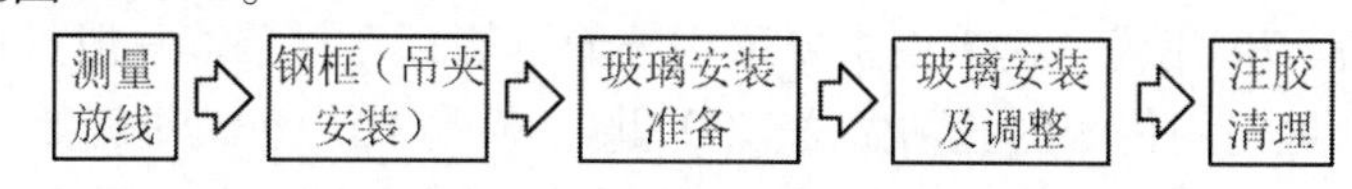

图10.3.6 全玻璃幕墙施工工艺流程

主要施工工序及施工方法如下：

① 测量放线。根据施工图纸在结构基体表面确定安装位置，并弹出基准线。并校核预埋件位置，如果不满足安装位置要求，应根据设计意见进行调整和加固处理。

② 钢框及吊夹安装。如果施工需要可设置安装操作平台，以满足玻璃面板的吊运和安装，其安全性和稳定性应经过验算，设计方案应经过审核。安装前应先检查钢框的质量，并确定吊夹的数量和间距，检验合格后进行安装固定。

③ 玻璃面板安装准备。这一步骤非常关键，能够尽量避免施工过程出现差错，并造成损失。一个方面，对玻璃面板进行检查：玻璃边缘（特别是外露玻璃的边缘）应倒棱并打磨细致，不应出现崩边、小气泡、斑点或条纹；划痕长度应小于35mm，且不得超过一条。另一方面，应检查钢框的尺寸、吊夹的数量和位置、吊夹连接固定是否符合要求等。此外，安装部位应进行清理，保持洁净；玻璃存放于干燥通风，并接近安装部位的地方；堆放要稳固，不得与地面和墙面直接接触，应用软质材料隔开。

④ 玻璃安装和调整。在钢框的槽口内按照设计间距安装橡胶垫板，然后用吸盘吊升玻璃，先装入上端槽口，再插入下端槽口。面板安装完成后，应及时安装玻璃肋板。将面板、肋板的水平度、垂直度调整到位。先将上部吊夹与玻璃固定连接，然后对玻璃的安装进行微调。每个吊夹应位于一个平面内，并且受力均匀。玻璃嵌入槽口的深度和间隙应符合质量要求。玻璃安装后，及时做标记，以防碰撞。

⑤ 注胶和清理。玻璃安装完毕后，应及时清理和注胶。由于大块玻璃的变形会影响注胶质量，因此，应先采用临时固定件将玻璃固定好，在无固定件位置注胶，待其固化后拆除临时固定件，再次注胶。

10.3.2 铝合金板幕墙

铝合金板（以下简称铝板）幕墙强度高、质量轻；易于加工成型、精度高、生产周期短；防火防腐性能好；装饰效果典雅庄重、质感丰富，是一种高档次的建筑外墙装饰。但铝板幕墙节点构造复杂、施工精度要求高，必须有完备的工具和经过培训有经验的工人才能操作完成。

铝板玻璃幕墙主要由铝合金板和骨架组成，骨架的立柱、横梁通过连接件与主体结构固定。铝合金板可选用已生产的各种定型产品，也可根据设计要求，与铝合金型材生产厂家协商定做。承重骨架由立柱和横梁拼成，多为铝合金型材或型钢制作。铝板与骨架用连接件连成整体，根据铝板的截面类型，连接件可以采用螺钉，也可采用特制的卡具。

铝板幕墙的主要施工工序为：放线定位→连接件安装→骨架安装→铝板安装→收口处理。

铝板幕墙安装要求控制好安装高度、铝板与墙面的距离、铝板表面垂直度。施工后的幕墙表面应做到表面平整、连接可靠，无翘起、卷边等现象。

10.3.3 石材幕墙

在 20 世纪 50 ~ 70 年代，建筑中主要采用玻璃幕墙，石材幕墙一般只在裙房部分作为基座采用。施工中也使用传统的挂粘做法。20 世纪 80 年代，建筑中开始大规模采用干挂石材工艺，用不锈钢的挂件直接固定石板，石板之间用密封胶嵌缝。这种施工方法可使石材更能适应温度和主体结构位移的影响，而且工艺简单，因此迅速获得推广使用。干挂石材的实墙面与玻璃的虚墙面混合使用，虚实对比的效果充分体现了建筑的美感。因此石材与玻璃、铝板成为 20 世纪 80 年代 ~ 90 年代幕墙的三大主要面板材料。

石材为天然材料，力学离散性大；石材本身会有很多微裂缝，随时间推移裂缝会有所发展；石材重量大，固定困难；另外，石材是脆性材料。基于以上原因，石材幕墙必须精心设计、精心施工，且要留有一定的安全储备，以保证其质量和安全。

干挂石材的尺寸一般在 $1m^2$ 以内，块材较小，厚度为 20 ~ 30mm，常用 25mm。干挂石材可以安放在钢型材或铝合金型材的横梁和立柱上，与玻璃幕墙、金属饰面板幕墙的安装构造类似。另外，在实体结构墙上（如钢筋混凝土墙），石材也可以直接通过金属件与结构墙体连接，每块石材单独受力，各自工作。

10.3.4 框架式玻璃幕墙工程的质量要求及检验方法

1. 检验批

（1）相同设计材料工艺和施工条件的幕墙工程每 500 ~ $1000m^2$ 应划分为一个检验批，

不足500m²也应划分为一个检验批；

（2）同一单位工程的不连续的幕墙工程应单独划分检验批；

（3）对于异型或有特殊要求的幕墙检验批的划分应根据幕墙的结构工艺特点及幕墙工程规模由监理单位或建设单位和施工单位协商确定。

2. 检查数量

（1）每个检验批每100m²应至少抽查一处每处不得小于10m²；

（2）对于异型或有特殊要求的幕墙工程，应根据幕墙的结构和工艺特点，由监理单位或建设单位和施工单位协商确定。

3. 质量要求及检验方法

每平方米玻璃的表面质量和检验方法应符合表10.3.1和表10.3.2的规定。

表10.3.1　每平方米玻璃的表面质量和检验方法

项次	项目	质量要求	检查方法
1	明显划伤和长度>100mm的轻微划伤	不允许	观察
2	长度≤100mm的轻微划伤	≤8条	用钢尺检查
3	擦伤总面积	≤500mm²	用钢尺检查

表10.3.2　幕墙框架施工质量要求及检验方法

项次	项目	规格	允许误差/mm	检查方法
1	幕墙横向构件水平度	幅宽≤35mm	5	水平仪
		幅宽>35mm	7	
2	分格框对角线差	对角线≤2000mm	3	对角线尺或钢卷尺
		对角线>2000mm	3.5	

10.4　涂饰工程

涂饰工程是将涂料或油漆涂敷于物体表面的施工过程。涂料能够与基体材料黏结并形成完整而坚韧的保护膜，从而既可以保护被涂物免受外界侵蚀，又可起到建筑装饰的效果。涂饰工程包括油漆涂饰和涂料涂饰两类。

10.4.1　油漆涂饰

油漆是一种胶结用的胶体溶液，主要由胶黏剂、溶剂（稀释剂）及颜料和其他填充料或辅助材料（如催干剂、增塑剂、固化剂）等组成。胶黏剂常用桐油、梓油和亚麻仁油及树脂等，是硬化后生成漆膜的主要成分。溶剂用于稀释油漆涂料，常用的有松香水、酒精及溶剂油（代松香水用），溶剂掺量过多，会使油漆的光泽不耐久。如需加速油漆的干燥，可加入少量的催干剂，但掺量太多会使漆膜变黄、发软或破裂。颜料除使涂料具有色彩外，尚能起充填作用，能提高漆膜的密实度，减小收缩，改善漆膜的耐水性和稳定性。

由于油漆和涂料的品种繁多，使用时应按其性能和用途认真选择，并结合相应的施工工艺，以取得良好效果。选择涂料应注意配套使用，使底漆和腻子、腻子与面漆、面漆与罩光漆之间的形成良好的附着力。

1．建筑工程常用的油漆涂料

（1）清油。多用于调配厚漆和红丹防锈漆，也可单独涂刷于金属、木料表面或用于打底子及调配腻子，但漆膜柔软、易发黏。

（2）厚漆（又称铅油）。有红、白、淡黄、深绿、灰、黑等色，漆胶膜较软。使用时需加清油、松香水等稀释。与面漆黏结性好，但干燥慢，光亮度、坚硬性较差。可用于各种涂层打底或单独做表面涂层，亦可用来调配色油和腻子。

（3）调和漆。分油性和瓷性两类。油性调和漆的漆膜附着力强，耐大气作用好，不易粉化、龟裂，但干燥时间长，漆膜较软，适用于室内外金属及木材、水泥表面层涂刷。瓷性调和漆则漆膜较硬，光亮平滑，耐水洗，但耐气候性差，易失光、龟裂和粉化，故仅适宜于室内面层涂刷。有大红、奶油、白、绿、灰黑等色。

（4）红丹油性防锈漆和铁红油性防锈漆。用于各种金属表面防锈。

（5）清漆。分油质清漆和挥发性清漆两类。油质清漆又称凡立水，常用的有酯胶清漆、酚醛清漆、醇酸清漆等。漆膜干燥快，光泽透明，适于木门窗、板壁及金属表面罩光。挥发性清漆又称泡立水，常用的有漆片，漆膜干燥快、坚硬光亮，但耐水、耐热、耐大气作用差，易失光，多用于室内木质面层打底和家具罩面。

（6）聚醋酸乙烯乳胶漆。是一种性能良好的新型涂料和墙漆，以水做稀释剂，无毒安全，适用于高级建筑室内抹面、木材面和混凝土的面层涂刷，亦可用于室外抹灰面。其优点是漆膜坚硬平整，附着力强，干燥快，耐曝晒和水洗，墙面稍经干燥即可涂刷。

此外，尚有硝基外用、内用清漆、硝基纤维漆素、丙烯酸瓷漆及耐腐蚀油漆等。

2．油漆涂饰施工

油漆施工包括基层准备、打底子、刮腻子和涂刷油漆等工序。

1）基层准备

① 混凝土及水泥砂浆抹灰基层：应满刮腻子、砂纸打光，表面应平整光滑、线角顺直。

② 纸面石膏板基层：应按设计要求对板缝、钉眼进行处理后，满刮腻子、砂纸打光。

③ 清漆木质基层：表面应平整光滑、颜色协调一致、表面无污染、裂缝、残缺等缺陷。

④ 调和漆木质基层：表面应平整光滑、无严重污染。

⑤ 金属基层：应进行除锈和防锈处理。

基层如为混凝土和抹灰层，涂刷溶剂型涂料时，含水率不得大于8%；涂刷水性涂料时，含水率不得大于10%。基层为木质时，含水率不得大于12%。

2）打底子

在处理好的基层表面上刷底子油一遍（可适当加色），并使其厚度均匀一致。目的是使基层表面有均匀吸收色料的能力，以保证整个油漆面的色泽均匀一致。

3）抹腻子

腻子是由涂料、填料（石膏粉、大白粉）、水或松香水等拌制成的膏状物。抹腻子的目的是使表面平整。对于高级油漆需在基层上全面抹一层腻子，待其干后用砂纸打磨，然后再满抹腻子，再打磨，至表面平整光滑为止。有时还要和涂刷油漆交替进行。

腻子磨光后，待表面清理干净，再涂刷一道清漆，以便节约油漆。所用腻子，应按基层、底漆和面漆的性质配套选用。

4）涂刷油漆

木料表面涂刷混色油漆，按操作工序和质量要求分为普通、中级、高级三级。金属面涂刷也分三级，但多采用普通或中级油漆；混凝土和抹灰表面涂刷只分为中级、高级二级。

油漆涂刷方法有喷涂、滚涂、刷涂、擦涂及揩涂等。方法的选用与涂料有关，应根据涂料能适应的涂漆方式和现有设备来选定。

（1）喷涂法：是用喷雾器或喷浆机将油漆喷射在物体表面上。喷枪压力宜控制在0.4～0.8N/mm^2范围内。喷涂时喷枪与墙面应保持垂直，距离宜在500mm左右，匀速平行移动。

两行重叠宽度宜控制在喷涂宽度的1/3范围内。一次不能喷得过厚，要分几次喷涂。其优点是工效高，漆膜分散均匀，平整光滑，干燥快；缺点是油漆消耗量大，需要喷枪和空气压缩机等设备，施工时还要注意通风、防火、防爆。

（2）滚涂法：是将蘸取漆液的毛辊（用羊皮、橡皮或其他吸附材料制成）先按W字形方式运动将涂料大致涂在基层上，然后用不蘸取漆液的毛辊紧贴基层上下、左右来回滚动，使漆液均匀展开，最后用蘸取漆液的毛辊按一定方向满滚一遍。阴角及上下口宜采用排笔刷涂找齐。滚涂法适用于墙面滚花涂刷，可用较稠的油漆涂料，漆膜均匀。

（3）刷涂法：是用鬃刷刷蘸油漆涂刷在表面上。宜按先左后右、先上后下、先难后易、先边后面的顺序施工。其设备简单、操作方便，用油省，且不受物件大小形状的影响。但工效低，不适于快干和扩散性不良的油漆施工。

（4）擦涂法：是用棉花团外包纱布蘸油漆在表面上擦涂，待漆膜稍干后再连续转圈揩擦多遍，直到擦亮均匀为止。此法漆膜光亮、质量好，但效率低。

（5）揩涂法：仅用于生漆涂刷施工，是用布或丝团浸油漆在物体表面上来回左右滚动，反复搓揩，达到漆膜均匀一致。

在油漆时，后一遍油漆必须待前一遍油漆干燥后进行。每遍油漆都应涂刷均匀，各层必须结合牢固，干燥得当，以达到均匀而密实。如果干燥不当，会造成涂层起皱、发黏、麻点、针孔、失光、泛白等。

一般油漆工程施工时的环境温度不宜低于10℃（适宜温度为10℃～35℃），相对湿度不宜大于60%，并应注意通风换气和防尘。当遇有大风、雨、雾天气时，不可施工。

10.4.2 涂料涂饰

涂料的品种繁多，按照不同的分类方法包括以下产品类型：

按装饰部位不同有：内墙涂料、外墙涂料、顶棚涂料、地面涂料及屋面防水涂料等。

按成膜物质不同分为：油性涂料（也称油漆）、有机高分子涂料、无机高分子涂料、有机无机复合涂料。

按分散介质的不同分为：溶剂型涂料，传统的油漆就属于这种涂料；水溶性涂料，是以水分为分散介质，以水溶性高聚物作为成膜物质（如聚乙烯醇水玻璃涂料，即106涂料），这种涂料耐水性差；水乳型涂料，它也是以水为介质，以各种不饱和单体烃浮液聚合得到的乳液为基础，配合各种颜色填料和助剂后就成为水乳型涂料。

按成膜质感可分为：薄质涂料（一般用刷涂法施工）、厚质涂料（一般用滚涂、喷涂、刷涂法施工）和复层建筑涂料（一般用分层喷塑法施工，包括封底涂料、主层涂料、罩面涂料）。

按涂料功能分类有：装饰涂料、防火涂料、防水涂料、防腐涂料、防霉涂料及防结露涂料等。

1. 新型外墙涂料

1）JDL-82A 着色砂丙烯酸系建筑涂料

【特点及适用性】

该涂料由丙烯酸系乳液，人工着色石英砂及各种助剂混合而成。其特点是结膜快，耐污染、耐褪色性能良好，色彩鲜艳，质感丰富，黏结力强。适用于混凝土、水泥砂浆、石棉水泥板、纸面石膏板、砖墙等基层。

【施工方法】

施工时，先处理好基层。喷涂前将涂料搅拌均匀，加水量不得超过涂料质量的 5%，喷涂厚度要均匀，待第一遍干燥后再喷第二遍。喷涂机具采用喷嘴孔径为 5 ~ 7mm 的喷斗，喷斗距离墙面 300 ~ 400mm，空气压缩机的压力为 0. 5 ~ 0. 7MPa。

2）彩砂涂料

【特点及适用性】

彩砂涂料是丙烯酸树脂类建筑涂料的一种，有优异的耐候性、耐水性、耐碱性和保色性等，将逐步取代一些低劣的涂料产品，如 106 涂料等。从耐久性和装饰效果看，它是一种中、高档涂料。采用着色骨料代替一般涂料中的颜料、填料，从根本上解决了褪色问题。同时，着色骨料由于是高温烧结、人工制造，可做到色彩鲜艳、质感丰富。彩砂涂料所用的合成树脂乳液涂料的耐水性、成膜温度、与基层的黏结力、耐候性等都有所改进，从而提高了涂料的质量。

【施工方法】

基层要求平整、洁净、干燥，应用 107 或 108 胶水泥腻子找平。在大面积墙面上喷涂彩砂涂料时，均应弹线做分格缝，以便于涂料施工接搓。

喷涂时，喷斗要把握平稳，出料口与墙面垂直，距离约 400 ~ 500mm，空气压缩机压力保持在 0. 6 ~ 0. 8MPa，喷嘴直径以 5mm 为宜。喷涂后用胶辊滚压两遍，把悬浮石粒压入涂料中，使饰面密实平整，观感好。然后隔 2h 左右再喷罩面胶两遍，使石粒黏结牢固，不致掉落。风雨天不宜施工，防止涂料被风吹跑或被雨水冲淋走。

3）丙烯酸有光凹凸乳胶漆

【特点及适用性】

此涂料以有机高分子材料苯乙烯、丙烯酸酯乳液为主要胶黏剂，加上不同颜料、填料和集料而制成的厚质型和薄质型两部分涂料。厚质型涂料是丙烯酸凹凸乳胶底漆；薄质型涂料是各色丙烯酸有光乳胶漆。丙烯酸凹凸乳胶漆具有良好的耐水性和耐碱性。

【施工方法】

涂饰的方法有两种：一种是在底层上喷一遍凹凸乳胶底漆，经过辗压后再喷 1 ~ 2 遍各色丙烯酸有光乳胶漆；另一种方法是在底层上喷一遍各色丙烯酸有光乳胶漆，等干后再喷涂丙烯酸凹凸乳胶底漆，然后经过辗压显出凹凸图案，等干后再罩一层苯 - 丙乳液。这样，便可在外墙面显示出各种各样的花纹图案和美丽的色彩，装饰质感甚佳。施工温度要求在 5℃ 以上，不宜在大风雨天施工。

4）JH80-1 无机高分子外墙涂料

【特点及适用性】

该涂料为碱金属硅酸盐系无机涂料，以硅酸钾为胶黏剂，掺入固化剂、填充料、分散剂、着色剂等制成的水溶性涂料。可在常温和低温条件下成膜，耐水、耐酸碱、耐污染，附着力好，遮盖力强，适用于混凝土预制板、水泥砂浆、石棉板等基层，也可用于室内装饰。

【施工方法】

要求基层含水率不大于10%，有足够的强度，表面洁净。涂料使用前应搅拌均匀，使用中不得随意加水，施工可用刷涂和喷涂。由于涂料干燥快，刷涂应勤蘸短刷，涂刷方向和长短要一致，接搓必须设在分格处，一般涂刷两遍成活，施工后24h内应避免雨淋。喷涂一般是一遍成活，喷嘴距墙面500mm，并应与墙面垂直，以防流坠和漏喷。

5）JH80-2 无机高分子外墙涂料

该涂料是以胶体二氧化硅为主要胶黏剂，掺入成膜助剂、填充剂、着色剂、表面活性剂等混合搅拌均匀，再经研磨而成的单组分水溶性涂料。具有耐酸碱、耐沸水、耐冻融、不产生静电和耐污染等性能。以水为分散介质，适宜刷涂，也可喷涂。

2. 新型内墙涂料

1）双效纳米瓷漆

这是一种最新推出的新型装饰材料，可替代传统腻子粉及乳胶漆涂料。这种具有国内领先水平的双效纳米瓷漆可广泛用于室内各种墙体壁面的装饰装修。

双效纳米瓷漆属国家大力提倡推广的绿色建材产品。其施工工艺简单，只需加清水调配均匀成糊状，刮涂两遍（第二遍收光）打底做面一次完成，墙面干后涂刷一遍耐污剂就大功告成。双效纳米瓷漆耐水耐脏污性能好、硬度强、黏结度高、附着力强，墙面用指甲和牙签刮划不留痕迹。

利用纳米材料亲密无间的结构特点，采用荷叶双疏（疏水、疏油）滴水成珠机理研制出的双效纳米瓷漆，用于外墙刮底，可以解决开裂、脱漆的难题。

2）乳胶漆

乳胶漆是以合成树脂乳液为主要成膜物质，加入颜料、填料以及保护胶体、增塑剂、耐湿剂、防冻剂、消泡剂、防霉剂等辅助材料，经过研磨或分散处理而制成的乳液型涂料。

乳胶漆作为内外墙涂料可以洗刷，易于保持清洁，安全无毒，操作方便，涂膜透气性和耐碱性好，适于混凝土、水泥砂浆、石棉水泥板、纸面石膏板等各种基层，可采用喷涂和刷涂施工。

3）喷塑涂料

喷塑涂料是以丙烯酸酯乳液和无机高分子材料为主要成膜物质的有骨料的建筑涂料（又称“浮雕涂料”或“华丽喷砖”）。它是用喷枪将其喷涂在基层上，适用于内、外墙装饰。

喷塑涂层结构分为底油、骨架、面油三部分。底油是涂布乙烯－丙烯酸酯共聚乳液，既能抗碱、耐水，又能增强骨架与基层的黏结力；骨架是喷塑涂料特有的一层成型层，是主要构成部分，用特制的喷枪、喷嘴将涂料喷涂在底油上，再经过滚压形成主体花纹图案；

面油是喷塑涂层的表面层，面油内加入各种耐晒彩色颜料，使喷塑涂层带有柔和的色彩。

喷塑涂料可用于水泥砂浆、混凝土、水泥石棉板、胶合板等面层上，按喷嘴大小分为小花、中花、大花，施工时应预先做出样板，经选定后方可进行。其施工工艺为：基层处理→贴分格条→喷刷底油→喷点料（骨架层）→压花→喷面油→分格缝上色。

4）JHN84-1 耐擦洗内墙涂料

该涂料是一种黏结度较高又耐擦洗的内墙无机涂料，它以改性硅酸钠为主要成膜物质，成膜物是无机高分子聚合物，掺入少量成膜助剂和颜料等。它以水为分散介质，操作方便，耐擦洗、耐老化、耐高温、耐酸碱，价格便宜，适用于住宅及公共建筑内墙装饰。

可喷涂、刷涂和滚涂施工，施工时要防暴晒和雨淋。

5）其他内墙涂料

如改进型 107 耐擦洗内墙涂料及 SJ-803 内墙涂料等，属聚乙烯醇类水溶性内墙涂料，是介于大白色浆与油漆和乳胶漆之间的品种，其特点是不掉粉、无毒、无味、施工方便，原材料资源丰富，是目前使用较多的一种内墙涂料。

10.5 裱糊工程

10.5.1 常用材料

裱糊就是将壁纸、墙布用胶黏剂裱糊在基体表面上的施工过程。壁纸是室内装饰中常用的一种装饰材料，广泛用于墙面、柱面及顶棚的裱糊装饰。裱糊工程常用的材料有塑料壁纸、墙布、金属壁纸、草编壁纸和胶黏剂等。壁纸种类见表 10.5.1 所示。

表 10.5.1 壁纸的分类及特点

序号	分类	种类	产品品种和特点
1	壁纸	普通壁纸	以木浆纸作为基材，表面再涂以约 100g/m^{2}的高分子乳液，经印花、压花而成。这种壁纸花色品种多，耐用，适用面广，价格低廉，耐光、耐老化、耐水擦洗，便于维护
		发泡壁纸	以木浆纸做基材，涂刷 300 ~ 400g/m^2 掺有发泡剂的聚氯乙烯糊状料，印花后，再经加热发泡而成。壁纸表面呈凹凸花纹，立体感强，装饰效果好，并富有弹性。这类壁纸又有高发泡印花、低发泡印花、压花等品种
		草编壁纸	以天然的草、竹、麻等作为编织物的面料。草编料预先染成不同的颜色和色调，用不同的密度和排列编织，再与底纸贴合，可得到各种不同外观的草编面料壁纸。这种壁纸形成的图案使人更贴近大自然，顺应了人们返朴归真的趋势，并有温暖感。缺点是较易受机械损伤，不能擦洗，保养要求高
		特种壁纸	耐水壁纸、防火壁纸、金属壁纸等，金属壁纸面层为铝箔，由胶黏剂与底层贴合。金属壁纸有金属光泽，金属感强，表面可以压花或印花。其特点是强度高、不易破损、不会老化、耐擦洗、耐沾污、是一种高档壁纸
2	壁布	玻璃纤维壁布	壁布的基材为玻璃纤维织物，表面以树脂乳液涂覆后再印刷。由于这类织物表面粗糙，印刷的图案也比较粗糙，装饰效果较差。
		棉纤维壁布	基材为面纤维织物
		化学纤维壁布	基材化学纤维织物
		无纺布	基材为合成纤维无纺布

10.5.2　质量要求

对壁纸的质量要求如下：

壁纸应整洁、图案清晰。印花壁纸的套色偏差不大于1mm，且无漏印。压花壁纸的压花深浅一致，不允许出现光面。此外，其褪色性、耐磨性、湿强度、施工性均应符合现行材料标准的有关规定。材料进场后经检验合格方可使用。

运输和储存时，所有壁纸均不得日晒雨淋，压延壁纸应平放，发泡壁纸和复合壁纸则应竖放。胶黏剂应根据壁纸的品种选用。

10.5.3　塑料壁纸的裱糊施工

1. 材料选择

塑料壁纸的选择包括选择壁纸的种类、色彩和图案花纹。选择时应综合考虑建筑物的用途、保养条件、有无特殊要求、造价等因素。

胶黏剂应有良好的黏结强度和抗老化性，以及防潮、防霉和耐碱性，干燥后也要有一定的柔性，以适应基层和壁纸的伸缩。

商品壁纸胶黏剂有液状和粉状两种。液状的大多为聚乙烯醇溶液或其部分缩醛产物的溶液及其他配合剂，粉状的多以淀粉为主。液状胶黏剂的使用方便，可直接使用，粉状的胶黏剂则需按说明配制。用户也可自行配制胶黏剂。

2. 基层处理

基层处理好坏对整个壁纸粘贴质量有很大的影响。各种墙面抹灰层只要具有一定强度，表面平整光洁，不疏松掉面都可直接粘贴塑料壁纸。

对基层总的要求是表面坚实、平滑、基本干燥，无毛刺、砂粒、凸起物、剥落、起鼓和大的裂缝，否则应做适当的基层处理。

批嵌视基层情况可局部批嵌，凸出物应铲平，并填平大的凹槽和裂缝；较差的基层则宜满批。干后用砂纸磨光磨平。批嵌用的腻子可自行配制。

为防止基层吸水过快，引起胶黏剂脱水而影响壁纸黏结，可在基层表面刷一道用水稀释的108 胶作为底胶进行封闭处理。刷底胶时，应做到均匀、稀薄、不留刷痕。

3. 粘贴施工要点

（1）弹垂直线。为使壁纸粘贴的花纹、图案、线条纵横连贯，在底胶干后，应根据房间大小，门窗位置、壁纸宽度和花纹图案进行弹线，从墙的阴角开始，以壁纸宽度弹垂直线，作为裱糊时的操作准线。

（2）裁纸。裱糊壁纸时，纸幅必须垂直，才能保证壁纸之间花纹、图案纵横连贯一致。分幅拼花裁切时，要照顾主要墙面花纹的对称完整。对缝和搭缝应按实际弹线尺寸统筹规划，纸幅要编号，并按顺序粘贴。裁切的一边只能搭缝，不能对缝。裁边应平直整齐，不得有纸毛、飞刺等。

（3）湿润。以纸为底层的壁纸遇水会受潮膨胀，约5～10min 后胀足，干燥后又会收缩。因此，施工前，壁纸应浸水湿润，充分膨胀后粘贴上墙，可以使壁纸贴得平整。

（4）刷胶。胶黏剂要求涂刷均匀、不漏刷。在基层表面涂刷胶黏剂应比壁纸刷宽20～30mm，涂刷一段，裱糊一张。如用背面带胶的壁纸，则只需在基层表面涂刷胶黏剂。裱糊顶棚时，基层和壁纸背面均应涂刷胶黏剂。

（5）裱糊。裱糊施工时，应先贴长墙面，后贴短墙面，每个墙面从显眼的墙角以整幅纸开始，将窄条纸的现场裁切边留在不显眼的阴角处。裱糊第一幅壁纸前，应弹垂直线，作为裱糊时的准线。第二幅开始，先上后下对缝裱糊。对缝必须严密，不显接搓，花纹图案的对缝必须端正吻合，拼缝对齐后，再用刮板由上向下赶平压实。挤出的多余胶黏剂用湿棉丝及时揩擦干净，不得有气泡和斑污，上下边多出的壁纸用刀切齐。每次裱糊 2 ~ 3 幅后，要吊线检查垂直度，以免造成累积误差。阳角转角处不得留拼缝，基层阴角若不垂直，一般不做对接缝，改为搭缝。裱糊过程中和干燥前，应防止穿堂风劲吹和温度的突然变化。冬期施工，应在采暖条件下进行。

（6）清理修整。整个房间贴好后，应进行全面细致的检查，对未贴好的局部进行清理修整，要求修整后不留痕迹。

10.6 吊顶工程

10.6.1 吊顶分类

吊顶是悬挂于结构顶板的房间装饰顶面，由于其与结构顶板之间有一定的悬吊空间，能够起到保温、隔热、隔声的作用，同时也为空调、强弱电设备管线布设提供便利条件，并且不影响室内装饰效果。吊顶按照安装方式分为固定式和活动式两类；安装面板的材质分为石膏板吊顶、埃特板吊顶、硅钙板吊顶、金属吊顶等形式；安装龙骨的材质分为木龙骨吊顶、轻钢龙骨吊顶、铝合金龙骨吊顶等（图 10. 6. 1）。按照龙骨是否可见的外观特征分为明龙骨吊顶、暗龙骨吊顶、开敞式吊顶等；见图 10. 6. 2 和图 10. 6. 3。

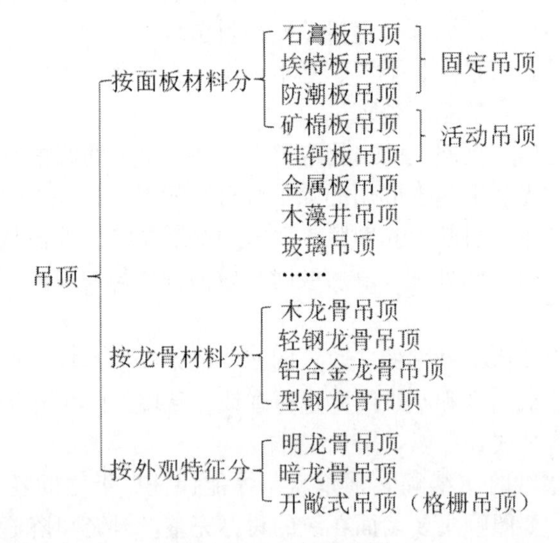

图 10. 6. 1　吊顶分类

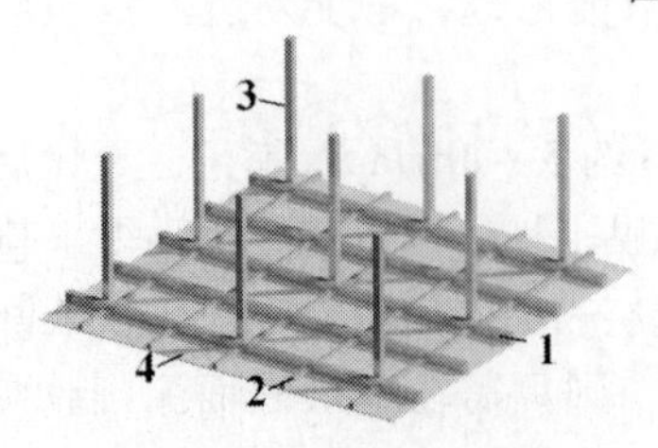

图 10. 6. 2　木龙骨吊顶

1. 主龙骨；2. 次龙骨；3. 吊杆；4. 面板

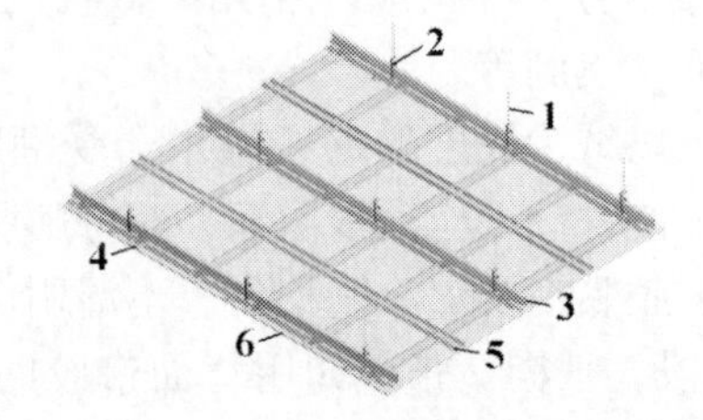

图 10. 6. 3　轻钢龙骨吊顶

1. 吊杆；2. 次龙骨；3. 吊杆；4. 面板

10.6.2 吊顶常用材料及要求

1. 龙骨材料

龙骨时吊顶的一个关键性材料，起支撑作用。按材料分为木龙骨、轻钢龙骨、铝合金龙骨、型钢龙骨等。

（1）木龙骨。优点：加工容易、施工方便，适宜各种造型，但是防火性能差。分主龙骨、次龙骨、横撑龙骨。规格从（20mm×30mm）～（60mm×80mm）。

（2）轻钢龙骨。轻钢龙骨采用的部件都是标准规格，施工速度快、防火性能好，但不能适应复杂的造型，是最常用的的吊顶骨架形式。按照断面形式可分为U型、T型、C型、L型等类型。按照荷载类型分为U60系列、U50系列、U38系列等几类。

（3）铝合金吊顶。铝合金龙骨不易锈蚀，但刚度较差而易变形。常常与活动面板配合使用，次龙骨多采用T型和L型，既可以具有承担吊顶面板的承重功能，又是面板的封边和压条。常用产品系列有U60系列、U50系列和U38系列。

2. 面板材料

（1）纸面石膏板。是在建筑石膏中加入少量胶粘剂、纤维、泡沫剂等与水拌合后连续浇筑在两层护面纸之间，再经辊压、凝固、切割、干燥而成。主要分为纸面石膏板和装饰石膏板两类。

（2）埃特板。是一种纤维增强硅酸盐平板，具有很好的强度和耐久性。主要原料是水泥、植物纤维和矿物质，经流浆法高温蒸压而成，主要用作建筑材料。

（3）防潮板。是在基材的生产过程中加入一定比例的防潮粒子，又名三聚氰胺板，可以大大降低板材遇水膨胀的程度，并具有良好的防潮性能。

（4）矿棉板。以矿棉为主要原料，加入适量的添加剂如轻质钙粉、立德粉、海泡石、骨胶、絮凝剂等，加工而成。具有吸声、不燃、隔热、抗冲击、抗变形的优良性能。

（5）金属板、金属格栅。多以不锈钢、防锈铝板、电化铝板等为基材，进一步加工而成。有方形板材、板条和造型板等形式。

10.6.3 吊顶的施工工艺流程及施工方法

1. 施工工艺流程

吊顶主要吊杆、龙骨、面板三部分组成。各种类型的吊顶施工一般按照自上而下的顺序进行。其施工工艺流程见图10.6.4。

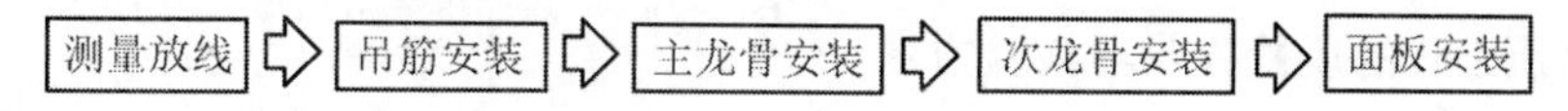

图10.6.4 吊顶施工工艺流程

2. 吊顶施工的步骤及施工方法

吊顶施工工艺见图10.6.5。

1）测量放线

根据顶棚设计标高，沿墙面四周弹线顶撑顶棚安装的标准线，在根据大样图在顶棚上弹出吊点位置和吊点间距。吊点间距一般上人顶棚为900～1200mm，不上人顶棚为1200～1500mm。

2）吊杆安装

混凝土结构顶板宜采用预埋吊筋的方式，但是会给模板施工带来很大麻烦，而且吊点位置难以做到准确。当预留吊筋有难度且吊顶荷载不大时，也可以采取后补吊筋方式。后补吊筋应当在结构顶板具有一定强度后进行。用冲击钻打孔，下膨胀螺栓，将角钢挂件固定于结构板底，吊筋与挂件用螺栓连接或者焊接，也可以将吊筋直接与膨胀螺栓直接焊接。吊筋直径一般为 Ø6 ~ Ø10，并应做防腐处理。如果吊筋下端预龙骨采用螺栓固定，应保证丝扣有足够长度，以满足龙骨调整标高时由足够的余地。

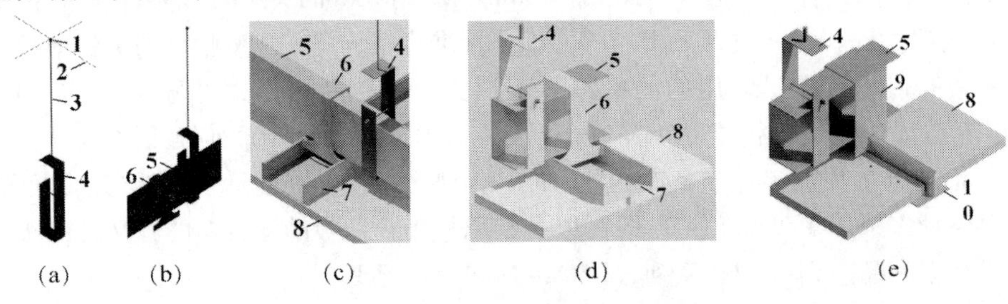

图 10.6.5　吊顶安装工艺示意图

（a）吊杆安装；（b）主龙骨安装；（c）面板安装；（d）暗龙骨吊顶；（e）明龙骨吊顶

1. 膨胀螺栓；2. 定位线；3. 吊杆；4. 主龙骨挂件；5. 主龙骨；6. 次龙骨挂件；

7. 次龙骨；8. 吊顶面板；9. T 型龙骨挂件；10. T 型龙骨

3）龙骨安装

主龙骨与吊筋连接可以采用焊接和专用挂件连接两种方式。龙骨的安装次序应该是：先周边主龙骨，随后是中间主龙骨，再装次龙骨。周边主龙骨安装应按照房间的四周墙面和柱面弹出的标高线进行操作。边龙骨一般为 L 型，可用自攻螺丝或者射钉固定，间距不应大于次龙骨的间距。主龙骨应沿着房间长度方向布置，并适当起拱。

次龙骨应采用专用挂件紧贴主龙骨固定于主龙骨下方，间距一般为 300 ~ 600mm。吊顶洞口部位还应增加附加龙骨，

4）面板安装。

活动面板，如矿棉板、硅钙板安装，直接搁置在次龙骨上即可，注意面板的方向以保证图案的整体性。固定式面板需要用自攻螺丝固定于次龙骨上。螺丝间距为 150mm 左右，距面板边缘 15mm 左右。螺丝应垂直板面拧入，螺丝钉帽可略埋入板面内，钉孔做防锈处理后用石膏腻子抹平。

10.6.4　吊顶工程的质量验收与检验方法

吊顶工程质量验收分为明龙骨吊顶和暗龙骨吊顶等分项工程。

1. 检验批

各分项工程的检验批应按下列规定划分：同一品种的吊顶工程每 50 间（大面积房间和走廊按吊顶面积为一间）应划分为一个检验批不足 50 间也应划分为一个检验批。

2. 检验数量

检查数量应符合下列规定每个检验批应至少抽查 10%，并不得少于 3 间，不足 3 间时应全数检查。

3. 质量要求和检验方法

1）暗龙骨吊顶工程

暗龙骨吊顶工程安装的允许偏差及检验方法，见表10.6.1。

表10.6.1　暗龙骨吊顶工程安装的允许偏差及检验方法

项次	项目	允许偏差/mm				检验方法
		纸面石膏板	金属板	矿棉板	木板、塑料板、格栅	
1	表面平整度	3	2	2	2	用2m靠尺和塞尺检查
2	接缝直线度	3	1.5	3	3	拉5m线，不足5m拉通线，用钢直尺检查
3	接缝高低差	1	1	1.5	1	用钢直尺和塞尺检查

2）明龙骨吊顶工程

明龙骨吊顶工程安装的允许偏差及检验方法，见表10.6.2。

表10.6.2　明龙骨吊顶工程安装的允许偏差及检验方法

项次	项目	允许偏差/mm				检验方法
		纸面石膏板	金属板	矿棉板	木板、塑料板、格栅	
1	表面平整度	3	2	3	2	用2m靠尺和塞尺检查
2	接缝直线度	3	2	3	3	拉5m线，不足5m拉通线，用钢直尺检查
3	接缝高低差	1	1	2	1	用钢直尺和塞尺检查

10.7　装饰隔断工程

轻质隔墙和隔断工程在建筑和装饰施工中应用广泛，有着墙体薄、自重轻、施工便捷、节能环保的优点，按照结构形式分为条板式、骨架式、活动式、砌筑式等种类。其中，条板式和砌筑式等施工作业一般在结构施工阶段完成，应该属于隔墙范畴，施工工艺和方法更侧重于二次结构施工的方面；而骨架式和活动式等隔断施工多在结构施工完成后，甚至是工程竣工验收后的二次装修中采用，应该属于隔断范畴。本章节重点介绍骨架式隔断中的轻钢龙骨隔断。

10.7.1　轻钢龙骨隔断的分类

轻钢龙骨隔断是以连续热镀锌钢板（带）为原料，采用冷弯工艺生产的薄壁型钢为支撑龙骨的非承重内隔断。隔断面材通常采用纸面石膏板、纤维水泥加压板（FC板）、玻璃纤维增强水泥板（GRC板）、加压低收缩形硅钙板、粉石英硅钙板等。面材固定于轻钢龙骨两侧，对于隔声、防火、保温要求的隔断，墙体内填充隔声防火材料。通过调整龙骨间距、壁厚和材料的厚度、材质、层数以及内填充材料来改变隔断高度、厚度、隔声、耐火、耐水性能以满足不同的使用要求。

10.7.2　材料及质量要求

1. 龙骨及配件

轻钢龙骨包括顶龙骨、地龙骨、加强龙骨、竖向龙骨、横撑龙骨等，其配置应符合设计要求。龙骨应有产品质量合格证。龙骨外观表面应平整、棱角挺直，过渡角及切边不允许有裂口和毛刺，表面不得有严重污染、腐蚀和机械损伤；面积不大于 $1cm^2$ 的黑斑每米长度内不多于 3 处，涂层应无气泡、划伤、漏涂、色差等影响使用的缺陷。支撑卡、卡托、角托、连接件、固定件、护墙龙骨和压条等附件应符合设计要求。

普通龙骨隔断竖向龙骨间距通常为600mm、400mm、300mm，不同龙骨厚度和规格的隔断有不同的高度限制和变形量。选用贯通龙骨体系时，隔断3m 以下加一个贯通龙骨，3~5 米加两个，5m 以上加三根。在板与板横向接缝处设置横撑龙骨或安装板带，其构造见图 10.7.1。

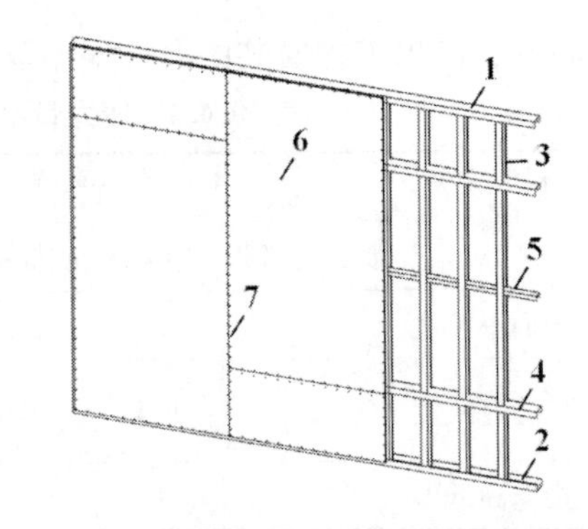

图 10.7.1 轻钢龙骨石膏板隔墙构造示意图

1. 天龙骨；2. 地龙骨；3. 竖向龙骨；4. 横撑龙骨；5. 贯通龙骨；6. 石膏板；7. 固定螺丝

2. 隔断面板

隔断面板材料主要由纸面石膏板、纤维水泥加压板（FC 板）、玻璃纤维增强水泥板（GRC 板）、加压低收缩性硅酸钙板、粉石英硅酸钙板等。面板一般固定于隔断龙骨的两侧，并应具有隔声、防火、保温、防水等功能要求，此外，还可以通过在两侧面板间的空腔内填充具有防火、隔声、保温性能的材料使隔断的功能得到提高。

3. 其他材料

紧固材料：拉锚钉、膨胀螺栓、镀锌自攻螺栓、木螺丝等。

接缝材料：腻子、中碱玻纤带和玻纤网格布。

填充材料：玻璃棉、岩棉等。

粘接材料：密封胶、密封条等。

10.7.3 轻钢龙骨隔断（C 形龙骨）的施工工艺流程

施工工艺流程见图 10.7.2。

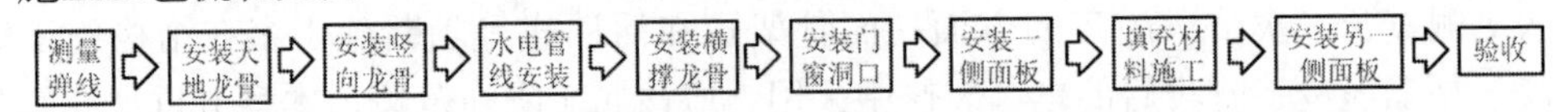

图 10.7.2 轻钢龙骨隔断施工工艺流程

主要施工工序及施工方法如下：

1）弹线

在地面上弹出水平线并将线引向侧墙和顶棚，并确定洞口位置，结合面板的长宽分档，确定竖向龙骨、横撑及附加龙骨的位置以控制隔断龙骨安装的位置、龙骨的平直度和固定点。

2）安装竖向龙骨

一般按照面板的宽度尺寸确定其间距。面板较宽时，应在其间加一道竖向龙骨，中距不应超过600mm；面层重量较大时，不应大于400mm；隔断高度较大时，竖向龙骨应加密设置。高度超过 6m，应加设钢架。

竖向龙骨由隔断的一端开始排布。有门窗洞口时，从门窗洞口开始向两侧排布。龙骨翼缘朝向面板一侧就位，开口方向一致。上下端用自攻螺钉或铆钉与横向龙骨固定。侧墙上应固定边框龙骨。靠墙边框龙骨与临近的竖向龙骨间距不大于100mm，面板固定在竖向龙骨上而不是边框龙骨上，避免结构变形引起隔断裂缝。当竖向龙骨带冲孔时，上下端不能混淆使用，竖向龙骨必须在上端切割，并保证贯通孔高度在同一高度上。竖向龙骨上端应预留 10～15mm 缝隙，保证结构梁板挠度变形不会对墙板产生影响。竖向龙骨与天地龙骨之间不宜先固定，以便于面板的调整以适应安装误差。当石膏板预留缝隙时，应考虑龙骨间距是否适当。

门窗洞口处的竖向龙骨一般采用双根并用或加强龙骨。如果门扇尺寸较大，门框四周应加上斜撑。

3）安装贯通龙骨

低于3m 的隔断墙安装一道贯通横撑龙骨；3～5m 高度的隔断安装 2～3 道。在各个竖向龙骨上冲孔，并采用专用连接件接长。竖向龙骨安装卡托或支撑卡与贯通横撑龙骨连接，还可以根据需要在竖向龙骨背面加上角托固定，连接构造见图 10. 7. 3 和图 10. 7. 4。采用支撑卡的龙骨时，应先将支撑卡安装于竖向龙骨开口面，卡间距为 400～600mm，距龙骨两端的距离为 20～25mm。

4）安装横撑龙骨

隔断高度超过 3m 时，或面板上边缘与天龙骨存在间隙时，应加设横向龙骨。使用卡托、支撑卡及角托将横撑龙骨与竖向龙骨固定，见图 10. 7. 5。

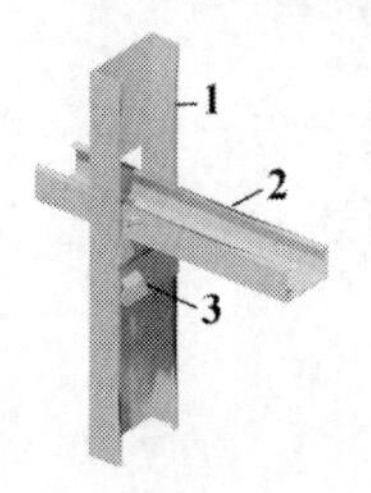

图 10. 7. 3　贯通龙骨接竖向龙骨－开口

1. 竖向龙骨；2. 贯通龙骨；3. 支撑件

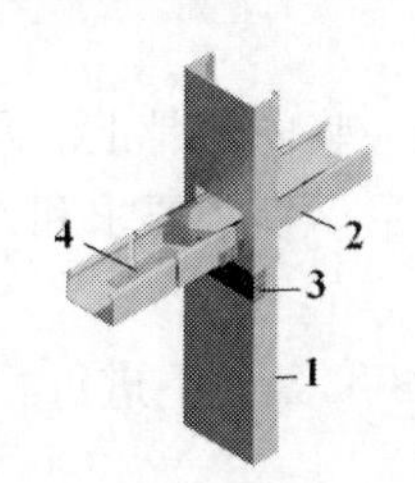

图 10. 7. 4　贯通龙骨接竖向龙骨－背面

1. 竖向龙骨；2. 贯通龙骨；3. 角托；4. 连接钢带

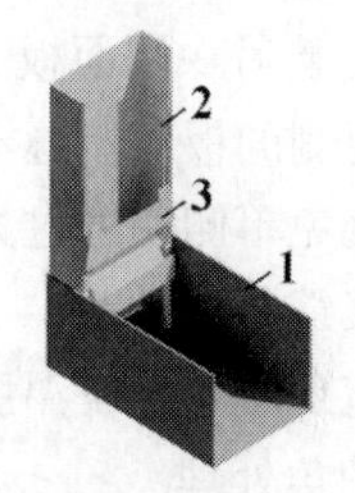

图 10. 7. 5　地龙骨接竖向龙骨

1. 地龙骨；2. 竖向龙骨；3. 支撑件

5）门窗洞口安装

地龙骨沿门洞口断开，在洞口两侧设置间距 150mm 的双根竖向龙骨。洞口上口设置横向龙骨，开口向上，与天龙骨之间应设置两个竖向龙骨。间距与其他竖向龙骨相同，隔断两侧面板封闭时，应错开板缝分别固定在两根竖向龙骨上。

6）水电挂线安装

开槽和开孔施工应尽量避免破坏和损伤龙骨。管线布置应尽量利用龙骨间隙，当不能避免损伤龙骨时，应采取加固龙骨的措施。

7）龙骨隐蔽验收

龙骨是否有扭曲变形，是否有影响外观质量的瑕疵；门窗框、各种附墙设备、管道的安装和固定是否符合设计要求；管线是否凸出外露，是否符合设计要求。

8）安装一侧石膏板

纸面石膏板安装。根据墙面尺寸丈量石膏板并做标记，用壁纸刀将面纸划开，弯折石膏板，从背面划断背纸，将石膏板铺放在龙骨框架上，对准位置，隔断两侧石膏板应错缝排布。用自攻螺丝将石膏板固定在竖向龙骨上，自攻螺丝帽应沉入板面 0.5～1mm，不可损坏纸面。螺丝距离板边 400mm，板中 600mm；距离板边 10～15mm，按照从中间向两端的顺序依次固定。石膏板下端不应与地面接触，留出 10mm 缝隙；与侧墙缝隙 5mm，用密封胶嵌填。

石膏板宜竖向铺设，长边接缝应落在竖向龙骨上。石膏板上下端应与楼面和顶棚间留出 3mm 间隙。用 3.5×25mm 的自攻螺丝将石膏板固定于轻钢龙骨上，除了自防锈螺丝，自攻螺丝帽应做防锈处理。自攻螺钉的沿石膏板周边的间距应不大于 200mm；中间区域不大于 300mm；双层石膏板内层板边间距 400mm，板中不大于 600mm；与板边缘间距 10～15mm；自攻螺丝钉入龙骨的长度不宜小于 10mm。

自攻螺丝固定应按照从板中间到四边的顺序进行，钉帽应埋入板面 0.5～1mm，但不得损坏纸面。石膏板与墙面、柱面间应留出 3mm 的间隙，与天棚和楼面的缝隙应先加注密封胶再钉板，挤压密封胶使板端与基面接触密实。隔断转角和交接处应批腻子并铺贴接缝胶带，阳角还应做护角。

9）保温、隔声材料填充

在隔断内部铺设玻璃棉、矿棉板、岩棉板等填充材料，并应有防潮措施。填充材料应铺满铺平。也可先粘接固定钉，将填充材料用压条压住钉牢。

10）安装另一侧面板

隔断两侧的板面接缝不得位于同一竖向龙骨上。两侧应交替封板，不可一侧封完再封另一侧，避免单侧受力过大使龙骨变形。安装要求和方法同上所述。

11）接缝处理

接缝施工应在环境温度在 5℃～40℃条件下进行。

12）护角处理

包括阴角、阳角、明缝和暗缝处理。

（1）阴角：如图 10.7.6 所示，先将缝隙用石膏腻子填满，将穿孔纸带折成直角后铺贴于阴角处，用辊子压实。再抹一层石膏腻子，干燥后用砂纸打磨光滑平整。第二层宽度增加 100mm，第三层再增加 100 抹面。

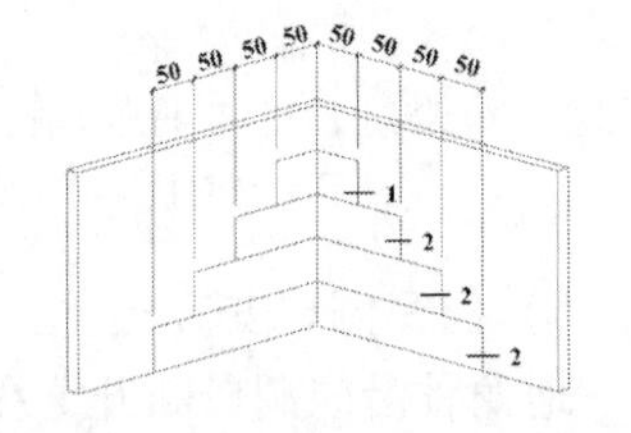

图 10.7.6　墙面阴角接缝处理

1. 接缝纸带；2. 嵌缝膏

（2）阳角：用 12mm 长的圆钉将金属护角固定于阳角，然后批一层石膏腻子将其压埋，待干燥后用砂纸打磨光滑平整。

（3）暗缝：暗缝一般采用楔形边石膏板。缝隙采用浸湿的穿孔纸或玻纤布带铺贴于表面，再用石膏腻子和接缝纸带抹平。干燥后用砂纸打磨。

（4）明缝：用金属包边条进行修饰，也可以采用金属嵌缝塞缝后，再用金属盖缝条压缝。

10.7.4　轻钢龙骨隔断工程的质量检验与验收

轻钢龙骨隔断板属于骨架隔断，包括以轻钢龙骨、木龙骨等为骨架以纸面石膏板、人造木板、水泥纤维板等为墙面板的隔断工程的质量验收。其质量验收安装下面要求进行。

1. 检验批

同一品种的轻质隔断工程每50间（大面积房间和走廊按轻质隔断的墙面 $30m^2$ 为一间）应划分为一个检验批，不足50间也应划分为一个检验批。

2. 检查数量

每个检验批应至少抽查10%，并不得少于3间，不足3间时应全数检查。

3. 质量要求及检验方法

骨架隔断安装的允许偏差和检查方法见表10.7.1。

表10.7.1 骨架隔断安装的允许偏差和检查方法

项次	项目	允许偏差/mm		检查方法
		纸面石膏板	人造木板、水泥纤维板	
1	立面垂直度	3	4	用2m垂直检查尺检查
2	表面平整度	3	3	用2m靠尺和塞尺检查
3	阴阳角方正	3	3	用直角检测尺检查
4	接缝直线度	–	3	拉5m线，不足5m拉通线，用钢直尺检查
5	压条直线度	–	3	拉5m线，不足5m拉通线，用钢直尺检查
6	接缝高低差	1	1	用钢直尺和塞尺检查

【思考题】

1. 试述装饰工程的作用、特点及发展方向。
2. 试述抹灰工程的分类及组成。
3. 一般抹灰的分层做法、操作要点及质量标准。
4. 装饰抹灰有哪些种类？简述其做法和质量要求。
5. 喷涂饰面具有哪些特点？施工有什么要求？
6. 饰面板安装的技术要求和施工工艺方法有哪些？
7. 玻璃幕墙的种类、施工方法有哪些？
8. 简述裱糊工艺和质量要求。
9. 简述吊顶的种类、常用材料，轻钢龙骨吊顶的施工流程、施工方法，质量验收方法及允许误差。
10. 简述轻钢龙骨隔断施工流程、施工方法、质量验收方法和允许误差。

【知识点掌握训练】

1. 判断题

（1）不同材料基体交接处表面抹灰，应增加钢丝网、玻纤网，并涂刷一层增强粘结性的水泥浆或界面剂，网格伸入不同基体的表面覆盖宽度不应小于100mm。

（2）现浇混凝土板顶棚室内抹灰厚度应≤25mm。

（3）防止外墙大面积抹灰出现收缩裂缝的常用措施是设置分隔缝。分格条多采用红松木或者PVC材料，宽度20mm左右，视装饰要求而定。

（4）玻璃幕墙的型钢龙骨的最大挠度应不大于5mm。

（5）幕墙型钢骨架立柱与横梁之间应采用直接顶接，不留缝隙。

（6）悬挂玻璃幕墙的支点在玻璃的上端，下端一般不承受荷载，与楼层保留一定间隙。

（7）油漆施工前对金属基层应先进行除锈和防锈处理。

（8）吊顶施工一般按照自上而下的顺序进行。

2. 填空题

（1）抹灰工程可分为______和______两大类。。

（2）一般抹灰的抹灰层一般分为________、________（或几遍中层）和________。________主要起到与基层粘结的作用；________主要起找平的作用；________主要起装饰作用。

（3）室内每个检验批应至少抽查____%，并不得少于____间，不足____间时应全数检查；

（4）立柱接长时，上下立柱间应留不小于______mm的缝隙。

（5）一般油漆工程施工时的环境温度不宜低于______℃，相对湿度不宜大于____%，并应注意通风换气和防尘。当遇有大风、雨、雾天气时，不可施工。

（6）吊顶按照安装方式分为____和______两类。

（7）吊顶安装安装方式分为____式和____式两类。

（8）吊顶主要由____、____、______三部分组成。

（9）轻钢龙骨隔断面板较宽时，应在其间加一道竖向龙骨，中距不应超过____mm；面层重量较大时，不应大于______mm。

（10）轻钢龙骨隔断石膏板不应与墙面和地面接触，与地面保留__mm的缝隙，与侧墙保留__mm的缝隙。

3. 单项选择题

（1）有关裱糊施工说法错误的是（　　）。

A. 先贴长墙面，后贴短墙面；

B. 先贴显眼的阳角，后贴不显眼的阴角；

C. 裱糊第1幅前应先弹出垂直线；每裱糊2～3幅后，应再次吊垂线检查；

D. 将拼缝留于阳角处

（2）轻钢龙骨隔断施工说法错误的是（　　）。

A. 竖向龙骨上端应与楼板地面顶接；

B. 竖向龙骨由隔断的一端开始排布。有门窗洞口时，从门窗洞口开始向两侧排布；

C. 靠墙边框龙骨与临近的竖向龙骨间距不大于100mm，面板固定在竖向龙骨上而不是边框龙骨上；

D. 石膏板固定螺丝固定应按照从板中间到四边的顺序进行

第 11 章　流水施工基本原理

知识点提示：

- 了解施工组织的方式及特点；
- 掌握流水施工的技术参数及其确定方法；
- 掌握流水施工的横道图表达方法；
- 掌握等节奏流水、异节奏流水、无节奏流水施工组织的参数计算和横道图表达方法。

11.1　流水施工概述

流水作业方法最早起源于工业生产领域，基于分工协作、合理组织生产的有效手段。后来广泛应用于建筑行业，形成有效的科学组织施工的计划方法——流水施工。建筑业的流水施工与一般工业生产的流水作业既有相同点又有不同点。相同之处在于，它们都是建立在分工协作和大批量生产的基础上，其实质就是连续作业，均衡生产；区别之处在于，一般工业生产过程中，生产工人的工作地点或者场所不变动；而建筑产品的生产过程中，从事不同作业内容的工人需要根据生产过程的进展不断调整工作场所和位置，而完成的建筑产品本身是不变换位置的。因此，建筑工程的流水作业，就是生产工人班组，根据工作的内容和进展，从一个工作场所变换到另一个工作场所。

11.1.1　流水施工的方式

任何一个建筑安装工程均有许多施工过程组成。施工组织方式包括依次施工、平行施工和流水施工三种。为了说明建筑工程中采用流水施工的特点，以某 4 个建筑中分别完成 4 个建造过程，对比采用依次施工、平行施工和流水施工三种不同的施工组织方法的差别。施工过程Ⅰ、Ⅱ、Ⅲ、Ⅳ的作业班组人数分别为 9 人、6 人、18 人、7 人组成。每个施工过程的施工天数均为 4 天。

1. 依次施工

依次施工是各工程或施工过程依次开工，依次完成的一种施工组织方式，其每个施工过程的时间和劳动力资源需求量分布如图 11.1.1 所示。往往是一个施工过程完成后，下一个施工过程才能开始；一个工程全部完成后，另一个工程的施工才能开始。依次施工适用于规模较小、工作面有限的工程。其最大的问题施工作业班组窝工现象严重，而工作面又不能重复利用。依次施工有如下优缺点：

【优点】

（1）单位时间内的资源需求量比较少，有利于资源供应和调配；

（2）施工现场的组织、管理比较简单。

【缺点】

（1）工期长，工作面空闲较多，没有充分利用；

（2）专业施工队不能连续作业，不利于工人熟练操作和机具利用，影响产品质量提升和整体生产效率提高。

2. 平行施工

平行施工是将同类施工过程组织几个作业班组，在不同的空间上同时完成同样工作的一种施工组织方式，如图 11.1.1 所示。一般适用于工程任务工期紧，工作面充分和资源保证供应的情况。平行施工有如下优缺点：

【优点】

能够充分利用工作面，争取时间，工期短。

【缺点】

（1）施工现场组织、管理复杂；

（2）工作一次性完成，不是连续作业，不利于操作方法的改进和施工机具利用，同样影响产品质量提升和整体生产效率提高；

（3）单位时间资源需求量较大，供应难度大，现场临时设施费用增加。

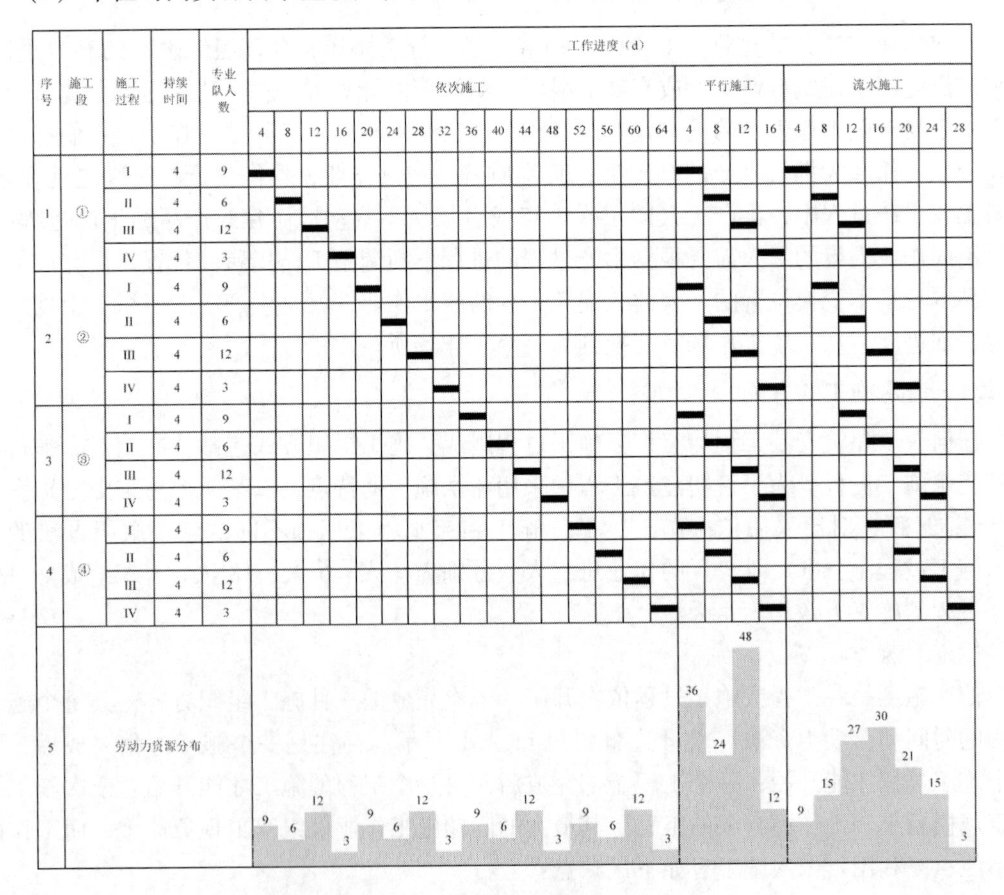

图 11.1.1　施工组织方式对比图

3. 流水施工

流水工程是将整个施工过程分解为若干不同的施工过程，同时将施工作业面划分为若干个施工段，各个施工作业队按照一定的顺序，依次在各个施工段上完成施工工作，相邻施工过程可以部分地平时搭接的施工组织方式，如图11.1.1所示。

【优点】

（1）科学地利用工作面，争取了时间，总工期合理；

（2）工人作业能够连续作业，有利于改进操作技术，能够保证施工质量和提高劳动生产率；

（3）单位时间的资源需求量比较均衡，有利于资源供应；

（4）施工现场有利于实现文明施工和科学管理。

11.1.2　流水施工的方式

流水施工的表达方式，主要有横道图和网络图两种，见图11.1.2所示。

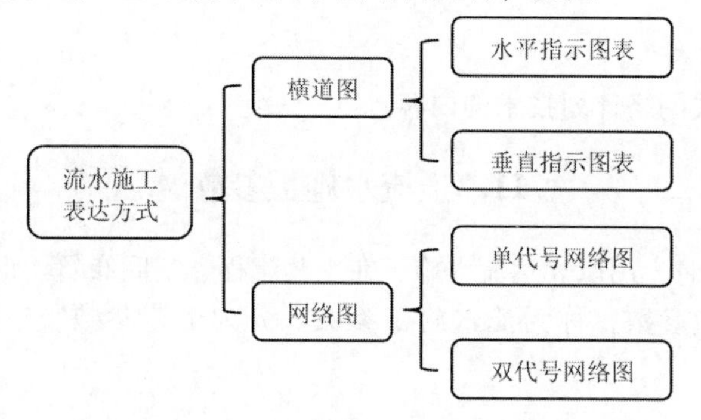

图11.1.2　流水施工表达方式分类

1. 水平指示图表

在水平指示图表的表达方式中，横坐标表示流水施工的持续时间，纵坐标表示流水施工的施工过程、专业施工队的名称、编号和数目，呈阶梯形分布的水平线段表示流水施工的进展情况，如图11.1.3所示。

施工过程	施工进度（d）						
	2	4	6	8	10	12	14
I	①	②	③	④			
II		①	②	③	④		
III			①	②	③	④	
IV				①	②	③	④

图11.1.3　水平指示图表

①、②、③、④、⑤为施工段编号

2. 垂直指示图表

在垂直指示图表的表达方式中，横坐标表示流水施工的持续时间，纵坐标表示开展流水施工所划分的施工段编号，n 条斜线表示各个专业工作队或施工过程开展流水施工的进展情况，如图 11.1.4 所示。

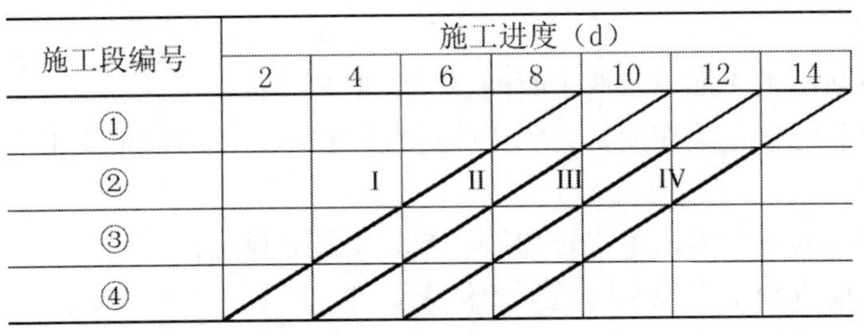

图 11.1.4 垂直指示图表

Ⅰ、Ⅱ、Ⅲ、Ⅳ为施工过程编号

3. 网络图表达方式

详见第 12 章有关网络计划技术的内容。

11.2 流水施工参数

在组织流水施工时，用以表达流水施工在工艺流程、空间布置、时间安排等方面的状态和各种逻辑关系的参数，称为流水施工参数。分为工艺参数、空间参数和时间参数三种。

11.2.1 工艺参数

工艺参数是指在组织流水施工时，用来表达施工工艺开展的顺序及其特征的参数，包括施工过程数和流水强度两种参数。

1. 施工过程数

在组织流水施工时，用以表达流水施工在工艺上开展层次的有关过程，统称施工过程。任何一个建筑工程都有若干施工过程组成。施工过程的范围可大可小，可以是分项工程、分部工程，也可以是单位工程、单项工程。例如一个建筑工程的整个建造过程包括基础工程、主体结构工程、装饰装修工程和设备安装工程等若干施工过程组成。其中每一个施工过程又可以细分为若干个分部分项工程，如混凝土结构工程又可以分为模板工程、钢筋工程、混凝土工程等分项施工过程。而对于一个区域内的建筑群体，每个建筑物又可以作为一个施工过程考虑。

进行流水施工组织时，通常只考虑那些对工期影响较大的，或对整个流水施工逻辑关系起关键性影响的施工过程（如工程量大，工作时间长，须配备大型机械等），这些施工过程通常称为主导施工过程（主导工序）。对于那些预制构件生产、材料和构配件半成品加工等施工过程（如砂浆和混凝土的配制、钢筋的制作等），以及它们的运输、检验等工作，并不直接对流水施工过程的空间和时间产生影响，则一般不列入流水组织的施工过程中。通常将这些施工过程称为辅助施工过程。

施工过程数通常用 n 表示。施工过程数目的确定应当适度，以能够清晰表达流水施工的逻辑关系为准。若施工过程数过小，逻辑关系过于笼统和概括，不能充分阐明施工过程之间的相互关系；若施工过程数过大，相应地需要划分更多的施工段，施工班组划分过小，使管理工作过于繁杂，对于优化施工组织没有实质性的效果。此外，专业施工队数

（施工班组数）以 n_1 表示。通常情况下，一个专业施工队完成一个施工过程，有时也需要完成几个施工过程，因此，施工过程数 n 与专业施工队数 n_1 一般不相等。

2．流水强度

流水强度指某一施工过程在单位时间内能够完成的工程量，用 V 表示。它包括人工劳动强度和机械作业强度两个方面。因此，流水强度与劳动力人数和机械台数及其生产率（通常采用定额指标）有关。

1）机械作业强度

某个施工过程 i 的流水强度按照下式计算：

$$V_i = \sum_{i=1}^{m} R_{ij} \cdot S_{ij} \tag{11-2-1}$$

式中：V_i——某施工过程 i 的机械作业流水强度；

R_{ij}——投入施工过程 i 的某种施工机械台数；

S_{ij}——投入施工过程 i 的某种机械产量定额；

m——投入施工过程 i 的施工机械种类。

2）人工作业强度

某个施工过程 i 的流水强度按照下式计算：

$$V_i = R_i \cdot S_i \tag{11-2-2}$$

式中：V_i——某施工过程 i 的人工作业流水强度；

R_i——投入施工过程 i 的专业施工队工人数；

S_i——投入施工过程 i 的专业施工队产量定额。

11.2.2　时间参数

时间参数是指在组织流水施工时，表达各施工过程在时间排列上所处状态的参数。主要包括：流水节拍、流水步距、平行搭接时间、技术间歇时间及组织间歇时间五个参数。

1．流水节拍

流水节拍是指某个专业队在其作业施工段上完成施工过程所必需的持续时间，用 t 表示。其大小反映施工速度的快慢。影响流水节拍的因素包括施工段的工程量、劳动力和机械台班数量、施工方法等。流水节拍的确定方法主要有定额计算法、经验估计法和工期计算法。

1）定额计算法

$$t_i^j = \frac{Q_i^j}{S_i^j R_i^j N_i^j} = \frac{Q_i^j \cdot H_i^j}{R_i^j \cdot N_i^j} = \frac{P_i^j}{R_i^j \cdot N_i^j} \tag{11-2-3}$$

式中：t_i^j——某专业施工队 j 第 i 施工段的流水节拍；

Q_i^j——某专业施工队 j 第 i 施工段要完成的工程量；

S_i^j——某专业施工队 j 的计划产量定额；

R_i^j——某专业施工队 j 投入的工人数或机械台班数；

H_i^j——某专业施工队 j 的计划时间定额；

N_i^j——某专业施工队 j 的工作班次；

P_i^j——某专业施工队 j 第 i 施工段的劳动量或机械台班数量。

2）经验估算法

根据以往的施工经验进行估算的计算方法。一般为了提高其准确程度，往往先估算出该流水节拍的最长、最短和正常（即最可能）三种时间，然后据此求出期望时间，作为某专业施工队在某施工段上的流水节拍。因此，又称三种时间估算法。按下面公式计算：

$$t_i^j = \frac{a_i^j + 4c_i^j + b_i^j}{6} \tag{11-2-4}$$

式中：t_i^j——某专业施工队 j 第 i 施工段的流水节拍；

a_i^j——某专业施工队 j 第 i 施工段的最短估算时间；

b_i^j——某专业施工队 j 第 i 施工段的最长估算时间；

c_i^j——某专业施工队 j 第 i 施工段的正常估算时间。

此方法多用于采用新工艺、新方法和新材料等没有定额可循的工程。

3）工期计算法

对于某些施工任务在规定日期内必须完成的工程项目，往往采用倒排进度法，具体步骤如下：

根据工期倒排进度，确定某施工过程的工作和延续时间。

确定某施工过程在某施工段的流水节拍。若同一施工过程的流水节拍不等，则用估算法；若流水节拍相等，则按下式计算：

$$t_j = \frac{T_j}{m_j} \tag{11-2-5}$$

式中：t_j——某施工过程 j 的流水节拍；

T_j——某施工过程 j 的工作持续时间；

m_j——某施工过程 j 的施工段数。

2. 流水步距

流水步距指两个相邻的工作队相继投入流水作业的最小时间间隔，用 $K_{j,j+1}$ 表示。流水步距的大小对工期的长短有直接的影响。若对 n 个施工过程进行流水施工组织，则有（$n-1$）个流水步距。流水步距的大小取决于流水节拍，每个流水步距的值时由相邻两个施工过程在各个施工段上的流水节拍值而确定的。

1）确定流水步距的原则

①流水步距要满足相邻两个专业施工队在施工顺序上的相互制约关系；

②流水步距要保证相邻两个专业施工队在各个施工段上都能够连续作业；

③流水步距要保证相邻两个专业施工队在开工时间上实现最大限度和合理的搭接；

④流水步距的确定要保证工程质量，满足安全生产。

2）确定流水步距的方法

流水步距计算方法很多，方法主要有：图上分析法、分析计算法和潘特考夫斯基法等。潘特考夫斯基法，又称“最大差法”，此法适用于等节奏、无节奏的专业流水组织。计算步骤如下：

①根据专业施工队在个施工段上的流水节拍，求累加数列；

②根据施工顺序，对所求相邻的两个累加数列，错位相减；

③根据错位相减的结果，确定相邻专业施工队之间流水步距，即相减结果中数值最大者。

3. 平行搭接时间

在组织流水施工时，有时为了缩短工期，在工作面允许的前提下，如果前一个专业施工队完成部分施工任务后，能够提前为后一个专业施工队提供工作面，使后者提前进入前一个施工段，两者在同一施工段上平行搭接施工，这个平行搭接的时间，称为相邻两个专业施工队之间的平行搭接时间，并以 $C_{j,j+1}$ 表示。

4. 技术间歇时间

在组织流水施工时，除了考虑专业施工队之间流水步距外，有时根据建筑材料或现浇构件的工艺性质，还要考虑合理的工艺等待时间，这个等待时间称为技术间歇时间，并以 $Z_{j,j+1}$ 表示，如现浇混凝土构件、抹灰层的养护和硬化时间、油漆层的干燥时间等。

5. 组织间歇时间

由于施工技术或施工组织原因而造成的流水步距以外增加的间歇时间，称为组织间歇时间，并以 $G_{j,j+1}$ 表示。如回填土前地下管道检查验收，施工机械转移和施工准备工作等。

11.2.3　空间参数

空间参数是用来表达流水施工在空间布置上所处状态的参数，包括施工段数、工作面和施工层数。

1. 工作面

在组织施工时，某专业施工过程所必须占用的空间范围，称为该施工过程的工作面。它的大小是根据相应工种单位时间内的产量定额、建筑安装工程操作规范和安全规程等要求确定的。相对于施工过程的工作内容，工作面确定的是否合理，会影响到专业工种工人的劳动生产效率。有关工种的工作面参考数据见表11.2.1。一个工作面如果安排多个施工班组（队）进行施工时，就需要将整个工作面划分为若干个施工段。

表11.2.1　有关工种工作面参考数据表

工作内容	每个技工的工作面	说明
砖基础	7.60 m/人	以一砖半计，2砖乘以0.8，3砖乘以0.5
砌砖墙	8.50 m/人	以一砖半计，2砖乘以0.71，3砖乘以0.57
毛石墙基础	3.00 m/人	以60cm计
毛石墙	3.30 m/人	以60cm计
混凝土柱、墙基础	8.00 m^3/人	机拌、机捣
混凝土设备基础	7.00 m^3/人	机拌、机捣
现浇钢筋混凝土柱	2.50 m^3/人	机拌、机捣
现浇钢筋混凝土梁	3.20 m^3/人	机拌、机捣
现浇钢筋混凝土墙	5.00 m^3/人	机拌、机捣
现浇钢筋混凝土楼板	5.30 m^3/人	机拌、机捣

续表

工作内容	每个技工的工作面	说明
预制钢筋混凝土柱	3.60 m^3/人	机拌、机捣
预制钢筋混凝土梁	3.60 m^3/人	机拌、机捣
预制钢筋混凝土屋架	2.70 m^3/人	机拌、机捣
预制钢筋混凝土平板、空心板	1.91 m^3/人	机拌、机捣
预制钢筋混凝土大型屋面板	2.62 m^3/人	机拌、机捣
混凝土地坪及面层	40.00 m^3/人	机拌、机捣
外墙抹灰	16.00 m^2/人	
内墙抹灰	18.50 m^2/人	
卷材屋面	18.50 m^2/人	
防水水泥砂浆屋面	16.00 m^2/人	
门窗安装	11.00 m^2/人	

2. 施工段数

为了有效地组织流水施工，将施工对象在空间上划分为若干个劳动量大致相等，可供工作队（组）进行施工作业的段落，这些施工段落称为施工段，其数目以 m 表示。划分施工段的目的在于能使从事不同施工过程的专业施工队能够同时在工作面的不同区域上进行作业，以充分利用空间。通常一个施工段上在同一时间内只有一个专业工作队施工，有时两个工作队也可以在同一施工段上部分时段进行搭接施工。

1）划分施工段的原则

合理划分施工段是组织流水施工的前提条件。施工段划分的数目应适当，数目过多则使工作面上工人数减少，工期延长；数目过少则造成资源利用过于集中，无法体现流水施工的优势。因此，施工段划分应尽量遵循以下原则：

（1）尽量使各段的工程量大致相等，以便组织节奏流水，使施工连续、均衡、有节奏。

（2）有利于保证结构整体性，尽量利用结构缝（沉降缝、抗震缝等）及在平面上有变化处。住宅可按单元、按楼层划分；厂房可按生产线、按跨划分；线性工程可依主导施工过程的工程量为平衡条件，按长度分段；建筑群可按栋、按区分段。

（3）段数的多少应与主导施工过程相协调，以主导施工过程为主形成工艺组合。工艺组合数应等于或小于施工段数。因此分段不宜过少，不然流水效果不显著甚至可能无法流水，使劳动力或机械设备窝工；分段过多，则可能使施工面狭窄，投入施工的资源量减少，反而延长了工期。

（4）分段大小应与劳动组织相适应，有足够的工作面。以机械为主的施工对象还应考虑机械的台班能力的发挥。混合结构、大模板现浇混凝土结构、全装配结构等工程的分段大小，都应考虑吊装机械能力的充分利用。

（5）对于多层建筑物，既要在平面上划分施工段，又要在竖向上划分施工层。保证专业施工队在施工段和施工层之间，有组织、有节奏、均衡和连续地进行流水施工。

2）施工过程数 n 与施工段数 m 的关系

为了便于说明问题，现分别举例说明。

（1）当 $m>n$ 时，各专业队能连续施工，但施工段有空闲。

【例 11-2-1】某工程为 2 层建筑，需要完成三个施工过程，$n=3$；为了组织流水施工在工作面上划分了 4 个施工段，$m=4$；每个施工过程在各个施工段上的工作时间相同，均为 2d。流水施工组织的横道图如图 11.2.1 所示。

施工层	施工过程	施工进度（d）									
		2	4	6	8	10	12	14	16	18	20
一	Ⅰ	①	②	③	④						
	Ⅱ		①	②	③	④					
	Ⅲ			①	②	③	④				
二	Ⅰ					①	②	③	④		
	Ⅱ						①	②	③	④	
	Ⅲ							①	②	③	④

图 11.2.1　$m>n$ 时的流水施工进度情况

可以看出，此问题属于 $m>n$。从第一层上 3 个施工过程同时作业开始，到第二层开始有专业施工队开始退出施工作业面为止，始终每天最多只有 3 个施工段有专业施工队在施工，4 个施工段中总有 1 个是空闲的，见图中虚线框部分。因此，当 $m>n$ 时，流水施工的特点是：各个专业施工队均能连续施工，施工段有闲置。但是这种情况对于施工组织来说未必是坏事，可以将这个空闲施工段留给施工中不可避免的场地储备。

（2）当 $m=n$ 时，各专业队能连续施工，且施工段也无闲置，这种情况是最理想的。

将例 11－2－1 中的施工段数改为 3 个，即 $m=3$；流水施工组织的进度横道图如图 11.2.2 所示。流水施工表现出的特征是：各专业施工队均能连续施工，施工段不存在空闲

施工层	施工过程	施工进度（d）							
		2	4	6	8	10	12	14	16
一	Ⅰ	①	②	③					
	Ⅱ		①	②	③				
	Ⅲ			①	②	③			
二	Ⅰ				①	②	③		
	Ⅱ					①	②	③	
	Ⅲ						①	②	③

图 11.2.2　$m=n$ 时的流水施工进度情况

现象。显然，这是理论上最为理想的流水施工组织方式。采用这种方式，要求施工管理和作业水平都具有较高水平，不能出现任何时间的拖延。

(3) 当 $m < n$ 时，对单栋建筑物流水施工时，专业队就不能连续施工而产生窝工现象。但两栋以上的建筑群中，与别的建筑物可以组织大流水，实现工作队连续作业。

将例 11-2-1 中的施工段数改为 2 个，即 $m=2$；即 $m<n$。流水施工组织的进度横道图如图 11.2.3 所示。如图中虚线框所示，由于第一层的最后一个施工过程（施工过程Ⅲ）没有完成，当专业施工队从第一层转移到第二层施工时，会有 2 天的窝工时间。此时流水施工的特征是：各个专业施工队在层间变换工作面时，均不能连续施工，造成窝工，施工段没有闲置。

施工层	施工过程	施工进度（d）						
		2	4	6	8	10	12	14
一	Ⅰ	①	②					
	Ⅱ		①	②				
	Ⅲ			①	②			
二	Ⅰ				①	②		
	Ⅱ					①	②	
	Ⅲ						①	②

图 11.2.3　$m<n$ 时的流水施工进度情况

3. 施工层

与水平工作面划分若干施工段类似，建筑物在竖向上也需要划分若干区域，以便于组织竖向的流水施工作业，这样在竖向逐段划分出来的作业区域，称为施工层。施工层的划分，根据具体情况而定，通常一个结构层即为一个施工层。建筑物的装饰、设备安装的施工层一般按照楼层划分。有些施工作业是按作业高度来划分施工层，如砌筑工程每天的砌筑高度不超过 1.4m，那么施工层即按这个高度来划分。

当流水施工不分层时，对施工段划分可以按照施工过程数来确定；当分层施工时，即流水施工不是在一个水平作业面上，竖向也划分施工层。此时，为了保证专业施工队在层间转移作业过程中不出现窝工，能够连续作业，施工段数目的确定应满足下面的要求：

无技术间歇和组织间歇时间时，$m_{\min}=n$；

有技术间歇和组织间歇时间时，应取 $m>n$，此时每层施工段空闲数为 $m-n$，每层空闲时间则为：

$$(m-n)\cdot t=(m-n)\cdot K \tag{11-2-6}$$

若一个楼层内各个施工过程间的技术间歇和组织间歇时间之和为 Z_1，楼层间的技术间歇和组织间歇时间之和为 Z_2，为保证专业工作队能连续施工，则：

$$(m-n)\cdot K=Z_1+Z_2 \tag{11-2-7}$$

由此，可得出每层的施工段数目 $m_{\min}$ 应满足：

$$m_{\min}=n+(Z_1+Z_2-C)/K \tag{11-2-8}$$

式中：K——流水步距；

Z_1——施工层内各个施工过程间的技术间歇时间和组织间歇时间之和，即 $Z_1=Z_{j,j+1}+G_{j,j+1}$；

Z_2——施工层间的技术间歇时间和组织间歇时间之和。

如果每层的 Z_1 并不均等，各层间的 Z_2 也不均等时，赢取各层中最大的 Z_1 和 Z_2，公式（11-2-8）改为：

$$m_{\min}=n+(\max Z_1+\max Z_2-C)/K \tag{11-2-9}$$

11.3　流水施工的组织方法

11.3.1　等节奏流水

按照流水施工时间参数的不同特点，专业施工流水组织分为有节奏流水和无节奏流水两种形式，其中有节奏流水又分为等节拍专业流水和成倍节拍流水两类。如图11.3.1所示。

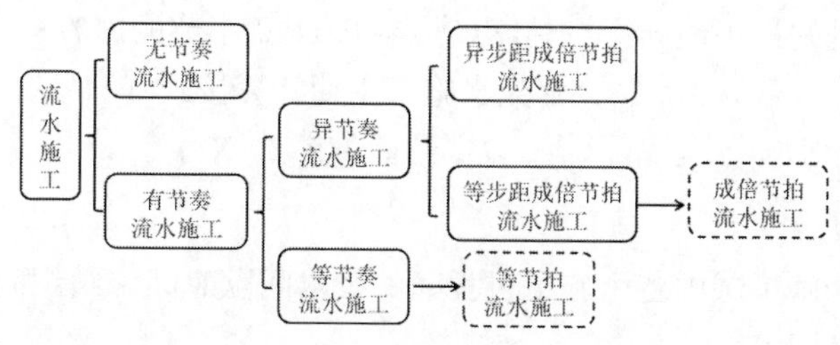

图11.3.1　流水施工的分类

等节奏流水也叫全等节拍流水或固定节拍流水，指所有施工过程在各个施工段上的流水节拍都彼此相等。这是最理想、最简单的组织流水方式。

1. 基本特点

（1）施工过程的流水节拍彼此都相等，即 $t_i^j=t=$ 常数；

（2）流水步距都彼此相等，且等于流水节拍，即 $K_{j,j+1}=K+t$；

（3）专业施工队数目等于施工过程数目，即 $n_1=n$。

等节拍专业流水施工，一般只适用于结构简单、工程规模较小、施工过程数不多的建筑工程、道路工程和管线工程等。由于工程实际中，流水节拍和流水步距均为确定值的情况不多见，通常应用于细部工序的流水组织。

2. 组织步骤

（1）确定施工起点及流向，分解施工过程；

（2）确定施工顺序，划分施工段

（3）按等节拍专业流水要求，确定流水节拍数值；

（4）确定流水步距，即 $K=t$；

（5）计算流水施工的工期；

（6）绘制流水施工水平指示图表。

3. 工期计算公式

流水施工的工期是指从第一个施工过程开始施工，到最后一个施工过程结束施工的持续时间。等节拍流水施工的工期计算分两种情况。

（1）不分层施工：

流水施工的工期可以按式（11-3-1）计算。

$$T = (m + n - 1)K + \sum Z_{j,j+1} + \sum G_{j,j+1} - \sum C_{j,j+1} \quad (11\text{-}3\text{-}1)$$

式中：T——流水施工工期；

K——流水步距；

m——施工段数目；

j——施工过程编号，$1 \leqslant j \leqslant n$；

n——施工过程数目；

$Z_{j,j+1}$——j 与 $j+1$ 两个施工过程的技术间歇时间；

$G_{j,j+1}$——j 与 $j+1$ 两个施工过程的组织间歇时间；

$C_{j,j+1}$——j 与 $j+1$ 两个施工过程的平行搭接时间。

（2）分层施工：

确定施工段数目的最小值 $m_{\min}$，具体步骤参见 11.2 小节的内容；

最后确定的施工段数 $m \geqslant m_{\min}$，则流水施工工期计算按式（11-3-2）计算。

$$T = (m \cdot r + n - 1)K + Z_1 - \sum C_{j,j+1} \quad (11\text{-}3\text{-}2)$$

式中：r——施工层数；

Z_1——第一个施工层内各个施工过程间的技术间歇时间和组织间歇时间之和；

其他符号含义同前。

4. 例题

1）类型 1——无施工层

【例 11-3-1】某工程由Ⅰ、Ⅱ、Ⅲ三个施工过程组成，划分 3 个施工段，流水节拍均为 2d。此外，施工过程Ⅰ、Ⅱ之间有技术间歇时间 1d，试计算工期并绘制进度计划图表。

【解】

因流水节拍均等，属于等节拍流水施工。

（1）确定流水步距，等节拍流水施工，流水步距与流水节拍相等。

$$K = t = 2\text{d}$$

（2）计算工期：

技术间歇时间有 1d，平行搭接时间有 1d，则工期为：

$$\begin{aligned} T &= (m + n - 1)K + \sum Zj,j+1 + \sum G_{j,j+1} - \sum C_{j,j+1} \\ &= (3 + 3 - 1) \times 2 + 1 - 1 \\ &= 10 \end{aligned}$$

（3）绘制进度计划图表：

如图 11.3.2 所示。

2）类型 2——有施工层

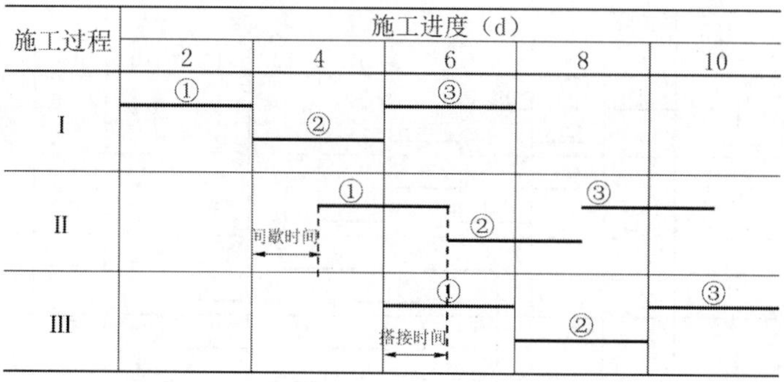

施工过程	施工进度（d）				
	2	4	6	8	10
Ⅰ	①	②	③		
Ⅱ		间歇时间 ①	②	③	
Ⅲ			① 搭接时间	②	③

图 11.3.2　例 11-3-1 的流水施工进度水平图表

【例 11-3-2】某工程由Ⅰ、Ⅱ、Ⅲ三个施工过程组成，有 2 个施工层，流水节拍均为 2d。而且，施工过程Ⅱ、Ⅲ之间有技术间歇时间 1d，层间需要技术间歇时间 1d，试计算工期并绘制进度计划图表。

【解】

因流水节拍均等，属于等节拍流水施工。

（1）确定流水步距，等节拍流水施工，流水步距与流水节拍相等。

$$K = t = 2\text{d}$$

（2）确定施工段数目：

因层内间歇时间之和 $Z_1 = 1\text{d}$，层间间歇时间 $Z_2 = 1\text{d}$，根据公式（11-2-9）计算施工段最小值为：

$$\begin{aligned} m_{\min} &= n + (\max Z_1 + \max Z_2 - C)/K \\ &= 3 + 2/2 \\ &= 4 \end{aligned}$$

施工段数取最小值 4。

（3）计算工期：

层内技术间歇时间有 1d，层间间歇时间有 1d，则工期为：

$$\begin{aligned} T &= (m \cdot r + n - 1)K + Z_1 - \sum C_{j,j+1} \\ &= (4 \times 2 + 3 - 1) \times 2 + 1 \\ &= 21 \end{aligned}$$

（4）绘制进度计划图表：

如图 11.3.3 所示。

11.3.2　异节奏流水

异节奏流水施工是指同一施工过程的流水节拍彼此相等，而不同施工过程的流水节拍不尽相同的流水施工组织方式。当施工段划分完成后，由于各个施工过程的工作内容、复杂程度、技术水平很难完全相同，因而不同施工过程在施工段上的作业时间（流水节拍）不尽相同，也就不可能按照等节拍流水组织施工，只能按照异节奏流水组织施工。

在异节奏流水施工中，当同一施工过程在各个施工段上的流水节拍彼此相等，同时不同施工过程的流水节拍虽然不完全相等，但是都为某一个公共基数的整数倍。此时，每个

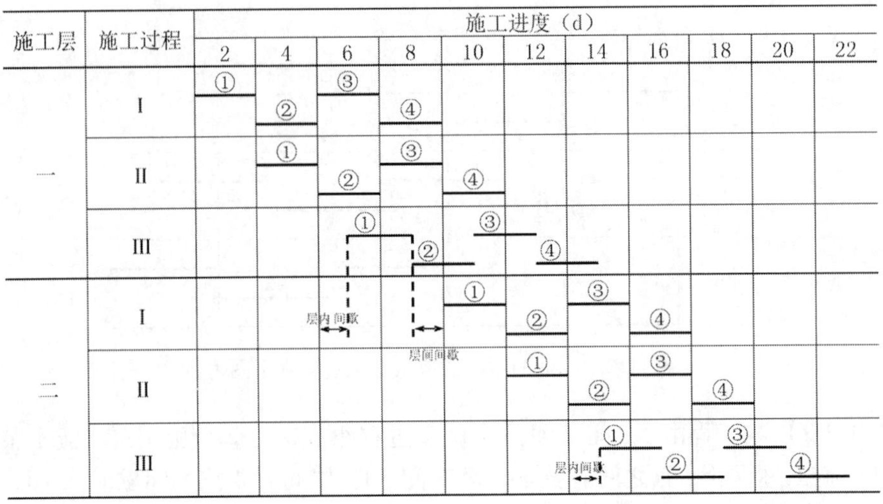

图 11.3.3　例 11-3-2 的流水施工进度水平图表

施工过程不再只是安排一个施工队完成作业，而是分派整数倍的施工队，所以，每个施工过程由不少于 1 个施工队来承担。这样安排的结果就形成了流水速度更快、工期更短的流水施工方式，称为成倍节拍流水施工，也是异节奏流水方式的一个特殊形式。

【例 11-3-3】某工程拟建 4 栋建筑，每个建筑有 4 个施工过程，按照每个施工过程难易程度计算得到的流水节拍见表 11.3.1 所示。

表 11.3.1　各个施工过程的流水节拍

施工过程	Ⅰ	Ⅱ	Ⅲ	Ⅳ
流水节拍（d）	2	4	4	2

显然，这是一个异节奏流水施工，如果按照一个施工过程安排一个专业施工队作业的方式，得到的进度计划图表如图 11.3.4 所示。工期为 24d。

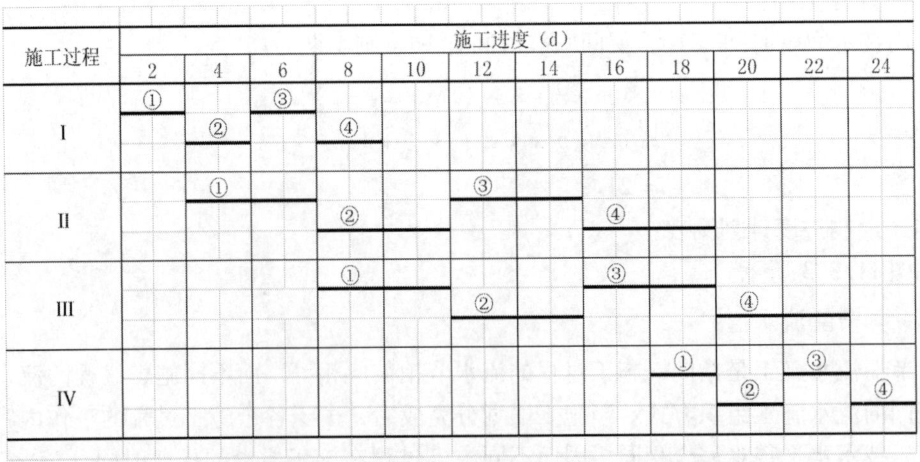

图 11.3.4　普通异节奏流水施工进度计划图表

如果进行一下调整，将施工过程Ⅱ、Ⅲ都安排 2 个专业施工队进行作业，得到的进度计划图表如图 11. 3. 5 所示。这样就形成了成倍节拍流水施工，工期缩短为 18 天。施工过程Ⅱ、Ⅲ安排的两个专业施工队分别在不同的两组施工段上进行流水施工，施工段应该优先按顺序分配给不同的专业施工队，而不是优先分配给同一个专业施工队。这样形成的流水施工作业不会造成专业施工队窝工并能充分利用施工段。

施工过程		施工进度（d）								
		2	4	6	8	10	12	14	16	18
I		①	②	③	④					
II	II-1		①		③					
	II-2			②		④				
III	III-1				①		③			
	III-2					②		④		
IV							①	②	③	④

图 11. 3. 5　成倍节拍流水施工进度计划图表

1. 基本特点

（1）同一施工过程在各个施工段上的流水节拍都是彼此相等，不同施工过程在同一施工段上的流水节拍之间存在一个最大公约数；

（2）流水步距彼此相等，且等于流水节拍的最大公约数；

（3）各个专业施工队都能够连续作业，施工段都没有空闲；

（4）专业施工队数目大于施工过程数目，即 $n_1 > n$。

2. 组织步骤

（1）确定流水起点流向，分解施工过程。

（2）确定施工顺序，划分施工段。

①当不分施工层时，可按划分施工段的原则划分施工段；

②当分施工层时，每层施工段数按式（11-3-3）计算确定。

$$m = n_1 + \frac{\max Z_1}{K_b} + \frac{\max Z_2}{K_b} \qquad (11\text{-}3\text{-}3)$$

式中：m——施工段数目；

K_b——成倍节拍流水的流水步距；

n_1——专业施工队总数；

Z_1——施工层内各个施工过程间的技术间歇时间和组织间歇时间之和；

Z_2——施工层间的技术间歇时间和组织间歇时间之和。

（3）按成倍节拍流水要求，确定各个施工过程的流水节拍。

（4）确定成倍节拍流水的流水步距，按公式（11-3-4）确定。

$$K_b = \text{最大公约数}\{\text{所有流水节拍}\} \tag{11-3-4}$$

（5）确定专业施工队数目，按公式（11-3-5）计算。

$$b_j = t_i^j / K_b \tag{11-3-5a}$$

$$n_1 = \sum_{j-1}^{n} b_j \tag{11-3-5b}$$

式中符号含义同前。

（6）确定计划总工期，按公式（11-3-6）计算。

$$T = (m \cdot r + n_1 - 1)K_b + Z_1 - \sum C_{j,j+1} \tag{11-3-6}$$

式中符号含义同前。

（7）绘制流水施工进度计划图表。

3. 例题

【例 11.3.4】某工程分 2 个施工层施工，每个施工层有 3 个施工过程，流水节拍分别为 2d、2d、1d，第一个施工过程从第 1 层转换到第 2 层需要层间间歇时间 1d，试编制成倍节拍流水进度计划。

【解】

（1）按公式（11-3-4）确定流水步距：

$$K_b = \text{最大公约数}\{2,2,1\} = 1\text{d}$$

（2）按公式（11-3-5a）和（11-3-5b）确定专业施工队数目：

施工过程Ⅰ需要的施工队数目 = 2/1 = 2 个

施工过程Ⅱ需要的施工队数目 = 2/1 = 2 个

施工过程Ⅲ需要的施工队数目 = 1/1 = 1 个

（3）确定施工段数目：

$$m = n_1 + \frac{\max Z_1}{K_b} + \frac{\max Z_2}{K_b} = 5 + 1 = 6 \text{ 段}$$

（4）确定计划总工期：

按公式（11-3-6）计算得到：

$$T = (6 \times 2 + 5 - 1) \times 1 = 16\text{d}$$

（5）绘制流水施工进度计划图表：

如图 11.3.6 所示。

11.3.3 无节奏流水

在实际工程中，每个施工过程在各施工段上的工程量往往并不相等，而且各专业队的劳动效率相差悬殊，这就造成了同一施工过程在各施工段的流水节拍部分或全部不相等，各施工过程彼此的流水步距也不尽相等，不能组织等节奏或异节奏流水，而这恰恰是组织流水施工经常需要面对的情况。

在这种情况下，可根据流水施工的基本概念，在保证施工工艺、施工顺序要求前提下，采用一定的计算方法，确定相邻施工过程之间的流水步距，使各施工过程在时间上最大限度实现搭接，并使每个专业队都能连续作业。这种组织方式叫无节奏流水，也称分别流水。

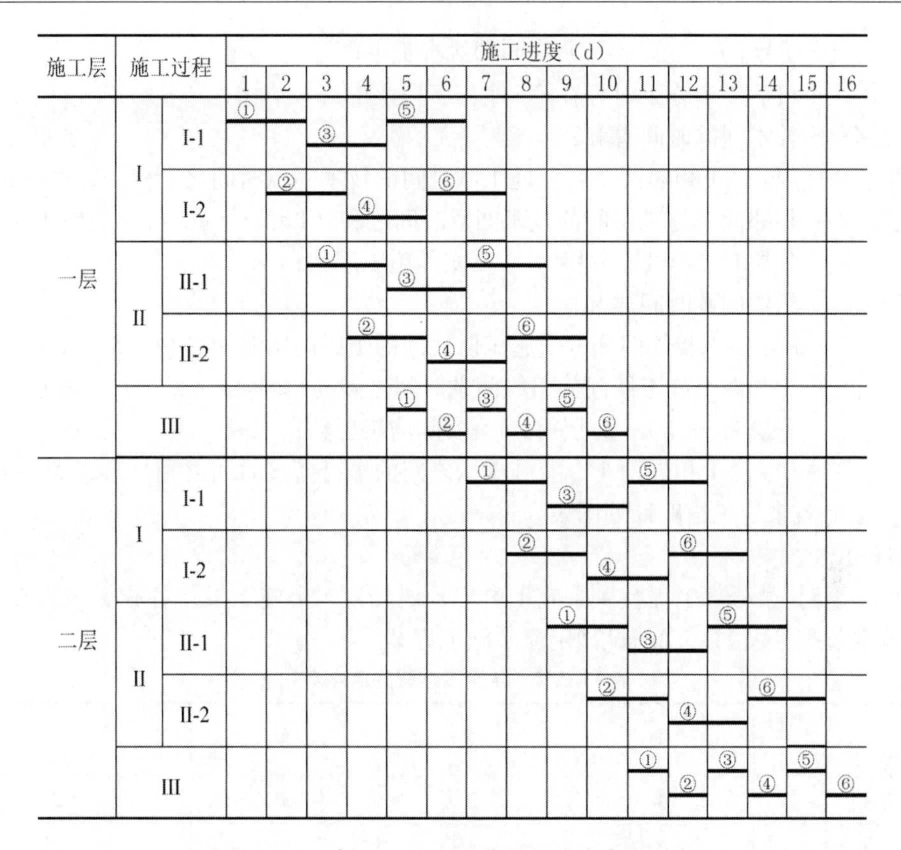

图 11.3.6　例 11.3.4 的流水施工进度水平图表

1. 基本特点

（1）各个施工过程在各个施工段上流水节拍，通常不相等；

（2）在多数情况下，流水步距彼此不相等，而且流水步距与流水节拍之间存在着某种函数关系；

（3）每个专业施工队都能够连续作业，个别施工段可能有间歇时间；

（4）专业施工队数目等于施工过程数目，即 $n_1 = n$。

2. 组织步骤

（1）确定施工起点流向，分解施工过程；

（2）确定施工顺序，划分施工段；

（3）计算每个施工过程在各个施工段上的流水节拍；

（4）确定相邻两个专业施工队之间的流水步距；

（5）按公式（11-3-7）计算流水施工的计算工期。

$$T = \sum_{j=1}^{n-1} K_{j,j+1} + \sum_{i=1}^{m} t_i^{zh} + \sum Z + \sum G - \sum C_{j,j+1} \tag{11-3-7a}$$

$$\sum Z = \sum Z_{j,j+1} + \sum Z_{k,k+1} \tag{11-3-7b}$$

$$\sum G = \sum G_{j,j+1} + \sum G_{k,k+1} \tag{11-3-7c}$$

式中：　T ——流水施工的计算工期；

$K_{j,j+1}$——j与$j+1$专业施工队之间的流水步距；

t_i^{zh}——最后一个施工过程在第i个施工段上的流水节拍；

$\sum Z$——技术间歇时间总和；

$\sum Z_{j,j+1}$——j与$j+1$相邻两个专业施工队之间的技术间歇时间之和（$1 \leqslant j \leqslant n-1$）；

$\sum Z_{k,k+1}$——相邻两个施工层间的技术间歇时间之和（$1 \leqslant k \leqslant r-1$），$r$为施工层数，不分层时，$r=1$，分层时，$r=$实际施工层数；

$\sum G$——组织间歇时间之和；

$\sum G_{j,j+1}$——j与$j+1$相邻两个专业施工队之间的组织间歇时间之和（$1 \leqslant j \leqslant n-1$）；

$\sum G_{k,k+1}$——相邻两个施工层间的组织间歇时间之和（$1 \leqslant k \leqslant r-1$），$r$为施工层数，不分层时，$r=1$，分层时，$r=$实际施工层数；

$\sum C_{j,j+1}$——j与$j+1$相邻两个专业施工队之间的平行搭接时间之和（$1 \leqslant j \leqslant n-1$）。

（6）绘制流水施工进度计划图表。

3. 例题

【例 11-3-5】某分部工程有4个施工过程，划分为4个施工段，各施工过程在各施工段上的流水节拍见表 11.3.2，试确定流水施工方案。

表 11.3.2 各施工过程的流水节拍

施工过程＼施工程	①	②	③	④
A	4	2	3	2
B	3	4	5	4
C	3	2	2	3
D	2	3	1	2

【解】

（1）求各施工过程流水节拍的累加数列：

A：4　6　9　11

B：3　7　12　16

C：3　5　7　10

D：2　5　6　8

（2）确定流水步距：

①$K_{A,B}$

$$\begin{array}{rrrrrr} & 4 & 6 & 9 & 11 & \\ - & & 3 & 7 & 12 & 16 \\ \hline & 4 & 3 & 2 & -1 & -16 \end{array}$$

$K_{A,B} = \max\{4, 3, 2, -1, -16\} = 4$（天）。

②$K_{B,C}$

$$\begin{array}{rrrrrr} & 3 & 7 & 12 & 16 & \\ - & & 3 & 5 & 7 & 10 \\ \hline & 3 & 4 & 7 & 9 & -10 \end{array}$$

$K_{B,C}$ = max {3，4，7，9，－10} = 9（天）。

3）$K_{C,D}$

$$\begin{array}{rrrrrr} & 3 & 5 & 7 & 10 & \\ - & & 2 & 5 & 6 & 8 \\ \hline & 3 & 3 & 2 & 4 & -8 \end{array}$$

$K_{C,D}$ = max {3，3，2，4，－8} = 4（天）。

（3）计算工期：

$$T = (4+9+4) + (2+3+1+2) = 25 \text{ 天}$$

（4）绘制流水施工进度图表：

如图 11-3-7 所示。

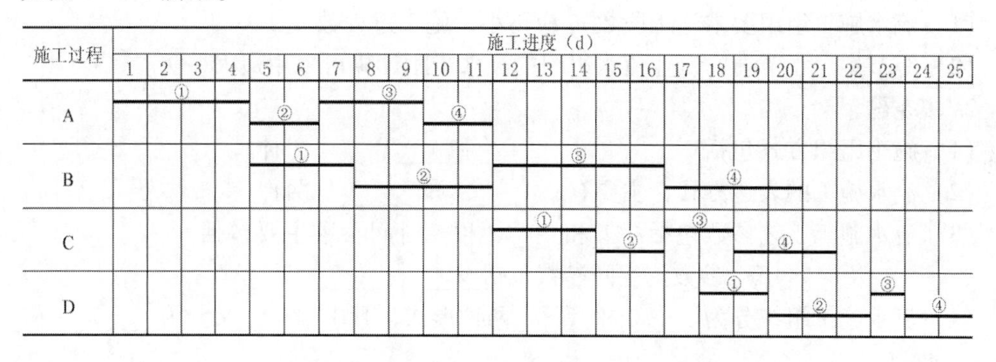

图 11-3-7　例 11. 3. 5 流水施工进度水平图表

【思考题】

1. 什么是流水施工？
2. 流水施工的特点有哪些？
3. 流水包括哪些参数？如何分类？
4. 简述工艺参数的概念和分类。
5. 简述时间参数的概念和分类。
6. 简述空间参数的概念和分类。
7. 简述等节拍流水施工方式的概念和流水编制的步骤。
8. 简述成倍节拍流水施工方式的概念和流水编制的步骤。
9. 简述无节奏流水施工方式的概念和流水编制的步骤。

【习题】

1. 某工程由 3 个施工过程，3 个施工段，流水节拍均为 2 天。第 2 个施工过程结束后有 1 天的技术间歇时间，请编制该工程的等节拍流水施工方案。

2. 某工程由 3 个施工过程组成，采用 6 个施工段。各个施工过程的持续时间分别为：4d、2d、6d，请编制成倍节拍流水施工方案。

3. 某工程由 4 个施工过程组成，划分 4 个施工段。各个工序在各个施工段上的持续时间见下表。其中，工序Ⅱ和工序Ⅲ之间存在技术间歇时间 2 天，请编制该工程流水施工方案。

施工过程	持续时间（d）			
	①	②	③	④
Ⅰ	2	3	2	3
Ⅱ	3	4	4	2
Ⅲ	3	5	3	2
Ⅳ	2	4	2	4

【知识点掌握训练】

1. 判断题

（1）流水施工组织要求施工段数 m 应不小于施工过程数 n。

（2）等节奏、无节奏的专业流水组织的流水步距计算可采用最大差法。

2. 填空题

（1）施工组织方式包括______、________和__________三种。

（2）流水施工的表达方式，主要有________ 和________两种。

（3）流水施工工艺参数包括____和____两种。时间参数主要包括____ 、______、_____、______及___ 五个参数。空间参数包括____ 、______和____ 。

（4）流水施工组织分为______和______两种形式，其中______又分为________和__________ 两类。

3. 单项选择题

（1）各个施工段上的流水节拍完全相等的施工组织方式是（　　）。

A. 分别流水；B. 无节奏流水；C. 成倍节拍流水；D. 固定节拍流水；E. 异节拍流水

（2）施工段确定的原则不包括（　　）。

A. 各施工段上的工程量大致相等；

B. 尽量利用沉降缝和抗震缝划分施工段；

C. 施工段数必须等于施工过程数；

D. 对于多层建筑物，既要在平面上划分施工段，又要在竖向上划分施工层

第 12 章　网络计划技术

知识点提示：

- 了解网络计划的用途和分类；
- 熟悉双代号网络计划和双代号时标网络计划的组成、绘制规则、逻辑关系的表达方式；
- 掌握双代号网络计划中时间参数的计算和标注方法；
- 了解单代号网络计划时间参数的计算和标注方法；
- 了解单代号搭接网络计划的绘制方法；
- 熟悉网络计划优化的方法。

12.1　概述

12.1.1　网络计划的应用与发展

网络图是指由箭线和节点组成的，用来表示工作流程的有向、有序网状图形。

网络计划技术是利用网络图的形式表达各项工作之间的相互制约和相互依赖关系，并分析其内在规律，从而寻求最优方案的计划管理方法。

网络计划技术是在 20 世纪 50 年代发展起来的，是最早工作进度计划安排进行科学表达的一种方式。目前主要应用于项目计划管理。此技术在 20 世纪 60 年代引入我国，我国著名的数学家华罗庚把此方法称为“统筹法”。目前被广泛应用于项目管理的诸多环节的工作进度和造价控制。

2015 年国家住房和城乡建设部颁布了《工程网络计划技术规程》JGJ/T121 －2015。此外，《网络计划技术》GB/T 13400 系列国家标准由国家质量监督检验检疫总局和国家标准化管理委员会全部发布。包括以下三个部分：

《网络计划技术 第 1 部分：常用术语》GB/T 13400. 1—2012；

《网络计划技术 第 2 部分：网络图画法的一般规定》GB/T 13400. 2—2009；

《网络计划技术 第 3 部分：在项目管理中应用的一般程序》GB/T 13400. 3—2009。

【网络计划的基本内容】

①把一项工作计划中的各项工作的顺序和逻辑关系用网络图形表达出来；

②通过对网络计划的时间参数的计算，找出计划中的关键工作和关键线路；

③在计划的执行过程中通过对计划的不断调整，达到对计划的有效控制和监督，保证工作效率最高并且资源消耗合理。

【网络图的优点】

①把整个计划中的各项工作组成一个有机整体，全面地、明确地反映各项工作之间相互制约和相互依赖关系；

②能够通过计算，确定各项工作的开始时间和结束时间等，找出影响工程进度的关键工作，以便于管理人员抓住主要矛盾，更好地支配人、财、物等资源；

③在计划执行中，可以通过检查，发现工期的提前和拖后，便于调整；

④网络图使计算机技术可以应用于计划管理中的绘制、计算、优化、调整等各项工作中。

【网络图的缺点】

①不带时标的网络计划没有横道图形象直观；

②计算资源消耗量较为困难。

【网络图形式】

根据绘图符号表示的含义不同，网络计划可以分为双代号和单代号网络计划；

按工作持续时间是否受时间标尺的制约，网络计划可分为时标网络计划和非时标网络计划；

我国的工程项目管理中习惯使用的是双代号网络图和双代号时标网络图。

12.2 双代号网络图

12.2.1 双代号网络图的组成

双代号网络图由工作、节点、线路三个基本要素组成。如图12.2.1所示。目前，与单代号网络计划相比，双代号网络计划技术在我国工程实践中应用比较广泛。

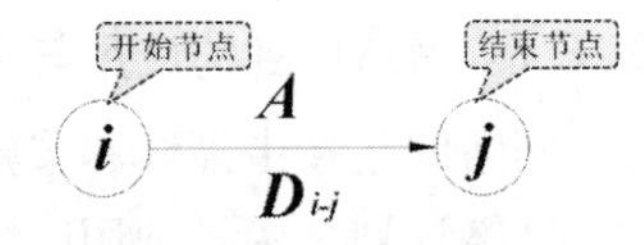

图12.2.1 双代号网络图工作表示方法

A-工作；D_{i-j}-持续时间

1. 工作

网络图中的工作泛指一个施工过程、一道工序、一项活动等。每一项工作都用一根箭线和两个带编号的节点表示，这两个编号即代表此工作及其在网络中的逻辑位置，因此又称作“双代号网络计划”。工作通常包括3种类型，其中虚工作是编制双代号网络计划时经常要用到的一个非常重要的元素，其作用仅仅是于描述工作之间的逻辑关系问题，没有其他的实际含义。如图12.2.2所示。

工作
① 消耗资源+消耗时间：大部分施工过程
② 消耗时间：混凝土养护
③ 不消耗资源+不消耗时间：虚工作

图12.2.2 网络计划中工作的分类

【绘制要求】

工作通常用一条箭线与其两端的节点表示，工作的名称写在箭线的上面，工作的持续时间（又称作业时间）写在箭线的下面，箭线所指的方向表示工作进行的方向，箭尾表示工作的开始，箭头表示工作的结束，箭线可以是水平直线、折线或斜线。如图12.2.3所示。

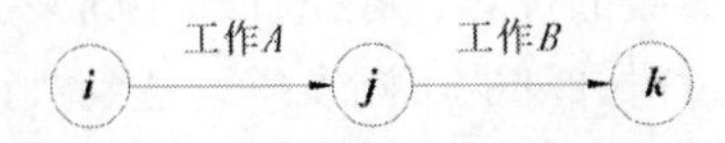

图12.2.3 网络计划中工作的前后关系

就某一项工作而言，紧靠其前面的工作叫“紧前工作”，紧靠其后面的工作叫“紧后工作”，与之同时开始和结束的工作叫“平行工作”，该工作本身则叫“本工作”。如图

12.2.3 所示，工作 B 的紧前工作是工作 A，工作 A 的紧后工作是工作 B。

2. 节点

如图 12.2.4 所示，节点只是表达一项工作的开始和结束、以及前后两项工作的衔接，用带编号的圆圈表示。箭头指向的节点为"结束节点"，箭尾的节点为"开始节点"。同一个箭线，对于开始节点来说，它是"外向箭线"；对于结束节点来说，它是"内向箭线"。

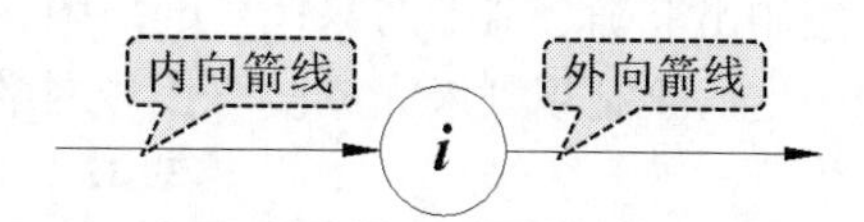

图 12.2.4　网络计划中的内向箭线与外向箭线

如图 12.2.5 所示，网络图中第一个节点叫"起点节点"，代表一个计划的开始，它只有外向箭线；网络图的最后一个节点叫"终点节点"，表示一个计划的结束，它只有内向箭线；网络图中的其他节点称为"中间节点"，它既有内向箭线，又有外向箭线。

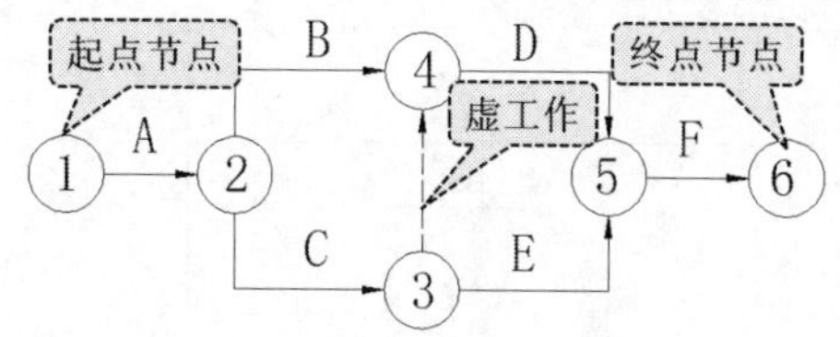

图 12.2.5　双代号网络图

①、②、③、④、⑤、⑥-网络图的节点；A、B、C、D、E、F-工作；①→②→③→⑤→⑥-线路

节点编号应从起点节点沿箭线方向，直到终点节点，从小到大排序，并且不能重号。每个工作箭线的箭尾节点编号应小于箭头节点的编号。为了便于网络图的修改和补充，节点编号可以不连续。

3. 线路

网络图中从起点节点出发，沿箭头方向经由一系列箭线和节点，直至终点节点的"通道"称为"线路"。每一条线路上各项工作持续时间的总和称为"线路长度"，反映完成该条线路上所有工作的计划工期。工期最长的线路称为"关键线路"，关键线路上的工作称为"关键工作"，其他工作称为"非关键工作"。在网络图中，可能同时存在若干条关键线路。为了便于区分，关键线路通常用粗线、双线、或彩色线标注。

【关键线路的性质】

①关键线路的线路时间代表整个网络计划的总工期；

②在一个网络图中关键线路至少有一条；

③缩短某些关键工作持续时间，使其线路时间不是最长线路时间时，关键线路转化为非关键线路，同时原来的非关键线路变成关键线路。

【非关键线路的性质】

①非关键线路的线路时间仅代表该条线路的计划工期；

②非关键线路上的工作，除关键工作外，其余均为非关键工作；

③非关键工作均有机动时间；

④由于线路上工作时间的延长，使非关键线路的线路时间≥关键线路的线路时间时，就转变为关键线路。

12.2.2 双代号网络图的绘制规则

绘制出准确、清晰的双代号网络图，必须正确表达各个工作之间的逻辑关系，这需要按照一定的绘制规则来完成。双代号网络图的绘制规则见表12.2.1。

表12.2.1 网络图绘制规则

序号	绘制规则	错误画法	正确画法
1	网络图中严禁出现循环回路	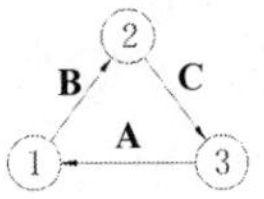	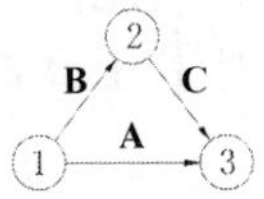
2	网络图应只有一个起点节点；在不分期完成任务的网络图中，应只有一个终点节点；其他所有节点均应是中间节点	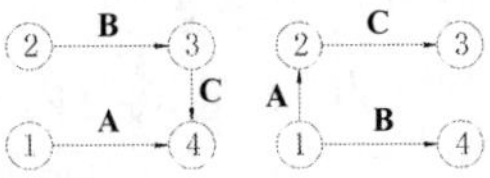	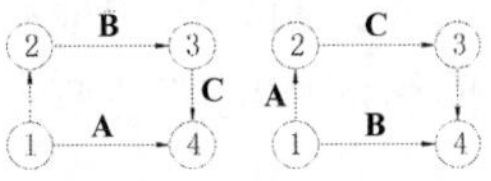
3	不得有两个或者两个以上工作既有共有开始节点又有共同的结束节点	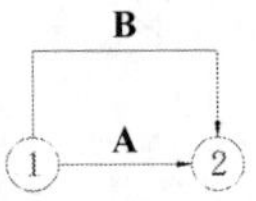	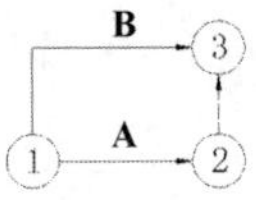
4	同一工作不能在一个网络图中重复出现	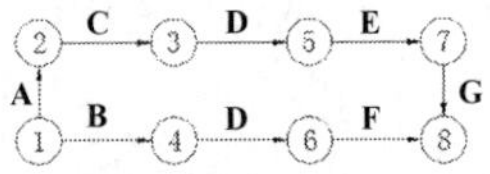	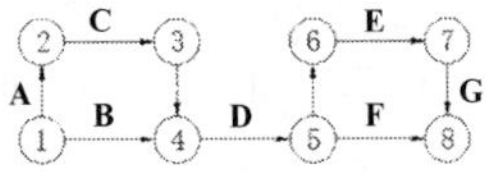
5	表达工作之间的搭接关系时不允许从箭线中间引出另一条箭线	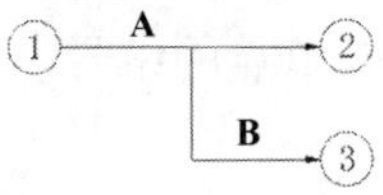	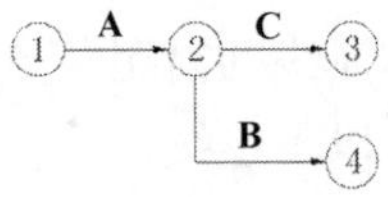
6	网络图的箭线不宜交叉；当交叉不可避免时，可用“过桥法”或者“指向法”	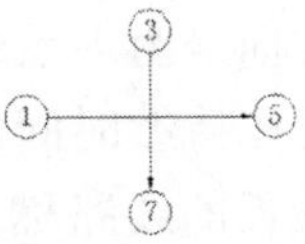	过桥法：　指向法： 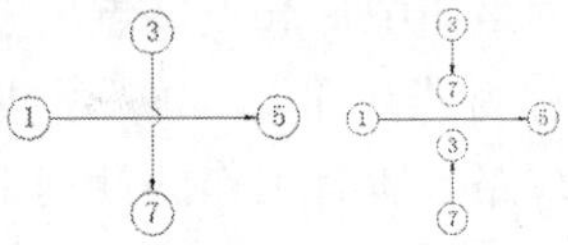

12.2.3 双代号网络图的基本逻辑关系及其表示方法

双代号网络图的逻辑关系表达方式见表12.2.2。

表12.2.2 网络图中常见的逻辑关系及其表示方法

序号	工作之间的逻辑关系	网络图中的表示方法	序号	工作之间的逻辑关系	网络图中的表示方法
1	A、B工作按顺序进行	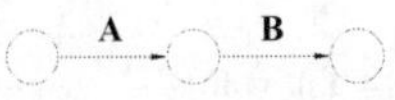	6	A工作完成后进行C工作； A、B工作均完成后进行D工作； B工作完成后进行E工作；	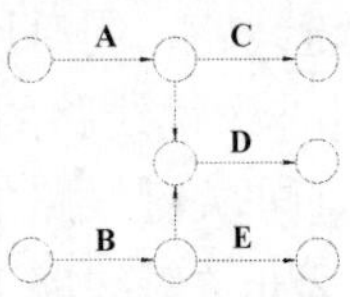
2	A工作完成后B、C工作才能开始	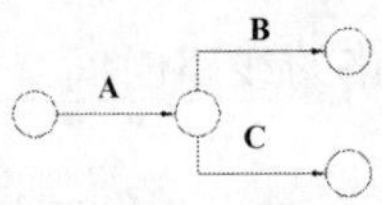	7	A、B工作同时开始	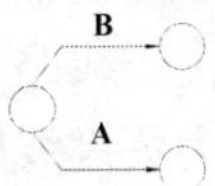

续表

序号	工作之间的逻辑关系	网络图中的表示方法	序号	工作之间的逻辑关系	网络图中的表示方法
3	A、B工作均完成后进行C工作	A B C	8	A、B工作同时结束	A B
4	A、B工作均完成后同时进行C、D工作	A C B D	9	A、B、C、D工作同时开始； A、B、C、D工作同时结束；	A B C D A B C D
5	A工作完成后进行C工作； A、B工作均完成后进行D工作	A C B D			

12.2.4　双代号网络图的绘制

根据编制人对施工技术及组织的认识和理解的不同，网络图的绘制也会产生不同的结果。但都必须以施工方案、施工组织设计以及施工环境条件为基本依据，见表12.2.3。

1. 一般绘制步骤

（1）任务分解，划分施工工作；

（2）确定完成工作计划的全部工作及其逻辑关系；

（3）确定每一工作的持续时间，制定工程分析表；

（4）根据工程分析表，绘制并修改网络图。

2. 工作之间逻辑关系分析与确定

工作内容改变和工作场所改变两种逻辑下施工组织的流程见表12.2.3。值得注意的是，第三步利用虚工作在不同流线的工作之间增加逻辑关系后，会出现一些不符合施工工艺流程的错误逻辑关系，如回填土2、回填土3需要等到挖土2、挖土3之后才能进行。因此，在第四步仍然需要增加一些节点和虚工作。将这个先后的逻辑约束关系拆分开。两种不同的施工组织方式，经过节点合并和整理后会得到同一个网络图。

表12.2.3　不同逻辑分析流程及网络图绘制步骤

①工作不变，场所改变	②场所不变，工作更换
第一步：工艺流程图分解	
挖土 施工段1 施工段2 施工段3 基础 施工段1 施工段2 施工段3 回填 施工段1 施工段2 施工段3	施工段1 挖土 基础 回填 施工段1 挖土 基础 回填 施工段1 挖土 基础 回填

续表

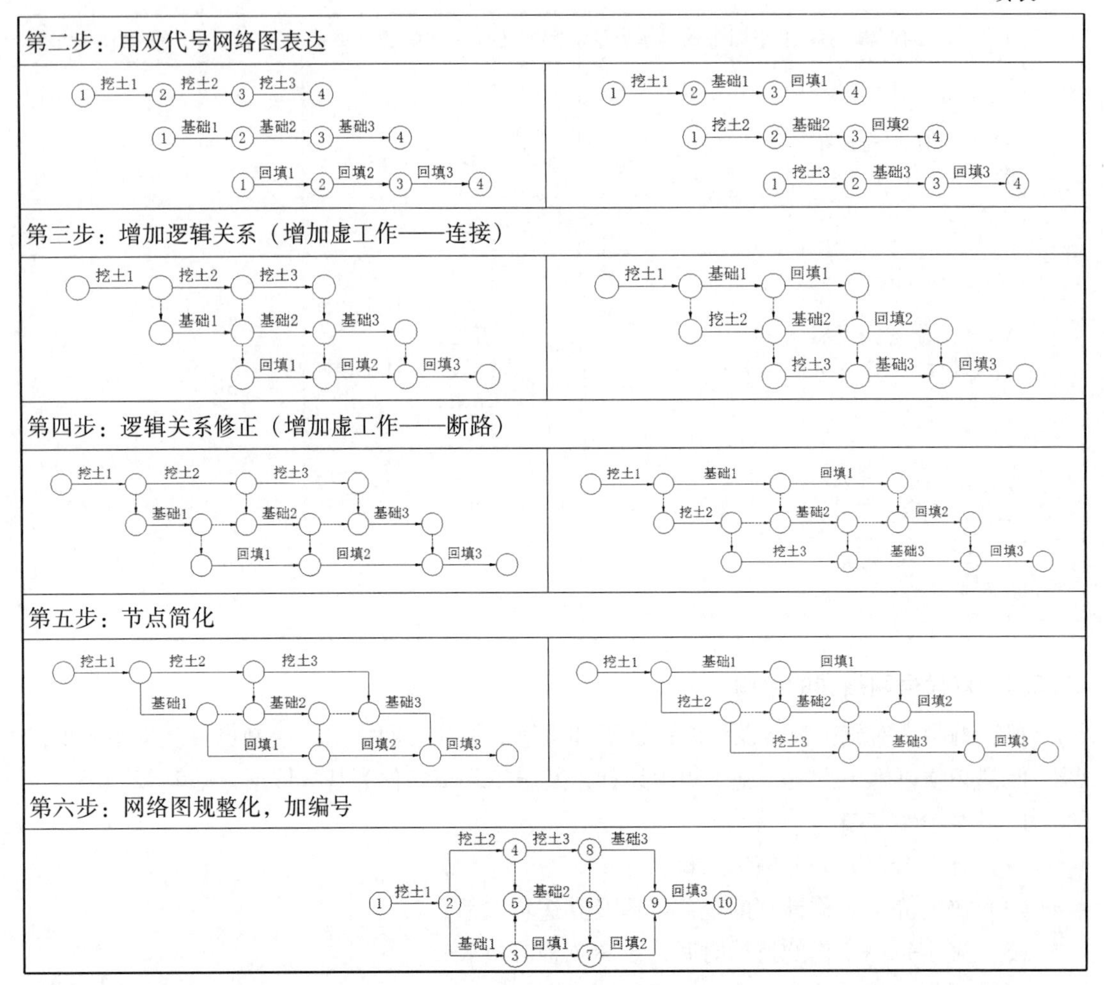

12.2.5 双代号网络图时间参数的计算与标注方法

双代号网络图的时间参数计算可以按【工作时间计算法】和【节点时间计算法】进行。

【例 12.2.1】已知某工程双代号网络计划如图 12.2.6 所示，图中箭线下方数字为工作持续时间。

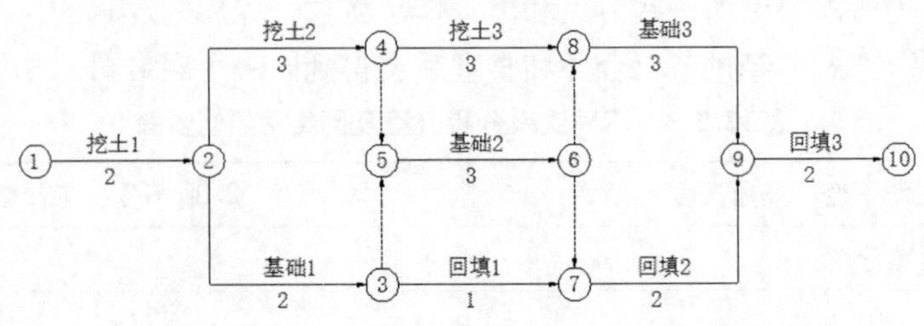

图 12.2.6 例 12.2.1 双代号网络图

1. 时间参数的分类及标注方法

双代号网络图时间参数的分类及标注方法见表 12.2.4。

表 12.2.4　时间参数的分类及标注方法

序号	时间参数	符号	图上标注方法
		节点时间	
1	最早时间	ET_i	ET_i | LT_i　ET_j | LT_j i → j
2	最迟时间	LT_i	
		工作时间	
3	最早开始时间	ES_{i-j}	$ES_{i\text{-}j}$ | $EF_{i\text{-}j}$ | $TF_{i\text{-}j}$ $LS_{i\text{-}j}$ | $LF_{i\text{-}j}$ | $FF_{i\text{-}j}$ i → j
4	最早完成时间	EF_{i-j}	
5	最迟开始时间	LS_{i-j}	
6	最迟完成时间	LF_{i-j}	
		时差	
7	自由时差	FF_{i-j}	$ES_{i\text{-}j}$ | $EF_{i\text{-}j}$ | $TF_{i\text{-}j}$ $LS_{i\text{-}j}$ | $LF_{i\text{-}j}$ | $FF_{i\text{-}j}$ i → j
8	总时差	TF_{i-j}	

2. 节点时间计算及图上标注方法

1）节点最早时间的计算

节点最早时间指以该节点为开始节点的各项工作的最早开始时间。节点最早时间从网络计划的起点节点开始，顺着箭线方向依次逐个计算。当然，终点节点的最早时间 ET_n 就是网络计划的计算工期。节点 i 的最早时间 ET_i 的计算规定如下：

①起点节点的最早时间如无规定时，其值为零，即：

$$ET_1 = 0 \tag{12-2-1}$$

其标注方法如图 12.2.7（a）。

②当节点 j 只有一条内向箭线时，其最早时间为：

$$ET_j = ET_i + D_{i-j} \tag{12-2-2}$$

式中：ET_i——工作 $i-j$ 的开始（箭尾）节点 i 的最早时间。

其标注方法如图 12.2.7（b）。

③当节点 j 有多条内向箭线时，其最早时间

$$ET_j = \max\{ET_i + D_{i-j}\} \tag{12-2-3}$$

其标注方法如图 12.2.7（c）。

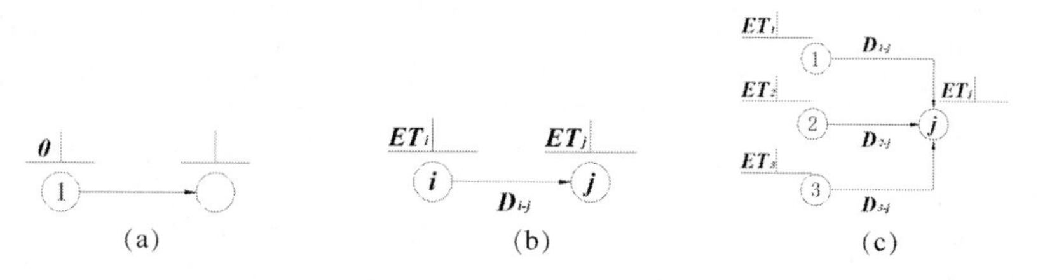

图 12.2.7　节点最早时间的计算

（a）ET_1 标注；（b）ET_i，ET_j 标注（1 条内向箭线）；（c）ET_j 标注（多个内向箭线）

针对于图 12.2.7（c）所示，当 j 节点有 3 条内向箭线时，其最早时间为 3 条内向箭

线计算得到时间的最大值。公式（12-2-3）可以表示为如下形式

$$ET_j = \max\begin{Bmatrix} ET_1 + D_{1-j} \\ ET_2 + D_{2-j} \\ ET_3 + D_{3-j} \end{Bmatrix} \tag{12-2-4}$$

> 讨论：
>
> “节点最早时间”问题可以用“开会问题”来解释。开会的规则是人员到齐才可以开始，那么开会的开始时间可以理解为节点最早时间（ET_j）。参会人员出发时间不同（ET_i），各自的路程时间也不相同（D_{i-j}），每个人到场的时间为（$ET_i + D_{i-j}$），那么会议的开始时间（ET_j）如何确定呢？当然是以每个人计算时间的最大值（最迟到场的时间）为准。

④网络计划的计算工期、要求工期和计算工期

网络计划的【计算工期】（T_c）按下式计算：

$$T_c = ET_n \tag{12-2-5}$$

式中：ET_n——终点节点 n 的最早时间。

网络计划的【计划工期】（T_p）指按【要求工期】（T_r）（如项目指令工期，合同工期）和计算工期确定的作为实施目标的工期。

当已规定了要求工期 T_r 时

$$T_p \leqslant T_r \tag{12-2-6}$$

当未规定要求工期时

$$T_p = T_c \tag{12-2-7}$$

【例 12. 2. 1 解答】

现以图 12. 2. 6 所示的网络图为例进行时间参数计算。首先计算节点最早时间，网络图标注见表 12. 2. 5 所示：

表 12. 2. 5　节点最早时间计算

计算公式	图上标注
节点最早时间： $ET_1 = 0$； $ET_2 = ET_1 + D_{1-2} = 0 + 2 = 2$； $ET_3 = ET_2 + D_{2-3} = 2 + 2 = 4$； $ET_4 = ET_2 + D_{2-4} = 2 + 3 = 5$； $ET_5 = \max\begin{Bmatrix} ET_4 + D_{4-5} \\ ET_3 + D_{3-5} \end{Bmatrix} = \max\begin{Bmatrix} 5+0 \\ 4+0 \end{Bmatrix} = 5$； $ET_6 = ET_5 + D_{5-6} = 5 + 3 = 8$； $ET_7 = \max\begin{Bmatrix} ET_3 + D_{3-7} \\ ET_6 + D_{6-7} \end{Bmatrix} = \max\begin{Bmatrix} 4+1 \\ 8+0 \end{Bmatrix} = 8$； $ET_8 = \max\begin{Bmatrix} ET_4 + D_{4-8} \\ ET_6 + D_{6-8} \end{Bmatrix} = \max\begin{Bmatrix} 5+3 \\ 8+0 \end{Bmatrix} = 8$； $ET_9 = \max\begin{Bmatrix} ET_8 + D_{8-9} \\ ET_7 + D_{7-9} \end{Bmatrix} = \max\begin{Bmatrix} 8+3 \\ 8+2 \end{Bmatrix} = 11$； $ET_{10} = ET_9 + D_{9-10} = 11 + 2 = 13$；	推算顺序：从起点节点到终点节点

2）节点最迟时间的计算

节点最迟时间指以该节点为完成节点的各项工作的最迟完成时间。节点 i 的最迟时间 LT_i应从网络计划的终点节点开始，逆着箭线方向逐个计算，并应符合下列规定：

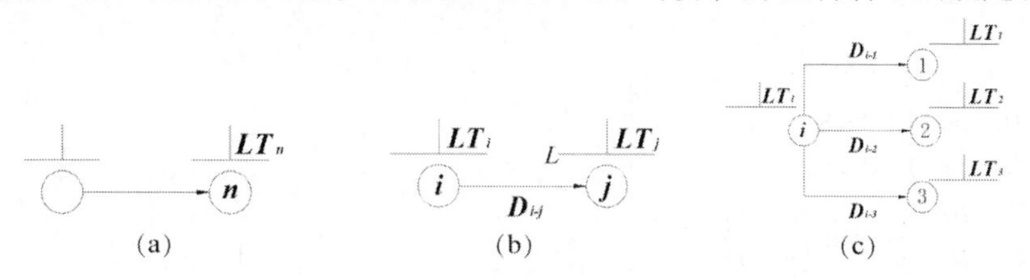

图 12.2.8　节点最迟时间的计算

（a）LT_n标注；（b）LT_i，LT_j 标注（1 内向箭线）；（c）LT_i标注（多个外向箭线）

①终点节点 n 的最迟时间 LT_n 应按网络计划的计划工期 T_p 确定，见图 12.2.8（a），即

$$LT_n = T_p \tag{12-2-8}$$

分期完成节点的最迟时间应等于该节点的分期完成时间。

②见图 12.2.8（b），其他节点的最迟时间 LT_i应为

$$LT_i = \min\{LT_j - D_{i-j}\} \tag{12-2-9}$$

式中：LT_j——工作 $i-j$ 的结束节点 j 的最迟时间。

当 i 节点有 3 条外向箭线时，其最迟时间为 3 条外向箭线计算得到时间的最小值。如图 12.2.8（c）所示各节点最迟时间的计算过程如下：

$$LT_i = \min\begin{Bmatrix} LT_1 - D_{i-1} \\ LT_2 - D_{i-2} \\ LT_3 - D_{i-3} \end{Bmatrix} \tag{12-2-10}$$

讨论：

“节点最迟时间”计算可以用“送客问题”来解释。规则是散会后要送参会人员到机场、火车站、长途汽车站乘坐不同的交通工具离开。不同交通工具启程时间可以理解为节点最迟时间 LT_1、LT_2、LT_3，送站路程时间为 D_{i-1}、D_{i-2}、D_{i-3}，必须离开的时间分别为 LT_1-D_{i-1}、LT_2-D_{i-2}、LT_3-D_{i-3}，散会时间（LT_i）如何确定呢？当然取计算时间的最小值（最早离开时间）为准。

【例 12.2.1 解答】

计算节点最迟时间，网络图标注见表 12.2.6 所示。

3. 工作时间计算及图上标注方法

工作持续时间的计算通常用劳动定额计算或者采用“三时估算法”进行估算。

1）工作“最早开始时间”的计算

工作最早开始时间指各紧前工作全部完成后，本工作有可能开始的最早时刻。工作最早时间应从网络计划的起点节点开始，顺着箭线方向依次逐项计算。工作 $i-j$ 的最早开始时间 ES_{i-j}的计算步骤如下：

表 12.2.6　节点最迟时间计算

计算公式	图上标注
节点最迟时间： $LT_{13}=13$； $LT_9 = LT_{10} - D_{9-10} = 13-2=11$； $LT_8 = LT_9 - D_{8-9} = 11-3=8$； $LT_7 = LT_9 - D_{7-9} = 11-2=9$； $LT_6 = \min\begin{Bmatrix} LT_8 - D_{6-8} \\ LT_6 - D_{6-7} \end{Bmatrix} = \min\begin{Bmatrix} 8-0 \\ 9-0 \end{Bmatrix} = 8$； $LT_5 = LT_6 - D_{5-6} = 8-3=5$； $LT_4 = \min\begin{Bmatrix} LT_8 - D_{4-8} \\ LT_5 - D_{4-5} \end{Bmatrix} = \min\begin{Bmatrix} 8-3 \\ 5-0 \end{Bmatrix} = 5$； $LT_3 = \min\begin{Bmatrix} LT_7 - D_{3-7} \\ LT_5 - D_{3-5} \end{Bmatrix} = \min\begin{Bmatrix} 9-1 \\ 5-0 \end{Bmatrix} = 5$； $LT_2 = \min\begin{Bmatrix} LT_4 - D_{2-4} \\ LT_3 - D_{2-3} \end{Bmatrix} = \min\begin{Bmatrix} 5-3 \\ 5-2 \end{Bmatrix} = 2$； $LT_1 = LT_2 - D_{1-2} = 2-2=0$；	挖土2 3；挖土3 3；基础3 3；挖土1 2；基础2 3；回填3 2；基础1 2；回填1 1；回填2 2 节点 1: 0|0；2: 2|2；3: 4|5；4: 5|5；5: 5|5；6: 8|8；7: 8|9；8: 8|8；9: 11|11；10: 13|13 推算顺序：从终点节点到起点节点 ←

①以起点节点（$i=1$）为开始节点的工作的最早开始时间如无规定时，其值为零，即

$$ES_{1-j} = 0 \tag{12-2-11}$$

②当工作 $i-j$ 只有一项紧前工作 $h-i$ 时，其最早开始时间 ES_{i-j}应为

$$ES_{i-j} = ES_{h-i} + D_{h-i} \tag{12-2-12}$$

③当工作 $i-j$ 有多个紧前工作时，其最早开始时间 ES_{i-j}应为

$$ES_{i-j} = \max\{ES_{h-i} + D_{h-i}\} \tag{12-2-13}$$

2）“工作最早完成时间”的计算

工作最早完成时间指各紧前工作完成后，本工作可能完成的最早时刻。工作 $i-j$ 的最早完成时间 EF_{i-j}应按下式进行计算：

$$EF_{i-j} = ES_{i-j} + D_{i-j} \tag{12-2-14}$$

3）网络计划的计算工期与计划工期

网络计划计算工期（T_c）指根据时间参数得到的工期，应按下式计算：

$$T_c = \max\{EF_{i-n}\} \tag{12-2-15}$$

式中：EF_{i-n}——以终点节点（$j=n$）为结束节点的工作的最早完成时间。

【例 12.2.1 解答】

计算工作最早开始时间，网络图标注见表 12.2.7 所示。

表 12. 2. 7　工作最早开始时间计算

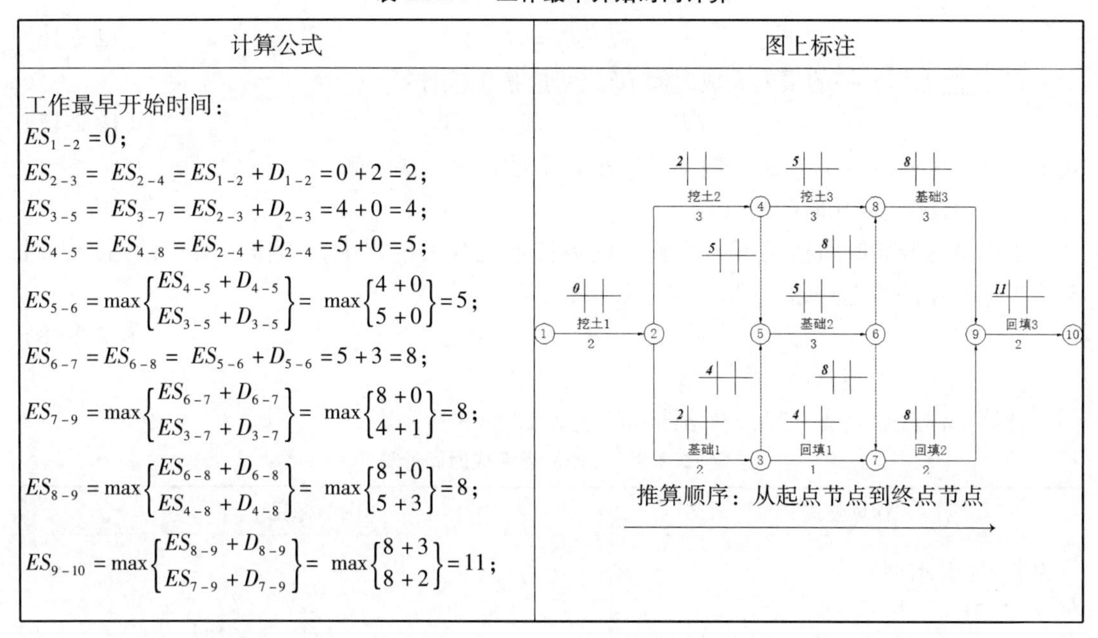

计算公式	图上标注
工作最早开始时间： $ES_{1-2}=0$； $ES_{2-3}=ES_{2-4}=ES_{1-2}+D_{1-2}=0+2=2$； $ES_{3-5}=ES_{3-7}=ES_{2-3}+D_{2-3}=4+0=4$； $ES_{4-5}=ES_{4-8}=ES_{2-4}+D_{2-4}=5+0=5$； $ES_{5-6}=\max\begin{Bmatrix}ES_{4-5}+D_{4-5}\\ES_{3-5}+D_{3-5}\end{Bmatrix}=\max\begin{Bmatrix}4+0\\5+0\end{Bmatrix}=5$； $ES_{6-7}=ES_{6-8}=ES_{5-6}+D_{5-6}=5+3=8$； $ES_{7-9}=\max\begin{Bmatrix}ES_{6-7}+D_{6-7}\\ES_{3-7}+D_{3-7}\end{Bmatrix}=\max\begin{Bmatrix}8+0\\4+1\end{Bmatrix}=8$； $ES_{8-9}=\max\begin{Bmatrix}ES_{6-8}+D_{6-8}\\ES_{4-8}+D_{4-8}\end{Bmatrix}=\max\begin{Bmatrix}8+0\\5+3\end{Bmatrix}=8$； $ES_{9-10}=\max\begin{Bmatrix}ES_{8-9}+D_{8-9}\\ES_{7-9}+D_{7-9}\end{Bmatrix}=\max\begin{Bmatrix}8+3\\8+2\end{Bmatrix}=11$；	推算顺序：从起点节点到终点节点

【例 12. 2. 1 解答】

计算工作最早完成时间，网络图标注见表 12. 2. 8 所示。

表 12. 2. 8　工作最早完成时间计算

计算公式	图上标注
工作最早完成时间： $EF_{1-2}=ES_{1-2}+D_{1-2}=0+2=2$； $EF_{2-3}=ES_{2-3}+D_{2-3}=2+2=4$； $ES_{2-4}=ES_{2-4}+D_{2-4}=2+3=5$； $EF_{3-5}=ES_{3-5}+D_{3-5}=4+0=4$； $EF_{3-7}=ES_{3-7}+D_{3-7}=4+1=5$； $EF_{4-5}=ES_{4-5}+D_{4-5}=5+0=5$； $EF_{4-8}=ES_{4-8}+D_{4-8}=5+3=8$； $EF_{5-6}=ES_{5-6}+D_{5-6}=5+3=8$； $EF_{6-7}=ES_{6-7}+D_{6-7}=8+0=8$； $EF_{6-8}=ES_{6-8}+D_{6-8}=8+0=8$； $EF_{8-9}=ES_{8-9}+D_{8-9}=8+3=11$； $EF_{7-9}=ES_{7-9}+D_{7-9}=8+2=10$； $EF_{9-10}=ES_{9-10}+D_{9-10}=11+2=13$；	推算顺序：从起点节点到终点节点

4）“工作最迟完成时间”的计算

工作最迟完成时间指在不影响整个任务按期完成的前提下，工作必须完成的最迟时刻。工作最迟完成时间应从网络计划的终点节点开始，逆着箭线方向依次逐项计算。工作 $i-j$ 的最迟完成时间 LF_{i-j} 的计算步骤如下：

① 以终点节点（$j=n$）为结束节点的工作的最迟完成时间 LF_{i-n}，应按网络计划的计

划工期 T_p 确定，即

$$LF_{i-n} = T_p \tag{12-2-16}$$

② 其他工作 $i-j$ 的最迟完成时间 LF_{i-j}，应按下式计算：

$$LF_{i-j} = \min\{LF_{j-k} - D_{j-k}\} \tag{12-2-17}$$

式中：LF_{j-k}——工作 $i-j$ 的各项紧后工作 $j-k$ 的最迟完成时间。

5）工作最迟开始时间的计算

工作最迟开始时间指在不影响整个任务按期完成的前提下，工作必须开始的最迟时刻。工作 $i-j$ 的最迟开始时间 LS_{i-j}应按下式计算：

$$LS_{i-j} = LF_{i-j} - D_{i-j} \tag{12-2-18}$$

【例 12.2.1 解答】

计算工作最迟完成时间，网络图标注见表 12.2.9 所示。

表 12.2.9　工作最迟完成时间计算

计算公式	图上标注
工作最迟完成时间： $LF_{9-10}=13$； $LF_{8-9}=LF_{7-9}=LF_{9-10}-D_{9-10}=13-2=11$； $LF_{6-7}=LF_{3-7}=LF_{7-9}-D_{7-9}=11-2=9$； $LF_{6-8}=LF_{4-8}=LF_{8-9}-D_{8-9}=11-3=8$； $LF_{5-6}=\min\begin{Bmatrix}LF_{6-8}-D_{6-8}\\LF_{6-7}-D_{6-7}\end{Bmatrix}=\min\begin{Bmatrix}8-0\\9-0\end{Bmatrix}=8$； $LF_{4-5}=LF_{3-5}=LF_{5-6}-D_{5-6}=8-3=5$； $LF_{2-4}=\min\begin{Bmatrix}LF_{4-8}-D_{4-8}\\LF_{4-5}-D_{4-5}\end{Bmatrix}=\min\begin{Bmatrix}8-3\\5-0\end{Bmatrix}=5$； $LF_{2-3}=\min\begin{Bmatrix}LF_{3-5}-D_{3-5}\\LF_{3-7}-D_{3-7}\end{Bmatrix}=\min\begin{Bmatrix}5-0\\9-1\end{Bmatrix}=5$； $LF_{1-2}=\min\begin{Bmatrix}LF_{2-3}-D_{2-3}\\LF_{2-4}-D_{2-4}\end{Bmatrix}=\min\begin{Bmatrix}5-2\\5-3\end{Bmatrix}=2$；	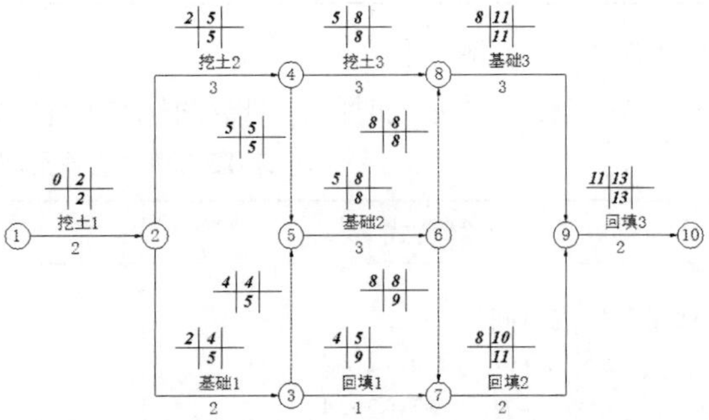 挖土1 2；挖土2 3；挖土3 3；基础1 2；基础2 3；基础3 3；回填1 1；回填2 2；回填3 2 推算顺序：从终点节点到起点节点

【例 12.2.1 解答】

计算工作最迟开始时间，网络图标注见表 12.2.10 所示。

4. *时差计算及图上标注方法*

1）按节点时间计算

①工作总时差的计算：工作 $i-j$ 的总时差 TF_{i-j}应按下式计算：

$$TF_{i-j} = LT_j - ET_i - D_{i-j} \tag{12-2-19}$$

将总时差为零的工作沿箭线方向连续起来，即为关键线路，如表 12.2.11 中网络图所示。

②工作自由时差的计算：工作 $i-j$ 的自由时差 FF_{i-j}按下式计算：

$$FF_{i-j} = ET_j - ET_i - D_{i-j} \tag{12-2-20}$$

表 12.2.10　工作最迟开始时间计算

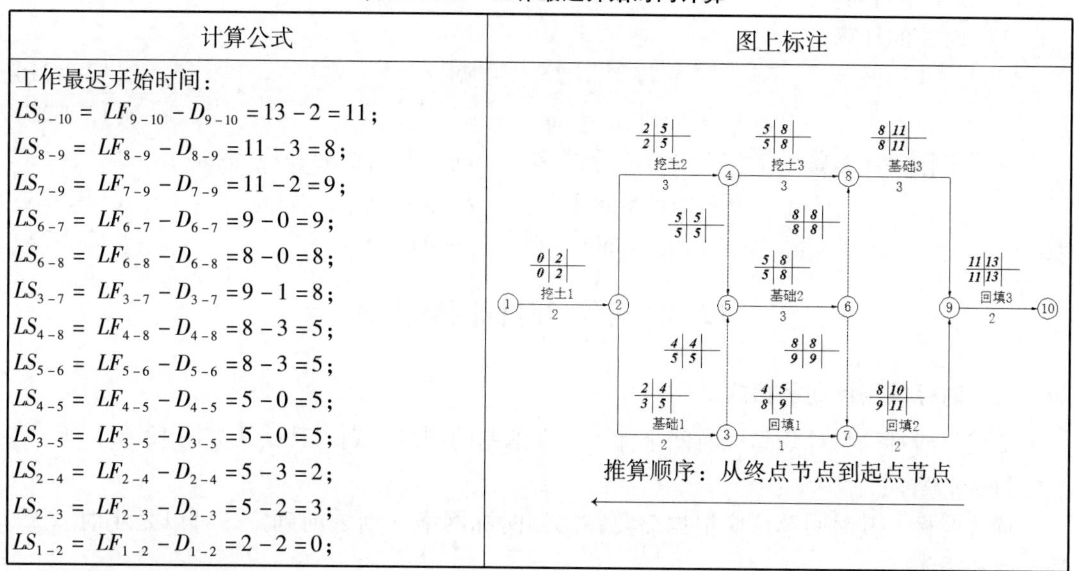

计算公式	图上标注
工作最迟开始时间： $LS_{9-10} = LF_{9-10} - D_{9-10} = 13-2=11$； $LS_{8-9} = LF_{8-9} - D_{8-9} = 11-3=8$； $LS_{7-9} = LF_{7-9} - D_{7-9} = 11-2=9$； $LS_{6-7} = LF_{6-7} - D_{6-7} = 9-0=9$； $LS_{6-8} = LF_{6-8} - D_{6-8} = 8-0=8$； $LS_{3-7} = LF_{3-7} - D_{3-7} = 9-1=8$； $LS_{4-8} = LF_{4-8} - D_{4-8} = 8-3=5$； $LS_{5-6} = LF_{5-6} - D_{5-6} = 8-3=5$； $LS_{4-5} = LF_{4-5} - D_{4-5} = 5-0=5$； $LS_{3-5} = LF_{3-5} - D_{3-5} = 5-0=5$； $LS_{2-4} = LF_{2-4} - D_{2-4} = 5-3=2$； $LS_{2-3} = LF_{2-3} - D_{2-3} = 5-2=3$； $LS_{1-2} = LF_{1-2} - D_{1-2} = 2-2=0$；	推算顺序：从终点节点到起点节点

【例 12.2.1 解答】

按节点时间计算“总时差”和“自由时差”见表 12.2.11。

表 12.2.11　总时差和自由时差计算

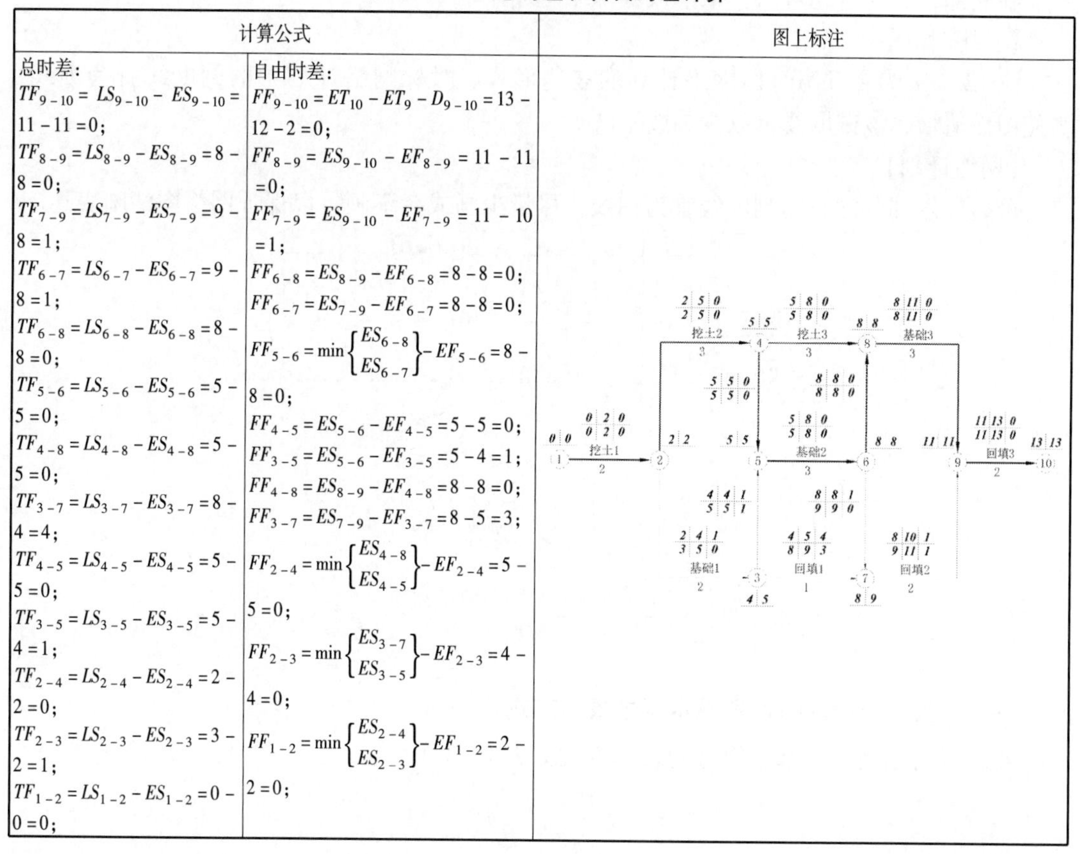

计算公式		图上标注
总时差： $TF_{9-10}=LS_{9-10}-ES_{9-10}=11-11=0$； $TF_{8-9}=LS_{8-9}-ES_{8-9}=8-8=0$； $TF_{7-9}=LS_{7-9}-ES_{7-9}=9-8=1$； $TF_{6-7}=LS_{6-7}-ES_{6-7}=9-8=1$； $TF_{6-8}=LS_{6-8}-ES_{6-8}=8-8=0$； $TF_{5-6}=LS_{5-6}-ES_{5-6}=5-5=0$； $TF_{4-8}=LS_{4-8}-ES_{4-8}=5-5=0$； $TF_{3-7}=LS_{3-7}-ES_{3-7}=8-4=4$； $TF_{4-5}=LS_{4-5}-ES_{4-5}=5-5=0$； $TF_{3-5}=LS_{3-5}-ES_{3-5}=5-4=1$； $TF_{2-4}=LS_{2-4}-ES_{2-4}=2-2=0$； $TF_{2-3}=LS_{2-3}-ES_{2-3}=3-2=1$； $TF_{1-2}=LS_{1-2}-ES_{1-2}=0-0=0$；	自由时差： $FF_{9-10}=ET_{10}-ET_9-D_{9-10}=13-12-2=0$； $FF_{8-9}=ES_{9-10}-EF_{8-9}=11-11=0$； $FF_{7-9}=ES_{9-10}-EF_{7-9}=11-10=1$； $FF_{6-8}=ES_{8-9}-EF_{6-8}=8-8=0$； $FF_{6-7}=ES_{7-9}-EF_{6-7}=8-8=0$； $FF_{5-6}=\min\left\{\begin{matrix}ES_{6-8}\\ES_{6-7}\end{matrix}\right\}-EF_{5-6}=8-8=0$； $FF_{4-5}=ES_{5-6}-EF_{4-5}=5-5=0$； $FF_{3-5}=ES_{5-6}-EF_{3-5}=5-4=1$； $FF_{4-8}=ES_{8-9}-EF_{4-8}=8-8=0$； $FF_{3-7}=ES_{7-9}-EF_{3-7}=8-5=3$； $FF_{2-4}=\min\left\{\begin{matrix}ES_{4-8}\\ES_{4-5}\end{matrix}\right\}-EF_{2-4}=5-5=0$； $FF_{2-3}=\min\left\{\begin{matrix}ES_{3-7}\\ES_{3-5}\end{matrix}\right\}-EF_{2-3}=4-4=0$； $FF_{1-2}=\min\left\{\begin{matrix}ES_{2-4}\\ES_{2-3}\end{matrix}\right\}-EF_{1-2}=2-2=0$；	

2）按工作时间计算

①总时差的计算：

$$TF_{i-j} = LS_{i-j} - ES_{i-j} \tag{12-2-21}$$

$$TF_{i-j} = LF_{i-j} - EF_{i-j} \tag{12-2-22}$$

②当工作 $i-j$ 有紧后工作 $j-k$（一个或多个）时，其自由时差应为：

$$FF_{i-j} = \min\{ES_{j-k}\} - ES_{i-j} - D_{i-j} \tag{12-2-23}$$

或者

$$FF_{i-j} = \min\{ES_{j-k}\} - EF_{i-j} \tag{12-2-24}$$

12.3 双代号时标网络计划

12.3.1 时标网络计划及格式

双代号时标网络计划是以时间坐标为尺度编制的网络计划。其格式如图 12.3.1 所示。

【时间坐标】

简称时标，其时间单位应根据需要在编制时标网络计划之前确定，可以是小时、天、周、月或季等。

【时间单位】

时标的长度单位必须注明时间，时间可以注在时标计划表顶部，见图 12.3.1，也可以标注在底部，必要时还可以在顶部或底部同时标注。

【日历时间】

图 12.3.1 为有日历时标网络计划的表达形式。时标网络计划中的刻度线宜为细线，为使图面清晰，该刻度线可以少画或不画。

【网络计划】

网络计划部分的时间刻度线宜为细线，尽量少画或者不画，以保证网络图清晰表达。

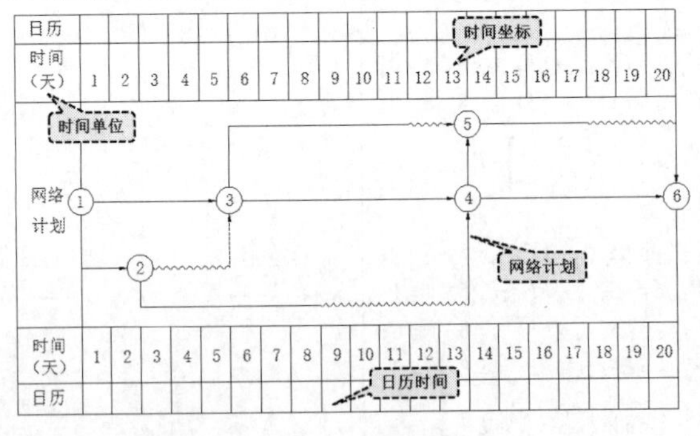

图 12.3.1 时标网络计划

12.3.2 双代号时标网络计划基本符号表达方式

双代号时标网络图基本符号的表达方式见表 12.3.1。

表 12.3.1　双代号时标网络图基本符号的表达方式

序号	内容描述	网络图表达方式
1	工作以实箭线表示	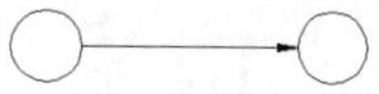
2	自由时差以波形线表示	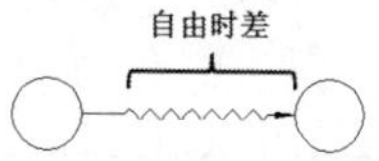 自由时差
3	虚工作以虚箭线表示	
4	当实箭线之后有波形线且其末端有垂直部分时，其垂直部分用实线绘制	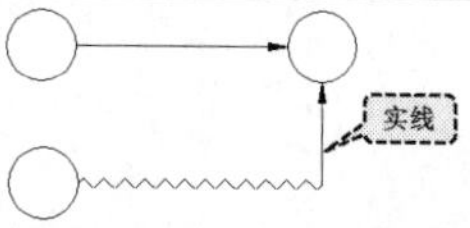 实线
5	当虚箭线有时差且其末端有垂直部分时，其垂直部分用虚线绘制	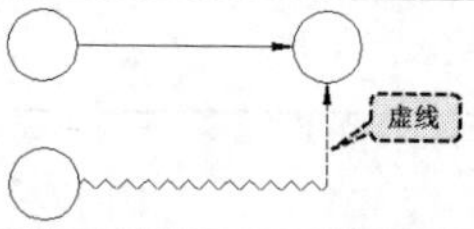 虚线

12.3.3　双代号时标网络计划的特点

双代号时标网络计划中各项工作的开工与完工时间一目了然，以便于在把握工期限制条件的同时，并且可以比较直观地察看工作时差长短，采取针对性的控制措施，进行网络计划调整和优化。此外，还便于在整体计划的工期范围内，逐日统计各种资源的计划需要量，在此基础上可直接编制资源需要量计划及工程项目的成本计划。但是，由于箭线的长短受时标制约，故绘图麻烦，修改网络计划的工作持续时间时必须重新绘制。借助于计算机技术可以使双代号网络图应用更加方便。目前，在工程项目的管理工作中，双代号时标网络计划应用比较广泛。

12.3.4　双代号时标网络计划的绘制

1）间接法

如图 12.3.2 所示。

①绘制出无时标网络计划；

②计算各节点的最早时间；

③根据节点最早时间在时标计划表上确定节点的位置；

④按要求连线，某些工作箭线长度不足以达到该工作的完成节点时，用波形线补足。

2）直接法

如图 12.3.3 所示。

①将起点节点定位在时标网络计划表的起始刻度线上。根据各个工作的逻辑关系从左至右依次绘制其他工作的工作箭线。各个工作的箭线开始节点对应的时间刻度线位置由该工作的最早时间确定。

②根据各个工作之间的逻辑关系增加虚工作。

③当某一工作唯一的紧前工作是虚工作，并且虚工作的两个节点在同一条时间刻度线上时，合并虚工作的两个节点。不在同一时间刻度线上的虚工作改为波浪线，虚工作的两个节点合并；当紧前工作为多个虚工作时，优先合并具有波浪线的虚工作。

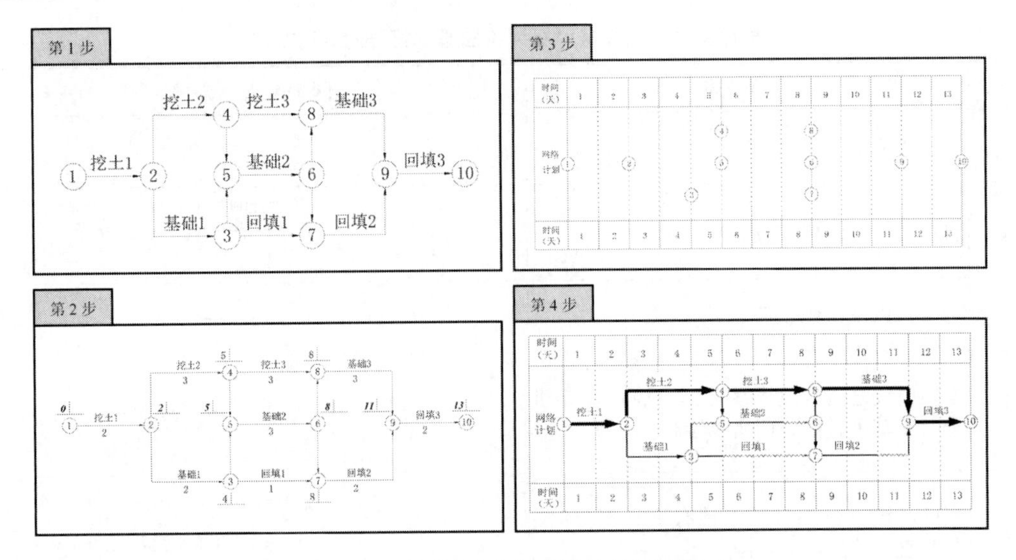

图 12. 3. 2　间接法绘制双代号时标网络图

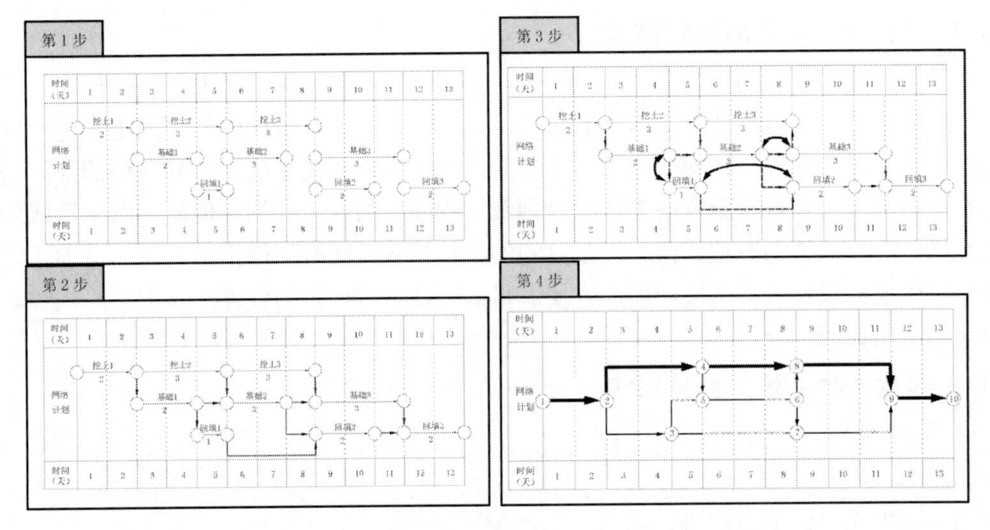

图 12. 3. 3　直接法绘制双代号时标网络计划

④当某些工作的箭线长度不足以达到该节点时，用波形线补足；箭头画在波形线与节点连接处。补足节点编号。

12. 3. 5　双代号时标网络计划的关键线路和时间参数

1）关键线路

自终点节点逆箭线方向朝起点节点依次观察，自终点节点至起点节点都不出现波形线的线路称为关键线路。在双代号时标网络计划的关键线路可以用粗线、双线和彩色线区分表达。如图 12. 3. 2 和图 12. 3. 3 的第 4 步所示，采用粗线表达。

2）计算工期

双代号时标网络计划的计算工期就是终点节点与起点节点对应的时标值之差。如图 12. 3. 2 和图 12. 3. 3 的第 4 步所示，工期为 13d。

3）工作的最早开始时间和最早完成时间

每条箭线尾节点所对应的时标值代表工作的最早开始时间。实箭线实线部分右端（有波形线时）或箭头节点（无波形线时）所对应的时标值代表工作的最早完成时间。虚箭线的最早完成时间与最早开始时间相等。

4）自由时差

工作自由时差值等于其波形线在时标上水平投影的长度。

5）总时差

工作总时差应自右向左进行依次逐项计算。工作总时差值等于其诸紧后工作总时差值的最小值与本工作自由时差之和。

6）工作最迟开始时间和最迟完成时间

由于知道最早开始和最早结束时间，当计算出总时差后，工作最迟时间可用以下公式计算：

$$LS_{i-j} = ES_{i-j} + TF_{i-j} \tag{12-3-1}$$

$$LF_{i-j} = EF_{i-j} + TF_{i-j} \tag{12-3-2}$$

12. 4　网络计划的优化

初步编制完成的网络计划仅仅满足了施工各个工作之间的逻辑关系和时间顺序，但是在实际工程应用中，网络计划需要按照项目的目标要求不断调整。为了达到较好的效益目标，根据项目的进度、资源、成本等目标要求的需要，对网络计划进行优化是很重要、也是非常必要的工作。但是网络计划的优化不能以牺牲工程的质量和安全为代价。

根据优化目标的不同，网络计划的优化方案包括 3 种：①工期优化；②资源优化；③工期 - 费用优化。

10. 4. 1　工期优化

当计算工期大于要求工期（即 $T_c > T_r$）时，可通过压缩关键工作的持续时间，以满足要求工期的目标。

> 特别提醒：在优化过程中，不能把关键工作压缩成非关键工作。压缩关键工作的持续时间时，应控制好时间压缩量，不能出现新的关键线路。关键线路不止一条时，必须对多条关键线路同步压缩。

工期优化步骤如下：

①计算初步网络计划的计算工期和关键线路。

②根据要求工期计算工期压缩时间 ΔT：

$$\Delta T = T_c - T_r \tag{12-4-1}$$

③选择压缩时间的关键工作。应优先选择缩短持续时间对质量、安全影响小，或者作业场地充裕，或有充足备用资源，或造成的费用增加最少的工作。时间的压缩量应不超过关键线路与次关键线路延续时间的差值。若被压缩的工作变成了非关键工作，则根据新关键线路（原次关键线路）持续时间，减少压缩幅度，使原关键线路不变。

④若计算工期仍超过要求工期，则重复上一步骤的工作，直到满足工期要求或工期已不能再缩短为止。

若所有关键工作的持续时间都已达到最短持续时间而工期仍不能满足要求时，应对计划的技术方案、组织方案进行修改，以调整原计划的工作逻辑关系，或重新审定要求工期。

【例题12-4-1】网络计划如图12.4.1（a）所示，箭线下方括号外面的数字为工作的正常持续时间，括号内为最短持续时间。假设要求工期 $T_r=40$ 天，根据施工的实际情况考虑，工作时间压缩的优先次序为G、B、C、H、E、D、A、F。对该网络计划进行“工期优化”。

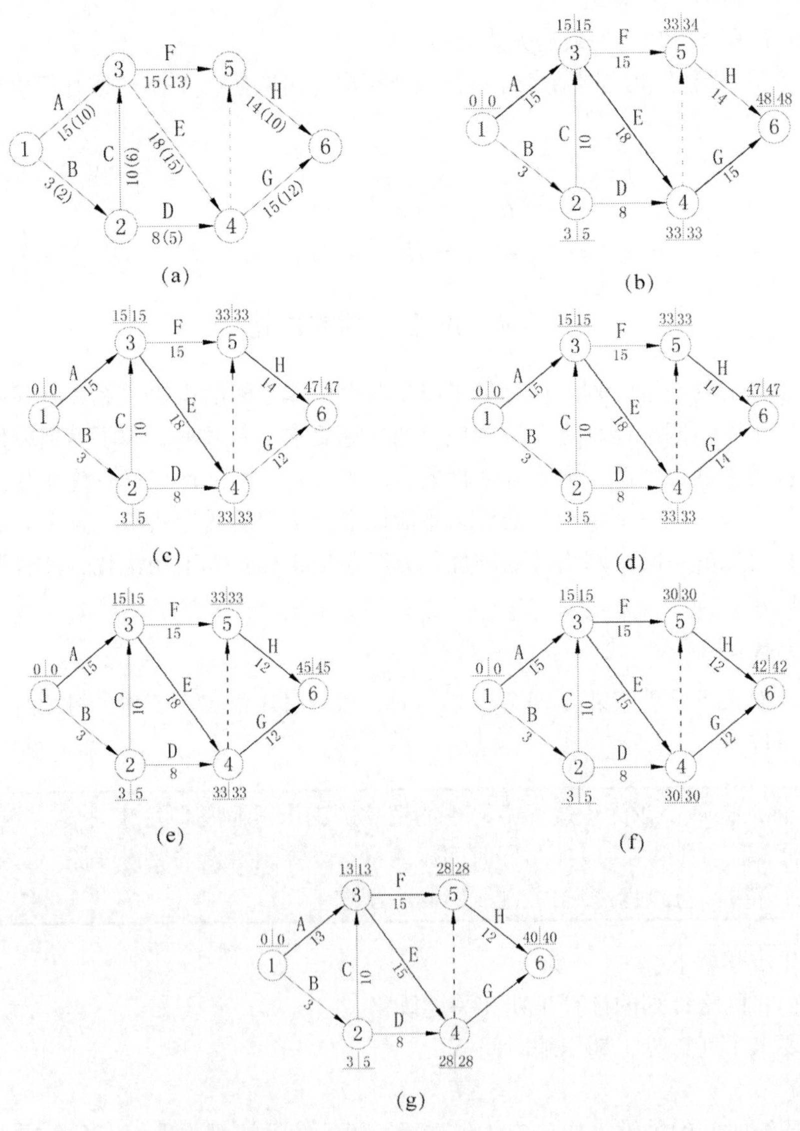

图12.4.1　工期优化步骤

(a) 优化前网络计划；(b) 网络计划的时间参数；(c) G工作压缩至12天；(d) G工作压缩至14天；(e) G、H工作压缩至12天；(f) E工作压缩至15天；(g) A工作压缩至13天

【解】

第一步，计算网络计划的时间参数，确定关键线路和计算工期。

第二步，选择关键工作压缩其持续工作时间。从图 12.4.1（b）中可以看出，计算工期为 48 天，关键线路为①→③→④→⑥。关键线路包含 A、E、G 三个工作。

第三步，工作延续时间压缩优先从工作 G 开始。先尝试将工作 G 的持续时间压缩至最小值 12 天。则网络计划变为图 12.4.1（c）的状态。计算工期变为 47 天。关键线路变为①→③→④→⑤→⑥。原关键线路变为非关键线路，不符合优化要求。

第四步，将工期先压缩为 47 天。将 G 工作的持续时间压缩为 14 天。网络计划变为图 12.4.1（d）的状态。关键工作包括 A、E、G、H 三个工作。

第五步，从优先压缩工作的排序中取排在前面的关键工作 G 和 H 进行压缩。两个工作最多同时压缩 2 天。G、H 两个工作的持续时间都变为 12 天，网络计划变为图 12.4.1（e）的状态，关键线路不变。此时，已经不能再对 G、H 工作进行时间压缩，需要另外寻找可压缩的关键工作，使两条关键线路时间压缩量相同。从压缩优先次序中发现，依次有关键工作 E、A 可以进行时间压缩，而且两个工作为两条关键线路共有，对两条关键线路的时间影响相同。

第六步，先将工作 E 的持续时间压缩至最短持续时间 15 天。网络计划工期变为 42 天，见图 12.4.1（f）。关键线路变为三条①→③→⑤→⑥、①→③→④→⑤→⑥和①→③→④→⑥。

第七步，将工作 A 的持续时间压缩至 13 天。网络计划工期变为 40 天。关键线路仍然为三条。至此，该网络计划的工期优化工作完成，见图 12.4.1（g）。

12.4.2　费用优化

费用优化又称工期 - 成本优化，是寻求最低成本条件下所采用的工期安排。工程总成本费用由直接费用和间接费用组成。它们与工期的关系如图 12.4.2 所示。随着工期的增长，直接费用减少而间接费用增加，而总成本存在最小值，此时的工期为最优工期。

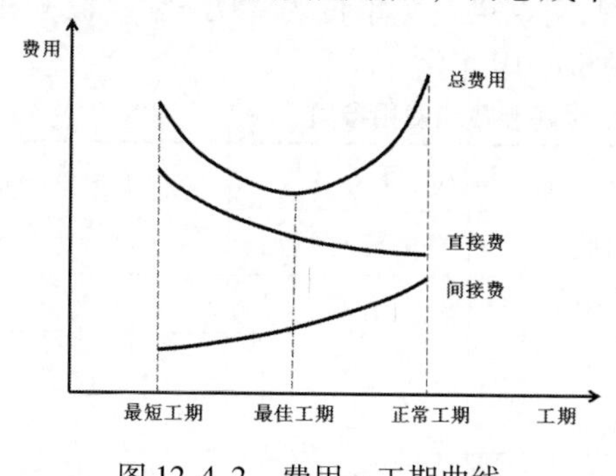

图 12.4.2　费用 - 工期曲线

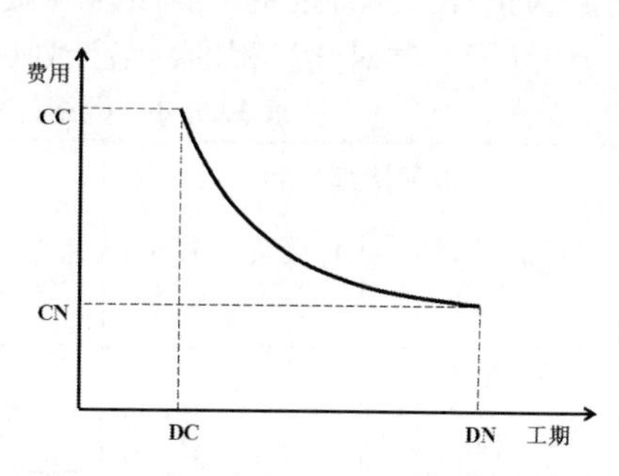

图 12.4.3　直接费用 - 持续时间曲线

1）直接费率

$$C_{i-j} = \frac{CC_{i-j} - CN_{i-j}}{DN_{i-j} - DC_{i-j}} \tag{12-4-2}$$

式中：C_{i-j}——工作 $i-j$ 的直接费用率；见图 12.4.3 所示。

CC_{i-j}——工作 $i-j$ 的持续时间缩短为最短持续时间后，完成该工作所需的直接费用；

CN_{i-j}——在正常条件下，完成工作 $i-j$ 所需的直接费用；

DC_{i-j}——工作 $i-j$ 的最短持续时间；

DN_{i-j}——工作 $i-j$ 的正常持续时间。

2）优化步骤

第一步，按工作的正常持续时间制订网络计划，确定计算工期和关键线路。

第二步，计算各个工作的直接费用率。

第三步，当有一条关键线路时，应找出直接费用率最小的一项关键工作，进行持续时间压缩。当有多条关键线路时，应找出组合直接费率最小的一组关键工作进行持续时间压缩。压缩应当遵循以下原则：

①缩短后工作的持续时间不能小于其最短持续时间；

②缩短持续时间的关键工作不能变成非关键工作。

第四步，比较选定压缩对象（关键工作或者关键工作组合）的直接费用率或组合直接费用率与工程间接费用率的大小，判断是否可以进行持续时间压缩。分以下两种情况进行判断：

①当直接费用率≤工程间接费用率时，可以缩短所选择关键工作的持续时间；

②当直接费用率＞工程间接费用率时，且直接费用增加数额＞间接费用减少数额时，而应选择上一步骤压缩得到的结果作为最优方案。

第五步，重复上一步的压缩过程，直至达到终止压缩的条件。

第六步，计算最优方案的工期和总费用。

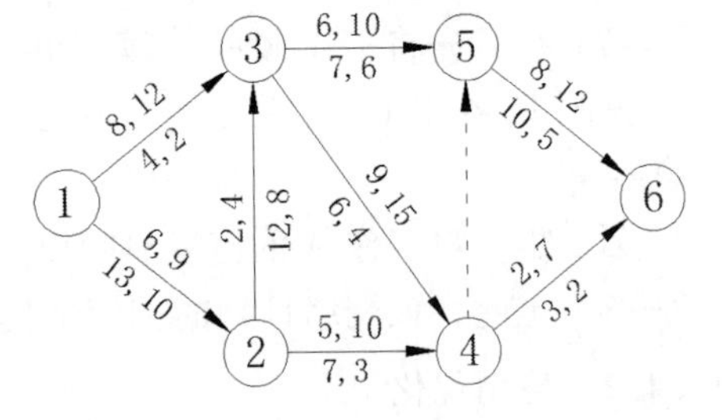

图 12.4.4　初步网络计划

【例 12-4-2】某工程的各个工作及工作持续时间、直接费等有关参数，如图 12.4.4 和表 12.4.1 所示。箭线下方数字前面为正常持续时间，后面为最短持续时间，单位为“天”；箭线上方数字前面为正常工期直接费，后面为最短工期直接费，单位为“万元”。已知工程间接费率为 1 万元/天。试对此工程的网络计划进行费用优化。

表 12.4.1　网络计划时间参数和费用参数

工作编号	正常持续时间		最短持续时间		工程直接费率（万元/天）
	持续时间（天）	直接费（万元）	持续时间（天）	直接费（万元）	
1－2	13	6	10	9	1
1－3	4	8	2	12	2
2－3	12	2	8	4	0.5
2－4	7	5	3	10	1.25
3－4	6	9	4	15	3
3－5	7	6	6	10	4
4－6	3	2	2	7	5
5－6	10	8	5	12	0.8
合计		46		79	

【解】

第一步：计算网络图时间参数和费用参数，费用参数见表 12.4.1，时间参数如图 12.4.5（a）所示。计算工期为 42 天。关键线路为①→②→③→⑤→⑥。从表 12.4.1 中的费用参数可以看出，关键工作②→③的工程直接费率最低，为 0.5 万元/天。则先压缩该工作至最短时间。

第二步：将工作②→③压缩至最短持续时间，如图 12.4.5（b）。重新计算时间参数，计算工期变为 38 天。关键线路没有改变。工程直接费率 0.5 万元/天 < 间接费率 1 万/天，还可以继续压缩工期。此次选择工作⑤→⑥压缩，工程直接费率为 0.8 万元/天。

第三步：将工作⑤→⑥压缩至最短持续时间。网络计划计算工期变为 33 天，如图 12.4.5（c）。关键线路没有改变。工程直接费率为 0.8 万元/天 < 间接费率 1 万元/天，还可以继续压缩工期。选择关键工作①→②进行压缩，直接费率为 1 万元/天。

第四步：将工作①→②压缩至最短持续时间，如图 12.4.5（d）。网络计划计算工期变为 30 天。关键线路没有变化。工程直接费率为 1 万元/天 = 间接费率 1 万元/天，工期压缩 3 天，费用没有改变，还可以继续压缩工期。但是能够选择的关键工作工程直接费率都大于间接费率，如果选择一个关键工作进行工期压缩，则需要同时比较直接费增加数额和间接费减少数额。目前工程总费用变动计算如下：

直接费增加数额：2 + 4 + 3 = 9 万元

间接费增加数额：12 × 1 = 12 万元

总费用降低 3 万元。

因此，最优工期为 30 天，总费用可降低 3 万元；如果继续压缩工期，只有关键线路上工作③→⑤可以压缩一天，如图 12.4.5（e）。至此，此条关键线路上的工作均压缩至最短时间 29 天，即此网络计划的最短工期为 29 天。由于工作③→⑤压缩的 1 天时间，直

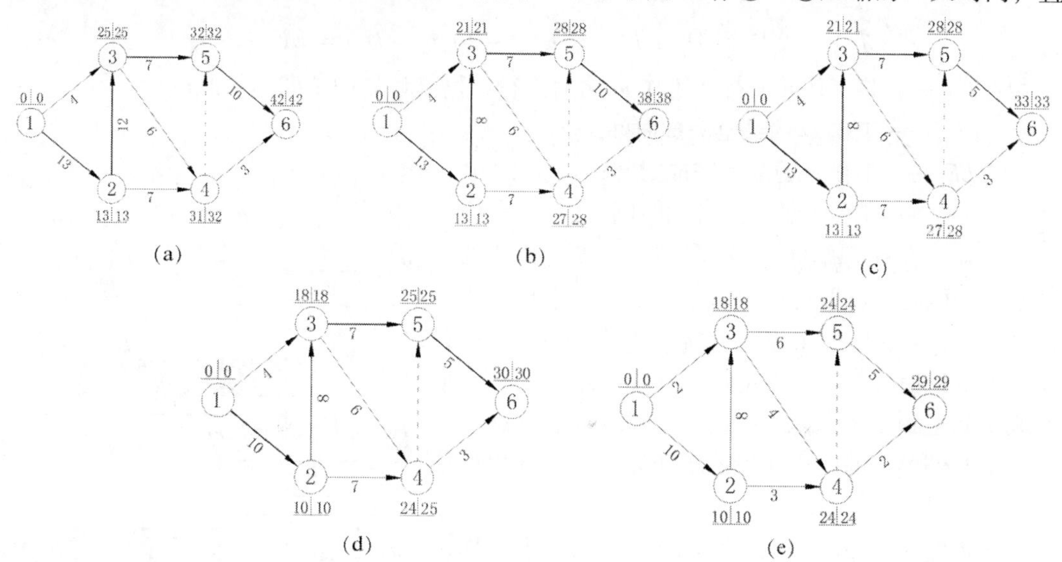

图 12.4.5　费用优化步骤

（a）网络计划时间参数；（b）工作②→③压缩至 8 天；（c）工作⑤→⑥压缩至 5 天；（d）工作①→②压缩至 10 天；（e）工作③→⑤压缩至 6 天

接费增加4万，间接费减少1万，工程直接费增长幅度大于间接费降低幅度。

最短工期费用增加数额：直接费增加数额－间接费增加数额＝13－13×1＝0万元

因此，优化后的最短工期为29天，总费用没有增加。

12.4.3 资源优化

施工过程就是消耗人力、材料、机械和资金等各种资源的过程，编制网络计划必须解决资源供求矛盾，实现资源的均衡利用，以保证工程项目的顺利完成，并取得良好的经济效果。资源优化有两种不同的目标：资源有限－工期最短；工期一定－资源均衡。

1. 资源有限－工期最短

“资源有限－工期最短”是指由于某种资源的供应受到限制，致使工程施工无法按原计划实施，甚至会使工期超过计划工期，在此情况下应尽可能使工期最短来进行优化调整。

1）优化步骤

①根据初始网络计划，绘制时标网络计划或横道图计划，并计算出网络计划在实施过程中每个时间单位的资源需用量。

②从计划开始日期起，逐个检查每个时段（资源需用量相同的时间段）资源需用量是否超过所供应的资源限量，如果在整个工期范围内每个时段的资源需用量均能满足资源限量的要求，则可得到可行优化的方案；否则，必须转入下一步进行网络计划的调整。

③分析超过资源限量的时段，如果在该时段内有几项工作平行作业，则将一项工作安排在与其平行的另一项工作之后，以降低该时段的资源、需用量。

对于两项平行作业的工作 m 和工作 n 来说，为了降低相应的资源需用量，现将工作 n 安排在工作 m 之后进行，如图12.4.6所示。此时，网络计划的工期延长值按公式（12-4-3）计算：

$$T_{m,n} = EF_m + D_n - LF_n = EF_m - (LF_n - D_n) = EF_m - LS_n \tag{12-4-3}$$

式中：$T_{m,n}$——将工作 n 安排在工作 m 之后进行，网络计划的工期延长值；

EF_m——工作 m 的最早完成时间；

LF_n——工作 n 的最迟完成时间；

LS_n——工作 n 的最迟开始时间。

这样，在有资源冲突的时段中，对平行作业的工作进行两两排序，即可得出若干个 $T_{m,n}$，选择其中最小的 $T_{m,n}$，将相应的工作 n 安排在工作 m 之后进行，既可降低该时段的资源需用量，又使网络计划的工期延长时间最短。

④对调整后的网络计划重新计算每个时间单位的资源需用量。

⑤重复上述②－④，直至网络计划整个工期范围内每个时间单位的资源需用量均满足资源限量为止。

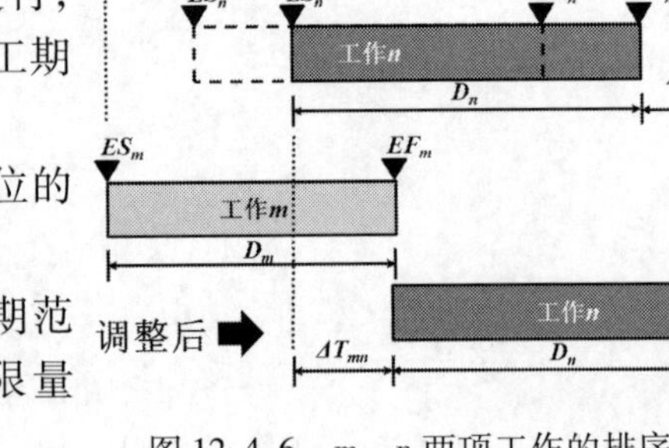

图12.4.6 m、n 两项工作的排序

2）优化原则

①不能改变各个工作的持续时间；

②不能改变各个工作的资源供应强度（单位时间资源的供应量）；

③不能改变网络计划中各个工作之间的逻辑关系；

④除了特殊规定可以中断的工作外，应保持工作的连续性。

3）优化分级

当需要进行资源优化的时段涉及多个工作时，需要划分资源分配的优先级别，根据优先级别决定各个工作在时间上的顺序。分级原则如下：

①关键工作优先安排资源需求量大的工作；

②非关键工作中，总时差不同的工作中优先安排总时差小的工作；总时差相同的工作优先安排资源需求量大的工作。

【例 12-4-3】假设资源供应强度为 12t/天，对图 12. 4. 7 所示的双代号时标网络计划进行“资源有限－工期最短”的优化。

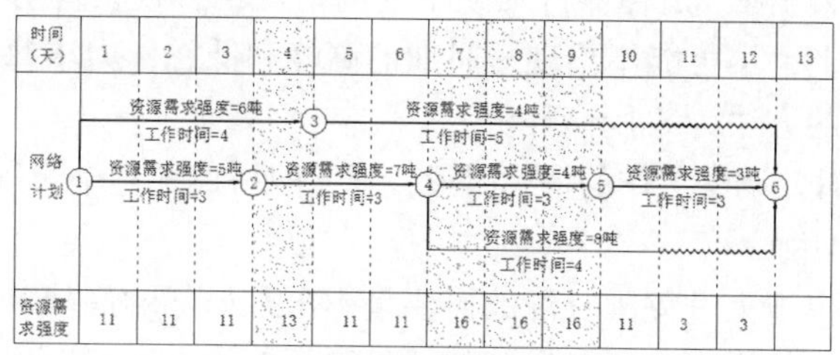

图 12. 4. 7　双代号时标网络计划及资源需求强度

【解】

第一步，根据时标网络计划和各个工作的资源需求强度计算出的日资源需求量，填入网络图下方的资源需要强度的表格内。

第二步，比较每天的资源需求量和资源供应强度的大小。可以看出，计划的第 4 天和第 7－9 天资源需求量超过了日资源供应强度 12t/天。第 4 天的资源供应与工作①→③和工作②→④有关。根据资源配置的优先级排序原则，工作①→③进行了一部分，不能中断。因此，将工作②→④调整到工作①→③完成后再开始。调整的结果如图 12. 4. 8 所示。重新计算资源需求量，填入网络计划下方的表格内。

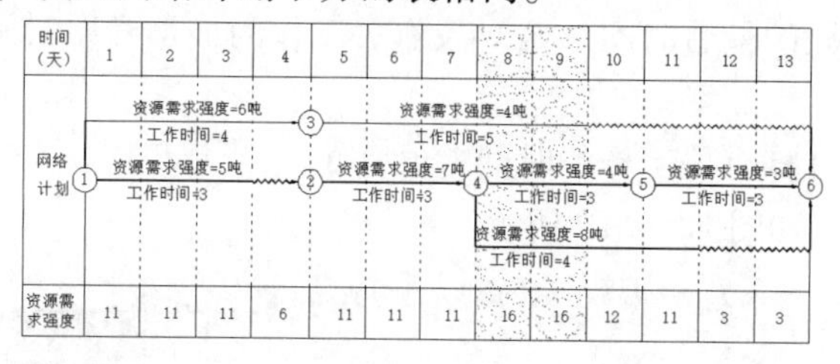

图 12. 4. 8　双代号时标网络计划及资源需求强度

第三步，再次比较每天的资源需求量和资源供应强度的大小。发现计划的第⑧→⑨天资源需求量超过了日资源供应强度 12t/天。此时段资源供应与工作③→⑥、工作④→⑤和工作④→⑥有关。根据资源配置的优先级排序原则，关键工作④→⑤优先安排资源，工作③→⑥进行了一部分，不能中断。因此，将工作④→⑥调整到工作③→⑥完成后再开始。

调整的结果如图12.4.9所示。重新计算资源需求量，填入网络计划下方的表格内。至此，网络计划工期变为13天，每天的资源需求强度均小于资源供应强度12t/天。网络计划优化完成。

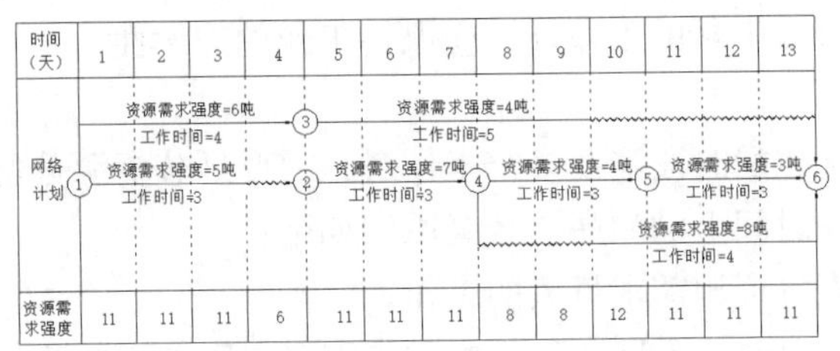

图12.4.9　双代号时标网络计划及资源需求强度

2. 工期固定－资源均衡

“工期固定－资源均衡”是在保持工期不变的情况下，使资源分布尽量均衡，即在资源需用量的动态曲线上，尽可能不出现短时期的高峰和低谷，力求每个时段的资源需用量接近于平均值。采用的方法为“削高峰法”。

基本思路是利用时差调整工作的持续时段，降低网络计划各个时段的资源高峰值，使资源消耗量分布尽可能均衡。

均衡就是代表整个施工过程中资源的需要量不出现局部的高峰和低谷。施工阶段局部的资源高峰值代表投入的增多，同时局部的低谷又可能带来高峰时段投入资源的闲置。资源分配均衡可以减小施工临时设施的规模，有利于节约施工费用。“工期固定－资源均衡”优化就是在工期不变的情况下，利用时差对网络计划做一些调整，使每天的资源需要量尽可能地接近于均衡。

资源配置均衡与否通过“方差”和“极差”两个指标来来评价。方差和极差越小，则资源配置越均衡。

优化的方法与步骤：

（1）计算网络计划每个“时间单位”资源需用量；

（2）确定削高峰目标，其值等于每个“时间单位”资源需用量的最大值减去一个单位资源量；

（3）找出高峰时段的最后时间（T_h）及有关工作的最早开始时间（ES_{i-j}或ES_i）和总时差（TF_{i-j}或TF_i）；

（4）按下列公式计算有关工作的时间差值（ΔT_{i-j}或ΔT_i）；

双代号网络计划，如图12.4.10所示：

$$T_{i-j} = TF_{i-j} - (T_h - ES_{i-j}) \quad (12\text{-}4\text{-}4)$$

单代号网络计划：

$$T_i = TF_i - (T_h - ES_i) \quad (12\text{-}4\text{-}5)$$

当时间差值为正，则优化调整不影响总工期；否则，将使总工期延长。

（5）当峰值不能再减少时，即得到优化方案。否则，重复以上（1）～（4）步骤。

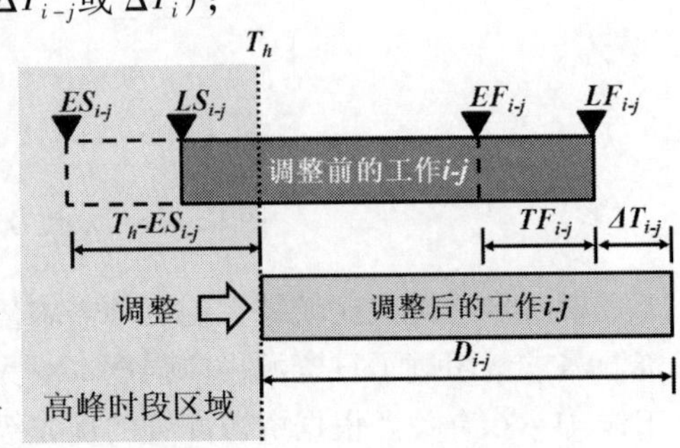

图12.4.10　双代号网络计划优化

12.5　单代号网络计划

单代号网络计划就是用圆圈或者方框代表一项工作，以箭线表示工作间逻辑关系的网络图。如图12.5.1所示。与双代号网络计划相比，省去了增加虚工作来满足一定逻辑关系的工作量。具有绘制简单、逻辑关系明确的优点，而且不需要考虑虚工作的问题。

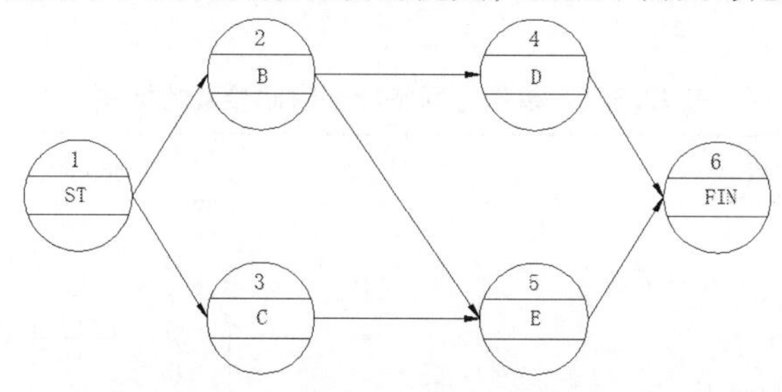

图12.5.1　单代号网络图

1，2，，3，4，5，6-节点编号；B，C，D，E-工作；ST-虚拟起点节点；FIN-虚拟终点节点

12.5.1　绘图符号

1）箭线

单代号网络图中，工作之间的逻辑关系应以箭线表示。箭线应画成水平直线、折线或斜线。箭线水平投影的方向应自左向右。

2）节点（或工作）

单代号网络图中，工作应以圆圈或矩形表示。

单代号网络图的节点应编号。编号应标注在节点内，其号码可间断，但不得重复．箭线的箭尾节点编号应小子箭头节点编号。一项工作应有唯一的一个编号。

单代号网络计划中，一项工作应包括节点编号、工作名称、持续时间，如图12.5.2所示。

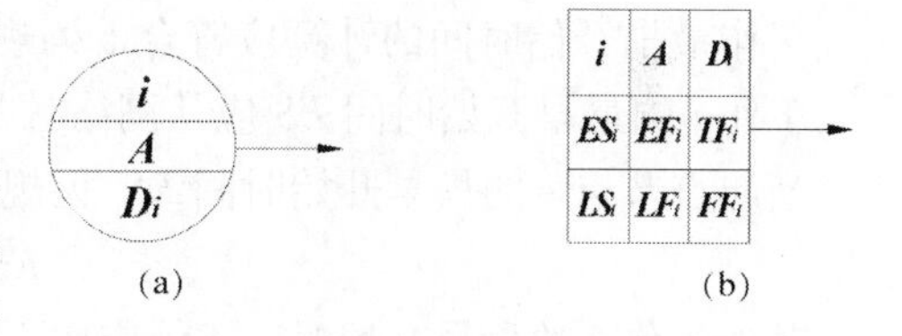

图12.5.2　单代号网络图工作的表示方法

（a）圆节点表示方法；（b）矩形节点表示方法

i-节点编号；B，C，D，E-工作；

ST-虚拟起点节点；FIN-虚拟终点节点

工作之间的逻辑关系应包括工艺关系和组织关系，在网络图中均应表现为工作之间的先后顺序。

12.5.2　绘图规则

单代号网络图应正确表达已定的逻辑关系。

（1）单代号网络图中，不得出现回路。

（2）单代号网络图中，不得出现双向箭头或无箭头的连线。

（3）单代号网络图中，不得出现没有箭尾节点的箭线和没有箭头节点的箭线。

（4）绘制网络图时，箭线不宜交叉。当交叉不可避免时，可采用过桥法或指向法绘制。

（5）单代号网络图应只有一个起点节点和一个终点节点；当网络图中有多项起点节点

或多项终点节点时，应在网络图的两端分别设置一项虚拟节点，作为该网络图的起点节点（ST）和终点节点（FIN）。

12.5.3 时间参数

与双代号网络图的工作时间参数相比，单代号网络计划具有完全相同的时间参数。单代号网络计划的时间参数计算应在确定各项工作持续时间之后进行。其表达形式如表12.5.1所示。

表 12.5.1 单代号网络计划时间参数的标注

时间参数	标注形式
① i，j—节点编号； ② A，B—工作； ③ D_i，D_j—持续时间； ④ ES_i，ES_j—最早开始时间； ⑤ EF_i，EF_j—最早完成时间； ⑥ LS_i，LS_j—最迟开始时间； ⑦ LF_i，LF_j—最迟完成时间； ⑧ TF_i，TF_j—总时差； ⑨ FF_i，FF_j—自由时差； ⑩ LAG_{ij}—间隔时间；	（a）圆节点时间参数标注 （b）矩形节点时间参数标注

1）最早开始时间 ES_i

工作最早开始时间的计算应符合下列规定.

工作 i 的最早开始时间 ES_i 应从网络计划的起点节点开始顺着箭线方向依次逐项计算。

当起点节点 i 的最早开始时间 ES_i 无规定时，应按下式计算：

$$ES_i = 0 \tag{12-5-1}$$

其他工作 i 的最早开始时间 ES_i 应按下式计算：

$$ES_i = max\{ES_h + D_h\} = \max\{EF_h\} \tag{12-5-2}$$

式中：ES_h——工作 i 的各项紧前工作 h 的最早开始时间；

D_h——工作 i 的各项紧前工作 h 的持续时间；

EF_h——工作 i 的各项紧前工作 h 的最早完成时间。

2）工作最早完成时间 EF_i

$$EF_i = ES_i + D_i \tag{12-5-3}$$

3）网络计划计算工期 T_c

$$T_c = EF_n \tag{12-5-4}$$

式中：EF_n——终点节点 n 的最早完成时间。

4）网络计划的计划工期 T_p

①当已经规定要求工期 T_r 时：

$$T_p \leqslant T_r \tag{12-5-5}$$

②当未规定要求工期 T_r 时：

$$T_p = T_c \tag{12-5-6}$$

5）间隔时间 $LAG_{i,j}$

相邻两项工作 i 和 j 之间的间隔时间 LAG_{ij} 的计算应符合下列规定：

①当终点节点为虚拟节点时，其间隔时间应按下式计算：

$$LAG_{i,n} = T_p - EF_i \tag{12-5-7}$$

②其他节点之间的间隔时间应按下式计算：

$$LAG_{i,j} = ES_j - EF_i \tag{12-5-8}$$

6）总时差 TF_i

工作总时差的计算应符合下列规定：

①工作 i 的总时差 TF_i 应从网络计划的终点节点开始，逆着箭线方向依次逐项计算；

②终点节点所代表工作 n 的总时差 TF_n 应按下式计算：

$$TF_n = T_p - EF_n \tag{12-5-9}$$

③其他工作 i 的总时差 TF_i 应按下式计算：

$$TF_i = \min\{TF_j + LAG_{i,j}\} \tag{12-5-10}$$

7）自由时差

工作自由时差的计算应符合下列规定：

①终点节点所代表的工作 n 的自由时差 FF_n 应按下式计算：

$$FF_n = T_p - EF_n \tag{12-5-11}$$

②其他工作 i 的自由时差 FF_i 应按下式计算：

$$FF_i = \min\{LAG_{i,j}\} \tag{12-5-12}$$

8）最迟完成时间

①终点节点所代表的工作 n 的最迟完成时间 LF_n 应按下式计算：

$$LF_n = T_p \tag{12-5-13}$$

②其他工作 i 的最迟完成时间 LF_i 应按下列公式计算：

$$LF_i = \min\{LS_j\} \tag{12-5-14}$$

或

$$LF_i = EF_i + TF_i \tag{12-5-15}$$

式中：LS_j——工作 i 的各项紧前工作 j 的最迟开始时间。

9）最迟开始时间 LS_i

$$LS_i = LF_i - D_i \tag{12-5-16}$$

或

$$LS_i = ES_i + TF_i \tag{12-5-17}$$

9）关键工作和关键线路

①总时差最小的工作应确定为关键工作。

②自始至终全部由关键工作组成且关键工作间的间隔时间为零的线路或总持续时间最长的线路确定为关键线路，并宜用粗线、双线或彩色线标注。

【例 12-5-1】已知各个工作之间的逻辑关系如表 12. 5. 2 所示，绘制单代号网络图。

表 12.5.2 各个工作的逻辑关系

工作	A	B	C	
紧前工作	–	A	A	
作业时间	5	8	15	

【解】

1. 绘制单代号网络图

完成单代号网络图如图 12.5.3 所示。

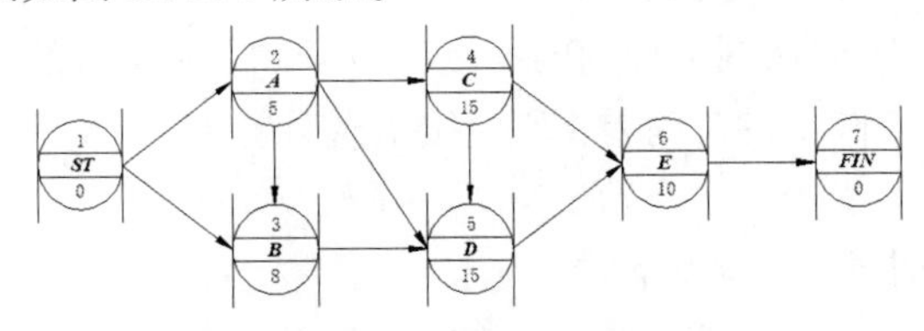

图 12.5.3 单代号网络图

2. 计算工作的最早开始时间和最早完成时间

工作的最早开始时间和最早完成时间的计算过程如下：

①起点节点 ST（工作 ST）

最早开始时间（ES_1）：$ES_1=0$

最早结束时间（EF_1）：$EF_1=ES_1+D_1=0+0=0$

②节点 A（工作 A）

最早开始时间（ES_2）：$ES_2=EF_1=0$

最早结束时间（EF_2）：$EF_2=ES_2+D_2=0+5=5$

③节点 B（工作 B）

最早开始时间（ES_3）：$ES_3=Max\{EF_1, EF_2\}=5$

最早结束时间（EF_3）：$EF_3=ES_3+D_3=5+8=13$

④节点 C（工作 C）

最早开始时间（ES_4）：$ES_4=EF_2=5$

最早结束时间（EF_4）：$EF_4=ES_4+D_4=5+15=20$

⑤节点 D（工作 D）

最早开始时间（ES_5）：$ES_5=Max\{EF_2, EF_3, EF_4\}=20$

最早结束时间（EF_5）：$EF_5=ES_5+D_5=20+15=35$

⑥节点 E（工作 E）

最早开始时间（ES_6）：$ES_6=Max\{EF_4, EF_5\}=35$

最早结束时间（EF_6）：$EF_6=ES_6+D_6=35+10=45$

⑦终点节点 FIN（工作 FIN）

最早开始时间（ES_7）：$ES_7=EF_6=45$

最早结束时间（EF_7）：$EF_7=ES_7+D_7=45+0=45$

时间参数标注见图 12.5.4 所示。

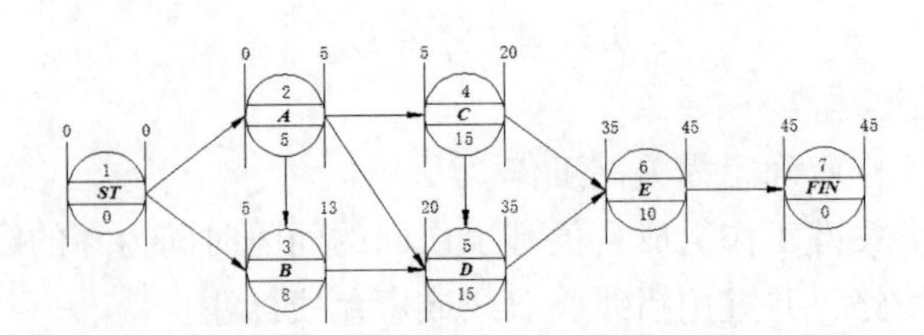

图 12.5.4 单代号网络计划最早时间参数的标注

3. 计算工作之间的时间间隔

工作之间的时间间隔计算如下，网络图标注见图 12.5.5。

$LAG_{6,7} = T_p - EF_i = 45 - 45 = 0$

$LAG_{4,5} = ES_5 - EF_4 = 20 - 20 = 0$

$LAG_{2,5} = ES_5 - EF_2 = 20 - 5 = 15$

$LAG_{2,4} = ES_4 - EF_2 = 5 - 5 = 0$

$LAG_{1,3} = ES_3 - EF_1 = 5 - 0 = 5$

$LAG_{5,6} = ES_6 - EF_5 = 35 - 35 = 0$

$LAG_{4,6} = ES_6 - EF_4 = 35 - 20 = 15$

$LAG_{3,5} = ES_5 - EF_3 = 20 - 13 = 7$

$LAG_{2,3} = ES_3 - EF_2 = 5 - 5 = 0$

$LAG_{1,2} = ES_2 - EF_1 = 0 - 0 = 0$

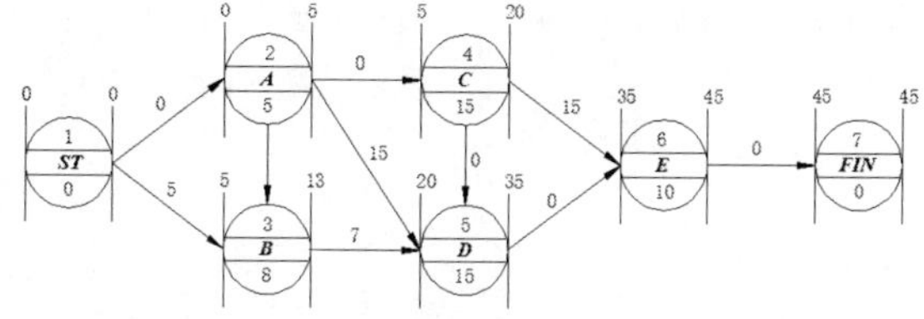

图 12.5.5 单代号网络计划时间间隔参数的标注

4. 计算时差

各个工作的总时差和自由时差计算过程如下，网络图标注见图 12.5.6。

总时差计算

$TF_7 = 0$；$TF_6 = TF_7 + LAG_{6,7} = 0 + 0 = 0$；

$TF_5 = TF_6 + LAG_{5,6} = 0 + 0 = 0$

$TF_4 = \min\{TF_6 + LAG_{4,6};\ TF_5 + LAG_{4,5}\}$

$= \min\{0 + 15;\ 0 + 0\} = 0$

$TF_3 = TF_5 + LAG_{3,5}$

$= 0 + 7 = 7$

$TF_2 = \min\{TF_5 + LAG_{2,5};\ TF_3 + LAG_{2,3};\ TF_4 + LAG_{2,4}\}$

$= \min\{0 + 15;\ 7 + 0;\ 0 + 0\} = 0$

$TF_1 = \min\{TF_2 + LAG_{1,2};\ TF_3 + LAG_{1,3}\}$

$= \min\{0 + 0;\ 7 + 5\} = 0$

自由时差计算

$FF_7 = T_p - EF_7 = 0$

$FF_6 = LAG_{6,7} = 0$

$FF_5 = LAG_{5,6} = 0$

$FF_4 = \min\{LAG_{4,6},\ LAG_{4,5}\} = \min\{15,\ 0\} = 0$

$FF_3 = LAG_{3,5} = 7$

$FF_2 = \min\{LAG_{2,4},\ LAG_{2,5}\} = \min\{0,\ 15\} = 0$

$FF_1 = \min\{LAG_{1,2},\ LAG_{1,3}\} = \min\{0,\ 5\} = 0$

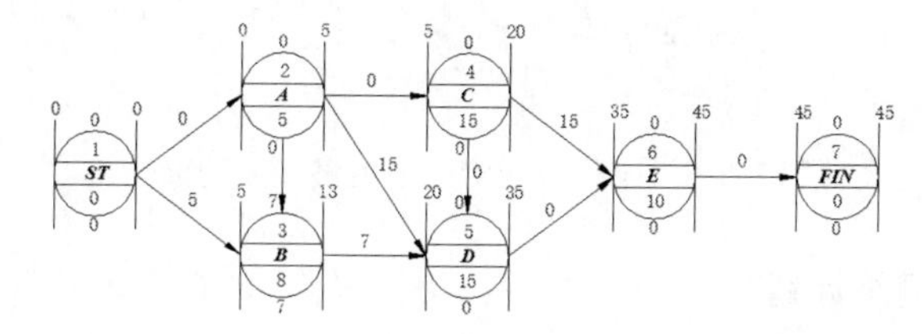

图 12.5.6 单代号网络计划时差参数的标注

5. 计算工作的最迟完成时间和最迟开始时间

工作的最迟完成时间和最迟开始时间计算过程如下，网络图标注见图 12.5.7。

①终点节点 *FIN*（工作 *FIN*）

最迟开始时间（LS_7）：$LS_7 = 45$

最迟结束时间（LF_7）：$LF_7 = EF_7 + TF_7 = 45 + 0 = 45$

②节点 *E*（工作 *E*）

最迟开始时间（LS_6）：$LS_6 = ES_6 + TF_6 = 35 + 0 = 35$

最迟结束时间（LF_6）：$LF_6 = EF_6 + TF_6 = 45 + 0 = 45$

③节点 *D*（工作 *D*）

最迟开始时间（LS_5）：$LS_5 = ES_5 + TF_5 = 20 + 0 = 20$

最迟结束时间（LF_5）：$LF_5 = EF_5 + TF_5 = 35 + 0 = 35$

⑤节点 B（工作 B）

最迟开始时间（LS_3）：$LS_3 = ES_3 + TF_3 = 5 + 7 = 12$

最迟结束时间（LF_3）：$LF_3 = EF_3 + TF_3 = 13 + 7 = 20$

⑦起点节点 ST（工作 ST）

最迟开始时间（LS_1）：$LS_1 = ES_1 + TF_1 = 0 + 0 = 0$

最迟结束时间（LF_1）：$LF_1 = EF_1 + TF_1 = 0 + 0 = 0$

④节点 C（工作 C）

最迟开始时间（LS_4）：$LS_4 = ES_4 + TF_4 = 5 + 0 = 5$

最迟结束时间（LF_4）：$LF_4 = EF_4 + TF_4 = 20 + 0 = 20$

⑥节点 A（工作 A）

最迟开始时间（LS_2）：$LS_2 = ES_2 + TF_2 = 0 + 0 = 0$

最迟结束时间（LF_2）：$LF_2 = EF_2 + TF_2 = 5 + 0 = 5$

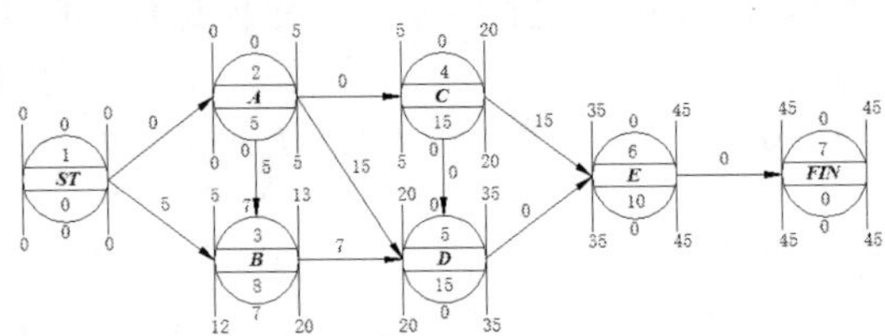

图 12.5.7　单代号网络计划最迟时间参数的标注

6. 确定关键线路

网络图关键线路标注见图 12.5.8。

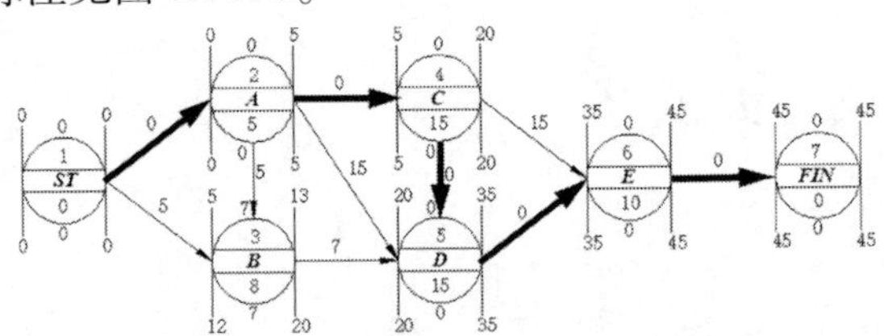

图 12.5.8　单代号网络计划关键线路的标注

12.5.4　单代号搭接网络计划

在工程实践中，为了加快速度，尽快完工，在工作面允许的条件下，常常将一些工作安排成部分搭接施工方式。如果采用双代号网络图表达需要将工作进行分解，这样增加了工作量并使网络计划变得复杂。单代号搭接网络计划可以比较方便的表达这种工作间的逻辑关系。

单代号搭接网络图的绘制规则与单代号网络计划相同。

单代号搭接网络中，节点的标注方式与单代号网络也完全一样，只是增加了相关工作的“时距”。

时距是单代号搭接网络计划中相邻工作的时间差值。由于每个工作各有“开始时间”和“结束时间”两个时间参数，因此“时距”有四种表达形式，见表 12.5.3 所示。

单代号搭接网络计划中的时间参数应分别标注，其标注方式如图 12.5.9。

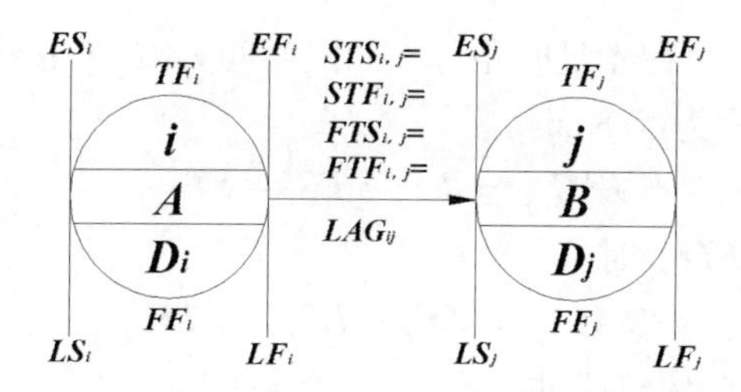

图 12.5.9　单代号搭接网络计划时间参数标注形式

i，j—节点编号；A，B—工作；D_i，D_j—持续时间；ES_i，ES_j—最早开始时间；EF_i，EF_j—最早完成时间；LS_i，LS_j—最迟开始时间；LF_i，LF_j—最迟完成时间；TF_i—总时差；FF_i—自由时差；$STF_{i,j}$—开始到完成时距；$STF_{i,j}$—开始到完成时距；$FTS_{i,j}$—完成到开始时距；$FTF_{i,j}$—完成到完成时距；

表 12.5.3　时距的表达形式

序号	符号	含义	图例
1	$FTS_{i,j}$	工作 i 的结束时间到工作 j 的开始时间	FTSi, j；工作i；工作j；工作i的结束时间；工作j的开始时间
2	$STS_{i,j}$	工作 i 的开始时间到工作 j 的开始时间	工作i；工作i的开始时间；工作j；STSi, j；工作j的开始时间
3	$FTF_{i,j}$	工作 i 的结束时间到工作 j 的结束时间	FTFi, j；工作i；工作i的结束时间；工作j；工作j的结束时间
4	$STF_{i,j}$	工作 i 的开始时间到工作 j 的结束时间	STFi, j；工作i；工作i的开始时间；工作j；工作j的结束时间

1）紧后工作 j 的最早开始时间

① i，j 两项工作的时距为 $STS_{i,j}$时，

$$ES_j = ES_i + STS_{i,j} \tag{12-5-18}$$

② i，j 两项工作的时距为 $FTF_{i,j}$时

$$ES_j = ES_i + D_i + FTF_{i,j} - D_j = EF_i + FTF_{i,j} - D_j \tag{12-5-19}$$

③ i，j 两项工作的时距为 $STF_{i,j}$时

$$ES_j = ES_i + STS_{i,j} - D_i \tag{12-5-20}$$

④ i，j 两项工作的时距为 $FTS_{i,j}$时

$$ES_j = ES_i + D_i + FTS_{i,j} = EF_i + FTS_{i,j} \tag{12-5-21}$$

⑤当有两项或两项以上紧前工作时，应分别计算其最早时间，并取最大值。

2）间隔时间

相邻两项工作 i 和 j 之间在满足时距外，间隔时间 $LAG_{i,j}$ 应按下列公式计算：

①i，j 两项工作的时距为 $STS_{i,j}$ 时，

$$LAG_{i,j} = ES_j - ES_i - STS_{i,j} \tag{12-5-22}$$

②i，j 两项工作的时距为 $FTF_{i,j}$ 时

$$LAG_{i,j} = EF_j - EF_i - FTF_{i,j} \tag{12-5-23}$$

③i，j 两项工作的时距为 $STF_{i,j}$ 时

$$LAG_{i,j} = EF_j - ES_i - STF_{i,j} \tag{12-5-24}$$

④i，j 两项工作的时距为 $FTS_{i,j}$ 时

$$LAG_{i,j} = ES_j - EF_i - FTS_{i,j} \tag{12-5-25}$$

⑤当相邻两项工作 i 和 j 之间存在两种时距及以上搭接关系时，应分别按时距计算出间隔时间并取最小值。

3）虚箭线

①当计算得到的 $ES_j < 0$ 时，应将该工作与起点节点用虚箭线相连接，并取时距（如 STS）为零。

②当某项工作的最迟完成时间大于计划工期时，应将该工作与终点节点用虚箭线相连，并重新计算其最迟完成时间。

【思考题】

1. 什么是网络图？单代号网络和双代号网络图的区别是什么？
2. 简述双代号时标网络图的特点。
3. 什么是关键工作、关键线路？
4. 什么是虚工作？有什么作用？
5. 单代号网络图、双代号网络图的时间参数包括哪些？如何推算？
6. 什么是自由时差、总时差？
7. 单代号网络图、双代号网络图有哪些绘图规则？
8. 双代号网络图的优化方案包括几种？简述其基本步骤。

【练习题】

1. 已知工作之间的逻辑关系和持续时间如下表所示，请分别绘制单代号网络图、双代号网络图和双代号时标网络图，并按要求完成网络图时间参数的标注。

工作	A	B	C	D	E	F	G	H
持续时间	7	8	8	6	9	5	12	4
紧前工作	-	A	B	B	B	C、D	C、E	F、G
紧后工作	B	C、D、E	F、G	F	G	H	H	-

2. 习题 1 中，各个工作的正常工作时间、正常费用、极限工作时间、极限费用如下表所示。已知间接费率为 10 万/天，请对该网络计划进行优化，确定成本最低时的工期及优化后的网络计划。

工作	A	B	C	D	E	F	G	H
正常工作时间	7	8	8	6	9	5	12	4
正常费用（万）	50	80	80	120	160	20	100	60
极限工作时间	4	5	7	2	5	4	10	1
极限费用（万）	80	95	100	180	220	50	140	150

【知识点掌握训练】

1. 判断题

（1）虚工作是编制单代号和双代号网络计划时经常要用的元素，其作用仅仅是于描述工作之间的逻辑关系问题，没有其他的实际含义。

（2）维护结构施工一般在主体框架结构完工 1 个月后进行。

（3）单代号网络图中，工作之间的逻辑关系以箭线表示，工作以圆圈或矩形表示。

2. 填空题

（1）双代号网络图由____、____、____三个基本要素组成。

（2）就某一项工作而言，紧靠其前面的工作叫“______”，紧靠其后面的工作叫“______”，与之同时开始和结束的工作叫“________”。

（3）网络图中从起点节点出发，沿箭头方向经由一系列箭线和节点，直至终点节点的“通道”称为“线路”。工期最长的线路称为“______”，关键线路上的工作称为“______”，其他工作称为“______”。

（4）网络计划的优化方案包括________、________和________三种。

第 13 章　施工组织总设计

知识点提示：

- 了解施工组织总设计作用、内容构成、编制流程及方法；
- 了解施工部署的内容；
- 了解施工总进度计划、资源需求计划的形式、编制方法；
- 掌握施工临时设施的设计计算；
- 掌握施工总平面图的设计原则、流程、内容及方法。

13.1　概述

施工组织设计是施工项目技术管理的一项非常重要和关键的工作。

13.1.1　施工组织设计的分类

施工组织设计，根据编制的对象、广度、深度和具体作用不同，可分为施工组织纲要、施工组织总设计、单位工程施工组织设计、分部（分项〉施工组织设计或施工方案。

1. 施工纲要（标前施工组织设计）

施工组织纲要是在工程招投标阶段，施工单位根据招标文件、设计文件及工程特点编制的有关施工组织的纲要性文件，即投标文件中的技术标，适用于工程的施工招投标阶段，也称为标前施工组织设计。

施工组织纲要的主要内容包括：①编制依据、工程概况、项目质量、安全、环境目标、编制依据；②项目施工过程关键点分析（包括难点和重点）及应对措施；③项目组织架构及管理体系建立；④施工部署，主要施工方案选择；⑤施工总控计划，工期分析；⑥施工总平面图布置，临水、临电及暂设工程；⑦劳动力、机械、材料需求计划；⑧分部分项工程主要施工方案；⑨季节性施工保证措施；⑩技术、质量、安全保证措施及招标文件要求的其也保证措施等。

2. 施工组织总设计

施工组组总设计是以一个建设项目或建筑群等单项工程为编制对象，用以指导其施工全过程各项活动的技术经济文件，是对建设项目施工组织的整体规划。在初步设计或扩大初步设计批准后，以总承包单位为主，由建设单位、设计单位，分包单位及有关单位参加，结合施工准备和计划安排进行编制。

施工组织总设计的主要作用：确定实施方案、论证施工技术经济合理性，为建设单位编制基本建设计划、施工单位编制建筑安装实施计划、组织物资供应等提供依据，确保能及时地进行施工准备工作，解决有关建筑生产和生活等若干问题。

施工组织总设计的主要内容：编制依据；工程概况；各个单体工程的施工部署；主要施工方案选择；项目目标管理及施工进度计划；项目资源需求计划；施工总平面图。

3. 单位工程施工组织设计

单位工程施工组织设计是以单体工程作为施工组织的编制对象。单位工程施工组织设计，由项目经理负责组织编制，报总承包单位技术负责人审批、签字后并经监理批准实施。

单位工程施工组织设计的主要内容包括：①编制根据；②工程概括及特点；③施工部署；④施工准备；⑤主要施工方法；⑥主要管理措施；⑦施工进度计划；⑧施工平面布置图。

4. 分部（分项）工程施工组织设计

分部（分项）施工组织设计是以分部（分项）工程为编制对象，用以指导各专项工程施工活动的技术经济文件。它适用于工程规模较大、技术复杂或施工难度大的分部（分项）工程。如土建单位工程中施工复杂的桩基、土方、基础工程，钢筋混凝土工程，大型结构吊装工程，有特殊要求的装修工程等。由专业施工单位施工的大量土石方工程、特殊基础工程、设备安装工程、水暖电工程等。

分部（分项）施工组织设计，一般由单位工程的技术负责人组织编制，由施工企业负责审批，报施工单位和监理单位备案〈个别重要方案业主亦需备案〉。该施工组织方案是结合具体专项工作，在单位工程施工组织设计基础上进一步细化、针对专业工程的施工设计方案，是直接指导现场施工和编制周、旬作业计划的依据。

分部（分项）施工组织设计的主要内容包括：

①编制依据；②分部（分项）工程特点；③施工方法、技术措施及操作要求；④工序搭接顺序及协作配合要求；⑤各个分部（分部）工程的工期要求；⑥特殊材料和机具需求计划；⑦技术组织措施、质量保证措施和安全施工措施；⑧作业区平面布置图设计。

13.1.2　准备工作

1. 熟悉工程技术文件

项目合同文件是承包工程项目的依据，也是编制施工组织设计的基本依据，分析合同文件重点要弄清以下几方面内容：

（1）工程地点、名称、业主、投资商、监理等合作方。

（2）承包范围、合同条件：目的在于对承包项目有全面的了解，弄清各单项工程和单位工程的名称、专业内容、结构特征、开竣工日期、质量标准、界面划分、特殊要求等。

（3）设计图纸：要明确图纸的日期和份数，图纸设计深度，图纸备案，设计变更的通知方法等。

（4）物资供应：明确各类材料、主要施工机械设备、项目安装设备等的供应分工和供应办法。由业主负责的，要分清何时才能供应、由谁来供应、供应批次等，以便制订需用量计划和仓储措施，安排好施工计划。

（5）合同指定的技术规范和质量标准：了解指定的技术规范和质量标准，以便为制定技术措施提供依据。

以上是应重点掌握的内容，合同文件中的其他条款也不容忽略，只有通过认真的研究，才能编制出全面、准确、合理的施工组织设计。

2. 实地考察了解施工项目的人文和地理环境条件

要对施工现场、周边环境作深入细致的实际调查，调查的主要内容包括：

（1）现场勘察，明确建筑物的位置、工程的大致工程量，场地现状条件等。

（2）收集施工地区的自然条件资料，如地形、地质、水文资料等设计文件。

（3）了解施工地区内的既有房屋、通信电力设备、给水排水管道、墓穴及其他建筑物情况，以便安排拆迁、改建计划。

（4）调查施工区域的周边环境，有无大型社区，交通条件，施工水源、电源，有无施工作业空间，是否要临时占用市政空间等。

（5）调查社会资源供应情况和施工条件。主要包括劳动力供应和来源，主要在材料生产和供应，主要资源价格、质量、运输等。

3. 计算工程量

在施工组织设计编制的前期和过程中，要结合业主提供的工程量清单或计价文件，对实施项目利用工程预算进行核算。一方面，通过工程量核算，可以确保施工资源投入的合理性，包括劳动力和主要资源需求量的投入，同时结合施工部署中分层、分段流水作业的合理组织要求，确定人、材、机的投入数量和批次；另一方面，可以通过工程量的计算，结合施工方法，优化和筛选施工保障措施，如土方工程的施工由支护措施改为放坡措施以后，土方工程量就会应增加，而支撑锚钉材料就相应全部取消。

在编制施工组织设计时，结合施工部署方案的制订，对项目工程量进行详细核算，能够确保施工准备阶段对措施优化提供较为准确的测算依据，并在施工组织设计中以制订资源投入计划来实现对施工成本的事前控制。

13.1.3 编制的原则

（1）贯彻国家工程建设的法律、法规、方针和政策，严格执行基本建设程序和施工程序，认真履行承包合同，科学地安排施工顺序，保证按期或提前交付业主使用；

（2）根据实际情况，拟定技术先进、经济合理的施工方案和施工工艺，认真编制各项实施计划和技术组织措施，严格控制工程质量、进度、成本，确保安全生产和文明施工，做好职业安全健康、环境保护工作；

（3）运用流水施工方法和网络计划技术，采用有效的劳动组织和施工机械，组织连续、均衡、有节奏的施工；

（4）科学安排冬雨期及夏季高温、台风等特殊环境条件下的施工项目，落实季节性施工措施，保证全年施工的均衡性、连续性；

（5）贯彻多层次技术结构的技术政策，因时、因地制宜地促进技术进步和建筑工业化的发展，不断提高施工的均衡性、连续性；

（6）尽量利用现有设施和永久性设施，努力减少临时工程；合理确定物资采购及存储方式，减少现场库存量和物资损耗；科学地规划施工总平面。

13.1.4 施工组织设计的构成要素

施工组织设计的内容一般包括三图（平面布置图、进度计划图、工艺流程图）、三表（机械设备需求计划表、劳动力需求计划表、材料需求计划表）、一说明（综合说明）、四项措施（质量、安全、工期、环保措施）。施工组织设计文稿的格式用词要规范，图表设计要合理，语言表述应标准、概念逻辑要清晰，不得引用国家废止的文件和标准、明令淘汰的建筑材料和施工工艺。

13.2 施工组织总设计概述

13.2.1 施工组织总设计的作用与内容

1. 施工组织总设计的作用

施工组织总设计以一个建设项目或建筑群为对象，根据初步设计或扩大初步设计图纸以及其他有关资料和现场施工条件编制，是用以指导整个施工现场各项施工准备和组织施工活动的技术经济文件。一般由建设总承包单位总工程师主持编制。其主要作用是：

（1）为建设项目或建筑群的施工作出全局性的战略部署。

（2）为做好施工准备工作、保证资源供应提供依据。

（3）为建设单位编制工程建设计划提供依据。

（4）为施工单位编制施工计划和单位工程施工组织设计提供依据。

（5）为组织项目施工活动提供合理的方案和实施步骤。

（6）为确定设计方案的施工可行性和经济合理性提供依据。

2．施工组织总设计的内容

施工组织总设计编制内容根据工程性质、规模、工期、结构特点以及施工条件的不同而有所不同，通常包括下列内容：①工程概况及特点分析；②施工总体部署和主要工程项目施工方案；③施工项目目标管理及管理体系建立；④施工总进度计划；⑤施工资源需要量计划、施工准备工作计划；⑥施工总平面图；⑦主要技术经济指标等。

13.2.2　施工组织总设计编制依据和程序

1．施工组织总设计编制依据

为了保证施工组织总设计的编制工作顺利进行并提高质量，使设计文件更能结合工程实际情况，更好地发挥施工组织总设计的作用，在编制施工组织总设计时，应具备下列编制依据。

（1）计划文件及有关合同。包括国家批准的基本建设计划、工程项目一览表、分期分批施工项目和投资计划、主管部门的批件、施工单位上级主管部门下达的施工任务计划、招投标文件及签订的工程承包合同、工程材料和设备的订货合同等。

（2）有关资料。包括建设项目的初步设计、扩大初步设计或技术设计的有关图纸、设计说明书、建筑总平面图、建设地区区域平面图、总概算或修正概算等。

（3）工程勘察和原始资料。包括建设地区地形、地貌、工程地质及水文地质、气象等自然条件；交通运输、能源、预制构件、建筑材料、水电供应及机械设备等技术经济条件；建设地区政治、经济文化、生活、卫生等社会生活条件。

（4）现行规范、规程和有关技术规定。包括国家现行的设计、施工及验收规范、操作规程、有关定额、技术规定和技术经济指标。

（5）类似工程的施工组织总设计和有关的参考资料。

2．施工组织总设计编制程序

施工组织总设计编制程序如图13.2.1所示。

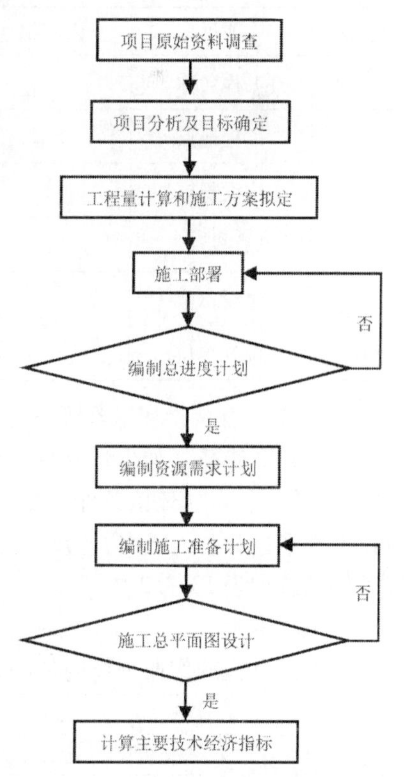

图13.2.1　施工组织总设计编制程序

13.3 工程概况及特点分析

施工组织总设计中的工程概况及特点分析不仅是
对整个建设项目的总说明和总分析，也是对整个建设项目及其所在地区的背景特征所作的概况性介绍。内容涉及建设项目的总体概况、设计概况、施工内容及工程量、项目所在地区自然条件和经济条件、施工现场的周边环境与条件、工程特点及难点等多个方面。为了使内容做到简明扼要、突出重点，应尽量采用表格形式，必要时还可以附加建设项目总平面图、主要建筑物的平、立、剖面以及三维效果图。施工组织总设计的工程概况的归纳和总结实际上是对建设项目的基本信息的预处理过程，这些预处理信息应从工程背景、设计概况、自然经济条件、施工条件、主要工程量等方面入手，通过这个预处理过程来达到筛选、过滤并最终获取工程特点及难点等关键信息的目的。

13.3.1 工程概况

1. 工程背景

工程背景主要是对工程性质与特征（如工程名称、建筑结构类型）、建设项目地址及地理特征（包括地形、地貌等）、建设总规模（总建筑面积、总占地面积、总工程量、设备安装数量及吨位）、总工期及分段控制工期、建设资金（如总投资、工程款支付条件等）、建设单位及协作单位等；可以采用表格形式表达，见表 13.3.1 所示。

表 13.3.1 施工项目总体情况汇总表

序号	项目	内容描述	序号	项目	内容描述
1	工程名称		7	勘察单位	
2	工程地点		8	施工总包单位	
3	建设规模		9	施工分包单位	
4	总投资		10	监理单位	
5	建设单位		11	质量监督单位	
6	设计单位		12	……	

2. 人文、自然、技术经济条件

人文环境特征（如生活水平、劳动力资源特征、水电供应、交通条件、关键性材料的供应条件等）、自然环境条件（如气候、气象、水文、地质等）、技术经济条件（如劳动力技术水平、劳动力成本、劳动力技术类型、能源供应、材料和设备供应等）相关自然经济条件汇总在表 13.3.2 中。

3. 施工条件

与施工有关的作业现场内外的相关信息汇总于表 13.3.3 中。

表 13.3.2　自然经济条件汇总表

序号	项目		内容
1	自然条件状况	气象条件	
		地形地貌	
		地质条件	
		水文地质状况	
		地震烈度及设防	
2	技术经济水平	材料供应情况	
		设备供应情况	
		交通运输状况	
		水电供应状况	
		施工技术水平	
		劳动力状况	
		经济发展状况	

表 13.3.3　施工条件汇总表

序号	项目	内容
1	施工现场内基本情况	
2	施工现场周边基本情况	
3	施工重点及难点	
4	分包、供应商的基本情况	
5	图纸设计问题	
6	拆迁及扰民问题	
	……	

13.3.2　施工特点、关键点和难点

在对工程概况信息进行分类整理归集的基础上，应逐渐归纳出本建设项目的工程特点，施工单位则应着眼于施工特点，并从施工特点中找出施工的关键点及难点。施工特点包括工程的一般性特点和特殊性特点。一般性特点是所有建设项目所共有的，特殊性特点则是本工程所特有的，甚至是专属的。施工的关键点和难点往往就在于建设项目的专属性、特殊性方面。施工的关键点对施工的目标控制至关重要，即比较关键的施工特点，但不一定是难点，比如施工中注重采用“四新”技术（新技术、新材料、新工艺、新设备）这一关键点，有可能会降低施工的难度并提高施工效率，也正是对施工难点采取的关键措施；而施工难点一定是施工的关键点，而且不能回避，需要在施工过程中加以重视并采取应对措施。因此，工程信息收集整理的越全面，特征把握越深入，才能更好的抓住施工的关键点和难点，为制定有效的、科学的、合理的施工方案，并为顺利实现项目的管理目标

奠定基础。工程中经常涉及的关键点、难点见表13.3.4所示。

表13.3.4 常见工程关键点、难点汇总表

信息类别	关键点识别	难点识别
现场施工环境	交通条件；用地面积；地上地下障碍物情况；水电暖供应条件；地形复杂状况；扰民问题；工地周边治安状况	交通阻塞严重，运输不畅；施工现场用地面积紧张；地形复杂，施工组织困难
自然经济条件	劳动力、材料、设备供应；气候条件；地质情况	常用建筑材料匮乏，外购成本大；气候恶劣，施工条件差；劳动力供应不足；地质条件复杂
工程背景	工程量，工期，协作单位，工程款支付条件	工期短，交叉作业多；协作单位众多
工程特征	建筑高度和跨度、结构类型、特殊和复杂的施工工艺、基础深度和面积、“四新”技术	深基坑施工；基础大体积混凝土施工；预应力施工；组合结构施工；高空作业；地下防水工程；沉降控制

13.4 施工部署和施工方案

施工部署是对整个建设项目作出的统筹规划和全面安排，主要解决影响建设项目全局的组织问题和技术问题。

施工部署由于建设项目的性质、规模和施工条件等不同，其内容也有所区别，主要包括：①项目经理部的组织结构和人员配备；②确定工程开展程序；③拟定主要工程项目的施工方案；④明确施工任务划分与组织安排；⑤编制施工准备工作计划等。

13.4.1 确定工程施工程序

确定建设项目中各项工程施工的合理程序是关系到整个建设项目能否顺利完成投入使用的重点问题。对于一些大中型工业建设项目，一般要根据建设项目总目标的要求，分期分批建设，既可使各具体项目尽快建成，尽早投入使用，又可在全局上实现施工的连续性和均衡性，减少暂设工程数量，降低工程成本。至于分几期施工，各期工程包含哪些项目，则要根据生产工艺的要求，建设部门的要求、工程规模的大小和施工的难易程度、资金、技术等情况，由建设单位和施工单位共同研究确定。

对于大中型民用建设项目（如居民小区），一般也应分期分批建设。除考虑住宅以外，还应考虑幼儿园、学校、商店和其他公共设施的建设，以便交付使用后能及早发挥经济效益、社会效益和环保效益。

对于小型工业与民用建筑或大型建设项目中的某一系统，由于工期较短或生产工艺的要求，亦可不必分期分批建设，而采取一次性建成投产的方法建设。

13.4.2 主要项目的施工方案的选择

施工组织总设计中要拟定的一些主要工程项目的施工方案与单位工程施工组织设计中要求的内容和深度是不同的。这些项目是整个建设项目中工程量大、施工难度大、工期长，对整个建设项目的完成起关键作用的建筑物或构筑物，以及全场范围内工程量大、影响全局的特殊分项工程。拟定主要工程项目施工方案的目的是为了进行技术和资源的准备工作，同时也为了施工顺利进行和现场的合理布局。它的内容包括施工方法、施工工艺流程、施工机械设备等。

主要工程项目是指那些工程量大、施工难度大、工期长、资金占用比例大、对整个建设项目完成起着关键作用的建筑物或构筑物，以及项目范围内对其他项目工作有影响的局部工作。施工计划安排时应优先安排这类项目作为流程主线上的主导工序。

对施工方法的确定主要是针对建设项目或建筑群中的主要工程施工工艺流程与施工方法提出原则性的意见。如土石方、基础、砌体、架子、模板、钢筋、混凝土、结构安装、防水、装修工程以及管道安装、设备安装、垂直运输等。具体的施工方法可在编制单位工程施工组织设计中确定。

对施工方法的确定要考虑技术工艺的先进性和经济上的合理性，着重确定工程量大，施工技术复杂、工期长，特殊结构工程或由专业施工单位施工的特殊专业工程的施工方法，如基础工程中的各种深基础施工工艺，结构工程中现浇的施工工艺，如大模板、滑模施工工艺等。

机械化施工是实现建筑工业化的基础，因此，施工机械的选择是施工方法选择的中心环节。应根据工程特点选择适宜的主导施工机械，使其性能既能满足工程的需要，又能发挥其效能，在各个工程上能够实现综合流水作业，减少其拆、装、运的次数，对于辅助配套机械，其性能应与主导施工机械相适应，以充分发挥主导施工机械的工作效率。

13.4.3　明确施工任务划分与组织安排

在已明确项目组织结构的规模、形式，且确定了施工现场项目部领导班子和职能部门及人员之后，应划分各参与施工单位的施工任务，明确总包与分包单位的分工范围和交叉施工内容，以及各施工单位之间协作的关系，划分施工阶段，确定各施工单位分期分批的主导施工项目和穿插施工项目。

13.4.4　编制施工准备工作计划

编制施工准备工作计划的内容包括：提出分期施工的规模、期限和任务分工；提出“六通一平”的完成时间；及时作好土地征用，居民拆迁和障碍物的清除工作；按照建筑总平面图做好现场测量控制网：了解和掌握施工图出图计划、设计意图和拟采用的新结构、新材料、新技术、新工艺，并组织进行试制和试验工作；编制施工组织设计和研究有关施工技术措施；暂设工程的设置；组织材料、设备、构件、加工品、机具等的申请、订货、生产和加工工作。

13.4.5　施工总进度计划的编制

施工总进度计划是施工现场各项施工活动在时间和空间上的体现。编制施工总进度计划是根据施工部署中的施工方案和工程项目开展的程序，对整个工地的所有工程项目作出时间和空间上的安排。其作用在于确定各个建筑物及其主要工种、工程、准备工作和全工地性工程的施工期限及开、竣工的日期，从而确定建筑施工现场劳动力、材料、成品、半成品、施工机械的需要数量和调配情况，以及现场临时设施的数量、水电供应数量和能源、交通的需要数量等。因此，正确地编制施工总进度计划是保证各项目以及整个建设工程按期交付使用，充分发挥投资效益，降低建筑工程成本的重要条件。

编制施工总进度计划的基本要求是：保证拟建工程在规定的期限内完成，采用合理的施工方法保证施工的连续性和均衡性，发挥投资效益，节约施工费用。

根据施工部署中拟建工程分期分批投产的顺序，将每个系统的各项工程分别划出，在控制的期限内进行各项工程的具体安排；如建设项目的规模不大，各系统工程项目不多时，也可不按分期分批投产顺序安排，而直接安排总进度计划。

施工总进度计划编制的流程见图 13.4.1 所示。

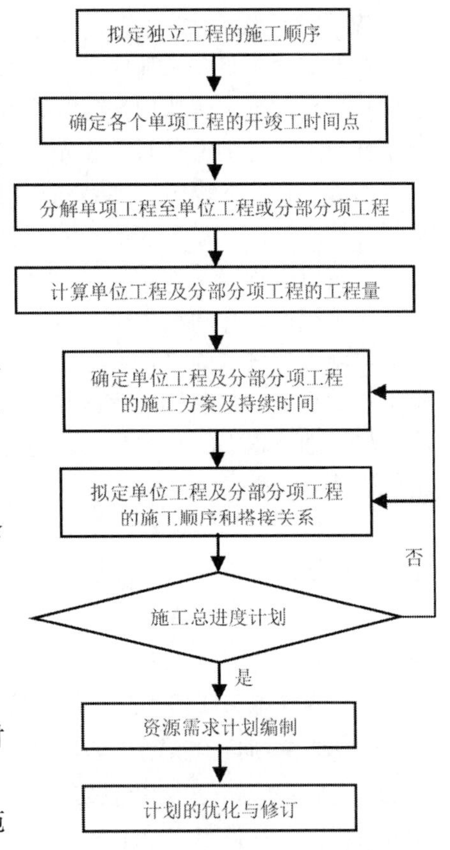

图 13.4.1　施工总进度计划编制程序

1. 施工总进度计划的编制依据、原则与内容

1）施工总进度计划的编制依据

（1）经过审批的建筑总平面图、地质地形图、工艺设计图、设备与基础图、采用的各种标准图等，以及与扩大初步设计有关的技术资料。

（2）施工工期要求及开、竣工日期。

（3）施工条件、劳动力、材料、构件等供应条件、分包单位情况等。

（4）确定的重要单位工程的施工方案。

（5）劳动定额及其他有关的要求和资料。

2）施工总进度计划的编制原则

（1）合理安排施工顺序，保证在人力、物力、财力消耗最少的情况下，按规定工期完成施工任务。

（2）采用合理的施工组织方法，使建设项目的施工保持连续、均衡、有节奏地进行。

（3）在安排全年度工程任务时，要尽可能按季度均匀分配基本建设投资。

3）施工总进度计划的编制内容

施工总进度计划的编制内容一般包括：①计算各主要项目的实物工程量；②确定各单位工程的施工期限；③确定各单位工程开竣工时间和相互搭接关系；④施工总进度计划表的编制。

2. 施工总进度计划的编制方法

1）列出工程项目一览表并计算工程量

施工总进度计划主要起控制总工期的作用，因此项目划分不宜过细，可按确定的主要工程项目的开展顺序排列，一些附属项目、辅助工程及临时设施可以合并列出。

在列出工程项目一览表的基础上，计算各主要项目的实物工程量。计算工程量可按初步（或扩大初步）设计图纸并根据各种定额手册进行计算。常用的定额资料有以下几种：

（1）万元、十万元投资的工程量、劳动力及材料消耗扩大指标。这种定额规定了某一种结构类型建筑，每万元或十万元投资中劳动力、主要材料等的消耗数量。根据设计图纸中的结构类型，即可计算出拟建工程各分项工程需要的劳动力和主要材料的消耗数量。

（2）概算指标或扩大概算定额。查定额时，首先查找与本建筑物结构类型、跨度、高度相类似的部分，然后查出这种建筑物按定额单位所需要的劳动力和各项主要材料消耗量，从而推算出拟计算建筑物所需要的劳动力和材料的消耗数量。

（3）标准设计或已建房屋、构筑物的资料。在缺少上述几种定额手册的情况下，可采用与标准设计或已建成的类似房屋实际所消耗的劳动力及材料进行类比，按比例估算。但是，由于和拟建工程完全相同的已建工程是极为少见的，因此，在采用已建工程资料时，一般都要进行折算、调整。除房屋外，还必须计算主要的全工地性工程的工程量，如场地平整、铁路及道路和地下管线的长度等，这些可以根据建筑总平面图来计算。将按上述方法计算的工程量填入统一的工程量汇总表中，见表 13.4.1。

表 13.4.1　工程项目工程量汇总表

工程项目分类	项目名称	结构类型	建筑面积	幢（跨）数	概算投资	主要实物工程量								
						平整场地	土方工程	桩基工程	……	砖石工程	钢筋混凝土工程	……	装饰工程	……
			$1000m^2$	个	万元	$1000m^2$	$1000m^2$	$1000m^2$		$1000m^2$	$1000m^2$		$1000m^2$	
全工地性工程														
主体项目														
辅助项目														
永久建筑														
临时建筑														
全工地性工程														
合计														

2）确定各单位工程的施工期限

单位工程的施工期限应根据施工单位的具体条件（施工技术与施工管理水平、机械化程度、劳动力和材料供应等）及单位工程的建筑结构类型、体积大小和现场地形地质、施工条件、现场环境等因素加以确定。此外，也可参考有关的工期定额来确定各单位工程的施工期限。

3）确定各单位工程的开工、竣工时间和相互之间的搭接关系

根据施工部署及单位工程施工期限，就可以安排各单位工程的开竣工时间和相互之间的搭接关系。通常应考虑下列因素。

（1）保证重点，兼顾一般。在安排进度时，要分清主次，抓住重点，同时期进行的项目不宜过多，以免分散有限的人力和物力。

（2）要满足连续、均衡的施工要求。应尽量使劳动力和材料、施工机械消耗在全工地上达到均衡，避免出现高峰或低谷，以利于劳动力的调配和材料供应。

（3）要满足生产工艺要求，合理安排各个建筑物的施工顺序，以缩短建设周期，尽快发挥投资效益。

（4）全面考虑各种条件的限制。在确定各建筑物施工顺序时，应考虑各种客观条件的

（5）限制，如施工企业的施工力量，各种原材料、机械设备的供应情况，设计单位提供图纸的时间，各年度建设投资数量等，对各项建筑物的开工时间和先后顺序予以调整。同时，由于建筑施工受季节、环境影响较大，经常会对某些项目的施工时间提出具体要求，从而对施工的时间和顺序安排产生影响。

（6）安排施工总进度计划。施工总进度计划可以用横道图和网络图表达。由于施工总

进度计划只是起控制性作用，而且施工条件复杂，因此项目划分不必过细。当用横道图表达施工总进度计划时，项目的排列可按施工总体方案所确定的工程展开程序排列。横道图上应表达出各施工项目开竣工时间及其施工持续时间，见表 13.4.2。

表 13.4.2　施工总进度计划

序号	工程项目名称	结构类型	工程量	建筑面积	总工日	施工进度计划														
						××年					××年					××年				

近年来，随着网络技术的推广，采用网络图表达施工总进度计划已经在实践中得到广泛应用。采用时间坐标网络图表达施工总进度计划，比横道图更加直观明了，还可以表达出各施工项目之间的逻辑关系。同时，由于网络图可以应用计算机计算和输出，便于对进度计划进行调整、优化、统计资源数量等。

3. *施工总进度计划的优化与修订*

施工总进度计划表绘制完成后，将同一时期各项工程的工作量加在一起，用一定的比例画在施工总进度计划的底部，即可得出建设项目工作量的动态曲线。若曲线上存在较大的高峰和低谷，则表明在该时间内各种资源的需求量变化较大，需要调整一些单位工程的施工速度或开竣工时间，以便消除高峰和低谷，使各个时期的工作量尽可能达到均衡。

施工总进度计划编制完成后，在实施过程中必然要根据工程的实际进展情况进行不断的调整和优化。主要应侧重考虑一下这些方面的问题：

（1）进度计划的编制和实施是否满足合同总工期、节点控制工期的要求；

（2）项目的各个单位工程、分部分项工程和配套工程在时间、资源和资金的分配上是否均衡合理；

（3）各个单位工程、分部分项工程的施工顺序、逻辑关系是否满足施工技术和施工条件的客观要求。

如果发现问题，应通过调整工序、持续时间、资源配给等方面的调整，来实现总工期的优化。

13.5　各项资源需要量与施工准备工作计划

13.5.1　各项资源需要量计划

各项资源需要量计划是做好劳动力及物资供应、平衡、调度、落实的依据，其内容一般包括以下几个方面。

1. 劳动力需要量计划

劳动力需要量计划是规划暂设工程和组织劳动力进场的依据。编制时首先根据工程量汇总表中分别列出的各个建筑物的主要实物工程量，查阅有关资料，便可得到各个建筑物主要工种的劳动量，再根据施工总进度计划表各单位工程分工种的持续时间，即可得到某单位工程在某段时间里的平均劳动力数量。按同样方法可计算出各个建筑物各主要工种在各个时期的平均工人数。将施工总进度计划表纵坐标方向上各单位工程同工种的人数叠加在一起并连成一条曲线，即为某工种的劳动力动态曲线图。其他工种也用同样方法绘成曲线图，从而根据劳动力曲线图列出主要工种劳动力需要量计划表。见表13.5.1。

表13.5.1　劳动量需求量计划

序号	工种	劳动量	施工 高峰人数	××年					××年					现有 人数	多余 或不足

2. 材料、构件和半成品需要量计划

根据工程量汇总表所列各建筑物的工程量，查有关定额或资料，便可得出各建筑物所需的建筑材料、构件和半成品的需要量。然后根据施工总进度计划表，大致算出某些建筑材料在某一时间内的需要量，从而编制出建筑材料、构件和半成品的需要量计划。见表13.5.2。

这是材料供应部门和有关加工厂准备工程所需的建筑材料、构件和半成品并及时供应的依据。

表13.5.2　主要材料、构件和半成品需求量计划

序号	工程 名称	××年								
		水泥/t	砂/m^3	砖块	……	混凝 土/ m^3	砂浆/ m^3	……	木结 构/ m^3	……

3. 施工机具需要量计划

主要施工机械（如挖土机、塔吊等）的需要量，根据施工总进度计划、主要建筑物的施工方案和工程量，并套用机械产量定额求得。辅助机械可根据建筑安装工程每十万元扩大概算指标求得。运输机具的需要量根据运输量计算。施工机具需要量计划见表13.5.3。

表13.5.3　施工机具需求量计划

序号	机具名称	规格 型号	数量	电动机 功率	需求量计划														
					××年					××年					××年				

13.5.2　施工准备工作计划

为了落实各项施工准备工作，加强检查和监督，必须根据各项施工准备工作的内容、时间和人员，编制出施工准备工作计划。见表13.5.4。

表13.5.4　施工准备工作计划

序号	施工准备项目	内容	负责单位	负责人	起止时间		备注
					××月	××月	

13.6　临时设施设计

施工临时设施是指为了满足工地施工需要而在现场修建的临时建筑物和构筑物。临时设施大部分在建设项目施工完工后拆除，因此应在满足施工需要的前提下尽量压缩其规模，一般可利用提前建成的永久工程和施工现场原有建筑及设施，或者采取装配式施工、增加构件工厂预制比例等方法来减少施工临时设施的成本。

临时设施一般包括：生产性施工临时建筑及附属建筑；生活性施工临时建筑；施工专用铁路、公路、码头及路基等；供电、供水、通讯等线路及设施；等等。

13.6.1　临时设施布置的原则

施工现场的临时性设施是为施工队伍生产和生活服务的，要本着有利施工、方便生活、勤俭节约和安全使用的原则，统筹规划，合理安排，为顺利完成施工任务提供基础条件。

工地临时性设施包括工地临时房屋、临时道路、临时供水管线及设施和供电线路及设施等。

1. *临时房屋*

临时房屋的布置应考虑施工的需要，尽量靠近道路布置，方便运输和工人的生活。应将生产区域和生活区域分开。要考虑安全，注意防洪水、泥石流、滑坡等自然灾害的发生；尽量少占和不占农田，充分利用山地、荒地、空地或劣地；尽量利用工地现场或附近已有的建筑物；对必须搭建的临时建筑应因地制宜，利用当地材料和旧料，注意周转使用，尽量减少费用。尽可能使用装拆方便、可以重复利用的新型建筑材料来搭建临时设施。如活动房屋、彩钢板、铝合金板、集装箱等。尽管一次性投资较大，但因其重复利用率高、周转次数多、搭拆方便、保温防潮、维修费用低、施工现场文明程度高等特点，总的使用价值及社会效益高于传统的临时建筑。同时临时设施的搭建必须符合安全防火要求。

2. *临时道路*

现场主要道路应尽可能利用永久性道路或先建好的永久性道路的路基，铺设简易路面，在土建工程结束之前再铺路面。

临时道路布置要保证车辆等行驶畅通，道路应设置2个以上的进出口，避免与铁路交叉，有回转余地，一般设计成环形道路，覆盖整个施工区域，保证各种材料能直接运输到材料堆场，检查二次搬运，提高工作效率。主干道应设计为双车道，宽度不小于6m，次要道路为单车道，宽度不小于4m。

根据各加工厂、仓库及各施工对象的相对位置，区分主要道路和次要道路，进行道路的整体规划，以保证运输畅通，车辆行驶安全，降低费用。

合理规划拟建道路和地下管网的建设顺序，尽量做到建设一步到位，避免重复开挖和重复建设，节约投资。

13.6.2　临时性建筑的配置

临时性建筑包括临时性生产建筑和临时性行政生活建筑。临时性行政生活建筑包括办公室、车库、职工宿舍、食堂、盥洗室、浴室、厕所、商店等，其建筑面积参考指标见表 13.6.1。临时性生产建筑，也称施工现场的加工厂（棚），包括混凝土搅拌站、混凝土构件预制厂、钢筋加工厂、木材加工厂、金属结构加工厂等。各类临时加工厂（棚）的面积参考指标见表 13.6.2 和表 13.6.3 所示。临时建筑的面积根据使用临时建筑的人数，按式（13-6-1）计算：

$$A = N \times \varnothing \tag{13-6-1}$$

式中：A——临时建筑面积（m^2）；

N——使用人数；

$\varnothing$——面积指标，见表 13.6.1、表 13.6.2 和表 13.6.3。

表 13.6.1 行政生活福利临时设施建筑面积参考指标

名称		参考指标（m^2/人）	说明
办公室		3.0～4.0	按管理人员人数
宿舍	双层	2.0～2.5	按高峰年（季）平均职工工人数（扣除不在工地住宿人数）
	单层	3.5～4.5	
食堂		3.5～4.0	按高峰年平均职工人数
浴室		0.5～0.8	
活动室		0.07～0.1	
现场小型设施	开水房	0.01～0.04	
	厕所	0.02～0.07	

表 13.6.2　临时生产加工厂所需面积参考指标

序号	生产设施名称	年产量		单位产量所需建筑面积	占地总面积/m^2	备注
		单位	数量			
1	混凝土搅拌站	m^3	3200	0.022（m^2/m^3）	按砂石堆场考虑	400L 搅拌机 2 台
		m^3	4800	0.021（m^2/m^3）		400L 搅拌机 3 台
		m^3	6400	0.020（m^2/m^3）		400L 搅拌机 4 台
2	临时性混凝土预制厂	m^3	1000	0.25（m^2/m^3）	2000	生产屋面板和中小型梁柱板等，配有蒸汽养护措施
		m^3	2000	0.20（m^2/m^3）	3000	
		m^3	3000	0.15（m^2/m^3）	4000	
		m^3	5000	0.125（m^2/m^3）	小于 6000	

续表

序号	生产设施名称	年产量		单位产量所需建筑面积	占地总面积/m^2	备注
		单位	数量			
3	木材加工厂	m^3	15000	0.0244（m^2/m^3）	1800～3600	进行圆木、方木加工
		m^3	24000	0.0199（m^2/m^3）	2200～4800	
		m^3	30000	0.0181（m^2/m^3）	3000～5500	
	综合木工加工厂	m^3	200	0.30（m^2/m^3）	100	加工木门窗、模板、地板、屋架等
		m^3	500	0.25（m^2/m^3）	200	
		m^3	1000	0.20（m^2/m^3）	300	
		m^3	2000	0.15（m^2/m^3）	420	
		m^3	5000	0.12（m^2/m^3）	1350	
	粗木加工厂	m^3	10000	0.10（m^2/m^3）	2500	加工木屋架、木模板及支撑、木方等
		m^3	15000	0.09（m^2/m^3）	3750	
		m^3	20000	0.08（m^2/m^3）	4800	
	细木加工厂	万 m^3	5	0.0140（m^2/m^3）	7000	加工木门窗、地板
		万 m^3	10	0.0114（m^2/m^3）	10000	
		万 m^3	15	0.0106（m^2/m^3）	14300	
4	钢筋加工厂	t	200	0.35（m^2/t）	280～560	加工、成型、焊接
		t	500	0.25（m^2/t）	380～750	
		t	1000	0.20（m^2/t）	400～800	
		t	2000	0.15（m^2/t）	450～900	
5	拉直场	所需场地（长×宽）：70～80（m）×3～4（m）				包括材料及成品堆放
	卷扬机棚	所需场地（长×宽）：15～20（m^2）				3～5t 电动卷扬机 1 台
	冷拉场	所需场地（长×宽）：40～60（m）×3～4（m）				包括材料及成品堆放
	时效场	所需场地（长×宽）：30～40（m）×6～8（m）				包括材料及成品堆放
	对焊场地	所需场地（长×宽）：30～40（m）×4～5（m）				包括材料及成品堆放
	对焊棚	所需场地（长×宽）：15～24（m^2）				寒冷地区应适当增加
6	冷拔、冷轧机	40～50（m^2/台）				
	剪断机	30～50				
	弯曲机（Φ12 以下）	50～60				
	弯曲机（Φ40 以下）	60～70				

续表

序号	生产设施名称		年产量		单位产量所需建筑面积	占地总面积/m^2	备注
			单位	数量			
7	金属结构加工（包括一般铁件）		年产500～1000t：10～8m^2/t				按一批加工数量计算
			年产2000～3000t：6～5m^2/t				
8	石灰消化	贮灰池	$5\times3=15\ m^2$				每600kg石灰可消化1m^3石灰膏，每2个贮灰池配1个淋灰池和1个淋灰槽
		淋灰池	$4\times3=12\ m^2$				
		淋灰槽	$3\times3=6\ m^2$				

表13.6.3　现场作业棚所需面积参考指标

序号	名称	单位	面积/m^2	备注
1	电锯房	m^2	80	34～36in圆锯1台
2	电锯房	m^2	40	小圆锯1台
3	水泵房	m^2/台	3～8	
4	发电机房	m^2/台	10～20	
5	搅拌棚	m^2/台	10～18	
6	卷扬机棚	m^2/台	6～12	
7	木工作业棚	m^2/人	2	
8	钢筋作业棚	m^2/人	2	
9	烘炉房	m^2	30～40	
10	焊工房	m^2	20～40	
11	电工房	m^2	15	
12	白铁工房	m^2	20	
13	油漆工房	m^2	20	
14	机、钳工修理房	m^2	20	
15	立式锅炉房	m^2/台	5～10	
16	空压机棚（移动式）	m^2/台	18	
17	空压机棚（固定式）	m^2/台	9	

13.6.3　工地临时道路的配置

工地的道路可以按简易公路的技术要求修筑，见表13.6.4；道路的回转半径要求见表13.6.5，排水沟尺寸见表13.6.6。

表 13.6.4　简易公路技术要求

指标名称	单位	技术标准
设计车速	km/h	20≤
路基宽度	m	双车道 7；单车道 5
路面宽度	m	双车道 6；单车道 4
平面曲线最小半径	m	平原、丘陵地区 20；山区 15；回转弯道 12
最大纵坡	%	平原地区 6；丘陵地区 8；山区 9
纵坡最短长度	m	平原地区 100；山区 50
桥面宽度	m	木桥 4 ~ 4.5
桥涵载重等级	t	木桥涵 7.8 ~ 10.4

表 13.6.5　各类车辆要求路面最小允许曲线半径

车辆类型		路面内侧最小曲线半径/m		
		无拖车	有 1 辆拖车	有 2 辆拖车
小客车、三轮汽车		6	-	-
一般二轴载重汽车	单车道	9	12	15
	双车道	7	-	-
三轴载重汽车、重型载重汽车、公共汽车		12	15	18
超重型载重汽车		15	18	21

表 13.6.6　路边排水沟最小尺寸

边沟类型	最小尺寸/m		边坡坡度	使用范围
	深度	底宽		
倒梯形	0.4	0.4	1：1 ~ 1：1.5	土质路基
倒三角形	0.3	-	1：2 ~ 1：3	岩石路基
矩形	0.4	0.3	-	岩石路基

13.6.4　临时仓库的配置

1. 临时仓库的种类

临时仓库的设置在保证工地顺利施工的前提下，尽可能使存储的材料最少，存期最短，装卸和运转费用最省。以减少临时投入的资金，避免材料积压，节约周转资金和各种保管费用。根据材料保管方式的不同，临时仓库分为以下几类：

1）露天仓库（露天堆放）

用于存放可耐受自然条件而不至于损坏或性能改变的材料，如砖、砂、石子等。

2）库棚（开敞式仓库）

用于存储需要要避免阳光、雨雪直接侵蚀的材料，如油毡、沥青、塑料凳。

3）库房（封闭式仓库）

用于储存需要防止大气侵蚀而发生变质的建筑物品、贵重材料、容易损坏和散失的材料，如水泥、石膏、五金零件和其他贵重设备等。

临时仓库应尽量利用拟拆除的原有建筑物或装拆方便的工具式仓库，以减少临时设施费用，其使用必须遵守防火规范要求。易燃易爆危险品库房与在建工程的防火间距不应小于15m，可燃材料堆场及其加工场、固定动火作业场与在建工程的防火间距不应小于10m，其他临时用房、临时设施与在建工程的防火间距不应小于6m。

2. 临时仓库的配置

1）计算建筑材料的储备量

建筑材料储备的数量，一方面应保证工程施工不间断，另一方面还要避免储备量过大造成积压。通常根据现场条件、供应条件和运输条件来确定。

对于经常或连续使用的材料，如砖、砂石、水泥和钢材等可根据储备期按式（13-6-2）计算：

$$P = T_c \times \frac{QK}{T} \tag{13-6-2}$$

式中：P——材料的储备量（t 或 m^3）；

T_c——储备期定额（d），见表13.6.7中的储备天数；

Q——材料、半成品总的需要量；

K——材料需要量不均衡系数，取值范围1.2～1.5；

T——有关项目施工工期。

2）计算仓库面积

仓库面积包括有效面积和辅助面积两部分，其中，有效面积是材料本身占用的净面积，是根据单位面积材料存放数量定额来确定的；辅助面积就是用以装卸作业所必须的仓库所有走道面积。仓库面积按式（13-6-3）计算：

$$F = \frac{P}{q \times K_1} \tag{13-6-3}$$

式中：F——仓库面积（m^2）；

P——材料储备量；

q——仓库每平方米面积能存放的材料、半成品和制品的数量，见表13.6.7所示；

K_1——仓库面积利用系数，一般取值范围0.1～1.0。

表13.6.7　仓库面积计算所需参考指标

序号	材料名称	单位	储备天数	每 m^2 储存量	堆置高度	仓库类型
1	槽钢、工字钢	t	40～50	0.8～0.9	0.5	露天、堆垛
2	扁钢、角钢	t	40～50	1.2～1.8	1.2	露天、堆垛
3	钢筋（直筋）	t	40～50	1.8～2.4	1.2	露天、堆垛
4	钢筋（盘筋）	t	40～50	0.8～1.2	1.0	仓库或棚约占20%
5	薄、中厚钢板	t	40～50	4.0～4.5	1.0	仓库或棚、露天、堆垛
6	钢管Φ200以上	t	40～50	0.5～0.6	1.2	露天、堆垛
7	钢管Φ200以下	t	40～50	0.7～1.0	2.0	露天、堆垛
8	铁皮	t	40～50	2.4	1.0	库或棚

续表

<table>
<tr><th>序号</th><th colspan="2">材料名称</th><th>单位</th><th>储备天数</th><th>每 m² 储存量</th><th>堆置高度</th><th>仓库类型</th></tr>
<tr><td>9</td><td colspan="2">生铁</td><td>t</td><td>40 ~ 50</td><td>5</td><td>1. 4</td><td>露天</td></tr>
<tr><td>10</td><td colspan="2">铸铁管</td><td>t</td><td>20 ~ 30</td><td>0. 6 ~ 0. 8</td><td>1. 2</td><td>露天</td></tr>
<tr><td>11</td><td colspan="2">暖气片</td><td>t</td><td>40 ~ 50</td><td>0. 5</td><td>1. 5</td><td>露天或棚</td></tr>
<tr><td>12</td><td colspan="2">水暖零件</td><td>t</td><td>20 ~ 30</td><td>0. 7</td><td>1. 4</td><td>库或棚</td></tr>
<tr><td>13</td><td colspan="2">五金</td><td>t</td><td>20 ~ 30</td><td>1. 0</td><td>2. 2</td><td>仓库</td></tr>
<tr><td>14</td><td colspan="2">钢丝绳</td><td>t</td><td>40 ~ 50</td><td>0. 7</td><td>1. 0</td><td>仓库</td></tr>
<tr><td>15</td><td colspan="2">电线电缆</td><td>t</td><td>40 ~ 50</td><td>0. 3</td><td>2. 0</td><td>库或棚</td></tr>
<tr><td>16</td><td colspan="2">木材</td><td>m³</td><td>40 ~ 50</td><td>0. 8</td><td>2. 0</td><td>露天</td></tr>
<tr><td>17</td><td colspan="2">原木</td><td>m³</td><td>40 ~ 50</td><td>0. 9</td><td>2. 0</td><td>露天</td></tr>
<tr><td>18</td><td colspan="2">成材</td><td>m³</td><td>30 ~ 40</td><td>0. 7</td><td>3. 0</td><td>露天</td></tr>
<tr><td>19</td><td colspan="2">枕木</td><td>m³</td><td>20 ~ 30</td><td>1. 0</td><td>2. 0</td><td>露天</td></tr>
<tr><td>20</td><td colspan="2">木门窗</td><td>m²</td><td>3 ~ 7</td><td>30</td><td>2</td><td>棚</td></tr>
<tr><td>21</td><td colspan="2">木屋架</td><td>m³</td><td>3 ~ 7</td><td>0. 3</td><td>–</td><td>露天</td></tr>
<tr><td>22</td><td colspan="2">灰板条</td><td>千根</td><td>20 ~ 30</td><td>5</td><td>3. 0</td><td>棚</td></tr>
<tr><td>23</td><td colspan="2">水泥</td><td>t</td><td>30 ~ 40</td><td>1. 4</td><td>1. 5</td><td>库</td></tr>
<tr><td>24</td><td colspan="2">生石灰（块）</td><td>t</td><td>20 ~ 30</td><td>1 ~ 1. 5</td><td>1. 5</td><td>棚</td></tr>
<tr><td>25</td><td colspan="2">生石灰（袋）</td><td>t</td><td>10 ~ 20</td><td>1 ~ 1. 3</td><td>1. 5</td><td>棚</td></tr>
<tr><td>26</td><td colspan="2">石膏</td><td>t</td><td>10 ~ 20</td><td>1. 2 ~ 1. 7</td><td>2. 0</td><td>棚</td></tr>
<tr><td>27</td><td colspan="2">砂、石子（人工堆置）</td><td>m³</td><td>10 ~ 30</td><td>1. 2</td><td>1. 5</td><td>露天、堆放</td></tr>
<tr><td>28</td><td colspan="2">砂、石子（机械堆置）</td><td>m³</td><td>10 ~ 30</td><td>2. 4</td><td>3. 0</td><td>露天、堆放</td></tr>
<tr><td>29</td><td colspan="2">块石</td><td>m³</td><td>10 ~ 20</td><td>1. 0</td><td>1. 2</td><td>露天、堆放</td></tr>
<tr><td>30</td><td colspan="2">耐火砖</td><td>t</td><td>20 ~ 30</td><td>2. 5</td><td>1. 8</td><td>棚</td></tr>
<tr><td>31</td><td colspan="2">大型砌块</td><td>m³</td><td>3 ~ 7</td><td>0. 9</td><td>1. 5</td><td>露天</td></tr>
<tr><td>32</td><td colspan="2">轻质混凝土制品</td><td>m³</td><td>3 ~ 7</td><td>1. 1</td><td>2</td><td>露天</td></tr>
<tr><td>33</td><td colspan="2">玻璃</td><td>箱</td><td>20 ~ 30</td><td>6 ~ 10</td><td>0. 8</td><td>仓库或棚</td></tr>
<tr><td>34</td><td colspan="2">卷材</td><td>卷</td><td>20 ~ 30</td><td>15 ~ 24</td><td>2. 0</td><td>仓库</td></tr>
<tr><td>35</td><td colspan="2">沥青</td><td>t</td><td>20 ~ 30</td><td>0. 8</td><td>1. 2</td><td>露天</td></tr>
<tr><td>36</td><td colspan="2">水泥管、陶土管</td><td>t</td><td>20 ~ 30</td><td>0. 5</td><td>1. 5</td><td>露天</td></tr>
<tr><td>37</td><td colspan="2">黏土瓦、水泥瓦</td><td>千块</td><td>10 ~ 30</td><td>0. 25</td><td>1. 5</td><td>露天</td></tr>
<tr><td>38</td><td colspan="2">电石</td><td>t</td><td>20 ~ 30</td><td>0. 3</td><td>1. 2</td><td>仓库</td></tr>
<tr><td>39</td><td colspan="2">炸药、雷管</td><td></td><td>10 ~ 30</td><td>0. 7</td><td>1. 0</td><td>仓库</td></tr>
<tr><td rowspan="2">40</td><td rowspan="2">钢筋混凝土构件</td><td>板</td><td>m³</td><td>3 ~ 7</td><td>0. 14 ~ 0. 24</td><td>2. 0</td><td>露天</td></tr>
<tr><td>梁、柱</td><td>m</td><td>3 ~ 7</td><td>0. 12 ~ 0. 18</td><td>1. 2</td><td>露天</td></tr>
<tr><td>41</td><td colspan="2">钢筋骨架</td><td>t</td><td>3 ~ 7</td><td>0. 12 ~ 0. 18</td><td>–</td><td>露天</td></tr>
<tr><td>42</td><td colspan="2">金属结构</td><td>t</td><td>3 ~ 7</td><td>0. 16 ~ 0. 24</td><td>–</td><td>露天</td></tr>
<tr><td>43</td><td colspan="2">钢件</td><td>t</td><td>10 ~ 20</td><td>0. 9 ~ 1. 5</td><td>1. 5</td><td>露天或棚</td></tr>
<tr><td>44</td><td colspan="2">钢门窗</td><td>t</td><td>10 ~ 20</td><td>0. 65</td><td>2</td><td>棚</td></tr>
<tr><td>45</td><td colspan="2">模板</td><td>m³</td><td>3 ~ 7</td><td>0. 7</td><td>–</td><td>露天</td></tr>
</table>

13.6.5　临时供水设施的配置

工地临时供水设施的设计，一般包括以下几个内容：①确定施工用水量；②选择水源；③供水管网设计（包括取水、净水和储水设施）。

1. 工地临时用水量的计算

工地的用水量包括生产用水、生活用水和消防用水三个方面。

1）生产用水计算

生产用水指现场施工用水，施工机械、运输机械和动力设备用水，以及附属生产企业用水等。用水量计算主要分为现场施工用水量和施工机械用水量两个方面。

（1）现场施工用水量 q_1：

$$q_1 = K_1 \sum \frac{Q_1 \cdot N_1}{T_1 \cdot n} \cdot \frac{K_2}{8 \times 3600} \tag{13-6-4}$$

式中：q_1——施工工程用水量（L/s）；

K_1——未预计的施工用水系数（取1.05～1.15）；

Q_1——年（季）度工程量（以实物计量单位表示）；

N_1——施工用水定额，见表13.6.8；

T_1——年（季）度有效作业日（d）；

n——每天工作班数（班）；

K_2——用水不平衡系数，见表13.6.9。

表13.6.8　施工用水参考定额

序号	用水对象	单位	用水量定额（N_1）
1	浇筑混凝土全部用水	m^3	1700～2400
2	搅拌普通混凝土	m^3	250
3	搅拌轻质混凝土	m^3	300～500
4	搅拌泡沫混凝土	m^3	300～400
5	搅拌热混凝土	m^3	300～350
6	混凝土自然养护	m^3	200～400
7	混凝土蒸汽养护	m^3	500～700
8	冲洗模板	m^3	5
9	搅拌机清洗	台班	600
10	人工冲洗石子	m^3	1000
11	机械冲洗石子	m^3	600
12	洗砂	m^3	1000
13	砌砖工程全部用水	m^3	600
14	砌石工程全部用水	m^3	1000
15	粉刷工程全部用水	m^3	150～250
16	砌耐火砌体工程	m^3	50～80

续表

序号	用水对象	单位	用水量定额（N_1）
17	砖浇水		30
18	硅酸盐砌块浇水	m^3	100～150
19	抹面	m^3	4～6
20	楼地面	m^3	190
21	搅拌砂浆	m^3	300
22	石灰消化	m^3	3000
23	上水管道工程	L/m	98
24	下水管道工程	L/m	1130
25	工业管道工程	L/m	35

表 13.6.9　施工用水不均匀系数

系数号	用水名称	系数
K_2	现场施工用水	1.50
	附属生产企业用水	1.25
K_3	施工机械、运输机械	2.00
	动力设备	1.05～1.10
K_4	施工现场生活用水	1.30～1.50
K_5	生活区生活用水	2.00～2.50

（2）施工机械用水量 q_2：

$$q_2 = K_1 \Sigma Q_2 N_2 \frac{K_3}{8 \times 3600} \tag{13-6-5}$$

式中：q_2——施工机械用水量（L/s）；

K_1——未预见的施工用水系数（1.05～1.15）

Q_2——同一种机械台数（台）；

N_2——施工机械用水定额，见施工手册；

K_3——施工机械用水不均衡系数，如表 13.6.9 所示。

2）生活用水量

生活用水包括施工现场生活用水量和生活区生活用水量两部分。

（1）施工现场生活用水量 q_3：

$$q_3 = \frac{P_1 \cdot N_3 \cdot K_4}{t \times 8 \times 3600} \tag{13-6-6}$$

式中：q_3——施工现场生活用水量（L/s）；

P_1——施工现场高峰期生活人数；

N_3——施工现场生活用水定额，一般为 20～60L/（人·班），视当地气候、工程而定；

K_4——施工现场生活用水不均衡系数，如表 13.6.9 所示。

（2）生活区生活用水量 q_4

$$q_4 = \frac{P_2 \cdot N_4 \cdot K_5}{24 \times 3600} \tag{13-6-7}$$

式中：q_4——生活区生活用水量（L/s）；

P_2——生活区居民人数；

N_4——生活区昼夜全部生活用水定额，如表 13.6.10 所示；

K_5——生活区用水不均衡系数，如表 13.6.9 所示。

表 13.6.10　生活用水量（N_4）参考表

序号	用水对象	单位	耗水量
1	生活用水（盥洗、饮用））	L/（人·日）	20～40
2	食堂	L/（人·次）	10～20
3	浴室（淋浴）	L/（人·次）	40～60
4	淋浴带大池	L/（人·次）	50～60
5	洗衣房	L/千衣	40～60
6	理发室	L/（人·次）	10～25

3）消防用水量 q_5

消防用水量取决于工地面积大小以及工地上各种建筑物、构筑物和临时设施的规模及防火等级，其取值如表 13.6.11 所示。

表 13.6.11　消防用水量（q_5）参考表

序号	用水名称		火灾同时发生次数	单位	用水量
1	居民区消防用水	5000 人以内	一次	L/s	10
		10000 人以内	二次	L/s	10～15
		20000 人以内	二次	L/s	15～20
2	施工现场消防用水	施工现场在 25 公顷以内	一次	L/s	10～15
		每增加 25 公顷递增	一次	L/s	5

4）总用水量（Q）计算

①当（$q_1+q_2+q_3+q_4$）$\leqslant q_5$ 时，则

$$Q = q_5 + \frac{1}{2}(q_1 + q_2 + q_3 + q_4) \tag{13-6-8}$$

②当 $q_1+q_2+q_3+q_4>q_5$ 时，则

$$Q = q_1 + q_2 + q_3 + q_4 \tag{13-6-9}$$

③当工地面积小于 5 公顷，并且（$q_1+q_2+q_3+q_4$）$<q_5$ 时，则

$$Q = q_5 \tag{13-6-10}$$

最后算出的总用量，还应增加 10%，以补偿不可避免的水管漏水损失。

2. 水源选择

建筑工地供水水源。最好利用附近现有供水管道，只有在建筑工地附近没有现成的给水管道或现有管道无法利用时，才宜另选天然水源，如江水、湖水、水库蓄水等地面水，泉水、井水等地下水。

选择水源时应注意水量充足可靠；生活饮用水、生活用水的水质应符合要求；尽量与农业、水利综合利用；取水、输水、净水设施要安全、可靠、经济；施工、运转、管理、维护方便。

3. 确定配水管径

在计算出工地总需水量后。可按式（13-6-11）计算出管径：

$$D = \sqrt{\frac{4Q}{\pi \cdot v \cdot 1000}} \tag{13-6-11}$$

式中：D——配水管直径（mm）；

Q——耗水量（L/s）；

V——管网中水的流速（m/s），如表 13. 6. 12 所示。

表 13. 6. 12　临时水管经济流速表

管径	流速/（m/s）	
	正常时间	消防时间
支管 $D<100$mm	2	-
生产消防管道 100mm≤D≤200mm	1. 3	>3. 0
生产消防管道 $D>300$mm	1. 5 ~ 1. 7	2. 5
生产用水管道 $D>300$mm	1. 5 ~ 2. 5	3. 0

13. 6. 6　临时供电的配置

建筑工地临时供电设计包括：计算用电量、选择电源、确定变压器、布置配电线路和决定导线断面。

1. 工地总用电量计算

工地链式供电包括动力用电与照明用电两种。在计算用电量时，应考虑以下几点：

① 全工地所使用的机械动力设备，其他电气工具及照明用电的数量；

② 施工总用电计划中施工高峰阶段同时用电的机械设备最高数量；

③ 各种机械设备在工作中需用的情况。

总用电量可按式（13-6-12）计算：

$$P = 1.05 \sim 1.10\left(K_1 \frac{\Sigma P_1}{\cos\varphi} + K_2 \Sigma P_2 + K_3 \Sigma P_3 + K_4 \Sigma P_4\right) \tag{13-6-12}$$

式中：P ——供电设备总需要容量（kVA）；

P_1——电动机额定功率（kW）；

P_2——电焊机额定容量（kVA）；

P_3——室内照明容量（kW）；

P_4——室外照明容量（kW）；

$\cos\varphi$——电动机的平均功率因数（在施工现场最高为 0. 75 ~ 0. 78，一般为 0. 65 ~

0.75）；

$K_1 \sim K_4$——需要系数，参见表13.6.13。

表13.6.13　需要系数值

用电名称		需要系数		备注
		K	数值	
电动机	3～30台	K_1	0.7	如施工中需要电热时，应将其用电量计算进去。为使计算结果接近实际，各项动力和照明用电，应根据不同工作性质分类计算
	11～30台		0.6	
	30台以上		0.5	
加工厂动力设备			0.5	
电焊机	3～10台	K_2	0.6	
	10台以上		0.5	
室内照明		K_3	0.8	
室外照明		K_4	1.0	

单班施工时，用电量计算可不考虑照明用电，各种机械设备以及室内外照明用电定额，如表13.6.14所示。

由于照明用电量所占的比重较动力用电量要少得多，因此在估算总用电量时可以简化，只要在动力用电量之外再加10%作为照明用电量即可。

表13.6.14　常用施工机械设备电机额定功率参考资料

序号	机械名称规格	功率/kW	序号	机械名称规格	功率/kW
1	HW－60蛙式夯土机	3	13	HPH6回转式喷射机	7.5
2	ZKL400螺旋钻孔机	40	14	ZX50～70插入式振动机	1.1～1.5
3	ZKL600螺旋钻孔机	55	15	UJ325灰浆搅拌机	3
4	ZKL800螺旋钻孔机	90	16	JT1载货电梯	7.5
5	TQ40（TQ2－6）塔式起重机	48	17	SCD100/100A建筑施工外用电梯	11
6	TQ60/80塔式起重机	55.5	18	BX3－500－2交流电焊机	（38.6）
7	TQ100（自升式）塔式起重机	63	19	BX3－300－2交流电焊机	（23.4）
8	JJK0.5卷扬机	3	20	CT6/8钢筋调直切断机	5.5
9	JJM－5卷扬机	11	21	Q140钢筋切断机	7
10	JD350自落式混凝土搅拌机	15	22	GW40钢筋弯曲机	.3
11	JW250强制式混凝土搅拌机	11	23	M106木工圆锯	5.5
12	HB－15混凝土输送泵	32.2	24	GC－1小型砌块成型机	6.7

2. 电源选择

（1）选择工地临时供电电源时需考虑的因素：

① 建筑及设备安装工程的工程量和施工进度；

② 各个施工阶段的电力需要量；

③ 施工现场的大小；

④ 用电设备在建筑工地上的分布情况和距离电源的远近情况；

⑤现有电器设备的容量情况。

(2) 供电电源的几种方案：

① 利用施工现场附近已有的变压器；

② 利用附近电网，设临时变电所和变压器；

③ 设置临时供电装置。

采用何种方案，需根据工程实际，经过分析比较后确定。通常将附近的高压电，经设在工地的变压器降压后，引入工地。

3. 确定变压器

变压器的功率，可按式（13-6-13）计算：

$$W = K \times (\frac{\Sigma P}{\cos\varphi}) \tag{13-6-13}$$

式中：W——变压器的容量（kVA）；

K——功率损失系数，计算变电所容量是，$K=1.05$；计算临时发电站时，$K=1.1$；

ΣP——变压器服务范围内的总用电量（kVA）；

$\cos\varphi$——功率因数，一般采用0.75。

4. 确定配电导线截面积

配电导线要正常工作，必须具有足够的机械强度、耐受电流通过所产生的的温升并且得电压损失在允许范围内。因此选择配电导线有以下三种方法：

1）按机械强度计算

导线必须具有足够的的机械强度以防止受拉或机械损伤而折断。在各种敷设方式下，导线安机械强度要求所必需的的最小截面可参考《建筑施工手册》。

2）按允许电流选择

导线必须能承受负载电流长时间通过所引起的温升。

① 三相四线制线路上的电流，可按式（13-6-14）计算；

$$I = \frac{P}{\sqrt{3} \times v \times \cos\varphi} \tag{13-6-14}$$

② 二线制电路，可按式（13-6-15）计算：

$$I = \frac{P}{v \times \cos\varphi} \tag{13-6-15}$$

式中：I——电流值（A）；

P——功率（W）；

v——电压（V）；

$\cos\varphi$——功率因数，临时管网取0.7～0.75。

3）按允许电压降确定

导线上引起的电压降必须在一定限度之内。配电导线的截面，可按式（13-6-16）计算：

$$S = \frac{\Sigma P \times L}{C \times \varepsilon} \tag{13-6-16}$$

式中：S——导线截面（mm^2）；

P——负载的电功率或线路输送的电功率（kW）；

L——送电线路的距离（m）；

ε——允许的相对电压降（即线路电压损失）（%），照明允许电压降为2.5%～5%，电动机电压不超过±5%；

C——系数，视导线材料、线路电压及配电方式而定。

所选用的导线截面应同时满足以上三项要求，即以求得的三个截面中的最大者为准，从电线产品的目录中选用线芯截面，一般要求在道路工地和给水排水工地作业线比较长，导线截面由电压降选定；建筑工地配电线路比较短，导线截面可由容许电流选定；在小负荷的架空线路中往往以机械强度选定。

5. 配电线路布置

为了架设方便，工地上配电线路的布置一般采用架空线路，在跨越主要道路时则改用电缆。架空线路杆的间距为25～40m，线离路面或建筑物不应小于6m，离铁路路轨不小于7.5m。埋于地下的临时电缆应做好标记，保证施工安全。

13.7　施工总平面图

施工总平面图是拟建项目施工现场的总布置图，见图13.7.1。它按照施工方案和施工进度的要求，对施工现场的道路交通、材料仓库、附属企业、临时房屋、临时水电管线等作出合理的规划布置，从而正确处理全工地施工期间所需各项设施和永久建筑以及拟建工程之间的空间关系。

13.7.1　施工总平面图设计的内容

（1）建设项目施工总平面图上一切地上、地下已有的和拟建的建筑物、构筑物以及其他设施的位置和尺寸。

（2）一切为全工地施工服务的临时设施的布置位置，包括：

①施工用地范围，施工用的各种道路；

②加工厂、制备站及有关机械的位置；

③各种建筑材料、半成品、构件的仓库和主要堆场，取土弃土位置；

④行政管理房、宿舍、文化生活和福利建筑等；

⑤水源、电源、变压器位置，临时给水排水管线和供电、动力设施；

⑥机械站、车库位置；

⑦一切安全、消防设施位置。

（3）永久性测量放线标桩位置。

13.7.2　施工总平面图设计的原则

（1）平面布置紧凑合理。尽量减少施工用地，少占农田。

（2）运输便利通畅。合理布置垂直运输机械，科学规划场区道路，减少二次运输，降低运输费用。

（3）合理安排场区用地布局。既要符合施工流程要求，尽量减少专业工种和各工程之间的干扰，又要保证连续施工。

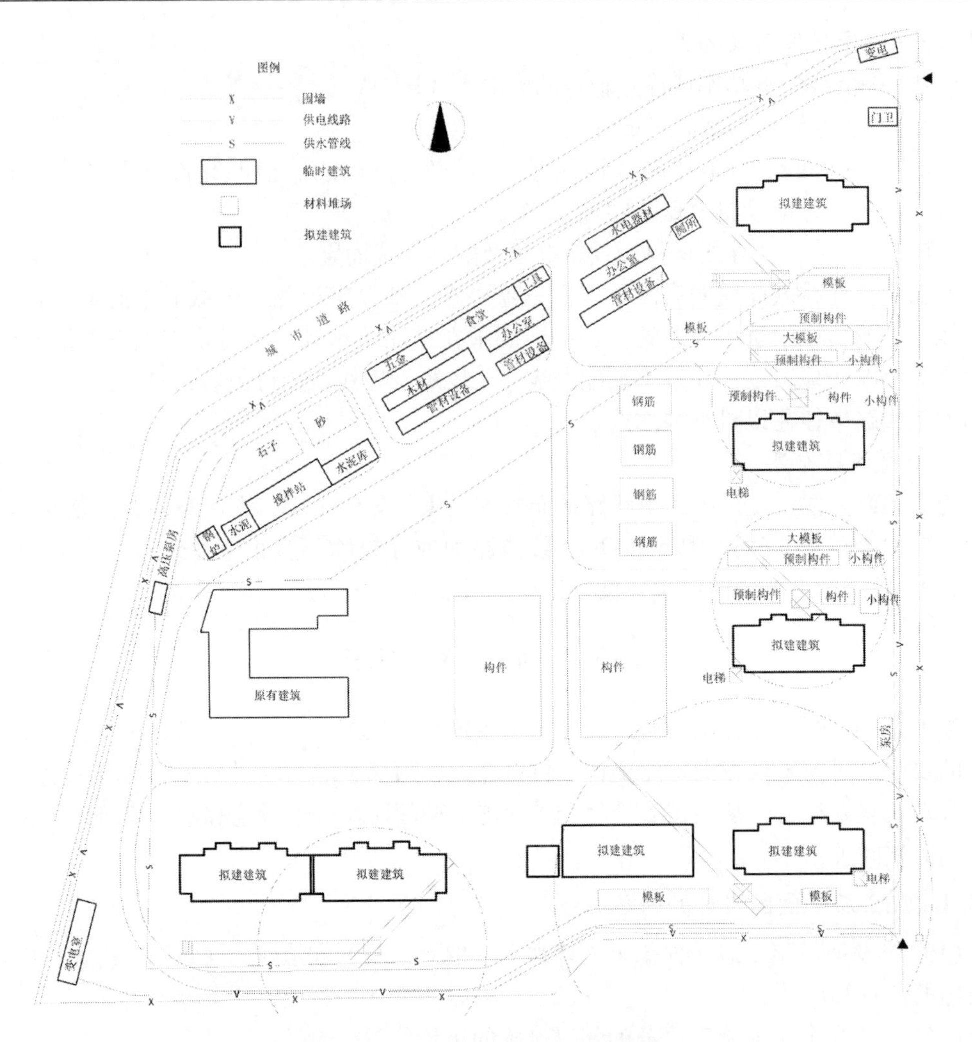

图 13.7.1　建设项目施工总平面图

（4）降低临时设施费用。充分利用各种永久性建筑物、构筑物和原有设施为施工服务。

（5）方便生产和生活，临时设施合理布局。

（6）满足安全文明施工、消防、施工安全的要求，注意生态环境保护，降低施工造成的污染。

13.7.3　施工总平面图设计的依据

（1）各种设计材料，包括建筑总平面图、地形地貌图、区域规划图、建设项目范围内有关的一切已有和拟建的各种设施的位置。

（2）建设地区的自然条件和技术经济条件。

（3）建设项目的建设概况、施工方案、施工进度计划，以便了解各施工阶段情况，合理规划施工现场。

（4）各种建筑材料、构件、加工品、施工机械和运输工具需要量一览表，以便规划工地内部的储放场地和运输路线。

（5）各构件加工场规模、仓库及其他临时设施的数量和外廓尺寸。

13.7.4　施工总平面图的设计步骤

1. 场外交通的引入

建设项目的施工总平面图设计首先应考虑如何将大量的材料、成品、半成品、设备等运输到工地。基本方式有三种，即铁路运输、公路运输和水路运输。铁路运输和水路运输需要建设专用货场和码头，配置大型货仓，水路运输的卸货码头一般不少于2个。由于公路运输方便灵活，一般道路可以深入施工场地内布置。

2. 仓库与材料堆场的布置

仓库与材料堆场通常考虑设置在运输方便、位置适中、运距较短及安全防火的地方，并应根据不同材料、设备和运输方式来设置。

（1）当采用铁路运输时，仓库应沿铁路线布置，并且要有足够的装卸前线；如果没有足够的装卸前线，必须在附近设置转运仓库。布置铁路沿线仓库时，应将仓库设置在靠近工地一侧，避免运输跨越铁路。同时仓库不宜设置在弯道或坡道上。

（2）当采用水路运输时，一般应在码头附近设置转运仓库，以缩短船只在码头上的停留时间。

（3）当采用公路运输时，仓库的布置较灵活。一般中心仓库布置在工地中央或靠近使用的地方，也可以布置在靠近与外部交通连接处。水泥、砂、石、木材等仓库或堆场宜布置在搅拌站、预制场和加工厂附近；砖、预制构件等应该直接布置在施工对象附近，避免二次搬运。工业项目建筑工地还应考虑主要设备的仓库或堆场，一般较重设备应尽量放在车间附近，其他设备可布置在外围空地上。

3. 加工厂和搅拌站的布置

各种加工厂布置，应以方便使用、安全防火、运输费用少、不影响建筑安装工程施工的正常进行为原则。一般应将加工厂与相应的仓库或材料堆场布置在同一地区，且多处于工地边缘。

（1）预制加工厂。尽量利用建设地区永久性加工厂，只有在运输困难时，才考虑在现场设置预制加工厂，现场预制加工厂一般设置在建设场地空闲地带上。

（2）钢筋加工厂。一般采用分散或集中布置。对于需要进行冷加工、对焊、点焊的钢筋或大片钢筋网，宜集中布置在中心加工厂；对于小型加工件，利用简单机具成型的钢筋加工，宜分散在钢筋加工棚中进行。

（3）木材加工厂。应视木材加工的工作量、加工性质和种类决定是集中设置还是分散设置。

（4）混凝土供应站。根据城市管理条例的规定，并结合工程所在地点的情况，有两种选择：有条件的地区，尽可能采用商品混凝土供应方式；若不具备商品混凝土供应的地区，且现浇混凝土量大时，宜在工地设置搅拌站。当运输条件好时，以采用集中搅拌为好；当运输条件较差时，宜采用分散搅拌。

（5）砂浆搅拌站。宜采用分散就近布置。

（6）金属结构、锻工、电焊和机修等车间。由于它们在生产上联系密切，应尽可能布置在一起。

4. 场内道路的布置

根据各加工厂、仓库及各施工对象的相对位置，考虑货物运转，区分主要道路和次要道路，进行道路的规划。

（1）合理规划临时道路与地下管网的施工程序。应充分利用拟建的永久性道路，提前修建永久性道路或先修路基和简易路面，作为施工所需的临时道路，以达到节约投资的目的。

（2）保证运输畅通。应采用环形布置，主要道路宜采用双车道，宽度不小于6m，次要道路宜采用单车道，宽度不小于3.5m。

（3）选择合理的路面结构。根据运输情况和运输工具的不同类型而定，一般场外与省、市公路相连的干线，宜建成混凝土路面；场区内道路应选择符合环保要求的路面形式。

5. 临时设施布置

临时设施包括：办公室、汽车库、休息室、开水房、食堂、俱乐部、厕所、浴室等。

根据工地施工人数，可计算临时设施的建筑面积。应尽量利用原有建筑物，不足部分另行建造。

一般全工地性行政管理用房宜设在工地入口处，以便对外联系；也可设在工地中间，便于工地管理。工人用的福利设施应设置在工人较集中的地方，或工人必经之处。生活区应设在场外，距工地500～1000m为宜。食堂可布置在工地内部或工地与生活区之间。临时设施的设计，应以经济、适用、拆装方便为原则，并根据当地的气候条件、工期长短确定其结构形式。

6. 临时水电管网及其他动力设施的布置

当有可以利用的水源、电源时，可以将水电直接接入工地。临时的总变电站应设置在高压电引入处，不应放在工地中心。临时水池应放在地势较高处。

当无法利用现有水电时，为获得电源，可在工地中心或附近设置临时发电设备。为获得水源，可利用地下水或地上水设置临时供水设备（水塔、水池）。施工现场供水管网有环状、枝状和混合式三种形式。过冬的临时水管必须埋在冰冻线以下或采取保温措施。

消防栓应设置在易燃建筑物附近，并有通畅的出口和车道，其宽度不小于6m，与拟建房屋的距离不得大于25m，也不得小于5m，消防栓间距不应大于100m，到路边的距离不应大于2m。

临时配电线路的布置与供水管网相似。工地电力网，一般3～10kV的高压线采用环状，沿主干道布置；380/220V低压线采用枝状布置。通常采用架空布置方式，距路面或建筑物不小于6m。

上述布置应采用标准图例绘制在总平面图上，比例为1∶1000或1∶2000。上述各设计步骤不是独立的，而是相互联系、相互制约的，需要综合考虑、反复修正才能确定下来。

若有几种方案时，应进行方案比较。

【思考题】

1. 什么是施工组织设计？包括哪些内容？
2. 施工部署的内容有哪些？
3. 施工总进度计划的编制步骤？
4. 施工总平面图的基本内容和设计原则是什么？
5. 简述施工总平面图的设计步骤、设计的内容及技术要求。

第 14 章　单位工程施工组织设计

知识点提示：

- 了解单位工程施工组织设计编制的依据、内容和基本流程；
- 了解建设项目基本概况分析包含的内容；
- 了解施工方案设计的基本流程、核心内容；
- 熟悉单位工程施工进度计划、资源供应计划的形式及编制方法；
- 熟悉各种分部分项工程的施工顺序、施工内容、施工方法；
- 熟悉单位工程施工平面图设计的原则、内容、流程及相关技术要求。

14.1　概述

单位工程施工组织设计是用来规划和指导单位工程从施工准备到竣工验收全部施工活动的技术经济文件。对施工企业实现科学的生产管理，保证工程质量，节约资源及降低工程成本等，起着十分重要的作用。单位工程施工组织设计也是施工单位编制季、月、旬施工计划和编制劳动力、材料、机械设备计划的主要依据。

单位工程施工组织设计一般是在施工图完成并进行会审后，由施工单位项目部的技术人员负责编制，并需要报上级主管部门审批。

14.1.1　单位工程施工组织设计内容

单位工程施工组织设计应根据拟建工程的性质、特点及规模不同，同时考虑到施工要求及条件进行编制，并应真正起到指导现场施工的作用。单位工程施工组织设计一般包括下列内容：

（1）工程概况。主要包括对工程特点、建筑地段特征、施工条件等方面信息的概括及阐述。

（2）施工部署。涉及对总的施工顺序、施工流向的确定，主要分部分项工程的划分及其施工方法的选择、施工段的划分、施工机械的选择、技术组织措施的拟定等。

（3）施工进度计划。包括划分施工过程，并计算各个施工过程的工程量、资源使用量（包括劳动力、机械台班、材料等）、施工班组人数、每天工作班次、工作持续时间等，以及确定分部分项工程施工过程的顺序及搭接关系等，最后绘制完成施工进度计划表。

（4）施工准备工作计划。施工准备工作计划主要包括施工前的技术准备、现场准备、机械设备、工具、材料、构件和半成品构件的准备，并编制准备工作计划表。

（5）资源需用量计划。包括材料需用量计划、劳动力需用量计划、构件及半成品构件需用量计划、机械需用量计划、运输量计划等。

（6）主要施工方案。施工方案是施工组织设计的核心内容，其他工作都是围绕施工方案展开的，因此施工方案的深度和技术水准对整个施工组织设计起着关键作用。

（7）施工现场平面布置图。绘制的施工现场平面布置图主要包括施工所需机械、临时加工场地、材料、构件仓库与堆场的布置及临时水网电网、临时道路、临时设施用房的布置等。

（8）技术经济指标分析。主要包括对工期指标、质量指标、安全指标、降低成本等指标的计算和分析。通过最终形成的这些指标，可以对所完成的施工组织设计的相关内容进行初步的评价，根据对应指标的分析结果，可以有的放矢地对施工组织设计进行修订和优化，因而，准确的技术经济指标对设计工作具有重要的指导作用。

14.1.2　单位工程施工组织设计的编制依据

单位工程施工组织设计的编制依据主要有：

（1）工程承包合同；

（2）施工图纸及相关技术文件；

（3）施工企业按照年度生产计划对该单位工程下达的相关生产指标；

（4）施工组织纲要和施工组织总设计中有关该单位工程的内容和要求；

（5）建设单位提供的施工条件和要求；

（6）施工资源的配备状况；

（7）施工现场的客观施工条件；

（8）工程造价文件；

（9）国家规范、规程、法律法规、行政文件等相关资料等。

14.1.3　单位工程施工组织设计的编制流程

单位工程施工组织设计应当按照一定的编制流程开展工作，一些后续工作必须等到前期工作完成并提供了工作成果后才能够有效进行。例如，施工现场平面布置图需要在施工方案、进度计划、施工准备计划确定后，才具备了设计的依据。单位工程施工组织设计的编制流程，见图 14.1.1。

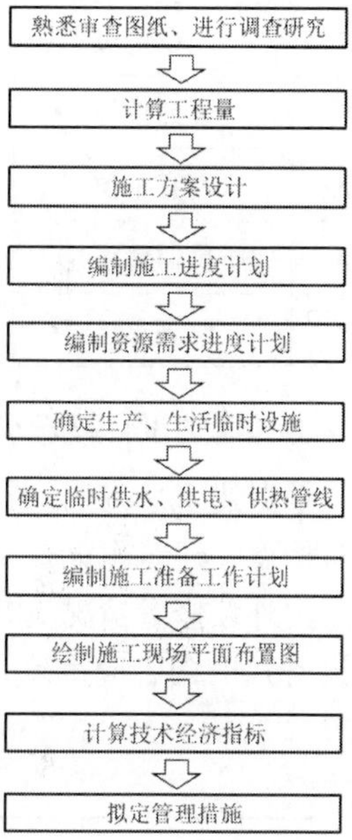

熟悉审查图纸、进行调查研究
计算工程量
施工方案设计
编制施工进度计划
编制资源需求进度计划
确定生产、生活临时设施
确定临时供水、供电、供热管线
编制施工准备工作计划
绘制施工现场平面布置图
计算技术经济指标
拟定管理措施

图 14.1.1　单位工程施工组织设计的编制流程

14.2　工程概况分析

14.2.1　工程概况及施工特点分析

工程概况及施工特点分析是对拟建单位工程的工程特点、现场情况和施工条件等所做的一个简要的、突出重点的文字介绍。工程概况的内容应尽量采用图表形式进行说明。必要时附以平面、立面、剖面图，并附以主要分部分项工程一览表。

一般包括工程总体简介（项目概况）、工程建设地点特征（环境概况）、各个专业设计主要简介（包含工程典型的平、立、剖面图或效果图）、主要室外工程设计简介、施工条件、工程特点（主要是重点、难点）分析等内容。这部分内容主要是让组织者和决策者了解工程全貌、把握工程特点，以便科学地进行施工部署及选择合理的施工方案。

14.2.2 工程建设概况分析

主要介绍拟建工程的工程名称、参建单位、资金来源、工程造价、合同承包范围、合同工期、合同质量目标等。一般列表进行说明。见表14.2.1。

表14.2.1 工程建设概况

序号	项目	内容	序号	项目	内容
1	工程名称		8	施工总包单位	
2	工程地址		9	施工分包单位	
3	建设单位		10	资金来源	
4	设计单位		11	合同承包范围	
5	勘察单位		12	结算方式	
6	质量监督单位		13	合同工期	
7	监理单位		14	质量目标	

14.2.3 建筑设计概况分析

根据建筑总说明、具体的建筑施工图纸和相关技术文件来说明建筑规模、建筑功能、建筑特点、建筑耐火要求、防水要求、节能要求、建筑面积、平面尺寸、层数、层高、总高、内外装修等情况。其中建筑特点及设计在“四新”方面（新材料、新技术、新工艺、新设备）的内容应重点说明。一般工程的建筑设计概况可以采用表格概括的方式，如表14.2.2所示。

表14.2.2 建筑设计概况

<table>
<tr><th>序号</th><th>项目</th><th colspan="4">内容</th></tr>
<tr><td>1</td><td>建筑功能</td><td colspan="4"></td></tr>
<tr><td>2</td><td>建筑特点</td><td colspan="4"></td></tr>
<tr><td rowspan="3">3</td><td rowspan="3">建筑面积</td><td>总建筑面积</td><td></td><td>占地面积</td><td></td></tr>
<tr><td>地下建筑面积</td><td></td><td>地上建筑面积</td><td></td></tr>
<tr><td>首层建筑面积</td><td></td><td>标准层建筑面积</td><td></td></tr>
<tr><td>4</td><td>建筑层数</td><td>地下</td><td></td><td>地上</td><td></td></tr>
<tr><td rowspan="8">5</td><td rowspan="8">建筑层高</td><td rowspan="2">地下部分</td><td colspan="2">地下一层</td><td></td></tr>
<tr><td colspan="2">地下 n 层</td><td></td></tr>
<tr><td rowspan="6">地上部分</td><td colspan="2">首层</td><td></td></tr>
<tr><td colspan="2">二层</td><td></td></tr>
<tr><td colspan="2">标准层</td><td></td></tr>
<tr><td colspan="2">设备层</td><td></td></tr>
<tr><td colspan="2">转换层</td><td></td></tr>
<tr><td colspan="2">其他建筑功能层</td><td></td></tr>
</table>

续表

<table>
<tr><th>序号</th><th>项目</th><th colspan="4">内容</th></tr>
<tr><td rowspan="3">6</td><td rowspan="3">建筑高度</td><td>绝对高度</td><td></td><td>室内外高差</td><td></td></tr>
<tr><td>基底标高</td><td></td><td>最大基坑深度</td><td></td></tr>
<tr><td>檐口高度</td><td></td><td>建筑总高</td><td></td></tr>
<tr><td rowspan="4">7</td><td rowspan="4">建筑平面</td><td>形状</td><td colspan="3"></td></tr>
<tr><td>组合</td><td colspan="3"></td></tr>
<tr><td>横轴编号</td><td></td><td>纵轴编号</td><td></td></tr>
<tr><td>横轴距离</td><td></td><td>纵轴距离</td><td></td></tr>
<tr><td>8</td><td>建筑防火</td><td colspan="4"></td></tr>
<tr><td rowspan="3">9</td><td rowspan="3">外墙保温</td><td>外墙</td><td colspan="3"></td></tr>
<tr><td>屋面</td><td colspan="3"></td></tr>
<tr><td>其他部位</td><td colspan="3"></td></tr>
<tr><td rowspan="6">10</td><td rowspan="6">外装修</td><td>外墙装修</td><td colspan="3"></td></tr>
<tr><td>檐口</td><td colspan="3"></td></tr>
<tr><td>门窗工程</td><td colspan="3"></td></tr>
<tr><td rowspan="2">屋面工程</td><td>不上人屋面</td><td colspan="2"></td></tr>
<tr><td>上人屋面</td><td colspan="2"></td></tr>
<tr><td>出入口</td><td colspan="3"></td></tr>
<tr><td rowspan="6">11</td><td rowspan="6">内装修</td><td>顶棚</td><td colspan="3"></td></tr>
<tr><td>地面</td><td colspan="3"></td></tr>
<tr><td>内墙</td><td colspan="3"></td></tr>
<tr><td rowspan="2">门窗</td><td>普通门</td><td colspan="2"></td></tr>
<tr><td>特种门</td><td colspan="2"></td></tr>
<tr><td>楼梯</td><td colspan="3"></td></tr>
<tr><td rowspan="3">12</td><td rowspan="3">防水</td><td>地下</td><td colspan="3"></td></tr>
<tr><td>屋面</td><td colspan="3"></td></tr>
<tr><td>室内</td><td colspan="3"></td></tr>
<tr><td>13</td><td>电梯</td><td></td><td colspan="3"></td></tr>
</table>

14.2.4　结构设计概况

根据结构设计总说明、结构施工图纸及相关技术文件来说明结构各个方面的内容及设计做法，其中包括结构形式、地基基础形式、结构安全等级、抗震设防等级、主要结构形式等，涉及工程重点难点及“四新”方面的内容应重点阐述。

一般钢筋混凝土结构工程的结构设计概况可以归纳为如表14.2.3所示内容。

表14.2.3　结构设计概况

<table>
<tr><th>序号</th><th>项目</th><th colspan="3">内容</th></tr>
<tr><td rowspan="5">1</td><td rowspan="5">土质、水质</td><td>基底以上土质情况</td><td colspan="2"></td></tr>
<tr><td rowspan="3">地下水位</td><td>承压水</td><td></td></tr>
<tr><td>滞水层</td><td></td></tr>
<tr><td>设防水位</td><td></td></tr>
<tr><td>地下水质</td><td colspan="2"></td></tr>
<tr><td rowspan="4">2</td><td rowspan="4">结构形式</td><td>基础结构形式</td><td colspan="2"></td></tr>
<tr><td>主体结构形式</td><td colspan="2"></td></tr>
<tr><td>屋面结构形式</td><td colspan="2"></td></tr>
<tr><td>填充材料</td><td colspan="2"></td></tr>
<tr><td rowspan="3">3</td><td rowspan="3">地基</td><td>持力层以下土质情况</td><td colspan="2"></td></tr>
<tr><td>地基承载力</td><td colspan="2"></td></tr>
<tr><td>土壤渗透系数</td><td colspan="2"></td></tr>
<tr><td rowspan="2">4</td><td rowspan="2">地下防水</td><td>结构自防水</td><td colspan="2"></td></tr>
<tr><td>附加防水层</td><td colspan="2"></td></tr>
<tr><td rowspan="8">5</td><td rowspan="8">混凝土强度</td><td>基础垫层</td><td colspan="2"></td></tr>
<tr><td rowspan="5">基础</td><td>底板</td><td></td></tr>
<tr><td>地下室顶板</td><td></td></tr>
<tr><td>外墙、柱</td><td></td></tr>
<tr><td>内墙、柱</td><td></td></tr>
<tr><td>梁、楼板</td><td></td></tr>
<tr><td rowspan="2">上部结构</td><td>墙、柱</td><td></td></tr>
<tr><td>梁、板、楼梯</td><td></td></tr>
<tr><td rowspan="5">6</td><td rowspan="5">抗震设防</td><td>工程设防烈度</td><td colspan="2"></td></tr>
<tr><td rowspan="2">抗震等级</td><td>框架</td><td></td></tr>
<tr><td>剪力墙</td><td></td></tr>
<tr><td>建筑结构安全等级</td><td colspan="2"></td></tr>
<tr><td>抗震设防类别</td><td colspan="2"></td></tr>
<tr><td rowspan="2">7</td><td rowspan="2">钢筋</td><td>非预应力筋及等级</td><td colspan="2"></td></tr>
<tr><td>预应力筋及张拉工艺</td><td colspan="2"></td></tr>
</table>

续表

序号	项目	内容	
8	钢筋连接方式	焊接连接	
		绑扎连接	
		机械连接	
9	主要结构构件尺寸	外墙	
		内墙	
		柱	
		梁	
		楼板	
10	楼梯、坡道形式	楼梯结构形式	
		坡度结构形式	
11	结构转换层	设置位置	
		结构形式	
12	人防设置等级		
13	建筑物沉降观测		
14	构件最大尺寸		
15	预防碱骨料反应管理级别、有害物环境质量要求		

14.2.5　专业设计概况

根据工程的水、电、设备等专业施工图纸的内容，分专业进行整理。包括给水排水系统、空调通风系统、采暖系统、电气系统、智能化系统、电梯系统等。完成的表格如表 14.2.4 所示。

表 14.2.4　专业设计概况

序号	项目		设计要求	系统做法	管道类别
1	给水排水系统	上水			
		下水			
		中水			
		热水			
		饮用水			
		消防用水			

续表

序号	项目		设计要求	系统做法	管道类别
2	消防系统	消防			
		排烟			
		报警			
		监控			
3	空调通风系统	空调			
		通风			
		冷冻			
4	电力系统	照明			
		动力			
		弱电			
		避雷			
5	设备安装	电梯			
		配电柜			
		水箱			
		污水泵			
		冷却塔			
6	通信				
	音响				
	电视电缆				
7	庭院、绿化				
	楼宇清洁				
8	采暖	自供暖			
		集中供暖			
9	防雷				
10	电梯、扶梯				
11	设备最大几何尺寸即重量				

14.2.6 工程建筑方案图纸展示

在各个专业设计概况介绍的基础上，为了能够更加直观地表达共同的特点，可展示部分代表性的建筑方案图纸，如建筑平面图、立面图、主要剖面图以及三维效果图。

14.2.7 施工条件介绍

从现场场地、周边环境、施工资源、施工单位能力等方面叙述，相关内容见表 14.2.5

所示。

（1）气象条件。简要介绍项目建设地域的气温、雨雪、风和雷电天气的情况及冬、雨期施工要求等。

（2）地形和水文地质状况。施工区域内的地形和地貌变化特征、高程、地质构造、土层类别及分布、地基承载力、地下水位的高低变化、滞水层分布、地下水的水质等情况。

（3）施工区域地上、地下管线及地上、地下的建（构）筑物的情况。

（4）交通运输条件及原材料的供应能力。

（5）供电、供水、供热和通信的提供条件和能力。

表14.2.5　施工工地现场条件

序号	项目	现场“五通一平”的情况	叙述哪些已经具备条件，哪些需要进场后解决
1	现场场地	场地大小及利用率	可利用场地与工程规模进行比较，判断场地利用条件是宽裕还是狭小，说明场地利用率、场地布置难易程度等，以及建设单位是否提供施工二场地等情况
		场地水文地貌	应着重说明地形起伏较大的坡地地形
		地下水位情况	基坑施工是否需要降水
		地下管线情况	是否影响临建布置及土方施工，施工是否需要采取保护
		地区高差引测及定位	说明甲方提供的水准点、控制桩等
		甲方提供临时设施的情况	说明建设单位在场地或二场地提供临时设施情况，哪些需进场后解决
2	周边环境	周边建筑物	有哪些临近建筑，基坑及降水施工是否需要采取加固措施，扰民及民扰程度等
		周边道路及交通能力	重点说明交通流量、交通管制、交通运输能力对混凝土及大型构件、半成品、材料运输的影响
		周边地下管线情况	市政排污管道位置，施工是否需要临时中断地下管线等
3	施工资源	主要建筑材料供应情况	当地的供应能力，是否需要从外地采购
		主要构件供应情况	当地的供应能力，是否需要从外地采购
		劳动力	当地的劳动力供应状况、技术水准、行业类别、分布、劳动力成本、目前落实情况
		主要施工机械及设备	当地和自备机械设备的拥有量、类型、成本及目前落实情况
4	施工能力	承包单位施工技术水平	说明施工单位资质、人员配置、掌握核心施工技术及新技术能力、类似工程施工经验等方面的情况
		承包单位施工管理水平	说明施工单位资质、总承包管理及协调能力、类似工程施工经验等方面情况
5	其他	如气候条件、图纸是否完善、是否需要深化设计等	

14.2.8　施工特点分析——工程重点及难点分析

施工特点分析应建立在对工程概况充分分析和了解的类型上。单位工程的施工内容相对单一，不同类型的建筑、不同条件下的施工，均有不同的施工特点。如混合结构工程的施工特点是：砌筑和抹灰工程量大，水平和垂直运输量大等，现浇钢筋混凝土高层建筑的施工特点是：结构和施工机具设备的稳定性要求高，钢材加工量大，混凝土浇筑难；有地下室时基坑支护结构复杂，安全防护要求高等。因而需要根据其特点，选择不同的施工方案，采取相应的技术和组织措施，保证施工顺利进行。

同样，单位工程的施工应注意抓难点与重点，也就是对目标控制具有关键性影响的环节，一般也应体现在工程特点之中。可参见第 13 章的相关内容。

14.3 施工方案设计

施工方案是单位工程施工组织设计的核心内容，施工方案选择是否合理，将直接影响到工程的施工质量、施工速度和工程成本，是单位工程施工组织设计应完成的重要工作步骤。

施工方案的选择包括确定施工的基本工艺流程、流水工作段的划分、施工方法的选择、机械设备的选用、施工方案实施过程的组织和控制措施等。其中施工方法和机械设备选用是决定施工方案优劣的关键环节。

在制订施工方案时，为了防止施工方案带有片面性和应对方案实施过程中出现的各种变化，应采取多个预案比较的方法，适时择优选用。

施工方案的设计流程见图 14.3.1。

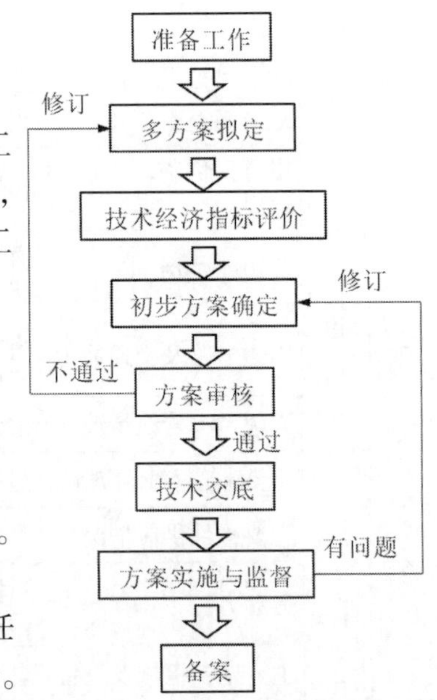

图 14.3.1 施工方案设计流程

14.3.1 施工方案制订的前提条件

施工方案制订作为单位工程施工流程中的一个重要工作，应在适当的时机和准备工作完成的条件下进行，否则，施工方案将缺乏针对性和实质性的内容。单位工程的施工程序一般分为以下 4 个阶段：

①施工任务分派和接受阶段；

②施工前准备阶段；

③实施阶段；

④交工验收阶段；

施工方案的制订一般应在前两个阶段工作完成后进行。

1. 施工任务分派与接受阶段

针对单位工程施工项目，施工分包方往往作为施工任务的接受者承接施工总包方对其下达和分派的施工任务。分派与接受的双方应签订施工合同，明确施工任务和责任。施工分包方应依据施工合同的内容开展施工方案的拟定工作。

2. 施工前准备阶段

施工方案的制订应根据施工现场的具体情况进行。单位工程开工应具备如下条件：

（1）已经办理施工许可证；

（2）施工图纸已经通过审核；

（3）施工预算已经编制完成；

（4）单位工程施工组织设计批准；

（5）施工场地三通一平基本完成；

（6）控制测量的永久性坐标控制网及水准点已经建立；

（7）施工现场的临时设施基本满足施工要求；

（8）劳动力计划已经落实，并能够随时到场施工；

（9）开工所需的机械设备已经到场；

（10）开工前的岗前教育和技术交底完成；

（11）开工报告已经上级主管部门批准。

14.3.2　单位工程施工方案拟定

1. 施工内容与施工段

拟定施工方案应充分分析和掌握施工对象的整个施工过程。首先准确把握单位工程所包含的所有分部分项工程的内容，务必做到细致完善。

通常，施工过程是按照流水施工进行组织的。每个施工过程有可能由多个施工人员（班组）在不同的施工场地完成施工作业。对于单层建筑，如厂房，可以按车间、工段、跨间划分施工区段。对于多层建筑，除了确定每层平面上的施工分区外，还可以沿高度方向按照每层进行划分施工分区。对于道路工程可以沿道路长度方向，将其划分为若干区段，如每1km为一个区段。

2. 施工总体顺序

施工方案设计应遵循施工过程的先后顺序。施工中的一般顺序原则包括以下几个方面：

1）先地下，后地上

受到施工技术的局限，通常建筑工程的施工顺序是按照先完成基坑开挖和基础施工后，再进行上部结构施工的顺序进行。但是，目前采用的逆做法施工工艺可以打破这个常规，单纯从技术角度也是可行的。

2）先主体，后维护（二次结构）

建筑物的维护结构需要依附于主体结构，特别是砌体、预制墙板等，因此这个顺序是不能违背的。

3）先结构，后装饰

一般情况下，装饰材料也是要依附于结构表面的，如果结构和装饰分两次进行先后施工的话，必然要按照这个顺序进行。但是，目前施工技术和材料技术的改进，使装饰部分和结构部分可以结合成一体，从而使结构施工环节和装饰施工环节能够一次性完成。

4）先土建，后设备

通常意义上的先土建施工，后设备安装施工。并不是说设备安装施工要在整个土建施工完成后才能够进行，而可以当局部土建施工完成后，具备一定条件即可穿插进行。因而，在进度计划编制时，往往可以看到设备安装施工作业安排是在土建施工进行了一个阶段后就形成了几乎贯穿工程整个工期的延续状态。

3. 工序间的技术间歇

在施工过程中或施工进度安排中，常遇到一些技术间歇，如混凝土浇筑后的养护时间，现浇结构在拆模前所需的强度增长时间，卷材防水（潮）层铺设前对基层（找平层）所需的干燥时间等，这些技术间歇时间根据工艺流程的不同要求，都在施工规范中作了相应规定。

4. 施工工艺流程

施工工艺流程包含两个层面的含义：一个是施工内容，另一个是施工顺序。值得注意的是，一些施工流程的施工顺序受到施工技术的制约，应严格按照施工技术要求进行。有些分部分项工程的工艺流程包含了相同的施工内容，但是施工顺序存在差异。比如，现浇钢筋混凝土柱和板的施工顺序，如图 14.3.2（a）和（b）所示：

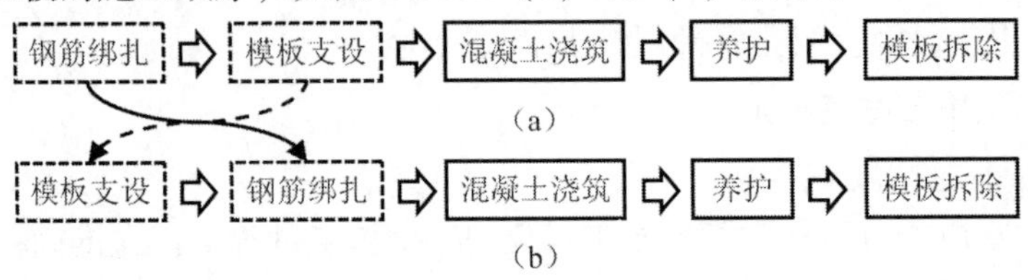

图 14.3.2　施工顺序的比较

（a）现浇钢筋混凝土柱的施工顺序；（b）现浇钢筋混凝土板的施工顺序

钢筋混凝土柱和板的施工工艺流程中，“钢筋绑扎”和“模板支设”两道工序前后顺序是不同的，这与施工过程的工艺技术要求密切相关，其施工顺序是必然的、确定的，在施工组织时应注意，避免出现差错。

此外，一些施工流程的施工顺序并非不能改变，而是要考虑管理方面的因素，如目标控制、安全管理等，来决定其先后次序。一方面，确定施工顺序有时要受到施工技术的制约，往往是难以逾越和不可改变的；另一方面，从目标控制的角度，施工顺序可以通过管理手段进行局部调整和改变，以达到某个优化的目的。针对不同情况，施工工艺流程应按照一定原则来进行：

（1）影响其他施工作业进程的施工过程应优先安排；

（2）建设单位要求尽快交工的项目应优先安排；

（3）技术复杂、难度大、用时长的施工过程应优先安排；

（4）高低层、高低跨建筑，柱子的安装应在高低跨并列处开始；

（5）屋面防水应按照从低到高顺序进行；

（6）基础工程应按照先深后浅的顺序施工；

（7）土方工程施工，开挖施工应当从远离道路的部位开始，逐步向道路靠近施工。

建筑工程的装饰工程通常分为室内装饰和室外装饰两个部分。室内和室外装修工程施工一般要等到结构工程完工后自上而下进行。但工期要求紧迫或层数较多时，亦可在结构工程完成相当层数后（要根据不同的结构体系、工艺确定），就安排室内装修与上部结构施工平行进行，但必须采取防雨水渗漏措施。如果室外装修也采取与结构平行施工时，还需采取成品防污染和操作人员防砸伤等安全防护措施。

室内装修工序较多，施工顺序可有多种方案。一般是先做墙面，后做地面、踢脚线；也有先做地面，后做墙面、踢脚线。而首层地面多留在最后施工。因此，应根据具体情况，从有利于为下一工序创造条件，有利于装饰成品的保护，不留接搓，保证工程质量，省工、省料和缩短工期出发，进行合理安排。

根据装饰工程的特点，其施工工艺流程分为以下几种情况：

1）室内装饰工程自上而下进行

装饰施工从顶层开始逐层向下进行，如图 14. 3. 3 所示。其优点是，主体结构已经封顶并完成屋面防水施工，装饰工程质量不受结构沉降和下雨的影响；工序之间的交叉少，装饰施工作业和运输通行的干扰少，装饰完成的作业面容易进行成品保护；垃圾清运逐层向下，与施工方向一致，没有产生矛盾；缺点是：必须等到主体施工全部完成，不能形成搭接作业，工期较长。

2）室内装饰工程自下而上进行

通常在主体结构施工到三层以上时，装饰施工从一层开始，与结构施工保持相同方向和进度，逐层进行，如图 14. 3. 4 所示。此施工流程在需要赶工期的情况下采用，但对技术方面和组织方面的要求比较严格。优点是主体结构施工与装饰施工可以形成搭接作业，工期短；缺点是结构施工与装饰施工交叉作业多，成品保护困难。特别是，装饰施工在下层作业，而结构施工在上层作业，必须采取有效的技术方面和组织方面的保障措施，减少装饰施工受到结构施工人员通行和施工作业的干扰，保护装饰成品不受污染和损坏。比如上层作业应采取措施，避免溢水和振动对下层装饰工程造成的污染和不良影响，上层装饰先完成地面后，再进行下层顶棚装饰施工。

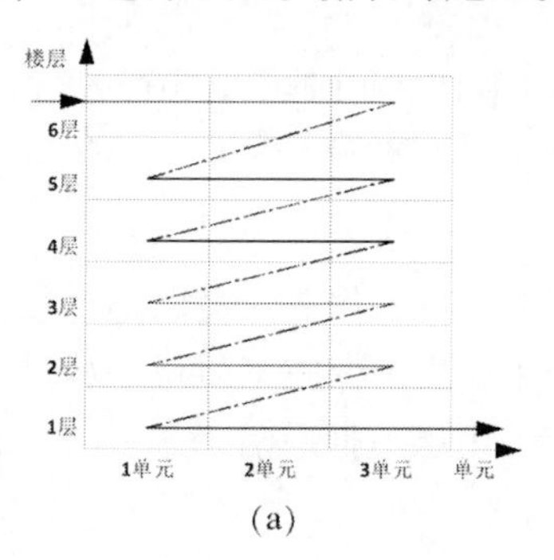

(a)

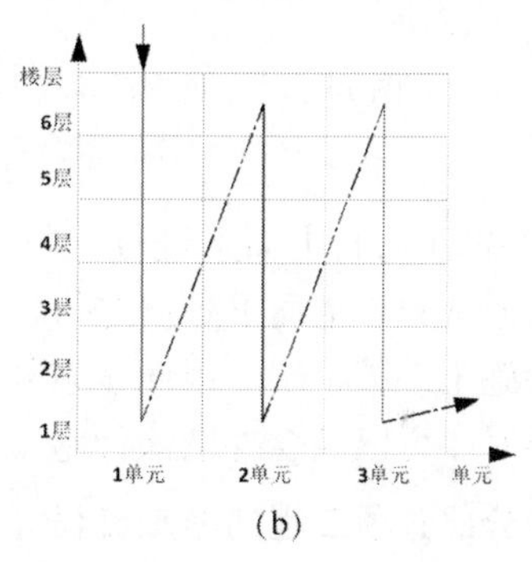

(b)

图 14. 3. 3　室内装饰工程自上而下的施工顺序

(a) 以楼层划分施工段；(b) 以单元划分施工段

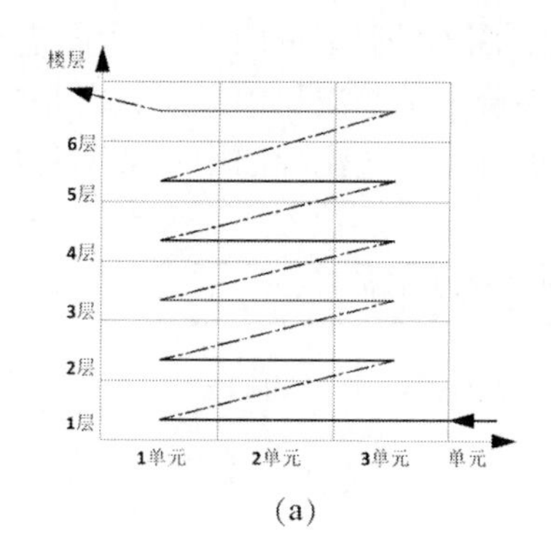

(a)

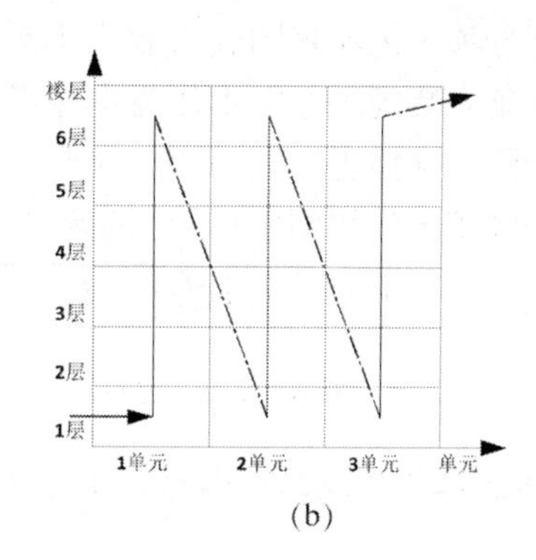

(b)

图 14. 3. 4　室内装饰工程自下而上的施工顺序

(a) 以楼层划分施工段；(b) 以单元划分施工段

3）室内装饰自中而下，再自上而中的顺序进行

综合了上面两个工艺流程的特点，适于中、高层建筑装饰施工采用，如图 14. 3. 5 所示。

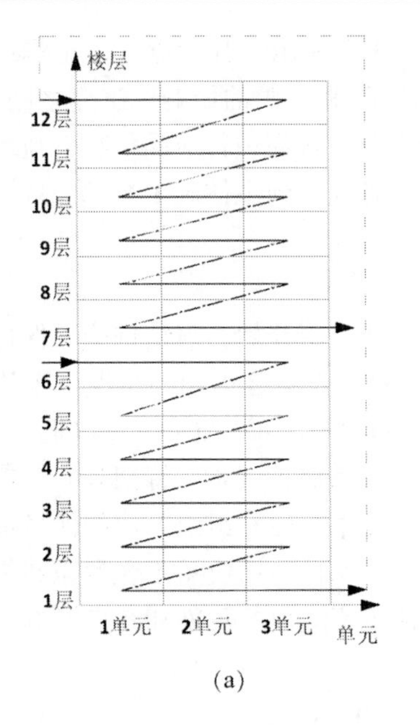

(a)

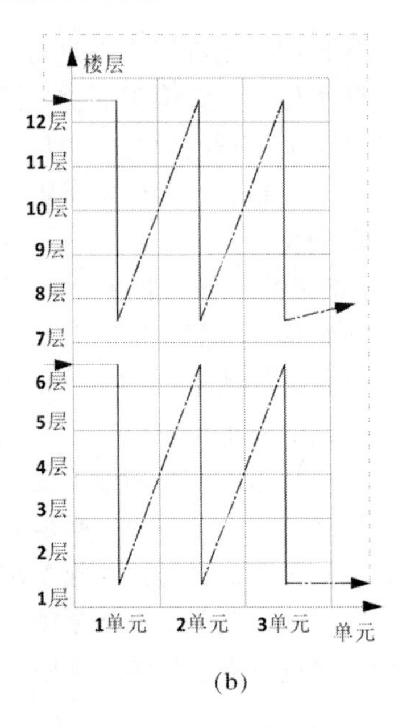

(b)

图 14.3.5　室内装饰工程自中而下再自上而中的施工顺序

(a) 以楼层划分施工段；(b) 以单元划分施工段

4）室外装饰工程自上而下进行

室外装饰通常为自上而下顺序进行，没有交替、反复作业，可以随着装饰施工作业的顺序逐层拆除施工外脚手架。因而，室外装饰施工应当确保施工质量，尽量避免返工和维修作业；必要时，可以结合外墙涂饰施工作业，采用悬吊脚手架。

14.3.3　典型分部分项工程的施工流程

分部分项工程的施工工艺流程一般应按照主导工序进行编制，通常包括基础工程、主体结构工程、屋面及装饰工程三个主要阶段，如图 14.3.6 所示。不同建筑结构类型的每个阶段的分部分项工艺流程图会有较大的差别，将对应阶段的工艺流程图进行替换即可。建筑水电暖设备安装施工一般不作为主导工序在施工工艺流程中考虑，而是配合土建施工作业，在各个阶段穿插进行。因而，在概括性的施工工艺流程图中一般不列出，而在分部分项工程的详细工艺流程图中再做明确说明。

图 14.3.6　建筑工程施工工艺流程三个主要阶段

1. 多层砖混结构建筑工程的施工工艺流程

1）基础工程

基础工程阶段是指室内地坪（±0.000）以下的所有工程的施工阶段。通常多层砖混结构的基础采用砖砌带形基础或者钢筋混凝土带形基础，目前以钢筋混凝土带形基础应用较多。基础埋设不大，因而属于浅基础施工。土方工作量较小，一般不需要基坑支护和降水。其主导工序的施工工艺流程见图 14.3.7 所示。

土方施工应与垫层施工紧密配合，基坑开挖完成后尽快开展验收工作；如钎探发现地基下卧层有坟穴、防空洞、软弱下卧层等情况时，应协调、配合勘察设计单位及时进行处

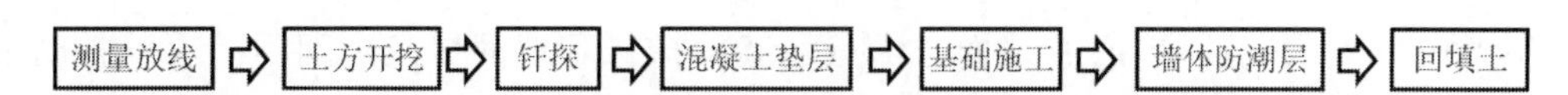

图 14.3.7　多层砖混结构建筑基础工程施工工艺流程

理，随即进行垫层施工，防止地基和基坑受到雨水浸泡、阳光暴晒而造成扰动。

室内回填土原则上应在基础工程完成后及时一次性填完，以便为下道工序创造条件并保护地基。但是，当工程量较大且工期要求紧迫时，为了使回填土不占或少占工期，可分段与主体结构施工交叉进行，或安排在室内装饰施工前进行。有的建筑（如升板、墙板工程）应先完成室内回填土，做完首层地面后，方可安排上部结构的施工。

2）主体结构工程

主体结构工程阶段的主导施工工序包括墙体砌筑、楼板施工。此外还包括门窗框、楼梯、构造柱、圈梁及过梁、雨蓬及挑檐等构件的施工作业。作为主导工序的墙体砌筑工序，应包括门窗框安装、构造柱、圈梁、过梁施工，其中构造柱、圈梁、过梁施工应参照混凝土工程施工的基本流程安排模板安装、钢筋绑扎和混凝土浇筑与养护的工序环节；楼板如果采用现浇钢筋混凝土结构，其细化流程也应包括此三道工序。如果楼板或者楼梯采用预制装配式构件，则需要在墙体和圈梁施工完成后进行。此外，由于各层墙体和现浇楼板的施工并非地面作业，因而还需要搭设内、外脚手架。其主导工序的施工工艺流程见图 14.3.8 所示。

图 14.3.8　多层砖混结构建筑主体结构工程施工工艺流程

3）屋面工程

屋面工程主要分刚性防水层屋面和卷材防水屋面两种。卷材防水屋面是较常用的做法，一般情况下，屋面工程应在主体结构完工并通过验收后尽快进行，从而为室内装饰施工提供条件。屋面工程可以采取与室内装饰工程部分搭接施工或者平行施工的方式。其施工流程如图 14.3.9 所示。

找平层 ⇨ 隔气层 ⇨ 保温层 ⇨ 找平层 ⇨ 防水层 ⇨ 保护层

图 14.3.9　卷材防水屋面施工工艺流程

4）装饰工程

装饰工程包括室外装饰和室内装饰两个部分。室内装饰工程的内容包括顶棚、地面和墙面抹灰、门窗扇及玻璃安装，楼梯地面顶棚、墙地面抹灰；墙裙、踢脚抹灰等。室外装饰工程包括墙面抹灰、底层勒脚、雨落管等内容。其中抹灰作业是装饰工程的主导工序。

室外装饰和室内装饰施工顺序分为先内后外、先外后内和同时施工三种。由于室外装修受外界环境影响较大，为了避开雨期和冬期施工，可采取先外后内的方式。室外装饰要求提供脚手架，建筑外墙作业全部完成后，即可自上而下逐层拆除脚手架。

同一层室内抹灰的施工顺序有两种：

施工顺序 1：地面→顶棚→墙面。优点是地面质量容易保证，便于收集落地灰、节省材料。缺点是地面抹灰施工完后需要养护时间才能上人进行施工作业，工期较长。

施工顺序2：顶棚→墙面→地面。优点是墙面抹灰和地面抹灰之间不需要养护时间，工期短；缺点是落地灰不易收集，地面质量不易保证，容易产生地面起壳。

墙面抹灰前门窗框应安装到位，窗扇安装可以在抹灰前或抹灰后进行，门窗油漆应在装玻璃前进行；楼梯间抹灰应该在整个建筑全部楼层抹灰施工完成后一次性从上至下施工至底层。

5）水暖电设备安装工程

不像土建工程那样分成结构明显的施工阶段，一般与土建工程相关分部分项工程紧密配合、穿插进行。典型施工流程有：

①基础工程阶段。在回填土前，完成上下水管管沟、暖气管管沟施工。当采用直埋方式时，回填土施工作业应当在上下水管、暖气管和供电电缆入户管的埋设就位后进行，并应预留出室外管道井的位置，避免重复作业。

②主体结构施工阶段。应在砖墙砌筑和现浇钢筋混凝土楼板施工时，预留上下水和暖气管道的预留孔，电线管、木砖预埋，孔槽预留等。

③装饰工程施工阶段。装修施工前，应在构件表面预留埋设开关盒（槽）、接线盒、控制箱等的孔槽，水暖电设备安装应墙地面抹灰装饰前后进行，尽量避免剔凿和二次作业对装饰面造成污染和破损。

2. 高层钢筋混凝土结构建筑的施工工艺流程

由于高层建筑和砖混结构建筑的结构体系不同，施工方法和工艺流程也不尽相同。主要差别在于它的基础埋深和体量均较大，因而基础部分的施工比砖混结构建筑要复杂很多。由于高层建筑上部结构的高度比砖混结构建筑高很多，虽然施工工艺流程方面差别不明显，但是施工技术和保证措施方面都有很大差别。高层建筑的主要施工阶段还是包括基础工程、上部主体结构、屋面和装饰工程三个部分。

1）基础工程

高层建筑普遍要采用独立柱基础、筏板基础、桩基础或箱形基础，其中独立柱基础、筏板基础和箱形基础属于浅基础。由于基础形式和位置不同，施工方法和工艺流程也有较大差别。高层建筑基础工程一般包括土方工程、桩基础工程和浅基础工程三大部分。独立柱基础和筏板基础的基坑深度比较浅，一般直壁开挖或者放坡开挖即可，施工工艺流程与带形基础相同，应注意地基钎探和加固处理环节。由于箱形基础的土方工程施工属于深基坑施工，通常需要采取基坑支护和降水两项施工措施，因而还需要涉及到基坑支护工程施工、降水工程施工等。其概括性的工艺流程如图14.3.10所示。由于基坑深度、开挖方式、支护方式的不同，施工工艺流程也有很大差别。其中，基坑支护施工、降水施工、土方开挖施工的施工工艺流程可参考教材相关章节的内容。

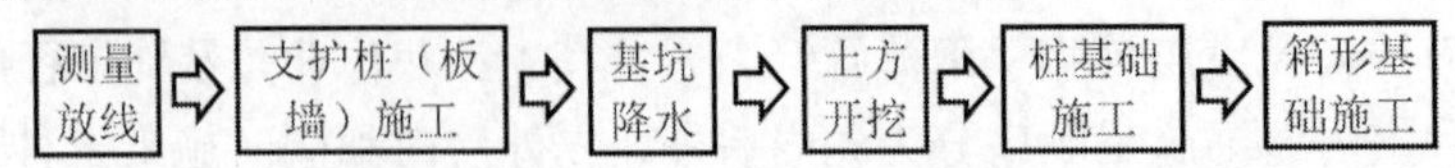

图14.3.10　高层建筑基础工程施工工艺流程（概括性）

箱形基础施工一般在桩基础施工完成后进行。其施工工艺流程见图14.3.11所示。

2）上部主体结构

钢筋混凝土结构高层建筑施工一般分为两类构件和两个阶段施工。两类构件：一是水

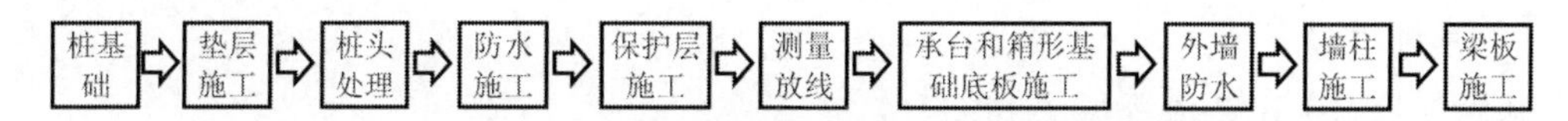

图 14. 3. 11　高层建筑箱形基础工程施工工艺流程

平构件，包括梁和楼板；二是竖向构件，包括墙和柱。两个阶段是指主体结构构件施工阶段和围护墙体施工阶段（也称二次结构施工阶段）。两类构件施工也分为混凝土一次浇筑和二次浇筑的方式，一次浇筑是指同一楼层的梁、板、墙、柱构件完成模板支设和钢筋绑扎后，混凝土浇筑一次完成，此种施工方式的施工过程连贯，速度快；二次浇筑是指竖向构件先完成混凝土浇筑后，再进行梁板构件模板支设和钢筋绑扎，最后浇筑混凝土。由于墙柱构件混凝土先浇筑完成，对后面梁板构件模板支设有利，稳定性和安全性较好，因而二次浇筑适用于高大结构施工。

主体结构一般分为钢筋混凝土框架结构、剪力墙结构及框架 - 剪力墙结构，区别在于竖向构件的施工是以柱为主还是以墙为主，或者两者兼而有之，以及围护墙体施工工程量的多少。无论哪种结构类型，其施工工艺流程差别不大，以钢筋混凝土框架结构为例，其施工工艺流程见图 14. 3. 12 所示。由于梁、板、柱的模板支设、钢筋绑扎和混凝土浇筑等施工过程的工作量大、材料和劳动力用量较多，对工程质量和进度起着决定作用，因而，这些工序构成了工艺流程的主导施工工序。

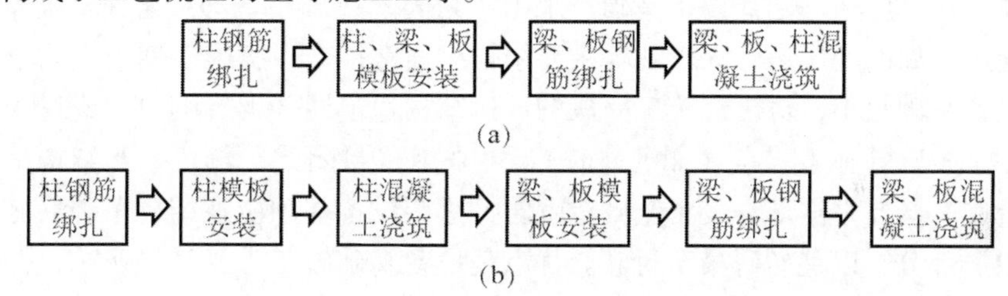

图 14. 3. 12　钢筋混凝土框架结构工程施工工艺流程

(a) 一次浇筑；(b) 二次浇筑

围护工程的施工一般在主体框架结构施工完成后进行。由于围护结构的荷载是施加在梁板上的，所以结构构件的强度应满足承载要求，一般在主体框架结构完工 1 个月后进行；特殊情况可以通过同条件养护的试块强度及结构计算来确定构件的承载能力。围护结构包括内外墙体砌筑（或者预制墙板安装）和门窗框安装施工，其间还应穿插上下水管道、供暖管道、电力线管的敷设及作业脚手架的搭设施工。

3）屋面和装饰工程

装饰工程的施工工艺流程与砖混结构相同，参照砖混结构施工部分。

3. 装配式钢筋混凝土单层工业厂房的施工工艺流程

装配式混凝土单层工业厂房的施工可分为基础工程、构件预制工程、结构安装工程、围护工程和装饰工程等 5 个施工阶段。见图 14. 3. 13。

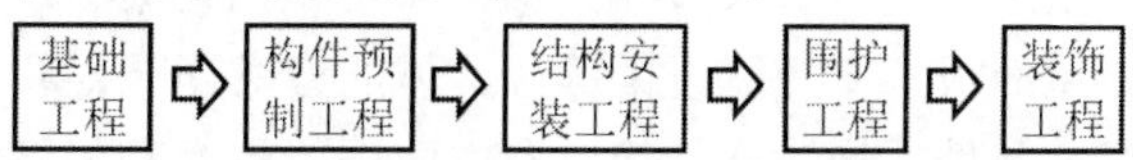

图 14. 3. 13　装配式钢筋混凝土单层厂房基础工程施工工艺流程

1）基础工程

基础工程施工工艺流程见图 14. 3. 14。

图 14. 3. 14　装配式钢筋混凝土单层厂房基础工程施工工艺流程

装配式单层工业厂房基础多采用现浇钢筋混凝土杯型基础，属于浅基础施工工艺。基础施工完成后，达到拆模强度即可拆模，并随即回填土进行养护。因基础养护需要一段时间，因而上部结构构件的安装施工应考虑这段施工间歇期，合理进行施工工序安排。通常基础施工在施工准备阶段进行，并将养护期安排在冬季施工的组织间歇期，使后续施工流程更加紧凑。其中，重型工业厂房基础，在土质较差地区时，一般需要采用桩基础。桩基础和上部预制结构之间没有紧密的制约关系，满足施工顺序即可。通常，为了缩短工期，多采用预制桩基础，也常将打桩工程安排在准备阶段进行。

对于厂房设备基础，由于其与厂房柱基础施工顺序的不同，常常会影响到主体结构的安装方法和设备安装投入的时间，因此需要根据不同情况决定。通常有两种方案：

【方案一】

埋置深度：厂房柱基础≥设备基础。采用“封闭式”施工，即厂房柱基础先施工，设备基础后施工，如冶金厂房、火车站等主要结构。通常，当厂房施工期处于雨季或冬季施工时，或设备基础较小，对已经施工完成的厂房结构稳定性并无影响时，或对于较大较深的设备采用了特殊的施工方案（如沉井时），可采用“封闭式”施工。当结构吊装机械必须在跨内行驶，又要占据部分设备基础位置时，这些设备基础应在结构吊装后施工，或先完成地面以下部分，以免妨碍吊车行驶。优点是设备基础施工不受气候影响，并可以利用厂房安装好的桥式吊车进行设备吊装；缺点是设备基础施工有可能会影响到厂房结构的基础，厂房内地面会出现二次开挖而增加工作量。

【方案二】

埋置深度：设备基础≥厂房柱基础。通常采用“开敞式”施工。即厂房柱基础和设备基础同时施工或者设备基础先施工。

是采用“封闭式”还是“开敞式”施工，要从尽早提供安装构件或施工条件来确定。如果设备基础与柱基础埋置深度相同或接近时，则两种施工顺序均可任意选择。如果当设备基础较大较深，其基坑的挖土范围已经与柱基础的基坑挖土范围连成一片时或深于厂房柱基础，以及厂房所在地点土质不佳时，则采用设备基础先施工的顺序。优点是作业面开敞，设备吊装方便，工期紧凑；缺点是施工作业内容繁杂，相互干扰较多。

2）构件预制准备

构件的预制加工有现场预制和工厂预制两种方式。通常重量和尺寸较大、不方便运输的构件，可采用现场预制的方式。如大型柱、梁、屋架、托架梁、吊车梁等；中小型构件可以在加工厂预制，如屋面板、支撑、过梁等。具体的方案还要对构件的特点、加工厂生产能力、工期要求、场地条件、运输条件等诸多方面进行技术和经济的评价后确定。而构件的预制加工准备依据场地大小和工期要求分为三种方式：

①当场地狭小而工期充裕时，构件制作可以分期进行，按照柱、梁、屋架的顺序依次

进行；

②当场地宽敞而工期充裕时，可以先预制柱和梁，当场地空出来后进行屋架预制；

③当场地狭小且工期紧张时，所有构件同时预制，优先在拟建车间外的场地内选择宽敞的地方安排屋架制作，在车间内或者选择空余地方安排柱和梁构件的预制。

3）构件吊装

单层工业厂房的施工工艺流程与吊装方案有关，吊装工艺分综合吊装法和分件吊装法两种，单层工业厂房一般采用分件吊装法。如果采用综合吊装法施工，应按照节间构件的组成就近安排预制场地。当场地不足，道路运输条件较好时，可考虑安排小型构件在较远场地或者场外工厂预制，然后运输到现场，随时运输随时吊装。当厂房为多跨且为高低跨时，吊装作业应当从高低跨柱列开始。单层厂房的抗风柱吊装通常是与其他构件分开单独进行。其吊装方法分两种：方法一：在吊装柱的同时先安装同跨一端抗风柱，在屋盖全部吊装完成后进行另一端抗风柱安装；方法二：全部抗风柱在屋盖吊装完成后一次性安装。

【分件吊装】

第一次开行：吊装完成柱，并进行校正和固定，待浇筑的混凝土强度达到设计强度的70%后进行第二次开行；

第二次开行：吊装吊车梁、连系梁和基础梁；

第三次开行：吊装屋架、屋面板及附属构件。

【综合吊装】

先吊装第一节间四根柱，并立即校正和临时固定；然后安装吊车梁、屋架及附属构件；依此方法逐个节间进行吊装直至全面安装完成。

4）围护结构

围护阶段的施工包括脚手架搭设、内外墙体砌筑、门窗框安装和屋面工程等。厂房结构安装结束后，或安装完一部分节间后，即可开始此部分维护结构的施工（如内、外墙砌筑）。内墙砌筑可以和外墙同步进行，也可以先进行地面工程施工，并完成内墙基础施工后，再进行内墙砌筑。此时不同分项工程之间可以组织流水施工，砌筑工程完成后，即可开始屋面施工。

脚手架配合砌筑工程和屋面工程施工完成搭设，当室外装饰和外墙面施工完成后即可拆除。

5）装饰工程

装饰工程分为室内装饰和室外装饰。室内装饰包括地面工程、墙面装饰工程、门窗工程、涂饰工程等。室外装饰包括屋面工程和外墙装饰等。

装饰工程一般不作为主导施工过程在施工流程中体现，而是作为辅助施工过程与其他施工过程穿插进行。在设备基础、墙体、结构柱基础以及土方开挖施工阶段，应同时兼顾管道和电缆管沟的施工；墙体施工阶段应兼顾门窗框的安装固定；墙面涂饰施工应在门窗安装到位、屋面工程完工后，选择天气干燥的条件下进行。

6）水电卫设备安装

与其他结构类型类似，水电暖卫设备施工也不作为主导施工过程在施工流程中详细描述，应伴随着围护结构施工穿插进行。工业厂房主要应考虑空调设备、监控设备及桥架管线的安装施工与土建工种的配合。

4. 室外工程

室外工程包括室外管网、道路、绿化、排水沟、室外散水、室外台阶和坡道等等。室外工程一般在装饰工程完工，并且外墙脚手架拆除以后进行。通常先进行室外管网铺设，待管沟回填后，再进行室外道路和绿化施工。

建筑施工是一个复杂的过程。建筑结构形式、现场特点、装饰要求、气候地理条件等都会对施工过程的安排造成影响。因此，每一个工程都必须根据具体情况合理安排施工过程，最大限度地利用时间、空间组织流水施工作业。

14.3.4 施工方法和施工机械的选择

由于建筑产品的多样性、地域性和施工条件的不同，一个单位工程的施工方法和施工机械的选择也不尽相同。正确的拟定施工方法和施工机械，是选择施工方案的核心内容，是实现施工管理目标控制的关键环节。

1. 施工方法选择

施工方法是工程施工期间所采用的技术方案、工艺流程、组织措施、检验手段等。确定施工方法时，首先要考虑该方法在工程上是否有实现的可能性，是否符合国家技术政策，经济上是否合算。其次，必须考虑对其他工程施工的影响。确定施工方法时，要注意施工质量要求，以及相应的安全技术措施。在确定施工方法时，还必须就多种可行方案进行经济比较，力求降低施工成本。施工方法选择应参照的基本原则包括下列方面：

（1）施工方案的编制应侧重于那些对单位工程起着至关重要作用，或者容易出现质量通病、工程量大、施工难度大、技术复杂和安全隐患突出的分部分项工程或专项工程的施工方法，并应进行必要的技术复核；

（2）对主要的分项工程应有明确、细致、完善的工艺技术要求；

（3）对“四新”（新技术、新工艺、新材料和新设备）技术应用的施工方法应配合必要的理论研究、试验研究方案，并应组织技术鉴定工作；

（4）季节性施工方法的制订应根据当地实际的气候条件，细化应对措施；

（5）对于常规的、简易的、熟悉的分项工程可以仅仅做简要说明，不必拟定详细的施工方法。

2. 典型施工方法的内容

1）土石方工程

① 大型的土方工程（如场地平整、地下室、大型设备基础、道路）施工，土方开挖的方式；

② 建筑物、构筑物的基坑、基槽的开挖方法及放坡、支撑形式等；

③ 挖、填、运所需的机械设备的型号和数量；

④ 排除地面水、降低地下水的方法，以及沟渠、集水井和井点的布置和所需设备；

⑤ 大型土方工程土方调配方案的选择。

2）基础工程

①大体积混凝土基础施工缝的留设位置及技术要求；

②混凝土或拌合土等块体基础、砌筑基础、钢筋混凝土基础的施工技术要求；

③箱形基础结构施工和防水施工技术要求；

④桩基础施工的技术要求、施工机械选择等。

3）砌筑工程

① 组砌方式及质量要求，以及构造柱、圈梁、楼板等钢筋混凝土结构构造的技术要求，砖、砌块、砌筑砂浆的选择及用料统计，门窗、预制过梁、构造柱、圈梁钢筋和混凝土等辅助用料的统计等；

② 垂直运输机械的选择、布置。根据施工工程量对垂直运输机械的型号、数量进行合理地选择和配置；

③ 划分施工流水区段，确定其楼面水平运输的路线和方式；

④ 砌筑脚手架的搭设及技术要求；

⑤ 确定施工场地内与砌筑工程相关用料（砖、砌块、预制过梁）的堆场、库房等贮存空间；

⑥ 确定砌筑砂浆、混凝土的供应方式和相关技术要求。

4）钢筋混凝土工程

混凝土和钢筋混凝土工程应着重于模板工程的工具化和钢筋、混凝土工程施工的机械化。

① 模板类型和支模方法。根据不同结构类型、现场条件确定现浇和预制用的各种模板（如组合钢模、木模、胎模等），各种支承方法（如支撑系统采用钢管、木立柱、桁架、钢制托具等）和各种施工方法（如早拆模板、爬模、大模板等），并分别列出采用项目、部位和数量，说明加工制作和安装的要点。复杂的模板体系应进行专项施工方案设计。

② 钢筋加工、连接和安装方法。确定钢筋作业的内容及技术要求，包括加工厂生产的成型钢筋（以骨架和网片为主）或现场加工钢筋（以单根钢筋为主）的加工作业（包括除锈、调直、切断、弯曲成型等），钢筋连接作业（包括焊接、绑扎和机械连接），以及安装作业（包括安装脚手架、支撑马凳、保护层垫块或卡环等措施）等多个施工环节，并应提交施工作业的材料、人员和机具的清单作为准备计划的依据。

③ 混凝土制备、运输、浇筑、养护的施工方法和技术要求。首先应确定混凝土的制备和供应方式，即是采用商品混凝土还是现场集中或分散搅拌。现场制备混凝土，应确定混凝土制备用料的选择、计量等技术控制要求和措施，并选用搅拌设备的类型、型号和数量；其次，应确定混凝土拌合料的场外运输和场内输送的方式、设备和工具，并制定具体的方案；此外，混凝土浇筑和养护作业应注意大体积混凝土施工及施工缝留设的问题，提出具体的技术要求和施工措施。

④ 预应力混凝土施工应着重说明工艺方法的选择，是采用先张法还是后张法，是有粘结还是无粘结；其次，应明确张拉设备和工具的选择；关键是明确预应力张拉和放张工艺技术要求和控制措施。

5）结构安装工程

比如，单层工业厂结构吊装工程的安装方法，有单件吊装法和综合吊装法两种。单件吊装法可以充分利用机械能力，校正容易，构件堆放不拥挤。但不利于其他工序插入施工；综合吊装法优缺点正好与单件吊装法相反，采用哪种方案为宜，必须从工程整体考虑，择优选用。

① 按构件的外形尺寸、重量和安装高度，建筑物外形和周围环境，选定所需的吊装

机械类型、型号和数量。

② 确定结构吊装方法（分件吊装还是节间综合吊装），安排吊装顺序、机械停机点和行驶路线，以及制作、绑扎、起吊、对位和固定的方法。

③ 构件运输、装卸、堆放方法，以及所需的机具设备的型号和数量。

④ 采用自制设备时，应经计算确定。

6）防水工程

防水工程是控制建筑工程质量通病的关键环节。施工方法应当全面细致。

① 认真进行图纸会审，深入了解防水设计的技术要求和构造做法。

② 卷材防水应明确防水材料和辅料的规格、品种、性能技术指标；说明基层处理要求；确定卷材的粘贴方式和粘接方法。

③ 刚性防水应明确防水混凝土和防水砂浆的配合比；水泥、骨料、掺合料和外加剂的品种和等级；钢筋和模板的构造；混凝土养护方式等。

④ 变形缝、沉降缝、施工缝、后浇带、穿墙管等防水薄弱部位的质量保证措施。

7）装饰工程

① 确定工艺流程和施工顺序，组织流水施工。比如区分室内和室外装饰划分组成若干专业队进行流水施工。

② 确定装饰材料（如门窗、隔断、墙面、地面、水电暖卫器材等）逐层配套堆放的平面位置和数量。如在结构施工时，充分利用吊装机械，在每层楼板施工前，把该层所需的装饰材料一次运入该层，堆放在规定的房间内，以减少装饰施工时的材料搬运。

3. 机械选择

施工机械的选择应注意以下几点：

(1) 首先选择主导工程的施工机械。如地下工程的土石方挖运机械、桩基础工程打桩机械和钻孔机械；主体结构工程的垂直和水平运输机械；结构工程吊装机械等。

(2) 所选机械的类型与型号，必须满足施工需要。此外，为发挥主导工程施工机械的效率，应同时选择与主机配套的辅助机械。比如土方工程施工中挖掘机械和运输车辆的合理配备；结构安装施工中塔吊和汽车吊的配合使用。

(3) 尽量选用施工企业现有的或方便获得的机械中进行选择。提高设备的利用率和减少设备投入。

(4) 为了便于机械设备的管理，应尽可能做到适用性与多用性的统一，减少机械设备的型号和类型，简化机械的现场管理和维修工作。应充分发挥机械设备的效能，并应避免大机小用。

施工方法与施工机械是紧密联系的。在现代建筑施工中，施工机械选择是确定施工方法的中心环节。在技术上，它们都是解决各施工过程的施工手段；在施工组织上，它们是解决施工过程的技术先进性和经济合理性的统一。

4. 施工方案的技术经济比较

施工方案的选择，必须建立在几个可行方案的比较分析上。确定的方案应在施工上是可行的，技术上是先进的，经济上是合理的。

施工方案的确定依据是技术经济比较。它分定性比较和定量比较两种方式。定性比较是从施工操作上的难易程度和安全可靠性等方面考虑，为后续工程提供有利施工条件的可能性，对冬、雨季施工带来的困难程度，对利用现有机具的情况，对工期、单位造价的估计以及为文明施工可创造的条件等方面进行比较。定量比较一般是计算不同施工方案所耗的人力、物力、财力和工期等指标进行数量比较。其主要指标是：

（1）工期。在确保工程质量和施工安全的条件下，工期是确定施工方案的首要因素。应参照国家有关规定及建设地区类似建筑物的平均期限确定。

（2）单位建筑面积造价。它是人工、材料、机械和管理费的综合货币指标。

（3）单位建筑面积劳动消耗量和机械设备台班消耗量。它代表着在一定的施工技术水平下，工程实施过程体现的劳动密集程度和机械化程度，见 14.6 节，式（14-6-2）和（14-6-3）。

（4）降低成本指标。它可综合反映单位工程或分部分项工程在采用不同施工方案时的经济效果。可用预算成本和计划成本之差与预算成本之比的百分数表示，见 14.6 节，式（14-6-1）。其中，预算成本是以施工图为依据按预算价格计算的成本，计划成本是按采用的施工方案确定的施工成本。

施工方案经技术经济指标比较，往往会出现某一方案的某些指标较为理想，而另外方案的其他指标则比较好，这时应综合各项技术经济指标，全面衡量，选取最佳方案。有时可能会因施工特定条件和建设单位的具体要求，某项指标成为选择方案的决定条件，其他指标则只作为参考，此时在进行方案选择时，应根据具体对象和条件作出正确的分析和决策。

14.3.5　专项施工方案

在《建设工程安全生产管理条例》（国务院第 393 号令）中规定：对到达一定规模的危险性较大的分部分项工程编制专项施工方案，并附具安全验算结果，经施工单位技术负责人、总监理工程师签字后实施。达到一定规模的危险性较大的分部分项工程包括：

①基坑支护与降水工程；

②土方开挖工程；

③模板工程；

④起重吊装工程；

⑤脚手架工程；

⑥拆除爆破工程；

⑦国务院建设行政主管部门或者其他有关部门规定的其他危险性较大的工程。

14.3.6　深化设计

深化设计的目的主要在于对业主提供的原设计图纸中无法达到国内法规深度要求的部分进行合理细化。通过深化设计，既可以细化图纸内容，又能够与采购、现场管理等其他相关部门相互交流，选择最合适的设备材料、现场管理方法等，还能在深化设计过程中发现原设计图纸中重点、难点问题或者影响工程施工的因素，给业主提出合理化建议，体现企业实力，通过这些方面，为顺利、保质保量、达到或超过预期利润目标提供支持。

1. 钢结构深化设计

1）深化设计的工作内容

（1）深化设计流程。深化设计流程见图 14.3.15 所示。

（2）节点详图设计。设计内容包括：柱与柱、梁与柱、梁与梁、垂直支撑、水平支撑、桁架、网架、柱脚及支座等连接节点详图。详图内容包括各个节点的连接类型、连接件的细部尺寸，高强度螺栓的规格、数量和长度，焊缝的形式和尺寸等一系列施工详图设计所必须提供的数据信息。节点设计的形式应该保证原结构荷载传递和内力分布出现不利的性能改变，并且易于安装施工。钢结构典型节点如图14.3.16所示。

（3）安装布置图设计。安装布置图应包括平面布置图、立面布置图、地脚螺栓布置图等。安装布置图应包含构件编号、安装方向、标高、安装说明等一系列安装所必须具有的信息。

（4）构件加工详图设计。至少应包括下列内容：

① 构件细部、重量表、材质、构件编号、焊接标记、连接细部、锁扣和索引图等；

② 螺栓统计表，螺栓标记，螺栓直径；

③ 轴线号及相应的轴线位置；

④ 加工、安装所必须具有的尺寸、方向；

⑤ 构件的堆场和相同标记（构件编号对称，此构件也应视为对称）；

⑥ 图纸标题、编号、改版号、出图日期，加工厂所需要的信息；

⑦详图必须给出完整、明确的尺寸和数据；

⑧ 构件详图制图方向。

建筑图纸和技术文件的学习
⇩
施工图纸会审与交底
⇩
施工方案设计
⇩
专项深化设计方案编制
⇩
构件及节点分析及验算
⇩
深化图纸设计
⇩
深化图纸校对、审核、报批
⇩
深化设计方案实施

图14.3.15　深化设计流程

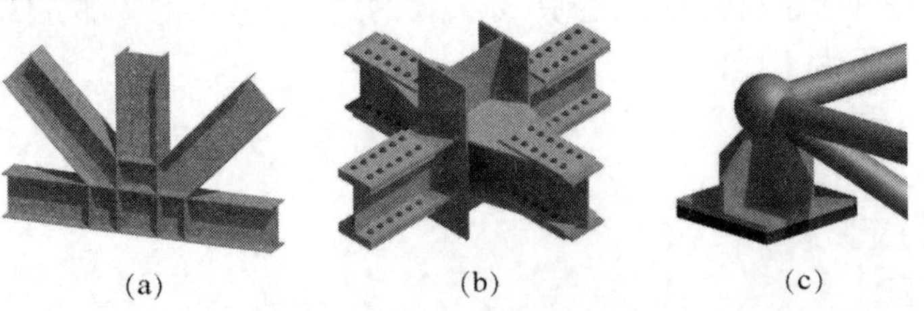

图14.3.16　钢结构典型节点形式

（a）桁架节点；（b）框架节点；（c）网架节点

（5）节点内力计算。

2）深化设计的依据

（1）国家相关技术规范和规程；

（2）设计单位提供的钢结构设计图纸；

（3）钢结构部件图纸；

（4）钢结构现场安装施工方案；

（5）钢结构构件加工的误差值；

（6）与钢筋混凝土结构的连接详图；

（7）与其他专业的配合要求。

3）深化设计成果

（1）图纸清单目录；

（2）深化设计说明；

（3）钢结构平面布置图；

（4）预埋件深化设计图；

（5）安装定位图；

（6）节点详图；

（7）计算书；

（8）计算模型。

2. 精装修深化设计

高级装修的装修形式复杂、装修标准高，与机电等各专业的工作面衔接较多。因此，深化设计施工图是保证装修施工达到管理目标的关键环节。深化设计的内容包括：

（1）平面图：

① 平面细化标注尺寸，如门（门框和门）、面材分格等进行严格定位和对位，对永久性家具及室内装置（舞台、屏幕等）相关构件的定位；

② 补充和细化各个区域的平面及反射顶棚平面，综合各专业设备终端的尺寸定位和安装形式；

③ 核查不同种材料的交接方式，补充必要的大样图纸；

④ 完善并补充大样索引标注体系；

⑤ 复核、补充和细化房间门表；

⑥ 补充和细化室内装修做法表；

（2）剖、立面图：

①深化室内立面设计，全面细化标注尺寸，如对面材在立面上的装饰分区进行复核及深化，并考虑与其他专业接口的配合；

②细化立面材料标注，复核及完善与地面及顶棚材料的交接；

③完善立面大样的索引标注体系。

（3）细部节点：

①在保证装饰总体格调不变的情况下，完善和补充平、立、剖面大样的深化设计，根据需要增加细部深化详图。

②完善平、立、剖面大样索引体系。

（4）选材：

①全面核查不同材质在各个交接界面的做法；

②全面核查材料表，并制定详细材料家具设备清单；

③收集整理全部饰面材料样本，标明规格型号并进行编号；

④将各种材料的编号与图纸中的相关部分进行双向核查；

⑤与其他专业接口的核查与协调。

（5）接口设计：各个合同标段衔接截面的接口设计，应预留充足的位置空间；确定设备终端的型号、规格、材质及相关图纸说明，以确保安装正确。

3. 幕墙深化设计

1）设计原则

（1）安全可靠原则。幕墙结构骨架和面板设计应充分考虑风荷载、温度应力和地震作用的影响，并应满足使用过程的舒适和安全的感受。幕墙应该按照维护结构设计，不承担主体结构的荷载；在常遇地震作用下不应产生破损，设防地震作用下经维修仍可以使用，在罕遇地震作用下骨架不应脱落。在自重荷载、风荷载、温度作用和结构一定变形影响下保证使用的安全性。

（2）选型美观原则。幕墙的选型应当与建筑风格和周边环境相适应。幕墙应表面平整洁净、线条分明。

（3）结构轻巧和稳定原则。轻巧的外形可以给建筑带来美感，同时幕墙结构应保证安全和稳定，不能有明显的变形和震颤，并尽量减少多余的和笨重的构件，从而满足轻巧造型的需要。

满足国家规范对风压变形性能、空气渗透性能、雨水渗透性能、保温性能、隔声性能、平面内变形性能、耐冲击性能、光学性能、防火防雷抗震等级等等各个方面的要求。

（4）环保节能原则。幕墙不仅仅是一种装饰和围护结构，而是建筑环境的一个有机组成部分，对建筑本身乃至周边环境都有着重要的影响，其环保节能设计是衡量幕墙产品品质的一个重要指标。在幕墙的形式、选材、结构、保温和防火设计、保温隔热的效果等各个方面应进行全面设计。

（5）可拆卸更换、维修方便原则。幕墙在使用过程中受到损伤是不能避免的，幕墙面板能否方便灵活的进行拆卸和更换，直接关系到幕墙能否正常使用，也影响着其功能、结构安全和幕墙的后期维护成本，是幕墙深化设计核心环节。

（6）经济性原则。在其他原则充分保障的基础上，充分考虑幕墙的经济性和实用性，提高其性价比，满足设计规范要求的前提下，合理使用材料，降低资金投入。

2）设计内容

（1）材料选用。包括面板、骨架、密封胶、预埋件等；

（2）骨架杆件的荷载计算；

（3）受力杆件的强度和刚度验算；

（4）面板粘结固定分析；

（5）幕墙抗风、抗震分析；

（6）幕墙温度热膨胀分析；

（7）防火、保温隔热、防水构造设计；

（8）避雷设计；

（9）连接件、紧固件、预埋件的设计。

14.4　单位工程施工进度计划和资源需要量计划编制

施工进度计划是单位工程施工组织设计的重要组成部分。它的任务是按照组织施工的基本原则，根据选定的施工方案，依照时间和施工顺序进行安排，达到以最少的人力、财力，保证在规定工期内完成合格的单位建筑产品。

施工进度计划的作用是控制单位工程的施工进度；按照单位工程各施工过程的施工顺

序，确定各施工过程的持续时间以及它们相互间（包括土建工程与其他专业工程之间）的配合关系；确定施工所必需的各类资源（人力、材料、机械设备、水、电等）的需要量。同时，它也是施工准备工作的基本依据，是编制月、旬作业计划的基础。

编制施工进度计划的依据是单位工程的施工图、建设单位要求的开工、竣工日期、单位工程施工图预算及采用的定额和说明，施工方案和建筑地区的地质、水文、气象及技术经济资料等。

14.4.1　施工进度计划的形式

施工进度计划一般采用水平图表（横道图），垂直图表和网络图的形式。

单位工程施工进度计划横道图的形式和组成见表 14.4.1。表的左面列出各分部分项工程的名称及相应的工程量、劳动量和机械台班等基本数据。表的右面是由左面数据算得的指示图线，用横线条形式可形象地反映出各施工过程的施工进度以及各分部分项工程间的配合关系。

表 14.4.1　单位工程施工进度计划表

序号	分部分项工程名称	工程量		**定额	劳动量		需用机械		每日工作班数	每日工作人数	工作天数	进度日程											
												**月						**月					
		单位	数量		工种	工日	名称	台班				5	10	15	20	25	30	5	10	15	20	25	30

14.4.2　编制施工进度计划的一般步骤

1. 编列工程项目

编制施工进度计划应首先按照施工图和施工顺序将单位工程的各施工项目列出，项目包括从准备工作直到交付使用的所有土建、设备安装工程，将其逐项填入表中工程名称栏内（名称参照现行概（预）算定额手册）。

工程项目划分取决于进度计划的需要。对控制性进度计划，其划分可较粗，列出分部工程即可。对实施性进度计划，其划分需较细，特别是对主导工程和主要分部工程，要求更详细具体，以提高计划的精确性，便于指导施工。如对框架结构住宅，除要列出各分部工程项目外，还要把各分项工程都列出。如现浇工程可先分为柱浇筑、梁浇筑等项目，然后还应将其分为支模、绑扎钢筋、浇筑混凝土、养护、拆模等项目。

施工项目的划分还要结合施工条件，施工方法和劳动组织等因素。凡在同一时期可由同一施工队完成的若干施工过程可合并，否则应单列。对次要零星项目，可合并为“其他工程”，其劳动量可按总劳动量的 10% ~20% 计算。水暖电卫，设备安装等专业工程也应列于表中，但只列项目名称并标明起止时间。

2. 计算工程量

工程量的计算应根据施工图、施工方案和工程量计算规则进行。若已有预算文件且采用的定额和项目划分又与施工进度计划一致，可直接利用预算工程量，若有某些项目不一致，则应结合工程项目栏的实际发生内容计算。计算时要注意以下问题：

(1) 各项目的计量单位，应与采用的定额单位一致。以便计算劳动力、材料量、机械台班时直接利用定额。

(2) 要结合施工方法和满足安全技术的要求，如土方开挖应考虑坑（槽）的挖土方法和边坡稳定的要求；根据构件的形式确定脚手架和模板的类型和搭设构造。

(3) 工程量计算应按照施工组织分区、分段、分层分别进行，以便于分类和汇总。

3. 确定劳动量和机械台班数

根据各分部分项工程的工程量 Q，计算各施工过程的劳动力 n 或机械台班数 p。

4. 确定各施工过程的作业天数

单位工程各施工过程作业天数 T 可根据安排在该施工过程的每班工人数 n 或机械台数 p 和每天工作班数 b 计算。

工作班制一般宜采用一班制，因其能利用自然光照，适宜于露天和空中交叉作业，有利于安全和工程质量。在特殊情况下可采用二班制或三班制作业以加快施工进度，充分利用施工机械。对某些必须连续施工的施工过程或由于工作面狭窄和工期限定等因素亦可采用多班制作业。在安排每班劳动人数时，须考虑最小劳动组合、最小工作面和可供安排的人数。

5. 安排施工进度表

各分部分项工程的施工顺序和施工天数确定后，应按照流水施工的原则，保证主导工程连续施工。在满足工艺和工期要求的前提下，尽量使最大多数工作能平行搭接进行，并在施工进度计划表中画出各项目施工过程的进度线。根据经验，安排施工进度计划的一般步骤如下：

(1) 首先找出并安排控制工期的主导分部工程，然后安排其余分部工程，并使其与主导分部工程最大可能地平行进行或最大限度地搭接施工。

(2) 在主导分部工程中，首先安排主导分项工程，然后安排其余分项工程，并使进度与主导分项工程同步而不致影响主导分项工程的展开。如框架结构中柱、梁浇筑是主导分部工程之一。它由支模、绑扎钢筋、浇筑混凝土、养护、拆模等分项工程组成。其中浇筑混凝土是主导分项工程。因此安排进度时，应首先考虑混凝土的施工进度，而其他各项工作都应在保证浇筑混凝土的浇筑速度和连续施工的条件下安排。

(3) 在安排其余分部工程时，应先安排影响主导工程进度的施工过程，后安排其余施工过程。

(4) 所有分部工程都按要求初步安排后，单位工程施工工期就可直接从横道图的起止日期算出。

6. 施工进度计划的检查与调整

施工进度计划表初步排定后，要对单位工程限定工期、施工期间劳动力和材料均衡程度、机械负荷情况、施工顺序是否合理、主导工序是否连续及工序搭接是否有误等进行检查。检查中发现有违上述各点中的某一点或几点时，要进行调整。调整进度计划可通过调整工序作业时间，工序搭接关系或改变某分项工程的施工方法等途径来实现。当调整某一施工过程的时间安排时，必须注意对其余分项工程的影响。通过调整，在工期能满足要求的前提下，使劳动力、材料需用量趋于均衡，主要施工机械利用率比较合理。

14.4.3　资源需要量计划

单位工程施工进度计划确定之后，应该编制主要工种的劳动力、施工机具、主要建筑材料、构配件等资源需用量计划，提供有关职能部门按计划调配或供应。

1. 劳动力需要量计划

将各分部分项工程所需要的主要工种劳动量累加，按照施工进度计划的安排，提出每月需要的各工种人数，见表14.4.2。

表14.4.2　劳动力需求量计划表

<table>
<tr><th rowspan="2">序号</th><th rowspan="2">工种名称</th><th rowspan="2">总工日数</th><th colspan="6">每月人数</th></tr>
<tr><th>1</th><th>2</th><th>3</th><th>……</th><th>11</th><th>12</th></tr>
<tr><td></td><td></td><td></td><td></td><td></td><td></td><td></td><td></td><td></td></tr>
</table>

2. 施工机具需要量计划

根据施工方法确定机具类型和型号，按照施工进度计划确定数量和需用时间，提出施工机具需要量计划，见表14.4.3。

表14.4.3　施工机具需求量计划表

<table>
<tr><th rowspan="2">序号</th><th rowspan="2">机具名称</th><th rowspan="2">型号</th><th colspan="2">需求量</th><th rowspan="2">使用时间</th></tr>
<tr><th>单位</th><th>数量</th></tr>
<tr><td></td><td></td><td></td><td></td><td></td><td></td></tr>
</table>

3. 主要材料需要量计划

主要材料根据预算定额按分部分项工程计算后分别累加，按施工进度计划要求组织供应，见表14.4.4。

表14.4.4　主要材料需求量计划表

<table>
<tr><th rowspan="2">序号</th><th rowspan="2">材料名称</th><th rowspan="2">规格</th><th rowspan="2">单位</th><th rowspan="2">数量</th><th colspan="5">每月需求量</th></tr>
<tr><th>1</th><th>2</th><th>3</th><th>……</th><th>12</th></tr>
<tr><td></td><td></td><td></td><td></td><td></td><td></td><td></td><td></td><td></td><td></td></tr>
</table>

4. 构、配件需要量计划

构件和配件需要量计划根据施工图纸和施工进度计划编制，见表14.4.5。

表14.4.5　构、配件需求量计划表

<table>
<tr><th rowspan="2">序号</th><th rowspan="2">构（配）件名称</th><th rowspan="2">规格</th><th rowspan="2">单位</th><th rowspan="2">数量</th><th rowspan="2">使用部位</th><th colspan="5">每月需求量</th></tr>
<tr><th>1</th><th>2</th><th>3</th><th>……</th><th>12</th></tr>
<tr><td></td><td></td><td></td><td></td><td></td><td></td><td></td><td></td><td></td><td></td><td></td></tr>
</table>

14.5　单位工程施工现场平面布置图设计

14.5.1　施工现场布置平面图设计及技术经济指标分析

施工平面图是在拟建工程的建筑平面上（包括周围环境），将那些为施工服务的各种临时建筑、临时设施以及材料、施工机械等在现场的位置进行规划和布置的施工现场平面设计图。单位工程施工平面图是为一个单项工程施工服务的，包括以土建工程为主的装饰装修、水电管线、设备安装等单位工程。

施工平面图是单位工程施工组织设计的组成部分，是施工方案在施工现场的空间体现。它反映了已建工程和拟建工程之间，临时建筑、临时设施之间的相互空间关系。它布置得恰当与否，执行管理的好坏，对施工现场组织正常生产，文明施工，以及对施工进度、工程成本、工程质量和安全都将产生直接的影响。因此，每个工程在施工前都要对施工现场布置进行仔细的研究和周密的规划。

如果单位工程是拟建建筑群的组成部分，其施工平面图设计要受全工地性的施工总平面图的约束。

施工平面图的比例一般是1:200～1:500。

14.5.2 施工平面图设计的内容、依据和原则

1. 设计内容

(1) 建筑总平面图上已建和拟建的地上和地下的一切房屋、构筑物以及其他设施的位置和尺寸；

(2) 测量放线坐标位置控制桩、高程水准点、地形等高线和取土弃土场地；

(3) 施工现场生活、生产临时设施和场地的布置，包括平面形状、定位坐标、几何尺寸、间距等；

(4) 施工现场道路布置，包括宽度、转弯半径；

(5) 施工现场安全、消防、保卫和环保等设施的布置，包括方位、间距等；

(6) 图例、比例尺、指北针和风向标等。

2. 设计依据

单位工程施工平面图的设计依据下列资料：

1) 设计资料

(1) 标有地上、地下一切已建和拟建的建筑物、构筑物的地形、地貌的建筑总平面图，用以决定临时建筑与设施的空间位置。

(2) 一切已有和拟建的地上、地下的管道位置及技术参数。用以决定原有管道的利用或拆除以及新管线的敷设与其他工程的关系。

2) 建设地区的原始资料

(1) 建筑地域的竖向设计资料和土方平衡图，用以决定水、电等管线的布置和土方的填挖及弃土、取土位置。

(2) 建设地区的经济技术资料，用以解决与气候（冰冻、洪水、风、雹等）、运输等相关问题。

(3) 建设单位及工地附近可供租用的房屋、场地、加工设备及生活设施，用以决定临时建筑物及设施所需量及其空间位置。

3) 施工组织设计资料

施工组织设计资料包括施工方案、进度计划及资源计划等，用以决定各种施工机械位置；吊装方案与构件预制、堆场的布置，分阶段布置的内容；各种临时设施的形式、面积尺寸及相互关系等。

3. 设计原则

（1）在满足施工的条件下，平面布置要力求紧凑；在市区改建工程中，只能在规定时间内占用道路或人行道，要组织好材料的动态平衡供应。

（2）合理组织场内、场外运输，尽量减少场内二次搬运，最大限度缩短场内运输距离。

（3）充分利用原有或拟建（构）筑物和公共设施，减少临时设施的建设数量，在保证施工正常需求的前提下，降低现场临时设施的成本投入。

（4）符合节能、环保、安全和消防等要求。

（5）遵守当地主管部门和建设单位有关施工现场安全文明施工的相关规定。

遵循以上原则，并结合施工现场的客观情况，进行施工现场平面布置图的多方案比较，选择技术经济指标好的方案作为实施依据和多种应急状况的应对预案。

14.5.3　施工平面图设计的步骤

单位工程施工平面图设计流程如图 14.5.1 所示。

1. 确定垂直运输机械的位置

建筑施工过程一般是在高于地面的楼层或者作业面进行，必须首先解决所需要的各种建筑原材料、构件和半成品运输到作业面的问题。因此，垂直运输机械的布置是施工平面图设计的核心问题和首要问题。根据垂直运输机械的不同，其布置方式分为以下几种情况：

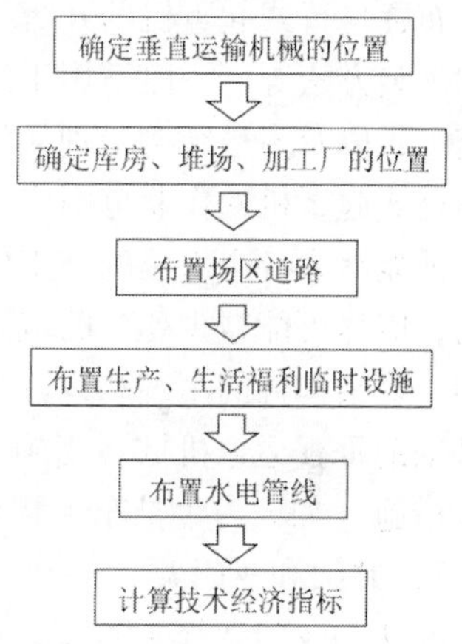

图 14.5.1　单位工程施工平面图设计

1）塔式起重机

塔式起重机是集重物的垂直提升功能和水平输送功能为一身的机械设备，有轨道式、附着式和爬升式三种形式。其各自的特点如下：

① 附着式塔式起重机占地面积小，且起重量大，可自行升高，但需要和建筑物附着固定，对建筑结构有一定要求；其作业范围固定不变，有一定局限。

② 爬升式塔式起重机一般布置在建筑物内部，有效作业面积大，但是塔吊司机的作业视野有限，适用于高层、超高层建筑施工。

③ 轨道式塔式起重机可以沿轨道两侧布置，并在全幅作业范围内进行吊装，但轨道占用施工场地面积大，且还增加了路基施工的工作量，使用高度有一定限制。一般沿建筑物长边一侧布置或者围绕建筑物“U”形布置，也可以在建筑物平面内部布置，其位置、尺寸取决于建筑物的平面形状、尺寸、构件重量、起重机的性能及场地条件等多方面因素。

【布置要求】

塔式起重机应与拟建建筑物应保持一定的安全距离。确定位置应考虑距离塔式起重机最近的建筑物各层是否有外伸挑板、露台、雨棚、（错层）阳台、廊桥、幕墙或其他建筑造型等，防止其碰撞塔身。如建筑物外围设有外脚手架，则还需考虑外脚手架的设置与塔身的关系，一般应保持 3 ~ 5m 的距离。塔机的尾部与周围建筑物及其外围施工设施之间的安全距离不小于 0.6m，如图 14.5.2 所示。

当采用多个塔吊布置时，相邻塔机之间的最小架设距离应保证处于低位塔机的起重臂端部与另一台塔机的塔身之间至少有 2m 的距离；处于高位塔机的最低位置的部件与低位塔机中处于最高位置部件之间的垂直距离不应小于 2m。如图 14. 5. 2（b）所示。

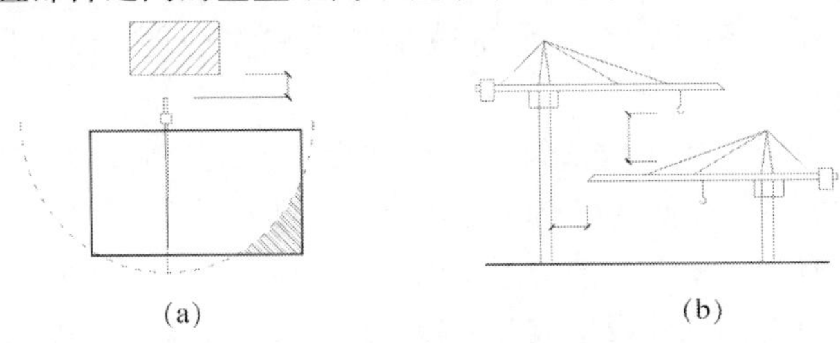

图 14. 5. 2　塔吊布置示意图

（a）单机布置；（b）多机布置

1. 拟建建筑物；2. 塔式起重机；3. 其他建筑物；

4. 塔式起重机作业死角；5. 施工作业面

布置自行式起重机的开行路线主要取决于拟建工程的平面形状、构件的重量、安装高度和吊装方法等。一般不用于高层建筑施工的垂直运输，而适用于装配式单层厂房结构吊装施工，以及多层结构个别大型构件的吊装施工。

塔式起重机的作业范围应尽可能覆盖整个拟建建筑物的平面区域和主要材料堆场，从而保证能够为各个部位的施工作业提供吊运服务，而不留死角。若是无法避免出现吊运的死角，应尽可能减少死角的范围，并且应避免在死角范围出现大尺寸的、大重量的、大批量的、复杂构件的吊装和运输作业。此外，塔式起重机作业死角范围的运输可以采取增加小型辅助垂直运输机械（当施工高度较低时可采用井架、龙门架）或者增加作业面的水平运输措施（如人力手推车和翻斗车等）的途径来解决。

2）井架和龙门架

井架、龙门架等垂直运输机械设备的布置要根据其性能、建筑物平面形状和尺寸、施工段的划分、材料来源和道路运输条件确定，应遵循地面和楼面水平输送距离最小的原则进行布置。如图 14. 5. 3 所示，布置的要求包括以下几个方面：

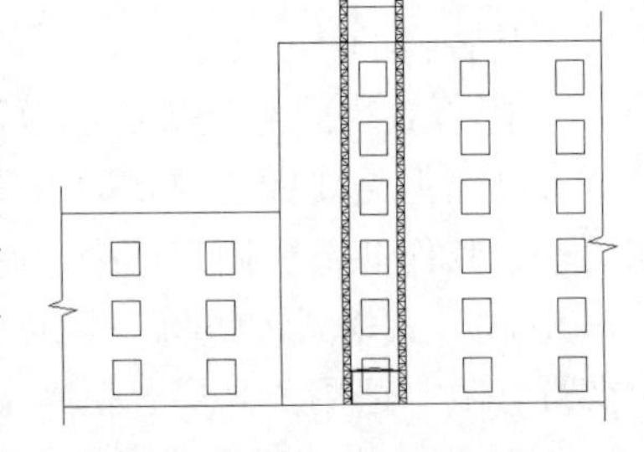

图 14. 5. 3　龙门架布置示意图

1. 龙门架；2. 窗洞口

①当建筑物的各个部分高度相同时，应布置在施工段的分界线附近；

②当建筑物的各个部分高度不同时，应布置在高低分界线较高部位一侧；

③井架、龙门架的位置应布置在窗口处为宜，以避免砌墙留槎和减少井架拆除后的修补工作；

④井架、龙门架的数量要根据施工进度，处置提升的构件和材料数量、台班工作效率等因素计算确定，其服务范围一般为 50 ~ 60m；

⑤卷扬机位置不应距离提升机太近，以便司机在正常视线范围内可以看到整个提升过程，一般要求该距离应大于或等于建筑物的高度，水平距离外脚手架 3m 以上；

⑥井架应立在外脚手架之外，并应有一定距离（一般 5 ~ 6m）为宜。

3）外用施工电梯

在高层建筑施工中使用外用施工电梯时，应考虑便于施工人员的上下和施工工具设备的输送，由电梯口至各施工地点的平均距离最短，并便于安装附墙装置，有良好的夜间照明。

4）混凝土泵和泵车

现在的工程施工大多数是商品混凝土，通常采用泵送的方法进行。因此混凝土泵的布置宜考虑设置在道路畅通、供料方便、距离浇筑地点近，配管、排水、供水、供电方便的地方，且在混凝土泵作用范围内不得有高压线，以便于布料杆伸展便利和安全。

2. 搅拌站、仓库、加工棚、材料和构件堆场的布置

1）仓库、材料和构件堆场

①应尽量靠近使用地点或起重机的作业范围内，并兼顾运输和装卸的方便。

②基础及首层所使用的材料，可沿建筑物四周布置，以方便水平运输，但是在基坑施工阶段，应考虑堆料对基坑边坡稳定的影响。

③二层及以上楼层使用的材料，应布置在起重机附近，以减少水平搬运。

④当多种材料同时布置时，对大宗的，单位重量大的和先使用的材料应尽量靠近使用地点或起重机附近；对量少、质轻和后期使用的材料则可布置得稍远。

⑤水泥库、砂、石子等大宗材料应尽量围绕搅拌站附近布置。

⑥由于不同的施工阶段使用材料不同，所以同一位置可以存放不同时期使用的不同材料。例如：装配式结构单层工业厂房结构吊装阶段可布置各类构件，在围护工程施工阶段可在原堆放构件位置存放砖和砂等材料。

⑦石灰仓库和淋灰池的位置要靠近砂浆搅拌机且位于下风向，沥青堆场及熬制位置要放在下风向且离开易燃仓库和堆场。

⑧可燃材料库房单个房间的建筑面积不应超过 $30m^2$，易燃易爆危险品库房单个房间的建筑面积不应超过 $20m^2$。易燃易爆危险品库房与在建工程的防火间距不应小于 15m，可燃材料堆场及其加工场、固定动火作业场与在建工程的防火间距不应小于 10m，其他临时用房、临时设施与在建工程的防火间距不应小于 6m。

2）搅拌站和加工棚

鉴于目前商品混凝土的广泛应用，以及环保和现场文明施工要求更加严格，绝大多数城区施工现场不再设置搅拌站。现场设置搅拌站、加工棚可布置在拟建工程四周，但和建筑物应保持一定的距离，并考虑足够的木材、钢筋、成品加工和堆放场地，同时应尽量避开起重机吊装线路。

3. 运输道路的布置

施工现场出入口的设置应满足消防车通行的要求，并宜布置在不同方向，其数量不宜少于 2 个。当确有困难只能设置 1 个出入口时，应在施工现场内设置满足消防车通行的环形道路。现场主要道路应尽可能利用永久性道路或先建好永久性道路的路基以供施工期使用，在土建工程结束前铺好路面。道路要保证车辆行驶通畅，最好能环绕建筑物布置成环形。并应按照材料和构件运输的需要，沿着仓库和堆场进行布置，保持畅通无阻。宽度要符合如下要求：单行道不小于 3.5m；双车道不小于 6m，消防车道不小于 3.5mm。路基要经过设计，转弯半径要满足运输要求。要结合地形在道路两侧设排水沟，如图 14.5.4 所

示。在易燃品附近也要尽量设计成进出容易的道路。木材场两侧应有 6m 宽通道，非环形道路的端部应有 12m × 12m 回车场。

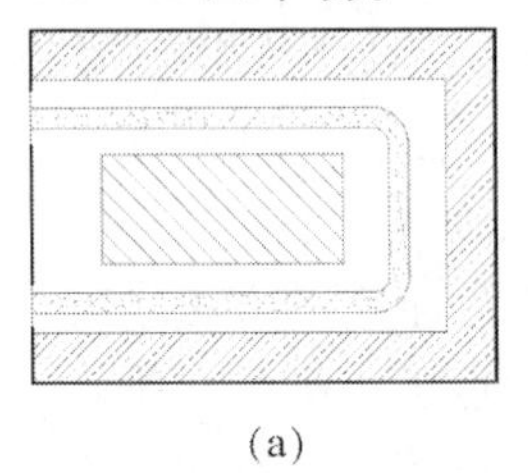

(a)

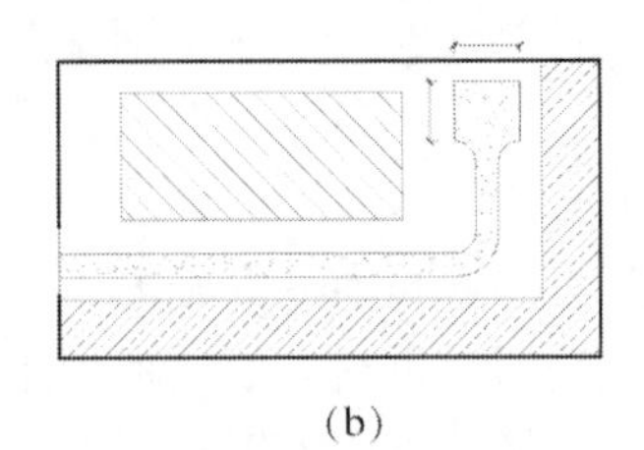

(b)

图 14.5.4　临时道路布置示意图

（a）环形布置；（b）非环形布置

1. 临时道路；2. 出入口；3. 拟建建筑物；4. 临时设施区域；5. 回车场

4. 生活、文化福利临时设施、后勤服务设施的布置

单位工程的生产生活临时设施，一般有办公室、休息室、库房等。它们的位置应以使用方便、不碍施工、符合防火安全为原则。一般应设置在工地出入口附近。办公区、生活区和施工作业区应分区设置，并采取必要的隔离措施，设置导向、警示标志。

1）生活设施

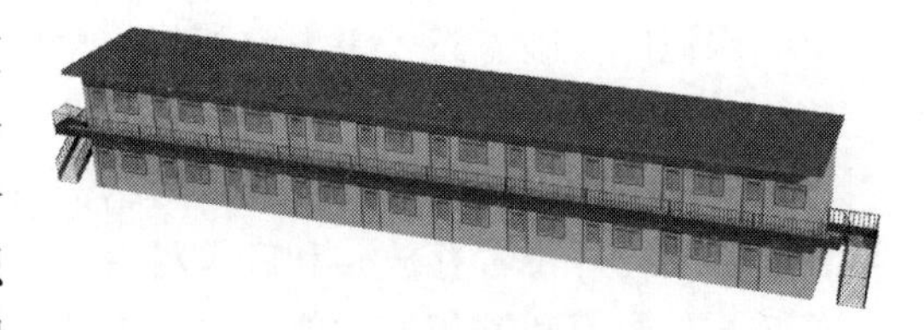

图 14.5.5　板房设置要求

如图 14.5.6 所示，会议室、文化娱乐室等人员密集的房间应设置在临时用房的第一层，其疏散门应向疏散方向开启。生活、办公用房的建筑层数不应超过 3 层，每层建筑面积不应大于 $300m^2$。层数为 3 层或每层建筑面积大于 $200m^2$ 时，应设置至少 2 部疏散楼梯，房间疏散门至疏散楼梯的最大距离不应大于 25m。单面布置用房时，疏散走道的净宽度不应小于 1.0m；双面布置用房时，疏散走道的净宽度不应小于 1.5m。疏散楼梯的净宽度不应小于疏散走道的净宽度。宿舍房间的建筑面积不应大于 $30m^2$，其他房间的建筑面积不宜大于 $100m^2$。房间内任一点至最近疏散门的距离不应大于 15m，房门的净宽度不应小于 0.8m；房间建筑面积超过 $50m^2$ 时，房门的净宽度不应小于 1.2m。宿舍、办公用房不应与厨房操作间、锅炉房、变配电房等组合建造。厨房、卫生间宜设置在主导风向的下风侧。食堂与厕所、垃圾站等污染源的距离不宜小于 15m，且不应设在污染源的下风侧，见图 14.5.6（a）。办公区、生活区不宜位于建筑物坠落半径和塔吊等机械作业半径之内，见图 14.5.6（b）。

如图 14.5.6（c）所示，当办公用房、宿舍成组布置时，其防火间距可适当减小，但应符合下列规定：

① 每组临时用房的栋数不应超过 10 栋，组与组之间的防火间距不应小于 8m。

② 组内临时用房之间的防火间距不应小于 3.5m，当建筑构件燃烧性能等级为 A 级时，其防火间距可减少到 3m。

2）后勤服务设施

后勤服务设施（包括发电机房、变配电房、厨房操作间、锅炉房、可燃材料库房及易燃易爆危险品库房等）。层数应为 1 层，建筑面积不应大于 $200m^2$。

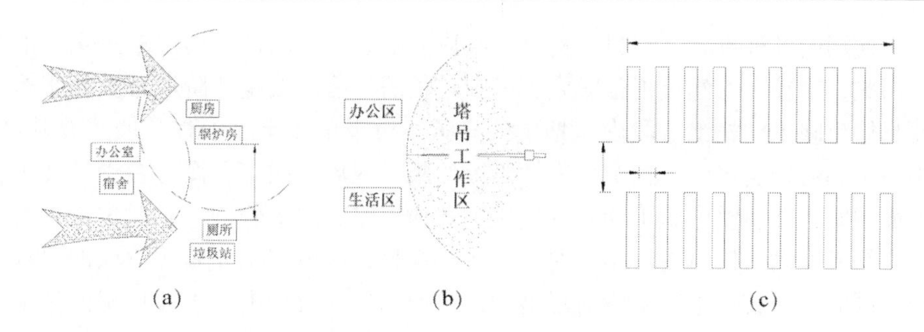

图 14.5.6　生产生活设施平面布局

5. 布置水电管网

1）临时用水管网布置

一般由建设单位的干管和市政管网的干管接到用水地点，管径的大小和龙头数目和管网长度须经计算确定。管道可埋置于地下，也可铺设在地面，视气候条件和使用时间而定。此外，还应根据消防要求在施工场地内设置消防栓。如图 13.5.7 所示，消防栓距建筑物不小于5m，也不大于25m，距路边不大于2m，间距不应大于120m。消火栓的最大保护半径不应大于150m。消防栓应设置明显标志，周围3m 范围内不得堆放建筑材料。为防止水源意外中断，施工现场应设置消防临时贮水池，其有效容积不应小于施工现场火灾延续时间内一次灭火的全部消防用水量。临时用房建筑面积之和大于 $1000m^2$ 或在建工程单体体积大于 $10000m^3$ 时，应设置临时室外消防给水系统。当施工现场处于市政消火栓 150m 保护范围内，且市政消火栓的数量满足室外消防用水量要求时，可不设置临时室外消防给水系统。

2）临时供电设施布置

为了维修方便和使用安全，一般采用架空线路。如图 14.5.8 所示，线路与建筑物水平距离不小于 10m，与地面距离不小于 6m；跨越建筑物时，与屋顶的垂直距离不小于 2.5m。线路应尽量架设在道路一侧，且尽量与道路平行。低压线路的线杆间距应为 25 ~ 40m，分支线和引入线均应由电杆处，不得在线杆之间接线。单位工程施工临时用电应在建设项目施工总平面图中统筹考虑，包括用电量计算、电源选择、电力系统选择和配置。独立的单位工程施工应根据计算的用电量和建设单位可供电量决定是否需选用变压器。变压器的位置应避开交通要道口，安置在施工现场边缘的高压线接入处，四周 2m 以外要用铁丝网封闭，以保证安全。

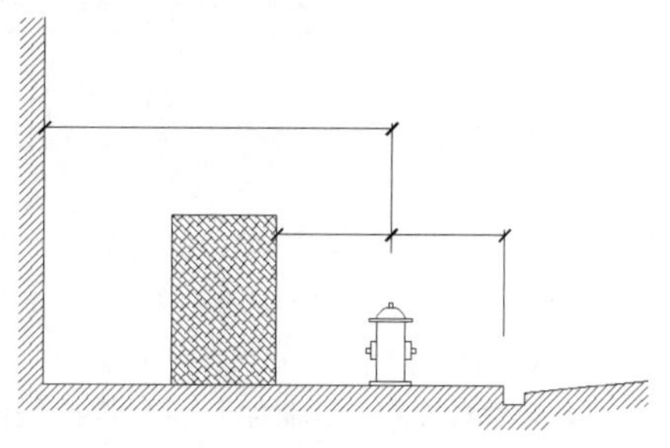

图 14.5.7　消防栓设置示意图

1. 消防栓；2. 建筑物；3. 建筑材料；4. 道路

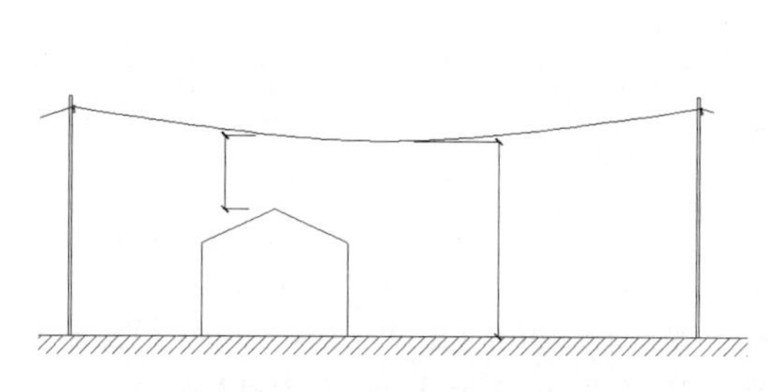

图 14.5.8　临时供电线路架设示意图

1. 架空线路；2. 线杆；3. 建筑物；

施工中使用的各种机具、材料、构件、半成品随着工程的进展而逐渐进场、消耗和变换位置。因此，对较大的建筑工程或施工期限较长的工程需按施工阶段布置几张施工平面图，以便具体反映不同施工阶段内工地上的布置，对于单体土建工程一般需要基础施工、主体结构施工和装饰装修施工三个代表性阶段的施工现场平面布置图。在设计各施工阶段的施工平面图时，凡属整个施工期间内使用的运输道路、水电管网、临时房屋、大型固定机具等不要轻易变动，以节省费用。对较小的建筑物，一般按主要施工阶段的要求设计施工平面图，同时考虑其他施工阶段对场地的周转使用。在设计重型工业厂房的施工平面图时，应考虑一般土建工程同其他专业工程的配合问题。以土建为主，会同各专业施工单位，通过充分协商，编制综合施工平面图，以反映各专业工程在各个施工阶段的要求，要做到对整个施工现场统筹安排，合理划分。

图 14.5.9 和图 14.5.10 分别是平单位工程施工现场平面图布置图及三维效果图。

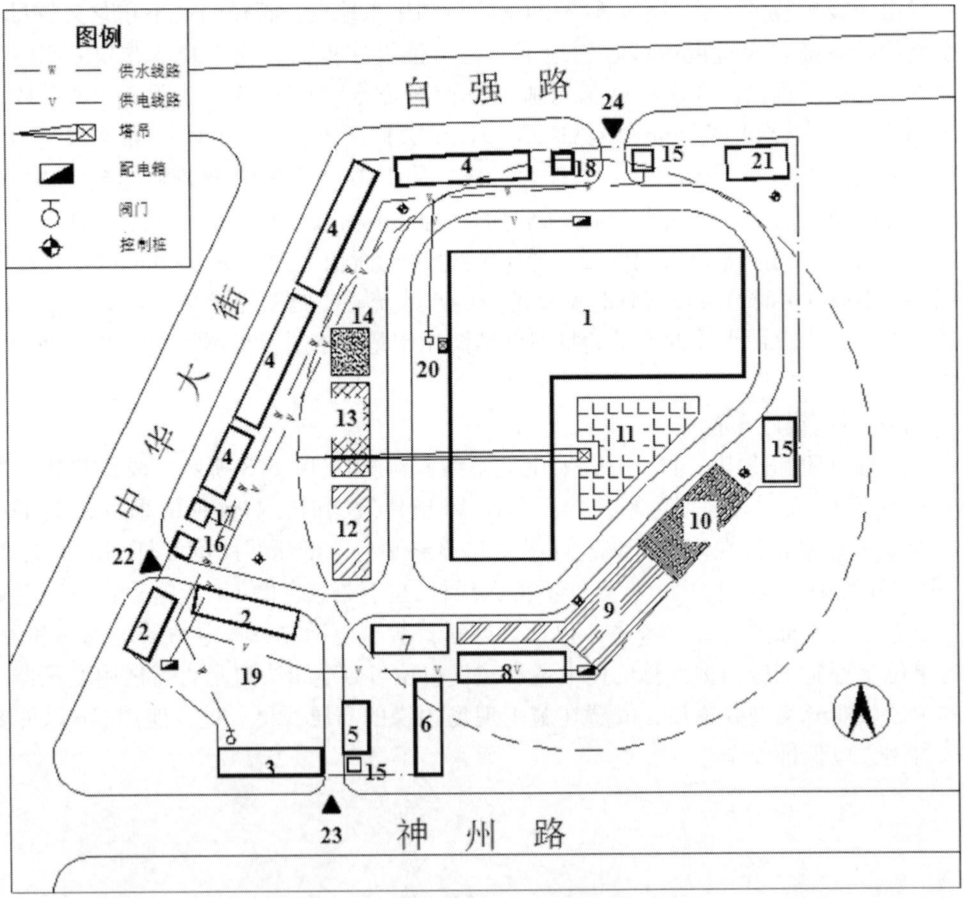

图 14.5.9　单位工程施工现场平面布置图

1. 拟建建筑物；2. 项目部办公用房；3. 管理人员生活用房；4. 工人生活用房；5. 重要物品仓库；6. 材料仓库；7. 五金仓库；8. 钢筋加工棚；9. 钢筋料场；10. 管材料场；11. 模板料场；12. 砌块料场；13. 木材加工；14. 散料堆场；15. 危险品仓库；16. 门卫；17. 变压器；18. 泵房；19. 停车场；20. 电梯；21. 易燃易爆品仓库；22. 主入口；23. 次入口；24. 材料入口

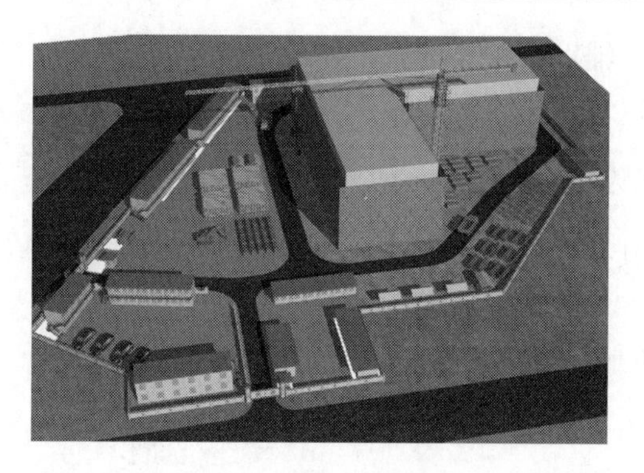

图 14.5.10　单位工程施工现场三维效果图

14.6　主要技术经济指标

技术经济指标是从技术和经济的角度，进行定性和定量的比较，评价单位工程施工组织设计的优劣。从技术上评价所采用的技术是否可行，能否保证质量；从经济角度考虑的主要指标有：工期、劳动生产率、降低成本指标和劳动消耗量。

1. 定性分析

定性分析包括以下几个方面：

（1）施工作业的难易程度和安全可靠性；

（2）为后续工程创造有利条件的可能性；

（3）现有机械设备的利用率和取得所需机械设备的可能性；

（4）营造现场文明施工条件的有利条件及可能性；

（5）施工方案对季节性施工条件的适用性。

2. 定量分析

1）工期

工期是从施工准备工作开始到产品交付用户所经历的时间。它反映社会化生产当时或当地的生产力水平。工期分析就是将单位工程完成的实用天数与国家标准的参考工期或建设地区同类型建筑物的平均工期进行比较。

2）劳动生产率

劳动生产率标志一个单位在一定的时间内平均每人所完成的产品数量或价值的能力。其高低表示一个单位（企业、行业、地区、国家等）的生产技术水平和管理水平。它有实物数量法和货币价值法两种表达形式。

3）降低成本率

降低成本率按下式计算：

$$降低成本率=\frac{(预算成本-计划成本)}{预算成本}\times 100\% \tag{14-6-1}$$

预算成本是根据施工图按预算价格计算的成本。计划成本是按采用的施工方案所确定的施工成本。降低成本率的高低可反映采用不同的施工方案产生的不同经济效果。

4）单位面积劳动消耗量

单位面积劳动消耗量是指完成单位工程合格产品所消耗的活劳动。它包括完成该工程

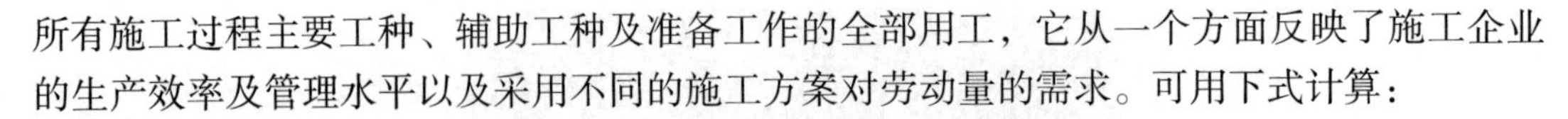

所有施工过程主要工种、辅助工种及准备工作的全部用工，它从一个方面反映了施工企业的生产效率及管理水平以及采用不同的施工方案对劳动量的需求。可用下式计算：

$$单位面积劳动力消耗量=\frac{单位工程的全部工日数}{单位工程的建筑面积}（工日/m^2） \qquad (14\text{-}6\text{-}2)$$

不同的施工方案，其技术经济指标若互相矛盾，则应根据单位工程的实际情况加以确定。

5）单位面积施工机械台班消耗量

$$单位面积施工机械台班消耗量=\frac{施工机械台班总数}{建筑面积}（台班/m^2） \qquad (14\text{-}6\text{-}3)$$

6）施工场地利用率

$$施工场地利用率=\frac{施工临时设施占地总面积}{施工场地占地总面积-永久性建筑占地面积}\times 100\% \qquad (14\text{-}6\text{-}4)$$

7）临时设施投入费用比

$$施工设施投入费用比=\frac{临时设施工程投资-回收费+租用费}{建筑安装工程费用总值}\times 100\% \qquad (14\text{-}6\text{-}5)$$

【思考题】

1. 单位工程施工组织设计编制的依据有哪些？
2. 单位工程施工组织设计包括哪些内容？它们之间有什么关系？
3. 施工方案设计的内容有哪些？
4. 施工方案的技术经济评价指标包括哪些？
5. 举例说代表性工程项目的施工工艺流程。
6. 简述单位工程施工进度计划的编制步骤
7. 单位工程施工平面图的设计内容包括哪些？
8. 简述单位工程施工平面图的设计步骤。

【知识点掌握训练】

1. 判断题

（1）为了避开雨期和冬期施工，可采取先室外装饰施工后室内装饰施工的方式。

（2）维护结构施工一般在主体框架结构完工 1 个月后进行。

（3）施工平面图的比例一般是 1∶200～1∶500。

（4）垂直运输机械的布置时施工平面图设计的核心问题和首要问题。

2. 填空题

（1）________是单位工程施工组织设计的核心内容。______和________决定施工方案优劣的关键环节。

（2）建筑工程的装饰工程通常分为______装饰和______装饰两个部分。

（3）室内和室外装修的顺序，有先____后____，先____后______，或________三种。

（4）钢筋混凝土结构高层建筑施工一般分为两类构件和两个阶段施工。两类构件：一是____构件，包括梁和楼板；二是____构件，包括墙和柱。两个阶段是指____施工阶段和______施工阶段（也称二次结构施工阶段）。

（5）可燃材料堆场及其加工场、固定动火作业场与在建工程的防火间距不应小于__m，其他临时用房、临时设施与在建工程的防火间距不应小于____m。

3. 选择题

（1）不属于施工总体顺序的是（　　）。

A. 先地下，后地上；

B. 先主体，后维护（二次结构）；

C. 先远后近，先高后低；

D. 先结构，后装饰

E. 先土建，后设备

（2）对室内装饰描述错误的是（　　）。

A. 室内抹灰的施工顺序：地面→顶棚→墙面；

B. 一层地面最后施工；

C. 室内抹灰的施工顺序：顶棚→墙面→地面；

D. 墙面抹灰后门窗框应安装到位

（3）关于高层主体结构构件施工的描述错误的是（　　）。

A. 混凝土施工一次浇筑和二次浇筑两种方式；

B. 一次浇筑方式的稳定性和安全性较好，适用于高大结构施工；

C. 一次浇筑是指同一楼层的梁、板、墙、柱构件完成模板支设和钢筋绑扎后，混凝土浇筑一次完成；

D. 二次浇筑是指竖向构件先完成混凝土浇筑后，再进行梁板构件模板支设和钢筋绑扎，最后浇筑混凝土

（4）关于装配式钢筋混凝土单层工业厂房可采用“封闭式”施工的是（　　）。

A. 如果当设备基础较大较深，其基坑的挖土范围已经与柱基础的基坑挖土范围连成一片；

B. 如果当设备基础较大较深，其开挖深度深于厂房柱基础；

C. 厂房所在地点土质不佳，且必须先进行设备基础施工；

D. 较大较深的设备采用沉井施工方案

（5）钢结构深化设计应该完成的内容不包括（　　）。

A. 钢结构平面布置图；

B. 预埋件深化设计图；

C. 安装定位图；

D. 节点详图；

E. 墙体详图大样

（6）施工平面图设计的步骤正确的是（　　）。

A. 垂直运输机械布置→生产临时设施布置→临时道路布置→生活临时设施布置→临时水电管线布置；

B. 临时道路布置→生产临时设施布置→垂直运输机械布置→生活临时设施布置→临时水电管线布置；

C. 临时道路布置→垂直运输机械布置→生产临时设施布置→生活临时设施布置→临时水电管线布置；

D. 垂直运输机械布置→生活临时设施布置→临时道路布置→生产临时设施布置→临时水电管线布置

（7）下列塔吊布置要求不正确的是（　　）。

A. 与建筑物、外脚手架的外围，一般应保持3～5m的距离；

B. 塔机的尾部与周围建筑物及其外围施工设施之间的安全距离不小于0.6m；

C. 当采用多个塔吊布置时，相邻塔机之间的最小架设距离应保证处于低位塔机的起重臂端部与另一台塔机的塔身之间至少有2m的距离；

D. 处于高位塔机最低位置的部件与低位塔机中处于最高位置部件之间的垂直距离不应小于0.5m

（8）施工现场临时用电设施不符合要求的是（　　）。

A. 一般采用架空线路；跨越建筑物时，与屋顶的垂直距离不小于2.5m；

B. 线路与建筑物水平距离不小于10m，与地面距离不小于6m；

C. 低压线路的线杆间距应为25～40m，分支线和引入线均应由电杆处，不得在线杆之间接线；

D. 变压器的位置应避开交通要道口，安置在施工现场边缘的高压线接入处，四周1m以外要用铁丝网封闭，以保证安全

（9）有关生产性临时设施设置要求叙述错误的是（　　）。

A. 层数应为1层；

B. 建筑面积不应大于200m^2；

C. 可燃材料库房单个房间的建筑面积不应超过30m^2；

D. 易燃易爆危险品库房单个房间的建筑面积不应超过30m^2

（10）有关生活临时设施设置要求叙述错误的是（　　）。

A. 厨房、卫生间宜设置在主导风向的下风侧；

B. 食堂与厕所、垃圾站等污染源的距离不宜小于15m，且不应设在污染源的下风侧；

C. 生活、办公用房的建筑层数不应超过3层，每层建筑面积不应大于300m^2；

D. 宿舍房间的建筑面积不应大于30m^2，其他房间的建筑面积不宜大于100m^2；

E. 单面布置用房时，疏散走道的净宽度不应小于1.5m；双面布置用房时，疏散走道的净宽度不应小于1.0m

（11）有关临时道路设置要求叙述错误的是（　　）。

A. 当确有困难时，施工现场可以只设置1个出入口，道路尽量延伸至材料堆场；

B. 在易燃品附近也要尽量设计成进出容易的道路；

C. 施工现场内设置满足消防车通行的环形道路或者满足要求的回车场；

D. 施工现场出入口的设置应满足消防车通行的要求，并宜布置在不同方向，其数量不宜少于2个；

E. 消防车通道宽度不小于3.5m

参考文献

[1] 重庆大学，同济大学，哈尔滨工业大学合编 [M]，土木工程施工（第三版），北京：中国建筑工业出版社，2014.
[2] 费以原，孙震主编，土木工程施工 [M]，北京：机械工业出版社，2006.
[3] 石晓娟，李金云主编，土木工程施工 [M]，杭州：浙江大学出版社，2016.
[4] 郭正兴主编，土木工程施工 [M]，南京：东南大学出版社，2007
[5] 吴贤国，土木工程施工 [M]，北京：中国建筑工业出版社，2010
[6] 谢尊渊，建筑施工 [M]，北京：中国建筑工业出版社，1998
[7] 中冶集团建筑研究总院主编，滑动模板工程技术规范（GB50113-2005）. 北京：中国计划出版社，2005.
[8] 邓寿昌，李晓目，土木工程施工 [M]，北京：北京大学出版社，2006
[9] 毛鹤琴，土木工程施工 [M]，武汉：武汉理工大学出版社，2012
[10] 俞国风，土木工程施工工艺 [M]，上海：同济大学出版社，2007
[11] 丁克胜，土木工程施工 [M]，武汉：华中科技大学出版社，2008
[12] 应惠清，土木工程施工 [M]，上海：同济大学出版社，2018
[13] 本书编委会，建筑工程施工手册（第五版），北京：中国建筑工业出版社，2012
[14] 王美华，崔晓强，建筑施工新技术及应用 [M]，北京：中国电力出版社，2016
[15] 李忠富，建筑施工组织与管理（第3版），北京：机械工业出版社，2013
[16] 中华人民共和国住房和城乡建设部. GB50010-2010 混凝土结构设计规范 [S]，北京：中国建筑工业出版社，2010
[17] 中华人民共和国住房和城乡建设部. JGJ94-2008 建筑桩基础技术规程 [S]，北京：中国建筑工业出版社，2008
[18] 刘津明，土木工程施工 [M]，天津：天津大学出版社，2004
[19] 李书全，土木工程施工 [M]，上海：同济大学出版社，2004
[20] 中华人民共和国住房和城乡建设部. GB50502-2009 建筑施工组织设计规范 [S]，北京：中国建筑工业出版社，2008
[21] 中华人民共和国住房和城乡建设部. JGJ162-2008 建筑施工模板安全技术规范 [S]，北京：中国建筑工业出版社，2008
[22] 中华人民共和国住房和城乡建设部. GB50666-2011 混凝土结构工程施工规范 [S]，北京：中国建筑工业出版社，2012
[23] 中华人民共和国住房和城乡建设部. GB50204-2015 混凝土结构工程施工质量验收规范 [S]，北京：中国建筑工业出版社，2015
[24] 中华人民共和国住房和城乡建设部. GB/T 50214-2013 组合钢模板技术规范 [S]，北京：中国计划出版社，2013
[25] 中华人民共和国住房和城乡建设部. JGJ130-2011 建筑施工扣件式钢管脚手架安全技术规范 [S]，北京：中国建筑工业出版社，2011
[26] 中华人民共和国住房和城乡建设部. JGJ166-2016 建筑施工碗扣式钢管脚手架安全技术规范 [S]，北京：中国建筑工业出版社，2016
[27] 中华人民共和国住房和城乡建设部. JGJ50924-2014 砌体结构工程施工规范 [S]，北京：中国建筑工业出版社，2014
[28] 中华人民共和国住房和城乡建设部. JGJ107-2016 钢筋机械连接技术规程 [S]，北京：中国建筑工业出版社，2016

[29] 中华人民共和国住房和城乡建设部. JGJ335-2015 钢筋套筒灌浆连接应用技术规程 [S], 北京：中国建筑工业出版社，2015
[30] 中华人民共和国住房和城乡建设部. GB50086-2015 岩土锚杆与喷射混凝土支护工程技术规范 [S], 北京：中国计划出版社，2015
[31] 中华人民共和国住房和城乡建设部. JGJ/T29-2015 建筑涂饰工程施工及验收规范 [S], 北京：中国建筑工业出版社，2015
[32] 中华人民共和国住房和城乡建设部. JGJ126-2015 外墙饰面砖工程施工及验收规程 [S], 北京：中国建筑工业出版社，2015
[33] 中华人民共和国住房和城乡建设部. JGJ81-2014 建筑钢结构焊接技术规程 [S], 北京：中国建筑工业出版社，2014
[34] 中华人民共和国住房和城乡建设部. JGJ121-2015 工程网络计划技术规程 [S], 北京：中国建筑工业出版社，2015
[35] 中华人民共和国住房和城乡建设部. JGJ366-2015 混凝土结构成型钢筋应用技术规范 [S], 北京：中国建筑工业出版社，2015
[36] 中华人民共和国住房和城乡建设部. JGJ/T380-2015 钢板剪力墙技术规程 [S], 北京：中国建筑工业出版社，2015
[37] 中华人民共和国住房和城乡建设部. GB/T50326-2017 建设工程项目管理规范 [S], 北京：中国建筑工业出版社，2017
[38] 中华人民共和国住房和城乡建设部. JGJ/T74-2017 建筑工程大模板技术规程 [S], 北京：中国建筑工业出版社，2017
[39] 中华人民共和国住房和城乡建设部. JGJ387-2017 缓粘结预应力混凝土结构技术规程 [S], 北京：中国建筑工业出版社，2017
[40] 中华人民共和国住房和城乡建设部. GB50208-2011 地下防水工程质量验收规范 [S], 北京：中国建筑工业出版社，2011